工程建设标准规范分类汇编

建筑结构抗震规范

（修订版）

中国建筑工业出版社 编

中国建筑工业出版社
中国计划出版社

图书在版编目（CIP）数据

建筑结构抗震规范/中国建筑工业出版社编．修订版．
—北京：中国建筑工业出版社，中国计划出版社，2003
（工程建设标准规范分类汇编）
ISBN 7-112-06008-7

Ⅰ.建... Ⅱ.中... Ⅲ.建筑结构-抗震规范-汇编-中国 Ⅳ.TU352.1-65

中国版本图书馆 CIP 数据核字（2003）第 080343 号

工程建设标准规范分类汇编
建筑结构抗震规范
（修订版）
中国建筑工业出版社　编

*

中国建筑工业出版社
中国计划出版社　出版
新华书店经销
有色曙光印刷厂印刷

*

开本：787×1092 毫米　1/16　印张：56½　字数：1400 千字
2003 年 11 月第二版　2003 年 11 月第四次印刷
印数：11,701—15,200 册　定价：**115.00** 元
ISBN 7-112-06008-7
TU·5281（12021）
版权所有　翻印必究
如有印装质量问题，可寄本社退换
（邮政编码 100037）

本社网址：http://www.china-abp.com.cn
网上书店：http://www.china-building.com.cn

修 订 说 明

"工程建设标准规范汇编"共35分册,自1996年出版(2000年对其中15分册进行了第一次修订)以来,方便了广大工程建设专业读者的使用,并以其"分类科学,内容全面、准确"的特点受到了社会的好评。这些标准是广大工程建设者必须遵循的准则和规定,对提高工程建设科学管理水平,保证工程质量和工程安全,降低工程造价,缩短工期,节约建筑材料和能源,促进技术进步等方面起到了显著的作用。随着我国基本建设的发展和工程技术的不断进步,国务院有关部委组织全国各方面的专家陆续制订、修订并颁发了一批新标准,其中部分标准、规范、规程对行业影响较大。为了及时反映近几年国家新制定标准、修订标准和标准局部修订情况,我们组织力量对工程建设标准规范分类汇编中内容变动较大者再一次进行了修行。本次修订14册,分别为:

《混凝土结构规范》
《建筑结构抗震规范》
《建筑工程施工及验收规范》
《建筑工程质量标准》
《建筑施工安全技术规范》
《室外给水工程规范》
《室外排水工程规范》
《地基与基础规范》
《建筑防水工程技术规范》
《建筑材料应用技术规范》
《城镇燃气热力工程规范》
《城镇规划与园林绿化规范》
《城市道路与桥梁设计规范》
《城市道路与桥梁施工验收规范》

本次修订的原则及方法如下：

(1) 该分册内容变动较大者；

(2) 该分册中主要标准、规范内容有变动者；

(3) "▲"代表新修订的规范；

(4) "●"代表新增加的规范；

(5) 如无局部修订版，则将"局部修订条文"附在该规范后，不改动原规范相应条文。

修订的2003年版汇编本分别将相近专业内容的标准汇编于一册，便于对照查阅；各册收编的均为现行标准，大部分为近几年出版实施的，有很强的实用性；为了使读者更深刻地理解、掌握标准的内容，该类汇编还收入了有关条文说明；该类汇编单本定价，方便各专业读者购买。

该类汇编是广大工程设计、施工、科研、管理等有关人员必备的工具书。

关于工程建设标准规范的出版、发行，我们诚恳地希望广大读者提出宝贵意见，便于今后不断改进标准规范的出版工作。

中国建筑工业出版社

2003年8月

目　　录

- ▲ 建筑抗震设计规范　　　　　　　　　　　　GB 50011—2001　　1—1
- ● 建筑抗震鉴定标准　　　　　　　　　　　　GB 50023—95　　　2—1
- ▲ 室外给水排水和燃气热力工程抗震设计规范　GB 50032—2003　　3—1
- 　室外给水排水工程设施抗震鉴定标准　　　　GBJ 43—82　　　　4—1
- 　工业构筑物抗震鉴定标准　　　　　　　　　GBJ 117—88　　　 5—1
- 　工业厂房可靠性鉴定标准　　　　　　　　　GBJ 144—90　　　 6—1
- 　多层厂房楼盖抗微振设计规范　　　　　　　GB 50190—93　　　7—1
- 　构筑物抗震设计规范　　　　　　　　　　　GB 50191—93　　　8—1
- ● 建筑抗震设防分类标准　　　　　　　　　　GB 50223—95　　　9—1
- ● 电力设施抗震设计规范　　　　　　　　　　GB 50260—96　　　10—1
- ● 核电厂抗震设计规范　　　　　　　　　　　GB 50267—97　　　11—1
- 　设置钢筋混凝土构造柱多层砖房抗震技术规程　JGJ/T 13—94　　 12—1
- 　多孔砖（KP_1型）建筑抗震设计与施工规程　JGJ 68—90　　　13—1
- ● 建筑抗震试验方法规程　　　　　　　　　　JGJ 101—96　　　 14—1
- ● 建筑抗震加固技术规程　　　　　　　　　　JGJ 116—98　　　 15—1
- ▲ 危险房屋鉴定标准　　　　　　　　　　　　JGJ 125—99　　　 16—1

"▲"代表新修订的规范；"●"代表新增加的规范。

中华人民共和国国家标准

建筑抗震设计规范

Code for seismic design of buildings

GB 50011—2001

主编部门：中华人民共和国建设部
批准部门：中华人民共和国建设部
施行日期：2002 年 1 月 1 日

关于发布国家标准《建筑抗震设计规范》的通知

建标 [2001] 156 号

根据我部《关于印发 1997 年工程建设标准制订、修订计划的通知》（建标 [1997] 108 号）的要求，由建设部会同有关部门共同修订的《建筑抗震设计规范》，经有关部门会审，批准为国家标准，编号为 GB50011—2001，自 2002 年 1 月 1 日起施行。其中，1.0.2、1.0.4、3.1.1、3.1.3、3.3.1、3.3.2、3.4.1、3.5.2、3.7.1、3.8.1、3.9.1、3.9.2、4.1.6、4.1.9、4.2.2、4.3.2、4.4.5、5.1.1、5.1.3、5.1.4、5.1.6、5.2.5、5.4.1、5.4.2、6.1.2、6.3.3、6.3.8、6.4.3、7.1.2、7.1.5、7.1.8、7.2.4、7.2.7、7.3.1、7.3.3、7.3.5、7.4.1、7.4.4、7.5.3、7.5.4、8.1.3、8.3.1、8.3.6、8.4.2、8.5.1、10.1.3、10.2.5、10.3.3、12.1.2、12.1.5、12.2.1、12.2.9 为强制性条文，必须严格执行。原《建筑抗震设计规范》（第 1 号）于 2002 年 12 月 31 日废止。

本标准由建设部负责管理，中国建筑科学研究院负责具体解释工作，建设部标准定额研究所组织中国建筑工业出版社出版发行。

中华人民共和国建设部
2001 年 7 月 20 日

1—1

前 言

本规范是根据建设部[1997]建标第108号文的要求,由中国建筑科学研究院会同有关的设计、勘察、研究和教学单位对《建筑抗震设计规范》GBJ 11—89进行修订而成。

修订过程中,开展了专题研究和部分试验研究,调查总结了近年来国内外大地震震害的经验教训,采纳了地震工程的新科研成果,考虑了我国的经济条件和工程实践,并在全国范围内广泛征求了有关设计、勘察、科研、教学单位及抗震管理部门的意见,经反复讨论、修改,充实和试设计,最后经审查定稿。

本次修订后共有13章11个附录,主要修订内容是:调整了建筑的抗震设防分类,提出了按设计基本地震加速度进行抗震设计的要求,将原规范设计近、远震改为设计特征周期分区;修改了建筑场地划分、液化判别、地震影响系数和阻尼调整系数、增补了不规则建筑结构的概念设计要求、结构抗震分析、楼层地震剪力控制和抗震变形验算的要求;改进了砌体结构、混凝土结构、底部框架房屋的抗震措施;增加了有关发震断裂、桩基、混凝土筒体结构、钢结构房屋、配筋砌块房屋、非结构构件等结构抗震设计以及房屋隔震、消能减震设计的规定。还取消了有关单排柱内框架房屋、中型砌块房屋及烟囱、水塔等构筑物的抗震设计规定。

本规范将来可能需要局部修订的信息和条文将刊登在《工程建设标准化》杂志上。

本规范以黑体字标志的条文为强制性条文,必须严格执行。

本规范的具体解释由中国建筑科学研究院工程抗震研究所负责。在执行过程中,请各单位结合工程实践,认真总结经验,并将意见和建议寄交北京市北三环东路30号中国建筑科学研究院国家标准《建筑抗震设计规范》管理组(邮编:100013,E-mail:iecabr@public3.bta.net.cn)。

本规范的主编单位:中国建筑科学研究院

参加单位:中国地震局工程力学研究所、中国建筑技术研究院、冶金工业部建筑研究总院、建设部建筑设计院、机械工业部设计研究院、中国轻工国际工程设计院(中国轻工业北京设计院)、北京市建筑设计研究院、上海建筑设计研究院、中南建筑设计研究院、中国建筑西北设计研究院、新疆自治区建筑设计研究院、广东省建筑设计研究院、云南省设计院、辽宁省建筑设计研究院、深圳市建筑设计研究总院、北京勘察设计研究院、深圳大学建筑设计研究院、清华大学、同济大学、哈尔滨建筑大学、华中理工大学、重庆建筑大学、云南工业大学、华南建设学院(西院)

主要起草人:徐正忠 王亚勇(以下按姓氏笔画排列)
王迪民 王骏孙 韦承基 叶燎原 刘惠珊
吕西林 孙平善 李国强 吴明舜 苏经宇 张前国
陈 健 陈富生 沙 安 欧进萍 周炳章 周锡元
周雍年 周福霖 胡庆昌 袁金西 权 高小旺
容柏生 唐家祥 徐 建 徐永基 钱稼茹 龚思礼
董津城 赖 明 蔡益燕 樊小卿 潘凯云
戴国莹

目 次

1 总则 ··· 1—5
2 术语和符号 ··· 1—6
   2.1 术语 ··· 1—6
   2.2 主要符号 ·· 1—6
3 抗震设计的基本要求 ·· 1—8
   3.1 建筑设防分类和设防标准 ······························ 1—8
   3.2 地震影响 ·· 1—9
   3.3 场地和地基 ··· 1—9
   3.4 建筑设计和建筑结构的规则性 ························ 1—10
   3.5 结构体系 ·· 1—11
   3.6 结构分析 ·· 1—11
   3.7 非结构构件 ··· 1—12
   3.8 隔震和消能减震设计 ······································ 1—12
   3.9 结构材料与施工 ··· 1—13
   3.10 建筑的地震反应观测系统 ······························ 1—13
4 场地、地基和基础 ·· 1—13
   4.1 场地 ··· 1—13
   4.2 天然地基和基础 ··· 1—15
   4.3 液化土和软土地基 ·· 1—16
   4.4 桩基 ··· 1—19
5 地震作用和结构抗震验算 ···································· 1—20
   5.1 一般规定 ·· 1—20
   5.2 水平地震作用计算 ·· 1—23
   5.3 竖向地震作用计算 ·· 1—26
   5.4 截面抗震验算 ·· 1—26
   5.5 抗震变形验算 ·· 1—27
6 多层和高层钢筋混凝土房屋 ································· 1—30
   6.1 一般规定 ·· 1—30
   6.2 计算要点 ·· 1—33
   6.3 框架结构抗震构造措施 ·································· 1—36
   6.4 抗震墙结构抗震构造措施 ······························ 1—39
   6.5 框架-抗震墙结构抗震构造措施 ······················· 1—41
   6.6 板柱-抗震墙结构抗震设计要求 ······················· 1—41
   6.7 筒体结构抗震设计要求 ·································· 1—41
7 多层砌体房屋和底部框架、内框架房屋 ················· 1—42
   7.1 一般规定 ·· 1—42
   7.2 计算要点 ·· 1—44
   7.3 多层粘土砖房屋抗震构造措施 ························ 1—48
   7.4 多层砌块房屋抗震构造措施 ··························· 1—50
   7.5 底部框架-抗震墙房屋抗震构造措施 ················ 1—52
   7.6 多排柱内框架房屋抗震构造措施 ···················· 1—53
8 多层和高层钢结构房屋 ······································· 1—54
   8.1 一般规定 ·· 1—54
   8.2 计算要点 ·· 1—55
   8.3 钢框架结构抗震构造措施 ······························ 1—59
   8.4 钢框架-中心支撑结构抗震构造措施 ················ 1—61
   8.5 钢框架-偏心支撑结构抗震构造措施 ················ 1—62
9 单层工业厂房 ·· 1—63
   9.1 单层钢筋混凝土柱厂房 ·································· 1—63

1—3

9.2 单层钢结构厂房	1—69
9.3 单层砖柱厂房	1—71
10 单层空旷房屋	1—74
10.1 一般规定	1—74
10.2 计算要点	1—74
10.3 抗震构造措施	1—76
11 土、木、石结构房屋	1—76
11.1 村镇生土房屋	1—76
11.2 木结构房屋	1—77
11.3 石结构房屋	1—78
12 隔震和消能减震设计	1—78
12.1 一般规定	1—79
12.2 房屋隔震设计要点	1—82
12.3 房屋消能减震设计要点	1—84
13 非结构构件	1—84
13.1 一般规定	1—84
13.2 基本计算要求	1—86
13.3 建筑非结构构件的基本抗震措施	1—88
13.4 建筑附属机电设备支架的基本抗震措施	1—89
附录 A 我国主要城镇抗震设防烈度、设计基本地震加速度和设计地震分组	1—102
附录 B 高强混凝土结构抗震设计要求	1—103
附录 C 预应力混凝土结构抗震设计要求	1—104
附录 D 框架梁柱节点核芯区截面抗震验算	1—106
附录 E 转换层结构抗震设计要求	1—107
附录 F 配筋混凝土小型空心砌块抗震墙房屋抗震设计要求	
附录 G 多层钢结构厂房抗震设计要求	1—110
附录 H 单层厂房横向平面排架地震作用效应调整	1—112
附录 J 单层钢筋混凝土柱厂房纵向抗震验算	1—114
附录 K 单层砖柱厂房纵向抗震计算的修正刚度法	1—117
附录 L 隔震设计简化计算和砌体结构隔震措施	1—118
本规范用词用语说明	1—121
条文说明	1—122

1 总 则

1.0.1 为贯彻执行《中华人民共和国建筑法》和《中华人民共和国防震减灾法》并实行以预防为主的方针，使建筑经抗震设防后，减轻建筑的地震破坏，避免人员伤亡，减少经济损失，制定本规范。

按本规范进行抗震设计的建筑，其抗震设防目标是：当遭受低于本地区抗震设防烈度的多遇地震影响时，一般不受损坏或不需修理可继续使用，当遭受相当于本地区抗震设防烈度的地震影响时，可能损坏，经一般修理或不需修理仍可继续使用，当遭受高于本地区抗震设防烈度预估的罕遇地震影响时，不致倒塌或发生危及生命的严重破坏。

1.0.2 抗震设防烈度为6度及以上地区的建筑，必须进行抗震设计。

1.0.3 本规范适用于抗震设防烈度为6、7、8和9度地区建筑工程的抗震设计及隔震、消能减震设计。抗震设防烈度大于9度地区的建筑和行业有特殊要求的工业建筑，其抗震设计应按有关专门规定执行。

注：本规范一般略去"抗震设防烈度"字样，如"抗震设防烈度为6度、7度、8度、9度"，简称为"6度、7度、8度、9度"。

1.0.4 抗震设防烈度必须按国家规定的权限审批、颁发的文件（图件）确定。

1.0.5 一般情况下，抗震设防烈度可采用中国地震动参数区划图的地震基本烈度（或与本规范设计基本地震加速度值对应的烈度值）。对已编制抗震设防区划的城市，可按批准的抗震设防烈度或设计地震动参数进行抗震设防。

1.0.6 建筑的抗震设计，除应符合本规范要求外，尚应符合国家现行的有关强制性标准的规定。

2 术语和符号

2.1 术语

2.1.1 抗震设防烈度 seismic fortification intensity

按国家规定的权限批准作为一个地区抗震设防依据的地震烈度。

2.1.2 抗震设防标准 seismic fortification criterion

衡量抗震设防要求的尺度，由抗震设防烈度和建筑使用功能的重要性确定。

2.1.3 地震作用 earthquake action

由地震动引起的结构动态作用，包括水平地震作用和竖向地震作用。

2.1.4 设计地震动参数 design parameters of ground motion

抗震设计用的地震加速度（速度、位移）时程曲线、加速度反应谱和峰值加速度。

2.1.5 设计基本地震加速度 design basic acceleration of ground motion

50年设计基准期超越概率10%的地震加速度的设计取值。

2.1.6 设计特征周期 design characteristic period of ground motion

抗震设计用的地震影响系数曲线中，反映地震震级、震中距和场地类别等因素的下降段起始点对应的周期值。

2.1.7 场地 site

工程群体所在地，具有相似的反应谱特征。其范围相当于厂区、居民小区和自然村或不小于 $1.0km^2$ 的平面面积。

2.1.8 建筑抗震概念设计 seismic concept design of buildings

根据地震灾害和工程经验等所形成的基本设计原则和设计思想，进行建筑和结构总体布置并确定细部构造的过程。

2.1.9 抗震措施 seismic fortification measures

除地震作用计算和抗力计算以外的抗震设计内容，包括抗震构造措施。

2.1.10 抗震构造措施 details of seismic design

根据抗震概念设计原则，一般不需计算而对结构和非结构各部分必须采取的各种细部要求。

2.2 主要符号

2.2.1 作用和作用效应

F_{Ek}、F_{Evk}——结构总水平、竖向地震作用标准值；

G_E、G_{eq}——地震时结构（构件）的重力荷载代表值、等效总重力荷载代表值；

w_k——风荷载标准值；

S_E——地震作用效应（弯矩、轴向力、剪力、应力和变形）；

S——地震作用效应与其他荷载效应的基本组合；

S_k——作用、荷载标准值的效应；

M——弯矩；

N——轴向压力；

V——剪力；

p ——基础底面压力；
u ——侧移；
θ ——楼层位移角。

2.2.2 材料性能和抗力

K ——结构（构件）的刚度；
R ——结构构件承载力；
$f、f_k、f_E$ ——各种材料强度（含地基承载力）设计值、标准值和抗震设计值；
$[\theta]$ ——楼层位移角限值。

2.2.3 几何参数

A ——构件截面面积；
A_s ——钢筋截面面积；
B ——结构总宽度；
H ——结构总高度、柱高度；
L ——结构（单元）总长度；
a ——距离；
$a_s、a_s'$ ——纵向受拉钢筋合力点至截面边缘的最小距离；
b ——构件截面宽度；
d ——土层深度或厚度，钢筋直径；
h ——计算楼层层高，构件截面高度；
l ——构件长度或跨度；
t ——抗震墙厚度、楼板厚度。

2.2.4 计算系数

α ——水平地震影响系数；
α_{max} ——水平地震影响系数最大值；
α_{vmax} ——竖向地震影响系数最大值；

$\gamma_G、\gamma_E、\gamma_w$ ——作用分项系数；
γ_{RE} ——承载力抗震调整系数；
ζ ——计算系数；
η ——地震作用效应（内力和变形）的增大或调整系数；
λ ——构件长细比，比例系数；
ξ_y ——结构（构件）屈服强度系数；
ρ ——配筋率，比率；
φ ——构件受压稳定系数；
ψ ——组合值系数，影响系数。

2.2.5 其他

T ——结构自振周期；
N ——贯入锤击数；
I_{lE} ——地震时地基的液化指数；
X_{ji} ——位移振型坐标（j 振型 i 质点的 x 方向相对位移）；
Y_{ji} ——位移振型坐标（j 振型 i 质点的 y 方向相对位移）；
n ——总数，如楼层数、质点数、钢筋根数、跨度等；
v_{se} ——土层等效剪切波速；
Φ_{ji} ——转角振型坐标（j 振型 i 质点的转角方向相对位移）。

3 抗震设计的基本要求

3.1 建筑抗震设防分类和设防标准

3.1.1 建筑应根据其使用功能的重要性分为甲类、乙类、丙类、丁类四个抗震设防类别。甲类建筑应属于重大建筑工程和地震时可能发生严重次生灾害的建筑，乙类建筑应属于地震时使用功能不能中断或需尽快恢复的建筑，丙类建筑应属于甲、乙、丁类以外的一般建筑，丁类建筑应属于次要建筑。

3.1.2 建筑抗震设防类别的划分，应符合国家标准《建筑抗震设防分类标准》GB50223 的规定。

3.1.3 各抗震设防类别建筑的抗震设防标准，应符合下列要求：

1 甲类建筑，地震作用应高于本地区抗震设防烈度的要求，其值应按批准的地震安全性评价结果确定；抗震措施，当抗震设防烈度为 6~8 度时，应符合本地区抗震设防烈度提高一度的要求，当为 9 度时，应符合比 9 度抗震设防更高的要求。

2 乙类建筑，地震作用应符合本地区抗震设防烈度的要求；抗震措施，一般情况下，当抗震设防烈度为 6~8 度时，应符合本地区抗震设防烈度提高一度的要求，当为 9 度时，应符合比 9 度抗震设防更高的要求；地基基础的抗震措施，应符合有关规定。对较小的乙类建筑，当其结构改用抗震性能较好的结构类型时，应允许仍按本地区抗震设防烈度的要求采取抗震措施。

3 丙类建筑，地震作用和抗震措施均应符合本地区抗震设防烈度的要求。

4 丁类建筑，一般情况下，地震作用仍应符合本地区抗震设防烈度的要求；抗震措施应允许比本地区抗震设防烈度的要求适当降低，但抗震设防烈度为 6 度时不应降低。

3.1.4 抗震设防烈度为 6 度时，除本规范有具体规定外，对乙、丙、丁类建筑可不进行地震作用计算。

3.2 地震影响

3.2.1 建筑所在地区受的地震影响，应采用相应于抗震设防烈度的设计基本地震加速度和设计特征周期或本规范第 1.0.5 条规定的设计地震动参数来表征。

3.2.2 抗震设防烈度和设计基本地震加速度取值的对应关系，应符合表 3.2.2 的规定。设计基本地震加速度为 0.15g 和 0.30g 地区内的建筑，除本规范另有规定外，应分别按抗震设防烈度 7 度和 8 度的要求进行抗震设计。

表 3.2.2 抗震设防烈度和设计基本地震加速度值的对应关系

抗震设防烈度	6	7	8	9
设计基本地震加速度值	0.05g	0.10 (0.15) g	0.20 (0.30) g	0.40g

注：g 为重力加速度。

3.2.3 建筑的设计特征周期应根据其所在地的设计地震分组和场地类别确定。本规范的设计地震共分为三组。对Ⅱ类场地，第一组、第二组和第三组的设计特征周期，应分别按 0.35s、0.40s 和 0.45s 采用。

注：本规范一般把"设计特征周期"简称为"特征周期"。

3.2.4 我国主要城镇（县级及县级以上城镇）中心地区的抗震设防烈度、设计基本地震加速度值和所属的设计地震分组，可按本规范附录A采用。

3.3 场地和地基

3.3.1 选择建筑场地时，应根据工程需要，掌握地震活动情况、工程地质和地震地质的有关资料，对抗震有利、不利和危险地段作出综合评价。对不利地段，应提出避开要求；当无法避开时应采取有效措施。对危险地段，严禁建造甲、乙类建筑，不应建造丙类建筑。

3.3.2 建筑场地为Ⅰ类时，甲、乙类建筑应允许仍按本地区抗震设防烈度的要求采取抗震构造措施；丙类建筑应允许按本地区抗震设防烈度降低一度的要求采取抗震构造措施，但抗震设防烈度为6度时仍应按本地区抗震设防烈度的要求采取抗震构造措施。

3.3.3 建筑场地为Ⅲ、Ⅳ类时，对设计基本地震加速度为0.15g和0.30g的地区，除本规范另有规定外，宜分别按抗震设防烈度8度（0.20g）和9度（0.40g）时各类建筑的要求采取抗震构造措施。

3.3.4 地基和基础设计应符合下列要求：

1 同一结构单元的基础不宜设置在性质截然不同的地基上；

2 同一结构单元不宜部分采用天然地基部分采用桩基；

3 地基为软弱粘性土、液化土、新近填土或严重不均匀土时，应估计地震时地基不均匀沉降或其他不利影响，并采取相应的措施。

3.4 建筑设计和建筑结构的规则性

3.4.1 建筑设计应符合抗震概念设计的要求，不应采用严重不规则的设计方案。

3.4.2 建筑及其抗侧力结构的平面布置宜规则、对称，并应具有良好的整体性；建筑的立面和剖面宜规则，结构的侧向刚度宜均匀变化，竖向抗侧力构件的截面尺寸和材料强度宜自下而上逐渐减小，避免抗侧力结构的侧向刚度和承载力突变。

当存在表3.4.2-1所列举的平面不规则类型或表3.4.2-2所列举的竖向不规则类型时，应符合本章第3.4.3条的有关规定。

表3.4.2-1 平面不规则的类型

不规则类型	定 义
扭转不规则	楼层的最大弹性水平位移（或层间位移），大于该楼层两端弹性水平位移（或层间位移）平均值的1.2倍
凹凸不规则	结构平面凹进的一侧尺寸，大于相应投影方向总尺寸的30%
楼板局部不连续	楼板的尺寸和平面刚度急剧变化，例如，有效楼板宽度小于该层楼板典型宽度的50%，或开洞面积大于该层楼面面积的30%，或较大的楼层错层

表3.4.2-2 竖向不规则的类型

不规则类型	定 义
侧向刚度不规则	该层的侧向刚度小于相邻上一层的70%，或小于其上相邻三个楼层侧向刚度平均值的80%；除顶层外，局部收进的水平向尺寸大于相邻下一层的25%
竖向抗侧力构件不连续	竖向抗侧力构件（柱、抗震墙、抗震支撑）的内力由水平转换构件（梁、桁架等）向下传递
楼层承载力突变	抗侧力结构的层间受剪承载力小于相邻上一楼层的80%

3.4.3 不规则的建筑结构，应按下列要求进行水平地震作用和内力调整，并应对薄弱部位采取有效的抗震构造措施：

1 平面不规则而竖向规则的建筑结构，应采用空间结构计算模型，并应符合下列要求：

  1）扭转不规则时，应计及扭转影响，且楼层竖向构件最大的弹性水平位移和层间位移分别不宜大于楼层两端弹性水平位移和层间位移平均值的1.5倍；

  2）凹凸不规则或楼板局部不连续时，应采用符合楼板平面内实际刚度变化的计算模型，当平面不对称时尚应计及扭转影响。

2 平面规则而竖向不规则的建筑结构，应采用空间结构计算模型，其薄弱层的地震剪力应乘以1.15的增大系数，应按本规范有关规定进行弹塑性变形分析，并应符合下列要求：

  1）竖向抗侧力构件不连续时，该构件传递给水平转换构件的地震内力应乘以1.25～1.5的增大系数；

  2）楼层承载力突变时，薄弱层抗侧力结构的受剪承载力不应小于相邻上一楼层的65％。

3 平面不规则且竖向不规则的建筑结构，应同时符合本条1、2款的要求。

3.4.4 砌体结构和单层工业厂房的平面不规则性和竖向不规则性，应分别符合本规范有关章节的规定。

3.4.5 体型复杂、平立面特别不规则的建筑结构，可按实际需要在适当部位设置防震缝，形成多个较规则的抗侧力结构单元。

3.4.6 防震缝应根据抗震设防烈度、结构材料种类、结构类型、结构单元的高度和高差情况，留有足够的宽度，其两侧的上部结构应完全分开。

当设置伸缩缝和沉降缝时，其宽度应符合防震缝的要求。

3.5 结构体系

3.5.1 结构体系应根据建筑的抗震设防类别、抗震设防烈度、建筑高度、场地条件、地基、结构材料和施工等因素，经技术、经济和使用条件综合比较确定。

3.5.2 结构体系应符合下列各项要求：

1 应具有明确的计算简图和合理的地震作用传递途径。

2 应避免因部分结构或构件破坏而导致整个结构丧失抗震能力或对重力荷载的承载能力。

3 应具备必要的抗震承载力，良好的变形能力和消耗地震能量的能力。

4 对可能出现的薄弱部位，应采取措施提高抗震能力。

3.5.3 结构体系尚宜符合下列各项要求：

1 宜有多道抗震防线。

2 宜具有合理的刚度和承载力分布，避免因局部削弱或突变形成薄弱部位，产生过大的应力集中或塑性变形集中。

3 结构在两个主轴方向的动力特性宜相近。

3.5.4 结构构件应符合下列要求：

1 砌体结构应按规定设置钢筋混凝土圈梁和构造柱、芯柱，或采用配筋砌体等。

2 混凝土结构构件应合理地选择尺寸,配置纵向受力钢筋和箍筋,避免剪切破坏先于弯曲破坏、混凝土的压溃先于钢筋的屈服、钢筋的锚固粘结破坏先于构件破坏。

3 预应力混凝土结构构件,应配有足够的非预应力钢筋。

3.5.5 钢结构构件应合理控制尺寸,避免局部失稳或整个构件失稳。

3.5.5 结构构件之间的连接,应符合下列要求:

1 构件节点的破坏,不应先于其连接的构件。

2 预埋件的锚固破坏,不应先于连接件。

3 装配式结构构件的连接,应能保证结构的整体性。

4 预应力混凝土构件的预应力钢筋,宜在节点核心区以外锚固。

3.5.6 装配式单层厂房的各种抗震支撑系统,应保证地震时结构的稳定性。

3.6 结 构 分 析

3.6.1 除本规范特别规定者外,建筑结构应进行多遇地震作用下的内力和变形分析,此时,可假定结构与构件处于弹性工作状态,内力和变形分析可采用线性静力方法或线性动力方法。

3.6.2 不规则且具有明显薄弱部位可能导致地震时严重破坏的建筑结构,应按本规范有关规定进行罕遇地震作用下的弹塑性变形分析。此时,可根据结构特点采用静力弹塑性分析或弹塑性时程分析方法。

当本规范有具体规定时,尚可采用简化方法计算结构的弹塑性变形。

3.6.3 当结构在地震作用下的重力附加弯矩大于初始弯矩的 10% 时,应计入重力二阶效应的影响。

注:重力附加弯矩指任一楼层以上全部重力荷载与该楼层地震层间位移的乘积;初始弯矩指该楼层地震剪力与楼层层高的乘积。

3.6.4 结构抗震分析时,应按照楼、屋盖在平面内变形情况确定为刚性、半刚性和柔性的横隔板,再按抗侧力系统的布置确定抗侧力构件间的共同工作并进行各构件间的地震内力分析。

3.6.5 质量和侧向刚度分布接近对称且楼、屋盖可视为刚性横隔板的结构,以及本规范有关章节有具体规定的结构,可采用平面结构模型进行抗震分析。其他情况,应采用空间结构模型进行抗震分析。

3.6.6 利用计算机进行结构抗震分析,应符合下列要求:

1 计算模型的建立、必要的简化计算与处理,应符合结构的实际工作状况。

2 计算软件的技术条件应符合本规范及有关标准的规定,并应阐明其特殊处理的内容和依据。

3 复杂结构进行多遇地震作用下的内力和变形分析时,应采用不少于两个不同的力学模型,并对其计算结果进行分析比较。

4 所有计算机计算结果,应经分析判断确认其合理、有效后方可用于工程设计。

3.7 非 结 构 构 件

3.7.1 非结构构件,包括建筑非结构构件和建筑附属机电设备,自身及其与结构主体的连接,应进行抗震设计。

3.7.2 非结构构件的抗震设计，应由相关专业人员分别负责进行。

3.7.3 附着于楼、屋面结构上的非结构构件，应与主体结构有可靠的连接或锚固，避免地震时倒塌伤人或砸坏重要设备。

3.7.4 围护墙和隔墙应考虑对结构抗震的不利影响，避免不合理设置而导致主体结构的破坏。

3.7.5 幕墙、装饰贴面与主体结构应有可靠连接，避免地震时脱落伤人。

3.7.6 安装在建筑上的附属机械、电气设备系统的支座和连接，应符合地震时使用功能的要求，且不应导致相关部件的损坏。

3.8 隔震和消能减震设计

3.8.1 隔震和消能减震设计，应主要应用于使用功能有特殊要求的建筑及抗震设防烈度为8、9度的建筑。

3.8.2 采用隔震或消能减震设计的建筑，当遭遇到本地区的多遇地震影响、抗震设防烈度地震影响和罕遇地震影响时，其抗震设防目标应高于本规范第1.0.1条的规定。

3.9 结构材料与施工

3.9.1 抗震结构对材料和施工质量的特别要求，应在设计文件上注明。

3.9.2 结构材料性能指标，应符合下列最低要求：

1 砌体结构材料应符合下列规定：

  1) 烧结普通粘土砖和烧结多孔粘土砖的强度等级不应低于MU10，其砌筑砂浆强度等级不应低于M5；

  2) 混凝土小型空心砌块的强度等级不应低于MU7.5，其砌筑砂浆强度等级不应低于M7.5。

2 混凝土结构材料应符合下列规定：

  1) 混凝土的强度等级，框支梁、框支柱、节点核芯区，框架梁、柱、节点核芯区，不应低于C30；构造柱、芯柱及其他各类构件不应低于C20；

  2) 抗震等级为一、二级的框架结构，其纵向受力钢筋采用普通钢筋时，钢材的抗拉强度实测值与屈服强度实测值的比值不应小于1.25，且钢筋的屈服强度实测值与强度标准值的比值不应大于1.3。

3 钢结构的钢材应符合下列规定：

  1) 钢材的抗拉强度实测值与屈服强度实测值的比值不应小于1.2；

  2) 钢材应有明显的屈服台阶，且伸长率应大于20%；

  3) 钢材应有良好的可焊性和合格的冲击韧性。

3.9.3 结构材料的钢材应符合下列要求：

1 普通钢筋宜优先采用延性、韧性和可焊性较好的钢筋；普通钢筋的强度等级，纵向受力钢筋宜选用HRB400级和HRB335级热轧钢筋，箍筋宜选用HRB335、HRB400和HPB235级热轧钢筋。

注：1 钢筋的检验方法应符合现行国家标准《混凝土结构工程施工及验收规范》GB50204的规定。

2 混凝土结构的混凝土强度等级，9度时不宜超过C60，8度时不宜超过C70。

3 钢结构的钢材宜采用Q235等级B、C、D的碳素结构钢及 Q345 等级 B、C、D、E 的低合金高强度结构钢；当有可靠依据时，尚可采用其他钢种和钢号。

3.9.4 在施工中，当需要以强度较高的钢筋替代原设计中的纵向受力钢筋时，应按照钢筋受拉承载力设计值相等的原则换算，并应满足正常使用极限状态和抗震构造措施的要求。

3.9.5 采用焊接连接的钢结构，当钢板厚度不小于 40mm 且承受沿板厚方向的拉力时，受拉试件板厚方向截面收缩率，不应小于国家标准《厚度方向性能钢板》GB50313 关于 Z15 级规定的容许值。

3.9.6 钢筋混凝土构造柱、芯柱和底部框架-抗震墙砖房中砖抗震墙的施工，应先砌墙后浇构造柱、芯柱和框架梁柱。

3.10 建筑的地震反应观测系统

3.10.1 抗震设防烈度为 7、8、9 度时，高度分别超过 160m、120m、80m 的高层建筑，应设置建筑结构的地震反应观测系统，建筑设计应留有观测仪器和线路的位置。

4 场地、地基和基础

4.1 场 地

4.1.1 选择建筑场地时，应按表 4.1.1 划分对建筑抗震有利、不利和危险的地段。

表 4.1.1 有利、不利和危险地段的划分

地段类别	地质、地形、地貌
有利地段	稳定基岩，坚硬土，开阔、平坦、密实、均匀的中硬土等
不利地段	软弱土，液化土，条状突出的山嘴，高耸孤立的山丘，非岩质的陡坡，河岸和边坡的边缘，平面分布上成因、岩性、状态明显不均匀的土层（如故河道、疏松的断层破碎带、暗埋的塘浜沟谷和半填半挖地基）等
危险地段	地震时可能发生滑坡、崩塌、地陷、地裂、泥石流等及发震断裂带上可能发生地表位错的部位

4.1.2 建筑场地的类别划分，应以土层等效剪切波速和场地覆盖层厚度为准。

4.1.3 土层剪切波速的测量，应符合下列要求：

1 在场地初步勘察阶段，对大面积的同一地质单元，测量土层剪切波速的钻孔数量，应为控制性钻孔数量的 1/3 ~ 1/5，山间河谷地区可适量减少，但不宜少于 3 个。

2 在场地详细勘察阶段，对单幢建筑，测量土层剪切波速的钻孔数量不宜少于 2 个，数据变化大时，可适量增加；对小区中处于同一地质单元的密集高层建筑群，测量土层剪切波速的钻孔数量可适量减少，但每幢高层建筑下不得

少于一个。

3 对丁类建筑及层数不超过10层且高度不超过30m的丙类建筑，当无实测剪切波速时，可根据岩土名称和性状，按表4.1.3划分土的类型，再利用当地经验在表4.1.3的剪切波速范围内估计各土层的剪切波速。

表4.1.3 土的类型划分和剪切波速范围

土的类型	岩土名称和性状	土层剪切波速范围 (m/s)
坚硬土或岩石	稳定岩石，密实的碎石土	$v_s > 500$
中硬土	中密、稍密的碎石土，密实、中密的砾、粗、中砂，$f_{ak}>200$ 的粘性土和粉土，坚硬黄土	$500 \geq v_s > 250$
中软土	稍密的砾、粗、中砂，除松散外的细、粉砂，$f_{ak} \leq 200$ 的粘性土和粉土，$f_{ak}>130$ 的填土，可塑黄土	$250 \geq v_s > 140$
软弱土	淤泥和淤泥质土，松散的砂，新近沉积的粘性土和粉土，$f_{ak} \leq 130$ 的填土，流塑黄土	$v_s \leq 140$

注：f_{ak} 为由载荷试验等方法得到的地基承载力特征值 (kPa)；v_s 为岩土剪切波速。

4.1.4 建筑场地覆盖层厚度的确定，应符合下列要求：

1 一般情况下，应按地面至剪切波速大于500m/s 的土层顶面的距离确定。

2 当地面5m以下存在剪切波速大于其相邻上层土剪切波速2.5倍的土层，且其下卧岩土的剪切波速均不小于400m/s 时，可按地面至该土层顶面的距离确定。

3 剪切波速大于500m/s 的孤石、透镜体，应视同周围土层。

4 土层中的火山岩硬夹层，应视为刚体，其厚度应从覆盖土层中扣除。

4.1.5 土层的等效剪切波速，应按下列公式计算：

$$v_{se} = d_0 / t \quad (4.1.5-1)$$

$$t = \sum_{i=1}^{n}(d_i / v_{si}) \quad (4.1.5-2)$$

式中 v_{se} ——土层等效剪切波速 (m/s)；
d_0 ——计算深度 (m)，取覆盖层厚度和20m 二者的较小值；
t ——剪切波在地面至计算深度之间的传播时间；
d_i ——计算深度范围内第 i 土层的厚度 (m)；
v_{si} ——计算深度范围内第 i 土层的剪切波速 (m/s)；
n ——计算深度范围内土层的分层数。

4.1.6 建筑的场地类别，应根据土层等效剪切波速和场地覆盖层厚度按表4.1.6划分为四类。当有可靠的剪切波速和覆盖层厚度且其值处于表4.1.6所列场地类别的分界线附近时，应允许按插值方法确定地震作用计算所用的设计特征周期。

表4.1.6 各类建筑场地的覆盖层厚度 (m)

等效剪切波速 (m/s)	场地类别			
	I	II	III	IV
$v_{se} > 500$	0			
$500 \geq v_{se} > 250$	<5	≥5		
$250 \geq v_{se} > 140$	<3	3~50	>50	
$v_{se} \leq 140$	<3	3~15	15~80	>80

4.1.7 场地内存在发震断裂时，应对断裂的工程影响进行评价，并应符合下列要求：

1 对符合下列规定之一的情况，可忽略发震断裂错动对地面建筑的影响：

1) 抗震设防烈度小于8度；

1 砌体房屋。
2 地基主要受力层范围内不存在软弱粘性土层的下列建筑：
   1) 一般的单层厂房和单层空旷房屋；
   2) 不超过8层且高度在25m以下的一般民用框架房屋及基础荷载与2) 项相当的多层框架厂房。
3 本规范规定可不进行上部结构抗震验算的建筑。

注：软弱粘性土层指7度、8度和9度时，地基承载力特征值分别小于80、100和120kPa的土层。

4.2.2 天然地基基础抗震验算时，应采用地震作用效应标准组合，且地基抗震承载力应取地基承载力特征值乘以地基抗震承载力调整系数计算。

4.2.3 地基土抗震承载力应按下式计算：

$$f_{aE} = \zeta_a f_a \quad (4.2.3)$$

式中 f_{aE}——调整后的地基抗震承载力；
     ζ_a——地基抗震承载力调整系数，应按表4.2.3采用；
     f_a——深宽修正后的地基承载力特征值，应按现行国家标准《建筑地基基础设计规范》GB50007采用。

表4.2.3 地基土抗震承载力调整系数

岩土名称和性状	ζ_a
岩石，密实的碎石土，密实的砾、粗、中砂，$f_{ak} \geq 300$的粘性土和粉土	1.5
中密、稍密的碎石土，中密和稍密的砾、粗、中砂，密实和中密的细、粉砂，$150 \leq f_{ak} < 300$的粘性土和粉土，坚硬黄土	1.3
稍密的细、粉砂，$100 \leq f_{ak} < 150$的粘性土和粉土，可塑黄土	1.1
淤泥，淤泥质土，松散的砂，杂填土，新近堆积黄土及流塑黄土	1.0

2) 非全新世活动断裂；
3) 抗震设防烈度为8度和9度时，前第四纪基岩隐伏断裂的土层覆盖厚度分别大于60m和90m。

2 对不符合本条1款规定的情况，应避开主断裂带，其避让距离不宜小于本条4.1.7对发震断裂最小避让距离的规定。

表4.1.7 发震断裂的最小避让距离(m)

烈度	建筑抗震设防类别			
	甲	乙	丙	丁
8	专门研究	300m	200m	—
9	专门研究	500m	300m	—

4.1.8 当需要在条状突出的山嘴，高耸孤立的山丘，非岩石的陡坡、河岸和边坡边缘等不利地段建造丙类及丙类以上建筑时，除保证其在地震作用下的稳定性外，尚应估计不利地段对设计地震动参数可能产生的放大作用，其地震影响系数最大值应乘以增大系数。其值可根据不利地段的具体情况确定，但不宜大于1.6。

4.1.9 场地岩土工程勘察，应根据实际需要划分对建筑有利、不利和危险的地段，提供建筑的场地类别和岩土地震稳定性（如滑坡、崩塌、液化和震陷特性等）评价，尚应根据设计要求提供土层剖面、场地覆盖层厚度和有关的动力参数。

4.2 天然地基和基础

4.2.1 下列建筑可不进行天然地基及基础的抗震承载力验算：

1—15

4.2.4 验算天然地基地震作用下的竖向承载力时,按地震作用效应标准组合的基础底面平均压力和基础边缘的最大压力,合下列各式要求:

$$p \leq f_{aE} \quad (4.2.4-1)$$

$$p_{max} \leq 1.2 f_{aE} \quad (4.2.4-2)$$

式中 p——地震作用效应标准组合的基础底面平均压力;

p_{max}——地震作用效应标准组合的基础底面边缘的最大压力。

高宽比大于4的高层建筑,在地震作用下基础底面不宜出现拉应力;其他建筑,基础底面与地基土之间零应力区面积不应超过基础底面面积的15%。

4.3 液化土和软土地基

4.3.1 饱和砂土和饱和粉土(不含黄土)的液化判别和地基处理,6度时,一般情况下可不进行判别和处理,但对液化沉陷敏感的乙类建筑可按7度的要求进行判别和处理,7~9度时,乙类建筑可按本地区抗震设防烈度的要求进行判别和处理。

4.3.2 存在饱和砂土和饱和粉土(不含黄土)的地基,除6度设防外,应进行液化判别;存在液化土层的地基,应根据建筑的抗震设防类别、地基的液化等级,结合具体情况采取相应的措施。

4.3.3 饱和的砂土或粉土(不含黄土),当符合下列条件之一时,可初步判别为不液化或不考虑液化影响:

1 地质年代为第四纪晚更新世(Q_3)及其以前时,7、8度时可判别为不液化。

2 粉土的粘粒(粒径小于0.005mm的颗粒)含量百分率,7度、8度和9度分别不小于10、13和16时,可判为不液化土。

注:用于液化判别的粘粒含量系采用六偏磷酸钠作分散剂测定,采用其他方法时应按有关规定换算。

3 天然地基的建筑,当上覆非液化土层厚度和地下水位深度符合下列条件之一时,可不考虑液化影响:

$$d_u > d_0 + d_b - 2 \quad (4.3.3-1)$$

$$d_w > d_0 + d_b - 3 \quad (4.3.3-2)$$

$$d_u + d_w > 1.5 d_0 + 2 d_b - 4.5 \quad (4.3.3-3)$$

式中 d_w——地下水位深度(m),宜按设计基准期内年平均最高水位采用,也可按近期内年最高水位采用;

d_u——上覆盖非液化土层厚度(m),计算时宜将淤泥和淤质土层扣除;

d_b——基础埋置深度(m),不超过2m时应采用2m;

d_0——液化土特征深度(m),可按表4.3.3采用。

表4.3.3 液化土特征深度(m)

饱和土类别	7度	8度	9度
粉土	6	7	8
砂土	7	8	9

4.3.4 当初步判别认为需进一步进行液化判别时,应采用标准贯入试验判别法判别地面下15m深度范围内的液化;当采用桩基或埋深大于5m的深基础时,尚应判别15~20m范围内的液化。当饱和土标准贯入锤击数(未经杆长修正)

小于液化判别标准贯入锤击数临界值时,应判为液化土。当有成熟经验时,尚可采用其他判别方法。

在地面下15m深度范围内,液化判别标准贯入锤击数临界值可按下式计算:

$$N_{cr} = N_0 [0.9 + 0.1(d_s - d_w)]\sqrt{3/\rho_c} \quad (d_s \leq 15) \quad (4.3.4-1)$$

在地面下15～20m范围内,液化判别标准贯入锤击数临界值可按下式计算:

$$N_{cr} = N_0 (2.4 - 0.1 d_s)\sqrt{3/\rho_c} \quad (15 \leq d_s \leq 20) \quad (4.3.4-2)$$

式中 N_{cr} ——液化判别标准贯入锤击数临界值;
    N_0 ——液化判别标准贯入锤击数基准值,应按表4.3.4采用;
    d_s ——饱和土标准贯入点深度(m);
    ρ_c ——粘粒含量百分率,当小于3或为砂土时,应采用3。

表4.3.4 标准贯入锤击数基准值

设计地震分组	7度	8度	9度
第一组	6(8)	10(13)	16
第二、三组	8(10)	12(15)	18

注:括号内数值用于设计基本地震加速度为0.15g和0.30g的地区。

4.3.5 对存在液化土层的地基,应探明各液化土层的深度和厚度,按下式计算每个钻孔的液化指数,并按表4.3.5综合划分地基的液化等级:

$$I_{lE} = \sum_{i=1}^{n}\left(1 - \frac{N_i}{N_{cri}}\right) d_i W_i \quad (4.3.5)$$

式中 I_{lE} ——液化指数;
    n ——在判别深度范围内每一个钻孔标准贯入试验点的总数;
    N_i、N_{cri} ——分别为 i 点标准贯入锤击数的实测值和临界值,当实测值大于临界值时应取临界值;
    d_i —— i 点所代表的土层厚度(m),可采用与该标准贯入试验点相邻的、上下两标准贯入试验点深度差的一半,但上界不高于地下水位深度,下界不深于液化深度;
    W_i —— i 土层单位土层厚度的层位影响权函数值(单位为 m^{-1})。若判别深度为15m,当该层中点深度不大于5m时应采用10,等于15m时应采用零值,5～15m时应按线性内插法取值;若判别深度为20m,当该层中点深度不大于5m时应采用10,等于20m时应采用零值,5～20m时应采用线性内插法取值。

表4.3.5 液化等级

液化等级	轻微	中等	严重
判别深度为15m时的液化指数	$0 < I_{lE} \leq 5$	$5 < I_{lE} \leq 15$	$I_{lE} > 15$
判别深度为20m时的液化指数	$0 < I_{lE} \leq 6$	$6 < I_{lE} \leq 18$	$I_{lE} > 18$

4.3.6 当液化土层较平坦且均匀时,宜按表4.3.6选用地基抗液化措施;尚可计入上部结构重力荷载对液化危害的影响,根据液化震陷量的估计适当调整抗液化措施。

不宜将未经处理的液化土层作为天然地基持力层。

表 4.3.6　抗液化措施

建筑抗震设防类别	地基的液化等级		
	轻微	中等	严重
乙类	部分消除液化沉陷，或对基础和上部结构处理	全部消除液化沉陷，或部分消除液化沉陷且对基础和上部结构处理	全部消除液化沉陷
丙类	基础和上部结构处理，亦可不采取措施	基础和上部结构处理，或更高要求的措施	全部消除液化沉陷，或部分消除液化沉陷且对基础和上部结构处理
丁类	可不采取措施	可不采取措施	基础和上部结构处理，或其他经济的措施

4.3.7　全部消除地基液化沉陷的措施，应符合下列要求：

1　采用桩基时，桩端伸入液化深度以下稳定土层中的长度（不包括桩尖部分），应按计算确定，且对碎石土、砾、粗、中砂、坚硬粘性土和密实粉土尚不应小于 0.5m，对其他非岩石土尚不宜小于 1.5m。

2　采用深基础时，基础底面应埋入液化深度以下的稳定土层中，其深度不应小于 0.5m。

3　采用加密法（如振冲、振动加密、挤密碎石桩、强夯等）加固时，应处理至液化深度下界；振冲或挤密碎石桩加固后，桩间土的标准贯入锤击数不宜小于本节第 4.3.4 条规定的液化判别标准贯入锤击数临界值。

4　用非液化土替换全部液化土层。

5　采用加密法或换土法处理时，在基础边缘以外的处理宽度，应超过基础底面下处理深度的 1/2 且不小于基础宽度的 1/5。

4.3.8　部分消除地基液化沉陷的措施，应符合下列要求：

1　处理深度应使处理后的地基液化指数减少，当判别深度为 15m 时，其值不宜大于 4，当判别深度为 20m 时，其值不宜大于 5；对独立基础和条形基础，尚不应小于基础底面下液化土特征深度和基础宽度的较大值。

2　采用振冲或挤密碎石桩加固后，桩间土的标准贯入锤击数不宜小于按本节第 4.3.4 条规定的液化判别标准贯入锤击数临界值。

3　基础边缘以外的处理宽度，应符合本节第 4.3.7 条第 5 款的要求。

4.3.9　减轻液化影响的基础和上部结构处理，可综合采用下列各项措施：

1　选择合适的基础埋置深度。

2　调整基础底面积，减少基础偏心。

3　加强基础的整体性和刚度，如采用箱基、筏基或钢筋混凝土交叉条基，加设基础圈梁等。

4　减轻荷载，增强上部结构的整体刚度和均匀对称性，合理设置沉降缝，避免采用对不均匀沉降敏感的结构形式等。

5　管道穿过建筑处应预留足够尺寸或采用柔性接头等。

4.3.10　液化等级为中等液化和严重液化的故河道、现代河滨、海滨，当有液化侧向扩展或流滑可能时，在距常时水线约 100m 以内不宜修建永久性建筑，否则应进行抗滑动验算、采取防止土体滑动措施或结构抗裂措施。

注：常时水线宜按设计基准期内年平均最高水位采用，也可按近期最高水位采用。

4.3.11　地基主要受力层范围内存在软弱粘性土层与湿陷性黄土时，应结合具体情况综合考虑，采用桩基、地基加固处理或本节第 4.3.9 条的各项措施，也可根据软土震陷量的估计，采取相应措施。

4.4 桩 基

4.4.1 承受竖向荷载为主的低承台桩基,当地面下无液化土层,且桩承台周围无淤泥、淤泥质土和地基承载力特征值不大于100kPa的填土时,下列建筑可不进行桩基抗震承载力验算:

1 本章第4.2.1条之1、3款规定的建筑;
2 7度和8度时的下列建筑:
  1) 一般的单层厂房和单层空旷房屋;
  2) 不超过8层且高度在25m以下的一般民用框架房屋;
  3) 基础荷载与2)项相当的多层框架厂房。

4.4.2 非液化土中低承台桩基的抗震验算,应符合下列规定:

1 单桩的竖向和水平向抗震承载力特征值,可均比非抗震设计时提高25%。
2 当承台周围的回填土夯实至干密度不小于《建筑地基基础设计规范》对回填土的要求时,可由承台正面填土与桩共同承担水平地震作用;但不应计入承台底面与地基土间的摩擦力。

4.4.3 存在液化土层的低承台桩基抗震验算,应符合下列规定:

1 对一般浅基础,不宜计入承台周围土的抗力或刚性地坪对水平地震作用的分担作用。
2 当桩承台底面上、下分别有厚度不小于1.5m、1.0m的非液化土层或非软弱土层时,可按下列二种情况进行桩基

抗震验算,并按不利情况设计:

1) 桩承受全部地震作用,桩承载力按本节第4.4.2条取用,液化土的桩周摩阻力及桩水平抗力均应乘以表4.4.3的折减系数。

表4.4.3 土层液化影响折减系数

实际标准贯入锤击数/临界标准贯入锤击数	深度 d_s (m)	折减系数
≤0.6	$d_s ≤ 10$	0
	$10 < d_s ≤ 20$	1/3
>0.6~0.8	$d_s ≤ 10$	1/3
	$10 < d_s ≤ 20$	2/3
>0.8~1.0	$d_s ≤ 10$	2/3
	$10 < d_s ≤ 20$	1

2) 地震作用按水平地震影响系数最大值的10%采用,桩承载力仍按本节第4.4.2条1款取用,但应扣除液化土层的全部摩阻力及桩承台下2m深度范围内非液化土层的桩周摩阻力。

3 打入式预制桩及其他挤土桩,当平均桩距为2.5~4倍桩径且桩数不少于5×5时,可计入打桩对土的加密作用及桩身对液化土变形限制的有利影响。当打桩后桩间土的标准贯入锤击数值达到不液化的要求时,单桩承载力可不折减,但对桩尖持力层作强度校核时,桩群外侧的应力扩散角应取为零。打桩后桩间土的标准贯入锤击数宜由试验确定,也可按下式计算:

$$N_1 = N_p + 100\rho(1 - e^{-0.3N_p}) \quad (4.4.3)$$

式中 N_1——打桩后的标准贯入锤击数;
ρ——打入式预制桩的面积置换率;
N_p——打桩前的标准贯入锤击数。

4.4.4 处于液化土中的桩基承台周围，宜用非液化土填筑夯实，若用砂土或粉土则应使土层的标准贯入锤击数不小于本章第4.3.4条规定的液化判别标准贯入锤击数临界值。

4.4.5 液化土中桩的配筋范围，应自桩顶至液化深度以下符合全部消除液化沉陷所要求的深度，其纵向钢筋与桩顶部相同，箍筋应加密。

4.4.6 在有液化侧向扩展的地段，距常时水线100m范围内的桩基除应满足本节中的其他规定外，尚应考虑土流动时的侧向作用力，且承受侧向推力面积应按桩外缘与外侧地表至液化深度区内的桩侧面积计算。

5 地震作用和结构抗震验算

5.1 一般规定

5.1.1 各类建筑结构的地震作用，应符合下列规定：

1 一般情况下，应允许在建筑结构的两个主轴方向分别计算水平地震作用并进行抗震验算，各方向的水平地震作用应由该方向抗侧力构件承担。

2 有斜交抗侧力构件的结构，当相交角度大于15°时，应分别计算各抗侧力构件方向的水平地震作用。

3 质量和刚度分布明显不对称的结构，应计入双向水平地震作用下的扭转影响；其他情况，应允许采用调整地震作用效应的方法计入扭转影响。

4 8、9度时的大跨度和长悬臂结构及9度时的高层建筑，应计算竖向地震作用。

注：8、9度时采用隔震设计的建筑结构，应按有关规定计算向地震作用。

5.1.2 各类建筑结构的抗震计算，应采用下列方法：

1 高度不超过40m，以剪切变形为主且质量和刚度沿高度分布比较均匀的结构，以及近似于单质点体系的结构，可采用底部剪力法等简化方法。

2 除1款外的建筑结构，宜采用振型分解反应谱法。

3 特别不规则的建筑、甲类建筑和表5.1.2-1所列高度范围的高层建筑，应采用时程分析法进行多遇地震下的补充计算，可取多条时程曲线计算结果的平均值与振型分解反应谱法计算结果的较大值。

采用时程分析法时，应按建筑场地类别和设计地震分组选用不少于二组的实际强震记录和一组人工模拟的加速度时程曲线，其平均地震影响系数曲线应与振型分解反应谱法所采用的地震影响系数曲线在统计意义上相符，其加速度时程的最大值可按表5.1.2-2采用。弹性时程分析时，每条时程曲线计算所得结构底部剪力不应小于振型分解反应谱法计算结果的65%，多条时程曲线计算所得结构底部剪力的平均值不应小于振型分解反应谱法计算结果的80%。

表5.1.2-1 采用时程分析的房屋高度范围

烈度、场地类别	房屋高度范围（m）
8度Ⅰ、Ⅱ类场地和7度	>100
8度Ⅲ、Ⅳ类场地	>80
9度	>60

表5.1.2-2 时程分析所用地震加速度时程曲线的最大值（cm/s²）

地震影响	6度	7度	8度	9度
多遇地震	18	35（55）	70（110）	140
罕遇地震	—	220（310）	400（510）	620

注：括号内数值分别用于设计基本地震加速度为0.15g和0.30g的地区。

4 计算罕遇地震下结构的变形，应按本章第5.5节规定的弹塑性分析方法或弹塑性时程分析法。

采用简化的弹塑性分析方法和消能减震设计、隔震设计，应采用本规范第12章规定的计算方法。

注：建筑结构的隔震和消能减震设计，应采用本规范第12章规定的计算方法。

5.1.3 计算地震作用时，建筑的重力荷载代表值应取结构和构配件自重标准值和各可变荷载组合值之和。各可变荷载的组合值系数，应按表5.1.3采用。

表5.1.3 组合值系数

可变荷载种类	组合值系数
雪荷载	0.5
屋面积灰荷载	0.5
屋面活荷载	不计入
按实际情况计算的楼面活荷载	1.0
按等效均布荷载计算的楼面活荷载	藏书库、档案库	0.8
	其他民用建筑	0.5
吊车悬吊物重力	硬钩吊车	0.3
	软钩吊车	不计入

注：硬钩吊车的吊重较大时，组合值系数应按实际情况采用。

5.1.4 建筑结构的地震影响系数应根据烈度、场地类别、设计地震分组和结构自振周期以及阻尼比确定。其水平地震影响系数最大值应按表5.1.4-1采用；特征周期应根据场地类别和设计地震分组按表5.1.4-2采用，计算8、9度罕遇地震作用时，特征周期应增加0.05s。

注：1 周期大于6.0s的建筑结构所采用的地震影响系数应专门研究；

2 已编制抗震设防区划的城市，应允许按批准的设计地震动参数采用相应的地震影响系数。

表5.1.4-1 水平地震影响系数最大值

地震影响	6度	7度	8度	9度
多遇地震	0.04	0.08（0.12）	0.16（0.24）	0.32
罕遇地震	—	0.50（0.72）	0.90（1.20）	1.40

注：括号中数值分别用于设计基本地震加速度为0.15g和0.30g的地区。

表 5.1.4-2 特征周期值 (s)

设计地震分组	场地类别			
	I	II	III	IV
第一组	0.25	0.35	0.45	0.65
第二组	0.30	0.40	0.55	0.75
第三组	0.35	0.45	0.65	0.90

5.1.5 建筑结构地震影响系数曲线（图 5.1.5）的阻尼调整和形状参数应符合下列要求：

1 除有专门规定外，建筑结构的阻尼比应取 0.05，地震影响系数曲线的阻尼调整系数应按 1.0 采用，形状参数应符合下列规定：

1) 直线上升段，周期小于 0.1s 的区段。
2) 水平段，自 0.1s 至特征周期区段，应取最大值 (α_{max})。
3) 曲线下降段，自特征周期至 5 倍特征周期区段，衰减指数应取 0.9。
4) 直线下降段，自 5 倍特征周期至 6s 区段，下降斜率调整系数应取 0.02。

2 当建筑结构的阻尼比按有关规定不等于 0.05 时，地震影响系数曲线的阻尼调整系数和形状参数应符合下列规定：

1) 曲线下降段的衰减指数应按下式确定：

$$\gamma = 0.9 + \frac{0.05 - \zeta}{0.5 + 5\zeta} \quad (5.1.5-1)$$

式中 γ —— 曲线下降段的衰减指数；
ζ —— 阻尼比。

2) 直线下降段的下降斜率调整系数应按下式确定：

$$\eta_1 = 0.02 + (0.05 - \zeta)/8 \quad (5.1.5-2)$$

式中 η_1 —— 直线下降段的下降斜率调整系数，小于 0 时取 0。

3) 阻尼调整系数应按下式确定：

$$\eta_2 = 1 + \frac{0.05 - \zeta}{0.06 + 1.7\zeta} \quad (5.1.5-3)$$

式中 η_2 —— 阻尼调整系数，当小于 0.55 时，应取 0.55。

5.1.6 结构抗震验算，应符合下列规定：

1 6 度时的建筑（建造于 IV 类场地上较高的高层建筑等除外），以及生土房屋和木结构房屋等，应允许不进行截面抗震验算，但应符合有关的抗震措施要求。

2 6 度时建造于 IV 类场地上较高的高层建筑，7 度和 7 度以上的建筑结构（生土房屋和木结构房屋等除外），应进行多遇地震作用下的截面抗震验算。

注：采用隔震设计的建筑结构，其抗震验算应符合有关规定。

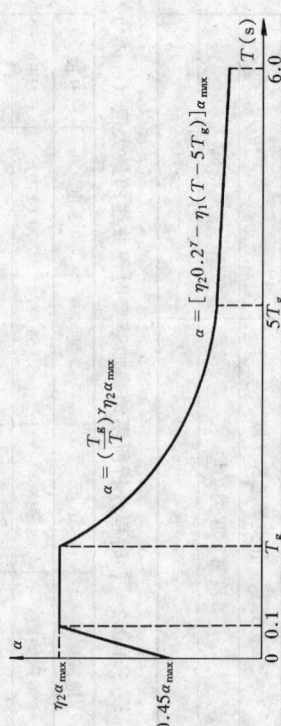

α——地震影响系数；α_{max}——地震影响系数最大值；η_1——直线下降段的下降斜率调整系数；γ——衰减指数；T_g——特征周期；η_2——阻尼调整系数；T——结构自振周期

图 5.1.5 地震影响系数曲线

5.1.7 符合本章第 5.5 节规定的结构，除按规定进行多遇地震作用下的截面抗震验算外，尚应进行相应的变形验算。

5.2 水平地震作用计算

5.2.1 采用底部剪力法时，各楼层可仅取一个自由度，结构的水平地震作用标准值，应按下列公式确定（图5.2.1）：

$$F_{Ek} = \alpha_1 G_{eq} \quad (5.2.1-1)$$

$$F_i = \frac{G_i H_i}{\sum_{j=1}^{n} G_j H_j} F_{Ek}(1 - \delta_n) \quad (i = 1, 2, \cdots n) \quad (5.2.1-2)$$

$$\Delta F_n = \delta_n F_{Ek} \quad (5.2.1-3)$$

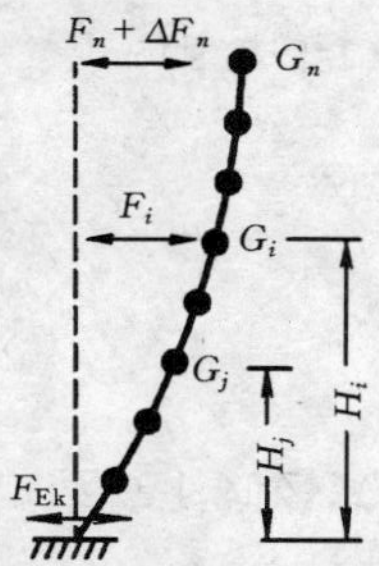

式中 F_{Ek} ——结构总水平地震作用标准值；

α_1 ——相应于结构基本自振周期的水平地震影响系数值，应按本章第 5.1.4 条确定，多层砌体房屋、底部框架和多层内框架砖房，宜取水平地震影响系数最大值；

G_{eq} ——结构等效总重力荷载，单质点应取总重力荷载代表值，多质点可取总重力荷载代表值的 85%；

F_i ——质点 i 的水平地震作用标准值；

G_i, G_j ——分别为集中于质点 i, j 的重力荷载代表值，应按本章第 5.1.3 条确定；

H_i, H_j ——分别为质点 i, j 的计算高度；

δ_n ——顶部附加地震作用系数，多层钢筋混凝土和多层钢结构房屋可按表 5.2.1 采用，多层内框架砖房可采用 0.2，其他房屋可采用 0.0；

ΔF_n ——顶部附加水平地震作用。

表 5.2.1 顶部附加地震作用系数

T_g (s)	$T_1 > 1.4 T_g$	$T_1 \leq 1.4 T_g$
≤0.35	$0.08 T_1 + 0.07$	
<0.35~0.55	$0.08 T_1 + 0.01$	0.0
>0.55	$0.08 T_1 - 0.02$	

注：T_1 为结构基本自振周期。

5.2.2 采用振型分解反应谱法时，不进行扭转耦联计算的结构，应按下列规定计算其水平地震作用和作用效应：

1 结构 j 振型 i 质点的水平地震作用标准值，应按下列公式确定：

$$F_{ji} = \alpha_j \gamma_j X_{ji} G_i \quad (i = 1, 2, \cdots n, \; j = 1, 2, \cdots m) \quad (5.2.2-1)$$

$$\gamma_j = \sum_{i=1}^{n} X_{ji} G_i \bigg/ \sum_{i=1}^{n} X_{ji}^2 G_i \quad (5.2.2-2)$$

式中 F_{ji} —— j 振型 i 质点的水平地震作用标准值；

α_j ——相应于 j 振型自振周期的地震影响系数，应按本章第 5.1.4 条确定；

X_{ji} —— j 振型 i 质点的水平相对位移；

γ_j —— j 振型的参与系数。

2 水平地震作用效应（弯矩、剪力、轴向力和变形），应按下式确定：

图 5.2.1 结构水平地震作用计算简图

$$S_{Ek} = \sqrt{\sum S_j^2} \quad (5.2.2-3)$$

式中 S_{Ek}——水平地震作用标准值的效应;
S_j——j 振型水平地震作用标准值的效应,可只取前 2~3 个振型,当基本自振周期大于 1.5s 或房屋高宽比大于 5 时,振型个数应适当增加。

5.2.3 建筑结构计算其地震作用和作用效应,应按下列规定计算水平地震作用和扭转影响:

1 规则结构不进行扭转耦联计算时,平行于地震作用方向的两个边榀,其地震作用效应应乘以增大系数。一般情况下,短边可按 1.15 采用,长边可按 1.05 采用;当扭转刚度较小时,宜按不小于 1.3 采用。

2 按扭转耦联振型分解法计算时,各楼层可取两个正交的水平位移和一个转角共三个自由度,并应按下列公式计算结构的地震作用和作用效应。确有依据时,尚可采用简化计算方法确定地震作用效应。

1) j 振型 i 层的水平地震作用标准值,应按下列公式确定:

$$F_{xji} = \alpha_j \gamma_{tj} X_{ji} G_i$$
$$F_{yji} = \alpha_j \gamma_{tj} Y_{ji} G_i \quad (i=1,2,\cdots,n,\ j=1,2,\cdots,m)$$
$$F_{tji} = \alpha_j \gamma_{tj} r_i^2 \varphi_{ji} G_i \quad (5.2.3-1)$$

式中 F_{xji}、F_{yji}——分别为 j 振型 i 层的水平地震作用标准值在 x 方向、y 方向的地震作用标准值;
X_{ji}、Y_{ji}——分别为 j 振型 i 层质心在 x、y 方向的水平相对位移;
φ_{ji}——j 振型 i 层的相对扭转角;

r_i——i 层转动半径,可取 i 层绕质心的转动惯量除以该层质量的商的正二次方根;
γ_{tj}——计入扭转的 j 振型的参与系数,可按下列公式确定:

当仅取 x 方向地震作用时

$$\gamma_{tj} = \sum_{i=1}^{n} X_{ji} G_i \Big/ \sum_{i=1}^{n} (X_{ji}^2 + Y_{ji}^2 + \varphi_{ji}^2 r_i^2) G_i \quad (5.2.3-2)$$

当仅取 y 方向地震作用时

$$\gamma_{tj} = \sum_{i=1}^{n} Y_{ji} G_i \Big/ \sum_{i=1}^{n} (X_{ji}^2 + Y_{ji}^2 + \varphi_{ji}^2 r_i^2) G_i \quad (5.2.3-3)$$

当取与 x 方向斜交的地震作用时,

$$\gamma_{tj} = \gamma_{xj}\cos\theta + \gamma_{yj}\sin\theta \quad (5.2.3-4)$$

式中 γ_{xj}、γ_{yj}——分别由式 (5.2.3-2)、(5.2.3-3) 求得的参与系数;
θ——地震作用方向与 x 方向的夹角。

2) 单向水平地震作用的扭转效应,可按下列公式确定:

$$S_{Ek} = \sqrt{\sum_{j=1}^{m}\sum_{k=1}^{m}\rho_{jk}S_j S_k} \quad (5.2.3-5)$$

$$\rho_{jk} = \frac{8\zeta_j\zeta_k(1+\lambda_T)\lambda_T^{1.5}}{(1-\lambda_T^2)^2 + 4\zeta_j\zeta_k(1+\lambda_T)^2\lambda_T} \quad (5.2.3-6)$$

式中 S_{Ek}——地震作用标准值的扭转效应;

1—24

式中 S_j、S_k —— 分别为 j、k 振型地震作用标准值的效应，可取前 9～15 个振型；
ζ_j、ζ_k —— 分别为 j、k 振型的阻尼比；
ρ_{jk} —— j 振型与 k 振型的耦联系数；
λ_T —— k 振型与 j 振型的自振周期比。

3) 双向水平地震作用的扭转效应，可按下列公式中的较大值确定：

$$S_{Ek} = \sqrt{S_x^2 + (0.85 S_y)^2} \quad (5.2.3\text{-}7)$$

或

$$S_{Ek} = \sqrt{S_y^2 + (0.85 S_x)^2} \quad (5.2.3\text{-}8)$$

式中 S_x、S_y 分别为 x 向、y 向单向水平地震作用按式（5.2.3-5）计算的扭转效应。

5.2.4 采用底部剪力法时，突出屋面的屋顶间、女儿墙、烟囱等的地震作用效应，宜乘以增大系数 3，此增大部分不应往下传递，但与该突出部分相连构件应予计入；采用振型分解法时，突出屋面部分可作为一个质点；单层厂房突出屋面天窗架的地震作用效应的增大系数，应按本规范 9 章有关规定采用。

5.2.5 抗震验算时，结构任一楼层的水平地震剪力应符合下式要求：

$$V_{Eki} > \lambda \sum_{j=i}^{n} G_j \quad (5.2.5)$$

式中 V_{Eki} —— 第 i 层对应于水平地震作用标准值的楼层剪力；
λ —— 剪力系数，不应小于表 5.2.5 规定的楼层最小地震剪力系数值，对竖向不规则结构的薄弱层，尚应乘以 1.15 的增大系数；

G_j —— 第 j 层的重力荷载代表值。

表 5.2.5 楼层最小地震剪力系数值

类 别	7 度	8 度	9 度
扭转效应明显或基本周期小于 3.5s 的结构	0.016 (0.024)	0.032 (0.048)	0.064
基本周期大于 5.0s 的结构	0.012 (0.018)	0.024 (0.032)	0.040

注：1 基本周期介于 3.5s 和 5s 之间的结构，可插入取值；
2 括号内数值分别用于设计基本地震加速度为 0.15g 和 0.30g 的地区。

5.2.6 结构的楼层水平地震剪力，应按下列原则分配：
1 现浇和装配整体式混凝土楼、屋盖等刚性楼盖建筑，宜按抗侧力构件等效刚度的比例分配。
2 木楼盖、木屋盖等柔性楼盖建筑，宜按抗侧力构件从属面积上重力荷载代表值的比例分配。
3 普通的预制装配式混凝土楼、屋盖半刚性楼、屋盖建筑，可取上述两种分配结果的平均值。
4 计入空间作用、楼盖变形、墙体弹塑性变形和扭转的影响时，可按本规范各有关规定对上述分配结果适当调整。

5.2.7 结构抗震计算，一般情况下可不计入地基与结构相互作用的影响；8 度和 9 度时建造于Ⅲ、Ⅳ类场地，采用箱基、刚性较好的筏基和桩箱联合基础的钢筋混凝土高层建筑，当结构基本自振周期处于特征周期的 1.2 倍至 5 倍范围时，若计入地基与结构动力相互作用的影响，对刚性地基假定计算的水平地震剪力可按下列规定折减，其层间变形可按折减后的楼层剪力计算：

1 高宽比小于 3 的结构，各楼层水平地震剪力的折减系数，可按下式计算：

$$\psi = \left(\frac{T_1}{T_1 + \Delta T}\right)^{0.9} \quad (5.2.7)$$

式中 ψ——计入地基与结构动力相互作用后的地震剪力折减系数;

T_1——按刚性地基假定确定的结构基本自振周期 (s);

ΔT——计入地基与结构动力相互作用的附加周期 (s),可按表 5.2.7 采用。

表 5.2.7 附加周期 (s)

烈 度	场 地 类 别	
	Ⅲ	Ⅳ
8	0.08	0.20
9	0.10	0.25

2 高宽比小于 3 的结构,底部的地震剪力按 1 款规定折减,顶部不折减,中间各层按线性插入值折减。

3 折减后各楼层地震剪力的水平地震剪力,应符合本章第 5.2.5 条的规定。

5.3 竖向地震作用计算

5.3.1 9 度时的高层建筑,其竖向地震作用标准值应按下列公式确定(图 5.3.1);楼层的地震作用效应可按各构件承受的重力荷载代表值的比例分配,并宜乘以增大系数 1.5。

$$F_{Evk} = \alpha_{v\max} G_{eq} \quad (5.3.1-1)$$

$$F_{vi} = \frac{G_i H_i}{\Sigma G_j H_j} F_{Evk} \quad (5.3.1-2)$$

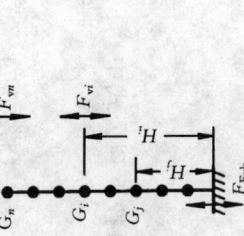

图 5.3.1 结构竖向地震作用计算简图

式中 F_{Evk}——结构总竖向地震作用标准值;

F_{vi}——质点 i 的竖向地震作用标准值;

$\alpha_{v\max}$——竖向地震影响系数最大值,可取水平地震影响系数最大值的 65%;

G_{eq}——结构等效总重力荷载,可取其重力荷载代表值的 75%。

5.3.2 平板型网架屋盖和跨度大于 24m 屋架的竖向地震作用标准值,宜取其重力荷载代表值和竖向地震作用系数的乘积;竖向地震作用系数可按表 5.3.2 采用。

表 5.3.2 竖向地震作用系数

结构类型	烈度	场 地 类 别		
		Ⅰ	Ⅱ	Ⅲ、Ⅳ
平板型网架、钢屋架	8	可不计算 (0.10)	0.08 (0.12)	0.10 (0.15)
	9	0.15	0.15	0.20
钢筋混凝土屋架	8	0.10 (0.15)	0.13 (0.19)	0.13 (0.19)
	9	0.20	0.25	0.25

注:括号中数值分别用于设计基本地震加速度为 0.15g 和 0.30g 的地区。

5.3.3 长悬臂和其他大跨度结构的竖向地震作用标准值,8 度和 9 度可分别取该结构、构件重力荷载代表值的 10% 和 20%,设计基本地震加速度为 0.30g 时,可取该结构、构件重力荷载代表值的 15%。

5.4 截面抗震验算

5.4.1 结构构件的地震作用效应和其他荷载效应的基本组合,应按下式计算:

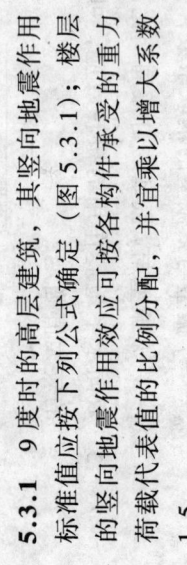

$$S = \gamma_G S_{GE} + \gamma_{Eh} S_{Ehk} + \gamma_{Ev} S_{Evk} + \psi_w \gamma_w S_{wk} \quad (5.4.1)$$

式中 S——结构构件内力组合的设计值，包括组合的弯矩、轴向力和剪力设计值；

γ_G——重力荷载分项系数，一般情况应用 1.2，当重力荷载效应对构件承载能力有利时，不应大于 1.0；

γ_{Eh}、γ_{Ev}——分别为水平、竖向地震作用分项系数，应按表 5.4.1 采用；

γ_w——风荷载分项系数，应用 1.4；

S_{GE}——重力荷载代表值的效应，有吊车时，尚应包括悬吊物重力标准值的效应；

S_{Ehk}——水平地震作用标准值的效应，尚应乘以相应的增大系数或调整系数；

S_{Evk}——竖向地震作用标准值的效应，尚应乘以相应的增大系数或调整系数；

S_{wk}——风荷载标准值的效应；

ψ_w——风荷载组合系数，一般结构取 0.0，风荷载起控制作用的高层建筑应采用 0.2。

表 5.4.1 地震作用分项系数

地 震 作 用	γ_{Eh}	γ_{Ev}
仅计算水平地震作用	1.3	0.0
仅计算竖向地震作用	0.0	1.3
同时计算水平与竖向地震作用	1.3	0.5

注：本规范一般略去表示水平方向的下标。

5.4.2 结构构件的截面抗震验算，应采用下列设计表达式：

$$S \leq R/\gamma_{RE} \quad (5.4.2)$$

式中 γ_{RE}——承载力抗震调整系数，除另有规定外，应按表 5.4.2 采用；

R——结构构件承载力设计值。

表 5.4.2 承载力抗震调整系数

材 料	结构构件	受力状态	γ_{RE}
钢	柱，梁，支撑 节点板件，连接螺栓 连接焊缝		0.75 0.80 0.85 0.90
砌体	两端均有构造柱、芯柱的抗震墙 其他抗震墙	受剪 受剪	0.9 1.0
混凝土	梁 轴压比小于 0.15 的柱 轴压比不小于 0.15 的柱 抗震墙 各类构件	受弯 偏压 偏压 偏压 受剪、偏拉	0.75 0.75 0.80 0.85 0.85

5.4.3 当仅计算竖向地震作用时，各类结构构件承载力抗震调整系数均宜采用 1.0。

5.5 抗震变形验算

5.5.1 表 5.5.1 所列各类结构应进行多遇地震作用下的抗震变形验算，其楼层内最大的弹性层间位移应符合下式要求：

$$\Delta u_e \leq [\theta_e] h \quad (5.5.1)$$

式中 Δu_e——多遇地震作用标准值产生的楼层内最大的弹性层间位移；计算时，除以弯曲变形为主的高层建筑外，可不扣除结构整体弯曲变形；应计入扭转变形，各作用分项系数均应采用 1.0；钢筋混凝土结构构件的截面刚度可采用弹性刚度；

$[\theta_e]$ —— 弹性层间位移角限值,宜按表 5.5.1 采用;
h —— 计算楼层层高。

表 5.5.1　弹性层间位移角限值

结　构　类　型	$[\theta_e]$
钢筋混凝土框架	1/550
钢筋混凝土框架-抗震墙、板柱-抗震墙、框架-核心筒	1/800
钢筋混凝土抗震墙、筒中筒	1/1000
钢筋混凝土框支层	1/1000
多、高层钢结构	1/300

5.5.2 结构在罕遇地震作用下薄弱层的弹塑性变形验算,应符合下列要求:

1 下列结构应进行弹塑性变形验算:

　　1) 8 度Ⅲ、Ⅳ类场地和 9 度时,高大的单层钢筋混凝土柱厂房的横向排架;

　　2) 7~9 度时楼层屈服强度系数小于 0.5 的钢筋混凝土框架结构;

　　3) 高度大于 150m 的钢结构;

　　4) 甲类建筑和 9 度时乙类建筑中的钢筋混凝土结构和钢结构;

　　5) 采用隔震和消能减震设计的结构。

2 下列结构宜进行弹塑性变形验算:

　　1) 表 5.1.2-1 所列高度范围且属于表 3.4.2-2 所列竖向不规则类型的高层建筑结构;

　　2) 7 度Ⅲ、Ⅳ类场地和 8 度时乙类建筑中的钢筋混凝土结构和钢结构;

　　3) 板柱-抗震墙结构和底部框架砖房;

　　4) 高度不大于 150m 的高层钢结构。

注:楼层屈服强度系数为按构件实际配筋和材料强度标准值计算的楼层受剪承载力和按罕遇地震作用标准值计算的楼层弹性地震剪力的比值;对排架柱,指按实际配筋面积、材料强度标准值和轴向力计算的正截面受弯承载力与按罕遇地震作用标准值计算的弹性地震弯矩的比值。

5.5.3 结构在罕遇地震作用下薄弱层(部位)弹塑性变形计算,可采用下列方法:

1 不超过 12 层且层刚度无突变的钢筋混凝土框架结构、单层钢筋混凝土柱厂房可采用本节第 5.5.4 条的简化计算法;

2 除 1 款以外的建筑结构,可采用静力弹塑性分析方法或弹塑性时程分析法等;

3 规则结构可采用弯剪层模型或平面杆系模型,属于本规范第 3.4 节不规则的结构应采用空间结构模型。

5.5.4 结构薄弱层(部位)弹塑性层间位移的简化计算,宜符合下列要求:

1 结构薄弱层(部位)的位置可按下列情况确定:

　　1) 楼层屈服强度系数沿高度分布均匀的结构,可取底层;

　　2) 楼层屈服强度系数沿高度分布不均匀的结构,可取该系数最小的楼层(部位)和相对较小的楼层,一般不超过 2~3 处;

　　3) 单层厂房,可取上柱。

2 弹塑性层间位移可按下列公式计算:

$$\Delta u_p = \eta_p \Delta u_e \quad (5.5.4\text{-}1)$$

或

$$\Delta u_p = \mu \Delta u_y = \frac{\eta_p}{\xi_y} \Delta u_y \quad (5.5.4\text{-}2)$$

式中 Δu_p ——弹塑性层间位移;
Δu_y ——层间屈服位移;
μ ——楼层延性系数;
Δu_e ——罕遇地震作用下按弹性分析的层间位移;
η_p ——弹塑性层间位移增大系数,当薄弱层(部位)的屈服强度系数不小于相邻层(部位)该系数平均值的0.8时,可按表5.5.4采用。当不大于该平均值的0.5时,可按表内相应数值的1.5倍采用;其他情况可采用内插法取值;
ξ_y ——楼层屈服强度系数。

表5.5.4 弹塑性层间位移增大系数

结构类型	总层数 n 或部位	ξ_y		
		0.5	0.4	0.3
多层均匀框架结构	2~4	1.30	1.40	1.60
	5~7	1.50	1.65	1.80
	8~12	1.80	2.00	2.20
单层厂房	上柱	1.30	1.60	2.00

5.5.5 结构薄弱层(部位)弹塑性层间位移应符合下式要求:

$$\Delta u_p \leqslant [\theta_p] h \quad (5.5.5)$$

式中 $[\theta_p]$ ——弹塑性层间位移角限值,可按表5.5.5采用;对钢筋混凝土框架结构,当轴压比小于0.40时,可提高10%;当柱子全高的箍筋构造比本规范表6.3.12条规定的最小配箍特征值大30%时,可提高20%,但累计不超过25%。

h ——薄弱层楼层高度或单层厂房上柱高度。

表5.5.5 弹塑性层间位移角限值

结构类型	$[\theta_p]$
单层钢筋混凝土柱排架	1/30
钢筋混凝土框架	1/50
底部框架砖房中的框架-抗震墙	1/100
钢筋混凝土框架-抗震墙、板柱-抗震墙、框架-核心筒	1/100
钢筋混凝土抗震墙、筒中筒	1/120
多、高层钢结构	1/50

6 多层和高层钢筋混凝土房屋

6.1 一般规定

6.1.1 本章适用的现浇钢筋混凝土房屋的结构类型和最大高度应符合表 6.1.1 的要求。平面和竖向均不规则的结构或建造于Ⅳ类场地的结构,适用的最大高度应适当降低。

注:本章的"抗震墙"即现行国家标准《混凝土结构设计规范》GB50010 中的剪力墙。

表 6.1.1 现浇钢筋混凝土房屋适用的最大高度 (m)

结构类型	烈度			
	6	7	8	9
框架	60	55	45	25
框架-抗震墙	130	120	100	50
抗震墙	140	120	100	60
部分框支抗震墙	120	100	80	不应采用
框架-核心筒	150	130	100	70
筒中筒	180	150	120	80
板柱-抗震墙	40	35	30	不应采用

注:1 房屋高度指室外地面到主要屋面板板顶的高度(不包括局部突出屋顶部分);
2 框架-核心筒结构指周边稀柱框架与核心筒组成的结构;
3 部分框支抗震墙结构指首层或底层两层框支抗震墙结构;
4 乙类建筑可按本地区抗震设防烈度确定其适用的最大高度;
5 超过表内高度的房屋,应进行专门研究和论证,采取有效的加强措施。

6.1.2 钢筋混凝土房屋应根据烈度、结构类型和房屋高度采用不同的抗震等级,并应符合相应的计算和构造措施要求。丙类建筑的抗震等级应按表 6.1.2 确定。

表 6.1.2 现浇钢筋混凝土房屋的抗震等级

结构类型		烈 度							
		6		7		8		9	
框架结构	高度 (m)	≤30	>30	≤30	>30	≤30	>30	≤25	
	框架	四	三	三	二	二	一	一	
	剧场、体育馆等大跨度公共建筑	三		二		一		一	
框架-抗震墙结构	高度 (m)	≤60	>60	≤60	>60	≤60	>60	≤50	
	框架	四	三	三	二	二	一	一	
	抗震墙	三		三	二	二	一	一	
抗震墙结构	高度 (m)	≤80	>80	≤80	>80	≤80	>80	≤60	
	抗震墙	四	三	三	二	二	一	一	
部分框支抗震墙结构	抗震墙	三	三	三	二	二	一		
	框支层框架	二	二	二	二	一	一		
筒体结构	框架-核心筒 外筒	三		二		一		一	
	核心筒 内筒	三		二		一		一	
	筒中筒	三		二		一		一	
板柱-抗震墙结构	板柱的柱	三		二		一			
	抗震墙	二		二		一			

注:1 建筑场地为Ⅰ类时,除 6 度外可按表内降低一度所对应的抗震等级采取抗震构造措施,但相应的计算要求不应降低;
2 接近或等于高度分界时,应允许结合房屋不规则程度及场地、地基条件确定抗震等级;
3 部分框支抗震墙结构中,抗震墙加强部位以上的一般部位,应按抗震墙结构确定其抗震等级。

6.1.3 钢筋混凝土房屋抗震等级的确定,尚应符合下列要求:

1 框架-抗震墙结构,在基本振型地震作用下,若框架部分承受的地震倾覆力矩大于结构总地震倾覆力矩的50%，其框架部分的抗震等级应按框架结构确定，最大适用高度可比框架结构适当增加。

2 裙房与主楼相连，除应按裙房本身确定外，不应低于主楼的抗震等级；主楼结构在裙房顶层及相邻上下各一层应适当加强抗震构造措施。裙房与主楼分离时，应按裙房本身确定抗震等级。

3 当地下室顶板作为上部结构的嵌固部位时，地下一层的抗震等级应与上部结构相同，地下一层以下的抗震等级可根据具体情况采用三级或更低等级。地下室中无上部结构的部分，抗震等级可根据具体情况采用三级或更低等级。

4 抗震设防类别分为甲、乙、丁类的建筑，应按本规范第3.1.3条规定和表6.1.2确定抗震等级；其中，8度乙类建筑高度超过表6.1.2规定的范围时，应经专门研究采用比一级更有效的抗震措施。

注：本章"一、二、三、四"即"抗震等级为一、二、三、四级"的简称。

6.1.4 高层钢筋混凝土房屋宜避免采用本规范第3.4节规定的不规则建筑结构方案，不设防震缝；当需要设置防震缝时，应符合下列规定：

1 防震缝最小宽度应符合下列要求：

1）框架结构房屋的防震缝宽度，当高度不超过15m时可采用70mm；超过15m时，6度、7度、8度和9度相应每增加高度5m、4m、3m和2m，宜加宽20mm。

2）框架-抗震墙结构房屋的防震缝宽度可采用本款1）项规定数值的70%，抗震墙结构房屋的防震缝宽度可采用本款1）项规定数值的50%；且均不宜小于70mm。

3）防震缝两侧结构类型不同时，宜按需要较宽防震缝的结构类型和较低房屋高度确定缝宽。

2 8、9度框架结构房屋防震缝两侧结构层高相差较大时，可在缝两侧房屋的尽端沿房屋全高设置垂直于防震缝的抗撞墙，每一侧抗撞墙的数量不应少于两道，宜分别对称布置，墙肢长度可不大于一个柱距，框架和抗撞墙的内力应按两端侧抗撞墙之间的框架和框架-抗撞墙计算的不利情况取值。防震缝两侧抗撞墙端柱和框架的边柱，箍筋应沿房屋全高加密。

6.1.5 框架结构和框架-抗震墙结构中，框架和抗震墙均应双向设置，柱中线与抗震墙中线、梁中线与柱中线之间偏心距不宜大于柱宽的1/4。

6.1.6 框架-抗震墙和板柱-抗震墙结构中，抗震墙之间无大洞口的楼、屋盖的长宽比，不宜超过表6.1.6的规定；超过时，应计入楼盖平面内变形的影响。

表6.1.6 抗震墙之间楼、屋盖的长宽比

楼、屋盖类型	烈 度			
	6	7	8	9
现浇、叠合梁板	4	4	3	2
装配式楼盖	3	3	2.5	不宜采用
框支层和板柱-抗震墙的现浇梁板	2.5	2.5	2	不应采用

6.1.7 采用装配式楼、屋盖时，应采取措施保证楼、屋盖的整体性及其与抗震墙的可靠连接。采用配筋现浇面层加强时，厚度不宜小于50mm。

6.1.8 框架-抗震墙结构中的抗震墙设置,宜符合下列要求:
1 抗震墙宜贯通房屋全高,且横向与纵向的抗震墙宜相连。
2 抗震墙宜设置在墙面不需要开大洞口的位置。
3 房屋较长时,刚度较大的纵向抗震墙不宜设置在房屋的端开间。
4 抗震墙洞口宜上下对齐;洞边距端柱不宜小于300mm。
5 一、二级抗震墙的洞口连梁,跨高比不宜大于5,且梁截面高度不宜小于400mm。

6.1.9 抗震墙结构和部分框支抗震墙结构中的抗震墙设置,应符合下列要求:
1 较长的若干墙段,洞口连梁的跨高比宜大于6,各墙段的高宽比不应小于2。
2 墙肢的长度沿结构全高不宜有突变;抗震墙有较大洞口时,以及一、二级抗震墙的底部加强部位,洞口宜上下对齐。
3 矩形平面的部分框支抗震墙结构,其框支层的楼层侧向刚度不应小于相邻非框支层楼层侧向刚度的50%;框支层落地抗震墙间距不宜大于24m,框支层即楼层的平面布置宜对称,且宜设抗震筒体。

6.1.10 部分框支抗震墙结构的抗震墙,其底部加强部位的高度,可取框支层以上二层的高度及落地抗震墙总高度的1/8二者的较大值,且不大于15m;其他结构的抗震墙,底部加强部位高度可取墙肢总高度的1/8和底部二层二者的较大值,且不大于15m。

6.1.11 框架单独柱基有下列情况之一时,宜沿两个主轴方向设置基础系梁:
1 一级框架和Ⅳ类场地的二级框架;
2 各柱基承受的重力荷载代表值差别较大;
3 基础埋置较深,或各基础埋置深度差别较大;
4 地基主要受力层范围内存在软弱粘性土层、液化土层和严重不均匀土层;
5 桩基承台之间。

6.1.12 框架-抗震墙结构中的抗震墙基础和部分框支抗震墙结构的落地抗震墙基础,应有良好的整体性和抗转动的能力。

6.1.13 主楼与裙房相连且采用天然地基,除应符合本规范第4.2.4条的规定外,在地震作用下主楼基础底面不宜出现零应力区。

6.1.14 地下室顶板作为上部结构的嵌固部位时,应避免在地下室顶板开设大洞口,并应采用现浇梁板结构,其楼板厚度不宜小于180mm,混凝土强度等级不宜小于C30,应采用双层双向配筋,且每层每个方向的配筋率不宜小于0.25%;地下室结构的楼层侧向刚度不宜小于相邻上部楼层侧向刚度的2倍,地下室柱截面每侧的纵向钢筋面积,除应满足计算要求外,不应少于地上一层对应柱每侧纵向钢筋面积的1.1倍;地上一层的框架柱和抗震墙底截面的弯矩设计值应符合本章第6.2.3、6.2.6、6.2.7条的规定,位于地下室顶板的梁柱节点左右梁端截面实际受弯承载力之和不宜小于下柱端实际受弯承载力之和。

6.1.15 框架的填充墙应符合本规范第13章的规定。

6.1.16 高强混凝土结构抗震设计应符合本规范附录B的规

定。

6.1.17 预应力混凝土结构抗震设计应符合本规范附录C的规定。

6.2 计算要点

6.2.1 钢筋混凝土结构应按本节规定调整构件的组合内力设计值，其层间变形应符合本规范第5.5节有关规定；构件截面抗震验算时，凡本章和有关规范未作规定者，应符合现行有关结构设计规范的要求，但其非抗震的构件承载力设计值应除以本规范规定的承载力抗震调整系数。

6.2.2 一、二、三级框架的梁柱节点处，除框架顶层和柱轴压比小于0.15者及框支梁与框支柱的节点外，柱端组合的弯矩设计值应符合下式要求：

$$\Sigma M_c = \eta_c \Sigma M_b \quad (6.2.2-1)$$

一级框架结构及9度时尚应符合

$$\Sigma M_c = 1.2 \Sigma M_{bua} \quad (6.2.2-2)$$

式中 ΣM_c——节点上下柱端截面顺时针或反时针方向组合的弯矩之和，上下柱端的弯矩设计值，可按弹性分析分配；

ΣM_b——节点左右梁端截面反时针或顺时针方向组合的弯矩之和，一级框架节点左右梁端均为负弯矩时，绝对值较小的弯矩应取零；

ΣM_{bua}——节点左右梁端截面反时针或顺时针方向所对应的弯矩之和，根据实配截面抗震受弯承载力（计入受压筋）和材料强度标准值确定；

η_c——柱端弯矩增大系数，一级取1.4，二级取1.2，三级取1.1。

当反弯点不在柱的层高范围内时，柱端截面组合的弯矩设计值可乘以上述柱端弯矩增大系数。

6.2.3 一、二、三级框架结构的底层，柱下端截面组合的弯矩设计值应分别乘以增大系数1.5、1.25和1.15。底层柱纵向钢筋宜按上下端的不利情况配置。

注：底层指无地下室的基础以上或地下室以上的首层。

6.2.4 一、二、三级框架和抗震墙中跨高比大于2.5的连梁，其梁端截面组合的剪力设计值应按下式调整：

$$V = \eta_{vb}(M_b^l + M_b^r)/l_n + V_{Gb} \quad (6.2.4-1)$$

一级框架结构及9度时尚应符合

$$V = 1.1(M_{bua}^l + M_{bua}^r)/l_n + V_{Gb} \quad (6.2.4-2)$$

式中 V——梁端截面组合的剪力设计值；

l_n——梁的净跨；

V_{Gb}——梁在重力荷载代表值（9度时高层建筑还应包括竖向地震作用标准值）作用下，按简支梁分析的梁端截面剪力设计值；

$M_b^l、M_b^r$——分别为梁左右端截面反时针或顺时针方向组合的弯矩设计值，一级框架两端弯矩均为负弯矩时，绝对值较小的弯矩应取零；

$M_{bua}^l、M_{bua}^r$——分别为梁左右端截面反时针或顺时针方向所对应的弯矩，根据实配正截面抗震受弯承载力（计入受压筋）和材料强度标准值确定；

η_{vb}——梁端剪力增大系数，一级取1.3，二级取

1.2，三级取 1.1。

6.2.5 一、二、三级的框架柱和框支柱组合的剪力设计值应按下式调整：

$$V = \eta_{vc}(M_c^b + M_c^t)/H_n \quad (6.2.5-1)$$

一级框架结构及 9 度时尚应符合

$$V = 1.2(M_{cua}^b + M_{cua}^t)/H_n \quad (6.2.5-2)$$

式中 V ——柱端截面组合的剪力设计值；框支柱的剪力设计值尚应符合本节第 6.2.10 条的规定；

H_n ——柱的净高；

M_c^t、M_c^b ——分别为柱的上下端顺时针方向或反时针方向截面组合的弯矩设计值，应符合本节第 6.2.2、6.2.3 条的规定；框支柱的弯矩的弯矩设计值尚应符合本节第 6.2.10 条的规定；

M_{cua}^t、M_{cua}^b ——分别为偏心受压柱的上下端顺时针方向或反时针方向实配的正截面抗震受弯承载力所对应的弯矩值，根据实配钢筋面积、材料强度标准值和轴压力设计值确定；

η_{vc} ——柱剪力增大系数，一级取 1.4，二级取 1.2，三级取 1.1。

6.2.6 一、二、三级框架的角柱，经本节第 6.2.2、6.2.5、6.2.10 条调整后的组合弯矩设计值、剪力设计值尚应乘以不小于 1.10 的增大系数。

6.2.7 抗震墙各墙肢截面组合的弯矩设计值，应按下列规定采用：

1 一级抗震墙的底部加强部位及以上一层，应按墙肢底部截面组合弯矩设计值采用；其他部位，墙肢截面组合的弯矩设计值应乘以增大系数，其值可采用 1.2。

2 部分框支抗震墙结构的落地抗震墙墙肢不宜出现小偏心受拉。

3 双肢抗震墙中，墙肢不宜出现小偏心受拉；当任一墙肢为大偏心受拉时，另一墙肢的剪力设计值、弯矩设计值应乘以增大系数 1.25。

6.2.8 一、二、三级的抗震墙底部加强部位，其截面组合的剪力设计值应按下式调整：

$$V = \eta_{vw}V_w \quad (6.2.8-1)$$

9 度时尚应符合

$$V = 1.1\frac{M_{wua}}{M_w}V_w \quad (6.2.8-2)$$

式中 V ——抗震墙底部加强部位截面组合的剪力设计值；

V_w ——抗震墙底部加强部位截面组合的剪力计算值；

M_{wua} ——抗震墙底部截面的抗震受弯承载力所对应的弯矩值，根据实配纵向钢筋面积、材料强度标准值和轴力设计值等计算；有翼墙时应计入墙两侧各一倍翼墙厚度范围内的纵向钢筋；

M_w ——抗震墙底部截面组合的弯矩设计值；

η_{vw} ——抗震墙剪力增大系数，一级为 1.6，二级为 1.4，三级为 1.2。

6.2.9 钢筋混凝土结构的梁、柱、抗震墙和连梁，其截面组合的剪力设计值应符合下列要求：

跨高比大于 2.5 的梁和连梁及剪跨比大于 2 的柱和抗震墙：

$$V \leq \frac{1}{\gamma_{RE}}(0.20f_c bh_0) \quad (6.2.9-1)$$

跨高比不大于 2.5 的连梁、剪跨比不大于 2 的柱和抗震墙、部分框支抗震墙结构的框支梁、以及落地抗震墙的底部加强部位：

$$V \leq \frac{1}{\gamma_{RE}} (0.15 f_c b h_0) \quad (6.2.9-2)$$

剪跨比应按下式计算：

$$\lambda = M^c / (V^c h_0) \quad (6.2.9-3)$$

式中 λ——剪跨比，应按柱端或墙截面组合的弯矩计算值 M^c，对应的截面组合剪力计算值 V^c 及截面有效高度 h_0 确定，并取上下端计算结果的较大值；反弯点位于柱高中部的框架柱可按柱净高与2倍柱截面高度之比计算；

V——按本节第 6.2.5、6.2.6、6.2.8、6.2.10 条等规定调整后的柱端或墙肢截面组合的剪力设计值；

f_c——混凝土轴心抗压强度设计值；

b——梁、柱截面宽度或抗震墙墙肢截面宽度，圆形截面柱可按面积相等的方形截面计算；

h_0——截面有效高度，抗震墙可取墙肢长度。

6.2.10 部分框支抗震墙结构的框支柱尚应满足下列要求：

1 框支柱承受的最小地震剪力，当框支柱的数目多于10根时，柱承受地震剪力之和不应小于该层地震剪力的20%；当少于10根时，每根柱承受的地震剪力不应小于该层地震剪力的2%。

2 一、二级框支柱由地震作用引起的附加轴力应分别乘以增大系数 1.5、1.2；计算轴压比时，该附加轴力可不乘以增大系数。

3 一、二级框支柱的顶层柱上端和底层柱下端，其组合的弯矩设计值应分别乘以增大系数 1.5 和 1.25，框支柱

中间节点应满足本节第 6.2.2 条的要求。

4 框支梁中线宜与框支柱中线重合。

6.2.11 部分框支抗震墙结构的一级落地抗震墙底部加强部位尚应满足下列要求：

1 验算抗震墙受剪承载力时不宜计入混凝土的受剪作用，若需计入混凝土的受剪作用，则墙肢在边缘构件以外的部位应在两排钢筋间应设置直径不小于 8mm 的拉结筋，且水平和竖向同间距分别不大于该方向分布筋同间距两倍和 400mm 的较小值。

2 无地下室且墙肢底部截面出现偏心受拉时，宜在墙肢与基础交接面另设交叉防滑斜筋，防滑斜筋承担的拉力可按交接面处剪力设计值的 30% 采用。

6.2.12 部分框支抗震墙结构的框支层楼板应符合本规范附录 E.1 的规定。

6.2.13 钢筋混凝土结构抗震计算时，尚应符合下列要求：

1 侧向刚度沿竖向分布基本均匀的框架-抗震墙结构，任一层框架部分的地震剪力，不应小于结构分析的各层框架承担的地震剪力中最大值 1.5 倍二者的较小值。

2 抗震墙连梁，部分框支抗震墙结构计算内力和变形时，连梁的刚度可折减，折减系数不宜小于 0.50。

3 抗震墙结构、板柱-抗震墙结构，框架-抗震墙结构、筒体结构、部分框支抗震墙结构的共同工作，框架-抗震墙应考虑计入端翼墙的有效长度，每侧由抗震墙算起可取抗震墙净距的一半、翼墙高度的 6 倍、翼墙的有效长度，至门窗洞口的墙长度及抗震墙总高度的 15% 三者的最小值。

6.2.14 一级抗震墙的施工缝截面受剪承载力，应采用下式验算：

$$V_{wj} \leq \frac{1}{\gamma_{RE}} (0.6 f_y A_s + 0.8N) \quad (6.2.14)$$

式中 V_{wj}——抗震墙施工缝处组合的剪力设计值；
  f_y——竖向钢筋抗拉强度设计值；
  A_s——施工缝处抗震墙竖向分布钢筋、竖向插筋和边缘构件（不包括两侧翼墙）纵向钢筋的总截面积；
  N——施工缝处不利组合的轴向力设计值，压力取正值，拉力取负值。

6.2.15 框架节点核芯区的抗震验算应符合下列要求：
  1 一、二、三级框架的节点核芯区，应进行抗震验算；三、四级框架节点核芯区，可不进行抗震验算，但应符合本规范附录D的规定的要求。
  2 核芯区截面抗震验算方法应符合本规范附录D的规定。

6.3 框架结构抗震构造措施

6.3.1 梁的截面尺寸，宜符合下列各项要求：
  1 截面宽度不宜小于200mm；
  2 截面高宽比不宜大于4；
  3 净跨与截面高度之比不宜小于4。

6.3.2 采用梁宽大于柱宽的扁梁时，楼板应现浇，梁中线宜与柱中线重合，扁梁应双向布置，且不宜用于一级框架结构。扁梁的截面尺寸应符合下列要求，并应满足现行有关规范对挠度和裂缝宽度的规定：

$$b_b \leq 2b_c \quad (6.3.2-1)$$

$$b_b \leq b_c + h_b \quad (6.3.2-2)$$

$$h_b \geq 16d \quad (6.3.2-3)$$

式中 b_c——柱截面宽度，圆形截面取直径的0.8倍；
  b_b, h_b——分别为梁截面宽度和高度；
  d——柱纵筋直径。

6.3.3 梁的钢筋配置，应符合下列各项要求：
  1 梁端纵向受拉钢筋的配筋率不应大于2.5%，且计入受压钢筋的梁端混凝土受压区高度和有效高度之比，一级不应大于0.25，二、三级不应大于0.35。
  2 梁端截面的底面和顶面纵向钢筋配筋量的比值，除按计算确定外，一级不应小于0.5，二、三级不应小于0.3。
  3 梁端箍筋加密区的长度、箍筋最大间距和最小直径应按表6.3.3采用，当梁端纵向受拉钢筋配筋率大于2%时，表中箍筋最小直径数值应增大2mm。

表6.3.3 梁端箍筋加密区的长度、箍筋的最大间距和最小直径

抗震等级	加密区长度（采用较大值）(mm)	箍筋最大间距（采用最小值）(mm)	箍筋最小直径 (mm)
一	$2h_b$, 500	$h_b/4$, $6d$, 100	10
二	$1.5h_b$, 500	$h_b/4$, $8d$, 100	8
三	$1.5h_b$, 500	$h_b/4$, $8d$, 150	8
四	$1.5h_b$, 500	$h_b/4$, $8d$, 150	6

注：d 为纵向钢筋直径，h_b 为梁截面高度。

6.3.4 1 梁的纵向钢筋配置，尚应符合下列各项要求：
  1 沿梁全长顶面和底面的配筋，一、二级不应少于 $2\phi14$，且分别不应少于梁两端顶面和底面纵向配筋中较大截面面积的1/4，三、四级框架梁不应少于 $2\phi12$。
  2 一、二级框架梁内贯通中柱的每根纵向钢筋直径，对矩形截面柱，不宜大于柱在该方向截面尺寸的1/20；对圆

6.3.5 梁端箍筋加密区的箍筋肢距,一级不宜大于 200mm 和 20 倍箍筋直径的较大值,二、三级不宜大于 250mm 和 20 倍箍筋直径的较大值,四级不宜大于 300mm。

6.3.6 柱的截面尺寸,宜符合下列各项要求:

1 截面的宽度和高度均不宜小于 300mm;圆柱直径不宜小于 350mm。

2 剪跨比宜大于 2。

3 截面长边与短边的边长比不宜大于 3。

6.3.7 柱轴压比不宜超过表 6.3.7 的规定;建造于Ⅳ类场地且较高的高层建筑,柱轴压比限值应当减小。

表 6.3.7 柱轴压比限值

结 构 类 型	抗 震 等 级		
	一	二	三
框架结构	0.7	0.8	0.9
框架-抗震墙,板柱-抗震墙及筒体	0.75	0.85	0.95
部分框支抗震墙	0.6	0.7	

注:1 轴压比指柱组合的轴压力设计值与柱的全截面面积和混凝土轴心抗压强度设计值乘积之比值;可不进行地震作用计算的结构,取无地震作用组合的轴力设计值;

2 表内限值适用于剪跨比大于 2、混凝土强度等级不高于 C60 的柱;剪跨比不大于 2 的柱,轴压比限值应降低 0.05;剪跨比小于 1.5 的柱,轴压比限值应专门研究并采取特殊构造措施;

3 沿柱全高采用井字复合箍且箍筋肢距不大于 200mm、间距不大于 100mm、直径不小于 12mm,或沿柱全高采用复合螺旋箍、螺旋箍距不大于 100mm、箍筋肢距不大于 200mm 直径不小于 12mm,或沿柱全高采用连续复合矩形螺旋箍、螺旋净距不大于 80mm、箍筋肢距不大于 200mm、直径不小于 10mm,轴压比限值均可增加 0.10;上述三种箍筋的最小配箍特征值均应按增大的轴压比由本节表 6.3.12 确定;

4 在柱的截面中部附加芯柱,其中另加的纵向钢筋的总面积不少于柱截面面积的 0.8%,轴压比限值可增加 0.05,此项措施与注 3 的措施共同采用时,轴压比限值可增加 0.15,但箍筋的配箍特征值仍可按轴压比增加 0.10 的要求确定;

5 柱轴压比限值不应大于 1.05。

6.3.8 柱的钢筋配置,应符合下列各项要求:

1 柱纵向钢筋的最小总配筋率应按表 6.3.8-1 采用,同时每一侧配筋率不应小于 0.2%;对建造于Ⅳ类场地地且较高的高层建筑,表中的数值应增加 0.1。

表 6.3.8-1 柱截面纵向钢筋的最小总配筋率(百分率)

类 别	抗 震 等 级			
	一	二	三	四
中柱和边柱	1.0	0.8	0.7	0.6
角柱、框支柱	1.2	1.0	0.9	0.8

注:采用 HRB400 级热轧钢筋时应允许减少 0.1,混凝土强度等级高于 C60 时应增加 0.1。

2 柱箍筋在规定的范围内应加密,加密区的箍筋最大间距和直径,应符合下列要求:

1) 一般情况下,箍筋的最大间距和最小直径,应按表 6.3.8-2 采用;

表 6.3.8-2 柱箍筋加密区的箍筋最大间距和最小直径

抗震等级	箍筋最大间距(采用较小值,mm)	箍筋最小直径(mm)
一	6d,100	10
二	8d,100	8
三	8d,150(柱根 100)	8
四	8d,150(柱根 100)	6(柱根 8)

注:d 为柱纵筋最小直径;柱根指框架柱的嵌固部位。

2) 二级框架柱的箍筋直径不小于 10mm 且箍筋肢距不大于 200mm 时,除柱根外最大间距应允许采用 150mm;三级框架柱的截面尺寸不大于 400mm 时,箍筋最小直径应允许采用 6mm;四级框架柱剪跨比不大于 2 时,箍筋直径不应小于 8mm。

3) 框支柱和剪跨比不大于 2 的柱,箍筋间距不应大于形截面柱,不宜大于纵向钢筋所在位置柱截面弦长的 1/20。

干 100mm。

6.3.9 柱的纵向钢筋配置，尚应符合下列各项要求：
   1 宜对称配置。
   2 截面尺寸大于 400mm 的柱，纵向钢筋间距不宜大于 200mm。
   3 柱总配筋率不应大于 5%。
   4 一级且剪跨比不大于 2 的柱，每侧纵向钢筋配筋率不宜大于 1.2%。
   5 边柱、角柱及抗震墙端柱在地震作用组合产生小偏心受拉时，柱内纵筋总截面面积应比计算值增加 25%。
   6 柱纵向钢筋的绑扎接头应避开柱端的箍筋加密区。

6.3.10 柱的箍筋加密范围，应按下列规定采用：
   1 柱端，取截面高度（圆柱直径），柱净高的 1/6 和 500mm 三者的最大值。
   2 底层柱，柱根不小于柱净高的 1/3；当有刚性地面时，除柱端外尚应取刚性地面上下各 500mm。
   3 剪跨比不大于 2 的柱和因设置填充墙等形成的柱净高与柱截面高度之比不大于 4 的柱，取全高。
   4 框支柱，取全高。
   5 一级及二级框架的角柱，取全高。

6.3.11 柱箍筋加密区箍筋肢距，一级不宜大于 200mm，二、三级不宜大于 250mm 和 20 倍箍筋直径的较大值，四级不宜大于 300mm。至少每隔一根纵向钢筋宜在两个方向有箍筋或拉筋约束；采用拉筋复合箍时，拉筋宜紧靠纵向钢筋并钩住箍筋。

6.3.12 柱箍筋加密区的体积配箍率，应符合下列要求：

$$\rho_v \geq \lambda_v f_c / f_{yv} \quad (6.3.12)$$

式中 ρ_v——柱箍筋加密区的体积配箍率，一级不应小于 0.8%，二级不应小于 0.6%，三、四级不应小于 0.4%；计算复合箍的体积配箍率时，应扣除重叠部分的箍筋体积；

f_c——混凝土轴心抗压强度设计值；强度等级低于 C35 时，应按 C35 计算。

f_{yv}——箍筋或拉筋抗拉强度设计值，超过 $360 N/mm^2$ 时，应取 $360 N/mm^2$ 计算。

λ_v——最小配箍特征值，宜按表 6.3.12 采用。

表 6.3.12 柱箍筋加密区的箍筋最小配箍特征值

抗震等级	箍筋形式	柱轴压比								
		≤0.3	0.4	0.5	0.6	0.7	0.8	0.9	1.0	1.05
一	普通箍、复合箍	0.10	0.11	0.13	0.15	0.17	0.20	0.23		
	螺旋箍、复合或连续复合矩形螺旋箍	0.08	0.09	0.11	0.13	0.15	0.18	0.21		
二	普通箍、复合箍	0.08	0.09	0.11	0.13	0.15	0.17	0.19	0.22	0.24
	螺旋箍、复合或连续复合矩形螺旋箍	0.06	0.07	0.09	0.11	0.13	0.15	0.17	0.20	0.22
三	普通箍、复合箍	0.06	0.07	0.09	0.11	0.13	0.15	0.17	0.20	0.22
	螺旋箍、复合或连续复合矩形螺旋箍	0.05	0.06	0.07	0.09	0.11	0.13	0.15	0.18	0.20

注：1 普通箍指单个矩形箍和单个圆形箍；复合箍指由矩形、多边形、圆形箍或拉筋组成的箍筋；复合螺旋箍指由螺旋箍与矩形、多边形、圆形螺旋箍或拉筋组成的箍筋；连续复合矩形螺旋箍指全部螺旋箍为同一根钢筋加工而成的箍筋。

2 框支柱宜采用复合螺旋箍或井字复合箍，其最小配箍特征值应比表内数值增加 0.02，且体积配箍率不应小于 1.5%；

3 剪跨比不大于 2 的柱宜采用复合螺旋箍或井字复合箍，其体积配箍率不应小于 1.2%，9 度时不应小于 1.5%。

4 计算复合螺旋箍的体积配箍率时，其非螺旋箍的体积配箍应乘以换算系数 0.8。

6.3.13 柱箍筋非加密区的体积配箍率不宜小于加密区的50%；箍筋间距，一、二级框架柱不应大于10倍纵向钢筋直径，三、四级框架柱不应大于15倍纵向钢筋直径。

6.3.14 框架节点核芯区箍筋的最大间距和最小直径宜按本章6.3.8条采用，一、二、三级框架节点核芯区配箍特征值分别不宜小于0.12、0.10和0.08且体积配箍率分别不宜小于0.6%、0.5%和0.4%。柱剪跨比不大于2的框架节点核芯区配箍特征值不宜小于核芯区上、下柱端的较大配箍特征值。

6.4 抗震墙结构抗震构造措施

6.4.1 抗震墙的厚度，一、二级不应小于160mm且不应小于层高的1/20，三、四级不应小于140mm且不应小于层高的1/25。底部加强部位的墙厚，一、二级不应小于200mm且不宜小于层高的1/16；无端柱或翼墙时不应小于层高的1/12。

6.4.2 抗震墙厚度大于140mm时，竖向和横向分布钢筋应双排布置，双排分布钢筋间拉筋间距不应大于600mm，直径不应小于6mm；在底部加强部位，边缘构件以外的拉筋间距应适当加密。

6.4.3 抗震墙竖向、横向分布钢筋的配筋，应符合下列要求：

1 一、二、三级抗震墙的竖向和横向分布钢筋最小配筋率均不应小于0.25%；四级抗震墙不应小于0.20%；钢筋最大间距不应大于300mm，最小直径不应小于8mm。

2 部分框支抗震墙结构的抗震墙底部加强部位，纵向及横向分布钢筋配筋率不应小于0.3%，钢筋间距不应大于200mm。

6.4.4 抗震墙竖向、横向分布钢筋的直径不宜大于墙厚的1/10。

6.4.5 一级和二级抗震墙，底部加强部位，一级（9度）时不宜超过0.4，一级（8度）时不宜超过0.5，二级不宜超过0.6。

6.4.6 抗震墙两端和洞口两侧应设置边缘构件，并应符合下列要求：

1 抗震墙结构，一、二级抗震墙底部加强部位及相邻的上一层应按本章第6.4.7条设置约束边缘构件，但墙肢底截面在重力荷载代表值作用下的轴压比小于表6.4.6的规定值时可按本章第6.4.8条设置构造边缘构件。

表6.4.6 抗震墙设置构造边缘构件的最大轴压比

等级或烈度	一级（9度）	一级（8度）	二级
轴压比	0.1	0.2	0.3

2 部分框支抗震墙结构，一、二级落地抗震墙底部加强部位及相邻的上一层，洞口两侧应设置约束边缘构件；不落地抗震墙的翼墙应在底部加强部位设置约束边缘构件。

3 一、二级抗震墙的其他部位，四级抗震墙，均应按本章6.4.8条设置构造边缘构件。

6.4.7 抗震墙的约束边缘构件包括暗柱、端柱和翼墙（图6.4.7），约束边缘构件沿墙肢的长度和配箍特征值应符合6.4.7的要求，一、二级抗震墙约束边缘构件在设置箍筋范围内（即图6.4.7中阴影部分）的纵向钢筋配筋率，分别不应小于1.2%和1.0%。

6.4.8 抗震墙的构造边缘构件的范围，宜按图6.4.8采用；构造边缘构件的配筋应满足受弯承载力要求，并宜符合表6.4.8的要求。

表6.4.8 抗震构造边缘构件的配筋要求

抗震等级	底部加强部位			其他部位		
	纵向钢筋最小量（取较大值）	箍筋		纵向钢筋最小量（取较大值）	拉筋	
		最小直径(mm)	沿竖向最大间距(mm)		最小直径(mm)	沿竖向最大间距(mm)
一	$0.010A_c,6\phi16$	8	100	$6\phi14$	8	150
二	$0.008A_c,6\phi14$	8	150	$6\phi12$	8	200
三	$0.005A_c,4\phi12$	6	150	$4\phi12$	6	200
四	$0.005A_c,4\phi12$	6	200	$4\phi12$	6	250

注：1 A_c为计算边缘构件纵向构造钢筋的暗柱或端柱面积，即图6.4.8抗震墙截面的阴影部分；
2 对其他部位，拉筋的水平间距不应大于纵筋间距的2倍，转角处宜用箍筋；
3 当端柱承受集中荷载时，其纵向钢筋、箍筋直径和间距应满足柱的相应要求。

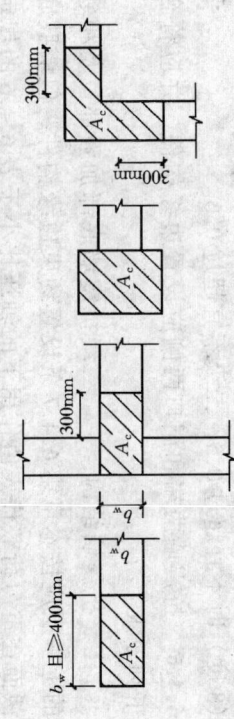

图6.4.8 抗震墙的构造边缘构件范围

6.4.9 抗震墙的墙肢长度不大于墙厚的3倍时，应按柱的要求进行设计，箍筋应沿全高加密。

表6.4.7 约束边缘构件范围l_c及其配箍特征值λ_v

项 目	一级（9度）	一级（8度）	二 级
λ_v	0.2	0.2	0.2
l_c（暗柱）	$0.25h_w$	$0.20h_w$	$0.20h_w$
l_c（有翼墙或端柱）	$0.20h_w$	$0.15h_w$	$0.15h_w$

注：1 抗震墙的翼墙长度小于其3倍厚度或端柱截面边长小于2倍墙厚时，视为无翼墙、无端柱；
2 l_c为约束边缘构件沿墙肢长度，不应小于表内数值、$1.5b_w$和450mm三者的最大值；有翼墙或端柱时尚不应小于翼墙厚度或端柱沿墙肢方向截面高度加300mm；
3 λ_v为约束边缘构件的配箍特征值，计算配箍率时，箍筋或拉筋抗拉强度设计值超过360N/mm²，应按360N/mm²计算；箍筋或拉筋沿竖向间距，一级不宜大于100mm，二级不宜大于150mm；
4 h_w为抗震墙墙肢长度。

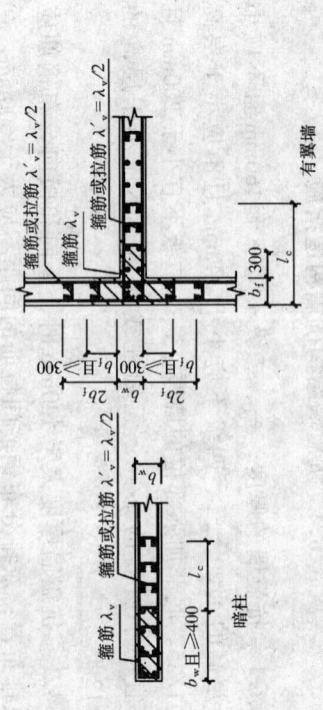
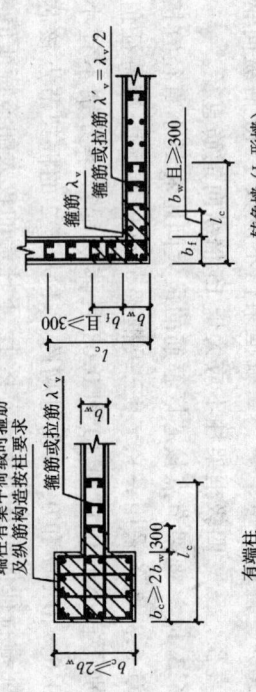

图6.4.7 抗震墙的约束边缘构件

6.4.10 一、二级抗震墙跨高比大于2且墙厚不小于200mm的连梁，除普通箍筋外宜另设斜向交叉斜向钢筋。

6.4.11 顶层连梁的纵向钢筋锚固长度范围内，应设置箍筋。

6.5 框架-抗震墙结构抗震构造措施

6.5.1 抗震墙的厚度不应小于160mm且不应小于层高的1/20，底部加强部位的抗震墙厚度不应小于200mm且不应小于层高的1/16，抗震墙的周边应设置梁（或暗梁）和端柱组成的边框；端柱截面宜与同层框架柱相同，并应满足本章第6.3节对框架柱的要求；抗震墙底部加强部位的端柱和紧靠抗震墙洞口的端柱宜按柱箍筋加密区的要求沿全高加密箍筋。

6.5.2 抗震墙的竖向和横向分布钢筋，配筋率均不应小于0.25%，并应双排布置，拉筋间距不应大于600mm，直径不应小于6mm。

6.5.3 框架-抗震墙结构的其他抗震构造措施，应符合本章第6.3节、6.4节对框架柱和抗震墙的有关要求。

6.6 板柱-抗震墙结构抗震设计要求

6.6.1 板柱-抗震墙结构的抗震墙，其抗震构造措施应符合本章第6.4节的有关规定，且底部加强部位及相邻上一层应按本章第6.4.7条设置约束边缘构件，其他部位应按第6.4.8条设置边缘构件；柱（包括抗震墙端柱）的抗震构造措施应符合本章第6.3节对框架柱的有关规定。

6.6.2 房屋的周边、电梯洞口周边应采用有梁框架。

6.6.3 8度时宜采用有托板或柱帽的大梁板结构或板架，低于9度时采用加强层时，加强层应采用有梁板体系与

6.6.4 房屋屋盖和地下一层顶板，宜采用梁板结构。

6.6.5 板柱-抗震墙结构的抗震墙，应承担结构的全部地震作用，各层板柱部分应满足计算要求，并应能承担不少于该层全部地震作用的20%。

6.6.6 板柱结构在地震作用下按等代平面框架分析时，其等代梁的宽度宜采用垂直于等代平面框架方向柱距的50%。

6.6.7 无柱帽平板宜在柱上板带中设构造暗梁，暗梁宽度可取柱宽及柱两侧各不大于1.5倍板厚。暗梁支座上部钢筋面积不应小于柱上板带钢筋面积的50%，暗梁下部钢筋不宜少于上部钢筋的1/2。

6.6.8 无柱帽柱上板带的板底钢筋，宜在距柱面为2倍板厚以外搭接，钢筋端部宜有垂直于板底的弯钩。

6.6.9 沿两个主轴方向通过柱截面的板底连续钢筋的总截面积，应符合下式要求：

$$A_s \geq N_G/f_y \tag{6.6.9}$$

式中 A_s——板底连续钢筋总截面积；
N_G——在该层楼板重力荷载代表值作用下的柱轴压力设计值；
f_y——楼板钢筋的抗拉强度设计值。

6.7 筒体结构抗震设计要求

6.7.1 框架-核心筒结构应符合下列要求：
1 核心筒与框架之间的楼盖宜采用梁板体系；
2 低于9度采用加强层时，加强层应采用有梁板的大梁板结构或板架应与

核心筒内的墙肢贯通；大梁或桁架与周边框架柱的连接宜采用铰接或半刚性连接。

3 结构整体分析应计入加强层变形的影响。

4 9度时不应采用加强层。

5 在施工程序及连接构造上，应采取措施减小结构竖向温度变形及轴向压缩对加强层的影响。

6.7.2 框架-核心筒结构的核心筒、筒中筒结构的内筒，其抗震墙应符合本章第6.4节的有关规定，且抗震墙底部加强部位及相邻上一层不应改变墙体厚度；筒体底部加强部位的边缘构件应按下列要求加强：

一、二级筒体底部加强部位约束边缘构件沿墙肢的长度宜取墙肢截面高度的1/4，且约束边缘构件沿墙肢长度范围内应全部采用箍筋；底部加强部位以上的全高范围内宜按本章图6.4.7的转角墙设置约束边缘构件，约束边缘构件沿墙肢的长度仍取墙肢截面高度的1/4。

6.7.3 内筒的门洞不宜靠近转角。

6.7.4 楼层梁不宜支承在内筒或核心筒支承的连梁上；内筒或核心筒支承的楼层梁不宜支承在洞口连梁上，也不宜设暗柱。

6.7.5 一、二级核心筒和内筒中跨高比不大于2的连梁，当梁截面宽度不小于400mm时，宜采用交叉暗柱配筋，全部剪力应由暗柱内的配筋承担，并按框架梁构造要求设置普通箍筋；当梁截面宽度小于400mm且不小于200mm时，除普通箍筋外，宜另加设交叉构造钢筋。

6.7.6 筒体结构转换层的抗震设计应符合本规范附录E.2的规定。

7 多层砌体房屋和底部框架、内框架房屋

7.1 一般规定

7.1.1 本章适用于烧结普通粘土砖、烧结多孔粘土砖、混凝土小型空心砌块等砌块承重的多层房屋，底层或底部两层框架-抗震墙砖墙的多排柱内框架的抗震设计，应符合本规范附录F的规定。

配筋混凝土小型空心砌块抗震墙房屋的抗震设计，应符合本规范附录F的规定。

注：1 本章中"普通砖、多孔砖、小砌块"即"烧结普通粘土砖、烧结多孔粘土砖、混凝土小型空心砌块"的简称。采用其他烧结、蒸压砖的砌体房屋，块体的材料性能应有可靠试验数据；当砌块抗剪强度不低于粘土砖砌体时，可按本章粘土砖房屋所对应的粘土砖房屋的相应规定执行。

2 6、7度时采用蒸压灰砂砖和蒸压粉煤灰砖砌体的房屋，当砌体抗剪强度不低于粘土砖砌体的70%时，房屋的层数应比粘土砖房屋减少一层，高度应减少3m，且砌筋混凝土构造柱应按所增加一层的层数要求设置；其他要求可按粘土砖房屋的相应规定执行。

7.1.2 多层房屋的层数和高度应符合下列要求：

1 一般情况下，房屋的层数和总高度不应超过表7.1.2的规定。

2 对医院、教学楼等及横墙较少的多层砌体房屋，总高度应比表7.1.2的规定降低3m，层数相应减少一层；层横墙很少的多层砌体房屋，还应根据具体情况再适当降低总高度和减少层数。

注：2 横墙较少指同一楼层内开间大于4.20m的房间占该层总面积的40%以上。
3 横墙较少的多层砌体住宅楼，当按规定采取加强措施并满足抗震承载力要求时，其高度和层数应允许仍按表7.1.2的规定采用。

表7.1.2 房屋的层数和总高度限值 (m)

房屋类别		最小墙厚度(mm)	烈度							
			6		7		8		9	
			高度	层数	高度	层数	高度	层数	高度	层数
多层砌体	普通砖	240	24	8	21	7	18	6	12	4
	多孔砖	240	21	7	21	7	18	6	12	4
	多孔砖	190	21	7	18	6	15	5	—	—
	小砌块	190	21	7	21	7	18	6	—	—
底部框架-抗震墙		240	22	7	22	7	19	6	—	—
多排柱内框架		240	16	5	16	5	13	4	—	—

注：1 房屋的总高度指室外地面到主要屋面板板顶或檐口的高度，半地下室从地下室内地面算起，全地下室和嵌固条件好的半地下室应允许从室外地面算起；对带阁楼的坡屋顶应算到山尖墙的1/2高度处；室内外高差大于0.6m时，房屋总高度应允许比表中数据适当增加，但不应多于1m；
2 室内外高差不应多于1m；
3 本表小砌块砌体房屋不包括配筋混凝土小型空心砌块砌体房屋。

7.1.3 普通砖、多孔砖和小砌块砌体承重房屋的层高，不应超过3.6m；底部框架-抗震墙砌体房屋的底部和内框架房屋的层高，不应超过4.5m。

7.1.4 多层砌体房屋总高度与总宽度的最大比值，宜符合表7.1.4的要求。

表7.1.4 房屋最大高宽比

烈度	6	7	8	9
最大高宽比	2.5	2.5	2.0	1.5

注：1 单面走廊房屋的总宽度不包括走廊宽度；
2 建筑平面接近正方形时，其高宽比宜适当减小。

7.1.5 房屋抗震横墙的间距，不应超过表7.1.5的要求：

表7.1.5 房屋抗震横墙最大间距 (m)

房屋类别		烈度			
		6度	7度	8度	9度
多层砌体	现浇或装配整体式钢筋混凝土楼、屋盖	18	18	15	11
	装配式钢筋混凝土楼、屋盖	15	15	11	7
	木楼、屋盖	11	11	7	4
底部框架-抗震墙	上部各层	同多层砌体房屋			
	底层或底部两层	21	18	15	—
多排柱内框架		25	21	18	—

注：1 多层砌体房屋的顶层，最大横墙间距应允许适当放宽；
2 表中木楼、屋盖的规定，不适用于小砌块砌体房屋。

7.1.6 房屋中砌体墙段的局部尺寸限值，宜符合表7.1.6的要求：

表7.1.6 房屋局部尺寸限值 (m)

部位	6度	7度	8度	9度
承重窗间墙最小宽度	1.0	1.0	1.2	1.5
承重外墙尽端至门窗洞边的最小距离	1.0	1.0	1.2	1.5
非承重外墙尽端至门窗洞边的最小距离	1.0	1.0	1.0	1.0
内墙阳角至门窗洞边的最小距离	1.0	1.0	1.5	2.0
无锚固女儿墙（非出入口处）的最大高度	0.5	0.5	0.5	0.0

注：1 局部尺寸不足时应采取局部加强措施弥补；
2 出入口处的女儿墙应有锚固；
3 多层多排柱内框架房屋的纵向窗间墙宽度，不应小于1.5m。

7.1.7 多层砌体房屋的结构体系，应符合下列要求：

1 应优先采用横墙承重或纵横墙共同承重的结构体系。

2 纵横墙的布置宜均匀对称，沿平面内宜对齐，沿竖向应上下连续；同一轴线上的窗间墙宽度宜均匀。

3 房屋有下列情况之一时宜设置防震缝，缝两侧均应设置墙体，缝宽应根据烈度和房屋高度确定，可采用50~100mm：

　　1）房屋立面高差在6m以上；

　　2）房屋有错层，且楼板高差较大；

　　3）各部分结构刚度、质量截然不同。

4 楼梯间不宜设置在房屋的尽端和转角处。

5 烟道、风道、垃圾道等不应削弱墙体；当墙体被削弱时，应对墙体采取加强措施；不宜采用无竖向配筋的附墙烟囱及出屋面的烟囱。

6 不应采用无锚固的钢筋混凝土预制挑檐。

7.1.8 底部框架-抗震墙房屋的结构布置，应符合下列要求：

1 上部的砌体抗震墙与底部的框架梁或抗震墙应对齐或基本对齐。

2 房屋的底部，应沿纵横两方向对称布置一定数量的抗震墙，并应均匀对称布置。6、7度且总层数不超过五层的底层框架-抗震墙砌体房屋，应允许采用嵌砌于框架之间的砌体抗震墙，但应计入砌体抗震墙对框架的附加轴力和附加剪力；其余情况应采用钢筋混凝土抗震墙。

3 底层框架-抗震墙房屋的纵横两个方向，第二层与底层侧向刚度的比值，6、7度时不应大于2.5，8度时不应大于2.0，且均不应小于1.0。

4 底部两层框架-抗震墙房屋的纵横两个方向，底层与底层侧向刚度应接近，第三层与底部第二层侧向刚度的比值，6、7度时不应大于2.0，8度时不应大于1.5，且均不应小于1.0。

5 底部框架-抗震墙房屋的抗震墙应设置条形基础、筏式基础或桩基。

7.1.9 多层多排柱内框架房屋的结构布置，应符合下列要求：

1 房屋宜采用矩形平面，且立面宜规则；楼梯间横墙宜贯通房屋全宽。

2 7度时横墙间距大于18m或8度时横墙间距大于15m，外纵墙的窗间墙宜设置组合柱。

3 多层多排柱内框架房屋的抗震墙应设置条形基础、筏式基础或桩基。

7.1.10 底部框架-抗震墙部分，除应符合本章规定外，尚应按本节规定调整地震作用效应。钢筋混凝土结构部分，除应符合本章规定外，尚应符合本规范第6章的有关要求；此时，底部框架的抗震等级，6、7、8度可分别按三、二、一级采用；多排柱内框架的抗震等级，6、7、8度可分别按四、三、二级采用。

7.2 计算要点

7.2.1 多层砌体房屋、底部框架房屋和多柱内框架房屋的抗震计算，可采用底部剪力法，并应按本节规定调整地震作用效应。

7.2.2 对砌体房屋，可只选择从属面积较大或竖向应力较小的墙段进行截面抗震承载力验算。

7.2.3 进行地震剪力分配和截面验算时，砌体墙段的层间等效侧向刚度应按下列原则确定：

1 刚度的计算应计及高宽比的影响。高宽比小于 1 时，可只计算剪切变形；高宽比不大于 4 且不小于 1 时，应同时计算弯曲和剪切变形；高宽比大于 4 时，等效侧向刚度可取 0.0。

2 墙段宜按门窗洞口划分；对小开洞口墙段，可根据开洞率乘以表 7.2.3 的洞口影响系数。

表 7.2.3 墙段洞口影响系数

开洞率	0.10	0.20	0.30
影响系数	0.98	0.94	0.88

注：开洞率为洞口面积与墙段毛面积之比；窗洞高度大于层高 50%时，按门洞对待。

7.2.4 底部框架-抗震墙房屋的地震作用效应，应按下列规定调整：

1 对底层框架-抗震墙房屋，底层的纵向和横向地震剪力设计值均应乘以增大系数，其值应允许根据第二层与底层侧向刚度比值的大小在 1.2～1.5 范围内选用。

2 对底部两层框架-抗震墙房屋，底层和第二层的纵向和横向地震剪力设计值亦均应乘以增大系数，其值应允许根据侧向刚度比在 1.2～1.5 范围内选用。

3 底层或底部两层的纵向和横向地震剪力设计值应全部由该方向的抗震墙承担，并按各抗侧力墙侧向刚度比例分配。

7.2.5 底部框架-抗震墙房屋中，底部框架的地震作用效应宜采用下列方法确定：

1 底部框架柱的地震剪力和轴向力，宜按下列规定调整：

1) 框架柱承担的地震剪力设计值，可按各抗侧力构件有效侧向刚度比例分配确定；有效侧向刚度的取值，框架不折减，混凝土墙可乘以折减系数 0.30，砖墙可乘以折减系数 0.20。

2) 框架柱轴力应计入地震倾覆力矩引起的附加轴力，上部砖房可视为刚体，底部各轴线承受的地震倾覆力矩，可近似按底部抗震墙和框架的侧向刚度的比例分配确定。

2 底部框架-抗震墙房屋的钢筋混凝土托墙梁计算地震组合内力时，应采用合适的计算简图。若考虑上部墙体与托墙梁的组合作用，应计入地震时墙体开裂对组合作用的不利影响，可调整有关的弯矩系数、轴力系数等计算参数。

7.2.6 多层多排柱内框架房屋各柱的地震剪力设计值，宜按下式确定：

$$V_c = \frac{\psi_c}{n_b \cdot n_s}(\zeta_1 + \zeta_2 \lambda) V \quad (7.2.6)$$

式中 V_c ——各柱地震剪力设计值；
V ——抗震横墙间的楼层地震剪力设计值；
ψ_c ——柱类型系数，钢筋混凝土内柱可采用 0.012，外墙组合砖柱可采用 0.0075；
n_b ——抗震横墙间的开间数；
n_s ——内框架间的跨数；

式中 V —— 墙体剪力设计值;
f_{vE} —— 砖砌体沿阶梯形截面破坏的抗震抗剪强度设计值;
A —— 墙体横截面积,多孔砖取毛截面面积;
γ_{RE} —— 承载力抗震调整系数,自承重墙按0.75采用,承重墙按本规范表5.4.2采用。

2 当按式(7.2.8-1)验算不满足要求时,可计入设置于墙段中部、截面不小于240mm×240mm且间距不大于4m的构造柱对受剪承载力的提高作用,按下列简化方法验算:

$$V \leq \frac{1}{\gamma_{RE}}[\eta_c f_{vE}(A - A_c) + \zeta f_t A_c + 0.08 f_y A_s] \quad (7.2.8-2)$$

式中 A_c —— 中部构造柱的横截面总面积(对横墙和内纵墙,$A_c > 0.15A$ 时,取 $0.15A$;对外纵墙,$A_c > 0.25A$ 时,取 $0.25A$);
f_t —— 中部构造柱的混凝土轴心抗拉强度设计值;
A_s —— 中部构造柱的纵向钢筋截面总面积(配筋率不小于0.6%,大于1.4%时取1.4%);
f_y —— 钢筋抗拉强度设计值;
ζ —— 中部构造柱参与工作系数;居中设一根时取0.5,多于一根时取0.4;
η_c —— 墙体约束修正系数,一般情况取1.0,构造柱间距不大于2.8m时取1.1。

7.2.9 水平配筋普通砖、多孔砖墙体的截面抗震受剪承载力,应按下式验算:

$$V \leq \frac{1}{\gamma_{RE}}(f_{vE}A + \zeta_s f_y A_s) \quad (7.2.9)$$

λ —— 抗震横墙间距与房屋总宽度的比值,当小于0.75时,按0.75采用;
ζ_1、ζ_2 —— 分别为计算系数,可按表7.2.6采用。

表7.2.6 计 算 系 数

房屋总层数	2	3	4	5
ζ_1	2.0	3.0	5.0	7.5
ζ_2	7.5	7.0	6.5	6.0

7.2.7 各类砌体沿阶梯形截面破坏的抗震抗剪强度设计值,应按下式确定:

$$f_{vE} = \zeta_N f_v \quad (7.2.7)$$

式中 f_{vE} —— 砌体沿阶梯形截面破坏的抗震抗剪强度设计值;
f_v —— 非抗震设计的砌体抗剪强度设计值;
ζ_N —— 砌体抗震抗剪强度的正应力影响系数,应按表7.2.7采用。

表7.2.7 砌体强度的正应力影响系数

砌体类别	σ_0/f_v							
	0.0	1.0	3.0	5.0	7.0	10.0	15.0	20.0
普通砖、多孔砖	0.80	1.00	1.28	1.50	1.70	1.95	2.32	
小砌块		1.25	1.75	2.25	2.60	3.10	3.95	4.80

注:σ_0 为对应于重力荷载代表值的砌体截面平均压应力。

7.2.8 普通砖、多孔砖墙体的截面抗震受剪承载力,应按下列规定验算:

1 一般情况下,应按下式验算:

$$V \leq f_{vE}A/\gamma_{RE} \quad (7.2.8-1)$$

式中 A ——墙体横截面积，多孔砖取毛截面面积；
f_y ——钢筋抗拉强度设计值；
A_s ——层间墙体竖向截面的钢筋总截面面积，其配筋率应不小于0.07%且不大于0.17%；
ζ_s ——钢筋参与工作系数，可按表7.2.9采用。

表7.2.9 钢筋参与工作系数

墙体高宽比	0.4	0.6	0.8	1.0	1.2
ζ_s	0.10	0.12	0.14	0.15	0.12

7.2.10 小砌块墙体的截面抗震受剪承载力，应按下式验算：

$$V \leq \frac{1}{\gamma_{RE}}[f_{vE}A + (0.3f_t A_c + 0.05f_y A_s)\zeta_c] \quad (7.2.10)$$

式中 f_t ——芯柱混凝土轴心抗拉强度设计值；
A_c ——芯柱截面总面积；
A_s ——芯柱钢筋总截面积；
ζ_c ——芯柱参与工作系数，可按表7.2.10采用。

注：当同时设置芯柱和构造柱时，构造柱截面可作为芯柱截面，构造柱钢筋可作为芯柱钢筋。

表7.2.10 芯柱参与工作系数

填孔率 ρ	$\rho<0.15$	$0.15\leq\rho<0.25$	$0.25\leq\rho<0.5$	$\rho\geq 0.5$
ζ_c	0.0	1.0	1.10	1.15

注：填孔率指芯柱根数（含构造柱和填实孔洞数量）与孔洞总数之比。

7.2.11 底层框架-抗震墙房屋中嵌砌于框架间的普通砖抗震墙，当符合本章第7.5.6条的构造要求时，其抗震验算应符合下列规定：

1 底层框架柱的轴向力和剪力，应计入砖抗震墙引起的附加轴向力和附加剪力，其值可按下列公式确定：

$$N_f = V_w H_f/l \quad (7.2.11-1)$$
$$V_f = V_w \quad (7.2.11-2)$$

式中 V_w ——墙体承担的剪力设计值，柱两侧有墙时可取二者的较大值；
N_f ——框架柱的附加轴压力设计值；
V_f ——框架柱的附加剪力设计值；
$H_f、l$ ——分别为框架柱的层高和跨度。

2 嵌砌于框架之间的普通砖抗震墙及两端框架柱，其抗震受剪承载力应按下式验算：

$$V \leq \frac{1}{\gamma_{REc}}\sum(M_{yc}^u + M_{yc}^l)/H_0 + \frac{1}{\gamma_{REw}}\sum f_{vE}A_{w0} \quad (7.2.11-3)$$

式中 V ——嵌砌普通砖抗震墙及两端框架柱剪力设计值；
A_{w0} ——砖墙水平截面的计算面积，无洞口时取实际截面的1.25倍，有洞口时取截面净面积，但不计入宽度小于洞口高度1/4的墙肢截面面积；
$M_{yc}^u、M_{yc}^l$ ——分别为底层框架柱上下端的正截面受弯承载力设计值，可按现行国家标准《混凝土结构设计规范》GB 50010非抗震设计的有关公式取等号计算；
H_0 ——底层框架柱的计算高度，两侧均有砖墙时取柱净高的2/3，其余情况取柱净高；
γ_{REc} ——底层框架柱承载力抗震调整系数，可采用0.8；

γ_{RE_w}——嵌砌普通砖抗震墙承载力抗震调整系数，可采用 0.9。

7.2.12 多层内框架房屋的外墙组合砖柱，其抗震验算可按本规范第 9.3.9 条的规定执行。

7.3 多层粘土砖房抗震构造措施

7.3.1 多层普通砖、多孔砖房，应按下列要求设置现浇钢筋混凝土构造柱（以下简称构造柱）：

1 构造柱设置部位，一般情况下应符合表 7.3.1 的要求。

2 外廊式和单面走廊式的多层房屋，应根据房屋增加一层后的层数，按表 7.3.1 的要求设置构造柱，且单面走廊两侧的纵墙均应按外墙处理。

3 教学楼、医院等横墙较少的房屋，应根据房屋增加一层后的层数，按表 7.3.1 的要求设置构造柱；当教学楼、医院等横墙较少的房屋为外廊式或单面走廊式时，应按本款 2 款要求设置构造柱，但 6 度不超过四层、7 度不超过三层和 8 度不超过二层时，应按增加二层后的层数对待。

表 7.3.1　砖房构造柱设置要求

房屋层数				设置部位
6 度	7 度	8 度	9 度	
四、五	三、四	二、三	二	外墙四角，错层部位横墙与外纵墙交接处，大房间内外墙交接处，较大洞口两侧
六、七	五	四		7、8 度时，楼、电梯间四角；隔开间横墙（轴线）与外墙交接处，隔 15m 或单元横墙与外纵墙交接处
八	六、七	五、六	三、四	隔开间横墙（轴线）与外墙交接处，山墙与内纵墙交接处；7～9 度时，楼、电梯间四角；内墙的局部较小墙垛处；9 度时，楼、电梯间四角，纵横墙（轴线）交接处

7.3.2 多层普通砖、多孔砖房屋的构造柱应符合下列要求：

1 构造柱最小截面可采用 240mm×180mm，纵向钢筋宜采用 4φ12，箍筋间距不宜大于 250mm，且在柱上下端宜适当加密；7 度时超过六层、8 度时超过五层和 9 度时，纵向钢筋宜采用 4φ14，箍筋间距不应大于 200mm；房屋四角的构造柱可适当加大截面及配筋。

2 构造柱与墙连接处应砌成马牙槎，并应沿墙高每隔 500mm 设 2φ6 拉结钢筋，每边伸入墙内不宜小于 1m。

3 构造柱与圈梁连接处，构造柱的纵筋应穿过圈梁，保证构造柱纵筋上下贯通。

4 构造柱可不单独设置基础，但应伸入室外地面下 500mm，或与埋深小于 500mm 的基础圈梁相连。

5 房屋高度和层数接近本章表 7.1.2 的限值时，纵、横墙内构造柱间距尚应符合下列要求：

1）横墙内的构造柱间距不宜大于层高的二倍；下部 1/3 楼层的构造柱间距适当减小；

2）当外纵墙开间大于 3.9m 时，应另设加强措施。内纵墙的构造柱间距不宜大于 4.2m。

7.3.3 多层普通砖、多孔砖房屋的现浇钢筋混凝土圈梁设置应符合下列要求：

1 装配式钢筋混凝土楼、屋盖或木屋盖的砖房，屋盖处及每层楼盖处均应按表 7.3.3 的要求设置圈梁；纵墙承重时每层均应设置圈梁，且抗震横墙上的圈梁间距应比表内要求适当加密。

2 现浇或装配整体式钢筋混凝土楼、屋盖与墙体有可靠连接的房屋，屋盖可不另设圈梁，但楼板沿墙体周边应加

1 现浇钢筋混凝土楼板或屋面板伸入纵、横墙内的长度，均不应小于120mm。

2 装配式钢筋混凝土楼板或屋面板，当圈梁未设在板的同一标高时，板端伸进外墙的长度不应小于120mm，伸进内墙的长度不应小于100mm，在梁上不应小于80mm。

3 当板的跨度大于4.8m并与外墙平行时，靠外墙的预制板侧边应与墙或圈梁拉结。

4 房屋端部大房间的楼盖，8度时房屋的屋盖和9度时房屋的楼、屋盖，当圈梁设在板底时，钢筋混凝土预制板应相互拉结，并应与梁、墙或圈梁拉结。

7.3.6 楼、屋盖的钢筋混凝土梁或屋架应与墙、柱（包括构造柱）或圈梁可靠连接，梁与砖柱的连接不应削弱柱截面，各层独立砖柱顶部应在两个方向均有可靠连接。

7.3.7 7度时长度大于7.2m的大房间，及8度和9度时，外墙转角及内外墙交接处，应沿墙高每隔500mm配置2ϕ6拉结钢筋，并每边伸入墙内不宜小于1m。

7.3.8 楼梯间应符合下列要求：

1 8度和9度时，顶层楼梯间横墙和外墙应沿墙高每隔500mm设2ϕ6通长钢筋；9度时其他各层楼梯间墙体墙顶面应在休息平台或楼层半高处设置60mm厚的钢筋混凝土带或配筋砖带，其砂浆强度等级不应低于M7.5，纵向钢筋不应少于2ϕ10。

2 8度和9度时，楼梯间及门厅内墙阳角处的大梁支承长度不应小于500mm，并应与圈梁连接。

3 装配式楼梯段应与平台板的梁可靠连接；不应采用墙中悬挑式踏步或踏步竖向插入墙体的楼梯，不应采用无筋砖砌栏板。

强配并应与相应的构造柱钢筋可靠连接。

表7.3.3 砖房现浇钢筋混凝土圈梁设置要求

墙 类	烈 度		
	6、7	8	9
外墙和内纵墙	屋盖处及每层楼盖处	屋盖处及每层楼盖处	屋盖处及每层楼盖处
内横墙	同上；屋盖处间距不应大于7m；楼盖处间距不应大于15m；构造柱对应部位	同上；所有横墙，且间距不应大于7m；楼盖处间距不应大于7m；构造柱对应部位	同上；各层所有横墙

7.3.4 多层普通砖、多孔砖房屋的现浇钢筋混凝土圈梁构造应符合下列要求：

1 圈梁应闭合，遇有洞口圈梁应上下搭接。圈梁宜与预制板设在同一标高处或紧靠板底；

2 圈梁在本节第7.3.3条要求的间距内无横墙时，应利用梁或板缝中配筋替代圈梁；

3 圈梁的截面高度不应小于120mm，配筋应符合表7.3.4的要求；按本规范第3.3.4条3款要求增设的基础圈梁，截面高度不应小于180mm，配筋不应少于4ϕ12。

表7.3.4 砖房圈梁配筋要求

配 筋	烈 度		
	6、7	8	9
最小纵筋	4ϕ10	4ϕ12	4ϕ14
最大箍筋间距(mm)	250	200	150

7.3.5 多层普通砖、多孔砖房屋的楼、屋盖应符合下列要求：

4 突出屋顶的楼、电梯间，构造柱应伸到顶部，并与顶部圈梁连接，内外墙交接处应沿墙高每隔500mm设2φ6拉结钢筋，且每边伸入墙内不应小于1m。

7.3.9 坡屋顶房屋的屋架应与顶层圈梁可靠连接，檩条或屋面板应与墙及屋架可靠连接，房屋出入口处的檐口瓦应与屋面构件锚固；8度和9度时，顶层内纵墙顶宜增砌支承山墙的踏步式墙垛。

7.3.10 门窗洞处不应采用无筋砖过梁；过梁支承长度，6~8度时不应小于240mm，9度时不应小于360mm。

7.3.11 预制阳台应与圈梁和楼板的现浇混凝土带可靠连接。

7.3.12 后砌的非承重砌体隔墙应沿墙高每隔500~600mm配置2φ6拉结钢筋与承重墙或柱拉结，每边伸入墙内不应小于500mm；8度和9度时，长度大于5m的后砌隔墙的墙顶应与楼板或梁拉结。

7.3.13 同一结构单元的基础（或桩承台），宜采用同一类型的基础，底面宜埋置在同一标高上，否则应增设基础圈梁，并应按1:2的台阶逐步放坡。

7.3.14 横墙较少或达到表7.1.2规定限值的多层普通砖、多孔砖住宅楼房的总高度和层数接近表7.1.2规定限值时，应采取下列加强措施：

1 房屋的最大开间尺寸不宜大于6.6m。

2 同一结构单元内横墙错位数量不宜超过横墙总数的1/3，且连续错位不宜多于两道；错位的墙体交接处应增设构造柱，且错位的墙体交接处应采用现浇钢筋混凝土楼、屋盖板。

3 横墙和内纵墙上洞口的宽度不宜大于1.5m；外纵墙上洞口的宽度不宜大于2.1m或开间尺寸的一半；且内外纵墙上洞口位置不应影响内外纵墙与横墙的整体连接。

4 所有纵横墙均应在楼、屋盖标高处设置加强的现浇钢筋混凝土圈梁：圈梁的截面高度不宜小于150mm，上下纵筋各不应少于3φ10，箍筋不小于φ6，间距不大于300mm。

5 所有纵横墙交接处及横墙的中部，均应增设满足下列要求的构造柱：在横墙内的柱距不宜大于层高，在纵墙内的柱距不宜大于4.2m，最小截面尺寸不宜小于240mm×240mm，配筋宜符合表7.3.14的要求。

表7.3.14 增设构造柱的纵筋和箍筋设置要求

位置	纵向钢筋			箍筋		
	最大配筋率(%)	最小配筋率(%)	最小直径(mm)	加密区范围(mm)	加密区间距(mm)	最小直径(mm)
角柱	1.8	0.8	14	上端700 下端500	100	6
边柱	1.8	0.8	14			
中柱	1.4	0.6	12	全高		

6 同一结构单元的楼、屋面板应设置在同一标高处。

7 房屋底层和顶层的窗台高处，宜设置沿纵横墙通长设置的水平现浇钢筋混凝土带；其截面高度不小于60mm，宽度不小于240mm，纵向钢筋不少于3φ6。

7.4 多层砌块房屋抗震构造措施

7.4.1 小砌块房屋应按表7.4.1的要求设置钢筋混凝土芯柱，对医院、教学楼等横墙较少单元的房屋，应根据房屋加一层后的层数，按表7.4.1的要求设置芯柱。

表7.4.1 小砌块房屋芯柱设置要求

房屋层数			设置部位	设置数量
6度	7度	8度		
	三、四	二、三	外墙转角，楼梯间四角；大房间内外墙交接处；隔15m或单元横墙与外纵墙交接处	外墙转角，灌实3个孔；内外墙交接处，灌实4个孔
四、五	五	四	外墙转角，楼梯间四角，大房间内外墙交接处，山墙与内纵墙交接处，隔开间横墙（轴线）与外纵墙交接处	
六				

续表

房屋层数			设置部位	设置数量
6度	7度	8度		
	六	五	外墙转角,楼梯间四角(轴线)与外纵墙、内纵墙(轴线)交接处;8、9度时,内纵墙与横墙(轴线)交接处和洞口两侧	外墙转角,灌实5个孔;内墙交接处,灌实4个孔;内纵墙交接处,灌实4~5个孔;洞口两侧各灌实1个孔
	七	六	同上;横墙内芯柱间距不大于2m	同上;外墙转角,灌实7个孔;内墙交接处,灌实5个孔;内纵墙交接处,灌实4~5个孔;洞口两侧各灌实1个孔

注:外墙转角、内外墙交接处、楼电梯间四角等部位,应允许采用钢筋混凝土构造柱替代部分芯柱。

7.4.2 小砌块房屋的芯柱,应符合下列构造要求:
1 小砌块房屋芯柱截面不宜小于120mm×120mm。
2 芯柱混凝土强度等级,不应低于C20。
3 芯柱的竖向插筋应贯通墙身且与圈梁连接;插筋不应小于1φ14。
4 芯柱应伸入室外地面下500mm或与埋深不小于500mm的基础圈梁相连。
5 为提高墙体抗震受剪承载力而设置的芯柱,宜在墙体内均匀布置,最大净距不宜大于2.0m。

7.4.3 小砌块房屋中替代芯柱的钢筋混凝土构造柱,应符合下列构造要求:
1 构造柱最小截面可采用190mm×190mm,纵向钢筋宜采用4φ12,箍筋间距不宜大于250mm,且在柱上下端宜适当加密;7度时超过五层、8度时超过四层和9度时,构造柱纵向钢筋宜采用4φ14,箍筋间距不应大于200mm;外墙转角的构造柱可适当加大截面及配筋。

2 构造柱与砌块墙连接处应砌成马牙槎,与构造柱相邻的砌块孔洞,6度时宜填实,7度时应填实,8度时应填实并插筋;沿墙高每隔600mm设拉结钢筋网片,每边伸入墙内不宜小于1m。

3 构造柱与圈梁连接处,构造柱的纵筋应穿过圈梁,保证构造柱纵筋上下贯通。

4 构造柱可不单独设置基础,但应伸入室外地面下500mm,或与埋深不小于500mm的基础圈梁相连。

7.4.4 小砌块房屋的现浇钢筋混凝土圈梁应按表7.4.4的要求设置,圈梁宽度不应小于190mm,配筋不应少于4φ12,箍筋间距不应大于200mm。

表7.4.4 小砌块房屋现浇钢筋混凝土圈梁设置要求

墙 类	烈 度	
	6、7	8
外墙和内纵墙	屋盖处及每层楼盖处	屋盖处及每层楼盖处
内横墙	同上;屋盖处所有横墙;楼盖处间距不应大于7m;构造柱对应部位	同上;各层所有横墙

7.4.5 小砌块房屋墙体交接处或芯柱与墙体连接处应设置拉结钢筋网片,网片可采用直径4mm的钢筋点焊而成,沿墙高每隔600mm设置,每边伸入墙内不宜小于1m。

7.4.6 小砌块房屋超过四层,6度时七层、7度时超过五层、8度时超过四层,在底层和顶层的窗台标高处,沿纵横墙应设置通长的水平现浇钢筋混凝土带;其截面高不宜小于

60mm，纵筋不少于 2φ10，并应有分布拉结钢筋；其混凝土强度等级不应低于 C20。

7.4.7 小砌块房屋的其他抗震构造措施，应符合本章第 7.3.5 条至 7.3.13 条有关要求。

7.5 底部框架-抗震墙房屋抗震构造措施

7.5.1 底部框架-抗震墙房屋的上部应设置钢筋混凝土构造柱，并应符合下列要求：

1 钢筋混凝土构造柱的设置部位，应根据房屋的总层数按本章第 7.3.1 条的规定设置。过渡层尚应在底部框架柱对应位置设置构造柱。

2 构造柱的截面，不宜小于 240mm×240mm。

3 构造柱的纵向钢筋不宜少于 4φ14，箍筋间距不宜大于 200mm。

4 过渡层构造柱的纵向钢筋，7 度时不宜少于 4φ16，8 度时不宜少于 6φ16。一般情况下，纵向钢筋应锚入下部的框架柱内；当纵向钢筋锚固在框架梁内时，框架梁可靠拉结。

5 构造柱应与每层圈梁连接，或与现浇板可靠拉结。

7.5.2 上部抗震墙的中心线宜同底部的框架梁、抗震墙的轴线相重合；构造柱宜与框架柱上下贯通。

7.5.3 底部框架-抗震墙房屋的楼盖应符合下列要求：

1 过渡层的底板应采用现浇钢筋混凝土楼板，板厚不应小于 120mm；并应少开洞、开小洞，当洞口尺寸大于 800mm 时，洞口周边应设置边梁。

2 其他楼层，采用装配式钢筋混凝土楼板时均应现浇圈梁，采用现浇钢筋混凝土楼板时应允许不另设圈梁，但楼板沿墙体周边应加强配筋并应与相应的构造柱钢筋可靠连接。

7.5.4 底部框架-抗震墙房屋的钢筋混凝土托墙梁，其截面和构造应符合下列要求：

1 梁的截面宽度不应小于 300mm，梁的截面高度不应小于墙体厚度的 1/10。

2 箍筋的直径不应小于 8mm，间距不应大于 200mm；梁端在 1.5 倍梁高且不小于 1/5 梁净跨范围内，以及上部墙体的洞口处和洞口两侧各 500mm 且不小于梁高范围内的箍筋间距不应大于 100mm。

3 沿梁高应设腰筋，数量不应少于 2φ14，间距不应大于 200mm。

4 梁的主筋和腰筋应按受拉钢筋的锚固要求锚固在柱内，且支座上部的纵向钢筋在柱内的锚固长度应符合钢筋混凝土框支梁的有关要求。

7.5.5 底部框架-抗震墙房屋的钢筋混凝土抗震墙应符合下列要求：

1 抗震墙周边应设置梁（或暗梁）和边框柱（或框架柱）组成的边框；边框梁的截面宽度不宜小于墙板厚度的 1.5 倍，截面高度不宜小于墙板厚度的 2.5 倍；边框柱的截面高度不宜小于墙板厚度的 2 倍。

2 抗震墙板的厚度不宜小于 160mm，且不应小于墙板净高的 1/20；抗震墙宜开设洞口形成若干墙段，各墙段的高宽比不宜小于 2。

3 抗震墙的竖向和横向分布钢筋配筋率均不应小于 0.25%，并应采用双排布置；双排分布钢筋间拉筋的间距不应大于 600mm，直径不应小于 6mm。

4 抗震墙的边缘构件可按本规范第6.4节关于一般部位的规定设置。

7.5.6 底层框架-抗震墙房屋的底层采用普通砖抗震墙时，其构造应符合下列要求：

1 墙厚不应小于240mm，砌筑砂浆强度等级不应低于M10，应先砌墙后浇框架。

2 沿框架柱每隔500mm配置2φ6拉结钢筋，并沿砖墙全长设置；在墙体半高处尚应设置与框架柱相连的钢筋混凝土水平系梁。

3 墙长大于5m时，应在墙内增设钢筋混凝土构造柱。

7.5.7 框架梁、抗震墙和托墙梁的混凝土强度等级，不应低于C30。

2 过渡层墙体的砌筑砂浆强度等级，不应低于M7.5。

7.5.8 底部框架-抗震墙房屋的其他抗震构造措施，应符合本章第7.3.5条至7.3.14条有关要求。

7.6 多层多柱内框架房屋抗震构造措施

7.6.1 多层多柱内框架房屋的钢筋混凝土构造柱设置，应符合下列要求：

1 下列部位应设置钢筋混凝土构造柱：
　1）外墙四角和楼、电梯间四角；楼梯休息平台梁的支承部位；
　2）抗震墙两端及未设置组合柱的外墙、外横墙上对应于中间柱列柱轴线的部位。

2 构造柱的截面，不宜小于240mm×240mm。

3 构造柱的纵向钢筋不宜少于4φ14，箍筋间距不宜大于200mm。

4 构造柱应与每层圈梁连接，或与现浇楼板可靠拉结。

7.6.2 多层多柱内框架房屋的楼、屋盖，应采用现浇或装配整体式钢筋混凝土板。采用现浇钢筋混凝土楼板时应允许不设圈梁，但楼板沿墙体周边应加强配筋并应与相应的构造柱可靠连接。

7.6.3 多排柱内框架梁在外纵墙、外横墙上的搁置长度不应小于300mm，且梁端应与圈梁或组合柱、构造柱连接。

7.6.4 多排柱内框架房屋的其他抗震构造措施应符合本章第7.3.5条至7.3.13条有关要求。

8 多层和高层钢结构房屋

8.1 一般规定

8.1.1 本章适用的钢结构民用房屋的结构类型和最大高度应符合表8.1.1的规定。平面和竖向不规则或建造于Ⅳ类场地的钢结构，适用的最大高度应适当降低。

注：多层钢结构厂房的抗震设计，应符合本规范附录G的规定。

表8.1.1 钢结构房屋适用的最大高度 (m)

结 构 类 型	6、7度	8度	9度
框架	110	90	50
框架-支撑（抗震墙板）	220	200	140
筒体（框架筒，筒中筒，桁架筒，束筒）和巨型框架	300	260	180

注：1 房屋高度指室外地面到主要屋面板板顶的高度（不包括局部突出屋顶部分）；
2 超过表内高度的房屋，应进行专门研究和论证，采取有效的加强措施。

8.1.2 本章适用的钢结构民用房屋的最大高宽比不宜超过表8.1.2的规定。

表8.1.2 钢结构民用房屋适用的最大高宽比

烈度	6、7	8	9
最大高宽比	6.5	6.0	5.5

注：计算高宽比的高度从室外地面算起。

8.1.3 钢结构房屋应根据烈度、结构类型和房屋高度，采用不同的地震作用效应调整系数，并采取不同的抗震构造措施。

8.1.4 钢结构房屋宜避免采用本规范第3.4节规定的不规则建筑结构方案，不设防震缝；需要设置防震缝时，缝宽应不小于相应钢筋混凝土房屋的1.5倍。

8.1.5 不超过12层的钢结构房屋可采用框架结构、框架-支撑结构或其他结构类型；超过12层的钢结构房屋，8、9度时，宜采用偏心支撑、带竖缝钢筋混凝土抗震墙板、内藏钢支撑钢筋混凝土墙板或其他能消能的支撑及筒体结构。

8.1.6 采用框架-支撑结构时，应符合下列规定：

1 支撑框架在两个方向的布置均宜基本对称，支撑框架之间楼盖的长宽比不宜大于3。

2 不超过12层的钢结构宜采用中心支撑，有条件时也可采用偏心支撑等消能支撑。超过12层的钢结构采用偏心支撑框架时，顶层可采用中心支撑。

3 中心支撑框架宜采用交叉支撑，也可采用人字支撑或单斜杆支撑，不宜采用K形支撑；支撑的轴线应交汇于梁柱构件轴线的交点，确有困难时偏离中心不应超过支撑杆件宽度，并应计入由此产生的附加弯矩。

4 偏心支撑框架的每根支撑应至少有一端与框架梁连接，并在支撑与梁交点和柱之间或同一跨另一支撑与梁交点之间形成消能梁段。

8.1.7 钢结构的楼盖宜采用压型钢板现浇钢筋混凝土组合楼板或非组合楼板。对不超过12层的钢结构，亦可采用装配式楼板或其他轻型楼盖；对超过12层的钢结构尚可采用装配整式钢筋混凝土楼板和现浇钢筋混凝土楼板，必要时可设置水平支撑。

采用压型钢板钢筋混凝土组合楼板和现浇钢筋混凝土楼板时，应与钢梁有可靠连接。采用装配式、装配整体式或轻型楼板时，应将楼板预埋件与钢梁焊接，或采取其他保证楼盖整体性的措施。

8.1.8 超过12层的钢框架-筒体结构，在必要时可设置由筒体外伸臂或外伸臂和周边桁架组成的加强层。

8.1.9 钢结构房屋设置地下室时，框架-支撑(抗震墙板)结构中竖向连续布置的支撑(抗震墙板)应延伸至基础；框架柱应至少延伸至地下一层。

8.1.10 超过12层的钢结构应设置地下室。其基础埋置深度，当采用天然地基时不宜小于房屋总高度的1/15；当采用桩基时，桩承台埋深不宜小于房屋总高度的1/20。

8.2 计算要点

8.2.1 钢结构应按本节规定调整地震作用效应，其层间变形应符合本规范第5.5节规定的有关规定；构件截面和连接的抗震验算，凡本章未作规定者，应符合现行有关结构设计规范的要求，但其非抗震设计值应除以本规范规定的承载力抗震调整系数。

8.2.2 钢结构在多遇地震下的阻尼比，对不超过12层的钢结构可采用0.035，对超过12层的钢结构可采用0.02；在罕遇地震下的分析，阻尼比可采用0.05。

8.2.3 钢结构在地震作用下的内力和变形分析，应符合下列规定：

1 钢结构应按本规范第3.6.3条规定计入重力二阶效应。对框架梁，可不计入梁端弯矩引起的轴向力的影响。对工字形截面柱，宜计入梁柱节点域剪切变形对结构侧移的影响；中心支撑框架和不超过12层的钢结构，其层间位移计算可不计入梁柱节点域剪切变形的影响。

2 钢框架-支撑结构的斜杆可按两端铰接杆计算。中心支撑框架的斜杆轴线偏离梁柱轴线交点不超过部总地震剪力的25%和框架部分地震剪力最大值1.8倍二者的较小者。

3 中心支撑框架的斜杆轴线偏离梁柱轴线交点不超过支撑杆件的宽度时，仍可按中心支撑框架分析，但应计及由此产生的附加弯矩。人字形和V形支撑的内力设计值应乘以增大系数，其值可采用1.5。

4 偏心支撑框架构件的内力设计值，应按下列要求调整：

  1) 支撑斜杆的轴力设计值，应取与支撑斜杆轴力与增大系数的消能梁段达到受剪承载力时支撑斜杆轴力与增大系数的乘积，其值在8度及以下时不应小于1.4，9度时不应小于1.5；

  2) 位于消能梁段同一跨的框架梁内力设计值，应取消能梁段达到受剪承载力时框架梁内力与增大系数的乘积，其值在8度及以下时不应小于1.5，9度时不应小于1.6；

  3) 框架柱的内力设计值，应取消能梁段达到受剪承载力时柱内力与增大系数的乘积，其值在8度及以下时不应小于1.5，9度时不应小于1.6。

5 钢支撑钢筋混凝土墙板和带竖缝钢筋混凝土墙板应按有关规定计算，带竖缝钢筋混凝土墙板仅承受水平荷载产生的剪力，不承受竖向荷载产生的压力。

6 钢结构转换层下的钢框架柱，地震内力应乘以增大系数，其值可采用1.5。

8.2.4 钢框架梁的上翼缘采用抗剪连接件与组合楼板连接时，可不验算地震作用下的整体稳定。

8.2.5 钢框架构件及节点部位的抗震承载力验算，应符合下列规定：

1 节点左右梁端和上下柱端的全塑性承载力应符合式(8.2.5-1)要求。当柱所在楼层的受剪承载力比上一层的受剪承载力高出25%，或柱轴向力设计值与柱全截面面积和钢材抗拉强度设计值的比值不超过0.4，或作为轴心受压构件在2倍地震力下稳定性得到保证时，可不按该式验算。

$$\Sigma W_{pc}(f_{yc} - N/A_c) \geq \eta \Sigma W_{pb} f_{yb} \quad (8.2.5\text{-}1)$$

式中 W_{pc}、W_{pb}——分别为柱和梁的塑性截面模量；
    N——柱轴向压力设计值；
    A_c——柱截面面积；
    f_{yc}、f_{yb}——分别为柱和梁的钢材屈服强度；
    η——强柱系数，超过6层的钢框架，超过7度和7度IV类场地，6度IV度时可取1.05，9度时可取1.15。

2 节点域的屈服承载力应符合下式要求：

$$\psi(M_{pb1} + M_{pb2})/V_p \leq (4/3)f_v \quad (8.2.5\text{-}2)$$

工字形截面柱 $\quad V_p = h_b h_c t_w \quad (8.2.5\text{-}3)$

箱形截面柱 $\quad V_p = 1.8 h_b h_c t_w \quad (8.2.5\text{-}4)$

3 工字形截面柱和箱形截面柱的节点域应按下列公式验算：

$$t_w \geq (h_b + h_c)/90 \quad (8.2.5\text{-}5)$$

$$(M_{b1} + M_{b2})/V_p \leq (4/3)f_v/\gamma_{RE} \quad (8.2.5\text{-}6)$$

式中 M_{pb1}、M_{pb2}——分别为节点域两侧梁的全塑性受弯承载力；

V_p——节点域的体积；
f_v——钢材的抗剪强度设计值；
ψ——折减系数，6度IV类场地和7度时可取0.6，8、9度时可取0.7；
h_b、h_c——分别为梁腹板高度和柱腹板高度；
t_w——柱在节点域的腹板厚度；
M_{b1}、M_{b2}——分别为节点域两侧梁的弯矩设计值；
γ_{RE}——节点域承载力抗震调整系数，取0.85。

注：当柱节点域腹板厚度不小于梁、柱截面高度之和的1/70时，可不验算节点域的稳定性。

8.2.6 中心支撑框架构件的抗震承载力验算，应符合下列规定：

1 支撑斜杆的受压承载力按下式验算：

$$N/(\varphi A_{br}) \leq \psi f/\gamma_{RE} \quad (8.2.6\text{-}1)$$

$$\psi = 1/(1 + 0.35\lambda_n) \quad (8.2.6\text{-}2)$$

$$\lambda_n = (\lambda/\pi)\sqrt{f_{ay}/E} \quad (8.2.6\text{-}3)$$

式中 N——支撑斜杆轴向力设计值；
    A_{br}——支撑斜杆截面面积；
    φ——轴心受压构件的稳定系数；
    ψ——受循环荷载时的强度降低系数；
    λ_n——支撑斜杆的正则化长细比；
    E——支撑斜杆材料的弹性模量；
    f_{ay}——钢材屈服强度；
    γ_{RE}——支撑承载力抗震调整系数。

2 人字支撑和V形支撑受支撑斜杆传来的横梁在支撑连接处应保持连续，该横梁应承受支撑斜杆传来的内力，并应按不计入支撑支点作用的简支梁验算重力荷载和受压支撑屈曲后产生不平衡力作用下的承载力。

注：顶层和塔屋的梁可不执行本款规定。

8.2.7 偏心支撑构件的抗震承载力验算，应符合下列规定：

1 偏心支撑框架消能梁段的受剪承载力应按下列公式验算：

当 $N \leq 0.15Af$ 时

$$V \leq \varphi V_l / \gamma_{RE} \qquad (8.2.7\text{-}1)$$

$V_l = 0.58 A_w f_{ay}$ 或 $V_l = 2M_{lp}/a$，取较小值

$A_w = (h - 2t_f)t_w$

$M_{lp} = W_p f$

当 $N > 0.15Af$ 时

$$V \leq \varphi V_{lc} / \gamma_{RE} \qquad (8.2.7\text{-}2)$$

或 $V_{lc} = 0.58 A_w f_{ay} \sqrt{1 - [N/(Af)]^2}$

$V_{lc} = 2.4 M_{lp} [1 - N/(Af)]/a$，取较小值

式中 φ —— 系数，可取 0.9；

N、V —— 分别为消能梁段的剪力设计值和计入轴力影响的受剪承载力；

V_l、V_{lc} —— 分别为消能梁段的受剪承载力；

M_{lp} —— 消能梁段的全塑性受弯承载力；

a、h、t_w、t_f —— 分别为消能梁段的长度、截面高度、腹板厚度和翼缘厚度；

A、A_w —— 分别为消能梁段的截面面积和腹板截面面积；

W_p —— 消能梁段的塑性截面模量；

f、f_{ay} —— 分别为消能梁段钢材的抗拉强度设计值和屈服强度；

γ_{RE} —— 消能梁段承载力抗震调整系数，取 0.85。

注：消能梁段中偏心支撑框架中斜杆与梁交点和柱之间的区段或同一跨内相邻两个斜杆与梁交点之间的区段，地震时消能梁段屈服而使其余区段仍处于弹性受力状态。

2 支撑斜杆与消能梁段连接的承载力不得小于支撑的承载力。若支撑需抵抗弯矩，支撑与梁连接应按抗压弯连接设计。

8.2.8 钢结构构件连接应按地震组合内力进行弹性设计，并应进行极限承载力验算：

1 梁与柱连接的弹性设计要求，梁上下翼缘的端截面应满足连接的极限受弯要求，梁腹板设计入剪力和弯矩。梁与柱连接的极限受弯、受剪承载力，应符合下列要求：

$$M_u \geq 1.2 M_p \qquad (8.2.8\text{-}1)$$

$$V_u \geq 1.3(2M_p/l_n) \text{ 且 } V_u \geq 0.58 h_w t_w f_{ay} \qquad (8.2.8\text{-}2)$$

式中 M_u —— 梁上下翼缘全熔透坡口焊缝连接的极限受弯承载力；

V_u —— 梁腹板连接的极限受剪承载力；垂直于角焊缝受剪时，可提高 1.22 倍；

M_p —— 梁（梁贯通时为柱）的全塑性受弯承载力；

l_n —— 梁的净跨（梁贯通时取该楼层柱的净高）；

h_w、t_w —— 梁腹板的高度和厚度；
f_{ay} —— 钢材屈服强度。

2 支撑与框架的连接及支撑拼接的极限承载力，应符合下式要求：

$$N_{ubr} \geq 1.2 A_n f_{ay} \qquad (8.2.8-3)$$

式中 N_{ubr} —— 螺栓连接和节点板连接在支撑轴线方向的极限承载力；
A_n —— 支撑的截面净面积；
f_{ay} —— 支撑钢材的屈服强度。

3 梁、柱构件拼接的弹性设计时，腹板应计入弯矩，且受剪承载力不应小于构件截面受剪承载力的50%；拼接的极限承载力，应符合下列要求：

$$V_u \geq 0.58 h_w t_w f_{ay} \qquad (8.2.8-4)$$

无轴向力时 $M_u \geq 1.2 M_p$ (8.2.8-5)

有轴向力时 $M_u \geq 1.2 M_{pc}$ (8.2.8-6)

式中 M_u、V_u —— 分别为构件拼接的极限受弯、受剪承载力；
M_{pc} —— 构件有轴向力时的全截面受弯承载力；
h_w、t_w —— 拼接构件截面腹板的高度和厚度；
f_{ay} —— 被拼接构件的钢材屈服强度。

拼接采用螺栓连接时，尚应符合下列要求：

翼缘 $n N_{cu}^b \geq 1.2 A_f f_{ay}$

且 $n N_{vu}^b \geq 1.2 A_f f_{ay}$ (8.2.8-7)

腹板 $N_{cu}^b \geq \sqrt{(V_u/n)^2 + (N_M^b)^2}$

且 $N_{vu}^b \geq \sqrt{(V_u/n)^2 + (N_M^b)^2}$ (8.2.8-8)

式中 N_{vu}^b、N_{cu}^b —— 一个螺栓的极限受剪承载力和对应的板件极限承压力；
A_f —— 翼缘的有效截面面积；
N_M^b —— 腹板拼接中弯矩引起的一侧螺栓的最大剪力；
n —— 翼缘拼接板或腹板拼接一侧螺栓的最多螺栓数。

4 梁、柱构件有轴力时有轴面受弯承载力，应按下列公式计算：

工字形截面（绕强轴）和箱形截面

当 $N/N_y \leq 0.13$ 时 $M_{pc} = M_p$ (8.2.8-9)

当 $N/N_y > 0.13$ 时 $M_{pc} = 1.15 (1 - N/N_y) M_p$ (8.2.8-10)

工字形截面（绕弱轴）

当 $N/N_y \leq A_w f_{ay}/A$ 时 $M_{pc} = M_p$ (8.2.8-11)

当 $N/N_y > A_w f_{ay}/A$ 时

$$M_{pc} = \{1 - [(N - A_w f_{ay})/(N_y - A_w f_{ay})]^2\} M_p \qquad (8.2.8-12)$$

式中 N_y —— 构件轴向屈服承载力，取 $N_y = A_n f_{ay}$。

5 焊缝的极限承载力应按下列公式计算：

对接焊缝受拉 $N_u = A_f^w f_u$ (8.2.8-13)

角焊缝受剪 $V_u = 0.58 A_f^w f_u$ (8.2.8-14)

式中 A_f^w —— 焊缝的有效受力面积；
f_u —— 构件母材的抗拉强度最小值。

6 高强度螺栓连接的极限受剪承载力，应取下列二式计算的较小者：

$$N_{vu}^b = 0.58 n_f A_e^b f_u^b \quad (8.2.8-15)$$

$$N_{cu}^b = d\Sigma t f_{cu}^b \quad (8.2.8-16)$$

式中 N_{vu}^b、N_{cu}^b——分别为一个高强度螺栓的极限受剪承载力和对应的板件极限承压压力；

n_f——螺栓连接的剪切面数量；

A_e^b——螺栓螺纹处的有效截面面积；

f_u^b——螺栓钢材的抗拉强度最小值；

d——螺栓杆直径；

Σt——同一受力方向的钢板厚度之和；

f_{cu}^b——螺栓连接板的极限承压强度，取 $1.5f_u$。

8.3 钢框架结构抗震构造措施

8.3.1 框架柱的长细比，应符合下列规定：

1 不超过 12 层的钢框架柱的长细比，$6 \sim 8$ 度时不应大于 $120\sqrt{235/f_{ay}}$，9 度时不应大于 $100\sqrt{235/f_{ay}}$。

2 超过 12 层的钢框架柱的长细比，应符合表 8.3.1 的规定：

表 8.3.1 超过 12 层框架柱的长细比限值

烈 度	6 度	7 度	8 度	9 度
长细比	120	80	60	60

注：表列数值适用于 Q235 钢，采用其他牌号钢材时，柱板件宽厚比应符合表$\sqrt{235/f_{ay}}$。

8.3.2 框架梁、柱板件宽厚比，应符合下列规定：

1 不超过 12 层框架梁、柱板件宽厚比应符合下列要求：

表 8.3.2-1 不超过 12 层框架的梁柱板件宽厚比限值

	板 件 名 称	7 度	8 度	9 度
柱	工字形截面翼缘外伸部分	13	12	11
	箱形截面壁板	40	36	36
	工字形截面腹板	52	48	44
梁	工字形截面和箱形截面翼缘外伸部分	11	10	9
	箱形截面翼缘在两腹板间的部分	36	32	30
	工字形截面和箱形截面腹板 ($N_b/Af < 0.37$)	$85-120$ N_b/Af	$80-110$ N_b/Af	$72-100$ N_b/Af
	($N_b/Af \geq 0.37$)	40	39	35

注：表列数值适用于 Q235，当材料为其他牌号钢时，应乘以 $\sqrt{235/f_{ay}}$。

2 超过 12 层框架梁、柱板件宽厚比应符合表 8.3.2-2 的规定：

表 8.3.2-2 超过 12 层框架的梁柱板件宽厚比限值

	板 件 名 称	6 度	7 度	8 度	9 度
柱	工字形截面翼缘外伸部分	13	11	10	9
	工字形截面腹板	43	43	43	43
	箱形截面壁板	39	37	35	33
梁	工字形截面和箱形截面翼缘外伸部分	11	10	9	9
	箱形截面翼缘在两腹板间的部分	36	32	30	30
	工字形截面和箱形截面腹板	$85-120N_b/Af$	$80-110N_b/Af$	$72-100N_b/Af$	$72-100N_b/Af$

注：表列数值适用于 Q235 钢，采用其他牌号钢材，应乘以 $\sqrt{235/f_{ay}}$。

8.3.3 梁柱构件的侧向支承应符合下列要求：

1 梁柱构件在出现塑性铰的截面处，其上下翼缘均应设置侧向支承；

2 相邻两支承点间的构件长细比，应符合国家标准《钢结构设计规范》GB50017关于塑性设计的有关规定。

8.3.4 梁与柱的连接构造，应符合下列要求：

1 梁与柱的连接宜采用柱贯通型。

2 柱在两个互相垂直的方向都与梁刚接时，宜采用箱形截面。当仅在一个方向与梁刚接时，宜采用工字形截面，并将柱腹板置于刚接框架平面内。

3 工字形截面柱（翼缘）和箱形截面柱与梁刚接（图8.3.4-1），应符合下列要求，有充分依据时也可采用其他构造形式。

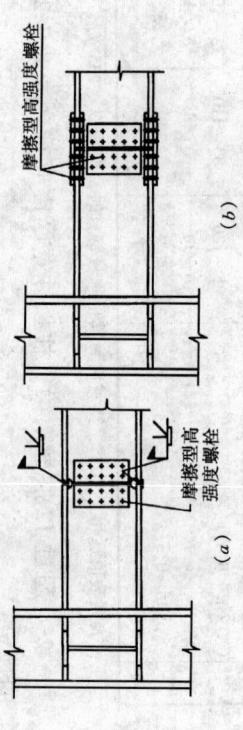

图8.3.4-1 框架梁与柱的现场连接

1) 梁翼缘与柱翼缘间应采用全熔透坡口焊缝；8度乙类建筑和9度时，应检验V形切口的冲击韧性，其夏柏冲击韧性在 -20℃时不低于27J；

2) 柱在梁翼缘对应位置设置横向加劲肋，且加劲肋厚度不应小于梁翼缘厚度。

3) 梁腹板宜采用摩擦型高强度螺栓通过连接板与柱连接；腹板角部宜设置扇形隔口，其端部宜切角，焊缝部位应采用全熔透角焊缝，连接板与梁翼缘间应设置隔口；

4) 当梁翼缘的塑性截面模量小于梁全截面塑性截面模量的70%时，梁腹板与柱的连接螺栓不得少于二列；当计算仅需一列时，仍应布置二列，且此时螺栓总数不得少于计算值的1.5倍；

5) 8度Ⅲ、Ⅳ场地和9度时，宜采用能将塑性铰自梁端外移的骨形连接。

4 框架梁段与柱段应先采用全焊接连接，梁的现场拼接连接可采用悬臂梁段与柱采用全焊接连接（a）或全部螺栓连接（b）。

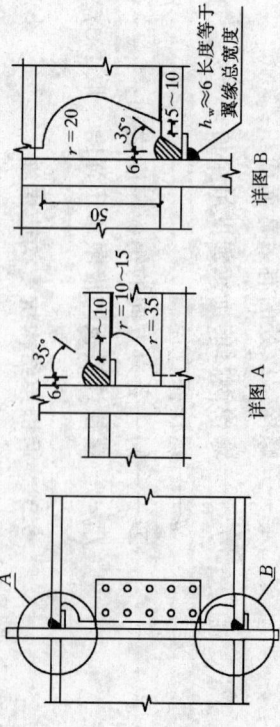

图8.3.4-2 框架柱与梁臂段的连接

5 箱形截面柱在与梁对应位置设置的隔板应采用全熔透对接焊缝与壁板相连。工字形截面柱的横向加劲肋与柱翼缘应采用全熔透对接焊缝连接，与柱腹板可采用角焊缝连接。

8.3.5 当节点域的体积不满足本章第8.2.5条3款的规定时，应采取加厚节点域或贴焊补强板的措施。补强板的厚度及其焊缝应按传递补强板所分担剪力的要求设计。

8.3.6 梁与柱刚性连接时，柱在梁翼缘上下各500mm的节点范围内，柱翼缘与柱腹板间或箱形柱壁板间的连接焊缝，应采用坡口全熔透焊缝。

8.3.7 框架柱接头宜位于框架梁上方1.3m附近。上下柱的对接接头应采用全熔透焊缝，柱拼接接头上下各100mm范围内，工字形截面柱翼缘与腹板间及箱形截面柱角部壁板间的焊缝，应采用全熔透焊缝。

8.3.8 超过12层钢结构的刚接柱脚宜采用埋入式，6、7度时也可采用外包式。

8.4 钢框架-中心支撑结构抗震构造措施

8.4.1 当中心支撑采用只能受拉的单斜杆体系时，应同时设置两组倾斜方向相反的斜杆，且每组单方向斜杆的截面积在水平方向的投影面积之差不得大于10%。

8.4.2 中心支撑杆件的长细比和板件宽厚比应符合下列规定：

1 支撑杆件的长细比，不宜大于表8.4.2-1 的值。

表8.4.2-1 钢结构中心支撑杆件长细比限值

类型		6、7度	8度	9度
不超过12层	按压杆设计	150	120	120
	按拉杆设计	200	150	150
超过12层		120	90	60

注：表列数值适用于Q235钢，采用其他牌号钢材应乘以 $\sqrt{235/f_{ay}}$。

2 支撑杆件的板件宽厚比，不应大于表8.4.2-2规定的限值。采用节点板连接时，应注意节点板件的强度和稳定。

表8.4.2-2 钢结构中心支撑板件宽厚比限值

板件名称	不超过12层			超过12层		
	7度	8度	9度	6度	7度	8度	9度
翼缘外伸部分	13	11	9	9	8	8	7
工字形截面腹板	33	30	27	25	23	23	21
箱形截面腹板	31	28	25	23	21	21	19
圆管外径与壁厚比				42	40	40	38

注：表列数值适用于Q235钢，采用其他牌号钢材应乘以 $\sqrt{235/f_{ay}}$。

8.4.3 中心支撑节点的构造应符合下列要求：

1 超过12层时，支撑宜采用轧制H型钢制作，两端与框架可采用刚接构造，梁柱与支撑连接处应设置加劲肋；8、9度采用焊接工字形截面的支撑时，其翼缘与腹板的连接宜采用全熔透连续焊缝；

2 支撑与框架连接处，支撑杆端宜做成圆弧；

3 梁在支撑与梁相交处，应设置侧向支承；该支承与梁端支承点间的侧向长细比（$λ_y$）以及支承力，应符合国家标准《钢结构设计规范》GB 50017关于塑性设计的规定。

4 不超过12层时，若支撑与框架采用节点板连接，应符合国家标准《钢结构设计规范》GB 50017关于节点板在连接杆件每一侧有支撑杆件30°夹角的规定；支撑端部至节点板嵌固点在沿支撑杆件方向的距离（由节点板与框架构件焊缝的起点至支撑杆轴线的直线至支撑端部的距离），不应小于垂直于支撑杆轴线方向节点板的2倍。

8.4.4 框架-中心支撑结构的框架部分，当房屋高度不高于100m且框架部分承担的地震作用不大于结构底部总地震剪力的25%时，8、9度的抗震构造措施可按框架结构降低一度的相应要求采用；其他抗震构造措施，应符合本章第8.3节对框架结构抗震构造措施的规定。

8.5 钢框架-偏心支撑框架结构抗震构造措施

8.5.1 偏心支撑框架消能梁段的钢材屈服强度不应大于345MPa。消能梁段及与消能梁段同一跨内的非消能梁段，其板件的宽厚比不应大于表8.5.1规定的限值。

表8.5.1 偏心支撑框架板件宽厚比限值

板 件 名 称	宽厚比限值
翼缘外伸部分	8
腹板 当$N/Af ≤ 0.14$时	$90[1-1.65N/(Af)]$
腹板 当$N/Af > 0.14$时	$33[2.3-N/(Af)]$

注：表列数值适用于Q235钢，当材料为其他钢号时，应乘以$\sqrt{235/f_{ay}}$。

8.5.2 偏心支撑框架的支撑杆件的长细比不应大于$120\sqrt{235/f_{ay}}$，支撑杆件的板件宽厚比不应超过国家标准《钢结构设计规范》GB 50017规定的轴心受压构件在弹性设计时的宽厚比限值。

8.5.3 消能梁段的构造应符合下列要求：

1 当$N > 0.16Af$时，消能梁段的长度应符合下列规定：

当$\rho(A_w/A) < 0.3$时，$a < 1.6M_{lp}/V_l$

当$\rho(A_w/A) ≥ 0.3$时，

$$a ≤ [1.15 - 0.5\rho(A_w/A)]1.6 M_{lp}/V_l \quad (8.5.3-1)$$

$$\rho = N/V \quad (8.5.3-2)$$

$$\rho = N/V \quad (8.5.3-3)$$

式中 a——消能梁段的长度；

ρ——消能梁段轴向力设计值与剪力设计值之比。

2 消能梁段的腹板不得贴焊补强板，也不得开洞。

3 消能梁段与支撑连接处，应在其腹板两侧配置加劲肋，加劲肋的高度应为梁腹板高度，一侧的加劲肋宽度不应小于$(b_f/2-t_w)$，厚度不应小于$0.75t_w$和10mm的较大值。

4 消能梁段应按下列要求在其腹板上设置中间加劲肋：

1) 当$a ≤ 1.6 M_{lp}/V_l$时，加劲肋间距不大于$(30t_w - h/5)$；

2) 当$2.6 M_{lp}/V_l < a ≤ 5 M_{lp}/V_l$时，应在距消能梁段端部$1.5b_f$处配置中间加劲肋，且中间加劲肋间距不应大于$(52t_w - h/5)$；

3) 当$1.6M_{lp}/V_l < a ≤ 2.6 M_{lp}/V_l$时，中间加劲肋的间距宜在上述二者间线性插入；

4) 当$a > 5 M_{lp}/V_l$时，可不配置中间加劲肋；

5) 中间加劲肋应与消能梁段的腹板等高，当消能梁段截面高度不大于640mm时，可配置单侧加劲肋，消能梁段截面高度大于640mm时，应在两侧配置加劲肋，一侧加劲肋的宽度不应小于$(b_f/2 - t_w)$，厚度不应小于t_w和10mm。

8.5.4 消能梁段与柱的连接应符合下列要求：

1 消能梁段与柱连接时，其长度不得大于$1.6M_{lp}/V_l$，且应满足第8.2.7条的规定。

2 消能梁段翼缘与柱翼缘之间应采用坡口全熔透对接焊缝连接，消能梁段腹板与柱之间应采用角焊缝连接；角焊缝的承载力不得小于消能梁段腹板的轴向承载力、受剪承载力和受弯承载力。

3 消能梁段与柱腹板连接时，消能梁段翼缘与连接板间应采用坡口全熔透焊缝，消能梁段腹板与柱间应采用角焊缝；角焊缝的承载力不得小于消能梁段腹板的轴向承载力、受剪承载力和受弯承载力。

8.5.5 消能梁段两端上下翼缘应设置侧向支撑，支撑的轴力设计值不得小于消能梁段翼缘轴向承载力设计值（翼缘宽度和钢材受压强度设计值三者的乘积）的 6%，即 $0.06b_f t_f f$。

8.5.6 偏心支撑框架梁的非消能梁段上下翼缘，应设置侧向支撑，支撑的轴力设计值不得小于梁翼缘轴向承载力的 2%，即 $0.02b_f t_f f$。

8.5.7 框架-偏心支撑结构的框架部分，当房屋高度不高于 100m 且框架部分分担的地震作用不大于结构底部总地震剪力的 25% 时，8、9 度的抗震构造措施可按框架结构降低一度的相应要求采用；其他抗震构造措施，应符合本章第 8.3 节对框架结构抗震构造措施的规定。

9 单层工业厂房

9.1 单层钢筋混凝土柱厂房

（I）一般规定

9.1.1 厂房的结构布置，应符合下列要求：

1 多跨厂房宜等高和等长。

2 厂房的贴建房屋和构筑物，不宜布置在厂房角部和紧邻防震缝处。

3 厂房体型复杂或有贴建的房屋和构筑物时，宜设防震缝；在厂房纵横跨交接处、大柱网厂房或不设柱间支撑的厂房，防震缝宽度可采用 100～150mm，其他情况可采用 50～90mm。

4 两个主厂房之间的过渡跨至少应有一侧采用防震缝与主厂房脱开。

5 厂房内上吊车的铁梯不应靠近防震缝设置；多跨厂房各跨上吊车的铁梯不宜设置在同一横向轴线附近。

6 工作平台与厂房主体结构宜脱开。

7 厂房的同一结构单元内，不应采用不同的结构型式；厂房端部应设屋架，不应采用山墙承重；厂房单元内不应采用横墙和排架混合承重。

8 厂房各柱列的侧移刚度宜均匀。

9.1.2 厂房天窗架的设置，应符合下列要求：

1 天窗宜采用突出屋面较小的避风型天窗，有条件或 9 度时宜采用下沉式天窗。

1—63

的截面抗震验算。

9.1.7 厂房的横向抗震计算，应采用下列方法：

1 混凝土无檩和有檩屋盖厂房，一般情况下，宜计及屋盖的横向弹性变形，按多质点空间结构分析；当符合本规范附录 H 的条件时，可按平面排架计算，并按附录 H 的规定对排架的地震剪力和弯矩进行调整。

2 轻型屋盖厂房，柱距相等时，可按平面排架计算。

注：本节轻型屋盖指屋面为压型钢板、瓦楞铁、石棉瓦等有檩屋盖。

9.1.8 厂房的纵向抗震计算，应采用下列方法：

1 混凝土无檩和有檩屋盖及有较完整支撑系统的轻型屋盖厂房，可采用下列方法：

1) 一般情况下，宜计及屋盖的纵向弹性变形、围护墙与隔墙的有效刚度，不对称时尚宜计及扭转的影响，按多质点分析进行空间结构分析；

2) 柱顶标高不大于 15m 且平均跨度不大于 30m 的单跨或等高多跨的钢筋混凝土柱厂房，宜采用本规范附录 J 规定的修正刚度法计算。

2 纵墙对称布置的单跨和等高多跨厂房和轻型屋盖的多跨厂房，可按柱列分片独立计算。

9.1.9 突出屋面天窗架的横向钢筋混凝土和钢天窗架的横向抗震计算，可采用下列方法：

1 有斜撑杆的三铰拱式钢筋混凝土和钢天窗架的抗震计算可采用底部剪力法；跨度大于 9m 或 9 度时，天窗架的地震作用效应应乘以增大系数 1.5。

2 其他情况下天窗架的横向水平地震作用可采用振型分解反应谱法。

9.1.10 突出屋面天窗架的纵向抗震计算，可采用下列方

用矩形截面杆件的钢筋混凝土天窗架；6～8 度时，可采

2 突出屋面的天窗宜采用钢天窗架或钢筋混凝土竖向矩形截面杆件的钢筋混凝土天窗架。

3 8 度和 9 度时，天窗架宜从厂房单元端部第三柱间开始设置。

4 天窗屋盖、端壁板和侧板，宜采用轻型板材。

9.1.3 厂房屋架的设置，应符合下列要求：

1 厂房宜采用钢屋架或重心较低的预应力混凝土、钢筋混凝土屋架。

2 跨度不大于 15m 时，可采用钢筋混凝土屋面梁。

3 跨度大于 24m，或 8 度 Ⅲ、Ⅳ 类场地和 9 度时，应优先采用钢屋架。

4 柱距为 12m 时，可采用预应力混凝土托架（梁）；当采用钢屋架时，亦可采用钢托架（梁）。

5 有突出屋面天窗架的屋盖不宜采用预应力混凝土或钢筋混凝土空腹屋架。

9.1.4 厂房柱的设置，应符合下列要求：

1 8 度和 9 度时，宜采用矩形、工字形截面柱或斜腹杆双肢柱，不宜采用薄壁工字形柱、腹板开孔工字形柱、预制腹板的工字形柱和管柱。

2 柱底至室内地坪以上 500mm 范围内和阶形柱的上柱宜采用矩形截面。

9.1.5 厂房围护墙、女儿墙的布置和抗震构造措施，应符合本规范第 13.3 节对非结构构件的有关规定。

9.1.6 7 度 Ⅰ、Ⅱ 类场地，柱高不超过 10m 且结构单元两端均有山墙的单跨和等高多跨厂房（锯齿形厂房除外），当按本规范的规定采取抗震构造措施时，可不进行横向及纵向的截面抗震计算。

（Ⅱ）计算要点

法：

1 天窗架的纵向抗震计算，可采用空间结构分析法，并计及屋盖平面弹性变形和纵墙的有效刚度；

2 柱高不超过15m的单跨和等高多跨钢筋混凝土无檩屋盖厂房的天窗架纵向地震作用计算，可采用底部剪力法，但天窗架的地震作用效应应乘以效应增大系数，其值可按下列规定采用：

1) 单跨、边跨屋盖或有纵向内隔墙的中跨屋盖：

$$\eta = 1 + 0.5n \quad (9.1.10-1)$$

2) 其他中跨屋盖：

$$\eta = 0.5n \quad (9.1.10-2)$$

式中 η——效应增大系数；
n——厂房跨数，超过四跨时取四跨。

9.1.11 两个主轴方向均有壁式吊车且无壁式吊车且无桥式吊车的柱距均不小于12m、无桥式吊车且无柱间支撑的大柱网厂房，柱截面抗震验算应同时计算两个主轴方向的水平地震作用，并计入位移引起的附加弯矩。

9.1.12 不等高厂房中，支承低跨屋盖的柱牛腿（柱肩）的纵向受拉钢筋截面面积，应按下式确定：

$$A_s \geq \left(\frac{N_G a}{0.85 h_0 f_y} + 1.2 \frac{N_E}{f_y}\right) \gamma_{RE} \quad (9.1.12)$$

式中 A_s——纵向水平受拉钢筋的截面面积；
N_G——柱牛腿面上重力荷载代表值产生的压力设计值；
a——重力作用点至下柱近侧边缘的距离，当小于 $0.3h_0$ 时采用 $0.3h_0$；
h_0——牛腿最大竖向截面的有效高度；
N_E——柱牛腿面上地震组合的水平拉力设计值；
γ_{RE}——承载力抗震调整系数，可采用1.0。

9.1.13 柱间交叉支撑斜杆的地震作用效应及其与柱连接节点的抗震验算，可按本规范附录J的规定进行。

9.1.14 8度和9度时，高大山墙的抗风柱应进行平面外的截面抗震验算。

9.1.15 当抗风柱与屋架下弦相连接时，连接点应设在下弦横向支撑节点处，下弦横向支撑杆件的截面和连接节点应进行抗震承载力验算。

9.1.16 当工作平台和刚性内隔墙与厂房主体结构连接时，应采用与刚性内隔墙相适应的计算简图，计入工作平台和刚性内隔墙对厂房附加地震作用影响，变位受约束且剪跨比不大于2的排架柱，其斜截面受剪承载力应按国家标准《混凝土结构设计规范》GB 50010的规定计算，并采取相应的抗震措施。

9.1.17 8度Ⅲ、Ⅳ类场地和9度时，带有小立柱的拱形和折线型屋架或上弦节间较长且矢高较大的屋架，屋架上弦宜进行抗扭验算。

(Ⅲ) 抗震构造措施

9.1.18 有檩屋盖构件的连接及支撑布置，应符合下列要求：

1 檩条应与混凝土屋架（屋面梁）焊牢，并应有足够的支承长度。

2 双脊檩应在跨度1/3处相互结。

3 压型钢板应与檩条可靠连接，瓦楞铁、石棉瓦等应与檩条拉结。

4 支撑布置宜符合表9.1.18的要求。

宜少于 4φ10，9 度时不宜少于 4φ12。

6 支撑的布置宜符合表 9.1.19-1 的要求，有中间井式天窗时宜符合表 9.1.19-2 的要求；8 度和 9 度跨度不大于 15m 的屋面盖，可仅在厂房单元两端各设竖向支撑一道。

表 9.1.19-1　无檩屋盖的支撑布置

支撑名称		烈　度		
		6、7	8	9
屋架支撑	上弦横向支撑	屋架跨度小于 18m 时同非抗震设计，跨度不小于 18m 时在厂房单元端开间各设一道	厂房单元端开间及厂房柱间支撑开间的上弦横向支撑开间各设一道	厂房单元端开间及柱间支撑开间的上弦横向支撑各设一道，厂房单元端开间增设局部支撑
	上弦通长水平系杆	同非抗震设计	沿屋架跨度不大于 15m 设一道，但装配式屋面时，当圈梁在支承屋架的柱顶标高处可不设	沿屋架跨度不大于 12m 设一道，但装配式屋面时，当圈梁在支承屋架的柱顶标高处可不设
	下弦横向支撑 跨中竖向支撑	同非抗震设计	同非抗震设计	同上弦横向支撑
	两端竖向支撑	屋架端部高度 ≤900mm	厂房单元端开间及每隔 30m 各设一道	厂房单元端开间及每隔 18m 各设一道	厂房单元端开间及每隔 48m 各设一道
		屋架端部高度 >900mm	厂房单元端开间及柱间支撑开间各设一道	厂房单元及柱间支撑开间各设一道	厂房单元端开间及柱间支撑开间各设一道
天窗架支撑	天窗两侧竖向支撑	厂房单元天窗端开间及每隔 30m 各设一道	厂房单元天窗端开间及每隔 24m 各设一道	厂房单元天窗端开间及每隔 18m 各设一道
	上弦横向支撑	同非抗震设计	天窗跨度 ≥9m 时，厂房单元天窗端开间及柱间支撑开间各设一道	厂房单元天窗开间及柱间支撑开间各设一道

表 9.1.18　有檩屋盖的支撑布置

支撑名称		烈　度		
		6、7	8	9
屋架支撑	上弦横向支撑	厂房单元端开间各设一道	厂房单元端开间及厂房柱间支撑开间各设一道	厂房单元端开间及厂房柱长度大于 42m 的柱间支撑开间的上弦横向支撑各设一道
	下弦横向支撑	同非抗震设计	同非抗震设计	同上弦横向支撑
	跨中竖向支撑			
	端部竖向支撑	屋架端部高度大于 900mm 时，厂房单元端开间及柱间支撑开间各设一道		
天窗架支撑	上弦横向支撑	厂房单元天窗端开间各设一道	厂房单元天窗开间及每隔 30m 各设一道	厂房单元天窗开间及每隔 18m 各设一道
	两侧竖向支撑	厂房单元天窗开间端开间及每隔 36m 各设一道		

9.1.19　无檩屋盖构件的连接及支撑布置，应符合下列要求：

1　大型屋面板（屋面梁）应与屋架（屋面梁）焊牢，靠柱列的屋面板（屋面梁）的连接焊缝长度不宜小于 80mm。

2　6 度和 7 度时，有天窗厂房单元的端开间，或 8 度和 9 度时开间，宜将垂直屋架方向两侧相邻的大型屋面板的顶面彼此焊牢。

3　8 度和 9 度时，大型屋面板端头底面的预埋件宜采用角钢与主筋焊牢。

4　非标准屋面板宜采用装配整体式接头，或将板四角预埋件的锚筋，8 度时不切断后与主筋焊牢。

5　屋架（屋面梁）端部顶面预埋件的锚筋，8 度时不

和7度时不宜少于4φ12，8度和9度时不宜少于4φ14。

2 梯形屋架的端竖杆截面宽度宜与上弦宽度相同。

3 拱形和折线形屋架上弦端部支撑屋面板的小立柱，截面不宜小于200mm×200mm，高度不宜大于500mm，主筋宜采用Ⅱ形，6度和7度时不宜少于4φ12，8度和9度时不宜少于4φ14，箍筋可采用φ6，间距宜为100mm。

9.1.23 厂房柱子的箍筋，应符合下列要求：

1 下列范围内柱的箍筋应加密：

1) 柱头，取柱顶以下500mm并不小于柱截面长边尺寸；
2) 上柱，取阶形柱自柱底至室内地坪以上500mm处；取下柱柱顶以上、吊车梁顶面以上300mm高度范围内；
3) 牛腿（柱肩），取全高；
4) 柱根，取下柱柱底至室内地坪以上500mm；
5) 柱间支撑与柱连接节点和柱变位受平台等约束的部位，取节点上、下各300mm。

2 加密区箍筋间距不应大于100mm，箍筋肢距和最小直径应符合表9.1.23的规定：

表9.1.23 柱加密区箍筋最大肢距和最小箍筋直径

烈度和场地类别	6度和7度Ⅰ、Ⅱ类场地	7度Ⅲ、Ⅳ类场地，8度Ⅰ、Ⅱ类场地	8度Ⅲ、Ⅳ类场地和9度
箍筋最大肢距（mm）	300	250	200
箍筋最小直径 一般柱头和柱根	φ6	φ8	φ8（φ10）
箍筋最小直径 角柱柱头	φ8	φ10	φ10
箍筋最小直径 上柱牛腿和有支撑的柱根	φ8	φ8	φ10
箍筋最小直径 有支撑的柱头和柱变位受约束部位	φ8	φ10	φ10

注：括号内数值用于柱根。

表9.1.19-2 中间并式天窗无檩屋盖支撑布置

支撑名称	6、7度	8度	9度
上弦横向支撑下弦横向支撑	厂房单元端开间各设一道	厂房单元端开间及柱间支撑开间设一道	厂房单元端开间及柱间支撑开间各设一道
上弦通长水平系杆	天窗范围内屋架跨中上弦节点处设置
下弦通长水平系杆	天窗两侧及天窗范围内屋架下弦节点处设置
跨中竖向支撑	有上弦横向支撑开间设置，位置与下弦通长系杆相对应
两端竖向支撑 屋架端部高度≤900mm	同非抗震设计	有上弦横向支撑开间，且间距不大于48m	有上弦横向支撑开间，且间距不大于48m
两端竖向支撑 屋架端部高度>900mm	厂房单元端开间各设一道	有上弦横向支撑开间，且间距不大于48m	有上弦横向支撑开间，且间距不大于30m

9.1.20 屋盖支撑尚应符合下列要求：

1 天窗开洞范围内，在屋架脊点处应设上弦通长水平压杆。

2 屋架跨中竖向支撑在跨度方向的间距，6～8度时不大于15m，9度时不大于12m；当仅在跨中设一道时，应设在跨中屋脊处；当设二道时，应在跨度方向均匀布置。

3 屋架上、下弦通长水平系杆与竖杆宜配合设置。

4 柱距不小于12m且屋架间距6m的厂房，托架（梁）区段及其相邻开间处屋架上弦横向支撑应加强。

5 屋盖支撑杆件宜用型钢。

9.1.21 突出屋面的混凝土天窗架，其两侧墙板与天窗立柱宜采用螺栓连接。

9.1.22 混凝土屋架的截面和配筋，应符合下列要求：

1 屋架上弦第一节间和梯形屋架端竖杆的配筋，6度

9.1.24 山墙抗风柱的配筋，应符合下列要求：

1 抗风柱柱顶以下300mm和牛腿（柱肩）面以上300mm范围内的箍筋，直径不宜小于6mm，间距不应大于100mm，肢距不宜大于250mm。

2 抗风柱变截面牛腿（柱肩）处，宜设置纵向受拉钢筋。

9.1.25 大柱网厂房柱的截面和配筋构造，应符合下列要求：

1 柱截面宜采用正方形或接近正方形的矩形，边长不宜小于柱全高的1/18～1/16。

2 重屋盖厂房地震组合的柱轴压比，6、7度时不宜大于0.8，8度时不宜大于0.7，9度时不宜大于0.6。

3 纵向钢筋宜沿柱截面周边对称配置，间距不宜大于200mm，角部宜配置直径较大的钢筋。

4 柱头和柱根的箍筋应加密，并应符合下列要求：

1）加密范围，柱根取基础顶面至室内地坪以上1m，且不小于柱全高的1/6；柱头取柱顶以下500mm，且不小于柱截面长边尺寸；

2）箍筋直径、间距和肢距，应符合本章第9.1.23条的规定。

9.1.26 厂房柱间支撑的设置和布置，应符合下列要求：

1 厂房柱间支撑的布置，应符合下列规定：

1）一般情况下，应在厂房单元中部设置上、下柱间支撑，且下柱间支撑应与上柱间支撑配套设置；

2）有吊车或8度和9度时，宜在厂房单元两端增设上柱支撑；

3）厂房单元较长或8度Ⅲ、Ⅳ类场地和9度时，可在厂房单元中部1/3区段内设置两道柱间支撑。

2 柱间支撑应采用型钢，支撑形式宜采用交叉式，其斜杆与水平面的交角不宜大于55°。

3 支撑杆件的长细比，不宜超过表9.1.26的规定。

4 下柱支撑的下节点位置和构造措施，应保证将地震作用直接传给基础；当6度和7度不能直接传给基础时，应计及支撑对柱和基础的不利影响。

5 交叉支撑在交叉点应设置节点板，其厚度不应小于10mm，斜杆与交叉节点板应焊接，与端节点板宜焊接。

表9.1.26 交叉支撑斜杆的最大长细比

位 置	烈 度			
	6度和7度Ⅰ、Ⅱ类场地	7度Ⅲ、Ⅳ类场地和8度Ⅰ、Ⅱ类场地	8度Ⅲ、Ⅳ类场地和9度Ⅰ、Ⅱ类场地	9度Ⅲ、Ⅳ类场地
上柱支撑	250	250	200	150
下柱支撑	200	200	150	150

9.1.27 8度时跨度不小于18m的多跨厂房中柱和9度时多跨厂房各柱，柱顶宜设置通长水平压杆，此压杆与梯形屋架支座处通长水平系杆合并设置，钢筋混凝土系杆端头与屋架间的空隙应采用混凝土填实。

9.1.28 厂房结构构件的连接节点，应符合下列要求：

1 屋架（屋面梁）与柱顶的连接，8度时宜采用螺栓，9度时宜采用钢板铰，亦可采用螺栓；屋架（屋面梁）端部支承垫板的厚度不宜小于16mm。

2 柱顶预埋件的锚筋，8度时不宜少于4φ14，9度时

接或铰接的框架、门式刚架、悬臂柱或其他结构体系。厂房纵向抗侧力体系宜采用柱间支撑，条件限制时也可采用刚架结构。

2 构件在可能产生塑性铰的最大应力区内，应避免焊接接头；对于厚度较大无法采用螺栓连接的构件，可采用对接焊缝等强度连接。

3 屋盖横梁与柱顶相连接的连接板，宜采用螺栓连接。刚接框架的屋架上弦与柱连接的连接板，不应出现塑性变形。当横梁为实腹梁时，梁与柱的连接以及梁与梁拼接的受弯、受剪连接，应能分别承受梁全截面屈服时的受弯、受剪承载力的1.2倍。

4 柱间支撑杆件应采用整根材料，超过材料最大长度规格时可采用对接焊缝等强拼接；柱间支撑的连接，不应小于支撑杆件塑性承载力的1.2倍。

（Ⅱ）计算要点

9.2.4 厂房抗震计算时，应根据屋盖高差和吊车设置情况，分别采用单质点、双质点或多质点模型计算地震作用。

9.2.5 厂房地震作用计算时，围护墙体自重与计算刚度应符合下列规定：

1 轻质墙板或与柱柔性连接的预制钢筋混凝土墙板，应计入墙体的全部自重，但不应计入刚度。

2 与柱贴砌且与柱拉结的砌体围护墙，应计入全部自重，在平行于墙体方向计算时可计入等效刚度，其等效系数可采用0.4。

9.2.6 厂房横向抗震计算可采用下列方法：

1 一般情况下，宜计入屋盖变形进行空间分析。

2 采用轻型屋盖时，可按平面排架或框架计算。

不宜少于4ϕ16；有柱间支撑的柱子，柱顶预埋件尚应增设抗剪钢板。

3 山墙抗风柱的柱顶，应设置预埋板，使柱顶与屋架的上弦（屋面梁上翼缘）可靠连接。连接部位应位于屋架上弦横梁与屋架的连接点处，不符合时可在支撑中增设次腹杆或有焊接型横梁，将水平地震作用传至节点部位。

4 支承低跨屋盖的中柱牛腿（柱肩）的预埋件，应与牛腿（柱肩）中按计算承受水平拉力部分的纵向钢筋焊接，且焊接的钢筋，6度和7度时不应少于2ϕ12，8度时不应少于2ϕ14，9度时不应少于2ϕ16。

5 柱间支撑与柱连接节点预埋件的锚件，8度Ⅲ、Ⅳ类场地和9度时，宜采用角钢加端板，其他情况可采用HRB335级或HRB400级热轧钢筋，锚固长度不应小于30倍锚筋直径或增设端板。

6 厂房中的吊车走道板、端屋架与山墙间的填充小屋面板、天沟板、天窗端壁板和天窗侧板下的填充砌体等构件，应与支承结构有可靠的连接。

9.2 单层钢结构厂房

（Ⅰ）一般规定

9.2.1 本节主要适用于钢柱、钢屋架或实腹梁承重的单跨和多跨的单层厂房。不适用于单层轻型钢结构厂房。

9.2.2 厂房平面布置和钢筋混凝土单层厂房面板的设置构造要求等，可参照本规范第9.1节单层钢筋混凝土柱厂房有关规定。

9.2.3 厂房的结构体系应符合下列要求：

1 厂房的横向与纵向抗侧力体系，可采用屋盖横梁与柱顶刚

表 9.2.12 单层钢结构厂房板件宽厚比限值

构件	板件名称	7度	8度	9度
柱	工字形截面翼缘外伸部分	13	11	10
	工字形截面腹板	38	36	36
	箱形截面两翼缘间腹板	70	65	60
	箱形截面腹板（$N_c/Af<0.25$）	58	52	48
	（$N_c/Af \geqslant 0.25$）	60	55	50
	圆管外径与壁厚比	11	10	9
梁	工形截面翼缘外伸部分	36	32	30
	箱形截面两翼缘间腹板（$N_b/Af<0.37$）	85－120ρ	80－110ρ	72－100ρ
	腹板（$N_b/Af \geqslant 0.37$）	40	39	35

注：1 表列数值适用于Q235钢，当材料为其他钢号时，应乘以$\sqrt{235/f_{ay}}$。

2 N_c、N_b分别为柱、梁轴向力；A为相应构件截面面积；f为钢材抗拉强度设计值；

3 ρ指N_b/Af。

9.2.13 柱脚应采取措施保证能传递柱身承载力的插入式或埋入式柱脚。6、7度时亦可采用插入式刚性柱脚，但柱脚螺栓的组合弯矩设计值应乘以增大系数1.2。

实腹式钢柱采用插入式柱脚的埋入深度，不得小于钢柱截面高度的2倍；同时应满足下式要求：

$$d \geqslant \sqrt{6M/b_f f_c} \qquad (9.2.13)$$

式中 d——柱脚埋深；

M——柱脚全截面屈服时的极限弯矩；

b_f——柱在受弯方向截面的翼缘宽度；

f_c——基础混凝土轴心受压强度设计值。

9.2.14 柱间交叉支撑应符合下列要求：

9.2.7 厂房纵向抗震计算，可采用下列方法：

1 采用轻质墙板或与柱柔性连接的大型墙板的厂房，可按单质点计算，各柱列的地震作用应按以下原则分配：

1) 钢筋混凝土无檩屋盖可按柱列刚度比例分配；

2) 轻型屋盖可按柱列承受的重力荷载代表值的比例分配；

3) 钢筋混凝土有檩屋盖可取上述两种分配结果的平均值；

2 采用与柱贴砌的烧结普通粘土砖围护墙厂房，可参照本规范第9.1.8条的规定。

9.2.8 屋盖竖向支撑桁架的腹杆应能承受和传递屋盖的水平地震作用，其连接的承载力应大于腹杆的内力，并满足构造要求。

9.2.9 柱间交叉支撑的地震作用效应及验算可按本规范附录H.2的规定，并计及相交受压杆件的影响。交叉支撑端部的连接，对单角钢支撑应计入强度设计值折减，8、9度时不得采用单面偏心连接；交叉支撑有一杆中断时，交叉节点板应予以加强，其承载力不小于杆件承载力的1.1倍。

（Ⅲ）抗震构造措施

9.2.10 屋盖的支撑布置，宜符合本规范第9.1节的有关要求。

9.2.11 柱的长细比不应大于$120\sqrt{235/f_{ay}}$。

9.2.12 单层钢结构框架柱、梁截面板件的宽厚比限值，除应符合现行《钢结构设计规范》GB50017对钢结构弹性阶段设计的有关规定外，尚应符合表9.2.12的规定。

构件腹板宽厚比，可通过设置纵向加劲肋减小。

1 有吊车时，应在厂房单元中部设置上下柱间支撑，并应在厂房单元两端增设上柱支撑；7度时结构单元长度大于120m、8、9度时结构单元长度大于90m，宜在单元中部1/3区段内设置两道上下柱间支撑。

2 支撑斜杆的长细比，支撑斜杆与水平面的夹角，支撑交叉交叉点的节点板厚度，应符合本规范第9.1.26条的有关规定。

3 有条件时，可采用消能支撑。

9.3 单层砖柱厂房

（Ⅰ）一般规定

9.3.1 本节适用于下列范围内的烧结普通粘土砖柱（墙垛）承重的中小型厂房：

1 单跨和等高多跨且无桥式吊车的车间、仓库等。

2 6~8度，跨度不大于15m且柱顶标高不大于6.6m。

3 9度，跨度不大于12m且柱顶标高不大于4.5m。

9.3.2 厂房的平立面布置、防震缝的设置，宜符合本章第9.1节的有关要求，但防震缝的设置，应符合下列要求：

1 轻型屋盖厂房，可不设防震缝。

2 钢筋混凝土屋盖厂房与贴建的建（构）筑物间宜设防震缝，其宽度可采用50~70mm。

3 防震缝处应设置双柱或双墙。

注：本节轻型屋盖指木屋盖和轻钢屋架、压型钢板、瓦楞铁、石棉瓦屋面的屋盖。

9.3.3 厂房两端均应设置承重山墙，天窗不应通至厂房单元的端开间，天窗不应采用砖墙承重。

9.3.4 厂房的结构体系，尚应符合下列要求：

1 6~8度时，宜采用轻型屋盖，9度时，应采用轻型屋盖。

2 6度和7度时，可采用十字形截面的无筋砖柱；8度和9度时应采用组合砖柱，且中柱在8度Ⅲ、Ⅳ类场地和9度时宜采用钢筋混凝土柱。

3 厂房纵向内独立砖柱柱列，可在柱间设置与柱等高的抗震墙承担纵向地震作用，砖抗震墙顶、砖墙应与柱同时咬槎砌筑，并应设置基础；无筋砖墙与柱等高时应设通长压顶杆。

4 纵、横向内隔墙宜做成抗震墙，非承重横墙和非整体砌筑且不到顶的纵向隔墙宜采用轻质墙，当采用非轻质墙时，应计算及其对柱及其与屋架（梁）连接节点附加地震剪力。独立的纵、横向内隔墙应采取措施保证其平面外的稳定性，且顶部应设置钢筋混凝土压顶梁。

（Ⅱ）计算要点

9.3.5 按本节规定采取抗震构造措施的单层砖柱厂房，当符合下列条件时，可不进行横向或纵向截面抗震验算：

1 7度Ⅰ、Ⅱ类场地，柱顶标高不超过4.5m，且结构单元两端均有山墙的单跨及等高多跨砖柱厂房，可不进行横向和纵向抗震验算。

2 7度Ⅰ、Ⅱ类场地，柱顶标高不超过6.6m，两侧设有厚度不小于240mm且开洞截面面积不超过50%的外纵墙，结构单元两端均有山墙的单跨厂房，可不进行纵向抗震验算。

9.3.6 厂房的横向抗震计算，可采用下列方法：

1 轻型屋盖厂房和密铺望板的瓦木屋盖厂房可按平面排架进行计算。

2 钢筋混凝土屋盖厂房和密铺望板的瓦木屋盖厂房可按平面排架进行计算并及空间工作，按本规范附录H调整地震作用效应。

闭合圈梁，8度和9度时还应沿墙高每隔3～4m增设一道圈梁，圈梁的截面高度不应小于180mm，配筋不应少于4φ12；当地基为软弱粘性土、液化土、新近填土或严重不均匀土层时，尚应设置基础圈梁。当圈梁兼作门窗过梁或抵抗不均匀沉降影响时，其截面和配筋除满足抗震要求外，尚应根据实际受力计算确定。

9.3.7 厂房的纵向抗震计算，可采用下列方法：

1 钢筋混凝土屋盖厂房宜采用振型分解反应谱法进行计算。

2 钢筋混凝土屋盖的等高多跨砖柱厂房可按本规范附录K规定的修正刚度法进行计算。

3 纵墙对称布置的单跨厂房和轻型屋盖的多跨厂房，可采用柱列分片独立进行计算。

9.3.8 突出屋面天窗架的横向和纵向抗震计算应符合本章第9.1.9条和第9.1.10条的规定。

9.3.9 无筋砖柱的抗震验算，应符合下列要求：

1 偏心受压砖柱地震组合轴向力所在方向截面边缘的偏心距，不宜超过0.9倍截面形心到轴向力所在方向截面边缘的距离；承载力抗震调整系数可采用0.9。

2 组合砖柱的配筋应按计算确定，承载力抗震调整系数可采用0.85。

（Ⅲ）抗震构造措施

9.3.10 木屋盖的支撑布置，宜符合表9.3.10的要求，钢屋架、钢筋混凝土屋架、瓦楞铁、石棉瓦等轻型屋面中无望板屋盖的支撑布置可按表9.3.10的规定设置，不应在端开间设置下弦水平支撑；支撑与屋架或天窗架应采用螺栓连接；木天窗架的边柱，宜采用通长木夹板或铁板并通过螺栓加强边柱与屋架上弦的连接。

9.3.11 檩条与山墙卧梁应可靠连接，有条件时可采用檩条伸出山墙的屋面结构。

9.3.12 钢筋混凝土屋盖的构造措施，应符合本章第9.1节的有关规定。

9.3.13 厂房柱顶标高处应沿屋盖外墙及承重内墙设置现浇

表9.3.10 木屋盖的支撑布置

支撑名称		烈 度				
		6、7		8		9
		各类屋盖				
		无天窗	有天窗	满铺望板	稀铺望板或无望板	满铺望板	稀铺望板
屋架支撑	上弦横向支撑	同非抗震设计	房屋单元两端开间各设一道	屋架跨度大于6m时，房屋单元两端开间及每隔20m各设一道	同非抗震设计	屋架跨度大于6m时，房屋单元两端开间及每隔20m各设一道	屋架跨度大于6m时，房屋单元两端开间及每隔20m每设一道
	下弦横向支撑	同非抗震设计				同非抗震设计	隔间同上弦横向支撑且布置并加下弦通长水平系杆
	跨中竖向支撑						
天窗架支撑	天窗两侧竖向支撑	天窗两端第一开间各设一道			天窗两端第一开间各设一道		天窗两端第一开间及每隔20m左右设一道
	上弦横向支撑	跨度较大的天窗，参照无天窗屋架的支撑布置					

角及承重内横墙与外纵墙交接处，当不设置构造柱时，应沿墙高每500mm配置2φ6钢筋，每边伸入墙内不小于1m。

3 出屋面女儿墙的抗震构造措施，应符合本规范第13.3节的有关规定。

9.3.14 山墙应沿屋面设置现浇钢筋混凝土卧梁，并应与屋盖构件锚拉；山墙壁柱的截面应与配筋，不宜小于排架柱、壁柱应通到卧梁并与卧梁或屋盖构件连接。

9.3.15 屋架（屋面梁）与墙顶圈梁应现浇，其顶垫块或垫板，应采用螺栓或焊接连接；柱顶垫块厚度不应小于240mm，并应配置直径不小于8mm间距不大于100mm的钢筋网；墙顶圈梁应与柱顶垫块整浇，9度时，在垫块两侧各500mm范围内，圈梁的箍筋间距不应大于100mm。

9.3.16 砖柱的构造应符合下列要求：

1 砖的强度等级不应低于MU10，砂浆的强度等级不应低于M5；组合砖柱中的混凝土强度等级应采用C20。

2 砖柱的防潮层应采用防水砂浆。

9.3.17 钢筋混凝土屋盖的砖柱厂房，山墙开洞的水平截面面积不宜超过总截面面积的50%；9度时，应在山、横墙两端设置钢筋混凝土构造柱；9度时，横墙两端及高大的门洞两侧设置钢筋混凝土构造柱。

钢筋混凝土构造柱的截面尺寸，可采用240mm×240mm；当为9度且山、横墙的厚度为370mm时，其截面宽度宜取370mm；构造柱的竖向钢筋，8度时不应少于4φ12，9度时不应少于4φ14；箍筋可采用φ6，间距宜为250～300mm。

9.3.18 砖砌体墙的构造应符合下列要求：

1 8度和9度时，钢筋混凝土无檩屋盖砖柱厂房，砖围护墙顶部宜沿墙长每隔1m埋入1φ8竖向钢筋，并插入顶部圈梁内。

2 7度且墙顶高度大于4.8m或8度和9度时，外墙转

10 单层空旷房屋

10.1 一般规定

10.1.1 本章适用于较空旷的单层大厅和附属房屋组成的公共建筑。

10.1.2 大厅、前厅、舞台之间，不宜设置防震缝分开；大厅与两侧附属房屋之间可不设防震缝，但不设缝时应加强连接。

10.1.3 单层空旷房屋大厅，支承屋盖的承重结构，在下列情况下不应采用砖柱：

1 9度时与8度Ⅲ、Ⅳ类场地的建筑。
2 大厅内设有挑台。
3 8度Ⅰ、Ⅱ类场地和7度Ⅲ、Ⅳ类场地，大厅跨度大于15m或柱顶高度大于6m。
4 7度Ⅰ、Ⅱ类场地和6度Ⅲ、Ⅳ类场地，大厅跨度大于18m或柱顶高度大于8m。

10.1.4 单层空旷房屋大厅，支承屋盖的重结构除第10.1.3条规定者外，可在大厅纵墙屋架支点下，增设钢筋混凝土-砖组合壁柱，不得采用无筋砖柱。

10.1.5 前厅结构布置应加强横向的侧向刚度，大门处壁柱，及前厅内独立柱应设计成钢筋混凝土柱。

10.1.6 前厅与大厅、大厅与舞台连接处的横墙，应加强侧向刚度，设置一定数量的钢筋混凝土抗震墙。

10.1.7 大厅部分其他要求可参照本规范第9章，附属房屋应符合本规范的有关规定。

10.2 计算要点

10.2.1 单层空旷房屋的抗震计算，可将房屋划分为前厅、舞台、大厅和附属房屋等于独立结构，按本规范的有关规定执行，但应计及相互影响。

10.2.2 单层空旷房屋的抗震计算，可采用底部剪力法，地震影响系数可取最大值。

10.2.3 大厅的纵向水平地震作用标准值，可按下式计算：

$$F_{Ek} = \alpha_{max} G_{eq} \quad (10.2.3)$$

式中 F_{Ek}——大厅一侧纵墙或柱列的纵向水平地震作用标准值；

G_{eq}——等效重力荷载代表值，包括大厅屋盖和毗连附属房屋屋盖一半的自重和50%雪荷载标准值，及一侧纵墙或柱列的折算自重。

10.2.4 大厅的横向抗震计算，宜符合下列原则：

1 两侧无附属房屋的大厅，有挑台部分和无挑台部分可各取一个典型开间计算；符合本规范第9章规定时，尚可计及空间工作。

2 两侧有附属房屋时，应根据附属房屋的结构类型，选择适当的计算方法。

10.2.5 8度和9度时，高大山墙的壁柱应进行平面外的截面抗震验算。

10.3 抗震构造措施

10.3.1 大厅的屋盖构造，应符合本规范第9章的规定。

10.3.2 大厅的钢筋混凝土柱组合砖柱应符合下列要求：

1 组合砖柱纵向钢筋的上端应锚入屋架底部的钢筋混凝土圈梁内。组合柱的纵向钢筋，除按计算确定外，且6度、Ⅲ、Ⅳ类场地和7度Ⅰ、Ⅱ类场地每侧不应少于4φ14；7度Ⅲ、Ⅳ类场地和8度Ⅰ、Ⅱ类场地每侧不应少于4φ16。

2 钢筋混凝土柱应按抗震等级为二级框架柱设计，其配筋量应按计算确定。

10.3.3 前厅与大厅、大厅与舞台间轴线上横墙，应符合下列要求：

1 应在横墙两端，纵向梁支点及大洞口两侧设置钢筋混凝土框架柱或构造柱。

2 嵌砌在框架柱间的横墙应有部分设计成抗震等级为二级的钢筋混凝土抗震墙。

3 舞台口的柱和梁应采用钢筋混凝土结构，舞台口大梁上承重砌体墙应设置间距不大于4m的立柱和间距不大于3m的圈梁，圈梁、立柱、圈梁及与周围砌体的拉结应符合多层砌体房屋要求。

4 9度时，舞台口大梁上的砖墙不应承重。

10.3.4 大厅柱(墙)顶标高处应设置现浇圈梁，并宜沿墙高每隔3m左右增设一道圈梁。梯形屋架端部高度大于900mm时还应在上弦标高处增设一道圈梁。圈梁的截面高度不宜小于180mm，宽度宜与墙厚相同，纵筋不应少于4φ12，箍筋间距不宜大于200mm。

10.3.5 大厅与两侧附属房屋间不设防震缝时，应在同一标高处设置封闭圈梁并在交接处拉通，墙体交接处沿墙高每隔500mm设置2φ6拉结钢筋，且每边伸入墙内不宜小于1m。

10.3.6 悬挑式挑台应有可靠的锚固和防止倾覆的措施。

10.3.7 山墙应沿屋面设置钢筋混凝土卧梁，并应与屋盖结构件锚拉；山墙应设置钢筋混凝土柱或组合柱，其截面和配筋分别不宜小于排架柱或纵墙组合柱，并应通到山墙的顶端与卧梁连接。

10.3.8 舞台后墙、大厅与前厅交接处高大山墙，应利用工作平台或楼层作为水平支撑。

11 土、木、石结构房屋

11.1 村镇生土房屋

11.1.1 本节适用于6～8度未经焙烧的土坯、灰土和土承重墙体的房屋及土窑洞、土拱房。

注：1 灰土墙掺石灰（或其他粘结材料）的土筑墙和掺石灰土坯墙；

2 土窑洞包括在未经扰动的原土中开挖而成的崖窑和由土坯砌筑拱顶的坑窑。

11.1.2 生土房屋宜建单层，6度和7度的灰土房屋可建二层，但总高度不应超过6m；单层生土房屋的檐口高度不宜大于2.5m，开间不宜大于3.2m；窑洞净跨不宜大于2.5m。

11.1.3 生土房屋不应采用横墙，不宜采用土搁梁结构，同一房屋不应采用不同材料的承重墙体。

11.1.4 生土房屋开间均应有横墙，不宜采用土搁梁结构，同一房屋不应采用不同材料的承重墙体。

11.1.4 生土房屋应采用轻型屋面材料；硬山搁檩处应设垫木；檩条支撑处应有檩托木，檩条上应满搭或采用夹板对接和燕尾榫连接。木屋盖各构件应采用圆钉、扒钉、铝丝等相互连接。

11.1.5 生土房屋内外墙体应同时分层交错夯筑或咬砌，外墙四角和内外墙交接处，宜沿墙高每隔300mm左右放一层竹筋、木条、荆条等拉结材料。

11.1.6 各类生土房屋的地基应夯实，应做砖基础或石基础；宜作外墙裙防潮处理（墙角宜设防潮层）。

11.1.7 土坯房屋宜采用粘性土湿法成型并掺入草等拉结材料；土坯应卧砌并宜采用粘土石灰浆或粘土浆砌筑。

11.1.8 灰土墙房屋应每层设置圈梁，并在横墙或内纵墙顶面在山尖墙两侧增砌踏步式墙垛。

11.1.9 土拱房应多跨连接布置，各拱拱角均应在稳固的崖体上或人工土墙上；拱圈厚度宜为300～400mm，应支模砌筑，不应后倾砌筑；外侧支承墙和拱圈上不应开置门窗。

11.1.10 土窑洞应避开易产生滑坡、山崩的地段；开挖窑洞的崖体应土质密实、土体稳定、坡度较平缓、无明显的竖向节理；窑窖前不宜直接砌土坯或其他材料的前脸；不宜开挖层窑，否则应保持足够的间距，且上、下不宜对齐。

11.2 木结构房屋

11.2.1 本节适用于穿斗木构架、木柱木屋架和木柱木梁等房屋。

11.2.2 木结构房屋的平面布置应避免拐角或突出；同一房屋不应采用木柱与砖柱或砖墙等混合承重。

11.2.3 木柱木屋架和穿斗木构架房屋不超过二层，总高度不宜超过6m。木柱木梁房屋宜建单层，高度不宜超过3m。

11.2.4 礼堂、剧院、粮仓等较大跨度的空旷房屋，宜采用四柱落地的三跨木排架。

11.2.5 木屋架屋盖的支撑布置，应符合本规范第9.3节的有关规定的要求，但房屋两端的屋架支撑，应设置在端开间。

的规定。

11.2.6 柱顶应有暗榫插入屋架下弦，并用U形铁件连接；8度和9度时，柱脚应采用铁件或其他措施与基础锚固。

11.2.7 空旷房屋和较多的居室房屋木柱与屋架（或梁）间设置斜撑，横隔墙较多的居室房屋在非抗震隔墙内设置斜撑；斜撑宜采用木夹板，并应通到屋架的上弦。

11.2.8 穿斗木构架房屋的横向和纵向均应在木柱的上、下柱端和楼层下部设置穿枋，并应在每一纵向柱列间设置1~2道剪刀撑或斜撑。

11.2.9 斜撑和屋盖支撑结构，均应采用螺栓与主体构件相连接；除穿斗木构件外，其他木构件宜采用螺栓连接。

11.2.10 檩与椽的搭接处应满钉，以增强屋盖的整体性。木构架中，宜在檐口以上沿房屋纵向设置竖向剪刀撑等措施，以增强纵向稳定性。

11.2.11 木构件应符合下列要求：

  1 木柱的梢径不宜小于150mm；应避免在柱子同一高度处纵横向同时开槽，且在同一截面开槽面积不应超过截面总面积的1/2。

  2 柱子不能有接头。

  3 穿枋应贯通木构架各柱。

11.2.12 围护墙应与木结构可靠拉结；土坯、砖等砌筑的围护墙不应将木柱完全包裹，宜贴砌在木柱外侧。

11.3 石结构房屋

11.3.1 本节适用于6~8度，砂浆砌筑的料石砌体（包括有垫片或无垫片）承重的房屋。

11.3.2 多层石砌体房屋的总高度和层数不宜超过表11.3.2的规定。

表11.3.2 多层石房总高度（m）和层数限值

墙体类别	烈度					
	6		7		8	
	高度	层数	高度	层数	高度	层数
细、半细料石砌体（无垫片）	16	五	13	四	10	三
粗料石及毛料石砌体（有垫片）	13	四	10	三	7	二

注：房屋总高度的计算同表7.1.2注。

11.3.3 多层石砌体房屋的层高不宜超过3m。

11.3.4 多层石砌体房屋的抗震横墙间距，不应超过表11.3.4的规定。

表11.3.4 多层石房的抗震横墙间距（m）

楼、屋盖类型	烈度		
	6	7	8
现浇及装配整体式钢筋混凝土	10	10	7
装配整体式钢筋混凝土	7	7	4

11.3.5 多层石房，宜采用现浇或装配整体式钢筋混凝土楼、屋盖。

11.3.6 石墙的截面抗震验算，可参照本规范第7.2节；其抗剪强度根据试验数据确定。

11.3.7 多层石房的下列部位，应设置钢筋混凝土构造柱：

  1 外墙四角和楼梯间四角；

  2 6度隔开间的内外墙交接处；

  3 7度和8度每开间的内外墙交接处。

11.3.8 抗震横墙洞口的水平截面面积，不应大于全截面面积的1/3。

11.3.9 每层的纵横墙均应设置圈梁，其截面高度不应小于120mm，宽度宜与墙厚相同，纵向钢筋不应小于4φ10，箍筋间距不宜大于200mm。

11.3.10 无构造柱的纵横墙交接处，应采用条石无垫片砌筑，且应沿墙高每隔500mm设置拉结钢筋网片，每边伸入墙内不宜小于1m。

11.3.11 其他有关抗震构造措施要求，参照本规范第7章的规定。

12 隔震和消能减震设计

12.1 一般规定

12.1.1 本章适用于在建筑上部结构与基础之间设置隔震层以隔离地震能量的房屋隔震设计，以及在结构中设置消能器吸收与消耗地震能量的房屋消能减震设计。

采用隔震和消能减震设计的建筑结构，其抗震设防目标应符合本规范第3.8.1条的规定，其抗震设防目标应符合本规范第3.8.2条的规定。

注：1 本章隔震设计指在房屋底部设置的由橡胶隔震支座和阻尼器等部件组成的隔震层，以延长整个结构体系的自振周期，增大阻尼，减少输入上部结构的地震能量，达到预期防震要求。

2 消能减震设计指在房屋结构中设置消能装置，通过其局部变形提供附加阻尼，以消耗输入上部结构的地震能量，达到预期防震要求。

12.1.2 建筑结构的隔震设计和消能减震设计，应根据建筑抗震设防类别、抗震设防烈度、场地条件、建筑结构方案和建筑使用要求，与采用抗震设计方案进行技术、经济可行性的对比分析后，确定其设计方案。

12.1.3 需要减少地震作用的多层砌体和钢筋混凝土框架等结构类型的房屋，采用隔震设计时应符合下列各项要求：

1 结构体型基本规则，不隔震作用本规范，采用本规范第5.1.2条规定的底部剪力法进行计算且结构基本周期小于1.0s;体型复杂结构采用隔震设计,宜通过模型试验后确定。

2 建筑场地宜为Ⅰ、Ⅱ、Ⅲ类,并应选用稳定性较好的基础类型。

3 风荷载和其他非地震作用的水平荷载标准值产生的总水平力不宜超过结构总重力的10%。

4 隔震层应提供必要的竖向承载力、侧向刚度和阻尼;穿过隔震层的设备配管、配线,应采用柔性连接或其他有效措施适应隔震层的罕遇地震水平位移。

12.1.4 需要减少地震水平位移的房屋和钢和钢筋混凝土等结构类型的房屋,宜采用消能减震设计。

12.1.5 隔震部件和消能减震部件,隔震部件和消能减震部件的类型和数量应根据其结构类型分别符合本规范相应章节的设计要求。

设置隔震部件和消能减震部件时,隔震部件和消能减震部件的耐久性和设计参数应由试验确定外,应采取便于检查和替换的措施。应符合下列要求:

1 隔震部件和消能减震部件的性能要求、安装前应对工程中所用的各种类型部件进行抽样检测,每种类型和每一规格抽样检测的合格率应为100%。

2 设置隔震部件和消能减震部件的部位,除按计算确定外,应采取便于检查和替换的措施。

3 设计文件上应注明对隔震部件和消能减震部件的性能要求,安装前应对工程中所用的各种类型部件的原型进行抽样检测,每种类型和每一规格抽样检测的数量不应少于3个,抽样检测的合格率应为100%。

12.1.6 建筑结构的隔震及基本同期与其相当的结构可按本规范附录L关于标准的规定。

12.2 房屋隔震设计要点

12.2.1 隔震设计应根据预期的水平向减震系数和位移控制要求,选择适当的隔震支座(含阻尼器)及为抵抗地基微动与风荷载提供初刚度的部件组成结构的隔震层。

隔震支座应进行竖向承载力的验算和罕遇地震下水平位移的验算。

隔震层以上结构的水平地震作用应根据水平向减震系数确定;其竖向地震作用标准值,8度和9度时分别不应小于隔震层以上结构总重力荷载代表值的20%和40%。

12.2.2 建筑结构隔震设计的计算分析,应符合下列规定:

1 隔震结构的计算简图(图12.2.2);当上部结构不宜合时应计入扭转变形的影响。隔震层顶部的梁板结构,对钢筋混凝土结构应作为其上部结构的一部分进行计算和设计。

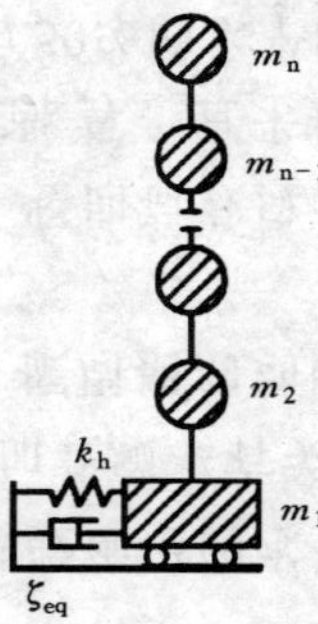

图12.2.2 隔震结构计算简图

2 一般情况下,宜采用时程分析法进行计算;输入地震波的反应谱特性和数量,应符合本规范第5.1.2条的规定;计算结果宜取其平均值;当处于发震断层10km以内时,若输入地震波未计及近场影响,对甲、乙类建筑,计算结果尚应乘以下列近场影响系数:5km以内取1.5,5km以外取1.25。

3 砌体结构的隔震设计和消能减震设计,尚应符合本规范附录L的简化计算。

12.2.3 隔震层由橡胶和薄钢板相间叠组成的橡胶隔震支座应符合下列要求:

1 隔震支座在表12.2.3所列的压应力下的极限水平变位，应大于其有效直径的0.55倍和各橡胶层总厚度3.0倍二者的较大值。

2 在经历设计基准期的耐久试验后，隔震支座刚度、阻尼特性变化不超过初期值的±20%；徐变量不超过各橡胶层总厚度的5%。

3 各橡胶隔震支座的竖向平均压应力设计值，不应超过表12.2.3的规定。

表12.2.3 橡胶隔震支座平均压应力限值

建筑类别	甲类建筑	乙类建筑	丙类建筑
平均压应力限值（MPa）	10	12	15

注：1 平均压应力设计值应包括永久荷载和可变荷载组合计算，对需验算竖向地震作用的结构，尚应包括地震作用效应组合；对需进行竖向地震作用计算的结构，尚应包括竖向地震作用效应组合；
2 当橡胶支座的第二形状系数（有效直径与各橡胶层厚度之比）小于5.0时应降低平均压应力限值：小于5不小于4时降低20%，小于4不小于3时降低40%；
3 外径小于300mm的橡胶支座，其平均压应力限值对丙类建筑为12MPa。

12.2.4 隔震层的布置、竖向承载力、侧向刚度和阻尼应符合下列规定：

1 隔震层宜设置在结构第一层以下的部位，隔震支座应设置受力较大的位置，间距不宜过大，其规格、数量和分布应根据竖向承载力、侧向刚度和阻尼的要求通过计算确定。隔震层在罕遇地震下应保持稳定，不宜出现不可恢复的变形。隔震层橡胶支座在罕遇地震的水平剪力作用下，不宜出现拉应力。

2 隔震层的水平动刚度和等效粘滞阻尼比可按下列公式计算：

$$K_h = \Sigma K_j \qquad (12.2.4\text{-}1)$$

$$\zeta_{eq} = \Sigma K_j \zeta_j / K_h \qquad (12.2.4\text{-}2)$$

式中 ζ_{eq} ——隔震层等效粘滞阻尼比；
K_h ——隔震层水平动刚度；
K_j ——j 隔震支座由试验确定的等效水平动刚度，单独设置的阻尼器时，应包括该阻尼器的相应阻尼比；
ζ_j ——j 隔震支座（含阻尼器）由试验确定的等效粘滞阻尼比，当试验发现动刚度和等效粘滞阻尼比宜取相应于水平加载频率与加载频率有关时，宜采用与隔震体系基本自振周期的动刚度和等效粘滞阻尼比值。

3 隔震支座由试验确定设计参数时，竖向荷载应保持表12.2.3的平均压应力限值，对多遇地震验算，宜采用水平加载频率为0.3Hz且隔震支座剪切变形为50%的水平动刚度和等效粘滞阻尼比；对罕遇地震验算，直径小于600mm的隔震支座宜采用水平加载频率为0.1Hz且隔震支座剪切变形为250%时的水平动刚度和等效粘滞阻尼比，直径不小于600mm的隔震支座可采用水平加载频率为0.2Hz且隔震支座剪切变形为100%时的水平动刚度和等效粘滞阻尼比。

12.2.5 隔震层以上结构的地震作用计算，应符合下列规定：

1 水平地震作用沿高度可采用矩形分布；水平地震影响系数的最大值可采用本规范第5.1.4条规定的水平地震影响系数最大值和水平向减震系数的乘积。水平向减震系数根据结构隔震与非隔震两种情况下各层层间剪力的最大比值，按表12.2.5确定。

表12.2.5 层间剪力最大比值与水平向减震系数的对应关系

层间剪力最大比值	0.53	0.35	0.26	0.18
水平向减震系数	0.75	0.50	0.38	0.25

2 水平地震作用下不得低于非隔震结构的总水平地震作用；各楼层的水平地震剪力尚应符合本规范第5.2.5条最小地震剪力系数的规定。

3 9度时和8度且水平向减震系数为0.25时，隔震层以上的结构应进行竖向地震作用的计算；8度且水平向减震系数不大于0.5时，宜进行竖向地震作用的计算。

隔震层以上结构的水平地震作用应根据隔震层在罕遇地震下的水平剪力按各隔震支座的水平刚度分配；当按扭转耦联计算时，尚应计及扭转的影响。

隔震支座对应于罕遇地震水平剪力的水平位移，应符合下列要求：

$$u_i \leq [u_i] \quad (12.2.6-1)$$

$$u_i = \beta_i u_c \quad (12.2.6-2)$$

式中 u_i——罕遇地震作用下，第i个隔震支座考虑扭转的水平位移；

$[u_i]$——第i个隔震支座的水平位移限值；对橡胶隔震支座，不应超过该支座有效直径的0.55倍和支座各橡胶层总厚度3.0倍二者的较小值；

u_c——罕遇地震下隔震层质心处或不考虑扭转的水平位移；

β_i——第i隔震支座的扭转影响系数，应取考虑扭转和不考虑扭转计算的支座水平位移的比值。当隔震层以上结构的质心与隔震层刚度中心在两个主轴方向均无偏心时，边支座的扭转影响系数不应小于1.15。

12.2.7 隔震层以上结构，应符合下列规定：

1 隔震层以上结构应采取不阻碍隔震层在罕遇地震下发生大变形的下列措施：

1) 上部结构的周边应设置防震缝，缝宽不宜小于各隔震支座在罕遇地震下的最大水平位移值的1.2倍。

2) 上部结构（包括与其相连的任何构件）与地面（包括地下室和与其相连的构件）之间，宜设置明确的水平隔离缝；当水平隔离缝有困难时，应设置可靠的水平滑移垫层。

3) 在走廊、楼梯、电梯等部位，应无任何障碍物。

2 丙类建筑在隔震层以上结构的抗震措施，水平向减震系数为0.75时不应降低本规范有关章节对非隔震建筑的要求；水平向减震系数不大于0.50时，可适当降低本规范有关章节对非隔震建筑的要求，但不低于6度，并应符合有关规定。此时，对砌体结构，可按本规范附录L采取抗震构造措施；对钢筋混凝土结构，柱和墙肢的轴压比控制仍应按未隔震的有关规定采用，其他计算和抗震构造措施要求，对非隔震结构有关规定采用，可按本规范12.2.7划分抗震等级，再按本规范第6章有关规定采用。

表12.2.7　隔震后现浇钢筋混凝土结构的抗震等级

结构类型		7度		8度		9度	
	高度(m)	<20	>20	<20	>20	<20	>20
框架	一般框架	四	三	三	二	二	一
	高度(m)	<25	>25	<25	>25	<25	>25
抗震墙	一般抗震墙	四	三	三	二	二	一

12.2.8 隔震层与上部结构的连接，应符合下列规定：

1 隔震层顶部应设置梁板式楼盖，且应符合下列要求：

1) 应采用现浇或装配整体式混凝土板。现浇板厚度不宜小于140mm；配筋现浇面层厚度不应小于50mm。隔震支座上方的纵、横梁应采用现浇混凝土结构。

2) 隔震层顶部梁板的刚度和承载力，宜大于一般楼面梁板的刚度和承载力。

3) 隔震支座附近的梁、柱应计算冲切和局部承压，加密箍筋并根据需要配置网状钢筋。

2 隔震支座和阻尼器的连接构造，应符合下列要求：

1) 隔震支座和阻尼器应安装在便于维护人员接近的部位；

2) 隔震支座与上部结构、基础结构之间的连接件，应能传递罕遇地震下支座的最大水平剪力；

3) 隔震墙下隔震支座的间距不宜大于2.0m；

4) 外露的预埋件应有可靠的防锈措施。预埋件的锚固钢筋应与钢板牢固连接，锚固钢筋的锚固长度宜大于20倍锚固钢筋直径，且不应小于250mm。

12.2.9 隔震层以下结构（包括地下室）的地震作用和抗震验算，应采用罕遇地震下隔震支座底部的竖向力、水平力和力矩进行计算。

隔震建筑地基基础的抗震验算和地基处理仍应按本地区抗震设防烈度进行，甲、乙类建筑的抗液化措施应按提高一个液化等级确定，直至全部消除液化沉陷。

12.3 房屋消能减震设计要点

12.3.1 消能减震设计时，应根据罕遇地震下的预期结构位移控制要求，设置适当的消能部件。消能部件可由消能器及斜撑、墙体、梁或节点等支承构件组成。消能器可采用速度相关型、位移相关型或其他类型。

注：1 速度相关型消能器指粘滞消能器和粘弹性消能器等；
　　2 位移相关型消能器指金属屈服型消能器和摩擦消能器等。

12.3.2 消能部件可根据需要沿结构的两个主轴方向分别设置。消能部件宜设置在层间变形较大的位置，其数量和分布应通过综合分析合理确定，并有利于提高整个结构的消能减震能力，形成均匀合理的受力体系。

12.3.3 消能减震设计的计算分析，应符合下列规定：

1 一般情况下，宜采用静力非线性分析方法或非线性时程分析方法。

2 当主体结构基本处于弹性工作阶段时，可采用线性分析方法作简化估算，并根据结构的变形特征和高度等，按本规范第5.1节的规定分别采用底部剪力法、振型分解反应谱法和时程分析法。其地震影响系数可根据消能减震结构的总阻尼比按本规范第5.1.5条的规定采用。

3 消能减震结构的总刚度应为结构刚度和消能部件有

效刚度的总和。

4 消能减震结构的总阻尼比应为结构阻尼比和消能部件附加给结构的有效阻尼比的总和。

5 消能减震结构的层间弹塑性位移角限值，宜采用1/80。

12.3.4 消能部件附加给结构的有效阻尼比和消能部件附加给结构的有效刚度，可按下列方法确定：

1 消能部件附加给结构的有效阻尼比可按下式估算：

$$\zeta_a = W_c/(4\pi W_s) \quad (12.3.4-1)$$

式中 ζ_a ——消能减震结构的附加有效阻尼比；
W_c ——所有消能部件在结构预期位移下往复一周所消耗的能量；
W_s ——设置消能部件的结构在预期位移下的总应变能。

2 不计及扭转影响时，消能减震结构在水平地震作用下的总应变能，可按下式估算：

$$W_s = (1/2)\Sigma F_i u_i \quad (12.3.4-2)$$

式中 F_i ——质点 i 的水平地震作用标准值；
u_i ——质点 i 对应于水平地震作用标准值的位移。

3 速度线性相关型消能器在水平地震作用下所消耗的能量，可按下式估算：

$$W_c = (2\pi^2/T_1)\Sigma C_j \cos^2\theta_j \Delta u_j^2 \quad (12.3.4-3)$$

式中 T_1 ——消能减震结构的基本自振周期；
C_j ——第 j 个消能器由试验确定的线性阻尼系数；
θ_j ——第 j 个消能器的消能方向与水平面的夹角；
Δu_j ——第 j 个消能器两端的相对水平位移。

当消能器的阻尼系数和有效刚度与结构振动周期有关时，可取相应于消能减震结构基本自振周期的值。

4 位移相关型、速度非线性相关型和其他类型消能器在水平地震作用下所消耗的能量，可按下式估算：

$$W_c = \Sigma A_j \quad (12.3.4-4)$$

式中 A_j ——第 j 个消能器的恢复力滞回环在相对水平位移 Δu_j 时的面积。

消能器的有效刚度可取消能器的恢复力滞回环在相对水平位移 Δu_j 时的割线刚度。

5 消能部件附加给结构的有效阻尼比超过20%时，宜按20%计算。

12.3.5 对非线性时程分析法，宜采用消能部件的恢复力模型计算；对速度非线性相关型消能器，消能器附加给结构的有效阻尼比和有效刚度，可采用本章第12.3.4条的方法确定。

12.3.6 消能部件由试验确定的有效刚度、阻尼比和恢复力模型的设计参数，应符合下列规定：

1 速度相关型消能器应由试验提供设计容许位移、极限位移，以及设计容许位移幅值和不同环境温度条件下，加载频率为 0.1～4Hz 的滞回模型。速度线性相关型消能器与斜撑、墙体或梁等支承构件组成消能部件时，该支承构件在消能器消能方向的刚度可按下式计算：

$$K_b = (6\pi/T_1)C_v \quad (12.3.6-1)$$

式中 K_b ——支承构件在消能器方向的刚度；
C_v ——消能器由试验确定的相应于结构基本自振周期的线性阻尼系数；
T_1 ——消能减震结构的基本自振周期。

2 位移相关型消能器应由在复建力复静力加载确定设计容许位移、极限位移和恢复力模型参数。位移相关型消能器与斜撑、墙体或梁等支承构件组成消能部件时，该部件的恢复力模型参数宜符合下列要求：

$$\Delta u_{py}/\Delta u_{sy} \leqslant 2/3 \quad (12.3.6-2)$$
$$(K_p/K_s)(\Delta u_{py}/\Delta u_{sy}) \geqslant 0.8 \quad (12.3.6-3)$$

式中 K_p ——消能部件在水平方向的初始刚度；
Δu_{py} ——消能部件的屈服位移；
K_s ——设置消能部件的结构层侧向刚度；
Δu_{sy} ——设置消能部件的结构层间屈服位移。

3 在最大允许位移幅值下，按应允许的往复周期循环60圈后，消能器的主要能衰减量不应超过10%，且不应有明显的低周疲劳现象。

12.3.7 消能器与斜撑、墙体、梁或节点等支承构件的连接，应符合消能部件连接或钢与钢筋混凝土构件的构造要求，并符合相消能器施加给连接节点构件的最大作用力。

12.3.8 与消能器相连的结构构件，应计入消能部件传递的附加内力，并将其传递到基础。

12.3.9 消能部件应具有耐久性能和较好的易维护性。

13 非结构构件

13.1 一般规定

13.1.1 本章主要适用于非结构构件与建筑结构的连接。非结构构件包括持久性非结构构件和支承于建筑结构的附属机电设备。

注：1 建筑非结构构件指建筑中除承重骨架体系以外的固定构件和部件，主要包括非承重墙体，附着于楼面和屋面结构的构件，装饰构件和部件，固定于楼面的大型储物架等。

2 建筑附属机电设备指为现代建筑使用功能服务的附属机械、电气构件、部件和系统，主要包括电梯、照明和应急电源、通信设备、管道系统、采暖和空气调节系统、烟火监测和消防系统、公用天线等。

13.1.2 非结构构件应根据所属建筑的抗震设防类别和非结构地震破坏的后果及其对整个建筑结构影响的范围，采取不同的抗震措施；当相关标准有具体的抗震设计要求时，尚应采用不同的功能系数、类别系数等进行抗震计算。

13.1.3 当计算和抗震措施两个不同的非结构构件连接在一起时，应按较高的要求进行设计。

非结构构件连接损坏时，应不致引起与之相连接的有较高要求的非结构构件失效。

13.2 基本计算要求

13.2.1 建筑结构抗震计算时，应按下列规定计入非结构构件的影响；

1 地震作用计算时，应计入支承于非结构构件的建筑构件和建筑附属机电设备的重力。

2 对柔性连接的建筑构件，可不计入刚度；对嵌入抗侧力构件平面内的刚性建筑非结构构件，可采用周期调整等简化方法计入其刚度影响；一般情况下不应计入其抗震承载力，当有专门的构造措施时，尚可按有关规定计入其抗震承载力。

3 对需要采用楼面谱方法计算的建筑附属机电设备，宜采用合适的简化计算模型计入设备与结构的相互作用。

4 支承非结构构件的结构构件，应将非结构构件地震作用效应作为附加作用对待，并满足连接件的锚固要求。

13.2.2 非结构构件的地震作用计算方法，应符合下列要求：

1 各构件和部件的地震作用应施加于其重心，水平地震力应沿任一水平方向。

2 一般情况下，非结构构件（含支架）的体系自振周期大于0.1s且其重力超过所在楼层重力的1%，或建筑附属设备两侧的连接点相对位移大于所在楼层层高的10%时，宜采用楼面反应谱方法，与楼盖非弹性连接的设备，可直接将设备与楼盖作为一个质点计入整个结构的分析中得到设备所受的地震作用。

3 建筑附属设备超过所在楼层重力的10%时，其自身重力产生的地震作用，除自身重力产生的地震作用外，尚应同时计入非结构构件支承点之间相对位移产生的效应。

13.2.3 采用等效侧力方法时，水平地震作用标准值宜按下列公式计算：

$$F = \gamma \eta \zeta_1 \zeta_2 \alpha_{max} G \quad (13.2.3)$$

式中 F ——沿最不利方向施加于非结构构件重心处的水平地震作用标准值；

γ ——非结构构件功能系数，由相关标准根据建筑设防类别和使用要求等确定；

η ——非结构构件类别系数，由相关标准根据构件材料性能等因素确定；

ζ_1 ——状态系数；对预制建筑构件、悬臂类构件、支承点低于质心的任何设备和柔性体系宜取2.0，其余情况可取1.0；

ζ_2 ——位置系数，建筑的顶点宜取2.0，底部宜取1.0，沿高度线性分布；对本规范第5章要求采用时程分析法补充计算的结构，应按其计算结果调整；

α_{max} ——地震影响系数最大值；可按本规范第5.1.4条关于多遇地震的规定采用；

G ——非结构构件的重力，应包括运行时有关的人员、容器和管道中的介质及储物柜中物品的重力。

13.2.4 非结构构件因支承点相对水平位移产生的内力，可按该构件在位移方向的刚度乘以规定的支承点相对水平位移计算。

非结构构件在位移方向的刚度，应根据其端部的实际连接状态，分别采用刚接、铰接、弹性连接或滑动连接等简化的力学模型。

相邻楼层的相对水平位移，可按本规范第5.5节规定的限值采用；防震缝两侧的相对水平位移，宜根据使用要求确定。

13.2.5 采用楼面反应谱法时，非结构构件的水平地震作用标准值宜按下列公式计算：

$$F = \gamma\eta\beta_s G \quad (13.2.5)$$

式中 β_s——非结构构件的楼面反应谱值，取决于设防烈度、场地条件、非结构构件与结构体系之间的周期比、质量比和阻尼，以及非结构构件在结构的支承位置、数量和连接性质。通常将非结构构件简化为支承于单质点结构的单支座或多支座同有相对位移的非结构构件则采用多点体系，按专门方法计算。

13.2.6 非结构构件的地震作用效应（包括自身重力产生的效应和支座相对位移产生的效应）和其他荷载效应的基本组合，应按本规范第5.4节的规定计算；幕墙需计算地震作用效应与风荷载效应的组合；容器类尚应计及设备运转时的温度、工作压力等产生的作用效应。

非结构构件抗震验算时，摩擦力不得作为抵抗地震作用的抗力；承载力抗震调整系数，连接件可采用1.0，其余可按相关标准采用。

13.3 建筑非结构构件的基本抗震措施

13.3.1 建筑结构中，设置连接幕墙、围护墙、隔墙、女儿墙、雨篷、商标、广告牌、顶篷支架、大型储物架等建筑非结构构件的预埋件、锚固件的部位，应采取加强措施，以承受非结构构件传给主体结构的地震作用。

13.3.2 非承重墙体的材料、选型和布置，应根据烈度、房屋高度、建筑体型、结构层间变形、墙体自身抗侧力性能的利用等因素，经综合分析后确定。

1 墙体材料的选用应符合下列要求：
 1) 混凝土结构和钢结构的非承重墙体应优先采用轻质墙体材料。
 2) 单层钢筋混凝土柱厂房的围护墙宜采用轻质墙板或钢筋混凝土大型墙板，外侧柱距为12m时应采用钢筋混凝土墙板或轻质墙板；不等高厂房的高跨封墙和纵横向厂房交接处的悬墙宜采用轻质墙板，8、9度时应采用轻质墙板；
 3) 钢结构厂房的围护墙，7、8度时宜采用轻质墙板或与柱柔性连接的钢筋混凝土墙板，不应采用嵌砌砌体墙；9度时宜采用轻质墙板。

2 刚性非承重墙体的布置，应避免使结构形成刚度和强度分布上的突变。单层钢筋混凝土柱厂房的刚性围护墙沿纵向宜均匀对称布置。

3 墙体与主体结构应有可靠的拉结，应具有满足主体结构不同方向的层间变位能力，与悬挑构件相连接时，尚应具有满足节点转动引起的竖向变形的能力。

4 外墙板的连接件应具有足够的延性和适当的转动能力，宜满足在防烈度下主体结构层间变形的要求。

13.3.3 砌体墙应采取措施减少对主体结构的不利影响，并应设置拉结筋、水平系梁、圈梁、构造柱等与主体结构可靠拉结：

1 多层砌体结构中，后砌的非承重墙与承重墙或柱拉结，每边伸入墙内500mm配置2φ6拉结钢筋；每高墙应沿墙高每隔不应少于500mm；8度和9度时，长度大于5m的后砌隔墙，墙顶尚应与楼板或梁拉结。

2 钢筋混凝土结构中的砌体填充墙,宜与柱脱开或采用柔性连接,并应符合下列要求:

1) 填充墙在平面和竖向的布置,宜均匀对称,宜避免形成薄弱层或短柱;
2) 砌体的砂浆强度等级不应低于 M5,墙顶应与梁密切结合;
3) 填充墙应沿框架柱全高每隔 500mm 设 2ϕ6 拉筋,拉筋伸入墙内的长度,6、7 度时不应小于墙长的 1/5 且不小于 700mm,8、9 度时宜沿墙全长贯通;
4) 墙长大于 5m 时,墙顶与梁宜有拉结;墙长超过层高 2 倍时,宜设置钢筋混凝土构造柱;墙高超过 4m 时,墙体半高宜设置与柱连接且沿墙全长通长的钢筋混凝土水平系梁。

3 单层钢筋混凝土柱厂房的砌体隔墙和围护墙应符合下列要求:

1) 砌体隔墙与柱宜脱开或采用柔性连接,并应采取措施使墙体稳定,隔墙顶部应设现浇钢筋混凝土压顶梁。
2) 厂房的砌体围护墙宜采用外贴式并与柱可靠拉结;厂房高低跨处高跨的封墙和纵墙及横向防震缝处的悬墙不应砌筑,不宜直接砌在低跨屋盖上。
3) 砌体围护墙在下列部位应设置现浇钢筋混凝土圈梁:

— 梯形屋架端部上弦和柱顶部高度不大于 900mm 时可合并设置;

— 8 度和 9 度时,应按上密下稀的原则每隔 4m 左右在窗顶增设一道圈梁,不等高厂房的高低跨封墙和纵墙跨交接处的悬墙,圈梁的竖向间距不应大于 3m;
— 山墙沿屋面应设钢筋混凝土卧梁,并应与屋架端部上弦标高处的圈梁连接。

4) 圈梁的构造应符合下列规定:

— 圈梁宜闭合,圈梁截面宽度宜与墙厚相同,截面高度不应小于 180mm;圈梁的纵筋,6～8 度时不应少于 4ϕ12,9 度时不应少于 4ϕ14;
— 厂房转角处柱顶圈梁在端开间范围内的纵筋,6～8 度时不宜少于 4ϕ14,9 度时不宜少于 4ϕ16,转角处两侧各 1m 范围内的箍筋直径不宜小于 ϕ8,间距不宜大于 100mm;圈梁转角处应增设不少于 3 根且直径与纵筋相同的水平斜筋;
— 圈梁应与柱或屋架牢固连接,山墙卧梁应与屋面板拉结;顶部圈梁与柱或屋架连接的锚拉钢筋不宜少于 4ϕ12,且锚固长度不宜少于 35 倍钢筋直径,防震缝处圈梁与柱或屋架的连接宜加强。

5) 8 度Ⅲ、Ⅳ类场地和 9 度时,砖围护墙下的预制基础梁应采用现浇接头;当另设条形基础时,在柱基基础顶面标高处应设置连续的现浇钢筋混凝土圈梁,其配筋不应少于 4ϕ12。

6) 墙梁宜采用现浇,当采用预制墙梁时,梁底应与砖墙顶采用牢固拉结并应与柱锚拉;厂房转角处墙顶圈梁应与相邻的墙梁，应相互可靠连接。

4 单层钢结构厂房的砌体围护墙不应采用嵌砌式，8 度时尚应采取措施使墙体不妨碍厂房柱列沿纵向的水平位移。

5 砌体女儿墙在人流出入口应与主体结构锚固；防震缝处应留有足够的宽度，缝两侧的自由端应予以加强。

13.3.4 各类顶棚、悬挂重物和有关机电设备的支架应与主体结构可靠连接，其锚固承载力应大于连接件的承载力。

13.3.5 悬挑雨篷或一端由柱支承的雨篷，附属于楼屋面的悬臂构件和大型储物架的抗震构造，应符合相关专门标准的规定。

13.3.6 玻璃幕墙、预制墙板、附属于楼屋面的悬臂构件和大型储物架的抗震构造，应符合相关专门标准的规定。

13.4 建筑附属机电设备支架的基本抗震措施

13.4.1 附属于建筑的电梯、照明和应急电源系统、烟火监测和消防系统、采暖和空气调节系统、通信系统、公用天线等，应根据设防烈度、建筑使用功能、房屋高度、结构类型和变形特征、设备所处的位置和运转要求等，按相关标准的要求经综合分析后确定。

下列附属机电设备的支架可无抗震设防要求：
——重力不超过 1.8kN 的设备；
——内径小于 25mm 的煤气管道和内径小于 60mm 的电气配管；
——矩形截面面积小于 0.38m² 和圆形直径小于 0.70m 的风管；

——吊杆计算长度不超过 300mm 的吊杆悬挂管道。

13.4.2 建筑附属设备不应设置在可能导致其使用功能发生障碍等二次灾害的部位；对于有隔振装置的设备，应注意其强烈振动对连接件的影响，并防止设备和建筑结构发生共振现象。

建筑附属机电设备的支架应具有足够的刚度和强度；其与建筑结构应有可靠的连接和锚固，应使设备在遭遇设防烈度地震影响后能迅速恢复运转。

13.4.3 管道、电缆、通风管和设备的洞口设置，应减少对主要承重结构构件的削弱；洞口边缘应有补强措施。
管道和设备与建筑结构的连接，应能允许二者间有一定的相对变位。

13.4.4 建筑附属机电设备的基座或支架以及连接件应能将设备承受的地震作用全部传递到建筑结构上。建筑结构中，用以固定建筑附属机电设备预埋件、锚固件的部位，应采取加强措施，以承受附属机电设备传给主体结构的地震作用。

13.4.5 建筑内的高位水箱应与所在的结构可靠连接；8、9 度时按本规范第 5.1.2 条规定需采用时程分析法的高层建筑，尚宜计及水对建筑结构产生的附加地震作用效应。

13.4.6 在建筑结构地震反应较大的部位附属设备，宜设置在建筑结构地震反应较小的部位；相关部位应采取相应的加强措施。

附录A 我国主要城镇抗震设防烈度、设计基本地震加速度和设计地震分组

本附录仅提供我国抗震设计时所采用的中心地区建筑工程抗震设防区各县级及县级以上城镇的抗震设防烈度、设计基本地震加速度值和所属的设计地震分组。

注：本附录一般把"设计地震第一、二、三组"简称为"第一组、第二组、第三组"。

A.0.1 首都和直辖市

1 抗震设防烈度为8度，设计基本地震加速度值为0.20g：

北京（除昌平、门头沟外的11个市辖区），平谷，大兴，延庆，宁河，汉沽。

2 抗震设防烈度为7度，设计基本地震加速度值为0.15g：

密云，怀柔，蓟县，昌平，门头沟，宝坻，天津（除汉沽、大港外的12个市辖区），静海。

3 抗震设防烈度为7度，设计基本地震加速度值为0.10g：

大港，上海，奉贤。

4 抗震设防烈度为6度，设计基本地震加速度值为0.05g：

崇明，上海（除金山外的15个市辖区），南汇，重庆（14个市辖区），巫山，奉节，云阳，忠县，丰都，长寿，壁山，大足，铜梁，合川，荣昌，永川，江津，綦江，南川，黔江，石柱，巫溪*

注：**1** 首都和直辖市的全部县及县级以上设防城镇，设计地震分组均为第一组；

2 上标*指该城镇的中心位于本设防区和较低设防区的分界线，下同。

A.0.2 河北省

1 抗震设防烈度为8度，设计基本地震加速度值为0.20g：

第一组：廊坊（2个市辖区），唐山（5个市辖区），三河，大厂，香河，丰南，丰润，怀来，涿鹿

2 抗震设防烈度为7度，设计基本地震加速度值为0.15g：

第一组：邯郸（4个市辖区），邯郸县，文安，任丘，河间，大城，涿州，高碑店，涞水，固安，永清，玉田，迁安，卢龙，滦县，涞南，唐海，乐亭，宣化，蔚县，阳原，成安，磁安，临漳，大名，宁晋

3 抗震设防烈度为7度，设计基本地震加速度值为0.10g：

第一组：石家庄（6个市辖区），保定（3个市辖区），张家口（4个市辖区），沧州（2个市辖区），衡水，邢台（2个市辖区），雄县，易县，沧县，张北，万全，怀安，兴隆，迁西，抚宁，昌黎，青县，献县，广宗，平乡，鸡泽，隆尧，新河，曲周，肥乡，馆陶，涉县，赤城，定兴，容城，徐水，安新，赵县，武安，博野，肃宁，深泽，安平，饶阳，魏县，蠡县，高阳，深州，晋州，武强，冀州，辛集，邢台县，柏乡，栾城，藁城，沙河，南和，临城，永年，任县，巨鹿，泊头，崇礼，

南宫*

第二组：秦皇岛（海港、北戴河），清苑，遵化，安国

4 抗震设防烈度为6度，设计基本地震加速度值为0.05g：

第一组：正定，围场，尚义，灵寿，无极，平山，鹿泉，井陉，元氏，南皮，吴桥，景县，东光

第二组：承德（除鹰手营子外的2个市辖区），隆化，承德县，宽城，青龙，阜平，满城，顺平，唐县，望都，定州，行唐，赞皇，黄骅，海兴，孟村，盐山，阜城，故城，清河，山海关，新乐，武邑，枣强，威县

第三组：丰宁，滦平，鹰手营子，平泉，临西，邱县

A.0.3 山西省

1 抗震设防烈度为8度，设计基本地震加速度值为0.20g：

第一组：太原（6个市辖区），临汾，忻州，祁县，平遥，古县，代县，原平，定襄，阳曲，太谷，灵石，介休，汾西，霍州，洪洞，襄汾，晋中，浮山，永济，清徐

2 抗震设防烈度为7度，设计基本地震加速度值为0.15g：

第一组：大同（4个市辖区），朔州（朔城区），大同县，怀仁，浑源，广灵，应县，山阴，繁峙，五台，古交，交城，文水，汾阳，曲沃，孝义，侯马，新绛，稷山，绛县，河津，闻喜，万荣，临猗，夏县，运城，芮城，平陆，沁源*，宁武*

3 抗震设防烈度为7度，设计基本地震加速度值为0.10g：

第一组：长治（2个市辖区），阳泉（3个市辖区），长治县，阳高，天镇，左云，右玉，平定，和顺，平顺，昔阳，安泽，乡宁，垣曲，沁水，榆社，武乡，娄烦，交口，隰县，蒲县，吉县，静乐，盂县，沁县，陵川，平鲁

4 抗震设防烈度为6度，设计基本地震加速度值为0.05g：

第二组：偏关，河曲，保德，兴县，临县，方山，柳林，离石，中阳，岚县，岢岚，神池，寿阳，昔阳，安平，阳城，泽州，黎城，潞城

第三组：晋城，高平，左权，襄垣，屯留，长子，高平，泽州，五寨，岢岚，中阳，石楼，永和，大宁

A.0.4 内蒙古自治区

1 抗震设防烈度为8度，设计基本地震加速度值为0.30g：

第一组：土默特右旗，达拉特旗*

2 抗震设防烈度为8度，设计基本地震加速度值为0.20g：

第一组：包头（除白云矿区外的5个市辖区），呼和浩特（4个市辖区），土默特左旗，乌海（3个市辖区），杭锦后旗，磴口，宁城，托克托*

3 抗震设防烈度为7度，设计基本地震加速度值为0.15g：

第一组：喀喇沁旗，五原，乌拉特前旗，临河，固阳，武川，凉城，和林格尔，赤峰（红山*、元宝山区）

第二组：阿拉善左旗

4 抗震设防烈度为7度，设计基本地震加速度值为0.10g：

第一组：集宁，清水河，开鲁，傲汉旗，乌特拉后旗，

阜资，察右前旗，丰镇，扎兰屯，乌特拉中旗，赤峰（松山区），通辽*

第三组：东胜，准格尔旗

5 抗震设防烈度为6度，设计基本地震加速度值为0.05g：

第一组：满洲里，新巴尔虎右旗，莫力达瓦旗，阿荣旗，扎赉特旗，翁牛特旗，兴和，商都，察右后旗，科左中旗，科左后旗，奈曼旗，库伦旗，乌审旗，阿拉善右旗，苏尼特右旗，鄂托克旗

第二组：达尔罕茂明安联合旗，阿拉善左旗，鄂托克前旗，白云

第三组：伊金霍洛旗，杭锦旗，四王子旗，察右中旗

A.0.5 辽宁省

1 抗震设防烈度为8度，设计基本地震加速度值为0.20g：

普兰店，东港

2 抗震设防烈度为7度，设计基本地震加速度值为0.15g：

营口（4个市辖区），丹东（3个市辖区），海城，大石桥，瓦房店，盖州，金州

3 抗震设防烈度为7度，设计基本地震加速度值为0.10g：

沈阳（9个市辖区），鞍山（4个市辖区），大连（除金州外的5个市辖区），朝阳（2个市辖区），辽阳（5个市辖区），抚顺（除顺城外的3个市辖区），铁岭（2个市辖区），盘锦（2个市辖区），盘山，朝阳县，辽阳县，岫岩，铁岭县，凌海，北票，建平，开原，灯塔，抚顺县，台安，大洼，辽中

4 抗震设防烈度为6度，设计基本地震加速度值为0.05g：

本溪（4个市辖区），阜新（5个市辖区），锦州（3个市辖区），葫芦岛（3个市辖区），昌图，西丰，法库，彰武，铁法，阜新县，康平，新民，黑山，北宁，义县，喀喇沁，凌海，兴城，绥中，建昌，宽甸，凤城，庄河，长海，顺城

注：全省县及县级以上设防城镇的设计地震分组，除兴城、建昌、南票为第二组外，均为第一组。

A.0.6 吉林省

1 抗震设防烈度为8度，设计基本地震加速度值为0.20g：

前郭尔罗斯，松原

2 抗震设防烈度为7度，设计基本地震加速度值为0.15g：

大安*

3 抗震设防烈度为7度，设计基本地震加速度值为0.10g：

长春（6个市辖区），吉林（除丰满外的3个市辖区），九台，永吉*

白城，乾安，舒兰，

4 抗震设防烈度为6度，设计基本地震加速度值为0.05g：

四平（2个市辖区），辽源（2个市辖区），镇赉，洮南，延吉，汪清，图们，珲春，龙井，和龙，安图，桦甸，梨树，磐石，东丰，辉南，梅河口，东辽，榆树，抚松，北票，长岭，通榆，德惠，农安，伊通，公主岭，扶余，丰满

注：全省县级及县级以上设防城镇，设计地震分组均为第一组。

A.0.7 黑龙江省

1 抗震设防烈度为7度，设计基本地震加速度值为0.10g：

绥化，萝北，泰来

2 抗震设防烈度为6度，设计基本地震加速度值为0.05g：

哈尔滨（7个市辖区），齐齐哈尔（7个市辖区），大庆（5个市辖区），鹤岗（6个市辖区），牡丹江（4个市辖区），鸡西（6个市辖区），佳木斯（5个市辖区），七台河（3个市辖区），伊春（伊春区，乌马河区），鸡东，穆棱，桦南，绥芬河，东宁，宁安，五大连池，嘉荫，汤原，桦川，依兰，勃利，通河，方正，木兰，巴彦，延寿，尚志，宾县，安达，明水，庆安，绥棱，兰西，肇东，甘南，肇源，呼兰，阿城，双城，五常，讷河，北安，富裕，龙江，黑河，青冈*，海林*

注：全省县级及县级以上设防城镇，设计地震分组均为第一组。

A.0.8 江苏省

1 抗震设防烈度为8度，设计基本地震加速度值为0.30g：

第一组：宿迁，宿豫*

2 抗震设防烈度为8度，设计基本地震加速度值为0.20g：

第一组：新沂，邳州，睢宁

3 抗震设防烈度为7度，设计基本地震加速度值为0.15g：

第一组：扬州（3个市辖区），镇江（2个市辖区），东海，沭阳，泗洪，江都，大丰

4 抗震设防烈度为7度，设计基本地震加速度值为0.10g：

第一组：南京（11个市辖区），淮安（除楚州外的3个市辖区），徐州（5个市辖区），赣榆，泗阳，铜山，沭阳，射阳，泰州（2个市辖区），姜堰，如皋，盱眙，江浦，常州（4个市辖区），盐城，东台，海安，兴化，扬中，仪征，武进，高邮，六合，句容，丹阳，金坛，溧阳，丹徒，溧水，昆山，太仓

第三组：连云港（4个市辖区），灌云

5 抗震设防烈度为6度，设计基本地震加速度值为0.05g：

第一组：南通（2个市辖区），无锡（6个市辖区），苏州（6个市辖区），通州，江阴，宜兴，洪泽，金湖，建湖，常熟，吴江，靖江，泰兴，张家港，海门，启东，高淳，丰县

第二组：响水，滨海，阜宁，宝应

第三组：灌南，涟水，楚州

A.0.9 浙江省

1 抗震设防烈度为7度，设计基本地震加速度值为0.10g：

岱山，嵊泗，舟山（2个市辖区）

2 抗震设防烈度为6度，设计基本地震加速度值为0.05g：

杭州（6个市辖区），宁波（5个市辖区），湖州，嘉兴（2个市辖区），温州（3个市辖区），绍兴，绍兴县，长兴，安吉，奉化，鄞县，象山，德清，嘉善，平湖，海盐，临安，余杭，萧山，上虞，慈溪，余姚，瑞安，桐乡，

1—92

富阳，平阳，苍南，乐清，永嘉，泰顺，景宁，云和，庆元，洞头

注：全省县级及县级以上设防城镇，设计地震分组均为第一组。

A.0.10 安徽省

1 抗震设防烈度为7度，设计基本地震加速度值为0.15g：

第一组：五河，泗县

2 抗震设防烈度为7度，设计基本地震加速度值为0.10g：

第一组：合肥（4个市辖区），蚌埠（4个市辖区），阜阳，六安（2个市辖区），淮南（5个市辖区），枞阳，怀远，长丰，肥东，肥西，肥南，固镇，凤阳，明光，定远，肥西，肥东，舒城，庐江，铜城，霍山，涡阳，安庆（3个市辖区）*，铜陵县*

3 抗震设防烈度为6度，设计基本地震加速度值为0.05g：

第一组：铜陵市（3个市辖区），芜湖（4个市辖区），巢湖，马鞍山（4个市辖区），滁州（2个市辖区），芜湖县，砀山，闽侯，亳州，南平，大和，利辛，阜南，临泉，蒙城，萧县，寿县，界首，颍上，霍邱，金寨，天长，来安，全椒，凤台，和县，当涂，无为，繁昌，池州，岳西，潜山，太湖，怀宁，望江，东至，宿松，南陵，宣城，郎溪，广德，泾县，青阳，石台

第二组：濉溪，淮北

第三组：宿州

A.0.11 福建省

1 抗震设防烈度为8度，设计基本地震加速度值为0.20g：

第一组：金门*

2 抗震设防烈度为7度，设计基本地震加速度值为0.15g：

第一组：厦门（7个市辖区），漳州（2个市辖区），晋江，石狮，龙海，长泰，东山，诏安

第二组：泉州（4个市辖区）

3 抗震设防烈度为7度，设计基本地震加速度值为0.10g：

第一组：福州（除马尾外的4个市辖区），安溪，南靖，华安，平和，云霄

第二组：莆田（2个市辖区），长乐，福清，莆田县，平潭，惠安，南安，马尾

4 抗震设防烈度为6度，设计基本地震加速度值为0.05g：

第一组：三明（2个市辖区），政和，屏南，霞浦，福鼎，福安，柘荣，寿宁，周宁，松溪，宁德，古田，罗源，沙县，尤溪，清，闽侯，南平，大田，漳平，永定，泰宁，宁化，长汀，武平，建宁，将乐，明溪，清流，连城，上杭，永安，建瓯

第二组：连江，永泰，德化，永春，仙游

A.0.12 江西省

1 抗震设防烈度为7度，设计基本地震加速度值为0.10g：

寻乌，会昌

2 抗震设防烈度为6度，设计基本地震加速度值为0.05g：

南昌（5个市辖区），九江（2个市辖区），南昌县，进

贤，余干，九江县，彭泽，湖口，星子，瑞昌，德安，都昌，武宁，修水，靖安，铜鼓，宜丰，宁都，石城，瑞金，安远，定南，龙南，全南，大余

注：全省县级及县级以上设防城镇，设计地震分组均为第一组。

A.0.13 山东省

1 抗震设防烈度为8度，设计基本地震加速度值为0.20g：

第一组：郯城，临沭，莒南，莒县，沂水，安丘，阳谷

2 抗震设防烈度为7度，设计基本地震加速度值为0.15g：

第一组：临沂（3个市辖区），潍坊（4个市辖区），菏泽，东明，聊城，苍山，沂南，昌邑，昌乐，青州，临朐，诸城，五莲，长岛，蓬莱，龙口，莘县，鄄城，寿光*

3 抗震设防烈度为7度，设计基本地震加速度值为0.10g：

第一组：烟台（4个市辖区），威海，枣庄，淄博（除博山外的4个市辖区），平原，高唐，茌平，广饶，博兴，高青，桓台，沂源，蒙阴，费县，微山，禹城，冠县，莱芜（2个市辖区），单县*，夏津*

第二组：东营（2个市辖区），招远，栖霞，莱州，日照，平度，高密，博山，滨州*，平邑*

4 抗震设防烈度为6度，设计基本地震加速度值为0.05g：

第一组：德州，宁阳，陵县，曲阜，邹城，鱼台，乳山，兖州

第二组：济南（5个市辖区），青岛（7个市辖区），泰安（2个市辖区），济宁（2个市辖区），武城，乐陵，庆云，无棣，阳信，宁津，沾化，利津，商河，惠民，齐河，邹平，章丘，泗水，汶上，嘉祥，临清，长清，肥城

第三组：胶南，胶州，东平，莱阳，莱西，即墨

A.0.14 河南省

1 抗震设防烈度为8度，设计基本地震加速度值为0.20g：

第一组：新乡（4个市辖区），新乡县，安阳（4个市辖区），安阳县，鹤壁（3个市辖区），原阳，延津，汤阴，淇县，卫辉，获嘉，范县，辉县

2 抗震设防烈度为7度，设计基本地震加速度值为0.15g：

第一组：郑州（6个市辖区），武陟，内黄，浚县，滑县，濮阳，濮阳县，长垣，封丘，台前，南乐，清丰，灵宝，三门峡，陕县，林州*

3 抗震设防烈度为7度，设计基本地震加速度值为0.10g：

第一组：洛阳（6个市辖区），焦作（4个市辖区），开封（5个市辖区），南阳（2个市辖区），开封县，许昌县，许昌，沁阳，博爱，孟津，巩义，偃师，济源，新密，荥郑，民权，兰考，温县，长葛，荥阳，中牟，杞县，新*，昌*

4 抗震设防烈度为6度，设计基本地震加速度值为0.05g：

第一组：商丘（2个市辖区），信阳（2个市辖区），漯河，平顶山（4个市辖区），登封，义马，虞城，夏邑，通

许，尉氏，睢县，宁陵，柘城，新安，宜阳，嵩县，汝阳，伊川，禹州，郏县，宝丰，鲁山，襄城，郾城，鄢陵，太康，鹿邑，郸城，沈丘，项城，淮阳，周口，商水，上蔡，临颍，郾城，西华，平舆，新县，唐河，邓州，桐柏，新野，社旗，西平，镇平，内乡，驻马店，汝南，正阳，息县，平舆，遂平，光山，罗山，潢川，商城，固始，南召，舞阳*

第二组：汝州，睢县，永城

第三组：卢氏，洛宁，渑池

A.0.15 湖北省

1 抗震设防烈度为7度，设计基本地震加速度值为0.10g：

竹溪，竹山，房县

2 抗震设防烈度为6度，设计基本地震加速度值为0.05g：

武汉（13个市辖区），荆州（2个市辖区），荆门，襄樊（2个市辖区），襄阳，十堰（2个市辖区），宜昌（4个市辖区），宜昌县，黄石（4个市辖区），恩施，咸宁，麻城，团风，罗田，英山，黄冈，鄂州，浠水，蕲春，黄梅，武穴，郧西，郧县，丹江口，谷城，老河口，宜城，当阳，南漳，保康，神农架，钟祥，沙洋，远安，兴山，巴东，秭归，松滋，江陵，建始，利川，公安，宣恩，长阳，宜都，枝江，松滋，红安，安陆，潜江，石首，监利，洪湖，咸丰，应城，仙桃，京山*

注：全省县级及县级以上设防城镇，设计地震分组均为第一组。

A.0.16 湖南省

1 抗震设防烈度为7度，设计基本地震加速度值为0.15g：

常德（2个市辖区）

2 抗震设防烈度为7度，设计基本地震加速度值为0.10g：

岳阳（3个市辖区），岳阳县，汨罗，湘阴，临澧，澧县，津市，桃源，安乡，汉寿

3 抗震设防烈度为6度，设计基本地震加速度值为0.05g：

长沙（5个市辖区），长沙县，益阳（2个市辖区），张家界（2个市辖区），郴州（2个市辖区），邵阳（3个市辖区），邵阳县，泸溪，娄底，资兴，平江，宁乡，新化，冷水江，涟源，双峰，新邵，隆回，石门，慈利，沅江，临湘，桃江，望城，湘乡，安会同，靖州，江华，宁远，道县，临武，溆浦，化*，中方*，洪江*

注：全省县级及县级以上设防城镇，设计地震分组均为第一组。

A.0.17 广东省

1 抗震设防烈度为8度，设计基本地震加速度值为0.20g：

汕头（5个市辖区），澄海，潮安，南澳，徐闻，潮州

2 抗震设防烈度为7度，设计基本地震加速度值为0.15g：

揭阳，揭东，潮阳，饶平

3 抗震设防烈度为7度，设计基本地震加速度值为0.10g：

广州（除花都外的9个市辖区），深圳（6个市辖区），湛江（4个市辖区），汕尾，海丰，普宁，惠来，阳江，阳

I—95

东, 阳西, 茂名, 化州, 廉江, 南海, 顺德, 中山, 珠海, 斗门, 遂溪, 吴川, 丰顺, 雷州, 电白, 江门(2个市辖区)*, 新会*, 陆丰

4 抗震设防烈度为6度, 设计基本地震加速度值为0.05g:
韶关(3个市辖区), 肇庆(2个市辖区), 花都, 河源, 揭西, 东源, 梅州, 东莞, 清远, 仁化, 始兴, 乳源, 曲江, 英德, 佛冈, 龙门, 平远, 大埔, 从化, 梅县, 兴宁, 五华, 紫金, 陆河, 增城, 博罗, 惠州, 惠阳, 惠东, 三水, 四会, 云安, 云浮, 高要, 高明, 鹤山, 封开, 郁南, 罗定, 新兴, 信宜, 开平, 恩平, 台山, 阳春, 高州, 翁源, 连平, 和平, 蕉岭, 新丰*

注: 全省县级及县级以上设防城镇, 设计地震分组均为第一组。

A.0.18 广西自治区

1 抗震设防烈度为7度, 设计基本地震加速度值为0.15g:
灵山, 田东

2 抗震设防烈度为7度, 设计基本地震加速度值为0.10g:
玉林, 兴业, 横县, 北流, 百色, 田阳, 平果, 隆安, 浦北, 博白, 乐业*

3 抗震设防烈度为6度, 设计基本地震加速度值为0.05g:
南宁(6个市辖区), 桂林(5个市辖区), 柳州(5个市辖区), 梧州(3个市辖区), 钦州(2个市辖区), 贵港(2个市辖区), 防城港(2个市辖区), 北海(2个市辖区), 兴安, 灵川, 临桂, 永福, 鹿寨, 天峨, 东兰, 巴马, 都安, 大化, 马山, 融安, 象州, 武宣, 桂平, 平南, 上林, 宾阳, 武鸣, 大新, 扶绥, 邕宁, 东兴, 合浦, 钟山, 贺州, 藤县, 苍梧, 容县, 岑溪, 陆川, 凤山, 凌云, 田林, 隆林, 西林, 德保, 靖西, 那坡, 天等, 崇左, 上思, 龙州, 宁明, 融水, 凭祥, 全州

注: 全自治区县级及县级以上设防城镇, 设计地震分组均为第一组。

A.0.19 海南省

1 抗震设防烈度为8度, 设计基本地震加速度值为0.30g:
海口(3个市辖区), 琼山

2 抗震设防烈度为8度, 设计基本地震加速度值为0.20g:
文昌, 定安

3 抗震设防烈度为7度, 设计基本地震加速度值为0.15g:
澄迈

4 抗震设防烈度为7度, 设计基本地震加速度值为0.10g:
临高, 琼海, 儋州, 屯昌

5 抗震设防烈度为6度, 设计基本地震加速度值为0.05g:
三亚, 万宁, 琼中, 昌江, 白沙, 保亭, 陵水, 东方, 乐东, 通什

注: 全省县级及县级以上设防城镇, 设计地震分组均为第一组。

A.0.20 四川省

1 抗震设防烈度不低于9度, 设计基本地震加速度值不小于0.40g:

第三组：青川，雅安，名山，美姑，金阳，小金，合理

6 抗震设防烈度为6度，设计基本地震加速度值为0.05g：

第一组：泸州（3个市辖区），内江（2个市辖区），德阳，宣汉，达州，大竹，邻水，渠县，广安，华蓥，隆昌，富顺，泸县，南溪，江安，长宁，高县，珙县，兴文，叙永，古蔺，金堂，广汉，简阳，资阳，仁寿，资中，犍为，荣县，威远，通江，万源，巴中，苍溪，阆中，西充，南部，盐亭，三台，射洪，大英，乐至，旺苍，龙泉驿，清白江

第二组：绵阳（2个市辖区），梓潼，中江，阿坝，筠连，井研

第三组：广元（除朝天区外的2个市辖区），剑阁，罗江，红原

A.0.21 贵州省

1 抗震设防烈度为7度，设计基本地震加速度值为0.10g：

第一组：望谟

第二组：威宁

2 抗震设防烈度为6度，设计基本地震加速度值为0.05g：

第一组：贵阳（除白云外的5个市辖区），凯里，毕节，安顺，都匀，六盘水，黄平，福泉，麻江，清镇，龙里，平坝，纳雍，织金，水城，贵定，六枝，镇宁，惠水，长顺，关岭，紫云，罗甸，兴仁，贞丰，安龙，册亨，金沙，印江，赤水，习水，思南*

第三组：桐梓，普安，晴隆，兴义

第三组：盘县

第一组：康定，西昌

2 抗震设防烈度为8度，设计基本地震加速度值为0.30g：

第一组：冕宁*

3 抗震设防烈度为8度，设计基本地震加速度值为0.20g：

第一组：松潘，道孚，甘孜，泸定，炉霍，石棉，喜德，普格，宁南，德昌，理塘

第二组：九寨沟

4 抗震设防烈度为7度，设计基本地震加速度值为0.15g：

第一组：宝兴，茂县，巴塘，德格，马边，雷波

第二组：越西，雅江，九龙，平武，木里，盐源，会东，新龙

第三组：天全，芦山，荥经，汉源，昭觉，布拖，丹巴，甘洛

5 抗震设防烈度为7度，设计基本地震加速度值为0.10g：

第一组：成都（除龙泉驿，清白江的5个市辖区），乐山（除金口河外的3个市辖区），自贡（4个市辖区），宜宾，宜宾县，北川，安县，绵竹，汶川，都江堰，双流，新津，青神，峨边，沐川，屏山，理县，得荣，彭州，什邡，江油，大邑，蒲江，彭山，丹棱，眉山，洪雅，夹江，金川，若尔盖，色达，壤塘，稻城，郫县，温江，峨眉山，黑水，盐边，马尔康，金口河，朝天区*

第二组：攀枝花（3个市辖区），崇州，邛崃，米易，石渠

第三组：白玉

A.0.22 云南省

1 抗震设防烈度不低于9度，设计基本地震加速度值不小于0.40g：

第一组：寻甸，东川

第二组：澜沧

2 抗震设防烈度为8度，设计基本地震加速度值为0.30g：

第一组：剑川，嵩明，宜良，丽江，鹤庆，永胜，潞西，龙陵，石屏

第二组：耿马，双江，沧源，勐海，西盟，孟连，建水

3 抗震设防烈度为8度，设计基本地震加速度值为0.20g：

第一组：石林，玉溪，大理，永善，巧家，江川，华宁，峨山，通海，洱源，宾川，弥渡，祥云，合泽，南涧，保山

第二组：昆明（除东川外的4个市辖区），思茅，云县，腾冲，施甸，瑞丽，梁河，易门，普宁，漾濞，巍山，凤庆*，陇川*

第三组：景洪，永德，镇康，临沧

4 抗震设防烈度为7度，设计基本地震加速度值为0.15g：

第一组：中甸，泸水，大关，新平*

第二组：沾益，宁南，南华，元旧，红河，元江，禄丰，双柏，开远，盈江，昌宁，楚雄，勐腊，华坪，景东*

第三组：曲靖，弥勒，富民，陆良，禄劝，武定，兰坪，云龙，景谷，普洱

5 抗震设防烈度为7度，设计基本地震加速度值为0.10g：

第一组：盐津，绥江，德钦，水富，贡山

第二组：昭通，彝良，鲁甸，福贡，永仁，大姚，元谋，姚安，牟定，墨江，绿春，镇沅，江城，维西，宣威，会泽，富源，师宗，泸西，蒙自，元阳，金平

6 抗震设防烈度为6度，设计基本地震加速度值为0.05g：

第一组：威信，镇雄，广南，富宁，西畴，麻栗坡，马关

第二组：丘北，砚山，屏边，河口，文山

第三组：罗平

A.0.23 西藏自治区

1 抗震设防烈度不低于9度，设计基本地震加速度值不小于0.40g：

第二组：当雄，墨脱

2 抗震设防烈度为8度，设计基本地震加速度值为0.30g：

第一组：申扎

第二组：米林，波密

3 抗震设防烈度为8度，设计基本地震加速度值为0.20g：

第一组：普兰，聂拉木，萨嘎

第二组：拉萨，堆龙德庆，尼木，仁布，洛隆，曲松

第三组：那曲，林芝（八一镇），林周，隆子，错那

4 抗震设防烈度为7度，设计基本地震加速度值为0.15g：

第一组：札达，吉隆，拉孜，谢通门，亚东，洛扎，昂

仁

第二组：日土，江孜，康马，白朗，扎囊，措美，桑日，加查，边坝，八宿，丁青，类乌齐，乃东，琼结，贡嘎，朗县，达孜，日喀则*

第三组：南木林，班戈，浪卡子，墨竹工卡，曲水，安多，聂荣

5 抗震设防烈度为7度，设计基本地震加速度值为0.10g：

第一组：改则，措勤，仲巴，定结，芒康

第二组：昌都，定日，嘉黎，察雅，左贡，江达，贡觉

第三组：比如，索县

6 抗震设防烈度为6度，设计基本地震加速度值为0.05g：

第一组：革吉

A.0.24 陕西省

1 抗震设防烈度为8度，设计基本地震加速度值为0.20g：

第一组：西安（8个市辖区），渭南，华县，华阴，潼关，大荔，陇县

2 抗震设防烈度为7度，设计基本地震加速度值为0.15g：

第一组：咸阳（3个市辖区），宝鸡（2个市辖区），高陵，千阳，岐山，凤翔，扶风，武功，兴平，周至，眉县，宝鸡县，三原，富平，澄城，蒲城，泾阳，礼泉，长安，户县，蓝田，韩城，合阳

第二组：凤县

3 抗震设防烈度为7度，设计基本地震加速度值为0.10g：

第一组：安康，平利，乾县，洛南

第二组：白水，耀县，淳化，麟游，永寿，商州，铜川（2个市辖区）*，柞水*

第三组：太白，留坝，勉县，略阳

4 抗震设防烈度为6度，设计基本地震加速度值为0.05g：

第一组：延安，清涧，神木，佳县，米脂，绥德，安塞，旬阳，紫阳，镇巴

第二组：延长，定边，吴旗，志丹，甘泉，富县，商南，洛川，府谷，白河，岚皋

第三组：府谷，吴堡，洛川，黄陵，旬邑，洋县，西乡，石泉，汉阴，宁强，宜川，黄龙，宜君，长武，彬县，佛坪，镇安，丹凤，山阳

A.0.25 甘肃省

1 抗震设防烈度不低于9度，设计基本地震加速度值不小于0.40g：

第一组：古浪

2 抗震设防烈度为8度，设计基本地震加速度值为0.30g：

第一组：天水（2个市辖区），礼县，西和

3 抗震设防烈度为8度，设计基本地震加速度值为0.20g：

第一组：宕昌，文县，肃北，武都

第二组：兰州（5个市辖区），成县，舟曲，徽县，康县，武威，永登，天祝，静宁，景泰，靖远，陇西，武山，清水，秦安，张家川，通渭，华亭

4 抗震设防烈度为7度，设计基本地震加速度值为0.15g：

县，会宁，庄浪，甘谷，漳

第一组：康乐，嘉峪关，玉门，酒泉，高台，临泽，肃南

第二组：白银（2个市辖区），永靖，广河，东乡，和政，广河，临洮，卓尼，迭部，临潭，皋兰，崇信，榆中，定西，两当，金昌，阿克塞，民乐，永昌

第三组：平凉

5 抗震设防烈度为7度，设计基本地震加速度值为0.10g：

第一组：张掖，合作，玛曲，金塔，积石山

第二组：敦煌，安西，山丹，临夏，夏河，碌曲，泾川，灵台，民勤，镇原，环县

第三组：

6 抗震设防烈度为6度，设计基本地震加速度值为0.05g：

第一组：华池，正宁，庆阳，合水，宁县

第二组：西峰

A.0.26 青海省

1 抗震设防烈度为8度，设计基本地震加速度值为0.20g：

第一组：玛沁，达日

第二组：玛多，玉树

2 抗震设防烈度为7度，设计基本地震加速度值为0.15g：

第一组：祁连，玉树

第二组：甘德，门源

3 抗震设防烈度为7度，设计基本地震加速度值为0.10g：

第一组：乌兰，治多，称多，杂多，囊谦

第二组：西宁（4个市辖区），同仁，共和，德令哈，尖扎，循化，湟中，平安，民和，化隆，贵德，贵南，久治，班玛，天峻，格尔木，河南，同德，曲麻莱，刚察，都兰，兴海

第三组：大通，互助，乐都

4 抗震设防烈度为6度，设计基本地震加速度值为0.05g：

第二组：泽库

A.0.27 宁夏自治区

1 抗震设防烈度为8度，设计基本地震加速度值为0.30g：

第一组：海原

2 抗震设防烈度为8度，设计基本地震加速度值为0.20g：

第一组：银川（3个市辖区），石嘴山（3个市辖区），灵武，吴忠，惠农，永宁，贺兰，青铜峡，泾源，固原

3 抗震设防烈度为7度，设计基本地震加速度值为0.15g：

第一组：西吉，中卫，中宁，同心，隆德

第三组：彭阳

4 抗震设防烈度为6度，设计基本地震加速度值为0.05g：

第三组：盐池

A.0.28 新疆自治区

1 抗震设防烈度不低于9度，设计基本地震加速度值

不小于0.40g：

第二组：乌恰，塔什库尔干

2 抗震设防烈度为8度，设计基本地震加速度值为0.30g：

第二组：阿图什，喀什，疏附

3 抗震设防烈度为8度，设计基本地震加速度值为0.20g：

第一组：乌鲁木齐（7个市辖区），乌鲁木齐县，温宿，阿克苏，柯坪，米泉，乌苏，新源，库车，特克斯，巴里坤，青河，富蕴，乌什*

第二组：尼勒克，巩留，精河，奎屯，沙湾，玛纳斯，石河子，独山子

第三组：疏勒，伽师，阿克陶，英吉沙

4 抗震设防烈度为7度，设计基本地震加速度值为0.15g：

第一组：库尔勒，新和，轮台，和静，焉耆，博湖，巴楚，拜城，阜康*，木垒*

第二组：伊宁，伊宁县，霍城，察布查尔，呼图壁，昌吉，岳普湖

5 抗震设防烈度为7度，设计基本地震加速度值为0.10g：

第一组：吐鲁番，伊吾，鄯善，托克逊，和硕，尉犁，墨玉，洛浦，奇台，哈密

第二组：克拉玛依（克拉玛依区），博乐，温泉，阿合奇，阿瓦提

第三组：莎车，泽普，叶城，麦盖提，皮山

6 抗震设防烈度为6度，设计基本地震加速度值为0.05g：

第一组：于田，哈巴河，塔城，额敏，福海，和布克赛尔，乌尔禾

第二组：阿勒泰，托里，民丰，若羌，布尔津，吉木乃，裕民，白碱滩

第三组：且末

A.0.29 港澳特区和台湾省

1 抗震设防烈度不低于9度，设计基本地震加速度值不小于0.40g：

第一组：台中

第二组：苗栗，云林，嘉义，花莲

2 抗震设防烈度为8度，设计基本地震加速度值为0.30g：

第二组：台北，桃园，台南，基隆，宜兰，台东，屏东

3 抗震设防烈度为8度，设计基本地震加速度值为0.20g：

第二组：高雄，澎湖

4 抗震设防烈度为7度，设计基本地震加速度值为0.15g：

第一组：香港

5 抗震设防烈度为7度，设计基本地震加速度值为0.10g：

第一组：澳门

附录 B 高强混凝土结构抗震设计要求

B.0.1 高强混凝土结构所采用的混凝土强度等级应符合本规范第 3.9.3 条的规定；其抗震设计，除应符合普通混凝土结构抗震设计要求外，尚应符合本附录的规定。

B.0.2 结构构件截面剪力设计值的限值中含有混凝土轴心抗压强度设计值（f_c）的项应乘以混凝土强度影响系数（β_c）。其值，混凝土强度等级为 C50 时取 1.0，C80 时取 0.8，介于 C50 和 C80 之间时取其内插值。

结构构件正截面高度和承载力验算时，公式中含有混凝土轴心抗压强度设计值（f_c）的项也应按国家标准《混凝土结构设计规范》GB50010 的有关规定乘以相应混凝土强度影响系数。

B.0.3 高强混凝土框架的抗震构造措施，应符合下列要求：

1 梁端纵向受拉钢筋的配筋率不宜大于 3%（HRB335 级钢筋）和 2.6%（HRB400 级钢筋）。梁端箍筋加密区的箍筋最小直径应比普通混凝土梁箍筋的最小直径增大 2mm。

2 柱的柱可与普通混凝土柱相同：不超过 C60 混凝土的柱宜比普通混凝土柱相同，C65～C70 混凝土的柱宜比普通混凝土柱减小 0.05，C75～C80 混凝土的柱宜比普通混凝土柱减小 0.1。

3 当混凝土强度等级大于 C60 时，柱纵向钢筋的最小总配筋率应比普通混凝土柱增大 0.1%。

4 柱加密区的最小配箍特征值宜按下列规定采用：混凝土强度等级高于 C60 时，箍筋宜采用复合箍、复合螺旋箍或连续复合矩形螺旋箍。

   1) 轴压比不大于 0.6 时，宜比普通混凝土柱大 0.02；
   2) 轴压比大于 0.6 时，宜比普通混凝土柱大 0.03。

B.0.4 当混凝土强度等级大于 C60 时，抗震墙约束边缘构件的配箍特征值宜比轴压比相同的普通混凝土抗震墙增加 0.02。

附录 C 预应力混凝土结构抗震设计要求

C.1 一般要求

C.1.1 本附录适用于6、7、8度时先张法和后张有粘结预应力混凝土结构构件的抗震设计，9度时应进行专门研究。无粘结预应力混凝土结构的抗震设计，应符合专门的规定。

C.1.2 抗震设计时，框架的后张预应力构件宜采用有粘结预应力筋。

C.1.3 后张预应力筋的锚具不宜设置在梁柱节点核芯区。

C.2 预应力框架结构

C.2.1 预应力混凝土框架梁应符合下列规定：

1 后张预应力混凝土框架梁中应采用预应力和非预应力筋混合配筋方式，按下式计算的预应力强度比，一级不宜大于0.55；二、三级不宜大于0.75。

$$\lambda = \frac{A_p f_{py}}{A_p f_{py} + A_s f_y} \quad (C.2.1)$$

式中 λ ——预应力强度比；
A_p、A_s ——分别为受拉区预应力筋、非预应力筋截面面积；
f_{py} ——预应力筋的抗拉强度设计值；
f_y ——非预应力筋的抗拉强度设计值。

2 预应力混凝土框架梁端纵向受拉钢筋的配筋率不应大于2.5%，且考虑受压钢筋的预应力钢筋抗拉强度设计值换算混凝土受压区高度和有效截面高度设计值换算混凝土受压区高度和梁端的有效高度之比，一级不应大于0.25，二、三级不应大于0.35。

3 梁端截面的底面和顶面非预应力钢筋配筋量不应低于毛截面面积的0.2%。

C.2.2 预应力混凝土悬臂梁应符合下列规定：

1 悬臂梁的预应力强度比可按本附录C.2.1条1款的规定采用；考虑受压钢筋的混凝土受压区高度和有效高度之比可按本附录C.2.1条2款的规定采用。

2 悬臂梁底面和梁顶非预应力筋配筋量的比值，除按计算确定外，不应小于1.0，且底面非预应力筋配筋量不应低于毛截面面积的0.2%。

C.2.3 预应力混凝土框架柱应符合下列规定：

1 预应力混凝土大跨度框架边柱宜采用非对称配筋，一侧采用混合配筋，另一侧仅配置普通钢筋。

2 预应力混凝土框架柱应符合本规范第6.2节调整框架柱内力组合设计值的相应要求。

3 预应力混凝土框架柱的截面受压区高度和有效高度之比，一级不应大于0.25，二、三级不应大于0.35。

4 预应力框架柱箍筋应沿柱全高加密。

附录 D 框架梁柱节点核心区截面抗震验算

D.1 一般框架梁柱节点

D.1.1 一、二级框架梁柱节点核心区组合的剪力设计值，应按下列公式确定：

9 度时和一级框架结构尚应符合

$$V_j = \frac{\eta_{jb} \Sigma M_b}{h_{b0} - a'_s}\left(1 - \frac{h_{b0} - a'_s}{H_c - h_b}\right) \quad (D.1.1\text{-}1)$$

$$V_j = \frac{1.15 \Sigma M_{bua}}{h_{b0} - a'_s}\left(1 - \frac{h_{b0} - a'_s}{H_c - h_b}\right) \quad (D.1.1\text{-}2)$$

式中 V_j——梁柱节点核心区组合的剪力设计值；

h_{b0}——梁截面的有效高度，节点两侧梁截面高度不等时可采用平均值；

a'_s——梁受压钢筋合力点至受压边缘的距离；

H_c——柱的计算高度，可采用节点上、下柱反弯点之间的距离；

h_b——梁的截面高度，节点两侧梁截面高度不等时可采用平均值；

η_{jb}——节点剪力增大系数，一级取 1.35，二级取 1.2；

ΣM_b——节点左右梁端反时针或顺时针方向组合弯矩的计值之和，一级时节点左右梁端均为负弯矩，绝对值较小的弯矩应取零；

ΣM_{bua}——节点左右梁端反时针或顺时针方向实配的正截面抗震受弯承载力所对应的弯矩值之和，根据实配钢筋面积（计入受压筋）和材料强度标准值确定。

D.1.2 核芯区截面有效验算宽度，应按下列规定采用：

1 核芯区截面有效验算宽度，当验算方向该侧柱截面宽度不小于该侧柱截面宽度的 1/2 时，可采用该侧柱截面宽度，当小于柱截面宽度的 1/2 时，可采用下列二者的较小值：

$$b_j = b_b + 0.5 h_c \quad (D.1.2\text{-}1)$$
$$b_j = b_c \quad (D.1.2\text{-}2)$$

式中 b_j——节点核芯区的截面有效验算宽度；

b_b——梁截面宽度；

h_c——验算方向的柱截面高度；

b_c——验算方向的柱截面宽度。

2 当梁、柱的中线不重合且偏心距不大于柱宽的 1/4 时，核芯区的截面有效验算宽度可采用上款和下式计算结果的较小值。

$$b_j = 0.5(b_b + b_c) + 0.25 h_c - e \quad (D.1.2\text{-}3)$$

式中 e——梁与柱中线偏心距。

D.1.3 节点核芯区组合的剪力设计值，应符合下列要求：

$$V_j \leq \frac{1}{\gamma_{RE}}(0.30\eta_j f_c b_j h_j) \quad (D.1.3)$$

式中 η_j——正交梁的约束影响系数，楼板为现浇，梁柱中线重合，四侧各梁截面宽度不小于该侧柱截面宽度的 1/2，且正交方向梁高度不小于框架梁高度的 3/4 时，可采用 1.5，9 度时宜采用

1.25，其他情况均采用 1.0；

h_j——节点核芯区的截面高度，可采用验算方向的柱截面高度；

γ_{RE}——承载力抗震调整系数，可采用 0.85。

D.1.4 节点核芯区截面抗震受剪承载力，应采用下列公式验算：

$$V_j \leq \frac{1}{\gamma_{RE}}\left(1.1\eta_j f_t b_j h_j + 0.05\eta_j N \frac{b_j}{b_c} + f_{yv} A_{svj} \frac{h_{b0} - a'_s}{s}\right) \quad (D.1.4-1)$$

9 度时

$$V_j \leq \frac{1}{\gamma_{RE}}\left(0.9\eta_j f_t b_j h_j + f_{yv} A_{svj} \frac{h_{b0} - a'_s}{s}\right) \quad (D.1.4-2)$$

式中 N——对应于组合剪力设计值的上柱组合轴向压力较小值，其取值不应大于柱的截面积和混凝土轴心抗压强度设计值的乘积的 50%，当 N 为拉力时，取 $N = 0$；

f_{yv}——箍筋的抗拉强度设计值；

f_t——混凝土轴心抗拉强度设计值；

A_{svj}——核芯区有效验算宽度范围内同一截面验算方向箍筋的总截面积；

s——箍筋间距。

D.2 扁梁框架的梁柱节点

D.2.1 扁梁框架的梁宽大于柱宽时，梁柱节点应符合本段的规定。

D.2.2 扁梁框架的梁柱节点核芯区应根据梁纵筋在柱宽范围内、外的截面面积比例，对柱宽以内和柱宽以外的范围分别验算受剪承载力。

D.2.3 核芯区验算方法除应符合一般框架梁柱节点的要求外，尚应符合下列要求：

1 按本附录式 (D.1.3) 验算时 (D.1.3) 验算核芯区剪力限值时，核芯区有效宽度可取梁宽与柱宽之和的平均值；

2 四边有梁的约束影响系数，验算柱宽范围内核芯区的受剪承载力时可取 1.5，验算柱宽范围外核芯区的受剪承载力时宜取 1.0；

3 验算核芯区受剪承载力时，在柱宽范围内的核芯区，轴向力的取值可与一般框架柱节点相同；柱宽范围以外的核芯区，可不考虑轴力对受剪承载力的有利作用；

4 锚入柱内的梁上部钢筋对梁上其全部截面面积的 60%。

D.3 圆柱框架的梁柱节点

D.3.1 梁中线与柱中线重合时，圆柱框架梁柱节点核芯区组合的剪力设计值应符合下列要求：

$$V_j \leq \frac{1}{\gamma_{RE}}(0.30\eta_j f_c A_j) \quad (D.3.1)$$

式中 η_j——正交梁的约束影响系数，按本附录 D.1.3 确定，节点核芯区有效截面宽度按柱直径采用；

A_j——节点核芯区有效截面积，梁宽 (b_b) 不小于柱直径 (D) 之半时，取 $A_j = 0.8D^2$；梁宽 (b_b) 小于柱直径 (D) 之半且不小于 $0.4D$ 时，取 $A_j = 0.8D(b_b + D/2)$。

D.3.2 梁中线与柱中线重合时，圆柱框架梁柱节点核芯区截面抗震受剪承载力应采用下列公式验算：

$$V_j \leq \frac{1}{\gamma_{RE}}\left(1.5\eta_j f_t A_j + 0.05\eta_j \frac{N}{D^2}A_j + 1.57 f_{yv} A_{sh} \frac{h_{b0} - a'_s}{s} + f_{yv} A_{svj} \frac{h_{b0} - a'_s}{s}\right) \quad (D.3.2-1)$$

9度时 $V_j \leq \frac{1}{\gamma_{RE}}\left(1.2\eta_j f_t A_j + 1.57 f_{yv} A_{sh} \frac{h_{b0} - a'_s}{s} + f_{yv} A_{svj} \frac{b_{b0} - a'_s}{s}\right) \quad (D.3.2-2)$

式中 A_{sh} —— 单根圆形箍筋的截面面积;
A_{svj} —— 同一截面验算方向的拉筋和非圆形箍筋的总截面面积;
D —— 圆柱截面直径;
N —— 轴向力设计值,按一般梁柱节点的规定取值。

附录 E 转换层结构抗震设计要求

E.1 矩形平面抗震墙结构框支层楼板设计要求

E.1.1 框支层应采用现浇楼板,厚度不宜小于 180mm,混凝土强度等级不宜低于 C30,应采用双层双向配筋,且每层每个方向的配筋率不应小于 0.25%。

E.1.2 部分框支抗震墙结构的框支层楼板剪力设计值,应符合下列要求:

$$V_f \leq \frac{1}{\gamma_{RE}}(0.1 f_c b_f t_f) \quad (E.1.2)$$

式中 V_f —— 由不落地抗震墙传到落地抗震墙处按刚性楼板计算的框支层楼板组合的剪力设计值,8 度时应乘以增大系数 2,7 度时应乘以增大系数 1.5;验算落地抗震墙时不考虑此项增大系数;

$b_f t_f$ —— 分别为框支层楼板的宽度和厚度;

γ_{RE} —— 承载力抗震调整系数,可采用 0.85。

E.1.3 部分框支抗震墙结构的框支层楼板与落地抗震墙交接截面的受剪承载力,应按下列公式验算:

$$V_f \leq \frac{1}{\gamma_{RE}}(f_y A_s) \quad (E.1.3)$$

式中 A_s —— 穿过落地抗震墙的框支层楼盖(包括梁和板)的全部钢筋的截面面积。

E.1.4 框支层楼板的边缘和较大洞口周边应设置边梁,其宽度不宜小于板厚的 2 倍,纵向钢筋配筋率不应小于 1%,

钢筋接头宜采用机械连接或焊接，楼板的钢筋应锚固在边梁内。

E.1.5 对建筑平面较长或不规则及各抗震墙内力相差较大的框支层，必要时可采用简化方法验算楼板平面内的受弯、受剪承载力。

E.2 筒体结构转换层抗震设计要求

E.2.1 转换层上下的结构质量中心宜接近重合（不包括裙房），转换层上下层的侧向刚度比不宜大于2。

E.2.2 转换层上部的竖向抗侧力构件（墙、柱）宜直接落在转换层的主结构上。

E.2.3 厚板转换层结构不宜用于7度及7度以上的高层建筑。

E.2.4 转换层楼盖不应有大洞口，在平面内宜接近刚性。

E.2.5 转换层楼盖与筒体、抗震墙应有可靠的连接，转换层楼板的抗震验算和构造宜符合本附录E.1对框支层楼板的有关规定。

E.2.6 8度时转换层结构应考虑竖向地震作用。

E.2.7 9度时不应采用转换层结构。

附录F 配筋混凝土小型空心砌块抗震墙房屋抗震设计要求

F.1 一般要求

F.1.1 本附录适用的配筋混凝土小型空心砌块抗震墙房屋的最大高度应符合表F.1.1-1规定，且房屋总高度与总宽度的比值不宜超过表F.1.1-2的规定；对横墙较少或建造于Ⅳ类场地的房屋，适用的最大高度应适当降低。

表F.1.1-1 配筋混凝土小型空心砌块抗震墙房屋适用的最大高度（m）

最小墙厚（mm）	6度	7度	8度
190	54	45	30

注：房屋高度超过表内高度时，应根据专门研究，采取有效的加强措施。

表F.1.1-2 配筋混凝土小型空心砌块抗震墙房屋的最大高宽比

	6度	7度	8度
最大高宽比	5	4	3

F.1.2 配筋小型空心砌块抗震墙房屋应根据抗震设防分类、抗震设防烈度和房屋高度采用不同的抗震等级，并应符合相应的计算和构造措施要求。丙类建筑的抗震等级宜按表F.1.2确定：

表F.1.2 配筋小型空心砌块抗震墙房屋的抗震等级

烈度	6度		7度		8度	
高度（m）	≤24	>24	≤24	>24	≤24	>24
抗震等级	四	三	三	二	二	一

注：接近或等于高度分界时，可结合房屋不规则程度及和场地、地基条件确定抗震等级。

F.1.3 房屋应避免采用本规范第 3.4 节规定的不规则建筑结构方案,并应符合下列要求:

    1 平面形状宜简单、规则,凹凸不宜过大,避免过大的外挑和内收。

    2 纵横向抗震墙宜拉通对直;每个墙段不宜太长,每个独立墙段的总高度与墙段长度之比不宜小于 2;门洞口宜上下对齐,成列布置。

    3 房屋抗震横墙的最大间距,应符合表 F.1.3 的要求:

表 F.1.3 抗震横墙的最大间距

烈 度	6 度	7 度	8 度
最大间距(m)	15	15	11

F.1.4 房屋宜选用规则、合理的建筑结构方案不设防震缝,当需要设防震缝时,其最小宽度应符合本规范下列要求:当房屋高度不超过 20m 时,可采用 70mm;当超过 20m 时,6 度、7 度、8 度相应每增加 6m、5m 和 4m,宜加宽 20mm。

F.2 计算要点

F.2.1 配筋小型空心砌块抗震墙房屋抗震计算时,应按本节规定调整地震作用效应;6 度时可不做抗震验算。

F.2.2 配筋小型空心砌块组合抗震墙承载力计算时,底部加强部位截面的组合剪力设计值应按下列规定调整:

$$V = \eta_{vw} V_w \quad (F.2.2)$$

式中 V ——抗震墙底部加强部位截面组合的剪力设计值;

    V_w ——抗震墙底部加强部位截面组合的剪力计算值;

    η_{vw} ——剪力增大系数,一级取 1.6,二级取 1.4,三级取 1.2,四级取 1.0。

F.2.3 配筋小型空心砌块抗震墙截面组合的剪力设计值,应符合下列要求:

    剪跨比大于 2

$$V \leq \frac{1}{\gamma_{RE}}(0.2 f_{gc} b_w h_w) \quad (F.2.3-1)$$

    剪跨比不大于 2

$$V \leq \frac{1}{\gamma_{RE}}(0.15 f_{gc} b_w h_w) \quad (F.2.3-2)$$

式中 f_{gc} ——灌芯小砌块砌体抗压强度设计值;满灌时可取 2 倍砌块砌体抗压强度设计值;

    b_w ——抗震墙截面宽度;

    h_w ——抗震墙截面高度;

    γ_{RE} ——承载力抗震调整系数,取 0.85。

注:剪跨比应按本规范公式 (6.2.9-3) 计算。

F.2.4 偏心受压配筋小砌块空心砌块抗震墙截面受剪承载力,应按下列公式验算:

$$V \leq \frac{1}{\gamma_{RE}}\left[\frac{1}{\lambda-0.5}(0.48 f_{gv} b_w h_w + 0.1N)\right.$$
$$\left. + 0.72 f_{yh} \frac{A_{sh}}{s} h_{w0}\right] \quad (F.2.4-1)$$

$$0.5V \leq \frac{1}{\gamma_{RE}}\left(0.72 f_{yh} \frac{A_{sh}}{s} h_{w0}\right) \quad (F.2.4-2)$$

式中 N ——抗震墙轴向压力设计值;取值不大于 $0.2 f_{gc} b_w h_w$;

    λ ——计算截面处的剪跨比,取 $\lambda = M/Vh_w$,当小于 1.5 时取 1.5,当大于 2.2 时取 2.2;

    f_{gv} ——灌芯小砌块砌体抗剪强度设计值;可取 $f_{gv} = 0.2 f_{gc}^{0.55}$;

    A_{sh} ——同一截面的水平钢筋截面面积;

    s ——水平分布筋间距。

f_{yh} —— 水平分布筋抗拉强度设计值;
h_{w0} —— 抗震墙截面有效高度;
γ_{RE} —— 承载力抗震调整系数,取 0.85。

F.2.5 配筋小型空心砌块抗震墙跨高比大于 2.5 的连梁宜采用钢筋混凝土连梁,其截面组合的剪力设计值和斜截面受剪承载力,应符合现行国家标准《混凝土结构设计规范》GB 50010 对连梁的有关规定。

F.3 抗震构造措施

F.3.1 配筋小型空心砌块抗震墙房屋的灌芯混凝土,应采用塌落度大、流动性和易性好,并与砌块结合良好的混凝土,灌芯混凝土的强度等级不应低于 C20。

F.3.2 配筋小型空心砌块抗震墙房屋底部加强部位(高度不小于房屋高度的 1/6 且不小于二层的高度),应按加强部位配置水平和竖向钢筋。

F.3.3 配筋小型空心砌块抗震墙横向和竖向分布钢筋的配置,应符合下列要求:

1 竖向钢筋可采用单排布置,最小直径 12mm; 其最大间距 600mm,顶层和底层应适当减小。
2 水平钢筋宜双排布置,最小直径 8mm; 其最大同距,顶层和底层不应大于 400mm。
3 竖向、横向的分布钢筋的最小配筋率,一般部位不应小于 0.13%; 二级不应小于 0.10%; 三、四级均不应小于 0.10%。加强部位不宜小于 0.13%; 四级不应小于 0.10%。

F.3.4 配筋小型空心砌块抗震墙内竖向和水平分布钢筋的搭接长度不应小于 48 倍钢筋直径,锚固长度不应小于 42 倍钢筋直径。

F.3.5 配筋小型空心砌块抗震墙在重力荷载代表值下的轴压比,一级不宜大于 0.5,二、三级不宜大于 0.6。

F.3.6 配筋小型空心砌块抗震墙的压应力大于 0.5 倍灌芯小砌块砌体抗压强度设计值 (f_{gc}) 时,在墙端应设置不小于 3 倍墙厚的边缘构件,其最小配筋应符合表 F.3.6 的要求:

表 F.3.6 配筋小型空心砌块抗震墙边缘构件的配筋要求

抗震等级	加强部位纵向钢筋最小量	一般部位纵向钢筋最小量	箍筋最小直径	箍筋最大同距
一	3φ20	3φ18	φ8	200mm
二	3φ18	3φ16	φ8	200mm
三	3φ16	3φ14	φ8	200mm
四	3φ14	3φ12	φ8	200mm

F.3.7 配筋小型空心砌块抗震墙连梁的抗震构造,应符合下列要求:

1 连梁的纵向钢筋锚入墙内的长度,一、二级不应小于 1.15 倍锚固长度,三级不应小于 1.05 倍锚固长度,四级不应小于锚固长度且不应小于 600mm。
2 连梁的箍筋应沿梁全长设置,沿梁长的箍筋直径应符合框架梁端箍筋加密区的构造要求。
3 顶层连梁的纵向钢筋锚固长度范围内,应设置间距不大于 200mm 的箍筋,直径与该连梁箍筋直径相同。
4 跨高比不大于 2.5 的连梁,自梁顶面下 200mm 至梁底面上 200mm 的范围内应增设水平分布钢筋; 其间距不大于 200mm; 每层分布筋的数量,一级不少于 2φ12,二~四级不少于 2φ10; 水平分布钢筋伸入墙内的长度,不应小于 30 倍钢筋直径和 300mm。
5 配筋小型空心砌块抗震墙的连梁内不宜开洞,需要开洞时应符合下列要求：

1) 在跨中梁高1/3处预埋外径不大于200mm的钢套管；
2) 洞口上下的有效高度不应小于1/3梁高，且不小于200mm；
3) 洞口处应配置补强钢筋，被洞口削弱的截面应进行受剪承载力验算。

F.3.8 楼盖的构造应符合下列要求：

1 配筋小型空心砌块房屋的楼、屋盖宜采用现浇钢筋混凝土板；抗震等级为四级时，也可采用装配整体式配筋混凝土楼盖。

2 各楼层均应设置现浇钢筋混凝土圈梁。其混凝土强度等级应为砌块强度等级的二倍；现浇楼板的板底圈梁截面高度不宜小于120mm，装配整体式楼板的板底圈梁截面高度不宜小于200mm；其纵向钢筋直径不应小于8mm，间距不应大于200mm；其纵向钢筋直径不应小于砌体的水平分布钢筋直径，箍筋直径不应小于8mm，间距不应大于200mm。

附录G 多层钢结构厂房抗震设计要求

G.0.1 多层钢结构厂房的布置应符合本规范第8.1.4～8.1.7条的有关要求，各部分构架布置尚应符合下列规定：

1 平面形状复杂，各部分构架高度差异大或楼层荷载相差悬殊时，应设置防震缝或采取其他措施。

2 料斗等设备穿过楼层且支承在该楼层时，其运行装料后的设备总重心宜接近楼层的支承点。同一设备穿过两个以上楼层时，应选择其中的一层作为支座；必要时可另选一层加设水平支承点。

3 设备自承重时，厂房楼层应与设备分开。

表 G.0.1 楼层水平支撑设置要求

项次	楼面结构类型		楼面荷载标准值 ≤10kN/m²	楼面荷载标准值 >10kN/m² 或较大集中荷载
1	钢与混凝土组合楼面、现浇装配整体式楼板与钢梁有可靠连接	仅有小孔楼板	不需设水平支撑	不需设水平支撑
		有大孔楼板	应在开孔周围柱网区格内设水平支撑	应在开孔周围柱网区格内设水平支撑
2	铺金属板（与主梁有可靠连接）		宜设水平支撑	应设水平支撑
3	铺活动格栅板		应设水平支撑	应设水平支撑

注：1 楼面荷载系指除结构自重外的活荷载、管道及电缆等。
2 各行业楼层面板开孔不尽相同，大小孔的划分应结合工程具体情况确定。
3 6、7度设防时，铺金属板与主梁有可靠连接，可不设置水平支撑。

4 厂房的支撑布置应符合下列要求:
   1) 柱间支撑宜布置在荷载较大的柱间,且在同一柱间上下贯通,不贯通时应错开布置并宜适当增加相邻柱间,屋面的水平支撑宜承担的水平地震作用能传递至基础。
   2) 有抽柱的结构,宜适当增加相邻柱间,屋面的水平支撑并在相邻柱间设置竖向支撑。
   3) 柱间支撑杆件应采用整根材料,超过材料最大长度规格时可采用对接焊缝拼接;柱间支撑与构件的连接,不应小于支撑杆件塑性承载力的1.2倍。

5 厂房楼盖宜采用压型钢板与现浇钢筋混凝土的组合楼板,亦可采用钢铺板。

6 当各榀框架侧向刚度相差较大,柱间支撑布置又不规则时,应设置楼层水平支撑;其他情况,楼层水平支撑的设置应按表 G.0.1 确定。

G.0.2 厂房的抗震计算,除应符合本规范第 8.2 节有关要求外,尚应符合下列规定:

1 地震作用计算时,重力荷载代表值和可变荷载组合值系数,除应符合本规范第 5 章规定外,尚应根据行业的特点,对楼面检修荷载、成品或原料堆积楼面荷载、设备和料斗及管道内的物料等,采用相应的组合值系数。

2 直接支承设备和料斗的构件及其连接,应计入设备等产生的水平地震作用:
   1) 设备与料斗对支承构件及其连接产生的水平地震作用,可按下式确定:

$$F_s = \alpha_{max} \lambda G_{eq} \qquad (G.0.2-1)$$

$$\lambda = 1.0 + H_x/H_n \qquad (G.0.2-2)$$

式中 F_s——设备或料斗重心处的水平地震作用标准值;
α_{max}——水平地震影响系数最大值;
G_{eq}——设备或料斗的重力荷载代表值;
λ——放大系数;
H_x——建筑基础至料斗重心的距离;
H_n——建筑基础底至建筑物顶部的距离。

2) 此水平地震作用对支承构件产生的弯矩、扭矩取设备或料斗重心至支承构件形心距离计算。

3 有压型钢板的现浇钢筋混凝土楼板,可将楼盖视为刚性楼盖,并用栓钉等抗剪连接件与钢梁连接,板面开孔较小且用栓钉等抗剪连接件与钢梁连接,板面开孔较小时,可将楼盖视为刚性楼盖。

G.0.3 多层钢结构厂房的抗震构造措施,除应符合本规范第 8.3、8.4 节有关要求外,尚应符合下列要求:

1 多层钢框架柱与支撑的连接可采用焊接或高强度螺栓连接,纵向柱间支撑和屋面水平支撑布置,应符合下列要求:
   1) 纵向柱间支撑宜设置于柱列中部附近;
   2) 屋面的横向水平支撑和顶层的柱间支撑,宜设置在厂房单元端部的同一柱间内;当厂房单元较长时,应每隔 3~5 个柱间设置一道。

2 厂房设置楼层水平支撑时,其构造宜符合下列要求:
   1) 水平支撑可设在次梁底部,但支撑杆端部应与楼层轴线上主梁的腹板和下翼缘同时相连;
   2) 楼层水平支撑的布置应与柱间支撑相协调;

3) 楼层轴线上的主梁可作为水平支撑系统的弦杆，斜杆与弦杆夹角宜在30°～60°之间；
4) 在柱网格区格内次梁承受较大的设备荷载时，应增设刚性系杆，将设备重力的地震作用传到水平支撑弦杆（轴线上的主梁）或节点上。

附录 H 单层厂房横向平面排架地震作用效应调整

H.1 基本自振周期的调整

H.1.1 按平面排架计算厂房的横向地震作用时，排架的基本自振周期应考虑纵墙及屋架与柱连接的固结作用，可按下列规定进行调整：

1 由钢筋混凝土屋架或钢屋架与钢筋混凝土柱组成的排架，有纵墙时计算周期取值的80%，无纵墙时取90%；

2 由钢筋混凝土屋架或钢屋架与砖柱组成的排架，取周期计算值的90%；

3 由木屋架、钢木屋架与轻钢屋架与砖柱组成排架，取周期计算值。

H.2 排架柱地震剪力和弯矩的调整系数

H.2.1 钢筋混凝土屋盖的单层钢筋混凝土柱厂房，按H.1.1确定基本自振周期且按平面排架计算的排架柱地震剪力和弯矩，当符合下列要求时，可考虑空间工作和扭转影响，并按H.2.3调整：

1 7度和8度；

2 厂房单元屋盖长与总跨度之比小于8或厂房总跨度大于12m；

3 山墙的厚度不小于240mm，开洞所占的水平截面积不超过总面积50%，并与屋盖系统有良好的连接；

4 柱顶高度不大于15m。

注：1. 屋盖长度指山墙到山墙的间距，仅一端有山墙时，应取所考虑排架至山墙的距离；
2. 高低跨相差较大的不等高厂房，总跨度可不包括低跨。

H.2.2 钢筋混凝土屋盖和密铺望板瓦木屋盖的单层砖柱厂房，按H.1.1确定基本自振周期且按平面排架计算的排架柱地震剪力和弯矩，当符合下列要求时，可考虑空间工作，并按第H.2.3条的规定调整：

1 7度和8度；
2 两端均有承重山墙；
3 山墙或承重（抗震）横墙的厚度不小于240mm，开洞所占的水平截面积不超过总面积50%，并与屋盖系统有良好的连接；
4 山墙或承重（抗震）横墙的长度不宜小于其高度；
5 单元屋盖长度与总跨度之比不小于8或厂房总跨度大于12m。

注：屋盖长度指山墙到山墙或承重（抗震）横墙的间距。

H.2.3 排架柱跨度交接处上柱以及上柱以外的钢筋混凝土柱的钢筋混凝土柱的剪力和弯矩应分别乘以相应的调整系数，除高低跨交接处上柱外的钢筋混凝土柱，其值可按表H.2.3-1采用，两端均有山墙的砖柱，其值可按表H.2.3-2采用。

表H.2.3-1 钢筋混凝土柱考虑空间工作和扭转影响的效应调整系数（除高低跨交接处上柱外）

屋盖	山墙	屋盖长度（m）											
		≤30	36	42	48	54	60	66	72	78	84	90	96
钢筋混凝土无檩屋盖	两端等高厂房			0.75	0.75	0.85	0.9	0.95	1.0	1.05	1.1	1.1	1.15
	不等高厂房			0.85	0.9	0.95	1.0	1.05	1.1	1.15	1.2	1.25	1.25
钢筋混凝土或密铺望板瓦木屋盖	一端有山墙	1.05	1.15	1.2	1.25	1.3	1.3	1.3	1.3	1.35	1.35	1.35	1.35

续表

屋盖	山墙	屋盖长度（m）											
		≤30	36	42	48	54	60	66	72	78	84	90	96
钢筋混凝土有山墙	两端等高厂房			0.8	0.85	0.9	0.95	0.95	1.0	1.0	1.05	1.05	1.1
	不等高厂房				0.85	0.9	0.95	1.0	1.05	1.1	1.1	1.15
密铺望板木屋盖	一端山墙	1.0	1.05	1.1	1.1	1.15	1.15	1.2	1.2	1.2	1.2	1.25	1.25

表H.2.3-2 砖柱考虑空间作用的效应（抗震）横墙间距调整系数

屋盖类型	山墙或承重（抗震）横墙间距（m）										
	≤12	18	24	30	36	42	48	54	60	66	72
钢筋混凝土无檩屋盖	0.60	0.65	0.70	0.75	0.80	0.85	0.85	0.90	0.95	0.95	1.00
钢筋混凝土或密铺望板木屋盖	0.65	0.70	0.75	0.80	0.90	0.95	0.95	1.00	1.05	1.10	

H.2.4 高低跨交接处的钢筋混凝土柱的支承低跨屋盖牛腿以上各截面，按底部剪力法求得的地震剪力和弯矩应乘以增大系数，其值可按下式采用：

$$\eta = \zeta \left(1 + 1.7 \frac{n_h}{n_0} \cdot \frac{G_{EL}}{G_{Eh}} \right) \quad (H.2.4)$$

式中 η —— 地震剪力和弯矩的增大系数；

ζ —— 不等高厂房高低跨交接处空间工作影响系数，可按表H.2.4采用；

n_h —— 高跨的跨数；

n_0 —— 计算跨数，仅一侧有低跨时应取总跨数之和，两侧均有低跨时应取总跨数与高跨数之和；

G_{EL} —— 集中于高低跨交接处一侧各低跨屋盖标高处的总重力荷载代表值；

G_{Eh} —— 集中于高跨柱顶标高处的总重力荷载代表值。

表 H.2.4　高低跨交接处钢筋混凝土上柱空间工作影响系数

屋　盖	山　墙	长　度 (m)										
		≤36	42	48	54	60	66	72	78	84	90	96
钢筋混凝土无檩屋盖	两端山墙		0.7	0.76	0.82	0.88	0.94	1.0	1.06	1.06	1.06	1.06
	一端山墙						1.25					
钢筋混凝土有檩屋盖	两端山墙		0.9	1.0	1.05	1.1	1.1	1.15	1.15	1.15	1.2	1.2
	一端山墙						1.05					

H.3　吊车桥架引起的地震作用效应的增大系数

H.3.1　钢筋混凝土柱单层厂房的吊车梁顶标高处的上柱截面，由吊车桥架引起的地震剪力和弯矩应乘以增大系数，当按底部剪力法等简化计算方法计算时，其值可按表 H.3.1 采用。

表 H.3.1　桥架引起的地震剪力和弯矩增大系数

屋盖类型	山　墙	边　柱	高低跨中柱	其他中柱
钢筋混凝土无檩屋盖	两端山墙	2.0	2.5	3.0
	一端山墙	1.5	2.0	2.5
钢筋混凝土有檩屋盖	两端山墙	1.5	2.0	2.5
	一端山墙	1.5	2.0	2.0

附录 J　单层钢筋混凝土柱厂房纵向抗震验算

J.1　厂房纵向抗震计算的修正刚度法

J.1.1　纵向基本自振周期的计算

按本附录计算单跨或等高多跨的钢筋混凝土柱厂房纵向地震作用时，在柱顶标高不大于 15m 且平均跨度不大于 30m 时，纵向基本周期可按下式公式确定：

1　砖围护墙厂房，可按下式计算：

$$T_1 = 0.23 + 0.00025\psi_1 l \sqrt{H^3} \quad (J.1.1-1)$$

式中　ψ_1——屋盖类型系数，大型屋面板钢筋混凝土屋架可采用 1.0，钢屋架采用 0.85；

　　l——厂房跨度 (m)，多跨厂房可取各跨的平均值 (m)。

　　H——基础顶面至柱顶的高度 (m)。

2　敞开、半敞开或墙板与柱子柔性连接的厂房，可按第 1 款式 (J.1.1-1) 进行计算并乘以下列围护墙影响系数：

$$\psi_2 = 2.6 - 0.002l \sqrt{H^3} \quad (J.1.1-2)$$

式中　ψ_2——围护墙影响系数，小于 1.0 时应采用 1.0。

J.1.2　柱列地震作用的计算

1　等高多跨钢筋混凝土屋盖的厂房，各纵向柱列的柱顶标高处的地震作用标准值，可按下列公式确定：

表 J.1.2-1 围护墙影响系数

围护墙类别和烈度		柱列类别							
		边柱列	中柱列						
			无檩屋盖			有檩屋盖			
			边跨无天窗	边跨有天窗	中跨无天窗	中跨有天窗	边跨无天窗	边跨有天窗	
240砖墙和370砖墙	7度	0.85	1.7	1.8	1.8	1.8	1.7	1.9	
	8度	0.85	1.5	1.6	1.6	1.6	1.5	1.7	
	9度	0.85	1.3	1.4	1.4	1.4	1.3	1.5	
			1.2	1.3	1.3	1.3	1.2	1.4	
无墙、石棉瓦或挂板		0.90	1.1	1.2	1.1	1.2			

表 J.1.2-2 纵向采用砖围护墙的中柱列柱间支撑影响系数

厂房单元内设置的柱间支撑的柱间数	中柱列下柱支撑斜杆的长细比				中柱列无支撑
	≤40	41～80	81～120	121～150	>150	
一柱间	0.9	0.95	1.0	1.1	1.25	1.4
二柱间			0.9	0.95	1.0	

$$F_i = \alpha_1 G_{eq} \frac{K_{ai}}{\sum K_{ai}} \quad (J.1.2\text{-}1)$$

$$K_{ai} = \psi_3 \psi_4 K_i \quad (J.1.2\text{-}2)$$

式中 F_i——i 柱列柱顶标高处的纵向地震作用标准值;

α_1——相应于厂房纵向基本自振周期的水平地震影响系数,应按本规范第 5.1.5 条确定;

G_{eq}——厂房单元柱列总等效重力荷载代表值,应包括按本规范第 5.1.3 条确定的屋盖重力荷载代表值、70%纵墙自重、50%横墙与山墙自重及折算的柱自重(有吊车时采用 10%柱自重,无吊车时采用 50%柱自重);

K_i——i 柱列柱顶的总侧移刚度,应包括 i 柱列柱子和上、下柱间支撑侧移刚度及纵墙的侧移刚度、贴砌的砖围护墙侧移刚度的总和,可根据柱列侧移的大小,采用折减系数,折减系数可取 0.2～0.6;

K_{ai}——i 柱列柱顶的调整侧移刚度;

ψ_3——柱列的围护墙影响系数,可按表 J.1.2-1 采用;有纵向砖围护墙的四跨或五跨厂房,由边柱列数起的第三柱列,可按表中相应数值的 1.15 倍采用;

ψ_4——柱列侧移刚度的柱间支撑影响系数,纵向为砖围护墙时,边柱列可采用 1.0,中柱列可按表 J.1.2-2 采用。

2 等高多跨钢筋混凝土屋盖厂房,柱列各吊车梁顶标高处的纵向地震作用标准值,可按下式确定:

$$F_{ci} = \alpha_1 G_{ci} \frac{H_{ci}}{H_i} \quad (J.1.2\text{-}3)$$

式中 F_{ci}——i 柱列在吊车梁顶标高处的纵向地震作用标准值;

G_{ci}——集中于 i 柱列吊车梁顶标高处的等效重力荷载代表值,应包括按本规范第 5.1.3 条确定的吊车梁与悬吊物的重力荷载代表值和 40%柱子自重;

H_{ci}——i 柱列吊车梁顶高度;

H_i——i 柱列柱顶高度。

J.2 柱间支撑地震作用效应及验算

J.2.1 斜杆长细比不大于200的柱间支撑在单位侧力作用下的水平位移,可按下式确定:

$$u = \sum \frac{1}{1+\varphi_i} u_{ti} \qquad (\text{J.2.1})$$

式中 u——单位侧力作用点的位移;
φ_i——i节间斜杆轴心受压稳定系数,应按现行国家标准《钢结构设计规范》采用;
u_{ti}——单位侧力作用下i节间仅考虑拉杆受力的相对位移。

J.2.2 长细比不大于200的斜截面可仅按抗拉验算,但应考虑压杆的卸载影响,其拉力可按下式确定:

$$N_t = \frac{1}{(1+\psi_c\varphi_i)} \frac{l_i}{s_c} V_{bi} \qquad (\text{J.2.2})$$

式中 N_t——i节间支撑斜杆抗拉验算时的轴向拉力设计值;
l_i——i节间斜杆的全长;
ψ_c——压杆卸载系数,压杆长细比为60、100和200时,可分别采用0.7、0.6和0.5;
V_{bi}——i节间支撑承受的地震剪力设计值;
s_c——支撑所在柱间的净距。

J.2.3 无贴砌墙的纵向柱列,上柱支撑与同列下柱支撑宜等强设计。

J.3 柱间支撑端节点预埋件的抗震验算

J.3.1 柱间支撑与柱连接节点预埋件采用锚筋时,其截面抗震承载力宜按下列公式验算:

$$N \leq \frac{0.8 f_y A_s}{\gamma_{RE}\left(\dfrac{\cos\theta}{0.8\zeta_m\psi} + \dfrac{\sin\theta}{\zeta_r\zeta_v}\right)} \qquad (\text{J.3-1})$$

$$\psi = \frac{1}{1 + \dfrac{0.6 e_0}{\zeta_r s}} \qquad (\text{J.3-2})$$

$$\zeta_m = 0.6 + 0.25 t/d \qquad (\text{J.3-3})$$

$$\zeta_v = (4 - 0.08 d)\sqrt{f_c/f_y} \qquad (\text{J.3-4})$$

式中 A_s——锚筋总截面面积;
γ_{RE}——承载力抗震调整系数,可采用1.0;
N——预埋板的斜向拉力,可采用全截面屈服点强度计算的支撑斜杆轴向力的1.05倍;
e_0——斜向拉力对锚筋合力作用线的偏心距,应小于外排锚筋之间距离的20%(mm);
θ——斜向拉力与其水平投影的夹角;
ψ——偏心影响系数;
s——外排锚筋之间的距离(mm);
ζ_m——预埋板弯曲变形影响系数;
t——预埋板厚度(mm);
d——锚筋直径(mm);
ζ_r——验算方向锚筋排数的影响系数,锚筋分别为1.0、0.9和0.85,大于0.7时应采用0.7。锚筋的受剪影响系数,二、三和四排可分别采用1.0、0.9和0.85,大于0.7时应采用0.7。
ζ_v——柱间支撑与柱连接节点预埋件的受剪影响系数;

J.3.2 柱间支撑与柱连接节点预埋件采用锚筋端加端板时,其截面抗震承载力宜按下列公式验算:

$$N \leq \frac{0.7}{\gamma_{RE}\left(\frac{\sin\theta}{V_{u0}} + \frac{\cos\theta}{\psi N_{u0}}\right)} \quad (J.3-5)$$

$$V_{u0} = 3n\zeta_r\sqrt{W_{min}bf_af_c} \quad (J.3-6)$$

$$N_{u0} = 0.8nf_aA_s \quad (J.3-7)$$

式中 n ——角钢根数；
b ——角钢肢宽；
W_{min} ——与剪力方向垂直的角钢最小截面模量；
A_s ——一根角钢的截面面积；
f_a ——角钢抗拉强度设计值。

附录 K 单层砖柱厂房纵向抗震计算的修正刚度法

K.0.1 本附录适用于钢筋混凝土无檩或有檩屋盖等高多跨单层砖柱厂房的纵向抗震验算。

K.0.2 单层砖柱厂房的纵向基本自振周期可按下式计算：

$$T_1 = 2\psi_T\sqrt{\frac{\Sigma G_s}{\Sigma K_s}} \quad (K.0.2)$$

式中 ψ_T ——周期修正系数，按表 K.0.2 采用；
G_s ——第 s 柱列的集中重力荷载，包括柱列左右各半跨的屋盖和山墙重力荷载，及按动能等效原则换算集中到柱顶或端壁顶处的墙、柱重力荷载；
K_s ——第 s 柱列的侧移刚度。

表 K.0.2 厂房纵向基本自振周期修正系数

屋盖类型	钢筋混凝土无檩屋盖		钢筋混凝土有檩屋盖	
	边跨无天窗	边跨有天窗	边跨无天窗	边跨有天窗
周期修正系数	1.3	1.35	1.4	1.45

K.0.3 单层砖柱厂房纵向总水平地震作用标准值可按下式计算：

$$F_{Ek} = \alpha_1\Sigma G_s \quad (K.0.3)$$

式中 α_1 ——相应于单层砖柱厂房纵向基本自振周期 T_1 的地震影响系数；
G_s ——按照柱列底部剪力相等原则，第 s 柱列换算集

K.0.4 沿厂房纵向第 s 柱列上端的水平地震作用可按下式计算:

$$F_s = \frac{\psi_s K_s}{\Sigma \psi_s K_s} F_{Ek} \quad (K.0.4)$$

式中 ψ_s——反映屋盖水平变形影响的柱列刚度调整系数,根据屋盖类型和各柱列的纵墙设置情况,按表 K.0.4 采用。

表 K.0.4 柱列刚度调整系数

纵墙设置情况		屋盖类型			
		钢筋混凝土无檩屋盖		钢筋混凝土有檩屋盖	
		边柱列	中柱列	边柱列	中柱列
砖柱敞棚		0.95	1.1	0.9	1.6
各柱列均为带壁柱砖墙		0.95	1.1	0.9	1.2
边柱列为带壁柱砖墙	中柱列纵墙不少于 4 开间	0.7	1.4	0.75	1.5
	中柱列纵墙少于 4 开间	0.6	1.8	0.65	1.9

附录 L 隔震设计简化计算和砌体结构隔震措施

L.1 隔震设计的简化计算

L.1.1 多层砌体结构及与砌体结构周期相当的结构采用隔震设计时,上部结构的总水平地震作用可按本规范第 5.2.1 条公式 (5.2.1-1) 简化计算,但应符合下列规定:

1 水平向减震系数,宜根据隔震后整个体系的基本周期,按下式确定:

$$\psi = \sqrt{2}\eta_2(T_{gm}/T_1)^\gamma \quad (L.1.1-1)$$

式中 ψ——水平向减震系数;

η_2——地震影响系数的阻尼调整系数,根据隔震层等效阻尼按本规范第 5.1.5 条确定;

γ——地震影响系数的曲线下降段衰减指数,根据隔震层等效阻尼按本规范第 5.1.5 条确定;

T_{gm}——砌体结构采用隔震方案时的设计特征周期,根据本地区所属的设计地震分组按本规范第 5.1.4 条确定,但小于 0.4s 时应按 0.4s 采用;

T_1——隔震后体系的基本周期,不应大于 2.0s 和 5 倍特征周期的较大值。

2 与砌体结构周期相当的结构,其水平向减震系数宜根据隔震后整个体系的基本周期,按下式确定:

$$\psi = \sqrt{2}\eta_2(T_g/T_1)^\gamma(T_0/T_g)^{0.9} \quad (L.1.1-2)$$

式中 T_0 ——非隔震结构的计算周期,当小于特征周期时应采用特征周期的数值;
T_1 ——隔震体系的基本周期,不应大于5倍特征周期;
T_g ——特征周期;其余符号同上。

3 砌体结构及与其基本周期相当的结构,隔震后体系的基本周期可按下式计算:

$$T_1 = 2\pi \sqrt{G/K_h g} \quad (L.1.1-3)$$

式中 T_1 ——隔震体系的基本周期;
G ——隔震层以上结构的重力荷载代表值;
K_h ——隔震层的水平动刚度,可按本规范第12.2.4条的规定计算;
g ——重力加速度。

L.1.2 砌体结构及与其基本周期相当的结构,隔震层在罕遇地震下的水平剪力可按下式计算:

$$V_c = \lambda_s \alpha_1(\zeta_{eq}) G \quad (L.1.2)$$

式中 V_c ——隔震层在罕遇地震下的水平剪力。

L.1.3 砌体结构及与其基本周期相当的结构,隔震层质心处在罕遇地震下的水平位移可按下式计算:

$$u_e = \lambda_s \alpha_1(\zeta_{eq}) G / K_h \quad (L.1.3)$$

式中 λ_s ——近场系数;甲、乙类建筑发震断距5km以内取1.5;5~10km取1.25;10km取1.0;丙类建筑可取1.0;
$\alpha_1(\zeta_{eq})$ ——隔震层罕遇地震下的地震影响系数值,可根据隔震层参数,按本规范第5.1.5条的规定进行计算;
K_h ——隔震层罕遇地震下隔震层的水平动刚度,应按本规范

第12.2.4条的有关规定采用。

L.1.4 当隔震支座的平面布置为矩形或接近于矩形,但上部结构的质心与隔震层刚度中心不重合时,隔震支座扭转影响系数可按下列方法确定:

1 仅考虑单向地震作用的扭转时,扭转影响系数可按下列公式估计:

$$\beta_i = 1 + 12 e s_i / (a^2 + b^2) \quad (L.1.4-1)$$

式中 e ——上部结构质心与隔震层刚度中心在垂直于地震作用方向的偏心距;
s_i ——第i个隔震支座与隔震层刚度中心在垂直于地震作用方向的距离;
a、b ——隔震层平面的两个边长。

对边支座,其扭转影响系数不宜小于1.15;当隔震层和上部结构采取有效的抗扭措施后或扭转周期小于平动周期的70%,扭转影响系数可取1.15。

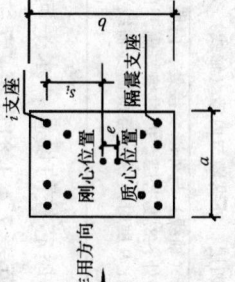

图 L.1.4 扭转计算示意图

2 同时考虑双向地震作用的扭转时,扭转影响系数可仍按式(L.1.4-1)计算,但其中的偏心距(e)应采用下列公式中的较大值替代:

$$e = \sqrt{e_x^2 + (0.85 e_y)^2} \quad (L.1.4-2)$$

$$e = \sqrt{e_y^2 + (0.85 e_x)^2} \quad (L.1.4-3)$$

式中 e_x ——y方向地震作用时的偏心距;
e_y ——x方向地震作用时的偏心距。

对边支座，其扭转影响系数不宜小于1.2。

L.1.5 砌体结构按本规范第12.2.5条规定进行竖向地震作用下的抗震验算时，砌体抗剪强度的正应力影响系数，宜按减去竖向地震作用效应后的平均压应力取值。

L.1.6 砌体结构的隔震层顶层各纵、横墙均可按承受均布荷载的单跨简支梁或多跨连续梁计算、横梁均可按本规范第7.2.5条关于底部框架砖房的钢筋混凝土托墙梁的规定取值；当连续梁算出的正弯矩小于单跨简支梁跨中弯矩的0.8倍时，应按0.8倍单跨简支梁跨中弯矩配筋。

L.2 砌体结构的隔震措施

L.2.1 当水平向减震系数不大于0.50时，丙类建筑的多层砌体结构，房屋层数、总高度和高宽比限值，可按本规范第7.1节中降低一度的有关规定采用。

L.2.2 砌体结构的隔震层的构造应符合下列规定：

1 多层砌体房屋的隔震层位于地下室顶部时，隔震支座不宜直接放置在砌体墙上，并应验算砌体的局部承压。

2 隔震层顶部纵、横梁的钢筋混凝土现浇层的构造应符合本规范第7.5.4条关于丙类建筑房屋圈梁的构造要求。

L.2.3 丙类建筑隔震后上部砖房的抗震构造措施应符合下列要求：

1 承重外墙尽端至门窗洞边的最小距离及圈梁的截面和配筋构造，仍应符合本规范第7.1节和第7.3节的有关规定。

2 多层烧结普通粘土砖房的钢筋混凝土构造柱设置，混凝土构造柱设置，当水平向减震系数为0.75时，仍应符合本规范表7.3.1的规定；7～9度，水平向减震系数为0.5和0.25时，应符合表L.2.3-1的规定，水平向减震系数为0.38时，宜符合本规范表7.3.1降低一度的有关规定。

表L.2.3-1 隔震后砖房构造柱设置要求

房屋层数			设 置 部 位	
7度	8度	9度		
三、四	二、三		楼、电梯间四角，楼梯间四角，大房间内外墙交接处，外墙四角和对应转角，错层部位横墙与外纵墙交接处，较大洞口两侧，大房间内外墙交接处	每隔15m或单元横墙与外墙交接处
五	四	二		隔开间横墙（轴线）与外墙交接处
六、七	五	三、四		各层所有横墙（轴线）与外纵墙交接处；山墙与内纵墙交接处
八	六、七	五		内墙（轴线）与外墙交接处，内纵墙与横墙（轴线）交接处
	八	六、七	小墙垛处；8度七层、9度四层及以上时，外纵墙与横墙（轴线）交接处	

3 混凝土小型空心砌块房屋芯柱的设置，水平向减震系数为0.75时，仍应符合本规范表7.4.1的规定；7～9度，水平向减震系数为0.5和0.38时，应符合表L.2.3-2的规定，当水平向减震系数为0.25时，宜符合本规范表7.4.1降低一度的有关规定。

表L.2.3-2 隔震后混凝土小型空心砌块房屋芯柱设置要求

房屋层数			设 置 部 位	数 量
7度	8度	9度		
三、四	二、三		外墙转角，楼梯间四角，大房间内外墙交接处，每隔16m或单元横墙与外墙交接处	外墙转角，灌实3个孔内外墙交接处，灌实4个孔
五	四	二	外墙转角，楼梯间四角，大房间内外墙交接处，山墙与内纵墙交接处，隔三开间内纵墙（轴线）与外纵墙交接处	

续表

房屋层数		设 置 部 位	设 置 数 量
7度 8度	9度		
六	三	外墙转角,楼梯间四角,大房间内外墙交接处;隔开间横墙(轴线)与外纵墙交接处,山墙与纵墙(轴线)交接处;8、9度时,外纵墙与横墙交接处;大洞口两侧	外墙转角,灌实5个孔内外墙交接处,灌实4个孔洞口两侧各灌实1个孔
七	四	外墙转角,楼梯间四角,各内墙(轴线)与外纵墙交接处;各内墙与横墙(轴线)交接处;8、9度时洞口两侧	外墙转角,灌实7个孔内外墙交接处,灌实4个孔内墙交接处,灌实4~5个孔洞口两侧各灌实1个孔

4 上部结构的其他抗震构造措施,水平向减系数为0.75时仍按本规范第7章的相应规定采用;7~9度,水平向减震系数为0.50和0.38时,可按本规范第7章降低一度的相应规定采用;水平向减系数为0.25时可按本规范第7章降低二度且不低于6度的相应规定采用。

本规范用词用语说明

1 为了便于在执行本规范条文时区别对待,对要求严格程度不同的用词说明如下:

　1) 表示很严格,非这样做不可的用词:
　　正面词采用"必须";反面词采用"严禁"。
　2) 表示严格,在正常情况下均应这样做的用词:
　　正面词采用"应";反面词采用"不应"或"不得"。
　3) 表示允许稍有选择,在条件许可时首先这样做的用词:
　　正面词采用"宜";反面词采用"不宜";
　　表示有选择,在一定条件下可以这样做的,采用"可"。

2 规范中指定应按其他有关标准、规范执行时,写法为:"应符合……的规定"或"应按……执行"。

中华人民共和国国家标准

建筑抗震设计规范
GB 50011—2001

条文说明

目　次

1　总则 ……………………………………………………… 1—123
2　术语和符号 ……………………………………………… 1—125
3　抗震设计的基本要求 …………………………………… 1—125
4　场地、地基和基础 ……………………………………… 1—134
5　地震作用和结构抗震验算 ……………………………… 1—145
6　多层和高层钢筋混凝土房屋 …………………………… 1—155
7　多层砌体房屋和底部框架、内框架房屋 ……………… 1—166
8　多层和高层钢结构房屋 ………………………………… 1—174
9　单层工业厂房 …………………………………………… 1—181
10　单层空旷房屋 ………………………………………… 1—191
11　土、木、石结构房屋 ………………………………… 1—193
12　隔震和消能减震设计 ………………………………… 1—195
13　非结构构件 …………………………………………… 1—201

1 总 则

1.0.1 本规范抗震设防的基本思想和原则同GBJ11—89规范（以下简称89规范）一样，仍以"三个水准"为抗震设防目标。

抗震设防是以现有的科学水平和经济条件为前提。规范的科学依据只能是现有的经验和资料。目前对地震规律性的认识还很不足，而且规范科学水平的提高，规范的经济合理性的突破，随着规范的编制要根据国家的经济条件，适当考虑抗震设防水平，设防标准不能过高。

本次修订，继续保持89规范提出的抗震设防三个水准目标，即"小震不坏、大震不倒"的具体化。根据我国华北、西北和西南地区地震发生概率的统计分析，50年内超越概率约为63%的地震烈度为众值烈度，比基本烈度约低一度半。规范取为第一水准烈度；50年超越概率约10%的烈度即1990中国地震烈度区划图规定的地震基本烈度或新修订的中国地震动参数区划图规定的峰值加速度所对应的烈度，规范取为第二水准烈度；50年超越概率2%～3%的烈度规范取为第三水准烈度，当基本烈度为6度时为7度强，7度时为8度强，8度时为9度弱，9度时为9度强。

与各地震烈度水准相应的抗震设防目标是：一般情况下（不是所有情况下），遭遇第一水准烈度（众值烈度）时，建筑处于正常使用状态，从结构分析角度，可以视为弹性体系，采用弹性反应谱进行弹性分析；遭遇第二水准烈度（基本烈度）时，结构进入非弹性工作阶段，但非弹性变形或结构体系的损坏控制在可修复的范围（与89规范相同，仍与78规范相当）；遭遇第三水准烈度（预估的罕遇地震）时，结构有较大的非弹性变形，但应控制在规定的范围内，以免倒塌。

还需说明的是：

1 抗震设防烈度为6度时，建筑按本规范采取相应的抗震措施之后，抗震能力比不设防时有实质性的提高，但其抗震能力仍是较低的，不能过高估计。

2 各类建筑按本规范规定采取不同的抗震措施之后，相应的抗震设防目标在程度上有所提高或降低。例如，丁类建筑在设防烈度地震下的损坏程度可能会重些，且其倒塌不至危及人们的生命安全，在预估的罕遇地震下的表现会比一般的情况要差；甲类建筑在设防烈度地震下的损坏是轻微甚至是基本完好的，在预估的罕遇地震下的表现将会比一般的情况好些。

3 本次修订仍采用二阶段设计实现上述三个水准的设防目标：第一阶段设计是承载力验算，取第一水准的地震动参数计算结构的弹性地震作用标准值和相应的地震作用效应，采用分项系数设计表达式进行结构构件的截面承载力可靠度验算，既满足了在第一水准下具有必要的承载力可靠度，又满足第二水准的损坏可修的设计概念。对大多数的结构，可只进行第一阶段设计，而通过概念设计和抗震构造措施来满足第三水准的设计要求。第二阶段设计是弹塑性变形验算，对特殊要求的建筑、地震时易倒塌的结构以及有明显薄弱层的不规则结构，除进行第一阶段设计外，还要进行结构薄弱部位的弹塑性层间变形验算并采取相应的抗震构造措施，实现第三水准的设防要求。

1.0.2 本条是"强制性条文"，要求设防区进行抗震设计。以下，凡用粗体表示的条文，均为建筑工程房屋建筑部分的《强制性条文》。

1.0.3 本规范的适用范围，继续保持89规范的规定，适用于6~9度。一般的建筑工程。鉴于近数十年来，很多6度地震区发生了较大的地震，甚至特大地震，6度地震区的建筑要适当考虑一些抗震要求，以减轻地震灾害。

工业建筑中，一些因生产工艺要求而造成的特殊问题的抗震设计，与一般的建筑不同，需由有关的专业标准予以规定。

因缺乏可靠的近场地震的资料数据，抗震设防烈度大于9度地区的建筑抗震设计，仍没有条件列入规范。因此，在没有新的专门规定前，可仍按1989年建设部印发(89)建抗字第426号《地震基本烈度X度区建筑抗震设防暂行规定》的通知执行。

1.0.4 为适应《强制性条文》的要求，采用最严的规范用语"必须"。

1.0.5 本条体现了抗震设防烈度"双轨制"，即一般情况采用抗震设防烈度（作为一个地区抗震设防依据的地震烈度），在一定条件下，可采用抗震设防区划提供的地震动参数（如地面运动加速度峰值，反应谱值，地震影响系数曲线和地震加速度时程曲线）。

关于抗震设防烈度和抗震设防区划的审批权限，由国家有关主管部门规定。

89规范的第1.0.4条和第1.0.5条，本次修订移至第3章第3.1.1~3.1.3条。详解。

89规范的第1.0.6条，本次修订不再出现。

1—124

2 术 语 和 符 号

本次修订,将89规范的附录I改为一章,并增加了一些术语。

抗震设防标准,是一种衡量对建筑抗震能力要求高低的综合尺度,既取决于建筑所遭受地震的强弱和可能造成后果的严重性,又取决于使用功能的不同和在抗震减灾中的重要性的不同。

地震作用的涵义,强调了其动态作用的性质,不仅是加速度的作用,还应包括地震动的速度和位移的作用。

本次修订还明确了抗震措施和抗震构造措施的区别。抗震构造措施只是抗震措施的一个组成部分。

3 抗震设计的基本要求

3.1 建筑抗震设防分类和设防标准

3.1.1~3.1.3 根据我国的实际情况,提出适当的抗震设防标准,既能合理使用建设投资,又能达到抗震安全的要求。89规范关于建筑抗震设防分类和设防标准的规定,已被国家标准《建筑抗震设防分类标准》GB50223所替代。因此,本次修订引用了该条文主要引用了该国家标准的规定。

按《防震减灾法》,本次修订明确,甲类建筑为"重大建筑工程和地震时可能发生严重次生灾害的建筑"。其地震作用计算,增加了"甲类建筑的地震作用,应按高于本地区设防烈度计算,其值应按批准的地震安全性评价结果确定",修改了GB50223规定甲类建筑的地震作用应按本地区设防烈度提高一度的规定。这意味着,提高的幅度应经专门研究,并需要按规定的权限审批。条件许可时,专门研究可包括基于建筑地震破坏损失和投资关系的优化原则确定的方法。

对丁类建筑不要求按降低一度采取抗震措施,要求适当降低抗震措施即可。

对较小的乙类建筑,仍按GB50223的要求执行。按GB50223—95的说明,指的是对一些小建筑,例如,工矿企业的变电所、空压站,水泵房以及城市供水水源的泵房等。当这些小建筑为丙类建筑时,一般采用砖混结构;若改用抗震性能较好的钢筋混凝土结构或钢结构，则可仍按本地区设防烈度的规定采取抗震措施。

新修订的《建筑结构可靠度设计统一标准》GB50068，提出了设计使用年限的原则规定。本规范的甲、乙、丙、丁分类，可体现建筑重要性及设计使用年限的不同。

3.2 地震影响

近年来地震经验表明，在宏观烈度相似的情况下，处在大震级远震中距下的柔性建筑，其震害要比中、小震级近震中距的情况严重得多；理论分析也发现，震中距不同时反应谱特性并不相同。抗震设计时，对同样场地条件、同样烈度的地震，按震级大小和震中距远近区别对待是必要的，建筑物所受到的地震影响，需要采用设计地震动的强度及设计反应谱的特征周期来表征。

作为一种简化，89规范主要藉助于当时的地震烈度区划，引入了设计近震和设计远震，后者可能遭遇近、远两种地震影响，设防烈度为9度时只考虑近震的影响；在水平地震作用计算时，设计近、远震近、远考虑二组地震影响系数 α 曲线表达，按远震设计的曲线已包含两种地震作用不利情况。

本次修订，明确引入了"设计基本地震加速度"和"设计特征周期"，可与新修订的中国地震动参数区划图（中国地震动峰值加速度区划图 A1 和中国地震动反应谱特征周期 B1）相匹配。

"设计基本地震加速度"是根据建设部 1992 年 7 月 3 日颁发的建标[1992]419号《关于统一抗震设计规范地震动加速度设计取值的通知》而作出的。通知中有如下规定：

术语名称：设计基本地震加速度值。

定义：50 年设计基准期超越概率 10% 的地震加速度的设计取值。

取值：7 度 0.10g，8 度 0.20g，9 度 0.40g。

表 3.2.2 所列的设计基本地震加速度与抗震设防烈度的对应关系即源于上述文件。这个取值与《中国地震动参数区划图 A1》所规定的"地震动峰值加速度"相当；即在 0.10g 和 0.20g 之间有一个 0.15g 的区域，0.20g 和 0.40g 之间有一个 0.30g 的区域，在这二个区域内建筑的抗震设计要求，除另有具体规定外分别同 7 度和 8 度地区相当。在本规范表 3.2.2 中还引入了与 6 度相当的设计基本地震加速度值 0.05g。

"设计特征周期"即设计所用的地震影响系数特征周期 (T_g)。89 规范规定，其取值在多数地区根据设计近、远震，需要考虑设计近、远震和场地类别来确定，我国绝大多数地区（约占县级城镇的 8%）。本次修订将设计远震的地区很少（约占县级城镇的 8%）。本次修订将设计远震改称近震分组，可更好体现震级和震中距的影响，远震按远震考虑，设计近震和中距的影响，建筑工程设防的延续性，设计地震的分组可分为三组。在抗震设防决策上，为保持规范的延续性，设计地震的分组可在《中国地震动反应谱特征周期区划图 B1》基础上略做调整：

1 区划图 B1 中 0.35s 和 0.40s 的区域作为设计地震第一组；

2 区划图 B1 中 0.45s 的区域，多数作为设计地震第二组；其中，借用 89 规范按烈度衰减等震线作为"设计远震"的规定，取加速度衰减影响的下列区域作为设计地震第三组：

1) 区划图 A1 中峰值加速度 0.2g 减至 0.05g 的影响区

域和0.3g减至0.1g的影响区域；

2) 区划图B1中0.45s且区划图A1中≥0.4g的峰值加速度或0.2g及以下的影响区域。

为便于设计单位使用，本规范在附录A规定了县级及县级以上城镇（按民政部编2001行政区划简册，包括地级市的市辖区）的中心城市（如城关地区）的抗震设防烈度、设计基本地震加速度和所属的设计地震分组。

3.3 场地和地基

3.3.1 地震造成建筑的破坏，除地震动直接引起结构破坏外，还有场地条件的原因，诸如：地震引起的地表错动与地裂，地基土的不均匀沉陷，滑坡和粉、砂土液化等，因此抗震设防区的建筑工程宜选择有利的地段，避开不利的地段并不在危险的地段建设。

3.3.2 抗震构造措施，不降低抗震措施中的其他要求。对Ⅰ类场地，仅降低抗震构造要求的内力调整措施。对于丁类建筑，其抗震措施已降低，不再重复降低。

3.3.4 对同一结构单元不宜部分采用天然地基部分采用桩基的要求，一般情况执行没有因难。在高层建筑中，当主楼和裙房不分缝的情况下难以满足时，需仔细分析不同地基在地震下变形的差异及上部结构各部分地震反应差异的影响，采取相应措施。

3.4 建筑设计和建筑结构的规则性

3.4.1 合理的建筑布置在抗震设计中是头等重要的，提倡平、立面简单对称。因为震害表明，简单、对称的建筑在地震时较不容易破坏。而且道理也很清楚，简单、对称的结构容易估计其地震时的反应，容易采取抗震构造措施和进行细部处理。"规则"包含了对建筑的平、立面外形尺寸，抗侧力构件布置、质量分布，直至承载力分布等诸多因素的综合要求。"规则"的具体界限随结构类型的不同而异，需要建筑师和结构工程师互相配合，才能设计出抗震性能良好的建筑。

本条主要对建筑师的抗震概念设计原则，符合合理的抗震设计原则，宜采用规则的设计方案，强调应避免采用严重不规则的设计方案。

规则的建筑结构体型（平面和立面的形状）简单，抗侧力体系的刚度和承载力上下变化连续、均匀，构件布置在平面、竖向图形或抗侧力体系上，没有明显的、实质的不连续（突变）。

本规范对规则性的区分，本规范在第3.4.2条规定了一些定量的界限，但实际上引起建筑结构不规则的因素还很多，特别是复杂的建筑体型，很难——用若干简化的定量指标来划分不规则程度并规定限制范围。但是，有经验的抗震知识素养的建筑设计人员，应该对所设计的建筑的抗震性能有所估计，要区分不规则、特别不规则和严重不规则的不规则程度，避免采用抗震性能差的严重不规则的设计方案。

这里，"不规则"指的是超过表3.4.2-1和表3.4.2-2中一项及以上的不规则指标；特别不规则，指的是多项超过规定指标或某一项超过规定指标较多，具有较明显的抗震薄弱部位，将会引起不良后果者；严重不规则，指的是体型复杂，多项不规则指标超过规定值，具有严重的抗震薄弱环节，将会导致地震破坏的严重后果者。

3.4.2、3.4.3 本次修订考虑了《建筑抗震设计规范》GBJ 11—89 和《钢筋混凝土高层建筑结构设计与施工规程》JGJ 3—91 的相应规定，并参考了美国 UBC (1997)、日本 BSL (1987年版) 和欧洲规范 8。此五本规范对不规则结构的条文规定有以下三种方式：

1 规定了规则结构的准则，不规则结构则应按相应规定设计，如《建筑抗震设计规范》和《钢筋混凝土高层建筑结构设计与施工规程》。

2 对结构的不规则性作出限制，如日本 BSL。

3 对结构规则与不规则作出了定量的划分，并规定了相应的设计计算要求，如美国 UBC 及欧洲规范 8。

本规范基本上采用了第 3 种方式，但对容易避免或危害比较小的不规则问题未作规定。

1) 对于结构扭转不规则，按刚性楼盖计算，当最大层间位移与其平均值的比值为 1.2 时，相当于一端为 1.0，另一端为 1.45；当比值为 1.5 时，相当于一端为 1.0，另一端为 3。美国 FEMA 的 NEHRP 规定、UBC 和本规范 CQC 计算位移时，需注意合理确定符号。

2) 当错层面积大于该层总面积 30% 时，属于较大错层，如超过梁高的错层，对错层楼板开洞对待。楼板典型宽度按楼板外形的基本宽度计算，限 1.4。

3) 楼板不连续。楼板开大洞，如超过梁高的错层局部不连续。

4) 上层缩进尺寸超过相邻下层对应尺寸的 1/4，属于用于尺寸衡量的刚度不规则的范畴。侧向刚度可取变上限在有关章节规定。

定。

除了表 3.4.2 所列的不规则，UBC 的规定中，对平面不规则尚有抗侧力构件上下错位，与主轴斜交或不对称布置，对竖向不规则尚有相邻楼层质量比大于 150% 或竖向抗侧力构件在平面内收进的尺寸大于构件的长度（如棋盘式布置）等。

图 3.4.2 为典型示例，以便理解表 3.4.2 中所列的不规则类型。

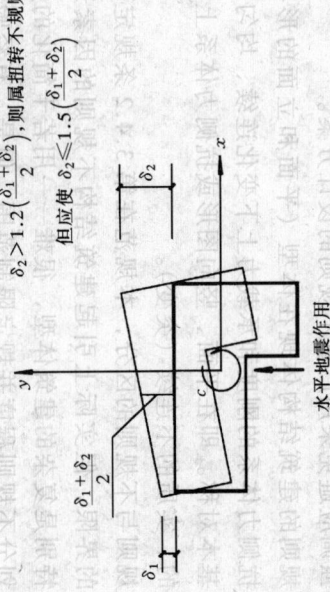

水平地震作用

图 3.4.2-1 建筑结构平面的扭转不规则示例

若 $\delta_2 > 1.2 \dfrac{\delta_1+\delta_2}{2}$，则属扭转不规则，

但应使 $\delta_2 \le 1.5 \dfrac{\delta_1+\delta_2}{2}$

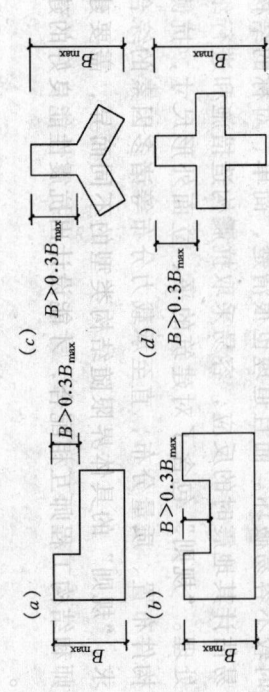

图 3.4.2-2 建筑结构平面的凹角或凸角不规则示例

筋混凝土和钢结构的多层和高层建筑所作的不规则性的限制，对砌体结构多层房屋和单层工业厂房的不规则性应符合本规范有关章节的专门规定。

3.4.5、3.4.6 体型复杂的建筑并不一概提倡设置防震缝，有些建筑结构，因建筑设计的需要或建筑场地的条件限制而不设防震缝，此时，应按第3.4.3条的规定进行抗震分析并采取加强抗震延性的构造措施。防震缝宽度的规定，见本规范有关章节并要便于施工。

3.5 结 构 体 系

3.5.1 抗震结构体系要通过综合分析，采用合理而经济的结构类型。结构的地震反应同场地的特性有密切关系，场地的地面运动特性又同地震源机制、震级大小、震中的远近有关；建筑的重要性、装修的水准对结构的侧向变形大小有所限制，从而对结构选型提出要求；结构的选型又受结构材料和施工条件的制约以及经济条件的许可等。这是一个综合的技术经济问题，应同密切加以考虑。

3.5.2、3.5.3 抗震结构体系要求受力明确、传力合理且传力路线不间断，使结构的抗震分析更符合结构在地震时的实际表现，对提高结构的抗震性能十分有利，是结构选型与布置结构抗侧力体系时首先考虑的因素之一。本次修订，将结构体系对结构抗侧力的要求分为强制性和非强制性两类。

多道抗震防线指的是：

第一、一个抗震结构体系，应由若干个延性较好的分体系组成，并由延性较好的结构构件连接起来协同工作，如框架-抗震墙体系是由延性框架和抗震墙两个分体系组成；双肢或多肢抗震墙体系由若干个单肢墙分体系组成。

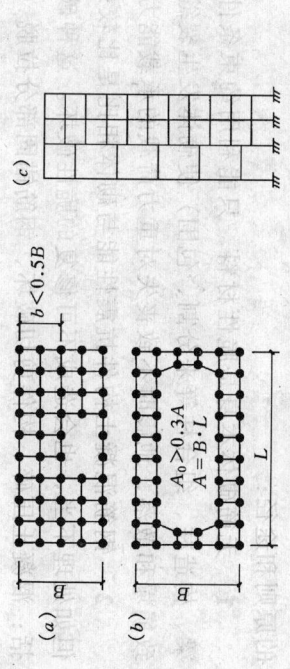

图3.4.2-3 建筑结构平面的局部不连续示例（大开洞及错层）

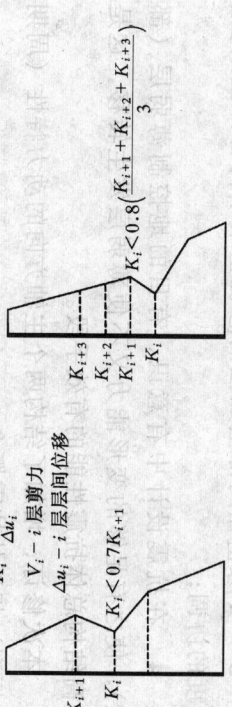

图3.4.2-4 沿竖向的侧向刚度不规则（有柔软层）

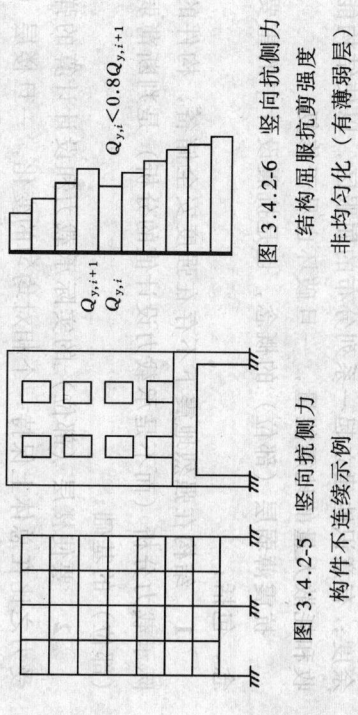

图3.4.2-5 竖向抗侧力
构件不连续示例

图3.4.2-6 竖向抗侧力
结构屈服强度
非均匀化（有薄弱层）

3.4.4 本规范第3.4.2条和第3.4.3条的规定，主要针对钢

第二，抗震结构体系应有最大可能数量的内部、外部赘余度，有意识地建立起一系列分布的屈服区，以使结构能吸收和耗散大量的地震能量，一旦坏也易于修复。

抗震薄弱层（部位）的概念，也是抗震设计中的重要概念。

包括：

1 结构在强烈地震下不存在强度安全储备，构件的实际承载力分析（而不是承载力设计值的分析）是判断薄弱层（部位）的基础；

2 要使楼层（部位）的实际承载力相对均匀的变化，一旦楼层（或部位）的这个比例有突变时，会由于塑性内力重分布导致塑性变形的集中；

3 要防止在局部上加强而忽视整个结构各部位刚度、强度的协调；

4 在抗震设计中有意识、有目的地控制薄弱层（部位），使之具有足够的变形能力又不使薄弱层发生转移，这是提高结构总体抗震性能的有效手段。

3.5.4 本条对各种不同材料的构件提出了改善其变形能力的原则和途径：

1 无筋砌体本身是脆性材料，只能利用约束条件（圈梁、构造柱、组合柱等来分割、包围）使砌体发生裂缝后不致崩塌和散落，地震时不致丧失对重力荷载的承载能力，但如处理不当，也会造成不可修复的脆性破坏。这种破坏包括：

2 钢筋混凝土构件抗震性能相比是比较好的，钢筋锚固破坏（粘结

破坏），应力求避免；

3 钢结构杆件的压屈破坏（杆件失去稳定）或局部失稳也是一种脆性破坏，应予以防止；

4 本次修订增加了对预应力混凝土结构构件的要求。

3.5.5 本条指出了主体结构构件之间的连接应遵守的原则：

通过连接的承载力来发挥各构件的承载力、变形能力，从而获得整个结构良好的抗震能力。

本次修订增加了对预应力混凝土及钢结构构件的连接要求。

3.5.6 本条支撑系统指屋盖支撑。支撑系统的不完善，在任一导致屋盖系统失稳倒塌，使厂房发生灾难性的震害，因此在支撑系统布置上应特别注意保证屋盖系统的整体稳定性。

3.6 结构分析

3.6.1 多遇地震作用下的内力和变形分析是最基本的要求。截面承载力验算和变形验算最基本的要求。按本规范第1.0.1条的规定，建筑物当遭受低于本地区抗震设防烈度的多遇地震影响时，一般不受损坏或不需修理可继续使用。与此相应，结构在多遇地震作用下的反应分析的方法，截面抗震验算（按照国家标准《建筑结构可靠度设计统一标准》GB50068 的基本要求），以及层间弹性位移的验算，都是以线弹性理论为基础。因此本条规定，可限定结构与构件处于遭地震作用下的内力和变形处于弹性工作状态。

3.6.2 按本规范第1.0.1条的规定：当建筑物遭受高于本地区抗震设防烈度的预估的罕遇地震影响时，不致倒塌或发生危及生命安全的严重破坏，这也是本规范设防的基本要求。特别是建

筑物的体型和抗力系统复杂时，将在结构的薄弱部位发生应力集中和弹塑性变形集中，严重时会导致结构的破坏甚至有倒塌的危险。因此本规范提出了检验结构抗震薄弱部位采用弹塑性（即非线性）分析方法的要求。

考虑到非线性分析的难度特别大，特别是第 5 章规范只限于对特别不规则并具有明显薄弱部位可能导致地震倒塌的结构，应按本规范规定进行罕遇地震作用下的弹塑性变形分析。

本规范推荐了二种非线性分析方法：静力的非线性分析（推覆分析）和动力的非线性分析（弹塑性时程分析）。

静力的非线性分析是：沿结构高度施加按一定形式分布的模拟地震作用的等效侧力，并从小到大逐步增加侧力的强度，使结构由弹性工作状态逐步进入弹塑性工作状态，最终达到并超过规定的弹塑性位移。这是目前较为实用的简化的弹塑性分析技术，比动力非线性分析节省计算工作量，但也有一定的使用局限性和适用性，对计算结果需要工程经验判断。动力非线性分析，即弹塑性时程分析，是较为严格的分析方法，有用弹塑性的计算机软件和很好的工程经验判断才能得到有用的结果，简化的弹塑性分析技术，如本规范第 5 章规定的钢筋混凝土框架等的弹塑性分析方法。

3.6.3 本条规定，框架结构和框架-抗震墙（支撑）结构在重力附加弯矩 M_a 与初始弯矩 M_0 之比符合下式条件下，应考虑重力二阶效应的影响。

$$\theta_i = \frac{M_a}{M_0} = \frac{\Sigma G_i \cdot \Delta u_i}{V_i h_i} > 0.1 \quad (3.6.3)$$

式中 θ_i —— 稳定系数；

ΣG_i —— i 层以上全部重力荷载计算值；

Δu_i —— 第 i 层质心处的弹性或弹塑性层间位移；

V_i —— 第 i 层地震剪力计算值；

h_i —— 第 i 层层高。

上式规定是考虑重力二阶效应影响的下限，其上限则受弹性层间位移角限值控制。对混凝土结构，墙体弹性位移角限值较小，上述稳定系数一般均在 0.1 以下，可不考虑弹性阶段重力二阶效应影响；框架结构位移角限值较大，计算弹塑性层间位移需考虑刚度折减。

当考虑弹性分析时，作为简化方法，二阶效应的内力增大系数可取 $1/(1-\theta)$。

当考虑弹塑性分析时，宜采用考虑所有受轴向力的结构和构件的几何刚度的计算机程序进行重力二阶效应分析，亦可采用其他简化分析方法。

混凝土柱考虑多遇地震作用计算时考虑的重力二阶效应，不应与混凝土规范承载力计算时考虑的重力二阶效应重复。

3.6.4 刚性、半刚性、柔性横隔板分别指在平面内不考虑变形、考虑变形、不考虑刚度的楼、屋盖。

3.6.6 本条规定主要依据《建筑工程设计文件编制深度规定》，要求使用计算机进行结构抗震分析时，应对软件的功能有切实的了解，计算模型的选取必须符合结构的实际工作情况，计算软件的技术条件应符合本规范及有关强制性标准的规定，设计时应对所有计算结果进行判别，确认其合理有效后方可在设计中应用。

复杂结构应是计算模型复杂的结构，对不同的力学模型还应使用不同的计算机程序。

3.7 非结构构件

非结构构件包括建筑非结构构件和建筑附属机电设备的支架等。建筑非结构构件在地震中的破坏允许大于结构构件,其抗震设防目标要低于本规范第1.0.1条的规定。非结构构件的地震破坏会影响安全和使用功能,需引起重视,应进行抗震设计。

建筑非结构构件一般指下列三类:①附属结构构件,如:女儿墙、高低跨封墙、雨篷等;②装饰物,如:贴面、顶棚、悬吊重物等;③围护墙和隔墙。处理好非结构构件和主体结构的关系,可防止附加灾害,减少损失。在第3.7.3条所列的非结构构件主要指在附在人流出入口、通道及房屋设备附近的附属构件,其破坏往往伤人或砸坏设备,因此要求加强与主体结构的可靠锚固,在其他位置可以放宽要求。

砌体填充墙与框架单层或多层厂房柱间的连接,影响整个结构的动力性和抗震能力。两者之间的连接处理不同时,影响也不同。本次修订,建议两者之间采用柔性连接或彼此脱开,可只考虑填充墙的重量而不计其刚度和强度的影响,例如:框架或房屋厂房、柱间的填充墙,或房屋外墙在混凝土柱间局部高度砌墙,使这些柱子处于短柱状态,许多震害表明,这些短柱破坏很多,应予注意。

本次修订增加了对幕墙、附属机械、电气设备系统支座和连接等符合地震时对使用功能的要求。

3.8 隔震和消能减震设计

3.8.1 建筑结构采用隔震和消能减震设计是一种新技术,应考虑使用功能的要求,隔震与消能减震的效果,长期工作性能,以及经济性等问题。现阶段,这种新技术主要用于对使用功能有特别要求和高烈度地区的建筑,即用于投资方愿意通过增加投资来提高安全要求的建筑。

3.8.2 本条对建筑结构隔震和消能减震设计的设防目标提出了原则要求。按本规范第12章规定进行隔震设计,还不能做到在设防烈度下上部结构不受损坏或非隔震建筑相比,弹性工作阶段的要求,但与非隔震或消能减震建筑相比,应有所提高,大体上是:当遭受多遇地震影响时,将基本不受损坏和影响使用功能;当遭受设防烈度的地震影响时,不需修理仍可继续使用;当遭受高于本地区设防烈度的罕遇地震影响时,将不发生危及生命安全和丧失使用功能的破坏。

3.9 结构材料与施工

3.9.1 抗震结构在材料选用、施工程序特别是材料代用上有其特殊的要求,主要是指减少材料的脆性和贯彻原设计意图。

3.9.2、3.9.3 本规范对结构材料的要求分为强制性和非强制性两种。

对钢筋混凝土结构中的混凝土强度等级有所限制,这是因为高强度混凝土具有脆性性质,且随强度等级提高而增加,在抗震设计中应考虑此因素,故规定9度时不宜超过C60;8度时不宜超过C70。

本条还要求,对一、二级抗等级的框架结构,规定其普通纵向受力钢筋的抗拉强度实测值与屈服强度实测值的比值不应小于1.25,这是为了保证当构件某个部位出现塑性较以后,塑性较处有足够的转动能力与耗能能力;同时还规定丁屈服强度实测值与标准值的比值，否则本规范为实现强柱弱梁、强剪弱弯所规定的内力调整将难以奏效。

钢结构中用的钢材，应保附证抗拉强度、屈服强度、冲击韧性合格及硫、磷和碳含量的限制值。高层钢结构的钢材，可按黑色冶金工业标准《高层建筑结构用钢板》YB4104—2000选用。抗拉强度是实际上决定结构安全储备的关键，伸长率反映钢材能承受残余变形量的程度及塑性变形能力，钢材的屈服强度不宜过高，同时要求有明显的屈服台阶，伸长率应大于20%，以保证构件具有足够的塑性变形能力，冲击韧性是抗震结构对钢材时，亦应符合我国国家标准的要求。

国家标准《碳素结构钢》GB700中，Q235钢分为A、B、C、D四个等级，其中A级钢不要求任何冲击试验，并只在用户要求时才进行冷弯试验，且不保证焊接性能的含碳量，故不建议采用。国家标准《低合金高强度结构钢》GB/T1591中，Q345钢分为A、B、C、D、E五个等级，其中A级钢不保证冲击韧性要求和延性性能的基本要求，故亦不建议采用。

3.9.4 混凝土结构施工中，往往因缺乏设计规定的钢筋型号（规格）而采用另外型号（规格）的钢筋代替，此时应注意代替后的钢筋的纵向总承载力设计值不应高于原设计的纵向钢筋总承载力设计值，以免造成薄弱部位的转移，以及构件在有影响的部位发生混凝土的脆性破坏（混凝土压碎、剪切破坏等）。

本次修订要求，除按照上述等承载力原则换算外，应注意由于钢筋的强度和直径改变会影响正常使用阶段的挠度和裂缝宽度，同时还应满足最小配筋率钢筋间距等构造要

求。

3.9.5 厚度较大的钢板在轧制过程中存在各向异性，由于在焊缝附近常形成约束，焊接时容易引起层状撕裂。国家标准《厚度方向性能钢板》GB5313将厚度方向的断面收缩率分为Z15、Z25、Z35三个等级，并规定了试件取材方法和试件尺寸等要求。本条规定钢结构采用的钢材，当钢材板厚大于或等于40mm时，至少应符合Z15级规定的受拉试件截面收缩率。

3.9.6 为确保砌体抗震墙与构造柱、底层框架柱的连接，以提高抗侧力砌体墙的变形能力，要求施工时先砌墙后浇注。

3.10 建筑物地震反应观测系统

3.10.1 本规范初次提出了在建筑物内设置建筑物地震反应观测系统的要求。建筑物地震反应观测是发展地震工程和工程抗震科学的必要手段，我国过去限于基建资金，发展不快，这次在规范中予以规定，以促进其发展。

4 场地、地基和基础

4.1 场 地

4.1.1 有利、不利和危险地段的划分,基本沿用历次规范的规定。本条中地形、地貌和岩土特性的影响是综合在一起加以评价的,这是因为由不同岩土构成的同样地形条件的地震影响是不同的。其他地段中只列出了有利、不利和危险地段的一般场地。

关于局部地形条件的影响,从国内几次大地震的宏观调查资料来看,岩质地形与非岩质地形有所不同。在云南通海地震地形的大量宏观调查中,表明非岩质地形对烈度的影响比岩质地形的影响更为明显。如通海和东川的许多岩石地基上很少见或未见有明显的加重。因此对于岩石地基的影响,震害也未见列为不利地段。但对于孤立的山丘,由于陡坡、陡坎、陡坡等突出条状的山脊和高耸孤立的山包,由于高度达数十米的鞭鞘效应明显,振动有所加大,烈度仍有增高的趋势。因此本规范均将其列为不利的地形条件。

应该指出:有些资料在编制过程中曾提出过有利不利于抗震的地貌部位。本规范在讨论过程中曾对抗震不利的地貌形态成因的实例进行了分析,认为:地貌是研究不同地表形态成因的原因,其中包括组成不同地表形态的物质(即岩性),也就是说地貌部位的影响包含着地表形态和岩性二者共同作用的结果,将场地处于一些震害实例说明:当通过不同地貌部位时,地表形态基本相同的,造成古河道上房屋震害加重的原因主要是地基土质条件很差。因此本规范将地貌条件分别在地形条件与规范地土中加以考虑,不再提出地貌部位这个概念。

4.1.2～4.1.6 89 规范出的场地分类,是尽量保持抗震规范延续性的基础上,进一步考虑了覆盖层厚度作为评定指标的双参数分类方法。为了在保障安全的条件下尽可能减少设防投资,在保持技术上合理的前提下适当扩大了 II 类场地的范围。另外,由于我国规范的 T_g 值与国外抗震规范范围相比是偏小的,因此有意识地将 I 类场地的范围划得比较小,是其有意识地将上述场地分类方法得到了我国工程建筑抗震设计规范中的上述场地分类方法得到了我国工程界的普遍认同。但在使用过程中也提出了一些问题和意见。主要意见是此分类方案呈阶梯状跳跃变化,在边界线上不太容易掌握,特别是在特定情况下,平均剪切波速为 140m/s 的特定情况下,覆盖层厚度或平均剪切波速稍有变化,则场地类别可能从 IV 类突变到 II 类场地,地震作用的取值差异甚大。这主要是有意扩大 II 类地造成的。为了解决场地类别的突变问题,可以通过对相应的特征周期进行插入计算未解决。本次修订主要有:

1 关于场地覆盖层厚度的定义,补充了当地下某一下卧土层的剪切波速大于或等于 400m/s 且不小于相邻的上层土的剪切波速的 2.5 倍时,覆盖层厚度可按地面至该下卧层顶面的距离取值的规定。需要注意的是,这一规定只适用于当下卧土层顶面的埋深大于 5m 时的情况。

2 土层剪切波速的平均采用更有物理意义的等效剪切波速的公式计算,即:

$$v_{se} = d_0/t$$

式中，d_0 为场地评定适用的计算深度，取覆盖层厚度和20m两者中的较小值，t 为剪切波在地表与计算深度之间传播的时间。

3 Ⅲ类场地的范围稍有扩大，避免了Ⅱ类至Ⅳ类的跳跃。

4 当等效剪切波速 $v_{se} \leqslant 140$m/s时，Ⅱ类和Ⅲ类场地的分界线从9m改为15m，在这一区间内适当扩大了Ⅱ类场地的范围。

5 为了保持与89规范的延续性以及与其他有关规范的协调，作为一种补充手段，当有充分依据时，允许使用插入方法确定边界线附近（指相差15%的范围）的 T_g 值。图 4.1.6 给出了一种连续化插入方案，可将原有场地分类及修订方案进行比较。该图在场地覆盖层厚度 d_{ov} 和等效剪切波速 v_{se} 平面上按本次修订的场地分类用等步长和按线性规则改变步长的方案进行连续化插入，相邻等值线的 T_g 值两者中的较小值中心的问题是工程界关心的问题。按理论及实测，一般土层中的加速度随距地面深度而渐减，日本规范规定地下20m时的土中加速度为为地面加速度的 1/2～2/3，中间深度则插入。我国亦有对高层建筑修正场地类别（由高层建筑基底起算）或折减地震力建议。因高层建筑埋深常达10m以上，与浅基础相比，有利之处是：基底地震常输入小了；埋深大抗震摇摆好，但因目前尚未能总结出实用规律，暂不列入规范，高层建筑的场地类别仍按浅基础考虑。

本条中规定的场地分类方法主要适用于剪切波速随深度呈递增趋势的一般场地，对于有较厚软夹层的场地土层，由于其对短周期地震动具有抑制作用，可以根据分析结果适当调整场地类别和设计地震动参数。

4.1.7 断裂对工程影响的评价问题，长期以来，不同学科之间存在着不同看法。经过近些年来的不断研究与交流，认为需要考虑断裂影响，这主要是指地震时老断裂带重新错动直通地表，在地面产生错位，对建在位错带上的建筑，其破坏是不易用工程措施加以避免的。因此规范中划为危险地段应予避开。至于短震强度，一般在确定抗震设防烈度时已给予考虑。

在活动断裂时间下限方面已取得了一致意见：即对一般的建筑工程只考虑1.0万年（全新世）以来活动过的断裂，在此地质时期的活动断裂可不予考虑。对于核电、水电等工程则应考虑10万年以来（晚更新世）活动过的断裂，晚更新世以前活动过的断裂亦可不予考虑。

另外一个较为一致的看法是，在地震烈度小于8度的地

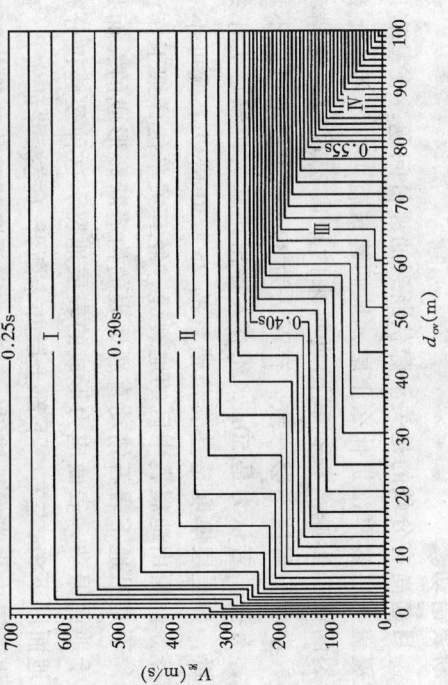

图 4.1.6 在 d_{ov}-V_{se} 平面上的 T_g 等值线图
（用于设计特征周期一区，图中相邻 T_g 等值线的差值均为 0.01s）

均相差 0.01s。

高层建筑的场地类别同题是工程界关心的问题。按理论

拟实验与地震时震动特性的差异，安全系数取为3，据此提出了8度、9度地区上覆土层安全厚度的界限值。应当说这是初步的，可能有些因素尚未考虑。但毕竟是第一次以以模拟实验为基础的定量提法，限以往的分析和宏观经验是相近的，有一定的可信度。

本次修订中根据搜集到的国内外地震断裂破裂宽度的资料提出了避让距离，这是宏观的分析结果，随着地震资料的不断积累将会得到补充与完善。

4.1.8 本条考虑局部突出地形对不同地震动参数的放大作用，主要依据宏观害调查的结果和对不同地形条件和岩土构成的形体所进行的二维地形反应分析结果。所谓局部突出地形主要是指山包、山梁和悬崖、陡坎等，情况比较复杂，对各种可能出现的地震动参数的放大作用都做出具体的反应的规定是很困难的。从宏观震害经验和地震反应分析结果所反映的总趋势，大致可以归纳为以下几点：① 高突地形距离基准面的高度愈大，高处的反应愈强烈；② 离陡坎和坡顶边缘的距离愈大，反应相对减小；③ 从岩土构成方面看，在同样地形条件下，土质结构比岩质结构反应大；④ 高突地形顶面愈开阔，远离边缘的中心部位的反应明显减小；⑤ 边坡愈陡，其顶部的放大效应相应加大。

基于以上变化趋势，以突出地形距边缘的相对距离 L_1/H 为参正切 H/L 以及场址距突出地形边缘的相对距离 L_1/H 为参数，归纳出各种地形地震力放大作用如下：

$$\lambda = 1 + \xi \alpha \tag{4.1.8}$$

式中 λ ——局部突出地形顶部的地震影响系数的放大系数；
α ——局部突出地形地震动参数的增大幅度，按表

区，可不考虑断裂对工程的错动影响，因为多次国内外地震中的破坏现象均说明，在小于8度的地震区，地面一般不产生断裂振动。

目前尚有分歧的是关于隐伏断裂的评价问题，在基岩以上覆盖土层多厚、是什么土层、地面近年来的地震宏观地表位错断裂的错动影响。根据我国建筑抗震设计近年来的地震宏观考察、学者们看法不够一致。有人认为在30m厚土层就可以不考虑，有些学者认为是50m，还有人提出用基岩位错量大小未衡量，如上层厚度是基岩位错量的25～30倍以上就可不考虑等。唐山地震中区的地裂缝，经有关单位详细工作证明，不是沿地下岩石错动直通地表的构造断裂形成的，而是由于地面振动、表面应力形成的表层地裂。这种裂缝仅分布在地面以下3m左右，下部土层并未断开（挖探井证实），在采煤巷道中也未发现错动，对有一定深度基础和建筑物影响不大。

为了对问题更深入的研究，由北京市勘察设计研究院在建设部抗震办公室申请立项，开展了发震断裂上覆土层厚度对工程影响的专项研究。此项研究主要采用大型离心机模拟实验，可将缩小的模型通过提高加速度的办法达到与原型应力状况相同的状态；为了模拟地震以错动，专门加工了模拟断裂突然错动的装置，可实现垂直与水平二种错动，其位错量大小是根据国内外历次地震级不同震条件下位错量统计分析结果确定的；上覆土层则按不同岩性，不同厚度分为数种情况。实验时的位错量为1.0～4.0m，基本上包括了8度、9度情况下的位错量。当离心机提高加速度达到原型裂高度，下部基岩突然错动，观察上部土层破裂高度，以便确定安全厚度。根据实验结果，考虑一定的安全储备和模

虑了地基土在有限次循环动力作用下强度一般较静强度提高和在地震作用下结构可靠度降低一定程度容许有这两个因素。

在本次修订中，增加了对黄土地基的承载力调整系数的规定，此规定主要根据国内动、静强度对比试验结果。静强度是在预湿与固结不排水条件下进行的。破坏标准是：对软化型土取得峰值强度，对硬化型土取应变为15%的对应强度，由此求得黄土静抗剪强度指标 C_s、φ_s 值。

动强度试验参数是：均压固结取双幅应变 5%，偏压固结取固结总应变为 10%；等效循环按 7、7.5 及 8 级地震分别对应 12、20 及 30 次循环。取到等价循环所对应的动应力 σ_d，绘制强度包线，得到动抗剪强度指标 C_d 及 φ_d。

动静强度比为：

$$\frac{\tau_d}{\tau_s} = \frac{R_d}{R_s} \cong \left(\frac{\tau_d}{K_d}\right) / \left(\frac{\tau_s}{K_s}\right) = \frac{\tau_d}{\tau_s} \cdot \frac{K_s}{K_d} = \zeta$$

近似认为动静强度比等于动、静承载力之比。静承载力调整系数：

$$\zeta_a = \frac{R_d}{R_s} \cong \frac{C_d + \sigma_d \mathrm{tg}\varphi_d}{C_s + \sigma_s \mathrm{tg}\varphi_s}$$

式中 K_d、K_s——分别为动、静承载力安全系数；
R_d、R_s——分别为动、静极限承载力。

试验结果见表 4.2.2，此试验大多考虑地基土处于偏压固结状态，实际的应力水平也不太大，故采用偏压固结，正应力 100~300kPa，震级 7~8 级条件下的调整系数 ζ 宜。本条根据上述试验，对坚硬黄土取 ζ=1.3，对可塑黄土取 1.1，对流塑黄土取 1.0。

ξ——附加调整系数，与建筑场地离出台地边缘的距离 L_1 与相对高差 H 的比值有关。当 L_1/H<2.5 时，ξ 可取为 1.0；当 2.5≤L_1/H<5 时，ξ 可取为 0.6；当 L_1/H≥5 时，ξ 可取为 0.3。L_1 均应按距离场地的最近点考虑。

表 4.1.8 局部突出地形地震影响系数的增大幅度

突出地形的高度 H (m)	非岩质地层				岩质地层			
	H<5	5≤H<15	15≤H<25	H≥25	H<20	20≤H<40	40≤H<60	H≥60
局部突出台地边缘的侧向平均坡降 (H/L) H/L<0.3	0	0.1	0.2	0.3				
0.3≤H/L<0.6	0.1	0.2	0.3	0.4				
0.6≤H/L<1.0	0.2	0.3	0.4	0.5				
H/L≥1.0	0.3	0.4	0.5	0.6				

条文中规定的最大增大幅度 0.6 是根据分析结果和综合判断给出的。本条的规定对各种地形，包括山包、山梁、悬崖、陡坡都可以应用。

4.2 天然地基和基础

4.2.1 我国多次强烈地震的震害经验表明，在遭受破坏的建筑中，因地基失效导致破坏较上部结构惯性力的破坏为少，这些地基失效主要由饱和松砂、软弱粘性土和成因岩性状态严重不均匀的土层组成。大量的一般性的天然地基都具有较好的抗震性能。因此修订 89 规范规定了天然地基可以不验算的范围。本次修订中将可不进行天然地基和基础抗震验算的框架房屋的层数和高度作了更明确的规定。

4.2.2 在天然地基抗震验算中，对地基承载力特征值调整系数的规定，主要参考国内外资料和相关规范的规定，考

表 4.2.2　　　　　ζ_a 的 平 均 值

名称	西安黄土				兰州黄土		洛川黄土	
含水量 W	饱和状态		20%		饱和		饱和状态	
固结比 K_c	1.0	2.0	1.0	1.5	1.0	1.0	1.5	2.0
ζ_a 的平均值	0.608	1.271	0.607	1.415	0.378	0.721	1.14	1.438

注：固结比为制压力 σ_1 与压力 σ_3 的比值。

4.2.4 地基基础的抗震验算，一般采用所谓"拟静力法"，此法假定地震作用如同静力，然后在这种条件下验算地基和基础的承载力和稳定性。所列的公式主要参考相关规范的规定提出的，压力的计算应采用地震作用效应标准组合，即各作用分项系数均取 1.0 的组合。

4.3 液化土和软土地基

4.3.1 本条规定主要依据液化场地的震害调查结果。许多资料表明在 6 度区液化对房屋结构所造成的震害是比较轻的，因此本条规定除对液化沉陷敏感的乙类建筑外，6 度区的一般建筑可不考虑液化影响。当然，6 度的甲类建筑和液化的建筑可不考虑液化影响。当然，6 度的甲类建筑和液化的液化问题也需专门研究。

关于黄土的液化可能性及其危害在我国的历史地震中虽不乏报导，但缺乏较详细评价的资料，在建国以后的多次地震中，黄土液化现象很少见到，对黄土的液化判别尚缺乏资料验，但值得重视。近年来我国内外震害与研究表明，砾石在一定条件下也会液化，但是由于黄土与砾石液化研究资料还不够充分，暂不列入规范，有待进一步研究。

4.3.2 本条是现行规范和处理原则的强制性条文。

4.3.3 89 规范关于液化初判的提法是根据建国以来历次地震对液化非液化场地的实际考察，测试分析结果得出来的。从地貌单元来讲这些地震场主要表现为河流冲洪积形成的地层，包括黄土分布区及其他沉积类型。如唐山地震中区（路北区）为滦河二级阶地，地层年代为晚更新世（Q_3）地层，对地震烈度 10 度区考察，钻探测试表明，地下水位为 3～4m 表层为 3.0m 左右的粘性土，其下即为饱和砂层，在 10 度情况下没有发生液化，而在一级阶地及高河漫滩等地分布的地质年代较新的地层，地震烈度虽然只有 7 度和 8 度却也发生了大面积液化，其他液化区的河流冲积地层在地质年代较老的地层中也未发现液化实例。国外学者 Youd 和 Perkins 的研究结果表明：饱和和松散的水力冲填土差不多总会液化，而且全新世的无粘性土沉积层对液化也是很敏感的，更新世沉积层发生液化的情况很罕见，前更新世沉积层发生液化则更是罕见。这些结论是根据 1975 年以前世界范围内的地震资料给出的，并已被 1978 年日本的两次大地震以及 1977 年罗马尼亚地震液化现象所证实。

89 规范颁发后，在执行中不断有单位和学者提出液化初步判别中第 1 款在有些地区不适合。从举出的实例来看，多为高烈度区（10 度以上）黄土高原的黄土状土，很多是古地震从描述等方面判定为液化的，没有现代地震液化与否的实测数据。有些现代地震液化资料实际为现行公式适用高烈度地震区文献条文实际高烈度区中的黄土液化外都能适用，89 规范中有关款的实际适用范围改为局限于 7，8 度区，为慎重起见，将此款的适用范围改为局限于 7，8 度区。

4.3.4 89 规范勘察中已广泛应用，但随着高层及超高层建筑的不断发展，基础埋深越来越大，高大的建筑中桩基础和深基础，要求判别液化的深度也相应加大，89规范中判别深度为15m，已不能满足这些工程的需要，深层液化判别问题已提到日程上来。

由于15m以下深层液化资料较少，从实际液化与非液化资料中进行分析尚不具备条件。在50年代以来的历次地震中，尤其是唐山地震，液化资料均在15m以上，图4.3.4中15m下的曲线是根据统计得到的经验公式外推得到的结果。国外虽有零星深层液化资料，但也不太确切。根据唐山地震资料及美国H.B.Seed教授资料进行分析的结果，其液化临界值沿深度变化为非线性变化。为了解决15m以下液化临界判别，我们对唐山地砂土液化工程抗震设计规范中的H.B.Seed教授研究资料和我国铁路工程抗震设计规范中的远震液化判别方法与89规范判别方法的液化临界值（N_{cr}）沿深度的变化情况，以8度区为例做了对比，见图4.3.4。

从图4.3.4可以明显看出：在设计特征周期一区规范的近震情况，$N_0=10$，深度为12m以上时，临界锤击数较接近，相差不大；深度15～20m范围内，铁路抗震规范方法比H.B.Seed资料要大1.2～1.5击，89规范由于是线性延伸，比铁路抗震规范方法要大1.8～8.4击，是偏于保守的。经过比较分析，本次修订考虑到本规范判别方法的延续性及广大工程技术人员熟悉程度，仍采用线性判别方法进行判别。建议15～20m深度范围内仍按15m深度处的N_{cr}值处理与非线性判别方法也较为接近。目前铁路抗震规范判别液化时N_0值为7度、8度、9度时分别取8、12、16，因此铁路抗震规范仍比本规范修订后的N_{cr}值在15m～20m范围内要大2.2～2.5击；如假定铁路抗震规范N_0值8度取10，则比本规范修订后的N_{cr}值小1.4～1.8击。经过全面分析对比后，认为这样调整方案既简便又与其他方法方案接近。

考虑到大量建筑的多层建筑基础埋深较浅，一律要求液化判别深度加深到20m有些保守，也增加了不必要的工作量，因此，本次修订深基础埋深大于5m的深基础和桩基工程的判别深度加深至20m。

4.3.5 本条提供了一个简化的预估液化危害的方法，可对场地的喷水冒砂程度，一般浅基础建筑的可能损坏，做粗略

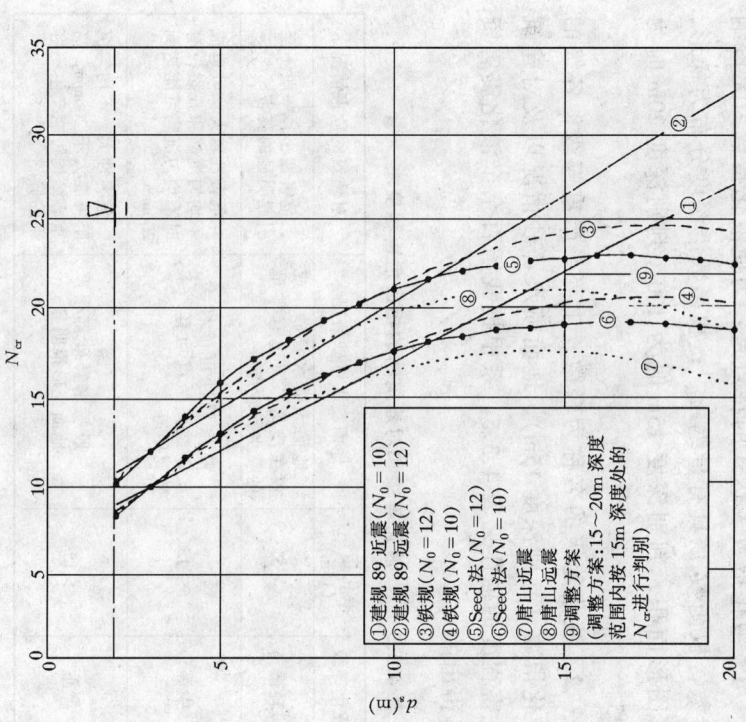

图4.3.4 液化临界值随深度变化比较（以8度区为例）

① 建规89近震（$N_0=10$）
② 建规89远震（$N_0=12$）
③ 铁规（$N_0=12$）
④ 铁规（$N_0=10$）
⑤ Seed法（$N_0=12$）
⑥ Seed法（$N_0=10$）
⑦ 唐山近震
⑧ 唐山远震
⑨ 调整方案（调整方案：15～20m深度范围内按15m深度处的N_{cr}进行判别）

的预估,以便为采取工程措施提供依据。

1 液化指数表达式的特点是:为使液化指数为无量纲参数,权函数 w 具有量纲 m^{-1};权函数沿深度分布为梯形,其图形面积,判别深度 15m 时为 100,判别深度 20m 时为 125。

2 液化等级的名称为轻微、中等、严重三级;各级的液化指数(判别深度 15m),地面喷水冒砂情况以及对建筑危害程度的描述见表 4.3.5,系根据我国百余个液化震害资料得出的。

表 4.3.5 液化等级和对建筑物的相应危害程度

液化等级	液化指数(15m)	地面喷水冒砂情况	对建筑的危害情况
轻微	<5	地面无喷水冒砂,或仅在洼地、河边有零星的喷水冒点	危害性小,一般不至引起明显的震害
中等	5~15	喷水冒砂可能性大,从轻微到严重均有,多数属于中等	危害性较大,可造成不均匀沉陷和开裂,有时不均匀沉陷可能达到200mm
严重	>15	一般喷水冒砂都很严重,地面变形很明显	危害性大,不均匀沉陷可能大于200mm,高重心结构可能产生不容许的倾斜

4.3.6 抗液化措施是对液化地基的综合治理,89 规范已说明要注意以下几点:

1 倾斜场地的土层液化往往带来大面积土体滑动,造成严重后果,而水平场地土层液化的后果一般只造成建筑的不均匀下沉和倾斜,本条的规定不适用于坡度大于 10°的倾斜场地和液化土层严重不均匀的情况;

2 液化等级属于轻微者,除甲、乙类建筑由于其重要性需确保安全外,一般不作特殊处理,因为这类场地可能不发生喷水冒砂,即使发生也不致造成建筑的严重震害;

3 对于液化等级属于中等的场地,尽量多考虑采用较易实施的基础与上部结构处理构造措施,不一定要加固处理液化土层;

4 在液化层深厚的情况下,消除部分液化沉陷的措施,即处理深度不一定达到液化下界而残留部分未经处理的液化层,从我国目前的技术、经济发展水平上看是较合适的。

本次修订的主要内容如下:

1 89 规范中不允许液化地基作持力层的规定有些偏严,本次修订改为不宜将未加处理的液化土层作为天然地基的持力层。因为:理论分析与振动台试验均已证明液化土层的主要危害来自基础外侧,液化持力层范围内位于基础直下方的部位其实最难液化,由于基础直下方未液化区域对基础直下方的部分的影响,使之失去侧边支持。在外侧易液化区的影响得到控制的情况下,轻微液化的土压力是可以作为基础的持力层的,例如:

(1) 海城地震中营口宾馆筏基以液化土层为持力层,震后无震害,基础下液化层厚度为 4.2m,为筏基宽度的 1/3 左右,基础土层的标贯锤击数 $N=2~5$,烈度为 7 度。在此情况下基础外侧液化对基础中间部分的影响很小。

(2) 日本阪神地震中有数座建筑位于液化严重的六甲人工岛上,地基未加处理而未遭液化危害的工程实录(见松尾雅夫等人论文,载"基础工"1996 年 11 期,P54):

1) 仓库二栋,平面均为 36m×24m,设计中采用了补偿式基础,即使仓库满载时的基底压力也只是与移去

本次修订过程中开展了估计液化震陷量的研究,依据实测震陷、振动台试验以及有限元法对一系列典型液化地基计算得出的震陷变化规律,发现震陷量取决于液化土的密度(或承载力)、基底压力、基底宽度、液化层底面和顶面的位置和地震级等因素,曾提出估计砂土与粉土液化平均震陷量的经验方法如下:

砂土 $S_E = \dfrac{0.44}{B}\xi S_0 (d_1^2 - d_2^2)(0.01p)^{0.6}\left(\dfrac{1-D_r}{0.5}\right)^{1.5}$ (4.3.6-1)

粉土 $S_E = \dfrac{0.44}{B}\xi k S_0 (d_1^2 - d_2^2)(0.01p)^{0.6}$ (4.3.6-2)

式中 S_E——液化震陷量平均值(m);对住房等密集型基础取建筑平面宽度;当 $B \le 0.44d_1$ 时,取 $B = 0.44d_1$;

B——基础宽度(m);液化层为多层时,先按各层次分别计算后再相加;

S_0——经验系数,对 7、8、9 度分别取 0.05、0.15 及 0.3;

d_1——由地面算起的液化深度(m);

d_2——由地面算起的上覆非液化土层深度(m)。液化层为持力层时取 $d_2=0$;

p——宽度为 B 的基础底面地震作用效应标准组合的压力(kPa);

D_r——砂土相对密度(%),可依据标准贯入锤击数 N 取值 $D_r = \left(\dfrac{N}{0.23\sigma_v' + 16}\right)^{0.5}$;

k——与粉土承载力有关的经验系数,当承载力特征值不小于 300kPa 时不大于 80kPa 时,取 0.30,取 0.08,其余可内插取值。

2) 平面为 116.8m × 54.5m 的仓库建在六甲人工岛厚15m 的可液化土上。设计时预期建成后久固结的粘土下卧层尚可能产生 1.1~1.4m 的沉降。为防止不均匀沉降及液化,设计中采用了三方面的措施:补偿式基础+基础内 2m 深度内以水泥土加固液化层+防止不均匀沉降等构造措施。地震使该房屋产生震陷,但情况良好。

(3) 震害调查与有限元分析显示,当基础宽度与液化层厚之比大于 3 时,则液化震陷不超过液化层厚的 1%,不致引起结构严重破坏。

2. 液化的危害主要来自震陷,特别是不均匀震陷。震陷量主要来自液化土层的液化程度和上部结构的荷载。由于液化指数不能反映上部结构的荷载影响,因此有趋势直接采用建震陷量来评价液化的危害程度。例如,对 4 层以下的民用建筑,当精细计算液化后结构基础的平均震陷值 $S_E < 5$cm 时,可不采取抗液化措施,当 $S_E = 5 \sim 15$cm 时,可优先考虑采取构造和基础的构造措施,当 $S_E > 15$cm 时需要进行地基处理,基本消除液化震陷;在同样震陷量下,乙类建筑应该采取较丙类建筑更高的抗液化措施。

ξ——修正系数，直接应力基础下的非液化层厚度满足第4.3.3条第3款对上覆非液化土层厚度 d_u 的要求时，$\xi=0$；无非液化层，$\xi=1$；中间情况内插确定。

采用以上经验方法计算得到的震陷值，与日本的实测震陷值基本符合；但与国内资料中实测震陷值的符合程度较差，主要的原因可能是：国内资料中实测震陷值常常是相对值，如相对于车间某个柱子或相对于室外地面的震陷；地质剖面则往往是附近的，而不是针对所考察的基础的；有的震陷值（如天津上古林的场地）含有震前沉降及软土震陷，不明确沉降或震后含有震陷或震后的大沉降或平均沉降。

鉴于震陷量的评价方法目前还不够成熟，因此本条只是给出了必要时可以根据液化震陷量的评价结果适当调整液化措施的原则规定。

4.3.7～4.3.9 在这几条中规定了消除液化震陷和减轻液化影响的具体措施，这些措施都是在震害调查和分析判断基础上提出来的。

采用振冲加密或挤密碎石桩加固后构成了复合地基。此时，如桩间土的实测标贯值仍低于本规范第4.3.4条规定的临界值，不能简单判为液化。许多文献或工程实践均已指出振冲桩或挤密碎石桩有挤密、排水和增大桩身刚度等多重作用，而实测要求加固后临界面实测标贯值应大于临界值是偏保守的。

近几年的研究成果工程实践中，已提出了一些考虑桩身强度与排水效应的方法，以及根据桩间土的面积置换率和桩土应力比适当降低复合地基液化判别的临界标贯值的经

验方法，故本次修订将"桩间土的实测标贯值不应小于临界标贯锤击数"的要求，改为"不宜"。

4.3.10 本条规定了有可能发生侧扩或流动时滑动土体抗滑结构抗裂措施。

危险范围并要求采取土体抗震和结构抗裂措施。

1 液化侧地段的宽度段来自海城地震、唐山地震及日本阪神地震对液化侧扩区的大量调查。根据阪神地震对阪神地震的调查，在距水线50m范围内，水平位移及变向均很大；50～150m范围内，水平地面位移仍较显著；大于150m以后水平位移趋于减小，基本不构成震害。上述调查结果与我国海城、唐山地震后的调查结果基本一致：海河故道、滦运河、新滦河、陡河岸波滑坍范围距水线100～150m，辽河、黄河等则可达500m。

2 侧向流动土体对结构的反算结果得到：1）非液化上覆土层施加后对受害结构的侧压相当于被动土压力，破坏土楔的运动方向是土楔向上滑而楔后土体向下，与被动土压发生时的运动方向一致；2）液化层中的侧压相当于竖向总压力的1/3；3）桩基承受侧向面积相当于垂直于流动方向桩排列的宽度。

3 减小地裂对结构影响的措施包括：1）将建筑的主轴沿平行河流放置；2）使建筑物根据需要加配抗拉裂钢筋，基础板内应根据需要加配抗拉裂钢筋，筏基或箱基、基础梁内的抗弯钢筋可兼作抗拉裂钢筋，抗拉裂钢筋可由中部向基础边缘逐段减少。当土体产生引张裂缝并成对基础力形成撕拉力，理岸线时，基础底面的极限摩阻力将小于建筑物重力荷载之半来以土与基础间论上，其最大值等于建筑物重力荷载之半来以土与基础间的摩擦系数，实际上常因基础底面与土有部分脱离接触而

表 4.3.11 基础底面以下非软土层厚度

烈 度	基础底面以下非软土层厚度（m）
7	$>0.5b$ 且 ≥ 3
8	$>b$ 且 ≥ 5
9	$>1.5b$ 且 ≥ 8

注：b 为基础底面宽度（m）。

4.4 桩 基

4.4.1 根据桩基抗震性能一般比同类结构的天然地基要好的宏观经验，继续保留 89 规范关于桩基不验算范围的规定。

4.4.2 桩基抗震验算方法是新增加的，其基本内容已与构筑物抗震设计规范和建筑桩基技术规范等协调。

关于地下室外墙侧面的被动土压力与桩共同承担地震水平力问题，我国这方面的情况比较混乱，大致有以下做法：假定由桩承担全部地震水平力；假定由地下室外墙的土承担全部水平力；由桩、土分担水平力（或由经验公式求出分担比，或用 m 法求土抗力或由有限元法计算）。目前看来，桩完全承担地震水平力的假定是偏于不安全，因为从日本的资料来看，桩基的震害是相当普遍的，因此这种做法不宜采用；由桩承受全部地震力的假定又过于保守。日本 1984 年发布的"建筑基础抗震设计规程"提出下列估算桩所承担的地震剪力的公式：

$$V = 0.2 V_0 \sqrt{H} / \sqrt[4]{d_f}$$

上述公式主要根据日本对塔所作的一系列试算结果。在这些计算中假定地震水平力的因素有桩，前方的被动土抗力，侧面土的摩擦力。土性质为标贯值 $N = 10 \sim 20$，q（单轴压强）为 $0.5 \sim 1.0 \text{kg/cm}^2$（粘土）。土的摩擦抗力与水平位移

减少。

4.3.11 关于软土震陷，由于缺乏资料，各国都未列入抗震规范。但从唐山地震中的破坏实例分析，软土震陷是造成震害的重要原因，实有明确抗御措施之必要。

我国《构筑物抗震设计规范》根据唐山地震经验，规定 7 度区不考虑软土震陷；8 度区 f_{ak} 大于 100kPa，9 度区 f_{ak} 大于 120kPa 的土亦可不考虑。但上述规定有以下不足：

(1) 缺少一系统的震陷试验研究资料；

(2) 震陷实录局限于津塘地区（唐山地震时为 8、9 度区）7 度区的软土比津塘地区 8、9 度是否要空白，津塘地区的多层建筑在 8、9 度地震时产生了 15～30cm 的震陷，比它们差的土在 7 度时是否会产生大于 5cm 的震陷？初步认为对 7 度区 $f_k < 70$kPa 的软土还是应该考虑震陷的可能性并宜采用动三轴试验和 H. B. Seed 简化方法加以判定。

(3) 对 8、9 度规定的 f_{ak} 值偏于保守。根据天津实际震陷资料并考虑地震的偶发性及所需的设防费用，暂时规定软土震陷量小于 5cm 者可不采取措施，则 8 度区 $f_{ak} > 90$kPa 及 9 度区 $f_{ak} > 100$kPa 的软土均可不考虑震陷的影响。

对白垩湿陷性黄土或黄土状土，研究表明具有震陷性。若孔隙比大于 0.8，当含水量在缩限（指固体与半固体的界限）与 25%之间时，应该根据黄土状土的可能震陷量进行评估其震陷量。对合水量在 25%以上的黄土的可能震陷目前已有了一些研究成果可以参考。例如，关于黄土及黄土状的震陷可按一般非软土地基评估。

4.3.11 中的要求中，当建筑基础底面以下非软土层厚度符合表4.3.11 中的要求时，可不采取消除软土地基的震陷影响措施。

成以下弹塑性关系变化，当位移>1cm时抗力保持不变。被动土抗力最大值取朗金被动土压，达到最大值之前土抗力与水平位移呈线性关系。由于背景材料只包括45m以下的建筑，对45m以上的建筑没有相应的计算资料。但从计算结果的发展趋势推断，对更高的建筑其值估计不超过0.9，因而桩负担的地震力宜在（0.3～0.9）V_0之间取值。

关于不计承台桩基承台底面与土的摩阻力为地震水平力的组成部分问题：主要是因为这部分摩阻力不可靠：软弱粘性土在震陷问题，一般粘性土也可能因桩身摩擦力产生桩间土的附加应力下的压缩使土与桩身结合有脱空；久固结土有固结下沉问题；非液化下的砂砾则有松密问题等。实践中不乏有静载下桩与土脱空的报导，地震情况下桩与土脱空的报导更屡见不鲜。此外，计算桩台与桩基在竖向荷载作用下的摩阻力亦很困难，土荷载分担比问题明确桩基在竖向荷载作用下的桩、土荷载分担比与上述考虑不符合，为安全计，本条规定不考虑桩台与土间的摩阻力抵抗。

对于目前大力推广应用的疏桩基础，如果桩台的设计承载力按桩极限承载取用则可以考虑承台与土间的摩阻力。因为此时承台与土不会脱空，且桩、土的竖向荷载分担比也比较明确。

4.4.3 本条中规定了以下情况：

1 不计承台旁的土抗力或地坪的分担作用是出于安全考虑，作为安全储备，因目前对液化土中桩的地震作用与土中液化进程的关系尚未弄清。

2 根据地震反应分析与振动台试验，地面加速度最大时刻出现在液化土的孔压比为小于1（常为0.5～0.6）时，此时土尚未充分液化，只是刚度比未液化时下降很多，因之建议对液化土的刚度作折减，折减系数的取值与构筑物抗震设计规范基本一致。

3 液化土中孔隙水压力的消散往往需要较长的时间，地震后土中孔压不会排泄消散完毕，在任于震后才出现喷砂冒水，这一过程通常持续几小时甚至一二天，其间常有沿桩基础四周出现的沉降现象，这说明此时桩身摩阻力已大减，从而出现竖向承载力不足和缓慢的沉降，因此应按静承载力荷载组合，校核桩身的强度与承载力。

式（4.4.3）的主要依据是安全方面实践工程中总结出来的打桩前后土性变化规律，并已在许多工程实例中得到验证。

4.4.5 本条在保证桩基安全方面是相当关键的。桩基理论分析已经证明，地震作用下的桩基在软、硬土层交界面处最易受到剪、弯损害。阪神地震后许多桩基的实际考查也证实了这一点，但在采用m法的桩身内力计算方法中却无法反映，目前除考虑土相互作用的地震反应分析可以保证在地震作用下的安全，因此必须采取有效的构造措施，本条的要点在于保证软土或液化土层附近桩身的抗弯和抗剪能力。

5 地震作用和结构抗震验算

5.1 一般规定

5.1.1 抗震设计时,结构所承受的"地震力"实际上是由于地震地面运动引起的动态作用,包括地震加速度、速度和动位移,按照国家标准《建筑结构设计术语和符号标准》GB/T50083 的规定,属于间接作用,不可称为"荷载",应称"地震作用"。

89 规范对结构应考虑的地震作用方向有以下规定:

1 考虑到地震可能来自任意方向,为此要求沿斜交抗侧力构件的结构,应考虑对各构件的最不利方向的水平地震作用,一般即与该构件平行的方向。

2 不对称不均匀的结构是"不规则结构"的一种,同一建筑单元同一平面内质量、刚度布置不对称,或虽在本层平面内对称,但沿高度分布不对称的结构。需考虑扭转影响的结构,具有明显的规则性。

3 研究表明,对于较高的高层建筑,其竖向地震作用产生的轴力在结构上部不可忽略的,故要求 9 度区高层建筑需考虑竖向地震作用。

本次修订,基本保留 89 规范的内容,所做的改进如下:

1 某一方向水平地震作用主要由该方向抗侧力构件承担,如该构件带有翼缘、翼墙等,尚应包括翼缘、翼墙的抗侧力作用;

2 参照混凝土高层规程的规定,明确交角大于 15°时,应考虑斜向地震作用影响;

3 扭转计算改为"考虑双向地震作用下的扭转影响"。

关于大跨度和长悬臂结构,根据我国大陆和台湾地震的经验,9 度和 9 度以上时,跨度大于 18m 的屋架、1.5m 以上的悬挑阳台和走廊等严重甚至倒塌;8 度时,跨度大于 24m 的屋架、2m 以上的悬挑阳台和走廊等震害严重。

5.1.2 不同的结构采用不同的分析方法在各国抗震规范中均有体现,底部剪力法和振型分解反应谱法仍是基本方法,时程分析作为补充计算方法,对特别不规则、特别重要和较高的高层建筑才要求采用(参照表 3.4.2 规定)。

进行时程分析时,鉴于各条地震波输入进行时程分析的结果不同,本条规定根据小样本容量平均下的计算结果来估计地震效应值。通过大量地震加速度记录输入不同结构类型进行时程分析结果的统计分析,若选用不少于二条实际记录和一条人工模拟的加速度时程曲线作为输入,计算的平均地震效应值不小于大样本容量平均值的保证率在 85%以上,而且一般也不会偏大很多。所谓"在统计意义上相符"指的是,其平均地震影响系数曲线与振型分解反应谱法所用的地震影响系数曲线相比,在各个周期点上相差不大于 20%。计算结果的平均底部剪力一般不会小于振型分解反应谱计算结果的 80%,每条地震波输入的计算结果不会小于 65%。

正确选择输入的地震加速度时程曲线,要满足地震动三要素的要求,即频谱特性、有效峰值和持续时间均要符合规定。

频谱特性可用地震影响系数曲线表征,依据所处的场地类别和设计地震分组确定。

加速度有效峰值按规范表 5.1.2-2 中所列地震加速度最

度地震影响的地震，按震源远近分为设计近震和设计远震。体现了远震反应谱的反应谱特征。于是，按场地条件和震源远近，调整了地震影响系数的特征周期 T_g。

2 在 $T\leqslant 0.1s$ 的范围内，各类场地的地震影响系数一律采用同样的斜线，使之符合 $T=0$ 时（刚体）动力不放大的规律；在 $T\geqslant T_g$ 时，各曲线的递减指数为非整数；曲线下限仍按 78 规范取为 $0.2\alpha_{max}$；$T>3s$ 时，地震影响系数专门研究。

3 按二阶段设计要求，在截面承载力验算时的设计地震作用，取众值烈度下结构按完全弹性分析的数值，据此调整了本规范相应的地震影响系数，其取值与按 78 规范值大致相当。

本次修订有如下重要改进：

1 地震影响系数的周期范围延长至 6s。根据地震学研究和强震观测资料统计分析，在周期 6s 范围内，有可能给出比较可靠的数据，也基本满足了国内绝大多数高层建筑和长周期结构的抗震设计需要。对于周期大于 6s 的结构，地震影响系数仍为专门研究。

2 理论上，设计反应谱存在二个下降段，即：速度控制段和位移控制段，在加速度反应谱中，前者衰减指数为 1，后者衰减指数为 2。设计反应谱是用来预估建筑结构在其设计基准期内可能经受的地震作用，通常根据实际地震记录的反应谱进行统计并经工程经验判断加以规定。为保持规范的延续性，地震影响系数在 $T\leqslant 5T_g$ 的范围规范相同，在 $T>5T_g$ 的范围，把 89 规范原下平台改为倾斜下降段，不同场地类别的最小值不同，较符合实际反应谱的统计规律。

大值采用，即以地震影响系数最大值除以放大系数（约 2.25）得到。当结构采用三维空间模型等需要双向（二个水平向）或三向（二个水平和一个竖向）地震波输入时，其加速度最大值通常按 1（水平 1）：0.85（水平 2）：0.65（竖向）的比例调整。选用的实际加速度记录，可以是同一组的三个分量，也可以是不同组的记录，但每条记录均应满足"在统计意义上相符"的要求；人工模拟的加速度时程曲线，也应按上述要求生成。

输入的地震加速度时程曲线的持续时间，一般为结构基本周期的 5～10 倍。

5.1.3 按现行国家标准《建筑结构可靠度设计统一标准》的原则规定，地震发生时恒荷载与其他重力荷载可能的遇合结果总称为"抗震设计荷载组合的重力荷载代表值 G_E"，即永久荷载标准值与有关可变荷载组合值之和。组合值系数基本上沿用 78 规范的取值，考虑到藏书库等活荷载在地震时遇合的概率较大，故按等效均布楼面荷载计算活荷载时，其组合值系数为 0.8。

表中硬钩吊车的组合值系数，只适用于一般情况，吊重较大时需按实际情况取值。

5.1.4、5.1.5 弹性反应谱理论仍是现阶段抗震设计地震作用的基本理论，规范所采用的设计反应谱以反应谱形式给出。

89 规范的地震影响系数的特点是：

1 同样烈度、同样场地条件下的反应谱形状，随着震源机制、震级大小、震中距远近等的变化，有较大的差别，影响因素很多。在继续保留烈度概念的基础上，把 6～8

地震影响系数

ζ	η_2	γ	η_1
0.01	1.52	0.97	0.025
0.02	1.32	0.95	0.024
0.05	1.00	0.90	0.020
0.10	0.78	0.85	0.014
0.20	0.63	0.80	0.001
0.30	0.56	0.78	0.000

计规律。在 $T=6T_g$ 附近，新的地震影响系数值比89规范约增加15%，其余范围取值的变动更小。

3 为了与我国地震动参数区划图接轨，89规范的设计近震和设计远震改为设计地震分组。地震影响系数的特征周期 T_g，即设计特征周期，不仅与场地类别有关，而且还与设计地震分组有关，可更好地反映震级大小、震中距和场地条件的影响。

4 为了适当调整和提高高结构的抗震安全度，Ⅰ、Ⅱ、Ⅲ类场地的设计特征周期89规范值约增大了0.05s。同理，罕遇地震作用时，设计特征周期 T_g 值也适当延长。这样处理远震比较符合近年来得到的大量地震加速度资料的统计结果。与89规范相比，安全度有一定提高。

5 考虑到不同结构类型建筑的抗震设计需要，提供了不同阻尼比（0.01～0.20）地震影响系数曲线相对于标准强震地震影响系数的修正方法。根据实际强震记录的统计分析结果，这种修正幅度最大，这种修正幅度最平台段（$\alpha=\alpha_{max}$），修正幅度最大；在反应谱上升段（$T<T_g$）和下降段（$T>T_g$），修正幅度变小；在曲线两端（0s和6s），不同阻尼比下的 α 系数趋向接近。表达式为：

上升段：

$$[0.45+10(\eta_2-0.45)T]\alpha_{max}$$

水平段：

$$\eta_2\alpha_{max}$$

曲线下降段：

$$(T_g/T)^\gamma\eta_2\alpha_{max}$$

倾斜下降段：

$$[0.2^\gamma\eta_2-\eta_1(T-5T_g)]\alpha_{max}$$

对应于不同阻尼比计算地震影响系数的调整系数如下：当 η_2 小于0.55时取0.55；当 η_1 小于0.0时取0.0。

6 现阶段仍采用抗震设防烈度对应的水平地震影响系数最大值 α_{max}，多遇地震烈度和罕遇地震烈度分别对应于50年设计基准期内超越概率为63%～3%的地震烈度，也就是通常所说的小震烈度和大震烈度。为了与中国地震动参数区划图接口，表5.1.4中的 α_{max} 除沿用89规范6、7、8、9度所对应的设计基本加速度值外，特于7～8度、8～9度之间各增加一档，用括号内的数字表示，分别对应于设计基本地震加速度为0.15g和0.30g。

5.1.6 在强烈地震下，结构和构件并不存在最大承载能力极限状态的可靠验算。从根本上说，抗震验算应该是弹塑性极限状态的验算。研究表明，结构在罕遇地震作用下结构的不同而形的变形和其最大承载能力有密切的联系，但因结构的不同而异。本次修订继续保持89规范关于不同的结构采取不同验算方法的规定。

1 当地震作用在结构设计中基本上不起控制作用时，对大多数建筑，以及被地震所验证者，可不做抗震验算（以后各章同），只需满足有关抗震构造要求。但"较高的高层建筑"，诸如高于40m的钢筋混凝土民用房屋和类似的工业厂房，高于60m的其他钢筋混凝土民用房屋，以及高层钢结构房屋，其基本周期可能大于Ⅳ类场地的设计特征周

周期 T_g，则 6 度的地震作用值可能大于同一建筑在 7 度 II 类场地地下的取值，此时仍须进行抗震验算。

2 对于大部分结构，包括 6 度设防的上述较高的高层建筑，可以将设防烈度地震下的变形验算，转换为按弹性分析所得的地震作用效应（内力）作为额定统计的指标，进行承载力极限状态的验证，即只需满足第一阶段的设计要求，就可具有与 78 规范相同的抗震承载力的可靠性，保持了规范的延续性。

3 我国历次大地震的经验表明，发生高于基本烈度的地震是可能的，设计时考虑"大震不倒"是必要的，规范增加了对薄弱层进行罕遇地震下变形验算，即满足第二阶段设计的要求。89 规范仅对框架、填充墙框架、高大单层厂房等（这些结构，由于存在明显的薄弱层，在唐山地震中倒塌较多）及特殊要求的建筑做了要求，本次修订增加了其他结构，如各类钢筋混凝土结构、钢结构，采用隔震和消能减震技术的结构，进行第二阶段设计的要求。

5.2 水平地震作用计算

5.2.1 底部剪力法视多质点体系为等效单质点体系。根据大量的计算分析，89 规范做了如下规定，本次修订未做修改：

1 引入等效质量系数 0.85，它反映了多质点系底部剪力值与对应单质点系（质量等于多质点系总质量，周期等于多质点系基本周期）剪力值的差异。

2 地震作用沿高度倒三角形分布，在周期较长时顶部误差可达 25%，故引入沿高度结构周期和场地类别地震点的顶点附加集中地震力沿高度分布以调整。单层厂房沿高度分布在第 9 章中已另有规定，故本条不重复调整（取 $\delta_n = 0$）。对内框架房屋，根据震害的总结，并考虑到现有计算模型的不精确，建议取 $\delta_n = 0.2$。

5.2.2 对于振型分解法，由于时程分析法亦可利用振型分解法进行计算，故加上"反应谱"以示区别。为使高柔建筑的分析精度有所改进，其组合的振型个数适当增加。振型个数一般可以取振型参与质量达到总质量 90% 所需的振型数。

5.2.3 地震扭转反应是一个极其复杂的问题，一般情况，宜采用较规则的结构体型，即使楼层"计算刚心"和质心重合，以避免扭转效应。体型复杂的建筑结构，任仍然存在明显的扭转反应。因此，89 规范规定，考虑结构扭转效应时，一般只能取各楼层质心为相对坐标原点，按多维振型分解法计算，其振型效应彼此耦连，组合用完全二次型方根法，可以由计算机运算。

89 规范扭转效应系数法，提出了许多简化计算方法，例如，扭转修订过程中，表示扭转时某幅抗侧力构件按平动分析的层剪力效应的增大系数的增大，物理概念明确，对低于 40m 的框架结构，接近于两串联轴线时，根据上千个算例的分析，若偏心率 ϵ 满足 $0.1 < \epsilon < 0.3$，则边榀框架的扭心参数的计算公式是 $\epsilon = e_y S_y / (K_\phi/K_x)$，其中，$S_y$，$e_y$ 分别为 i 层刚心和 i 层边榀框架距 i 层以上总质心的距离（y 方向），K_x，K_ϕ 分别为 i 层平动刚度和绕质心的扭转刚度。其他类型结构，如单层厂房也有相应的扭转效应系数。对单层结构，多用基于刚心和质心概念的动力偏心距方法估计。这些简化方法各有一定的适用范围，故规范要求在准确依据时才可用来近似估计。

本次修订的主要改进如下：

1 即使对于平面规则的建筑结构,国外的多数抗震设计规范也考虑由于施工、使用等原因所产生的偶然偏心引起的地震扭转效应及地震地面运动扭转分量的影响。本次修订要求,规则结构不考虑扭转耦联计算时,应采用增大边榀结构地震内力的简化处理方法。

2 增加了考虑双向水平地震作用下的地震效应组合。根据强震观测记录的统计分析,二个水平方向地震加速度的最大值不相等,二者之比约为1:0.85;而且两个方向的最大值不一定发生在同一时刻,因此采用平方和开方计算二个方向地震作用效应的组合。条文中的地震作用下在每个构件的局部坐标方向,如 x 方向的最大弯矩 M_{xx},为考虑 y 向地震作用下在该构件同一局部坐标方向的弯矩 M_{xy},按不利情况考虑时,则取上述组合的最大弯矩对应的剪力,或上述组合的最大剪力对应的弯矩,或上述组合的最大轴力与上述组合的弯矩等等。

3 扭转刚度较小的结构,第一振型为扭转或类似扭转,例如某些核心筒-外稀柱框架结构或较高的高层建筑,$T_\theta > 0.7T_{x1}$,或 $T_\theta > 0.7T_{y1}$,或 $0.7T_\theta > T_{x2}$,或 $0.7T_\theta > T_{y2}$,均应考虑地震扭转效应。但如果考虑地震扭转效应及偶然偏心引起的地震效应后仍然不安全,应采取以策安全,但二者不叠加计算。

4 增加了不同阻尼比时耦联系数的计算方法,以供高层钢结构等使用。

5.2.4 对于顶层带有空旷大房间的房屋、不宜视为突出屋面的小屋并采用底部剪力法乘以增大系数的办法计算地震作用效应,而应视为与结构体系有关。

5.2.5 由于地震影响系数在长周期段下降较快,对于基本周期大于3.5s的结构,由此计算所得的水平地震作用下的结构效应可能太小。而对于长周期结构,地震动态作用中的地面运动速度和位移可能对结构的破坏具有更大影响,但是规范所采用的振型分解反应谱法尚无法对此作出估计。出于结构安全的考虑,增加了对各楼层水平地震剪力最小值的要求,规定了不同烈度下的剪力系数,结构水平地震作用效应应据此进行相应调整。

扭转效应结果与同一个量级,例如前二个振型中,二个水平方向的扭转效应明显,剪力系数取 $0.2\alpha_{max}$。对于扭转效应参与系数同与基本周期小于3.5s的结构,对于竖向不规则的结构,突变部位的抗震薄弱楼层,尚应按本规范第3.4.3条的规定,再乘以1.15的系数。

本条规定不考虑阻尼比的不同,是最低要求,各类结构,包括隔震和消能减震结构均需一律遵守。

5.2.7 由于水平地震作用与结构动力相互作用的影响,按刚性地基分析的水平地震作用在一定范围内有明显的折减。考虑到我国的地震作用取值与国外相比还较小,故仅在必要时才利用这一折减。研究表明,水平地震作用的折减系数随结构周期的增大而减小,结构自振周期、上部结构和地基阻尼特等因素有关,柔性地基上的建筑结构,水平地震作用的折减量感大。89规范在统计分析基础上建议,框架结构剪力系数折减10%,抗震墙结构折减15%~20%。研究表明,折减量与上部结构的刚度有关,同样高度的框架结构，其刚度明显小于抗震墙结构，水平地震作用的折减量也减小。当此规定了可忽略地基与结构动力相互作用的结构自振周期的范围和折减。

研究表明，对于高宽比较大的高层建筑，考虑地基与结构动力相互作用后水平地震作用的折减系数并非各楼层均为同一常数，由于高振型的影响，结构上部几层的水平地震作用不宜折减。大量计算分析表明，折减楼层沿高度的变化较符合抛物线型分布，本条提供了建筑顶部和底部的折减系数的计算公式，对于中间楼层，采用按高度线性插值方法计算折减系数。

5.3 竖向地震作用计算

5.3.1 高层建筑的竖向地震作用计算，是89规范增加的规定。根据输入竖向地震加速度波的时程反应分析发现，高层建筑由竖向地震引起的轴向力在结构的上部明显大于底部，是不可忽视的。作法是简化的，原则上与水平地震作用的底部剪力法类似，结构竖向振动的基本周期较短，总竖向地震作用可表示为竖向地震影响系数最大值和等效总重力荷载代表值的乘积，也采用倒三角形分布，在楼层平面内的分布，则按构件所承受的重力荷载代表值分配，只是等效质量系数取0.75。

根据台湾921大地震的经验，本次修订要求，高层建筑竖向地震作用效应，应乘以增大系数1.5，使结构总竖向地震作用标准值，8、9度分别略大于重力荷载代表值的10%和20%。

隔震设计时，由于隔震垫不隔离竖向地震作用，与隔震

后结构的水平地震作用相比，竖向地震作用任任不可忽视，计算方法在本规范第12章具体规定。

5.3.2 用反应谱法、时程分析法等进行结构竖向地震反应的计算分析表明，对平板型网架和大跨度屋架各主要杆件，竖向地震内力和重力荷载下的内力之比值，彼此相差一般不太大，此比值随烈度和场地条件而异，且当周期大于设计特征周期时，比值反而有所下降，由于目前常用的跨度范围内，这个下降还不很大，为了简化，略去跨度的影响。

5.3.3 对长悬臂等大跨度结构的竖向地震作用计算，本次修订未修改，仍采用78规范的静力方法。

5.4 截面抗震验算

本节基本同89规范，仅按《建筑结构可靠度设计统一标准》的修改，对符号与表达做了补充了钢结构的 γ_{RE}。

5.4.1 在设防烈度的地震作用下，结构构件的承载力的可靠指标 ρ 是负值，难于按《统一标准》分析，本规范第一阶段的抗震设计取相当于众值烈度下的弹性地震作用作为额定指标，此时的设计表达式可按《统一标准》处理。

1 地震作用分项系数的确定

在众值烈度下的地震作用，应视为可变作用而不是偶然作用。根据《统一标准》中确定直接作用（荷载）分项系数的方法，通过综合比较，本规范对水平地震作用，确定 $\gamma_{Eh} = 1.2$，至于竖向地震作用分项系数，确定 $\gamma_{EV} = 1.3$。当竖向与水平地震作用同时考虑时，根据加速度峰值记录和反应谱的分析，二者的组合比为

1:0.4，故此时 $\gamma_{Eh}=1.3$，$\gamma_{EV}=0.4\times1.3\approx0.5$。此外，按照《统一标准》的规定，当重力荷载对结构构件承载力有利时，取 $\gamma_G=1.0$。

2 抗震验算中作用组合值系数的确定

本规范在计算地震作用时，已经考虑了地震作用与各种重力荷载（恒荷载与活荷载、雪荷载等）的组合问题，在第5.1.3条中规定了一组组合值系数，形成了抗震验算中沿用78规范和计算地震作用的重力荷载代表值。本规范继续沿用78规范在重力荷载和地震作用下相同的组合值系数的规定，并避免出现两种不同的组合值系数。因此，本条中仅有关出现风荷载的组合值系数，并按《统一标准》的方法，将78规范的取值予以转换得到。这里，所谓风荷载起控制作用，指风荷载和地震作用产生的总剪力和倾覆力矩相当的情况。

3 地震作用效应标准值的效应

规范的抗震设计组合是建立在弹性分析叠加原理基础上的，考虑到采用弹塑性模型计算结构内力与弹性内力的分布差异等因素，本条中还规定，对地震作用效应 η，如突出屋面小建筑、天窗架、高低跨厂房交接处的柱子、框架柱、底层框架-抗震墙结构的柱端和抗震墙底部加强部位的剪力等的增大系数。

4 关于重要性系数

根据地震作用的特点，抗震设计的现状，以及抗重要性分类与《统一标准》中安全等级的差异，重要性系数对抗震设计的实际意义又不大，本规范对建筑重要性的处理仍采用抗震措施的改变来实现，不考虑此项系数。

结构在设防烈度下的抗震验算根本上应该是弹塑性变形验算，但为减少验算工作量并符合设计习惯，对大部分结构，将变形验算转换为众值烈度地震作用下构件承载能力验算的形式来表现。按照《统一标准》的原则，89规范与78规范有相同的可靠指标，本次修订略有提高。基于此前提，在确定地震作用分项系数的同时，则可得到与抗力标准值 R_k 相应的最优抗力设计值 R_{dE}（即抗力分项系数取1.0或不出现）。本规范砌体结构的截面抗震抗力分项系数就是这样处理的。

现阶段大部分结构构件截面抗震验算时，采用了各有关规范的承载力设计值 R_d，因此，抗震设计的抗力分项系数，就相应地变为承载力设计值的抗震调整系数 γ_{RE}，即 $\gamma_{RE}=R_d/R_{dE}$ 或 $R_{dE}=R_d/\gamma_{RE}$ 还需注意，地震作用下结构的弹塑性变形可直接依赖于结构实际的屈服强度（承载力），本节的承载力是设计值，不可误为标准值来进行本章第5节要求的弹塑性变形验算。

5.5 抗震变形验算

5.5.1 根据本规范所提出的抗震设防三个水准的要求，采用二阶段设计方法来实现，即：在多遇地震作用下，建筑主体结构不受损坏，非结构构件（包括围护墙、隔墙、幕墙、内外装修等）没有过重破坏并导致人员伤亡，保证建筑的正常使用功能；在罕遇地震作用下，建筑主体结构遭受破坏或严重破坏但不倒塌。根据各国规范的规定，震害经验和实验研究结果及工程实例的统计分析，当前采用层间位移角作为衡量结构变形能力从而判别是否满足建筑功能要求的指标是合理

本次修订，扩大了弹性变形验算的范围。对各类钢筋混凝土结构和钢结构的弹性变形要求进行多遇地震作用下的弹性变形验算，实现第一水准下的设防要求。弹性变形计算时，各作用分项系数均取1.0。钢筋混凝土结构，一般可取弹性刚度；当计算的极限状态的验算，各作用分项系数均取1.0。钢筋混凝土结构，宜适当考虑裂缝截面开裂后的刚度折减，如取 $0.85E_cI_c$ 的刚度。

第一阶段设计，变形验算以弹性层间位移角表示。不同结构类型给出弹性层间位移角限值的结果，主要依据国内外大量的试验研究和有限元分析的结果，以钢筋混凝土构件（框架柱、抗震墙等）开裂时的层间位移角作为多遇地震下结构弹性层间位移角限值。

计算时，一般不扣除由于结构平面不对称引起的扭转效应和重力 $P-\Delta$ 效应所产生的水平相对位移；高度超过150m 或 $H/B>6$ 的高层建筑，可以扣除结构整体弯曲所产生的楼层水平绝对位移，因为以弯曲变形为主的高层建筑结构，这部分位移在计算的层间位移中占有相当的比例，加以扣除比较合理。如未扣除时，位移角限值可有所放宽。

框架结构试验结果表明，对于开裂层间位移角，不开洞填充墙框架为 1/2500，开洞填充墙框架为 1/926；有限元分析结果表明，不带填充墙和无填充墙时为 1/800，不开洞填充墙时为 1/2000，不再区分有无填充墙和无填充墙，均按 89 规范的 1/550 采用，并对构件截面弹性刚度计算。

对于框架-抗震墙结构的抗震墙，其开裂层间位移角：试验结果为 1/3300~1/1100，有限元分析结果为 1/4000~1/2500，取二者的平均值约为 1/3000~1/1600。统计了我国近十年来建成的 124 幢钢筋混凝土框-筒、筒-筒结构高层建筑的结构抗震计算结果，在多遇地震作用下的最大弹性层间位移均小于 1/800，其中 85% 小于 1/1200。因此对框-筒、板柱-墙、框-筒中筒结构的弹性层间位移角限值范围为1/800；对抗震墙和筒中筒结构层间弹性位移角限值范围为1/1000，与现行的混凝土高层规程相当；对框支层要求较严，取 1/1000。

钢结构在弹性阶段的层间位移限值，日本建筑法施行令定为层高的 1/200，参照美国加州规范 (1988) 对基本自振周期大于 0.7s 的结构的规定，取 1/300。

5.5.2 震害经验表明，如果建筑结构中存在薄弱层或薄弱部位，在强烈地震作用下，由于结构薄弱部位产生了弹塑性变形，结构构件严重破坏甚至引起结构倒塌；属于乙类建筑的生命线工程中的关键部位在强烈地震作用下遭受破坏将带来严重后果，或产生次生灾害或救灾、恢复重建及生产、生活造成很大影响。除了 89 规范所规定的高大的单层工业厂房的横向排架、楼层屈服强度系数小于 0.5 的框架结构、底部框架砖房等之外，板柱-抗震墙及结构体系不规则的某些高层建筑结构和乙类建筑也要求进行罕遇地震作用下的抗震变形验算。采用隔震和消能减震技术的建筑结构，对隔震和消能减震部件有位移限制要求，在罕遇地震作用下隔震和消能减震部件应能起到降低地震效应和保护主体结构的作用，因此要求进行抗震变形验算。但考虑到弹塑性变形计算的复杂性和缺乏实用计算软件，对不同的建筑结构提出不同的要求。

5.5.3 对建筑结构在罕遇地震作用下薄弱层（部位）弹塑性变形计算，12 层以下且层刚度无突变的框架结构及单层钢筋混凝土柱厂房采用规范的简化方法计算；较为精确的结构弹塑性分析方法,可以是三维的静力弹塑性(如push-over方法)或弹塑性时程分析方法;有时尚可采用塑性内力重分布的分析方法等。

5.5.4 钢筋混凝土框架结构及高大单层钢筋混凝土厂房等结构,在大地震中往往受到严重破坏甚至倒塌。实际震害分析及实验研究表明,除了这些结构刚度相对较小而变形较大外,更主要的是存在承载力验算所没有发现的薄弱部位——其承载力本身虽满足设计地震作用下抗震承载力的要求,却比相邻部位要弱得多。对于单层厂房,破坏部位是上柱,因为在8度Ⅲ、Ⅳ类场地和9度区,破坏部位是上柱,对于柱底部承载力一般相对较小且其下端下柱按条件不如下柱。对于柱底部一般相对较小且其下端支承条件不如下柱。对柱底部抗震墙-抗震墙框架结构,变形部是明显的薄弱连结构。

目前各国规范的变形估计公式有三种:一是假想的完全弹性计算;二是将额定的地震作用下的弹性变形乘以放大系数;三是按时程分析法等专门程序计算,其中采用额定的地震作用下的弹性变形乘以放大系数。即 $\Delta u_p = \eta_p \Delta u_e$,其中采用第二种的最多,本次修订继续保持89规范所采用的方法。

1 89规范修订过程中,根据数千个1~15层剪切型结构采用理想弹塑性恢复力模型进行弹塑性时程分析的计算结果,获得如下统计规律:

1) 多层结构存在"塑性变形集中"的薄弱层是一种普遍现象,其位置,对屈服强度系数 ξ_y 分布均匀的结构多在底层,分布不均匀的结构则在 ξ_y 最小处和相对较小处,单层厂房在在上柱。

2) 多层剪切型结构薄弱层弹塑性变形与弹性层间变形之间有相对稳定的关系:

即对于屈服强度系数 ξ_y 均匀分布的多层结构,其最大的层间

塑性变形增大系数 η_p,可按层数和 ξ_y 的差异用表格形式给出;对于 ξ_y 不均匀的结构,其情况复杂,在弹性刚度沿高度变化较缓时,可近似用均匀结构的 η_p 适当放大取值;对其他情况,一般需用静力弹塑性分析、弹塑性时程分析或内力重分布方法等予以估计。

2 本规范的设计反应谱是在大量单质点弹性反应分析基础上统计得到的"平均值",弹塑性变形增大系数也是在统计意义下有一定的可靠性。当然,还应注意简化方法都有其适用范围。

此外,如采用延性系数来表示多层结构的层间变形,可用 $\mu = \eta_p / \xi_y$ 计算。

3 计算结构楼层或构件的屈服强度系数时,实际承载力应取截面的实际配筋和材料强度标准值计算,钢筋混凝土梁柱的正截面受弯实际承载力公式如下:

梁: $M^a_{byk} = f_{yk} A^a_{sb} (h_{b0} - a'_s)$

柱: 轴向力满足 $N_G / (f_{ck} b_c h_c) \leq 0.5$ 时,

$M^a_{cyk} = f_{yk} A^a_{sc} (h_0 - a'_s) + 0.5 N_G h_c (1 - N_G / f_{ck} b_c h_c)$

式中 N_G 为对应于重力荷载代表值的柱轴压力(分项系数取1.0)。

注:上角 a 表示"实际的"。

4 本次修订利用DRAIN-2D程序对三跨的平面钢框架和中跨为交叉支撑的三跨钢结构进行了不同层数钢框架和钢筋混凝土支撑结构的薄弱层层间弹塑性位移的简化计算公式开展了研究,对不超过20层的钢框架和钢筋混凝土框架-支撑结构的薄弱层层间弹塑性位移的简化计算公式开展了研究。主要计算参数如下:结构周期,框架取0.1N(层数),支撑框架0.09N;恢复力模型,框架取屈服后刚度为弹性刚度0.02的不退化双线性模型,支撑框架的恢复力

1—153

形主要由构件关键受力部位的弯曲变形、剪切变形和节点受拉钢筋的滑移变形等三部分非线性变形组成。影响结构层间位移限值的因素很多,包括:梁柱的相对强弱关系、配箍率、轴压比、剪跨比、混凝土强度等级、配筋率等,其中轴压比和配箍率是最主要的因素。

根据钢筋混凝土框架结构的层间位移是楼层梁、柱节点弹塑性变形的综合结果,美国对 36 个梁-柱组合试件试验结果表明,极限侧移角的分布为 1/27～1/8,我国对数十榀填充墙框架的试验结果表明,不开洞填充墙和开洞填充墙框架的极限侧移角平均为 1/30 和 1/38。本条规定框架和板柱-抗震墙的位移角限值为 1/50 是留有安全储备的。

由于底部框架砖房沿竖向存在刚度突变,因此对框架部分适当从严;同时,考虑到底部框架结构带一定数量的抗震墙,故类比框架-抗震墙结构,取位移角限值为 1/100。

钢筋混凝土结构在罕遇地震作用下,抗震墙要比框架柱先进入弹塑性状态,而且最终破坏也相对集中在抗震墙单元。日本对 176 个带边框抗震墙的试验研究表明,抗震墙的极限位移角的分布为 1/333～1/125。国内对 11 个带边框低矮抗震墙试验所得到的极限位移角分布为 1/192～1/112。在上述试验研究结果的基础上,取 1/120 作为抗震墙和筒中筒结构的弹塑性层间位移角限值。考虑到框架-抗震墙结构、板柱-抗震墙和框架-核心筒结构中大部分水平地震作用由抗震墙承担,弹塑性层间位移角限值可比框架结构的框架柱严,但比抗震墙结构中筒结构要松,故取 1/100。高层钢结构具有较高的变形能力(容纳人数较多,Ⅱ类地区危险性建筑),美国 ATC3—06 规定,层间最大位移角限值为 1/67;美国 AISC《房屋钢结构抗震规定》(1997)中规定,与小震

模型同时考虑了压屈屈服后的强度退化和刚度退化;楼层屈服剪力,框架的一般层约为底层的 0.7,支撑框架约为底层的 0.9;底层的屈服强度系数为 0.7～0.3;在支撑框架中,支撑承担的地震剪力为总地震剪力的 75%,框架部分承担 25%;地震波取 80 条天然波。

根据计算结果的统计分析发现:①纯框架结构的弹塑性位移反应与弹性位移反应差不多,弹塑性位移增大系数接近 1;②楼层屈服强度系数较小时,弹塑性位移增大系数减小;③支撑框架的弹塑性位移增大系数大于框架结构。由于支撑的屈曲失效效应,支撑框架以下是 15 层和 20 层钢结构的弹塑性增大系数统计分析值(平均值加一倍方差):

屈服强度系数	15 层框架	20 层框架	15 层支撑框架	20 层支撑框架
0.50	1.15	1.20	1.05	1.15
0.40	1.20	1.30	1.15	1.25
0.30	1.30	1.50	1.65	1.90

上述统计值与 89 规范对剪切型结构的统计值有一定的差异,可能与钢结构基本周期较长,弯曲变形所占比重较大,采用杆系模型的楼层屈服强度系数计算,以及钢结构恢复力模型的屈服后刚度取为初始刚度的 0.02 而不是理想弹塑性恢复力模型等有关。

5.5.5 在罕遇地震作用下,结构要进入弹塑性变形状态。根据震害经验、试验分析和计算结果,提出以构件(梁、柱、墙)和节点达到极限变形时的层间位移角限值作为罕遇地震作用下结构弹塑性层间位移角限值的依据。

国内外许多研究结果表明,不同结构类型的不同结构构件的弹塑性变形能力是不同的,钢筋混凝土结构的弹塑性变

6 多层和高层钢筋混凝土房屋

6.1 一般规定

6.1.1 本章适用范围，除了89规范已有的框架结构、框架-抗震墙结构和抗震墙（包括有一、二层框支墙的抗震墙）结构外，增加了简体结构和板柱-抗震墙结构。

对采用钢筋混凝土材料的高层建筑，从安全和经济诸方面综合考虑，其适用高度的最大适用高度限制。框架结构、框架-抗震墙结构和抗震墙结构包括框架-核心筒和筒中筒结构，在高层建筑中应用较多。框架-核心筒存在抗扭不利及加强层建筑空间变同问题，其适用高度略低于筒中筒。板柱结构有利于节约建筑空间及平面布置的灵活性，但板柱节点较弱，不利于抗震。1988年墨西哥地震充分说明板柱结构的弱点。本规范对板柱结构造的应用范围限于板柱-抗震墙体系，对节点构造有较严格的要求。框架-核心筒结构中，带有一部分仅承受竖向荷载的无梁楼盖时，不作为板柱-抗震墙结构，其最大适用高度一般降低不规则或Ⅳ类场地的结构，其最大适用高度一般降低20%左右。

当钢筋混凝土结构的房屋高度超过最大适用高度时，应通过专门研究，采取有效加强措施，必要时需采用型钢混凝土结构等，并按建设部部长令的有关规定上报审批。

6.1.2、6.1.3 钢筋混凝土结构的抗震措施，包括内力调整和抗震构造措施，不仅要按建筑抗震设防类别区别对待，而

I—155

相比，大震时的位移角放大系数，对双重抗侧力体系中的框架-中心支撑结构取5，对框架-偏心支撑结构，取4。如果弹性位移角限值为1/300，则对应的弹塑性位移角限分别大于1/60和1/75。考虑到钢结构具有较好的延性，弹塑性层间位移角限值适当放宽至1/50。

鉴于甲类建筑在抗震安全性上的特殊要求，其层间位移角限值应专门研究确定。

且要按抗震等级划分，是因为同样烈度下结构体系、不同高度有不同的抗侧力构件的抗震要求。例如：次要抗侧力构件地震反应大，位移延性的要求也较高，墙肢底部塑性较区别，墙底底部曲率延性要求也较高。场地土同时抗震构造措施也有区别，如Ⅲ类场地的所有建筑及Ⅳ类场地抗震较高的高层建筑。

本章条文中，"×级框架"包括框架结构、框架-抗震墙结构、框支层和框架-核心筒结构、板柱-抗震墙结构中的框架，"×级框架结构"仅对框架结构而言，"×级抗震墙"包括抗震墙结构、框架-抗震墙结构、筒体结构中的抗震墙。

本次修订，淡化了高度对抗震等级的影响，6度至8度均采用同样的高度分界，使同样高度的房屋，抗震设防烈度不同时有不同的抗震等级。对8度设防界较89规范略有降低，抗震等级的高度分界较89规范略有扩大。一、二级范围。

本次修订规范抗侧力构件，其框架部分是次要抗侧力构件，可按框架底部承受的地震倾覆力矩规范。89规范要求抗震墙底部承受的地震倾覆力矩不小于结构总地震倾覆力矩的50%。为了便于操作，本次修订改为在基本振型地震作用下，框架承受的地震倾覆力矩小于结构总地震倾覆力矩的50%时，其框架部分的抗震等级按框架-抗震墙结构的规定划分。

框架-抗震墙结构在基本振型地震作用下框架部分承受的地震倾覆力矩可按下式计算：

$$M_c = \sum_{i=1}^{n}\sum_{j=1}^{m}V_{ij}h_i$$

式中 M_c ——框架-抗震墙结构在基本振型地震作用下框架部分承受的地震倾覆力矩；

n ——结构层数；

m ——框架 i 层的柱根数；

V_{ij} ——第 i 层 j 根框架柱的计算地震剪力；

h_i ——第 i 层层高。

裙房与主楼相连，裙房屋面部位的主楼上下各一层刚度与承载力突变影响较大，抗震措施需要适当加强。裙房与主楼之间设防震缝，在大震作用下可能发生碰撞，也需要采取加强措施。

带地下室的多层和高层建筑，当地下室结构的刚度和受剪承载力比上部楼层相对较大时（参见第6.1.14条），地下室顶板可视作固定嵌固部位。在地震作用下的屈服部位将发生在地上楼层，同时将影响到地下一层。地面以下地震响应虽然逐渐减小，但地下一层的抗震等级不能降低，根据具体情况，地下二层的抗震等级可按三级或按更低等级。

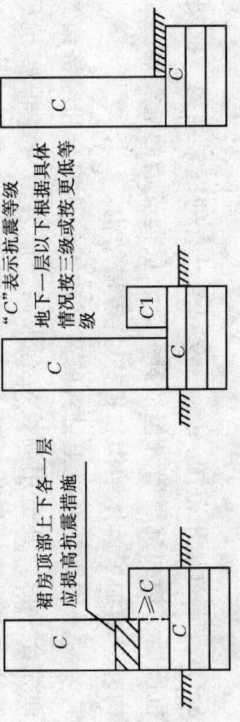

图6.1.3 裙房和地下室的抗震等级

6.1.4 震害表明，本条规定的防震缝宽度，在强烈地震下相邻结构仍可能局部碰撞而损坏，但宽度过大给立面处理造成困难。因此，高层建筑宜选用合适的建筑结构方案而不设置防震缝，同时采用合适的计算方法和有效措施，以消

6.1.8 在框架-抗震墙结构中，抗震墙是主要抗侧力构件，防止开设大洞口，防止刚度突变或承竖向布置应连续，墙中不宜开设大洞口，应具备一定耗能载力削弱，连梁的抗震墙的连梁作为第一道防线，抗震截面宜具有适当的刚度和承载能力，连梁截面具有适当的刚度和承载能力。89规范判别连梁的强弱采用约束总弯矩比值法，取地震作用下楼层肢截面总弯矩是否大于该楼层及以上各层连梁总约束弯矩的5倍为分界。为了便于操作，本次修订改用跨高比和截面高度的规定。

6.1.9 较长的抗震墙，要开设洞口分成较均匀的若干墙段，使各墙段的高宽比大于2，避免剪切破坏，提高变形能力。

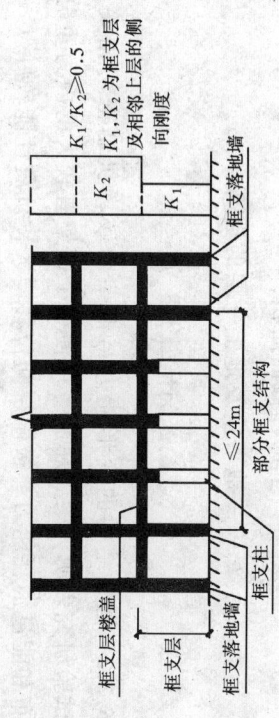

图6.1.9 框支结构示意图

6.1.10 抗震墙的底部加强部位属于抗震不利的结构范围及其上部的一定范围，其目的是在此范围内采取增加边缘构件箍筋和墙体横向钢筋等必要的抗震加强措施，避免脆性的剪切破坏，改善整个结构的抗震性能。89规范的底部加强部位考虑了墙肢高度和长度，由于墙肢长度不同，将导致加强部位不一致。为了简化抗震构造，本次修订改为只考虑高度因素。

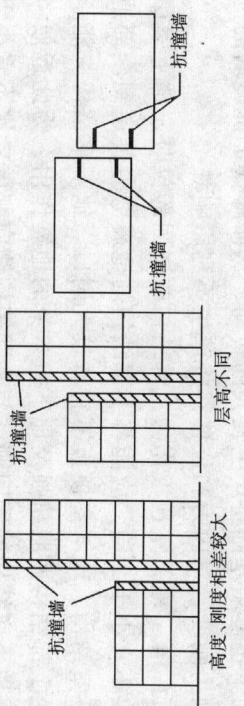

图6.1.4 抗撞墙示意图

除不设防震缝带来的不利影响。

防震缝可以结合沉降缝要求贯通到地基，当无沉降问题时也可以从基础或地下室顶板以上贯通。当有多层地下室，上部结构为带裙房的单塔或多塔结构，地下室顶板有良好的整体性和刚度，能将上部结构地震作用分布到地下室结构。

8、9度框架结构可在地下室顶板以下设置钢筋混凝土抗撞墙，可在地下室顶板以上分隔，地下室结构沿全高设置垂直于防震缝的抗撞墙，以减少防震缝两侧碰撞时的破坏。

6.1.5 梁中线与柱中线之间有较大偏心距时，在地震作用下可能导致核心区剪面积不足，对柱的抗震带来不利的扭转效应。当偏心距超过1/4柱宽时，应进行具体分析采取有效措施，如采用水平加腋梁及加强柱的箍筋等。

6.1.6 楼、屋盖平面内的变形，将影响楼层水平地震作用在各抗侧力构件之间的分配。为使楼、屋盖具有传递水平地震作用的刚度，从78规范起，就提出了不同烈度下抗震墙之间不同楼、屋盖类型楼、屋盖平面内变形对楼层水平地震作用分配的影响。

外，不应小于地上一层对应柱每侧纵筋面积的1.1倍。当进行方案设计时，侧向刚度比可用下列剪切刚度比γ估计：

$$\gamma = \frac{G_0 A_0 h_0}{G_1 A_1 h_1} \quad (6.1.14-1)$$

$$[A_0, A_1] = A_w + 0.12 A_c \quad (6.1.14-2)$$

式中 G_0、G_1——地下室及地上一层的混凝土剪变模量；
A_0、A_1——地下室及地上一层的折算受剪面积；
A_w——在计算方向上，抗震墙全部有效面积；
A_c——全部柱截面面积；
h_0、h_1——地下室及地上一层的层高。

6.2 计算要点

6.2.2 框架结构的变形能力与框架的破坏机制密切相关。试验研究表明，梁先屈服，可使整个框架有较大的内力重分布和耗能能力，极限层间位移增大，抗震性能较好。在强震作用下结构构件不存在储备，柱端实际达到的弯矩与其受弯承载力是相等的。这是地震作用效应的一个特点。因此，所谓"强柱弱梁"指的是：节点处梁端实际受到的偏压下的受弯承载力 M_{by}^a 和柱端实际受弯承载力 M_{cy}^a 之间满足下列不等式：

$$\Sigma M_{cy}^a > \Sigma M_{by}^a$$

这种概念设计，由于地震的复杂性，楼板的影响和钢筋屈服强度的超强，难以通过精确的计算真正实现。国外的抗震规范多以设计承载力超强或将钢筋抗拉强度乘以超强系数。

素。当墙肢总高度小于50m时，参考欧洲规范，取墙肢总高度的1/6，相当于2层的高度；当墙肢总高度大于50m时，取墙肢总高度的1/8；当墙肢总高度大于150m时，《高层建筑混凝土结构设计规程》要求取总高度的1/10。为了相互衔接，增加一项不超过15m的规定。

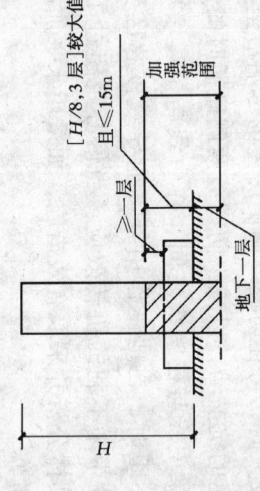

图6.1.10 抗震墙底部加强部位

带有大底盘的高层抗震墙（包括筒体）结构，抗震墙（筒体）墙肢向下延伸到地下室一层，加强部位可取地下室顶板以上 $H/8$，加强范围应向下延伸到地下一层，在大底盘顶板以上至少包括一层。裙房与主楼相连时，加强范围都应高出裙房至少一层。

6.1.12 当地基土较弱，基础刚度和整体性较差，在地震作用下的基础将产生较大的转动，从而降低了抗震墙的抗侧刚度和位移延性，对此影响将产生不利影响。

6.1.14 地下室顶板作为上部结构的嵌固部位时，地下室层数不宜小于2层，应能将上部结构的地震剪力传递到地下结构。地下室顶板不宜有较大洞口。地下室本身的地震作用，受上部结构屈服超强及地下室本身的地震作用，为此近似不宜小于考虑地下室结构的侧向刚度与上部结构侧向刚度之比不宜小于2，地下室柱截面每一侧的纵向钢筋面积，除满足计算要求

本规范的规定只在一定程度上减缓柱端的屈服。一般采用增大柱端弯矩设计值的方法。在梁端实配钢筋不超过计算配筋10%的前提下，将承载力不等式转换为内力设计值的关系式，并使不同抗震等级弯矩设计值有不同程度的差异。

对于一级，89规范除了用增大系数的方法之外，还提出了采用梁端实配钢筋面积和材料强度标准值计算的抗震受弯承载力所对应的弯矩值来提高的方法。这里，抗震承载力验算公式本规范5章的 $R_E = R/\gamma_{RE}$，此时必须将抗震承载力验算公式取等号转换为对应的内力，即 $S = R/\gamma_{RE}$。当计算梁端抗震承载力时，若计入楼板的钢筋，且材料强度标准值考虑一定的超强系数，则可提高框架结构"强柱弱梁"的程度。89规范规定，一级的增大系数可根据工程经验估计节点左右梁端弯矩设计值针对方向受拉钢筋的实际截面面积与计算面积的比值 λ_s，取 $1.1\lambda_s$ 作为弯矩增大系数 η_c 的近似估计。其值可参考 λ_s 的可能变化范围确定。

本次修订提高了强柱弱梁框架梁的弯矩增大系数 η_c，9度时反一级框架结构仍考虑框架梁的实际受弯承载力；其他情况，弯矩增大系数 η_c 考虑了一定的超配钢筋和钢筋超强。

当框架底部若干层的柱反弯点不在楼层内时，说明该若干层的框架梁相对较弱，为避免竖向荷载和地震共同作用下框架底部若干层的柱，包括顶层柱在内，因其具有与梁相近的变形能力，柱端弯矩也应乘以增大系数。

对于轴压比小于0.15的柱，压屈失稳，变形集中，可不满足上述要求；对柱支柱，在第6.2.10条另有规定。

由于地震是任复作用，两个方向的弯矩设计值均要满足要求。当柱子考虑顺时针方向之时，梁考虑反时针方向之和；反之亦然。

6.2.3 框架结构的底层柱底过早出现塑性屈服，将影响整个结构的变形能力。底层柱下端弯矩乘以弯矩增大系数是为了避免框架柱脚过早屈服。对框架-抗震墙结构的框架，其主要抗侧力构件为抗震墙，对其框架部分的底层柱底，可不作要求。

6.2.4、6.2.5、6.2.8 防止梁、柱和抗震墙底部在弯曲屈服前出现剪切破坏是抗震概念设计的要求。它意味着构件的受剪承载力要大于构件弯曲时实际达到的剪力，即按实际配筋面积和材料强度标准值计算的剪力计算值标准值之间满足下列不等式：

$$V_{bu} > (M_{bc}^l + M_{bu}^r)/l_{bo} + V_{Gb}$$
$$V_{cu} > (M_{cu}^b + M_{cu}^t)/H_{cn}$$
$$V_{wu} > (M_{wu}^b - M_{wu}^t)/H_{wn}$$

规范在超配钢筋不超过计算配筋10%的前提下，将承载力不等式转为内力设计力表达式，仍采用不同的剪力增大系数，使"强剪弱弯"的程度有所差别。该系数同样考虑了材料实际强度和钢筋实际截面积这两个因素的影响，对柱和墙还考虑了轴向力的影响，并简化计算。

一级的剪力增大系数，需从上述不等式中导出。直接取实配钢筋面积 A_s^a 与计算实配面积 A_s^c 之比 λ_s 的1.1倍，是计算 η_v 最简单的近似，对梁和节点的"强剪"能满足工程的要求，对柱和墙偏于保守。89规范在条文说明中给出较为复杂的近似计算公式如下：

$$\eta_{vc} \approx \frac{1.1\lambda_s + 0.58\lambda_N(1 - 0.56\lambda_N)(f_c/f_y\rho_l)}{1.1 + 0.58\lambda_N(1 - 0.75\lambda_N)(f_c/f_y\rho_t)}$$

双肢抗震墙的某个墙肢一旦出现全截面受拉开裂,则其刚度退化严重,大部分地震作用将转移到受压墙肢,因此,受压肢需适当增加弯矩和剪力。注意到地震作用是复的作用,实际上双肢墙的每个墙肢都可能要按增大后的内力配筋。

6.2.9 框架柱和抗震墙的剪跨比可按图6.2.9及公式进行计算。

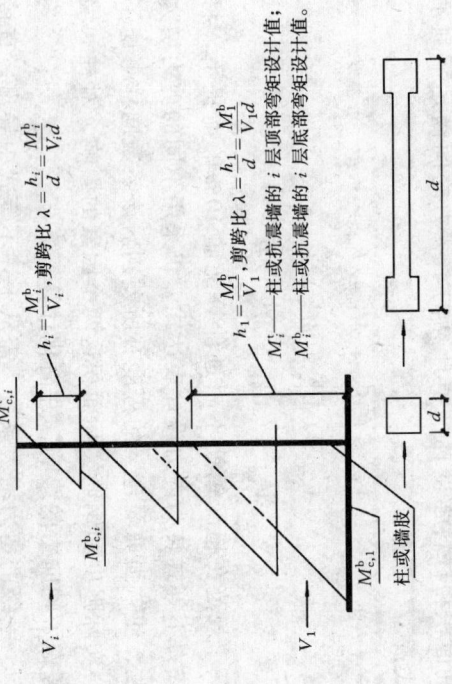

图6.2.9 剪跨比计算简图

6.2.11 框支结构落地墙,在转换层以下的部位是保证框支结构抗震性能的关键部位,这部位的剪力传递还存在缓墙效应,为了保证抗震墙在大震时的受剪承载力,只考虑有拉筋约束部分的混凝土受剪承载力。

无地下室的单层框支结构落地墙的底部,特别是联肢或双肢墙,当考虑不利荷载组合出现偏心受拉时,为了防止墙肢与基础交接处产生滑移,除满足本规范公式(6.2.14)的要求

$$\eta_{vw} \approx \frac{1.1\lambda_{sw}+0.58\lambda_N(1-0.56\lambda_N\zeta)(f_c/f_y\rho_{tw})}{1.1+0.58\lambda_N(1-0.75\lambda_N\zeta)(f_c/f_y\rho_{tw})}$$

式中,λ_N为轴压比,λ_{sw}为墙体实际受拉钢筋(分布筋和集中筋)截面面积与计算面积之比,ζ为考虑墙体边缘构件影响的系数,ρ_{tw}为墙体受拉钢筋配筋率。

当柱 $\lambda_s \leq 1.8$,$\lambda_N \geq 0.2$ 且 $\rho_t = 0.5\% \sim 1.2\%$,墙 $\lambda_{sw} \leq 1.8$,$\lambda_N \leq 0.3$ 且 $\rho_{tw} = 0.4\% \sim 1.2\%$ 时,通过数百个算例的统计分析,能满足工程要求的剪力增大系数 η_v 的进一步简化计算公式如下:

$$\eta_{vc} \approx 0.15+0.7[\lambda_s+1/(2.5-\lambda_N)]$$

$$\eta_{vw} \approx 1.2+1/(\lambda_{sw}-1)(0.6+0.02/\lambda_N')$$

本次修订,框架柱、抗震墙的剪力增大系数 η_{vc}、η_{vw},即参考上述近似公式确定。

注意取值:柱和抗震墙弯矩设计值经有关规定调整后的取值;梁端弯矩设计值之和须取顺时针之和以及反时针之和两者的较大值;梁端纵向受拉钢筋顺时针方向和反时针方向均须考虑。

6.2.7 对一、二级抗震墙规定调整各截面的组合弯矩设计值,目的是通过配筋方式迫使塑性铰区位于墙肢的底部加强部位。89规范要求底部加强部位以上的组合弯矩按直线变化,对于较高的房屋,合导致弯矩取值过大。为简化设计,本次修订改为:柱或抗震墙的弯矩设计值均按墙底部截面的组合弯矩设计值之和须取顺时针方向和反时针方向针时的受拉钢筋也按以反时针方向针时及反时针方向之值。

底部加强部位的纵向钢筋宜延伸到相邻上一层的顶板处,以满足锚固要求并保证加强部位以上墙肢截面的受弯承载力不低于加强部位顶截面的受弯承载力。

为避免三级到二级承载力的突然变化，三级框架高度接近二级框架高度下限时，明显不规则或场地、地基条件不利时，可采用二级进行节点核芯区受剪承载力的验算。

本次修订，增加了梁宽大于柱宽的框架和圆柱框架的节点核芯区验算方法。梁宽大于柱宽时，按柱宽范围内外分别计算。圆柱的计算公式依据国外资料和国内试验结果提出：

$$V_j \leq \frac{1}{\gamma_{RE}}\left(1.5\eta f_j A_j + 0.05\eta_j \frac{N}{D^2}A_j + 1.57 f_{yv}A_{sh}\frac{h_{b0}-a_s'}{s}\right)$$

上式中 A_j 为圆柱截面面积，A_{sh} 为核芯区环形箍筋的单根截面面积。去掉 γ_{RE} 及 η_j 附加系数，上式可写为：

$$V_j \leq 1.5 f_j A_j + 0.05 \frac{N}{D^2}A_j + 1.57 f_{yv}A_{sh}\frac{h_{b0}-a_s'}{s}$$

上式中最后一项参考 ACI Structural Journal Jan-Feb.1989 Priestley and Paulay 的文章：Seismic strength of Circular Reinforced Concrete Columns.

圆形截面柱受剪，环形箍筋所承受的剪力可用下式表达：

$$V_s = \frac{\pi A_{sh}f_{yv}D'}{2s} = 1.57 f_{yv}A_{sh}\frac{D'}{s} \approx 1.57 f_{yv}A_{sh}\frac{h_{b0}-a_s'}{s}$$

式中 A_{sh} ——环形箍单肢截面面积；
D' ——纵向钢筋所在圆周的直径；
h_{b0} ——框架梁截面有效高度；
s ——环形箍筋间距。

根据重庆建筑大学2000年完成的4个圆柱梁柱节点试验，对比了计算和试验的节点核芯区受剪承载力，计算值与试验值之比约为85%，说明此计算公式的可靠性有一定保证。

外，宜按总剪力的30%设置45°交叉防滑斜筋，斜筋可按单排设在墙截面中部并应满足锚固要求。

6.2.13 本条规定了在结构整体内力分析中的内力调整：

1 框架-抗震墙结构在强烈地震时，墙体开裂而刚度退化，引起框架和抗震墙之间塑性内力重分布，需调整各层的地震剪力。调整后，框架部分各层的剪力设计值均相同。其取值既体现了多道抗震设防的原则，又考虑了当前的经济条件。

此项规定不适用于上部框架柱不到顶，使上部框架柱数量较少的楼层。

2 抗震墙连梁内力由风荷载控制时，连梁刚度不宜折减。地震作用控制时，抗震墙的连梁考虑刚度折减后，如部分连梁尚不能满足剪压比限值，可按剪压比要求降低连梁剪力设计值又考虑弯矩，并相应调整抗震墙墙肢的墙肢内力。

3 对翼墙有效宽度，89规范规定不大于抗震墙总高度的1/10，这一规定低估了有效长度，特别是对于较低房屋，本次修订，参考 UBC97 的有关规定，改为抗震墙总高度的15%。

6.2.14 抗震墙成抗震薄弱部位。由于混凝土结合不良，故规定一级抗震墙要进行水平施工缝处的受剪承载力验算。

验算公式依据于试验资料，忽略了混凝土的作用，但考虑轴向压力因摩擦作用和轴向拉力的不利影响，穿过施工缝处的钢筋向复合受力状态，其强度采用0.6的折减系数，还需注意，在设计内力计算中，重力荷载的分项系数，受压时为有利，取 1.0；受拉时为不利，取 1.2。

6.2.15 节点核芯区是保证框架承载力和延性的关键部位，

架-抗震墙、板柱-抗震墙及筒体结构中，框架属于第二道防线，其中框架的柱与框架结构的柱相比，所承受的地震作用也相对较低，为此可以适当增大轴压比限值。利用箍筋对柱加强约束可以提高柱的混凝土抗压强度，从而降低轴压比要求。早在1928年美国F.E.Richart通过试验提出混凝土在三向受压状态下的抗压强度表达式，从而得出混凝土柱在三向约束条件下的混凝土抗压强度。

我国清华大学研究成果和日本AIJ钢筋混凝土房屋设计指南都提出考虑箍筋提高混凝土强度作用时，复合箍筋肢距不宜大于200mm，箍筋间距不宜大于100mm，箍筋直径不宜小于ϕ10mm的构造要求。参考美国ACI资料，考虑螺旋箍筋提高混凝土强度作用时，箍筋直径不宜小于ϕ10mm，净螺距不宜大于75mm。考虑便于施工，采用螺旋箍间距不大于100mm，箍筋直径不小于ϕ12mm。矩形截面柱采用连续矩形复合螺旋箍是一种非常有效的提高延性的措施，这已被西安建筑科技大学的试验研究所证实。根据日本川铁株式会社1998年发表的试验报告，相同柱截面、相同配筋、配箍率、箍距及箍筋肢距，采用连续复合螺旋箍一般比复合箍可提高柱的极限变形角25%。采用连续复合矩形螺旋箍可按圆形复合螺箍对待。用上述方法提高柱的轴压比后，应按增大的轴压比由表6.3.12确定配箍量，且沿柱全高采用相同的配箍特征值。

试验研究和工程经验都证明在矩形或圆形截面柱内设置矩形核芯柱，不但可以提高柱的受压承载力，还可以提高柱的变形能力。在压、弯、剪作用下，当柱出现弯、剪裂缝，在大变形情况下芯柱可以有效地减小柱的压缩，保持柱的外形和截面承载力，特别对于受高轴压的短柱，更有利于提

6.3 框架结构抗震构造要求

6.3.2 为了避免或减小扭转的不利影响，宽扁梁框架的梁柱中线宜重合，并应采用整体现浇楼盖。为了使宽扁梁端部在柱外的纵向钢筋有足够的锚固，应在柱两个主轴方向都设置宽扁梁。

6.3.3～6.3.5 梁的塑性转动量主要取决于梁端的塑性转动量，而梁的塑性转动量与截面混凝土受压区相对高度有关。当相对受压区高度为0.25至0.35范围时，梁的位移延性系数可到达3～4。计算梁端受拉钢筋时宜考虑梁端受压钢筋的作用，计算梁端受压区高度时宜按梁端截面实际受拉和受压钢筋面积进行计算。

梁端底面和顶面纵向钢筋的比值，同样对梁的变形能力有较大影响。梁底面和顶面的钢筋可增加负弯矩时的塑性转动能力，还能防止在地震中梁底出现正弯矩时过早屈服或破坏过重，从而影响承载力和变形能力的正常发挥。

根据试验和震害经验，随着剪跨比的不同，梁的破坏主要集中于1.5～2.0倍梁高范围内，当箍筋间距小于$6d$～$8d$（d为纵筋直径）时，混凝土压溃前受压钢筋一般不致压屈，延性较好。因此规定了箍筋加密范围，限制了箍筋最大肢距；当纵向受压钢筋的配筋率超过2%时，箍筋的要求相应提高。

6.3.7 限制框架柱的轴压比主要为了保证框架结构的延性要求。抗震设计时，除了预计不可能进入屈服的柱外，通常希望柱子处于大偏心受压破坏状态。由于柱轴压比值的限值仍以89规范修订的弯曲破坏状态为依据，本次修订未做大的调整，同时控制轴压比最大值。在框架柱截面设计时，应根据不同情况进行适当调整，

高变形能力，延缓倒塌。

混凝土的约束作用。为了避免配箍率过小还规定了最小体积配箍率。

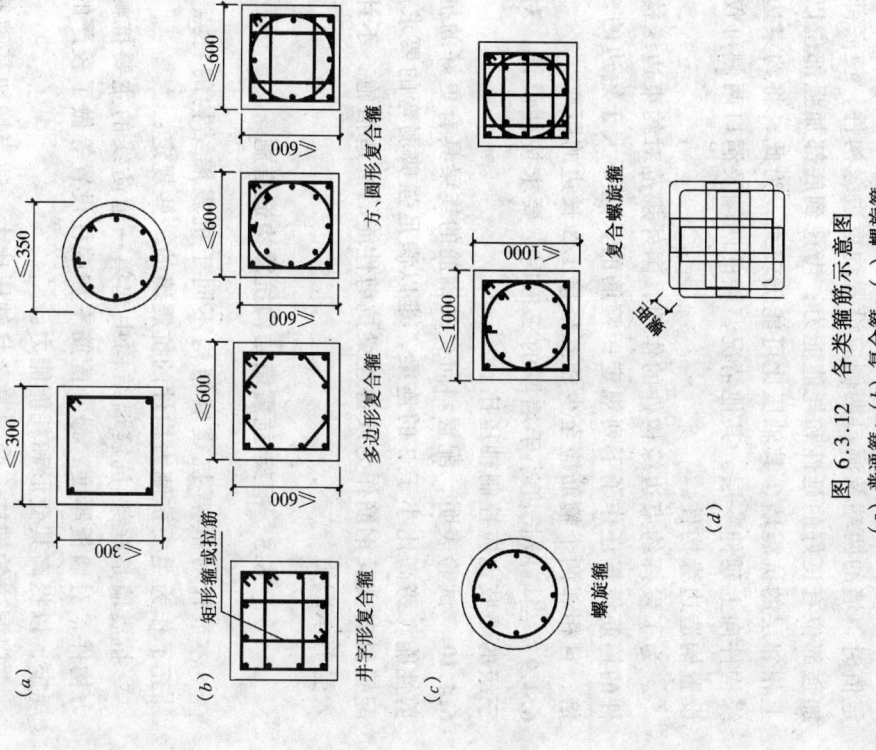

图 6.3.12 各类箍筋示意图

(a) 普通箍；(b) 复合箍；(c) 螺旋箍；
(d) 连续复合螺旋箍（用于矩形截面柱）

箍筋类别参见图 6.3.12：

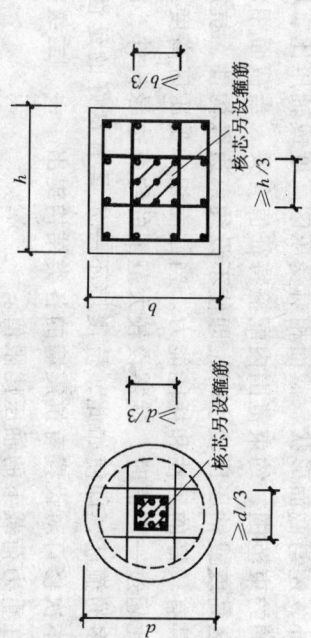

图 6.3.7 芯柱尺寸示意图

为了便于梁筋通过，芯柱边长不宜小于柱边长或直径的1/3，且不宜小于 250mm。

6.3.8 试验表明，柱的屈服位移角主要受纵向受拉钢筋配筋率支配，并大致随拉筋配筋率的增大呈线性增大。89 规范的柱截面最小总配筋率比 78 规范有所提高，但仍偏低，很多情况小于非抗震配筋率，本次修订再次适当调整。

当柱子在地震作用组合时处于大偏心受拉状态，规定柱纵筋总截面面积计算值增加 25%，是为了避免柱的受拉纵筋屈服后再受压时，由于包兴格效应，导致纵筋压屈。

6.3.9～6.3.12 柱箍筋的约束作用，与柱轴压比、配箍量、箍筋形式、箍筋肢距，以及混凝土强度与箍筋强度的比值等因素有关。

89 规范的体积配箍率，是在配箍特征值基础上，对箍筋屈服强度和混凝土抗压强度的关系做了一定简化得到的，仅适用于混凝土强度在 C35 以下和 HPB235 级钢箍筋。本次修订直接给出配箍特征值，能够经济合理地反映箍筋对

6.3.13 考虑到柱子在层高范围内剪力不变可能及柱的扭转影响,为避免柱子非加密区的受剪能力突然降低很多,导致柱子中段破坏,对非加密区的最小箍筋量也做了规定。

6.3.14 为使框架区核芯区的纵向钢筋有可靠的锚固条件,框架梁柱节点核芯区的混凝土主要具有良好的约束。考虑到核芯区内箍筋的作用与柱端有所不同,其构造要求与柱端有所区别。

6.4 抗震墙结构构造措施

6.4.1 试验表明,有约束边缘构件的矩形截面抗震墙与无约束边缘构件的矩形截面抗震墙相比,极限承载力约提高40%,极限层间位移角约增加一倍,对地震能量的消耗能力增大20%左右,且有利于墙板的稳定,对一、二级抗震墙底部加强部位,当无端柱或翼墙时,墙厚适当增加。

6.4.3 为控制墙板因温度收缩剪力引起的裂缝宽度,三、四级抗震墙一般部位分布钢筋的配筋率,比89规范有所增加,与加强部位相同。

6.4.4~6.4.8 抗震墙一般部位的塑性变形能力,除了与纵向配筋有关外,还与截面形状、约束范围内配箍特征值、截面相对受压区高度或轴压比有关。当截面相对受压区高度较小时,即使不设约束边缘构件,抗震墙也具有较好的延性和耗能能力。当截面相对受压区高度较大时,就需设置较大范围的约束边缘构件,配置较多的箍筋,以提高其变形和耗能能力。抗震墙不一定具有良好的延性,因此本次修订对设置有抗震墙的各类结构提出了一、二级抗震墙在重力荷载下的轴压比限值。

对于一般抗震墙结构、部分框支抗震墙结构,以及核心筒和内筒中开洞的抗震墙,地震作用下连梁首先屈服破坏,然后墙肢的底部钢筋屈服,混凝土压碎。因此,规定了一、二级抗震墙的底部加强部位的轴压比超过一定值时,墙的两侧应设置约束边缘构件,使底部加强部位有良好的延性和耗能能力;考虑到两端及洞口两侧底部加强部位的混凝土约束仍可能较大,为此,将约束边缘构件向上延伸一层。其他情况,墙的两端及洞口两侧可仅设置构造边缘构件。

为了发挥约束边缘构件的作用,国外规范对约束边缘构件的箍筋设置还作了下列规定:箍筋互相搭接的长度大于短边的3倍,且相邻两个箍筋应至少相互搭接1/3长边的距离。

6.4.9 当墙肢长度小于墙厚的三倍时,要求按柱设计,对三级的墙肢也应控制轴压比。

6.4.10 试验表明,配置斜向交叉钢筋的连梁具有更好的抗剪性能。跨高比小于2的连梁,难以满足强剪弱弯等的要求,配置斜向交叉钢筋作为改善连梁抗剪性能的构造措施,不计入受剪承载力。

6.5 框架-抗震墙结构抗震构造措施

本节针对框架-抗震墙结构不同于抗震墙结构的特点,补充了作为主要抗侧力构件的抗震墙的一些规定:

抗震墙是框架-抗震墙结构中起第一道防线的主要抗力构件,对墙板厚度、最小配筋率和端柱设置等做了较严的规定,以提高其变形和耗能能力。

门洞边的端柱,受力复杂且轴压比大,适当增加其箍筋构造要求。

6.6 板柱-抗震墙结构抗震设计要求

本规范的规定仅限于设置抗震墙的板柱体系。主要规定如下：

按柱纵筋直径16倍控制板厚是为了保证板柱节点的抗弯刚度。

按多道设防的原则，要求板柱结构中的抗震墙承担全部地震作用。

为了防止无柱帽板柱底边开裂以后楼板脱落，穿过柱截面板底两个方向的受拉钢筋的承载力应满足该层柱承担的重力荷载代表值的轴压力设计值。

无柱帽平板在柱上板带中按本规范要求设置构造暗梁时，不可把平板作为有边梁的双向板进行设计。

6.7 筒体结构抗震设计要求

框架-核心筒结构的核心筒、筒中筒结构的内筒，都是由抗震墙组成的，也都是结构的主要抗侧力构件，其抗震构造措施应符合本章第6.4节和第6.5节的规定，包括墙体的厚度、分布钢筋的配筋率、轴压比限值、边缘构件和连梁配置斜交暗梁的要求等，以使筒体有良好的抗震性能。

因此，筒体角部的抗震构造措施应予以加强，约束边缘构件沿墙肢的长度适当增大，约束边缘构件宜沿全高设置；约束边缘构件高度适当加强，在约束边缘构件范围内均应采用箍筋；在底部加强部位以上的一般部位，按本规范图6.4.7中L形墙的规定采用箍筋约束范围。

框架-核心筒结构的核心筒与周边框架之间采用梁板结构时，各层梁对核心筒有适当的约束，可不设加强层，梁与核心筒连接应避开核心筒连梁。当地震作用下不能满足变形要求，或楼层采用平板结构且由于受力较柔，在地震作用下不宜设置加强层。当设置加强层时，其部位应结合建筑功能带来的不利影响，加强层周边框架柱在地震作用下由于强梁带来的不利影响，加强层周边框架柱在地震作用下不宜刚性连接。9度时不应采用加强层。核心筒的附加内力，在加强层与周边框架柱之间采用加强层产生很大的外保温措施是必要的。

筒体结构的外筒的外保温有效延性措施是：

1 外筒为钢筋混凝土裙墙时，宜采取提高延性的下列措施：采用非结构外隔墙，可采取提高延性的下列措施：

2 外筒为梁柱式筒体时，在裙墙与筒体连接处设置受剪控制缝。

剪控制缝，外筒按联肢抗震墙设计；三级框架可按壁式筒体可按壁式框架设计；但壁式框架柱除满足计算要求外，尚需满足条文第6.4.8条的构造要求；支承大梁的壁式筒体在大梁支座宜设置壁柱，一级时，由壁柱承担大梁传来的全部轴力，但验算轴压比时仍取全部截面。

3 受剪控制缝的构造如下图：

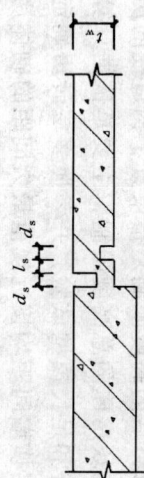

缝宽 d_s 大于5mm；两缝间距 l_s 大于50mm。

图6.7.2 外筒裙墙受剪控制缝构造

7 多层砌体房屋和底部框架、内框架砖房

7.1 一 般 规 定

7.1.1 本次修订,将89规范的多层砌体房屋与底层框架、内框架砖房合并为一章。

按目前常用砌体房屋的结构类型,增加了烧结多孔粘土砖的内容,删去了混凝土中型砌块和粉煤灰中型砌块房屋的内容。考虑到内框架结构中单排柱内框架房屋震害较重,取消了有关单排柱内框架房屋的规定。

适应砌体结构发展的需要,增加了其他烧结砖和蒸压砖房屋参照烧结粘土砖房屋抗震设计的条件,并在附录F列入配筋混凝土小型空心砌块抗震墙房屋抗震设计的有关要求。

7.1.2 砌体房屋的高度限制,是十分敏感的问题,主要是基于砌体材料的脆性性质和震害经验,限制其层数和高度等级、结构的整体性和施工质量等因素外,还与房屋的总高度有直接的联系。

历次地震震害的宏观调查资料说明:二、三层砖房在不同烈度区的震害,比四、五层的震害轻得多,六层及六层以上的砖房在地震时震害明显加重。海城和唐山地震中,相邻的砖房,四、五层的比二、三层的倒塌、破坏严重,倒塌的百分比亦高得多。

国外在地震区对砖结构房屋的高度限制较严。不少国家在7度及以上地震区不允许用无筋砖结构,前苏联等国对配筋和无筋砖结构的高度和层数作了相应的限制。结合我国具体情况,修订后的高度限制是指设置了构造柱的房屋高度。

多层砌块房屋的总高度限制是依据计算分析、部分震害调查和足尺模型试验,并参照多层砖房的总高尚应比医院、教学楼再适当降低。

对各层高度限制的规定,本次修订对高度限制的主要变动如下:

1 调整了限制的规定。层数为整数,限制应严格遵守;总高度按有效数字取整控制,当室内外高差大于0.6m时,限值有所松动。

2 半地下室的计算高度按其嵌固条件区别对待,并增加斜屋面的计算高度按阁楼层设置情况区别对待的规定。

3 按照国家关于墙体改革和控制粘土砖的使用范围的政策,并考虑到多层砖房的使用要求的发展趋势,均不再增加。粘土砖房的多层砖房的层数和高度,按照国家关于住宅建筑和住宅建筑的强制性标准的要求,超过规定的层数和高度时,必须设置电梯,采用砌体结构也必须遵守有关规定。

4 烧结多孔粘土砌块房屋的高度和层数,在行业标准JGJ 68—90规程的基础上,根据墙厚略为调整。

5 混凝土小型空心砌块生产技术发展的情况,其高度和层数,根据小砌块生产技术发展的情况,其高度和层数,参照行业标准JGJ/T 14—95规程的规定,按本次修订的要求采取加强措施后,基本上可与烧结普通粘土砖房有同样的层数和高度。

6 底层框架房屋的总高度和底框砖房的高度限制,吸收了经鉴

少，纵墙较易受弯曲破坏而导致倒塌，为此，要优先采用横墙承重的结构布置方案。

2 纵横墙均匀对称布置，可使各墙段受力基本相同，避免薄弱部位的破坏。

3 震害调查表明，不设防震缝造成的房屋破坏，一般多是局部的，在7度和8度地区，一些平面较复杂的二层房屋，其震害与平面规则的同类房屋相比，并无明显的差别，同时，考虑到设置防震缝所耗的投资较多，所以89规范对设置防震缝的要求比过去有所放宽。

4 楼梯间墙体缺少各层楼板的侧向支承，有时还因为楼梯踏步削弱楼梯间墙体，尤其是楼梯间顶层，墙体有一层半楼层的高度，震害加重。因此，在建筑布置时尽量不设在尽端，或对尽端开间采用某特殊措施。

5 在墙体内设置烟道、风道、垃圾道等洞口，任任仅剩120mm，一旦遇到地震则首先破坏，为此应取在砌体中加配筋，预制管道布置留洞而减薄了墙体的厚度，大多因变化和应力集中，或采取在砌体中加强构件等加强措施。

7.1.8 本次修订，允许底部框架房屋的总层数和高度与普通的多层砌体房屋相当。相应的要求是：严格控制相邻层侧移刚度，合理布置上下楼层的墙体，加强托墙梁和过渡楼层的墙体，并提高了底部框架的抗震等级。对底部的抗震墙，一般要求采用钢筋混凝土墙，缩小了6、7度时采用砖抗震墙的范围，并规定底层砖抗震墙布置的专门构造。

7.1.9 参照抗震设计手册，增加了多排柱内框架房屋布置的规定。

7.1.10 底部框架-抗震墙房屋和多层多排柱内框架房屋的钢

定的主要研究成果，按本次修订采取一系列措施后，底部框架可有两层，总层数和总高度，7、8度时可与普通砌体房屋相当。注意到台湾921大地震中上刚下柔的混凝土结构成片倒塌，对9度设防，本规范规定部分框支剪力墙结构也需专门研究，底框砖房也需专门研究。

7 明确了横墙较少的多层砌体房屋的定义，并专门提供了横墙较少的住宅不降低总层数和总高度时所需采取的计算方法和抗震措施。

7.1.4 若考虑砌体房屋的整体弯曲验算，目前的方法即使在7度时，超过三层就不满足要求，与大量的地震宏观调查结果不符。实际上，多层砌体房屋一般可以不做整体弯曲验算，但为保证房屋的稳定性，限制了其高宽比。

7.1.5 多层砌体房屋的横向地震力主要由横墙承担，不仅横墙须有足够的承载力，而且楼盖须具有传递地震力给横墙的水平刚度，本规定是为了满足楼盖对传递水平地震力所需的刚度要求。

对于多层砖房，沿用了78规范的规定。对砌块房屋则参照多层砖房给出，且不宜采用木楼盖。

7.1.6 砌体房屋局部尺寸的限制，在于防止因这些部位的失效，而造成整栋结构的破坏甚至倒塌，本条系根据地震区的宏观调查资料分析规定的，如采用另增设构造柱等措施，可适当放宽。

7.1.7 本条沿用89规范的规定，是对本规范3章关于建筑结构规则布置的补充。

1 根据调查统计，东川、阳江、乌鲁木齐、海城及唐山大地震调查统计，纵墙承重的结构布置方案，因横向支承较

筋混凝土结构部分,其抗震要求原则上均应符合本规范 6 章的要求。考虑到底部框架-抗震墙房屋高度较低,底部的钢筋混凝土抗震墙应按低矮墙设计,或开竖缝将墙设计,其抗震等级可比钢筋混凝土抗震墙结构的框支层有所放宽。

7.2 计 算 要 点

7.2.1 砌体房屋层数不多,刚度沿高度分布一般比较均匀,并以剪切变形为主。因此可采用底部剪力法计算。

自承重墙体(如横墙承重方案中的纵墙等),如按常规方法做抗剪验算,往往比承重墙还要厚,但抗震安全性要求可以考虑降低,为此,利用 γ_{RE} 适当调整。

底部框架-抗震墙房屋属于上刚下柔结构,层数不多,仍可采用底部剪力法简化计算,但应考虑一系列的地震作用效应调整,使之较符合实际。

内框架房屋的震害表现为上部重下部轻的特点,试验也证实其上部的动力反应较大。因此,采用底部剪力法简化计算时,顶层需附加 20% 总地震作用的集中地震作用,其余 80% 仍按倒三角形分布。

7.2.2 根据一般的经验,抗震设计时,只需对纵、横向的不利墙段进行截面验算,不利墙段为①承担地震作用较大的墙段;②局部应力较小的墙段;③局部截面较小的墙段。

7.2.3 在楼层各墙段间进行地震剪力的分配和截面验算时,根据层间墙段的不同高宽比(一般按本条"注"的方法分别计算),弯剪变形同时考虑,较符合实际情况。

本次修订明确,砌体的墙段按门窗洞口划分,新增小开口墙段的等效刚度的计算方法。

7.2.4, 7.2.5 底部框架-抗震墙房屋是我国现阶段经济条件下特有的一种结构。大地震的震害表明,底层框架砖房在地震时,底层将发生变形集中,出现过大的侧移而严重破坏,甚至坍塌。近十多年来,各地进行了许多试验研究和分析计算,对这类结构有进一步的认识,本次修订,放宽了89 规范的高度限制,当采取相应措施后底部框架可有两层。其抗震计算上需注意:

89 规范在总体上仍需持谨慎的态度。

1 继续保持 89 规范对底层框架-抗震墙一层砖房地震作用效应调整的要求。按第二层与底层侧移刚度的比例相应地增大底层的地震剪力,比例越大,增加越多,以减少底层的薄弱程度;底层框架墙砖房,二层以上全部为砖墙承重结构,仅底部为框架-抗震墙结构,水平地震剪力要根据上部对应单层的框架-抗震墙结构中各构件的侧移刚度比例,并考虑塑性内力重分布来分配;作用于房屋第二层以上的地震水平地震力对底层引起的倾覆力矩,将使底层框架抗震墙产生附加弯矩,并使底层框架柱产生附加轴力。倾覆力矩引起构件变形的性质与框架水平剪力不同,本次修订,考虑实际运算的可操作性,近似地将倾覆力矩在底层框架和底层抗震墙之间按它们的侧移刚度比例分配。

2 增加了底部两层框架-抗震墙地震作用效应调整规定。

3 新增了底部两层框架房屋托墙梁在抗震设计中的组合弯矩计算方法。

考虑到大震时墙体严重开裂,托墙梁与非抗震的墙梁受力状态有所差异,托墙梁考虑静力的方法不考虑有框架柱落地的托梁与上部墙体组合作用,若计算系数不变会导致不安全,偏于安全,在托墙梁上部各力状态同时考虑,较符合实际。若按静力组合作用时,作为简化计算,调整墙体组合作用的计算系数。作为简化计算参数。

对砖砌体，此系数继续沿用78规范的方法，采用在震害统计基础上的主拉公式得到，以保持规范的延续性：

$$\zeta_N = \frac{1}{1.2}\sqrt{1+0.45\sigma_0/f_V} \quad (7.2.7-1)$$

对于混凝土小砌块砌体，其 f_V 较低，σ_0/f_V 相对较大，两种方法差异也大，震害经验又较少，根据试验资料、正应力影响系数由剪摩公式得到：

$$\zeta_N = \begin{cases} 1+0.25\sigma_0/f_V & (\sigma_0/f_V \leq 5) \\ 2.25+0.17(\sigma_0/f_V-5) & (\sigma_0/f_V > 5) \end{cases} \quad (7.2.7-2)$$

7.2.8 本次修订，部分修改了设置构造柱墙段抗震承载力验算方法。

一般情况下，构造柱仍不以显式计入受剪承载力计算中，抗震承载力验算的公式与89规范完全相同。

当构造柱布置处按构造要求后，必要时可采用显式计入墙段中部位置处构造柱对抗震承载力的提高作用。现行构造柱规程、地方规程和有关的资料，对计入构造柱承载力的计算方法有三种：其一，换算截面法，根据混凝土和砌体的弹性模量比折算，刚度和承载力均按同一比例换算，并忽略构造柱和配筋的作用；其二，构造柱和砌体分别计算刚度和承载力，再格相加，砌体和构造柱的受剪承载力分别考虑了小间距混凝土构造柱的约束提高作用；其三，混合法，构造柱混凝土的承载力以换算截面计入砌体截面加，对承载力单独计算后再叠加。在三种方法中，对承载力均根据试验调整系数 γ_{RE} 的取值各有不同。由于不同的方法彼此相差不大，成果引入不同的经验修正系数，使计算结果彼此相差不大，

层墙体不开洞和跨中 1/3 范围内开一个洞口的情况，也可采用折减荷载代表值的方法：托墙弯矩计算时，由重力荷载代表值产生的弯矩，四层以下全部计入组合，四层以上可有所折减，取不小于四层的数值计入组合；对托墙梁剪力计算时，由重力荷载产生的剪力不折减。

7.2.6 多排柱内框架房屋的内力调整，继续保持89规范的规定。

内框架房屋的抗侧力构件有砖墙及钢筋混凝土柱与砖柱组合的混合框架两类构件。砖墙弹性极限变形较小，在水平力作用下具有相当大的延性，在较大变形情况下刚度才开始下降，则移刚度迅速降低；框架则具有相当大的延性，在较大变形情况下刚度才开始下降，而且下降的速度较缓。

混合框架各种柱子承担的地震剪力公式，是考虑楼盖水平变形、不同层数的大量算例及砖墙刚度退化统计得到的。

7.2.7 砌体材料抗震强度设计值的计算，继续保持89规范的规定。

地震作用下砌体材料的强度指标，因不同于静力，宜单独给出。其中砖砌体强度是按震害调查资料综合估计并参照部分试验给出的，砌块砌体强度则依据试验。为了方便，当前仍继续沿用静力指标。但是，强度设计值和标准值的关系则是针对抗震设计的特点按《统一标准》可靠度分析得到的，并采用调整静力强度设计值的形式。

当前砌体结构抗震剪力计算，有两种半理论半经验的方法——主拉和剪摩。在砂浆等级 $>$ M2.5 且在 $1<\sigma_0/f_V \leq 4$ 时，两种方法结果相近。本规范采用正应力影响系数的统一表达形式。

但计算基本假定和概念在理论上不够理想。

本次修订,收集了国内许多单位所进行的一系列两端设置、中间设置1~3根及开洞有不同截面、不同配筋、不同材料强度的试验成果,通过累计百余个试验结果的统计分析,结合混凝土构件抗剪计算方法,提出了新的抗震承载力简化计算公式。此简化公式的主要特点是:

(1) 墙段两端的构造柱对承载力的影响,仍按89规范仅采用承载力抗震调整系数 γ_{RE} 反映其约束作用,忽略构造柱对墙段刚度的影响,仍按门窗洞口划分墙段,使之与现行国家标准的方法有延续性;

(2) 引入中部构造柱约束修正系数;

(3) 构造柱的承载力分别考虑了混凝土和钢筋的用量,但不能随意加大混凝土的截面和钢筋的用量,还根据修订中的混凝土规范,对砖砌体的抗拉强度设计表示。

(4) 该公式是简化方法,计算的结果与试验结果相比偏于保守,在必要时才可利用。横墙较少房屋及外纵墙的墙段设计人其中部构造柱参与工作,抗震验算问题有所改善。

7.2.9 砖砌体横向配筋的抗剪验算公式是根据试验资料得到的。本次修订调整了钢筋的效应系数,由定值0.15改为随墙段高宽比在0.07~0.15之间变化,并明确水平配筋的适用范围是0.07%~0.17%。

7.2.10 混凝土小砌块的验算公式,系根据小砌块设计施工规程的基础资料,按《统一标准》的要求分析得到的。本次修订 $\gamma_{RE}=0.9$,无芯柱时取 $\gamma_{RE}=1.0$ 和 $\zeta_c=0.0$,有芯柱时取 $\gamma_{RE}=0.9$,按《混凝土规范》修订的原则要求分析得到的,芯柱受剪承载力

达式中,将混凝土抗压强度设计值改为混凝土抗拉强度设计值、系数的取值,由0.03相应换算为0.3。

7.2.11 底层框架-抗震墙房屋中采用砖砌体作为抗侧力构件,直接引用89规范在试砖墙和框架成为组合的抗侧力构件,直接引用89规范在试验和震害调查基础上提出的抗剪承载力计算方法,将通过周边框架向下传递,故底层砖抗震墙周边的框架所承担的地震作用,将通过周边框架-周边砖墙所承担的地震作用,由砖墙-周边框架周边抗震墙周边的框架柱还需考虑砖墙的附加轴向力和附加剪力。

7.3 多层粘土砖房屋抗震构造措施

7.3.1、7.3.2 钢筋混凝土构造柱在多层砖砌体结构中的应用,根据唐山地震经验和大量试验研究,得到了比较一致的结论,即:①构造柱能够提高砌体的受剪承载力10%~30%左右,提高幅度与墙体高宽比、竖向压力和开洞情况有关;②构造柱主要是对砌体起约束作用,使之有较高的变形能力;③构造柱应当设置在震害较重、连接构造比较薄弱和易于应力集中的部位。

本次修订继续保持89规范的规定。根据房屋的用途、结构部位、烈度和承担地震作用的大小来设置构造柱,并增加了内外墙交接处设置构造柱的分隔墙墙与外墙交接处)设置构造柱的要求(大致是单元式住宅的分隔墙与外墙交接处)设置构造柱的要求;调整了6度设防时八层砖房的构造柱设置要求;当房屋高度接近本规范表7.1.2的总高度和层数限值时,增加了纵、横墙中构造柱间距的要求。对较长的纵、横墙需有构造柱来加强墙体的约束和抗倒塌能力。

由于钢筋混凝土构造柱的作用主要在于对墙体的约束,构造上截面不必很大,但须与各层纵横墙的圈梁或现浇板

连接，才能发挥约束作用。

为保证钢筋混凝土构造柱的施工质量，构造柱须有外露面，一般利用马牙槎外露即可。

7.3.3、7.3.4 圈梁能增强房屋的整体性，提高房屋的抗震能力，是抗震的有效措施，本次修订，取消了89规范对砖配筋圈梁的有关规定，6、7度时，圈梁由隔层设置改为每层设置。

现浇楼板允许不设圈梁，楼板内人构造柱内并满足锚固要求，与89规范保持一致。

体周边加强配筋）伸人构造柱内并满足锚固要求，与89规范保持一致。

7.3.5、7.3.6 砌体房屋圈梁、屋盖构造要求，包括楼板截面和配筋、拉结、墙体与墙（梁）与墙柱布置长度、拉结等等，是保证砌体整体性的重要措施。基本沿用了89规范的规定。

7.3.7 由于砌体材料本身的特性，较大的房间在地震中会加重破坏程度，需要局部加强墙体的连接构造要求。

7.3.8 历次地震震害表明，砌体房屋间由于比较空旷常常破坏严重，必须采取一系列有效措施，地震中受到较大的地震作用，本条规定也基本上保持89规范的要求。

突出屋顶的楼、电梯间，地震中受到较大的地震作用，因此在构造措施上也应当特别加强。

7.3.9 坡屋顶与平屋顶相比，震害有明显差别。纵山搁檩、硬山搁檩的做法不利于屋盖抗震。屋架的支撑应采用钢筋混凝土过梁，以防脱落伤人。

7.3.10 砌体结构中的过梁应采用钢筋混凝土过梁，条件不具备时至少采用配筋过梁，不得采用无筋过梁。

7.3.11 预制的悬挑构件，特别是较大跨度时，需要加强与现浇构件的连接，以增强稳定性。

7.3.13 房屋的同一独立单元中，基础底面最好同于同一标高，否则易因地面运动传递到基础不同标高处而造成震害。如有困难时，则应设基础圈梁并放坡逐步过渡，不宜有高差上的过大突变。

对于软弱地基上的房屋，按本规范第3章的原则，应在外墙及所有承重墙下设置基础圈梁，以增强抵抗不均匀沉陷和加强房屋基础部分的整体性。

7.3.14 本条是新增加的条文。对于横墙间距大于4.2m的房间超过限值的粘土砖房总面积40%且房住宅，其抗震设计方法大致包括以下方面：

（1）墙体的布置和开洞大小不妨碍纵横墙的整体连接要求；

（2）楼、屋盖结构采用现浇钢筋混凝土板等加强整体性的构造要求；

（3）增设满足截面和配筋要求的钢筋混凝土构造柱并控制其间距，在房屋底层和顶层沿楼层半高处设置现浇钢筋混凝土带，并增大配筋数量，以形成约束砌体墙段的要求；

（4）按本章第7.2.7条2款设计人墙段中部钢筋混凝土构造柱的承载力。

7.4 多层砌块房屋抗震构造措施

7.4.1、7.4.2 为了增加混凝土小型空心砌块砌体房屋的整体性和延性，提高其抗震能力，结合空心砌块的特点，规定了在墙体适当部位设置钢筋混凝土芯柱的构造措施。这些芯柱设置要求均比砖房构造柱设置严格，且芯柱与墙体的连接要采用钢筋网片。

芯柱伸入室外地面下500mm，地下部分为砖砌体时，可采用类似于构造柱的方法。

本次修订，芯柱的设置数量略有增加，并补充规定，在外墙转角、内外墙交接处等部位，可采用钢筋混凝土构造柱替代芯柱。

7.4.3 本条是新增加的，规定了替代芯柱的构造柱的基本要求，与砖房的构造柱规定大致相同。小砌块墙体在马牙槎部位浇灌混凝土后，在墙体交接处用构造柱代替芯柱。试验表明，小砌块墙体交接处无插筋的芯柱。

7.4.4 考虑到砌块的竖缝较高，砂浆不易饱满且墙体受剪承载力低于粘土砖砌体，适当提高砌块砌体房屋的圈梁设置要求。

7.4.5 砌块房屋墙体交接处，墙体与构造柱、芯柱的连接，均要设钢筋网片，保证连接的有效性。

7.4.6 根据振动台模拟试验的结果，作为砌块房屋数和高度增加的加强措施之一，在房屋的底层和顶层，沿楼层半高处增设一道通长的现浇钢筋混凝土带，以增强结构的整体性。

7.4.7 砌块房屋的抗震构造措施要求，则基本上与多层砖房相同。

7.5 底部框架房屋抗震构造措施

7.5.1、7.5.2 总体上看，底部框架砖房比多层砖房抗震性能稍弱，因此构造柱的设置要求更严格。本次修订，考虑到过渡层刚度变化的集中，增加了过渡层构造柱设置的专门要求，包括截面、配筋和锚固等要求。

7.5.3 底层框架-抗震墙房屋的底层与上部各层的抗侧力结构体系不同，为使楼盖具有传递水平地震力的刚度，要求底层顶板改为现浇或装配整体式的钢筋混凝土板。

底层框架-抗震墙和多层内框架房屋的整体性较差，层高较高，又比较空旷，为了增强结构的整体性，要求各装配式楼盖处均设置钢筋混凝土圈梁。现浇楼盖可与构造柱连接，同多层砖房。

7.5.4 底层框架的托墙梁是其重要的受力构件，根据有关试验资料和工程经验，对其构造做了较多的规定。

7.5.5 底部框架房屋中的钢筋混凝土抗震墙，是底部的主要抗侧力构件，而且任在低楼层抗震墙。对其构造上提出了具体的要求，以加强抗震能力。

7.5.6 对6、7度时底层仍采用粘土砖抗震墙的底部框架房屋，补充了砖抗震墙的构造要求，确实加强砖抗震墙的抗震能力，并在使用中不致随意拆除更换。

7.5.7 针对底部框架房屋在结构上的特殊性，提出了有别于一般多层房屋的材料强度等级要求。

7.6 多层内框架房屋构造措施

多层内框架结构的震害，主要和首先发生在抗震横墙上，其次发生在外纵墙上，故专门规定了外纵墙抗震措施。

本节保留了89规范第7.3节中的有关规定，主要修改是：按照外墙砖柱应有组合砖柱的要求对个别砖柱作了调整；增加了楼梯间休息平台梁板支承部位设置构造柱的

附录 F 配筋混凝土小砌块抗震墙房屋抗震设计要求

1 配筋混凝土小砌块抗震墙的分布钢筋混凝土抗震墙的一半就有一定的延性。从安全、经济方面综合考虑，本规范的规定仅适用于房屋高度不超过表 F.1.1 的配筋混凝土小砌块房屋。当经过专门研究，有可靠技术依据，采取必要的加强措施后，房屋高度可适当增加。

2 配筋混凝土小砌块的稳定性，减少房屋发生整体弯曲破坏的可能性，一般可不做整体弯曲验算。

3 参照钢筋混凝土房屋的抗震设计要求，也根据抗震设防分类、烈度和房屋高度等划分不同的抗震等级。

4 根据本规范第 3.4 节的规则性要求，提出配筋混凝土小砌块房屋平面和竖向布置简单、规则，抗震墙拉通对直的要求。为提高变形能力，要求墙段不宜过长。

5 选用合理的结构布置，采取有效的结构措施，保证结构整体性，避免扭转等不利因素，可以不设置防震缝。当房屋各部分高差较大，建筑结构不规则等需要设置防震缝时，必须保证一定的宽度。此时，缝宽可按两侧结构局部碰撞造成破坏，防震缝必须保证一定的宽度。此时，缝宽可按两侧较低房屋的高度计算。

6 配筋混凝土小砌块房屋的抗震计算分析，包括整体分析、内力调整和截面验算方法，大多参照钢筋混凝土结构的规定，并针对砌体结构的特点做了修正。其中：

配筋混凝土小砌块抗震墙截面结构和受剪承载力、抗拉强度基本形式与混凝土墙体相同，仅需把混凝土抗压、抗拉强度设计值改为"灌芯小砌块砌体"的抗压、抗剪强度。

配筋混凝土小砌块墙体截面受剪承载力由砌体、竖向力和水平分布钢筋三者共同承担，为使水平分布钢筋不致过小，要求水平分布钢筋应承担一半以上的水平剪力。

7 配筋混凝土小砌块抗震墙的连梁，宜采用钢筋混凝土连梁。

8 多层和高层钢结构房屋

8.1 一般规定

8.1.1 混凝土核心筒—钢框架混合结构，在美国主要用于非抗震区，且认为不宜大于150m。在日本，1992年建了两幢，其高度分别为78m和107m，结合这两项工程开展了一些研究，但并未推广。据报导，日本规定今后采用这类体系要经建筑中心评定和建设大臣批准，至今尚未出现第三幢。

我国自80年代以来，应用较多，但对其抗震性能和合理高度尚缺乏研究，由于这种体系主要由混凝土核心筒承担地震作用，钢框架和混凝土核心筒的侧向刚度差异较大，国内对其抗震性能尚未进行系统的研究，故本次修订，不列入钢—钢筋混凝土核心筒—钢框架结构。

本章主要适用于民用建筑，多层工业建筑不同于民用建筑的部分，由附录G子以规定。

本章不适用于上部为钢结构下层为钢筋混凝土结构的混合型结构。用冷弯薄壁型钢作为主要承重结构的房屋，构件截面较小，自重较轻，可不执行本章规定。

8.1.2 国外70年代以前建造的高层钢结构，高宽比较大的，如纽约世界贸易中心双塔，为6.6，其他建筑很少超过此值的。注意到美国东部的地震烈度很小，《高层民用建筑钢结构技术规程》据此对高宽比作了规定。本规范考虑到市场经济发展的现实，在合理的前提下比高层钢结构规程适当放宽高宽比要求。

8.1.5 本章对钢结构房屋的抗震措施，一般以12层为界区分。凡未注明的规定，则各种高度的钢结构房屋均要遵守。

8.1.6 不超过12层的钢结构房屋宜优先采用交叉支撑，它可按拉杆设计，较经济。若采用受压支撑，其长细比及板件宽厚比应符合有关规定。

大量研究表明，偏心支撑具有弹性阶段刚度接近中心支撑框架，弹塑性阶段的延性和消能能力接近于延性框架的特点，是一种良好的抗震结构。常用的偏心支撑形式如图8.1.6所示。

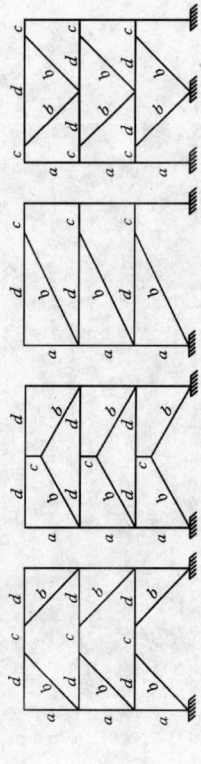

图8.1.6 偏心支撑示意图
(a—柱；b—支撑；c—消能梁段；d—其他梁段)

偏心支撑框架的设计原则是强柱、强支撑和弱消能梁段，即在大震时消能梁段屈服形成塑性铰，且具有稳定的滞回性能，即使消能梁段进入应变硬化阶段，支撑斜杆、柱和其余梁段仍保持弹性。因此，每根斜杆只能在一端与消能梁段连接，若两端均与消能梁段相连，则可能一端的消能梁段屈服，另一端消能梁段不屈服，使偏心支撑所能发挥的承载力和消能能力降低。

8.1.9 支撑桁架沿竖向连续布置，可使同层刚度变化较均匀。支撑桁架需延伸到地下室，不可因建筑方面的要求而在地下室移动位置。支撑在地下室是否改为混凝土抗震墙形式，与是否设置混凝土墙较协调。该抗震墙是否采用钢骨混凝土墙还是采用由钢支撑与混凝土墙组合而成是由设计确定。

日本在高层钢结构的下部（地下室）设钢骨（地下室）设钢骨混凝土结构，增加建筑物底部刚性、整体性和抗倾覆稳定性。而美国无此要求，故本规范对此不作规定。

多层钢结构与高层钢结构不同，根据工程情况可设置或不设置地下室。当设置地下室时，房屋一般较高，钢框架柱宜伸至地下一层。

8.1.10 钢结构的基础埋置深度，参照高层混凝土结构的规定和上海的工程经验确定。

8.2 计 算 要 点

8.2.1 钢结构构件按地震组合内力设计值进行抗震验算时，钢材的各种强度设计值需除以本规范规定的承载力抗震调整系数 γ_{RE}，以体现钢材动静强度设计于非抗震设计上不同。国外采用许用应力设计的规范中，考虑地震组合时钢材的强度通常规定提高 1/3 或 30%，与本规范 γ_{RE} 的作用类似。

8.2.2 多层和高层钢结构房屋的阻尼比，实测表明小于钢筋混凝土结构。本规范对多于 12 层拟取 0.02，对不超过 12 层拟取 0.035，对单层仍取 0.05。采用该阻尼比后，地震影响系数均按本规范 5 章的规定采用，不再采用高层钢结构规程的规定。

8.2.3 本条规定了钢结构内力和变形分析的一些原则要求。

箱形截面柱节点域变形较小，其对框架位移的影响可略去不计。

国外规范规定，框架-支撑结构等双重抗侧力体系，框架部分应按 25% 的结构底部剪力进行设计。这一规定体现了多道设防的原则，抗震分析时可通过框架部分的楼层剪力调整系数来实现，也可采用删去支撑的框架进行计算实现。

为使偏心支撑框架仅在消能梁段屈服，支撑斜杆、柱和非消能梁段的内力设计值应根据消能梁段屈服时的内力确定并考虑消能梁段的实际有效超强系数，再根据能梁段保持弹性所需的承载力抗震调整系数，确定了斜杆、柱和非消能梁段所需的承载力。

偏心支撑主要用于高烈度，故仅对 8 度和 9 度时的内力调整系数作出规定。

本款消能梁段的受剪承载力屈服和弯曲屈服按本规范第 8.2.7 条确定，即 V_l 或 V_{lc}，需取剪切屈服和弯曲屈服二者的较小值：

当 $N \le 0.15Af$ 时，取 $V_l = 0.58A_w f_{ay}$ 和 $V_l = 2M_{lp}/a$ 的较小值；

当 $N > 0.15Af$ 时，取

$$V_{lc} = 0.58A_w f_{ay}\sqrt{1-[N/(Af)]^2}$$

和 $V_{lc} = 2.36M_{lp}\left[1-N/(Af)\right]/a$ 的较小值。

支撑轴向力、框架柱的弯矩和轴向力同方向框架梁的弯矩、剪力设计值，需先乘以消能梁段受剪承载力与剪力设计值的比值（V_{lc}/V 或 V_l/V，小于 1.0 时取 1.0），再乘以实际考虑钢材实际超强系数的增大系数。该增大系数依据国产钢材给出，当采用进口钢材时，需适当提高。

8.2.5 强柱弱梁是抗震设计的基本要求，本条强柱系数 η 是为了提高柱子的承载力。

向分量的30%。V形支撑的情况类似，仅当斜杆失稳时楼板不是下陷而是向上隆起；不平衡力方向相反。

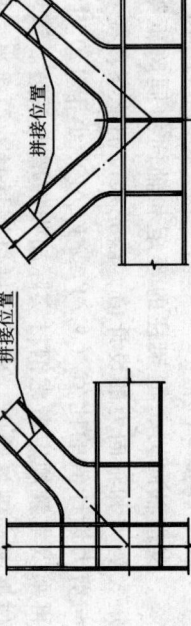

图8.2.6 支撑端部刚接构造示意图

8.2.7 偏心支撑框架的设计计算，主要参考AISC于1997年颁布的《钢结构房屋抗震规程》并根据我国情况作了适当调整。

当消能梁段的轴力设计值不超过$0.15A_f$时，按AISC规定，忽略轴力影响，消能梁段的受剪承载力取腹板屈服时的剪力和梁段两端构成塑性铰时的剪力两者的较小值。本规范根据我国钢结构设计规范关于钢材拉、压、弯强度设计值与屈服强度的关系，取受弯承载力抗震调整系数为1.0，计算结果与AISC相当；当轴力设计值超过$0.15A_f$时，则降低梁段的受剪承载力，以保证该梁段具有稳定的滞回性能。

为使支撑斜杆能承受消能梁段弯矩，支撑与梁段的连接应设计成刚接。

8.2.8 本条按强连接弱构件的原则规定，按地震组合内力（不是构件截面乘强度设计值）计算时体现在γ_{RE}的不同，按承载力验算即构件达到屈服（流限）时连接不受破坏。由于γ_{RE}的取值对构件的极限承载力影响甚微，仅对构件低于连接，可能在弹性阶段就出现螺栓连接滑移，因此，连接的

由于钢结构塑性设计时（GBJ17—88第9.2.3条），压弯构件本身已含有1.15的增强系数，因此，若系数η取得过大，将使柱的钢材用量增加过多，不利于推广钢结构，故本规范规定6、7度时取1.0，8度时取1.05，9度时取1.15。

节点域既不能太厚，也不能太薄。太厚了将使层间位移太大；太薄不能发挥其耗能作用。日本的研究表明，取节点域采用折减系数ψ来设计。规范的屈服承载力为该节点处节点梁的屈服承载力的0.7倍是适合的。本规范为了避免7度时普遍加厚节点域，在7度时取0.6，但不满足本条3款的规定时，仍需按第8.3.5条的方法加厚。

按本条规定，在大震时节点域首先屈服，其次才是梁出现塑性铰。

不需验算柱强梁弱的条件，是参考AISC的1992年和1997年抗震设计规范中的有关规定，并考虑我国情况规定的。所谓2倍地震作用下保持稳定，即地震作用加大一倍后的组合轴向力设计值N_1，满足$N_1 < \varphi f A_c$的柱。

节点域稳定性计算公式，参考高层钢结构规程、冶金部抗震规程和上海市抗震规程取值（1/90）。节点域首剪力引起的剪应力项以公式右侧的4/3，是考虑省去剪力引起的剪应力项以及节点域周边构件影响的提高。

8.2.6 支撑斜杆在反复拉压荷载作用下承载力要降低，适用于支撑屈曲前的情况。

当人字支撑的腹杆在大震下受压屈曲后，其承载力将下降，导致横梁在支撑连接处出现向下的不平衡集中力，可能引起横梁破坏和楼板下陷，并在横梁两端出现塑性铰；此时人字支撑中力取支撑受拉支撑屈曲压力竖向分量减去受压支撑屈曲压力竖

弹性设计是十分重要的。

1 梁与柱连接极限受弯承载力的计算系数1.2,是考虑钢材实际屈服强度对其标准值的提高。各国钢材的情况不同,取值也有所不同。美国 AISC—97 抗震规定和日本1998年钢结构极限状态设计规范对该系数作了调整,有的提高,有的降低,不同牌号钢材也不相同,与各自钢材的情况有关。我国1998年对 Q345(16Mn)的抗力分项系数进行了调整,并按国家标准规定的钢材厚度等级划分新规定进行了统计,其结果与过去对3号钢和16Mn的统计很接近,故仍采用原标准的1.2。

极限受剪承载力的计算系数1.2,仅考虑了钢材实际屈服强度对标准值的提高,并另外考虑了该跨内荷载的受剪力效应。

连接计算时,弯矩由翼缘承受和剪力由腹板承受的近似方法计算。梁的上下翼缘全熔透坡口焊缝的极限受弯承载力 M_u,取梁的一个翼缘的截面面积 A_f、厚度 t_f、梁截面高度 h 和构件母材的抗拉强度最小值 f_u,按下式计算:

$$M_u = A_f (h - t_f) f_u$$

角焊缝的强度高于母材的抗剪强度,参考日本1998年规范,梁腹板连接的极限受剪承载力 V_u,取不小于母材的极限抗剪强度和角焊缝强度的较小值的有效受剪面积 A_f^w 按下式计算:

$$V_u = 0.58 A_f^w f_u$$

2 支撑与框架的连接及支撑的拼接,需采用螺栓连接,连接在支撑轴线方向的极限承载力应不小于支撑净截面屈服承载力的1.2倍。

3 梁、柱构件拼接处,除少数情况外,在大震时都将进入塑性区,故拼接按受弯构件全截面屈服时的内力设计。梁与柱连接承载力考虑构件运输,通常位于距节点不远处,考虑进入塑性,其连接承载力要求与梁端连接类似,在大震时将进入塑性,故拼接承载力取拼接截面腹板屈服时的剪力乘1.3。

4 工字形截面(绕强轴)和箱形截面有轴力时的塑性受弯承载力,按 GBJ 17—88 的规定采用。工字形截面(绕弱轴)有轴力时的塑性受弯承载力,参考日本《钢结构塑性设计指南》的规定采用。

5 对接焊缝的极限抗拉强度取高于母材的抗拉强度,计算时取其等于母材的极限抗拉强度最小值。角焊缝的极限抗剪强度也高于母材的极限抗剪强度,参考日本规定,梁腹板连接的角焊缝极限抗剪强度取母材的极限抗剪强度乘角焊缝的有效受剪面积。

6 高强度螺栓的极限抗剪强度,根据原哈尔滨建筑工程学院的试验结果,螺栓剪切破坏强度与抗拉强度之比大于0.59,本规范偏安全地取0.58。螺栓连接的极限承压强度,GBJ 17—88 修订时曾做过大量试验,螺栓连接的端距取 $2d$,就是考虑 $f_{cu} = 1.5 f_u$ 得出的。因此,连接板的极限承压强度取 $f_{cu}^b = 1.5 f_u$,以便与相关标准相协调。对螺栓承载力,应取二者的较小值。

8.3 钢框架结构的抗震构造措施

8.3.1 框架柱的长细比关系到钢结构的整体稳定,研究表明,钢结构高度很大时,轴向力大,竖向地震对框架柱的影响很大,本规范的数值参考国外标准,对6、7度适当放宽。

8.3.2 框架梁柱板件宽厚比的规定,是以结构符合强柱弱梁为前提,考虑柱仅在后期出现少量塑性,不需要很高的转动能力,综合考虑美国和日本的规定制定的。当梁柱弱梁,即不满足规范8.2.5—1要求时,表8.3.2-2中工字形柱翼缘悬伸部分的11和10应分别改为10和9,工字形柱腹板的43应分别改为40(7度)和36(8、9度)。

8.3.4 本条规定了梁柱连接的构造要求。

梁与柱刚性连接的梁悬臂段进行连接的方式对结构制作要求较高,可根据具体情况选用。

震害表明,梁柱焊接节点受严重破坏,但两国的构造不同,破坏特点和所采取的改进措施也不完全相同。

美国加州1994年诺斯里奇地震和日本1995年阪神地震,钢框架梁柱节点受严重破坏,但两国的节点构造不同,破坏特点和所采取的改进措施也不完全相同。

(1)美国通常采用工字形柱,日本主要采用箱形柱;

(2)在梁翼缘对应位置的柱加劲肋厚度,美国按传递设计内力设计,一般为梁翼缘厚度之半,而日本要比梁翼缘厚一个等级;

(3)梁端腹板的下翼缘切角,美国采用矩形,高度较小,使下翼缘焊缝在施焊时实际上要中断,并使探伤操作困难,致使梁下翼缘焊缝出现了较大缺陷,允许施焊时焊条通过,角接近三角形,高度稍大,虽然施焊仍不很方便,但情况要好些;

(4)对于梁腹板与连接板的连接,美国除螺栓外,当梁翼缘的塑性截面模量小于梁全截面塑性模量的70%时,在连接板的角部要用焊缝连接,日本只用螺栓连接,但规定应按抗剪耐力计算,且不少于2~3排。

这两种不同构造所遭受破坏的主要区别是,日本的节点震害仅出现在梁端,柱无损伤,而美国的节点震害是梁柱均遭受破坏。

震后,日本仅对梁端构造作了改进,并消除焊接衬板的缺口效应引起的缺口效应;美国除采取措施消除焊接衬板的缺口效应外,主要致力于采取措施将塑性铰外移。

我国高层钢结构,初期由日本设计的较多,现行高钢规程的节点构造基本上参考了日本的规定,表现为:普遍采用箱形柱,梁翼缘与柱的加劲肋助等厚。因此,节点的改进主要参考日本1996年《钢结构工程技术指南——工场制作篇》中的"新技术和新工法"的规定。其中,梁腹板上下端的扇形切角采用了日本的规定:

(1)腹板角部设置半径为35mm的扇形切角,与梁翼缘连接处作半径10~15mm的圆弧,其端部与梁翼缘的全熔透焊缝应隔开10mm以上;

(2)下翼缘焊缝连接时,角焊缝应沿衬板全长焊接,焊脚尺寸宜取6mm。

美日两国都发现梁翼缘焊缝的焊接衬板边缘缺口效应的危害,并采取了对策。根据我国的情况,梁上翼缘有楼板加强,并施焊条件较好,震害较少,不做处理,仅规定对梁下翼缘的焊接衬板边缘施焊,也可采用刮除衬板,然后清根补焊的方法,但国外实践表明,此法费用较高。此外请参考美国

强板，补强板的厚度及其焊缝应按传递该力的要求设计。补强板侧边可采用角焊缝连成整体。塞焊点之间的距离，不应大于相连板件中较薄板件厚度的 $21\sqrt{235/f_y}$ 倍。

8.3.6 罕遇地震下，框架节点将进入塑性区，保证结构塑性区的整体性是很必要的。参考国外有关于高层钢结构的设计要求，提出相应规定。

8.3.8 外包式柱脚在日本阪神地震中柱性能欠佳，故不宜在8、9度时采用。

8.4 钢框架-中心支撑结构的抗震措施

本节规定了中心支撑框架的构造要求。

8.4.2 支撑杆件的宽厚比和径厚比要求，本规范综合参考了美国 1994 年诺斯里奇地震，日本 1995 年阪神地震后发表的资料及其他研究成果拟定。支撑与柱连接时，应注意该节点连接的稳定。

8.4.3 美国规定，强震区的支撑与柱连接不应采用框架结构中，梁与柱连接不应采用铰接。考虑到双重抗侧力体系对高层建筑抗震很重要，且梁与柱重要，将使结构应移增大，故规定 7 度及以上不应铰接。

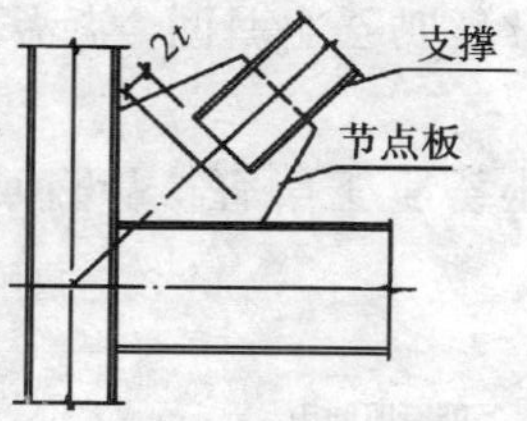

支撑与节点板固点保留一个小距离，可使节点板在大震时产生平面外屈曲，从而减轻对支撑的破坏，如图 8.4.3 所示。

图 8.4.3 支撑端部节点板构造示意图（补充）的规定，这是 AISC—97（补充）的规定。

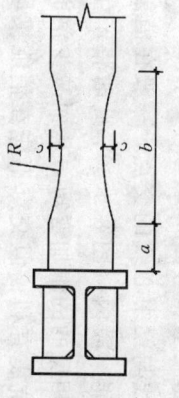

图 8.3.4 骨形连接

规定，给出了腹板设双排螺栓的必要条件。将塑性铰外移的措施可采取骨形梁-柱连接，如图 8.3.4 所示。该法是在距梁端一定距离处，将翼缘两侧做月牙形切削，形成薄弱截面，使强烈地震时梁的塑性铰自柱面外移，从而避免月牙形切削，起点可位于距梁端约 150mm，宜对上下翼缘的切削面应刨光，切削后翼缘的塑性铰设计的多遇地震不宜大于原截面面积的 90%，应能承受按抗震设计的多遇地震下的组合内力。其节点延性可得到充分保证，能产生较大转角。建议 8 度Ⅲ、Ⅳ类场地和 9 度时采用。

美国加州 1994 年诺斯里奇地震后，梁与柱铰接点破坏较多，建议适当加强。

8.3.5 当节点域的体积不满足第 8.2.5 条有关规定时，参考日本加厚节点域和美国 AISC 钢结构抗震规程 1997 年版的规定，提出了加厚节点域和贴焊补强板的加强措施：

(1) 对焊接组合柱，宜加厚节点板，将柱腹板在节点域范围内更换为较厚板件。加厚板件应伸出柱横向加劲肋之外各 150mm，并采用对接焊缝与柱翼缘相连。

(2) 对轧制 H 型柱，可贴焊补强板加强。补强板上下边缘可不伸过横向加劲肋或伸过横向加劲肋之外各 150mm。当补强板不伸过横向加劲肋时，加劲肋的传递应能补强板所分担的剪力；当补强板伸过加劲肋时，加劲肋焊接，且厚度不小于 5mm；此焊缝应能传递加劲肋与补强板焊接，此焊缝应能将加劲肋传来的力传递给补强板。补强板仅与补强板焊接，此焊缝应能与补强板焊接。

8.5 钢框架-偏心支撑结构的抗震措施

本节规定了保证消能梁段发挥作用的一系列构造要求。

8.5.1 为使消能梁段有良好的延性和消能能力，其钢材应采用 Q235 或 Q345。参考 AISC 规定作了适当调整。当梁上翼缘与楼板固定但消能梁段不能侧向固定时，仍需置侧向支撑。

8.5.3 为使消能梁段在反复荷载下具有良好的滞回性能，需采取合适的构造并加强对腹板的约束：

1 支撑斜杆轴向力的水平分量成为消能梁段的轴向力，当此轴向力较大时，除降低此梁段的受剪承载力外，还需减少该梁段的长度，以保证它具有良好的滞回性能。

2 由于腹板上贴焊的补强板不能进入弹塑性变形，因此不能采用补强板；腹板上开洞也会影响其弹塑性变形能力。

3 消能梁段与支撑斜杆的连接处，需设置与腹板等高的加劲肋，以传递梁段的剪力并防止连梁板屈曲。

4 消能梁段的中间加劲肋，加劲肋间距比小些；一般按消能梁段为剪切屈服型，较长时为弯曲屈服型，较短时需在距端部 1.5 倍翼缘宽度处配置加劲肋；中等长度时需同时满足剪切屈服型和弯曲屈服型的要求。

偏心支撑的斜杆的轴心线与梁中心线的交点，一般在消能梁段的端部，也允许在消能梁段内（图 8.5.3），此时将产生与消能梁段端部弯矩方向相反的附加弯矩，从而减少消能梁段和支撑端部的弯矩，对抗震有利；但交点不应在消能梁段以外，因此时将增大支撑杆和消能梁段的弯矩，于抗震不利。

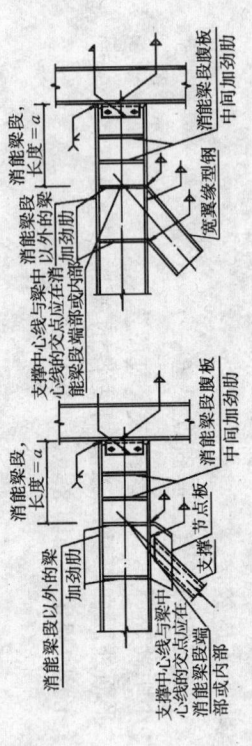

图 8.5.3 消能梁段两端设置翼缘侧向隅撑

8.5.5 与消能梁段处于同一跨内的框架梁，同样承受轴力和弯矩，为保持其稳定，也需设置翼缘的侧向隅撑。

8.5.6 偏心支撑的侧向隅撑，是为了承受平面外扭转。

附录 G 多层钢结构厂房的抗震设计要求

多层钢结构厂房的抗震设计，在不少方面与多层钢结构民用建筑是相同的，而后者又与高层钢结构的抗震设计有很多共同之处。本附录给出仅用于多层钢结构厂房的规定。

1 多层厂房宜优先采用交叉支撑，支撑布置在荷载较大的柱间，有利于荷载直接传递，上下贯通一般有利于结构刚度沿高度变化均匀。

2 设备或料斗（包括下料的主要管道）穿过楼层时，若分层设置，不但各层楼层的接度难以同步，使各层结构传力不明确，同时在地震作用下，由于层间位移会给设备、料斗产生附加地震作用，严重的可能损坏旋转设备。因此同一台设备一般不能采用分层支承的方式。装料后较重的设备或料斗接近楼层布置或采用斜承点，是力求降低穿过楼层布置的设备或料斗的地震作用对支承结构的附加影响。

3 采用钢铺板时，钢铺板应与钢梁有可靠连接。

4 厂房楼层检修、安装荷载、检修荷载代表值行业性强，大的可达 $45kN/m^2$，但属短期荷载，检修结束后的楼面仅有少量替换下来的零件和操作荷载。这类荷载在地震时遇合的概率较低，按实际情况采用较为合适。

5 震害调查表明，设备或料斗的支承结构的破坏，将危及下层的设备和人身安全，所以直接支承设备和料斗的结构必须考虑地震作用。设备与料斗对水平地震作用的结构标准值 F_s，设备对支承结构产生的地震作用可参照美国《建筑抗震设计暂行条例》(1978) 的规定给出。实测与计算表明，楼层加速度反应比输入的地面加速度大，且在同一座建筑内高部位反应要大于楼层的设备底部位的反应，所以置于楼层的设备水平地震作用相应地要增大。当不采用动力分析时，以 $λ$ 值来反应楼层 F_s 值变化的近似规律。

6 多层厂房的纵向柱间支撑对提高厂房的纵向抗震能力很重要，给出了纵向支撑的设计要求。

7 适应厂房屋盖开洞的情况，规定了楼层水平支撑设计要求，系根据近年国内外工程设计经验提出的。控制柱的计算长度，主要是传递水平地震作用和风荷载，保证柱的稳定和保证结构构件安装时的稳定。

设备、料斗堆积材料的重力荷载通道等因素。

楼层堆积荷载要考虑运输通道等因素，可不乘动力系数。

9 单层工业厂房

9.1 单层钢筋混凝土柱厂房

（I） 一 般 规 定

9.1.1 根据震害经验，厂房结构布置应注意的问题是：

1 历次地震震害表明，不等长多跨厂房有高振型反应，不等高多跨厂房有扭转效应，均对抗震不利，故多跨厂房宜采用等高和等长。

2 唐山地震的震害表明，单层厂房与山墙交汇的角部是不允许任意布置是不利的。在厂房纵横墙与山墙交汇处排架柱的侧移量大，当有毗邻建筑，防震缝或变位受约束的情况约束较严重，相互碰撞或变位受约束的情况严重，唐山地震中有不少倒塌、严重破坏等加重震害的震例，因此，在防震缝附近不宜布置毗邻建筑。

3 大柱网厂房和其他不设柱间支撑的厂房，在地震作用下侧移量较置设置柱间支撑的厂房大，防震缝的宽度应当用下侧移量较置设置柱间支撑的厂房大，防震缝需适当加大。

4 地震作用下，相邻两个独立的主厂房的振动变形可能不同步协调，与之相连接的过渡跨的屋盖常常倒塌破坏；为此过渡跨至少一侧应采用防震缝与主厂房脱开。

5 上吊车的铁梯，晚间停放吊车时，增大该处排架侧移刚度，加大地震反应，特别是多跨厂房各跨上吊车的铁梯集中在同一横向轴线时，会导致震害破坏，应避免。

6 工作平台或刚性平台内隔墙与厂房主体结构连接时，改

向水平刚度，但建筑通风、采光不利、考虑到6度和7度区地震作用效应较小，且很少有屋盖破坏的震例，本次修订改为；对6度和7度区不做此要求。

3 历次地震经验表明，不仅是天窗屋盖和壁板，就是天窗侧板也宜采用轻型板材。

9.1.3 根据震害经验，厂房屋盖结构的设置应注意下列问题：

1 轻型大型屋面板无檩屋盖和钢筋混凝土有檩屋盖的抗震性能好，经过8～10度强烈地震考验，有条件时可采用。

2 唐山地震震害统计分析表明，屋盖的震害程度与屋盖承重结构的型式结构密切相关，根据8～11度地震的震害调查统计发现：梯形屋架屋盖共调查91跨，全部或大部倒塌41跨，部分或局部倒塌11跨，共计52跨，占56.7%。拱形屋架屋盖共调查151跨；全部或大部倒塌13跨，部分或局部倒塌16跨，共计29跨，占19.2%。屋面梁屋盖共调查168跨；全部或大部倒塌11跨，部分或局部倒塌17跨，共计28跨，占16.7%。

另外，采用下沉式屋盖的厂房震害较重。为此，提出厂房宜采用低重心的屋盖，没有破坏的震例，在地震区不宜采用。

3 拼块式的预应力混凝土和钢筋混凝土空腹桁架的结构整体性差，在唐山地震中其破坏率和破坏程度均较整榀式重得多。因此，在地震区不宜采用。

4 预应力钢筋混凝土天窗两侧竖向支撑的附加地震作用下，腹杆折断的严重破坏，因此，不宜采用弦杆节点均较薄弱，在天窗两侧竖向支撑的附加地震作用下，腹杆折断、节点破坏，容易产生节点破坏，腹杆折断的严重破坏，因此，不宜采用。

变了主体结构的工作性状，加大地震反应、导致应力集中，可能造成短柱效应，不仅影响排架柱，还可能涉及柱顶的连接和相邻的屋盖结构，计算和加强配筋措施均较困难，故以脱开为佳。

7 不同形式的结构，振动特性不同，材料强度不同，侧移刚度不同。在地震作用下，在仅由于荷载、位移、强度的不均衡，而造成结构破坏。山墙承重和中间有横墙承重的单层钢筋混凝土柱厂房和两端砖墙承重的天窗架，在唐山地震中均有较重破坏，为此，厂房的一个结构单元内，不宜采用不同的结构形式。

8 两侧为嵌砌墙，中柱列设柱间支撑；一侧为外贴墙或嵌砌墙，另一侧为开敞；一侧为嵌砌墙，另一侧为外贴墙等各柱列纵向刚度严重不均匀的厂房，由于各柱列和屋盖的纵向变形分配不均，变形不协调，常导致柱列和屋盖的纵向破坏，在7度区就有这种震害反映，在8度和大于8度区，破坏就更普遍且严重，不少厂房柱倒屋塌，在设计中应予以避免。

9.1.2 根据震害经验，天窗架的设置应注意下列问题：

1 突出屋面的天窗架对厂房的抗震带来很不利的影响，因此，宜采用屋面较小的避风型天窗。采用下沉式天窗的屋盖有良好的抗震性能，唐山地震中甚至经受了10度地震的考验，有条件时均可采用。

2 第二开间起开天窗，将使端开间屋面板与屋架无法焊接或焊连的可靠性大降低屋面水平刚度，同时也大大降低屋面纵向水平刚度，如果山墙能够开窗，或者采光要求不太高时，天窗从第三开间起设置。天窗架从厂房单元第三柱开始设置，虽增强屋面纵

有突出屋面天窗架的空腹桁架屋盖。

5 随着经济的发展，组合屋架、工字形柱、腹板开孔的普通工字形柱以及管柱，均存在抗震薄弱环节，故规定不宜采用。

（Ⅱ）计算要点

9.1.4 不开孔的薄壁工字形柱、腹板开孔的普通工字形柱以及管柱，均存在抗震薄弱环节，故规定不宜采用。

9.1.7、9.1.8 对厂房的纵横向抗震分析，本次修订明确规定，一般情况下，采用多质点空间结构分析方法；当符合附录 H 的条件时可采用平面排架简化方法。附录 H 的调整系数有以下特点：

1 适用于 7～8 度柱顶标高不超过 15m 且砖墙刚度较大等情况的厂房，9 度时砖墙开裂影响明显，空间工作影响明显减弱，一般不考虑调整。

2 计算地震作用时，采用经过调整的排架计算周期。

3 调整系数以刚度台分解法进行分析，取不同屋盖类型、各种山墙同距、高度和单元长度，得出了统计规律，给出了较为合理的调整系数。因排架计算周期较长，地震作用影响偏小，当山墙同距较大或仅一端有山墙时，对一端无山墙的厂房，所考虑分析的排架地震内力需一般要增大而不减小，对一端有山墙端一般一幅。

4 研究发现，对不等高厂房，其地震作用效应调整系数随高低跨屋盖刚度下降。公式中的牛腿以上的中柱截面，其地震作用效应比值是线性下降，低跨屋盖刚度影响系数与其他各截面，要由公式计算。公式中的空间工作影响系数与其他各截面（包括上述中柱的下柱截

面）的作用效应调整系数合不同，分别列于不同的表格，要避免混淆。

5 唐山地震中，吊车桥架造成了厂房局部的严重破坏，为此，把吊车桥架作为移动质点，进行了大量的多质点空间结构分析，并与平面排架简化分析比较，得出其放大系数，使用时，只乘以吊车桥架重力荷载在吊车梁顶高处产生的地震作用，而不乘以截面上的总地震作用。

历次地震，特别是海城、唐山地震，厂房沿纵向发生破坏的例子很多，而且中柱列的破坏比边柱列严重得多，在计算分析和震害总结的基础上，规范提出了厂房纵向抗震计算原则和简化方法。

钢筋混凝土屋盖厂房的纵向抗震计算，要考虑围护墙有效刚度、强度和屋盖的变形，采用空间分析模型。附录 J 的实用计算方法，仅适用于柱顶标高不超过 15m 且有砖围护墙比较普通的等高厂房，是选取多种简化方法与空间分析计算基本周期、考虑果比较而得到的。其中，要考虑纵向侧移计算，围护墙开裂加重到刚度的提高，故一般情况，围护墙的有效刚度折减系数，在 7、8、9 度时可近似取 0.6、0.4 和 0.2。不等高和纵向不对称厂房，还需考虑厂房扭转折段尚无合适的简化方法。

9.1.9、9.1.10 地震震害表明，其横向受损并不明显，而纵向破坏却相当普遍。计算分析表明，常用的钢筋混凝土带斜腹杆的天窗架，横向刚度很大，基本上随屋盖平移，可以直接采用底部剪力法的计算结果，但纵向则要按跨数和位置调整。

有斜撑杆的三铰拱式钢天窗架的横向刚度和位置也较厂房屋盖

的横向刚度大很多,也是基本上随屋盖平移,故其横向抗震计算方法可与混凝土天窗架一样采用底部剪力法。由于钢天窗架的强度和延性优于混凝土天窗架,且当跨度大于9m或9度时,钢天窗架的地震作用效应不必乘以增大系数1.5。

本次修订,明确突出屋面天窗简化计算的适用范围为有斜杆的三铰拱式天窗架,避免与其他形式天窗架混淆。

9.1.11 关于大柱网厂房的双向水平地震作用,89规范规定取一个主轴方向100%加上相应垂直方向的30%的不利组合,相当于两个方向的地震作用效应完全相同时按第5.2节规定的计算结果,因此是一种略偏安全的简化方法。为避免与第5.2节的规定不协调,不再专门列出。

位移引起的附加弯矩,即 "P-Δ" 效应,按本规范第3.6节的规定计算。

9.1.12 不等高厂房高低跨屋盖的柱牛腿在地震作用下开裂较多,甚至牛腿作用下的柱牛腿向外位移破坏。在规范中,牛腿作用下的柱牛腿面预埋板纵向水平受拉钢筋的计算公式,第一项为承受重力荷载作用下的柱牛腿纵向钢筋的计算,第二项为承受重力荷载和地震作用下的柱牛腿纵向钢筋的计算。

9.1.13 震害和试验研究表明;交叉支撑杆件在地震作用中是共同工作的,斜拉杆和斜压杆在支撑桁架中是共同相比小于200时,支撑中的最大长细比的临界状态值。据此,在规范的附录J中规定支撑的设计原则和简化方法:

1 支撑侧移的计算:按剪切构件考虑,支撑任一点的侧移等于该点以下各节间相对侧移值的叠加。它可用以确定厂房纵向柱列的侧移刚度和厂房纵向柱间支撑地震作用的分配。

2 支撑斜杆的抗震验算:试验结果发现,支撑的水平承载力,相当于拉杆承载力与压杆承载力乘以折减系数之和的水平分量。此折减系数即条文中的"压杆卸载系数",可以线性内插。亦可直接用下列公式确定斜拉杆的净截面 A_n:

$$A_n \geq \gamma_{RE} l_i V_{bi} / [(1 + \psi_c \varphi_i) s_c f_{at}]$$

3 唐山地震中,单层钢筋混凝土柱厂房的柱间支撑虽有一定数量的破坏,但这些厂房大多数未考虑抗震设防的,据计算分析,抗震验算的柱间支撑斜杆内力大于非抗震设计时的内力几倍。

4 柱间支撑与柱的连接节点在地震反复荷载作用下承受拉弯和压弯,试验表明其承载力比单调荷载作用下有所降低;在抗震安全性综合分析基础上,提出了确定预埋板钢筋截面积的计算公式,适用于符合本规范第9.1.28条5款构造规定的情况。

5 补充了柱间支撑节点预埋件采用角钢的验算方法。

9.1.14 唐山地震表明:8度和9度区,不少抗风柱的上柱和下柱根部开裂、折断,导致山尖端倒塌,严重的抗风柱连同山墙全部向外倾倒。抗风柱虽非单层厂房的主要承重构件,但它却是厂房纵向抗震中的重要构件,对保证厂房的纵向抗震安全,具有不可忽视的作用,补充规定8、9度时需进行平面外的截面抗震验算。

9.1.15 当抗风柱与屋架下弦相连接时,虽然此类厂房均在厂房两端一开间设置下弦横向支撑,但当厂房遭到地震作用时,高大山墙引起的纵向的水平地震作用具有较大的数值,由于阶形抗风柱的下柱的纵向刚度远大于上柱的刚度,大部分水平地震作用将通过下柱的上端连接传至屋架下弦,但屋架下弦支撑的强度和刚度往往不能满足要求,从而导致屋架下弦支撑杆件压曲。1966年邢台地震6度区、1975年海城地震8度区均出现过这种震害。故要求进行相应的抗震验算。

9.1.16 当提高排架的侧移刚度，将可能改变其动力特性，加大地震作用，还可能造成应力和变形的集中，加重厂房的震害。唐山地震中由此造成排架柱折断或屋盖倒塌，其严重程度因具体条件而异，很难作出统一规定，抗震计算时，需采用符合实际的结构计算简图，并采取相应的措施。

9.1.17 震害表明，上弦有小立柱的拱形和折线形屋架及上弦节间长和节间矢高较大的屋架，在地震作用下屋架上弦将产生附加扭矩，导致屋架上弦破坏。为此，8、9度在这种情况下需进行截面抗扭验算。

（Ⅲ）构造措施

9.1.18 本节所指有檩屋盖，主要是波形瓦（包括石棉瓦及槽瓦）屋盖。这类屋盖只要设置保证整体刚度的支撑体系，屋面瓦与檩条间以及檩条与屋架间有牢固的拉结，一般均具有一定的抗震能力，甚至在唐山10度地震区也基本完好地保存下来。但是，如果屋面瓦与檩条或檩条与屋架拉结不牢，在7度地震区也会出现严重震害，海城地震和唐山地震中均有这种例子。

9.1.19 无檩屋盖指的是各类不用檩条的钢筋混凝土屋盖是屋架（梁）组成的屋盖。这是根据唐山、海城震害经验提出的厂房抗震的重要保证，这次修订对钢筋混凝土大型屋面板，总要求。鉴于我国目前仍大量采用钢筋混凝土大型屋面板，故着重点对大型屋面板与屋架（梁）焊连接的屋盖体系作了具体规定。

这些规定中，屋面平台，刚性焊连接（梁）可靠焊连是第一道防线，为保证焊连强度，要求屋面板底面预埋板和屋架端部顶面预埋件均应加强锚固；相邻屋面板两块底面吊钩四角顶面预埋铁件间的焊连是第二道防线；当制作非标准屋面板时，也应采取相应的措施。

设置屋盖支撑是保证屋盖整体性和重要抗震措施，沿用了89规范规定的规定。

根据震害经验，8度区天窗跨度等于或大于9m和9度区天窗宜设置上弦横向支撑。

9.1.20 在进一步总结唐山地震经验的基础上，对支撑布置的规范作适当的补充。

9.1.21 唐山地震害表明，采用刚性焊连构造时，天窗立柱端在下檐和侧板连接处均出现开裂破坏，甚至倒塌，刚性连接仅在支撑很强的情况下才足可行的措施，故规定一般单层厂房宜采用螺栓连接。

9.1.22 屋架竖端端采用构造配筋、截面受弯、受剪承载力不足，非受力杆件而采用构造配筋。对折线型屋架为调整屋面坡度而在端节间上弦需适当加强。对设有柱子，也要适当增大配筋和加密箍筋，以提高其拉弯剪能力。

9.1.23 根据震害经验，排架柱的抗震构造，增加了箍筋肢距的要求，并提高了角柱柱头的箍筋构造要求。

1 柱子在变位受约束的部位容易出现剪切破坏，要增加箍筋。变位受约束的部位包括：设有柱间支撑的部位，嵌砌内隔墙、侧边贴建披屋、靠山墙的角柱、平台连接处等。

2 唐山地震震害表明：当排架柱的变位受平台、刚性横隔墙等约束,其影响的严重程度和部位,因约束条件而异,有的仅在约束部位的柱身出现裂缝;有的造成屋架上弦折断、屋盖崩落(如天津拖拉机厂冲压车间);有的导致柱头和连接接破坏屋盖(如天津第一机床厂铸工车间砂箱)。必须区别情况从设计计算和构造上采取相应的有效措施,不能统一采用局部加强排架柱的箍筋,如高低跨柱的上柱的剪跨比较小时就应全高加密箍筋,并加强与屋架头连接。

3 为了保证排架柱箍筋加密区的延性和抗剪强度,除箍筋的最小直径和最大间距外,增加对箍筋最大肢距的要求。

4 在地震作用下,排架柱头由于构造上的原因,不是完全的铰接,而是处于压弯剪的复杂受力状态,在高烈度地区,这种情况更为严重。唐山地震中高烈度地区的排架柱头破坏较多,加密区的箍筋直径宜适当加大。

5 厂房柱弯剪压的复杂受力状态,侧向变形受约束和柱头的铰接,这是处于压弯剪的复杂受力状态,在高烈度地区,这种情况更为严重。唐山地震中,6度区就有角柱顶开裂破坏,8度和大于8度、唐山地震就更多,严重的柱头折断,端屋架榻落,为此,厂房角柱的柱头加密箍筋宜提高一度配置。

9.1.24 对抗风柱,除了提出验算柱头加密纵筋和箍筋的构造规定。

唐山地震中,抗风柱的柱头和上、下柱的根部都有产生裂缝,甚至折断的震害,另外,柱肩产生劈裂情况也不少。为此,柱头和上、下柱根部需加强箍筋的配置,并在柱肩处设置纵向受拉钢筋,以提高其抗震能力。

9.1.25 大柱网厂房的抗震性能是唐山地震中发现的新问题,其震害特征是:①柱根出现对角破坏,混凝土酥碎剥落,纵筋压曲,说明主要是纵、横两个方向或斜向地震作用的影响,柱根的强度和延性不足;②中柱的破坏率和破坏程度均大于边柱,说明与柱的轴压比有关。

89规范对大柱网厂房的抗震验算作了规定,本次修订,进一步补充了轴压比和相应的箍筋构造要求。其中的轴压比限值,考虑到柱子承受双向压弯和柱支柱的P-Δ效应的影响,受力复杂,参照了钢筋混凝土框架(包括屋面、屋架、托架、悬挂吊车)和柱网厂房柱仅考虑控制轴压比而给设计带来困难,大柱网厂房柱的自重,尚不致因控制轴压比而给设计带来困难。

9.1.26 柱间支撑的抗震构造,比89规范改进如下:

①文支撑杆件的长细比限值随烈然地类别而变化;②进一步明确了支撑柱子连接节点的位置和相应的构造;③增加了关于交叉支撑支撑节点板及其连接的构造要求。

柱间支撑是单层钢筋混凝土柱厂房的纵向主要抗侧力构件,当厂房单元效应较大,Ⅲ、Ⅳ类场地和9度时,纵向地震作用效应较大,设置一道下柱支撑不能满足要求时,可设置两道下柱支撑,但应注意:两道下柱支撑宜设置在厂房单元中间三分之一区段内,不宜设置在厂房单元的两端,以避免温度应力过大;在满足工艺条件的前提下,两者靠近设置时;在厂房单元中部三分之一区段内,适当设置开设置则有利于缩短地震作用的传递路线,设计中可根据具体情况确定。

交叉式柱间支撑的侧移刚度大,对保证单层钢筋混凝土柱厂房在纵向地震作用下的稳定性有良好的效果,但在与下柱连接的节点处理时,会遇到一些困难。

9.1.28 本条规定厂房各构件连接节点的要求,具体贯彻了本规范第 3.5 节的原则规定，包括屋架与柱的连接，柱顶锚件；抗风柱，牛腿（柱肩），柱与柱间支撑连接处的预埋件：

1 柱顶与屋架采用钢板铰，在与前苏联的地震中经受了考验，效果较好，建议在 9 度时采用。

2 为加强柱牛腿（柱肩）预埋板的锚固，要求相当于承受水平拉力的纵向钢筋（即本节 9.1.12 条中的第 2 项）与预埋板焊连。

3 在设置柱间支撑的截面处（包括柱顶、柱底等），为加强锚板锚固的要求，埋板与锚件的焊接，通常用预埋弧焊或锚形孔塞焊。

4 抗风柱的柱顶与屋架上弦的连接节点，要具有传递纵向水平地震力的承载力和延性。抗风柱顶与屋架（屋面梁）上弦可靠连接，不仅保证抗风柱的强度和稳定，同时也保证山墙横向地震作用的可靠传递，但连接点必须在上弦节点，否则将使屋架上弦产生附加的节间平面外弯矩。由于现在的预应力混凝土和钢筋混凝土屋架一般均不符合抗风柱布置间距的要求，故补充规定以上弦横向支撑这样情况时，可以采用在屋架横向支撑中加设次腹杆或型钢横梁，使抗风柱顶的水平力传递至屋架上弦的节点。

9.2 单层钢结构厂房

(I) 一般规定

9.2.1 钢结构的抗震性能一般比较好，未设防的钢结构厂房，地震中损坏不重，主要承重结构一般无损坏。但是，1978 年日本宫城县地震中，有 5 栋钢结构建筑倒塌，1976 年唐山机车车辆厂等的钢结构厂房破坏甚至倒塌，因此，普通型钢结构厂房仍需进行抗震设计。轻型钢结构厂房的自重轻，钢材的截面特性与普通型钢不同，本次修订未纳入。

9.2.3 本条规定了厂房结构体系的要求：

1 多跨厂房的横向刚度相差较大，不要求各跨屋架与柱均为刚接。对厂房纵向的布置要求，本条规定与单层钢结构厂房的实际情况是一致的。悬臂柱等纵向体系的实际工程中也不少见。

2 厚度较大无法进行螺栓连接的构件，需采用对接焊缝等强连接，确保焊接质量。

3 实践表明，屋架上弦杆与柱连接处出现塑性铰的传统做法，往往引起板不受太变形，导致房屋最大应力区不能设置焊接接头。为保证节点具有足够的承载能力，还规定了节点在构件全截面屈服时不发生破坏的要求。

4 钢骨架的最大应力区在地震时可能产生塑性铰，导致构件失去整体和局部稳定，故在最大应力区不能设置焊接接头。为保证节点具有足够的承载能力，还规定了节点在构件全截面屈服时不发生破坏的要求。

(II) 计 算 要 点

9.2.4 根据单层厂房的实际情况，对抗震计算模型分别作了规定。

9.2.5 厂房排架抗震分析时，要根据围护墙的类型和墙与柱的连接方式决定其质量与刚度的取值原则，使计算合理。

9.2.6 单层钢结构厂房的横向抗震计算，大体上与钢筋混凝土柱厂房相同，但因围护墙类型较多，故分别对待。参照钢筋混凝土柱厂房做简化计算时，地震弯矩和剪力的调整系数未做规定。

9.2.7 等高多跨钢结构厂房的纵向抗震计算，与钢筋混凝土厂房不同，主要由于厂房的围护墙的连接或无檩屋盖柱子侧移，各纵向柱列变位是基本相同。因此，对无檩屋盖可按柱列刚度分配；对有檩屋盖可按柱列承受重力荷载代表值比例分配和按单柱计算，再取二者的较大值。

9.2.8 本条对屋盖支撑设计作了规定。主要是连接承载力的要求和腹杆按长细比决定截面的支撑构件，其与弦杆的连接可不要求等强连接，只要不小于构件的内力即可；屋盖竖向支撑承受的作用力包括屋盖自重产生的地震力，还要将其传给主框架，杆件截面需由计算确定。

(Ⅲ) 抗震构造措施

9.2.11 钢结构设计的习用规定，长细比限值有关。钢结构设计的屈服强度修改后的表示方式是一致的。无关，但与材料的屈服强度有关。修改后的表示方式是一致的。

9.2.12 单层钢厂房时，梁的板件宽厚比，应静力弹性设计为严。本条参考了冶金部门的设计规定，它来自试算和工程经验分析。其中，考虑到梁可能出现塑性铰，按《钢结构设计规范》中关于塑性设计的要求控制。圆钢管的径厚比来自日本资料。

9.2.13 能传递柱全截面屈服承载力的柱脚，可采用如下形式：

(1) 埋入式柱脚、埋深的近似计算公式，来自日本早期的设计规定和英国钢结构设计手册；

(2) 外包式柱脚；

(3) 外露式柱脚，底板与基础顶面间用无收缩砂浆进行二次灌浆，剪力较大时需设置抗剪键。

9.2.14 设置柱间支撑要兼顾减小温度应力的要求。

在厂房中部设置上下柱间支撑，仅适用于有吊车的厂房，其目的是避免吊车梁等纵向构件的温度应力；温度区间长度较大时，需在中部设置两道柱间支撑。上柱支撑按受拉配置，其截面一般较小，设在两端对纵向构件伸缩影响不大，无论烈度大小均需设置。

无吊车厂房纵向构件截面较小，柱间支撑不一定需设在中部。

此外，89规范关于焊缝严禁立体交叉的规定，属于非抗震设计的基本要求，本次修订不再专门列出。

9.3 单层砖柱厂房

(Ⅰ) 一般规定

9.3.1 本次修订明确本节适用范围为烧结普通粘土砖砌体在历次大地震中，变截面砖柱的上柱震害严重又不易修复，故规定砖柱厂房的适用范围为等高的中小型工业厂房。超出此范围的砖柱厂房，要采取比本节规定更有效的措施。

9.3.2 针对中小型工业厂房的特点，对钢、木等有檩屋盖的砖柱厂房，要求设置防震缝。对钢筋混凝土无檩屋盖的砖柱厂房，则明确可不设防震缝。

防震缝处需设置双柱或双墙，以保证结构的整体稳定性和刚性。

9.3.3 本次修订规定，屋盖设置天窗时，天窗不应通到端开间，以免过多削弱屋盖的整体性。天窗采用端砖壁时，地震中较多严重破坏，甚至倒塌，不应采用。

9.3.4 厂房的结构选型应注意：

1 历次大地震中，均有相当数量不配筋的无阶形柱的单层砖柱厂房，经受8度地震仍基本完好或轻微损坏。分析认为，当砖柱厂房山墙的间距、开洞率和高宽比均符合砌体结构静力计算的"刚性方案"条件且山墙的厚度不小于240mm时，即：

(1) 厂房两端均设有承重山墙和横墙且山墙间距：对钢筋混凝土无檩屋盖和有檩条密铺望板的木屋盖不大于32m，对轻型屋盖和有檩条密铺望板的木屋盖不大于20m；

(2) 山墙和横墙上洞口的水平截面积不应超过山墙或横墙截面面积的50%；

(3) 山墙和横墙的长度不小于其高度。

不配筋的砖排架柱仍可满足8度的抗震承载力要求。仅从承载力方向看，8度地震时可不配筋；但历次的震害表明，当遭遇9度地震时，不配筋的砖柱大多数倒塌，按照"大震不倒"的设计原则，本次修订仍保留78规范、89规范关于8度设防时应设置"组合砖柱"的规定。同时进一步明确，多跨厂房在8度Ⅲ、Ⅳ类场地和9度设防时，中柱宜采用钢筋混凝土柱，仅边柱可略放宽为采用组合砖柱。

2 震害表明，单层砖柱厂房的纵向，象钢筋混凝土柱厂房那样设置交叉支撑也不妥，因为支撑吸引来的地震剪力很大，将会剪断砖柱。比较经济有效的办法是，在柱间支撑加强厂房整体和刚度，单层砖柱厂房是不够的，因为支撑吸引来的地震剪力很大，将会剪断砖柱。比较经济有效的办法是，在柱间支撑加强厂房整体连接的纵向砖墙井设置钢筋混凝土基础，以代替柱间支撑加强厂房的纵向抗震能力。

8度Ⅲ、Ⅳ类场地和唐山地震作用较大，由于纵向水平地震作用较大，不能单靠屋盖中的一般纵向构件传递，

所以要求在无上述抗震墙的砖柱顶部处设压杆（或用满足压杆构造的圈梁、天沟或檩条等代替）。

3 强调隔墙与抗震墙合并设置，目的在于充分利用墙体的功能，并避免合并设置时，隔墙要采用柱及屋架用轻质材料。当砖柱合并设置时，隔墙合并设置时隔墙一样，也宜做成单层砖柱厂房的纵向隔墙与横向内隔墙的破坏，独立的纵向、横向内隔墙，否则会导致主体结构的破坏，独立的纵向、横向内隔墙，受震后容易倒塌，需采取保证其平面外稳定性的措施。

(Ⅱ) 计算要点

9.3.5 本次修订增加了7度Ⅰ、Ⅱ类场地高不超过6.6m时，可不进行纵向抗震验算的条件。

9.3.6、9.3.7 在本节适用范围内的钢筋混凝土柱厂房、纵、横向抗震计算原则与钢筋混凝土有檩屋盖基本相同，故可参照本章第9.1节提供的方法进行计算。其中，纵向简化计算的附录J不适用，而单层排架按同样计算为钢筋混凝土或密铺望板的瓦木屋盖按H考虑厂房的空间作用影响。

横向平面排架计算同样为钢筋混凝土或密铺望板的瓦木屋盖可以考虑空间工作，而密铺望板的瓦木屋盖不可以考虑空间工作，二者不协调。

理由如下：

根据现行国家标准《砌体结构设计规范》的规定：密铺望板瓦木屋盖与钢筋混凝土有檩屋盖属于同一种屋盖类型静力计算中，符合刚弹性方案的条件时（20m～48m）均可考虑空间工作，但89抗震规范规定：钢筋混凝土有檩屋盖可以考虑空间工作，而密铺望板的瓦木屋盖不可以考虑空间工作，二者不协调。

1 历次地震，特别是辽南地震和唐山地震反映了明显的空间铺望板瓦木屋盖单层砖柱厂房反映了明显的空间工作特性。

2 根据王光远教授《建筑结构的振动》的分析结论，

不仅钢筋混凝土无檩屋盖和有檩屋盖（大波瓦、槽瓦）厂房，就是石棉瓦和粘土瓦屋盖厂房在地震作用下，也有明显的空间工作。

3 从具有木望板的瓦木屋盖板单层砖柱厂房的实测可以看出：实测厂房的基本周期均比按排架计算周期为短，同时其横向振型与钢筋混凝土屋盖的振型基本一致。

4 山墙间距小于24m时，其空间工作更明显，且排架柱的剪力和弯矩的折减有更大的趋势，在工程建设中也是常见的。楼墙间距小于24m的情况，对单层砖柱厂房的空间工作同样。

5 根据以上分析，对单层砖柱厂房的空间工作问题作如下修订：

（1）7度和8度时，符合砌体结构刚弹性分析方案（20m～48m）的密铺望板瓦木屋盖单层砖柱厂房，也可考虑空间工作。

（2）附录K"砖柱考虑空间工作的调整系数"中的"两端山墙间距"改为24m、18m、12m。

（3）单层砖柱厂房考虑空间工作的条件与单层钢筋混凝土柱厂房不同，在附录K中加以区别和修正。

9.3.9 砖柱的抗震验算，在现行国家标准《砌体结构设计规范》的基础上，按可靠度分析，同样引入承载力调整系数后进行验算。

（Ⅲ）构造措施

9.3.10 砖柱厂房一般多采用瓦木屋盖、89规范关于木屋盖的规定是合理的，基本上未作改动。

木屋盖的支撑布置合理，如端开间下弦水平系杆与山墙连接，地震后容易将山墙顶破坏，故不宜采用。

木天窗架需加强与屋架的连接，防止受震后倾倒。

9.3.11 檩条与山墙连接不好，地震时将使支承处的砌体错动，甚至造成山尖墙倒塌，檩条伸出山墙的出山屋面有利于加强檩条与山墙的连接，对抗震有利，可以采用。

9.3.13 震害调查发现，预制圈梁的抗震性能较差，故规定在屋架底部标高处设置现浇钢筋混凝土圈梁。为加强圈梁的功能，规定圈梁的截面高度不应小于180mm；宽度习惯上与砖墙同宽。

9.3.14 震害还表明，山墙是砖柱厂房抗震的薄弱部位之一，外倾、局部倒塌较多；甚至有全部倒塌的。为此，要求采用卧梁并加强锚拉的措施。

9.3.15 屋架（屋面梁）与柱顶或墙顶的圈梁锚固的修订如下：

1 震害表明；屋架（屋面梁）和柱子可用螺栓连接，也可采用焊接连接。

2 对垫块表现和配筋作了具体规定。垫块厚度太薄或配筋太少时，本身可能局部承压破坏，且埋件锚固不足。

3 9度时屋盖部位受到较大的地震作用及位移较大，故其箍筋适当加密。连接的部位要受到较大的扭转作用。

9.3.16 根据设计需要，本次修订规定了砖柱的抗震要求。

9.3.17 钢筋混凝土屋盖单层砖柱厂房，在横向水平地震作用下，由于空间工作的因素，山墙、横墙负担较大的水平地震剪力，为了减轻山墙、横墙的剪切破坏，保证房屋的空间工作，对山墙、横墙的开洞面积加以限制，8度时宜在山墙的两端，9度时尚应在高大门洞两侧设置构造柱。

9.3.18 采用钢筋混凝土等刚性屋盖的单层砖柱厂房，地震时砖墙往往在屋盖处圈梁底面下一至四皮砖范围内

10 单层空旷房屋

10.1 一般规定

单层空旷房屋是一组不同类型的结构组成的建筑，包含有单层的观众厅和多层的前后层的附属用房。无侧厅的食堂，可参照第9章设计。

观众厅与前后厅之间、观众厅与两侧厅之间一般不设缝，而震害较轻；个别房屋在观众厅与侧厅、前后厅之间可不设防震缝，但根据第3章的要求，在单层空旷房屋中的观众厅与侧厅、前后厅之间可不设防震缝，但根据第3章采取措施，避免扭转，并按本章采取措施，使整组建筑形成相互支持和有良好联系的空间结构体系。

本次修订，根据震害分析，进一步明确各部分之间应加强连接而不设置防震缝。

大厅人员密集，抗震要求较高，故观众厅有挑台、或房屋高、跨度大，或观众厅、抗震要求高，要采用钢筋混凝土框架式门式刚架结构等。本次修订为提高其抗震安全性，适当增加了采用钢筋混凝土结构的范畴。对前厅、大厅、舞台等的连接部位及受力集中的部位，也需采取加强或采用钢筋混凝土构件。

本章主要规定了单层空旷房屋大厅抗震设计中有别于单层厂房的要求，对屋盖选型、构造、非承重墙及各种结构类型的附属房屋的要求，见各章节。

出现周围水平裂缝。为此，对于高烈度地区刚性屋盖的单层砖柱厂房，在砖墙顶部沿墙长每隔1m左右埋设一根 $\phi 8$ 竖向钢筋，并捅入顶部圈梁内，以防止柱周围水平裂缝，甚至墙体错动破坏的产生。

此外，本次修订取消了双曲砖拱屋盖的有关内容。

10.2 计 算 要 点

单层空旷房屋的平面和体型均较复杂，按目前分析水平，尚难进行整体计算分析。为了简化，可将整个房屋划为若干个部分，分别进行计算，然后从构造上和荷载的局部影响上加以考虑，通过周期的经验修正，考虑附属房屋上加以考虑，互相协调。例如，横向抗震分析时，选用排架各部分的计算周期挡子一致；横向抗震分析时，选用排架屋盖的结构类型及其与大厅的连接方式，选用排架—抗震墙的计算简图，交接处的柱子考虑高振型的影响，考虑屋盖的类型和前后厅等影响，选用单柱列或空间协同分析模型。

根据宏观震害调查，单层空旷房屋中，舞台后山墙等高大山墙的壁柱，要进行出平面的抗震验算，验算要求参考第 9 章。

本次修订，修改了关于单层空旷房屋自振周期计算的规定，改为直接取地震影响系数最大值计算地震作用。

10.3 抗震构造措施

单层空旷房屋的主要抗震构造措施如下：

1 6、7 度时，中、小型单层空旷房屋的大厅，无筋砖的纵墙壁柱虽可满足承载力的设计要求，但考虑到大厅使用上的重要性，仍要求采用配筋砖柱或组合柱。

2 前厅与大厅、大厅与舞台之间的墙体是单层空旷房屋的主要抗侧力构件，承担横向地震作用。因此，应根据抗震设防烈度及房屋的跨度、高度等因素，设置一定数量的抗震墙。与此同时，还应加强墙上的大梁及其连接的构造措

施。

舞台口梁为悬梁，上部支承有舞台上的屋架，受力复杂，而且舞台口两侧墙体为一端自由的高大悬墙，在舞台口处不能形成一个门架式的抗震体系的横墙。因此，舞台口处混凝土立柱和舞台口水平圈梁要加强与大厅屋盖体系的拉结，用钢筋混凝土柱和舞台口水平圈梁来加强自身的整体性和稳定性。9 度时不要采用舞台口砌体悬墙。

3 大厅四周的墙体一般较高，需增设多道水平圈梁来加强整体性和稳定性，特别是墙顶标高处一般不设防震缝，其交接处要加强相互间的连接，以增强房屋的整体性。

4 大厅与两侧的附属房屋之间一般不设防震缝，其交接处受力较大，故要加强相互间的连接，以增强房屋的整体性。

5 二层悬挑式挑台不但荷载大，而且悬挑跨度也较大，需要进行专门的抗震设计计算分析。

本次修订，增加了钢筋混凝土柱抗震等级二级进行设计的要求，增加了关于大厅和前厅相连横墙的构造要求。增加了部分横墙采用钢筋混凝土横墙并按二级抗震等级设计的要求。

11 土、木、石结构房屋

11.1 村镇生土房屋

本节内容未做修订。89规范对生土建筑作了分类，并就其适用范围以及设计施工方面的注意事项作了一般性规定。因地区特点、建筑习惯设计的不同和名称的不统一，分类不可能全面，灰土承重房屋目前在我国仍有兴建，故列入有关要求。

11.1.3 各类生房屋，由于材料强度较低，在平立面布置上更要求简单，一般每开间均要有抗震横墙，不采用外廊为砖柱、石柱承重，或四角用砖柱、石柱承重的作法，也不要将大梁搁置在土墙上。房屋立面要避免错层，同一栋房屋的高度和层数必须相同。这些措施都是为了避免在房屋各部分出现应力集中。

11.1.4 生土房屋的屋面采用轻质材料，可减轻地震作用；提倡用双坡和弧形屋面，可降低山墙高度，增加其稳定性；单坡屋面山墙过高，平面防水有问题，不宜采用。

由于是土墙，一切支承点均应有垫板或圈梁。檩条要满搭在墙上或椽子上，端檩要出檐，以使外墙受荷均匀，增加接触面积。

11.1.5~11.1.7 对生土房屋中的墙体砌筑的要求，大致同砌体结构，即内外墙交接处要采取简易又有效的拉结措施，土坯要卧砌。

土坯的土质和成型方法，决定了土坯的好坏并最终决定土墙的强度，应予以重视。

生土房屋的地基要求务实，并设置防潮层以防止生土墙体酥落。

11.1.8 为加强灰土墙房屋的整体性，要求设置圈梁。圈梁可用配筋砖带或木圈梁。

11.1.9 提高土拱房的抗震性能，主要是拱脚的稳定，拱圈的牢固和整体性。若一侧为崖体一侧为人工土墙，会因硬度不同导致破坏。

11.1.10 土窑洞有一定的抗震能力，在宏观震害调查时看到，土体稳定、土质密实、坡度较平缓的土窑洞在7度区有较好的例子。因此，对土滑坡、山崩的地段。

筑场地，应避开易产生洞子、土滑坡、山崩的地段。

崖窑前不要接砌土或其他材料的前脸，否则前脸部分将极易遭到破坏。

有些地区习惯开挖层窑，一般来说比较危险，如需要应注意间隔足够的距离，避免一旦土体破坏时发生连锁反应，造成大面积坍塌。

11.2 木结构房屋

本节主要是依据1981年道孚6.9级地震的经验。

11.2.1 本节所规定的木结构房屋，不适用于木柱与屋架（梁）铰接的房屋。因其柱子上，下端均为铰接，是不稳定的结构体系。

11.2.3 木柱房屋限高二层，是为了避免木柱有接头。震害表明，木柱无接头的旧房损坏较轻，而新建的有接头的房屋却倒塌。

11.2.4 四柱三跨木排架者是中间有一个较大的主跨,两侧各有一个较小边跨的结构,是大跨空旷木柱房屋较为经济合理的方案。

震害表明,15～18m 宽的木柱房屋,若仅用单跨,破坏严重,甚至倒塌;而采用四柱三跨的结构形式,甚至出现地裂缝,主跨也安然无恙。

11.2.5 木结构房屋无承重山墙,故本规范第 9.3 节规定的房屋两端开间设支撑,要求无需到端开间。

11.2.6～11.2.8 木屋架与屋架(梁)设置斜撑,目的控制横向侧移和加强整体性,穿斗木构架房屋整体性较好,有相当的抗侧力和变形能力,故可不必采用斜撑来限制侧移,但平面外的稳定还需采用纵向支撑来加强。

震害表明,木柱与木屋架的斜撑若用夹板形式,通过螺栓与弓下弦节点和上弦处紧密连结,任任何部位,在倒塌时,加强柱脚和基础的锚固是十分必要的,可采用拉结铁件和螺栓连结的方式。

11.2.11 本条是新增的,提出了关于木构件截面尺寸、开榫、接头等的构造要求。

11.2.12 砌体围护墙不应把木柱完全包裹,目的是消除下列不利因素:

1 木柱不通风,极易腐蚀,且难于检查木柱的变质;
2 地震时木柱变形大,不能共同工作,反而把砌体推坏,造成砌体倒塌伤人。

11.3 石结构房屋

11.3.1、11.3.2 多层石房屋震害经验不多,唐山地区多数是二层,少数三、四层,而昭通地区大部分是二、三层,仅泉州石结构古塔高达 48.24m,经过 1604 年 8 级地震(泉州烈度为 8 度)的考验至今抗存。

多层石房屋高度限值相对于砖房是较小的,这是考虑到石块加工不平整,而采用四柱三跨的经验的经验的依据时,可使用"不宜",可理解为通过试验或有其他依据时,可适当增减。

11.3.6 从宏观震害和实验情况来看,石墙体的破坏特征和砖结构相近,石墙体的抗剪承载力验算可与多层砌体结构采用同样的方法。但其承载力设计值应由试验确定。

11.3.7 石结构房屋的构造柱设置要求,系参照 89 规范混凝土中型砌块房屋对芯柱的设置要求规定的,而构造柱的配筋构造等要求,需参照多层粘土砖房的规定。

本次修订提高了 7 度时石结构房屋构造柱设置的要求。

11.3.8 洞口是石墙体的薄弱环节,因此需对其洞口的面积加以限制。

11.3.9 多层石房每层设置钢筋混凝土圈梁,能够提高抗震能力、减轻震害,例如,10 度区有 5 栋设置了圈梁的二层石房,震后基本完好,或仅轻微破坏。

与多层砖房相比,石墙体房屋圈梁的截面加大、配筋略有增加,因为石墙体材料重量较大。在每开间及每道墙上,均设置现浇圈梁是为了加强墙体间的连接和整体性。

11.3.10 石墙在交接处用条石无垫片砌筑,并设置拉结钢筋网片,是根据石墙材料的特点,为加强房屋整体性而采取的措施。

12 隔震和消能减震设计

12.1 一般规定

12.1.1 隔震和消能减震是建筑结构减轻地震灾害的新技术。

隔震体系通过延长结构的自振周期能够减少结构的水平地震作用,已被国内外强震记录所证实。国内外的大量试验和工程经验表明:隔震一般可使结构的水平地震加速度反应降低60%左右,从而消除或减轻结构和非结构构件的地震损坏,提高建筑物及其内部设施和人员的地震安全性,增加了震后建筑物继续使用的功能。

采用消能减震的方案,通过消能器增加结构阻尼来减少结构在风作用下的位移也是有效的,对马结构水平和竖向的地震反应是公认的事实。

12.1.2 隔震技术和消能减震技术对提高抗震安全性适应我国经济发展的需要,有条件地发展我国抗震防灾,减轻建筑结构的地震灾害,有条件地利用隔震和消能减震来减轻地震灾害,是完全可能的。本章仅列入橡胶隔震支座和消能技术和关于消能减震设计的基本要求。

隔震技术和消能减震技术的主要使用范围,是可增加投资而提高安全等级的建筑物,一般建筑方案比较和论证后,除了重要机关、医院等地震时不能中断使用功能的建筑,一般建筑经方案比较和论证后,也可采用。进行方案、场地条件、使用功能及建筑、结构的抗震设防烈度、场地条件、使用功能及建筑、结构的方案,从安全和经济两方面进行综合分析,论证其合理性和可行性。

12.1.3 现阶段对隔震技术的采用,按照积极稳妥推广的方针,首先在使用上有特殊要求和8、9度地区的多层砌体、混凝土框架和抗震墙砌体房屋中运用。论证隔震设计的可行性时需注意:

1 隔震技术对低层和多层建筑比较合适。日本和美国的经验表明,不隔震时基本周期小于1.0s的建筑结构效果最佳,对于高层的砌体房屋效果不大。此时,建筑结构基本周期的估计,普通的砌体房屋可取0.4s,钢筋混凝土框架取 $T_1 = 0.075H^{3/4}$,钢筋混凝土抗震墙结构取 $T_1 = 0.05H^{3/4}$。

2 根据橡胶隔震支座抗拉性能差的特点,需限制非地震作用的水平荷载,结构的变形特点需符合剪切变形为主的要求,即满足本规范第5.1.2条规定的高度不超过40m可采用底部剪力法计算的结构,以利于结构的整体稳定性。对高宽比大的结构,需进行整体倾覆验算,防止支座压屈或出现拉应力。

3 国外对隔震工程的许多考察发现:硬土场地比较适合于隔震房屋;软弱场地滤掉了地震波的中高频分量,延长结构的周期将增大而不是减小其地震反应,墨西哥地震就是一个典型的例子。日本的隔震标准草案规定,隔震房屋只适用于一、二类场地。我国大部分地区(第一组)Ⅰ、Ⅱ、Ⅲ类场地的设计特征周期均较小,故除Ⅳ类场地外均可建造隔震房屋。

4 隔震层防火措施和穿越隔震层的配管、配线,有与其特性相关的专门要求。

12.1.4 消能减震房屋最基本的特点是:

1 消能装置可同时减少结构的水平和竖向的地震作用,

适用范围较广,结构类型和结构高度均不受限制;

2 消能装置应使结构具有足够的附加阻尼,以满足罕遇地震下预期的结构位移要求;

3 由于消能部件不改变结构的基本形式,除消能部件和相关部件外的结构设计仍可按本规范各章对相应结构类型的要求执行。这样,消能减震房屋的抗震构造,与普通房屋相比不降低,其安全性也可有明显的提高。

12.1.5 隔震支座、阻尼器和消能减震部件在长期使用过程中需要检查和维护,其安装位置应便于维护人员接近和操作。

为了确保隔震和消能减震的效果,隔震支座、阻尼器和消能减震部件的性能参数应严格检验。

12.2 房屋隔震要点

12.2.1 本规范对隔震的基本要求是:通过隔震层的大变形来减少其上部结构的地震作用,从而减少地震破坏。隔震设计需解决的主要问题是:隔震层位置的确定,隔震垫件的数量、规格和布置,隔震支座的压应力验算,隔震层在罕遇地震下的承载力和变形验算,隔震层不隔离竖向地震作用的影响,上部结构的水平地震作用,隔震系数及其与隔震层的连接构造等。

隔震层的位置需布置在第一层以下。当位于第一层以上时,隔震体系的特点与普通隔震结构可有较大差异,隔震层以下的结构设计计算也更复杂,需作专门研究。

为便于我国设计人员掌握隔震设计方法,本章提出了"水平向减震系数"的概念,按减震系数进行设计,隔震层以上结构的水平向地震作用和抗震验算、构件承载力大致有

0.5 度的安全储备。因此,对于丙类建筑,相应的构造要求也可有所降低。但必须注意,结构所受的地震作用,既有水平向,目前的橡胶隔震支座只具有隔离水平地震作用的功能,对竖向地震没有隔震效果,隔震后结构的竖向地震力可能大于水平地震力,应予以重视并做相应的验算,采取适当的措施。

12.2.2 本条规定了隔震体系的计算模型,且一般要求采用时程分析法进行设计计算。在附录 L 中提供了简化计算方法。

12.2.3、12.2.4 规定了隔震层设计的基本要求。

1 关于橡胶支座的平均压应力和最大拉应力限值。

(1) 根据 Haring 弹性理论,按稳定要求,以压缩荷载下叠层橡胶水平刚度为零的压应力作为屈曲应力 σ_{cr},该屈曲应力取决于橡胶的硬度、钢板厚度与橡胶厚度的比值、第一形状参数 s_1(有效直径与中央孔洞直径之差 $D-D_0$ 与橡胶层 4 倍厚度 $4t_r$ 之比)和第二形状参数 s_2(有效直径 D 与橡胶层总厚度 nt_r 之比)等。

通常,隔震支座中间钢板厚度是单层橡胶厚度的一半,钢比可取为 0.5。对硬度为 30~60 共七种橡胶,以及 $s_1 = 11$、13、15、17、19、20 和 $s_2 = 3$、4、5、6、7,累计 210 种组合进行了计算。结果表明:满足 $s_1 \geq 15$ 和 $s_2 \geq 5$ 且橡胶硬度不小于 40 时,最小的屈曲应力值为 34.0MPa。

将橡胶支座作为最小屈曲应力在地震下发生剪切变形后上下钢板投影的重叠部分作为有效受压面积,以该有效受压面积得到的平均应力作为控制橡胶支座稳定的条件,取容许剪切变形为 $0.55D$(D 为支座有效直径),则可得本条规定的丙类建筑的平均压应力限值

$\sigma_{max} = 0.45\sigma_{cr} = 15.0$MPa

对 $s_2 < 5$ 且橡胶硬度不小于 40 的支座，当 $s_2 = 4$，$\sigma_{max} = 12.0$MPa；当 $s_2 = 3$，$\sigma_{max} = 9.0$MPa。因此规定，当 $s_2 < 5$ 时，平均压应力限值需予以降低。

(2) 规定隔震支座不出现拉应力，主要考虑下列三个因素：

1) 橡胶受拉后内部有损伤，降低了支座的弹性性能；

2) 隔震支座出现拉应力，意味着上部结构存在倾覆危险；

3) 橡胶隔震支座在拉伸应力下滑回特性的实物试验尚不充分。

2 关于隔震层水平刚度和等效粘滞阻尼比的计算方法，系根据振动方程的复阻尼理论得到的。其实部为水平刚度，虚部为等效粘滞阻尼比。

还需注意，橡胶材料是非线性弹性体，橡胶隔震支座的有效刚度与振动周期有关，动静刚度的差别甚大。因此，为了保证隔震层刚度的有效性，至少需要取与隔振体系基本周期相应的动刚度进行计算，隔震支座的产品应提供有关的性能参数。

12.2.5 隔震后，隔震层以上结构的水平地震作用需乘以水平减震系数。隔震层以上结构的水平地震作用，仅有该结构对应于隔震层以上结构的水平地震作用的70%，可用来识别结构的层间剪力分布及其分布力代表了水平地震作用取值的水平减震系数。

考虑到隔震层不能隔离结构的竖向地震作用，隔震结构的竖向地震力可能大于其水平地震力，竖向地震的影响不可忽略，故至少要求 9 度时和 8 度水平地震系数为 0.25 时应进行竖向地震作用验算。

12.2.8 为了保证隔震层能够整体协调工作，隔震层顶部应设置平面内刚度足够大的梁板体系。当采用装配整体式配筋混凝土板时，为使纵横梁体系能传递竖向荷载并协调横梁体系中剪力在每个隔震支座的分配，支座上方的纵横梁体系应为现浇。为增大隔震层顶部梁板的平面内刚度，需加大梁的截面尺寸和配筋。

隔震支座附近的梁、柱受力状态复杂，地震时还会受到冲切，应加密箍筋，必要时配置网状钢筋。

考虑到隔震层对竖向地震作用没有隔振效果，上部结构的抗震构造措施应保留与上部结构最大底部剪力有关的要求。

12.2.9 上部结构的底部剪力通过隔震支座传给基础结构。因此，上部结构与隔震支座的连接件，隔震支座与基础的连接件应具有传递上部结构最大底部剪力的能力。

12.3 房屋消能减震设计要点

12.3.1 本规范对消能减震的基本要求是：通过消能构件在结构变形，从而使主体结构在罕遇地震下不发生严重破坏。消能减震设计需解决的主要问题是：消能器和消能部件的选型，消能部件在结构中的分布和数量，消能器附加给结构的阻尼比估算，消能减震体系在罕遇地震下的位移计算，以及消能部件与主体结构的连接构造和其附加的作用等等。

罕遇地震下预期结构位移的控制值，取决于使用要求，本规范第 5.5 节的限值是针对非消能减震结构"大震不倒"的规定。采用消能减震技术后，结构位移的控制应明显小于第 5.5 节的规定。

消能减震结构的总刚度取为结构刚度和消能部件刚度之和，消能减震结构的阻尼比按下列公式近似估算：

$$\zeta_j = \zeta_{sj} + \zeta_{cj}$$

$$\zeta_{cj} = \frac{T_j}{4\pi M_j} \Phi_j^T C_c \Phi_j$$

式中 ζ_j、ζ_{sj}、ζ_{cj}——分别为消能减震结构的 j 振型阻尼比、原结构的 j 振型阻尼比和消能器附加的 j 振型阻尼比；

T_j、Φ_j、M_j——分别为消能减震结构第 j 自振周期、振型和广义质量；

C_c——消能器产生的结构附加阻尼矩阵。

国内外的一些研究表明，当消能部件较均匀分布且阻尼比不大于0.20时，强行解耦与精确解的误差，大多数可控制在5%以内。

附录 L 结构隔震设计简化计算和砌体结构隔震措施

1 对于剪切型结构，可根据基本周期和不隔震和规范的地震影响系数曲线估计其隔震和不隔震的水平地震作用。此时，分别考虑结构基本周期不大于设计特征周期和大于设计特征周期两种情况，在每一种情况中又以5倍特征周期为界加以区分。

(1) 不隔震结构的基本周期大于特征周期 T_g 的情况：

设，隔震结构的基本周期为 T_1，当不大于 $5T_g$ 时地震影响系数为 α，不隔震结构的地震影响系数为 α'，则

消能器的类型甚多，主要分为位移相关型、速度相关型和摩擦型，按ATC—33.03的划分。金属屈服型和其他类型属于位移相关型，当位移达到预定的起动限才能发挥消能作用，有些摩擦型消能器有时不够稳定。粘滞型和粘弹性型属于速度相关型。消能器的性能主要用恢复力模型表示，应通过试验确定，并需根据结构预期位移控制等因素合理选用。位移要求愈严，附加阻尼比愈大，消能部件的要求愈高。

12.3.2 消能部件的布置需经分析确定。设置于结构的两个主轴方向，可使两方向均有附加阻尼；设置于结构变形较大的部位，可更好发挥消耗地震能量的作用。

12.3.3 消能减震设计计算的基本内容是：预估结构的位移，并与采用消能减震结构的基本位移相比，求出所需的附加阻尼，选择消能部件的数量、布置和所能提供的阻尼大小，设计相应的消能部件，然后对消能减震体系进行整体分析，确认其是否满足位移控制要求。

消能减震结构的计算方法，与消能部件的类型、数量、布置及所提供的阻尼比大小有关。理论上，大阻尼比的阻尼矩阵不满足振型分解的正交性条件，需直接采用恢复力模型进行非线性静力分析或非线性时程分析计算。从实用的角度，ATC—33建议适当简化，可采用线性计算方法估计。

12.3.4 采用底部剪力法或振型分解反应谱法计算消能减震结构时，需要通过强行解耦，然后计算消能减震结构的自振周期、振型和阻尼比。此时，消能部件附加给结构的阻尼，参照ATC—33，用消能部件本身在地震下变形吸收的能量与设置消能器后结构总地震变形能的比值来表征。

不隔震结构的基本周期小于设计特征周期时，地震影响系数

$$\alpha = \eta_2 (T_g/T_1)^\gamma \alpha_{max} \quad (L.1.1-1)$$

$$\alpha' = \alpha_{max} \quad (L.1.1-2)$$

式中 α_{max}——阻尼比0.05的不隔震结构的水平地震影响系数最大值；

η_2、γ——分别为与阻尼比有关的最大值调整系数和曲线下降段衰减指数，见第5.1节条文说明；

按照减震系数的定义，若水平地震作用为不隔震结构的总水平地震作用乘以70%，即

$$\psi \leq 0.7\alpha'$$

于是 $\psi \geq (1/0.7) \eta_2 (T_g/T_1)^\gamma$

近似取 $\psi = \sqrt{2}\eta_2 (T_g/T_1)^\gamma \quad (L.1.1-3)$

当隔震后结构基本周期 $T_1 > 5T_g$ 时，地震影响系数为倾斜下降段水平地震作用 $0.2\alpha_{max}$，确定水平向减震系数为0.25，门研目要在任不易实现。例如要使水平向减震系数达到0.25，需有：

$$T_1/T_g = 5 + (\eta_2 0.2^\gamma - 0.175)/(\eta_1 T_g)$$

对II类场地，$T_g = 0.35s$，阻尼比0.05和0.10，相应的 T_1 分别为4.7s和2.9s。

但此时 $\alpha = 0.175\alpha_{max}$，不满足 $\alpha \geq 0.2\alpha_{max}$ 的要求。

(2) 结构基本周期大于设计特征周期 T_0 大于设计特征周期 T_g 时，地震影响系数为

不隔震结构的水平向减震系数为

$$\alpha' = (T_g/T_0)^{0.9}\alpha_{max} \quad (L.1.1-4)$$

为使隔震结构的水平向减震系数达到 ψ，需有

$$\psi = \sqrt{2}\eta_2 (T_g/T_1)^\gamma (T_0/T_g)^{0.9} \quad (L.1.1-5)$$

当隔震后结构基本周期 $T_1 > 5T_g$ 时，也需专门研究。

注意，若在 $T_0 \leq T_g$ 时，取 $T_0 = T_g$，则式(L.1.1-5)可转化为式(L.1.1-3)，意味着也适用于结构基本周期不大于设计特征周期的情况。

多层砌体结构的自振周期较短，对多层砌体结构，本规范按不隔震时基本周期不大于0.4s考虑。于是，在上述公式中引入"不隔震砌体结构的计算周期T_0"表示多层砌体结构的计算基本周期，并规定多层砌体结构取0.4s和设计特征周期二者的较大值，即得到多层砌体和与砌体结构基本周期相当的结构，其他结构取基本周期的较大值，即得到规范条文中的公式：砌体结构用式(L.1.1-3)表达；与砌体周期相当的结构用式(L.1.1-5)表达。

2 本条提出的隔震层扭转影响系数是简化计算。在隔震层顶板为刚性的假定下，由几何关系，第 i 支座的水平位移可写为：

$$u_i = \sqrt{(u_c + u_{ti}\sin\alpha_i)^2 + (u_{ti}\cos\alpha_i)^2}$$

$$= \sqrt{u_c^2 + 2u_c u_{ti}\sin\alpha_i + u_{ti}^2}$$

略去高阶量，可得：

$$u_i = \beta_i u_c$$

$$\beta_i = 1 + (u_{ti}/u_c)\sin\alpha_i$$

另一方面，在水平地震作用下，支座的附加位移可根据楼层支座的扭转角与隔震支座至隔震层刚度中心的距离得到，

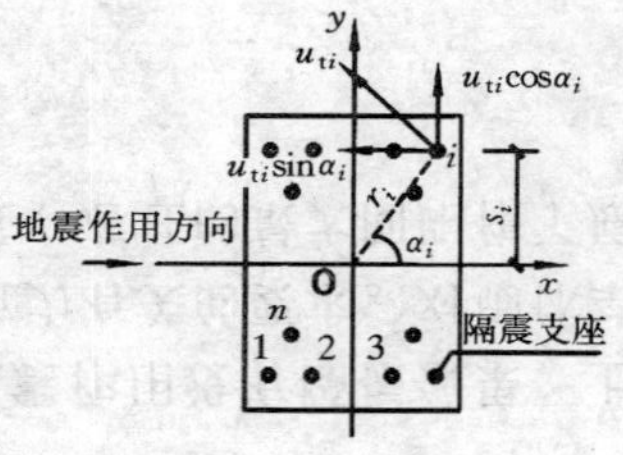

图L.2 隔震扭转计算简图

承载力验算时在墙体的平均正应力 σ_0 计入竖向地震应力的不利影响。

4 考虑到隔震层对竖向地震作用没有隔振效果，上部砌体结构的构造应保留与竖向抗力有关的要求。对砌体结构的局部尺寸、圈梁配筋和构造柱、芯柱的最大间距作了原则规定。

如果将隔震层平移刚度和扭转刚度用隔震层平面的几何尺寸表述，并设隔震层平面为矩形且隔震支座均匀布置，可得

$$\frac{u_{ti}}{u_c} = \frac{k_h}{\Sigma k_j r_j^2} r_i e$$

$$\beta_i = 1 + \frac{k_h}{\Sigma k_j r_j^2} r_i e \sin\alpha_i$$

$$\Sigma k_j r_j^2 \propto ab \ (a^2 + b^2) \ /12$$

于是

$$k_h \propto ab$$

$$\beta_i = 1 + 12e \ s_i / \ (a^2 + b^2)$$

对于同时考虑双向水平地震作用的扭转影响的情况，由于隔震层在两个水平方向的刚度和阻尼特性相同，若两方向隔震层顶部的水平力近似认为相等，均取为 F_{Ek}，可有地震扭矩

$$M_{tx} = F_{Ek}e_y, \quad M_{ty} = F_{Ek}e_x$$

同时作用的地震扭矩取下列二者的较大值：

$$M_t = \sqrt{M_{tx}^2 + (0.85M_{ty})^2} \ 和 \ M_t = \sqrt{M_{ty}^2 + (0.85M_{tx})^2}$$

记为

$$M_{tx} = F_{Ek}$$

其中，偏心距 e 为下列二式的较大值：

$$e = \sqrt{e_x^2 + (0.85e_y)^2} \ 和 \ e = \sqrt{e_y^2 + (0.85e_x)^2}$$

考虑到施工的误差，地震剪力的偏心距 e 宜计入偶然偏心距的影响，与本规范第 5.2 节的规定相同，隔震层也采用限制扭转影响系数最小值的方法处理。

3 对于砌体结构，其竖向抗震验算可简化为墙体抗震

13 非结构构件

13.1 一般规定

13.1.1 非结构构件的抗震设计所涉及的设计领域较多，本章主要涉及与主体结构设计有关的内容，即非结构构件与主体结构的连接件及其锚固的设计。

非结构构件（如墙板、幕墙、广告牌、机电设备等）自身的抗震，系以其不受损坏为前提的，本章不直接涉及这方面的内容。

本章所列的建筑附属设备，不包括工业建筑中的生产设备和相关设施。

13.1.2 非结构构件的抗震设防目标与主体结构相协调，容许建筑非结构构件的损坏程度略大于主体结构，但不得危及生命。

建筑非结构构件和建筑附属机电设备支架的抗震设防分类，各国的抗震规范、标准有不同的规定（参见附表），本规范大致分为高、中、低三个层次：

高要求时，外观可能损坏而不影响使用功能和防火能力，安全玻璃裂缝，可经受相连结构构件出现1.4倍以上设计挠度的变形，即功能系数取≥1.4；

中等要求时，使用功能基本正常或可很快恢复，耐火时间减少1/4，强化玻璃破碎，其他玻璃无下落，可经受相连结构构件出现设计挠度的变形，功能系数取1.0；

一般要求时，多数构件基本处于原位，但系统可能损坏，需修理才能恢复功能，耐火时间明显降低，容许玻璃破碎下落，只能经受相连结构构件出现0.6倍设计挠度的变形，功能系数取0.6。

世界各国的抗震规范、规定中，要求对非结构构造做出相应的规定。考虑到我国设计人员的习惯，一般情况下，除了本规范第5章有明确规定的非结构构件，如出屋面女儿墙、长悬臂构件（雨篷等）外，尽量减少非结构构件地震作用计算和构件抗震验算的范围。例如，需要进行抗震验算的非结构构件大致如下：

1 7～9度时，基本上为脆性材料制作的幕墙及各类幕墙的连接；

2 8、9度时，悬挂重物的支座及其连接，出屋面广告牌和重型商标、标志、信号等；

3 高层建筑上重型商标、标志、信号等的支架；

4 8、9度时，乙类建筑的文物陈列柜的支座及其连接；

5 7～9度时，电梯提升设备的锚固件，高层建筑上的电梯构件及其锚固；

6 7～9度时，建筑附属设备自重超过1.8kN或其体系自振周期大于0.1s的设备支架、基座及其锚固。

13.1.3 很多情况下，同一部位有多个非结构构件，如出入口通道可包括非承重墙体、悬吊顶棚、应急照明和出入信号四个非结构构件，电气转换开关的非结构构件连接在一起时，要求不同的非结构构件连接安装在非承重隔墙上等。当抗震设防要求不同的非结构构件连接在一起时，要求较高的非结构构件也需按较高的要求设防要求的构件，低的构件也需按较高的件能满足规定。

13.2 基本计算要求

13.2.1 本条明确了结构专业考虑所需的非结构构件的影响，包括如何在结构设计中计入相关人所承担的重力、承载力和必要的相互作用。结构构件设计时仅计人支承非结构部位的集中作用并验算连接件的锚固。

13.2.2 非结构构件的地震作用，除了自身质量产生的惯性力外，还有支座间相对位移产生的附加作用，二者需同时组合计算。

非结构构件的地震作用，除了本规范第 5 章规定的长悬臂构件外，只考虑水平方向。其基本的计算方法是对应于"地面反应谱"的"楼面谱"，即反映支承非结构构件的楼层和支点质点参与结构自身动力特性、非结构构件在楼层运动所在位置的放大作用、结构和非结构构件阻尼特性对地面运动的放大作用。当结构非结构件的质量较大对非结构体系的自振特性与主结构体系的某一振型的振动特性相近时，同时计人支座间相对位移产生的地震反应内力；对刚性连接于楼盖上的设备，当与楼层可采用简化方法，即考虑整个结构的计算分析时，也不必另外用楼面谱进行其质点参与的计算。

13.2.3 非结构构件的抗震计算，最早见于 ATC-3，采用了等效侧力方法。

等效侧力方法，将非结构构件作为单自由度系统，将其最大反应的地震输入，将值作为楼面运动（以建筑的楼面运动作为地震输入，将值作为楼面对楼层非结构构件的反应）基础

上做了简化。各国抗震规范规定的非结构构件的等效侧力方法，一般由设计加速度、功能（或重要）系数、构件类别系数、位置系数、动力放大系数和构件重力六个因素所决定。

设计加速度一般相当于设防烈度的地面运动加速度，与本规范各章协调，这里仍取多遇地震对应的加速度。

功能系数，UBC97 取 1.5 和 1.0 两档，欧洲规范分 1.5、1.4、1.2、1.0 和 0.8 五档，日本取 1.0、2/3、1/2 三档，我国由有关的非结构设计标准按设防类别和使用要求确定，一般分为三档，取≥1.4、1.0 和 0.6。

构件类别系数，美国早期的 ATC-3 分 0.6、0.9、1.5、2.0、3.0 五档，UBC97 称反应修正系数，无延性材料或采用粘结剂锚固的 1.0，其余分为 2/3、1/3、1/4 三档，欧洲规范分 1.0 和 1/2 两档。我国由有关非结构标准确定，一般分 0.6、0.9、1.0 和 1.2 四档。

部分非结构构件的功能系数和类别系数参见表 13.2.3。

表 13.2.3-1 建筑非结构构件的类别系数和功能系数

构件、部件名称	类别系数	功能系数	
		乙类建筑	丙类建筑
非承重外墙：			
围护墙	0.9	1.4	1.0
玻璃幕墙等	0.9	1.4	1.4
连接：			
墙体连接件	1.0	1.4	1.0
饰面连接件	1.0	1.0	0.6
防火顶棚连接件	0.9	0.9	1.0
非防火顶棚连接件	0.6	1.0	0.6
附属构件：			
标志或广告牌等	1.2	1.0	1.0
高于 2.4m 储物柜支架：			
货架（柜）	0.6	1.0	0.6
文物柜	1.0	1.4	1.0

表 13.2.3-2 建筑附属设备构件的类别系数和功能系数

构件、部件所属系统	类别系数	功能系数 乙类	功能系数 丙类
应急电源的主控系统、发电机、冷冻机等	1.0	1.4	1.4
电梯的支承结构、导轨、支架、悬挂导向构件等	1.0	1.0	1.0
悬挂式或摇摆式灯具	0.9	1.0	0.6
其他灯具	0.6	1.0	0.6
柜式设备支座	0.6	1.0	0.6
水箱、冷却塔支座	1.2	1.0	1.0
锅炉、压力容器支座	1.0	1.0	1.0
公用天线支座	1.2	1.0	1.0

位置系数，一般沿高度为线性分布，顶点的取值，UBC97 为 4.0，欧洲规范为 2.0，日本取 3.3。根据强震观测记录分析，对多层和一般的高层建筑，顶部的加速度约为底层的二倍；当结构有明显的扭转效应或高宽比较大时，房屋顶部和底部的加速度比例如大于 2.0。因此，凡采用时程分析补充计算的建筑结构，此比值应依据时程分析法相应调整。

状态系数，取决于非结构构件体系的自振周期，UBC97 在不同地震条件下，以周期 1s 时的动力放大系数为基础再乘以 2.5 和 1.0 两档，欧洲规范要求计算非结构体系的自振周期 T_a，取值为 $3/[1+(1-T_a/T_1)^2]$，日本取 1.0、1.5 和 2.0 三档。本规范不要求计算体系的周期，简化为两种极端情况，1.0 适用于非结构体系自振周期不大于 0.06s 等体系刚度较大的情况，其余按 T_a 接近于 T_1 的情况取值。当计算非结构体系的自振周期时，则可按 $2/[1+(1-T_a/T_1)^2]$ 采用。

由此得到的地震作用系数（取位置、状态和构件类别三个系数的乘积）的取值范围，与主体结构件体系相比，UBC97 按场地为 0.7 ~ 4.0 倍（若以硬土条件下结构周期 1.0s 为 1.0，则为 0.5 ~ 5.6 倍）；欧洲规范为 0.75 ~ 6.0 倍（若以以硬土条件下结构周期 1.0s 为 1.0，则为 1.2 ~ 10 倍）。我国一般为 0.6 ~ 4.8 倍（若以 T_g = 0.4s，结构周期 1.0s 为 1.0，则为 1.3 ~ 11 倍）。

13.2.4 非结构构件支座同相对位移的取值，凡需验算层间位移者，除有关标准的规定外，一般按本规范规定的限值采用。

对建筑非结构构件，其变形能力相差较大。砌体材料构成的非结构构件，由于变形能力较差而限制在要求的场所所使用，国外的规范也只有构造要求而不要求进行抗震计算；金属幕墙和高级装修材料具有较大的变形能力，国外通常由生产厂家按主体结构设计的变形要求提供相应的材料，而不是由材料决定规定其变形的要求；对玻璃幕墙，《建筑幕墙》标准中已规定其平面内变形分为五个等级，最大 1/100，最小 1/400。

对设备支架、支座同相对位移的取值与使用要求有直接联系。例如，要求在设防烈度地震下保持使用功能（如管道不破碎等），取设防烈度下的变形，即功能系数可取 2 ~ 3，相应的变形限值取多遇地震的 3 ~ 4 倍；要求在罕遇地震下不造成次生灾害，则取罕遇地震下的变形限值。

13.2.5 要求进行楼面谱计算的非结构构件，主要是建筑附属设备，如巨大的高位水箱、出屋面的大型塔架等。采用第二代楼面谱计算可反映非结构构件对所在建筑结构构件的反作用。

用，不仅导致结构本身地震反应的变化，固定在其上的非结构构件的地震反应也明显不同。

计算构件的基本方法是随机动法和时程分析法，当非结构构件的材料与结构体系相同时，可直接利用一般的时程分析软件得到；当非结构构件的质量较大，或材料阻尼特性明显不同，或在不同楼层上有支点，需采用第二代楼面谱的方法进行验算。此时，可考虑非结构与主体结构的相互作用，包括"吸振效应"，计算结果更加可靠。采用时程分析法和随机振动法计算楼面谱需有专门的计算软件。

13.3 建筑非结构构件的基本抗震措施

89 规范各章中有关建筑非结构构件的构造要求如下：

1 砌体房屋中，后砌隔墙、楼梯间砌墙栏板的规定；

2 多层钢筋混凝土房屋中，围护墙和隔墙、砖填充墙和连接的规定；

3 单层钢筋混凝土柱厂房中，天窗端壁板、围护墙、高低跨封墙和纵横跨悬墙、砌体隔墙和墙梁、抗风柱与排架柱的连接的构造要求；

4 单层砖柱厂房中，隔墙的选型和连接构造规定；

5 单层钢结构厂房中，围护墙选型和连接要求。

本节将上述规定加以合并整理，形成建筑非结构构件材料、选型、布置和锚固的基本抗震要求。还补充了吊车走道板、天沟板、端壁板、端屋架与山墙间的填充小屋面板、天窗壁板和天窗侧板下的填充砌体等非结构构件与支承结构可靠连接的规定。

玻璃幕墙已有专门的规程，预制墙板、顶棚及女儿墙、

雨篷等附属构件的规定，也由专门的非结构构件抗震设计规程加以规定。

13.4 附属机电设备支架的基本抗震措施

本规范仅规定对附属机电设备支架的基本要求。并参照美国 UBC 规范的规定，给出了可不作抗震设防要求的一些小型 UBC 设备和小直径的管道。

建筑附属机电设备的种类繁多，参照美国 UBC97 规范，要求自重超过 1.8kN（400 磅）或自振周期大于 0.1s 时，要进行抗震计算。计算自振周期时，一般采用单质点模型。对于支承条件复杂的机电设备，其计算模型应符合相关设备标准的要求。

中华人民共和国国家标准

建筑抗震鉴定标准

Standard for seismic appraiser of building

GB 50023—95

主编部门：中华人民共和国建设部
批准部门：中华人民共和国建设部
施行日期：1996年6月1日

关于发布国家标准《建筑抗震鉴定标准》的通知

建标〔1995〕776号

根据国家计委计综(1984)305号文的要求，由建设部会同有关部门共同修订的《建筑抗震鉴定标准》，已经有关部门会审。现批准《建筑抗震鉴定标准》GB 50023—95为强制性国家标准，自1996年6月1日起施行。原《工业与民用建筑抗震鉴定标准》TJ 23—77同时废止。

本标准由建设部负责管理，其具体解释等工作由中国建筑科学研究院负责。出版发行由建设部标准定额研究所负责组织。

中华人民共和国建设部
1995年12月19日

目　次

1 总则 …… 2—3
2 术语和符号 …… 2—3
2.1 术语 …… 2—3
2.2 主要符号 …… 2—3
3 基本规定 …… 2—4
4 场地、地基和基础 …… 2—6
4.1 场地 …… 2—6
4.2 地基和基础 …… 2—6
5 多层砌体房屋 …… 2—8
5.1 一般规定 …… 2—8
5.2 第一级鉴定 …… 2—8
5.3 第二级鉴定 …… 2—11
6 多层钢筋混凝土房屋 …… 2—13
6.1 一般规定 …… 2—13
6.2 第一级鉴定 …… 2—14
6.3 第二级鉴定 …… 2—15
7 内框架和底层框架砖房 …… 2—16
7.1 一般规定 …… 2—16
7.2 第一级鉴定 …… 2—17
7.3 第二级鉴定 …… 2—18
8 单层钢筋混凝土柱厂房 …… 2—19
8.1 一般规定 …… 2—19
8.2 结构布置和构造鉴定 …… 2—19
8.3 抗震承载力验算 …… 2—22
9 单层砖柱厂房和空旷房屋 …… 2—23
9.1 一般规定 …… 2—23
9.2 结构布置和构造鉴定 …… 2—23
9.3 抗震承载力验算 …… 2—24
10 木结构和土石墙房屋 …… 2—25
10.1 木结构房屋 …… 2—25
10.2 土石墙房屋 …… 2—28
11 烟囱和水塔 …… 2—29
11.1 烟囱 …… 2—29
11.2 水塔 …… 2—30
附录A 砖房房抗震墙基准面积率 …… 2—31
附录B 钢筋混凝土结构楼层受剪承载力 …… 2—33
附录C 木构件常用截面尺寸 …… 2—35
附录D 本标准用词说明 …… 2—37
附加说明 …… 2—38
条文说明 …… 2—38

1 总　则

1.0.1 为了贯彻地震工作以预防为主的方针，减轻地震破坏，减少损失，对现有建筑的抗震能力进行鉴定，并为抗震加固或采取其他抗震减灾对策提供依据，特制定本标准。

符合本标准要求的建筑，在遭遇到相当于抗震设防烈度的地震影响时，一般不致倒塌伤人或砸坏重要生产设备，经修理后仍可继续使用。

1.0.2 本标准适用于抗震设防烈度为6～9度地区的现有建筑的抗震鉴定。抗震设防烈度，一般情况下，可采用地震基本烈度。行业有特殊要求的建筑，应按专门的规定进行鉴定。

注：本标准"6、7、8、9度"为"抗震设防烈度6、7、8、9度"的简称。

1.0.3 现有建筑应根据其重要性和使用要求，按现行国家标准《建筑抗震设防分类标准》分为四类，其抗震鉴算和构造应符合下列要求：

甲类建筑，抗震鉴算和构造均应按专门规定采用；

乙类建筑，抗震鉴算和构造可按抗震设防烈度的要求采用；

丙类建筑，抗震鉴算和构造均应按抗震设防烈度的要求采用；

丁类建筑，7～9度时，抗震鉴算可适当降低要求，抗震构造可按降低一度的要求采用；6度时可不做抗震鉴定。

1.0.4 现有建筑的抗震鉴定，除应符合本标准的规定外，尚应符合现行国家标准、规范的有关规定。

2　术语和符号

2.1　术　语

2.1.1 抗震鉴定　seismic appraiser

通过检查现有建筑质量和现状、施工质量和现状，按规定的抗震设防要求，对其在地震作用下的安全性进行评估。

2.1.2 综合抗震能力　compound seismic capability

整个建筑结构综合考虑其构造和承载力等因素所具有的抵抗地震作用的能力。

2.1.3 墙体面积率　ratio of wall sectional area to floor area

墙体在楼层高度1/2处的净截面面积与同一楼层建筑平面面积的比值。

2.1.4 抗震墙基准面积率　characteristic ratio of seismic wall

以墙体面积率对砌体结构简化的抗震验算时，表示7度抗震设防的基本要求所取用的代表值。

2.1.5 结构构件现有承载力　available capacity of member

现有截面结构构件由材料强度标准值、结构构件（包括钢筋）实有的截面积和对应于重力荷载代表值的轴向力所确定的结构构件承载力。包括现有受弯承载力和现有受剪承载力等。

2.2　主　要　符　号

2.2.1　作用和作用效应

N——对应于重力荷载代表值的轴向压力

V_e——楼层的弹性地震剪力

S——结构构件地震基本组合的作用效应设计值

p_0——基础底面实际平均压力

2.2.2 材料性能和抗力

M_y ——构件现有受弯承载力
V_y ——构件或楼层现有受剪承载力
R ——结构构件承载力设计值
f ——材料现有强度设计值
f_k ——材料现有强度标准值

2.2.3 几何参数

A_s ——实有钢筋截面面积
A_w ——抗震墙截面面积
A_b ——楼层建筑平面面积
B ——房屋宽度
L ——抗震墙之间楼板长度、抗震墙间距、房屋长度
b ——构件截面宽度
h ——构件截面高度
l ——构件长度、屋架跨度
t ——抗震墙厚度

2.2.4 计算系数

β ——综合抗震承载力指数
γ_{Ra} ——抗震鉴定的承载力调整系数
ξ_y ——楼层屈服强度系数
ξ_0 ——构件抗震墙的基准面积率
ψ_1 ——结构构造的体系影响系数
ψ_2 ——结构构造的局部影响系数

3 基本规定

3.0.1 现有建筑的抗震鉴定应包括下列内容及要求：

3.0.1.1 搜集建筑的勘察报告、施工图纸、竣工图纸和工程验收文件等原始资料；当资料不全时，宜进行必要的补充实测。

3.0.1.2 调查建筑现状与原始资料相符合的程度、施工质量和维护状况，发现相关的非抗震缺陷。

3.0.1.3 根据各类建筑结构的特点、结构布置、构造和抗震承载力等因素，采用相应的逐级鉴定方法，进行综合抗震能力分析。

3.0.1.4 对现有建筑整体抗震性能做出评价，对不符合抗震鉴定要求的建筑提出相应的抗震减灾对策和处理意见。

3.0.2 现有建筑的抗震鉴定，应根据下列情况区别对待：

3.0.2.1 建筑结构类型不同的结构，其检查的重点、项目内容和要求不同，应采用不同的鉴定方法。

3.0.2.2 对重点部位与一般部位，应按不同的要求进行检查和鉴定。

注：重点部位指影响该类建筑抗震性能的关键部位和易导致局部倒塌伤人的部件、部位，以及地震时可能造成整体影响的构件和仅有局部影响的构件。

3.0.2.3 对抗震性能有整体影响的构件和仅有局部影响的构件，在综合抗震能力分析时应分别对待。

3.0.3 抗震鉴定方法，可分为两级。第一级鉴定以宏观控制和构造鉴定为主进行综合评价，第二级鉴定以抗震验算为主结合构造影响进行综合评价。

当符合第一级鉴定的各项要求时，建筑可评为满足抗震鉴定要求，不再进行第二级鉴定；当不符合第一级鉴定要求时，除有明确规定的情况外，应由第二级鉴定做出判断。

3.0.4 现有建筑宏观控制和构造鉴定的基本内容及要求，应符合

下列规定：

3.0.4.1 多层建筑的高度和层数，应符合本标准各章规定的最大值。

3.0.4.2 当建筑的平、立面、质量、刚度分布和墙体等抗侧力构件的布置在平面内明显不对称时，应进行地震扭转效应不利影响的分析；当结构竖向构件上下不连续或刚度沿高度分布突变时，应找出薄弱部位并按相应的要求鉴定。

3.0.4.3 检查结构体系，应找出其破坏会导致整个体系丧失抗震能力或对重力荷载的承载能力丧失的部件或构件；当房屋有错层或不同类型结构体系相连时，应提高其相接部位的抗震鉴定要求。

3.0.4.4 当结构构件的尺寸、截面形式等不利于抗震时，宜提高该构件的配筋等构造的抗震鉴定要求。

3.0.4.5 结构构件的连接构造应满足结构整体性的要求；装配式厂房应有完整的支撑系统。

3.0.4.6 非结构构件与主体结构的连接构造应牢固可靠；位于出入口及临街处，应有可靠的连接。

3.0.4.7 结构材料实际达到的强度等级，应符合本标准各章规定的最低要求。

3.0.4.8 6度和本标准各章未给出具体规定不利地段时，可不进行地震验算；其他情况，宜在两个主轴方向分别按本标准各章规定的具体方法进行抗震验算。

当本标准未给出具体方法时，可采用现行国家标准《建筑抗震设计规范》规定的方法，按下式进行抗震验算：

$$S \leqslant R/\gamma_{Ra} \qquad (3.0.5)$$

式中 S——结构构件内力（轴向力、剪力、弯矩等）组合的设计值；计算时，有关的荷载、地震作用、作用分项系数、组合值系数和作用效应系数，应按现行国家标准《建筑抗震设计规范》的规定采用；

R——结构构件承载力设计值，按现行国家标准《建筑抗震设计规范》的规定采用；

γ_{Ra}——抗震鉴定的承载力调整系数。除本标准各章有具体规定外，一般情况下，可按现行国家标准《建筑抗震设计规范》承载力抗震调整系数值的0.85倍采用；对砖墙、砖柱、烟囱、水塔和钢构件连接，仍按现行国家标准《建筑抗震设计规范》的承载力抗震调整系数值采用。

3.0.6 现有建筑的抗震鉴定要求，可根据建筑所在场地、地基和基础等的有利和不利因素，作下列调整：

3.0.6.1 Ⅰ类场地上的乙、丙类建筑，7～9度时，构造要求可降低一度。

3.0.6.2 Ⅳ类场地、复杂地形、严重不均匀土层上的建筑以及同一建筑单元存在不同类型基础时，可提高抗震鉴定要求。

3.0.6.3 有全地下室、箱基、筏基和桩基的建筑，可降低上部结构的抗震鉴定要求。

3.0.6.4 对密集建筑，应提高相关部位的抗震鉴定要求。

3.0.7 对不符合鉴定要求的建筑，可根据其不符合鉴定要求的程度、部位对结构整体抗震性能影响的大小，以及有关的非抗震缺陷等因素，通过技术经济比较，结合使用要求、城市规划和加固难易等因素的分析，实际情况，提出相应的维修、加固、改造或更新等抗震减灾对策。

4 场地、地基和基础

4.1 场 地

4.1.1 6、7度时及建造于抗震有利地段的建筑,可不进行场地对建筑影响的抗震鉴定。

注:①对建造于危险地段的建筑,场地对建筑影响应按专门规定鉴定。
②有利、不利等地和场地类别,按现行国家标准《建筑抗震设计规范》划分。

4.1.2 8、9度时,建筑场地为条状突出山嘴、高耸孤立山丘、非岩石陡坡、河岸和边坡的边缘等不利地段,应对其地震稳定性、地基滑移及对建筑的可能危害进行评估;非岩石陡坡的坡度及建筑场地与坡脚的高差均较大时,宜估算局部地形导致其地震影响增大的后果。

4.1.3 在河岸或海边的乙类建筑,当液化层面向河心或海边倾斜时,应判明液化后土体滑动与裂开的危险。

4.2 地基和基础

4.2.1 符合下列情况,可不进行地基基础的抗震鉴定:

(1)丁类建筑;
(2)6度时各类建筑;
(3)7度时地基基础现状无严重静载缺陷的乙、丙类建筑;
(4)8、9度时地基基础现状无严重静载缺陷,不存在软弱土、饱和砂土和饱和粉土的乙、丙类建筑。

4.2.2 地基基础现状的鉴定,应着重调查上部结构的不均匀沉降裂缝和倾斜;基础无腐蚀、酥碱、松散和剥落;上部结构无不均匀沉降裂缝和倾斜,或虽有裂缝、倾斜但无严重发展趋势。该地基基础可评为无严重静载缺陷。

4.2.3 存在软弱土、饱和砂土和饱和粉土的地基基础,可根据烈度、场地类别、建筑现状和基础类型,进行液化、震陷及抗震承载力的两级鉴定。符合第一级鉴定的规定时,可不再进行第二级鉴定。

静载下已出现严重缺陷的地基基础,应同时审核其静载下的承载力。

4.2.4 地基基础的第一级鉴定应符合下列要求:

4.2.4.1 基础下主要受力层存在饱和砂土或饱和粉土时,对下列情况可不进行液化影响的判别:

(1)对液化沉陷不敏感的丙类建筑;
(2)符合现行国家标准《建筑抗震设计规范》液化初步判别要求的建筑。

4.2.4.2 基础下主要受力层存在软弱土层时,对下列情况可不进行建筑在地震作用下沉降的估算:

(1)8、9度时,地基主要受力层静承载力标准值分别大于80kPa和100kPa;
(2)基础底面以下的软弱土层厚度不大于5m。

4.2.4.3 采用桩基础的建筑,对下列情况可不进行桩基的抗震验算:

(1)按现行国家标准《建筑抗震设计规范》规定可不进行桩基抗震验算的建筑;
(2)位于斜坡但地震时土体稳定的建筑。

4.2.5 地基基础的第二级鉴定应符合下列要求:

4.2.5.1 饱和土液化的第二级判别,采用标准贯入试验判别法时,应按现行《建筑抗震设计规范》的规定,确定液化指数和液化等级,并提出相应的抗液化措施。

4.2.5.2 软弱土地基及8、9度时Ⅲ、Ⅳ类场地上的高层建筑和高耸结构,应进行地基基础的抗震承载力验算。

4.2.6 现有天然地基基础的抗震承载力验算,应符合下列要求:

4.2.6.1 天然地基的竖向承载力，可按现行国家标准《建筑抗震设计规范》规定的方法验算，其中，地基土静承载力设计值应改用长期压密地基土静承载力设计值，其值可按下式计算：

$$f_{sE} = \zeta_s f_{sc} \quad (4.2.6-1)$$
$$f_{sc} = \zeta_c f_s \quad (4.2.6-2)$$

式中 f_{sE}——调整后地基土抗震承载力设计值；
ζ_s——地基土抗震承载力调整系数，可按现行国家标准《建筑抗震设计规范》采用；
f_{sc}——长期压密地基土静承载力设计值（kPa）；
f_s——地基土静承载力设计值（kPa），其值可按现行国家标准《建筑地基基础设计规范》采用；
ζ_c——地基土长期压密提高系数，其值可按表4.2.6采用。

地基土承载力长期压密提高系数 表4.2.6

年限与岩土类别	p_0/f_s			
	1.0	0.8	0.4	<0.4
2年以上的砾、粗、中、细、粉砂				
5年以上的粉土和粉质粘土	1.2	1.1	1.05	1.0
8年以上地基土静承载力标准值大于100kPa的粘土				

注：① p_0指基础底面实际平均压应力（kPa）。
② 使用期岩土不移动或碎石土，其值均应取1.0。

4.2.6.2 承受基础底面水平力为主的天然地基验算水平抗滑时，抗滑阻力可采用基础底面摩擦力和基础正侧面土的水平抗力之和；基础正侧面土的水平抗力，可取其被动土压力的1/3；抗滑安全系数不宜小于1.1；当刚性地坪的宽度不小于地坪孔口承压面宽度的3倍时，尚可利用刚性地坪的抗滑能力。

4.2.7 桩基抗震承载力验算时，非液化土的单桩抗震竖向承载力设计值可按静承载力时的1.5倍采用；水平承载力设计值可按静承载力时的1.2倍采用。

4.2.8 7～9度时山区建筑的挡土结构，地下室或半地下室外墙的稳定性验算，可采用现行国家标准《建筑地基基础设计规范》规定的方法；但抗滑安全系数不应小于1.1，抗倾覆安全系数不应小于1.2。验算时，土的重度应除以地震角的余弦，墙背填土的内摩擦角和墙背摩擦角应分别减去地震角和增加地震角。地震角可按表4.2.8采用。

挡土结构的地震角 表4.2.8

类别		7度	8度	9度
水	上	1.5°	3°	6°
水	下	2.5°	5°	10°

4.2.9 同一建筑单元存在不同类型基础或基础埋深不同时，宜根据地震时可能产生的不利影响，估算地震导致两部分地基的差异沉降，检查基础抵抗差异沉降的能力，并检查上部结构相应部位的构造抵抗附加地震作用和差异沉降的能力。

5 多层砌体房屋

5.1 一般规定

5.1.1 本章适用于砖墙体和砌块体承重墙的多层房屋,其高度和层数不宜超过表5.1.1所列的范围。对开间或多开间设置横向抗震墙的房屋,其适用高度和层数百比表5.1.1的规定分别降低3m和一层。

多层砌体房屋鉴定的最大高度(m)和层数   表5.1.1

墙体类别	墙体厚度(mm)	6度 高度	6度 层数	7度 高度	7度 层数	8度 高度	8度 层数	9度 高度	9度 层数
粘土砖实心墙	≥240	24	八	22	七	19	六	13	四
多孔砖墙	180	16	五	16	五	13	四	10	三
粘土砖空心墙	180~240	16	五	16	五	13	四	10	三
粘土砖空斗墙	420	19	六	19	六	13	四		
混凝土中型空心砌块墙	300	10	三	10	三	10	三		
混凝土中型空心砌块墙	240	19	六	19	六	13	四		
混凝土小型空心砌块墙	≥190	22	七	22	七	16	五	10	三
粉煤灰中型实心砌块墙	≥240	19	六	19	六	16	五	10	三
	180~240	16	五	16	五				

注:①房屋层数不包括全地下室和出顶小房间;层高不宜超过4m;
②房屋高度指室外地坪到檐口高度,半地下室可从地下室内地面算起;
③房屋上、下部分的墙体类别不同时,应按上部墙体的类别查表;
④粘土砖空心墙指由两片120mm厚砖墙或240mm厚砖墙与120mm厚砖墙或240mm厚砖墙通过卧砌连成的墙体。

5.1.2 抗震鉴定时,房屋的高度和层数、抗震墙的厚度和间距、墙体的砂浆强度等级和砌筑质量、墙体交接处的连接以及女儿墙和出屋面烟囱等易引起倒塌伤人的部位应重点检查;7~9度时,尚应检查楼、屋盖处的圈梁、屋盖与墙体的连接构造、墙体布置的规则性。

5.1.3 多层砌体房屋的外观和内在质量应符合下列要求:
(1) 墙体不空鼓、无严重酥碱和明显歪闪;
(2) 支承大梁、屋架的墙体无竖向裂缝、承重墙、自承重墙及其交接处无明显裂缝;
(3) 木屋、屋盖构件无明显变形、腐朽、蚁蚀和严重开裂;
(4) 混凝土构件符合本标准第6.1.3条的有关规定。

5.1.4 多层砌体房屋,可按结构体系、房屋整体性连接、局部易损部位的构造及墙体抗震承载力,对整幢房屋的综合抗震能力进行两级鉴定。符合本章第一级鉴定各项规定时,可评为满足抗震鉴定要求;不符合第一级鉴定要求时,除本章第5.2节有明确规定的情况外,应由第二级鉴定做出判断。

5.2 第一级鉴定

5.2.1 现有房屋的结构体系应符合下列规定:

5.2.1.1 房屋实际的高宽比和横墙间距应符合表5.2.1的规定的要求:
(1) 房屋的高度与宽度(对外廊房屋,此宽度不包括其走廊)之比不宜大于2.2,且高度不大于底层平面的最长尺寸;
(2) 抗震横墙的最大间距宜符合表5.2.1的规定。

5.2.1.2 房屋的平、立面和墙体布置宜符合下列规则性的要求:
(1) 质量和刚度沿高度分布比较规则均匀,立面高度变化不超过一层,同一楼层的楼板板顶标高相差不大于500mm;
(2) 楼层的质心和计算刚心基本重合或接近。

上应有水泥砂浆面层；

（2）木屋架不应为无下弦的人字屋架，隔开间应有一道竖向支撑或木望板和木龙骨顶棚；当不符合时应采取加固或其他相应措施；

（3）楼、屋盖构件的支承长度不应小于表5.2.3-1的规定：

楼、屋盖构件的最小支承长度（mm）   表5.2.3-1

构件名称	混凝土预制板	预制进深梁	木屋架、木大梁	对接楼条	木龙骨、木檩条
位置	墙上	梁上	墙上	墙上	屋架上	墙上
支承长度	100	80	180 且有梁垫	240	60	120

5.2.3.3 圈梁的布置和构造应符合下列要求：

（1）现浇和装配整体式钢筋混凝土楼、屋盖房屋，应按本地区抗震设防烈度加强纵横墙的连接，且屋盖处砖墙可不设圈梁；

（2）装配式混凝土楼、屋盖（或木屋盖）砖房应按表5.2.3-2的规定，不应少于表5.2.3-2中的规定，圈梁截面高度，圈梁布置在同一标高或紧靠板底；圈梁位置与格、屋盖标高相同；砖房屋所有内外墙均应有圈梁；内墙圈梁的水平间距，7、8度时分别不宜大于表5.2.3-2中8、9度时的规定；圈梁截面高度、中型砌块房屋不宜小于200mm，小型砌块房屋不宜小于150mm；

（3）装配式混凝土楼、屋盖的砌块房屋，每层均应有圈梁；内墙上圈梁的水平间距，7、8度时分别不宜大于表5.2.3-2中8、9度时的规定；圈梁截面高度；中型砌块房屋不宜小于200mm，小型砌块房屋不宜小于150mm；

（4）砖拱楼、屋盖的砖房屋，每层所有内外墙均应有圈梁，配筋处的推力时，配筋砂浆强度等级不低于M5，总配筋不少于4φ12；

（5）屋盖处圈梁不小于4皮砖，砌筑砂浆强度等级不低于M5，现浇钢筋混凝土板上的圈梁，其高度不应小于表5.2.3-2中的规定；现浇钢筋混凝土板带代替位置上的圈梁，与纵墙或钢筋网片与钢筋混凝土有可靠连结的进深梁或配筋网片带也可代替该位置上的圈梁。

刚性体系的抗震横墙最大间距（m）   表5.2.1

楼、屋盖类别	墙体类别	墙体厚度（mm）	6、7度	8度	9度
现浇或装配整体式混凝土	砖实心墙	≥240	15	15	11
	其他墙体	≥180	13	10	7
装配式混凝土	砖实心墙	≥240	11	11	7
	其他墙体	≥180	10	7	4
木、砖拱	砖实心墙	≥240	7	7	

注：对IV类场地，表内的最大间距值应减少3m或4m以内的一开间。

5.2.2 承重墙体的砖、砌块和砂浆实际达到的强度等级，应符合下列要求：

5.2.2.1 砖强度等级不宜低于MU7.5，且不宜低于MU10，小型砌块的强度等级不宜低于MU5；中型砌块的强度等级不宜低于MU5；砖、砌块的砌筑砂浆强度等级不宜低于M1；砌块墙体不宜低于M2.5。砂浆强度等级宜按实际达到的强度等级采用。

5.2.2.2 墙体的砌筑砂浆强度等级宜比实际达到的强度等级降低一级采用。当7度时超过三层或8、9度时不宜低于M0.4，砌筑砂浆强度不宜低于M2.5。砂浆强度等级宜按比实际达到的强度等级降低一级采用。

5.2.3 现有房屋的整体性连接构造，应符合下列规定：

5.2.3.1 纵横墙加固或其他相应措施，纵横墙连接处、墙体内应采取加固措施：

（1）墙体布置在平面内应闭合；烟道、通风道等竖向孔道，

（2）纵横墙交接处无咬槎较好（中型砌块有芯柱时，芯柱在楼层上下应贯通，且沿墙高每隔10皮砌块有钢筋混凝土或有钢筋0.6m应有φ4点焊钢筋网片与墙拉结；

5.2.3.2 楼、屋盖预制构件应符合下列要求：

（1）混凝土预制构件，预制板填缝应有座浆，板

承长度不宜小于490mm；

(4) 出屋面的楼、电梯间和水箱间等小房间，8、9度时墙体的砂浆强度等级不宜低于M2.5；门窗洞口不宜过大，预制屋盖与墙体应有连接。

5.2.4.2 非结构构件的构造应符合下列要求，当不符合时应于出入口或临街处应有加固或采取相应措施：

(1) 隔墙与两侧构造柱或承重墙体应有拉结，长度大于5.1m或高度大于3m时，墙顶还应与梁板有连接。

(2) 无拉结女儿墙且厚度为240mm时，当砌筑砂浆的强度等级不低于M2.5且门脸等装饰物，其突出屋面的高度，对整体性不良或非刚性结构的房屋不应大于0.5m；对刚性结构房屋的封闭女儿墙不宜大于0.9m；

(3) 出屋面小烟囱在出入口或临街处应有防倒塌措施；

(4) 钢筋混凝土挑檐、悬挑雨篷、通长挑檐、或房屋尽端有局部悬挑阳台、雨篷等悬臂构件应有足够的稳定性。

5.2.4.3 悬挑楼层、过街楼的支撑构件、或与承重墙相邻独立承重砖柱的承载能力应提高有关墙体承载能力或设计要求。

5.2.5 第一级鉴定时，房屋的抗震横墙间距和宽度不应超过下列限值：

(1) 层高在3m左右，墙厚为240mm的粘土砖实心墙房屋，当在底层的1/2处门窗洞所占的水平截面面积，对承重横墙不大于总截面积的25%，对承重纵墙不大于房屋总截面积的50%时，其承重横墙间距L和房屋宽度B的限值宜按表5.2.5-1采用；其他承重墙的房屋，应按表5.2.5-2规定值乘以表5.2.5-2规定的墙体类别修正系数采用；

(2) 自承重墙的限值，可按本条(1)款规定的1.25倍采用；

(3) 对本章第5.2.4.3条规定的情况，其限值宜按本条(1)款规定的0.8倍采用；突出屋面的楼、电梯间和水箱间等小房间，其限值宜按本条(1)、(2)款规定值的1/3采用。

圈梁的布置和构造要求   表5.2.3-2

位置和配筋量		7度	8度	9度
屋盖	外墙	除层数为二层的预制板或木望板、木龙骨吊顶时，均应有	均应有	均应有
	内墙	同外墙，且纵横墙上圈梁的水平间距分别不应大于8m和16m	纵横墙上圈梁的水平间距不应大于8m和12m	纵横墙上圈梁的水平间距均不应大于8m
楼盖	外墙	横墙间距大于8m或层数超过四层时，应隔层有且圈梁的水平间距不大于16m	横墙间距应每层应有大于8m且层数超过三层时，每层有	横墙间距大于4m时，每层均应有
	内墙	同外墙，且圈梁间距不应大于16m	同外墙，且圈梁间距不应大于12m	同外墙，且圈梁的水平间距不应大于8m
配筋量		4φ8	4φ10	4φ12

注：6度时，同非抗震要求。

5.2.4.1 现有结构构件的局部尺寸、支承长度和连接应符合下列要求：

(1) 承重外墙的门窗间墙最小宽度和外墙阳角至门窗洞边的距离及支承大于5m大梁的内墙阳角至门窗洞边的距离，7、8、9度时分别不应小于0.8m、1.0m、1.5m；

(2) 非承重外墙尽端至门窗洞边的距离，7、8度时不宜小于0.8m，9度时不宜小于1.0m；

(3) 楼梯间及门厅跨度不小于6m的大梁，在砖墙转角处的支

1.4倍,有2道时可取1.8倍;平面局部突出时,房屋宽度可按加权平均值计算;

③楼盖为混凝土而盖为木或钢木屋架时,表中顶层的限值宜乘以0.7。

抗震墙类别修正系数　　　　表5.2.5-2

墙体类别	空斗墙	空心墙		多孔砖墙	小型砌块墙	中型砌块墙	实心墙		
厚度(mm)	240	300	420	190	t	0.6t/240	180	370	480
修正系数	0.6	0.9	1.4	0.8	0.8/240		0.75	1.4	1.8

注:t指小型砌块墙体的厚度。

5.2.6 多层砌体房屋符合本节各项规定可评为综合抗震能力满足抗震鉴定要求;当遇下列情况之一时,可不再进行第二级鉴定,但应对房屋采取加固或其他相应措施:

(1) 房屋高宽比大于3,或横墙间距超过刚性体系最大值;

(2) 纵横墙交接处连接不符合要求,或支承长度小于规定值的75%;

(3) 易损部位非结构构件的构造不符合要求;

(4) 本节的其他规定有多项明显不符合要求。

5.3 第二级鉴定

5.3.1 多层砌体房屋采用综合抗震能力指数的方法进行第二级鉴定时,应根据抗震能力指数的具体情况,分别采用楼层平均抗震能力指数方法、楼层综合抗震能力指数和墙段综合抗震能力指数方法。楼层综合抗震能力指数应按房屋纵横两个方向分别计算,当最弱楼层综合抗震能力指数、最弱墙段综合抗震能力指数均满足抗震鉴定要求;当最弱楼层综合抗震能力指数大于1.0时,可评定为满足抗震鉴定要求;当小于1.0时,应对房屋采取加固或引起倒塌的部位符合第一级鉴定要求。

5.3.2 结构体系、整体性连接和易引起倒塌的部位符合第一级鉴定要求,但横墙间距、房屋宽度均超过第一级鉴定限值的房屋,可采用楼层平均抗震能力指数方法鉴定。楼层平均抗震能力指数应按下式计算:

第一级鉴定的抗震横墙间距和房屋宽度限值(m)　　　表5.2.5-1

楼层总数	检查楼层	6度 砂浆强度等级										7度										8度										9度									
		M0.4		M1		M2.5		M5		M10		M0.4		M1		M2.5		M5		M10		M0.4		M1		M2.5		M5		M10		M0.4		M1		M2.5		M5		M10	
		L	B	L	B	L	B	L	B	L	B	L	B	L	B	L	B	L	B	L	B	L	B	L	B	L	B	L	B	L	B	L	B	L	B	L	B	L	B	L	B
二	2	6.9 10		11 15		15		15		15		4.8 7.1		7.9 11		12 15		15		15		5.3 7.8		8.3 12		10 15		15		15		3.1 4.6		4.7 7.1		6.0 9.2		11		11	
	1	6.0 8.9		8.2 14		13 15		15		15		4.2 6.2		6.4 9.5		9.2 13		12 15		15		4.3 6.4		6.2 8.9		8.4 12		12 15		15		4.2 5.9		5.0 7.1		7.1 9.2		11		11	
三	3	6.1 9.0		10 14		15		15		15		4.3 6.3		7.0 10		11 15		15		15		4.7 6.7		7.0 9.7		9.4 13		15		15		3.5 5.0		5.0 7.1		7.4 11		12		12	
	1—2	4.7 7.1		7.0 9.8		9.8 14		14 15		15		3.3 5.0		5.0 6.8		6.8 10		10 15		15		3.4 4.9		4.6 6.8		6.8 8.7		8.7 12		15				3.3		4.7		6.8		9.2		13	
四	4	5.7 8.4		9.4 14		14 15		15		15		4.0 5.9		6.5 9.2		9.1 12		12 15		15		4.4 6.6		6.5 8.6		8.2 12		13 15		15		3.0 4.4		4.6 6.8		6.5 9.5		8.7 12		12	
	3	4.3 6.3		6.9 9.8		9.1 13		13 15		15		3.0 4.6		4.6 6.9		6.9 9.5		9.5 12		12 15		3.5 5.1		4.3 6.1		6.1 8.8		8.9 12		12 15				3.3		4.7		6.5		8.9		11	
	1—2	4.0 6.0		5.9 8.1		8.1 12		12 15		15				4.1		6.5		9.5		12		15				4.0		5.8		7.5		11		11						3.3		5.3		7.2		12	
五	5	5.6 9.0		9.2 12		12		12		12		3.9 6.0		6.3 9.9		9.4 12		12		12		4.3 6.3		6.3 9.2		9.2 11		11		11		3.3 4.8		4.1 6.2		6.2 8.9		9.1 11		11	
	4	3.8 6.5		6.1 9.0		8.7 12		12		12		2.8 4.2		4.3 6.3		6.3 8.9		8.9 12		12		3.6 5.1		4.9 7.4		7.4 10		8.3 12		12				3.0		4.4		6.4		9.4		11	
	1—3			5.2		7.9		9.1		12				3.7		5.4		7.5		9.2		12				3.6		4.9		7.4		7.4		12								3.0		4.6		7.2	
六	6	5.9 9.1		8.9 12		12		12		12		4.1 6.0		6.8 10		9.9 12		12		12		4.1 6.1		6.1 8.5		8.5 12		12		12				3.9		4.8		7.1		6.4		9.3	
	5			5.2		8.3		9.1		11				4.4		6.6		8.1		12		12				4.6		4.4		6.8		5.7		8.4										4.4		6.6		7.8	
	1—4							6.4		9.2										4.6		8.5																		3.9		7.2	
七	6—8			5.3		7.8		10		12				3.9		7.8		8.3		9.7		15				3.9		7.2		7.2		7.8						3.1		4.2		5.9		7.6	
	1—5			4.3		6.2		9.0		8.4				4.3		6.4		6.2		8.9		12				4.6		6.5		9.2		7.1		8.7								4.0		5.3		7.5	
八	2			4.7		6.7		7.9		9.7		13		15				3.0		4.9		4.6		6.6		6.2		8.2		9.1		11								3.3		4.6		6.7	
	3			4.3		4.7		6.5		6.5		9.1		7.6		11														7.3		5.9										3.3		3.5		5.9	
	1—2			4.0		4.5		5.8		5.9		8.5		6.2		11				3.9						3.9				6.3														2.8		4.0	
四	4					3.8		4.3		5.4		5.4		7.8		5.7		10				3.4				3.9				5.9				7.8													
	1—3					3.9		3.9		5.2		5.1		7.5		5.4		9.6				3.4												5.9													
五	5									4.7		4.7		6.3		6.3		9.3																									
	4											4.4				6.1		8.0																									
	1—4															4.1		5.8																									
六	6									4.7		8.2		12		12		12																									
	5											5.2		8.3		12		11																									
	4													6.4		9.6		11																									
	1—3															5.7		8.5																									

注:① L 指 240mm 厚承重横墙间距限值;B 指 240mm 厚纵墙承重的房屋宽度限值;楼、屋盖为刚性时取平均值,柔性时的取最大值,中等刚性时可相应换算;有一道同样厚度的内纵墙时可取

② B 指 240mm 厚纵墙承重的房屋宽度限值。

$$\beta_i = A_i / A_{bi} \xi_{ci} \lambda \quad (5.3.2)$$

式中 β_i ——第 i 楼层的纵向或横向墙体平均抗震能力指数;

A_i ——第 i 楼层的纵向或横向抗震墙在层高 1/2 处净截面的总面积,其中不包括高宽比大于 4 的墙段截面面积;

A_{bi} ——第 i 楼层的建筑平面面积;

ξ_{ci} ——第 i 楼层的纵向或横向抗震墙的基准面积率,应按本标准附录 A 采用;

λ ——烈度影响系数;6、7、8、9 度时,分别按 0.7、1.0、1.5 和 2.5 采用。

5.3.3 结构体系、楼层盖整体性连接、圈梁布置和构造及易引起局部倒塌的结构构件不符合第一级鉴定要求的房屋,可采用楼层综合抗震能力指数方法进行第二级鉴定,并应符合下列规定:

$$\beta_{ci} = \psi_1 \psi_2 \beta_i \quad (5.3.3)$$

式中 β_{ci} ——楼层综合抗震能力指数;

ψ_1 ——体系影响系数,可按第 5.3.3.2 款确定;

ψ_2 ——局部影响系数,可按第 5.3.3.3 款确定。

5.3.3.2 体系影响系数可根据房屋不规则性、非刚性和整体性连接不符合第一级鉴定要求的程度,经综合分析后确定;也可由表 5.3-1 各项系数的乘积采用。当砖砌体墙的砂浆强度等级为 M0.4 时,尚应乘以 0.9。

体系影响系数值   表 5.3-1

项 目	不符合的程度	ψ_1	影 响 范 围
房屋高宽比 η	$2.2<\eta<2.6$	0.85	上部 1/3 楼层
	$2.6<\eta<3.0$	0.75	上部 1/3 楼层
横墙间距	超过表 5.2.1 最大值在 4m 以内	0.90	楼段的 β_{ci}
		1.00	墙段的 β_{cj}

续表

项 目	不符合的程度	ψ_1	影 响 范 围
错层高度	>0.5m	0.90	错层上下
立面高度变化	超过一层	0.90	所有变化的楼层
相邻楼层的墙体刚度比 λ	$2<\lambda<3$	0.85	刚度小的楼层
	$\lambda>3$	0.75	刚度小的楼层
楼、屋盖构件的支承长度	比规定少 15% 以内	0.90	不满足的楼层
	比规定少 15%～25%	0.80	不满足的楼层
圈梁布置和构造	屋盖外墙不符合	0.70	顶层
	楼盖外墙一道不符合	0.90	缺圈梁的上、下楼层
	楼盖外墙二道不符合	0.80	所有楼层
	内墙不符合	0.90	不满足的上、下楼层

注: 单项不符合的程度超过表内规定或构造不符合的项目超过 3 项时,应采取加固或其他相应措施。

5.3.3.3 局部影响系数可根据易引起局部倒塌各部位不符合第一级鉴定要求的程度,经综合分析后确定;也可由表 5.3-2 各项系数中的最小值确定。

局部影响系数值   表 5.3-2

项 目	不符合的程度	ψ_2	影 响 范 围
墙体局部尺寸	比规定少 10% 以内	0.95	不满足的楼层
	比规定少 10%～20%	0.90	不满足的楼层
楼梯间等大梁的支承长度 l	370mm$\leqslant l<$490mm	0.80	该楼层的 β_{ci}
		0.70	该楼段的 β_{cj}
出屋面小房间		0.33	出屋面小房间
支承悬挑结构构件的承重墙体		0.80	该楼层和墙段
房屋尽端设过有楼或承重横墙		0.80	该楼层和墙段
有独立砌体柱承重的房屋	柱顶有拉结	0.80	楼层、柱两侧相邻墙段
	柱顶无拉结	0.60	楼层、柱两侧相邻墙段

注: 不符合的程度超过表内规定时,应采取加固或其他相应措施。

5.3.4 横墙间距超过刚性体系规定的最大值、有明显扭转效应和易引起局部倒塌综合抗震能力指数小于1.0时，可采用墙段综合抗震能弱的楼层综合抗震能力指数不符合第一级鉴定要求的房屋，当最力指数方法进行第二级鉴定。墙段综合抗震能力指数应按下式计算：

$$\beta_{ci} = \psi_1\psi_2\beta_{ij} \qquad (5.3.4-1)$$

$$\beta_{ij} = A_{ij}/A_{bij}\xi_{0i}\lambda \qquad (5.3.4-2)$$

式中 β_{ci} ——第 i 层墙段综合抗震能力指数；
β_{ij} ——第 i 层 j 墙段抗震能力指数；
A_{ij} ——第 i 层 j 墙段在 1/2 层高处的净截面面积；
A_{bij} ——第 i 层 j 墙段计入楼盖刚度影响的从属面积，可根据刚性楼盖、中等刚性及柔性楼盖按现行国家标准《建筑抗震设计规范》的规定方法确定。

注：考虑扭转效应时，式(5.3.4-1)中尚包括扭转效应系数，其值可按现行国家标准《建筑抗震设计规范》的规定，既该墙段不考虑扭转时的内力比。

5.3.5 房屋的质量和刚度分布沿高度均匀、或 7、8、9 度时房屋的层数分别超过六、五、三层，可按现行国家规范《建筑抗震设计规范》的方法验算其抗震承载力，并可按照本节规定估算构造的影响，由综合评定进行第二级鉴定。

6 多层钢筋混凝土房屋

6.1 一般规定

6.1.1 本章主要适用于不超过10层的现浇及装配整体式钢筋混凝土框架（包括填充墙框架）和框架-抗震墙结构。

6.1.2 抗震鉴定时，下列薄弱部位应重点检查：
(1) 6~9度时，应检查局部易掉落易伤人的构件、部件；
(2) 7~9度时，除本章上述要求外，尚应检查梁柱节点的连接方式及不同结构体系之间的连接构造；
(3) 8、9度时，除本章上述要求外，尚应检查梁、柱的配筋材料强度，各构件的连接，结构体型的规则性，短柱分布，使用荷载的大小和分布等。

6.1.3 钢筋混凝土房屋的外观和内在质量宜符合下列要求：
(1) 梁、柱及其节点处的混凝土仅有少量微小开裂或局部剥落，钢筋无露筋、锈蚀；
(2) 填充墙无明显开裂或与框架脱开；
(3) 主体结构构件无明显变形、倾斜或歪扭。

6.1.4 钢筋混凝土房屋的连接级鉴定。符合本章第一级鉴定要求；不符合第一级鉴定要求和9度时，除本章第6.2节有明确规定的情况外，应由第二级鉴定做出判断。

6.1.5 当砌体结构与框架结构相连接或承托于框架结构时，应加大砌体结构所承担的地震作用，再按本标准第5章进行抗震鉴定；对砌体结构的鉴定，应计入该非结构性质构造导致的不利影响。砖女儿墙、门脸等非结构构件和突出屋面的小房间，应符合本标准第 5 章的有关规定。

6.2 第一级鉴定

6.2.1 现有房屋的结构体系应符合下列规定。

6.2.1.1 框架结构宜为双向框架,装配式框架宜有整浇节点,8、9 度时不应为铰接节点。当不符合时应加固。

6.2.1.2 8、9 度时,结构布置应符合下列规则性的要求:

(1) 平面局部突出部分的长度不宜大于该方向总长度的 30%;

(2) 立面局部缩进的尺寸不宜大于该方向水平总尺寸的 25%;

(3) 楼层刚度不宜小于其相邻上层刚度的 70%,且连续三层总刚度降低不宜大于 50%;

(4) 无砌体结构相连,且平面内的抗侧力构件及质量分布宜基本均匀对称。

6.2.1.3 8、9 度时,钢筋混凝土抗震墙或粘土砖填充墙之间的楼、屋盖的长宽比宜符合表 6.2.1-1 的规定。

抗震墙之间楼、屋盖的最大长宽比 表 6.2.1-1

楼、屋盖类型	8 度	9 度
现浇或叠合梁板	3.0	2.0
装配式	2.5	1.0

6.2.1.4 8 度时,厚度不小于 240mm 砌筑砂浆强度等级不低于 M2.5 的抗侧力粘土砖填充墙,其水平均匀间距宜符合表 6.2.1-2 规定的限值:

抗侧力粘土砖填充墙平均间距的限值 表 6.2.1-2

总层数	三	四	五	六
间距 (m)	17	14	12	11

6.2.2 梁、柱、墙实际达到的混凝土强度等级,7 度时不宜低于 C13,8、9 度时不应低于 C18。

6.2.3 6 度和 7 度 Ⅰ、Ⅱ 类场地时,框架应符合非抗震设计要求;其中,梁纵向钢筋在柱内的锚固长度,Ⅰ 级钢不宜小于纵向钢筋直径的 25 倍,Ⅰ 级钢纵向小于纵向钢筋直径的 30 倍,混凝土强度等级为 C13 时,锚固长度应相应增加纵向钢筋直径的 5 倍;7 度 Ⅲ、Ⅳ 类场地和 8、9 度,梁、柱、墙的构造应符合下列规定:

6.2.3.1 框架角柱纵向钢筋的配筋率,8 度不宜小于 0.8%,9 度时不宜小于 1.0%;其他各柱纵向钢筋的总配筋率,8 度时不宜小于 0.6%,9 度时不宜小于 0.8%。

6.2.3.2 梁、柱的箍筋应符合下列要求:

(1) 在柱的上、下端,柱净高各 1/6 的范围内,7 度 Ⅲ、Ⅳ 类场地和 8 度时,箍筋直径不应小于 φ6,间距不应大于 200mm;9 度时,箍筋直径不应小于 φ8,间距不应大于 150mm;

(2) 在梁的两端一倍梁高范围内的箍筋间距,8 度时不应大于 200mm,9 度时不应大于 150mm;

(3) 净高与截面高度之比不大于 4 的柱,包括因砌体填充墙形成的短柱,沿柱全高范围内的箍筋间距,8 度时不应大于 150mm,9 度时不应大于 100mm。

6.2.3.3 框架柱截面宽度不宜小于 300mm,8 度 Ⅲ、Ⅳ 类场地和 9 度时不宜小于 400mm;9 度时,柱的轴压比不应大于 0.8。

6.2.3.4 8、9 度时,框架-抗震墙结构的构造应对框架形成整体加强的边框;

(1) 抗震墙的周边宜与框架梁柱形成整体加强的边框;

(2) 墙板的厚度不宜小于 140mm,且不宜小于墙板净高的 1/30,墙板中竖向及横向钢筋的配筋率均不应小于 0.15%,墙板与楼板的连接,应能可靠传递地震作用。

(3) 墙板与框架的连接,应能可靠传递地震作用。

6.2.4 框架结构利用山墙承重时,山墙应有钢筋混凝土壁柱与框架可靠连接;当不符合时,8、9 度时应加固。

6.2.5 考虑填充墙抗侧力作用时,隔墙与主体结构的连接,砖砌体填充墙的厚度,6~8 度时不宜小于应小于180mm，9度时不应小于240mm；砂浆强度等级，6~8度时不应低于M2.5，9度时不应低于M5；填充墙应嵌砌于框架平面内；

(2) 填充墙沿柱高每隔600mm左右应有2φ6拉筋伸入墙内，8、9度时伸入墙内的长度不宜小于墙长的1/5且不小于700mm；当墙高大于5m时，墙内宜有连系梁与柱连接；对于长度大于6m的粘土砖墙或厚度大于5m的空心砖墙，8、9度时墙顶与梁应有连接。

(3) 房屋的内隔墙与两端的墙柱有可靠连接，当隔墙长度大于6m、8、9度时墙顶尚应与梁板连接。

6.2.6 钢筋混凝土房屋符合本节各项规定与综合抗震能力满足要求，当遇下列情况之一时，可不再进行第二级鉴定；对房屋采取加固或采取其他相应措施：

(1) 单向框架；

(2) 8、9度时混凝土强度等级低于C13；

(3) 与框架结构相连的承重砌体结构不符合本标准第5.2.4.2款的有关要求；或女儿墙、门脸等非结构件不符合本标准第5.2.4.2款的有关要求。

(4) 本节的其他规定有多项明显不符合要求。

6.3 第二级鉴定

6.3.1 钢筋混凝土房屋，应分别采用下列平面结构的楼层综合抗震能力指数进行第二级鉴定。

6.3.1.1 一般情况下，可在两个主轴方向分别选取有代表性的平面结构；

6.3.1.2 框架结构与承重砌体结构相连时，除符合上述要求外，尚应取包括连接处的平面结构；

6.3.1.3 有明显扭转时，除符合上述要求外，尚应取考虑扭转影响的边结构。

6.3.2 楼层综合抗震能力指数的计算应符合下列公式计算：

$$\beta = \psi_1 \psi_2 \xi_y$$ (6.3.2-1)

$$\xi_y = V_y / V_e$$ (6.3.2-2)

式中 β ——平面结构楼层综合抗震能力指数；

ψ_1 ——体系影响系数；可按第6.3.2.2款确定；

ψ_2 ——局部影响系数；可按第6.3.2.3款确定；

ξ_y ——楼层屈服强度系数；

V_y ——楼层现有受剪承载力，可按本标准附录B计算；

V_e ——楼层的弹性地震剪力，可按第6.3.2.4款计算。

6.3.2.2 体系影响系数可根据结构体系、梁柱箍筋、轴压比等符合第一级鉴定要求的程度和部位，按下列情况确定：

(1) 当上述各项构造均符合现行国家标准《建筑抗震设计规范》的规定时，可取1.0；

(2) 当各项构造均符合第一级抗震鉴定的规定时，可取1.0；

(3) 当各项构造均符合第一级非抗震鉴定的规定时，可取0.8；

(4) 当结构受损伤或发生倾斜而已修复纠正，上述数值尚宜乘以0.8~1.0。

6.3.2.3 局部影响系数可根据局部构造不符合第一级鉴定要求的程度，采用下列三项系数选后的最小值：

(1) 与框架相连的连接体与框架的连接，取0.8~0.95；

(2) 抗震墙之间楼、屋盖长宽比超过表6.2.1-1的规定值，可按超过的程度，取0.6~0.9；

(3) 填充墙等与框架的连接，取0.7~0.95。

6.3.2.4 楼层的弹性地震剪力，对规则结构可采用底部剪力法计算、地震影响系数按现行国家标准《建筑抗震设计规范》截面抗震验算的规定取值，地震作用分项系数取1.0；对考虑扭转影响的边结构，可按现行国家标准《建筑抗震设计规范》规定的方法计算。

6.3.3 符合下列规定之一的多层钢筋混凝土房屋，可评定为满足抗震鉴定要求；当不符合时应采取加固或采取其他相应措施：

7 内框架和底层框架砖房

7.1 一般规定

7.1.1 本章适用于粘土砖墙和钢筋混凝土柱混合承重的内框架和底层框架砖房，其最大高度和层数宜符合表7.1.1的规定。

房屋鉴定的最大高度（m）和层数　　表7.1.1

房屋类别	墙体厚度(mm)	6度		7度		8度		9度	
		高度	层数	高度	层数	高度	层数	高度	层数
底层框架砖房	≥240	19	六	19	五	16	五	10	三
底层框架砖房	180	13	四	13	四	10	三	7	二
底层内框架砖房	≥240	13	四	13	四	10	三	7	二
底层内框架砖房	180	7	二	7	二	7	二	—	—
多排柱内框架砖房	≥240	18	五	17	五	15	四	8	三
单排柱内框架砖房	≥240	16	四	15	四	12	三	7	二

注：①类似的砌块房屋可按照本章规定的原则进行鉴定，但9度时不适用，6~8度时，高度相应降低3m，层数相应减少一层；
②房屋的层数和高度超过表内规定值一层和3m以内时，应进行第二级鉴定。

7.1.2 抗震鉴定时，对房屋的高度和层数、质量，砌筑质量、横墙的厚度和间距、墙体的砂浆强度和砌块类型、底层框架内框架房屋的底层楼盖类型及底层与第二层的侧移刚度比、多层内框架砖房的底层框架类型和纵向窗间墙宽度，应进行重点检查；7~9度时，尚应检查圈梁和其他连接构造；8、9度时，尚应检查框架的配筋。

7.1.3 内框架和底层框架砖房的外观和内在质量应符合下列要求：

(1) 砖墙体应符合本标准第5.1.3条的有关规定；
(2) 混凝土构件应符合本标准第6.1.3条的有关规定。

(1) 楼层综合抗震能力指数不小于1.0的结构；
(2) 按本标准3.0.5.3条规定进行验算并满足要求的其他结构。验算时，应采用抗震承载力抗震设计规范》规定的有关方法，其中，宜按三级抗震等级进行构造的影响进行综合分析。

7.1.4 内框架和底层框架砖房可按结构构造体系、房屋整体性连接、局部易损部位的构造及砖墙和框架的抗震承载力，对整幢房屋的综合抗震能力进行两级鉴定。符合本章第一级鉴定要求时，可评为满足抗震鉴定要求。不符合第一级鉴定要求时，应由第二级鉴定做出判断。

7.1.5 内框架和底层框架砖房的砌体部分和框架部分，除符合本章规定外，尚应分别符合本标准第5章、第6章的有关规定。

7.2 第一级鉴定

7.2.1 现有房屋的结构体系

7.2.1.1 抗震横墙的最大间距应符合表7.2.1的规定，超过时应采取相应措施：

表7.2.1 抗震横墙的最大间距 (m)

房 屋 类 型	6度	7度	8度	9度
底层框架砖房的底层	25	21	19	15
底层内框架砖房的底层	18	18	15	11
多排柱内框架砖房	30	30	30	20
单排柱内框架砖房	18	18	15	11

7.2.1.2 底层框架、底层内框架砖房的底层，在纵横两个方向均应有砖或混凝土抗震墙，且每个方向第二层与底层侧移刚度的比值，7度时不宜大于3.0，8、9度时不宜大于2.0。

7.2.1.3 内框架砖房的纵向窗间墙宽度，6、7、8、9度时，分别不宜小于0.8m、1.0m、1.2m、1.5m；8、9度时厚度为240mm的抗震墙应有墙梁。

7.2.2 底层框架、底层内框架砖房的底层和多层内框架砖房的抗震墙，厚度不应小于240mm，砖实际达到的强度等级，6、7度时不应低于MU7.5；砌筑砂浆实际达到的强度等级，6、7、8、9度时不应低于M5。

7.2.3 现有房屋的整体性连接构造应符合下列规定：

7.2.3.1 底层框架和底层内框架砖房的底层，8、9度时应为现浇或装配整体式混凝土楼盖；6、7度时可为装配式楼盖，但应有圈梁。当不符合时应取相应措施。

7.2.3.2 多层内框架砖房配钢筋混凝土楼、屋盖时，应符合本标准第5.2.3.3款的有关规定；采用装配式混凝土楼、屋盖时，各层均应符合下列要求：

(1) 顶层应有圈梁；

(2) 6度时和7度不超过三层，隔层应有圈梁；

(3) 7度超过三层和8、9度时，各层均应有圈梁。

7.2.3.3 内框架砖房在外墙大梁上的支承长度不应小于240mm，且应与块状或圈梁相连。

7.2.3.4 多层内框架砖房在外墙四角和楼、电梯间四角及大房间内外墙交接处，7、8度时超过三层和9度时，应有构造柱或沿墙高每10皮砖应有2φ6拉结钢筋。

7.2.4 房屋中易引起局部倒塌的构件、部件及其连接的构造，可按照本标准第5.2.4条的有关规定检验。底层框架、底层内框架砖房的上部各层应符合本标准第5.2.5条的有关规定。

7.2.5 第一级鉴定时，抗震横墙间距、房屋宽度应符合下列限值：

7.2.5.1 底层框架、底层内框架砖房的上部各层，抗震横墙间距和房屋宽度的限值按本标准第5.2.5条采用；底层框架、底层内框架砖房的底层，横墙厚度为370mm时的抗震横墙间距和房屋宽度，其限值宜按表7.2.5采用；横墙厚度为240mm时的墙体，表内数值应按墙厚的比例相应换算。

7.2.5.3 底层框架砖房的底层、底层内框架砖房的底层，横墙间距和房屋宽度的限值，可按底层框架的0.85倍采用，6、9度时不适用；其他厚度，可按底层框架的0.85倍采用，6、9度时不适用；

7.2.5.4 多排柱内框架砖房可按本标准第5.2.5条规定采用；顶层值，顶层到底层的内框架砖房间距和房屋宽度限值，底层可按规定顶层的内框架砖房间距和房屋宽度限值的0.9倍采用。

分别按本标准第5.2.5条规定限值的1.4倍和1.15倍采用；其他各层限值的调整可用内插法确定。

7.2.5.5 单排柱到顶砖房的横墙间距和房屋宽度限值，可按多排柱到顶砖房相应限值的0.85倍采用。

底层框架砖房第一级鉴定的底层横墙间距和房屋宽度限值(m) 表7.2.5

楼层总数	6度			7度			8度 等 级			9度	
	M2.5		M5		M2.5	M5		M5	M10		M10
	L	B	L B	L	B	L B	L	B	L B	L	B
二	25	15	25 15	19	14	21 15	17	13	18 15	11	8	14 10
三	20	15	25 15	15	13	19 15	13	10	16 12			10 7
四	18	13	22 15	12	9	16 12	10	8	13 10			
五	15	11	20 15	9		14 12	8		12 9			
六	14	10	18 13			12						

注：L 指370mm厚横墙的间距限值，B 指240mm厚纵墙的房屋宽度限值。

7.2.6 内框架和底层框架砖房符合本节各项规定可评为综合抗震能力满足抗震要求；当遇下列情况之一时，可不再进行第二级鉴定，但应对建筑采取加固或其他相应措施：

(1) 横墙间距超过表7.2.1的规定，或构件支承长度少于规定值的75%；或底层框架、底层内框架砖房第二层与底层侧移刚度比大于3；

(2) 8、9度时混凝土强度等级低于C13；

(3) 非结构构件的构造不符合本标准第5.2.4.2款的有关要求；

(4) 本节的其他规定有多项明显不符合要求。

7.3 第二级鉴定

7.3.1 内框架和底层框架房屋的第二级鉴定，一般情况下，可采用综合抗震能力指数的方法；房屋层数超过本标准表7.1.1所列数值的规定，应按本标准第3.0.5.3款的规定，采用现行国家标准《建筑抗震设计规范》的方法进行抗震承载力验算，并可按照本节规定计入构造影响因素，进行综合评定。

7.3.2 底层框架、底层内框架房屋采用综合抗震能力指数法进行第二级鉴定时，应符合下列要求：

7.3.2.1 上部各层应按本标准第5.3节的规定进行。

7.3.2.2 底层的砖抗震墙部分，可根据房屋的总层数按本标准附录A.0.2采用；烈度影响系数，6、7、8、9度时，可分别按0.7、1.0、1.7、3.0采用。

7.3.2.3 底层的框架部分，可按本标准第6.3节的规定进行。其中，框架承担的地震剪力可按现行国家标准《建筑抗震设计规范》的有关规定采用。

7.3.3 多层内框架房屋采用综合抗震能力指数法进行第二级鉴定时，应符合下列要求：

7.3.3.1 砖墙部分可按照本标准第5.3节的规定进行。其中，纵向窗间墙不符合本节第一级鉴定时，其影响系数应按体系影响系数处理；抗震墙基准面积率，应按本标准附录A.0.3采用；烈度影响系数，6、7、8、9度时，可分别按0.7、1.0、1.7、3.0采用。

7.3.3.2 框架部分可按照本标准第6.3节的规定进行。其外墙砖柱(墙垛)的现有受剪承载力，可根据对应于重力荷载代表值的砖柱轴向压力、砖柱偏心距限值，砖柱（包括钢筋）的截面面积和材料强度标准值等计算确定。

(4) 无不均匀沉降或砌墙、钢结构构件、构件连接、支撑、结构构件连接和墙体连接符合结构布置、构造构造等构造鉴定，对本标准第8.3.1条规定的情况。当关键薄弱环节不符合本章规定，一般部位不符合规定时，可根据不符合的程度和影响的范围，提出相应对策。

8.1.4 厂房可根据结构布置、构造构造等构造鉴定，对本标准第8.3.1条规定，尚应结合抗震承载力验算进行综合抗震能力评定。当关键薄弱环节不符合本章规定，一般部位不符合规定时，可根据不符合的程度和影响的范围，提出相应对策。

8.1.5 混合排架厂房的砖柱，应符合本标准第9章的有关规定。

8.2 结构布置和构造鉴定

8.2.1 厂房的结构布置应符合下列规定：

8.2.1.1 8、9度时，厂房侧边贴建的生活间、变电所、炉子间和运输廊等附属建筑物、构筑物，宜有防震缝与厂房分开。防震缝宽度，一般情况宜为50～90mm，纵横跨交接处宜为100～150mm。

8.2.1.2 突出屋面天窗的端部不应为砖墙承重，8、9度时，厂房两端和中部不应为无屋架砖墙承重，锯齿形厂房的四周不应为砖墙承重。

8.2.1.3 8、9度时，工作平台宜与排架柱脱开或采取柔性连接。

8.2.1.4 8、9度时，砖围护墙宜为外贴式，但单跨厂房可为嵌砌式，一侧敞口或一侧外贴而另一侧嵌砌的厂房两侧均为嵌砌式。

8.2.1.5 8、9度时仅一端有山墙厂房的敞口端和不等高厂房高跨的边柱列，构造鉴定要求应适当提高。

8.2.2 厂房构件的型式应符合下列规定：

8.2.2.1 现有的钢筋混凝土Ⅱ形天窗架Ⅱ、Ⅳ类场地及8度Ⅲ、Ⅳ类场地和9度时的全部立柱、不应为T形截面；当不符合时，应采取加固或增加支撑等措施。

8.2.2.2 7～9度时，现有的屋架上弦端支承端部支撑和支撑间的小立柱，截面两个方向的尺寸均不宜小于200mm，高度不宜大于500mm；小立柱的主筋，7度横向支撑和上弦横向支撑间的小立柱

8 单层钢筋混凝土柱厂房

8.1 一般规定

8.1.1 本章适用于装配式单层钢筋混凝土柱厂房和混合排架厂房。

注：①钢筋混凝土柱厂房包括由屋面板、三角刚架、双梁和牛腿柱组成的锯齿形厂房；
②混合排架厂房指边柱列为砖柱而中柱列为钢筋混凝土柱的厂房。

8.1.2 抗震鉴定时，下列关键薄弱环节应重点检查：

(1) 6～9度时，应检查钢筋混凝土天窗架的型式和整体性，并注意出入口等处的高大山墙山尖处的拉结部分的拉接；

(2) 7～9度时，除应符合上述要求外，尚应检查屋盖中支承处的屋架连接、构件的拉结的构造；

(3) 8～9度时，除应符合上述要求外，尚应检查各支撑系统的完整性、大型屋面板连接的可靠性、高低跨交处（柱肩）和各种抗风柱、变形缝处部位、墙体与柱连接、并注意圈梁、结构构造及平面变形受约束部位、墙体布置不均称等和构筑物、构造物导致质量不均匀、刚度不协调的影响；

(4) 9度时，厂房内外高低跨处构件仅有少量微小裂缝或局部剥落，钢筋无露筋和锈蚀。

8.1.3 厂房的外观和内在质量宜符合下列要求：

(1) 混凝土构件仅有少量微小裂缝或局部剥落，钢筋无露筋和锈蚀；

(2) 屋盖构件无严重变形和歪斜；

(3) 构件连接处无明显裂缝或松动；

的开间处不宜小于4φ12，8、9度时不宜小于4φ14；小立柱的箍筋间距不宜大于100mm。

8.2.2.3 现有的组合屋架的下弦杆宜为型钢；8、9度时，其上弦杆不宜为T形截面。

8.2.2.4 钢筋混凝土屋架上弦第一节间和梯形屋架端竖杆，9度时，其配筋不宜小于4φ14。

8.2.2.5 8、9度时，排架柱底部和阶形柱上柱自牛腿面至吊车梁面以上300mm范围内宜为矩形，对薄壁工字形柱、腹板大开孔工字形和双肢管柱的抗风砖柱的构造鉴定要求应适当提高。

8.2.2.6 8、9度时，山墙现有的抗风砖柱应有配筋。

8.2.3 屋盖现有的支撑布置和构造应符合表8.2.3-1、表8.2.3-2、表8.2.3-3的规定。

8.2.3.2 屋盖支撑布置尚应符合下列要求：

(1) 8、9度天窗跨度大于6m时，在天窗开洞范围的两端宜有局部的上弦横向支撑；

(2) 厂房单元端开间有天窗时，天窗开洞范围内相应部位的屋架支撑要求应适当提高；

无檩屋盖的支撑布置　　　　　　　表8.2.3-1

支撑名称		6度、7度	8度	9度
屋架支撑	上弦横向支撑	同非抗震要求	厂房单元端开间及每隔42m各有一道	厂房单元端开间及柱间支撑开间各有一道
	下弦横向支撑	同非抗震要求	同非抗震要求	同上弦横向支撑
	跨中竖向支撑	同非抗震要求	同上弦横向支撑开间，且间距不大于48m	同上弦横向支撑开间，且间距不大于30m
	两端竖向支撑 屋架端部高≤900mm	厂房单元端开间及每隔30m各有一道	厂房单元端开间及每隔30m各有一道	厂房单元端开间及每隔18m各有一道
	屋架端部高＞900mm			
天窗两侧竖向支撑				

中间井天窗无檩屋盖支撑布置　　　　　　　表8.2.3-2

支撑名称	6度、7度	8度	9度
上、下弦横向支撑	厂房单元端开间及柱间支撑开间各有一道	厂房单元端开间及柱间支撑开间各有一道	厂房单元端开间及柱间支撑开间各有一道
上弦通长水平系杆	在天窗范围内屋架跨中上弦节点处	在天窗范围内屋架跨中上弦节点处均有通长水平系杆	
下弦通长水平系杆	在天窗范围两侧及天窗范围内屋架竖向支撑节点处	在天窗范围两侧及天窗范围内屋架竖向支撑节点处	在上弦通长支撑处，位置与下弦通长系杆相对应
跨中竖向支撑	在上弦横向支撑开间各有一道	同非抗震要求	同上弦横向支撑，且间距不大于48m
两端竖向支撑 屋架端部高≤900mm			
屋架端部高＞900mm	厂房单元及横向支撑开间各有一道	同非抗震要求，且间距48m	同上弦横向支撑，且间距不大于30m

有檩屋盖的支撑布置　　　　　　　表8.2.3-3

支撑名称	6度、7度	8度	9度
屋架支撑	上弦横向支撑	厂房单元端开间各有一道	厂房单元端开间各有一道	厂房单元端开间及相邻柱间支撑开间各有一道
	下弦横向支撑	同非抗震要求	同非抗震要求	厂房长度大于42m时在下弦纵向支撑柱的一侧
	竖向支撑			厂房单元端开间及每隔30m各有一道
天窗架支撑	上弦横向支撑	厂房单元的天窗开间各有一道	厂房单元的天窗端开间及每隔42m各有一道	厂房单元的天窗端开间及每隔18m各有一道
	两侧竖向支撑			

(3) 8、9度时，柱距不小于12m的托架（梁）应有下弦纵向水平支撑；

(4) 拼接屋架（不等高厂房为两侧）（屋面梁）的支撑布置要求，应按本标准第8.2.3.1款的规定适当提高。

(5) 锯齿形厂房用混凝土连成整体时，可无上弦横向支撑，8度时每隔36m，9度时每隔

(6) 跨度不大于15m的无腹杆钢筋混凝土组合屋架，厂房单元两端应各有一道上弦横向支撑。

24m尚应有一道；屋面板之间用混凝土连成整体时，可无上弦横向支撑。

8.2.3.3 锯齿形厂房三角形刚架立柱间的竖向支撑布置，应符合表8.2.3-4的规定。

锯齿形厂房三角形刚架立柱间竖向支撑布置 表8.2.3-4

窗框类型	6度、7度	8度	9度
钢筋混凝土	同非抗震要求	厂房单元两端开间各有一道	厂房单元两端开间各有一道
钢、木	厂房单元两端开间各有一道	每隔36m各有一道	每隔24m各有一道

8.2.3.4 屋盖支撑的构造尚应符合下列要求：
（1）7~9度时，上、下弦横向支撑和竖向支撑的杆件应为型钢；
（2）8、9度时，横向支撑的直杆应符合压杆要求，交叉杆在交叉处不应中断，不符合时应加固；
（3）8度时Ⅲ、Ⅳ类场地和9度时宜有较强的杆件和较宽的端节点构造。

8.2.4 现有排架柱的构造应符合下列规定：

8.2.4.1 7度时Ⅲ、Ⅳ类场地和8、9度时，有柱间支撑的排架柱，柱顶以下500mm范围内和柱底至设计地坪以上500mm的范围内，以及柱变位受约束的部位上下各300mm的范围内，箍筋直径不宜小于φ8，间距不应大于100mm，当不符合时应加固。

8.2.4.2 8度时Ⅲ、Ⅳ类场地和9度时，阶形柱牛腿面至吊车梁面以上300mm范围内，箍筋直径小于φ8或同距大于100mm时宜加固。

8.2.4.3 支承屋盖的中柱牛腿（柱肩）中，承受水平力的纵向钢筋应与预埋件焊牢。

8.2.5 现有抗震设防的柱间支撑或采取其他相应措施，当不符合时应符合下列规定：

8.2.5.1 7度时Ⅲ、Ⅳ类场地和8、9度时，厂房单元中部应有一道上下柱柱间支撑；屋面板之间用混凝土连成整体时，可无上弦横向支撑；8、9度时单元两端宜各有一道上柱柱间支撑。单跨厂房两侧柱列等高且与柱顶连结的砌筑纵墙，当开洞所占水平截面不超过总截面积的50%，砂浆强度等级不低于M2.5时，可无柱间支撑。

8.2.5.2 8度时，中柱列的上柱柱间支撑的顶部应有水平压杆，中柱列柱顶应有通长水平压杆，锯齿形厂房牛腿柱顶的三角刚架顶应有通长压杆，每隔24m应有通长水平压杆。

8.2.5.3 9度时，边柱列的上柱柱间支撑的顶部应有水平压杆。

8.2.5.4 7度时Ⅲ、Ⅳ类场地和8度时Ⅰ、Ⅱ类场地，下柱柱间支撑的下节点在地坪以上时应靠近地坪处；8度时Ⅲ、Ⅳ类场地和9度时，下柱柱间支撑的下节点位置和构造应能将地震作用直接传给基础。

8.2.6 厂房结构构件现有的连接构造应符合下列规定，不符合时应采取相应的加强措施：

8.2.6.1 7~9度时，檩条在支承（屋架）上的支承长度不宜小于50mm，且与屋架（屋面梁）应焊牢。

8.2.6.2 7~9度时，大型屋面板在天窗架、屋架（屋面梁）上的支承长度不宜小于50mm，8、9度时尚应焊牢。

8.2.6.3 7~9度时，锯齿形厂房双坡在牛腿柱上的支承长度梁端为直头时不应小于120mm，梁端为斜头时不应小于150mm。

8.2.6.4 天窗架与屋架、屋架与托架与柱子、屋架支撑与屋架、柱间支撑与T形截面立柱连接节点的预埋件及6、7度时天窗架竖向支撑与T形截面柱连接节点的预埋件应有可靠锚固。

8.2.6.5 8、9度时，吊车走道板的支承长度不应小于50mm。

8.2.6.6 山墙抗风柱与屋架上弦应有可靠连接。

8.2.6.7 天窗端壁板、天窗侧板与大型屋面板之间的缝隙不应为砖砌块封堵。

8.2.7 粘土砖围护墙现有的连接构造应符合下列规定：

8.2.7.1 纵墙、山墙、高低跨封墙和纵横墙交接处的悬臂、沿柱高每隔10皮砖均应有2φ6钢筋与柱拉结。高低跨封墙不应直接砌在低跨屋面上。

8.2.7.2 砖围护墙现有的圈梁应符合下列要求：

(1) 7～9度时，屋架端部上弦或柱顶高度处应有现浇钢筋混凝土圈梁一道，8、9度时，梯形屋架在上述两个部位宜各有圈梁一道；

(2) 8、9度时，沿墙高每隔4～6m宜有圈梁一道，沿山墙应有卧梁并宜与屋架或柱上弦可靠连接；

(3) 圈梁与屋架或柱锚拉的钢筋不宜少于4φ12，山墙卧梁与屋面板宜有拉结；顶部圈梁在变形缝处锚拉的钢筋应有所加强。

8.2.7.3 预制圈梁与柱应有可靠连接，梁底与其下的墙顶宜有拉结。

8.2.7.4 女儿墙可按照本标准第5.2.4条的规定，位于出入口、高低跨交接处和披屋上部的女儿墙不符合要求时应采取相应措施。

8.2.8 砌体内隔墙的构造应符合下列规定：

(1) 7～9度时，独立隔墙的砌筑砂浆，实际达到的强度等级不宜低于M2.5；厚度为240mm时，高度不宜超过3m；

(2) 到顶的内横墙与屋架（屋面梁）下弦之间不应有拉结，但墙体应有稳定措施；

(3) 8、9度时，排架平面内的隔墙和局部柱列间的隔墙应与柱柔性连接或应脱开，并应有稳定措施。

8.3 抗震承载力验算

8.3.1 符合下列的情况，厂房应进行抗震承载力验算：

(1) 8度时，厂房的高低跨屋盖的牛腿（柱肩）及双向柱距不小于12m，无桥式吊车且无柱间支撑的大柱网厂房柱；

(2) 9度时，排架柱、支承低跨屋盖的牛腿（柱肩）及高大山墙的抗风柱；

(3) 8、9度时，锯齿形厂房的牛腿柱。

8.3.2 排架柱，可按现行国家标准《建筑抗震设计规范》的规定进行腿柱、支承低跨屋盖的牛腿（柱肩）、锯齿形厂房的牛腿，横向的抗震分析，并可按本标准第3.0.5.3款的规定进行抗震承载力验算。

9 单层砖柱厂房和空旷房屋

9.1 一般规定

9.1.1 本章适用于粘土砖柱(墙垛)承重的单层厂房和空旷房屋。

注：单层厂房包括仓库、单层空旷房屋指剧院、礼堂、食堂等。

9.1.2 抗震鉴定时，影响房屋整体性、抗震承载力和易倒塌伤人的下列关键薄弱部位应重点检查：

(1) 6～9度时，应检查变截面和不等高排架柱的上柱、女儿墙和出屋面小烟囱；

(2) 7～9度时，除上述要求外，尚应检查封檐墙、舞合口大梁上的砖墙、山墙山尖，与排架柱刚性连接不到顶的砌体隔墙；

(3) 8、9度时，除符合上述要求外，尚应检查承重柱(墙垛)、舞合梁、屋盖支撑及其连接；

(4) 9度时，除符合上述要求外，尚应检查屋盖的类型等。

9.1.3 砖柱厂房和空旷房屋的外观和内在质量宜符合下列要求：

(1) 承重柱、墙垛无酥碱、剥落，明显裂缝、露筋或损伤；

(2) 木屋盖构件无腐朽、严重开裂、歪斜或变形，节点无松动；

(3) 混凝土构件符合本标准第 6.1.3 条的有关规定。

9.1.4 砖柱厂房和空旷房屋可按结构布置、构件型式、材料强度、整体性连接和易损部位的构造等进行抗震鉴定，对本标准第9.3.1 条规定不符合时，尚应结合抗震承载力验算进行综合抗震能力的评定。当结构布置、材料强度等部位不符合本章规定或一般部位不符合规定时，可根据不符合的程度和影响的范围，提出相应对策。

9.1.5 砖柱厂房和空旷房屋的钢筋混凝土部份和附属房屋的抗震鉴定，应根据其结构类型分别按本标准相应章节的有关规定进行，但附属房屋与大厅或车间相连的部位，尚应符合本章规定的要求并考虑相互间的不利影响。

9.2 结构布置和构造鉴定

9.2.1 房屋现有的结构布置和构件型式，应合下列规定

9.2.1.1 多跨厂房为不等高时，低跨的屋盖(梁)不应削弱砖柱截面。

9.2.1.2 有桥式吊车，或9度时跨度大于15m 且柱顶标高大于 6.6m，或8度时跨度大于12m 且柱顶标高大于 4.5m 的厂房，应适当提高其抗震鉴定要求。

9.2.1.3 8、9度时，砖柱(墙垛)宜有竖向配筋

9.2.1.4 承重山墙厚度不宜小于 240m，开洞的水平截面面积不应超过山墙截面总面积的 50%。

9.2.1.5 7度时 Ⅲ、Ⅳ 类场地和8、9度时，纵向边柱列应有柱等高且整体砌筑的砌体隔墙，与柱不等高的砌体隔墙，宜与柱柔性连接或脱开。

9.2.1.6 9度时，不宜为重屋盖厂房；双曲砖拱屋盖，7、8、9度时跨度分别不宜大于15m、12m 和 9m；拱脚处应有拉杆、山墙应有壁柱。

9.2.1.7 8、9度时附属房屋与大厅相连，二者之间应有圈梁连接。

9.2.2 砖柱(墙垛)的材料强度等级和配筋，应符合下列规定：

(1) 砖实际达到的强度等级，不宜低于 MU7.5；

(2) 砌筑砂浆实际达到的强度等级，6、7度时不宜低于 M1，8、9度时不宜低于 M2.5；

(3) 8、9度时，竖向配筋分别不应少于 4φ10、4φ12。

9.2.3 房屋现有房屋大厅连接构造应符合下列规定：

9.2.3.1 木屋盖支撑布置,应符合表9.2.3的规定;波形瓦、石棉瓦等屋盖的支撑布置要求,可按照表9.2.3中无望板屋盖采用;钢筋混凝土屋盖的支撑布置要求,可按照本标准第8章的有关规定。

9.2.3.2 木屋盖的支撑与屋架、天窗架应为螺栓连接;6、7度时可为钉连接;对接檩条的搁置长度不应小于60mm,檩条在墙上的搁置长度不宜小于120mm。

表9.2.3 木屋盖的支撑布置

支撑名称		6,7度	8度			9度	
		各类	满铺望板	稀铺或无望板		满铺望板	稀铺或无望板
		屋盖	无天窗	有天窗	无天窗	有天窗	屋架跨度大于6m时,房屋单元端开间及每隔20m各有一道
屋架支撑	上弦横向支撑	同非抗震要求	房屋单元端开间及每隔38m各有一道	同非抗震要求	屋架跨度大于6m时,房屋单元端开间及每隔20m各有一道	同8度抗震要求	
	下弦横向支撑	同非抗震要求					同上
	跨中竖向支撑						
	两侧竖向支撑	较大跨度的天窗	同无天窗屋盖的屋架支撑布置			天窗开间及每隔(在天窗开洞范围内的)弦通长水平系杆	隔间有,并有下弦通长水平系杆
天窗架支撑	上弦横向支撑	同非抗震要求		同非抗震要求		天窗开间及每隔20m各有一道	隔间有
	两侧竖向支撑						

9.2.3.3 屋架或大梁的支承长度不宜小于240mm,8、9度时尚应通过螺栓或焊接等与垫块连接;支承屋架(墙梁)顶部应有混凝土垫块,8、9度时,支承钢筋混凝土屋盖的砖柱,柱顶宜为现浇钢筋混凝土垫块有可靠拉结。

9.2.3.4 独立砖柱应在两个方向均有可靠连接;8度且房屋高度大于8m或9度且房屋高度大于6m时,在外墙转角及抗震内墙与外墙交接处,沿墙高每隔10皮砖应设有2φ6拉结钢筋且每边伸入墙内不宜小于1m。

9.2.3.5 圈梁布置应符合下列要求:

(1) 7度时屋架底部标高大于4m和8、9度时,屋架底部标高处沿外墙和承重内墙,均应有现浇闭合圈梁一道,并与屋架或大梁、等可靠连接;

(2) 8度Ⅲ、Ⅳ类场地和9度,屋架底部标高处还应有闭合圈梁。

9.2.3.6 7度时,屋盖构件应与山墙可靠连接,山墙壁柱宜伸到墙顶;8、9度时山墙顶尚应有钢筋混凝土卧梁到墙顶,跨度大于10m且屋架底部标高大于4m时,山墙壁柱应通到墙顶,竖向钢筋应锚入卧梁内。

9.2.3.7 8、9度时,支承舞台口大梁的墙体应有保证稳定的措施。

9.2.4 房屋易损部位及其连接的构造,应符合下列规定:

9.2.4.1 7、8、9度时,砌筑在大梁上的悬墙、封檐墙、山墙等宜采用轻质材料。

9.2.4.2 8、9度时,舞台口横墙体截面,出屋面小烟囱、女儿墙等,应符合本标准第5.2.4.2款的有关规定。

9.2.4.3 房盖口大梁顶部宜有卧梁,并应与构造柱、圈梁等有可靠连接。

9.2.4.4 8、9度时,顶棚等为轻质材料。

9.2.4.5 附墙烟囱不应削弱墙体截面,出屋面小烟囱、女儿墙等,应符合本标准第5.2.4.2款的有关规定。

9.3 抗震承载力验算

9.3.1 下列单层砖柱厂房和空旷房屋的砖柱(墙梁)应进行抗震承载力验算:

(1) 7度Ⅰ、Ⅱ类场地,单跨或多跨且高度超过7m的无筋砖墙梁,高度超过5m的等截面无筋砖柱和混合排架房屋中高度超过5m的无筋砖柱及不等高厂房中的高低跨柱列；
　　(2) 7度Ⅲ、Ⅳ类场地的无筋砖柱（墙垛）；
　　(3) 8度时每侧纵筋少于3φ10的砖柱（墙垛）；
　　(4) 9度时每侧纵筋少于3φ12的砖柱（墙垛）和重屋盖房屋的配筋砖柱。

9.3.2 单层砖柱厂房和空旷房屋可按现行国家标准《建筑抗震设计规范》的规定进行纵、横向抗震分析，并可按本标准第3.0.5.3款的规定进行结构构件的抗震承载力验算。

10 木结构和土石墙房屋

10.1 木结构房屋

10.1.1 本节主要适用于屋盖、楼盖以及支承柱均由木材制作的下列中、小型木结构房屋：

　　(1) 6～8度时，不超过二层的穿斗木构架、旧式木骨架、木柱木屋架和康房、单层的柁木檩房屋；

　　(2) 9度时，不超过二层的穿斗木构架和柁木檩房屋、康房和单层的旧式木骨架房屋，对木柱木屋木屋架和柁木檩房屋不适用。

　　注：①旧式木骨架指由榫、柱（梁）、柱组成承重排屋和围护墙的房屋；
　　　　②柁木檩架指木构件截面较小的木柁架；
　　　　③木柱和砖墙柱混合承重的房屋，砖砌体部分可按照本标准第9章的有关要求鉴定。
　　　　康房系藏族地区的木结构房屋；一般为二层，底层为辅助用房，二层居住。

10.1.2 抗震鉴定时、承重木构架、楼盖和屋盖的品质、房屋所处地条件的不利影响和连接、墙体与木构架的连接、木骨架等受力构件的裂缝和庇病，应重点检查。

10.1.3 木结构房屋的外观和内在质量宜符合下列要求：

　　(1) 柱、梁（柁）、屋架、檩、椽、穿坊、龙骨等受力构件无明显的变形、歪扭、腐朽、蚁蚀、影响受力构件松动或拔榫；

　　(2) 木构件的节点明显无拔榫；

　　(3) 7度时，木构架倾斜不应超过木柱直径的1/3，8、9度时不应有歪闪；

　　(4) 墙体无空腔、酥碱、歪闪和明显裂缝。

10.1.4 木结构房屋可不做抗震承载力验算。8、9度时Ⅳ类场地的房屋应适当提高抗震构造要求。

10.1.5 木结构房屋抗震鉴定时，尚应按有关规定检查其地震时不应有歪闪；

的防火问题。

10.1.6 现有木骨架的布置和构造应符合下列规定。

10.1.6.1 旧式木骨架的布置和构造应符合下列要求:

(1) 8度时,无廊夏的木构架,柱高不应超过3m,超过时木柱与柁(梁)应有斜撑连接;9度时,木构架前廊应兼有后夏(横向为三排柱)或四排柱,檩下应有垫板和檩枋;

(2) 构造形式应合理,不应有悬悬柁架或无后檐檩(图10.1.6a),瓜柱高于0.7m的腊钎瓜柱柁架(图10.1.6b),柁与柱为榫接的五檩柁架(图10.1.6c)和无连接措施的接柁(图10.1.6d);

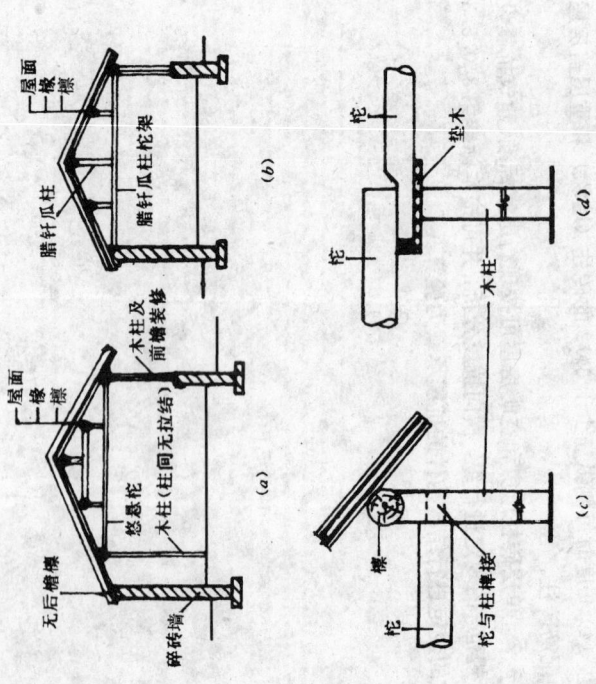

图 10.1.6-1 不合理的骨架构造示意图

(3) 木构件的常用截面尺寸宜符合本标准附录C的规定;

(4) 木柱的柱脚与砖墩连接时,墩的高度不应大于300mm,且砂浆强度等级不应低于M2.5;8、9度无横墙处的柱脚为拍巴掌榫墩接时,榫头处应有竖向连接铁件(图10.1.6-2),榫板钉牢或燕尾榫(基石)应有可靠连接;

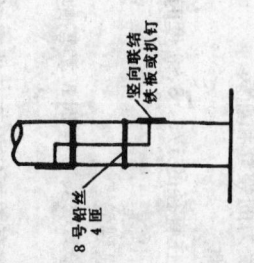

图 10.1.6-2 拍巴掌榫墩接图

(5) 通天柱与大梁榫接处,被楼层大梁间断的柱与大梁相交处,均应有铁件连接;

(6) 檩与椽、柁(梁)、龙骨与大梁、楼板应钉牢;对接檩下应有替木或爬木,并与瓜柱钉牢80mm;

(7) 檩在瓜柱上的支承长度,6、7度时不应小于60mm,8、9度时不应小于80mm;

(8) 楼盖的木龙骨间应有剪刀撑,龙骨在大梁上的支承长度不应小于80mm。

10.1.6.2 木屋架的布置和构造应符合下列要求:

(1) 梁柱布置不应零乱,并宜有排山架;

(2) 木屋架不应为无下弦的人字屋架;

(3) 柱顶在两个方向均应有可靠连接;8度时,木柱上部与屋架的端部宜有角撑;被木梁间断的木柱与梁应有铁件连接,多跨房屋的边跨柱,9度时与屋架下弦间应有角撑或铁件连接,屋架间应有剪刀撑,柱底与基础应有锚固,撑与木柱的夹角不宜小于30°;

(4) 柱顶宜有通长水平系杆,房屋两端和屋架间隔不大于20m的柱间应有竖向支撑;房屋长度大于30m时,在中段且有密铺木望板或房屋长度小于25m且呈四坡屋顶时,屋架间可无支撑;跨度小于9m且有密铺木望板或楼板应钉牢,屋架四坡屋顶时,屋架间可无支撑;

(5) 檩与椽或爬木,龙骨与大梁在屋架上的支承长度不应小于60mm;对接檩下方应有替木或爬木,对接檩上的支承长度不应小于60mm;

注：轻质抗震墙指由承重木构架与斜撑、木隔墙等组成的抗侧力构架。

10.1.7 现有墙体的布置和构造应符合下列规定：

10.1.7.1 木柱木屋架房屋的墙体应符合下列要求：

(1) 厚度不小于240mm的砖抗震横墙，其间距不应大于3开间；6、7度时，有前廊的单层木构架房屋，其间距可为5开间；

(2) 8度时，前后实心墙可为白灰砂浆或M0.4砂浆砌筑，外整里碎砖墙的砂浆强度等级不应低于M1；9度时，应为砂浆砌筑，外墙砂浆强度等级不低于M2.5的砖实心墙；

(3) 山墙与檩条、檐墙顶部与柱应有拉结；

(4) 7度时墙高超过3.5m和8、9度时，外墙沿柱高每隔1m与梁或檩应有一道拉结；房屋的围护墙，盖和檐附近和檐口下每隔1m与梁或檩应有一道拉结；

(5) 用砂浆强度大于4.5m的后砌砖隔墙和9度时的后砌砖隔墙，7、8度时高度大于3m且长度大于5m的后砌砖隔墙或9度时的后砌砖隔墙，应沿墙高每隔2.5m且长度大于1m与木构架有钢筋或铅丝拉结，8、9度时，墙顶与梁底应有闭合圈梁（梁）拉结；

(6) 空旷的木屋架房屋，围护墙间距不宜大于三个开间；8度时，不宜大于二个开间，抗震横墙间距大于4m和8、9度时，泥浆应饱满，土坯墙不应斗砌；

10.1.7.2 枪木檩架房屋的墙体应符合下列要求：

(1) 6、7度时，抗震横墙间距不宜大于五个开间；8度时，不宜大于三个开间；

(2) 承重墙体内无烟道、防潮草不腐烂；

(3) 土坯墙不宜斗砌，泥浆应饱满，土坯墙不应斗砌；

(4) 尽端三花山墙不应排山架有拉结。

10.1.7.3 穿斗木构架房屋的墙体应符合下列要求：6、7度时，抗震横墙间距不宜大于五个开间，轻质墙或砖墙不宜大于四个开间；8、9度时，砖墙或轻质抗震墙间距墙间距不宜大于三个开间。

(6) 木构件在墙上的支承长度，对承重大梁不应小于250mm，对接屋梁不应小于120mm；

(7) 屋面坡度超过30°时，瓦与望板应有拉结；座泥挂瓦的坡屋面，座泥厚度不宜大于60mm；

10.1.6.3 枪木檩架的布置和构造应符合下列要求：

(1) 房屋的檩口高度超过2.9m，8度时不宜超过2.7m；

(2) 枪（梁）与柱之间应有斜撑；房屋宜有排山架，无排山架时瓜墙应有足够的承载能力；

(3) 瓜柱直径6、7度时不宜小于120mm，8度时不宜小于140mm；

(4) 檩与椽和枪（梁）应钉牢；对接檩下方应有替木或爬木，并与瓜柱应为燕尾榫；

(5) 檩条支承在墙上时，檩下应有垫木或卧垫砖；檩在枪（梁）或墙上的最小支承长度应符合表10.1.6的规定。

檩条的最小支撑长度（mm） 表10.1.6

连接方式	7度		8度	
	枪（梁）上	墙上	枪（梁）上	墙上
对接	50	180	70	240且不小于墙厚
搭接	100	240	120	240且不小于墙厚

(6) 房屋的屋顶草泥（包括焦碴等）厚度，6、7度时均应有券防，梁柱节点宜为银锭榫，木柱被榫槽削减的截面面积不应大于全截面的1/3；9度时，纵向列柱间在楼层内应有券防或两道1～2道斜撑。

10.1.6.4 穿斗木构架在纵横两方向均应有券防，梁柱节点宜为银锭榫，木柱被榫槽削减的截面面积不应大于全截面的1/3；9度时，纵向列柱间在楼层内应有券防不少于两道1～2道斜撑。

10.1.6.5 磨房的底层立柱应有稳定措施；8、9度时，柱间应有斜撑或轻质抗震墙；木柱应有基础，上柱柱脚与基础应可靠连接。

不宜大于三个开间;

(2) 抗震墙不应为码斗砌的土坯墙或卵石、片石墙、土筑墙不应有竖向施工通缝;6、7度时,空斗砖墙和毛石墙及毛石、毛料石墙承重的下列砖房屋:单层的土墙、毛石墙房浆强度等级不应低于 M1;8、9 度时,砖实心墙的砌筑砂浆强度等级分别不应低于 M0.4、M2.5;

(3) 围护墙宜贴砌在木柱外侧或半包柱。

(4) 土坯墙 土筑墙在7度时高度大于2.5m时,沿墙高每 1m 与柱应有一道拉结;砖墙在7度时高度大于3.5m时,沿墙高每隔 1m 与柱应有一道拉结,8、9 度时,沿墙高每隔 1m 与柱应有一道拉结,抗拉墙应与木构架钉牢。

(5) 轻质的围护墙应与木构架钉牢。

10.1.7.4 木结构房屋易损部位的柱和梁等承重构件应符合下列规定:

(1) 主体结构间应平齐连接;

(2) 梁上、柱(排山柱除外)上或屋架下弦上不应有下滑动,砖拱花等;

(3) 抹灰顶棚不应有明显的下垂,抹面层或墙面装饰离毁、屋面瓦不是檐口瓦不应有下滑;

(4) 女儿墙、烟囱、门脸等装饰和突出屋面小烟囱的构造,宜符合本标准第 5.2.4.2 款的有关规定;

(5) 用砂浆强度等级为 M0.4 砌筑的卡口围墙,其高度不宜超过 4m,并应与主体结构可靠拉结。

10.1.9 木结构房屋符合本节各项规定时,可评为满足抗震鉴定要求。当遇下列情况之一时,应采取加固或其他相应措施:

(1) 木构件腐朽、严重开裂或构造形式不合理;

(2) 木构架的构造形式不合理;

(3) 木构架与承重构件连接不牢或支承长度少于规定值的 75%;

(4) 墙体与木构架的连接不牢或连接易损部位的连接不符合要求。

10.2 土石墙房屋

10.2.1 本节适用于 6、7 度时未经焙烧的土坯、灰土、夯土墙及毛石、毛料石墙承重的下列砖镇房屋:单层的土墙、毛石墙房屋,不超过二层的灰土墙和掺石灰土墙砌筑的土坯墙房屋,不超过三层的毛料石墙房屋。

注: ①灰土墙指掺石灰等粘结材料的土坯墙和掺石灰土墙砌筑的土坯墙;
②砂浆砌筑的料石房屋,可按照本标准第 5 章的原则按专门规定进行鉴定。

10.2.2 抗震鉴定时,对墙体的布置、质量(品质)和连接,楼、屋盖的整体性及出屋面小烟囱等易倒塌伤人的部位,应重点检查。

10.2.3 房屋墙体的外观和内在质量应符合下列要求:

(1) 墙体无明显裂缝和歪闪;

(2) 木梁、屋架(柁)、檩、椽无明显的变形、歪扭、腐朽、蚁蚀和严重开裂等;

(3) 土墙的防潮碱草不腐烂。

10.2.4 土石墙房屋可不进行抗震承载力验算。

10.2.5 现有土石墙房屋的结构体系布置应符合表 10.2.5 的规定:

10.2.5.1 房屋檐口高度和横墙间距应符合表 10.2.5 的规定;

表 10.2.5 房屋檐口高度和横墙间距

墙体类型	檐口最大高度(m)	厚度(mm)	横墙间距要求
卧砌土坯墙	2.9	≥250	每开间宜有横墙
夯土墙	2.9	≥400	每开间宜有横墙,不应大于二开间
灰土墙	6	≥250	每开间宜有横墙
浆砌毛石墙	2.9	≥400	每开间宜有横墙
毛料石墙	10	≥240	不宜大于二个开间

10.2.5.2 墙体布置宜均匀,多层房屋立面不宜有错层;大梁不应支承在门窗洞口的上方。

10.2.5.3 同一房屋不宜有不同材料双坡屋面或弧形屋面;平屋顶上不应支承烟囱。

10.2.5.4 硬山挑檐房屋宜呈双坡屋面或弧形屋面;平屋面、座浆挂瓦的座浆泥层厚度不的土层厚度不大于 150mm;其座泥挂瓦屋面厚度不宜大于60mm。

10.2.5.5 石墙房屋的横墙、洞口的水平截面面积不应大于总截面面积的1/3。

10.2.6 现有的土石墙体应符合下列规定：

10.2.6.1 土坯墙不应干码、斗砌，泥浆要饱满，土筑墙不宜有竖向施工通缝。

10.2.6.2 单层的毛石墙，其毛石的形状应较规整，可为1:3石灰砂浆砌筑；多层的毛料石墙，实际达到的砂浆强度等级不应低于M1，干砌甩浆时的砂浆的饱满度不应少于30%并应有砂浆面层筑。

10.2.6.3 内、外墙体应咬槎较好，土筑墙应分层交错夯筑。

10.2.6.4 土墙房屋外墙四角和内外墙交接处，墙体不应被烟道削弱，沿墙高每隔500mm左右宜有一层竹条、木条、荆条等拉结材料；砖抱角和内外墙的土石墙、砖与之间应有可靠连接。

10.2.6.5 二层灰土墙房屋、内、外山墙房屋石墙顶面宜有砖墙马牙槎，多层石墙房屋石墙体砌马牙槎时，每隔600mm左右宜有2φ6拉结钢筋。

10.2.6.6 多层土石墙房屋每层均应有圈梁，并宜在横墙上拉通；木圈梁的截面高度不宜小于80mm，钢筋砖圈梁的高度不宜小于4皮砖。

10.2.7 现有房屋的楼、屋盖构造应符合下列规定：

(1) 木屋盖构件应有圆钉、扒钉或铅丝等相互连接；

(2) 梁（檩）、檩下方应有木垫板，端檩宜出檐，端檐宜出燕尾榫；

(3) 木构件对接时宜有夹板或燕尾榫，对接件在墙上的支承长度，对屋架和楼盖大梁不应小于250mm或墙厚，对接檩和木龙骨不应小于120mm；

(4) 楼盖的木龙骨间应有剪刀撑，龙骨在大梁上的支承长度不应小于80mm。

10.2.8 出入口或临街处突出屋面的小烟囱，其他易损部位的构造宜符合本标准第5.2.4.2款的规定。

11 烟囱和水塔

11.1 烟 囱

11.1.1 本节适用于普通类型的独立烟囱和钢筋混凝土烟囱的烟囱及重要的高大烟囱应采用专门的鉴定方法。特殊形式的烟囱筒壁不应有明显的裂缝和倾斜，砖砌体不应松动、混凝土不应有严重的腐蚀剥落，钢筋无露筋和锈蚀。不符合要求时应修补和修复。

11.1.2 烟囱的筒壁，砖实际达到的强度等级不应低于MU7.5，砌筑砂浆实际达到的强度等级不应低于M2.5，钢筋混凝土烟囱筒壁，混凝土实际达到的强度等级不应低于C18。

11.1.3 砖烟囱的配筋应符合表11.1.3的规定，6度时，高度不超过30m的烟囱可不配筋，高度超过30m的烟囱宜符合表中7度时I、II类场地的规定。

11.1.3.1 砖砌烟囱顶部应有圈梁。

11.1.3.2 砖烟囱的顶部应有圈梁。

11.1.3.3 砖烟囱的配筋应符合表11.1.3的规定。

表 11.1.3 砖烟囱的最少配筋要求

烈度	7		8		9
场地类别	I-I	III-IV	I-I	III-IV	I-I
配筋范围	从0.6H到顶	从8.4H到顶			全高
竖向配筋	φ8，间距500～750mm且不少于6根		φ8～φ10，间距500～700mm且少于6根		
环向配筋	φ6，间距500mm		φ8，间距300mm		

注：H为烟囱高度。

11.1.4.1 外观和内在质量良好且符合非抗震设计要求的下列

超过0.8%；水塔高度为20～45m时，倾斜率不应超过0.6%；

11.2.5 水塔构件材料实际达到的强度等级应符合下列要求：

（1）水柜的混凝土强度等级不应低于C18，筒壁、基础、平台等的混凝土强度等级不应低于C13；

（2）砖砌体的砂浆强度等级，6度时和7度时Ⅰ、Ⅱ类场地不应低于M2.5，Ⅲ、Ⅳ类场地和8、9度时不应低于M5；砖的强度等级Ⅲ、Ⅳ类场地和8度时对本标准第11.2.2条规定的水塔，砂浆强度等级不应低于M7.5，砖料砂浆不应低于MU5，石砌体的强度对本标准第11.2.2条规定的水塔不宜低于M7.5，石料砂浆强度等级不宜低于M5。

（3）石砌体砌筑砂浆的强度等级不宜低于M7.5，对本标准第11.2.2条规定的水塔，石料强度等级不应低于MU20，对本标准第11.2.2条规定的水塔，砂浆强度等级不应低于M5。

11.2.5.2 砖支柱不应少于四根，每隔3～4m应有钢筋混凝土连系梁一道。

11.2.5.3 支架（支柱）水塔的基础宜为整体基础；Ⅱ～Ⅳ类场地的独立基础，应采用基础梁将其连接为一体。

11.2.6 水塔梁、抗震承载力验算应符合要求的下列规定：

11.2.6.1 外观和内在质量良好且符合抗震设计要求的下列水塔及其部件，可不进行抗震承载力验算：

（1）6度时的各种水塔；

（2）7度时Ⅰ、Ⅱ类场地的砖、石筒壁水塔；

（3）7度时Ⅰ、Ⅱ类场地的砖、石筒壁水塔；

（4）7度时Ⅰ、Ⅱ类场地和8度时Ⅰ、Ⅱ类场地每4～5m有钢筋混凝土圈梁并配有纵向钢筋或有构造柱的砖、石筒壁水塔；

（5）7度时Ⅰ、Ⅱ类场地和8度时Ⅰ、Ⅱ类场地的钢筋混凝土支架水塔；

（6）7、8度时的水柜与筒壁直径比值不超过1.5的钢筋混凝土筒壁式水塔；

（7）水塔的水柜，但不包括8度Ⅲ、Ⅳ类场地和9度时的支

烟囱，可不进行抗震承载力验算；

（1）6度时及7度时Ⅰ、Ⅱ类场地的砖和钢筋混凝土烟囱；

（2）7度时Ⅲ、Ⅳ类场地和8度时Ⅰ、Ⅱ类场地，高度不超过60m的砖烟囱；

（3）7度时Ⅲ、Ⅳ类场地和8度时Ⅰ、Ⅱ类场地，Ⅱ类场地，高度不超过100m或风荷载不小于0.7kN/m²且高度不超过210m的钢筋混凝土烟囱。

11.1.5 对不符合上述规定的情况，可按现行国家标准《建筑抗震设计规范》规定的方法进行抗震承载力验算。

烟囱符合本节各项规定时，可评为满足抗震鉴定要求，当不符合时，可根据构造和抗震承载力不符合的程度，通过综合分析确定采取加固或其他相应对策。

11.2 水 塔

11.2.1 本节适用于下列独立水塔，其他独立水塔或特殊形式、多种使用功能的综合水塔，应采用专门的鉴定方法：

（1）容积不大于500m³，高度不超过35m的钢筋混凝土筒壁式和支架式水塔；

（2）容积不大于200m³，高度不超过30m的砖、石筒壁水塔；

（3）容积不大于20m³，高度不超过10m的砖的支架水塔；

11.2.2 容积不大于50m³，容积不大于30m³，高度不超过15m的钢筋混凝土筒壁和支架水塔仅限于质量宜符合下列要求。

11.2.3 水塔抗震鉴定时，对筒壁、支架的构造和抗震承载力，基础的不均匀沉降等，应重点检查。

11.2.4 水塔的外观和内在质量宜符合下列要求：

（1）钢筋混凝土筒壁和支架仅有少量微小裂缝，钢筋无露筋和锈蚀；

（2）砖、石筒壁和支柱无倾斜、松动和酥碱；

（3）基础无严重倾斜，水塔筒高度不超过20m时，倾斜率不应

架式水塔下环梁。

11.2.6.2 对不符合上述规定的水塔，可按现行国家标准《建筑抗震设计规范》规定的方法进行抗震承载力验算，其中，应分别按满载和空载两种情况进行验算；支架式水塔和平面为多角形的水塔，应分别按正方向和对角方向进行验算。

11.2.7 水塔符合本节各条规定时，可评为满足抗震鉴定要求；当不符合时，可根据构造和抗震承载力不符合的程度，通过综合分析确定采取加固或其他相应对策。

附录 A 砖房抗震墙基准面积率

A.0.1 多层砖房抗震墙基准面积率，可按下列规定取值：

A.0.1.1 住宅、单身宿舍、办公楼、学校、医院等，纵、横两方向抗震墙基准面积率，当楼层单位面积重力荷载代表值 g_E 为 $12kN/m^2$ 时，可按表 A.0.1-1 至 A.0.1-3 采用；当楼层单位面积重力荷载代表值为其他数值时，表中数值可乘以 $g_E/12$。

A.0.1.2 按纵、横两方向分别计算的楼层抗震墙基准面积率，承重墙可按表 A.0.1-2 至 A.0.1-3 采用；自承重墙宜按表 A.0.1-1 数值的 1.05 倍采用；同一方向有承重墙和自承重墙或砂浆强度等级不同时，可按各自的净面积比相应转换为同样条件下的数值。

A.0.1.3 仅承受过道楼板荷载的纵墙可当做自承重墙；支承双向楼板的墙体，均宜做为承重墙。

A.0.2 底层框架和底层内框架砖房的抗震墙基准面积率，可按下列规定取值：

A.0.2.1 上部各层，均可根据房屋的总层数，按多层砖房的相应规定采用。

A.0.2.2 底层框架房的底层，可取多层砖房相应规定值的 0.85 倍；底层内框架砖房的底层，仍可按多层砖房的相应规定采用。

A.0.3 多层内框架砖房的抗震墙基准面积率，可取多层砖房相应规定值乘以下式计算的调整系数：

$$\eta_{fi} = [1 - \Sigma \psi_c(\zeta_1 + \zeta_2 \lambda)/n_b n_s] \eta_{0i} \quad (A.0.3)$$

式中 η_{fi} —— i 层基准面积率调整系数；

η_{0i} —— i 层的位置调整系数，按表 A.0.2 采用；

$\psi_c、\zeta_1、\zeta_2、\lambda、n_b、n_s$ —— 按国家标准《建筑抗震设计规范》GBJ11—89 第 7 章的规定采用。

抗震墙基准面积率（承重横墙） 表 A.0.1-2

墙体类别	总层数 n	验算楼层 i	砂浆强度等级 M0.4	M1	M2.5	M5	M10
无门窗横墙	一层	1	0.258	0.0179	0.0118	0.0088	0.0064
	二层	2	0.0344	0.0238	0.0158	0.0117	0.0085
		1	0.0413	0.0296	0.0205	0.0156	0.0116
	三层	3	0.0387	0.0268	0.0178	0.0132	0.0095
		1～2	0.0528	0.0388	0.0275	0.0213	0.0161
	四层	4	0.0413	0.0286	0.0189	0.0140	0.0102
		3	0.0579	0.0414	0.0287	0.0216	0.0163
		1～2	0.0628	0.0464	0.0335	0.0263	0.0241
	五层	5	0.0430	0.0297	0.0197	0.0147	0.0106
		4	0.0620	0.0444	0.0308	0.0234	0.0174
		1～3	0.0711	0.0532	0.0388	0.0307	0.0237
	六层	6	0.0442	0.0305	0.0203	0.0151	0.0109
		5	0.0649	0.0465	0.0323	0.0245	0.0182
		4	0.0762	0.0554	0.0393	0.0304	0.0230
		1～3	0.0790	0.0592	0.0435	0.0347	0.0270
墙体平均压应力 σ_0(MPa)					$0.10(n-i+1)$		
有一个门的横墙	一层	1	0.0245	0.0171	0.0115	0.0086	0.0062
	二层	2	0.0326	0.0228	0.0153	0.0114	0.0085
		1	0.0386	0.0279	0.0196	0.0150	0.0112
	三层	3	0.0367	0.0255	0.0172	0.0129	0.0094
		1～2	0.0491	0.0363	0.0260	0.0204	0.0155
	四层	4	0.0391	0.0273	0.0183	0.0137	0.0100
		3	0.0541	0.0390	0.0274	0.0210	0.0157
		1～2	0.0581	0.0433	0.0314	0.0249	0.0192
	五层	5	0.0408	0.0285	0.0191	0.0142	0.0104
		4	0.0580	0.0418	0.0294	0.0225	0.0169
		1～3	0.0658	0.0493	0.0363	0.0289	0.0225
	六层	6	0.0419	0.0293	0.0196	0.0146	0.0107
		5	0.0607	0.0438	0.0308	0.0236	0.0177
		4	0.0708	0.0518	0.0372	0.0289	0.0221
		1～3	0.0729	0.0548	0.0406	0.0326	0.0255
墙体平均压应力 σ_0(MPa)					$0.12(n-i+1)$		

抗震墙基准面积率（自承重墙） 表 A.0.1-1

墙体类别	总层数 n	验算楼层 i	砂浆强度等级 M0.4	M1	M2.5	M5	M10
横墙和无门窗纵墙	一层	1	0.0219	0.0148	0.0095	0.0069	0.0050
	二层	2	0.0292	0.0197	0.0127	0.0092	0.0066
		1	0.0366	0.0256	0.0172	0.0129	0.0094
	三层	3	0.0328	0.0221	0.0143	0.0104	0.0075
		1～2	0.0478	0.0343	0.0236	0.0180	0.0133
	四层	4	0.0350	0.0236	0.0152	0.0111	0.0080
		3	0.0513	0.0358	0.0240	0.0179	0.0131
		1～2	0.0577	0.0418	0.0293	0.0225	0.0169
	五层	5	0.0365	0.0246	0.0159	0.0115	0.0083
		4	0.0550	0.0384	0.0257	0.0192	0.0140
		1～3	0.0656	0.0484	0.0343	0.0267	0.0202
	六层	6	0.0375	0.0253	0.0163	0.0119	0.0085
		5	0.0575	0.0402	0.0270	0.0201	0.0147
		4	0.0688	0.0490	0.0337	0.0255	0.0190
		1～3	0.0734	0.0543	0.0389	0.0305	0.0282
墙体平均压应力 σ_0(MPa)					$0.06(n-i+1)$		
每开间有一个窗纵墙	一层	1	0.0198	0.0137	0.0090	0.0067	0.0032
	二层	2	0.0263	0.0183	0.0120	0.0089	0.0064
		1	0.0322	0.0228	0.0157	0.0120	0.0089
	三层	3	0.0298	0.0205	0.0135	0.0101	0.0072
		1～2	0.0411	0.0301	0.0213	0.0164	0.0124
	四层	4	0.0318	0.0219	0.0144	0.0106	0.0077
		3	0.0450	0.0320	0.0221	0.0167	0.0124
		1～2	0.0499	0.0362	0.0260	0.0203	0.0155
	五层	5	0.0331	0.0228	0.0150	0.0111	0.0080
		4	0.0482	0.0344	0.0237	0.0179	0.0133
		1～3	0.0573	0.0423	0.0303	0.0238	0.0183
	六层	6	0.0341	0.0235	0.0155	0.0114	0.0083
		5	0.0505	0.0360	0.0248	0.0188	0.0139
		4	0.0594	0.0430	0.0304	0.0234	0.0177
		1～3	0.0641	0.0475	0.0345	0.0271	0.0209
墙体平均压应力 σ_0(MPa)					$0.09(n-i+1)$		

附录 B 钢筋混凝土结构楼层受剪承载力

B.0.1 钢筋混凝土结构楼层现有受剪承载力应按下列计算：

$$V_y = \Sigma V_{cy} + 0.7\Sigma V_{my} + 0.7\Sigma V_{wy} \quad (B.0.1-1)$$

式中 V_y ——楼层现有受剪承载力；

ΣV_{cy} ——框架柱层间现有受剪承载力之和；

ΣV_{my} ——砖填充墙框架层间现有受剪承载力之和；

ΣV_{wy} ——抗震墙层间现有受剪承载力之和。

B.0.2 矩形框架柱层间现有受剪承载力可按下列公式计算，并取较小值：

$$V_{cy} = \frac{M_{cy}^u + M_{cy}^L}{H_n} \quad (B.0.2-1)$$

$$V_{cy} = \frac{0.16}{\lambda + 1.5} f_{ck} b h_0 + f_{yvk} \frac{A_{sv}}{s} h_0 + 0.056 N \quad (B.0.2-2)$$

式中 M_{cy}^u、M_{cy}^L ——分别为验算层偏压柱上、下端的现有受弯承载力；

λ ——框架柱的计算剪跨比，取 $\lambda = H_n / 2h_0$；当 $\lambda < 1$ 时，取 $\lambda = 1$；当 $\lambda > 3$ 时，取 $\lambda = 3$；

N ——对应于重力荷载代表值的柱轴向压力，当 $N > 0.3 f_{ck} bh$ 时，取 $N = 0.3 f_{ck} bh$；

A_{sv} ——配置在同一截面内箍筋各肢的截面面积；

f_{yvk} ——箍筋抗拉强度标准值，Ⅰ级钢取 235N/mm²；

f_{ck} ——混凝土轴心抗压强度标准值，C13 取 8.7N/mm²，C18 取 12.1N/mm²，C23 取 15.4N/mm²，C28 取 18.8N/mm²；

s ——箍筋间距；

b ——验算方向柱截面宽度；

抗震墙基准面积率（承重纵墙）（每开间有一个门或一个窗） 表 A.0.1-3

墙体类别	总层数 n	验算楼层	i	承重纵墙砂浆强度等级 M0.4	M1	M2.5	M5	M10
每开间有一个门或一个窗	一层	1		0.0223	0.0158	0.0108	0.0081	0.0060
	二层	2		0.0298	0.0211	0.0135	0.0108	0.0080
		1		0.0346	0.0253	0.0180	0.0139	0.0106
	三层	3		0.0335	0.0237	0.0162	0.0122	0.0090
		1~2		0.0435	0.0325	0.0235	0.0187	0.0144
	四层	4		0.0357	0.0253	0.0173	0.0130	0.0096
		3		0.0484	0.0354	0.0252	0.0195	0.0148
		1~2		0.0513	0.0384	0.0283	0.0226	0.0176
	五层	5		0.0372	0.0264	0.0180	0.0136	0.0100
		4		0.0519	0.0379	0.0270	0.0209	0.0159
		1~3		0.0580	0.0437	0.0324	0.0261	0.0205
	六层	6		0.0383	0.0271	0.0185	0.0140	0.0108
		5		0.0544	0.0397	0.0283	0.0219	0.0167
		4		0.0627	0.0464	0.0337	0.0266	0.0205
		1~3		0.0640	0.0483	0.0361	0.0292	0.0231

墙体平均压应力 σ_0 (MPa) $\quad 0.16(n-i+1)$

位置调整系数 表 A.0.2

总层数	2		3			4				5				
检查层数	1	2	1	2	3	1	2	3	4	1~2	3	4	5	
η_{01}	1.0	1.1	1.0	1.05	1.2	1.0	1.05	1.1	1.3	1.0	1~2	1.05	1.15	1.4

h、h_0——分别为验算方向柱截面高度、有效高度;

H_n——框架柱净高。

B.0.3 对称配筋矩形截面柱偏压现有受弯承载力可按下列公式计算:

当 $N \leqslant \xi_{bk} f_{cmk} bh_0$

$$M_{cy} = f_{yk} A_s (h_0 - a'_s) + 0.5Nh(1 - N/f_{cmk}bh) \quad (B.0.3-1)$$

当 $N > \xi_{bk} f_{cmk} bh_0$

$$M_{0y} = f_{yk} A_s (h_0 - a'_s) + \xi(1 - 0.5\xi) f_{cmk} bh_0^2 - N(0.5h - a'_s) \quad (B.0.3-2)$$

$$\xi = [(\xi_{bk} - 0.8)N - \xi_{bk} f_{yk} A_s] / [(\xi_{bk} - 0.8) f_{cmk} bh_0 - f_{yk} A_s] \quad (B.0.3-3)$$

式中 N——对应于重力荷载代表值的柱轴向压力;

A_s——柱实有纵向受拉钢筋截面面积;

f_{yk}——现有钢筋抗拉强度标准值,Ⅰ级钢取235N/mm²,Ⅱ级钢取335N/mm²;

f_{cmk}——柱现有混凝土弯曲抗压强度标准值;C13取9.6N/mm²,C18取13.3N/mm²,C23取17.0N/mm²,C28取20.6N/mm²;

a'_s——受压钢筋合力点至受压边缘的距离;

ξ_{bk}——相对界限受压区高度,Ⅰ级钢取0.6、Ⅱ级钢取0.55;

h、h_0——分别为柱截面高度和有效高度;

b——柱截面宽度。

B.0.4 砖填充墙钢筋混凝土框架结构的层间现有受剪承载力可按下列公式计算:

$$V_{my} = \Sigma(M^u_{cy} + M^L_{cy})/H_c + f_{vEk} A_m \quad (B.0.4-1)$$

$$f_{vEk} = \zeta_N f_{vk} \quad (B.0.4-2)$$

式中 ζ_N——砌体强度的正压力影响系数,可按现行国家标准《建筑抗震设计规范》采用;

f_{vk}——砖墙的抗剪强度标准值,可按现行国家标准《砌体结构设计规范》采用;

A_m——砖填充墙水平截面面积,可不计入墙口洞高度1/4的墙肢;

H_0——柱的计算高度,两侧有填充墙时,可采用柱净高的2/3,一侧有填充墙时,可采用柱净高。

B.0.5 带边框柱的钢筋混凝土抗震墙间现有受剪承载力可按下式计算:

$$V_{wy} = \frac{1}{\lambda - 0.5}(0.04 f_{ck} A_w + 0.1N) + 0.8 f_{yvk} \frac{A_{sh}}{s} h_0 \quad (B.0.5)$$

式中 N——对应于重力荷载代表值的抗震墙轴向压力;当 $N > 0.2 f_{ck} A_w$ 时,取 $N = 0.2 f_{ck} A_w$;

A_w——抗震墙的截面面积;

A_{sh}——配置在同一水平截面内的水平钢筋截面面积;

λ——抗震墙的计算剪跨比;其值可采用计算楼层至该抗震墙顶的1/2高度与抗震墙截面高度之比,当小于1.5时取1.5,当大于2.2时取2.2。

附录C 木构件常用截面尺寸

C.0.1 旧式木骨架的木柱常用圆截面尺寸,宜按表C.0.1采用。
C.0.2 旧式木骨架楼层木大梁常用截面尺寸,宜按表C.0.2采用。
C.0.3 旧式木骨架的木龙骨常用截面尺寸,宜按表C.0.3采用。
C.0.4 旧式木骨架的木桁常用截面尺寸,宜按表C.0.4采用。
C.0.5 旧式木骨架的木檩常用截面尺寸,宜按表C.0.5采用。
C.0.6 旧式木骨架的木椽常用截面尺寸,宜按表C.0.6采用。

木柱常用圆截面尺寸(cm) 表C.0.1

进深(m)	部位	合瓦或仰瓦灰梢屋面 开间(m)				干岔瓦、灰平顶或泥卧水泥瓦屋面 开间(m)			
		2.80	3.00	3.20	3.40	2.80	3.00	3.20	3.40
3.60	檐柱	14				14	15	15	
	排山柱	12				12	12	12	
	角柱	12				12	12	12	
3.90	檐柱	14	16	16		15	15	15	
	排山柱	12	13	13		12	12	12	
	角柱	12	12	12		12	12	12	
4.20	檐柱		16	16	17	15	15	15	
	排山柱		13	13	13	12	12	12	
	角柱		12	12	12	12	12	12	
4.50	檐柱			17	17	16	16	16	16
	排山柱			13	13	13	13	13	13
	角柱			12	12	12	12	12	12

楼层木大梁常用截面尺寸(cm) 表C.0.2

跨度(m)	截面形状	宿舍、办公室 龙骨长度(m)			教室、过道、楼梯等 龙骨长度(m)		
		3.00, 3.20	3.40, 3.60		3.00, 3.20	3.40, 3.60	
3.60	圆	24	25		27	28	
	方	12×27	12×28		12×30	15×30	
3.80	圆	25	26		28	29	
	方	12×28	12×29		15×30	15×31	
4.00	圆	26	27		29	30	
	方	12×29	12×30		15×31	15×32	
4.20	圆	27	28		30	31	
	方	12×30	15×30		15×32	15×33	
4.40	圆	28	29		31	32	
	方	15×30	15×31		15×33	15×34	
4.60	圆	29	30		32	33	
	方	15×31	15×32		15×34	15×35	
4.80	圆	30	31		33	34	
	方	15×32	15×33		15×35	18×36	
5.00	圆	31	32		34	35	
	方	15×33	15×34		18×36	18×37	

注:①本表适用于木板面层的楼地面;
②本表中圆木直径尺寸系指中径。

木龙骨常用截面尺寸(cm) 表C.0.3

跨度(m)	宿舍、办公室等	教室、过道、楼梯同等
2.00	5×9	5×11
2.20	5×10	5×12
2.40	5×11	5×13
2.60	5×12	5×14
2.80	5×13	5×15
3.00	5×14	5×16
3.20	5×15	5×17
3.40	5×16	5×18
3.60	5×17	5×19
3.80	5×18	5×20
4.00	5×19	5×21
4.20	5×20	5×22
4.40	5×21	5×23
4.60	5×22	5×24
4.80	5×23	5×25
5.00	5×23	5×26

注:①龙骨间距按40cm计算;
②龙骨间必须每隔1~1.5m加5cm×4cm剪刀撑;
③本表适用于木板面层的楼地面。

木椽常用截面尺寸（cm） 表C.0.4

进深 (m)	截面形状	合瓦屋面 开间 (m)				仰瓦灰硬屋面 开间 (m)				干岔瓦屋面 开间 (m)				灰顶或泥卧水泥瓦屋面 开间 (m)		
		2.80	3.00	3.20	3.40	2.80	3.00	3.20	3.40	2.80	3.00	3.20	3.40	2.80	3.00	3.20
3.60	圆 方	27 20×25				25 18×23				24 17×21				19 14×18	20 14×18	20 14×18
3.90	圆 方	28 21×26	29 21×26			26 19×24	27 20×25			25 18×23	26 19×24	27 20×25		20 14×18	21 14×18	21 14×18
4.20	圆 方	29 21×26	30 22×28	32 23×29		27 20×25	28 21×26	29 22×28		26 19×24	27 21×25	28 21×26		21 14×18	22 15×19	22 15×19
4.50	圆 方	31 22×28	32 23×29	34 24×30	35 25×31	28 21×26	29 22×28	31 23×29	33 24×30	27 20×25	28 21×26	29 22×28	31 23×29			

注：本表中圆木直径尺寸系指中径。

木檩常用截面尺寸（cm） 表C.0.5

跨度 (m)	截面形状	屋面类别																
		合瓦 檩距 (m)			仰瓦灰硬或干岔瓦 檩距 (m)			灰顶 檩距 (m)				泥卧水泥瓦 檩距 (m)			水泥瓦或陶瓦 檩距 (m)			小波形石棉瓦 檩距 (m)	铅铁或油毡 檩距 (m)
		0.90	1.10	1.25	0.90	1.10	1.25	0.80	0.90	1.10	1.25	0.90	1.10	1.25	0.70	0.90	1.10	0.85	0.85
2.80	圆 方	16			15	16	17	13	13	14	15	13	14	14	11 6×15 (6×12)	12 8×15 (6×15)	12 8×15 (6×15)	11 6×15 (6×12)	11 6×15 (6×12)
3.00	圆 方	17	18	19	16	17	18	13	14	15	15	13	14	15	12 8×15 (6×15)	12 8×15 (6×15)	13 10×15 (6×15)	12 8×15 (6×15)	11 6×15 (6×12)
3.20	圆 方	18	19	20	16	18	19	14	14	15	16	14	15	15	12 8×15 (6×15)	13 10×15 (8×15)	13 10×15 (8×15)	12 8×15 (6×15)	12 8×15 (6×12)
3.40	圆 方	19	20	21	17	19	19		14	15	16	14	15	16	13 10×15 (6×15)	13 10×15 (8×15)	14 10×18 (10×15)	13 10×15 (6×15)	12 8×15 (6×15)

注：①灰顶房不考虑有顶棚；
②表中所列圆檩直径尺寸系指跨中而言，欲求稍径须从表中尺寸减以0.4倍跨长(m)即可；
③表中括号内尺寸系直放檩尺寸，如木檩顺屋面放置，上钉有密排望板，或有椽条(间距≤15cm)时，可按直放檩考虑。

附录 D 本标准用词说明

D.0.1 执行本标准条文时，要求严格程度不同的用词说明如下，以便在执行中区别对待。

(1) 表示很严格，非这样做不可的：
正面词采用"必须"，反面词采用"严禁"。

(2) 表示严格，在正常情况下均应这样做的：
正面词采用"应"；反面词采用"不应"或"不得"。

(3) 表示允许稍有选择，在条件许可时首先这样做的：
正面词采用"宜"或"可"；反面词采用"不宜"。

D.0.2 条文中必须按指定的标准、规范或其他有关规定执行时，写法为"应按……执行"或"应符合……要求"。

木椽常用截面尺寸（cm）　　　　　　　　表 C.0.6

跨度 (m)	截面形状	水泥瓦、陶瓦屋面			合瓦、筒瓦等屋面	
		单跨椽椽距 (m)		两跨连续椽椽距 (m)	椽距 (m)	
		0.70	0.90	1.10	0.7~1.10	0.15
0.90	圆					5
	方					5×5
1.25	圆	7	8	8		5
	方	5×8	5×8	5×8	5×6	5×5
1.40	圆	8	8	8		
	方	5×8	5×8	5×8	5×6	
1.70	圆	8	9	9		
	方	5×8	5×8	5×10	5×8	
2.00	圆	9	9	9		
	方	5×8	5×10	5×10	5×8	

附加说明

本标准主编单位、参加单位和主要起草人名单

主编单位： 中国建筑科学研究院

参加单位： 机械部设计研究总院 国家地震局工程力学研究所、北京市房地产科学技术研究所、同济大学、冶金部建筑科学研究总院、清华大学、四川省建筑科学研究院、铁道部专业设计院、上海建筑材料工业学院、陕西省建筑科学研究院、辽宁省建筑科学研究所、江苏省建筑科学研究所、西安冶金建筑学院

主要起草人： 戴国莹 杨玉成 王骏孙 李毅弘
魏琏 张良铎 刘惠珊 建 朱伯龙
宋绍先 柏敬冬 吴明舜 高云学 霍自正
楼永林 徐善藩 谢玉玮 那向谦 刘昌茂
王清敏

中华人民共和国国家标准

建筑抗震鉴定标准

GB 50023—95

条 文 说 明

目 次

前 言
1 总则 .... 2—39
2 术语和符号 .... 2—40
3 基本规定 .... (略)
4 场地、地基和基础 .... 2—41
  4.1 场地 .... 2—43
  4.2 地基和基础 .... 2—43
5 多层砌体房屋 .... 2—43
  5.1 一般规定 .... 2—44
  5.2 第一级鉴定 .... 2—44
  5.3 第二级鉴定 .... 2—45
6 多层钢筋混凝土房屋 .... 2—46
  6.1 一般规定 .... 2—46
  6.2 第一级鉴定 .... 2—47
  6.3 第二级鉴定 .... 2—47
7 内框架和底层框架砖房 .... 2—48
  7.1 一般规定 .... 2—48
  7.2 第一级鉴定 .... 2—48
  7.3 第二级鉴定 .... 2—49
8 单层钢筋混凝土柱厂房 .... 2—50
  8.1 一般规定 .... 2—50
  8.2 结构布置和构造鉴定 .... 2—50
  8.3 抗震承载力验算 .... 2—52
9 单层砖柱厂房和空旷房屋 .... 2—53
  9.1 一般规定 .... 2—53
  9.2 结构布置和构造鉴定 .... 2—53

前 言

《建筑抗震鉴定标准》是对原《工业与民用建筑抗震鉴定标准》（TJ23—77）进行修订而成的。

修订过程中，开展了专题研究，调查总结了近年来大地震的经验教训，采用了新的科研成果，考虑了我国的经济条件和对现有建筑工程进行抗震鉴定和加固的实际，并与新的《建筑抗震设计规范》作了协调，提出了《建筑抗震鉴定与加固设计规程》的条文，广泛征求了有关设计、科研、教学单位和抗震管理部门的意见，将其中抗震鉴定的内容分编整理后反复讨论，于1995年12月19日由国家建设部会同建设部有关部门审查定稿，最后由建设部和建设部监督局和建设部联合发布。

为便于广大设计、施工、科研、教学等有关单位的人员在使用本标准时能正确理解和执行条文的规定，修订本组按本标准章、节、条的顺序编写了以下说明，供参考。

使用中，如发现有欠妥之处，请将意见寄中国建筑科学研究院工程抗震研究所（邮编：100013 地址：北京，北三环东路30号）。

9.3 抗震承载力验算	2—54
10 木结构和土石墙房屋	2—54
10.1 木结构房屋	2—54
10.2 土石墙房屋	2—55
11 烟囱和水塔	2—56
11.1 烟囱	2—56
11.2 水塔	2—56
附录 A 砖房抗震墙基准面积率	2—57
附录 B 钢筋混凝土结构楼层受剪承载力	2—58

1 总 则

1.0.1 地震中建筑物的破坏造成地震灾害的主要原因，现有建筑相当一部分未考虑抗震设防，有些虽然考虑了抗震，但与第三代烈度区划图等的规定相比，并不能满足相应的设防要求。1977年以来建筑抗震鉴定、加固的实践和震害经验表明，对现有建筑进行抗震鉴定，并对不满足鉴定要求的建筑采取适当的抗震对策，是减轻地震灾害的重要途径。

现有建筑进行抗震鉴定的目标，保持与原《工业与民用建筑抗震鉴定标准》（TJ23—77）（以下简称77鉴定标准）基本一致，比抗震设计规范对新建工程规定的设防标准低。

1.0.2 由于6度时仍然有相当震害，近年来不少强震发生在6度区，造成很大损失，6度抗震设防区的现有建筑抗震鉴定是必要的。

本标准的现有建筑，不包括古建筑和新建的建筑工程。按现阶段的抗震加固政策，当抗震烈度不提高时，已按原《77鉴定标准》加固或《78抗震设计规范》设计的建筑，不必再进行抗震鉴定。

现有建筑增层时的抗震鉴定，情况复杂，本标准未做规定。

1.0.3 现有建筑《建筑抗震设计规范》相一致。根据建筑的重要性分为四类，与国家标准的规定执行。

1.0.4 建筑抗震鉴定的有关规定，主要包括：①抗震主管部门发布的有关通知；②危险房屋鉴定标准、工业厂房可靠性鉴定标准、民用房屋可靠性鉴定标准等；③现行建筑结构设计规范中，关于建筑结构设计统一标准的规定，本标准符号的规定、静力设计的荷载取值、材料性能计算指标等。

不可按抗震设计规范的设防标准对现有建筑进行鉴定，也不能按现有建筑抗震鉴定的设防标准进行新建工程的抗震设计，或作为新建工程未执行抗震设计规范的借口。

3 基 本 规 定

本章和现行抗震设计规范第二章关于"抗震概念设计"的规定相似，主要是于关于现有建筑"抗震概念鉴定"的一些要求。

3.0.1 本条规定了抗震鉴定的基本步骤和内容：搜集原始资料，进行建筑现状的现场调查，进行综合抗震能力的逐级筛选分析，以及对建筑整体抗震性能做出评定结论并提出处理意见。

3.0.2 本条规定了区别对待的鉴定要求。除了建筑类别（甲、乙、丙、丁）和设防烈度（6、7、8、9度）的区别外，强调了下列三个区别对待，使鉴定工作有更强的针对性：

同一结构中，要区别结构的重点部位与一般部位；

综合评定时，要区别各构件（部位）对结构抗震能力的整体影响与局部影响。

3.0.3 抗震鉴定采用两级鉴定法，是筛选法的具体应用。第一级鉴定的内容较少，容易掌握又确保安全。其中的有些项目不合格时，可在第二级鉴定中进一步判断，有些项目不合格则必须处理。第二级鉴定是在第一级鉴定的基础上进行的，当结构的承载力较高时，可适当放宽某些构造要求；或者，当抗震构造良好时，承载力的要求可酌情降低。

这种鉴定方法，具体体现了结构抗震能力是承载能力和变形能力两个因素的有机结合。

3.0.4 本条的规定，主要从房屋高度、平立面和墙体布置、结构体系、构件变形能力、连接的可靠性、非结构的影响和场地、地基等方面，概括了抗震鉴定时宏观控制的概念性要求，即检查现有建筑是否存在影响其抗震性能的不利因素。

3.0.5 抗震验算，一般采用本标准提供的具体方法，与抗震设计规范的方法相比，有所降低，容易掌握。

考虑到抗震鉴定与抗震设计规范的方法相比，可靠性要求有所降低，当按现行设计规范的方法验算时，抗震作用、地震作用、内力调整、承载力验算公式不变，但需引进抗震鉴定的承载力调整系数 γ_{Ra} 替代设计规范的承载力调整系数 γ_{RE}，使之既符合《建筑结构设计统一标准》的原则，又保持与原 77 鉴定标准的连续性。

根据震害经验，对 6 度区的各类建筑，着重从构造措施上提出鉴定要求，可不进行抗震承载力验算。

3.0.6 本条规定了针对现有建筑存在的有利和不利因素，对有关的鉴定要求予以适当调整的方法：

对建在 IV 类场地、复杂地形、不均匀地基上的建筑以及同一建筑单元中存在不同类型基础时，应考虑地震影响复杂和地基整体性不足等不利影响。这类建筑对抗震要求上部结构的整体性更强一些，或抗震构造措施有较大富余。一般可根据建筑实际情况，将部分结构震和增加圈梁数量，配筋等的鉴定要求。

对有全地下室、箱基、筏基和桩基础的建筑，可放宽对上部结构的部分构造措施要求，如圈梁设置可按降低一度考虑，支撑系统和其他连接措施可在一度范围内降低，但构造措施不得全面降低。

对密集建筑群耕中的建筑，例如市内繁华商业区的沿街建筑、房屋之间的距离小于 8m 或小于建筑高度一半的居民住宅等，根据实际情况对较高的建筑的相关部分，即达到本标准第 1.0.1 条规定的目标，构造措施按提高一度考虑。

3.0.7 所谓符合抗震鉴定要求，适用于建筑提出了四种处理对策。符合鉴定要求的情况。

维修：指有加固价值的建筑，大致包括：① 无地震作用时能正常使用，对不符合抗震鉴定要求的建筑通过抗震加固使其达到要求；③ 建筑因使用年限久或其他原因（如腐蚀等），抗侧力体系承载力降低，但楼盖或支撑系统尚可利用；④ 建筑各局部缺陷尚多，但易于加固或加固能够加固。

改造：指改变使用性能。包括：将生产车间、公共建筑改为不引起次生灾害的仓库，将使用荷载大的多层房屋改为使用荷载小的次要房屋等。改变使用性质后的建筑，仍应采取适当的加固措施，以达到该类建筑的抗震要求。

更新：指无加固价值而仍需使用的建筑或在计划中近期要拆迁的不符合鉴定要求的建筑，需采取应急措施，如：在单层房屋内设防护支架；烟囱、水塔周围划为危险区；拆除装饰物、危险物及卸载等。

加固：指有加固价值的建筑；② 建筑虽已存在质量问题，但能结合维修处理。

4 场地、地基和基础

本章是新增加的。考虑到场地、地基和基础的鉴定和处理的难度较大，缩小了鉴定的范围，并主要列出一些原则性规定。

4.1 场 地

岩土失稳造成的灾害，如滑坡、崩塌、地裂、地陷等，其波及面广，对建筑物危害的严重性也任任较重。鉴定需多地从场地的角度考虑，因此应慎重研究。

合液化土的缓坡（1°～5°）或地下液化层稍有坡度的平地，在地震时可能产生大面积的土体滑动（侧向扩展），在现代河道、古河道或海滨地区，其长度达到数百米，甚至2～3km，造成一系列地裂缝或拉断工程或振倒塌。海城地震、其上的生命线工程或振倒塌、溧河故道和陡河两岸都有这种滑裂带，损失甚重。

4.2 地基和基础

4.2.1 对工业与民用建筑、地震造成的地基震害，如液化、软土震陷、不均匀地基差异沉降等，一般不会导致建筑的坍塌或表失使用价值、加之、地基基础鉴定和处理的难度更大，因此，减少了地基基础抗震鉴定的范围。

4.2.4 地基基础的第一级鉴定，包括：饱和砂土、饱和粉土的液化初判、软土震陷初判及可不进行桩基验算的规定。

液化初判问题，只在唐山地震时津塘地区表现突出，以前我国的多次地震中并不具有广泛性。唐山地震中，8、9度区地基承载力为60～80kPa的软土上，有多栋建筑产生了100～300mm的震陷，相当震前总沉降量的50%～60%。

桩基不验判，基本上同现行抗震设计规范。

4.2.5 地基基础的第二级鉴定，包括：饱和砂土、饱和粉土的液化再判，软土和高层建筑的天然地基，桩土承载力验算及不利地段上抗滑移验算的规定。

4.2.6 本条规定，在一定的条件下，现有天然地基竖向承载力验算时，可考虑地基土的长期压密效应。水平承载力验算时，可考虑刚性地坪的抗力。

1. 地基土在长期荷载作用下，物理力学特性得到改善，主要原因有：①土在建筑荷载作用下的固结压密；②机械设备的振动加密；③基础与土的接触处，发生某种物理化学作用。

大量工程实践和专门试验表明，已有建筑的压密作用，使地基土的孔隙比和含水量减小，可使地基承载力提高20%以上；当基底容许承载力没有用足时，压密作用相应减少，故表4.2.6-1中ζ_s值下降。

岩石和碎石类土的压密作用及物理化学作用不显著，硬粘土的资料不多；软土、液化土和新近沉积粘性土又有液化或震陷问题，承载力不宜提高，故均取$\zeta_s=1$。

2. 承受水平力为主的天然地基，指柱间支撑的基底剪力、拱脚等。震害及分析证明地坪可以很好地抵抗结构传来的水平力。根据实验结果，由柱传给地坪的力约在3倍柱宽范围内分布，因此要求地坪在受力方向的宽度不小于柱宽的3倍。

地坪一般是混凝土的，属脆性材料，而土是非线性材料，二者变形模量相差4倍，当地坪受压达到破坏时，土中的应力甚小，二者不在同一时间破坏，故可选地坪抗力与土抗力二者中较大者进行验算。

5 多层砌体房屋

5.1 一般规定

5.1.1 本章适用于粘土砖和混凝土、粉煤灰砌块墙体承重的房屋,比77鉴定标准有很大的补充,对砂浆的料石结构房屋,抗震鉴定时也可参考。

本章所适用的房屋层数和高度的规定,是从现有房屋的实际情况提出的,与现行设计规范的规定在本章又上有所不同。

5.1.2 本条是第3章多层砌体房屋鉴定在多层砌体房屋的具体化。地震时不同烈度下多层砌体房屋的破坏通常在本上可不按烈度划分。

5.1.4 砌体结构房屋受模数化的限制,一般比较规整,建筑参数如开间、层高、进深等,相差不大,尤其在同一地区内相差甚微。因此,多层砌体房屋种类就更少。抗震鉴定方法可有所简化。

本章鉴定方法与77鉴定标准相比,有较大的变动:改变过去的构件评定为综合评定,从房屋出发,根据现有房屋的特点,对其抗震能力进行分级评定,对其抗震能力即可评定,减少不必要的逐项鉴定,逐条鉴定。

多层砌体房屋的两级鉴定可参照图5.1的框图进行:

第一级鉴定引起局部倒塌的部位,不检查其整体性。对刚性体系的房屋,当整体性良好的计算时,根据大量的计算分析,横墙间距和房屋宽度,不符合抗震要求,不必按77鉴定标准进行第二级鉴定;对非刚性体系的房屋,判断是否满足抗震要求,不符合要求时才进行第二级鉴定;对非刚性体系的房屋,第一级鉴定应直接按抗震要求,不符合要求只检查其整体性和易引起局部倒塌的部

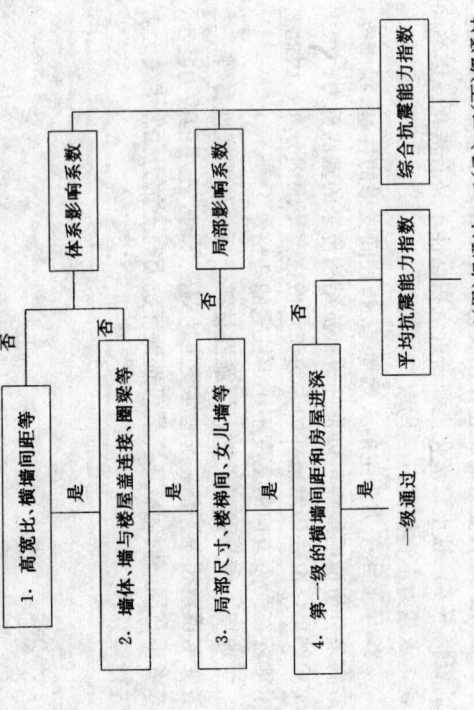

图 5.1 多层砌体房屋两级鉴定框图

位,并需进行第二级鉴定。

第二级鉴定分四种情况进行综合抗震能力的分析判断。与77鉴定标准相同,一般需计算砖房房抗震墙的面积率,当质量和刚度沿高度分布明显不均,或需按设计规范的方法和要求验算其抗震承载力,四层,需按设计规范调整 γ_{Ra} 取值与设计规范的承载力抗震调整系数 γ_{RE} 相同。与77鉴定标准不同的是,当面积率较高时,可考虑构造上不符合第一级鉴定要求的程度,利用体系影响系数和局部影响系数来综合评定。这些影响系数的取值,主要根据唐山地震的大量资料来统计、分析和归纳得到的。

5.2 第一级鉴定

5.2.1 结构体系的鉴定,包括刚性和规则性的判别。刚性体系的高宽比和抗震横墙间距限值不同于设计规范的规定,因二者的含

的基本内容：楼层平均抗震能力指数法又称二（甲）级鉴定，楼层综合抗震能力指数法又称二（乙）级鉴定，墙段综合抗震能力指数法又称二（丙）级鉴定，分别适用于不同的情况。

通常，抗震能力指数综合应要在两个主轴方向分别计算，有明显扭转影响时，取扭转效应最大的轴线计算。

5.3.2 平均抗震能力指数即按刚性楼盖计算的楼层横墙、纵墙面积率所需的比值。查看表5.2.5-1时根据墙体横墙、纵墙、荷载和墙体开洞情况作了调整，则这种鉴定方法基本上不会遇到。

5.3.3 楼层综合抗震能力指数，即平均抗震能力指数与构造影响系数的乘积。

鉴于M0.4砂浆的设计指标，新、旧砌体结构设计规范的取值标准保持77鉴定标准构造的延性性，当砂浆强度等级低于M0.4时，需乘以相应的构造影响系数。

构造影响系数表5.3.3-1和表5.3.3-2的数值，要根据房屋的具体情况调整：

① 当该项规定不符合程度较重时，该项影响系数取较小值；

② 当要求符合的要求相同时，影响系数取较大值；

③ 当构件支承长度、圈梁、构造柱和墙体局部尺寸的构造符合新设计规范要求时，该项影响系数可大于1.0；

④ 各体系影响系数的乘积，最好采用加权方法，不用简单乘法。

5.3.4 墙段综合抗震能力指数，即墙段抗震能力指数与构造影响系数的乘积。墙段的局部影响系数只考虑对验算墙段有影响的项目。墙段抗震能力指数的计算方法如下：

刚性楼盖，抗震能力指数等于楼层平均抗震能力指数，$\beta_{ij} = \beta_i$

柔性楼盖，墙段抗震能力指数由从属面积按相邻两侧抗震墙间距之半计算：

$$A_{bij} = (K_{ij}/\Sigma K_{ij})A_{bi}$$

墙段抗震能力指数，从属面积按左右两侧相邻抗震墙间距之半分配。

又不同。

5.2.3 整体性连接构造的鉴定，包括纵横向抗震墙的交接处，楼（屋）盖及其与墙体的连接处、圈梁布置和构造的判别、楼层要求低于设计规范。对现有房屋连接符合设计规范的要求时不做要求。当有构造柱且其与墙体的连接符合设计规范的要求时，在第二级鉴定中体系影响系数可取大于1.0的数值。

5.2.4 易引起局部倒塌部位的鉴定包括墙体局部尺寸、楼梯间、悬挑构件、女儿墙、出屋面小烟囱等的判别。基本上与77鉴定标准相同。

5.2.5 本条规定了刚性体系房屋抗震承载力验算的简化方法；对非刚性体系房屋抗震承载力的验算，本条规定的简化法不适用。表5.2.5-1系按底部剪力法取各层质量相等、单位面积重力荷载代表值为12kN/m²且纵横墙开洞面积的水平面积率分别为50%和25%进行计算并适当取整后得到的。使用中注意：

① 承重墙体单位面积重力荷载代表值 g_E 与12kN/m²相差较多时，表5.2.5-1的数值需除以 $g_E/12$；

② 楼层单位面积重力荷载代表值突出时按面积加权平均值计算，平面有局部突出时按面积略去不计；

③ 房屋的宽度、平面内的局部纵墙按内插法取值；

④ 砂浆强度等级为M7.5时，表5.2.5-1的数值按插值法取用；

⑤ 墙体的门窗洞所占的水平截面面积率 λ_A，横墙与25%或纵墙50%相差较大时，可分别按 $0.25/\lambda_A$ 和 $0.50/\lambda_A$ 换算。

5.2.6 本条规定了不需要进行第二级鉴定的情况。其中，当只有5.2.4.2条的规定不符合时，可只对非结构构件局部处理。

5.3 第二级鉴定

5.3.1 本条规定了采用综合抗震能力指数方法进行第二级鉴定。

墙段抗震能力指数 $\beta_{ij}=(A_{ij}/A_i)(A_{bi}/A_{bij,0})\beta_i$；

中等刚性楼盖，从属面积取上述二者的平均值：

$$A_{bij}=0.5(K_{ij}/\Sigma K_{ij})A_{bi}+0.5A_{bij,0}$$

墙段抗震能力指数 $\beta_{ij}=(A_{ij}/A_i)(A_{bi}/A_{bij})\beta_i$。

5.3.5 本条规定了砌体房屋第二级鉴定时需采用设计规范方法进行抗震验算的范围。

6 多层钢筋混凝土房屋

6.1 一般规定

6.1.1 我国现有未考虑设防的钢筋混凝土结构，普遍是10层以下。框架结构可以是现浇的或装配整体式的。

6.1.2 本条是第3章中概念鉴定在多层钢筋混凝土房屋的具体化。根据震害总结，6、7度时主体结构基本完好，以女儿墙、填充墙和构造损坏为主，8、9度时主体结构有破坏但不规则结构等加重震害。据此，本条提出了不同烈度下的主要薄弱环节，作为检查重点。

6.1.4 根据震害经验，钢筋混凝土房屋的两级鉴定的内容与砌体房屋不同，但均从结构体系、整体性、构件承载力和局部构造方面加以综合评定。

第一级鉴定充墙调了梁、柱的连接形式，混合承重体系的连接构造和填充墙与主体结构的连接问题。7度Ⅲ、Ⅳ类场地和8、9度时，增加了规则要求和配筋构造要求，有关规定基本上保持了77鉴定标准的要求。

第二级鉴定分三种情况进行楼层综合抗震能力的分析判断。钢筋混凝土房屋的两级鉴定可参照图6.1的框图进行：

屈服强度系数是结构抗震承载力计算的统计分析得到，设计规范适用来控制为依据，通过震害实例验算对评估现有建筑破坏程度有较好的可靠性。在第二级鉴定中，材料强度等级和纵向钢筋不作要求，其他构造要求用结构构造的体系影响系数和局部影响系数来体现。

6.1.5 当框架结构与砌体共同承重时，砌体部分因同侧刚度大而分担了框架承担的一部分地震作用，受力状态与单一的砌体结构的倒塌，对评估现有建筑破坏程度有较好的可靠性。

算柱的轴压比。框架-抗震墙中抗震墙的构造要求，是参照设计规范提出的。

6.2.4 本条提出了框架结构与砌体结构混合承重时的部分鉴定要求—山墙与框架梁的连接构造。其他构造按6.1.5条规定的原则鉴定。

6.2.5 砌体填充墙等与主体结构连接的鉴定要求，系参照现行抗震设计规范提出的。

6.2.6 本条规定了不需要进行第二级鉴定的情况。其中，当仅女儿墙等非结构构件不符合本标准第5.2.4.2款的规定时，可只对非结构构件局部处理。

6.3 第二级鉴定

6.3.1 本条规定了采用楼层综合抗震能力指数法进行第二级鉴定的三种情况，要按不同的平面结构进行楼层综合抗震承载力指数的验算。

6.3.2 钢筋混凝土结构的综合抗震能力指数，采用楼层屈服强度系数与构造影响系数的乘积。构造影响系数的取值应根据具体情况确定：

① 由于第二级鉴定时，对材料强度和纵向钢筋不做要求，体系影响系数只与规则性、箍筋构造和轴压比等有关。

② 当部分构造符合第一级鉴定要求而部分构造符合非抗震设计要求时，可在0.8～1.0之间取值。

③ 不符合的框度大或若干项不符合时取较小值；对不同烈度鉴定要求相同的项目，烈度高者，该项影响系数较小值。

④ 结构损伤包括因新旧建构造成的混凝土碳化造成的钢筋锈蚀。损坏和倾斜部分包括修复，通常宜考虑因新旧部分不能完全共同发挥效果而只乘以小于1.0的影响系数；

⑤ 局部影响系数以有关的平面框架，即与承重砌体结构盖长宽比超过规范相连的平面框架。有填充墙的平面框架或楼盖长宽比超过规定时其中部的平面框架。

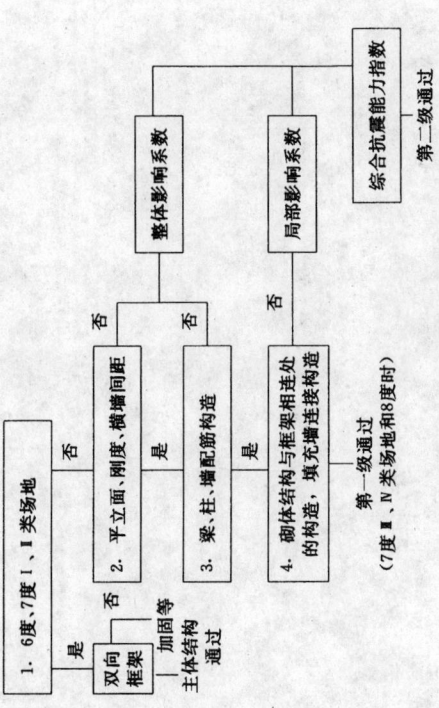

图6.1 多层钢筋混凝土房屋的两级鉴定

6.2 第一级鉴定

6.2.1 结构体系的鉴定包括节点连接方式和规则性的判别。连接方式主要指刚接和铰接，以及梁底纵筋的锚固。

房屋的规则性判别、基本同设计规范，针对现有建筑的情况，增加了无砌体结构的要求。

对框架-抗震墙体系、墙体之间楼、墙体填充墙的最大间距判别，是8度时抗震设防规范；抗侧力砖填充墙连接构造，填充墙连接构造的一种简化方法。

6.2.3 整体性连接构造的鉴定分两类：

6度和7度Ⅰ、Ⅱ类场地时，只判别是否满足非抗震构造要求。

其中，梁纵筋在柱内的锚固长度按70年代的规范检查。

7度Ⅲ、Ⅳ类场地和8、9度时，要检查纵筋、箍筋、轴压比等。作为简化的抗震承载力验算，8、9度时还要验算柱截面、9度时还要验算柱截面。

计算结构楼层现有承载力时，与设计规范相同，应取结构构件现有截面尺寸，现有配筋和材料强度标准值计算；楼层的弹性地震剪力系数按现行《建筑抗震设计规范》的方法计算，但采用的分项系数按取1.0。

6.3.3 本条规定了评定钢筋混凝土结构综合抗震能力的两种方法。楼层综合抗震能力指数法与考虑构造影响的规范的方法二种验算法。一般情况采用前者，当前者不适用时，需采用后者。

7 内框架和底层框架砖房

7.1 一般规定

7.1.1 内框架砖房指内部为框架而外部为砖墙承重的房屋，包括内部为单排柱到顶、多排柱到顶的多层内框架房屋以及内底层为内框架而上部各层为砖墙内框架房屋。底层框架砖房指底层为框架（包括填充墙框架等）承重而上部各层为砖墙承重的多层房屋。

本章适用的房屋最大总高度及层数较设计规范略有放宽，还包括了底层内框架砖房。主要依据震害并考虑我国现实情况。如海城地震时，位于9度区的海城农药厂粉剂车间为三层的单排柱内框架砖房，高15m，虽遭严重破坏但未倒塌，震后修复使用。180mm墙承重时只能用于底层框架房屋的上部各层，由于这种墙体稳定性较差，故适用表7.1.1的规定多一层或一般降低二层。

当现有房屋比表7.1.1的规定多一层或高度3m时，即使符合第一级鉴定的各项规定，也要在第二级鉴定中采用规范方法进行验算。

7.1.2 本条是第3章中概念鉴定在内框架和底层框架砖房的具体化。根据震害经验总结，内框架和底层框架砖房的震害特征与多层砖房、多层钢筋混凝土房屋不同。本条在多层砖房和混凝土房屋各自薄弱部位的基础上，增加了相应的内容。

7.1.5 内框架和底层框架砖房多为砖墙承重混凝土框架混合承重的结构体系，其他结构体系可将第5、6两章的方法合并使用。

7.2 第一级鉴定

7.2.1 结构体系鉴定时，针对内框架砖房的结构特点，要检查底层框架、底层内框架砖房的二层与底层侧移刚度比，以减少地震时的变形集中；要检查多层内框架砖房的纵向墙的宽度，以减轻地震破坏。抗震墙横墙最大间距、基本上与设计规范相同，在装配式钢筋混凝土楼、屋盖时其要求略有放宽，但不能用于木楼盖的情况。

7.2.3 整体性连接鉴定，针对此类结构的特点，强调了楼盖的整体性、圈梁布置、大梁与外墙的连接。

7.2.4 本条规定了第一级鉴定中需按本标准第 5 章、第 6 章有关规定执行的内容。

7.2.5 结构体系满足要求且整体性连接及易引起塌倒部位都良好的房屋，可类似多层砖房，按横墙间距、房屋宽度及砌筑砂浆强度等级来判断是否满足抗震要求而不进行抗震验算。这主要是根据震害经验及统计分析提出的，以减少鉴定计算的工作量。

考虑框架承担了大小不等的地震作用，本条规定的限值与多层砖房有所不同。使用时，尚需注意本标准 5.2.5 条的说明。

7.2.6 本条规定了不需进行第二级鉴定的情况。其中，当结构构件不符合本标准 5.2.4.2 款的规定时，可只对非结构构件局部处理。

7.3 第二级鉴定

7.3.1 这两类结构的第二级鉴定，直接借用多层砖房和框架结构的方法，使鉴定方法比较协调。

一般情况，采用综合抗震能力指数的方法对抗震承载力验算可有所简化，还可考虑构造对抗震承载力的影响。

当房屋高度和层数超过表 7.1.1 的数值范围时，与多层砖房类似，需采用考虑构造影响的规范抗震承载力验算法。

7.3.2 底层框架、底层内框架砖房和钢筋混凝土框架砖房的烈度影响系数，保持 77 鉴定标准的有关规定，通常参照多层砖房的体系影响系数和局部影响系数，考虑框架承担一部分地震

作用，底层的基准面积率也不同于多层砖房。

7.3.3 多层内框架砖房的体系影响系数和局部影响系数，除参照多层砖房和钢筋混凝土框架砖房的有关规定确定外，其纵向窗间墙的影响系数由局部影响系数改按整体影响系数对待。

多层内框架砖房的烈度影响系数，保持 77 鉴定标准的有关规定，取值与底层框架、底层内框架砖房相同；考虑框架承担一部分地震作用，基准面积率取值不同于多层砖房及底层框架、底层内框架砖房。

内框架楼层屈服强度系数的具体计算方法，与钢筋混凝土框架不同，见本标准附录 B 的说明。

8 单层钢筋混凝土柱厂房

8.1 一般规定

8.1.1 本章所适用的厂房为装配式结构，柱子为钢筋混凝土柱，屋盖为大型瓦与屋面板，各种屋架构成的有檩体系，槽瓦屋面板、大型瓦与屋面板、各种屋架构成的有檩体系。混合排架厂房中的钢筋混凝土结构部分也可适用。

8.1.2 本条是第 3 章概念鉴定在单层钢筋混凝土厂房的具体化。震害表明，装配式结构的整体性和连接的可靠性是影响其抗震性能的重要因素。机械厂房等在不同烈度下的震害：

①突出屋面的钢筋混凝土 II 形天窗架，立柱的截面为丁形，6 度时竖向支撑处就有震害，8、9 度时震害较普遍；

②无拉结的女儿墙、封檐墙和山墙山头等，6 度则开裂、外闪，7 度时有局部倒塌、位于出入口、披屋上部时危害更大；

③屋盖构件中、屋面瓦与檩条、檩条与屋架（屋面梁）、钢天窗架与大型屋面板、锯齿形厂房双梁与牛腿柱等的连接处，常因支承长度较小而连接不牢，7 度时就有槽瓦滑落等震害，8 度时檩条和槽瓦一起塌落；

④大型屋面板与屋架的连接，两点焊与三点焊有很大差别，焊接不牢，8 度时就有错位，甚至坠落；

⑤屋架支撑系统的震害：屋盖支撑不完整，7 度时震害不大，8、9 度时就有柱间支撑系统震害、柱间支撑倾斜、柱间支撑压曲、上柱柱头和下柱柱根开裂甚至酥碎（柱肩）、牛腿在 6、7 度时有明显损坏，8、9 度时更严重；

⑥高低跨交接部位，9 度时普遍拉裂、劈裂；9 度时其上柱的底部多有水平裂缝，甚至折断，导致屋架塌落；

⑦柱的侧向变形受工作平台、嵌砌内隔墙、披屋或柱间支撑节点的限制，8、9 度时相关构件如柱、墙体、屋架、屋面梁、大型屋面板的破坏严重；

⑧圈梁与屋架、抗风柱柱顶与屋架拉结不牢，8、9 度时可能带动大片墙体外倾倒塌，特别是山墙墙体的破坏使屋架排架因扭转效应而开裂折断，加重了震害；

⑨8、9 度时，厂房整体受复杂，侧边搭建披屋或墙体布置使其质量不均对称，纵向或横向刚度不协调等，导致扭转振型影响，应力集中，扭转效应和相邻建筑的碰撞，加重了震害。

根据上述震害特征和规率，本条明确提出不同烈度下单层厂房可能发生严重破坏或局部倒塌时易仿人或砸碰环节的关键第二节。各项具体做法的鉴定要求列于本章第二节，作为检查的重点。

8.1.3 厂房的抗震能力评定，既要考虑构造，又要考虑承载力；根据震害调查和分析，规定多数单层钢筋混凝土厂房不需进行抗震承载力验算，这是又一种形式的分级鉴定方法。其框图参见图 8.1。

对检查结果进行综合分析，先对不符合鉴定要求的关键薄弱部位提出加固或处理意见，是提高厂房抗震安全性的经济而有效的措施；一般部位的构造、抗震承载力不符合鉴定要求时，则根据具体情况的分析判断，采取相应对策。例如，考虑构造不符合鉴定要求的部位和程度，对其抗震承载力的鉴定要求予以适当调整，再判断是否加固。

8.2 结构布置和构造鉴定

8.2.1 本条主要是 8、9 度对结构布置的鉴定要求，包括：主体结构刚度、质量沿平面分布基本均匀对称、沿高度分布无突变的规则性检查、变形缝宽度、砌体墙和工作平台的布置及受力状态的检查等。

①根据震害总结，比 77 鉴定标准增加了防震缝宽度的鉴定要

求；②砖墙作为承重构件，所受地震作用大而承载力和变形能力低，在钢筋混凝土厂房中是不利的；7度时，承重的天窗砖端壁就有倒塌，8度时，排架与山墙，横墙混合承重的震害也较重。

③纵向外墙为嵌砌墙而中柱列为柱间支撑式，或一侧有墙另一侧敞口，或一侧为嵌砌贴式另一侧属于纵向各柱列刚度明显不协调的布置；

④厂房仅一端有山墙或一侧敞口，以及不等高厂房等，凡不同程度地存在扭转效应问题时，其内力大部位的鉴定要求适当提高。

8.2.2 不利于抗震的构件型式，参照设计规范，除了Π形天窗架立柱、组合屋架上弦杆，柱根及支承屋面板小立柱大开孔工字形柱和双肢管柱，比77鉴定标准规范增加了对T形截面柱，腹杆大开孔工字形柱和双肢柱，在地震时容易为T形截面柱，柱根变形工字形柱，受变形柱束的的部位，鉴定时着重检查其两个分肢连接的可靠性，或进行相应的抗震承载力验算。

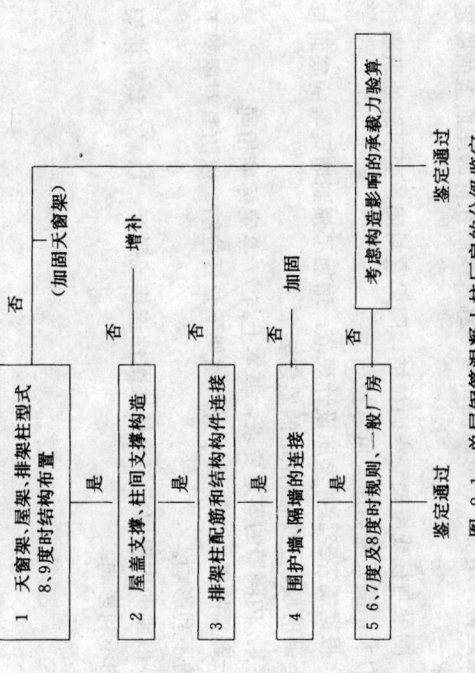

图 8.1 单层钢筋混凝土柱厂房的分级鉴定

8.2.3 设置屋盖支撑是使装配式屋盖形成整体的重要构造措施。支撑布置的鉴定要求，基本上与77鉴定标准相同，增加：

①8度时无檩屋盖在柱间支撑开间需有一道上弦横向支撑；

②参照设计规范，8、9度时端部高度大于900mm的屋架，厂房单元两端和柱间支撑开间，屋架端部需有竖向支撑；

③参照设计规范，补充了井式天窗无檩屋盖支撑布置的鉴定要求；

④根据震害总结，明确要提高拼块式屋架（屋面梁）的支撑布置要求；

⑤进一步明确有托架时下弦纵向支撑的鉴定要求；

⑥考虑到某些地区的实际情况，放松了屋面刚度较强时组合屋架支撑布置的非抗震要求。

屋盖的支撑布置可按标准图或有关的构造手册确定。大致包括：

①跨度大于18m或有天窗的无檩屋盖，厂房单元或天窗开洞范围内，两端有上弦横向支撑；

②抗风柱与屋架下弦相连时，厂房单元两端有下弦横向支撑；

③跨度为18～30m时在跨中，跨度大于30m时在其三等分处，厂房单元两端有竖向支撑，其余柱间相应位置处有下弦水平系杆；

④屋架端部高度大于1m时，厂房单元两端的屋架端部有竖向支撑，其余柱间在屋架支座处有水平压杆；

⑤天窗开洞范围内，屋架脊节点处有通长水平系杆。

8.2.4 排架研究并参照箍筋设计规范，增加了排架柱在下列部位的鉴定结，试验研究及构造对其抗震能力影响，根据震害总结，包括：

①有柱间支撑的柱头柱根，柱变形受约束的各部位；

②柱截面突变的部位；

③高低跨厂房中承受水平的支承低跨屋盖的牛腿（柱肩）。

8.2.5 设置柱间支撑是增强厂房整体性的重要构造措施。其鉴定要求基本上与77鉴定标准相同。

根据震害经验,柱间支撑的顶部有水平压杆时,柱顶受力小,震害较轻,故在77鉴定标准基础上,增加了8度时对中柱列的上柱柱间顶部应设有水平压杆的要求;烈度不高时,只要节点靠近地坪则柱间支撑下节点的位置,增加了9度时对边柱列在上柱柱间的大柱网厂房;柱柱较轻;高烈度时,则应使地震作用能直接传给基础。

8.2.6 厂房结构构件连接的鉴定要求,与77鉴定标准基本相同。

屋面瓦与檩条、檩条与屋架上弦杆车牢时,7度时就有震害;8、9度时,增加了大型屋面板与屋架焊牢的鉴定要求,使大型屋面板的连接不牢,一旦天窗架;8、9度时,增加了大型屋面板支承长度不足,应注意检查;柱间支撑与屋架上弦节点的可靠连接,是使厂房纵向安全工作的关键。一旦焊缝或锚固破坏,则山墙抗风柱与屋架上弦节点相连最有效,震害表明,山墙抗风柱与屋架上弦厂房横向支撑节点严重。鉴定时要注意检查。

8.2.7 粘土砖围护墙的鉴定要求,基本上与77鉴定标准相同。

突出屋面的女儿墙、高低跨封墙等无拉结,6度时就有震害。
根据震害,增加了高低跨的封墙与屋架下弦拉结,变形缝处墙外甩力大、圈梁宜封闭,圈梁需牢固拉结;增加了预制墙梁等的底面与其下部的墙顶宜加强拉结的鉴定要求。
圈梁与柱或屋架需牢固拉结,基本上与77鉴定标准拉结要求。
根据震害经验并参照设计规范,增加了预制墙梁等直接砌在低跨屋面上的鉴定要求。

8.2.8 内隔墙的鉴定要求,基本上与77鉴定标准相同。

到顶的内隔墙的横向内隔墙不得与屋架下弦拉结,以防其对屋架下弦的不利影响。
嵌砌的内隔墙应与排架柱柔性连接或脱开,以减少其对排架柱的不利影响。

8.3 抗震承载力验算

8.3.1 根据震害并参照设计规范,略比77鉴定标准扩大了抗震验算范围:

① 8、9度时支承低跨屋盖的牛腿(柱肩);
② 8、9度时无桥式吊车且无柱间支撑的大柱网厂房;
③ 9度时高大山墙的抗风柱。

8.3.2 鉴定时验算方法按设计规范,但采用鉴定的承载力调整系数 γ_{Ra} 替代抗震设计的承载力抗震调整系数 γ_{RE},以保持77鉴定标准的水准。

② 参照设计规范，增加了房屋高度和跨度的控制性检查；
③ 根据震害经验，增加了承重山墙厚度和开洞的检查；
④ 钢筋混凝土面层组合砖柱、砖包混凝土柱的不配筋砖柱、重屋盖的轻型屋盖房屋在高烈度下震害轻微，据此提出不同烈度使用范围的限制；
⑤ 设计合理的双曲砖拱屋盖本身震害是较轻的，但山墙及其与砖拱的连接部位有明显，据此提出大厅与附属房屋之间无防震缝时参照设计规范，提出大厅与附属房屋之间8、9度时的鉴定要求。
⑥ 根据震害并参照设计规范，提出了大厅与附属房屋8、9度时的鉴定要求。

9.2.2 根据震害调查和计算分析，为减少抗震承载力验算工作，提出了材料强度等级的最低鉴定要求，并根据震害补充了6、7度时的配筋的鉴定要求。

9.2.3 房屋整体连接的鉴定很重要，与77鉴定标准相比有所调整：
① 保持了木屋盖的支撑布置要求，轻屋盖的震害与此类似于木屋盖，相应补充了彩形瓦屋盖的鉴定要求；
② 7度时木屋盖屋面板较轻，补充了6、7度时构件的连接可采用钉接的规定。
③ 屋架（梁）与砖柱（墙）的连接，参照设计规范，提出垫块的鉴定要求。
④ 圈梁对单层空旷房屋抗震整体性能的影响较纵向柱列小，其连接有所降低；与多层砖房相比、对墙体交接处有配筋的鉴定要求放宽；
⑤ 山墙壁柱对砖房整体抗震性能的影响较纵向柱列小，其连接要求保持了77鉴定标准的规定；柱顶增加同等要求，沿高度的鉴定要求稍有放宽；
⑥ 保持了对独立砖柱的连接要求，但根据震害，对墙体有稳定支撑要求保持了原标准的鉴定，提出了舞台口大梁倒塌的部位，包括悬墙、封檐墙、女儿墙，沿纵向放宽。

9.2.4 参照设计规范，房屋易引起局部倒塌部位有稳定支撑要求。

9 单层砖柱厂房和空旷房屋

9.1 一般规定

9.1.1 本章适用的范围，主要是单层空旷房屋的砌体房屋。混合排架厂房中的砖结构部分也可适用。

9.1.2 本条是第3章概念鉴定在单层空旷房屋的具体化。单层空旷房屋的震害特征不同于多层砖房。根据其震害规律，提出了不同烈度下房屋的薄弱部位，作为检查的重点。

9.1.4 单层空旷房屋抗震能力的评定，同样要考虑构造和承载力这两个因素。根据震害调查和分析，规定多数单层砖柱钢筋混凝土房屋不需进行抗震承载力验算，采用与单层砖房和单层钢筋混凝土柱厂房相同形式的分级鉴定方法。

9.1.5 单层空旷房屋的大厅与其附属房屋的结构类型不同，地震作用下的表现也不同。根据震害调查和分析，参照设计规范，规定单层空旷房屋和单层砖柱厂房与其附属房屋之间要考虑二者的相互作用。对检查结果进行综合分析时，先对不符合鉴定要求的关键薄弱部位加固或处理意见，是提高厂房抗震安全性的经济而有效的措施。一般情况下，抗震承载力不符合鉴定要求时，则根据具体情况，作出分析判断，采取相应对策。

9.2 结构布置和构造鉴定

9.2.1 结构布置的鉴定比77鉴定标准有所增加，主要内容是：
① 保持原标准对砖柱截面沿高度变化的鉴定要求；对纵向柱列，在柱间墙有与柱等高高砖柱的要求稍有放宽，

舞台口横墙、悬吊重物、顶棚等，其鉴定要求基本上与77鉴定标准相同。

9.3 抗震承载力验算

9.3.1 试验研究和震害表明，砖柱的承载力验算只相当于裂缝出现阶段，到房屋倒塌还有一个发展过程。为简化鉴定时的验算，本条规定了较宽的不验算范围，调整了77鉴定标准的规定。

① 独立砖柱安全储备较小且空间工作能力较差，混合排架柱房等的震害经验不多，故不验算的范围较77鉴定标准稍严；

② 增加了8、9度时配筋砖柱不验算的范围。

9.3.2 单层砖结构厂房和空旷房屋抗震承载力验算鉴定的方法，同设计规范。为保持TJ23—77标准的水准，砖柱抗震鉴定的承载力抗震调整系数γ_{Ra}的取值同抗震设计抗震鉴定的承载力抗震调整系数γ_{RE}相同。

10 木结构和土石墙房屋

10.1 木结构房屋

10.1.1 本节是77鉴定标准6、7、8章有关部分的合并。其适用范围主要是村镇的中、小型木结构房屋。按抗震性能的优劣排列，依次为穿斗木构架、旧式木屋架、木柱木檩架、柁木檩架房屋和康房等五类，适用的层数包括了现有房屋的一般情况。

10.1.2 木结构房屋检查所处的场地条件，主要依据日本的统计资料：不利地段，冲积层厚度大于30m，回填土厚度大于4m及地下水容易集积的场地，地下水位高的场地，柁木檩架都能加重震害。地表水、地下水容易集积的场地、地下水位高于地表水。

10.1.4 与77鉴定标准相同，木结构房屋可不进行抗震承载力验算。

10.1.5 木结构抗震鉴定时考虑的防火问题，主要是次生灾害。

10.1.6 本条按旧式木骨架、木柱木屋架、柁木檩架、穿斗木构架和康房的顺序分别列出该类房屋木构架的整理，并新增了穿斗木构架和康房的鉴定要求。主要是77鉴定标准有关规定的整理，并新增了穿斗木构架和康房的相应要求。

穿斗木构架的梁柱节点，用银锭榫连接可防止拔榫或脱榫；传统的作法：纵向多为平榫连接或襻目檩条浮搁，导致纵向震害严重，高烈度时要着重检查、处理。

针对康房的特点，提出柱同有斜撑或轻质抗震墙体的布置和构造的鉴定要求。

10.1.7 本条分别规定了各类木结构房屋抗震措施77鉴定标准的有关规定。

对旧式木骨架、木柱木屋架房屋，主要对砖墙的间距、砂浆强度等级和拉结构造进行检查。

对柁木檩架等房屋，主要对土坯墙或土筑墙的间距、施工方法和拉结构造等进行检查。

对穿斗木构架房屋，主要对空斗墙、毛石墙、砖墙和土坯墙、土筑墙等墙体的间距，施工方法和砂浆强度等级、拉结构造等进行检查。对廒房，只对墙体的拉结构造进行检查。

10.1.8 本条列出了木结构房屋中易损部位的鉴定要求，主要是77鉴定标准中有关规定的整理。

10.1.9 本条规定了需采取加固或相应措施的情况，强调木构件的现状、木构架的构造形式及其连接应符合鉴定要求。

10.2 土石墙房屋

10.2.1 本节保持77鉴定标准的规定，只适用于6、7度时的村镇房屋。

震害表明，除灰土墙房屋可为二层外，一般的土墙房屋宜为单层。

根据试验研究，7度不超过三层的毛料石房屋，采用有垫片石浆砌筑时，仍可有条件地符合鉴定要求，但毛石墙房屋只宜为单层。对浆砌料石房屋，基本上与砌体结构相同。

10.2.2 土石墙房屋的检查重点，可参照第五章的原则规定。

10.2.4 与77鉴定标准相同，土石墙房屋不进行抗震承载力验算。

10.2.5 土石墙房屋和毛石墙房屋的材料强度较低，其墙体要厚，墙面开洞要小，墙高要矮，平面要简单，屋盖要轻。

10.2.6 土石墙房屋墙体的质量和连接的要求，基本上保持了77鉴定标准的规定。

干砌、斗砌对墙体的强度有明显的影响，在鉴定中要注意。墙体的拉结材料，对土墙可以是竹筋、木条、荆条等，对多层石墙，应为钢筋。

10.2.7 土墙房屋要有圈梁，灰土墙房屋、楼盖多为木结构房屋、多层砌体房屋有条石楼板的作法，它在施工中、使用中常发生事故，且缺乏地震经验，在本标准中没有条件做出规定。

一些地区有条石楼板的有关部分相当。

11 烟囱和水塔

11.1 烟 囱

11.1.1 普通类型的独立式烟囱，指高度在100m以下的钢筋混凝土烟囱和高度在60m以下的砖烟囱。特殊构造形式的烟囱指爬山烟囱、带水塔烟囱等。

11.1.2 独立式烟囱在静载下处于平衡状态，鉴定时需检查筒壁材料的强度等级。

震害表明，砖烟囱顶部易于破坏甚至坠落，7度时顶部就有破坏，故要求其顶部一定范围要有配筋；

钢筋混凝土烟囱的筒壁损坏，钢筋锈蚀严重，8度时就有破坏，故应着重检查筒壁混凝土的裂缝和钢筋的锈蚀等。

11.1.3 根据震害经验和统计分析，参照现行抗震设计规范，提出了抗震鉴定的范围。

烟囱的抗震承载力验算，以按设计规范的方法为主，超过100m的烟囱可采用简化方法；超过时采用振型分解反应谱方法。

为保持77鉴定标准的水准，烟囱抗震鉴定的承载力调整系数γ_{Ra}的取值同抗震设计的承载力抗震调整系数γ_{RE}。

11.1.5 对烟囱的抗震能力进行综合评定时，同样要考虑抗震图或承载力和构造两个因素。

11.2 水 塔

11.2.1 独立的水塔指有一个水柜作为供水用的水塔。本节的适用范围主要是常用的容量和常用高度的水塔，大部分有标准图或通用图。

11.2.2 本条规定一些小容量、低烃水塔，可"适当降低鉴定要求"。指在一定范围内降低构造的鉴定要求。

11.2.4 水塔的基础倾斜过大，将影响水塔的安全，故提出控制倾斜的鉴定要求。

11.2.5 水塔鉴定的内容，主要参照国家标准《给排水工程结构设计规范》GBJ69—84的有关规定和震害经验确定的。

11.2.6 根据震害经验和计算分析，参照设计规范，得到可不进行抗震承载力验算的范围。

水塔的抗震承载力验算，以按设计规范的方法为主：支架水塔和类似的其他水塔采用简化方法，较低的筒支承水塔采用底部剪力方法，较高的砖筒支承水塔或筒高度与直径之比大于3.5时采用振型分解反应谱法。

为保持TJ23—77标准的水准，水塔抗震鉴定的承载力调整系数γ_{Ra}的取值同抗震设计的承载力抗震调整系数γ_{RE}。

经验表明，砖和钢筋混凝土筒壁水塔为满载时控制抗震设计，而支架式水塔和基础则可能为空载时控制设计，地震作用方向不同，控制部位也不完全相同。参照设计规范，在抗震鉴定的承载力验算中也作了相应的规定。

11.2.7 综合评定时，只要水塔相应部位无震害或只有经微震害，能满足不影响水塔使用或稍加处理即可继续使用的要求，均可通过鉴定。

考虑到多层内框架砖房采用底部剪力法计算时，顶部需附加相当于20%总地震作用的集中力（$0.20F_{Ek}$），因此，底层框架砖房的底层，其基准面积率要作相应的调整。

由于框架柱可承担一部分地震剪力，故底层框架砖房的各层，基准面积率可取0.85，或参照设计规范和多层内框架砖房的底层，折减系数可取0.92—0.10λ。

底层承担的剪力予以折减，即折减系数 ψ_f 为

$$\psi_f = 1 - V_f/V$$

或 $\psi_f \approx 0.92 - 0.10\lambda$；

各柱承担的剪力予以折减，参照设计规范各柱承担的剪力予以

$$\psi_l = 1 - \Sigma\psi_c(\xi_1 + \xi_2 L/B)n_b n_s$$

式中 V_f——框架部分承担的剪力；
V——底层的地震剪力；
λ——抗震横墙间距与房屋总宽度之比。

多层内框架砖房的各层，参照设计规范各柱承担的剪力予以折减，即折减系数 ψ_l 为

附录 A 砖房抗震墙基准面积率

砖房抗震墙基准面积率，即 TJ23—77 标准的"最小面积率"。因新的砌体结构设计规范的材料指标和新的抗震设计规范地震作用取值改变，相应的计算公式也有所变化。为保持与 TJ23—77 标准的衔接，M1 和 M2.5 的计算结果不变，M0.4 和 M5 有一定的调整。表 A.0.1 的计算公式如下：

$$\xi_{0i} = \frac{0.16\lambda_0 g_0}{f_{vk}\sqrt{1+\sigma_0/f_{v,m}}} \cdot \frac{(n+i)(n-i+1)}{n+1} \quad (A.0.1)$$

式中 ξ_{0i}——i 层的基准面积率；
g_0——基本的楼层单位面积重力荷载代表值，取 12kN/m²；
n——房屋总层数；
σ_0——i 层抗震墙在 1/2 层高处的截面平均压应力（MPa）
$f_{v,m}$——砖砌体抗剪强度平均值（MPa），M0.4 为 0.08，M1 为 0.125，M2.5 为 0.20，M5 为 0.28，M10 为 0.40；
f_{vk}——砖砌体抗剪强度标准值（MPa），M0.4 为 0.05，M1 为 0.08，M2.5 为 0.13，M5 为 0.19，M10 为 0.27；
λ_0——墙体承重类别系数，承重墙为 1.0，自承重墙为 0.75。

同一方向有承重墙和自承重墙基准面积率换算方法如下：用 A_1、A_2 分别表示承重墙和自承重墙的净面积或砂浆强度等级不同的墙体净面积，ξ_1、ξ_2 分别表示按表 A.0.1 查得的基准面积率，用 ξ_0 表示"按各自的净面积比相应转换为同样条件下的基准面积数值"，则

$$\frac{1}{\xi_0} = \frac{A_1}{(A_1 + A_2)\xi_1} + \frac{A_2}{(A_1 + A_2)\xi_2}$$

附录 B 钢筋混凝土结构楼层受剪承载力

钢筋混凝土结构的楼层现有受剪承载力，即设计规范中"按构件实际配筋面积和材料强度标准值计算的楼层受剪承载力"。由于现有框架多为"强梁弱柱"型框架，计算公式有所简化。

设计规范中材料强度的设计取值改变，故列出原材料强度等级 C13、C18、C23、C28 所对应的新取值。

对内框架砖房的混合框架，参照设计规范中规定的钢筋混凝土柱、无筋砖柱、组合砖柱所承担剪力的比例，对楼层受剪承载力作适当的限制：

（1）砖柱现有受弯承载力，取为 $N[e]$，无筋砖柱取 $[e] = 0.9y$；组合砖柱则参照配筋砖柱的公式作相应的计算。

（2）内框架砖房混合框架的楼层现有受剪承载力可采用下列各式确定：

$$V_{yw} = \Sigma V_{cy} + V_{mu} \quad (B.0.6\text{-}1)$$

$$V_{mu} = N[e]/H_0 \quad (B.0.6\text{-}2)$$

式中：V_{mu}——外墙砖柱（梁）层间现有受剪承载力；

N——对应于重力荷载代表值的砖柱轴向压力；

H_0——砖柱的计算高度，取反弯点至柱顶端的距离；

$[e]$——重力荷载代表值作用下现有砖柱的容许偏心距；无筋砖柱取 $0.9y$（y 为截面重心到轴向力所在偏心方向截面边缘的距离）；组合砖柱，可参照现行国家标准《砌体结构设计规范》偏心受压承载力的计算公式确定；其中，将不等式改为等式，钢筋取实有纵向钢筋面积，材料强度设计值改取标准值；

（3）对无筋砖柱，当 $V_{cy} \geq 2.4V_{mu}$，取 $V_{cy} = 2.4V_{mu}$

当 $V_{cy} \leq 2.4V_{mu}$，取 $V_{mu} = 0.42V_{cy}$

对组合砖柱，当 $V_{cy} \geq 1.6V_{mu}$，取 $V_{cy} = 1.6V_{mu}$

当 $V_{cy} \leq 1.6V_{mu}$，取 $V_{mu} = 0.63V_{cy}$

中华人民共和国国家标准

室外给水排水和燃气热力
工程抗震设计规范

Code for seismic design of outdoor water supply,
sewerage, gas and heating engineering

GB 50032—2003

主编部门：北京市规划委员会
批准部门：中华人民共和国建设部
施行日期：2003年9月1日

中华人民共和国建设部
公　告

第 145 号

建设部关于发布国家标准《室外给水排水和燃气热力工程抗震设计规范》的公告

现批准《室外给水排水和燃气热力工程抗震设计规范》为国家标准，编号为 GB 50032—2003，自 2003 年 9 月 1 日起实施。其中，第 1.0.3、3.4.4、3.4.5、3.6.2、3.6.3、4.1.1、4.1.4、4.2.2、4.2.5、5.1.1、5.1.4、5.1.10、5.1.11、5.4.1、5.4.2、5.5.2、5.5.3、5.5.4、6.1.2、6.1.5、7.2.8、9.1.5、10.1.2 条为强制性条文，必须严格执行。原《室外给水排水和煤气热力工程抗震设计规范》TJ 32—78 同时废止。

本规范由建设部定额研究所组织中国建筑工业出版社出版发行。

中华人民共和国建设部
2003 年 4 月 25 日

前 言

根据建设部要求，由主编部门北京市规划委员会组织北京市市政工程设计研究总院和主编单位北京市市政工程设计研究总院和北京市煤气热力工程设计院共同对《室外给水排水和煤气热力工程抗震设计规范》TJ 32—78进行修订，经有关部门专家会审，批准为国家标准，改名为《室外给水排水和燃气热力工程抗震设计规范》GB 50032—2003。

随着地震工程学科的发展和新的震害反映的积累，TJ 32—78在内容上和技术水准上已明显呈现不足，为此需加以修订。此外，在工程结构设计标准体系上，亦已由单一安全系数转向以概率统计为基础的极限状态设计方法，据此抗震设计亦需与之相协调匹配，对原规范进行必要的修订。

本规范共有10章及3个附录，内容包括总则、主要符号、抗震设计的基本要求、场地、地基和基础、地震作用和结构抗震验算、盛水构筑物、贮气构筑物、泵房、水塔、管道等。

本规范以黑体字标志的条文为强制性条文，必须严格执行。本规范将来可能需要进行局部修订，有关局部修订的信息和条文内容将刊登在《工程建设标准化》杂志上。

本规范由建设部负责管理和对强制性条文的解释，北京市规划委员会负责具体管理，北京市市政工程设计研究总院负责具体技术内容的解释。

为提高规范的质量，请各单位在执行本规范过程中，结合工程实践，认真总结经验，并将意见和建议寄交北京市市政工程设计研究总院（地址：北京市西城区月坛南街乙二号；邮编：100045）。

本标准主编单位：北京市市政工程设计研究总院
参编单位：北京市煤气热力工程设计院
主要起草人员：沈世杰 刘雨生 雷宜荣
　　　　　　　钟启承 王乃震 舒亚俐

目 次

1 总则 ·········· 3—4
2 主要术语、符号 ·········· 3—5
  2.1 术语 ·········· 3—5
  2.2 符号 ·········· 3—6
3 抗震设计的基本要求 ·········· 3—7
  3.1 规划与布局 ·········· 3—7
  3.2 场地影响和地基、基础 ·········· 3—8
  3.3 地震影响 ·········· 3—8
  3.4 抗震结构体系 ·········· 3—9
  3.5 非结构构件 ·········· 3—9
  3.6 结构材料与施工 ·········· 3—10
4 场地、地基和基础 ·········· 3—10
  4.1 场地 ·········· 3—12
  4.2 天然地基和基础 ·········· 3—13
  4.3 液化土和软土地基 ·········· 3—16
  4.4 桩基 ·········· 3—17
5 地震作用和结构抗震验算 ·········· 3—17
  5.1 一般规定 ·········· 3—19
  5.2 构筑物的水平地震作用和作用效应计算 ·········· 3—20
  5.3 构筑物的竖向地震作用计算 ·········· 3—20
  5.4 构筑物结构构件的抗震强度验算 ·········· 3—21
  5.5 埋地管道的抗震验算 ·········· 3—22
6 盛水构筑物 ·········· 3—22
  6.1 一般规定 ·········· 3—23
  6.2 地震作用计算 ·········· 3—25
  6.3 构造措施 ·········· 3—26
7 贮气构筑物 ·········· 3—26
  7.1 一般规定 ·········· 3—26
  7.2 球形贮气罐 ·········· 3—28
  7.3 卧式圆筒形贮气罐 ·········· 3—28
  7.4 水槽式螺旋轨贮气罐 ·········· 3—30
8 泵房 ·········· 3—30
  8.1 一般规定 ·········· 3—31
  8.2 地震作用计算 ·········· 3—31
  8.3 构造措施 ·········· 3—32
9 水塔 ·········· 3—32
  9.1 一般规定 ·········· 3—33
  9.2 地震作用计算 ·········· 3—33
  9.3 构造措施 ·········· 3—35
10 管道 ·········· 3—35
  10.1 一般规定 ·········· 3—35
  10.2 地震作用计算 ·········· 3—36
  10.3 构造措施 ·········· 3—36
附录A 我国主要城镇抗震设防烈度、设计基本地震加速度和设计地震分组 ·········· 3—38
附录B 有盖矩形水池考虑结构体系的空间作用时水平地震作用效应标准值的确定 ·········· 3—51
附录C 地下直埋直线段管道在剪切波作用下的作用效应计算 ·········· 3—52

3—3

C.1 承插式接头管道 ………………………… 3—52
C.2 整体焊接钢管 …………………………… 3—53
本规范用词说明 …………………………… 3—54
条文说明 …………………………………… 3—55

1 总 则

1.0.1 为贯彻执行《中华人民共和国建筑法》和《中华人民共和国防震减灾法》，并施行以预防为主的方针，使室外给水、排水和燃气、热力工程设施经抗震设防后，减轻地震破坏，避免人员伤亡，减少经济损失，特制订本规范。

1.0.2 按本规范进行抗震设计的构筑物及管网，当遭遇低于本地区抗震设防烈度的多遇地震影响时，一般不致损坏或不需修理仍可继续使用。当遭遇本地区抗震设防烈度的地震影响时，构筑物不需修理或经一般修理后仍能继续使用；管网震害可控制在局部范围内，避免造成次生灾害。当遭遇高于本地区抗震设防烈度预估的罕遇地震影响时，构筑物不致严重损坏，危及生命或导致重大经济损失；管网震害不致引发严重次生灾害，并便于抢修和迅速恢复使用。

1.0.3 抗震设防烈度为 6 度及高于 6 度地区的室外给水、排水和燃气、热力工程设施，必须进行抗震设计。

1.0.4 抗震设防烈度应按国家规定的权限审批、颁发的文件（图件）确定。

1.0.5 本规范适用于抗震设防烈度为 6 度至 9 度地区的室外给水、排水和燃气、热力工程设施的抗震设计。

对抗震设防烈度高于 9 度或有特殊抗震要求的工程抗震设计，应按专门研究的规定设计。

注：本规范以下条文中，一般略去"抗震设防烈度"表叙字样，对"抗震设防烈度"简称为"6度、7度、8度、9度"。

度、9度"。

1.0.6 抗震设防烈度可采用现行的中国地震动参数区划图的地震基本烈度（或与设计基本地震加速度值对应的烈度值）；对已编制抗震设防区划的地区或经批准的抗震设防区划确认的抗震设防烈度或设计地震动参数进行抗震设防。

1.0.7 对室外给水、排水和燃气、热力工程系统中的下列建、构筑物，修复因难或导致严重次生灾害的建、构筑物，宜按本地区抗震设防烈度提高一度采取抗震措施（不作提高一度抗震计算），当抗震设防烈度为9度时，可适当加强抗震措施。

1　给水工程中的取水构筑物和输水管道、水质净化处理厂内的主要水处理构筑物和变电站、配水井、送水泵房、氯库等；

2　排水工程中的道路立交处的雨水泵房、污水处理厂内的主要水处理构筑物和变电站、进水泵房、沼气发电站等；

3　燃气工程厂站中的贮气罐、变配电室、泵房、贮瓶库、压缩间、超高压至高压调压间等；

4　热力工程主干线中继泵站内的主厂房、变配电室等。

1.0.8 对位于设防烈度为6度地区的室外给水、排水和燃气、热力工程设施，可不作抗震计算；当本规范无特别规定时，抗震措施应按7度设防的有关要求采用。

1.0.9 室外给水、排水和燃气、热力工程中的房屋建筑的抗震设计，应按现行的《建筑抗震设计规范》GB 50011执行；水工建筑物的抗震设计，应按现行的《水工建筑物抗震设计规范》SDJ 10执行；本规范中未列入的构筑物的抗震设计，应按现行的《构筑物抗震设计规范》GB 50191执行。

2 主要术语、符号

2.1 术　语

2.1.1 地震作用　earthquake action
由地震动引起的结构动态作用，包括水平地震作用和竖向地震作用。

2.1.2 抗震设防烈度　seismic fortification intensity
按国家规定的权限批准作为一个地区抗震设防依据的地震烈度。

2.1.3 设计地震动参数　design parameter of ground motion
抗震设计用的地震加速度（速度、位移）时程曲线、加速度反应谱和峰值加速度。

2.1.4 设计基本地震加速度　design basic acceleration of ground motion
50年设计基准期超越概率10%的地震加速度的设计取值。

2.1.5 设计特征周期　design characteristic period of ground motion
抗震设计采用的地震影响系数曲线中，反映地震震级、震中距和场地类别等因素的下降段起点对应的周期值。

2.1.6 场地　site
工程群体所在地，具有相同的反应谱特征，其范围相当于厂区、居民小区和自然村或不小于1.0km²的平面面积。

2.1.7 抗震概念设计　seismic conceptual design

思想，进行结构总体布置并确定细部抗震措施的过程。

2.1.8 抗震措施 seismic fortification measures

除地震作用计算和抗震计算以外的抗震内容，包括抗震构造措施。

2.2 符 号

2.2.1 作用和作用效应

F_{EK}、F_{EVK} ——结构上的水平、竖向地震作用的标准值；

G_E、G_{eq} ——地震时结构（构件）的重力荷载代表值、等效总重力荷载代表值；

p ——基础底面压力；

s ——地震作用效应与其他荷载效应的基本组合；

s_E ——地震作用效应（弯矩、轴向力、剪力、应力和变形）；

s_K ——作用、荷载标准值的效应；

$\Delta_{p,k}$ ——地震引起半个视波长范围内管道沿管轴向的位移量标准值。

2.2.2 材料性能和抗力

f、f_K、f_E ——各种材料的强度设计值、标准值和抗震设计值；

K ——结构（构件）的刚度；

R ——结构构件承载力；

$[u_a]$ ——管道接头的允许位移量。

2.2.3 几何参数

A ——构件截面面积；

d ——土层深度或厚度；

H ——结构高度、池壁高度；

H_w ——池内水深；

L ——剪切波长；

l ——构件长度；

l_p ——每一根管子的长度。

2.2.4 计算参数

f_w ——动水压力系数；

α ——水平地震影响系数；

α_{max}、α_{Vmax} ——水平地震、竖向地震影响系数最大值；

γ_{RE} ——承载力抗震调整系数；

η ——地震作用效应调整系数；

ψ ——拉杆影响系数；

ψ_λ ——结构杆件长细比影响系数；

ζ_t ——沿管道方向的位移传递系数。

3 抗震设计的基本要求

3.1 规划与布局

3.1.1 位于地震区的大、中城市中的给水水源、燃气气源、集中供热热源和排水系统，应符合下列要求：

1 水源、燃气气源、热源的主干线布置不宜少于两个，并应在规划中确认布局在城市的不同方位；

2 对取地表水作为主要水源的城市，在有条件时宜配置适量的取地下水备用水源井；

3 在统筹规划、合理布局的前提下，用水较大的工业企业宜自建水源供水。

4 排水系统应分区布局。

3.1.2 地震区的大、中城市中给水、燃气和热力的管网和厂站布局，应符合下列要求：

1 给水、燃气干线应敷设成环状；

2 热源的主干线之间应尽量连通；

3 净水厂、具有调节水池的加压泵房、水塔和燃气贮配站、门站等，应分散布置。

3.1.3 排水系统内的干线与干线之间，宜设置连通管。

3.2 场地影响和地基、基础

3.2.1 对工程建设的场地，应根据工程地质地质、地震地质资料及地震影响按下列规定判别出有利、不利和危险地段：

1 坚硬土或开阔平坦密实均匀的中硬土地段，可判为有利建设场地；

2 软弱土、液化土、非岩质的陡坡、条状突出的山嘴、高耸孤立的山丘、河岸边缘、断层破碎地带、故河道及暗埋的塘浜沟谷地段，应判为不利建设场地；

3 地震时可能发生滑坡、崩塌、地陷、地裂、泥石流等及发震断裂带上可能发生地表错位的地段，应判为危险建设场地。

3.2.2 建设场地的选择，应符合下列要求：

1 宜选择有利地段；

2 应尽量避开不利地段；当无法避开时，应采取有效的抗震措施；

3 不应在危险地段建设。

3.2.3 位于Ⅰ类场地上的构筑物，可按本地区抗震设防烈度降低一度采取抗震构造措施，但设计地震作用时抗震设防烈度不降。计算地震作用时，抗震设防烈度为0.15g和0.30g地区不降，设防烈度为6度时不降。

3.2.4 对基础和地基的抗震设计，应符合下列要求：

1 当地基受力层范围内存在液化土或软弱土层时，应采取措施防止地基承载力失效，震陷和不均匀沉降导致构筑物或管网结构损坏。

2 同一结构单元的构筑物不宜设置在性质截然不同的地基土上，并不宜部分采用天然地基、部分采用桩基等人工地基。当不可避免时，应采取有效措施避免震陷导致结构破坏，例如设置变形缝分离，加设垫基垫褥等方法。

3 同一结构单元的构筑物，其基础宜设置在同一标高上；当不可避免存在高差时，基础应缓坡相接，缓坡坡度不宜大于1:2。

4 当构筑物基底受力层内存在液化土、软弱黏性土或严重不均匀土层时，虽经地基处理，仍应采取措施加强基础的整体性和刚度。

3.3 地震影响

3.3.1 工程设施所在地区遭受的地震影响，应采用相应于抗震设防烈度的设计基本地震加速度和设计特征周期或本规范第1.0.5条规定的设计地震动参数作为表征。

3.3.2 抗震设防烈度和设计基本地震加速度取值的对应关系，应符合表3.3.2的规定。设计基本地震加速度为0.15g和0.30g地区的工程设施，应分别按抗震设防烈度7度和8度的要求进行抗震设计。

表3.3.2 抗震设防烈度和设计基本地震加速度的对应关系

抗震设防烈度	6	7	8	9
设计基本地震加速度	0.05g	0.10g (0.15g)	0.20g (0.30g)	0.40g

注：g为重力加速度。

3.3.3 设计特征周期应根据工程设施所在地区的设计地震分组和场地类别确定。本规范的设计地震共分为三组。

3.3.4 我国主要城镇（县级及县级以上城镇）中心地区的抗震设防烈度、设计基本地震加速度值和所属的设计地震分组，可按本规范附录A采用。

3.4 抗震结构体系

3.4.1 抗震结构体系应根据建筑物、构筑物和管网的使用功能、材质、建设场地、地基地质、施工条件和抗震设防要求等因素，经技术经济综合比较后确定。

给水、排水和燃气、热力工程厂站中建筑物的建筑设计中有关规则性的抗震概念设计要求，应按现行《建筑抗震设计规范》GB 50011的规定执行。

3.4.2 构筑物的平面、竖向布置宜符合下列要求：

1 构筑物的平面、竖向布置宜规则、对称，质量分布和刚度变化宜均匀；相邻各部分间刚度不宜突变。

2 对体型复杂的构筑物，宜设置防震缝结构分成规则的结构单元；当设置防震缝有困难时，应对结构进行整体抗震计算，针对薄弱部位，采取有效的抗震措施。

3 防震缝应留有足够宽度，其两侧结构应完全分开；当防震缝兼作变形缝（伸缩、沉降）时，基础亦应分开。变形缝的缝宽，应符合防震缝的要求。

3.4.3 构筑物和管道的结构体系，应符合下列要求：

1 应具有明确的计算简图和合理的地震作用传递路线；

2 应避免部分结构或构件破坏而导致整个结构体系丧失抗震能力或对重力荷载的承载力；

3 同一结构单元应具有良好的整体性；对局部削弱或突变形成的薄弱部位，应采取加强措施。

3.4.4 结构构件及其连接，应符合下列要求：

1 混凝土结构构件应合理选择截面尺寸及配筋，避免剪切破坏先于弯曲破坏、混凝土压溃先于钢筋屈服，钢筋锚固先于构件破坏；

2 钢结构构件应合理选择截面尺寸，防止局部或整体失稳；

3 构件节点的承载力,不应低于其连接构件的承载力;
4 装配式结构的连接,应能保证结构的整体性;
5 管道与构筑物、设备的连接处(含一定距离内),应配置柔性构造措施;
6 预应力混凝土构件的预应力钢筋,应在节点核心区以外锚固。

3.5 非结构构件

3.5.1 非结构构件,包括建筑非结构构件和各种设备,这类构件自身及其与结构主体的连接,应由相关专业人员分别负责进行抗震设计。

3.5.2 围护墙、隔墙等非承重受力构件,应与主体结构有可靠连接;当应于出入口,通道及重要设备附近处,应采取加强措施。

3.5.3 幕墙、贴面装饰、贴面等较重吊装或悬吊重装饰物,应与主体结构有可靠连接。不宜设置镶嵌或悬吊较重吊装饰的装饰物,必要时应加强连接措施或设防护措施,避免地震时脱落伤人。

3.5.4 各种设备的支座、支架和连接,应满足相应烈度的抗震要求。

3.6 结构材料与施工

3.6.1 给水、排水和燃气,热力工程厂站中建筑物的结构材料与施工要求,应符合现行《建筑抗震设计规范》GB 50011的规定。

3.6.2 钢筋混凝土盛水构筑物和地下管道管体的混凝土等级,不应低于C25。

3.6.3 砌体结构的砖砌体强度等级不应低于MU10,块石砌体的强度等级不应低于MU20;砌筑砂浆应采用水泥砂浆,其强度等级不应低于M7.5。

3.6.4 在施工过程中,不宜以屈服强度更高的钢筋替代原设计的受力钢筋;当不能避免时,应按钢筋强度设计值相等的原则换算,并应满足正常使用极限状态和抗震要求的构造措施规定。

3.6.5 毗连构筑物及与构筑物连接的管道,当坐落在回填土上时,回填土应严格分层压实,其压实密度应达到该回填土料最大压实密度的95%~97%。

3.6.6 混凝土构筑物和现浇混凝土管道的施工缝处,应严格剔除浮浆、冲洗干净,先铺水泥浆后再进行二次浇筑,不得在施工缝处铺设任何非胶结材料。

4 场地、地基和基础

4.1 场 地

4.1.1 建（构）筑物、管道场地的类别划分，应以土层的等效剪切波速和场地覆盖层厚度的综合影响作为判别依据。

4.1.2 在场地勘察时，对测定土层剪切波速的钻孔数量，应符合下列要求：

1 在初勘阶段，对大面积同一地质单元，应为控制性钻孔数量的 1/3～1/5；对山间河谷地区可适量减少，但不宜少于 3 个孔。

2 在详勘阶段，对同一地质单元，钻孔不宜少于 2 个孔，当处于建（构）筑物密集时，且测孔数量可适量减少，但不得少于 1 个。对地下管道控制性钻孔，按表 4.1.3 划分土的类型，参照表 4.1.3 内给出的波速范围内判定各土层的剪切波速。

4.1.3 对厂站内小型附属建（构）筑物或埋地管道，当无实测剪切波速或实测数量不足时，可根据各层岩土名称及性状，按表 4.1.3 划分土的类型，参照表 4.1.3 内给出的波速范围内判定各土层的剪切波速。

表 4.1.3 土的类型划分和剪切波速范围

土的类型	岩土名称和性状	剪切波速范围 (m/s)
坚硬土或岩石	稳定岩石，密实的碎石土。	$V_s > 500$

续表 4.1.3

土的类型	岩土名称和性状	剪切波速范围 (m/s)
中硬土	中密、稍密的碎石土，密实、中密的砾、粗、中砂，$f_{ak} > 200$ 的粘性土和粉土，坚硬黄土。	$500 \geqslant V_s > 250$
中软土	稍密的砾、粗、中密的砂，除松散外的细粉砂，$f_{ak} \leqslant 200$ 的粘性土和粉土，$f_{ak} \geqslant 130$ 的填土，可塑黄土。	$250 \geqslant V_s > 140$
软弱土	淤泥和淤泥质土，松散的砂，新近沉积的粘性土和粉土，$f_{ak} < 130$ 的填土，新近堆积黄土和流塑黄土。	$V_s \leqslant 140$

注：f_{ak} 为地基静承载力特征值（kPa）；
V_s 为岩土剪切波速。

4.1.4 工程场地覆盖层厚度的确定，应符合下列要求：

1 一般情况下，应按地面至剪切波速大于 500m/s 土层顶面的距离确定。

2 当地面 5m 以下存在剪切波速大于相邻上层土剪切波速的 2.5 倍的土层，且其下卧土层的剪切波速均不小于 400m/s 时，可取地面至该土层顶面的距离确定。

3 剪切波速大于 500m/s 的孤石、透镜体，应视同周围土层；

4 土层中的火山岩硬夹层，应视为刚体，其厚度应从覆盖土层中扣除。

4.1.5 土层等效剪切波速应按下列公式计算

$$V_{se} = \frac{d_0}{t} \quad (4.1.5-1)$$

断裂的土层覆盖厚度分别大于60m、90m。

当不能满足上述条件时，首先应考虑避开主断裂带，其避开距离不宜少于表4.1.7的规定。如管道无法避免时，应采取必要措施或控制震害的应急措施。

表4.1.7 避开发震断裂的最小距离表（m）

烈度	工程类别	厂站	管道工程		
			输水、气、热	配管、排水管
8		300	300	200
9		500	500	300

注：1 避开距离指至主断裂外缘的水平距离。
2 厂站内最近建（构）筑物外缘至主断裂带外缘的避开距离应为主断裂带外缘的距离。

4.1.8 当需要在条状突出的山嘴、孤立的山丘、非岩质的陡坡、河岸和边坡边缘等抗震不利地段建造建（构）筑物时，除应确保其在地震作用下的稳定性外，尚应考虑场地地震动放大作用。相应各种条件下地震影响系数的放大系数（λ），可按表4.1.8采用。

表4.1.8 地震影响系数的放大系数λ表

突出高度H(m) 突出台地坡降H/L	岩质地层	非岩质地层			
		$H<5$	$5 \leq H<15$	$15 \leq H<25$	$H \geq 25$
	$H<20$	$20 \leq H<40$	$40 \leq H<60$	$H \geq 60$	
$H/L<0.3$	1.00	1.00	1.00	1.00	1.00
$B/H<2.5$		1.10	1.20	1.30	
$2.5 \leq B/H<5$		1.06	1.12	1.18	
$B/H \geq 5$		1.03	1.06	1.09	

$$t = \sum_{i=1}^{n}\left(\frac{d_i}{V_{si}}\right) \quad (4.1.5-2)$$

式中 V_{se}——土层等效剪切波速（m/s）；

d_0——计算深度（m），取覆盖层厚度和20m两者的较小值；

t——剪切波在地表与计算深度之间传播的时间（s）；

d_i——计算深度范围内第i土层的厚度（m）；

n——计算深度范围内土层的分层数；

V_{si}——计算深度范围内第i土层土层的剪切波速（m/s）。

4.1.6 建（构）筑物和管道的场地类别，应根据土层等效剪切波速和场地覆盖层厚度按表4.1.6的划分确定。

表4.1.6 场地类别划分表

等效剪切波速 (m/s) 覆盖层厚度	Ⅰ	Ⅱ	Ⅲ	Ⅳ
$V_{se}>500$	0			
$500 \geq V_{se}>250$	<5	≥5		
$250 \geq V_{se}>140$	<3	3~50	>50	
$V_{se} \leq 140$	<3	3~15	16~80	>80

4.1.7 当厂站或埋地管道工程的场地遭遇发震断裂时，应对地震影响做出评价。符合下列条件之一者，可不考虑发震断裂错动对建（构）筑物和埋地管道的影响。

1 抗震设防烈度小于8度；
2 非全新世活动断裂；
3 抗震设防烈度为8度、9度地区，前第四纪基岩隐伏

续表 4.1.8

突出高度 H(m) 突出台地边坡降 H/L	岩质地层				非岩质地层			
	$H<5$	$5 \leq H<15$	$15 \leq H<25$	$H \geq 25$	$H<20$	$20 \leq H<40$	$40 \leq H<60$	$H \geq 60$
$0.3 \leq \frac{H}{L} < 0.6$	$\frac{B}{H} < 2.5$	1.10	1.20	1.30	1.40			
	$2.5 \leq \frac{B}{H} < 5$	1.06	1.12	1.18	1.24			
	$\frac{B}{H} \geq 5$	1.03	1.06	1.09	1.12			
$0.6 \leq \frac{H}{L} < 1.0$	$\frac{B}{H} < 2.5$	1.20	1.30	1.40	1.50			
	$2.5 \leq \frac{B}{H} < 5$	1.12	1.18	1.24	1.30			
	$\frac{B}{H} \geq 5$	1.06	1.09	1.12	1.15			
$\frac{H}{L} \geq 1.0$	$\frac{B}{H} < 2.5$	1.30	1.40	1.50	1.60			
	$2.5 \leq \frac{B}{H} < 5$	1.18	1.24	1.30	1.36			
	$\frac{B}{H} \geq 5$	1.09	1.12	1.15	1.18			

注：表中 B 为建（构）筑物至台地边缘的距离；
L 为突出台地边坡的水平长度。

4.1.9 对场地岩土工程勘察，除应按国家有关标准的规定执行外，尚应根据实际需要划分对抗震有利、不利和危险的地段，并提供建设场地类别及岩土的地震稳定性（滑坡、崩塌、液化及震陷特性等）评价。

4.2 天然地基和基础

4.2.1 天然地基上的埋置管道和下列建（构）筑物，可不进行地基和基础的抗震验算：

1 本规范规定可不进行抗震验算的建（构）筑物；

2 设防烈度为 7 度，8 度或 9 度时，水塔及地基的静力承载力标准值分别大于 80、100、120kPa 且高度不超过 25m 的建（构）筑物。

4.2.2 对天然地基进行抗震验算时，应采用地震作用效应标准组合；相应地基抗震承载力应取地基承载力特征值乘以地基抗震承载力调整系数确定。

4.2.3 地基土的抗震承载力应按下式计算：

$$f_{aE} = f_a \cdot \zeta_a \quad (4.2.3)$$

式中 f_{aE}——调整后的地基抗震承载力；

f_a——深宽修正后的地基土承载力特征值，应按现行《建筑地基基础设计规范》GB 50007 的规定确定；

ζ_a——地基抗震承载力调整系数，应按表 4.2.3 采用。

表 4.2.3 地基土抗震承载力调整系数（ζ_a）

岩土名称和性状	ζ_a
岩石，密实的碎石土，密实的砾、粗、中砂，$f_{ak} \geq 300$kPa 的粘性土和粉土	1.5
中密、稍密的碎石土，中密、稍密的砾、粗、中砂，密实、中密的细粉砂，150kPa $\leq f_{ak} < 300$kPa 的粘性土和粉土，坚硬黄土	1.3
稍密的细、粉砂，100kPa $\leq f_{ak} < 150$kPa 的粘性土和粉土，可塑黄土	1.1
淤泥，淤泥质土，松散的砂，新近沉积的粘性土和粉土，新近堆积黄土及流塑黄土	1.0

4.2.4 对天然地基验算地震作用下的竖向承载时,应符合下式要求:

$$p \leq f_{aE} \quad (4.2.4-1)$$
$$p_{max} \leq 1.2 f_{aE} \quad (4.2.4-2)$$

式中 p——在地震作用效应标准组合下的基底平均压力;

p_{max}——在地震作用效应标准组合下的基底最大压力。

对高宽比大于 4 的建(构)筑物,在地震作用下基础底面不宜出现零压应力区;其他建(构)筑物允许出现大于零压应力区,但其面积不应超过基础底面积的 15%。

4.2.5 设防烈度为 8 度或 9 度,持力层为软弱粘性土(f_{aK}小于 100kPa、120kPa)时,对下列建(构)筑物的地基土应进行抗震滑动验算:

1 矩形敞口地面式水池,底板为分离式的独立基础挡水墙。

2 地面式泵房等构筑物,未设基础梁的柱间支撑部位的柱等。

验算时,抗滑阻力可取基础底面上的摩擦力与基础正侧面上的水平抗力之和。水平土抗力的计算值不应大于被动土压力的1/3。抗滑安全系数不应小于1.10。

4.3 液化土和软土地基

4.3.1 饱和砂土或粉土(不含黄土)的液化判别及相应的地基处理,对位于设防烈度为 6 度地区的建(构)筑物和管道工程使用可不考虑。

4.3.2 在地面以下 15m 或 20m 范围内的饱和砂土或粉土(不含黄土),当符合下列条件之一时,可初步判别为不液化或不考虑液化影响:

1 地质年代为第四纪晚更新世(Q_3)及其以前,设防烈度为 7 度、8 度时;

2 粉土的黏粒(粒径小于 0.005mm 的颗粒)含量百分率,7 度、8 度和 9 度分别不小于 10、13 和 16 时;

注:黏粒含量判别时应采用六偏磷酸钠作分散剂测定,采用其他方法时应按有关规定换算。

3 当上覆非液化土层厚度和地下水位深度符合下列条件之一时,可不考虑液化影响:

$$d_u > d_0 + d_b - 2 \quad (4.3.2-1)$$
$$d_w > d_0 + d_b - 3 \quad (4.3.2-2)$$
$$d_u + d_w > 1.5 d_0 + d_b - 4.5 \quad (4.3.2-3)$$

式中 d_u——上覆盖非液化土层厚度(m),淤泥和淤泥质土层不宜计入;

d_w——地下水位深度(m),宜按工程使用期内的年平均最高水位采用,当缺乏可靠资料时,也可按近期内年最高水位采用;

d_b——基础埋置深度(m),当不大于 2m 时,应按 2m 计算;

d_0——液化土特征深度(m),可按表 4.3.2 采用。

表 4.3.2 液化土特征深度(m)

饱和土类别	设防烈度		
	7	8	9
粉土	6	7	8
砂土	7	8	9

4.3.3 饱和砂土或粉土经初步液化判别后,确认需要进一步做液化判别时,应采用标准贯入试验法。当标准贯入锤击

数实测值（未经杆长修正）小于液化判别标准贯入锤击数临界值时，应判为液化土。

液化判别标准贯入锤击数临界值可按下式计算：

1 当 $d_s \leq 15m$ 时：

$$N_{cr} = N_0[0.9 + 0.1(d_s - d_w)]\sqrt{\frac{3}{\rho_c}} \quad (4.3.3-1)$$

2 当 $d_s \geq 15m$ 时（适用于基础埋深大于5m或采用桩基时）：

$$N_{cr} = N_0(2.4 - 0.1d_w)\sqrt{\frac{3}{\rho_c}} \quad (4.3.3-2)$$

式中 d_s ——标准贯入点深度(m)；
N_{cr} ——液化判别标准贯入锤击数临界值；
N_0 ——液化判别标准贯入锤击数基准值，应按表4.3.3采用；
ρ_c ——粘粒含量百分率，当小于3或砂土时应取3计算。

表 4.3.3 标准贯入锤击数基准值（N_0）

设计地震分组＼设防烈度	7	8	9
第一组	6(8)	10(13)	16
第二、三组	8(10)	12(15)	18

注：括号内数值适用于设计基本地震加速度为0.15g和0.30g的地区。

4.3.4 当地基中15m或20m深度内存在液化土层时，应探明各液化土层的深度和厚度，并按下式计算每个钻孔的液化指数：

$$I_{IE} = \sum_{i=1}^{n}\left(1 - \frac{N_i}{N_{cri}}\right)d_i w_i \quad (4.3.4)$$

式中 I_{IE} ——液化指数；
n ——每一个钻孔15m或20m深度范围内液化土中标准贯入试验点的总数；
N_i、N_{cri} ——分别为深度i点处标准贯入锤击数的实测值和临界值，当实测值大于临界值时应取临界值；当只需要判别15m范围以内的液化时，15m以下的实测值可取临界值；
d_i ——i点所代表的土层厚度(m)，可采用与该标准贯入试验点相邻的上、下两标准贯入试验点深度差的一半，但上界不高于地下水位深度，下界不深于液化深度；
w_i ——i土层考虑单位土层厚度的层位影响权函数值(单位为 m^{-1})，当该层中点的深度不大于5m时应取10，等于15m或20m（根据判别深度）时应取为0，5～15m或5～20m时应按线性内插法取值。

注：对第1.0.7条规定的构筑物，可按本地区抗震设防烈度的要求计算液化指数。

4.3.5 对存在液化土层的地基，应根据其钻孔的液化指数按表4.3.5确定液化等级。

表 4.3.5 液化等级划分表

判别深度＼液化等级	轻微	中等	严重
15	$0 < I_{IE} \leq 5$	$5 < I_{IE} \leq 15$	$I_{IE} > 15$
20	$0 < I_{IE} \leq 6$	$6 < I_{IE} \leq 18$	$I_{IE} > 18$

边缘算起,不应小于基础底面下处理深度的1/2,且不应小于2m。

4.3.6 未经处理的液化土层一般不宜作为天然地基的持力层。对地基的抗液化处理措施,应根据建(构)筑物和管道工程的使用功能、地基的液化等级,按表4.3.6的规定选择采用。

表4.3.6 抗液化措施

工程项目类别		液化等级		
		轻微	中等	严重
第1.0.6条规定的工程项目	厂站内其他建(构)筑物	B或C	A或B+C	A
	输水、气、热力干线	C	B或C	A或B+C
管道	配管主干线	D	C	B+C
	一般配管	D	C	B+D
		不采取措施	D	C

注:A——全部消除地基液化;
B——部分消除地基液化;
C——减小不均匀沉陷,提高结构对不均匀沉陷的适应能力;
D——提高管道结构对不均匀沉陷的能力。

4.3.7 全部消除地基液化沉陷的措施,应符合下列要求:

1 采用桩基时,应符合本章第4节有关条款的要求,应穿过液化土层并应深入液化深度以下的稳定土层中,其深入深度不应小于500mm;

2 采用深基础时,基础底面应埋入液化深度以下的稳定土层中,其深入深度不应小于500mm;

3 采用加密法(如振冲、振动加密、碎石挤密、强夯等)加固时,处理深度应达到液化深度下界;处理后桩土的标准贯入锤击数实测值不宜小于液化相应的液化标准贯入锤击数临界值(N_{cr})。

4 采用换土法时,应挖除全部液化土层;

5 采用加密法或换土法时,其处理宽度从基础底面外

4.3.8 部分消除地基液化沉陷的措施,应符合下列要求:

1 处理深度应使处理后的地基液化指数不大于4(判别深度为15m时)或5(判别深度为20m时);对独立基础或条形基础,尚不应小于基础底面下液化土层特征深度值(d_0)和基础宽度的较大值。

2 土层当采用振冲或采用挤密碎石桩加固时,加固后的桩同土的标准贯入锤击数,应符合4.3.7条3款的要求。

3 基底平面外的处理宽度,应符合4.3.7条5款的要求。

4.3.9 减轻液化沉陷影响,对建(构)筑物基础和上部结构的处理,可根据工程具体情况采用下列各项措施:

1 选择合适的基础埋置深度;

2 调整基础底面积,减少基础偏心;

3 加强基础的整体性和刚度,如采用箱式基础、筏基等;

4 减轻荷载,增强上部结构的整体性,刚度和均匀对称性,合理设置沉降缝,对敞开口式构筑物顶加设圈梁等。

4.3.10 埋地管道适应液化沉陷能力,应符合下列要求:

1 对埋地的输水、气、热力管道,宜采用钢管;

2 对埋地的承插式接口管道,应采用柔性接口;

3 对埋地的矩形管道,应采用钢筋混凝土现浇整体结构,并沿线设置具有抗剪能力的变形缝,缝宽不宜小于20mm,缝距不宜大于15m;

4 当埋地圆形钢筋混凝土管采用预制平口接头管时,应对该段管道做钢筋混凝土满包,纵向钢筋的总配筋率不宜小于0.3%,并应沿线加密设置变形缝(构造同前3款要求);

缝距一般不宜大于10m；

5 架空管道应采用钢管，并应设置适量的活动、可挠性连接构造。

4.3.11 设防烈度为8度、9度地区，当建（构）筑物地基主要受力层存在淤泥、淤泥质土等软弱黏性土层时，应符合下列要求：

1 当软弱黏性土层上覆盖有非软土层，其厚度不小于5m(8度)或8m(9度)时，可不考虑采取消除软土震陷的措施。

2 当不满足要求时，消除震陷可采用桩基或其他地基加固措施。

4.3.12 厂站建（构）筑物或人工坡边建造，现代河滨、海滨，自然或人工坡边建造，当地基内存在液化土层等级为中等严重的液化土层时，宜避让至距常时水线150m以外，否则应对地基做有效的抗滑加固处理，并应通过抗滑动验算。

4.4 桩 基

4.4.1 设防烈度为7度或8度地区，承受竖向荷载为主的低承台桩基，当地基无液化土层时，可不进行桩基抗震承载力验算。

4.4.2 当地基无液化土层时，低承台桩基的抗震验算，应符合下列规定：

1 单桩的竖向和水平向抗震承载力设计值，可比静载时提高25%；

2 当考虑承台四周侧面的回填土抗力与桩共同承担水平地震作用，回填土的压实系数不低于90%时，但不

应计入承台底面与地基土间的摩擦力。

承台正面填土的土抗力，低承台的闭合被动土压力的1/3计算。

4.4.3 当地基内存在液化土层时，低承台桩的抗震验算，应符合下列规定：

1 对一般浅基础不宜计入承台正面填土的土抗力作用；

2 当承台底面上、下分别有厚度不小于1.5m、1.0m的非液化土层时，可按下列两种情况进行桩的抗震验算，并按不利情况设计：

（1）桩按受全部地震作用，桩承载力按本节第4.4.2条规定采用，但应扣除液化土的桩周摩阻力及桩水平抗力均应乘以表4.4.3所列的折减系数；

表4.4.3 土层液化影响折减系数

λ_N	深度 d_s (m)	折减系数
$\lambda_N \leq 0.6$	$d_s < 10$	0
	$10 < d_s \leq 20$	1/3
$0.6 < \lambda_N \leq 0.8$	$d_s < 10$	1/3
	$10 < d_s \leq 20$	2/3
$0.8 < \lambda_N \leq 1.0$	$d_s < 10$	2/3
	$10 < d_s \leq 20$	1

注：λ_N为液化土层的标准贯入锤击数实测值与相应的临界值之比。

（2）地震作用按本节第4.4.2条规定采用，但应扣除液化土层的桩承载力按本节第4.4.2条规定采用的10%采用，桩承载力及桩周摩阻力及桩承台下2m深度范围内非液化土的桩周摩阻全部摩阻力及桩承台下2m深度范围内非液化土的桩周摩阻力。

4.4.4 厂站内的各类盛水构筑物，其基础为整体式筏基，

当采用预制桩或其他挤土桩时，且桩距不大于 4 倍桩径时，打桩后桩间土的标准贯入锤击数达到不液化要求时，其单桩承载力可不折减，但对桩尖持力层做强度核时，桩群外侧的应力扩散角应取为零。

4.4.5 处于液化土中的桩基承台周围，应采用非液化土回填夯实。

4.4.6 存在液化土层的桩基，桩的箍筋间距应加密，宜与桩顶部相同，加密范围应自桩顶至液化土层下界面以下 2 倍桩径处；在此范围内，桩的纵向钢筋亦应与桩顶保持一致。

5 地震作用和结构抗震验算

5.1 一般规定

5.1.1 各类厂站构筑物的地震作用，应按下列规定确定：

1 一般情况下，应对构筑物结构的两个主轴方向分别计算水平向地震作用，并进行结构抗震验算；各方向的水平地震作用，应由该方向的抗侧力构件全部承担。

2 设有斜交抗侧力构件的结构，应分别考虑各抗侧力构件方向的水平地震作用。

3 设防烈度为 9 度时，水塔、污泥消化池等盛水构筑物、球形贮气罐、水槽式螺旋贮气罐、卧式圆筒形贮气罐应计算竖向地震作用。

5.1.2 各类构筑物的结构抗震计算，应采用下列方法：

1 湿式螺旋贮气罐，可近似于单质点体系的结构，可采用底部剪力法计算；

2 除第 1 款规定以外的构筑物，宜采用振型分解反应谱法计算。

5.1.3 管道结构的抗震计算，应符合下列规定：

1 埋地管道应计算地震时剪切波作用下产生的变位或应变；

2 架空管道可对支承结构作为单质点体系进行抗震计算。

5.1.4 计算地震作用时，构筑物（含架空管道）的重力荷载代表值应取结构构件、防水层、防腐层、保温层（含上覆土层)、固定设备自重标准值和其他永久荷载标准值（侧土压力、内水压力）、可变荷载标准值（地表水或地下水压力等）之和。可变荷载标准值中的雪荷载、顶部和操作平台上的等效均布荷载，应取50%计算。

5.1.5 一般构筑物结构的阻尼比（ζ）可取 0.05，其水平地震影响系数应根据烈度、场地类别、设计地震分组及结构自振周期按图 5.1.5 采用，其形状参数应符合下列规定：

1 周期小于 0.1s 的区段，应为直线上升段。
2 自 0.1s 至特征周期区段，应为水平段，地震影响系数为最大值 α_{max}。
3 自特征周期 T_g 至 5 倍特征周期区段，应为曲线下降段，其衰减指数（γ）应采用 0.9。
4 自 5 倍特征周期至 6s 区段，应为直线下降段，其下降斜率调整系数（η_1）应取 0.02。
5 特征周期应根据本规范附录 A 列出的设计地震分组

按表 5.1.5 的规定采用。

注：当结构自振周期大于 6.0s 时，地震影响系数应作专门研究确定。

表 5.1.5 特征周期值 (s)

场地类别 设计地震分组	I	II	III	IV
第一组	0.25	0.35	0.45	0.65
第二组	0.30	0.40	0.55	0.75
第三组	0.35	0.45	0.65	0.90

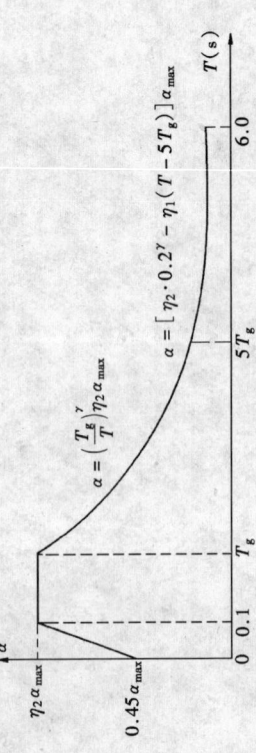

图 5.1.5 地震影响系数曲线

α—地震影响系数；α_{max}—水平地震影响系数最大值；T_g—特征周期；T—结构自振周期；η_1—直线下降段斜率调整系数；η_2—阻尼调整系数；γ—衰减指数。

5.1.6 当构筑物结构的阻尼比（ζ）不等于 0.05 时，其水平地震影响系数曲线仍可按图 5.1.5 确定，但形状参数应按下列规定调整：

1 曲线下降段的衰减指数应按下式确定：

$$\gamma = 0.9 + \frac{0.05 - \zeta}{0.5 + 5\zeta} \quad (5.1.6\text{-}1)$$

2 直线下降段的下降斜率调整系数应按下式确定：

$$\eta_1 = 0.02 + \frac{0.05 - \zeta}{8} \quad (5.1.6\text{-}2)$$

当 η_1 值小于零时，应取零。

5.1.7 水平地震影响系数最大值的取值，应符合下列规定：

1 当构筑物结构的阻尼比为 0.05 时，多遇地震的水平地震影响系数最大值应按表 5.1.7 采用。

表 5.1.7 多遇地震的水平地震影响系数最大值（ζ=0.05）

烈度	6	7	8	9
α_{max}	0.04	0.08 (0.12)	0.16 (0.24)	0.32

注：括号中数值分别用于设计基本地震加速度取值为 0.15g 和 0.30g 的地区（本规范附录 A）。

2 当构筑物结构的阻尼比不等于 0.05 时,阻尼调整系数 (η_2) 应按下式计算:

$$\eta_2 = 1 + \frac{0.05 - \zeta}{0.06 + 1.7\zeta} \quad (5.1.7)$$

当 $\eta_2 < 0.55$ 时,应取 0.55。

5.1.8 构筑物结构的自振周期,可按本规范有关各章的规定确定;当采用实测周期时,应根据实测方法乘以 1.1～1.4 系数。

5.1.9 当考虑竖向地震作用时,竖向地震影响系数的最大值 ($\alpha_{V\max}$) 可取水平地震影响系数最大值的 65%。

5.1.10 当按水平地震加速度计算构筑物或管道结构的地震作用时,其设计基本地震加速度值应按表 3.3.2 采用。

5.1.11 构筑物和管道结构的抗震验算,应符合下列规定:

  1 设防烈度为 6 度或本章各规定不验算的结构,可不进行截面抗震验算,但应符合相应设防烈度的抗震措施要求。

  2 埋地管道承插式连接或预制拼装结构(如盾构、顶管等),应进行抗震变位验算。

  3 除 1、2 款外构筑物、管道结构物、挡墙消化池等,尚应进行强度或应变量验算;对污泥消化池、挡墙等,尚应进行抗震稳定验算。

5.2 当采用基底剪力法时,结构水平地震作用计算简图可按图 5.2.1 采用;水平地震作用标准值应按下列公式确定:

$$F_{EK} = \alpha_1 G_{eq} \quad (5.2.1-1)$$

$$F_i = \frac{G_i H_i}{\sum_{j=1}^{n} G_j \cdot H_j} \quad (5.2.1-2)$$

式中 F_{EK}——结构总水平地震作用标准值;

α_1——相应于结构基本自振周期的水平地震影响系数值,应按本章第 5.1.5 条的规定;

G_{eq}——结构等效总重力荷载代表值;单质点应取总重力荷载代表值,多质点可取总重力荷载代表值的 85%;

$G_i、G_j$——分别为集中于质点 i、j 的重力荷载代表值,应按本章第 5.1.4 条规定确定;

F_i——质点 i 的水平地震作用标准值;

$H_i、H_j$——分别为质点 i、j 的计算高度。

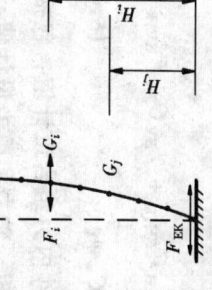

图 5.2.1 水平地震作用计算简图

5.2.2 当采用振型分解反应谱法时,可不计扭转影响的结构,应按下列规定计算水平地震作用和作用效应:

  1 结构 j 振型 i 质点的水平地震作用标准值,应按下列公式确定:

$$F_{ji} = \alpha_j \cdot \gamma_j \cdot x_{ji} \cdot G_i \quad (5.2.2-1)$$

$$\gamma_j = \frac{\sum_{i=1}^{n} x_{ji} G_i}{\sum_{i=1}^{n} x_{ji}^2 G_i} \quad (5.2.2-2)$$

$$(i = 1, 2, \cdots n; j = 1, 2, \cdots m)$$

式中 F_{ji} ——j 振型 i 质点的水平地震作用标准值；

α_j ——相应于 j 振型自振周期的地震影响系数，应按本规范 5.1.5 条的规定确定；

x_{ji} ——j 振型 i 质点的水平相对位移；

γ_j ——j 振型的参与系数。

2 水平地震作用效应（弯矩、剪力、轴力和变形），应按下式确定：

$$S = \sqrt{\sum S_j^2} \quad (5.2.2-3)$$

式中 S ——水平地震作用效应；

S_j ——j 振型水平地震作用产生的作用效应，可只取前 1~3 个振型，当基本自振周期大于 1.5s 时，所取振型个数可适当增加。

5.2.3 对突出构筑物顶部的小型结构，当采用底部剪力法计算时，其地震作用效应宜乘以增大系数 3.0，此增大部分不应往下传递，但与该结构直接相联的构件应予计入。

5.2.4 对于有盖的矩形水池空间作用，其水平地震作用和作用效应计算，除本规范有关条文规定外，一般情况下可不考虑结构与地基土的相互作用影响。

5.2.5 计算水平地震作用时，除本规范专门规定外，一般情况下可不考虑结构与地基土的相互作用影响。

5.3 构筑物的竖向地震作用计算

5.3.1 竖向地震作用除本规范有关条文另有规定外，对简式或塔式构筑物，其竖向地震作用标准值可按下式确定（图5.3.1）：

$$F_{\text{EVK}} = \alpha_{\text{Vmax}} \cdot G_{\text{eqV}} \quad (5.3.1-1)$$

$$F_{\text{V}i} = F_{\text{EVK}} \frac{G_i H_i}{\sum G_j H_j} \quad (5.3.1-2)$$

式中 F_{EVK} ——结构总竖向地震作用标准值；

$F_{\text{V}i}$ ——质点 i 的竖向地震作用标准值；

α_{Vmax} ——竖向地震影响系数最大值，应按第 5.1.9 条的规定确定；

G_{eqV} ——结构等效总竖向荷载，可取其重力荷载代表值的 75%；

H_i、H_j ——分别为质点 i、j 的计算高度。

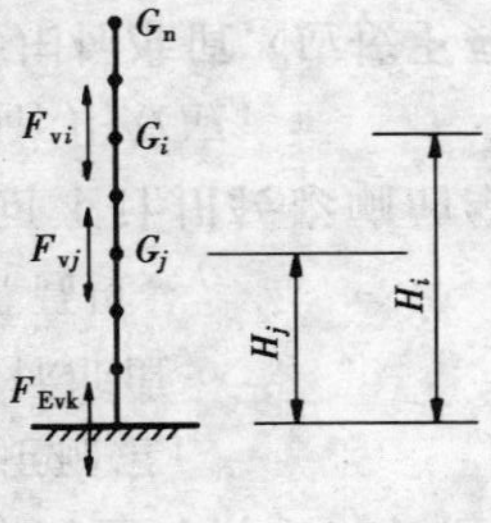

图 5.3.1 结构竖向地震作用计算简图

5.3.2 对长悬臂和大跨度结构，当 8 度或 9 度时分别取该结构、构件重力荷载代表值的 10% 或 20%。

5.4 构筑物的地震作用效应和其他作用效应的基本组合

5.4.1 结构构件内力组合设计值，包括组合弯矩、轴力和剪力设计值：

$$S = \gamma_G \sum_{i=1}^{n} C_{Gi} G_{Ei} + \gamma_{EH} C_{EH} F_{EH,k} + \gamma_{EV} C_{EV} F_{EV,k}$$
$$+ \psi_t \gamma_t C_t \Delta_{tk} + \psi_w \gamma_w C_w w_k \quad (5.4.1)$$

式中 S ——结构构件内力组合设计值，包括组合弯矩、轴力和剪力设计值；

5.4.2 结构构件的截面抗震强度验算，应按下式确定：

$$S \leq \frac{R}{\gamma_{RE}} \quad (5.4.2)$$

式中 R —— 结构构件承载力设计值；

γ_{RE} —— 承载力抗震调整系数，应按表5.4.2的规定采用。

表5.4.2 承载力抗震调整系数

材料	结构构件	受力状态	γ_{RE}
钢	柱	偏压	0.70
	柱间支撑	轴压、轴拉	0.90
	节点板、连接螺栓		0.90
	构件焊缝		1.00
砌体	两端设构造柱、芯柱的抗震墙	受剪	0.90
	其他抗震墙	受剪	1.00
钢筋混凝土	梁	受弯	0.75
	轴压比小于0.15的柱	偏压	0.75
	轴压比不小于0.15的柱	偏压	0.80
	抗震墙	偏压	0.85
	各类构件	剪、拉	0.85

5.4.3 当仅考虑竖向地震作用时，各类结构构件承载力抗震调整系数均宜采用1.0。

5.5 埋地管道的抗震验算

5.5.1 埋地管道的地震作用，一般情况可仅考虑剪切波行

γ_G —— 重力荷载分项系数，一般情况应采对构件承载力有利时，可取1.0；

γ_{EH}、γ_{EV} —— 分别为水平、竖向地震作用分项系数，应按表5.4.1的规定采用；

γ_t —— 温度作用分项系数，应取1.4；

γ_w —— 风荷载分项系数，应取1.4；

G_{Ei} —— i项重力荷载代表值，可按5.1.4条的规定采用；

$F_{EH,k}$、$F_{EV,k}$ —— 分别为水平、竖向地震作用标准值；

Δ_{tk} —— 温度作用标准值；

w_k —— 风荷载标准值；

ψ_t —— 温度作用组合系数，可取0.65；

ψ_w —— 风荷载组合系数，一般构筑物可不考虑（即取零），对消化池、贮气罐、水塔等的筒型构筑物可采用0.2；

C_{Gi}、C_{EH}、C_{EV}、C_t、C_w —— 分别为重力荷载、水平地震作用、竖向地震作用、温度作用和风荷载的作用效应系数，可按弹性理论结构力学方法确定。

表5.4.1 地震作用分项系数

地震作用	γ_{EH}	γ_{EV}
仅考虑水平地震作用	1.3	—
仅考虑竖向地震作用	—	1.3
同时考虑水平与竖向地震作用	1.3	0.5

进时对不同材质管道产生的变位或应变；可不计算地震作用引起管道内的动水压力。

5.5.2 承插式接头的埋地圆形管道，在地震作用下应满足下式要求：

$$\gamma_{EHP}\Delta_{pl,k} \leq \lambda_c \sum_{i=1}^{n}[u_a]_i \qquad (5.5.2)$$

式中 $\Delta_{pl,k}$——剪切波行进中引起单个视波长范围内管道沿管轴向的位移量标准值；

γ_{EHP}——计算埋地管道的水平向地震作用分项系数，可取 1.20；

$[u_a]_i$——管道 i 种接头方式的单个接头设计允许位移量；

λ_c——管道接头方式的单接头协同工作系数，半个视波长范围以上时，可取 0.64 计算；

n——半个视波长范围内，管道的接头总数。

5.5.3 整体连接的埋地管道，在地震作用下的作用效应基本组合，应按下式确定：

$$S = \gamma_G S_G + \gamma_{EHP} S_{Ek} + \psi_t \gamma_t C_t \Delta_{tk} \qquad (5.5.3)$$

式中 S_G——重力荷载（非地震作用）的作用标准值效应；

S_{Ek}——地震作用标准值效应。

5.5.4 整体连接的埋地管道，其结构截面抗震验算应符合下式要求：

$$S \leq \frac{|\varepsilon_{ak}|}{\gamma_{PRE}} \qquad (5.5.4)$$

式中 $|\varepsilon_{ak}|$——不同材质管道的允许应变量标准值；

γ_{PRE}——埋地管道抗震调整系数，可取 0.90 计算。

6 盛水构筑物

6.1 一般规定

6.1.1 本章内容适用于钢筋混凝土、预应力混凝土结构的各种功能的盛水构筑物，其他材质的盛水构筑物可参照执行。

6.1.2 当设防烈度为 8 度、9 度时，盛水构筑物不应采用砌体结构。

6.1.3 对盛水构筑物进行抗震验算时，当构筑物高度一半以上埋于地下时，可按地下式结构验算；当构筑物高度一半以上位于地面以上时，可按地面式结构验算。

6.1.4 下列情况的盛水构筑物，当满足抗震构造要求时，可不进行抗震验算：

1 设防烈度为 7 度各种结构型式的不设变形缝、单层水池；

2 设防烈度为 8 度的地下式钢筋混凝土和预应力混凝土圆形水池；

3 设防烈度为 8 度的地下式，平面长宽比小于 1.5、无变形缝结构的钢筋混凝土或预应力混凝土的有盖矩形水池。

6.1.5 位于设防烈度为 9 度地区的盛水构筑物，应计算竖向地震作用效应，并应与水平地震作用效应按平方和开方组合。

6.2 地震作用计算

6.2.1 盛水构筑物在水平地震作用下的自重惯性力标准值，应按下列规定计算（图6.2.1）：

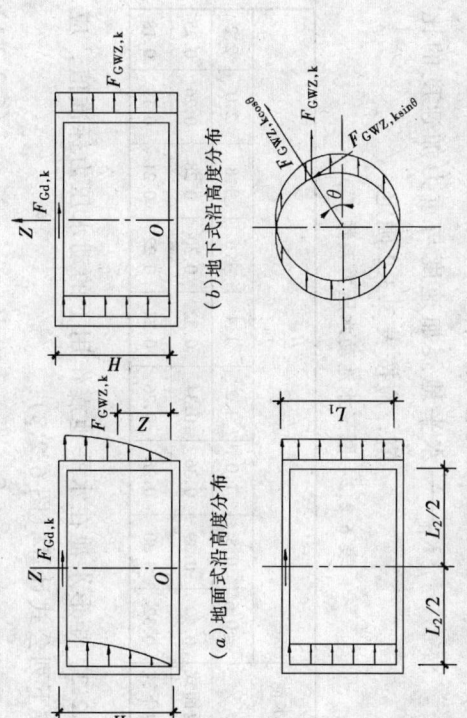

图 6.2.1 自重惯性力分布图

1 地面式水池壁板的自重惯性力标准值，应按下式计算：

$$F_{\mathrm{GWZ,k}} = \eta_{\mathrm{m}} \alpha_1 \gamma_1 g_{\mathrm{w}} \sin\left(\frac{\pi Z}{2H}\right) \quad (6.2.1\text{-}1)$$

2 地面式水池顶盖的自重惯性力标准值，应按下式计算：

$$F_{\mathrm{Gd,k}} = \eta_{\mathrm{m}} \alpha_1 \gamma_1 W_{\mathrm{d}} \quad (6.2.1\text{-}2)$$

3 地下式水池壁和顶盖的自重惯性力标准值，可按式(6.2.1-1)和(6.2.1-2)计算，但应取 $\gamma_1 \alpha_1 \sin\left(\frac{\pi Z}{2H}\right) =$ $\frac{1}{3} K_{\mathrm{H}}$ 和 $\alpha_1 \gamma_1 = \frac{1}{3} K_{\mathrm{H}}$，其中 K_{H} 为设计基本地震加速度（按表3.3.2）与重力加速度的比值。

上列式中 $F_{\mathrm{GWZ,k}}$ ——池壁沿高度的自重惯性力标准值 ($\mathrm{kN/m^2}$)；

η_{m} ——地震影响系数的调整系数，可取1.5；

α_1 ——相应于水池结构基振型的地震影响系数，一般可取 $\alpha_1 = \alpha_{\max}$；

γ_1 ——相应于水池结构基振型的振型参与系数，一般可取1.10；

g_{w} ——池壁沿高度的单位面积重度 ($\mathrm{kN/m^2}$)；

W_{d} ——水池顶盖的自重 (kN)；

$F_{\mathrm{Gd,k}}$ ——水池顶盖的自重惯性力标准值 (kN)；

H ——池壁高度 (m)；

Z ——计算截面距池壁底端的高度 (m)。

6.2.2 圆形水池在水平地震作用下的动水压力标准值，应按下列公式计算（图6.2.2）：

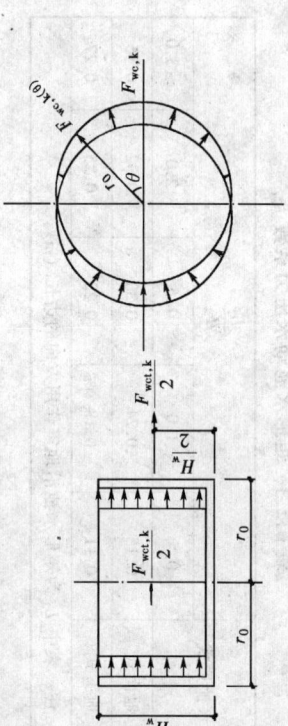

(a) 沿高度分布

(b) 沿环向分布

图 6.2.2 圆形水池动水压力

$$F_{wc,k}(\theta) = K_H \cdot \gamma_w \cdot H_w \cdot f_{wc} \cdot \cos\theta \quad (6.2.2\text{-}1)$$

$$F_{wct,k} = K_H \cdot \gamma_w \cdot \pi \cdot r_0 \cdot H_w^2 \cdot f_{wc} \quad (6.2.2\text{-}2)$$

式中 $F_{wc,k}(\theta)$ ——圆形水池的动水压力标准值沿地震方向的合力 (kN);

$F_{wct,k}$ ——圆形水池动水压力标准值沿地震方向的合力 (kN);

γ_w ——池内水的重力密度 (kN/m³);

r_0 ——水池的内半径 (m);

H_w ——池内水深 (m);

θ ——计算截面与沿轴线的夹角;

f_{wc} ——圆形水池的动水压力系数,可按表 6.2.2 采用;

K_H ——水平地震加速度与重力加速度的比值,应按表 3.3.2 确定。

表 6.2.2 圆形水池动水压力系数 f_{wc}

水池形式 \ H_w/r_0	≤0.6	0.8	1.0	1.2	1.4	1.6	1.8	2.0	2.2
地面式	0.40	0.39	0.36	0.34	0.32	0.30	0.28	0.26	0.25
地下式	0.32	0.30	0.28	0.26	0.24	0.22	0.21	0.19	0.18

6.2.3 矩形水池在水平地震作用下的动水压力标准值,应按下列公式计算(图 6.2.3):

$$F_{wrt,c} = K_H \cdot \gamma_w H_w \cdot f_{wr} \quad (6.2.3\text{-}1)$$

$$F_{wrt,k} = 2K_H \cdot \gamma_w L_1 H_w^2 \cdot f_{wrt} \quad (6.2.3\text{-}2)$$

式中 $F_{wrt,c}$ ——矩形水池动水压力沿地震方向的合力 (kN);

L_1 ——矩形水池垂直地震作用方向的边长 (m);

f_{wr} ——矩形水池动水压力系数,可按表 6.2.3 采用。

表 6.2.3 矩形水池动水压力系数 f_{wr}

水池形式 \ L_2/H_w	0.5	1.0	1.5	2.0	≥3.0
地面式	0.15	0.24	0.30	0.32	0.35
地下式	0.11	0.18	0.22	0.25	0.27

注:表中 L_2 为矩形水池沿地震作用方向的边长 (m)。

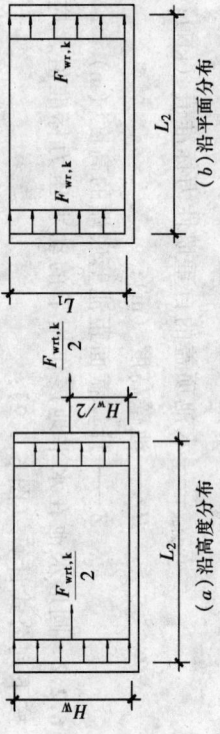

图 6.2.3 矩形水池动水压力
(a) 沿高度分布 (b) 沿平面分布

6.2.4 作用在水池壁上的动土压力标准值,应按下式计算 (图 6.2.4):

$$F_{es,k} = K_H \cdot F_{ep,k} \cdot \text{tg}\phi \quad (6.2.3\text{-}4)$$

式中 $F_{es,k}$ ——地震时作用于水池壁任一高度上的最大土压力增量 (kN/m²);

$F_{ep,k}$ ——相应计算高度处的主动土压力标准值 (kN/m²);当位于地下水位以下时,土的重度应取20kN/m³;

ϕ ——池壁外侧土的内摩擦角,一般情况下可取30°计算。

θ——由水平地震方向至计算截面的夹角。

6.2.7 有盖的矩形水池，当顶盖结构与结构整体作用下的支承立柱有可靠连接时，在水平向地震作用下应考虑结构体系的空间作用，可按附录B进行计算。

6.2.8 水池内部的隔墙或导流墙，在水平地震作用下，应同于池壁计算其自重惯性力的作用及作用效应。

6.3 构造措施

6.3.1 当水池顶板采用预制装配结构时，应符合下列构造要求：

1 在板缝内应配置不少于1φ6钢筋，并应采用M10水泥砂浆灌严；
2 板与梁的连接应预留埋件焊接；
3 设防烈度为9度时，预制板上宜浇筑二期钢筋混凝土叠合层。

6.3.2 水池顶盖与池壁的连接，应符合下列要求：

1 当顶盖与池壁非整体连接时，顶盖在池壁上的支承长度不应小于200mm；
2 当设防烈度为7度且场地为Ⅲ、Ⅳ类时，砌体池壁的顶部应设置钢筋混凝土圈梁，并应预留埋件作与顶盖上的预埋件焊连；
3 当设防烈度为7度且场地为Ⅲ、Ⅳ类和设防烈度为8度、9度时，钢筋混凝土池壁的顶部，应设置预埋件作与顶盖预埋件焊连。

6.3.3 设防烈度为8度、9度时，有盖水池的内部立柱应采

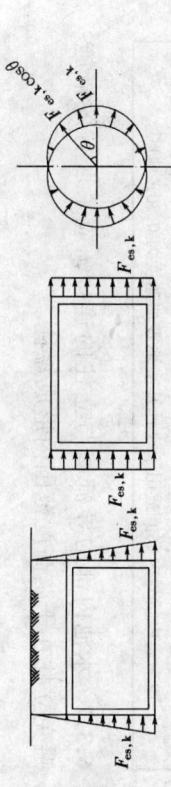

(a)沿高度分布 (b)矩形水池沿平面分布 (c)圆形水池沿平面分布图

图6.2.4 动土压力分布

算竖向地震作用，水池的顶盖和动水压力应按下列公式确定：

1 水池顶盖：

$$F_{GdV,k} = \alpha_{vmax} \cdot W_d \quad (6.2.5-1)$$

2 动水压力（其作用方向的竖向地震水压力）：

$$F_{WVE,k} = 0.8\alpha_{vmax}\gamma_W(H_W - Z) \quad (6.2.5-2)$$

式中 $F_{GdV,k}$——水池顶盖的竖向地震作用标准值（kN）；
$F_{WVE,k}$——竖向地震作用下，水池池壁上的动水压力（kN/m²）；
Z——由池底至计算高度的距离（m）。

6.2.6 在水平向地震作用下，圆形水池可按竖向剪切梁验算池壁的环向拉力、基础及地基承载力。

池壁的环向拉力标准值可按下式计算：

$$P_{ti,k} = r_c\cos\theta\Sigma F_{ik} \quad (6.2.6)$$

式中 $P_{ti,k}$——沿池壁计算高度计算截面i处，池壁的环向最大拉力标准值（kN/m）；
F_{ik}——计算截面i处的水平地震作用标准值（自重惯性力、动水压力、动土压力）（kN/m²）；
r_c——计算截面i处的水池计算半径（m），即圆形水

7 贮 气 构 筑 物

7.1 一 般 规 定

7.1.1 本章内容适用于燃气工程中的钢制球形贮气罐（简称球罐）、卧式圆筒形贮气罐（简称卧罐）和水槽式螺旋轨道式气罐（简称湿式气罐）。

7.1.2 贮气构筑物在水平地震作用下，均可按沿主轴方向进行抗震计算。

7.1.3 湿式钢筋混凝土水槽的地震作用，钢水槽和地下环形水槽和地下式环形水槽有关敞口圆形池壁的条文确定。可按 6.2 中有关敞口圆形池壁的条文确定。均可不做抗震强度验算。

7.2 球形贮气罐

7.2.1 球罐可简化为单质点体系，其基本自振周期可按下式计算：

$$T_1 = 2\pi \sqrt{\frac{W_{eqs,k}}{gK_s}} \quad (7.2.1)$$

式中 T_1 ——球罐的基本自振周期（s）；
$W_{eqs,k}$ ——等效总重力荷载标准值（N）；
K_s ——球罐结构的侧移刚度（N/m）。

7.2.2 球罐的等效总重力荷载，应按下式计算：

$$W_{eqs,k} = W_{sk} + 0.5 W_{ck} + 0.7 W_{lk} \quad (7.2.2)$$

用钢筋混凝土结构；其纵向钢筋的总配筋率分别不宜小于 0.6%、0.8%；柱上、下两端 1/8、1/6 高度范围内的箍筋应加密，间距不应大于 10cm；立柱与梁或板应整体连结。

6.3.4 设防烈度为 7 度且场地为 Ⅲ、Ⅳ类时，采用砌体结构的矩形水池，在池壁拐角处，每沿 300~500mm 高度内应加设水平钢筋，伸入两侧池壁内的长度不应小于 1.0m。

6.3.5 设防烈度为 8 度、9 度时，采用钢筋混凝土结构的矩形水池，在池壁拐角处，里、外层水平向钢筋的配筋率不宜小于 0.3%，伸入两侧池壁内的长度不应小于 3φ6 水平钢筋，伸入两侧池壁内的长度不应小于 1/2 池壁高度。

6.3.6 设防烈度为 8 度 Ⅲ 度的干弦、Ⅳ类场地上的有盖水池，池壁高度应留有足够高度的干弦，其高度宜按表 6.3.6 采用。

表 6.3.6 池壁干弦高度 (m)

场地类别 \\ $\frac{H_w}{r_0}$ 或 $\frac{2H_w}{L_2}$	≤0.2	0.3	0.4	0.5
Ⅲ	0.30	0.30	0.30	0.35
	(0.40)	(0.30)	(0.35)	(0.40)
Ⅳ	0.30	0.35	0.40	0.50
	(0.40)	(0.45)	(0.50)	(0.60)

注：1 按 $\frac{H_w}{r_0}$ 或 $\frac{2H_w}{L_2}$ 确定的无需插入，就近采用即可；
2 表中括号内数值适用于设计基本地震加速度为 0.30g 地区。

6.3.7 水池内部的导流墙与立柱的连接，应采取有效措施避免立柱在干弦高度范围内形成短柱。

式中 W_{sk}——球罐壳体及保温层、喷淋装置及工作梯等附件的自重标准值（N）；
W_{ck}——球罐支柱和拉杆的自重标准值（N）；
W_{lk}——罐内贮液的自重标准值（N）。

7.2.3 球罐结构的侧移刚度，可按下列公式计算（图 7.2.3）：

$$K_s = \frac{12E_s I_s}{h_0^3} \sum \frac{n_i}{\psi_i} \quad (7.2.3-1)$$

$$\psi_i = 1 - \frac{(1-\psi_h)^4 (1+2\psi_h)^2}{\psi_\lambda \cdot \frac{I_s l}{A_1 h_0^3 \cos^2\theta \cos^2\phi_i} + (1+3\psi_h)(1-\psi_h)^3} \quad (7.2.3-2)$$

$$\psi_h = 1 - \frac{h_1}{h_0} \quad (7.2.3-3)$$

式中 K_s——侧移刚度（N/m）；
E_s——支柱及支撑杆件材料的弹性模量（N/m²）；
I_s——单根支撑杆件的截面惯性矩（m⁴）；
h_0——支柱基础顶面至罐中心的高度（m）；
A_1——单根支撑杆件的截面面积（m²）；
h_1——支撑结构的高度（m）；
l——支撑杆件的长度（m）；
n_i——与地震作用方向夹角为 ϕ_i 的构架幅数，可按表 7.2.3 确定；
ψ_i——构架支撑结构在地震作用方向的拉杆影响系数；
ψ_h——拉杆高度影响系数；
ϕ_i——构架 i 与地震作用方向的夹角（°），可按表

7.2.3 采用；
θ——支撑杆件与水平面的夹角（°）；
ψ_λ——支撑杆件长细比影响系数，长细比大于 150 时，可采用 6；长细比小于、等于 150 时，可采用 12。

表 7.2.3 ϕ_i 及相应的 n_i 值

构架总幅数	6		8		10		12		
ϕ_i 及 n_i									
ϕ_i	60°	0°	67.5°	22.5°	72°	36°	0°	75°	45°	15°
n_i	4	2	4	4	4	4	4	4	4	4

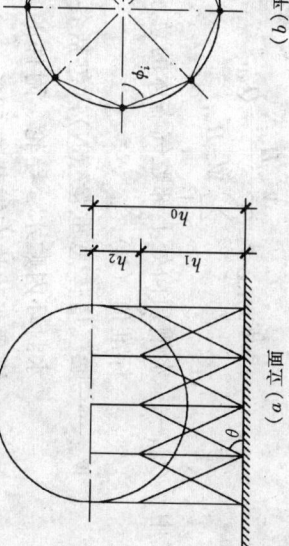

图 7.2.3 球罐简图

7.2.4 球罐的水平地震作用标准值应按下式计算：

$$F_{sH,k} = \eta_m \alpha_1 W_{eqs,k} \quad (7.2.4)$$

式中 $F_{sH,k}$——水平地震作用标准值（N）。

注：确定 α_1 时，应取阻尼比 $\zeta = 0.02$。

7.2.5 当设防烈度为 9 度时，球罐应计入竖向地震效应，竖向地震作用标准值应按下式计算：

$$F_{sV,k} = \alpha_{Vm} W_{eqs,k} \quad (7.2.5)$$

式中 $F_{sv,k}$——竖向地震作用标准值（N）。

7.2.6 当设防烈度为 6 度、7 度且场地为 Ⅰ、Ⅱ类时，球罐可采用独立墩式基础；当设防烈度为 8 度、9 度或场地为 Ⅲ、Ⅳ类时，球罐宜采用环形基础基础或墩式基础同设置地梁连接成整体。

7.2.7 球罐基础的混凝土强度等级不宜低于 C20，基础埋深不宜小于 1.5m。

7.2.8 位于Ⅲ、Ⅳ类场地的球罐，与之连接的液相、气相管应设置弯管补偿器或其他柔性连接措施。

7.3 卧式圆筒形贮罐

7.3.1 卧罐可按单质点体系计算，其水平地震作用标准值应按下式确定：

$$F_{hH,k} = \eta_m \alpha_{max} W_{eqh,k} \quad (7.3.1)$$

式中 $F_{hH,k}$——水平地震作用标准值（N）；
$W_{eqh,k}$——卧罐按单质点体系计算时的等效重力荷载标准值（N）。

7.3.2 卧罐按单质点体系计算，在地震作用下的等效重力荷载标准值可按下式计算：

$$W_{eqh,k} = 0.5(W_{sk} + W_{lk}) \quad (7.3.2)$$

式中 W_{sk}——罐体及保温层等重量（N）。

7.3.3 当设防烈度为 9 度时，卧罐应计入竖向地震应，其竖向地震作用标准值应按下式计算：

$$F_{vH,k} = \alpha_{vm} W_{eqh,k} \quad (7.3.3)$$

7.3.4 卧罐应设置鞍型支座，支座与支墩间应采用螺栓连接。

7.3.5 卧罐宜设置在构筑物的底层；罐同的联系平台一端应采用活动支承。

7.3.6 位于Ⅲ、Ⅳ类场地的卧罐，与之连接的液相、气相管应设置弯管补偿器或其他柔性连接措施。

7.4 水槽式螺旋轨气罐

7.4.1 湿式罐可简化为多质点体系（图 7.4.1），其水平方向的地震作用标准值可按下列公式计算：

$$Q_{wH,k} = \eta_m \alpha_1 W_{wk} \quad (7.4.1-1)$$

$$F_{wHi,k} = \frac{W_{wi}H_{wi}}{\sum_{i=1}^{n} W_{wi}H_{wi}} Q_{wH} \quad (7.4.1-2)$$

式中 Q_{wH}——水槽顶面处上部贮气塔体的总水平地震作用标准值（N）；
W_{wk}——贮气塔体总重量（N），包括各塔塔体结构、水封环内贮水、导轮、附件的重量和配罐顶半边均布雪载的 50%；
$F_{wHi,k}$——集中质点 i 处的水平向地震作用标准值（N）；
W_{wi}——集中质点 i 处的重量（N），包括 i 塔塔体结构、水封环内贮水、导轮、附件的重量和配罐顶半边包括罐顶半边均布有雪载的 50%；
H_{wi}——由水槽顶面至相应集中质点 i 处的高度（m）；
α_1——相应于基振型周期的地震影响系数，当罐容量不大于 15 万 m^3 时，可取 $T_1 = 0.5s$。

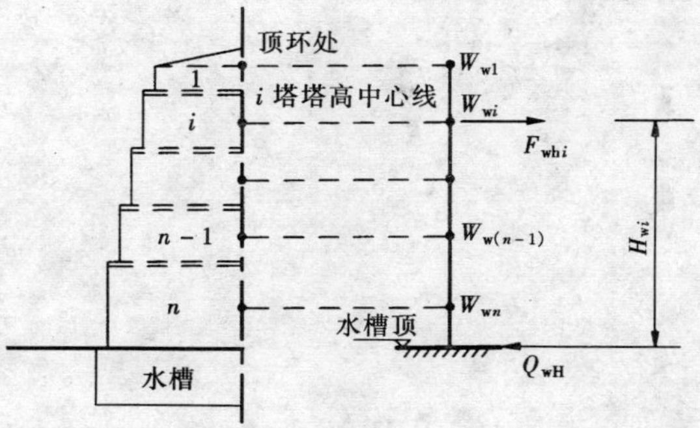

$$F_{wr1,k}(\theta) = K_H r_w H_w f_{wr1} \cos\theta \quad (7.4.4-1)$$
$$F_{wr2,k}(\theta) = K_H r_w H_w f_{wr2} \cos\theta \quad (7.4.4-2)$$
$$F_{wr1,k} = K_H \pi r_{10} H_w^2 f_{wr1} \quad (7.4.4-3)$$
$$F_{wr2,k} = K_H \pi r_{20} H_w^2 f_{wr2} \quad (7.4.4-4)$$

式中 $F_{wr1,k}(\theta)$ ——外槽壁上动水压力标准值沿地震方向 (N/m²);
$\quad F_{wr2,k}(\theta)$ ——内槽壁上动水压力标准值沿地震方向 (N/m²);
$\quad F_{wr1,k}$ ——外槽壁上动水压力标准值的合力 (N);
$\quad F_{wr2,k}$ ——内槽壁上动水压力标准值的合力 (N);
$\quad r_{10}$ ——环形水槽外壁的内半径 (m);
$\quad r_{20}$ ——环形水槽内壁的外半径 (m);
$\quad f_{wr1}$ ——外槽壁上的动水压力系数, 可按表 7.4.4 采用;
$\quad f_{wr2}$ ——内槽壁上的动水压力系数, 可按表 7.4.4 采用。

表 7.4.4 环形水槽动水压力系数 f_{wr1}、f_{wr2}

$\dfrac{H_w}{r_{10}}$ $\diagdown$ $\dfrac{r_{20}}{r_{10}}$ $\diagdown$ f_{wr}	0.75		0.80		0.85		0.90	
	f_{wr1}	f_{wr2}	f_{wr1}	f_{wr2}	f_{wr1}	f_{wr2}	f_{wr1}	f_{wr2}
0.20	0.33	0.25	0.30	0.22	0.26	0.18	0.21	0.12
0.25	0.31	0.21	0.28	0.17	0.24	0.13	0.19	0.08
0.30	0.29	0.17	0.27	0.14	0.23	0.10	0.18	0.05
0.35	0.58	0.13	0.26	0.10	0.22	0.06	0.17	0.02
0.40	0.57	0.10	0.25	0.07	0.21	0.03	—	—

图 7.4.1 湿式罐结构计算简图

7.4.2 当设防烈度为 9 度时, 湿式罐应计入竖向地震效应, 竖向地震作用标准值应按下列公式计算:

$$P_{wV,k} = \alpha_{Vm} W_w \quad (7.4.2-1)$$

$$F_{wVi,k} = \dfrac{W_{wi} H_{wi}}{\sum_{i=1}^{n} W_{wi} H_{wi}} P_{wV,k} \quad (7.4.2-2)$$

式中 $P_{wV,k}$ ——总竖向地震作用标准值 (N);
$\quad F_{wVi,k}$ ——集中质点 i 处的竖向地震作用标准值 (N)。

7.4.3 湿式罐的贮气塔体结构, 应分别按下列两种情况进行抗震验算:

1 贮气塔全部升起时, 应验算各塔轮、导轨的强度;
2 仅底塔升起时, 应验算该塔上部伸出挂圈的导轨与上挂圈之间的连接强度。

验算时, 作用在导轮、导轨上的力应乘以不均匀系数, 可取 1.2 计算。

7.4.4 环形水槽在水平地震作用下的动水压力标准值, 应按下列公式计算 (图 7.4.4):

7.4.5 位于Ⅲ、Ⅳ类场地上的湿式罐，其高度与直径之比不宜大于1.2。

7.4.6 贮气塔的每组导轮的轴座，应具有良好的整体构造，如整体浇转等。

7.4.7 湿式罐的罐容量等于或大于5000m³时，其贮气塔的导轮不宜采用小于24kg/m的钢轨。

7.4.8 位于Ⅲ、Ⅳ类场地上的湿式罐，与之连接的进、出口燃气管，均应设置弯管补偿器或其他柔性连接措施。

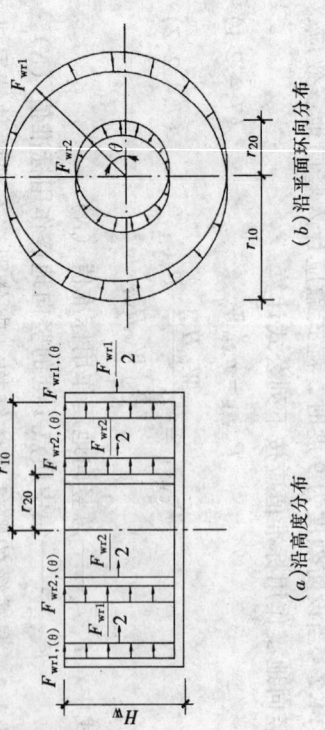

(a)沿高度分布

(b)沿平面环向分布

图7.4.4 环形水槽动水压力

8 泵 房

8.1 一 般 规 定

8.1.1 本章内容可适用于各种功能的提升、加压、输送等泵房结构。

8.1.2 对设防烈度为6度、7度和设防烈度为8度且泵房地下部分高度与地面以上高度之比大于1的地下取水井室(泵房)、各种功能泵房的地下部分结构，均可不进行抗震验算，但均应符合相应设防烈度（含需要提高一度设防）的抗震措施要求。

8.1.3 采用卧式泵和轴流泵的地面以上部分泵房结构，其抗震验算和相应结构的抗震措施，应按《建筑抗震设计规范》GB50011中相别的有关规定执行。

8.1.4 当泵房和整制室、配电室或生活用房毗连时，应符合下列要求：

1 基础不宜坐落在不同高程；当不可避免时，对埋深浅的基础下应做人工地基处理，避免导致震陷。

2 当基础坐落截然高差建筑或高差竖向高差较大；平面布置差过大；结构刚度截然不同时，均应设置防震缝。

3 防震缝应沿建筑物全高设置，缝两侧均应设置墙体，基础可不设缝（当结合沉降缝则应贯通基础），缝宽不宜小于5mm。

8.2 地震作用计算

8.2.1 地下水取水井室可简化为单质点体系，其水平地震作用标准值的确定，应符合下列规定：

1 当场地为Ⅰ、Ⅱ类时，可仅对井室外地面以上结构进行计算，水平地震作用标准值可按下式确定：

$$F_{pk} = \alpha_{max} W_{eqp,k} \quad (8.2.1\text{-}1)$$

$$W_{eqp,k} = W_{pt,k} + 0.37 W_{pw,k} \quad (8.2.1\text{-}2)$$

式中 F_{pk} ——简化为单质点体系时，井室所受的水平地震作用标准值；

$W_{eqp,k}$ ——室外地面以上井室的等效总重力荷载标准值(kN)；

$W_{pt,k}$ ——井室屋盖自重标准值及50%雪载之和(kN)；

$W_{pw,k}$ ——室外地面以上井室结构墙体自重标准值(kN)。

2 当场地为Ⅲ、Ⅳ类时，井室所承受的水平地震作用标准值可按下式确定：

$$F'_{pk} = \eta_p \alpha_{max} W'_{eqp,k} \quad (8.2.1\text{-}3)$$

$$W'_{eqp,k} = W_{pt,k} + 0.25 W'_{pw,k} \quad (8.2.1\text{-}4)$$

式中 η_p ——考虑井室结构与地基共同作用时的折减系数，可按表 8.2.1 采用；

$W'_{eqp,k}$ ——井室的等效总重力荷载标准值(kN)；

$W'_{pw,k}$ ——井室基础以上墙体及楼梯等的自重标准值(kN)。

表 8.2.1 折减系数 η_p

$\dfrac{D_p}{H_p}$	0.40	0.50	0.55	060	0.65	0.70	0.75	0.80
η_p	1.00	0.94	0.89	0.85	0.78	0.74	0.68	0.63

注：表中 H_p 为井室全高，D_p 为井室地面以下埋深。

8.2.2 当设防烈度为 8 度、9 度时，各种功能泵房的地下部分结构，应计入水平地震作用所产生的结构自重惯性力、动水压力（泵房内部）和动土压力，其标准值可按第 6 章相应计算规定确定。

8.3 构造措施

8.3.1 地下水井取水井的结构构造，应符合下列规定：

1 当设防烈度为 7 度、8 度时，砌体砂浆不应低于 M7.5；门宽不宜大于 1.0m；窗宽不宜大于 0.6m。

2 当设防烈度为 7 度、8 度时，预制装配式钢筋混凝土屋盖的板缝应配置钢筋不少于 1ϕ6 钢筋，并应采用不低于 M10 砂浆灌严；墙顶应设置钢筋混凝土圈梁；板缝钢筋与圈梁拉结；板与梁和梁与圈梁间应有可靠拉结。

3 当设防烈度为 9 度时，屋盖宜整体现浇钢筋混凝土结构或在预制装配结构上浇筑二期钢筋混凝土叠合层；砌体墙上门及窗洞处应设置钢筋混凝土边框，厚度不宜小于 120mm。

8.3.2 管井的设计构造应符合下列要求：

1 除设防烈度为 6 度或 7 度的Ⅰ、Ⅱ类场地，管井不宜采用非金属材质。

2 当采用深井泵时，井管内径与泵体外径间的空隙不宜少于50mm。

3 当管井必须设置在可液化地段时，井管应采用钢管，并宜采用潜水泵；水泵的出水管应设置有良好的柔性连接。

4 对运转中可能出砂的管井，应设置补充滤料设施。

8.3.3 各种功能泵房的屋盖构造，均应符合8.3.1规定的要求。

8.3.4 各种功能矩形泵房的地下部分墙体的拐角处及两墙相交处，当设防烈度为8度、9度时，均应符合第6章6.3.5的要求。

9 水 塔

9.1 一般规定

9.1.1 本章内容可适用于下列条件的水塔：
1 普通类型、功能单一的独立式水塔；
2 水柜为钢筋混凝土结构。

9.1.2 水塔的支承结构应根据水塔建设场地的抗震设防烈度、场地类别及水柜容量确定结构型式。
1 6度、7度地区且场地为Ⅰ、Ⅱ类，水柜容积不大于20m³时，可采用砖柱支承；
2 6度、7度或8度Ⅰ、Ⅱ类场地，水柜容积不大于50m³时，可采用砖筒支承；
3 9度场地为Ⅲ、Ⅳ类，应采用钢筋混凝土筒结构支承。

9.1.3 水柜可不进行抗震验算，但应符合本章给出的相应构造措施要求。

9.1.4 水柜支承结构当符合下列条件时，可不进行抗震验算，但应符合本章给出的相应构造措施要求。
1 7度且场地为Ⅰ、Ⅱ类的钢筋混凝土支承结构；水柜容积不大于50m³且高度不超过20m的砖筒支承结构；水柜容积不大于20m³且高度不超过7m的砖柱支承结构。
2 7度或8度且场地为Ⅰ、Ⅱ类，水柜的钢筋混凝土筒支承结构。

9.1.5 水塔的抗震验算应符合下列规定：

1 应考虑水塔上满载和空载两种工况;
2 支承结构为构架时,应分别按正向和对角线方向进行验算;
3 9度地区的水塔应考虑竖向地震作用。

9.2 地震作用计算

9.2.1 水塔的地震作用可按单质点计算,在水平地震作用下的地震作用标准值可按下式计算:

$$F_{wt,k} = \left[(\alpha_f W_f)^2 + (\alpha_s W_s)^2 \right]^{\frac{1}{2}} \quad (9.2.1-1)$$

$$W_s = 0.456 \frac{r_0}{h_w} \tanh\left(1.84 \frac{h_w}{r_0}\right) W_w \quad (9.2.1-2)$$

$$W_f = (W_w - W_s) + \xi_{ts} G_{ts,k} + G_{tw,k} \quad (9.2.1-3)$$

式中 $F_{wt,k}$ ——作用在水柜重心处水塔结构在水平地震作用下的地震作用标准值(kN);
W_s ——水柜中产生对流振动的水体重量(kN);
W_f ——作用在水柜重心处水塔结构的等效重量及水柜中脉冲水体的重量之和(kN);
W_w ——水柜中的总贮水重量(kN);
$G_{ts,k}$ ——水塔支承结构的重量标准值(kN);
$G_{tw,k}$ ——水塔支承结构的重量标准值(kN);
ξ_{ts} ——水塔支承结构重量作用在水柜重心处的等效刚度,对等刚度支承结构可取0.35;对变刚度支承结构可按具体条件取 $0.35 > \xi_{ts} \geq 0.25$;
h_w ——水柜内的贮水高度,对倒锥形水柜可取水面至锥壳底端的高度(m);
r_0 ——水柜的内半径,对倒锥形水柜可取上部筒壳的内半径(m);
α_f ——相应于水塔结构基本自振周期的水平地震影响系数(空柜或满水),应按本规范5.1.5条确定;
α_s ——相应于水柜中水的基本自振周期的水平地震影响系数,可按本规范5.1.5条及5.1.6条规定并取 $\zeta = 0$ 确定。

9.2.2 水塔结构的基本自振周期可按下式计算:

$$T_{ts} = 2\pi \sqrt{\frac{W_f}{gK_{ts}}} \quad (9.2.2)$$

式中 T_{ts} ——水塔结构的基本自振周期(s);
K_{ts} ——水塔支承结构的刚度(kN/m);
g ——重力加速度(m/s²)。
注:当计算空柜时,W_f 中不含贮水作用项。

9.2.3 水柜中水的基本自振周期可按下式计算:

$$T_w = \frac{2\pi}{\sqrt{\dfrac{g}{r_0} 1.84 \tanh\left(1.84 \dfrac{h_w}{r_0}\right)}} \quad (9.2.3)$$

9.2.4 对9度地区的水塔,应验算竖向地震作用,可按本规范5.3.2条规定计算。当验算竖向地震作用与水平地震作用组合效应时,应采用平方和开方组合确定。

9.3 构造措施

9.3.1 除I类场地外,水塔采用柱支承时,柱基宜采用整体筏基或环状基础;当采用独立柱基时,应设置连系梁。

3—33

9.3.2 水柜由钢筋混凝土筒支承时，应符合下列构造要求：

1 筒壁的竖向钢筋直径不应小于12mm，间距不应大于200mm。

2 筒壁上的门洞处，应设置加厚门框，两侧门框内的加强筋截面积不应小于切断竖向钢筋截面积的1.5倍，并应在门洞顶部两侧加设八字斜筋，斜筋每里外层不少于2φ12钢筋。

3 筒壁上的窗洞或其他孔洞处，周围应设置加强筋，加强筋构造同门洞处要求，但八字斜筋应上下均设置。

9.3.3 水柜由钢筋混凝土构架支承时，应符合下列要求：

1 横梁内箍筋的搭接长度不应小于40倍钢筋直径；箍筋间距不应大于200mm，且在梁端的1倍梁高范围内，箍筋间距不应大于100mm。

2 立柱内箍筋间距不应大于200mm，且在水柜以下和基础以上各800mm范围内以及梁柱节点上下各1倍柱宽并不小于1/6柱净高范围内，柱内箍筋间距不应大于100mm；箍筋直径，7度、8度不应小于8mm，9度不应小于10mm。

3 水柜下环梁和支架梁端应加设腋角，并配置腋角主筋截面积50％的钢筋。

4 8度、9度，当水塔高度超过20m时，沿支架高度每隔10m左右宜设置钢筋混凝土水平交叉支撑一道，支撑构件的截面不宜小于支架柱的截面。

9.3.4 水柜由砖筒支承时，6度Ⅳ类场地和7度Ⅰ、Ⅱ类场地的砖筒内应有适量配筋，其配筋范围及配筋量不应少于表9.3.4的要求。

表9.3.4 砖筒壁配筋要求

配筋方式	烈度和场地类别	
	6度Ⅳ类场地和7度Ⅰ、Ⅱ类场地	全高
配筋高度范围		全高
砌体内竖向配筋	φ10，间距500～700mm，并不少于6根	
砌体竖槽配筋	每槽1φ12，间距1000mm，并不少于6根	
砌体内环向配筋	φ8，间距360mm	

2 对7度Ⅲ、Ⅳ类场地和8度Ⅰ、Ⅱ类场地宜设置不少于4根构造柱，柱截面不宜小于240mm×240mm，柱内纵向钢筋宜采用4φ14，箍筋间距不宜小于1m；柱与圈梁连接；且在柱上、下两端宜加密；沿柱高每隔500mm设置2φ6拉结钢筋，每边伸入筒壁内长度不宜小于1m；柱底端应锚入基础内。

3 砖筒沿高度每隔4m左右宜设置圈梁一道，其截面高度不小于180mm，宽度不宜小于筒壁厚度的2/3或240mm，梁内纵筋不宜少于4φ12，箍筋间距不宜大于250mm。

4 砖筒上的门洞上下应设置门框，门框内竖向钢筋混凝土圈梁。洞两侧7度Ⅰ、Ⅱ类场地和8度Ⅲ、Ⅳ类场地门框的截面尺寸应能弥补开洞削弱的刚度；7度Ⅲ、Ⅳ类场地和8度Ⅰ、Ⅱ类场地应不少于上下圈置钢筋混凝土的配筋量，并应锚入圈梁内。

5 砖筒上的其他洞口处，宜与门洞处采取相同的构造措施，当洞口上下无圈梁时应加设3φ8钢筋，其两端伸入筒壁长度不应小于1m。

10 管 道

10.1 一般规定

10.1.1 本章中架空管道内容适用于跨越河、湖及其他障碍的自承式管道。

10.1.2 埋地管道应计算在水平地震作用下，剪切波所引起管道的变位或应变。

10.1.3 对高度大于3.0mm的埋地预制圆形或拱形管道，除应计算管道纵向作用效应外，尚应计算在水平地震作用下动土压力等对管道横截面的作用效应。

10.1.4 符合下列条件的管道结构可不进行抗震验算：

1 各种材质的埋地预制圆形管材，其连接接口均为柔性构造，且每个接口的允许轴向拉、压变形不小于10mm的埋地管道。

2 设防烈度6度、7度，符合7度抗震构造要求的焊接钢管、污水管道。

3 设防烈度为6度、7度或8度、Ⅰ、Ⅱ类场地的焊接钢管和自承式架空平管。

4 管道上的阀门井、检查井等附属构筑物。

10.2 地震作用计算

10.2.1 地下直埋式管道的抗震验算应满足第5章5.5的要求，由地震时剪切波行进中引起的直线段管道结构的作用效应标准值，符合本章10.1.3规定的地下管道，可按附录C计算。

10.2.2 下土压力标准值，可按本规定6.2.4的规定计算。

10.2.3 架空管道纵向或横向的基本自振周期，可按下式计算：

$$T_1 = 2\pi \sqrt{\frac{G_{eq}}{gK_c}} \quad (10.2.3)$$

式中 T_1——基本自振周期(s)；
G_{eq}——纵向或横向计算单元(跨度)等代重力荷载代表值(N)，应取永久荷载标准值的100%，一可变荷载标准值的50%和支承结构自重标准值的30%；
K_c——纵向或横向支承结构的刚度(N/m)。

10.2.4 架空管道支承结构所承受的水平地震作用标准值，可按下式计算：

$$F_{he,k} = \alpha_1 G_{eq} \quad (10.2.4)$$

式中 α_1——相应纵向或横向基本自振周期的地震影响系数。

10.2.5 当设防烈度为9度时，架空管道支承结构应计算竖向地震作用效应，其竖向地震作用标准值可按下式计算：

$$F_{cV,k} = \alpha_{Vmax} G_{eq} \quad (10.2.5)$$

10.2.6 架空管道结构所承受的水平地震作用标准值，可按下列公式计算：

1 平管：

$$F_{ph,k} = \frac{\alpha_1 G'_{eq}}{l} \quad (10.2.6-1)$$

2 折线形管：

$$F_{pc,k} = \frac{\alpha_1 G'_{eq}}{2l_1 + l_2} \quad (10.2.6-2)$$

3—35

3 拱形管：

$$F_{\mathrm{pa,k}} = \frac{\alpha_1 G'_{\mathrm{eq}}}{l_a} \quad (10.2.6\text{-}3)$$

式中 $F_{\mathrm{ph,k}}$ ——平管单位长度的水平地震作用标准值（N/mm）；
l ——平管的计算单元长度（mm）；
$F_{\mathrm{pc,k}}$ ——折线形管的水平部分管道长度（mm）；
$F_{\mathrm{pa,k}}$ ——拱形管单位长度的水平地震作用标准值（N/mm）；
l_1 ——折线形管的折线部分管道长度（mm）；
l_2 ——折线形管的水平部分管道长度（mm）；
l_a ——拱形管道的拱形弧长（mm）；
G'_{eq} ——管道的总重力荷载标准值（N），即为 G_{eq} 减去管道支承结构自重标准值的30%。

10.2.7 当设防烈度为9度时，架空管道应计算竖向地震作用效应，其竖向地震作用标准值可按下列公式计算：

1 平管：

$$F_{\mathrm{phv,k}} = \alpha_{\mathrm{vm}} \frac{G'_{\mathrm{eq}}}{l} \quad (10.2.7\text{-}1)$$

2 折线形管：

$$F_{\mathrm{pcv,k}} = \alpha_{\mathrm{vm}} \frac{G'_{\mathrm{eq}}}{2l_1 + l_2} \quad (10.2.7\text{-}2)$$

3 拱形管：

$$F_{\mathrm{pav,k}} = \alpha_{\mathrm{vm}} \frac{G'_{\mathrm{eq}}}{l_a} \quad (10.2.7\text{-}3)$$

式中 $F_{\mathrm{phv,k}}$ ——平管单位长度的竖向地震作用标准值（N/mm）；
$F_{\mathrm{pcv,k}}$ ——折线形管单位长度的竖向地震作用标准值（N/mm）；
$F_{\mathrm{pav,k}}$ ——拱形管单位长度的竖向地震作用标准值（N/mm）。

10.3 构造措施

10.3.1 给水和燃气管道的管材选择，应符合下列要求：
1 材质应具有较好的延性。
2 承插式连接的管道，接头填料宜采用柔性材料；
3 过河倒虹吸管或架空管应采用焊接钢管；
4 穿越铁路或其他主要交通干线以及位于地基土为液化土地段的管道，宜采用焊接钢管。

10.3.2 地下直埋或架空敷设的热力管道，当设防烈度为8度（含8度）以下时，管外保温材料应具有良好的柔性；当设防烈度为9度时，宜采取管沟内敷设。

10.3.3 地下直埋圆形钢筋混凝土管道应符合下列要求：
1 当采用钢筋混凝土平口管时，应设置混凝土管基，并应沿管线每隔26～30m设置变形缝，缝宽不小于20mm，缝内填柔性材料；
2 8度Ⅲ、Ⅳ类场地或9度时，不应采用平口管。
8度Ⅲ、Ⅳ类场地或9度时，应采用承插式插口管或企口管，其接口处填料应采用柔性材料。

10.3.4 混合结构的矩形管道应符合下列要求：
1 砌体采用砖不应低于MU10，块石不应低于MU20。设防烈度为7度、8度且属Ⅲ、Ⅳ类场地时，预制装配顶盖不得采用梁板，砂浆不应低于M10。
2 钢筋混凝土盖板与侧墙应有可靠连接。

板系统结构（不含钢筋混凝土槽形板结构）。

3 基础应采用整体底板。当设防烈度为 8 度且场地为 Ⅲ、Ⅳ 类时，底板应为钢筋混凝土结构。

10.3.5 当设防烈度为 9 度或场地土为可液化地段时，矩形管道应采用钢筋混凝土结构，并适当加设变形缝；圆形管道等应符合 4.3.10 的第 3 款要求。

10.3.6 地下直埋承插式圆形管道和矩形管道，在下列部位应设置柔性接头及变形缝：

1 地基土质突变处；
2 穿越铁路及其他重要的交通干线两端；
3 承插式管道的三通、四通、大于 45°的弯头等附件与直线管段连接处。

注：附件支墩的设计应符合该处设置柔性连接的受力条件。

10.3.7 当设防烈度为 7 度且地基土为可液化地段或设防烈度为 8 度、9 度时，泵及压送机房的进、出管上宜设置柔性连接。

10.3.8 管道穿过建（构）筑物的墙体或基础时，应符合下列要求：

1 在穿管的墙体或基础上应设置套管，穿管与套管间的缝隙内应填充柔性材料。
2 当穿越的管道与墙体或基础为嵌固时，应在穿越的管道上就近设置柔性连接。

10.3.9 当设防烈度为 9 度时，热力管道干线的附件均应采用球墨铸铁或铸钢材料。

10.3.10 燃气厂及储配站的出口处，均应设置紧急关断阀。

10.3.11 管网上的阀门均应设置阀门井。

10.3.12 当设防烈度为 7 度、8 度且地基土为可液化土地段或设防烈度为 9 度时，管网的阀门井等附属构筑物不宜采用砌体结构。如采用砌体结构，砖不应低于 MU10，块石不应低于 MU20，砂浆不应低于 M10，并应在砌体内配置水平封闭钢筋，每 500mm 高度内不应少于 2φ6。

10.3.13 架空管道的活动支架上，应设置侧向挡板。

10.3.14 当输水、输气等地埋管道不能避开活动断裂带时，应采取下列措施：

1 管道宜尽量与断裂带正交；
2 管道应敷设在套筒内，周围填充砂料；
3 管道及套筒应采用钢管；
4 断裂带两侧的管道上（距断裂带有一定的距离）应设置紧急关断阀。

附录 A 我国主要城镇抗震设防烈度、设计基本地震加速度和设计地震分组

本附录仅提供我国抗震设计时所采用的抗震设防烈度、设计基本地震加速度和设计地震分组。

注：本附录一般把抗震第一、二、三组简称为"第一组"、第二组"、第三组"。

A.0.1 首都和直辖市

1 抗震设防烈度为 8 度，设计基本地震加速度值为 0.20g：

北京（除昌平、门头沟外的11个市辖区），平谷，大兴，延庆，怀柔，蓟县，宝坻。

2 抗震设防烈度为 7 度，设计基本地震加速度值为 0.15g：

密云，怀柔，昌平，门头沟，天津（除汉沽、大港外的12个市辖区），迁西，宁河，汉沽。

3 抗震设防烈度为 7 度，设计基本地震加速度值为 0.10g：

大港，上海（除金山外的15个市辖区），南汇，奉贤。

4 抗震设防烈度为 6 度，设计基本地震加速度值为 0.05g：

崇明，金山，重庆（14个市辖区），巫山，奉节，云阳，忠县，丰都，长寿，合川，璧山，大足，荣昌，永川，江津，綦江，南川，黔江，石柱，巫溪。

注：1 首都和直辖市的全部县和县级以上设防城镇，设计地震分组均为第一组；
2 上标 * 指该城镇的中心位于本设防区和较低设防区的分界线，下同。

A.0.2 河北省

1 抗震设防烈度为 8 度，设计基本地震加速度值为 0.20g：

第一组：廊坊（2个市辖区），唐山（5个市辖区），三河，大厂，香河，丰南，丰润，怀来，涿鹿。

2 抗震设防烈度为 7 度，设计基本地震加速度值为 0.15g：

第一组：邯郸（4个市辖区），邯郸县，文安，任丘，河间，大城，涿州，高碑店。滦水，固安，永清，玉田，迁安，卢龙，深县，唐海，滦南，乐亭，宣化，阳原，成安，磁县，临漳，大名，宁晋。

3 抗震设防烈度为 7 度，设计基本地震加速度值为 0.10g：

第一组：石家庄（6个市辖区），保定（3个市辖区），张家口（4个市辖区），沧州（2个市辖区），衡水，邢台（2个市辖区），迁西，霸州，雄县，易县，沧县，张北，万全，怀安，兴隆，抚宁，昌黎，肥乡，馆陶，广平，广宗，平乡，鸡泽，隆尧，赵县，博野，涉县，深泽，安平，饶阳，容城，安新，蠡县，高阳，赤城，涞源，定兴，辛集，冀州，任水，藁城，武安，晋州，武强，深州，泊头，崇礼，魏县，栾城，巨鹿，南和，沙河，临城，永年，柏乡，

南宫*。

第二组：秦皇岛（海港、北戴河）、清苑、遵化、安国。

4 抗震设防烈度为6度，设计基本地震加速度值为0.05g：

第一组：正定、固安、尚义、灵寿、无极、平山、鹿泉、元氏、南皮、吴桥、景县、东光。

第二组：承德（除鹰手营子以外的两个市辖区）、隆化、承德县、宽城、青龙、阜平、满城、顺平、唐县、望都、曲阳、定州、行唐、赞皇、黄骅、海兴、沾化、新乐、武邑、武强、故城、清河、山海关、深州、鹰手营子、平泉、临西、邱县。

第三组：丰宁、宁晋、深泽、鹰手营子、平泉、临西、邱县。

A.0.3 山西省

1 抗震设防烈度为8度，设计基本地震加速度值为0.20g：

第一组：太原（6个市辖区）、临汾、忻州、祁县、遥县、代县、原平、定襄、阳曲、太谷、介休、耿石、汾西、霍州、洪洞、襄汾、晋中、浮山、永济、清徐。

2 抗震设防烈度为7度，设计基本地震加速度值为0.15g：

第一组：大同（4个市辖区）、朔州（朔城区）、大同县、怀仁、浑源、广灵、应县、山阴、孝义、五台、古交、交城、文水、汾阳、曲沃、侯马、新绛、樱山、绛县、河津、陶寺、翼城、万荣、临猗、运城、芮城、平陆、沁源、宁武*。

3 抗震设防烈度为7度，设计基本地震加速度值为0.10g：

第一组：长治（2个市辖区）、阳泉（3个市辖区）、长治县、阳高、天镇、左云、沁水、平定、右玉、神池、寿阳、昔阳、泽、乡宁、垣曲、和顺、武乡、娄烦、交口、隰县、蒲县、静乐、盂县、沁县、陵川、平鲁。

第二组：平顺、榆社。

4 抗震设防烈度为6度，设计基本地震加速度值为0.05g：

第一组：偏关、河曲、保德、兴县、临县、方山、柳林。

第二组：晋城、离石、左权、襄垣、屯留、长子、高平、阳城、泽州、五寨、岢岚、中阳、石楼、永和、大宁。

A.0.4 内蒙古自治区

1 抗震设防烈度为8度，设计基本地震加速度值为0.30g：

第一组：土默特右旗、达拉特旗*。

2 抗震设防烈度为8度，设计基本地震加速度值为0.20g：

第一组：包头（除白云矿区外的5个市辖区）、呼和浩特（4个市辖区）、土默特左旗、乌海（3个市辖区）、杭锦后旗、磴口、宁城、托克托*。

3 抗震设防烈度为7度，设计基本地震加速度值为0.15g：

第一组：喀拉沁旗、五原、乌拉特前旗、临河、固阳、武川、凉城、和林格尔、赤峰（红山*、元宝山区）。

第二组：阿拉善左旗。

4 抗震设防烈度为7度，设计基本地震加速度值为0.10g：

第一组：集宁，清水河，开鲁，敖汉旗，乌拉特后旗，阜资，察右前旗，丰镇，扎兰屯，乌特拉中旗，赤峰（松山区），通辽*。

5 抗震设防烈度为6度，设计基本地震加速度值为0.05g：

第二组：东胜，准格尔旗。

第一组：满洲里，新巴尔虎右旗，莫力达瓦旗，阿荣旗，扎赉特旗，翁牛特旗，兴和，商都，察右后旗，科左中旗，科左后旗，奈曼旗，库伦旗，乌审旗，阿拉善右旗，鄂托克前旗，苏尼特右旗。

第二组：达尔罕茂明安联合旗，杭锦旗，四王子旗，察右中旗。

第三组：伊金霍洛旗，鄂托克前旗，白云。

A.0.5 辽宁省

1 抗震设防烈度为8度，设计基本地震加速度值为0.20g：

普兰店，东港。

2 抗震设防烈度为7度，设计基本地震加速度值为0.15g：

营口（4个市辖区），丹东（3个市辖区），海城，大石桥，瓦房店，盖州，金州。

3 抗震设防烈度为7度，设计基本地震加速度值为0.10g：

沈阳（9个市辖区），鞍山（4个市辖区），大连（除金州外的5个市辖区），朝阳（2个市辖区），辽阳（5个市辖区），抚顺（除顺城外的3个市辖区），铁岭（2个市辖区），盘锦（2个市辖区），盘山，朝阳县，辽阳县，岫岩，铁岭县，凌源，北票，建平，开原，抚顺县，灯塔，台安，大洼，辽中。

4 抗震设防烈度为6度，设计基本地震加速度值为0.05g：

本溪（4个市辖区），阜新（5个市辖区），锦州（3个市辖区），葫芦岛（3个市辖区），昌图，西丰，法库，彰武，铁法，阜新县，康平，新民，黑山，义县，喀喇沁，铁岭，凌海，兴城，绥中，建昌，宽甸，凤城，庄河，长海，顺城。

注：全省县级及县级以上设防城镇的设计地震分组，除兴城，绥中，建昌，南票为第二组外，均为第一组。

A.0.6 吉林省

1 抗震设防烈度为8度，设计基本地震加速度值为0.20g：

前郭尔罗斯，松原。

2 抗震设防烈度为7度，设计基本地震加速度值为0.15g：

大安*。

3 抗震设防烈度为7度，设计基本地震加速度值为0.10g：

长春（6个市辖区），吉林（除丰满外的3个市辖区），白城，乾安，舒兰，九台，永吉*。

4 抗震设防烈度为6度，设计基本地震加速度值为0.05g：

四平（2个市辖区），辽源（2个市辖区），镇赉，洮南，延吉，汪清，图们，珲春，龙井，和龙，安图，蛟河，桦甸，梨树，磐石，东丰，辉南，梅河口，东辽，榆树，靖宇，抚松，长岭，通榆，德惠，农安，伊通，公主岭，扶余、丰满。

注：全省县级及县级以上设防城镇，设计地震分组均为第一组。

A.0.7 黑龙江省

1 抗震设防烈度为7度、设计基本地震加速度值为0.10g：

绥化、萝北、泰来。

2 抗震设防烈度为6度、设计基本地震加速度值为0.05g：

哈尔滨（7个市辖区），齐齐哈尔（7个市辖区），大庆（5个市辖区），鹤岗（6个市辖区），佳木斯（5个市辖区），牡丹江（4个市辖区），七台河（3个市辖区），伊春（伊春市辖区），鸡东，望奎，穆棱，绥芬河，东宁，宁安，五大连池，汤原，桦南，桦川，依兰，勃利，通河，方正，木兰，巴彦，尚志，宾县，安达，明水，绥棱，庆安，兰西，延寿，肇东，肇源，肇州，呼兰，阿城，双城，五常，讷河，北安，甘南，富裕，龙江、黑河、青冈、海林*。

注：全省县级及县级以上设防城镇，设计地震分组均为第一组。

A.0.8 江苏省

1 抗震设防烈度为8度、设计基本地震加速度值为0.30g：

第一组：宿迁、宿豫*。

2 抗震设防烈度为6度、设计基本地震加速度值为0.20g：

第一组：新沂、邳州、睢宁。

3 抗震设防烈度为7度、设计基本地震加速度值为0.15g：

第一组：扬州（3个市辖区），镇江（2个市辖区），东海、沭阳、泗洪、江都、大丰。

4 抗震设防烈度为7度、设计基本地震加速度值为0.10g：

第一组：南京（11个市辖区），淮安（除楚州外的3个市辖区），徐州（5个市辖区），铜山，淮安，常州（4个市辖区），泰州（2个市辖区），赣榆，东台，海安，如皋，如东，浦，武进，盐都，盐城，兴化，高邮，六合，丹阳，丹徒，溧阳，溧水，昆山，太仓。

第二组：仪征，扬中，句容，金坛，涟水，灌云。

5 抗震设防烈度为6度、设计基本地震加速度值为0.05g：

第一组：南通（2个市辖区），无锡（6个市辖区），苏州（6个市辖区），通州，宜兴，江阴，洪泽，建湖，常熟，吴江，靖江，泰兴，张家港，海门，启东，高淳，丰县。

第二组：响水，滨海，阜宁，宝应。

第三组：灌南，涟水，楚州，金湖。

A.0.9 浙江省

1 抗震设防烈度为7度、设计基本地震加速度值为0.10g：

岱山、嵊泗，舟山（2个市辖区）。

2 抗震设防烈度为6度、设计基本地震加速度值为0.05g：

杭州（6个市辖区），宁波（5个市辖区），湖州，嘉兴（2个市辖区），温州（3个市辖区），绍兴，绍兴县，长兴，安吉，临安，奉化，鄞县，象山，平湖，嘉善，德清，海盐，桐乡，余杭，海宁，萧山，上虞，慈溪，余姚，瑞安，富阳，平阳，苍南，乐清，永嘉，泰顺，景宁，云和，庆元，洞头。

注：全省县级及县级以上设防城镇，设计地震分组均为第一组。

A.0.10 安徽省

1 抗震设防烈度为7度，设计基本地震加速度值为0.15g：

第一组：五河，泗县。

2 抗震设防烈度为7度，设计基本地震加速度值为0.10g：

合肥（4个市辖区），蚌埠（4个市辖区），阜阳（3个市辖区），淮南（5个市辖区），枞阳，怀远，长丰，六安（2个市辖区），灵璧，固镇，凤阳，明光，定远，肥东，舒城，庐江，桐城，霍山，涡阳，安庆（3个市辖区），铜陵县*。

3 抗震设防烈度为6度，设计基本地震加速度值为0.05g：

第一组：铜陵（3个市辖区），芜湖（4个市辖区），巢湖，马鞍山（4个市辖区），滁州（2个市辖区），羌州，砀山，萧县，亳州，界首，太和，临泉，阜南，利辛，蒙城，凤台，寿县，颖上，霍丘，金寨，天长，来安，全椒，和县，当涂，无为，繁昌，池州，岳西，潜山，太湖，怀宁，望江，东至，宿松，宣城，郎溪，广德，泾县，青阳，石台。

第二组：濉溪，淮北。

第三组：宿州。

A.0.11 福建省

1 抗震设防烈度为8度，设计基本地震加速度值为0.20g：

第一组：金门*。

2 抗震设防烈度为7度，设计基本地震加速度值为0.15g：

第一组：厦门（7个市辖区），漳州（2个市辖区），晋江，石狮，龙海，长泰，漳浦，东山，诏安。

第二组：泉州（4个市辖区）。

3 抗震设防烈度为7度，设计基本地震加速度值为0.10g：

第一组：福州（除马尾外的4个市辖区），安溪，南靖，华安，平和，云霄。

第二组：莆田（2个市辖区），长乐，福清，莆田县，平潭，惠安，南安，马尾。

4 抗震设防烈度为6度，设计基本地震加速度值为0.05g：

第一组：三明（2个市辖区），政和，屏南，霞浦，福鼎，福安，柘荣，寿宁，周宁，松溪，宁德，古田，罗源，沙县，龙溪，闽清，南平，大田，漳平，龙岩，将乐，宁化，长汀，建宁，武平，将乐，明溪，清流，泰宁，上杭，永安，德化，建瓯。

第二组：连江，永泰，连城，永春，仙游。

A.0.12 江西省

1 抗震设防烈度为7度，设计基本地震加速度值为0.10g：

寻乌，会昌。

2 抗震设防烈度为 6 度，设计基本地震加速度值为 0.05g：

南昌（5个市辖区），九江（2个市辖区），南昌县，进贤，余干，九江县，彭泽，湖口，星子，瑞昌，德安，都昌，武宁，修水，靖安，宜丰，铜鼓，石城，宁都，瑞金，安远，寻南，龙南，全南，大余。

注：全省县级及县级以上设防城镇，设计地震分组均为第一组。

A.0.13 山东省

1 抗震设防烈度为 8 度，设计基本地震加速度值为 0.20g：

第一组：郯城，临沭，莒县，莒南，沂水，安丘，阳合。

2 抗震设防烈度为 7 度，设计基本地震加速度值为 0.15g：

第一组：临沂（3个市辖区），潍坊（4个市辖区），菏泽，东明，聊城，苍山，沂南，昌邑，昌乐，青州，临朐，诸城，五莲，大连，长岛，蓬莱，龙口，鄄城，寿光*。

3 抗震设防烈度为 7 度，设计基本地震加速度值为 0.10g：

第一组：烟台（除博山外的4个市辖区），威海，枣庄（5个市辖区），淄博（除博山外的4个市辖区），平原，高唐，茌平，东阿，平阴，梁山，郓城，定陶，巨野，成武，曹县，广饶，博兴，冠县，莱芜（2个市辖区），桓台，文登，沂源，蒙阴，费县，微山，禹城，单县*，夏津*。

第二组：东营（2个市辖区），招远，新泰，滨震，莱州，日照，平度，高密，垦利，博山，滨州*，平邑*。

4 抗震设防烈度为 6 度，设计基本地震加速度值为 0.05g：

第一组：德州，宁阳，陵县，曲阜，邹城，鱼台，乳山，荣成，兖州。

第二组：济南（5个市辖区），青岛（7个市辖区），泰安（2个市辖区），济宁（2个市辖区），乐陵，庆云，济阳，阳信，宁津，沾化，利津，惠民，商河，临邑，济阳，齐河，邹平，章丘，泗水，莱阳，海阳，金乡，滕州，莱西，即墨。

第三组：胶南，胶州，东平，汶上，嘉祥，临清，肥城。

A.0.14 河南省

1 抗震设防烈度为 8 度，设计基本地震加速度值为 0.20g：

第一组：新乡（4个市辖区），安阳（4个市辖区），新乡县，鹤壁（3个市辖区），原阳，延津，汤阴，淇县，安阳县，卫辉，获嘉，范县，辉县。

2 抗震设防烈度为 7 度，设计基本地震加速度值为 0.15g：

第一组：郑州（6个市辖区），濮阳，濮阳县，长垣，封丘，修武，武陟，内黄，浚县，滑县，台前，南乐，清丰，灵宝，三门峡，陕县，林州*。

3 抗震设防烈度为 7 度，设计基本地震加速度值为 0.10g：

第一组：洛阳（6个市辖区），焦作（4个市辖区），开封（5个市辖区），南阳（2个市辖区），开封县，许昌，沁阳，博爱，孟津，巩义，济源，偃师，新密，新郑，民权，兰考，孟州，长葛，温县，荥阳，中牟，杞县*，许昌*。

4 抗震设防烈度为6度，设计基本地震加速度值为0.05g：

第一组：商丘（2个市辖区），信阳（2个市辖区），漯河，平顶山（4个市辖区），登封，义马，虞城，夏邑，通许，尉氏，瞧县，宁陵，柘城，新安，宜阳，嵩县，汝阳，大伊州，禹州，郏县，宝丰，襄城，郾城，扶沟，淮阳，上蔡，康，鹿邑，郸城，沈丘，顶城，淮阳，周口，商水，新蔡，临颍，西华，西平，栾川，内乡，镇平，唐河，邓州，新野，社旗，平舆，新县，遂平，驻马店，泌阳，桐柏，淮滨，息县，正阳，遂平，光山，罗山，潢川，商城，固始，南召，舞阳*。

第二组：汝州，睢县，洛宁，永城。

第三组：卢氏，洛宁，渑池。

A.0.15 湖北省

1 抗震设防烈度为7度，设计基本地震加速度值为0.10g：

竹溪，竹山，房县。

2 抗震设防烈度为6度，设计基本地震加速度值为0.05g：

武汉（13个市辖区），荆州（2个市辖区），襄樊（2个市辖区），襄阳，十堰（2个市辖区），宜昌（4个市辖区），宜昌县，黄石（4个市辖区），恩施，咸宁，麻城，团风，罗田，英山，黄冈，浠水，鄂州，浠春，黄梅，武穴，郧西，郧县，丹江口，谷城，老河口，宜城，南漳，保康，神农架，钟祥，沙洋，兴山，巴东，秭归，当阳，枝江，建始，利川，公安，宣恩，长阳，咸丰，宜都，松滋，

江陵，石首，监利，洪湖，孝感，应城，云梦，天门，仙桃，红安，安陆，潜江，嘉鱼，大冶，通山，赤壁，崇阳，通城，五峰*，京山*。

注：全省县级及县级以上设防城镇，设计地震分组均为第一组。

A.0.16 湖南省

1 抗震设防烈度为7度，设计基本地震加速度值为0.15g：

常德（2个市辖区）。

2 抗震设防烈度为7度，设计基本地震加速度值为0.10g：

岳阳（3个市辖区），岳阳县，汨罗，湘阴，临澧，澧县，津市，桃源，安乡，汉寿。

3 抗震设防烈度为6度，设计基本地震加速度值为0.05g：

长沙（5个市辖区），长沙县，益阳（2个市辖区），张家界（3个市辖区），郴州（2个市辖区），邵阳（3个市辖区），邵阳县，冷水江，涟源，娄底，资兴，宜章，平江，宁乡，新化，泸溪，涟源，双峰，临湘，新邵，沅江，隆回，石门，慈利，华容，南县，沅陵，桃江，桃源，淑浦，会同，靖州，韶山，江华，宁远，道县，临武，湘乡*，安化*，中方*，洪江*。

注：全省县级及县级以上设防城镇，设计地震分组均为第一组。

A.0.17 广东省

1 抗震设防烈度为8度，设计基本地震加速度值为0.20g：

汕头（5个市辖区），澄海，潮安，徐闻，南澳，潮州*。

2 抗震设防烈度为7度、设计基本地震加速度值为0.15g：

揭西，揭东，潮阳，饶平。

3 抗震设防烈度为7度、设计基本地震加速度值为0.10g：

广州（除花都外的9个市辖区），深圳（6个市辖区），汕尾，海丰，阳江，阳东，湛江（4个市辖区），普宁，惠来，阳西，茂名，化州，廉江，吴川，遂溪，南海，顺德，中山，珠海，斗门，电白，雷州，佛山（2个市辖区）*，江门（2个市辖区）*，新会*，陆丰。

4 抗震设防烈度为6度、设计基本地震加速度值为0.05g：

韶关（3个市辖区），肇庆（2个市辖区），花都，河源，揭西，东源，梅州，东莞，仁化，南雄，清新，平远，大埔，兴宁，乳源，曲江，梅县，英德，清远，佛冈，龙门，龙川，博罗，惠州，从化，兴宁，五华，紫金，陆河，云安，云浮，三水，高要，高明，鹤山，惠阳，三水，四会，信宜，新兴，开平，恩平，台山，阳春，封开，郁南，罗定，连平，和平，蕉岭，新丰*。

注：全省县及县级以上设防城镇，设计地震分组均为第一组。

A.0.18 广西自治区

1 抗震设防烈度为7度、设计基本地震加速度值为0.15g：

灵山，田东。

2 抗震设防烈度为7度、设计基本地震加速度值为0.10g：

玉林，兴业，横县，北流，百色，平果，田阳，隆安，浦北，博白，乐业*。

3 抗震设防烈度为6度、设计基本地震加速度值为0.05g：

南宁（6个市辖区），桂林（5个市辖区），柳州（5个市辖区），梧州（3个市辖区），钦州（2个市辖区），贵港（2个市辖区），防城港（2个市辖区），北海（2个市辖区），兴安，灵川，临桂，永福，鹿寨，天峨，东兰，巴马，都安，大化，马山，融安，武宣，象州，桂平，平南，上林，宾阳，武鸣，大新，扶绥，邕宁，陆川，东兴，合浦，钟山，贺州，藤县，苍梧，容县，岑溪，那坡，凤山，凌云，田林，隆林，西林，德保，靖西，天等，崇左，上思，龙州，宁明，融水，凭祥，全州。

注：全省县及县级以上设防城镇，设计地震分组均为第一组。

A.0.19 海南省

1 抗震设防烈度为8度、设计基本地震加速度值为0.30g：

海口（3个市辖区），琼山。

2 抗震设防烈度为8度、设计基本地震加速度值为0.20g：

文昌，定安。

3 抗震设防烈度为7度、设计基本地震加速度值为0.15g：

澄迈。

4 抗震设防烈度为7度、设计基本地震加速度值为0.10g：

临高，琼海，儋州，屯昌。

5 抗震设防烈度为6度、设计基本地震加速度值为

0.05g：

三亚，万宁，琼中，昌江，白沙，保亭，陵水，东方，乐东，通什。

注：全省县级及县级以上设防城镇，设计地震分组均为第一组。

A.0.20 四川省

1 抗震设防烈度不低于9度，设计基本地震加速度值不小于0.40g：

第一组：康定，西昌。

2 抗震设防烈度为8度，设计基本地震加速度值为0.30g：

第一组：冕宁*。

3 抗震设防烈度为8度，设计基本地震加速度值为0.20g：

第一组：松潘，宁南，德昌，九寨沟。

第二组：普格，道孚，泸定，甘孜，炉霍，石棉，喜德，

4 抗震设防烈度为7度，设计基本地震加速度值为0.15g：

第一组：宝兴，茂县，巴塘，德格，马边，雷波。

第二组：越西，雅江，九龙，平武，盐源，木里，昭觉，布拖，丹巴，芦山，甘洛。

第三组：天全，荥经，汉源，

5 抗震设防烈度为7度，设计基本地震加速度值为0.10g：

第一组：成都（除龙泉驿，清白江的5个市辖区），乐山（除金口河外的3个市辖区），自贡（4个市辖区），宜宾，宜宾县，北川，安县，绵竹，汶川，都江堰，双流，新津，青神，峨边，屏山，理县，荥经，新都*，彭州，郫县，温江，大邑，崇州，邛崃，江油，什邡，丹棱，眉山，洪雅，夹江，峨眉山，若尔盖，蒲江，彭山，马尔康，石渠，白玉，金川，黑水，盐边，米易，乡城，稻城，金口河，朝天区*。

第三组：青川，雅安，名山，美姑，金阳，小金，合理。

6 抗震设防烈度为6度，设计基本地震加速度值为0.05g：

第一组：泸州（3个市辖区），内江（2个市辖区），德阳，宜宾，达州，达县，大竹，邻水，渠县，广安，华蓥，隆昌，富顺，泸县，南溪，江安，长宁，高县，筠连，兴文，叙永，古蔺，金堂，广汉，什邡，仁寿，资阳，资中，犍为，荥县，威远，南江，通江，万源，巴中，阆中，仪陇，西充，南部，盐亭，射洪，三台，大英，乐至，苍，龙泉驿，清白江。

第二组：绵阳（2个市辖区），梓潼，中江，阿坝，筠连，井研。

第三组：广元（除朝天区外的2个市辖区），剑阁，罗江，红原。

A.0.21 贵州省

1 抗震设防烈度为7度，设计基本地震加速度值为0.10g：

第一组：望谟。

第二组：威宁。

2 抗震设防烈度为6度、设计基本地震加速度值为0.05g：

第一组：贵阳（除白云外的5个市辖区），凯里，毕节，安顺，都匀，六盘水，黄平，福泉，贵定，麻江，清镇，龙里，平坝，纳雍，织金，普定，水城，镇宁，惠水，长顺，关岭，紫云，罗甸，兴仁，贞丰，安龙，册享，金沙，印江，赤水，习水，普安，思南*。

第二组：赫章，晴隆，兴义。

第三组：盘县。

A.0.22 云南省

1 抗震设防烈度不低于9度、设计基本地震加速度值不小于0.40g：

第一组：寻甸，东川。

第二组：澜沧。

2 抗震设防烈度为8度、设计基本地震加速度值为0.30g：

第一组：剑川，嵩明，宜良，丽江，鹤庆，永胜，潞西，龙陵，石屏，建水。

第二组：耿马，双柏，沧源，勐海，西盟，孟连。

3 抗震设防烈度为8度、设计基本地震加速度值为0.20g：

第一组：石林，玉溪，大理，大姚，巧家，江川，华宁，峨山，通海，洱源，宾川，弥渡，祥云，会泽，南涧，昆明（除东川外的4个市辖区），思茅，保山，马龙，呈贡，澄江，晋宁，易门，安宁，凤庆*，陇川，冲，施甸，瑞丽，梁河，漾濞，魏山，云县，腾冲，景洪，永德，镇康，临沧。

4 抗震设防烈度为7度、设计基本地震加速度值为0.15g：

第一组：中甸，泸水，大关，新平*。

第二组：沾益，个旧，红河，元江，禄丰，开远，盈江，永平，昌宁，宁蒗，南华，楚雄，勐腊，华坪，景东*。

第三组：曲靖，弥勒，陆良，富民，禄功，武定，兰坪，云龙，景谷，普洱。

5 抗震设防烈度为7度、设计基本地震加速度值为0.10g：

第一组：盐津，绥江，德钦，水富，贡山。

第二组：昭通，彝良，鲁甸，福贡，永仁，大姚，姚安，牟定，墨江，绿春，镇沅，江城，元谋。

第三组：富源，师宗，泸西，蒙自，元阳，维西，宣威。

6 抗震设防烈度为6度、设计基本地震加速度值为0.05g：

第一组：威信，镇雄，广南，富宁，西畴，麻栗坡，马关。

第二组：丘北，砚山，屏边，河口，文山。

第三组：罗平。

A.0.23 西藏自治区

1 抗震设防烈度不低于9度、设计基本地震加速度值不小于0.40g：

第二组：当雄，墨脱。

2 抗震设防烈度为8度、设计基本地震加速度值为0.30g：

3—47

第一组：申扎。
第二组：米林，波密。
3 抗震设防烈度为8度，设计基本地震加速度值为0.20g：
第一组：普兰，聂拉木，萨嘎。
第二组：拉萨，堆龙德庆，尼玛，洛隆，隆子，错那。
第三组：曲松，那曲，林芝（八一镇），林周。
4 抗震设防烈度为7度，设计基本地震加速度值为0.15g：
第一组：扎达，吉隆，拉孜，亚东，洛扎，昂仁。
第二组：日土，江孜，康马，白朗，措美，桑日，加查，边坝，丁青，类乌齐，琼结，贡嘎，朗县，达孜，日喀则*，噶尔*。
第三组：南木林，班戈，浪卡子，墨竹工卡，曲水，安多，聂荣。
5 抗震设防烈度为7度，设计基本地震加速度值为0.10g：
第一组：改则，措勤，仲巴，定结，芒康。
第二组：昌都，定日，萨迦，岗巴，巴青，工布江达，比如，嘉黎，察雅，左贡，察隅，江达，贡觉。
6 抗震设防烈度为6度，设计基本地震加速度值为0.05g：
第一组：革吉。

A.0.24 陕西省

1 抗震设防烈度为8度，设计基本地震加速度值为0.20g：
第二组：西安（8个市辖区），渭南，华县，华阴，潼关，大荔。
第三组：陇县。

2 抗震设防烈度为7度，设计基本地震加速度值为0.15g：
第一组：咸阳（3个市辖区），宝鸡（2个市辖区），高陵，千阳，岐山，凤翔，扶风，武功，兴平，周至，眉县，宝鸡县，三原，富平，澄城，蒲城，泾阳，礼泉，长安，户县，蓝田，韩城，合阳。
第二组：凤县。

3 抗震设防烈度为7度，设计基本地震加速度值为0.10g：
第一组：安康，平利，乾县，洛南。
第二组：白水，耀县，淳化，麟游，永寿，商州，铜川（2个市辖区）*，柞水*。
第三组：太白，留坝，勉县，略阳。

4 抗震设防烈度为6度，设计基本地震加速度值为0.05g：
第一组：延安，清涧，神木，佳县，米脂，绥德，安塞，延川，延长，定边，吴旗，志丹，甘泉，富县，商南，旬阳，紫阳，镇坪，镇巴，白河，岚皋，子长。
第二组：府谷，吴堡，洛川，黄陵，旬邑，洋县，石泉，汉阴，宁陕，宜川，黄龙，汉中，南郑，城固。
第三组：宁强，宜君，长武，彬县，佛坪，镇安，丹凤，山阳。

A.0.25 甘肃省

1 抗震设防烈度不低于9度，设计基本地震加速度值不小于0.40g：

第二组：古浪。

2 抗震设防烈度为8度，设计基本地震加速度值为0.30g：

第二组：天水（2个市辖区），礼县，西和。

3 抗震设防烈度为8度，设计基本地震加速度值为0.20g：

第一组：岩昌，文县，肃北，武都。

第二组：兰州（5个市辖区），成县，舟曲，徽县，康县，武威，永登，天祝，景泰，靖远，陇西，秦安，清水，甘谷，漳县，会宁，静宁，庄浪，张家川，通渭，华亭。

4 抗震设防烈度为7度，设计基本地震加速度值为0.15g：

第一组：康乐，嘉峪关，玉门，酒泉，高台，临泽，肃南。

第二组：白银（2个市辖区），永靖，岷县，东乡，和政，广河，临潭，卓尼，迭部，临洮，渭源，皋兰，崇信，榆中，定西，金昌，两当，阿克塞，民乐，永昌。

第三组：平凉。

5 抗震设防烈度为7度，设计基本地震加速度值为0.10g：

第一组：张掖，合作，玛曲，山丹，临夏，夏河，碌曲，泾川，灵台。

第二组：敦煌，安西，金塔，积石山。

第三组：民勤，镇原，环县。

6 抗震设防烈度为6度，设计基本地震加速度值为0.05g：

第二组：华池，正宁，庆阳，合水，宁县。

第三组：西峰。

A.0.26 青海省

1 抗震设防烈度为8度，设计基本地震加速度值为0.20g：

第一组：玛沁。

第二组：玛多，达日。

2 抗震设防烈度为7度，设计基本地震加速度值为0.15g：

第一组：祁连，玉树。

第二组：甘德，门源。

3 抗震设防烈度为7度，设计基本地震加速度值为0.10g：

第一组：乌兰，治多，称多，杂多，囊谦。

第二组：西宁（4个市辖区），同仁，共和，德令哈，海晏，湟中，湟源，贵南，贵德，河南，化隆，曲麻莱，循化，格尔木，久治，平安，民和，同德，尖扎，班玛，天峻，刚察。

第三组：大通，互助，乐都，都兰，兴海。

4 抗震设防烈度为6度，设计基本地震加速度值为0.05g：

第二组：泽库。

A.0.27 宁夏自治区

1 抗震设防烈度为8度，设计基本地震加速度值为0.30g：

第一组：海原。

2 抗震设防烈度为8度，设计基本地震加速度值为0.20g：

第一组：银川（3个市辖区），石嘴山（3个市辖区），吴忠，平罗，贺兰，青铜峡，泾源，灵武，陶乐，固原。

第二组：西吉，中卫，中宁，同心，隆德。

3 抗震设防烈度为7度，设计基本地震加速度值为0.15g：

第三组：彭阳。

4 抗震设防烈度为6度，设计基本地震加速度值为0.05g：

第三组：盐池。

A.0.28 新疆自治区

1 抗震设防烈度不低于9度，设计基本地震加速度值不小于0.40g：

第二组：乌恰，塔什库尔干。

2 抗震设防烈度为8度，设计基本地震加速度值为0.30g：

第一组：阿图什，喀什，疏附。

3 抗震设防烈度为8度，设计基本地震加速度值为0.20g：

第一组：乌鲁木齐（7个市辖区），乌鲁木齐县，温宿，阿克苏，柯坪，米泉，乌苏，特克斯，库车，青河，富蕴，乌什*。

第二组：尼勒克，新源，巩留，精河，奎屯，沙湾，玛纳斯，石河子，独山子。

第三组：疏勒，伽师，阿克陶，英吉沙。

4 抗震设防烈度为7度，设计基本地震加速度值为0.15g：

第一组：库尔勒，新和，轮台，和静，焉耆，博湖，巴楚，拜城，阜康*，木垒*。

第二组：伊宁，伊宁县，霍城，察布查尔，呼图壁。

第三组：岳普湖。

5 抗震设防烈度为7度，设计基本地震加速度值为0.10g：

第一组：吐鲁番，和田，和田县，昌吉，吉木萨尔，洛浦，奇台，伊吾，鄯善，托克逊，和硕，墨玉，策勒，哈密。

第二组：克拉玛依（克拉玛依区），博乐，温泉，阿瓦提，沙雅。

第三组：莎车，泽普，叶城，麦盖提，皮山。

6 抗震设防烈度为6度，设计基本地震加速度值为0.05g：

第一组：于田，哈巴河，塔城，额敏，福海，和布克赛尔，乌尔禾。

第二组：阿勒泰，托里，民丰，若羌，布尔津，吉木乃，裕民，白碱滩。

第三组：且末。

A.0.29 港澳特区和台湾省

1 抗震设防烈度不低于9度，设计基本地震加速度值不小于0.40g：

第一组：台中。

第二组：苗栗，云林，嘉义，花莲。

2 抗震设防烈度为8度、设计基本地震加速度值为0.30g：

第二组：台东，桃园，台南，基隆，宜兰，台东，屏东。

3 抗震设防烈度为8度、设计基本地震加速度值为0.20g：

第二组：高雄，澎湖。

4 抗震设防烈度为7度、设计基本地震加速度值为0.15g：

第一组：香港。

5 抗震设防烈度为7度、设计基本地震加速度值为0.10g：

第一组：澳门。

附录 B 有盖矩形水池考虑结构体系的空间作用时水平地震作用效应标准值的确定

B.0.1 有盖的矩形水池，当符合本规范 6.2.7 要求时，可将水池结构简化为若干等代框架组成，每幅等代框架所受的地震作用，通过空间作用，由顶盖传至四壁共同承担。

B.0.2 各幅等代框架所受的地震作用及其作用效应（内力），可按下列方法确定：

1 先按本规范第 6.2.1、6.2.3 及 6.2.4 条规定，计算各项水平地震作用标准值，并折算到每幅等代框架上；

2 在等代框架顶端加设限制侧移的链杆，计算等代框架在水平地震作用下的内力，并求出附加链杆的反力 R；

3 根据矩形水池的长、宽比 $\left(\dfrac{L}{B}\right)$ 及顶盖结构构造，按附表 B.0.2 确定水池地震作用折减系数 η_r，将链杆反力 R 折减为 $\eta_r R$；

4 将 $\eta_r R$ 反方向作用于等代框架顶部，计算等代框架水平地震作用下所得的等代框架内力叠加，即为考虑空间作用时，等代框架在水平地震作用下所产生的作用效应（内力）。

B.0.3 对于大容量的水池，在结构的长度或宽度上，或两个方向上设有变形缝时，在变形缝处应设置抗侧力构件。此时考虑空间作用应取变形缝同的水池结构作为计算单元，等代框架两侧的抗侧力构件及其刚度，应根据计算单元的具体构造确定，在水平地震作用下的作用效应计算方法，可参照B.0.3进行。

表 B.0.3 水平地震作用折减系数 η_r （%）

水池顶盖结构构造	水池长宽比 $\frac{L}{B}$								
	1.0	1.2	1.4	1.6	1.8	2.0	2.5	3.0	4.0
现浇钢筋混凝土	6	7	9	11	12	14	21	28	47
预制装配钢筋混凝土	9	12	14	17	21	25	35	47	70

附录 C 地下直埋直线段管道在剪切波作用下的作用效应计算

C.1 承插式接头管道

C.1.1 地下直埋直线段管道沿管轴向的位移量标准值，可按下列公式计算（图 C.1.1）：

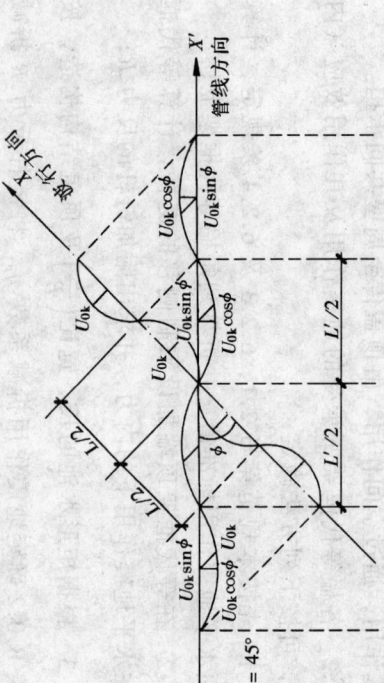

图 C.1.1 地下管道计算简图

管道在行波作用下，管道敷设处自由土体的变位

$$\Delta_{pl,k} = \zeta_l \Delta'_{sl,k} \quad (C.1.1\text{-}1)$$

$$\Delta'_{sl,k} = \sqrt{2} U_{0k} \quad (C.1.1\text{-}2)$$

$$\zeta_l = \frac{1}{1+\left(\frac{2\pi}{L}\right)^2 \frac{EA}{K_l}} \quad (C.1.1\text{-}3)$$

式中 $\Delta_{p1,k}$ —— 在剪切波作用下，管道沿管线方向半个视波长范围内的位移标准值（mm）；

$\Delta'_{s1,k}$ —— 在剪切波作用下，沿管线方向半个视波长范围内自由土体的位移标准值（mm）；

ζ_1 —— 沿管道方向的位移传递系数；

E —— 管道材质的弹性模量（N/mm²）；

A —— 管道的横截面面积（mm²）；

K_1 —— 沿管道方向单位长度的土体弹性抗力（N/mm²），可按 C.1.2 确定；

L —— 剪切波的波长（mm），可按 C.1.3 确定；

U_{0k} —— 剪切波行进时管道埋深处的土体最大位移标准值（mm），可按 C.1.4 确定。

C.1.2 沿管道方向的土体弹性抗力，可按下式计算：

$$K_1 = u_p k_1 \qquad (C.1.2)$$

式中 u_p —— 管道单位长度的外缘表面积（mm²/mm）；对无刚性管基的圆管即为 πD_1（D_1 为管外径）；当刚性管基设置在管道外缘即为包括管基内的外缘面积；

k_1 —— 沿管道方向土体的单位面积弹性抗力（N/mm³），应根据管道构造及相应土质试验确定，当无试验数据，一般可采用 0.06N/mm³。

C.1.3 剪切波的波长可按下式计算：

$$L = V_{sp} T_g \qquad (C.1.3)$$

式中 V_{sp} —— 管道埋设深度处土层的剪切波速（mm/s），应取实测剪切波速的 2/3 值采用；

T_g —— 管道埋设场地的特征周期（s）。

C.1.4 剪切波行进时管道埋深处的土体最大水平位移标准值，可按下式确定：

$$U_{0k} = \frac{K_H g T_g}{4\pi^2} \qquad (C.1.4)$$

C.1.5 地下直埋承插式圆形管道的结构抗震验算应满足本规范 5.5.2 的要求。管道各种接头单方向的单个接头设计允许位移量 $[U_a]$ 可按表 C.1.5 采用；半个剪切波视长度范围内的管道接头数量（n），可按下式确定：

$$n = \frac{V_{sp} T_g}{\sqrt{2} l_p} \qquad (C.1.5)$$

式中 l_p —— 管道的每根管子长度（mm）。

表 C.1.5 管道单个接头设计允许位移量 $[U_a]$

管道材质	接头填料	$[U_a]$（mm）
铸铁管（含球墨铸铁）、PC 管	橡胶圈	10
铸铁、石棉水泥管	石棉水泥	0.2
钢筋混凝土管	水泥砂浆	0.4
PCCP	橡胶圈	15
PVC、FRP、PE 管	橡胶圈	10

C.1.6 地下矩形管道变形缝单个接缝设计允许位移量，当采用橡胶或塑料止水带时，其轴向位移可取 30mm。

C.2 整体焊接钢管

C.2.1 焊接钢管在水平地震作用下的最大应变量标准值可按下式计算；

$$\epsilon_{sm,k} = \zeta_1 U_{0k} \frac{\pi}{L} \quad (C.2.1)$$

C.2.2 焊接钢管的抗震验算应符合本规范5.5.3及5.5.4规定的要求。

C.2.3 钢管的允许应变量标准值，可按下式采用：

1 拉伸　$[\epsilon_{at,k}] = 1.0\%$ （C.2.3-1）

2 压缩　$[\epsilon_{ac,k}] = 0.35 \dfrac{t_p}{D_1}$ （C.2.3-2）

式中　$[\epsilon_{at,k}]$——钢管的允许拉应变标准值；
　　　$[\epsilon_{ac,k}]$——钢管的允许压应变标准值；
　　　t_p——管壁厚；
　　　D_1——管外径。

本规范用词说明

1 为便于在执行本规范条文时区别对待，对要求严格程度不同的用词说明如下：

　1）表示很严格，非这样做不可的：
　　正面词采用"必须"，反面词采用"严禁"。
　2）表示严格，在正常情况下均应这样做的：
　　正面词采用"应"，反面词采用"不应"或"不得"，
　3）对表示允许稍有选择，在条件许可时首先应这样做的：
　　正面词采用"宜"或"可"，反面词采用"不宜"。

2 指定应按其他有关标准、规范执行时，写法为"应按……执行"。非必须按所指定的标准、规范或其他规定执行，写法为"可参照……"。

中华人民共和国国家标准

室外给水排水和燃气热力工程
抗震设计规范

GB 50032—2003

条 文 说 明

修订总说明

本规范修订中，主要做了如下的修改和增补：

1. 根据给水、排水、燃气、热力工程的特点，使之符合"小震不坏、中震可修、大震不倒"的抗震设防要求，并与常规结构设计采用的以概率统计为基础设计极限状态设计模式相协调。

2. 对设计反应谱、场地划分、液化土判别等抗震设计的一系列基础性数据，做了全面修订，与我国现行《建筑抗震设计规范》GB 50011—2001等协调一致。

3. 对设设防烈度为9度（一般为震中）地区，增补了应进行竖向地震作用的抗震验算；对盛水构筑物的动水压力，增补了考虑地震波动动的影响。

4. 对贮气构筑物中的球罐和卧罐，修改了地震作用计算公式，以使与《构筑物抗震设计规范》GB50191协调一致。

5. 将各种功能的泵房结构独立成章，增补了对地下水取水泵房的地震作用计算规定；并对埋深较大的泵房，规定了考虑结构与土共同工作的计算方法。

6. 增补了自承式架空管道的地震作用计算规定。

7. 对地下直埋管道的抗震验算，修改了位移传递系数的确定，使之与国际接轨。

8. 根据新修订的《建筑抗震设计规范》GB 50011—2001，其内容中已删去"水塔"抗震，为此将其纳入本规范

3—55

中。在确定"水塔"地震作用时，对水柜中的贮水，分别考虑了脉冲质量和对流振动质量，并对抗震措施做了若干补充，方便工程应用。

目　次

1 总则 ··· 3-57
3 抗震设计的基本要求 ································· 3-59
　3.1 规划与布局 ····································· 3-59
　3.2 场地影响和地基、基础 ··························· 3-60
　3.3 地震影响 ······································· 3-60
　3.4 抗震结构体系 ··································· 3-61
　3.5 非结构构件 ····································· 3-61
　3.6 结构材料与施工 ································· 3-62
4 场地、地基和基础 ··································· 3-62
　4.1 场地 ··· 3-62
　4.2 天然地基和基础 ································· 3-62
　4.3 液化土和软土地基 ······························· 3-63
　4.4 桩基 ··· 3-63
5 地震作用和结构抗震验算 ····························· 3-63
　5.1 一般规定 ······································· 3-64
　5.2 构筑物的水平地震作用和作用效应计算 ············· 3-64
　5.3 构筑物的竖向地震作用计算 ······················· 3-64
　5.4 构筑物结构构件截面抗震强度验算 ················· 3-64
　5.5 埋地管道的抗震验算 ····························· 3-65
6 盛水构筑物 ··· 3-65
　6.1 一般规定 ······································· 3-65
　6.2 地震作用计算 ··································· 3-65
　6.3 构造措施 ······································· 3-65
7 贮气构筑物 ··· 3-66

8 泵房	3—66
8.1 一般规定	3—66
8.2 地震作用计算	3—66
8.3 构造措施	3—67
9 水塔	3—67
10 管道	3—68
10.1 一般规定	3—68
10.2 地震作用计算	3—68
10.3 构造措施	3—68
附录 B 有盖矩形水池考虑结构体系的空间作用时水平地震作用效应标准值的确定	3—69
附录 C 地下直埋直线段管道在剪切波作用下的作用效应计算	3—69

1 总 则

1.0.1 本条是编制本规范的目的和设防要求。阐明了本规范编制是以"地震工作要以预防为主"作为基本指导思想，达到减轻地震对工程设施的破坏程度，保障工作人员和生产安全的目的。

1.0.2 本条规定体现了抗震设防三个水准的要求："小震不坏，中震可修，大震不倒"。即当遭遇低于设防烈度的地震影响时，结构基本处于弹性工作状态，不需修理仍能保持其正常使用功能；给水、排水、燃气和热力工程中的各类构筑物的损坏仅可能出现在非主要受力构件，主要受力构件不需修理或经一般修理后仍能继续生产运行；当遭遇相当于本地区设防烈度一度时，相当于抗震设计基本烈度大震（50年超越概率2%～3%），此时构筑物符合抗震设计基本要求，通过概念设计的控制并满足抗震构造措施，即可避免倒塌重震害，不致发生倒塌或发生大量涌水危及工作人员生命安全。

给水、排水、燃气和热力工程的管网，是城市生命线工程的主体，涉及面广，沿线地基土质情况、场地条件多变，由此遭遇的地震影响各异，很难通过抗震措施完全避免震害。本规范立足于尽量减少损坏，并通过抗震构造措施，当局部发生损坏时，不致造成严重次生灾害，并便于抢修，迅速恢复运行。

1.0.3 本条阐明本规范的适用范围。适用的地震烈度区除设防烈度 7~9 度地区外，还增加了 6 度区，主要是依据当前国家有关政策规定的，同时也和现行国家标准《建筑抗震设计规范》等协调一致。

1.0.6 本条阐明了抗震设防的基本依据。明确在一般情况下可采用现行中国地震动参数区划图规定的基本烈度作为设防烈度。同时根据其说明书提到的基础上提到："由于编图所依据的基础资料、比例尺和概率水平所限，本区划图不宜作为重大工程和某些可能引起严重次生灾害的工程建设的抗震设防依据"。即当厂站、场地条件复杂时，按区划基本烈度进行抗震设计可能导致较大误差。为了使抗震设计尽量符合实际情况，很多地区对一些重要的工程建设和某些有针对性地做了抗震设防区划，经审查确认批准后，该区划所提供的设防烈度和地震动参数可作为抗震设计依据。

1.0.7 本条针对给水、排水、燃气和热力工程系统中的一些关键部位设施，在抗震设计时应加强其抗震能力，并明确了加强方法可从抗震措施上着手，即当设防烈度为 9 度时，则可按本地区抗震措施上适当提高一度烈度采取抗震措施；当设防烈度为 9 度时，适当予以加强。

本条规定主要考虑到这些工程设施，均系城市生命线工程的重要组成部分，赖以运行的生命线一旦遭受地震后严重损坏，将导致城市瘫痪，酿成严重次生灾害（二次灾害）或危及人民生命安全。例如给水工程中的净水厂、水处理构筑物、变电站、进水和输水泵房及氯库等，前者决定着有否供水能力，后者氯毒外泄有害生命；排水工程中除对污水处理厂设施应防止震害导致污染第二次灾害外，还有道路立交排水泵房，当遭遇严重损坏无法正常使用时，将导致立交路口雨水集中排除而中断交通，1976 年唐山地震

后适逢降大雨，正是由于立交路口积水过深阻断交通，给震后抢救工作带来很大困难，因此从次生灾害考虑，对这类采后的抗震能力有必要适当提高；类似这种情况，对燃气工程房中一些关键部位设施，如加压站、高中压调压站以及相应的配电室等，均应尽量减少次生灾害，适当提高抗震能力。

1.0.8 本条提出了对位于设防烈度为 6 度区的工程设施的抗震要求，即可以不做抗震计算，但在抗震措施方面符合 7 度的要求即可。

1.0.9 在给水、排水、燃气、热力工程的厂站中，其厂前区通常均设有综合办公楼、化验室及其他单宿、食堂等附属建筑物，本条文明确对于这类建筑物的抗震设计要求，应按《建筑抗震设计规范》执行；同时在水源工程中还会遇到挡水坝等中、小型水工建筑物，在燃气、热力工程中尚有些工业构筑物及设备，条文同样明确了应按现行的《水工建筑物抗震设计规范》SDJ110 和《构筑物抗震设计规范》GB50191 执行，本规范不再转引。

3 抗震设计的基本要求

3.1 规划与布局

3.1.1～3.1.3 这些条文的要求，基本上沿用了原规范的规定。

主要考虑到给水、排水、燃气和热力工程设施是城市生命线工程的重要组成部分，给居民生活和工业生产严重影响，一旦受到强烈地震时，将影响城市的正常运转大量损失。在强烈地震时，也会造成困难，严重时受到国家财产的影响，城市中各个区域反映出的震害不等的，例如：1975年我国辽南海城地震时，7度区反映的震害，以铁西区最为突出；1976年河北唐山地震时，唐山路鞍山市受灾甚于路北区，天津市以和平区最为严重。因此，首先应该从整体上做出合理的规划，地震区城市中的给水源、合理布局城市建设方面做出合理的规划，热水管网做出相应配套配网亚需统筹规划，燃气气源、排水管网及污水处理厂的分区分布局，干线沟通等规划，这是提高城市建设整体抗震能力，力求减少震害、次生灾害的基本措施。

3.2 场地影响和地基、基础

3.2.1、3.2.2 条文提出了历次烈震设施的震害反映，建设场地的影响十分显著，在有条件时宜尽量避开对抗震不利的措施，并不应在危险的场地建设，这样做可以确保工程设施的安全可靠，同时也可减少工程投资，提高工程设施的投资效益。

3.2.3 本条对位于Ⅰ类场地上的构筑物，规定了在抗震措施方面可以适当降低要求，即可按建设地区的设防烈度降低一度采用，但在抗震计算时不能降低。主要考虑到Ⅰ类场地的地震动力反应较小，而给水、排水、燃气、热力工程中的各类构筑物一般整体性较好，可以不需要进一步加强，即可满足要求。同时对设防烈度为6度区的构筑物，规定了不宜再降低，还是应该设位在地震区建设的设防抗震措施要求。

3.2.4 条文对地基和基础的抗震设计提出了总体要求。首先指出当工程设施的地震受力层内存在液化土时，应防止可能导致地基承载力失效；当存在软弱土层时，应防止震陷或显著不均匀沉降，导致工程设施损坏或影响正常运转（例如液化一些水质净化处理水设备等）。同时条文还规定了当对液化土和软弱粘性土进行必要的地基处理后，还有必要采取措施加强各类构筑物基础的整体性和刚度，主要考虑地基处理比较复杂、很难做到完全消除地基变形和不均匀沉降。

此外，条文对各类构筑物基础的构造也提出了要求。当同一结构单元的结构上时，同一结构单元的地基不宜设置在性质截然不同的地基土上，应考虑到地基震动形态的差异，为此要求在相应部位的结构上设置防震缝分离或通过加设垫褥地基，以消除结构遭致损坏。与此相类似的情况，不宜混用天然地基和人工地基。

结合给水、排水工程中经常遇到的情况，构筑物的基础高程由于工艺条件存在不同高差，对此，条文要求这种情况的基础宜缓坡相连，以免地震时产生滑移而导致结构损坏。

3.3 地 震 影 响

3.3.1 对工程抗震设计，如何反映地震作用影响，本条明确了应以相应抗震设防烈度的设计基本地震加速度的设计特征周期作为表征。对已编制抗震设防区划的地区或厂站，则可按批准确认的抗震设防烈度或抗震设计动参数进行抗震设防。

3.3.2 本条给定了抗震设防烈度和设计基本地震加速度的对应关系，这些数据与原规范是一致的，只是根据新修订的《中国地震动参数区划图 A_1》，在地震动峰值加速度 0.1g 和 0.2g 之间存在 0.15g 区域，0.2g 和 0.4g 之间存在 0.3g 区域。条文明确规定了该两个区域内的工程设施，其抗震设计要求应分别与 7 度和 8 度地区相当。

3.3.3 条文针对设计特征周期 (T_g) 的确定，即设计所用的地震影响系数和场地类别给出了规定。主要是根据实际震害反应，在同一影响烈度条件下，远震和近震的影响不同，对高柔结构、贮液构筑物、地下管线等工程设施，远震长周期的影响更基，为此条文将设计地震分为三组，更好地反映地震中距的影响。

3.3.4 条文明确了以附录 A 给出我国主要城镇中心区的抗震设防烈度、设计基本地震加速度和相应的设计地震分组，便于工程抗震设计应用。

3.4 抗震结构体系

3.4.1 本条是对抗震设计提出的总要求。根据国内外历次强烈地震中的震害反映，对构筑物的结构体系和管网的结构物的结构体系和管网结构材质、施工条件以及建设场地，应综合考虑其使用功能、结构材质、施工条件以及建设场地、地基地质等因素，通过技术经济综合比较后选定。

3.4.2、3.4.3 条文对构筑物的工艺设计提出了要求。工艺设计对结构抗震性能影响显著，平、立面布置不规则，质量和刚度变化较大时，将导致结构在地震作用下产生扭矩，对结构体系的抗震带来困难，因此条文要求尽量避免。当不可避免时，则宜将构筑物的结构采用防震缝分割成若干规则的结构单元，避免造成震害。对设置防震缝确有困难时，条文要求应对结构体系进行整体分析，并对其薄弱部位采取恰当的抗震构造措施。
针对建筑物这方面的抗震规定，条文明确应按《建筑抗震设计规范》GB50011 执行。

3.4.4 本条要求对结构分析的计算简图应明确，并符合实际情况；在水平地震作用下具有合理的传递路线；充分发挥地基逸散阻尼对上部结构的减震效果。
同时要求在结构体系的空间工作上尽量具有多道抗震防线，可能具备结构体系的空间工作和超静定作用，藉以提高结构的抗震能力。避免部分结构或构件破坏导致整个结构在形成结构上的削弱部位，针对工艺要求在任形成结构上的削弱部位，应加强其构造措施，使同一单元的结构体系，具有良好的整体性。此外，针对钢筋混凝土结构构件提出的要求，主要是改善其适应变形的性能。对钢结构整体失稳，合理确定其构件的截面尺寸。

3.4.5 本条对变形应注意在地震作用下（水平向及竖向）防止局部或整体失稳，合理确定其构件的截面尺寸。

同时，条文还对各类构件的节点连接提出了要求，除满足承载力外，尚应符合加强连结构体的整体性，以求获得结构体系的整体空间作用效果，提高结构的抗震能力。

对地下管道结构的要求，不同于构筑物，管道为一线状结构，管周覆土形成很大的阻尼，主要受随地震时剪切波切进形态变化的振动特性可以忽略，管道结构的刚度达到抗震目的，不可能以单纯加强管道结构的措施达到抗震目的，为此条文提出在管道与构筑物、设备的连接处，应予妥善处理，既要防止管道本身损坏，又要避免由于管道变位（瞬时拉、压）造成管道设备损坏（唐山地震中就发生过多起事故），因此该连接处在管道上设置柔性连接头，但可以离开一定的距离（根据管线的布置确定），以使在柔性连接头与设备之间尚可设置止推（拉）的构造措施。

3.5 非结构构件

3.5.1～3.5.4 非承重受力构件遭受震害破坏，往往引起二次灾害，砸坏设备，甚至砸伤工作人员，对震后的生产正常运行和人民生命财产造成祸害，为此条文要求进行抗震设计并加强其抗震措施。

3.6 结构材料与施工

3.6.2～3.6.3 在水工业工程中，通常应用混凝土和砌体材料，当承受地震作用时，一般对材料的抗拉、抗剪强度要求较高，过低的混凝土等级或砂浆等级（砌体结构主要与灰缝强度有关）对抗震不利，为此条文提出了限制的要求。

3.6.4 本条要求主要是从控制混凝土构件的延性考虑，规定在施工过程中对原设计的钢筋不能以屈服强度更高的钢材直接简单地替代。

3.6.5 构筑物基础或地下管道坐落在肥槽回填土，在厂站工程中经常会遇到，此时有必要控制好回填土的密实度；地震时密实度不够的回填土将会出现回填土压实密度的要求。此条文规定了对回填土压实密度的要求。

3.6.6 混凝土构筑物和管道的施工缝，通常是结构的关键部位，接茬质量不佳就会形成薄弱部位，当承受水平地震作用时，施工缝处的连接质量尤为重要，因此条文对有在施工缝处的连接质量做到的要求。条文还针对有在施工缝处放置非胶结材料的做法作了限制，这种处理虽对防止渗水有一定作用，但却削弱了该处的截面强度（尤其是抗剪），对抗震不利。

过液化土地段的沉陷量及其可能出现的不均匀沉陷,很难准确预计,管道能否完全免除震害难以确认;据此立足于抢修方便和热力管道,考虑到遭受震害损坏后次生灾害严重,规定应采用钢管敷设,钢管的延性较好,同时还采用柔性接口以此适应地震波动位移和震陷,达到免除或减少震害。

2. 对采用承插式接口的管道,要求采用柔性接口抢修方便。

3. 对矩形管道和平口连接的钢筋混凝土预制管道,从采用钢筋混凝土结构和沿线和管道变形缝(沉降缝)两方面做了规定;前者增加管道结构的整体性,后者用以适应波动位移和震陷。

4. 对架空管道规定了应采用钢管,同时设置适量的可挠性连接,用以适应震陷并便于抢修。

4 场地、地基和基础

4.1 场 地

本节内容包括场地类别划分方法及其所依据的指标、地下断裂对工程建设的影响评价、局部突出地形对地震动参数的放大作用等,条文对此所做出的规定,均系按照我国《建筑抗震设计规范》GB50011(最新修订的版本)的要求引用。这样对工程抗震设计的基础数据和条件方面,在我国保持协调一致。

4.2 天然地基和基础

本节内容除保留原规范的规定外,补充了对某些构筑物的稳定验算要求,例如分离式基础、厂站中的地面式敞口水处理池、墙体结构成为独立挡水墙,此时在情况会采用分离式基础,厂站中的地面式敞口水处理池、墙体结构成为独立挡水墙,同时规定水平向土的抗力的取值不应大于被动土压力的1/3,避免过多利用土的被动抗力而导致过大变位。

4.3 液化土和软土地基

4.4 桩 基

这两节的内容和规定,基本上按《建筑抗震设计规范》GB50011的要求引用。其中对管道结构的抗液化沉陷,系针对管道结构和功能的特点,补充了如下规定:

1. 管道组成的网络结构在城市中密布,涉及面广,通

5 地震作用和结构抗震验算

5.1 一般规定

5.1.1 本条对给水、排水、热力工程各类厂站中构筑物的地震作用，规定了计算原则。其中，对污水处理厂中的消化池和各种贮气罐，提出了当设防烈度为9度时，应计算竖向地震作用的影响，前者考虑到完整型顶盖的受力条件；后者罐体的连接的强度。这些部位均属结构上的薄弱环节，在震中地区承受竖向拉、压应有足够的强度，避免震害损坏导致饮生灾害。

5.1.2 本条关于各类构筑物和管道结构的抗震计算方法的规定，沿用了原规范的要求。

5.1.3 本条系根据原规范对埋地管道结构的抗震计算模式，沿用了原规范的规定。同时补充了对架空管道结构的抗震计算方法的规定。

5.1.4 本条系根据《工程结构设计统一标准》的原则规定和原规范的规定，对计算地震作用时构筑物的重力荷载代表值提出了统一要求。

5.1.5～5.1.7 条文对抗震设计反应谱设计的规定，系按《建筑抗震设计规范》GB50011 的规定引用，这样也可在抗震设计基本数据上取得协调一致。

5.1.8 本条对构筑物的自振周期做了规定。构筑物结构的实测振动周期，通常是在脉动振幅或小振幅振动的条件下测得，而当遭遇强烈地震振动时，结构的阻尼作用将减少，相应的振动周期加长，因此条文规定当根据实测周期采用时，应予以适当加长。

5.1.9 当考虑竖向地震作用时，竖向地震影响系数的最大值，国内外取值不尽相同，条文规定系根据国内统计数据，即取水平地震影响系数最大值的65%作为计算依据。

5.1.10 埋地管道结构在水平地震作用下，通常需要应用水平地震加速度的水平地震加速度值。此项取值沿用了原规范的规定，同时也和国内其他专业的抗震设计规范的规定协调一致。

5.1.11 本条对各类构筑物和管道结构的抗震验算，做了原则规定。即当设防烈度为6度或有关本章节规定可不做抗震验算的结构，在抗震构造措施上，仍应符合本规范规定的要求。对埋地管道，当采用承插式连接或预制拼装结构时，在地震作用下应进行变位验算，因为大量震害反映，这类管道结构的震害普通多发生在连接处变位过量，从而导致泄漏甚至破坏。对污泥消化池等较高的构筑物和独立式挡墙结构，除满足强度要求外，尚应进行抗震稳定验算，以策安全。

5.2 构筑物的水平地震作用和作用效应计算

本节内容分别对水平地震作用下的基底剪力法和振型分解法的具体计算方法，给出了规定，基本上沿用了原规范的要求。当考虑构筑物两个或两个以上振型时，其作用效应应按标准由各振型提供的分量的平方和开方确定。

震中多有反映。为此条文规定具体验算条件，应满足(5.5.2)式，其中采用了数值小于1.0的接头协同工作系数，主要考虑到虽然管道上的接头在顺应地震动位移时都会发挥作用，但也不可能每个接头的允许位移都能充分发挥，因此必须给予一定的折减。对接头协同工作系数取0.64，与原规范保持一致。

5.5.3～5.5.4 对整体连接的埋地管道，例如焊接钢管等，条文给出了验算方法，以验算管道结构的应变量控制，对钢管可考虑其可延性，允许进入塑性阶段，与国外标准协调一致。

5.3 构筑物的竖向地震作用计算

本节对构筑物的竖向地震作用计算做了具体规定。通常竖向地震的第一振型振动周期是很短的，其相应的地震影响系数可取第一振型的最大值。对湿式燃气罐的第一振型可按竖向地震影响系数为线性变化，故条文规定其竖向地震作用的乘积计算；相应对于其他长悬臂大值与第一振型等效质量的乘积计算；相应对于其他长悬臂结构等，均可按这一原则进行计算。

5.4 构筑物构件截面抗震强度验算

本节规定了构筑物结构构件截面的抗震强度验算。其中关于荷载（作用）分项系数的取值，考虑了与常规设计协调，对永久作用取1.20，可变作用取1.40；对地震作用的分项系数与《建筑抗震设计规范》协调一致，由此相应的承载力抗震调整系数一并引入。

5.5 埋地管道的抗震验算

5.5.1 本条规定了埋地管道地震作用的计算原则，同时明确可不计地震动引起管道内的动水压力。因为在常规设计中，需要考虑管道运行中可能出现的残余水锤作用，此值一般取正常运行压力的40%～50%，而强烈地震与水锤同时发生的几率极小，因此可以不再计入地震动引起的管内动水压力。

5.5.2 本条规定了承插式接头埋地圆管的抗震验算要求。地震作用引起的管道位移，对承插接头是由承口来承担，由于接口是薄弱环节，就会形成泄漏、拔脱等震害，如果接头的允许位移不足，位移量将由管道接头来承担，这在国内外次强烈地

震波的影响下，池内水面可能会出现晃动，此时如干弦高度不足将形成真空压力，顶盖受力剧增。条文对此项液面晃动影响，主要考虑长周期地震的作用，9度通常为震中，7度的影响有限，为此仅对8度Ⅲ、Ⅳ类场地提出了干弦高度的要求。根据理论计算，由于水的阻尼率几乎很小，液面晃动高度会是很高的，考虑到地震毕竟发生几率很小，不宜过于增加投资，因此只是按照计算数值，给定了适当提高干弦高度的要求，即允许出现部分损坏，例如裂缝宽度超过常规设计的规定等。

2. 对水池内导流墙，须要与立柱或池壁连接，又需避免立柱在干弦高度内形成短柱，不利于抗震，为此条文出应采取有效措施，符合两方面的要求。

6 盛水构筑物

6.1 一般规定

本节内容基本上保持了原规范的规定，补充明确了当设防烈度为8度和9度时，不应采用砌体结构，主要考虑到砌体结构的抗拉强度低，难以满足抗震要求，如果执意加厚载面厚度或加设钢筋，也将是不经济的，不如采用钢筋混凝土结构，提高其抗震能力，稳妥可靠。

此外，结合当前大型水池和双层盛水构筑物兴建，对不需进行抗震验算的范围，做了修正和补充，并对位于9度地区的盛水构筑物明确补充了计算竖向地震作用的要求，提高抗震安全。

6.2 地震作用计算

本节内容基本上保持了原规范的规定，仅对设防烈度为9度时，补充了顶盖和池内贮水的竖向地震作用计算，其中在竖向地震作用下的动水压力的计算，系根据美国A.S.Veletsos和我国国内的研究报告给出。此外，还对水池中导流墙，规定了需进行水平地震作用的验算要求。

6.3 构造措施

本节内容除保持了原规范的要求外，补充了下列规定：

1. 对位于Ⅲ、Ⅳ类场地上的有盖水池，规定了在运行水位基础上池壁应预留的干弦高度。这是考虑到在长周期地

7 贮气构筑物

本章内容基本上保持了原规范的规定，仅就下列内容做了补充和修改：

1. 增补了竖向地震作用的计算规定；
2. 对球罐和卧罐的水平地震作用计算规定，按《构筑物抗震设计规范》GB50191 的相应内容做了修改，以使协调一致，但明确了在计算地震作用时，应取阻尼比 $\zeta = 0.02$；
3. 对湿式贮气罐的环形水槽计算原规范引用的结构压力系数 C 值，因此在计算中不再出现动水压力系数，因此将 C 值归入动水压力系数中，这样计算结果保持了原规范中的规定。

8 泵 房

8.1 一般规定

8.1.1 在给水、排水、燃气、热力工程中，各种功能的泵房众多，根据工艺要求泵房的体型、竖向高程设计各不相似，条文明确了本章内容对这些泵房内的抗震验算等均可适用。

8.1.2 在历次强烈地震中，提升地下水的取水井室（泵房型式的一种）当地下部分大于地面以上结构高度时，在 6 度、7 度区并未发生过震害损坏。主要是这种井室体型不大，结构构造简单，整体刚度较好，当埋深较大时动力效应较小，因此本规定只需符合相应的抗震构造措施，可不做抗震验算。

8.1.3 卧式泵和轴流泵的泵房地面以上结构，其结构型式均与工业民用建筑雷同，因此条文明确应直接按《建筑抗震设计规范》GB50011 的规定执行。

8.1.4 本条要求保持了原规范的规定。

8.2 地震作用计算

本节主要对地下水取水井室的地震作用计算做了规定。这类取水泵房在唐山地震中受到震害众多，一旦损坏，水源断绝，给震后生活、生产造成很大的次生灾害。

条文对位于 Ⅰ、Ⅱ 类场地的井室结构，规定了仅可对其地面以上部分结构计算水平地震作用，并考虑其结构以剪切变形为主。对位于Ⅲ、Ⅳ类场地的井室结构，则规定应对整个井室进行地震作用计算，但可考虑结构与土的共同作用，结构所承受的地震作用随地下埋深而衰减。此时将结构视为以弯曲变形为主，并通过有限元分析确定了衰减系数的具体数据。

8.3 构造措施

本节内容保持了原规范的各项规定。

9 水 塔

本章内容原属《建筑抗震设计规范》GBJ 11—89 中的一部分，经新修订后，将水塔的抗震设计纳入本规范。

本章内容除保留了原规范拟定的抗震设计要求外，做了以下几方面的修订：

1 明确了水塔的水柜可不进行抗震计算，主要考虑支水柜通常的容量都不大，在历次强震中均未出现受害、损坏都位于水柜的支承结构。

2 修订了确定地震作用的计算公式，计入了在水平地震作用下，水柜内贮水对水柜的对流振动作用。地震动时，水柜内贮水将形成脉冲和对流两种运动形态，前者随结构一并振动，后者将产生水的晃动，两者的振动周期不同，因此应予分别计入。

3 在分别计算贮水的脉冲和对流作用时，考虑到水振动和结构振动的周期相差较大，两者的耦联影响很小，因此未予计入，简化了工程抗震计算。

4 在确定对流振动作用时，考虑到水的阻尼要远小于0.05，因此在确定地震影响系数α时，规定了可取阻尼比 ζ＝0。

5 水柜内贮水的脉冲质量组合后其总质量约位于水柜底以上 $0.38H_w$（水深）处，与对流质量组合后其总质量的动水压力作用将会提高，为简化计算，与结构重力荷载代表值的等效作用一并取在水柜结构的重心处。

6 在构造措施方面，对支承筒体的孔洞加强措施，做了进一步具体的补充。

3—67

10 管 道

10.1 一 般 规 定

10.1.1 本条明确了本章有关架空管道的规定,主要是针对给水、排水、燃气、热力工程中跨越河、湖等障碍的自承式钢管道,对其他非自承式架空管道则可参照执行。

10.1.2 条文规定对埋地管道主要应计算水平地震作用下,剪切波所引起的管道变位应力或应力,相应的剪切波波速应为管道埋深一定范围内的综合平均波速,规定应由工程地质勘察单位提供自地面至管底不小于5m深度内各层土的剪切波速。

10.1.3 条文规定了对较大的矩形或拱形管道,除应验算剪切波引起的位移应力外,尚应对其横截面进行抗震验算,即矩形管道横截面上尚承受动土压力等作用,对较大的矩形或拱形管道横截面抗震不应忽视,唐山地震中的一些大断面排水矩形管道,就发生过多起横断面抗震强度不足的震害。

10.1.4 本条文规定了对埋地管道可以不做抗震验算的几种情况,主要是根据历次强震中的反映和原规范的相应规定。

10.2 地震作用计算

本节内容规定了埋地和架空管道地震作用的计算方法。对架空管道可按单质点体系计算,在确定等重力荷载代表值时,条文分别给出了不同结构型式架空管道的地震作用计算公式。

10.3 构 造 措 施

本节内容保持了原规范的各项规定。需要补充说明的是管道与机泵等设备的连接,从地震动考虑,管道在剪切波作用下将瞬时产生ود位移、压位移,造成对与之连接设备的损坏,唐山地震中多有发生(如汉沽取水泵房等),据此要求在该连接处应设置柔性可活动接头;而常规运行时,可能发生回水推力,该处承受此项推力,共同承受此项推力。据此本次修改时在10.3.7、10.3.8中,明确规定了针对这种情况,应在该连接管道上就近设置柔性连接,兼顾常规运行和抗震的需要。

附录 B 有盖矩形水池考虑结构体系的空间作用时水平地震作用效应标准值的确定

本附录保持了原规范的内容。同时针对当前城市给水工程中清水池的池容量日益扩大，不少清水池结构由于超长而设置了温度变形缝，附录条文中规定了在变形缝处设置抗侧力构件（框架、斜撑等），此时水平地震作用的作用效应计算方法完全一致，只是水池的边墙由该处的抗侧力构件替代，从而计算其水平地震作用其水平地震作用折减系数 η_1 值。

附录 C 地下直埋直线段管道在剪切波作用下的作用效应计算

1 计算模式及公式

地下直埋管道在剪切波作用下，如图 C.1.1 所示，在半个视波长范围内的管段，将随波的行进处于受拉、瞬时受压状态。半个视波长内管道沿管道轴向的位移量标准值 (Δ_{pl}) 可按下式计算，即

$$\Delta_{pl} = \zeta_1 \cdot \Delta_{sl}$$

此式的计算模式将管道视作弹性作用于线状结构。ζ_1 为剪切波作用下沿管道轴向土体位移到管道上的传递系数，原规范对传递系数的取值系根据我国 1975 年海城营口地震和 1976 年唐山地震中承插式铸铁管的震害数据统计表得，这次修改时考虑到原规范统计数据毕竟有限，为此对传递系数 ζ_1 值改用计算模式的理论解，即 (C.1.1-3) 式。

对管道位移量的计算，并非管道上各点的位移绝对值，而应是管道在半个视波长内的位移增量，这是导致管道损坏的主要因素。

2 计算参数

沿管道轴向土体的单位面积弹性抗力 (K_1)，当无实测数据时，给定可采用 $0.06N/mm^3$，系引用日本高、中压煤气抗震设计规范所提供数据。从理论上分析，此值应与管道埋深有关，而且还应与管道外表面的构造、体型有关，很难统一取值，而这里给出的采用值不是很确切的，必要时应通过试

验测定。在无实测数据时，对 K_1 推荐采用统一常数，主要考虑到埋地管道单个接头均与回填土相接触，其误差不致很大。

关于管道单个接头的设计允许位移量 $[U_a]$，系通过国内试验测定获得的。该项专题试验研究，由北京市科委给予经费资助。

3 对焊接钢管这种整体连接管道，条文规定了可以直接验算在水平地震作用下的最大应变量，同时亦可与国内外有关钢管的抗震验算取得协调。对于钢管的允许应变量，考虑到市政工程中钢管的材质多采用 Q235 钢，因此条文中的允许应变量系针对 Q235 给出。

中华人民共和国国家标准

室外给水排水工程设施抗震鉴定标准

GBJ 43—82

（试 行）

主编部门：北京市基本建设委员会
批准部门：中华人民共和国国家基本建设委员会
试行日期：1982年9月1日

关于颁发
《室外给水排水工程设施抗震鉴定标准》和《室外煤气热力工程设施抗震鉴定标准》的通知

(82) 建发设字125号

根据国家基本建设委员会 (78) 建发设字第562号通知的要求，由北京市基本建设委员会主编，并由北京市抗震办公室会同有关单位共同编制的《室外给水排水工程设施抗震鉴定标准》和《室外煤气热力工程设施抗震鉴定标准》已经有关部门会审。现批准《室外给水排水工程设施抗震鉴定标准》GBJ43—82和《室外煤气热力工程设施抗震鉴定标准》GBJ44—82为国家标准，自一九八二年九月一日起试行。

上述两本标准均由北京市基本建设委员会管理。其具体解释等工作，有关给水排水方面的，由北京市市政设计院负责，有关煤气热力方面的，由北京市煤气热力设计所负责。

国家基本建设委员会
一九八二年三月三十日

编 制 说 明

本标准系根据国家基本建设委员会(78)建发设字第562号通知的要求,由我委负责主编,并由北京市抗震办公室组织北京市市政设计院等有关单位共同编制而成。

本标准编制过程中,遵循"地震工作要以预防为主"的方针,根据现行的《室外给水排水和煤气热力工程抗震设计规范》、《工业与民用建筑抗震设计规范》及《工业与民用建筑抗震鉴定标准》的有关规定,结合我国室外给水排水工程设施的实际,认真吸取了海城、唐山地震的经验,并广泛征求全国有关单位的意见,反复讨论修改,最后会同有关部门审查定稿。

本标准共分五章和一个附录。其主要内容有总则和给水取水建筑物、泵房、水池和地下管道等有关抗震鉴定及加固处理的规定。

本标准系属初次编制,在试行过程中,请各单位结合工程实际,认真总结经验,注意积累资料,如发现需要修改和补充之处,请将有关资料或意见寄北京市市政设计院,以供修订时参考。

北京市基本建设委员会
一九八二年三月

目 次

第一章 总则 …………………………………… 4—3
第二章 给水取水建筑物
 第一节 地表水取水建筑物 …………………… 4—4
 第二节 地下水取水建筑物 …………………… 4—4
第三章 泵房
 第一节 矩形泵房 ……………………………… 4—5
 第二节 圆形泵房 ……………………………… 4—5
第四章 水池 …………………………………… 4—9
第五章 地下管道
 第一节 给水管道 ……………………………… 4—10
 第二节 排水管道 ……………………………… 4—11
附录一 本标准用词说明 ……………………… 4—11
                                        4—12

第一章 总 则

第 1.0.1 条 为了贯彻落实"地震工作要以预防为主"的方针,搞好地震区室外给水、排水工程设施的抗震鉴定加固工作,以避免室外给水、排水工程设施在地震时遭受严重破坏和造成严重次生灾害,保障人民生命财产和重要生产设备的安全,特制订本标准。

第 1.0.2 条 凡符合本标准抗震鉴定加固要求的室外给水、排水工程设施,在遭遇相当于抗震鉴定加固烈度的地震影响时,其建筑物(包括构筑物)一般不致倒塌伤人或砸坏重要生产设备,经修理后仍可继续使用,管网震害控制在局部范围内,一般不致造成严重次生灾害。

第 1.0.3 条 本标准适用于抗震鉴定加固烈度为7度至9度的室外给水、排水工程设施,不适用于有特殊抗震要求的工程设施。

第 1.0.4 条 抗震鉴定加固烈度,宜按基本烈度采用。对大、中城市给水、排水系统的关键部位,如必须提高烈度时,应按国家规定的批准权限报请批准后,其抗震鉴定加固烈度可比基本烈度提高一度采用。对于给水、排水工程设施中的下列设施可不作抗震鉴定加固:

一、室外排水工程中,除水源防护地区的污水或合流管网外,埋深较浅,位于地下水位以上的一般排水支线及其附属构筑物;

二、基本烈度为7度,敷设在Ⅰ类场地土或坚实均匀

4—3

属建筑物，抗震鉴定应按国家现行的《工业与民用建筑抗震鉴定标准》执行。有关机电等设备的抗震鉴定，可参照现行的《工业设备抗震鉴定标准》执行。

关于场地土的具体划分，岩石和土的分类及鉴定指标，应按国家现行的《工业与民用建筑地质勘察规范》执行，但场地土的分类宜遵守下列规定：

Ⅰ类稳定岩石；

Ⅱ类除Ⅰ、Ⅲ类场地土外的一般稳定土；

Ⅲ类饱和松砂、软塑至流塑的轻亚粘土、淤泥和淤泥质土、冲填土、松散的人工填土等。

对于尚可使用但又无加固价值的设施，必须对人员和重要生产设备采取安全措施。

第1.0.5条 进行抗震鉴定加固时，使用现状和该地区的强震影响等及管网的设计、施工，首先应对建筑物进行全面的调查研究，并结合地基土质条件判断其对抗震有利或不利因素。

对建在Ⅰ类场地土或坚实均匀的Ⅱ类场地土上的建筑物，可适当降低抗震构造措施。

对建在Ⅲ类场地土及河、湖、沟、坑（包括故河道、喷藏沟、坑等）边缘地带，可能产生滑坡地裂、地陷的地形、地貌不利地段的建筑物和管道，应当加强抗震构造措施。

建筑物的体形复杂、重量和刚度分布很不均匀以及质量缺陷（如墙体酥裂、歪闪、空臌、不均匀沉陷，温度伸缩引起裂缝，梁、柱、屋架损伤，木屋架下弦及管道立劈裂，腐朽等），管网内管体，附件的严重腐蚀及管道立交部位等，均应作为结构构造上的不利因素考虑，加强抗震措施。

第1.0.6条 室外给水排水工程的厂、站中的其它附属建筑物和场地土的地下管道。

的Ⅱ类场地土的地下管道。

第二章 给水取水建筑物

第一节 地表水取水建筑物

第2.1.1条 固定式岸边取水泵房的抗震鉴定，应着重检查岸边土层的场地类别和地质条件、基础做法、上部结构构造（墙体或柱身的强度和质量、圈梁的设置、屋盖构件与屋架或支架以及山墙的连接等）及进、出水管的布局和构造等。

第2.1.2条 固定式岸边取水泵房建筑在该场地土为Ⅲ类或场地土为Ⅱ类但夹有软弱土层、可液化土层等可能导致滑坡的岸边时，应符合下列要求：

一、应具有牢靠的整体性良好的基础；

二、进、出水管宜采用钢管；

三、管道穿过墙体处应嵌固，并应在墙外侧管道上设有柔性连接。

第2.1.3条 具有牢靠的横向支撑、出水管的竖管部分应采取加强坡岸稳定、增设管道或沉井基础等性能良好的基础。

不符合上述要求时，应采取加强坡岸稳定、增设管道柔性连接等加固措施。

第2.1.3条 固定式岸边取水泵房内，出水管的竖管部分应具有牢靠的横向支撑。支撑可结合竖管安装设置，支撑底部应与支墩有铁件连接。竖管底部不宜大于4米。竖向支撑的横向支撑设置，间距不宜大于4米。竖向设置横向支撑和锚固措施。

不符合要求时，应增设横向支撑和锚固措施。

第2.2.3条 井管内径与泵体外径间的空隙，不宜少于25毫米，井应在运转过程中无明显的倾斜。不符合要求时，采用深井泵运转的管井宜改用潜水泵。

第2.2.4条 位于可液化土地段或场地土为Ⅲ类的河、湖、沟、坑边缘地带的管井，应符合下列要求：

一、井管具有良好的整体构造。当采用非金属井管时，宜采取加设金属内套管等措施，加强地表以下25米深度范围内井管的整体性。

二、出水管应加强良好的柔性连接。

三、宜采用潜水泵。

第2.2.5条 深井泵房的装配式钢筋混凝土屋盖及木屋盖底部，应设有现浇钢筋混凝土圈梁，并与墙、屋盖有可靠的连接。当不符合要求，抗震设防烈度为8度、9度时，应增设或采取其他加固措施。

第2.2.6条 深井泵房井室和大口井取水构筑物的抗震鉴定，应符合本标准第三章的有关要求。

第三章 泵 房

第一节 矩形泵房

第3.1.1条 给水、排水工程设施中的矩形泵房的抗震鉴定，应着重检查下列各项：

一、泵房的平剖面布置；

二、泵房与其他建筑物的毗连构造；

三、砖墙柱、钢筋混凝土排架柱、墙体的质量、强度和拉结构造；

第2.1.4条 非自灌式取水泵房的虹吸管，当采用铸铁管时，弯头处及直线管段上应具有一定数量的柔性接口，不符合要求时，应增设柔性接口或采取改用钢管等其他加固措施。

当铸铁管改用柔性接口有困难时，可采用胶圈石棉水泥填料代替柔性接口，但应全线设置。

第2.1.5条 非自灌式泵房墙壁处宜嵌固，并应在墙外侧连通管上设有柔性接口，在穿越吸水井墙壁处宜设置套管，连通管与套管间缝隙内应采用柔性填料。不符合要求时，应采取改用在连通管上增设柔性接口或其他加固措施。

第2.1.6条 固定式岸边取水泵房或活动式取水构筑物的引桥，当桥面结构采用装配式钢筋混凝土结构时，板与梁、梁与支座应有连接。不符合要求时，应增设或采取其他加固措施。

第2.1.7条 固定式岸边取水泵房的上部结构的抗震鉴定，应符合本标准第三章的要求。

第二节 地下水取水建筑物

第2.2.1条 深井泵房的抗震鉴定，应结合场地土质着重检查管井构造，运转情况及井室构造等。

第2.2.2条 管井在运转过程中应无经常出砂的现象。对经常出砂的管井，设有回灌补充滤料设施时，应定期回灌补充滤料。

当经常出砂的深井泵井，未设有回灌补充滤料设施时，宜改用潜水泵。

4—5

续表

墙体开洞率 λ	砂浆标号		
	10	25	50
0.35	0.0212	0.0137	0.0095
0.40	0.0209	0.0135	0.0094
0.45	0.0206	0.0134	0.0093
0.50	0.0203	0.0132	0.0092

厚24厘米承重抗震墙体的最小面积率 $[A/F]$ 表3.1.2.3

l_p (米)	墙体开洞率 λ	砂浆标号		
		10	25	50
<4	0.00	0.0201	0.0132	0.0092
	0.10	0.0197	0.0130	0.0091
	0.20	0.0192	0.0127	0.0090
	0.25	0.0189	0.0126	0.0089
	0.30	0.0186	0.0124	0.0088
	0.35	0.0183	0.0123	0.0087
	0.40	0.0179	0.0121	0.0086
	0.45	0.0175	0.0119	0.0085
	0.50	0.0170	0.0116	0.0084
4	0.00	0.0195		
	0.10	0.0190		
	0.20	0.0185		
	0.25	0.0182		
	0.30	0.0179		
	0.35	0.0175	0.0178	
	0.40	0.0171	0.0173	
	0.45	0.0167	0.0168	
	0.50	0.0163	0.0165	
5	0.00	0.0189		
	0.10	0.0184		
	0.20	0.0179	0.0183	
	0.25	0.0176		
	0.30	0.0172		

l_p (米)	墙体开洞率 λ	砂浆标号		
		10	25	50
5	0.35	0.0169		
	0.40	0.0165		
	0.45	0.0160		
	0.50	0.0156		
6	0.00	0.0183		
	0.10	0.0178		
	0.20	0.0173		
	0.25	0.0170		
	0.30	0.0166	0.0114	0.0083
	0.35	0.0162	0.0112	0.0082
	0.40	0.0159	0.0110	0.0080
	0.45	0.0154	0.0108	0.0079
	0.50	0.0150	0.0105	0.0077
7	0.00	0.0178		
	0.10	0.0173		
	0.20	0.0168		
	0.25	0.0165		
	0.30	0.0161	0.0111	0.0081
	0.35	0.0157	0.0109	0.0080
	0.40	0.0153	0.0107	0.0079
	0.45	0.0149	0.0105	0.0077
	0.50	0.0144	0.0102	0.0075

四、屋盖构造；
五、圈梁的设置；
六、女儿墙、山墙尖等易倒塌的部位。

第3.1.2条 平剖面布置体形简单、重量、刚度对称和均匀分布的地面间距不超过表3.1.2.1要求时，可按表3.1.2.2～4墙最大间距不超过表3.1.2.1要求时，可按表3.1.2.2～4的要求进行抗震鉴定，抗震墙体的面积率$[A/F]$不应小于表3.1.2.2～4的规定值。不符合要求时，应加固。

注：地面式泵房系指室内地坪与室外地坪的高差不大于1.5米。

抗震墙最大间距（米） 表3.1.2.1

屋盖类别	抗震鉴定加固烈度			
	7度	8度	9度	11度
现浇或装配整体式钢筋混凝土	18	15	11	7
装配式钢筋混凝土	15	11	7	4
木屋盖	11	7	4	

注：装配整体式钢筋混凝土屋盖系指整个屋面配后另有加强整体性措施，例如加配有连续钢筋网和混凝土后浇层等。

非承重抗震墙体的最小面积率$[A/F]$ 表3.1.2.2

墙体开洞率 λ	砂浆标号		
	10	25	50
0.00	0.0226	0.0142	0.0098
0.10	0.0223	0.0141	0.0097
0.20	0.0219	0.0140	0.0096
0.25	0.0217	0.0139	0.0096
0.30	0.0215	0.0138	0.0095

F_K ——第K道抗震墙与其相邻抗震墙之间建筑面积之和；

λ ——验算墙体的开洞率，即门、窗洞总长与该墙体总长之比值；

l_p ——验算横墙时取支承在抗震横墙上的反跨长度（米），验算纵墙时取纵墙间距（米）。

② 本表 $\left[\dfrac{A}{F}\right]$ 是按7度控制的。当按9度输制时，应将表列 $\left[\dfrac{A}{F}\right]$ 值乘以系数2.0，当按8度时，应将表列 $\left[\dfrac{A}{F}\right]$ 值乘以系数4.0。

③ 编制本表时，屋盖单位面积折算平均重量取1000公斤/米²（即包括墙体等折算重量在内，一般取墙体重量的 $\dfrac{1}{3}$），适用于一般具有保温层的钢筋混凝土屋盖。对屋盖单位面积实际折算重量 ω 与1000公斤/米² 相差较多的泵房，表中 $\left[\dfrac{A}{F}\right]$ 值应乘以系数 $\dfrac{\omega}{1000}$。

④ 当墙体采用纯水泥砂浆砌筑时，表中 $\left[\dfrac{A}{F}\right]$ 值应乘以系数1.3。

⑤ 对于现浇和装配整体式钢筋混凝土屋盖等刚性屋盖的泵房，抗震横墙的面积应按 $\dfrac{A}{F}$ 计算。

对于装配式钢筋混凝土屋盖等中等刚性屋盖的泵房，抗震横墙的面积应按 $\dfrac{2A_K}{\left(\dfrac{FA_K}{A}+F_K\right)}$ 计算。

对于木屋盖等柔性屋盖的泵房，抗震横墙面积的计算方法同刚性屋盖。

抗震纵墙面积率的计算方法在同刚性屋盖，抗震横墙的面积应按 $\dfrac{A_K}{F_K}$ 计算。

⑥ 本表中 λ≤0.5 范围内未列出 $\left[\dfrac{A}{F}\right]$ 值的情况，属于该墙体满足抗震强度要求，可不进行抗震鉴定。

厚37厘米承重抗震墙体的最小面积率 $\left[\dfrac{A}{F}\right]$

表 3.1.2.4

l_p (米)	墙体开洞率 λ	砂 浆 标 号		
		10	25	50
≤4	0.00	0.0209	0.0135	
	0.10	0.0205	0.0133	
	0.20	0.0200	0.0131	
	0.25	0.0198	0.0130	
	0.30	0.0195	0.0129	0.0091
	0.35	0.0192	0.0127	0.0090
	0.40	0.0188	0.0125	0.0089
	0.45	0.0184	0.0123	0.0088
	0.50	0.0180	0.0121	0.0087
6	0.30	0.0179		
	0.35	0.0176		
	0.40	0.0172		
	0.45	0.0168		
	0.50	0.0163		
7	0.30	0.0175		
	0.35	0.0172		
	0.40	0.0168		
	0.45	0.0163		
	0.50	0.0159		

注：① 符号说明：

A ——验算平行于地震力方向全部抗震墙在 $\dfrac{1}{2}$ 墙高处净面积之和；

A_K ——验算平行于地震力方向第K道抗震墙在 $\dfrac{1}{2}$ 墙高处的净面积；

F ——泵房的建筑面积；

第3.1.3条 地面式砖壁柱(墙)承重的泵房,抗震墙最大间距不符合本标准表3.1.2.1要求时,当抗震鉴定烈度为7度和8度、9度时,应按国家现行《工业与民用建筑抗震设计规范》进行抗震强度验算。砖壁柱并应有竖向配筋,配筋量应按计算确定,8度时不应少于4φ10,9度时不应少于4φ12。不符合要求时,应加固。

地面式钢筋混凝土排架柱承重的泵房,当抗震鉴定烈度为7度Ⅲ类场地土和8度、9度时,应按国家现行《工业与民用建筑抗震设计规范》进行抗震强度验算,其安全系数应取不考虑地震荷载时数值的65%,不满足要求时,应加固。

第3.1.4条 半地下式泵房,当符合本标准表3.1.2.1要求时,仍可按表3.1.2.2~4的最小面积率[A/F]作为控制要求。验算室外地坪以上的抗震墙体所需的面积率。对不符合加固要求,当地震基本烈度为8度、9度时,应进行抗震强度验算。鉴定加固时,泵房结构计算简图可取地坪外墙室外地坪至屋盖底部作为计算高度,对砌体承重结构,安全系数应取不考虑地震荷载时数值的80%,对钢筋混凝土承重结构,安全系数应取不考虑地震荷载时数值的65%,不满足要求时,应加固。

第3.1.5条 当泵房间的机器间和控制室、配电室等平、剖面布置不规则或结构刚度截然不同,并且未设防震缝时,应进行抗震强度验算,其安全系数应取不考虑地震荷载时数值的80%,不满足要求时,应加固。

注:对钢筋混凝土屋盖的泵房,由于其质量中心和刚度中心不重合产

生扭矩,导致的附加地震剪力可按下式计算,

$$Q_i = M_0 \frac{K_i d_i}{\sum K_i d_i^2} \quad (3.1.5.1)$$

式中

Q_i——对构件i(墙体或排架)由总扭矩M_0产生的附加剪力(吨);
M_0——总扭矩(吨·米)即$M_0 = Q_i \cdot S$;
Q——不考虑扭转影响时的总地震荷载(吨),可根据泵房的整体基本振型振动周期T_1,按国家现行的《工业与民用建筑抗震设计规范》确定,T_1值可按$T_1 = 2\pi \sqrt{\dfrac{W}{g \sum K_i}}$计算,

S——泵房结构相邻应重直于计算地震力方向的刚度中心和质量中心的偏距(米);
W——泵房墙体层盖及支承结构(墙体、排架等)的总重量之和(吨);
K_i——i构件(墙体或排架)的抗侧移刚度(吨/米);
g——重力加速度(米/秒²);
d_i——i构件(墙体或排架)至泵房刚度中心的距离(米);
n——墙体和排架的总个数。

第3.1.6条 砖砌体应符合下列要求:

一、屋架、大梁等主要承重构件支座下的墙体应无明显裂缝;

二、墙体应无明显的歪闪变形;

三、纵、横墙交接处,外墙尽端门窗处,应无上下贯通的竖向裂缝;

四、砖过梁(包括平拱、弧形拱、半圆拱)应无严重开裂变形。

不符合上述要求时,应加固。

第3.1.7条 砖壁柱(墙)承重的泵房,其纵、横墙交接处,应有良好的拉结构造。当抗震鉴定烈度为7度时,纵、横墙交接处应咬槎砌筑,当为8度、9度

时，外墙转角及抗震内墙与外墙交接处，沿墙高10皮砖应有不少于2φ6钢筋拉结，每边伸入墙内不得少于1.0米。不符合要求时，应加固。

第3.1.8条 钢筋混凝土排架柱和柱间的填充墙，应符合下列要求：

一、填充墙应与排架柱有可靠的拉结构造，当抗震鉴定加固烈度为8度、9度时，应有一道柱间支撑，并在两端柱间应有上柱柱间支撑；支撑的杆件长细比不宜大于150。

二、对贴砌的填充墙，严重开裂，不符合上述要求时，应加固。

第3.1.9条 泵房的木屋盖构造，应符合下列要求：

一、木屋盖构件和支撑不应腐朽、严重开裂；

二、木屋盖构件支撑布置，当抗震鉴定加固烈度为8度时，上弦横向支撑除端单元应设置外，间距不宜大于30米，下弦楼向支撑除端间应设置一道，间距不宜大于20米，上、下弦垂直支撑隔间应设置，并应设有下弦通长水平系杆；

三、支撑与屋架宜有螺栓连接；

四、檩条与屋架应钉牢，拆换或更换应采取其他锚固措施。当抗震鉴定加固烈度为8度、9度时，木屋盖构件应与山墙锚固。

不符合要求时，在墙上的支承长度不应小于12厘米，不应小于6厘米，应增设、拆换或应采取其他加固措施。

第3.1.10条 木屋盖构件应与山墙锚固。当抗震鉴定加固烈度为8度、9度时，山墙顶部应设有卧梁，并应加固。

第3.1.11条 当抗震鉴定应现浇钢筋混凝土闭合圈梁，并与屋架有可靠锚固。不符合要求时，应增设或取其他加固措施。

第3.1.12条 装配式钢筋混凝土屋盖，应符合下列要求：

一、屋盖底部应设有钢筋混凝土闭合圈梁，并与柱、梁或板有可靠的连接。

二、板应与梁应有可靠的连接，如大型屋面板应有三个角与梁的预埋件焊接等。

三、当板搁置在砖墙上时，板端搁进墙内应有不小于12厘米的长度。

四、挑檐板应有锚固措施。

不符合要求时，应采取增设支托等加固措施。

第3.1.13条 当抗震鉴定加固烈度为8度、9度时，半地下式单层泵房的地下部分墙体为无筋砖砌体，且深度大于2.0米时，在地下墙体顶部处应设有圈梁。不符合要求时，宜增设或采取其他加固措施。

第3.1.14条 当抗震鉴定加固烈度为7度Ⅲ类场地土和8度、9度时，屋盖底部标高大于6米的单层泵房，除在屋盖底部设有现浇钢筋混凝土闭合圈梁（现浇屋盖可不设）外，尚应结合门、窗洞口设有闭合圈梁一道。不符合要求时，应增设。

第3.1.15条 女儿墙应有可靠的结构措施，采用25号砂浆砌筑的厚24厘米的女儿墙，其悬出高度不应超过0.5米，不符合要求时，应加固或拆除。

第二节 圆形泵房

第3.2.1条 圆形泵房的抗震鉴定，应着重检查泵

4—9

房的平、剖面布置及构造，屋盖构造，圈梁的设置等。

第3.2.2条 圆形泵房的地下部分与地面部分结构的平面尺寸不一致时，地上部分结构与地下部分结构间应有可靠的连接，如设有钢筋混凝土悬墙或挑梁作为地上部分结构的支托等。当不符合要求且地上部分结构直接座落在天然地基上时，应采取加固措施。

第3.2.3条 圆形泵房的屋盖构造，应符合本标准第2.2.6条要求。

第3.2.4条 当抗震鉴定加固烈度为8度、9度时，地面以上高度大于6米的圆形泵房，应按国家现行的《工业与民用建筑抗震设计规范》进行抗震强度验算。不符合要求时，应加固。

第四章 水 池

第4.0.1条 水池的抗震鉴定，应着重检查池壁强度、顶盖构造以及顶盖与池壁、梁、柱的连接构造等。

第4.0.2条 当抗震鉴定加固烈度为8度、9度时，应按国家现行的《室外给水排水和煤气热力工程抗震设计规范》对水池池壁进行抗震强度验算。对无筋砌体的池壁，其安全系数应取不考虑地震荷载时数值的80%；对钢筋混凝土池壁，其安全系数应取不考虑地震荷载时数值的70%，不满足要求时，应加固。

第4.0.3条 无筋砌体水池，当抗震鉴定加固烈度为8度、9度时，其角隅处（外墙拐角及内墙与外墙交接处）沿高度每30～50厘米应配有不少于3φ6水平钢筋，伸入两侧池内长度不应少于1.0米。不符合要求时，宜对该处采取加固措施。

第4.0.4条 钢筋混凝土池壁的矩形敞口水池，当抗震鉴定加固烈度为8度、9度时，其角隅处的里、外层水平方向配筋率均不宜小于0.3%，伸入两侧池壁内长度不宜小于1.0米。不符合要求时，宜对该处采取加固措施。

第4.0.5条 有盖水池的顶盖为装配式钢筋混凝土结构时，顶盖与池壁应有拉结措施。不符合要求时，应采取在池壁顶部加设现浇钢筋混凝土圈梁或其他加固措施，钢筋混凝土圈梁上部宜有钢筋不少于4φ12，并应与顶盖连成整体。

第4.0.6条 当抗震鉴定加固烈度为8度、9度时，有盖清水池的装配式钢筋混凝土顶盖，应连成整体顶盖，并应符合下列要求：

一、8度时，装配式顶盖的板缝内应配置不少于1φ6钢筋，并用100号水泥砂浆灌严。

二、9度时，装配式顶盖上部宜有钢筋混凝土现浇层。

不符合要求时，应加固。

第4.0.7条 当抗震鉴定加固烈度为8度、9度时，装配式结构的有盖水池，顶板与梁，柱及梁与柱均应有可靠的锚固措施。不符合要求时，应加固。

第4.0.8条 有盖水池采用无筋砌体拱壳顶盖时，拱脚处应有可靠的拉结构造。不符合要求时，应采取加固措施。

第4.0.9条 由于温度收缩、干缩、不均匀沉陷等原因，水池在下列部位存在贯通裂缝时，应采取补强加固，凡采用闸槽做法的应予改建。

一、现浇顶盖的水池的壁顶端周圈；

二、矩形有盖清水池的现浇顶盖。

第4.0.10条 当抗震鉴定加固烈度为8度、9度时，有盖水池的柱子为无筋砌体，宜采取加固措施。

第4.0.11条 清水池的无筋砌体导流墙，当可能砸坏进、出水管堵塞吸水抗时，应与池壁、立柱或顶板有可靠的拉结。不符合要求时，应采取加固措施。

第五章 地下管道

第一节 给水管道

第5.1.1条 给水工程中的地下管道的抗震鉴定，应着重检查管道沿线的场地和地基土质情况、管网的布置、阀门的设置和管材、接口构造等。

第5.1.2条 通过发震断裂带及地基土为可液化土地段的输水管道或给水管网的主干线，宜对该段范围内的管道采用钢管，并宜在管网两端增设阀门，阀门两侧管道上应设置柔性接口。

第5.1.3条 给水管网布置为树枝状时，支线连接处应有连通管。

第5.1.4条 管网内的主要干、支线连接处，阀门、阀门两侧管道上应设置柔性接口。不符合要求时，应增设。

第5.1.5条 管径大于75毫米的阀门应建有阀门井。

第5.1.6条 消火栓及管径大于75毫米的阀门邻近有危险建筑物（指缺乏抗震能力又无加固价值的建筑物）时，应调整阀门及消火栓的设置部位。阀门及消火栓应设置在便于应急使用的部位。

第5.1.7条 承插式管道的下列部位，应设有柔性接口：

一、过河倒虹管的上部弯头两侧；

二、穿越铁路及其他重要交通干线两侧；

三、主要干、支线上的三通、四通、大于45度的弯头等附件与直线管段连接处；

四、管道与泵房、水池、水塔等建筑物连接处。

不符合上述要求时，应增设。

第5.1.8条 对重要的给水输水管及配水干线，凡采用承插式管道的直线管段，应在一定长度内设有柔性接口。承插接口的间距，应按国家现行《室外给水排水和煤气热力工程抗震设计规范》进行抗震验算确定。

第5.1.9条 沿河、湖，沟坑边缘敷设的承插式给水输水管及配水干管段，当场地土为Ⅱ类或Ⅲ类软弱粘性土层、可液化土层范围内夹有软弱粘性土层，可能产生滑坡时，该管段上不大于20米距离应设有一个柔性接口。不符合要求时，应增设。

第二节 排水管道

第5.2.1条 排水工程中的地下管道的抗震鉴定，

应着重检查管道沿线的场地、地基土质和水文地质情况，管道的埋深和管内排放的水质、各干管之间应尽量设有连通管。不符合要求时，可结合各排水系统的重要性，逐步增设连通管。

第5.2.2条 排水管网系统内，管材和接口构造等，不符合要求时，应采取加固措施。

第5.2.3条 位于地基土为可液化土地段的管道，应符合下列要求：

一、圆形管道应配有钢筋，设有管基及柔性接口。

二、无筋砌体的矩形或拱形管道，应有良好的整体构造，基础应设有整体底板并宜配有钢筋。

当不符合上述要求时，对具有重要影响的排水干管段，应采取加固措施。

第5.2.4条 当抗震鉴定加固烈度为8度、9度时，敷设在地下水位以下的圆形管道，应配有钢筋并设有管基。不符合要求时，对下列情况的管段应采取加固措施：

一、与其他工业或市政设施管、线立交处；

二、邻近建筑物基底标高高于管道内底标高（亦可对建筑物地基采取防裂将导致建筑物基土流失时）。

第5.2.5条 管道与水池、泵房等建筑物连接处，应设有柔性连接（如建筑物墙上预留套管、套管与接入管道间的空隙内填以柔性填料）。不符合要求或采取其他加固措施。

第5.2.6条 过河倒虹吸管的上端弯头处应设有柔性连接。不符合要求时，当场地土为Ⅲ类地基或有软弱粘性土、可液化土层时，应增设。

第5.2.7条 对于下列排水管道，应按国家现行的《室外给水排水和煤气热力工程抗震设计规范》进行抗震验算。当其强度或变形不符合要求时，应采取加固措施：

一、敷设于水源防护地带的污水或合流合管道；

二、排放有毒废水的管道；

三、敷设在地下水位以下的具有重要影响的排水干管。

附录一 本标准用词说明

一、执行本标准条文时，要求严格程度的用词，说明如下，以便在执行中区别对待。

1. 表示很严格，非这样作不可的用词：

   正面词采用"必须"；

   反面词采用"严禁"。

2. 表示严格，在正常情况下均应这样作的用词：

   正面词采用"应"；

   反面词采用"不应"或"不得"。

3. 表示允许稍有选择，在条件许可时首先应这样作的用词：

   正面词采用"宜"或"可"；

   反面词采用"不宜"。

二、条文中指明应按其他有关标准、规范执行的写法为"应按……执行"或"应符合……要求"。非必须按所指的标准、规范执行的写法为"可参照……"。

中华人民共和国国家标准

工业构筑物抗震鉴定标准

GBJ 117—88

主编部门：中华人民共和国冶金工业部
批准部门：中华人民共和国建设部
施行日期：1989 年 3 月 1 日

关于发布《工业构筑物抗震鉴定标准》的通知

(88)建标字第81号

根据原国家建委(78)建发抗字第113号文的要求，由冶金部会同有关部门共同编制的《工业构筑物抗震鉴定标准》，已经有关部门会审。现批准《工业构筑物抗震鉴定标准》GBJ117—88为国家标准，自1989年3月1日起施行。

本标准由冶金部管理，其具体解释等工作由冶金部建筑研究总院负责。出版发行由中国计划出版社负责。

中华人民共和国建设部
1988年6月13日

目　次

第一章	总则	5-5
第二章	场地、地基和基础	5-8
第一节	场地	5-8
第二节	可液化土地基和基础	5-9
第三节	非液化土地基	5-10
第四节	桩基	5-14
第五节	挡土墙和边坡	5-15
第三章	贮仓	5-17
第一节	钢筋混凝土贮仓	5-17
第二节	钢贮仓	5-26
第四章	槽罐结构	5-27
第一节	钢贮液槽的钢筋混凝土支承筒	5-27
第二节	贮气柜的钢筋混凝土水槽	5-28
第三节	钢筋混凝土油罐	5-29
第五章	皮带通廊	5-29
第一节	一般规定	5-29
第二节	抗震强度验算	5-29
第三节	抗震构造措施	5-33
第六章	塔类结构	5-35
第一节	井架	5-35
第二节	钢筋混凝土井塔	5-36
第三节	钢筋混凝土造粒塔	5-38

编制说明

本标准是根据原国家基本建设委员会（78）建发抗字第113号文的要求，由冶金部建筑研究总院会同本部系统和煤炭、石油、有色金属、化工、电力、机械、建材等部门所属有关科研、设计院（所）共同编制而成。

本标准编制过程中，编制组在认真总结海城、唐山等大地震中工业构筑物实践经验的基础上，吸取了国内外在地震工程方面近期的部分设计、加固科研成果，并对有关构筑物在地基及其地震鉴定和加固方法补充了必要的理论分析和试验研究。本标准经多次广泛征求意见，进行工程试点，最后由我部会同城乡建设环境保护部等有关部门审查定稿。

本标准共分九章和七个附录，包括挡土墙、贮仓、槽罐、皮带通廊、井架和井塔等塔类结构、炉窑结构、变电构架、操作平台等工业构筑物及其地基基础的抗震鉴定和加固内容。

在本标准施行过程中，请各单位结合工程实践，认真总结经验，注意积累资料，如发现有需要修改和补充之处，请将意见和有关资料寄交我部建筑研究总院（北京市学院路43号），以供今后修订时参考。

冶金工业部
1988年2月6日

第四节	塔型钢设备的基础	5—38
第五节	双曲线型冷却塔	5—39
第六节	机力通风凉水塔	5—40
第七章	炉结构	5—40
第一节	高炉系统构筑物	5—40
第二节	焦炉基础	5—42
第三节	回转窑和竖窑基础	5—42
第八章	变电构架和支架	5—43
第九章	操作平台	5—43
附录一	各钢厂钢筋屈服强度超强系数值	5—44
附录二	局部配筋混凝土地坪的抗震设计	5—45
附录三	钢筋混凝土结构抗震加固方案	5—47
附录四	钢结构抗震加固方案	5—48
附录五	塔型钢设备基础的地基抗震验算范围判断曲线	5—50
附录六	非法定计量单位与法定计量单位换算关系	5—51
附录七	本标准用词说明	5—52
附加说明		5—52

主要符号

荷载和内力

M——弯矩（kN·m）
N——轴向力，竖向力（kN）
P_i——沿高度作用于i点的水平地震力（kN）
P_{ij}——作用于i质点的j振型水平地震力（kN）
Q_0——结构总水平地震力（kN）
W——产生地震力的重力荷载（kN）
γ——容重（kN/m³）
m——质量（t）

计 算 系 数

α——地震影响系数
α_1——相应于结构基本周期T_1的地震影响系数α值
α_{max}——地震影响系数α的最大值
β——放大系数
γ——振型参与系数
γ_s——钢筋屈服强度超强系数
e——偏心参数
ζ, ρ——相关系数
η——增大（或降低）系数
λ——杆件长细比
λ_v——竖向地震作用系数

φ ——钢杆件轴心受压稳定系数
ψ ——地基容许承载力调整系数
ω_i ——第 i 液化土层层位影响的权函数
C_z ——结构影响系数
C_z ——综合影响系数
K ——安全系数

几 何 特 征

A ——截面面积（m^2）
B ——构筑物（或基础）总宽度（m）
D ——筒型结构（或圆型基础）直径（m）
H ——总高度（m）
L ——总长度（m）
K_{xx} —— x 轴向平移刚度（kN/m）
$K_{\varphi\varphi}$ ——抗扭刚度（kN·m）
E ——钢材弹性模量（kPa）
E_h ——混凝土弹性模量（kPa）
G ——剪切模量（kPa）
I ——转动惯量（t·m²）
J ——截面惯性矩（m⁴）
Z ——截面抵抗矩（m³）
a ——距离（m）
b ——截面宽度（m）
d ——钢筋直径（m）、距离（m）
e_0 ——偏心距（m）
e_x —— x 方向偏心距（m）
h ——高度（m）

k_{xi} ——第 i 抗侧力构件沿 x 轴方向的平动刚度（kN/m）
l ——构件长度（m）
t ——壁厚（m）
x, y, z ——分别为 x, y, z 轴方向距离（坐标）（m）
δ ——单位水平力作用下的水平位移（m/kN）
θ ——斜杆与水平线间夹角（°）
φ ——土摩擦角（°）

材 料 指 标 和 应 力

$[R]$ ——地基土静容许承载力（kPa）
R ——经基础宽深修正的地基土静容许承载力（kPa）
R_a ——混凝土轴心抗压设计强度（kPa）
R_c ——钢筋抗拉设计强度（kPa）
σ ——结构截面应力，地基土应力（kPa）
σ_s ——钢材屈服点（kPa）
τ ——剪应力（kPa）

其 它

$N_{63.5}$ ——标准贯入锤击数实测值
N_{cr} ——饱和土判别液化判别标准贯入锤击数临界值
N_0 ——饱和土判别液化判别标准贯入锤击数基准值
P_I ——地基液化指数
T_1 ——结构基本周期（s）
T_j ——结构 j 振型周期（s）
ω_j ——结构 j 振型圆频率（s⁻¹）
ρ_c ——粘粒含量百分率（%）
g ——重力加速度（m/s²）

第一章 总 则

第1.0.1条 根据地震工作要以预防为主的方针，为保障已有工业构筑物在地震作用下的安全，使其在遭受本烈度抗震鉴定和加固后所取的地震影响时，一般不致于严重破坏，经修理后仍可继续使用，特制定本标准。

第1.0.2条 本标准适用于抗震鉴定和加固的烈度为7度、8度和9度，且未经抗震设计的已有工业构筑物的抗震鉴定和加固。

第1.0.3条 抗震鉴定和加固的构筑物，应按所在地区基本烈度采用，对于特别重要的构筑物，当必须提高1度进行抗震鉴定和加固时，应按国家规定的批准权限报请批准。

注：①对于重要厂矿，有条件时可按经批准烈度小区划或设计反应谱进行抗震鉴定和加固。
②对于基本烈度为6度地区，按国家专门规定需要进行抗震设防的工业构筑物，可按本标准7度的要求进行抗震鉴定和加固。

第1.0.4条 进行抗震鉴定和加固，应从提高厂（矿）综合抗震能力的全局出发，满足下列要求：

一、对总体加固方案进行可行性和技术经济合理性的综合分析。

二、综合分析场地、地基对构筑物结构抗震性能的影响，进行合理加固。

三、从整条生产线综合考虑建筑物群体的抗震安全性，分析各类相邻建（构）筑物在地震下的相互影响及其震害后果，进行综合治理，减轻次生灾害。

四、严格施工要求，确保工程质量，切实组织验收。

五、在使用过程中应对构筑物进行合理维护。

第1.0.5条 进行抗震鉴定分等级，按下列要求划分等级：

一、A类建筑：大型厂（矿）中，构筑物的地震破坏将对连续生产和人员生命造成严重后果者，包括全厂（矿）性和特别重要生产车间的动力系统构筑物，地震下可能导致严重灾害次生灾害或严重影响震后恢复生产的构筑物，以及矿山重要性，如矿井安全出口等。

二、B类建筑：除A、C类以外的其它构筑物。

三、C类建筑：构筑物的破坏不致造成人员伤亡或较大经济损失者，或其它次要构筑物。

第1.0.6条 进行抗震鉴定和加固，应首先调查有关的勘察、设计和施工原始资料，构筑物的现状和隐患，并结合同类构筑物结构和地基基础的震害经验，分析场地、地基条件对构筑物抗震的有利因素和不利因素。

第1.0.7条 各类结构的现状，当不符合下列有关要求时，应结合抗震加固进行处理。

一、钢结构：

1. 受力构件、杆件（包括支撑）无短缺，无明显弯曲，无裂缝，无任意切割所形成的孔洞或缺口。

2. 受力构件、杆件及其连接和节点无锈蚀。

3. 锚栓无损伤、锈蚀、螺帽无松动，对受剪为主的锚栓、杆栓杆托座在托座盖板处无丝扣，基础混凝土无酥碎。

4. 受力构件的支承长度符合非抗震设计要求。

5. 柱间支撑斜杆中心线与柱中心线的交点不位于楼板的腐蚀条件。

上、下柱段和基础以上的柱段。

二、钢筋混凝土结构：

1. 受力构件、杆件无短缺，无明显变形，没有因切剖订凿等形成的损伤。
2. 受力构件、杆件的混凝土无酥裂、腐蚀、烧损、脱落，无露筋，无超过设计规范限值的裂缝。
3. 预制受力构件的支承长度符合非抗震设计要求。
4. 连接件无锈蚀。
5. 当设有填充墙或柱间支撑时，没有由此增大结构单元质心对刚心的偏心距和沿高度方向水平刚度的突变，没有因半高刚性墙而增大柱的线刚度削弱原结构抗侧能力或形成短柱。

三、砖结构：

1. 墙体不空臌，无歪斜和酥碱。
2. 承重墙体及纵、横墙交接处无裂缝，咬槎良好，无任意开凿或明显削弱原结构的孔洞。
3. 各部位的局部尺寸符合国家现行的建筑抗震鉴定标准规定的限值要求。
4. 砖过梁无开裂和变形。
5. 没有因地基不均匀沉降而引起的墙体裂缝及其它明显影响墙体质量的缺陷。

第1.0.8条 本标准有关章节中规定可不进行抗震鉴定的构筑物，应符合下列要求：

一、满足非抗震设计及施工验收规范的要求。
二、使用过程中未改变原设计的基本依据，或虽有改变但不降低构筑物的抗震能力，结构没有重大损伤和缺陷，符合本标准第1.0.7条的要求。
三、钢筋混凝土结构或钢结构的抗侧力构件及其节点符合本标准有关构造要求，无先行出现脆性破坏的可能。
四、相邻建（构）筑物、边坡的震害不致危及被鉴定构筑物的安全。
五、没有对建筑抗震危险的场地条件，地基土无液化、失稳或严重不均匀沉降可能。

第1.0.9条 构筑物结构的抗震强度鉴定，除本条和有关章节另有规定者外，可按工业与民用建筑抗震设计规范有关规定执行。

一、构筑物的基本周期，可按构筑物的实测周期经鉴公式计算值确定，被鉴定构筑物的实测周期或理论公式计算值，对前两类实测周期值，可根据结构的重要性和不同的塑性变形能力，乘以1.1~1.4的震时周期加长系数，但砖结构不得加长。当所采用的加固方案（使影响周期变化的因素（结构的侧向刚度、质量等）有明显变化时，应考虑加固对结构抗震影响。

结构抗震加固的安全度和结构影响系数 表1.0.9

项目 \ 结构类别	钢结构	钢筋混凝土结构	砖结构
安全度取值	抗震鉴定时	钢材和焊缝检算许应力，按考虑地震时应力的下列比例取用	不应大于140%	不应小于70%	不应小于80%
	经鉴定需要加固时	不宜大于125%	不宜小于80%	0.45~0.5
结构影响系数		0.3	0.35~0.4	

注：① 钢结构，当不能满足对塑性变形能力的抗震构造要求时，应允许应力值，并应在地震作用力计算中加大结构影响系数。
② 钢筋混凝土结构，当不能满足对塑性变形能力的抗震构造要求时，应降低许用安全度值，并应在地震作用力计算中加大结构影响系数。
③ 砖结构，除按要求进行强度鉴算外，还应符合抗震结构的配筋等构造要求。

周期值的影响。

二、结构影响系数和抗震强度安全度应按表1.0.9选用。

对于的确难以达到抗震鉴定和加固标准的构筑物，应根据技术经济的综合分析结果，或采取措施适当提高其抗震能力，或报请批准后降低设计烈度，但不加固或使用但无设备产生严重次要后，必须对人员和重要生产设备采取安全措施。

三、当验算正截面抗震强度时，除C类构筑物外，受压区相对高度不应大于0.35（纵向钢筋为3号钢、5号钢）或0.4（纵向钢筋为16锰钢、25锰硅钢），否则，偏心受压（拉）构件应按小偏心受压（拉）计算。

注：如能确切判定所用钢筋的生产厂家，必要时可按附录一采用由相应生产厂的钢筋强度统计资料，得出矩形截面的受压区相对高度值。

第1.0.10条 构筑物结构的整体性加固方案的确定，应综合考虑下列要求：

一、构筑物结构的整体性应符合下列要求：

1. 楼盖、屋盖等水平结构与抗侧力构件具有可靠的侧向刚度和强度；

2. 保证抗侧力构件及其节点具有合理可靠的连接；

3. 传递地震力的途径合理可靠；

4. 非受力结构（如维护墙体等）与主体受力结构之间具有可靠连结。

二、综合考虑强度加固和满足塑性变形能力的要求。

三、综合分析加固措施的有效性及可能对结构产生的不利作用，例如，保证负荷条件下施焊的安全、钻孔打洞时避免或减少对结构的损伤等。

四、选用合适的加固工艺和设备，例如，保证负荷条件下施焊的安全，钻孔打洞环节转移。

五、避免非受力结构倒塌伤人。

第1.0.11条 对于有技术改造或大修需要的构筑物，抗震加固宜与技术改造或大修结合，同时进行。

第1.0.12条 对构筑物变形缝（包括温度缝、沉降缝和防震缝）之间原有的变形缝（包括温度缝、沉降缝和防震缝）处，应清理缝隙中的硬杂物；变形缝宽度应符合工业与民用建筑抗震设计规范的要求，不足时，应根据两相邻结构单元相向水平振动和扭转振动相对位移时可能碰撞而产生的危害性大小，采取必要的措施。例如，适当提高两相邻单元的侧向刚度，而不宜采取减小偏心，提高抗扭刚度的措施；对可能碰撞的部位，适当采取提高结构部位结构的强度等。

当构筑物采用柔性支承于相邻建（构）筑物上，而该连接强度不足或采用滑动支座、滚动支座时，尚应对两相邻结构单元在平面内结构的质心对有较大偏心时，设有落梁可能，当有落梁可能时，应采取措施，加强加固支座连接，适当加长支承长度，设置加固措施以限制过大移动的构造措施等。

第1.0.13条 全厂（矿）的固定测量基准点至少应有四个位于对抗震有利的地段，不符合要求时，应补设或采取措施，并应予以妥善保护。当全厂（矿）均位于软弱土或可液化土地段时，可将固定测量基准点设置在桩基上，而桩基应深至基岩或土层土的下界面以下，或对设置固定测量基准点部位的地基进行局部加固。

第1.0.14条 木屋盖的抗震鉴定和加固，尚应符合现行国家与民用建筑抗震鉴定标准的有关规定，抗震鉴算中，除本标准另有规定者外，均应按下列国家标准执行：

木结构、木屋盖建筑物的抗震构造要求，尚应符合现行工业与民用建筑抗震鉴定标准的有关规定。

《建筑抗震设计规范》；
《室外给水排水和煤气热力工程抗震设计规范》；
《混凝土结构设计规范》；
《砖石结构设计规范》；
《钢结构设计规范》；
《建筑地基基础设计规范》。

第二章 场地、地基和基础

第一节 场 地

第 2.1.1 条 进行抗震鉴定时，场地土的分类宜符合下列规定：

一、Ⅰ类——坚硬土，包括岩石，密实的碎石类土，坚硬的老粘性土。

二、Ⅱ类——中等土，除Ⅰ、Ⅲ类以外的一般稳定土。

三、Ⅲ类——软弱土，包括淤泥、淤泥质粘土、可液化土，新近沉积的粘性土和轻亚粘土（粉土），松散的砂，基本容许承载力小于130kPa的填土。

注：场地土一般可按基础底面（或辅承支面）10m范围内或离承面以下10m范围内成废坡地沿长范围内的类别划分，当上述范围内的土为多层时，可按厚度加权平均的方法确定的类别。

第 2.1.2 条 在8度和9度地区，对基本岩上的A类构筑物，其抗震构造措施可按鉴定加固的烈度降低1度采用，但地震作用应按原鉴定加固的烈度计算。

第 2.1.3 条 Ⅲ类场地土上基本周期等于或大于1.2s的A类构筑物和各类重要性等级建筑物的突出屋面小型结构，除应满足本标准有关章节的抗震要求外，还宜适当提高薄弱部位的安全系数，并应设有良好吸收能力的抗侧力结构（当采用交叉支撑时，斜撑杆的长细比不宜大于120），或设有先行出现塑性变形的辅助（或赘余）抗侧力结构体系。

第 2.1.4 条 对建在不均匀地基（如敌河道，暗藏的堵滨沟合不同地层）或不同型式基础上的同一构筑物结构单元，除应满足有关章节的抗震要求外，尚应考虑不均匀沉降和不同地震反应对结构的不利影响，对结构的薄弱部位（强梁弱柱纯框架结构的塑式基础处及其附近，强柱弱梁纯框架结构中的梁，沿主轴方向杆件长细比值大的柱间支撑节点，大偏心结构单元的角柱、边坡的半挖半填地段、山区中岩石与土交接地带，以及成因、岩性或状态明显不同的其它严重不均匀地层）或不同型式基础结构上的不均匀沉降异的措施，采取调整不同区段结构侧向刚度等以减少地震反应差异的措施，设置先行出现塑性变形的辅助（或赘余）抗侧力结构体系。

注：不均匀地基上地震受损后可能形成严重灾害的刚性管线，也应设有减轻不均匀沉降影响的措施。例如，对管道采用柔性接头，设有可伸缩段；当管道穿过墙体时墙体具有较大的孔洞尺寸，并填有柔性吸能材料等。

第 2.1.5 条 对建在条形突出的山嘴、高耸孤立的山丘上的A、B类长周期构筑物，宜采取符合本标准第2.1.3条规定的措施，并宜提高其侧向刚度。

第 2.1.6 条 对全地基有软弱土和可液化土的构筑物，除主要受力层有软弱土和可液化土层，一般可适当降低结构的抗震构造要求。

第二节 非液化土地基和基础

第2.2.1条 在非地震组合力作用下，当构筑物沉降已经稳定且现有状况良好，或沉降虽未稳定但已确定其地基基础能够满足非地震组合力作用下的设计要求时，除下列情况外，可不进行其地基基础的抗震验算和抗震加固：

一、8度或9度区，使用条件下受较大的水平推力且地震时水平力有较大增加的结构（如挡土墙等）或构件（如拱脚、井架的斜架等），宜进行其基础的抗滑稳定性验算。

二、对要求验算其地基的抗震强度验算的高耸构筑物，对其基础的抗震强度验算和高重心的高耸构筑物的抗震强度。

三、当构筑物结合抗震加固进行改建而荷载有较大增加时，应对其地基基础进行抗震静承载力计算和抗震验算。

第2.2.2条 进行非液化土地基承载力验算时，地震组合力作用下的地基承压力应满足下列公式要求：

$$\sigma \leqslant \psi_1 \psi_2 R \quad (2.2.2-1)$$

$$\sigma_{max} \leqslant 1.2 \psi_1 \psi_2 R \quad (2.2.2-2)$$

式中 σ、σ_{max} —— 分别为基础底面的平均压应力和基础边缘处的最大压应力（kPa）；

R —— 地基基础设计规范规定的经基础宽度和深度修正的地基土静容许承载力（kPa）；

ψ_1 —— 地震短暂作用对地基土容许承载力的调整系数，可按表2.2.2-1取用；

ψ_2 —— 地基土长期受压后容许承载力的提高系数。对岩石、碎石土、新近沉积粘性土、淤泥及地下水位以下的淤泥质土、填土类，取 $\psi_2 = 1$；对其它土类，在地基沉降已经

稳定，且构筑物未出现因地基变形引起的裂缝等损坏和超过容许的地基变形值时，可按值与构筑物基础下地基土承载力试验值与原地质勘察资料中相应标高同土层试验值（或在场自由地相应标高同类土的试验值）的对比结果取值，当无勘察资料时，也可按表2.2.2-2取值。

地震短暂作用对地基土容许承载力调整系数 表2.2.2-1

序号	地基土名称和状态	ψ_1值
1	岩石，密实的碎石土，密实的砾、粗、中砂，硬容许承载力 $[R] \geqslant 300 kPa$ 的一般粘性土	1.5
2	中密和稍密的碎石土，中密和稍密的砾、粗、中砂，密实的细、粉砂，$150kPa \leqslant [R] < 300kPa$ 的一般粘性土	1.3
3	稍密的细、粉砂，$100kPa \leqslant [R] < 150kPa$ 的一般粘性土	1.1
4	淤泥，淤泥质土，松散的砂，填土	1.0

地基土长期容许承载力提高系数 表2.2.2-2

σ_0/R	$\geqslant 0.8$	$0.8 > \sigma_0/R \geqslant 0.7$	$0.7 > \sigma_0/R \geqslant 0.6$	< 0.6
ψ_2值	1.25	1.2	1.1	1.0

注：σ_0 系已有构筑物基础底面的实际平均压应力（kPa）。

第2.2.3条 对结合抗震加固进行改建的构筑物，如作用于基础上的重力荷载有较大增加时，除应验算组合力作用下的地基承载力外，尚应按下列公式验算非地震组合

力作用下的地基承载力:

$$\sigma' = \Psi_2 R \quad (2.2.3-1)$$
$$\sigma'_{max} \leqslant 1.2\Psi_2 R \quad (2.2.3-2)$$

式中 σ'、σ'_{max}——分别为改建后地基土在非地震组合力作用下基础底面的平均压应力和基础边缘的最大压应力(kPa)。

2.2.3-1和2.2.3-2公式中,地基土经长期受压容许承载力提高系数 Ψ_2,应按第2.2.2条取值。

对A、B类构筑物,当选用的 Ψ_2 值大于1时,应按国家的《地基和基础施工及验收规范》进行沉降观测。

第2.2.4条 对非液化土地基上的基础进行地震组合力作用下的抗滑鉴算时,抗滑阻力可考虑基础底面与地基土之间的摩擦力与基础正侧面被动土压力的1/3,经验算不符合要求的,应采取适当措施,例如,设置基础梁(或联系梁),要求的混凝土地坪;增设抗滑肋,增设抗滑桩等。

其对应能承受地震时出现的支撑斜杆按实际杆件系结构的连接应按与其相连出现屈服和屈曲时对杆系结构的连接应按与其相连接的支撑斜杆按实际杆件压曲时内力的水平分量。

第2.2.5条 对要求验算结构等高重心的高耸构筑、高架桥混通廊、塔类结构高重心的高耸构筑物,应按下列公式进行地震组合力作用下的抗倾覆鉴算:

对矩形基础: $e_0 \leqslant 0.25B \quad (2.2.5-1)$
对圆形基础: $e_0 \leqslant 0.22D \quad (2.2.5-2)$

式中 e_0——地震组合力作用下基础底面向向和弯矩的合力作用点对基础底面截面形心的偏心距(m);
B——鉴算方向对基础底面截面形心的矩形基础宽度(m);
D——圆形基础直径(m)。

不符合要求时,应采取扩大基础、减少偏心距等措施。

第三节 可液化土地基

第2.3.1条 当有构筑物地基土在室外地面以下15m范围内有饱和砂土或轻亚粘土时,应对其地震时是否可能液化及地基液化危害性进行鉴定,并应按地基的液化等级和构筑物类别确定工程处理原则。

(I) 液 化 判 别

第2.3.2条 饱和砂土层和轻亚粘土层可按下列单项指标进行液化判别:

一、地质年代为第四纪晚更新世(Q_3)或其以前的砂土或轻亚粘土,可判别为非液化土。

二、7度、8度和9度区,粒径小于0.005mm颗粒的含量百分率分别不小于10、13和16的轻亚粘土,可判为非液化土。

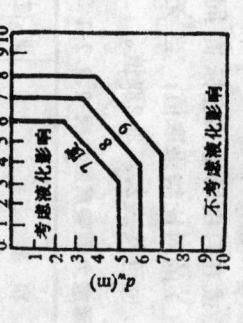

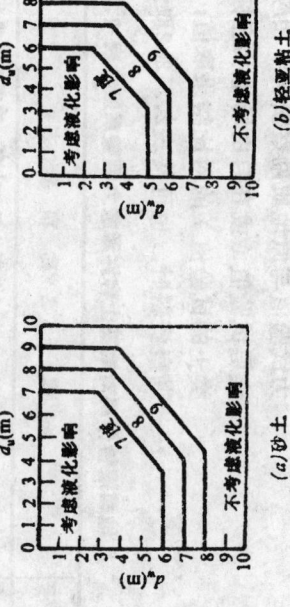

图2.3.2 采用 d_w 和 d_u 初判液化可能性

d_u——上覆非液化土层厚度(m),计算时扣除淤泥和淤泥质土;
d_w——地下水位深度(m)

(a)砂土 (b)轻亚粘土

注：用于液化判别的粘粒含量系采用六偏磷酸钠作分散剂时的测定数值，当采用其它方法测定时，应按有关规定换算。

三、对天然地基上基础埋置深度不超过2m的构筑物，根据其地基土上覆非液化土层厚度和地下水位深度在图2.3.2的位置，确定是否考虑液化影响，当基础埋置深度超过2m时，应将上覆非液化土层厚度和地下水位深度各减去超过值后查图确定。

第2.3.3条 当饱和砂土层和轻亚粘土层考虑液化影响时，其液化需由第2.3.3条或第2.3.4条的要求作进一步鉴定。

饱和砂土层和轻亚粘土层的标准贯入锤击数实测值$N_{63.5}$（未经杆长修正）小于下式算出的液化临界贯入锤击数N_{cr}时，则可判为可液化土层。

$$N_{cr} = N_0[0.9 + 0.1(d_s - d_w)]\sqrt{\frac{3}{\rho_c}} \quad (2.3.3)$$

式中 d_s——饱和土标准贯入点深度（m）；
　　 d_w——地下水位深度（m）；
　　 ρ_c——粘粒含量的百分率（%），当$\rho_c < 3$时，取$\rho_c = 3$；
　　 N_0——饱和土的液化临界标准贯入锤击数，对7、8、9度区可分别取6、10和16。

第2.3.4条 当缺少原有地质勘察资料进行饱和轻亚粘土液化判别时，可按式2.3.4-1或2.3.4-2进行鉴定，当标准贯入锤击数$N_{63.5}$小于由下列公式算出的临界标准贯入锤击数N_{cr}值时，确定此判别为可液化轻亚粘土土层：

$$N_{cr} = N_0[0.9 + 0.1(d_s - d_w)]\alpha_c \quad (2.3.4-1)$$
$$N_{cr} = N_0[0.9 + 0.1(d_s - d_w')]\alpha_{I_p} \quad (2.3.4-2)$$

式中 α_c——考虑粘粒含量影响的修正系数，对7、8和9度区，分别取0.68、0.63和0.56；
　　 α_{I_p}——考虑塑性指数影响的经验系数，

$$\alpha_{I_p} = \sqrt{\frac{1}{1 + 0.67(I_p - 3)^{0.45}}}$$

当$I_p < 3$时，取$I_p = 3$。

（Ⅱ）地基液化危害性鉴定

第2.3.5条 当地面以下15m深度范围内经判定有液化土层时，应按地基液化指数由表2.3.5确定地基液化等级和据此判断液化沉降危害性。

地基的液化等级确定和液化沉降危害性判断　表2.3.5

地基液化等级	液化指数P_i	地面可能出现喷水冒砂和地面变形	喷水冒砂	不均匀沉降对构筑物的危害程度
Ⅰ（轻微）	0～5	地面无喷水冒砂的可能性很小，或仅在洼地、河边有零星的喷冒点		液化沉降危害性较小，一般不致引起明显震害
Ⅱ（中等）	5～15	喷水冒砂的可能性大，从轻微喷水冒砂到严重喷水冒砂均有，但多数属于中等喷水冒砂		液化沉降危害性较大，基主要受力层有液化土层时，可能造成高差达200mm的不均匀沉降，增体开裂或构件变形，高重心构筑物倾斜
Ⅲ（严重）	>15	喷水冒砂一般都很严重，地面变形也很明显		液化沉降危害性很大，一般可产生大于200mm的不均匀沉降，高重心构筑物可能产生倾斜，超过许可范围的倾斜

地基液化指数可按下式确定：

$$P_i = \sum_{i=1}^{n}\left(1 - \frac{N_i}{N_{cri}}\right)d_i\omega_i \quad (2.3.5)$$

当$(1 - N_i/N_{cri}) \leq 0$时为不液化点，均取零。

式中 P_e —— 地基液化指数；

N_i 和 N_{cri} —— 分别为土层中第 i 个标准贯入点的标准贯入锤击数实测值和临界值；

n —— 每个钻孔中饱和土层的标准贯入点总数；

d_i —— 第 i 个标准贯入点所代表的土层厚度（m），按图2.3.5(a)确定；

ω_i —— d_i 层中点深度考虑第 i 液化土层位影响的权函数（m^{-1}），按图2.3.5(b)取用。

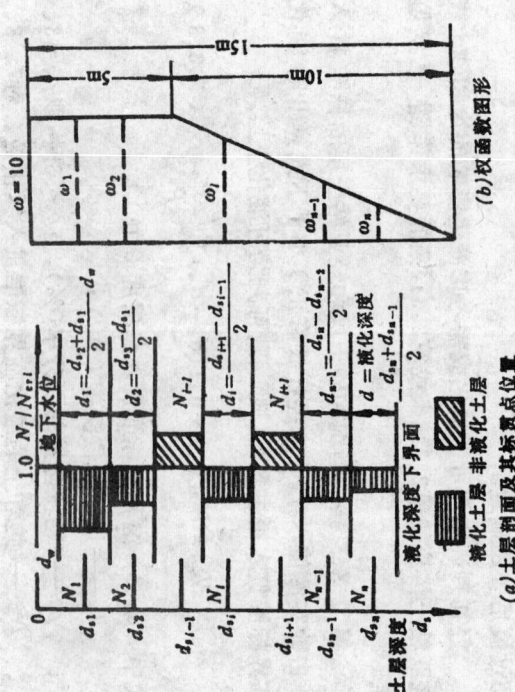

图 2.3.5 液化指数计算简图
(a)土层剖面及其标准贯入点位置
(b)权函数图形

（Ⅲ）液化土地基的工程处理

第 2.3.6 条 根据地基液化等级，应按构筑物的重要性类别及其对地基液化不均匀沉降的敏感性大小确定工程处理原则。工程处理原则和措施可按表2.3.6选用。

液化土地基的工程处理原则　　　表 2.3.6

构筑物重要性类别	地 基 的 液 化 等 级		
	Ⅰ	Ⅱ	Ⅲ
A	(丙)或(乙+丙)	(乙+丙)或(甲)	(甲)
B	(丙)或不采用附加措施	(乙+丙)或(甲)	(乙+丙)或(甲)
C	可不采取附加措施		不采取附加措施，或采取丙类措施

表中，构筑物重要性类别应按本标准第1.0.5条确定。工程处理原则应按下列要求划分。对液化沉降敏感的B类构筑物的类别，当地基液化等级为Ⅱ、Ⅲ时，宜从严选用工程处理原则。

甲类——全部消除地基液化可能或避免液化沉降；
乙类——减轻地基液化或液化不均沉降；
丙类——减少不均沉降对构筑物危害的结构构造措施。

根据上述工程处理原则，可按第2.3.7条、第2.3.8条选用相应的处理措施。当液化土层上界距基底大于4m且位于地基主要受力层以下时，对基本周期不大于0.5s的构筑物，可不因液化采取附加措施。在选择处理措施时，除不均沉降敏感的 A、B 类建筑外，对其它结构，宜首先考虑结构构造措施，有条件时消除液化的某些因素，必要时才进行地基处理。

注：①对基本周期大于1.2s的 A 类构筑物，还应满足本章第2.1.3条的有关要求。

②当同一构筑物相邻单元之间或构筑物与相邻基（构）筑物之间的地基液化指数相差悬殊时，对A、B类建筑尚应满足第2.1.4条的有关要求。

③液化敏感的结构包括对不均匀沉降有严格要求的承式仓等要求高的结构，支承桩性变形能力低的结构，对钢筋有严格要求、基本周期大于1.2s的高耸结构，对浸湿有严格要求的地下钢筋混凝土结构，天然地基上的井等等。

第2.3.7条 对已有构筑物的可液化土地基，如需完全消除或部分消除液化可能性或其不均匀沉降危害性时，可按具体条件选用下列某项或几项措施：

一、采用桩基，特别当原为深入非液化土的桩基而仅器适宜增加桩数时，可在原基础周侧补设桩并以现浇钢筋混凝土承台与原基础连成整体，此时，桩基抗震设计应符合本章第四节要求。

二、降底地下水位。消除因槽、镰、管道等渗漏及排水系统不合理造成地下水位显著提高的因素，以使基底下减少饱和土层厚度和增加非饱和土层厚度，降低水位后对减少液化及其沉降危害性的效果，应再作评定。

三、设置排水桩或设置挤密碎石桩（以下统称排水桩），可在条形基础或块式基础周侧设置竖向排水桩，排水桩的有效深度，对基本周期大于1.2s的A类构筑物、桩基式合和井塔，宜至可液化土层的底面；此时，基底以下处理深度各类构筑物，宜残留可液化土层，基底以下处理深度不应小于4m，且不应小于排水桩长度的1/2，且不宜小于2m。在排水桩处理范围及以远一定区段的地表面，应铺设渗透系数大的粗粒料层以组成横向排水通道，在其上应铺设混

凝土预制板块等面层以防止排水通道淤塞。排水桩的设计应经过专门计算。

四、透水压重处理。在构筑物基础侧边增加孔隙比大的材料，以增加覆盖压力，减轻该层饱和土的液化程度。例如，采用堆砂土或重料，或对局部地面更换质量大且孔隙比大的材料。覆盖范围可经过计算，压重范围可按第三款要求取用。

当各类构筑物的基础附近有地坑、沟壑时，均宜采取防止喷水冒砂的措施。

五、穿过已有基础打眼后用旋喷桩加深基础以下的可液化土层，并在基础侧边设旋喷桩。

六、基础周侧用板桩、挤密碎石桩或地下连续墙等围封，板桩或连续墙宜深至不透水土层。

七、当基础底面位于淤泥层且基底以下的厚度不大时，可采取基础托换法，将基础加深至非液化土层。

八、对B、C类建筑，可采取覆盖法，将基侧回填土换成透系数大的粗粒料，并使其与铺设于地表的粗粒料层连通，上设可靠的钢筋混凝土地坪。

第2.3.8条 为减少由地基土液化产生的不均匀沉降对构筑物的危害程度，提高构筑物对不均匀沉降的适应能力，可按具体条件选用下列某项或几项措施：

一、结合上部结构加固，适当提高基础（或）结构的竖向整体刚度。

二、对选用的圈梁适当增大其截面高度和（或）主筋的直径，并加密其节点的封闭箍筋。

三、减轻结构重量，在工艺可能条件下，根据各区段地基液化指数的大小，调整荷载分布。

四、地基液化指数明显不同的区段，可采用本标准第2.1.4条措施。

五、检查地下室、半地下室的地坪及地下管沟、窨井等地下设施，当这些设施有上浮或成为抗震薄弱环节的可能时，应采取防止喷水冒砂的措施。

第四节 桩 基

第2.4.1条 对使用条件下主要承受垂直荷载的低承台桩基，当同时满足下列条件时可不进行桩基的抗震强度（竖向承载力和水平承载力）验算。

一、构筑物结构没有因桩基不均匀沉降引起损坏。

二、桩尖和桩身周围无可液化土层。

三、桩承台周围无可液化土、淤泥、淤泥质土、松砂或疏松的回填土。

四、地震时没有因岸边滑坡、崩塌和相邻建（构）筑物倾倒等震害而对桩产生附加水平推力。

第2.4.2条 非液化土地基中的低承台桩基，可按下列要求验算抗震承载力或采取措施：

一、桩基竖向承载力的抗震验算，可按工业与民用建筑地基基础设计规范中静承载力的验算方法进行，当桩承台底面上符合本标准附录二要求的混凝土地坪时，可取1.4倍单桩静容许承载力。当未设置上述地坪时，则应扣除承台周围非液化土的摩擦力。

二、桩基水平承载力的抗震验算，除可考虑桩自身的水平抗力（按1.25倍静容许水平抗力取用）外，当无混凝土地坪时，还可按第2.2.4条规定考虑承台正侧面土的水平抗力，当有上述地坪时，还可考虑地坪的水平抗力，但所有情况均不应考虑承台底面与土之间的摩擦力。

第2.4.3条 对于穿过可液化土层在使用条件下主要承受竖向荷载的低承台桩基，当无第2.4.1条第四款的次生灾害，且承台符合四周有厚度不小于2m的非液化土和非液化土中桩基设有符合本标准附录二要求的混凝土地坪时，对液化土中桩基的水平承载力可不进行抗震验算，但在8度和9度区，应按下列两个阶段对桩基的竖向承载力进行抗震验算。

一、第一阶段，设水平地震力已达最大值但地基中孔隙水压力尚未显著影响桩的承载力，可按第2.4.1条和第2.4.2条非液化土中桩基要求执行。

二、第二阶段，设地震已消逝而所有可液化土层均已液化，可按无地震作用时（即在全部水平地震力一项）验算桩基的特殊组合中扣除水平地震力一项）验算桩基的竖向承载力。单桩的竖向容许承载力可按下式确定：

$$N = P_a - T \quad (2.4.3)$$

式中 N——单桩竖向容许承载力（kN）;

P_a——土层未液化时的单桩容许承载力（kN），按第2.4.2条第一款确定；

T——考虑由于土层液化及桩的上部与桩周土脱离而使容许摩擦力减少的总值（kN），其中，桩的上部与桩周非液化土脱离的长度，当具有符合要求的混凝土地坪时可取为零，当无此条件时，可取3m。

经验算不能满足要求时，宜采取减少桩与桩周土间摩擦力的措施。例如，当原来无混凝土地坪时，增设之，对可液化土层进行防液化处理等。必要时，也可增加桩数并与原基础连成整体。

桩伸入稳定土层中的长度（不包括桩尖长度）应按计算确定，但对碎石类土、砾砂、粗砂、中砂和硬硬粘性土，不宜小于0.5m，对其它非岩石土，不宜小于2m。

第五节 挡土墙和边坡

第2.5.1条 在7度区Ⅲ类场地土和8度、9度区，墙身高度大于4m的挡土墙，应验算墙身及其地基基础的抗震强度和稳定性。

对高度不大于12m的挡土墙，作用于墙身的水平地震力可按下式计算：

$$P_i = C_e a W_i \qquad (2.5.1-1)$$

式中 P_i —— 第i截面上由墙身自重产生的水平地震力（kN/m）；

W_i —— 作用于挡土墙第i截面以上墙身自重（kN/m）；

C_e —— 综合影响系数，对硬质岩石地基可取0.25，其它土质地基可取0.2；

a —— 水平地震影响系数，对7、8和9度地区分别应取0.1、0.2和0.4。

作用于挡土墙的地震时主动土压力E'_A可按库伦公式计算，但公式中的内摩擦角φ、墙背摩擦角δ_0和土的容量γ应分别用$(\varphi-\theta)$、$(\delta_0+\theta)$和$\gamma/\cos\theta$代替，即：

$$E'_A = \frac{\gamma H^2}{2} K'_A \qquad (2.5.1-2)$$

式中 E'_A —— 地震时作用于挡土墙背每延米长度上的主动土压力（kN/m），确定其作用点和方向的方法与不考虑地震时相同；

γ —— 土的容量（kN/m³，水下时取浮容重）；

H —— 挡土墙身高度（m）；

K'_A —— 地震时主动土压力系数。

地震时主动土压力系数可按下式计算，或按库伦公式中代换前述内摩擦角、墙背摩擦角和土的容重后直接查表求得。

$$K'_A = \cos^2(\varphi-\theta-e_0)/\{\cos\theta\cdot\cos^2 e_0\cdot\cos(e_0+\delta_0+\theta)$$
$$\times \left[1+\sqrt{\frac{\sin(\delta_0+\varphi)\cdot\sin(\varphi-\theta-\lambda)}{\cos(\delta_0+\theta+e_0)\cdot\cos(e_0-\lambda)}}\right]^2\} \qquad (2.5.1-3)$$

式中 φ —— 土的动内摩擦角（°）；

δ_0 —— 墙背与填土之间的动摩擦角（°）；

e_0 —— 墙背与铅直线间的夹角（°），墙板俯斜时取正值，仰斜时取负值；

λ —— 墙背填土与水平面间的夹角（°）。

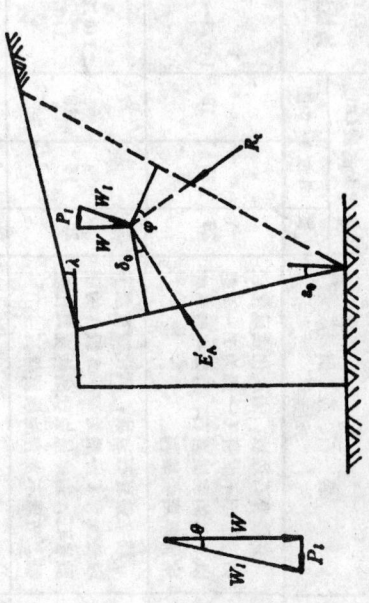

图 2.5.1 地震时作用于挡动土楔上力的示意图

θ——地震角(°)，即重力和水平地震力的合力与铅直线间的夹角(如图2.5.1)，按表2.5.1采用。

地 震 角 θ 值　　　表2.5.1

鉴定加固的烈度	7度	8度	9度
非浸水	1°30′	3°	6°
浸水	2°30′	5°	10°

注：① 当为可液化土层时，φ_e、δ_e值均取为零；
② 无动摩擦角 φ_e、δ_e 的可根据试验资料时，可近似地取静摩擦角取值。

第2.5.2条 挡土墙的地基应按第2.2.2条进行抗震承载力验算。不满足要求时，可增设墙趾以扩大基底面积。

第2.5.3条 挡土墙可按工业与民用建筑地基基础设计规范进行抗震稳定性验算。此时，根据挡土墙的重要性和可能导致的危害的安全系数和抗滑安全系数可分别取1.0～1.2和1.0～1.1，对允许挡土墙基底偏心距应符合下列要求：对岩石地基不大于$B/3$，对一般土地基不大于$B/5$，其中，B为基础宽度。

承载力小于200kPa的土不大于$B/6$，基底偏心距不满足上述要求时，可在墙下增设墙趾且为原坑浇灌的墙趾，以利用墙前的被动土压力增大抗滑阻力，并可利用新增墙趾增大基底面积以减小基底偏心距和增大抗倾覆能力。

第2.5.4条 当构筑物建在非岩质陡坡上或者风化破碎且节理裂隙发育的岩质陡坡上时，可按表2.5.4进行抗震鉴定。不符合表中边坡高度和坡度的限制条件时，应进行抗滑稳定性验算。

地震区边坡高度与坡度的最大值　　　表2.5.4

类别	岩 石 类 别	边坡最大高度(m)			边坡坡度
		7度	8度	9度	
a	完整岩石边坡，未风化或风化轻微，节理不发育(一般为1～2组以下)的硬质岩石，岩体一般呈整体或厚层状结构	25	20	18	1:0.1～1:0.3
b	较完整岩石边坡，风化较轻(一般为2～3组)的硬质岩石，岩体呈块状结构及风化轻微，节理不发育的软质岩石	20	18	15	1:0.25～1:0.75
c	不完整岩石边坡，风化严重或节理发育(一般在3组以上)的硬质岩石，岩石呈碎石状结构以及b类以外的软质岩石	15	12	10	1:0.5～1:1
d	半岩质边坡(包括第三纪岩石及具有一定胶结的碎石类土)	15	12	10	1:0.5～1:1
e	松散碎石土边坡	10	8	6	1:1～1:1.75
f	一般粘性土边坡	12	10	8	1:0.5～1:1.5

注：下部为基岩，上部为覆盖土层的边坡，可视覆盖土层的胶结程度参照 d、e 类边坡取值。

地震作用下土坡的抗滑稳定性验算，可采用土坡稳定条分法，安全系数不宜小于1.1。作用于滑动面以上各土条重心处的水平地震力可按下式计算：

$$P_i = C_z \alpha W_i \quad (2.5.4)$$

式中 C_z——综合影响系数，取0.25；
α——水平地震影响系数；
W_i——第i土条的重量(kN/m)。

第2.5.5条　为提高边坡的抗震稳定性，可采取下列措施或其它有效措施：

一、放缓边坡，设置有较宽平台的阶梯式边坡。

二、合理排水，坡面种草植树。

三、对临空面采取护岸措施，防止坡脚的侵蚀。

四、在构筑物与其上方陡坡之间修建而索的构或挡墙，以截止滚石或小的滑体。

五、消除构筑物上方的崩塌体，设锚杆，加支挡。

六、对风化严重或节理发育的岩坡节采取缓慢风化的措施。

七、当坡脚或坡体有可液化土层时，采取防液化等措施以减少滑动危险性和缩小滑动范围。

第三章　贮　仓

第一节　钢筋混凝土贮仓

第3.1.1条　对贮存散状物料的独立体系钢筋混凝土贮仓进行抗震鉴定时，应检查下列部位和内容：

一、柱承式贮仓中，支承柱节点、支承柱上下端的框架梁柱节点、支承柱的轴压比和配筋率，柱间设有支撑时支撑的配置；柱间填充墙时支撑的材料，砌筑质量及其与柱的拉结，柱间设有支撑时支撑的配置及节点强度。

二、筒承式贮仓与支承筒洞口的加强构造。

三、贮仓上建筑与支承重结构与顶的连接，屋面与其重结构的连接等保证邻结构整体性的措施。

四、贮仓与毗邻结构（高架通廊、其它群体结构及过渡平台等）之间的关系。

五、柱承式贮仓结构单元有无产生严重偏心的因素。

六、柱承式贮仓有无产生不均匀沉降的地基条件。

（Ⅰ）结构抗震验算

第3.1.2条　贮仓的下列部位可不进行抗震强度鉴算：

一、贮仓仓体。

二、下列情况的仓下支承结构：

1. 7度区Ⅰ、Ⅱ类场地土，柱承式方仓的支承柱。

2. 7度和8度区，截面总面积接近仓壁截面积且为均匀的圆筒仓支承柱。

3. 7度区，筒承式贮仓的支承筒，8度区，双面配筋，壁厚不小于150mm，且在同一水平截面内的孔洞圆心角之和不超过110°，每个孔洞的圆心角不超过55°的支承筒。

三、下列情况的仓上建筑：

1. 7度和8度区，构造柱和圈梁布置符合要求的砖混结构，或钢筋混凝土柱下端为刚接且为轻质材料围护的轻、重屋盖结构。

2. 9度区，钢柱下端为刚接且为轻质墙强度的贮仓。

第3.1.3条　对于需要验算抗震强度的贮仓，应按下列要求进行水平地震力计算：

一、应按结构单元的两个主轴方向分别进行计算。

二、对仓上建筑为单层结构的柱承式贮仓，可简化为单自由度体系，按第3.1.4条进行计算。

三、对筒承式贮仓以及上建筑为多层结构的柱承式贮仓，应按工业与民用建筑抗震设计规范的振型分析法进行计算。

四、结构影响系数对柱承式方仓不得小于0.4，对筒承式和柱承式圆筒仓不得小于0.35。

五、散状贮料的有效重量可按满仓的贮料重量乘以表3.1.3的相应折减系数。

散状贮料有效重量折减系数 表3.1.3

计算项目	周期计算和水平地震作用计算		抗震强度验算的内力组合
折减系数组成	贮料充盈程度与耗能		贮料充盈程度
单仓和双联仓	柱承式	0.9	0.9
	筒仓	0.75	
三联及以上的群仓	柱承式	0.8	0.8
	筒仓	0.65	

第3.1.4条 仓上建筑为单层结构的柱承式贮仓下列规定进行水平地震作用计算：

一、结构计算简图可简化为两质点[如图3.1.4(b)，分别作用于仓下柱的顶部和仓上建筑的顶盖处]或单质点[如图3.1.4(c)，作用于仓下柱的顶部]体系。

二、结构基本周期可按下式计算：

$$T_1 = 2\pi \sqrt{\frac{W \delta_{11}}{g}} \quad (3.1.4-1)$$

式中 W——仓下柱顶部以上结构和设备全部重量、散状物料有效重量，以及仓下柱重量的40%之和（kN）;

g——重力加速度（m/s²）;

δ_{11}——单位水平力作用于柱顶（质点1）时在该处引起的水平位移（m/kN）。对空框架支承结构，应按下式计算：

$$\delta_{11} = \frac{H_1^3}{12 \sum_{i=1}^n E_i J_i} \quad (3.1.4-2)$$

其中，H_1为仓下支承柱高度（m）；E_i、J_i分别为i柱的弹性模量（kPa）和截面惯性矩（m⁴），n为仓下柱根数。

对有实心砌体填充墙的支承框架，可按下式计算：

$$\delta_{11} = 1/K_{fw} \quad (3.1.4-3)$$

其中，K_{fw}为仓下填充墙框架的侧移刚度（kN/m），可按《建筑抗震设计规范（GBJ11—89）》计算。

对设有柱间支撑的支承框架，可按本章公式3.1.9-1进行计算。

三、对于作用于各质点的水平地震作用，当按工业与民用建筑抗震设计规范的振型分析法计算时，可直接求得；当按本章底部剪力法计算时，由此算出的仓上建筑质点的水平地震作用

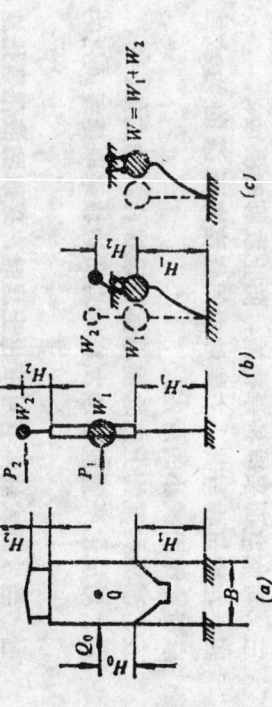

（a）结构简图（O-贮料质心）；（b）两质点计算简图
（c）单质点计算简图
图3.1.4 柱承式贮仓结构计算简图

[图3.1.4(b)的P_2]值应乘以局部放大系数，其值可按表3.1.4由相关参数T_2/T_1或ρ_T求得。

仓上建筑水平地震力放大系数β_n 表3.1.4

相关参数							
T_2/T_1	≤0.4	0.5	0.6	0.7	0.8	≥0.9	
ρ_T	≥0.72	0.6	0.47	0.34	0.22	≤0.105	
仓上建筑结构类型	砖混结构、钢筋混凝土结构	1	1.2	1.5	2	3	
	钢结构						6

表中，T_1、T_2分别为柱承式贮仓的基本周期和第二振型周期，相关参数ρ_T可按下式计算：

$$\rho_T = \sqrt{\frac{(W_1\delta_{11} - W_2\delta_{22})^2 + 4W_1W_2\delta_{22}^2}{(W_1\delta_{11} + W_2\delta_{22})^2}}$$

$$= \frac{1-(T_2/T_1)^2}{1+(T_2/T_1)^2} \quad (3.1.4-4)$$

式中 δ_{22}——按图3.1.4(b)计算简图，作用于质点2的单位水平力在该处引起的水平位移（m/kN）；

W_1——集中于顶部柱顶的重量（kN），包括仓体结构自重、贮料有效重量和置于仓顶平台上的设备等自重，以及下支承柱重量的40%；

W_2——仓上建筑及置于其上的设备重量之和（kN）。

第3.1.5条 筒承式贮仓按下列规定进行水平地震力计算：

一、可简化为三质点[图3.1.5-(b)]，按下列近似公式计算基本自振周期：

$$T_1 = 2\pi\xi_T \sqrt{\sum_{i=1}^{3}(W_i\delta_{in}^2)/(g\cdot\delta_{nn})} \quad (3.1.5-1)$$

式中 W_i——质点i的重量（kN），取质点i的上、下两质点之间高度范围内仓壁和贮料有效重量之和的一半。顶部质点设置在仓壁仓顶处，其重量还应包括顶部平台、仓上建筑和设备的重量。最下部质点当取少数质点体系时，宜设置在支承壁筒支承与仓体交接处，该质点应包括支承筒壁与仓体交接处筒壁重量的40%；

ξ_T——支承筒壁孔洞影响系数，沿y轴方向取1，沿x轴方向计算时取0.85；

δ_{nn}、δ_{in}——作用于顶部质点n上的单位水平力分别在质点n和i处引起的水平位移（m/kN），可按第3.1.6条进行计算。

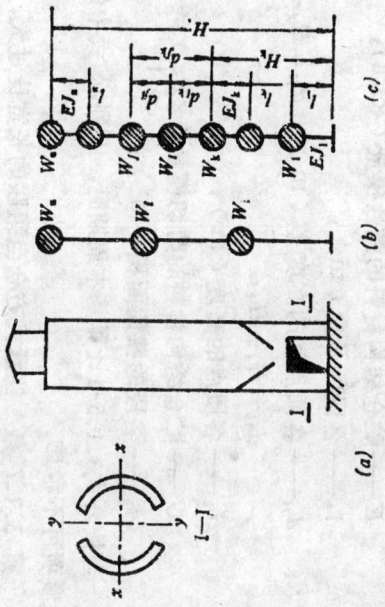

图3.1.5 筒承式贮仓计算简图

（a）结构简图；（b）取少数质点体系；（c）取较多质点体系

二、当支承筒壁在孔洞处的截面惯性矩不小于体轴截面惯性矩的65%，且支承筒壁的高度不大于贮仓顶高度至仓顶总高度的30%时，筒仓可简化为单质点体系的悬臂梁计算简图，按公式3.1.4-1计算基本周期，但质点应取在仓顶，质点重量应取贮仓全部结构自重的1/4，贮料有效重量的1/2及仓顶平台以上上建筑和设备重量之和。

仓顶作用单位水平力时在该处引起的水平位移可按下式计算：

$$\delta = \frac{H^3}{3EJ} \quad (3.1.5-2)$$

式中 H——筒仓总高（m）；

E、J——分别为仓体弹性模量（kPa）和截面惯性矩（m⁴）。

第3.1.6条 筒承式贮仓进行计算[图3.1.5(c)]：

一、沿x轴方向，贮仓按支承筒壁为下端固定而上端嵌固，仓体为悬臂梁的计算简图，贮仓按悬臂梁作用下的水平位移可按下式计算单位水平力作用下的水平位移：

$$\delta_{ij} = \delta_{ij} = \sum_{k=1}^{i} \frac{l_k^3}{12EJ_k} + \sum_{k=1}^{i} \frac{l_k}{EJ_k} \left[d_{jk}d_{ik} + \frac{1}{2}l_k(d_{jk}+d_{ik}) + \frac{l_k^2}{3} \right] + \sum_{k=1}^{i} \frac{l_k}{GA_k}$$

$$(i=2, 3, \cdots\cdots, n; j=2, 3, \cdots\cdots, n; i \leqslant j) \quad (3.1.6-1)$$

二、沿y轴方向，贮仓按悬臂梁的计算简图，贮仓按悬臂梁作用下的水平位移：

$$\delta_{ij} = \delta_{ji} = \sum_{k=1}^{i} \frac{l_k}{EJ_k} \left[d_{jk}d_{ik} + \frac{1}{2}l_k(d_{jk}+d_{ik}) + \frac{l_k^2}{3} \right] + \sum_{k=1}^{i} \frac{l_k}{GA_k}$$

$$(i=1, 2, \cdots\cdots, n; j=1, 2, \cdots\cdots, n; i \leqslant j) \quad (3.1.6-2)$$

式中 δ_{ij}——单位水平力作用于j处时引起i处的水平位移（m/kN）；

l_k——底段的长度（m）；

J_1——底段筒壁开孔处弧形截面的惯性矩（m⁴）；

J_k——各段结构截面的惯性矩（m⁴）；

E——贮仓结构材料的弹性模量（kPa）；

l_k——各段的长度（m）；

d_{ik}——各质点间的高度差（m），$d_{ik}=H_j-H_k$；

$d_{jk}=H_j-H_k$；

H_k——各质点的高度（m）；

G——贮仓结构材料的剪切模量（kPa）；

A_k——各段的截面面积（m²）。

当按公式3.1.5-1计算基本周期时，上列公式中的剪切变形项可不考虑。

第3.1.7条 柱承式方仓当贮仓组联的长宽比过大，且各仓格贮料因容重和（或）充盈程度相差过大而形成质量中心对刚度中心的偏心距过大时，可按振型分析法或确有依据的简化计算方法计算扭转效应。

当采用扭转方法计算扭转效应系数法时，可按下式计算：

$$Q_t = \eta_t Q_0 \quad (3.1.7)$$

式中 Q_t——偏心结构单元由地震扭转及平动产生于竖向抗侧力构件的地震剪力（kN）；

Q_0——偏心结构单元仅考虑平动产生于竖向抗侧力构件的地震剪力（kN）；

η_t——偏心扭转影响系数，当$0.1<e\leqslant0.3$时，可按 $\eta_t=0.65+4.5e$计算；

e——偏心参数，当水平地震力沿x轴（或y轴）方

一、有效重力荷载作用下的压力。其中，散状物料的有效重力荷载应按实际料位时的重量乘以表3.1.3中仅考虑贮料充盈度的折减系数。

二、作用于贮料质心处的水平地震力对仓下柱验算截面引起的地震剪力、弯矩和轴向压（拉）力，此项轴向压（拉）力可按Q_0H_0/B取用[式中符号见图3.1.4(a)]。

三、8度和9度区，按第一款竖向重力荷载分别乘0.1和0.2所得的竖向地震力产生构件的内力，竖向地震力应考虑上下两个方向的作用。

第3.1.9条 对已有的或补设的纵、横向柱间支撑进行抗震验算时，斜杆长细比小于200的交叉支撑宜考虑拉、压斜杆共同工作，可按下列方法进行计算：

一、确定贮仓结构自振周期和按列水平地震力分配时，柱间支撑在单位水平力作用下的位移可按下式确定：

$$\delta = \sum_{i=1}^{n} \frac{1}{1 + \eta_i \varphi_i} \delta_{ti} \quad (3.1.9-1)$$

式中 δ_{ti} ——交叉支撑中仅考虑斜杆受拉时，单位水平力作用下第i节间的相对位移（m/kN）；

φ_i ——第i节间斜杆轴心受压稳定系数，应按钢结构设计规范采用；

η_i ——第i节间偏心受压对节点斜杆稳定的影响系数，对双角钢斜杆取$\eta_i=1$，对单角钢斜杆，当长细比$\lambda \leqslant 100$时取$\eta_i=0.7$，当$\lambda=200$时取$\eta_i=1$，λ为中间值时按线性插入。

二、第i节间支撑受拉斜杆的拉力可按下式确定：

$$N_{ti} = \frac{P_{bi}}{(1 + \xi_i \eta_i \varphi_i) \cos \theta} \quad (3.1.9-2)$$

向作用而在y轴（或x轴）方向有偏心距e_x（或e_y）时，相应方向的偏心率参数分别为

$$e_x = \frac{e_y s K_{xx}}{K_{\varphi\varphi}} \text{ 或 } e_y = \frac{e_x s K_{yy}}{K_{\varphi\varphi}}$$

y_s（或x_s）——在x轴（或y轴）方向的水平地震力作用下，相应方向第s（或r）竖向抗侧力构件与结构单元总质量中心的距离（m），其中，总质量指集中于仓下支承柱顶的全部质量[图3.1.4(c)，图中质量换算以质量计]；

K_{xx}（或K_{yy}）——仓下各竖向抗侧力构件在x轴（或y轴）方向的平动刚度之和（kN/m），$K_{xx}=\sum_{s=1}^{n}k_{xx_s}$，$K_{yy}=\sum_{r=1}^{n}k_{yy_r}$；

$K_{\varphi\varphi}$ ——仓下各竖向抗侧力构件对结构单元总质量中心的总抗扭刚度（kN·m），可忽略竖向抗侧力构件自身的抗扭刚度；

$$K_{\varphi\varphi} = \sum_{s=1}^{n} k_{xx_s} y_s^2 + \sum_{r=1}^{n} k_{yy_r} x_r^2;$$

e_x（或e_y）——仓下各竖向抗侧力构件的刚度中心对结构单元总质量中心在x方向（或y方向）的偏距（m），$e_x = \sum_{s=1}^{n}(k_{yy_r}x_r)/K_{yy}$，$e_y = \sum_{s=1}^{n}(k_{xx_s}y_s)/K_{xx}$；

η ——仓下抗侧力构件总数。

当偏心参数$e \leqslant 0.1$时，可不考虑偏心扭转效应。当$e > 0.3$时，应按空间分析模型等精确计算方法，或采取减少偏心距、增大抗扭刚度的措施。

第3.1.8条 结构和地基的抗震验算应取下列内力的最不利组合：

式中 P_{bi}——第 i 节间支撑分担的地震剪力（kN）；
ξ_c——非弹性工作阶段的交叉支撑中斜压杆的强度参与系数；$\lambda<100$ 时取 $\xi_c=0.6$，$\lambda=100\sim200$ 时取 $\xi_c=0.5$；
θ——斜杆与水平面的夹角（°）。

二、斜拉杆可按下式进行抗震强度验算：

$$\sigma = \frac{N_{ti}}{A} \geq K_1 \sigma_s \qquad (3.1.9-3)$$

式中 A——斜杆截面面积（m²）；
σ_s——杆件钢材的屈服点（kPa）；
K_1——强度安全系数，其值不得小于1。

当已有柱间支撑经验算 $K_1<1$ 时，应加固或增设柱间支撑。

第3.1.10条 对已有或增设的柱间支撑，其节点应符合下列要求：

一、支撑节点的焊接连接，可按斜拉杆实际截面屈服内力与其连接等强的非抗震设计要求进行验算。

二、柱间支撑与柱连接顶埋件的锚筋总面积宜符合下式要求：

$$A_s \geq \frac{K_2 N}{0.6 R_g} \left(\frac{\psi \sin\theta}{\alpha_r \alpha_v} + \frac{\cos\theta}{\alpha_b} + \frac{e_0 \sin\theta}{0.5 \alpha_r \alpha_b z} \right) \qquad (3.1.10)$$

式中 N——支撑斜拉杆全截面屈服内力（kN），$N=\sigma_s \cdot A$；
ψ——斜拉杆屈服内力产生的弯矩与剪力的组合作用系数，$\psi_s=\left(1-\frac{e_0}{z}\right)^2$，当 $\frac{e_0}{z}>1$ 时，取 $\psi_s=0$；
e_0——偏心距（m），即锚筋总截面面积中心线与支撑斜拉杆轴线的交点至锚板外表面的距离，当此交点交于锚板外表面的内侧时取 $e_0=0$；
z——外排锚筋中心线之间的距离（m）；
R_g——锚筋钢材受拉设计强度（kPa）；
σ_s——斜撑杆钢材屈服强度（kPa）；
α_r——锚筋排数影响系数，二排时取1，三排时取0.9，四排时取0.85；
α_v——锚筋抗剪强度影响系数，$\alpha_v=(4-0.08d)\times\sqrt{\frac{R_a}{R_g}} \leq 0.7$，其中，$R_a$ 为混凝土抗压设计强度，d 为锚筋直径，取 mm 为单位的无量纲数值代入；
α_b——锚板弯曲变形影响系数，$\alpha_b=0.6+0.25t/d$，其中，t 为锚板厚度（mm），当具有避免锚板弯曲变形的措施时，可取 $\alpha_b=1$；
K_2——强度安全系数，取1.3，且 $K_2 \geq 1.2 K_1$，K_1 为第3.1.9条支撑斜拉杆的强度安全系数。

当锚筋经验算不符合要求时，宜采取先设支撑斜拉杆的节点减少节点地震内力的措施。例如，对未设支撑斜拉杆或焊加劲板使基础系梁以平衡斜拉杆屈服内力的水平分量；对锚板加焊加劲板或节点锚板弯曲变形系数等于1。必要时采取加固节点的措施。

(Ⅱ) 抗震构造措施

第3.1.11条 柱承式配仓仓下支承柱的纵向钢筋应符合下列要求：

一、柱截面最小总配筋率不应小于表3.1.11-1的限值。

二、大偏心受压柱截面每侧非抗震设计数值的70%（对Ⅰ级钢筋，当无绑扎接头时），不应大于非抗震设计数值的80%（对Ⅱ、Ⅲ级钢筋），当有绑扎接头或5号钢筋），当有绑扎接头不符合上述要求时，应加固，或采取减少支承柱分担的水平地震力比例等措施，如加设符合要求的填充墙或框架柱间支撑等。

第3.1.12条 对未设置符合要求的填充墙、柱间支撑或框架横梁的贮仓柱，封闭箍筋应符合下列要求：

一、柱的下列区段内封闭箍筋应符合第二款的要求：

1. 对短柱以及偏心参数大于0.1（第3.1.7条）的群仓角柱，在其全高范围内。

2. 对其它柱，在柱两端高度为载面长边和柱净高1/6两者中较大值的范围内，对支承框架还包括梁柱节点。

注：支承柱净高 H_n 与验算方向柱截面高度 h 之比 $H_n/h < 4$，或支承框架柱剪跨比 $M/(Qh) < 2$ 者，均视为短柱，包括与柱垫相连的实心砌砌体填充墙由于开洞或半高设置而形成的短柱。上述 M、Q 分别为支承框架柱两端的地震弯矩和剪力。

二、加密区封闭箍筋的最小体积配箍率、最大间距及最小直径，应符合表3.1.12-1和表3.1.12-2的要求，不符合要求时，应加固。当仅需进行局部加固时，宜采用不因加固而局部增大柱截面的剪切补强，例如，采用施加围压的外包钢板箍等，当需要对柱全高进行加固时，宜按附录三采用钢筋混凝土外包加固或实心砌体外包加固的耗能作用。

三、非加密区箍筋间距不宜大于加密区箍筋间距的两倍。

第3.1.13条 贮仓框架梁对相应方向框架柱的耗能作用时，可考虑框架梁当同时符合下列要求时的耗能作用：

一、横梁位于柱中段；

二、横梁刚度线刚度大于支承柱支线刚度。

仓下柱截面最小总配筋率(%) 表3.1.11-1

烈 度		7度和8度	9度
柱类别	中柱、边柱	0.6	0.8
	角柱	0.8	1.0

注：当按第三款构造要求，对A类建筑的支承柱其扎接头接头范围设置加固层的外包钢板箍筋时，在搭接长度范围内封闭箍筋的最大配筋率可无需扎接头时的取值。

纵向钢筋的最小直径的5倍。

三、沿仓下柱下列任一部位在全高为载面长边（当贮仓实心砌体填充墙或柱间支撑纵的焊接接头，电弧焊接头可不加固，电闪光接触对焊接头可按表3.1.11-2其确定是否加固。

1. 仓底以下。
2. 基础顶面以上，当有混凝土地坪时为地坪以上。
3. 支撑框架柱与横梁交接面以外。

电弧焊搭接接头的加固范围 表3.1.11-2

焊条型号 钢筋种类	T38	T42	T50	T55
Ⅰ级钢筋				
5号钢筋	加 固		不 加 固	
Ⅱ级钢筋				
Ⅲ级钢筋			A、B类建筑，加固	

注：塔地焊接时所用焊条应为型焊条。

强度安全系数不小于柱抗弯强度安全系数的1.2倍。

四、梁柱节点及梁端在梁高范围内，封闭箍筋符合表3.1.12-2要求，且最大弯矩距不大于梁高的1/4。

五、在梁当贮仓矩形范围内边排纵向钢筋无接头。

第3.1.14条 当贮仓结构单元的支承柱（支承框架）设有填充墙时，填充墙应符合下列要求：

一、填充墙应为实心砖砌体，砖标号不应小于75号，砂浆标号不应小于25号。

二、贮仓单元开间的柱间填充墙不应有洞口，并应为钢筋网砂浆夹板墙。

三、填充墙与框架柱端应具有可靠的连接。

四、填充墙应沿全高设置。

五、填充墙应对称设置。

不符合上述要求时，可按附录三选用处理措施。

第3.1.15条 当贮仓支承框架（柱）设有纵向柱间支撑时，支撑系统的布置应符合下列要求：

一、支撑系统应为超静定体系，并沿全高设置。支撑系统应保持完整。柱间支撑系统通过支撑系统传递纵向水平地震力的途径的强度应补偿短缺的杆件，提高传递力途径中薄弱环节的强度等措施予以连通。

二、各纵向柱列的柱间支撑侧向刚度应相近，应减少质心对刚心的偏心。

三、支撑系统的布置，当同一结构单元的同一柱列中有几组柱间支撑时，上层支撑的强度安全系数、层间应有纵向柱间支撑。

四、当沿高度方向设有多层支撑时，上层支撑的强度安全系数、层间应有支撑的强度安全系数应有平衡。

封闭箍筋型式	烈度（度）	轴 压 比		
		≤0.3	0.3～0.45	0.45～0.6
复合或螺旋箍	7	0.4	0.6	0.8
	8	0.6	0.8	1.0
	9	0.8	1.0	1.2
普通矩形箍	7	0.6	0.8	(1.2)
	8	0.8	1.0	(1.6)
	9	1.0	(1.2)	(2.0)

最小体积配箍率（%） 表 3.1.12-1

注：①轴压比N/AR_a，N 滑重力荷载产生的轴压力，R_a 为混凝土轴心抗压设计强度，A 为柱截面面积，必要时，对B、C类建筑的现浇柱，混凝土标号不得小于200号。
②表中括号内数值适用于加固现浇柱的后期强度。
③当箍筋为下列情况之一时，可适当减少配箍率：1）两端均具有130°弯钩；2）设置直钩贯穿一侧有填充墙那一侧时；3）补焊外包钢板箍时。

封闭箍筋最大间距和最小直径 表 3.1.12-2

烈度（度）	最大间距	最小直径
7	10d，150mm	φ6，$d/4$
8	8d，100mm	φ8，$d/4$
9	6d，100mm	φ10，$d/4$

注：①d 为纵筋或受压柱间支撑的柱列中支承柱承载面外排纵向钢筋的最小直径（确定箍筋间距时）或最大直径（确定箍筋直径时），箍筋间距不应大于表中数值的较小值，箍筋直径不应小于表中数值中的较大值。
②当轴压比大于0.45时，还应满足箍筋不大于300mm的要求。
三、框架梁抗弯强度安全系数不小于1，且柱的抗弯强度不小于1.1倍，柱的抗剪强度安全系数不小于抗弯强度安全系数的1.1倍，且柱端位拉压杆最大内力的水平弦杆。

五、柱间支撑的斜杆中心线与柱中心线的下节点交点不宜交于基础顶面以上（或混凝土地坪以上）的柱段；

六、斜撑杆应无初始弯曲，对单面连接的节点板在平面外不应有较大的偏心，支撑的节点板的节点板宜有防止扭曲的加劲板；

七、支撑斜杆的长细比，7度和8度区不应大于150，9度区不宜大于120。

第3.1.16条 柱间支撑节点的构造应符合下列要求：

一、当连接用的单角钢杆件，对双面连接的双角钢杆件，同一截面的开孔率不得大于20%。不符合要求时，可用经热处理的45号钢或40硼钢高强螺栓代换普通螺栓，用经热处理的40硼钢高强螺栓或40硼钢高强螺栓代换普通铆钉，也可改换为焊接连接，此时连接强度应符合本标准第3.1.10条第一款要求，且不得考虑原来螺栓钉或铆钉参与受力。

不得用于单面连接的单角钢杆件；

二、当撑杆与节点板连接的螺钉连接或普通螺栓连接时，其由受剪控制时，不得小于15d（d为锚筋直径），其由受拉控制时，不得小于锚筋受拉用时的锚固长度，锚板厚度不得小于锚筋直径的0.6倍。

第3.1.17条 支承筒壁支承筒方孔边长在1m以内时，孔洞对应有附加配筋，其配筋量不应小于被洞口切断钢筋截面积，且伸过洞口边的长度不小于钢筋直径的30倍。当孔洞较大时，应设洞口加强框，加强框的配筋量不应小于被洞口切断钢筋的截面面积。9度区，支承筒的筒壁厚度不应小于150mm，并宜为双面配筋。

第3.1.18条 砖墙承重的仓上建筑应符合下列要求：

一、7度区，砖墙顶部和楼层平面处应配式钢筋混凝土屋盖和楼盖时，结构单元两端应各设有一道横向水平支撑为轻型屋盖时，预制板与现合圈梁间应具有可靠连接。

二、8度和9度区，除应满足第一款要求外，墙体还应有构造柱，构造柱的下端与仓体，上端与檐口圈梁（圈梁）间应具有可靠连接。

三、山墙宜设有柱间支撑的仓的钢筋网砂浆面层。

第3.1.19条 钢筋混凝土结构的仓上建筑应符合下列要求：

一、支柱与仓体的连接应为刚性节点。

二、当沿纵向设有柱间支撑时，斜杆长细比不宜大于150，不宜下节点宜设于柱中心线的交点宜交于仓顶平台，不宜下节点平台以上柱段，否则应加设下沉杆，柱顶应有通长系杆，不应借助屋面板助传力。

三、屋面与其承重结构的连接应具有可靠连接。

第3.1.20条 钢结构的仓上建筑应符合下列要求：

一、支柱与仓体的连接应为刚性节点。

二、8度和9度区，应设置符合第3.1.19条要求的柱间支撑。

三、柱间填充墙宜改换为轻质材料维护，此时，柱间支撑应设置符合第3.1.19条要求的柱间支撑。

第3.1.21条 相邻仓结构改换为轻质材料集构（过渡平台，独立支架仓贮与之间的通廊，偏屋等）之间的防震缝应符合下列要求：

一、最小宽度按下列要求取值：

1. 当柱承式方仓在地震下可能碰撞部位（包括外牛腿）的高度在15m以下时，一般可取70mm，当超过15m时，对7、8、9度区，分别每增高4、3、2m，加宽20mm。当两相邻结构或其中之一有严重偏心时，应适当加宽。

2. 对筒承式仓和柱承式圆筒仓结构单元，其与相邻结构间的防震缝宽度可按第一款数值的70%取用。

二、独立支承的通廊悬臂端四侧对应与仓和上建筑的洞口之间留有间隙，其值不宜小于100mm，此时，仓的防震缝最小宽度可适当减少。

三、防震形成过渡跨时，筒支承式仓方单元之间采用简支梁上铺板的型式（例如，仓下保温层楼盖梁，筒支承式单元相邻的同向柱间横梁，支承框架层梁，支承端部与支承柱，仓体等的顶平台）应符合防震缝最小宽度要求，且简支端与其支承牛腿的连接应保证无落梁可能性。

第3.1.22条 8度和9度区，支承于仓下的通廊与仓间的抗震构造应符合下列要求：

一、与仓相邻的通廊单元无井式井架时，应减小通廊大梁作用于支承面处的地震内力，可在通廊大梁端部的顶面与相邻支承结构间增设焊连接的水平薄钢板，其截面面积不应小于原有锚栓的截面积，焊接连接与连接钢板等加强的要求。

二、当相邻的通廊单元为大跨重型通廊时，除应按第一款的偏心要求外，通廊单元尚应采取措施，不应设有井式支架。

三、大跨重型通廊当其纵轴线与仓下（或上建筑）抗侧力结构的刚度中心之间有较大偏心时，除应满足第二款要求外，尚应符合下列要求：

1. 仓上建筑和仓下支承结构应有较大的抗扭刚度。

2. 鉴条无倒塌的另一端，其支承结构或相邻抗震结构经鉴定确无倒塌或仓下严重倾斜的可能性。

第3.1.23条 当仓承式单元各区段位于软弱地基上时，仓下支承柱应符合第二章对不均匀沉降敏感结构的有关要求。

第二节 钢 贮 仓

第3.2.1条 柱承式钢仓的抗震鉴定可不进行地震力计算，但应检查柱支承柱纵横间柱间支撑，锚栓和仓上建筑的构造措施。

第3.2.2条 柱间支撑应符合第3.1.15条和第3.1.16条第一款的要求。

第3.2.3条 支承柱的锚栓应符合下列要求：

一、符合本标准第1.0.7条第一款之3的要求。

二、锚栓的最小埋置深度（不包括后浇混凝土面层）对锚粱或劲锚板为10d（d为锚栓外径），对普通锚板或锚爪式为15d，对直钩式为25d。

三、螺嘴规格应符合国家标准要求，并应全部拧入栓杆。

四、锚栓至混凝土基础边缘的距离不应小于4倍锚栓直径，且不应小于150mm。

五、处于腐蚀条件下的基础，其混凝土实际标号不应低于150号。

不符合上述要求时，可按本标准附录四选用加固措施。

第3.2.4条 当钢筋柱支承于钢筋混凝土短柱式基础上

时，对该基础应进行抗震强度验算，作用于短柱顶部的水平地震剪力，可取纵向柱列交叉支撑斜拉杆屈服内力的水平分量，也可通过补设基础梁或支撑式支撑下压斜杆以平衡拉压斜杆最大内力的水平分量，或对短柱基础外包钢板箍或槽箍施直接进行加固。

第3.2.5条 仓上建筑及其与通廊间的关系，可按本章第一节的有关抗震构造要求进行鉴定和加固。

第四章 钢贮液罐结构

第一节 钢贮液槽的钢筋混凝土支承筒

第4.1.1条 进行钢贮液槽的钢筋混凝土支承筒的抗震鉴定，应检查钢筋混凝土支承筒壁的强度，构造，以及槽体与支承筒连接锚栓的强度和构造。

第4.1.2条 8度~9度区，应进行支承筒的抗倾覆验算。

计算水平地震力时，应遵守下列规定：

一、与产生地震力的质量所对应的重力荷载，结构自重取100%，贮液重量可乘折减系数0.9。

二、槽体与支承筒之间为固接的整体组合结构，其基本周期按实测值取用，震时周期加长系数不宜大于1.1，当无实测值时，可按下式计算：

$$T_1 = 2.3H^2 \sqrt{\frac{\gamma}{gD}\left(\frac{\rho^3}{t_2 E} + \frac{1-\rho^3}{t_1 E_h}\right)} \quad (4.1.2)$$

式中 H——贮槽顶面高度（m）；
ρ——槽体高度与槽顶高度之比，$\rho=(H-H_1)/H$；
H_1——支承筒顶面高度（m）；
γ——贮液容重（kN/m^3）；
E, E_h——分别为贮槽材料和支承混凝土的弹性模量（kPa）；
D——槽体内径（m）；
t_1, t_2——分别为支承筒壁的厚度和槽体壁的加权平均厚度（m），$t_2 = \frac{\sum t_{2i}h_{2i}}{H-H_1}$；
t_{2i}, h_{2i}——分别为槽体第i段的壁厚和高度（m），槽体壁按不同厚度的分段数量。

三、结构影响系数可取0.4。

第4.1.3条 8度和9度区，应按下列要求验算槽体与钢筋混凝土支承筒之间连接部位的抗震强度。

一、基础环最小厚度可由下式验算：

1. 当无加劲肋时：

$$t_b = 1.73b\sqrt{\frac{\sigma_{b\,max}}{[\sigma]_b}} \quad (4.1.3-1)$$

2. 当设有加劲肋时：

$$t_b = \xi b\sqrt{\frac{\sigma_{b\,max}}{[\sigma]_b}} \quad (4.1.3-2)$$

式中 b——基础环宽度（m），取基础环的外半径与钢贮槽外半径的差值；

$[\sigma]_b$——基础环钢板的容许应力（kPa），按钢结构设计规范容许应力的1.25倍取用；

$\sigma_{b\,max}$——基础环下支承筒顶面混凝土的最大压应力（kPa）；

$$\sigma_{b\,max} = \frac{(1+\lambda_v)W}{A_b} + \frac{M_{max}}{Z_b} \leq 1.25R_{a\beta}$$

W——验算截面以上的总重量（kN）；

λ_v ——竖向地震作用系数,对8度和9度区可分别取0.1和0.2;

$A_b、Z_b$ ——分别为基础环的面积(m^2)和截面抵抗矩(m^3),$A_b=0.785(D_1^2-D_0^2)$, $Z_b=0.1(D_1^3-D_0^3)/D_1$;

D_1 ——基础环的外径(m);

D_0 ——基础环的内径(m);

R_a ——支承筒混凝土轴心抗压设计强度(kPa);

ξ ——加劲肋间距影响系数,可按表4.1.3选用:

加劲肋间距影响系数 表4.1.3

b/a	0.5	0.8	0.7~2
ξ 值	1.3	1.15	1

注:表中a为加劲肋间距。

二、贮槽基础环与支承筒间锚栓的根径可按下式验算:

$$d_r \geq 1.13\sqrt{\frac{\sigma_b A_b}{s[\sigma]_d}} + C_4 \quad (4.1.3-3)$$

式中 d_r ——锚栓根径(m);

σ_b ——地震时底座板上的最大拉应力(kPa),

$$\sigma_b = \frac{M_{max}}{Z_b'} - \frac{(1-\lambda_v)W}{A_b'};$$

s ——锚栓个数;

$A_b'、Z_b'$ ——分别为盖板面积(m^2)和截面抵抗矩(m^3);

$[\sigma]_d$ ——锚栓材料容许应力(kPa),可按钢结构设计规范容许应力1.25倍取用;

C_4 ——锚栓腐蚀余度,按生产条件确定。

第4.1.4条 支承筒筒壁应符合下列构造要求:

一、同一水平截面上筒壁洞口和不应大于圆周长度的1/4,且相邻洞口之间的宽度不应小于500mm,否则,两洞之间的筒壁应视为洞口。

二、洞口四周应有加强框或增加配筋,其构造应符合第3.1.17条的有关要求。

三、筒壁厚度不应小于筒体内径的1/40,且不应小于200 mm。

四、筒壁应双面配筋,两层钢筋之间应有间距不大于500 mm的S形拉筋,竖筋和环筋直径分别不小于φ12和φ10,间距均不宜大于200mm。

不符合上述要求时,应经抗震验算确定是否需要进行加固。

第4.1.5条 支承筒混凝土标号不宜低于200号。锚栓最小埋置深度对普通锚爪式或锚板式不宜小于18d,对劲性锚板式和直钩式分别不小于10d和30d。锚栓的其它构造要求应应符合第3.2.3条的有关规定。

第二节 贮气柜的钢筋混凝土水槽

第4.2.1条 本节适用于容积不大于5000m³贮气柜抗震鉴定的钢筋混凝土水槽。

第4.2.2条 进行贮气柜的钢筋混凝土水槽抗震鉴定时,应检查水槽质量,进出口管道与槽壁的连接和升降装置,以及有无产生不均匀沉降的地基条件。

第4.2.3条 容积不大于600m³贮气柜的水槽以及7度区和Ⅰ、Ⅱ类场地土上容积不大于1000m³贮气柜的水槽,当无明显渗漏时,可不加固。

第4.2.4条 除第4.2.3条范围以外的贮气柜水槽,应按室外给排水和煤气热力工程抗震设计规范验算其抗震强度和抗裂度，但安全系数应按本标准第1.0.9条取用。

第4.2.5条 8度和9度区，水槽壁上的进出口管道应设有可伸缩管段或其它柔性接头，靠近接点处应有三脚架等脚刚性支座。

第4.2.6条 8度和9度区，Ⅲ类场地土贮气柜的安全阀和钟罩升降装置应安全可靠。

第三节 钢筋混凝土油罐

第4.3.1条 进行钢筋混凝土油罐的抗震鉴定，应检查罐壁强度、顶盖构造，以及顶盖结构，罐壁与顶盖的连接。

第4.3.2条 7度和8度区，可不验算罐壁的抗震强度和抗裂度。9度区，应按室外给水排水和煤气热力工程抗震设计规范验算罐壁的抗震强度和抗裂度，但安全系数应按本标准第1.0.9条取用。

第4.3.3条 装配式钢筋混凝土平顶盖板（或平顶板）在梁和罐壁上的支承长度不应小于80mm，并宜有拉结措施，梁在柱顶上的支承长度不应小于120mm，并应与柱顶增伸件可靠焊接。

二、8度和9度区，预制板之间的径向板缝内应设有附加钢筋，并应以细石混凝土或水泥砂浆灌严。

三、9度区，顶盖上应设有钢筋混凝土整体后浇层，后浇层的径向钢筋应与罐顶环梁具有可靠拉结。

第4.3.4条 8度和9度区，壳顶盖应符合下列要求：

一、预制钢筋混凝土壳板、砖砌壳顶盖与壁板、砖砌壳顶盖与罐壁顶部环梁应有可靠连接；9度区并应符合第4.3.3条第三款的要求。

二、预制钢筋混凝土壳板在环向和径向的板肋之间应有可靠拉结。板缝应以细石混凝土或水泥砂浆灌严。

第4.3.5条 8度和9度区，油罐进出口管段与罐壁连接处应设有可伸缩管段或其它柔性接头，不符合要求时，宜补设。

第五章 皮 带 通 廊

第一节 一 般 规 定

第5.1.1条 进行地面皮带通廊抗震鉴定，应检查下列部位的强度和质量：

一、砖石支承结构；

二、砖通廊廊身砌体的整体性的措施，保证砖砌体与通廊廊身和屋面结构整体性的措施；

三、通廊与支承建（构）筑物及毗邻建（构）筑物之间的相互关系。

注：①以下条文中对地面皮带通廊简称"通廊"。
②本章中砖混通廊支承是指支承通廊大梁（桁架）为钢筋混凝土结构或钢结构，廊身维护结构为砖砌体的通廊。

第二节 抗震强度验算

第5.2.1条 除通廊支承结构为砖石砌体者外，下列形式的皮带通廊满足构造要求时可不进行验算。

一、Ⅰ类和Ⅱ类场地土中的地下通廊。

5—29

二、采用钢筋混凝土结构或钢结构的敞开式、半敞开式和露天形式的通廊。

三、轻质材料维护且为轻型屋面的钢结构通廊。

四、7度区以及8度区Ⅰ、Ⅱ类场地土,轻质材料围护且为轻型屋面的钢筋混凝土桁架式通廊和钢筋混凝土桁架壁板合一式通廊。

五、7度区Ⅰ、Ⅱ类场地土,钢筋混凝土桁架式通廊。

六、钢筋混凝土箱形结构的通廊。

七、7度区Ⅰ、Ⅱ类场地土,跨间承重结构为梁式结构的砖混通廊。

第 5.2.2 条 对通廊的下列构件应进行抗震强度验算:

一、8度和9度区,通廊的砖石支承柱。

二、9度区,砖混通廊的钢筋混凝土支承架。

三、横向稳定性差的钢筋混凝土支架(如T型支架)。

四、8度和9度区,砖混通廊的桁架式跨间承重结构。

第 5.2.3 条 通廊横向水平地震力计算,应取防震缝

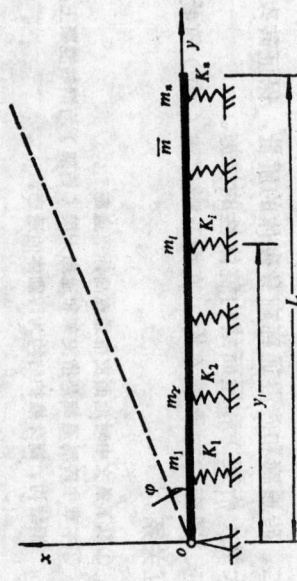

区段为为计算单元。对底板为现浇钢筋混凝土结构或为与承重大架形成整体的装配式钢筋混凝土结构,可视通廊端单元的刚身为支承柱,落地端支墩为弹性支座,取用图5.2.3-1或图5.2.3-2所示的结构计算简图。

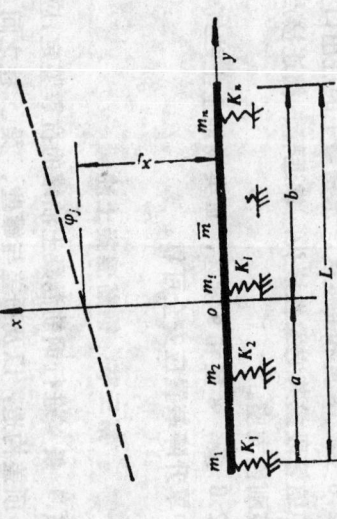

图 5.2.3-1 两端与建(构)筑物脱开的通廊计算简图
0—质量中心

图 5.2.3-2 一端落地一端与建(构)筑物脱开的通廊计算简图

第 5.2.4 条 两端与建(构)筑物脱开的通廊,沿横向(x轴方向)可视为具有平移和转动两个自由度的体系(图5.2.3-1),按下列公式计算:

一、通廊结构单元第j振型的自振周期:

$$T_j = 2\pi/\omega_j \quad (j=1,2)$$

$$\omega_j^2 = \frac{B \mp \sqrt{B^2-4A}}{2A}, \quad (j=1,2) \quad (5.2.4-1)$$

$$A = \frac{mI}{K_{xx}K_{\theta\theta}-K_{x\theta}^2}, \quad B = \frac{mK_{\theta\theta}+K_{xx}I}{K_{xx}K_{\theta\theta}-K_{x\theta}^2},$$

式中 ω_j——第j振型的圆频率(s^{-1});

K_{xx}——通廊单元在x轴方向产生单位水平位移时,各支架顶端的横向弹性反力之和(kN/m),

$$K_{xx} = \sum_{i=1}^{n} k_{xi}$$

n ——支架数量；

k_{xi} ——第 i 支架顶端在 x 轴方向产生单位水平位移时，在该处所引起的弹性反力（kN/m）；

$K_{\varphi\varphi}$ ——通廊单元绕其总质心 O 产生单位转角时，各支架顶端的弹性反力对总质心的力矩之和（kN·m），

$$K_{\varphi\varphi} = \sum_{i=1}^{n} k_{xi} y_i^2$$

y_i ——质点 m_i 在 y 轴上的坐标（m）；

$K_{x\varphi}$ ——通廊单元绕其总质心产生单位转角时，各支架顶端在 x 轴方向的弹性反力之和（kN），$K_{x\varphi} = \sum_{i=1}^{n} k_{xi} y_i$；

$\overline{m}$ ——通廊身的分布质量（t/m），包括廊身结构、皮带及其支架、物料等恒载和活载；

m ——通廊身的总质量（t），$m = \overline{m}L + \sum_{i=1}^{n} m_{ti}$；

m_{ti} ——通廊质量集中于支架顶端部分，取该支架质量的 $1/4$；

L ——通廊结构单元的长度（m）；

I ——通廊单元对其总质心的转动惯量（t·m²），

$$I = \frac{1}{3}\overline{m}(a^3+b^3) + \sum_{i=1}^{n} m_{ti} y_i^2 \quad (5.2.4-2)$$

二、通廊结构第 j 振型的横向总水平地震力：

$$Q_j = C\alpha_j \gamma_j X_j W$$

式中 C ——结构影响系数，当支架为钢结构时取 0.3，钢筋混凝土结构时取 0.35，砖石结构时取 0.55；

α_j ——与第 j 振型自振周期 T_j 对应的水平地震影响系数，按公式 5.2.4-1 计算得出 T_j 后由工业与民用建筑抗震设计规范确定；

γ_j ——第 j 振型参与系数，其与 X_j 的乘积为 $\gamma_j X_j =$

$$\frac{m\omega_j^2 - K_{xx}}{m + I\zeta_j^2}；$$

ζ_j ——第 j 振型通廊绕总质心的相对转角 φ_j 与总质心处横向水平位移 x_j 的比值，

W ——通廊总重量（kN），$W = mg$；

g ——重力加速度（m/s²）。

三、通廊结构第 j 振型对总质量中心的地震弯矩：

$$M_j = C\alpha_j \gamma_j X_j \zeta_j I g \quad (5.2.4-3)$$

四、第 j 振型作用于第 i 支架顶端的横向水平地震剪力：

$$Q_{ji} = k_{xi} X_j (1 + y_i \zeta_j) \quad (5.2.4-4)$$

式中 X_j ——第 j 振型作用于 M_j 作用于通廊总质量中心处第 j 振型的相对横向水平位移（m），

$$X_j = \frac{Q_j K_{\varphi\varphi} - M_j K_{x\varphi}}{K_{xx} K_{\varphi\varphi} - K_{x\varphi}^2};$$

五、验算支架的抗震强度时，作用于第 i 支架顶端的横向水平地震剪力：

$$Q_i = \sqrt{\sum Q_{ji}^2}, \quad (5.2.4-5)$$

第 5.2.5 条 一端落地另一端与建（构）筑物脱开的通廊，沿横向可视落地端为铰座，只有转角单自由度体系［图5.2.3(6)］按下列公式进行计算：

一、作用于第 i 支架顶端的横向水平地震剪力：

$$Q_i = C\alpha_1 LW \frac{k_i y_i}{2\sum_{i=1}^{n} k_i y_i^2} \quad (5.2.5-1)$$

二、通廊横向基本周期：

$$T_1 = 3.63L \sqrt{\frac{W}{g \sum_{i=1}^{n} k_i y_i^2}} \quad (5.2.5-2)$$

注：斜通廊低端当支承刚性建筑的砖壁柱上时，可近似地视低端为铰座。

第 5.2.6 条 通廊纵向地震区段应取防震缝区段为计算单元，并可视廊身为刚体的单质点体系（图 5.2.6），按下列公式进行计算：

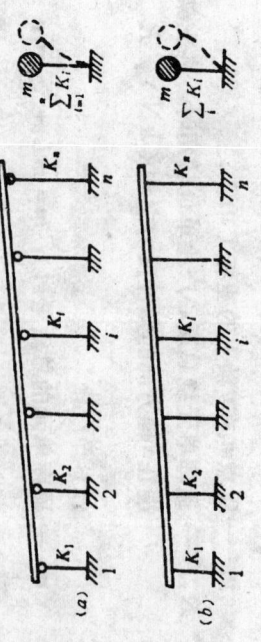

（a）支架顶端与廊身连接为较接时，（b）支架脱开与廊身连接为刚接时

图 5.2.6 两端脱开通廊纵向计算图

一、通廊第 i 支架顶端纵向水平地震力：

1. 两端与建（构）筑物脱开的通廊：

$$Q_i = C\alpha_1 W \frac{k_i}{\sum_{i=1}^{n} k_i} \quad (5.2.6-1)$$

2. 一端落地、另一端与建（构）筑物脱开的通廊：

$$Q_i = (C\alpha_1 W - \eta_1 W_0 f) \frac{k_i}{\sum_{i=1}^{n} k_i} \quad (5.2.6-2)$$

式中 k_i ——第 s 支架顶端产生单位纵向水平位移时，在该顶端引起的纵向弹性反力（kN/m）。计算 k_i 时，对支架与廊身结构为现浇整体的场合，顶端可按刚接考虑，对支架和廊身结构为装配式结构或采用钢支架的场合，顶端宜按较接结构或采用钢支架的场合，顶端宜按较接考虑；

W_0 ——通廊落地端刚度重量的一半（kN）；

f ——支座处滑动摩擦系数：钢与钢取0.3，钢与混凝土取0.45，混凝土与混凝土取0.6，砖砌体或混凝土沿砖砌体取0.4，混凝土沿混凝土取0.6；

η_1 ——落地端竖向荷载降低系数，对7、8、9度区可分别取1.0、0.9和0.8。

二、通廊纵向基本周期：

1. 两端与建（构）筑物脱开的通廊：

$$T_1 = 2\pi \sqrt{\frac{W}{g \sum_{i=1}^{n} k_i}} \quad (5.2.6-3)$$

2. 低端为砖壁柱、高端与建（构）筑物脱开的通廊可按公式5.2.6-3计算基本周期，但式中 $\sum k_i$ 代替，k_0 为砖壁柱的纵向刚度（kN/m）。

3. 低端为支墩、高端与建（构）筑物脱开的通廊：

$$T_1 = 2\pi \sqrt{\frac{W - \eta_1 W_0}{g \sum_{i=1}^{n} k_i}} \quad (5.2.6-4)$$

第 5.2.7 条 8 度和 9 度区，对支承通廊的钢筋混凝土肩梁和支承肩梁的牛腿,应进行竖向力(包括重力荷载和向下的竖向地震力)与纵向水平地震力共同作用下的抗震强度验算。

钢筋混凝土牛腿可按下式进行抗震强度验算:

$$A_s \geq K\left(\frac{Na}{0.85h_0R_g} + \frac{1.2Q}{R_g}\right) \quad (5.2.7)$$

式中 N——竖向组合力(kN),对8度和9度区分别取重力荷载的1.1和1.2倍;

Q——作用于支架顶端的纵向水平地震力(kN);

a——重力荷载作用点至其支承牛腿与支承结构交接处至水平支架距离(m),(h_0为该交接处至垂直截面的有效高度),$a \geq 0.3h_0$;

A_s——牛腿$h_0/2$高度范围内水平受拉主筋的截面总面积(m^2);

R_g——主筋抗拉设计强度(kPa);

K——安全系数,取1.25。

第三节 抗震构造措施

第5.3.1条 对于砖石砌体与钢(或钢筋混凝土、钢网砂夹板)组合的斜通廊单元,7度区和8度区Ⅰ、Ⅱ类场地时,砖石砌体支承结构应符合下列要求:

一、砖石支墩应设有钢筋混凝土圈梁。

二、当采用砖壁柱时,带壁柱砖墙宜为钢筋混凝土芯柱或外包钢筋混凝土围套。

三、当采用砖石柱时,应设有钢筋混凝土围套。

四、当采用砖石墙、角钢加缀条围套,砖拱墙、砖拱墙,填充墙应满足第3.1.14条要求。

不符合上述要求时,宜补设围套、钢筋网砂浆夹板墙或采取设置能大部承担水平地震剪力的纵向垂直支撑等措施。

第5.3.2条 斜通廊的支承结构当全部为平面封闭式的砖墙或砖拱时,应符合下列要求:

一、墙体低端应延伸入地,内部横墙间距不得大于12m,墙厚不应小于240mm,墙体顶部应有封闭圈梁(卧梁),砖标号不应低于75号,砂浆标号不应低于25号。墙身钢筋混凝土底板可靠焊接。

二、8度、9度区,尚应设有构造柱和圈梁,圈梁间距不宜大于3m,对砖拱还应设有拱脚拉杆、或以实心砌体填塞拱洞或改成带钢筋混凝土边砌框的拱洞。当底板与卧梁无焊接时,应加固,并在对应构造柱下边设置横向拉杆。

不符合上述要求时,应用砂浆灌缝,应加固。

第5.3.3条 8度和9度区,对混合支承或由支架支承的重型通廊,在每个通廊单元中宜有井式支架。

第5.3.4条 8度和9度区,钢筋混凝土平腹杆双肢柱和四肢柱(井式)支架,应符合下列要求:

一、腹杆不属于短梁(净长与截面高度之比不小于4)时,箍筋,其间距不宜大于$h/4$(h为腹杆截面高度)、6倍纵向钢筋直径和150mm三者中的最小值。

二、腹杆为短梁时,应有支承的全长均宜设有第一款要求的封闭箍筋,并宜加固腹杆。

三、当支架同设有后加填充墙时,填充墙应满足本标准第3.1.14条要求。

不符合上列第一、二款要求时，应进行抗震强度验算，或对相应腹杆(肢杆)段进行剪切补强或在节间加设交叉杆。

第5.3.5条 8度区Ⅲ类场地土和9度区，格构式钢支架交叉杆与柱肢相交的节点处应设有横缀条，支架的锚栓应满足本标准第3.2.3条的有关抗震构造要求。

第5.3.6条 8度和9度区，支承结构的连接应符合下列要求：

一、当预制钢筋混凝土大梁(桁架)端部与支架、肩梁或牛腿间为焊接连接时，连接应满足支承结构顶面纵向水平地震剪力作用下的抗震强度要求，焊缝容许应力可考虑地震剪力时数值的125%采用；埋设件应满足本标准第3.1.16条第二款的构造要求。

二、当第一款的连接为锚栓连接时，锚栓应满足第3.2.3条的有关抗震构造要求。

三、当预制钢筋混凝土大梁(桁架)端部支承结构顶面间应留有间隙或设有钢板垫板；不符合要求时，宜对支承结构顶部加设加密设置的封闭箍筋或外包钢板箍，直柱端宜加设横梁，或在相邻大梁与毗邻结构间支承应相互焊连。

四、大跨度大梁(桁架)端部支座垫板；不符合要求时，支座应有加密设置的封闭箍筋或外包钢板箍或滚动支座等加固措施。

五、当钢通廊桁架端部为钢筋混凝土(钢筋土)支墩时，宜增设锚栓，并应采取措施。

六、通廊落地端钢筋混凝土(钢筋混凝土)支承(构)支墩的抗震构造要求，并应进行强度验算。沿横向，可按由公式5.2.5-1求得的各支架顶震强度验算。沿纵向，通廊落地端柱于端部产生的地震水平地震剪力锚栓的地震剪力可按下式计算：

$$Q_0 = C\alpha_1 W_0 \qquad (5.3.6)$$

式中符号同第5.2.6条。

第5.3.7条 砖砌体廊身应符合下列要求：

一、预制钢筋混凝土屋面板横铺时其与墙体檐口钢筋混凝土卧梁之间，纵铺时其与钢筋混凝土框架之间，均应有可靠焊接，墙体檐口卧梁与构造柱应有钢筋锚结。

二、采用轻型屋面时，屋面承重构件应与砖墙具有可靠连接，通廊单元两端应各设有一道屋盖下弦横向水平支撑。

三、预制底板与通廊大梁(桁架)应可靠焊接。

四、7度区Ⅲ类场地土和8度、9度区，支架立柱延伸到顶，且应设有间距不大于6m的构造柱，构造柱的上端与卧梁、下通廊大梁应连成整体。

不符合要求时，应补设提高廊身整体性的措施，9度区尚应采取防止屋面板在竖向地震力作用下可能上抛的措施。

第5.3.8条 当在相邻通廊纵向大梁的悬臂端上搁置支梁时，应采取防止落梁的措施，如将简支跨为相邻通廊连接整体等。

第5.3.9条 8度和9度区，且为Ⅲ类场地土，相邻通廊与其支承建(构)筑物有减少地震时可能产生的不均匀沉降与其他支承(构)筑物相互错位，以及防止落梁的构造措施。当地下通廊、地面通廊的主要受力层为可液化土层时，应按第二章第三节进行地基处理。

第5.3.10条 相邻不同烈度、支架纵向刚度和廊身顶部高度大小取用适当的缝宽。

通廊与相邻贮仓或其它建(构)筑物之间的关系应符合50～100mm，当按第三节进行。

本标准第3.1.21条第一、二款和第3.1.22条的有关要求。

第六章 塔类结构

第一节 井 架

第6.1.1条 进行井架的抗震鉴定，对钢井架，应检查立架底部框口顶端节点的连接构造，立柱和腹杆的连接节点和杆件的长细比，立柱和柱脚的连接，以及斜架与柱面井架的连接节点的长细比，应检查框架柱及其节点的配筋和构造。

第6.1.2条 对钢井架，7度区可不进行抗震加固，8度、9度区应符合下列要求：

一、立架底部框口的顶端节点应满足刚接节点要求。

二、杆件节点连接应满足本标准第3.1.16条第一款要求。

三、斜架柱柱脚基础二次浇灌层应可靠结合，锚栓应满足本标准第3.2.3条要求。

四、立柱的长细比不应大于100，斜腹杆平面内的长细比不应大于150。

不符合上述要求时，应经抗震验算确定是否需要进行加固，加固时应遵守本标准附录四的有关规定。

第6.1.3条 对钢井架，可按下列规定进行水平地震力计算：

一、宜取空间桁架的结构计算简图，按振型分析法进行计算。

二、结构影响系数取0.3。

三、对计算高度为15～45m，斜架与立架间夹角为21°～35°的单斜架钢井架，其基本周期可按下列公式进行计算，所得计算值可乘1.2～1.4的震时周期加长系数。

$$T_{1x} = 0.076 + 0.0218 \sqrt[3]{\dfrac{H}{B+0.1D}} \qquad (6.1.3-1)$$

$$T_{1y} = 0.035 + 0.0153 \sqrt[3]{\dfrac{H}{A+0.5C}} \qquad (6.1.3-2)$$

式中 T_{1x}、T_{1y}——分别为井架沿x轴和y轴方向（见图6.1.3）的基本周期(s)；

H——井架计算高度[基础顶面至上天轮平台面标高的高度(m)]；

A、B——分别为井架立架的纵向和横向宽度(m)；

C——井架斜架下支点至立架的距离(m)；

D——井架斜架两支点叉开距离(m)。

上述A、B、C、D均按以m为单位的无量纲数值代入。

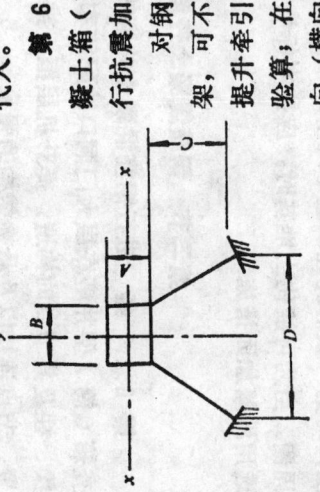

图6.1.3 井架平面尺寸示意图

第6.1.4条 钢筋混凝土箱（筒）型井架可不进行抗震加固。

对钢筋混凝土柱纵向（平行于提升牵引方向）的抗震强度验算，在垂直于提升牵引方向（横向），当为8度区Ⅲ类场地土和9度Ⅱ类场地土，且立柱横向的配筋量少于沿纵向配筋量的60%，以及9度区Ⅲ类场地土，应进行抗震强度验算。

需要验算抗震强度的钢筋混凝土框架型井架，不符合本标准第3.1.11条和第3.1.12条的抗震构造要求，应满足本标准第3.1.11条和第3.1.12条的抗震构造要求时，可按本标准附录三选用加固方案。

第6.1.5条 对计算高度为14～27m的A型、四柱型和六柱型钢筋混凝土柱承式井架，其水平地震作用计算结构影响系数可取0.35，基本周期可按下列公式进行计算，所得计算值可乘以1.2～1.4的震时周期加长系数。

$$T_{1x} = 0.157 + 0.0114H \quad (6.1.5-1)$$

$$T_{1y} = 0.118 + 0.0105H/\sqrt{A} + C \quad (6.1.5-2)$$

式中 T_{1x}、T_{1y}——分别为井架横向和纵向基本周期(s)；
H——井架计算高度(m)；
A——井架立架纵向宽度(m)；
C——井架斜架下支点与立架间的距离(m)。

上述A、C和H均按以m为单位的无量纲数值代入。

第6.1.6条 高度不超过10m的A型、箱型和I字型独立砖井架，应符合下列抗震构造要求：

一、大门洞口应设有加强框。

二、8度和9度区，应设有钢筋网砂浆夹板墙或钢筋混凝土构造柱加圈梁，圈梁沿墙高的间距不宜大于4m。

第6.1.7条 洪井与井口房联合的砖井架，除满足第6.1.6条的要求外，尚应符合下列要求：

一、带有翼墙之间应具有可靠拉结，8度和9度区，翼墙应满足本标准第6.1.6条第二款的要求。

二、井口房砖结构应满足工业与民用建筑抗震鉴定标准的要求。

第6.1.8条 8度和9度区，对下列情况之一的井架应有防止井筒顶部丧失侧向支承的措施：

一、Ⅲ类场地土，且采用锁口盘基础或井架的立架直接支承于井筒者。

二、Ⅲ类场地土，且井筒周侧回填土不密实者。

三、可液化土地基。

当为非液化土地基时，可采用符合本标准附录二要求的混凝土地坪，或采用喷旋压征等地基加固措施。地基加固范围，对第一款情况宜取整个地基，对第二款情况可仅在井筒周侧。当为可液化土地基时，应按本标准第二章第三节从严选用地基加固措施。

第二节 钢筋混凝土井塔

第6.2.1条 进行钢筋混凝土井塔的抗震鉴定，应检查箱(筒)型井塔底层大门洞口的配筋和构造，框架型井塔柱及其节点的构造，提升机层框(排)架结构的支撑设置，柱及其节点连接以及悬挑结构的强度。

第6.2.2条 8度区Ⅲ类场地和9度地区，应对箱(筒)型井塔和框架型井塔进行抗震强度验算。框架型井塔可按本标准附录三选用加固措施。强度不足时，应加固。

第6.2.3条 井塔的地震作用力可按下列要求进行计算。

一、产生地震力的井塔总重量取$W = \sum W_i$，为集中于质点i($i=1, 2, \cdots, n$)的重量，井塔质点可设于楼层处，质点的重量包括该楼层的楼面荷载及其上下相邻各一半塔身的重量。

楼面荷载包括下列荷载：

1. 楼面结构自重和永久性设备自重，按实际情况取用。
2. 楼面等效均布活荷载(不包括大设备)，取200kg/m²。

3. 箕斗载重量和装载重量、箕斗可按其最高卸矿位置进行计算。可不考虑提升钢绳、钢罐道、拉紧重锤的重量和罐笼及其装载的重量。

4. 矿仓贮料重按有效容积贮量的90%。

二、可按底部剪力法计算井塔的总水平地震力，其结构影响系数可取0.4。

质点n的水平地震力：

$$P_n = \frac{W_n H_n}{\sum_{i=1}^{n} W_i H_i} (1-\delta_n) Q_0 + \delta_n Q_0 \quad (6.2.3-1)$$

质点i的水平地震力：

$$P_i = \frac{W_i H_i}{\sum_{i=1}^{n} W_i H_i} (1-\delta_n) Q_0, \quad (i=1, 2, \cdots, n-1) \quad (6.2.3-2)$$

式中 δ_n ——质点n的地震力调整系数，对高度大于30m的井塔，$\delta_n = 0$；对高度小于30m的井塔，$\delta_n = 0.1$；

$H_i、H_n$ ——分别为质点i和n离基础顶面的高度(m)。

三、计算水平地震力时，基本周期可按下列公式计算，所得计算值可乘1.2～1.4的震时周期加长系数。

对箱(筒)型井塔：

$$T_1 = -0.006 + 0.0411 H/\sqrt{B} \quad (6.2.3-3)$$

对框架型井塔：

$$T_1 = 0.204 + 0.0026 H^2/B \quad (6.2.3-4)$$

式中 H ——自基础顶面算起的井塔高度(m)；

B ——井塔在计算方向的宽度(m)，对筒型井塔指直径。

$H、B$ 均以m为单位的无量纲数值代入。

四、8度和9度区，应考虑竖向地震力的作用，其值可分别取重量W_i的10%和20%，并应考虑上下两个方向的作用，按水平地震力与竖向地震力同时作用下结构的不利组合，进行验算。

第6.2.4条 箱（筒）型井塔底层塔壁洞口的构造应符合下列要求：

一、筒型井塔塔壁洞口的宽度之和不应大于筒壁圆周长的1/4。箱型井塔塔壁洞口的宽度不应大于同侧壁板宽度的1/3，且洞口边至塔壁边缘的距离不宜小于3m。

二、门洞四周的加强措施除应符合本标准第3.1.17条有关规定外，加强肋对门洞中心的惯性矩不应小于被门洞削弱部分的惯性矩，8度区Ⅲ类场地土和9度区，肋中纵向钢筋不应有绑扎接头，且伸入上层楼面的长度不应小于30倍钢筋直径。

第6.2.5条 需要验算抗震强度的框架型井塔第三章的有关规定。不符合要求时，可按本标准附录三选用加固方案。

第6.2.6条 井塔的砖砌围护墙应符合下列要求：

一、框架具有可靠拉结，8度和9度区，实心砌体嵌砌墙应满足本标准第3.1.14条要求，圈梁间距不应大于4m。

二、井塔内的砖砌楼梯间突砌隔墙与周边砌体应有可靠拉结，砖砌的楼梯间加砌柱加固或拉条等措施进行加固，突出部分宜改用轻型结构或采取构造柱加固和拉条等措施进行加固，当为轻型结构构造梁或刚架等均应设有柱间支型结构时，两个主轴方向均应设有柱间支撑,支撑斜杆的长细比不应大于150。

第6.2.7条 井塔提升机层为框(排)架结构时,应符合下列要求:

一、需要验算抗震强度的井塔,其提升机层的框(排)架结构沿两个主轴方向均宜设有柱间支撑,支撑应满足本标准第3.1.15条和第3.1.16条要求,但斜撑杆长细比不宜大于150。当为框架时,应按本标准第3.1.12条至第3.1.14条有关要求进行抗震鉴定。

二、围护结构为砖墙时,圈梁间距不应大于3m,墙体与框(排)架柱应具有可靠拉结。

第6.2.8条 8度和9度区,对III类场地土天然地基上井塔的钢筋罐道梁,如其底层柱上端与井塔构件连接,下端与井颈连接,则罐架柱应设有可活动的接头,不符合要求时,应采取措施。

第6.2.9条 当井塔具有第6.1.8条所列情况之一时,应按该条要求进行地基加固或构造处理。

第三节 钢筋混凝土造粒塔

第6.3.1条 进行钢筋混凝土造粒塔的抗震鉴定,应检查塔底部的支承柱(筒)、塔壁与楼(电)梯间相连的部位以及突出塔顶的操作室。

第6.3.2条 对下列情况的造粒塔部位,应进行抗震强度验算:

一、7度区III类场地土、8度区II、III类场地土和9度区,造粒塔的支承柱、高出塔体的楼(电)梯间的塔壁部分,突出塔顶的操作室。

二、除7度区I类场地土外,塔顶的排风罩。

三、8度区III类场地土和9度区,直径为16~20m的塔壁;7度区II、III类场地土和8度、9度区,单面配筋的塔壁。

第6.3.3条 8度区II、III类场地土,下列部位应符合有关抗震构造要求:

一、承重墙部位应配设有构造或圈梁加构造柱。

二、钢筋混凝土屋盖与砖墙具有可靠连接。

第6.3.4条 8度和9度区,塔体的支承筒和楼(电)梯间的钢骨混凝土承重架,其构造应符合本标准第3.1.17条的有关要求。

二、喷头层的钢骨混凝土承重架(或辐射式钢筋混凝土承重架)与塔体环架之间具有可靠连接。

第6.3.5条 7度区III类场地土和8度、9度区,塔体支承柱应符合本标准第3.1.11条和第3.1.12条的构造要求。不符合要求时,可按本标准附录三选用加固措施。

塔间底层被洞口削弱的部位,其构造应符合本标准第3.1.17条的有关要求。

第四节 塔型钢设备的基础

第6.4.1条 进行塔型钢设备基础的抗震鉴定,对钢设备基础检查塔基础和钢结构构架式基础应检查塔型钢设备基础的部位,筒式基础的构造,对钢筋混凝土基础架构的锚栓,钢筋混凝土筒式基础的配筋和构造。

第6.4.2条 对下列情况的抗震强度验算:

一、7度区III类场地土和8度区、9度区,钢筋混凝土筒式基础及其锚栓,以及块式基础的锚栓。

二、8度区III类场地土和9度区,钢构架式基础及其锚固部位。

栓。

经验算不符合要求时，钢筋混凝土构架、钢构架及锚栓可分别按本标准附录三、四选用加固措施。

第6.4.3条 塔型钢设备与其基础的组合结构，宜按下列规定进行水平地震力计算：

一、当总高度不超过40m时，水平地震力可按底部剪力法计算；

二、超过时，宜按振型分析法计算。

三、结构影响系数可取0.5。

四、基本周期可按下列公式计算，所得计算值对圆筒式或构架式基础的塔可乘以周期加长系数，其值不宜大于1.2，对块式基础的塔不宜乘以周期加长系数。

对块式或圆筒式基础塔：

$$T_1 = 0.35 + 0.00085 H^2/D \quad \sqrt{\frac{WH^3}{D^3 t}} < 3000 时, \quad (6.4.3-1)$$

对构架式基础塔（适用于构架高 $H_1 \leq H/2$）：

$$T_1 = 0.56 + 0.0004 H^2/D \quad (6.4.3-2)$$

2. 当 $\sqrt{\frac{WH^3}{D^3 t}} \geq 3000 时，$

$$T_1 = 0.15 + 0.00016 \sqrt{\frac{WH^3}{D^3 t}} \quad (6.4.3-3)$$

式中 H——从基础底板顶面至塔型设备顶面的总高度（m），对圆筒式基础塔和构架式基础塔的高度包括圆筒和构架的高度；

D——塔型设备外径（m），对变截面塔，可按各段高度和外径求加权的平均外径，$D = \dfrac{\sum D_i H_i}{H}$；

W——正常操作时塔基础顶面以上的总竖向荷载 (kN)；

t——塔型钢设备的塔壁厚度（m），对变截面塔可取加权平均壁厚，$t = \dfrac{\sum t_i H_i}{H}$。

上述 $H、D、t、W$ 均按以m为单位的无量纲数值代入。

3. 当几个塔由联合平台连成一排时，垂直于排列方向各塔的基本周期可取联合平台塔（指周期最长的塔）基本周期值平行于排列方向的各塔基本周期值，可按主塔基本周期取用，平行于排列方向的各塔基本周期加权平均值，其值乘0.9取用。

第6.4.4条 钢筋混凝土框架式基础应满足本标准第3.1.11条和第3.1.12条的构造要求。当有柱间支撑或墙充填时，尚应分别满足本标准第三章第一节或第三章第二节的有关构造要求。

第6.4.5条 钢构架式基础应符合本标准第三章第二或构架式基础应符合本标准第三章第二条和第4.1.5条的有关构造要求。

第6.4.6条 塔型钢设备与钢筋混凝土块式、圆筒式或构架式基础间的连接部位，应符合本标准第4.1.3条和第4.1.5条的有关构造要求。

第6.4.7条 对本标准第6.4.2条所列烈度和场地土范围的基础，应按本标准第二章验算其地基的抗震强度和组合稳构的抗倾覆稳定性。

注：构架式基础中，当锚栓穿过构架，且栓杆的下端设有螺帽时，栓的埋置长度可不受上述要求的控制。

注：当圆筒式基础座落于不需进行地基附录五判别，共未索力为非地震组合荷载控制时，可不进行上述验算。

第五节 双曲线型自然通风钢筋混凝土冷却塔

第6.5.1条 进行双曲线型自然通风钢筋混凝土逆流

式和横流式冷却塔的抗震鉴定，应检查通风筒（包括刚性环）支柱、环形塞基础和淋水装置架柱的强度和质量。
对建在湿陷性黄土或不均匀地基上的冷却塔，尚应检查管构接头和贮水池有无渗漏、基础有无沉陷。

第6.5.2条 8度和9度区，淋水面积大于4000m²的逆流式冷却塔，以及塔筒几何尺寸相近的横流式冷却塔，应验算其抗震强度。不符合要求时，宜采取措施。

第6.5.3条 横流式冷却塔和9度区的逆流式冷却塔，其淋水装置的梁、柱、主配水槽之间应有可靠的焊接连接和必要的支承长度，预制壁水槽之间的钢筋或节点板应有可靠联焊接，并应以不低于壁板标号混凝土或100号水泥砂浆灌严。不符合上述要求时，宜结合大修进行加固。

第六节 机力通风凉水塔

第6.6.1条 进行凉水塔的抗震鉴定，应检查框架柱及架柱节点和进风口小柱的强度和质量、填充墙与框架柱及梁柱节点和进风口小柱的强度和质量、填充墙与框架柱的联结。
对建在湿陷性黄土或不均匀地基上的凉水塔，尚应检查第6.5.1条所要求的相应内容。

第6.6.2条 8度区Ⅲ类场地土和9度区，对凉水塔应进行抗震强度验算。不符合要求时，可按本标准附录三选取加固措施。

第6.6.3条 9度区，框架角柱和边柱的梁柱节点以及风窗高度范围内中柱、边柱的上下端，均应符合本标准第3.1.11条和第3.1.12条的构造要求。不符合要求时，宜结合大修按附录三选取加固措施。

第6.6.4条 框架柱与其填充墙或预制钢筋混凝土墙板应有可靠连接。8度和9度区，不满足本标准第3.1.14条要求、不符合要求时，应采取措施。

第6.6.5条 淋水埋料和集水器等部位应与架具有可靠联结。如为浮搁或已松动时，宜采取措施。

第七章 炉窑结构

第一节 高炉系统构筑物

第7.1.1条 本节适用于有效容积100m³及以上的高炉和高炉系统构筑物，包括高炉、内燃式和外燃式热风炉、洗涤塔以及分析架式和框架式和板式斜桥、除尘器等。
注：① 有效容积为100m³以下的小型高炉及该类结构构筑物，可参照本章的有关要求执行。
② 皮带通廊式斜桥应按本标准第五章的有关要求进行鉴定。

第7.1.2条 进行高炉的抗震鉴定，应检查导出管根部、炉顶封板、炉体框架、炉顶框架的柱子和横梁、炉缸支柱、炉身支柱、支撑架，以及构件间的连接。

第7.1.3条 导出管根部和炉顶封板不应有严重变形。当炉体内衬严重侵蚀、炉壳严重变形、以及铁口、渣口有明显裂缝时，均宜结合中修或大修进行更换或加固。

第7.1.4条 7度区Ⅲ类场地土和8度、9度区、高炉承受结构（除炉缸支柱外）的各部分铰接柱脚应设有提高抗剪能力的措施，并设有有效的炉顶框架和炉体框架、垂直支撑应符合本标准第3.1.16条第一款要求，垂直支撑应符合其连接应符合合第3.1.15条的有关要求，但斜撑杆的长细比不宜大于150。

第7.1.5条 7度区Ⅲ类场地和8度、9度区，炉体框架或炉身支柱在炉顶处均应与炉体有可靠的水平连接，其构造应使传力明确、合理，并应能适应炉体的竖向温度变形要求。

第7.1.6条 炉缸支柱顶面与托圈间的空隙应采用钢板塞紧，并应拧紧螺栓。

第7.1.7条 8度区Ⅲ类场地和9度区，导出管各部位应分别满足下列要求：

一、导出管下部倾斜段的管壁厚度，对100m³、255~1000m³和1000m³以上的高炉，应分别不小于8、10和14 mm。

二、导出管根部在下部倾斜段全长1/3~1/4范围内，宜设有铸钢内衬板，炉顶封板内衬有镶砖时宜设铸铁保护板。不符合要求时，宜结合中修或大修进行更换。

三、导出管的事故支座及其支承梁，宜加强。

第7.1.8条 电梯间、高炉与通道平台之间的连接宜加强。

第7.1.9条 进行热风炉的抗震鉴定，应检查炉底钢板，炉壳下弯带及其连接焊缝，炉底连接螺栓（或锚固板），炉顶内衬板，燃烧筒内衬，风管系统的交接处，以及外燃式热风炉炉体与管道的连接，风管与事故支座及其支承梁、炉体与管道交接处和风管系统交接处的燃烧室支架。

第7.1.10条 炉底钢板不应有严重翘曲，否则，其与基础之间的空隙应采用耐热细骨料混凝土灌实或采用其它填实措施。

第7.1.11条 炉体与管道连接处的风管系统交接处的内衬不应有严重侵蚀或脱落。钢壳不应有严重锈损和变形。不符合上述要求时，宜结合中修或大修进行加固或更换。

第7.1.12条 管道与炉壳的连接处均宜用肋板加固。

第7.1.13条 热风炉的底脚螺栓应符合本标准第4.1.5条有关要求，并应拧紧螺帽。当采用锚固板时应保证其完好。

第7.1.14条 7度区Ⅲ类场地土和8度、9度区，燃烧室钢支架与支撑的连接应符合本标准第3.1.16条第一款要求，支撑应符合本标准第3.1.15条有关要求，但斜撑杆的长细比不宜大于150。

（Ⅲ）除尘器和洗涤塔

第7.1.15条 进行除尘器和洗涤塔的抗震鉴定，应检查支架及其连接螺栓的强度和质量。

第7.1.16条 7度区Ⅲ类场地土和8度、9度区，除尘器和洗涤塔应符合下列抗震构造要求：

一、筒体与管道的连接处宜用肋板加强。

二、筒体在支座处宜设有水平环架，支座与柱头的连接应有提高其抗剪能力的措施。

三、钢支架柱间支撑构件应符合本标准第3.1.15和第3.1.16条的有关要求，但斜撑杆细长比不宜大于150。

四、钢筋混凝土支架的梁柱节点处的箍筋设置应符合标准第3.1.12条的构造要求，柱头在在截面宽度范围内应设有焊接钢筋网。

不符合上述要求时，对柱头宜采用坐浆后外包钢箍等加固措施。

第7.1.17条 8度区Ⅲ类场地土和9度区，应验算除尘器支架的抗震强度。

（Ⅳ）斜　桥

第7.1.18条　进行斜桥的抗震鉴定，应检查桁架式斜桥上、下支承点处门型刚架和桁架的受力杆件、节点和上下弦平面支撑，以及斜桥支座、支架和压轮轨。

第7.1.19条　7度区Ⅲ类场地和8度、9度区，斜桥应符合下列要求：

一、桁架式斜桥的上、下支承点处应为较刚强的门型刚架，杆件长细比7度区Ⅲ类场地和8度、9度区不宜大于100, 8度和9度区不宜大于65（柱的计算长度取柱全长）。

二、当斜桥与高炉的连接不是铰接单片支架时，应适当加大支座处架的支承面。

三、桁架式斜桥的上、下弦平面内应有完整的支撑系统。

四、斜桥下端与基础的连接应具有抗剪措施。

五、压轮轮无严重磨损，并应有较好的侧向刚度。

第二节　焦炉基础

第7.2.1条　本节适用于大、中型焦炉的钢筋混凝土构架式基础。

第7.2.2条　进行焦炉基础的抗震鉴定，应检查基础构架、抵抗墙、炉端台、炉间台和操作台的架端支座，以及焦炉的纵横拉条。

第7.2.3条　9度区Ⅱ、Ⅲ类场地，应验算基础结构的抗震强度。

第7.2.4条　对基础构架柱（一端铰接或两端均为铰接），其上端为铰接时柱顶面与构架之间的间隙，以及下端为铰接时柱侧边与底板衬内壁之间的间隙，在温度变形稳定后尚应留有足够的距离，其值可按每年向柱顶水平位移为50mm时由计算确定，或对上、下端的上述间隙均取不小于20mm。

8度区Ⅱ、Ⅲ类场地土和9度区，基础构架的固接柱应符合本标准第3.1.11条和第3.1.12条的有关构造要求。

第7.2.5条　焦炉的纵横拉条应齐全、无损坏、断裂和弯曲，并应保持在受力工作状态。

第7.2.6条　设置在焦炉基础、炉端台、炉间台以及机侧和焦侧操作台的架端滑动支座或滚动支座应能保持正常工作。

第7.2.7条　焦炉炉体、基础构架及其外廓的附设件与邻近建（构）筑物之间的间隙和温度缝，应符合防震缝要求，缝宽不宜小于50mm。

第三节　回转容器和竖窑基础

第7.3.1条　本节适用于回转窑和竖窑式或整体式基础。

第7.3.2条　钢筋混凝土构架式基础应符合本标准第3.1.11条和第3.1.12条的有关构造要求。9度区Ⅱ、Ⅲ类场地土，尚应验算其抗震强度。

第7.3.3条　8度和9度区，锚栓可按本标准第4.1.5条的要求进行抗震鉴定，并应设有防止回转容体沿轴向窜动的措施。

第八章 变电构架和支架

第8.0.1条 本章适用于35～330kV屋外变电所的变电构架、设备支架和设备基础。

屋内变电所的设备基础可参照本章要求执行。

第8.0.2条 进行抗震鉴定,应检查梁柱节点的强度和质量,柱脚和基础的连接,抗侧力拉杆的设置,支架根部的固定,避雷针支架与针形截面预制柱的连接以及主变压器基础台的凝土支架的预制构架。

第8.0.3条 8度区Ⅲ类场地土和9度区,对钢筋混凝土的矩形或环形截面预制柱和梁节点,以及钢筋混凝土支架的预制构架,柱和基础,应进行抗震强度验算。

第8.0.4条 验算构架的抗震强度时,可只考虑垂直于导线方向的水平地震力。

第8.0.5条 中型配电装置构架和设备支架可简化为单质点体系,高型、半高型配电装置构架和避雷针支架,视结构布置情况,可作为两质点或多质点体系。

计算水平地震力时,产生地震力的构架(支架)总重量应包括恒载、设备荷载(导线、绝缘子串和金具和半高型配电装置的通道活荷载,以及复冰条件下导线上的复冰荷载。结构影响系数,对钢筋混凝土结构以及钢筋混凝土柱与钢梁的组合结构均取0.35,对钢结构可取0.3。

第8.0.6条 验算结构及其地基的抗震强度时,应将地震力及下列荷载所产生的内力进行组合:

一、恒载,取全部。
二、设备荷载,取全部。
三、高型和半高型配电装置的通道活荷载,取50kg/m²

四、正常运行时最不利的导线张力(复冰或最低气温条件下一侧的导线张力),取全部。

第8.0.7条 钢筋混凝土构架应符合本标准第3.1.11条和第3.1.12条的有关构造要求。钢构架应符合第3.1.15条、第3.1.16条和第3.2.3条的有关构造要求。

第8.0.8条 9度区,预制钢筋混凝土构架人字型矩形截面柱中,弦杆和腹杆的厚度不应小于100mm。

第8.0.9条 Ⅲ类场地土上,同一组设备的三根独立柱宜采用型钢连成整体。

第8.0.10条 对液化土地基上的钢筋混凝土构架和支架,宜在液化土中打拉线,或按本标准第二章第三节从严选用地基加固措施。

第8.0.11条 主变压器轨道中心线至基础台边缘的距离,对7度、8度和9度区,分别不应小于300、500和700mm。不符合要求时,应加宽基础台。

第8.0.12条 当变压器防爆墙的整体稳定性经算不满足抗震要求时,宜加固或减少。

注:如主变压器已按工业设备抗震鉴定标准采取锚固定措施时,基础台的上述宽度可适当减少。

第九章 操作平台

第9.0.1条 本章适用于熔炼金属设备或一般生产操作的钢结构、钢筋混凝土结构或砖结构的平台。

第9.0.2条 钢筋混凝土平台柱及其梁柱节点的配筋和构造,平台砖柱、钢筋混凝土平台与设备或砖房、平台与设备或相邻建(构)筑物之间的关

第9.0.3条 下列操作平台可不进行加固：

一、钢支承平台。

二、除8度区和9度区且为Ⅲ类场地土外，高度不超过8m的钢筋混凝土平台。

三、本条第二款范围以外的钢筋混凝土平台柱符合本标准第3.1.11条和第3.1.12条的构造要求。

第9.0.4条 对高度不超过8m，配有竖向钢筋的平台砖柱，7度区Ⅰ、Ⅱ类场地土可不进行抗震加固，7度区Ⅲ类场地土和8度、9度区，砖柱的竖向钢筋分别不应少于4φ10和6φ10。不符合上述要求时，可采用两端分别锚固于基础和平台的外包角钢和平台板缀板等措施。

第9.0.5条 平台上的附属砖房可按工业与民用建筑抗震鉴定标准的有关要求进行鉴定加固。

第9.0.6条 8度和9度区，平台如与大型生产设备（如化铁炉）紧贴连接，应脱开不小于防震缝宽度的距离（如〉整体连接，应进行抗震强度验算，当脱开确有困难时，应加固。

第9.0.7条 8度和9度区，对支承在厂房柱上的平台，当进行厂房结构的抗震鉴定时，应考虑平台与厂房结构的相互影响。如平台紧贴砖房，宜用防震缝分开，缝宽50~70mm，当增设防震缝确有困难时，应对独立砖房采取适当措施。

第9.0.8条 当平台上钢筋混凝土栏板、砖砌女儿墙，应加固或拆除。应对栏板或钢筋混凝土栏板端部顶部砂建（构）筑物或采取适当措施。

附录一 各钢厂钢筋屈服强度超强系数值

进行钢筋混凝土结构的抗震鉴定时，如能确切判定所用钢筋为下列各厂的产品，则可按附表1.1超强系数γ，乘所用钢筋的标准强度R_c^b，以确定验算截面受压区最大相对受压高度和最大钢率。

各钢厂钢筋屈服强度超强系数γ，值   附表 1.1

γ,值 生产厂	Ⅰ级钢筋 （3号钢）	5号钢筋	Ⅱ级钢筋 (16锰钢)	Ⅲ级钢筋 (25锰硅钢)
鞍 钢	1.20	1.25	—	1.20
天津钢厂第四轧钢厂	1.35	1.35	1.25	1.25
上钢三厂	1.25	1.35	1.20	1.25
太 钢	1.25	1.35	—	1.30
唐 钢	1.15	1.30	1.25	1.25
新沪钢厂	1.50	1.45	1.25	1.30
重 钢	1.40	1.45	—	1.30
首 钢	—	—	1.25	—
大冶钢厂	1.35	—	—	—
马 钢	—	—	1.25	—
沈阳钢厂	1.25	—	—	—
三明钢厂	—	1.45	—	—
杭州钢厂	—	—	1.30	—
青岛钢厂	—	—	1.30	1.35

附录二 局部配筋混凝土地坪的抗震设计

非液化土地基上的构筑物,当利用已有的或新增设的现浇混凝土地坪抵抗结构的基底地震剪力时,可按下列公式验算水平地震作用方向的抗震强度。

一、地坪孔口承压面的抗压强度

$$K_1 \sigma_c \leqslant R_a \quad (\text{附2-1})$$

$$\sigma_c = Q_0 / (t \cdot b) \quad (\text{附2-2})$$

式中 σ_c ——地坪孔口承压面的平均压应力(kPa);
Q_0 ——基底地震剪力(kN),按两个主轴方向分别取值;
t, b ——分别为地坪孔口承压面的厚度和宽度(m);
R_a ——地坪混凝土的轴心抗压设计强度(kPa);
K_1 ——安全系数,可取1.2。

2.孔口承压面两侧混凝土截面的抗拉强度

对素混凝土区段: $K_1 \zeta_t \sigma_c \leqslant R_1 \quad (\text{附2-3})$

对配筋区段: $K_1 \zeta_t \sigma_c a t \leqslant A_s R_g \quad (\text{附2-4})$

式中 R_1, R_g ——分别为混凝土抗拉设计强度和钢筋抗拉设计强度(kPa);
A_s, R_g ——分别为孔口承压面一侧纵向钢筋的截面积(m²)和抗拉设计强度(kPa);
a ——配筋区段的宽度(m);
ζ_t ——孔口侧面拉应力系数,按附图2.1采用。

二、当仅有结构的一侧有地坪时(如利用散水坡作抗水平地震剪力的地坪,结构边柱的地坪为半无限限板,井承受全部基底地震剪力,此时,可只按公式附2-1验算孔口的抗压强度。

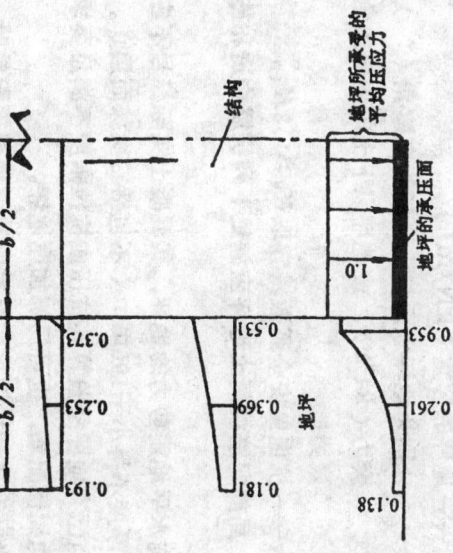

附图2.1 地坪孔口侧边混凝土的拉应力系数
→水平地震力作用方向

三、独立结构(如井塔、井架、设备基础)四周的地坪,当其每边延伸宽度小于本附录第一条要求但不小于地坪孔口承压面宽度的3倍时(附图2.2),应视该地坪为有限面积板,按下列要求进行抗震验算。

1.按公式附2-1至附2-4进行验算,但公式中 Q_0 应代以由地坪所分担的地震剪力 T, T 可由下式确定:

$$T = Q_0 - (Nf + E_D)/3 \quad (\text{附2-4})$$

$$E_p = \frac{\gamma H_0^2 B_0}{2} \tan^2(45° + \varphi/2) \quad (附2-5)$$

式中 Nf——土与基础底面间的摩擦力(kN), N为作用于基础底面的轴压力(kN), f为土与基底的摩擦系数, 按地基基础规范的规定取值;

E_p——基础正侧面的被动土压力(kN);

H_0、B_0——分别为基础埋深(m)和基础正侧面平均宽度(m)(附图2.2);

γ、φ——分别为H_0范围内土的容重(kN/m³)和内摩擦角(°)。

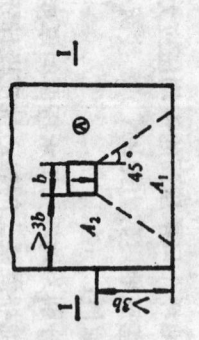

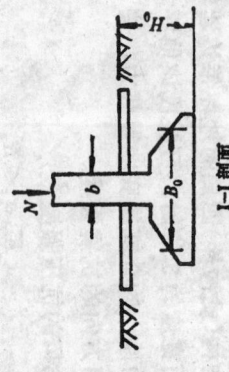

附图2.2 有限面积板地坪的计算简图

求:

2. 地坪总面积应满足不首先出现地震滑移的下列公式要求:

$$A > A_1 + A_2 \quad (附2-6)$$
$$A_2 \geq K_2 T/\tau \quad (附2-7)$$

式中 A_1——地坪承压侧的平面面积(m²), 即附图平面图中虚线所示的梯形面积, 对方形地坪可取 $A_1 = A/3$;

A_2——地坪中受拖曳作用的面积(m²), 2.2中A_1以外的面积;

A——地坪总面积(m²);

τ——地坪底面的抗剪强度(kPa), 宜取土与土之间的抗剪强度; $\tau = \gamma_c f \cdot \tan\varphi + c$;

γ_c——地坪的容重(kN/m³);

φ、c——分别为地坪底面以下土的内摩擦角(°)和粘聚力;

K_2——抗拖曳安全系数, 宜取$K_2 \geq 1.3K_1$。

四、局部配筋混凝土地坪应满足下列抗震构造和施工要求:

1. 抗水平地震剪力的地坪, 其混凝土实际标号不应低于150号, 厚度不得小于100mm(不包括二次抹面层)。

2. 当已有地坪经验算其抗压或抗拉强度不满足要求时, 宜沿结构周侧加配筋, 也可局部加厚地坪。

3. 当已有或新设地坪经抗震验算需要局部配筋时, 钢筋应对应地坪厚度中心对称设置。抗压筋的配置原则可与混凝土结构中局部承压筋相同, 抗拉筋按计算宜内密外疏布置, 并应符合受拉锚固长度的要求。当新设地坪, 当按抗震验算不需配置钢筋时, 宜按附图2.3于每侧设置2φ6的构造钢筋。

4. 地坪以下土层应夯实，并宜铺设碎石渣层并夯入土中以增大水平抗力。

5. 地坪混凝土应与柱或基础等结构紧密接触，应减少由新旧混凝土收缩不同而引起的应力，可采取对已有地坪良好养护的措施。对于已有地坪相接的新浇混凝土，应对已有地坪事先充分湿润使之膨胀并对新浇混凝土良好养护的措施。

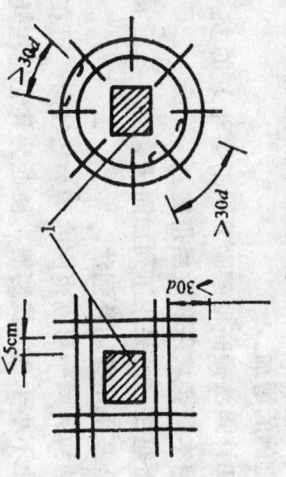

附图 2.3 混凝土地坪的构造配筋
1—结构截面

附录三 钢筋混凝土结构抗震加固方案

对不满足本标准要求的钢筋混凝土结构，可根据结构构件和加固项目的选用下列措施：

一、用剪切补强法提高框架柱的抗剪承载能力或容许轴压比值。

1. 一般可采用下列方法进行柱的剪切补强：

（1）柱周侧设置钢筋网砂浆钢绞条的围套（措施a）。顶部应焊接（措施a）。

（2）柱四角加设角钢焊扁钢缀条粘贴法：先将柱四角磨成圆角，涂环氧树脂浆，在施加围压下粘贴柱四角的角钢（施加围压可采用在钢筋外侧垫木块后用铁丝拧紧），而后焊扁钢缀条，也可采用座浆法：柱四角抹高标号砂浆，再焊扁钢缀条，外贴角钢，外加钢，扁钢与柱面之间用高标号砂浆捣于以拚压，待砂浆达到拆除强度后拆临时标号砂浆捣实，外包钢浆，并宜先采用施加围压的外包钢板对箍（措施c）。可在柱周侧座浆后，外加双以L等型式钢板对拚成钢板箍围套，并用（2）中临时拧紧措施将钢尽情拚出，座浆可仅在板箍外焊连钢板箍后用微膨胀砂浆填实板箍以内部位。也可在柱外焊连钢板箍后用微膨胀砂浆填实板箍与柱面间的空隙。

2. 设计要点：

（1）当柱的抗剪、抗弯承载能力均不满足要求时，宜采用a、b两类围套。此时，纵向钢筋（角钢）应全高设置，以避免因加固改变截面而形成薄弱环节设计，也可（角钢）上、下端与梁（基础）之间必须具有可靠锚固，并应调整纵向钢筋（或角钢）和箍筋（或箍钢）的含量，使柱的抗剪强度安全系数大于梁的抗弯强度安全系数。

（2）当柱的抗剪承载和抗侧力均满足要求而仅抗剪能力不足时，宜优先采用c类围套。此时，纵向钢筋（角钢）的上端与梁之间可不设门型设计，但应经专门设计，也可采用a、b类围套。此时，纵向钢筋（角钢）必须断开，其间隙宜小，下端与楼板（基础）顶面之间必须断开，其间隙宜小，可取20mm，上下端靠近箍应可靠焊连。

（3）对超配筋柱，轴压比大于0.45的柱和短柱，当采用剪切补强法时，均应采用c类围套。

（4）验算剪切补强法时，可考虑原截面抗震强度的含封闭箍筋的范围内应采用补设的封闭箍筋。

面的纵向钢筋、箍筋与围套共同工作，对a、b类围套，扁钢缀条、扁钢区相对高度不应大于0.4。

（5）计算剪切补强钢筋所包围的面积可取围套箍筋所包围的面积，对a类围套，截面积可取围套箍筋所包围的面积，对b、c类围套，则可取全截面积。

新加箍筋（含扁箍）与柱的原有复合箍弯折点具有可靠连接或其它相应措施时，可作复合箍考虑。

（6）当柱的原有纵向钢筋带有绑扎接头，宜在搭接长度范围内采用c类围套，此时，可按受压取用搭接长度。

（7）应考虑由此一层高范围内的柱子因剪切补强而增大其线刚度时，应考虑由此一层高范围内地震剪力因切补强而增大和被加固柱地震剪力分配比例的增加。

二、对短柱，可采用下列加固措施：
1. 对全高采用剪切补强法。
2. 当结构的同一层高范围内均为短柱时，可在某些柱间设置高宽比不小于2的抗剪墙，使能为其它短柱耗能卸载。
3. 当因有砖砌筑窗肚墙等使框架柱形成短柱时，可改砌与柱具有可靠拉结的轻质墙，或将该墙段与柱之间脱开以改用柔性连接等措施，使地震时变短柱长柱。

三、耗能卸载法
1. 设置先行出现塑性变形的交叉柱间支撑，并起分担水平地震力作用。

2. 沿柱全高加设与梁柱有可靠连接的实心砌体填充墙、钢筋网砂浆夹板墙或抗震墙。
对柱承受式贮仓的横向，抗剪墙可设于支承柱的外侧以满足火车、汽车通行的工艺要求。
3. 设置柱间支撑，填充墙或抗剪墙时，应避免结构单元产生或增大刚心与质心间的偏心距，并应满足本标准各章的有关抗震构造要求。

四、对柱加翼以提高框架柱的承载和抗侧力能力。此时，对原有梁、柱间的销钉连接应满足抗剪强度要求，且不得因加翼与原有梁、柱间原有梁、柱形成短梁、短柱。
翼与原有翼，可作复合翼考虑。

附录四　钢结构抗震加固方案

一、杆系钢结构。

1. 对不符合抗震鉴定要求的节点，可选用下列加固方案：

（1）当原为铆钉、螺栓连接时，可按本标准第3.1.16条第一款改变连接型式。

（2）当原为焊接连接时，应采用补焊的办法。根据节点的实际情况，可采用加长焊缝的办法，例如，加长原有焊缝，加大节点板，在节点板与被连接杆件之间加焊斜板等，也可采用增加焊缝厚度的办法。

（3）对偏心节点（如单面连接的单角钢杆件、钢井架立体框口节点等），可采用避免出现节点弯矩或提高抗弯承载能力的措施，对要求出现塑性变形的杆件，将原单面连接改为双面连接，将非刚性节点改为刚性节点等。

2. 设计要点：

（1）铆接或栓连接改为焊接连接时，应由焊缝承担杆件全部屈服内力。

（2）对原有焊缝的补焊，如补焊时杆件并不受力（如仅为新设计刚度、传递风力和水平地震力进行设计），可按新设计钢结构同等焊程强度承担杆件的已有实际焊缝与新老焊缝平均分配，新老焊缝在全部屈服内力。

（3）当在负荷条件下（如钢井架）采用增加焊缝长度的办法时，节点焊接连接强度的验算应考虑加固原有焊缝的已有实际应力和，后换应力与新加焊缝可能与新加焊缝平均分配的因素。

（4）当在负荷条件下采用增加焊缝厚度的办法时，应考虑加固施焊时退出工作的焊缝区段长度。

3. 保证加固施工安全的要点：

（1）在负荷条件下以高强度螺栓更换铆钉或普通螺栓时，可按先换应力小的，后换应力大的顺序逐一更换，并保证实际使用荷载条件下的螺栓（铆钉）满足静力强度要求。

（2）对负荷条件下补焊件的安全要求：

1）对受拉或偏心受拉杆件。严禁在垂直于拉力方向补焊（增焊缝长度或厚度）。

2）应选择合适的施焊程序，使焊接时焊缝厚度增加方案时的弯曲。

3）当采用增加残余应力和压杆件在焊接时的加固方案时，实际载作用下拉杆内力不宜超过其计算承载力（考虑稳定系数 φ）的60%，压杆不应超过其计算承载力（考虑稳定系数 φ）的50%，上述节点焊缝承载力向应考虑增焊焊缝时退出工作的焊缝区段长度。

4）应选择合适的焊接工艺，逐次分层施焊，后一道焊缝应待前一道焊缝全部冷却至100℃以下时再行施焊。增厚焊缝时，每道焊缝厚度不得大于2mm。

二、当锚栓的抗震强度或抗震构造不符合要求时，可按其相应要求选用下列处理措施：

对锚栓的抗震构造不符合抗震构造不符合要求时，可按其相应要求选用下列处理措施：

1. 锚栓发生脆断破坏。

（1）卸荷；

1）减少作用于锚栓的地震剪力。例如，加设柱间直支撑、变静定杆系上部结构为超静定结构或加设赘余构（杆）件，而让原行的构（杆）件先行出现塑性变形。

2）增设抗剪构件，以部分分担剪力，如增加锚栓以分担剪力。

（2）将原为剪力受力的锚栓转变为拉（拉弯）受力。例如，当无锚栓支承托座时增设之，或将锚栓周边之间换成具有较大孔洞的厚垫圈，此时，孔洞内侧与锚栓周边之间的间隙不宜小于3mm。

（3）对地震结构的锚栓（轴心受拉、偏心受拉）的锚栓（如塔架结构，如在锚栓座盖板与螺帽垫圈间加设钢板弹簧、钢板弹簧（底座），应用应经专门设计。

2. 锚栓在基础。

（1）按照锚栓在地震下实际出现的拉力和所取用的锚固形式进行验算。

（2）减少锚栓在地震时的拉力，可选用本附录本条第1款的有关措施。

（3）增加锚栓的埋置深度，如对锚栓套以螺旋钢筋后浇能与原有基础混凝土共同工作时标号不低于200号钢筋混凝土共同工作时。

混凝土包脚柱脚。

3. 锚栓数量不足或遭受锈蚀时，宜补设或更换锚栓。

4. 螺帽尺寸不符合标准或未能全部拧入锚杆时，可更换锚杆，设双螺帽，在拧紧螺帽后加焊等。

附录五 塔型设备基础的地基抗震验算范围判断曲线

对于由设计地面至全塔顶部总高度为 H 的已有塔型设备圆筒式基础，当地面以上非地震组合荷载的计算总重量最大值 N_{max} 在相应基本风压值 W_0 所示的判断曲线的上侧时，对非液化土地基，可不进行地基抗震强度和结构抗倾覆验算。当不满足要求时，应按本标准第二章进行验算。

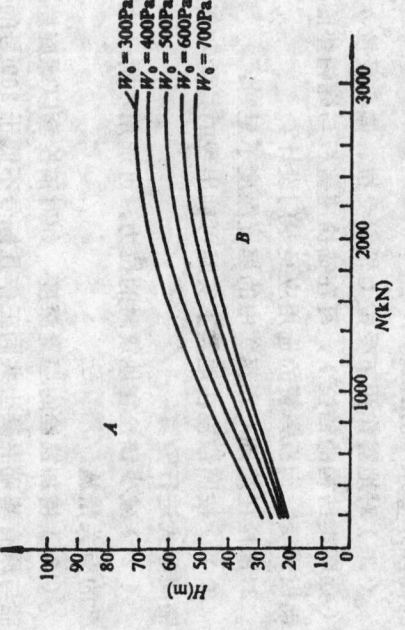

附图5.1 塔型设备基础的地基抗震强度验算范围判断曲线（8度区Ⅰ类场地土）

A—非地震组合荷载控制区；B—地震组合荷载控制区

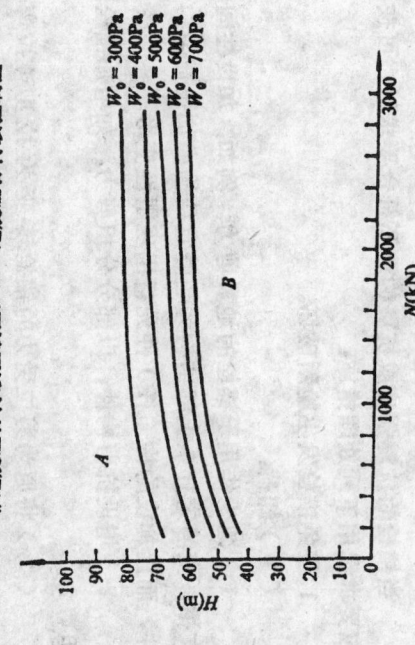

附图5.2 塔型设备基础的地基抗震强度验算范围判断曲线（8度区Ⅱ类场地土）

A—非地震组合荷载控制区；B—地震组合荷载控制区

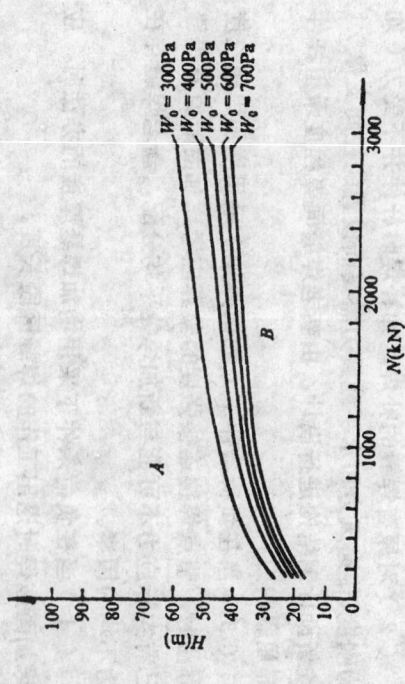

附图5.3 塔型设备基础的地基抗震强度验算范围判断曲线（8度区Ⅲ类场地土）

A—非地震组合荷载控制区；B—地震组合荷载控制区

附录六 非法定计量单位与法定计量单位换算关系

非法定计量单位与法定计量单位的换算关系表 附表6.1

量的名称	非法定计量单位		法定计量单位		单位换算关系
	名称	符号	名称	符号	
力、重力	千克力 吨力	kgf tf	牛顿 千牛顿	N kN	1kgf=9.80665N 1tf=9.80665kN
力矩、弯矩、扭矩	千克力米 吨力米	kgf·m tf·m	牛顿米 千牛顿米	N·m kN·m	1kgf·m=9.80665N·m 1tf·m=9.80665kN·m
应力、材料强度	千克力每平方毫米 千克力每平方厘米	kgf/mm² kgf/cm²	牛顿每平方毫米(兆帕斯卡) 牛顿每平方毫米(兆帕斯卡)	N/mm²(MPa) N/mm²(MPa)	1kgf/mm²=9.80665 N/mm²(MPa) 1kgf/cm²=0.0980665 N/mm²(MPa)
弹性模量 变形模量 剪切模量	千克力每平方厘米	kgf/cm²	牛顿每平方毫米(兆帕斯卡)	N/mm²(MPa)	1kgf/cm²=0.0980665 N/mm²(MPa)

注:非法定计量单位与法定计量单位量值的换算,本标准取近似的整数换算值,例如,1kgf=10N,1kgf/cm²=0.1N/mm²(MPa)。

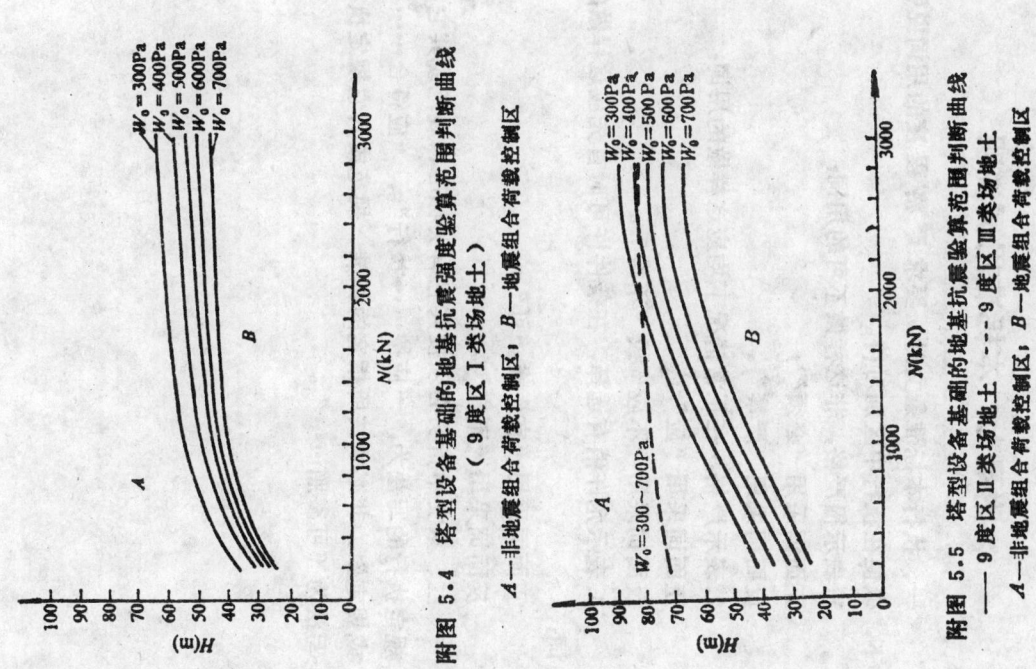

附图5.4 塔型设备基础的地基抗震强度验算范围判断曲线(9度区Ⅰ类场地土)
A—非地震组合荷载控制区, B—地震组合荷载控制区

附图5.5 塔型设备基础的地基抗震验算范围判断曲线
—— 9度区Ⅱ类场地土 ---- 9度区Ⅲ类场地土
A—非地震组合荷载控制区, B—地震组合荷载控制区

附录七 本标准用词说明

一、执行本标准条文时,要求严格程度的用词说明如下,以便在执行中区别对待。

1. 表示很严格,非这样做不可的用词:

   正面词采用"必须";
   反面词采用"严禁"。

2. 表示严格,在正常情况下均应这样做的用词:

   正面词采用"应";
   反面词采用"不应"或"不得"。

3. 表示允许稍有选择,在条件许可时首先应这样做的用词:

   正面词采用"宜"或"可";
   反面词采用"不宜"。

二、条文中指明必须按其它有关标准、规范或其它有关规定执行的写法为,"应按……执行"或"应符合……要求或规定"。非必须按所指定的标准、规范或其它规定执行的写法为"可参照……"。

附加说明

本标准主编单位、参加单位和主要起草人名单

主编单位	冶金工业部建筑研究总院
参加单位	冶金工业部长沙黑色冶金矿山设计研究院
	鞍山黑色冶金矿山设计研究院
	重庆钢铁设计研究院
	鞍山焦化耐火材料设计研究院
	包头冶金建筑研究所
	中国有色金属工业总公司长沙有色冶金设计研究院
	兰州有色冶金设计研究院
	沈阳铝镁设计研究院
	贵阳铝镁设计研究院
	煤炭工业部沈阳煤矿设计研究院
	水利电力部西北电力设计院
	国家机械工业委员会第一设计研究院、设计研究总院
	中国石油化工总公司洛阳设计研究院
	中国武汉化工工程公司
	化学工业部第三设计院
	山西省冶金设计院
	国家建材局山东水泥设计院

主要起草人 吴良玖 王福田 刘惠珊 乔太平 马英懿
孙柯权 杨友义 费志良 刘鸿运 陈幼田
谢福缮 刘大晖 金 菌 周菁文 边振甲
陈 俊 章连钧 兰聚荣 俞志强 梁若林
毕家竹 王绍华 袁文度 但泽义 韩加合

中华人民共和国国家标准

工业厂房可靠性鉴定标准

GBJ 144—90

主编部门：中华人民共和国冶金工业部
批准部门：中华人民共和国建设部
施行日期：1991年8月1日

关于发布国家标准《工业厂房可靠性鉴定标准》的通知

（90）建标字第686号

根据国家计委计综[1985]1号文的要求，由冶金工业部会同有关部门共同编制的《工业厂房可靠性鉴定标准》，已经有关部门会审。现批准《工业厂房可靠性鉴定标准》（GBJ144—90）为国家标准，自1991年10月1日起施行。

本标准由冶金工业部负责管理，其具体解释等工作由冶金工业部建筑研究总院负责。出版发行由建设部标准定额研究所负责组织。

中华人民共和国建设部
1990年12月28日

目 次

第一章 总则 …………………………………………… 6—3
第二章 鉴定程序和等级标准 …………………… 6—4
 第一节 鉴定程序 …………………………………… 6—4
 第二节 鉴定等级标准 ……………………………… 6—5
第三章 使用条件的调查 …………………………… 6—6
第四章 结构的鉴定评级 …………………………… 6—7
 第一节 一般规定与结构布置 ……………………… 6—7
 第二节 地基基础 …………………………………… 6—9
 第三节 混凝土结构 ………………………………… 6—10
 第四节 单层厂房树结构 …………………………… 6—12
 第五节 砌体结构 …………………………………… 6—14
第五章 围护结构系统的鉴定评级 ……………… 6—16
第六章 工业厂房的综合鉴定评级 ……………… 6—17
附录一 工业厂房初步调查表 …………………… 6—19
附录二 本标准用词说明 ………………………… 6—20
附加说明 …………………………………………… 6—20

第一章 总 则

第1.0.1条 为在工业厂房可靠性鉴定中贯彻执行国家的技术经济政策，做到技术先进，经济合理，安全适用，确保质量，为已有工业厂房的可靠性鉴定提供统一的程序和准则，制定本标准。

第1.0.2条 本标准适用于下列已建成工业厂房的可靠性鉴定：

一、以混凝土结构、砌体结构为主体的单层或多层工业厂房的整体厂房、区段或构件。

二、以钢结构为主体的单层厂房的整体厂房、区段或构件。

第1.0.3条 特殊地区或特殊环境下的工业厂房的可靠性鉴定，除应执行本标准外，尚应符合国家现行有关标准规范的规定。

地震区的工业厂房可靠性鉴定应与抗震鉴定结合进行。

主 要 符 号

$a、b、c、d$——工业厂房可靠性鉴定子项的评定等级；

$A、B、C、D$——工业厂房可靠性鉴定项目或组合项目的评定等级；

一、二、三、四——工业厂房可靠性鉴定单元的评定等级；

R——结构或结构构件的抗力；

S——结构或结构构件的作用效应；

γ_0——结构重要性系数；

l_0——计算长度；

l——跨度或长度；

h——框架层高或多层厂房层高；

H——钢筋混凝土柱或框架柱顶高，砌体结构房屋总高；

H_T——柱脚底面至吊车梁或吊车桁架上顶面的高度；

e——吊车轨道中心对吊车梁轴线的偏差；

Q——吊车起重量；

w_x——砌体变形裂缝宽度；

Δ——单层工业厂房砌体墙、柱变形或倾斜值；

δ——多层厂房墙、柱层间变形或倾斜值。

第二章 鉴定程序和等级标准

第一节 鉴 定 程 序

第 2.1.1 条 工业厂房应按下列程序进行可靠性鉴定评级（图2.1.1）。

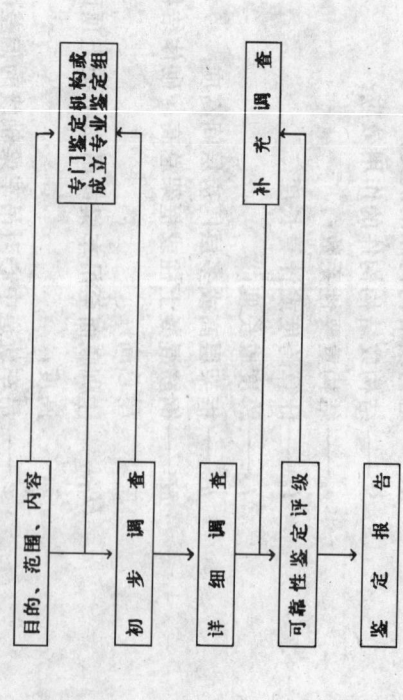

图 2.1.1 鉴定程序

第 2.1.2 条 工业厂房可靠性鉴定的目的、范围和内容应根据鉴定任务的要求确定。

第 2.1.3 条 初步调查应包括下列内容：

一、原设计图和竣工图、工程地质报告、历次加固和改造设计图、事故处理报告、竣工验收文件和检查观测记录等；

二、原始施工情况；

三、厂房的使用条件；

四、根据已有资料与实物进行初步核对，检查和分析；

五、填写初步调查表。初步调查表的格式宜符合本标准附录一的要求；

六、制定详细调查计划。确定必要的实测、试验和分析等的工作大纲。

第 2.1.4 条 详细调查应包括下列内容：

一、结构布置、支撑系统、结构构件、结构构造和连接构造的检查；

二、地基基础的检查。必要时要开挖检查或进行试验；

三、结构上的作用、作用效应及作用效应的组合的调查分析，必要时进行实测统计；

四、结构材料性能和几何参数的检测与分析、结构构件的计算分析、现场实测，必要时进行结构构造的检验；

五、工业厂房结构功能及建筑构造的检查。

第 2.1.5 条 工业厂房可靠性鉴定单元三个层次，每个层次划分为四个项目或组合项目。评定单元三个层次鉴定评级应划分为子项等级。并应符合表2.1.5规定。

第 2.1.6 条 鉴定报告宜包括下列内容：

一、工业厂房的概况；

二、鉴定的目的、范围与内容；

三、检查、分析、鉴定结果；

四、结论与建议；

五、附录。

6—4

取措施；

b级 略低于国家现行标准规范要求，基本安全适用，可不必采取措施；

c级 不符合国家现行标准规范要求，影响安全或正常使用，应采取措施；

d级 严重不符合国家现行标准规范要求，危及安全或不能正常使用，必须采取措施。

二、应按对项目或组合项目可靠性影响的不同程度，结构的承载能力，构造连接等划分为主要子项和次要子项两类。结构的裂缝、变形等应划分为主要子项。

A级 主要子项符合国家现行标准规范要求，次要子项略低于国家现行标准规范要求或略低于国家现行标准规范要求。尚可正常使用；

B级 主要子项不符合国家现行标准规范要求，不必采取措施；个别次要子项不符合国家现行标准规范要求，应采取适当措施；

C级 主要子项略低于国家现行标准规范要求，个别次要子项严重不符合国家现行标准规范要求，必须采取措施。

D级 主要子项不符合国家现行标准规范要求，必须采取措施。

组合项目的评定等级应按本标准第四、五、六章有关条款的规定进行。

三、评定单元

一级 可靠性符合国家现行标准规范要求，可正常使用；

二级 极个别项目宜采取适当措施，不影响正常使用；

三级 可靠性略低于国家现行标准规范要求，不必采

工业厂房可靠性鉴定评级层次及等级划分 表 2.1.5

层次	评定单元	项目或组合项目	子项	
等级	一、二、三、四	A、B、C、D	a、b、c、d	
范围与内容	评定单元	结构布置和支撑系统	结构布置和支撑布置	
			支撑系统长细比	支撑杆件长细比
	承重结构系统	地基基础	地基、斜坡	
			基础	按结构类别相应结构的子项
			桩和桩基	桩、桩基
		混凝土结构	承载能力、构造和连接、裂缝、变形	
		钢结构	承载能力与构造和连接、变形、偏差	
		砌体结构	承载能力、构造和连接、变形裂缝、变形	
	围护结构系统	使用功能	屋面系统、墙体及门窗、地下防水设施、防护设施	
		承重结构		按结构类别相应结构的子项

第二节 鉴定等级标准

第 2.2.1 条 工业厂房可靠性应按下列规定评定等级：

一、子项目

a级 符合国家现行标准规范要求，安全适用，不必采

常使用，个别项目应采取措施；

三级 可靠性不符合国家现行标准规范要求，影响正常使用，有些项目应采取措施，个别项目必须立即采取措施；

四级 可靠性严重不符合国家现行标准规范要求，已不能正常使用，必须立即采取措施。

第三章 使用条件的调查

第 3.0.1 条 使用条件的调查应包括结构上的作用、使用环境和使用历史三部分内容。结构上的作用调查宜按表3.0.1的要求进行。

结构上的作用调查　　　　　　　　　表 3.0.1

项 目	调 查 细 目
一、永久作用	1. 结构构件、建筑构件、固定设备等自重 2. 预应力、土压力、水压力、地基变形等作用
二、可变作用	1. 屋面及楼面荷载 2. 屋面积灰 3. 吊车荷载 4. 风荷载 5. 雪、冰荷载 6. 温度作用 7. 振动冲击及其它动荷载
三、偶然作用	1. 地 震 2. 撞击爆炸事故 3. 火 灾
四、其它作用	

注：结构上的作用调查是指检查核实该结构上的各种作用情况及其程度。

第 3.0.2 条 结构上的作用应按下列规定取值：

一、经调查符合国家现行标准《建筑结构荷载规范》规定取值者，应按规范选用；

二、当国家现行标准《建筑结构荷载规范》未作规定或有特殊情况时，应按国家现行标准《建筑结构设计统一标准》有关的原则规定执行。

第3.0.3条 作用效应的分项系数及组合系数应按国家现行标准《建筑结构荷载规范》确定。当有充分依据时，可结合工程经验，经分析判断确定。

第3.0.4条 使用环境调查应包括下列内容：

一、气象条件：厂房的方位、风玫瑰图、降雨量、大气湿度、气温等；

二、工业环境：液相腐蚀、气相腐蚀等对厂房结构的影响；

三、地理环境：地形、地貌、地质构造、周围建筑群等对厂房结构的影响。

第四章 结构的鉴定评级

第一节 一般规定与结构布置

第4.1.1条 结构布置和支撑系统的鉴定评级应包括结构布置、支撑系统长细比两个项目。

第4.1.2条 结构布置和支撑布置项目应按下列规定评定等级：

A级 结构和支撑布置合理，结构形式与构件选型正确，传力路线合理，结构构造和连接可靠，符合国家现行标准规范规定，满足使用要求；

B级 结构和支撑布置合理，结构形式与构件选型基本正确，传力路线基本合理，结构构造和连接基本可靠，符合国家现行标准规范规定，局部可不符合国家现行标准规范规定，但不影响安全使用；

C级 结构和支撑布置基本合理，结构形式、构件选型、结构构造和连接局部可不符合国家现行标准规范规定，影响安全使用，应进行处理；

D级 结构和支撑布置、结构形式、构件选型、结构构造和连接不符合国家现行标准规范规定，危及安全，必须进行处理。

第4.1.3条 钢支撑杆件的长细比宜按表4.1.3评定等级。

第4.1.4条 支撑系统长细比项目的评定等级，应根

等级确定。

第4.1.6条 混凝土、钢及砌体结构或构件的验算应符合下列规定：

一、结构或构件的验算应按国家现行标准执行。一般情况下，应进行结构或构件的强度、稳定、倾覆、滑移等的验算，必要时还应进行疲劳、裂缝、变形、连接的验算。

对国家现行规范没有明确规定验算方法或验算后难以判定等级的结构或构件，可结合实践经验和结构实际工作情况，采用理论和经验相结合（包括必要时进行试验）的方法，按照国家现行标准《建筑结构设计统一标准》进行综合判断；

二、结构或构件验算的计算图形应符合其实际受力与构造状况；

三、结构上的作用及作用效应分项系数及组合系数应分别按本标准第3.0.2条和第3.0.3条确定，并应考虑由于变形、温度等因素造成的附加内力；

四、当材料种类和性能能符合原设计要求时，材料强度应按原设计值取用。

当材料强度采用实测试验数据。材料强度的标准值应按国家现行标准《建筑结构设计统一标准》有关规定确定。

五、当混凝土结构表面长期温度大于60℃，钢结构表面取样时不得损害结构的正常工作。

六、验算结构构件的几何参数应采用实测值，并应考虑结构构件的损伤、腐蚀、偏差、断面削弱以及结构温度长期大于150℃时，应考虑温度对材质的影响；或构件过度变形的影响。

钢支撑杆件长细比评定等级 表4.1.3

厂房情况	支撑杆件种类	支撑杆件长细比			
		a	b	c	d
无吊车或有中、轻级工作制吊车厂房	一般支撑杆拉	≤400	>400, ≤425	>425, ≤450	>450
	压杆	≤200	>200, ≤225	>225, ≤250	>250
	下柱支撑拉杆	≤300	>300, ≤325	>325, ≤350	>350
	压杆	≤150	>150, ≤200	>200, ≤250	>250
有重级工作制吊车或有≥5t锻锤厂房	一般支撑拉杆	≤350	>350, ≤375	>375, ≤400	>400
	压杆	≤200	>200, ≤225	>225, ≤250	>250
	下柱支撑拉杆	≤200	>200, ≤225	>225, ≤250	>250
	压杆	≤150	>150, ≤175	>175, ≤200	>200

注：① 表内一般支撑系统指除下柱支撑以外的各种支撑。
② 对于直接或间接承受动力荷载的支撑结构，计算单钢角受拉杆件长细比时，应采用钢的最小回转半径。但在计算单钢角受压杆件在支撑平面外的长细比时，应采用与角钢肢边平行的回转半径；
③ 设有夹钳式或刚性料耙式吊车或吊车厂房中，一般拉杆的长细比宜按拉杆评定等级；
④ 对于动荷载较大的厂房，其支撑杆件长细比评级宜从严；
⑤ 当有经验证明，一般厂房的下柱支撑长细比较大时，可按拉杆进行验算，并按拉杆长细比评定等级。
⑧ 下柱交叉支撑压杆长细比较大时，可按拉杆进行验算，并按拉杆长细比评定等级。

据单个支撑杆件长细比子项各个等级的百分比，按下列规定确定：

A级 含b级不大于30%，且不含c级、d级；
B级 含c级不大于30%，且不含d级；
C级 含d级不小于10%；
D级 含d级大于10%或等。

第4.1.5条 结构布置和支撑系统组合项目的评定等级，应按结构布置和支撑系统，支撑系统长细比项目中较低级。

第二节 地 基 基 础

第4.2.1条 地基基础的鉴定评级应包括地基、基础、桩和桩基、斜坡四个项目。

第4.2.2条 地基项目宜根据地基变形观测资料,按下列规定评定等级:

A级 厂房结构无沉降裂缝已终止发展,不均匀沉降小于国家现行《建筑地基基础设计规范》规定的容许沉降差,吊车运行正常;

B级 厂房结构沉降裂缝在短期内有终止发展趋向,连续2个月地基沉降速度小于2mm/月,不均匀沉降小于国家现行《建筑地基基础设计规范》规定的容许沉降差,吊车运行基本正常;

C级 厂房结构沉降裂缝继续发展,短期内无止趋向,连续2个月地基沉降速度大于2mm/月,不均匀沉降大于《建筑地基基础设计规范》规定的容许沉降差,吊车运行不正常,但轨顶标高或轨距尚有调整余地;

D级 厂房结构沉降裂缝发展显著,连续2个月地基沉降速度大于2mm/月,不均匀沉降大于《建筑地基基础设计规范》规定的容许沉降差,吊车运行不正常,基础设计规范》规定的容许沉降差,吊车运行不正常,轨顶标高或轨距没有调整余地。

注:生产对地基沉降速度有特殊要求时,可根据生产要求规定地基沉降速度的评级标准。

第4.2.3条 基础项目应根据结构的类别按本章相应结构的规定评定等级。

第4.2.4条 桩和桩基项目应包括桩,桩基两个子项,分别按下列规定评定等级:

一、桩基应按本节第4.2.2条评定等级;
二、单桩宜按下列标准评定等级:

a级 木桩没有或有轻微表层腐烂,钢桩没有或有轻微表面腐蚀;

b级 木桩腐烂的横截面积小于原有横截面积10%,钢桩腐蚀厚度小于原有壁厚10%;

c级 木桩腐烂的横截面积为原有横截面积10%~20%,钢桩腐蚀厚度为原有壁厚10%~20%;

d级 木桩腐烂的横截面积大于原有横截面积20%,钢桩腐蚀厚度大于原有壁厚20%。

三、当基础下为群桩时,其子项等级应根据单桩各个等级的百分比按下列规定确定:

a级 含b级不大于30%,且不含c级、d级;
b级 含c级不大于30%,且不含d级;
c级 含d级不大于10%;
d级 含d级大于10%。

桩和桩基子项等级,应按桩、桩基子项中的较低等级确定。

第4.2.5条 斜坡项目应根据其稳定性按下列规定评定等级:

A级 没有发生过滑动,将来也不会再滑动;
B级 以前发生过滑动,停止滑动后将来不会再滑动;
C级 发生过滑动,停止滑动后将来可能再滑动;
D级 发生过滑动,停止滑动后目前又滑动或有滑动迹象。

第4.2.6条 地基基础组合项目的评定等级,应按地基、基础、桩和桩基、斜坡项目中的最低等级确定。

第 4.2.7 条 当地下水水位和水质有较大变化,或因土压和水压显著增大对地下墙有不利影响时,可在鉴定报告书中用文字说明。

第三节 混凝土结构

第 4.3.1 条 混凝土结构或构件的鉴定评级,应包括承载能力、构造和连接、裂缝、变形四个子项。

第 4.3.2 条 当需要进行材质检测时,其检验原则除应按本标准第4.1.6条规定外,尚应符合下列要求:

一、混凝土强度的检验宜采用取芯、回弹或其它有效方法综合确定,并应符合国家现行有关标准的规定。

二、混凝土材料的老化可通过现行国家规范的规定,对混凝土材料的化学成分,必要时应取样分析。

三、从混凝土结构中截取钢筋的力学性能和化学成分,其检验方法和检验结果,应符合国家现行标准的规定。

四、当钢筋有明显的锈皮和坑蚀时,应考虑钢筋截面积的折损,应力集中的厂房,应考虑柱根、基础柱栏杆等部位的蚀损。

五、遭受火灾或热作用的混凝土结构和构件,当裸露钢筋表面已失去混凝土砂浆粘结痕迹时,其性能宜由现场取样试验确定。

第 4.3.3 条 混凝土结构或构件应进行承载能力验算。其承载力子项应按表4.3.3评定等级。

第 4.3.4 条 混凝土结构或构件的裂缝子项可按下列规定评定等级:

一、结构或构件受力主筋处的横向和斜向裂缝宽度宜按表4.3.4-1、4.3.4-2、4.3.4-3评定等级,并应考虑检测时尚未作用的各种因素对裂缝宽度的影响。

二、结构或构件因主筋锈蚀产生的沿主筋方向裂缝宽度宜按下列要求评级:

混凝土结构或构件承载能力评定等级　表 4.3.3

结构或构件种类	承 载 能 力 $R/\gamma_0 S$			
	a	b	c	d
屋架、托架、屋面梁、平台主梁、柱和中级、重级工作制吊车梁	≥1.0	<1.0 ≥0.92	<0.92 ≥0.87	<0.87
一般构件(包括楼盖、现浇板、梁等)	≥1.0	<1.0 ≥0.90	<0.90 ≥0.85	<0.85

注:①表中:R为结构或构件的抗力,按本标准第4.1.6条原则确定,S为结构或构件的作用效应,按本标准第4.1.6条原则确定,γ_0为结构重要性系数,对安全等级为一级、二级、三级的结构构件,可分别取1.1、1.0、0.9。
②结构的挠度和滑移的验算,应符合现行国家规范的规定。
③当混凝土结构受压区裂缝宽度小于0.15mm及受弯构件的受力裂缝宽度小于0.20mm时,构件可不作承载能力验算。

Ⅰ、Ⅱ、Ⅲ级钢筋配筋的混凝土结构或构件裂缝宽度评定等级　表 4.3.4-1

结构或构件的工作条件	裂 缝 宽 度(mm)			
	a	b	c	d
室内正常环境	一般构件	≤0.40	>0.40、≤0.45	>0.45、≤0.70	>0.70
	屋架、托架、吊车梁	≤0.20	>0.20、≤0.30	>0.30、≤0.50	>0.50
露天或室内高温高湿环境	≤0.30	>0.30、≤0.35	>0.35、≤0.50	>0.50
露天或室内高温高湿度环境内经常受蒸气及凝结水作用,以及与土壤直接接触的结构或构件。	≤0.20	>0.20、≤0.30	>0.30、≤0.40	>0.40

Ⅱ、Ⅲ、Ⅳ级钢筋配筋的预应力混凝土结构或构件裂缝宽度评定等级　　表 4.3.4-2

结构或构件的工作条件	裂 缝 宽 度 (mm)			
	a	b	c	d
室内正常环境	一般构件桁架、托架屋架吊车梁	≤0.20	>0.20, ≤0.35	>0.35, ≤0.50	>0.50
		≤0.05	>0.05, ≤0.10	>0.10, ≤0.30	>0.30
露天或室内高湿度环境		≤0.05	>0.05, ≤0.10	>0.10, ≤0.30	>0.30
		≤0.02	>0.02, ≤0.05	>0.05, ≤0.20	>0.20

碳素钢丝、钢绞线、热处理钢筋、冷处理低碳钢丝配筋的预应力混凝土结构或构件裂缝宽度评定等级　　表 4.3.4-3

结构或构件的工作条件	裂 缝 宽 度 (mm)			
	a	b	c	d
室内正常环境	一般构件桁架、托架屋架吊车梁	≤0.02	>0.02, ≤0.10	>0.10, ≤0.20	>0.20
		≤0.02	>0.02, ≤0.05	>0.05, ≤0.20	>0.20
露天或室内高湿度环境		—	≤0.05	>0.05, ≤0.10	>0.10

a 级　无裂缝；
b 级　无裂缝；
c 级　无裂缝 <2 mm；
d 级　无裂缝 >2 mm。

注：有实践经验时，因主筋锈蚀裂缝出现的部位，因主筋锈蚀导致结构构件掉角以及混凝土保护层脱落因主筋锈蚀产生的沿主筋方向裂缝的评定等级，根据裂缝出现的部位、结构或构件所处环境及其重要性和所处环境，可适当从宽。

第 4.3.5 条 混凝土结构构件的变形子项应按表 4.3.5 评定等级。

混凝土结构或构件变形评定等级　　表 4.3.5

结构或构件类别		变 形			
		a	b	c	d
单层厂房托架、屋架		≤$l_0/500$	>$l_0/500$, ≤$l_0/450$	>$l_0/450$, ≤$l_0/400$	>$l_0/400$
多层框架主梁		≤$l_0/400$	>$l_0/400$, ≤$l_0/350$	>$l_0/350$, ≤$l_0/250$	>$l_0/250$
其他：屋盖、楼盖及楼梯	$l_0>9$ m	≤$l_0/300$	>$l_0/300$, ≤$l_0/250$	>$l_0/250$, ≤$l_0/200$	>$l_0/200$
	7m≤l_0≤9 m	≤$l_0/250$	>$l_0/250$, ≤$l_0/200$	>$l_0/200$, ≤$l_0/175$	>$l_0/175$
	$l_0<7$ m	≤$l_0/200$	>$l_0/200$, ≤$l_0/175$	>$l_0/175$, ≤$l_0/125$	>$l_0/125$
吊车梁	电动吊车	≤$l_0/600$	>$l_0/600$, ≤$l_0/500$	>$l_0/500$, ≤$l_0/400$	>$l_0/400$
	手动吊车	≤$l_0/500$	>$l_0/500$, ≤$l_0/450$	>$l_0/450$, ≤$l_0/350$	>$l_0/350$
框架层间水平变形		≤$h/400$	>$h/400$, ≤$h/350$	>$h/350$, ≤$h/300$	>$h/300$
框架总体水平变形		≤$H/500$	>$H/500$, ≤$H/450$	>$H/450$, ≤$H/400$	>$H/400$
风荷载下多层厂房		≤$H/500$	>$H/500$, ≤$H/450$	>$H/450$, ≤$H/400$	>$H/400$
单层厂房排架柱平面外倾斜		≤$H/1000$ ，且 $H>10$m 时 ≤20mm	>$H/1000$，≤$H/750$，且$H>10$m时>20mm>30mm	>$H/750$，≤$H/500$，且$H>10$m时>30mm>40mm	>$H/500$ 且 $H>10$m 时 >40mm

注：①表中l_0为构件的计算跨度，H为柱或框架总高，h为框架层高。
②本表所列为按长期荷载效应组合的变形限值，应减去或加上制作反拱或属d级。

第 4.3.6 条 混凝土结构的锚板和锚筋的构造评定等级　当预埋件的锚板和锚筋的构造合理，经检查无变形规定评定等级：
一、

或位移等异常情况时，可根据承载能力按本标准第2.2.1条原则评为a级或b级，当预埋件的锚固板、锚筋与混凝土之间有明显滑移、按脱现象时，根据其严重程度可按本标准第2.2.1条原则评为c级或d级。

二、当连接节点的焊缝或螺栓符合有关国家现行标准规范的使用要求时，可按本标准第2.2.1条原则评为a级或b级；当节点焊缝或螺栓连接有局部脱落、剪断、破损移等，根据其严重程度可按本标准第2.2.1条原则评为c级或d级。

第4.3.7条 混凝土结构或构件的项目评定等级应根据下列原则确定：

一、当变形、裂缝、构造和连接四个子项的评定等级相差不大于一级时，以承载能力或构造和连接中的较低等级作为该项目的评定等级；

二、当变形、裂缝比承载能力或构造和连接低二级时，以承载能力或构造和连接中的较低等级降一级作为该项目的评定等级；

三、当变形、裂缝对承载能力的影响程度及其发展速度，可根据变形、裂缝和构造和连接中的较低等级降一级或二级作为该项目的评定等级。

第四节 单层厂房钢结构

第4.4.1条 单层厂房钢结构或构件的鉴定评级应包括承载能力（包括构造和连接）、变形、偏差三个子项。

第4.4.2条 当需要进行材质检测时，其检测原则按本标准第4.1.6条规定外，尚应符合下列要求：

一、对于重级工作制焊接吊车起重量等于或大于50t的中级工作制焊接吊车梁，应检验其常温冲击韧性，必要时检验负温冲击韧性；

二、当结构经受过150°C以上的温度作用或受过骤冷骤热影响时，应检查烧伤程度，必要时应取样试验，确定其力学性能指标。

第4.4.3条 钢结构或构件应进行强度、稳定性、连接、疲劳等承载能力的验算。结构或构件的承载能力（包括构造和连接）子项应按表4.4.3评定等级。

钢结构或构件承载能力评定等级 表4.4.3

结构或构件种类	承 载 能 力 $R/\gamma_0 S$			
	a	b	c	d
屋架、托架、梁、柱	≥1.00	<1.00, ≥0.95	<0.95, ≥0.90	<0.90
中、重级吊车梁	≥1.00	<1.00, ≥0.95	<0.95, ≥0.90	<0.90
一般构件及支撑	≥1.00	<1.00, ≥0.92	<0.92, ≥0.87	<0.87
连接、构造	≥1.00	<1.00, ≥0.95	<0.95, ≥0.90	<0.90

注：①凡杆件或连接构造有裂缝或锐或锐角切口者，根据其对承载能力影响程度，可按本标准第2.2.1条原则评为c级或d级。

②对于焊接吊车梁，当上翼缘连接焊缝及其近旁出现疲劳开裂，或受拉区腹板在加劲肋端部或横向焊缝处出现疲劳开裂，或受拉翼缘焊缝其它钢材，应按本标准第2.2.1条原则评为c级或d级。

第 4.4.4 条 钢结构构件的变形子项应按表4.4.4评定等级。

第 4.4.5 条 钢结构或构件的偏差子项宜按下列规定评定等级：

一、天窗架、屋架和托架的不垂直度：

a 级 不大于天窗高度的1/250，且不大于15mm；

b 级 构件的不垂直度略大于 a 级的允许值，且沿厂房纵向有足够的垂直支撑保证这种偏差不再发展；

c 级或 d 级 构件的不垂直度大于 a 级的允许值，且有发展的可能时，可按本标准第2.2.1条原则评为 c 级或 d 级。

二、受压杆件对通过主受力平面的弯曲矢高：

a 级 不大于杆件自由长度的1/1000，且不大于10mm；

b 级 不大于杆件自由长度的1/660；

c 级或 d 级 大于杆件自由长度的1/660，可按本标准第2.2.1条原则评为 c 级或 d 级。

三、实腹梁的侧弯矢高：

a 级 不大于构件跨度的1/660；

b 级 略大于构件跨度的1/660，且可能发展；

c 级或 d 级 大于构件跨度的1/660，可按本标准第2.2.1条原则评为 c 级或 d 级。

四、吊车轨道中心对吊车梁轴线的偏差 e：

a 级 $e \leq 10mm$；

b 级 $10mm < e \leq 20mm$；

c 级或 d 级 $e > 20mm$，吊车梁上翼缘与轨底接触面不平直，有啃轨现象，可按本标准第2.2.1条原则评为 c 级或 d 级。

钢结构构件或构件的变形评定等级　　表 4.4.4

钢结构构件或构件类别		a	b	c	d
屋盖	轻屋盖	≤l/150	>a级变形，功能无影响	>a级变形，功能、局部影响	>a级变形，功能有影响
	其他屋盖	≤l/200			
桁架、屋架及托架		≤l/400	>a级变形，功能无影响	>a级变形，功能、局部影响	>a级变形，功能有影响
实腹梁	主梁	≤l/400	>a级变形，功能无影响	>a级变形，功能、局部影响	>a级变形，功能有影响
	其他梁	≤l/250			
吊车梁	轻级和Q<50t中级桥式吊车	≤l/600	>a级变形，吊车运行无影响	>a级变形，吊车局部影响，可补数	>a级变形，吊车运行有影响数，不可补
	重级和Q>50t中级桥式吊车	≤l/750			
柱	厂房柱横向变形和露天栈桥柱的横向变形	≤H_T/1250	>a级变形，吊车运行无影响	>a级变形，吊车局部影响，行有影响	>a级变形，吊车运行有影响，严重影响
	厂房柱和露天栈桥柱的纵向变形	≤H_T/2500			
	支承钢板、瓦楞铁等的横梁（水平向）	≤H_T/4000			
墙架构件	压型钢板、瓦楞铁等	≤l/300	>a级变形，功能无影响	>a级变形，功能、局部影响	>a级变形，功能有影响
	轻墙皮横梁（水平向）	≤l/200			
	支柱	≤l/400			

注：① 表中 l 为受弯构件的跨度，H_T 为柱脚底面到吊车梁或吊车桁架上顶面的高度。柱变位为最大一台吊车荷载作用下的水平变位值。

② 本表为按长期荷载效应组合的变形值，应减去或制作加上制作反拱值下挠值。

第4.4.6条 钢结构构或构件的项目评定等级应根据承载能力（包括构造和连接）、变形，偏差三个子项的等级按下列原则确定：

一、当不大于一级时，以承载能力（包括构造和连接）的等级作为该项目的评定等级；

二、当相差一级时，偏差比承载能力（包括构造和连接）低二级时，以承载能力（包括构造和连接）降低一级作为该项目的评定等级；

三、当变形、偏差比承载能力（包括构造和连接）低三级时，可根据变形、偏差对承载能力的影响程度，以承载能力（包括构造和连接）的等级降一级或二级作为项目的评定等级。

第五节 砌 体 结 构

第4.5.1条 砌体结构构件的鉴定评级应包括承载能力、变形裂缝、构造、变形和连接四个子项。

注：变形裂缝是指由于温度、收缩、变形和地基不均匀沉降引起的裂缝。

第4.5.2条 检测，也可分别测定块体及砂浆配合比，进行直接砌体强度推算。当需要测定砌体的强度等级时，宜在现场进行砌体强度，砂浆饱满度。必要时，可对砂浆风化，含泥量、砌体砌筑质量以及材料性能、腐蚀等进行检测。

第4.5.3条 砌体结构构件承载能力子项应按表4.5.3评定等级。

第4.5.4条 砌体结构构件的变形裂缝子项宜按表4.5.4评定等级。并结合裂缝发生部位、裂缝长度、裂缝宽度以及房屋有无振动等因素综合判断。

砌体结构构或构件承载能力评定等级 表4.5.3

构件类别	承载能力 $R/\gamma_0 S$			
	a	b	c	d
砌体结构或构件	≥1.0	<1.0, ≥0.92	<0.92, ≥0.87	<0.07

注：① 当砌体结构或构件已出现明显的受压、变形、受剪等受力开裂时，应根据其严重程度，按本标准第2.2.1条原则评为c级或d级。
② 验算砌体结构或构件承载能力时，应考虑由于留洞、风化剥落，各种变形裂缝和倾斜引起的有效截面的削弱和倾斜加内力。

砌体结构构变形裂缝宽度评定等级 表4.5.4

结构或构件	变 形 裂 缝			
	a	b	c	d
墙、有壁柱墙	无裂缝	墙体产生轻微裂缝，最大裂缝宽度 w_r<1.5mm	墙体裂缝宽度 w_r 在1.5mm～10mm范围内	墙体裂缝严重，最大裂缝宽度 w_r>10mm
独立柱	无裂缝	无裂缝	最大裂缝宽度 w_r<1.5mm，且未贯通柱截面	柱断裂或产生水平错位

注：本表仅适用于粘土砖，硅酸盐砖以及粉煤灰砖砌体。

第4.5.5条 砌体结构的构造和连接子项表4.5.5-1及表4.5.5-2评定等级。

4.5.5-1 柱高厚比、墙、柱与梁、柱与构件连接（搁置长度、垫块设置，预埋件与构件连接），墙与柱的连接等，应按下列规定评定等级。

第4.5.6条 砌体结构的构造和连接项应包括墙、柱、

a 级 墙、柱高厚比小于或等于国家现行规范容许值，构造和连接符合国家现行规范要求；

b 级 墙、柱高厚比大于国家现行规范容许值，但不超过10%；或构造和连接有局部缺陷，但不影响结构的安全使用；

c 级 墙、柱高厚比大于国家现行规范容许值，但不超过20%；或构造和连接有较严重的缺陷，已影响结构的安全使用；

d 级 墙、柱高厚比大于国家现行规范容许值，且超过20%；或构造和连接有严重缺陷，已危及结构的安全。

第4.5.7条 砌体结构或构件的项目评定等级应根据承载能力、构造和连接、变形裂缝四个子项的较低等级作为该项目的评定等级。

一、当变形裂缝、变形与承载能力或构造和连接中较低一级相差不大于一级时，以承载能力或构造和连接中的较低等级作为该项目的评定等级；

二、当变形低二级时，变形比承载能力或构造和连接中的较低等级低一级作为该项目的评定等级；

三、当变形低三级时，变形比承载能力或构造和连接中的较低等级低二级，可根据变形裂缝、变形对承载能力的影响程度及其发展速度，以承载能力或构造和连接中的较低等级降一级或二级作为该项目的评定等级。

单层厂房砌体结构或构件评定等级 表4.5.5-1

构件类别	变形或倾斜值 δ (mm)			
	a	b	c	d
无吊车厂房墙、柱	≤10	>10，≤30	>30，≤60，或 ≤H/150	>60，或>H/150
有吊车厂房墙、柱	≤H_T/1250	有倾斜，但不影响使用	有倾斜，影响吊车运行，但可调节	有倾斜，影响吊车运行，已无法调节
独立柱	≤10	>10，≤15	>15，≤40，或 ≤H/170	>40，或>H/170

注：①表中H_T为柱脚底面至吊车梁或吊车桁架顶面的高度，H为单层工业厂房砌体墙、柱变形或倾斜值，H为砌体结构房屋总高。

②本表适用于墙、柱高度H≤10m。当二端、柱高度H>10m时，柱高度每增加1m，各级变形或倾斜限值可增大10%。

多层厂房砌体结构或构件变形评定等级 表4.5.5-2

构件类别	层间变形或倾斜值 δ (mm)				总变形或倾斜值 δ (mm)			
	a	b	c	d	a	b	c	d
墙、排壁柱	≤5	>5，≤20	>20，或 ≤40，≤h/100	>40，或>h/100	≤10	>10，≤30	>30，或 ≤60，≤H/120	>60，或>H/120
独立柱	≤5	>5，≤15	>15，≤30，或 ≤h/120	>30，或>h/120 120	≤10	>10，≤20	>20，≤45，或 ≤H/150	>45，或>H/150 150

注：①δ为多层厂房墙、柱层间变形或倾斜值，h为多层厂房层间高度。

②本表适用于厂房层总高H≤10m。当房屋总高H>10m时，总高度每增加1m，各级总变形或倾斜限值可增大10%。

③取层间变形和总变形中较低的等级作为厂房变形子项的评定等级。

第五章 围护结构系统的鉴定评级

第5.0.1条 围护结构系统的鉴定评级应包括使用功能和承重结构两个项目。

第5.0.2条 使用功能项目宜包括屋面系统、墙体及门窗、地下防水和防护设施四个子项。

第5.0.3条 使用功能各子项可按表5.0.3评定等级。

围护结构系统使用功能评定等级　　表5.0.3

子项名称	a	b	c	d
屋面系统	构造完好，排水畅通	有老化、鼓泡、开裂或轻微损坏，堵塞等现象，但不漏水	多处老化、鼓泡、开裂、腐蚀或局部损坏、穿孔、有堵塞或漏水现象	多处严重老化、腐蚀或多处损坏、穿孔、开裂，局部严重堵塞或漏水
墙体及门窗	完好	墙体及门窗框、扇完好，局部抹灰、装修、连接或玻璃等轻微损坏	多处老化、墙体及门窗或连接局部破损、已影响使用功能	墙体及门窗或接头严重破损、部分已失去使用功能
地下防水	完好	基本完好，虽有较大潮湿现象，但没有明显渗漏	局部损坏或有渗漏现象	多处破损或有较大的漏水现象
防护设施	完好	有轻微损坏，但不影响防护功能	局部损坏，已影响防护功能	多处损坏，部分已丧失防护功能

注：防护设施系指为了隔热、隔冷、隔尘、防湿、防腐、防爆、防爆和安全面设置的各种设施及天棚吊顶等。

第5.0.4条 围护结构系统使用功能项目评定等级，可根据各子项对建筑物使用寿命和生产的影响程度评定出一个或数个主要子项，其余为次要子项。应取主要子项中最低等级作为该项目的评定等级。

第5.0.5条 围护结构系统中的承重结构或构件项目的评定等级，应根据其结构类别按本标准相应结构或构件的规定评定等级。

第5.0.6条 围护结构系统组合项目的评定等级，应按围护结构项目中的较低等级确定。

使用功能和承重结构项目中对防水或防护设施的工业厂房、围护结构系统的项目评定等级，可根据其重要程度进行综合评定。

的评定等级分为A、B、C、D四级，可按下列规定进行：

一、将厂房评定单元的承重结构系统划分为若干传力树。

二、传力树中各种构件的评定等级，可分为基本构件和非基本构件两类，并应根据其所处的工艺流程部位，按下列规定评定：

1. 基本构件和非基本构件的评定等级，应在各自单个构件评定的基础上按其所含的各个等级的百分比确定：

（1）基本构件：

A级 含B级数目不大于30%；不含C级、D级；

B级 含C级数目不大于30%；不含D级；

C级 含D级数目小于10%；

D级 含D级数目大于或等于10%。

（2）非基本构件：

A级 含B级数目小于50%；不含C级、D级；

B级 含C级、D级之和小于50%，且含D级小于5%；

C级 含D级数目小于35%；

D级 含D级数目大于或等于35%。

2. 当工艺流程的关键部位存在C级、D级构件时，可按上述规定基本构件的评级，根据其失效后果影响程度，该种构件可评为C级或D级。

三、传力树评级取传力树中各基本构件等级中的最低等级。传力树中非基本构件的最低等级低于基本构件的最低等级二级时，以基本构件的最低等级降一级作为传力树基本构件的最低等级；当出现低于三级时，可按基本构件等级降二级确定。

四、厂房评定单元的承重结构系统的评级可按下列规定确定：

第六章 工业厂房的综合鉴定评级

第6.0.1条 本章适用于单层工业厂房的结构综合鉴定评级。

第6.0.2条 工业厂房的综合鉴定可根据厂房的结构系统、结构整体、结构现状、工艺布置、使用条件和鉴定目的，将厂房的区段结构系统划分为一个或多个评定单元进行综合评定。厂房评定单元的综合鉴定评级应包括承重结构系统、结构布置和支撑系统、围护结构系统三个组合项目。综合评级结果应列入表6.0.2。

工业厂房（区段）评定单元的综合评级 表6.0.2

评定单元	组合项目名称	组合项目 A、B、C、D	评定单元 一、二、三、四	备注
Ⅰ	承重结构系统 结构布置及支撑系统 围护结构系统			
Ⅱ	承重结构系统 结构布置及支撑系统 围护结构系统			
……	……			

第6.0.3条 厂房评定单元的承重结构系统组合项目确定：

A级 含B级传力树目不大于30%，不含C级，D级传力树；

B级 含C级传力树目不大于15%，不含D级传力树；

C级 含D级传力树目小于5%；

D级 含D级传力树且大于或等于5%。

五、仅以结构系统为评定单元的综合鉴定评级，可按照本条第二款执行。

注：①承重结构系统包括地基基础及结构构件。
②传力树是由基本构件和非基本构件组成的传力系统。树表示构件与系统失效之间的逻辑关系。基本构件是指当其本身失效时会导致传力树中其它构件失效的构件；非基本构件是指其本身失效是孤立事件，它的失效不会导致其它主要构件失效的构件。
③传力树中各种构件包括构件本身及构件间的连接节点。

第6.0.4条 厂房评定单元的结构布置和支撑系统组合项目应按本标准第4.1.5条评定等级。

第6.0.5条 厂房评定单元的围护结构系统组合项目应按本标准第5.0.6条评定等级。

第6.0.6条 厂房评定单元的综合鉴定评级分为四个级别，应包括承重结构系统、结构布置和支撑系统、围护结构系统三个组合项目，以承重结构系统为主，按下列规定确定评定单元的综合评级：

一、当结构布置和支撑系统、围护结构系统与承重结构系统的评定等级相差不大于一级时，可以承重结构系统的评定作为该评定单元的评级；

二、当结构布置和支撑系统、围护结构系统的评定等级低于承重结构系统的等级一级时，可以承重结构系统的评定作为该评定单元的评定等级；

三、当结构布置和支撑系统、围护结构系统比承重结构

系统的评定等级低三级时，可根据上述原则和具体情况，以承重结构系统的等级降二级或降一级作为该评定单元的评定等级；

四、综合评定中宣结合评定单元的重要性、耐久性、使用状态等综合判定，可对上述评定结果不大于一级的调整。

第6.0.7条 鉴定报告中除对厂房评定单元进行综合鉴定评级外，还应对C级、D级承重构件的数量、分布位置及处理建议作详细说明。

附录一 工业厂房初步调查表

单层工业厂房初步调查表　　附表 1.1

建筑概况	名　称		原设计者
	地　点		原施工者
	用　途		使用者
	竣工日期		抗震烈度/场地类别
	建筑面积		厂房柱距
建筑	平面型式		下柱标高
	厂房长度		轨顶标高
	厂房跨度		屋面防水
结构、地基	屋面		地　基
	天窗屋架		墙　体
	柱　子		放尾结构
	吊车梁		地质勘察
图纸及资料	工艺图		设计变更
	建筑图		施工记录
	结构图		竣工记录
	水、暖、电图		
	已有调查资料		
	标准、规范		
吊车设置	吊车位置		特殊环境 热
	吨位、工作制		振动
	台　数		腐蚀介质
历史	用途变更		设计用途符合实际否
	改扩建资料		灾　害
	修建资料		其　他
主要问题	委托方意见		
	鉴定者意见		
鉴定	目　的		
	项　目		
合同	要　求		

多层工业厂房初步调查表　　附表 1.2

建筑概况	名　称		原设计者
	地　点		原施工者
	用　途		使用者
	竣工日期		抗震烈度/场地类别
	建筑面积		屋顶标高
建筑	层　数		基本柱距
	平面型式		各层高度
	总长×宽		底层标高
结构、地基	框架类别		结构材料
	板、梁、柱		板梁柱
	地基基础		连接 连接
	墙　体		支撑
图纸及资料	工艺图		地质勘察
	建筑、结构图		施工记录
	水、暖、电图		竣工记录
	已有调查资料		
	标准、规范		
设备	吊　车		特殊环境 热
	机　械		振动
	其　它		腐蚀介质
历史	用途变更		设计用途符合实际否
	改扩建资料		灾　害
	修建资料		其　他
主要问题	委托方意见		
	鉴定者意见		
鉴定	目　的		
	项　目		
合同	要　求		

附录二 本标准用词说明

一、为便于在执行本标准条文时区别对待,对要求严格程度不同的用词说明如下:

1. 表示很严格,非这样作不可的:
   正面词采用"必须",反面词采用"严禁"。
2. 表示严格,在正常情况下均应这样作的:
   正面词采用"应",反面词采用"不应"或"不得"。
3. 表示允许稍有选择,在条件许可时首先应这样作的:
   正面词采用"宜"或"可",反面词采用"不宜"。

二、条文中指定应按其它有关标准、规范执行时,写法为"应符合……的规定"或"应按……执行"。

附加说明

本标准主编单位、参加单位和主要起草人名单

主编单位: 冶金工业部建筑研究总院。

参加单位: 西安冶金建筑学院、航空工业规划设计研究院、北京钢铁设计研究总院、湖南大学、北方工业大学、太原钢铁公司、湘潭钢铁公司。

主要起草人: 陈三行、赵丕华、林志伸、杨军、全明研、徐克静、浦聿修、王庆霖、王济川、段文圣、彭其锌、高雏元、李京一、靳汉波、雷永淼、赵晋义、张家启、姜迎秋、韩雪明。

中华人民共和国国家标准

多层厂房楼盖抗微振设计规范

Code for design of anti-microvibration
of multistory factory floor

GB 50190—93

主编部门：中华人民共和国机械工业部
批准部门：中华人民共和国建设部
施行日期：1994 年 6 月 1 日

关于发布国家标准《多层厂房楼盖抗微振
设计规范》的通知

建标〔1993〕859 号

根据国家计委计综〔1984〕305 号文的要求，由原机械电子工业部设计研究院主编、会同有关单位共同编制的国家标准《多层厂房楼盖抗微振设计规范》，已经有关部门会审。现批准《多层厂房楼盖抗微振设计规范》GB 50190—93 为强制性国家标准，自一九九四年六月一日起施行。

本规范由机械工业部管理、其具体解释等工作由机械工业部设计研究院负责，出版发行由建设部标准定额研究所负责组织。

中华人民共和国建设部
一九九三年十一月十六日

目 次

1 总则 ································· 7—3
2 术语、符号 ························· 7—3
 2.1 术语 ···························· 7—3
 2.2 符号 ···························· 7—3
3 基本规定 ···························· 7—4
4 动力荷载 ···························· 7—5
 4.1 机床扰力 ······················· 7—5
 4.2 风机、水泵和电机扰力 ········ 7—5
 4.3 制冷压缩机扰力 ················ 7—6
5 竖向振动允许值 ···················· 7—11
6 竖向振动值计算 ···················· 7—11
 6.1 一般规定 ······················· 7—11
 6.2 楼盖刚度计算 ·················· 7—12
 6.3 固有频率计算 ·················· 7—13
 6.4 竖向振动计算 ·················· 7—17
7 设备布置、隔振及构造措施 ······ 7—17
 7.1 设备布置 ······················· 7—17
 7.2 设备及管道隔振 ················ 7—17
 7.3 构造措施 ······················· 7—18
附录A 多层厂房楼盖振动位移传递系数简化
 计算法 ···························· 7—22
附录B 本规范用词说明 ············· 7—22

附加说明 ································ 7—22
条文说明 ································ 7—23

1 总 则

1.0.1 为了使多层厂房楼盖设计做到技术先进、经济合理、简便适用，确保正常生产，制定本规范。

1.0.2 本规范适用于多层厂房楼盖在动力荷载小于600N的中小型机床、制冷压缩机、电机、风机或水泵等设备作用下的振动计算和设计。

1.0.3 多层厂房楼盖抗微振设计时，楼盖上设备的动力荷载应按本规范执行；楼盖上的其它荷载应按现行国家标准《建筑结构荷载规范》的规定执行；楼盖的结构计算、区域环境和劳动保护的振动要求，应符合国家现行有关标准规范的规定。

2 术语、符号

2.1 术 语

2.1.1 第一频率密集区 Compact zone of first frequency

在动力荷载作用下的多跨连续梁，其幅频特性曲线上出现若干密集区，每个密集区内拥有若干个固有频率，在幅频特性曲线上首先出现的频率密集区，称为第一频率密集区。

2.1.2 板梁相对抗弯刚度比 Ratio of relative flexural rigidity of slab to beam

板单位宽度的相对抗弯刚度乘以主梁跨度与主梁的相对抗弯刚度之比。

2.2 符 号

2.2.1 作用和作用效应

编号	符号	意 义
2.2.1.1	P	机器扰力
2.2.1.2	A_z	楼盖的竖向振动位移
2.2.1.3	A_{st}	楼盖的静挠度
2.2.1.4	A_o	机器扰力作用点，楼盖的竖向振动位移
2.2.1.5	A_t	机器扰力作用点以外各验算点的响应振动位移
2.2.1.6	A_m	多台机器同时运转时，楼盖末验算点产生的合成振动位移
2.2.1.7	V_m	多台机器同时运转时，楼盖末验算点产生的合成振动速度
2.2.1.8	A_j	一台机器运转时，楼盖上某验算点产生的响应振动位移
2.2.1.9	V_j	一台机器运转时，楼盖上某验算点产生的响应振动速度
2.2.1.10	A_n	第i受振层上各验算点的响应振动位移
2.2.1.11	$\overline{m}$	楼盖构件上单位长度的均布质量
2.2.1.12	f_{11}	楼盖第一频率密集区内最低固有频率
2.2.1.13	f_{1h}	楼盖第一频率密集区内最高固有频率
2.2.1.14	f_1	楼盖第一频率密集区内最低固有频率计算值
2.2.1.15	f_2	楼盖第一频率密集区内最高固有频率计算值
2.2.1.16	f_o	机器的扰力频率

编号	符号	涵义
		计算指标
2.2.2.1	[v]	竖向振动位移允许值
2.2.2.2	[N]	竖向振动速度允许值
2.2.2.3	E	材料的弹性模量
2.2.2.4	ζ	楼盖的阻尼比

编号	符号	涵义
		几何参数
2.2.3.1	I	截面惯性矩
2.2.3.2	l	楼盖沿纵向次梁或预制槽形板的跨度
2.2.3.3	l_y	主梁的跨度
2.2.3.4	c	次梁间距或预制槽形板宽度

编号	符号	涵义
		计算参数
2.2.4.1	k_1	集中质量换算系数
2.2.4.2	k_1	位移系数
2.2.4.3	ε	空间影响修正系数
2.2.4.4	φ	扰力点位置换算系数
2.2.4.5	ρ	扰力点位置换算系数
2.2.4.6	γ	振动速度传递系数

3 基 本 规 定

3.0.1 承受动力荷载的楼盖设计，应取得下列资料：

（1）建筑物的平面与剖面图；
（2）楼盖上设备平面布置图，设备名称及其底座尺寸；
（3）设备的扰力、扰频、扰力作用的方向和位置以及自重等；
（4）楼盖上机床、设备和仪器的竖向振动允许值。

3.0.2 承受动力荷载的楼盖宜采用现浇钢筋混凝土肋形楼盖或装配整体式楼盖。

3.0.3 次梁间距小于等于 2m，板厚大于或等于 80mm 的肋形楼盖和预制槽形板宽度小于或等于 1.2m 的装配整体式楼盖，其梁和板的截面最小尺寸，应符合表 3.0.3 的规定。

梁和板的截面最小尺寸 表 3.0.3

肋形楼盖		装配整体式楼盖			
板高跨比	次梁高跨比	现浇面层厚度(mm)	截面厚度(mm)	板肋高跨比	板厚(mm)	主梁高跨比
$\frac{1}{18}$	$\frac{1}{15}$	60	$\frac{1}{20}$	30	$\frac{1}{10}$

3.0.4 由动力设备产生的动力荷载应由设备制造厂提供；当无资料时，可按本规范第 4 章的规定采用。

3.0.5 支承机床、仪器和设备的楼面或台面，其振动位移允许值和振动速度允许值应由设备和仪器制造厂提供或通过试验确定；当无资料时，可按本规范第 5 章的规定采用。

3.0.6 楼盖的竖向振动值，应符合下列表达式要求：

$$A_z < [A] \quad (3.0.6-1)$$
$$V_z < [V] \quad (3.0.6-2)$$

式中 A_z——楼盖的竖向振动位移 (m)；
V_z——楼盖的竖向振动速度 (m/s)；
$[A]$——竖向振动位移允许值 (m)；
$[V]$——竖向振动速度允许值 (m/s)。

3.0.7 当楼板上设置加工表面粗糙度较粗的机床，其楼盖单位宽度的相对抗弯刚度 $(E_p I_p / c l^3)$ 大于或等于表3.0.7的规定值时，可不做竖向振动计算。

楼盖单位宽度的相对抗弯刚度 $E_p I_p / c l^3 (N/m^2)$ 表3.0.7

楼盖横向跨数	板梁相对抗弯刚度比 α	机床分布密度 (m²/台)		
		<10	11~18	>18
1	<0.4	240	200	170
	0.8	280	220	180
	1.6	330	270	220
2	<0.4	230	180	160
	0.8	270	240	180
	1.6	300	280	200
3	<0.4	220	170	150
	0.8	260	200	170
	1.6	280	220	190

注：①机床分布密度为机床布置区的总面积除以机床台数。
②E_p——次梁或预制槽形板的弹性模量 (N/m²)；
I_p——次梁或预制槽形板的截面惯性矩 (m⁴)；
c——次梁间距或预制槽形板的宽度 (m)；
l——次梁或预制槽形板的跨度 (m)；
③板梁相对抗弯刚度比 α，按 (6.2.3) 式计算。

4 动力荷载

4.1 机床扰力

4.1.1 机床的扰力可按表4.1.1确定。

机床扰力 表4.1.1

机床	车床		铣床			钻床		磨床		铣床
型号	CG6125 CM6125	C616 C620 C630 CA6140 CW5140 C1336 C336	X60W X61W X634W X8126	X51 X52 X53	X61W X62W X63W	B635 S3032 B8126	B6050 B650 B665	M1010	M7120 M7130 M2110 M2120	M120W M131W M1040 M1080	Z535 Z3040 Z5135 Z3025
扰力 (N)	50	100~ 150	100~ 150	300~ 400	200~ 300	300~ 400	500~ 600	50	100~ 150	200~ 300	50

注：①表中的扰力为竖向扰力当量值；
②加工铝、铜制品时，扰力取下限值；加工钢制品时，扰力取上限值。

4.1.2 机床扰力的作用点，可取机床底面的几何中心。

4.2 风机、水泵和电机扰力

4.2.1 风机、水泵和电机的扰力，可按下列公式计算：

$$P = m_0 e_0 \omega_0^2 \quad (4.2.1-1)$$
$$\omega_0 = 0.105n \quad (4.2.1-2)$$

式中 P——机器扰力 (N)；
m_0——旋转部件的总质量 (kg)；
e_0——旋转部件总质量对转动中心的当量偏心距 (m)；
ω_0——机器的工作圆频率 (rad/s)；
n——机器转速 (r/min)。

m_2 ——单曲柄臂或端曲柄臂质量 (kg);
m'_2 ——中间曲柄臂质量 (kg);
m_3 ——单连杆组件质量 (kg);
m_4 ——单平衡铁质量 (kg);
r_{a0} ——曲柄半径 (m);
r_{a1} ——单曲柄臂或端曲柄臂质心至主轴中心的距离 (m);
r'_{a1} ——中间曲柄臂质心至主轴中心的距离 (m);
b ——曲柄距离 (m);
d ——两端曲柄质心之间的距离 (m);
d' ——上、下与中间曲柄质心之间的轴向距离 (m);
l_c ——连杆质心至曲柄销的距离 (m);
l_0 ——连杆长度 (m);
n_r ——一个曲柄所带的连杆数;
r_{a2} ——平衡铁质心至主轴距离 (m);
a ——两平衡铁质心之间的轴向距离 (m);
c ——连杆间距 (m)。

4.3.1.2 往复运动的部件,曲柄连杆机构的质量换算到曲柄销的质量,可按下式计算:

$$m_s = m_5 + \frac{l_c}{l_0} m_3$$ (4.3.1-3)

式中 m_s ——曲柄连杆机构的质量换算到曲柄销的质量 (kg);
m_5 ——曲柄连杆机构上所有活塞组件(包括活塞杆和活塞)的质量 (kg)。

4.2.2 旋转部件总质量对转动中心的当量偏心距 e_0,可按表 4.2.2 确定。

旋转部件总质量对转动中心的当量偏心距 e_0 表 4.2.2

机器类别		风机			电机 转速 (r/min)				水泵 转速 (r/min)		
	<5号 直联	6号	7号	8号	10～20号 皮带传动	3000	1500	1000	750	3000	1500	1000	750
e_0(m)	2.5×10^{-4}	5.5×10^{-4}	5×10^{-4}	4.5×10^{-4}	4×10^{-4}	0.5×10^{-4}	1×10^{-4}	1.5×10^{-4}	3×10^{-4}	2×10^{-4}	4×10^{-4}	6×10^{-4}	8×10^{-4}

4.2.3 在腐蚀环境中工作的机器,其旋转部件总质量对转动中心的当量偏心距 e_0,应按表 4.2.2 的数值乘以介质系数,介质系数可取 1.1～1.2;塑料风机的介质系数可取 1.0。

4.3 制冷压缩机扰力

4.3.1 制冷压缩机的扰力和扰力矩计算的参数,应按下列规定确定。

4.3.1.1 各旋转部件质量换算到曲柄中心(图 4.3.1)的质量,可按下列公式计算:

(1) 单曲柄:

$$m_r = m_1 + 2\frac{r_{a1}}{r_{a0}}m_2 + \left(1 - \frac{l_c}{l_0}\right)n_r m_3 - 2\frac{r_{a2}}{r_{a0}}m_4$$ (4.3.1-1)

(2) 双曲柄:

$$m_r = m_1 + \frac{r_{a1}}{r_{a0}}\frac{d}{b}m_2 + \frac{r'_{a1}}{r_{a0}}\frac{d'}{b}m'_2 + \left(1 - \frac{l_c}{l_0}\right)n_r m_3 - \frac{r_{a2}}{r_{a0}}\frac{a}{b}m_4$$ (4.3.1-2)

式中 m_r ——各旋转部件质量换算到曲柄中心的质量 (kg);
m_1 ——曲柄销质量 (kg);

4.3.2 制冷压缩机的扰力和扰力矩,可按下列规定计算:

(1) 单V型制冷压缩机 (图 4.3.2-1) 的一阶和二阶竖向扰力、一阶和二阶回转力矩、一阶和二阶扭转力矩可取 0; 一阶竖向扰力、一阶和二阶水平扰力可按下列公式计算:

$$P_{z1} = r_{a0}\omega_0^2(m_r + m_s) \quad (4.3.2-1)$$

$$P_{x1} = r_{a0}\omega_0^2(m_r + m_s) \quad (4.3.2-2)$$

$$P_{x2} = \sqrt{2}\,r_{a0}\omega_0^2 \dfrac{r_{a0}}{l_0} m_s \quad (4.3.2-3)$$

式中 P_{z1} ——制冷压缩机一阶竖向扰力(N);
P_{x1} ——制冷压缩机一阶水平扰力(N);
P_{x2} ——制冷压缩机二阶水平扰力 (N)。

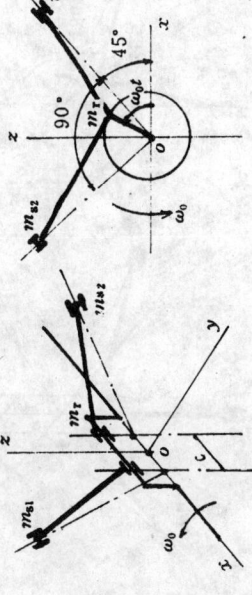

图 4.3.2-1 单V型制冷压缩机传动机构简图

(2) 双VI型制冷压缩机 (图 4.3.2-2) 的一阶和二阶竖向扰力、一阶水平扰力、二阶回转力矩、二阶扭转力矩可取 0; 二阶水平扰力、一阶回转力矩、一阶扭转力矩可按下列公式计算:

$$P_{x2} = 2\sqrt{2}\,r_{a0}\omega_0^2 \dfrac{r_{a0}}{l_0} m_s \quad (4.3.2-4)$$

$$M_{\varphi 1} = r_{a0}\omega_0^2 b(m_r + m_s) \quad (4.3.2-5)$$

$$M_{\psi 1} = r_{a0}\omega_0^2 b(m_r + m_s) \quad (4.3.2-6)$$

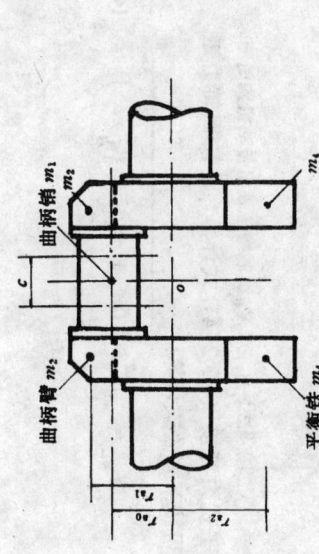

(a) 单曲柄

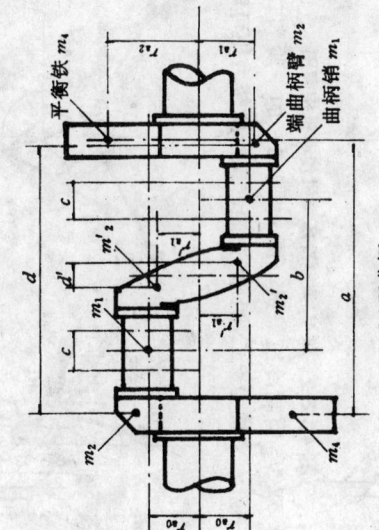

(b) 双曲柄

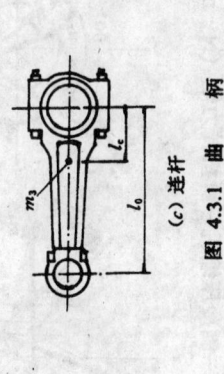

(c) 连杆

图 4.3.1 曲 柄

式中 $M_{\varphi 1}$ —— 制冷压缩机一阶回转力矩 $(N \cdot m)$;
$M_{\psi 1}$ —— 制冷压缩机一阶扭转力矩 $(N \cdot m)$。

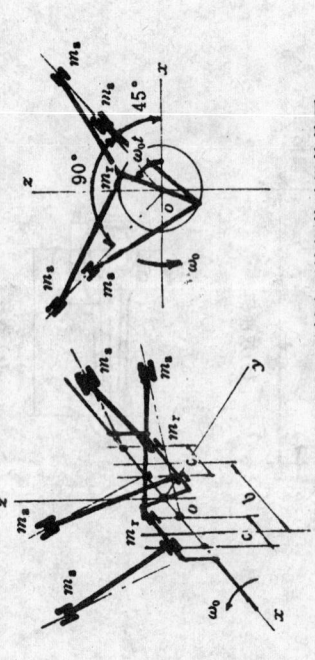

图 4.3.2-2 双 V_{II} 型制冷压缩机传动机构简图

(3) 双 V_I 型制冷压缩机 (图 4.3.2-3) 的一阶和二阶竖向扰力、一阶水平扰力矩、二阶回转力矩可取 0; 二阶扭转力矩、一阶和二阶水平扰力、二阶扭转力矩可按下列公式计算:

$$M_{\psi 1}=r_{a0}\omega_0^2 b\sqrt{(m_r+m_s)^2+\left(\frac{c}{b}m_s\right)^2} \quad (4.3.2-7)$$

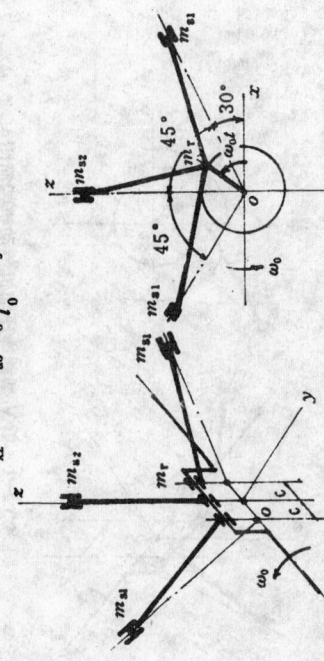

图 4.3.2-3 双 V_I 型制冷压缩机传动机构简图

$$M_{\psi 1}=r_{a0}\omega_0^2 b\sqrt{(m_r+m_s)^2+\left(\frac{c}{b}m_s\right)^2} \quad (4.3.2-8)$$

(4) 单 W 型制冷压缩机 (图 4.3.2-4) 的二阶竖向扰力、一阶和二阶回转力矩、一阶和二阶扭转力矩可取 0; 一阶和二阶竖向扰力、一阶和二阶水平扰力可按下列公式计算:

$$P_{z1}=r_{a0}\omega_0^2(m_r+1.5m_s) \quad (4.3.2-9)$$

$$P_{x1}=r_{a0}\omega_0^2(m_r+1.5m_s) \quad (4.3.2-10)$$

$$P_{x2}=1.5r_{a0}\omega_0^2 m_s \quad (4.3.2-11)$$

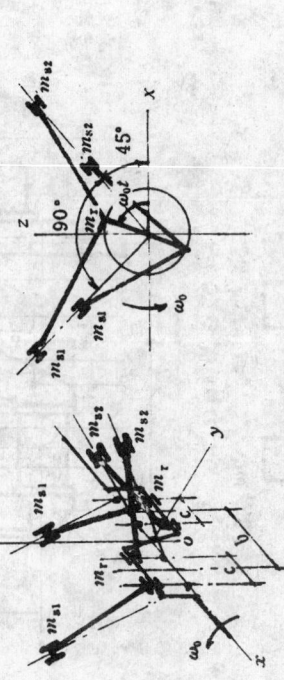

图 4.3.2-4 单 W 型制冷压缩机传动机构简图

(5) 双 W 型制冷压缩机 (图 4.3.2-5) 的一阶和二阶水平扰力、一阶和二阶回转力矩、一阶和二阶扭转力矩可取 0; 二阶竖向扰力、二阶水平扰力可按下列公式计算:

$$P_{z2}=r_{a0}\omega_0^2 \frac{r_{a0}}{l_0}m_s \quad (4.3.2-12)$$

$$P_{x2}=3r_{a0}\omega_0^2 \frac{r_{a0}}{l_0}m_s \quad (4.3.2-13)$$

式中 P_{z2} —— 制冷压缩机二阶竖向扰力 (N)。

转力矩、一阶和二阶扭转力矩可取 0；一阶和二阶竖向扰力、一阶和二阶水平扰力可按下列公式计算：

$$P_{z1} = r_{a0}\omega_0^2(m_r + 2m_s) \quad (4.3.2-14)$$

$$P_{x1} = r_{a0}\omega_0^2(m_r + 2m_s) \quad (4.3.2-15)$$

(6) 单 S 型制冷压缩机

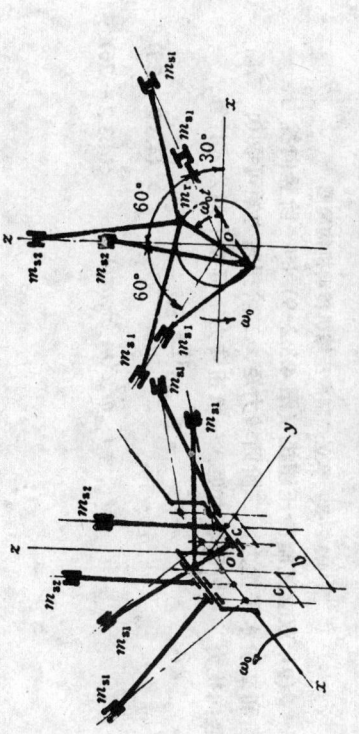

图 4.3.2-5 双 W 型制冷压缩机传动机构简图

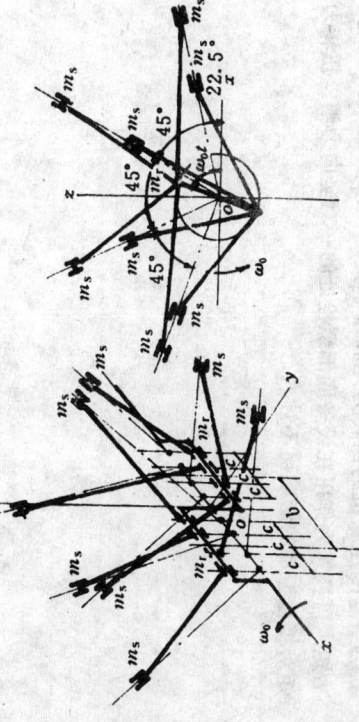

图 4.3.2-6 单 S 型制冷压缩机传动机构简图（图 4.3.2-6）的一阶和二阶回转力矩、一阶和二阶扭转力矩可取 0；二阶竖向扰力、二阶水平扰力可按下列公式计算：一阶竖向扰力、一阶水平扰力可取 0；二阶竖向扰力、二阶水平扰力可按下列公式计算：

$$P_{z2} = 0.7654 r_{a0} \omega_0^2 \frac{r_{a0}}{l_0} m_s \quad (4.3.2-16)$$

$$P_{x2} = 1.848 r_{a0} \omega_0^2 \frac{r_{a0}}{l_0} m_s \quad (4.3.2-17)$$

(7) 双 S 型制冷压缩机（图 4.3.2-7）的一阶竖向扰力、一阶水平扰力可取 0；二阶竖向扰力、二阶水平扰力，一阶和二阶回转力矩、一阶和二阶扭转力矩可按下列公式计算：

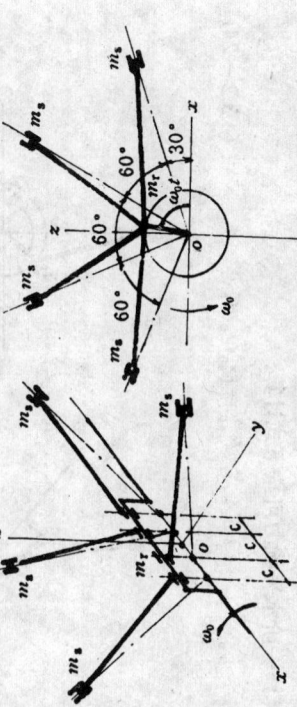

图 4.3.2-7 双 S 型制冷压缩机传动机构简图

$$P_{z2} = 1.531 r_{a0} \omega_0^2 \frac{r_{a0}}{l_0} m_s \quad (4.3.2-18)$$

$$P_{x2} = 3.696 r_{a0} \omega_0^2 \frac{r_{a0}}{l_0} m_s \quad (4.3.2-19)$$

$$M_{\varphi 1} = r_{a0} \omega_0^2 b(m_r + 2m_s) \quad (4.3.2-20)$$

$$M_{\psi 1} = r_{a0} \omega_0^2 b(m_r + 2m_s) \quad (4.3.2-21)$$

$$M_{\varphi 2}=4.132r_{a0}\omega_0^2\frac{r_{a0}}{l_0}cm_s \qquad (4.3.2-22)$$

$$M_{\psi 2}=1.711r_{a0}\omega_0^2\frac{r_{a0}}{l_0}cm_s \qquad (4.3.2-23)$$

式中 $M_{\varphi 2}$——制冷压缩机二阶回转力矩(N · m);

$M_{\psi 2}$——制冷压缩机二阶扭转力矩(N · m)。

(8) 单立式制冷压缩机（图 4.3.2–8）的二阶水平扰力、一阶和二阶回转力矩、一阶和二阶扭转力矩可取 0；一阶竖向扰力可按（4.3.2–1）式计算，二阶竖向扰力可按（4.3.2–12）式计算；一阶水平扰力可按下式计算：

$$P_{x1}=r_{a0}\omega_0^2m_r \qquad (4.3.2-24)$$

图 4.3.2–8 单立式制冷压缩机传动机构简图

(9) 双立式制冷压缩机（图 4.3.2–9）的一阶竖向扰力、一阶和二阶水平扰力、二阶回转力矩、二阶扭转力矩可取 0；二阶竖向扰力、一阶回转力矩、一阶扭转力矩可按下列公式计算：

$$P_{z2}=2r_{a0}\omega_0^2\frac{r_{a0}}{l_0}m_s \qquad (4.3.2-25)$$

$$M_{\varphi 1}=r_{a0}\omega_0^2c(m_r+m_s) \qquad (4.3.2-26)$$

$$M_{\psi 1}=r_{a0}\omega_0^2cm_r \qquad (4.3.2-27)$$

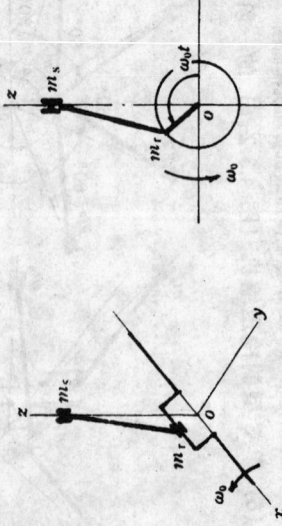

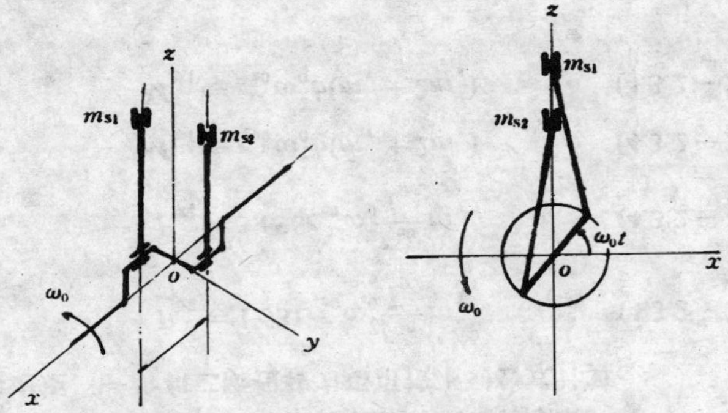

图 4.3.2–9 双立式制冷压缩机传动机构简图

4.3.3 制冷压缩机的回转力矩和水平扰力在楼盖上产生的回转力矩，可换算为作用在设备底部螺栓处的一对竖向力耦；扭转力矩对楼盖振动的影响可不计入。

5 竖向振动允许值

5.0.1 机床的竖向振动允许值可按表 5.0.1 采用。

机床的竖向振动允许值 表 5.0.1

机 床 名 称	加工精度	振动位移允许值(μm)	振动速度允许值(mm/s)
表面粗糙度 R_a >0.4～0.8μm 的精密车床、数控车床和精密磨床等	较高	4.8	0.3
表面粗糙度 R_a >0.8～1.6μm 的精密车床及磨床等	一般	10	0.5
表面粗糙度 R_a >1.6～3.2μm 的机床	一般	—	1.0
表面粗糙度 R_a >3.2μm 的机床	较粗	—	1.5

5.0.2 仪器和设备的竖向振动允许值可按表 5.0.2 采用。

仪器和设备的竖向振动允许值 表 5.0.2

仪器、设备名称	测试精度	振动位移允许值(μm)	振动速度允许值(mm/s)
六级天平：TG628A 分析天平、陀螺仪蕴涵试验台、陀螺仪偏角试验台、陀螺仪阻尼试验台	较高	4.8	0.3
精度为 1μm 的万能工具显微镜			
台式光点反射检流计、硬度计、色谱仪、双管显微镜、阿贝测长仪、卧式测长仪、万能测长仪、温度控制箱	一般	10.0	0.5
示波检线机、动平衡机	一般	—	1.0

6 竖向振动值

6.1 一 般 规 定

6.1.1 楼盖竖向振动值计算应按下列步骤进行：
(1) 确定动力荷载；
(2) 计算楼盖的固有频率；
(3) 计算楼盖的竖向振动值，其计算结果应符合本规范第 3.0.6 条的规定。

6.1.2 楼盖竖向振动值计算时，宜沿工形梁组成、计算主梁上位移时，计算简图可按下列规定选取：

(1) 计算板上位移时，宜沿连续T形梁组成；计算主梁上位移时，可将主梁视为由彼此分开的多跨连续下形梁组成；
(2) 楼盖的周边支承条件宜取简支；
(3) 当连续梁超过五跨时，可按五跨计算。

6.1.3 钢筋混凝土楼盖的阻尼比 ζ，可取 0.05。

6.1.4 混凝土的动弹性模量，可按现行国家标准《混凝土结构设计规范》的规定采用。

6.2 楼盖刚度计算

6.2.1 钢筋混凝土肋形楼盖或装配整体式楼盖的刚度，可按下列公式计算：

(1) 计算主梁时：

$$D = EI \quad (6.2.1-1)$$

(2) 计算次梁或装配预制槽形板时：

$$D = E_p I_p \qquad (6.2.1-2)$$

式中 D ——楼盖刚度 （N·m²）；
E ——主梁的弹性模量 （N·m²）；
I ——主梁的截面惯性矩 （m⁴）；
E_p ——次梁或预制槽形板的弹性模量 （N/m²）；
I_p ——次梁或预制槽形板的截面惯性矩 （m⁴）。

6.2.2 计算楼盖刚度时，其截面惯性矩可按下列规定确定：
（1）现浇钢筋混凝土助形楼盖中梁的截面惯性矩，宜按 T 形截面计算，其翼缘宽度应取梁的间距，但不应大于梁跨度的一半；
（2）装配整体式楼盖中预制槽形板的截面惯性矩，宜取包括现浇面层在内的预制槽形板的截面计算；
（3）装配整体式楼盖中主梁的截面惯性矩，宜按 T 形截面计算，其翼缘厚度宜取现浇面层厚度，翼缘宽度应取主梁的间距，但不应大于主梁跨度的一半。

6.2.3 楼盖板梁相对抗弯刚度比，应按下式计算：

$$\alpha = \frac{E_p I_p}{c l^3} \Big/ \frac{EI}{l_y^4} \qquad (6.2.3)$$

式中 α ——板梁相对抗弯刚度比；
l ——次梁或预制槽形板的跨度 （m）；
l_y ——主梁的跨度 （m）；
c ——次梁间距或预制槽形板的宽度 （m）。

6.3 固有频率计算

6.3.1 计算楼盖的固有频率时，其质量应包括楼盖构件质量、设备质量、长期堆放的原材料和备件及成品等的质量。

6.3.2 楼盖第一频率密集区内最低和最高固有频率，应按下列公式计算：

$$f_{1l} = \varphi_l \sqrt{\frac{D}{m l_0^4}} \qquad (6.3.2-1)$$

$$f_{1h} = \varphi_h \sqrt{\frac{D}{m l_0^4}} \qquad (6.3.2-2)$$

式中 f_{1l} ——楼盖第一频率密集区内最低固有频率 （Hz）；
f_{1h} ——楼盖第一频率密集区内最高固有频率 （Hz）；
m ——楼盖构件上单位长度的均匀质量 （kg/m），当有集中质量时，应按本规范第 6.3.6 条的规定计算；
l_0 ——楼盖构件的跨度 （m）；
φ_l, φ_h ——固有频率系数。

6.3.3 对于单跨和等跨连续梁，其固有频率系数可按表 6.3.3 确定。

表 6.3.3 固有频率系数

固有频率系数	梁的跨数				
	1	2	3	4	5
φ_l	1.57	1.57	1.57	1.57	1.57
φ_h	1.57	2.45	2.94	3.17	3.30

6.3.4 当楼盖上机器的转速均低于 600r/min 时，可仅计算楼盖的第一频率密集区内的竖向振动最低值 f_{1l}。

6.3.5 计算楼盖的竖向振动最低值时，楼盖固有频率计算值应按下列公式计算：

$$f_1 = 0.8 f_{1l} \qquad (6.3.5-1)$$

$$f_2 = 1.2 f_{1h} \qquad (6.3.5-2)$$

式中 f_1 ——楼盖第一频率密集区内最低固有频率计算值 （Hz）；
f_2 ——楼盖第一频率密集区内最高固有频率计算值 （Hz）。

6.3.6 当楼盖构件上有均布质量和集中质量时，对于单跨梁和各跨刚度相同的等跨连续梁，应按下式将集中质量换算成均布质量：

$$\bar{m} = m_u + \frac{1}{nl_0}\sum_{j=1}^{n}k_j m_j \quad (6.3.6)$$

式中 m_u——楼盖构件上单位长度的均布质量(kg/m)；
　　m_j——楼盖构件上的集中质量(kg)；
　　n——梁的跨数；
　　k_j——集中质量换算系数。

6.3.7 集中多跨连续梁的第一频率单跨梁的集中质量换算系数 k_j，可按表6.3.7采用。

计算多跨连续梁的第一频率 f_{11} 时，集中质量换算系数 k_j 可按表6.3.7采用；计算第一频率密集集区内最高固有频率 f_{1h} 时，应根据跨数及其序号选用。

集中质量换算系数 k_j　　表6.3.7

跨度数	固有频率	跨度序号	0	0.10	0.20	0.30	0.40	0.50	0.60	0.70	0.80	0.90
1	f_{11}	1	0	0.191	0.691	1.310	1.810	2.000	1.810	1.310	0.691	0.191
2	f_{1h}	1	0	0.311	1.070	1.863	2.267	2.088	1.456	0.720	0.208	0.018
2	f_{1h}	2	0	0.018	0.208	0.720	1.456	2.088	2.267	1.863	1.070	0.311
3	f_{1h}	1	0	0.226	0.756	1.243	1.381	1.100	0.601	0.183	0.011	0.006
3	f_{1h}	2	0	0.160	0.951	2.380	3.803	4.400	3.803	2.380	0.951	0.160
3	f_{1h}	3	0	0.006	0.011	0.183	0.601	1.100	1.381	1.243	0.756	0.226

续表 6.3.7

跨度数	固有频率	跨度序号	0	0.10	0.20	0.30	0.40	0.50	0.60	0.70	0.80	0.90
4	f_{1h}	1	0	0.164	0.540	0.863	0.913	0.670	0.312	0.062	0.000	0.018
4	f_{1h}	2	0	0.192	1.044	2.440	3.646	3.903	3.046	1.639	0.504	0.046
4	f_{1h}	3	0	0.457	0.504	1.639	3.046	3.903	3.646	2.440	1.044	0.192
4	f_{1h}	4	0	0.018	0.000	0.062	0.312	0.670	0.913	0.863	0.540	0.164
5	f_{1h}	1	0	0.122	0.397	0.623	0.641	0.448	0.188	0.026	0.004	0.022
5	f_{1h}	2	0	0.170	0.914	2.070	2.992	3.072	2.260	1.104	0.278	0.012
5	f_{1h}	3	0	0.106	0.841	2.367	3.992	4.693	3.992	2.367	0.841	0.106
5	f_{1h}	4	0	0.142	0.278	1.104	2.260	3.072	2.992	2.070	0.914	0.170
5	f_{1h}	5	0	0.022	0.004	0.026	0.188	0.448	0.641	0.623	0.397	0.120

注：α_j 为集中荷载离左边支座距离 x 与梁或板的跨度 l_0 之比，对于中间跨内集中荷载的 x 值，仍为集中荷载离本跨左边支座的距离。

6.4 竖向振动值计算

6.4.1 楼盖的竖向振动位移

6.4.1.1 当机器扰力作用在主梁上或各跨中板条上时，扰力作用点的竖向振动位移，可按下列公式计算：

(1) 当 $f_0 \leq f_1$ 时：

$$A_0 = \varphi\left[\frac{1-2\zeta\eta_1}{1-2\zeta}A_{st} + \frac{\eta_1-1}{1-2\zeta}A_1\right] \quad (6.4.1-1)$$

$$\eta_1 = \frac{1}{\sqrt{\left(1-\frac{f_0^2}{f_1^2}\right)^2 + \left(2\zeta\frac{f_0}{f_1}\right)^2}} \quad (6.4.1-2)$$

$$A_{st} = k_{st}\frac{Pl_0^3}{100D\varepsilon} \quad (6.4.1-3)$$

$$A_1 = k_1\frac{Pl_0^3}{100D\varepsilon} \quad (6.4.1-4)$$

$$\varepsilon = \frac{l_0}{3c} \quad (6.4.1-5)$$

(2) 当 $f_1 \leqslant f_0 \leqslant f_{II}$ 时：

$$A_0 = \varphi\frac{A_1}{2\zeta} \quad (6.4.1-6)$$

(3) 当 $f_{II} \leqslant f_0 \leqslant f_2$ 时：

$$A_0 = \varphi\left[A_1\eta_2 + A_2\left(\frac{1}{2\zeta}-\eta_2\right)\right] \quad (6.4.1-7)$$

$$\eta_2 = \frac{1}{2\zeta} \cdot \frac{f_2-f_0}{f_2-f_1} \quad (6.4.1-8)$$

$$A_2 = k_2\frac{Pl_0^3}{100D\varepsilon} \quad (6.4.1-9)$$

式中 A_0——机器扰力作用点，楼盖的竖向振动位移 (m)；
A_{st}——机器扰力作用点，楼盖的静位移 (m)；
f_0——机器的扰力频率 (Hz)；
P——机器扰力 (N)；
A_1——机器扰力频率 f_0 与楼盖第一频率密集区最低固有频率计算值 f_1 相同，且不考虑动力系数 η 时的竖向振动位移 (m)；
A_2——机器扰力频率 f_0 与楼盖第一频率密集区最高固有频率计算值 f_2 相同，且不考虑动力系数 η 时的竖向振动位移 (m)；
k_{st}、k_1、k_2——位移系数；
ζ——楼盖的阻尼比；
ε——空间影响系数，当计算主梁的振动位移时，ε 取为 1；
η_1、η_2——动力系数；
φ——扰力作用点位置修正系数，应按本规范第 6.4.3 条的规定采用。

6.4.1.2 当机器扰力不作用在跨中板条上时，其作用点的竖向振动位移（图 6.4.1），可按下列公式计算：

$$A_{01}' = 0.64A_{01} \quad (6.4.1-10)$$
$$A_{02}' = 0.65A_{02} \quad (6.4.1-11)$$
$$A_{03}' = 0.65A_{03} \quad (6.4.1-12)$$
$$A_{04}' = 0.70A_{04} \quad (6.4.1-13)$$

式中 A_{01}、A_{02}、A_{03}、A_{04}——跨中板条上各扰力作用点的竖向振动位移 (m)；
A_{01}'、A_{02}'、A_{03}'、A_{04}'——跨中板条以外的各扰力作用点的竖向振动位移 (m)。

6.4.2 位移系数可按表 6.4.2 确定.
6.4.3 扰力作用点位置修正系数 φ，可按下列规定取值：
  (1) 当扰力作用点位于主梁上及三跨或两跨边跨中跨中板条上时，扰力作用点位置修正系数 φ 可取 1；
  (2) 当扰力作用点位于三跨中跨的跨中板条时，扰力作用点位置修正系数 φ 可取 0.8；
  (3) 当扰力作用点位于单跨的跨中板条上时，扰力作用点位置修正系数 φ 可取 1.2.

表 6.4.2 位移系数 k_u、k_1、k_2

计算简图	k_u			k_1			k_2		
	x/l=0.25	x/l=0.50	x/l=0.75	x/l=0.25	x/l=0.50	x/l=0.75	x/l=0.25	x/l=0.50	x/l=0.75
	1.172	2.083	1.172	1.042	2.054	1.042	—	—	—
	0.942	1.497	0.723	0.578	1.101	0.541	0.362	0.513	0.138
	0.928	1.438	0.693	0.461	0.861	0.412	0.160	0.193	0.054
	0.620	1.146	0.620	0.379	0.747	0.379	0.185	0.460	0.185
	0.927	1.456	0.691	0.428	0.792	0.373	0.108	0.126	0.043
	0.613	1.121	0.597	0.326	0.625	0.309	0.139	0.303	0.107
	0.927	1.455	0.691	0.424	0.781	0.366	0.089	0.103	0.040
	0.612	1.119	0.595	0.312	0.590	0.286	0.110	0.228	0.082
	0.590	1.096	0.590	0.269	0.523	0.269	0.107	0.268	0.107

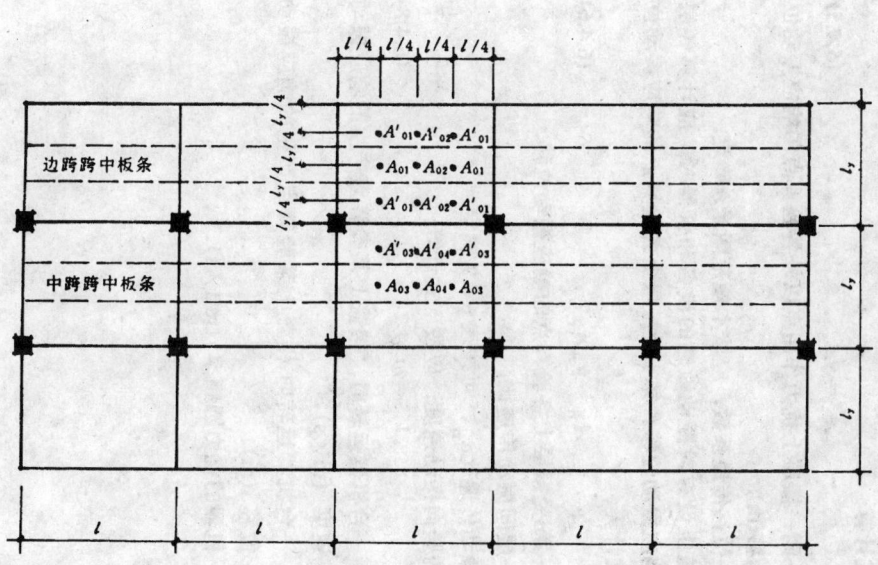

图 6.4.1 扰力作用点平面位置图

6.4.4 计算楼盖竖向振动位移时，机床的扰力频率 f_0 可取楼盖第一频率密集区内最低固有频率 f_{11}。

6.4.5 同一层楼盖上，扰力作用点以外各验算点的响应振动位移，可按下式计算：

$$A_r = \gamma A_0 \qquad (6.4.5)$$

式中 A_r——同一楼层上扰力作用点以外各验算点的响应振动位移(m)；

γ——位移传递系数，应按本规范附录 A 确定。

6.4.6 当楼盖上设有对振动敏感的设备和仪器时，应计算各层楼盖的层间响应振动位移。第 i 受振层上各验算点的响应振动位移，可按下式计算：

$$A_{ri} = \alpha_{ri} A_r \qquad (6.4.6)$$

式中 A_{ri}——第 i 受振层上各验算点的响应振动位移；

α_{ri}——层间振动传递比。

6.4.7 层间振动传递比 α_{ri}，可按表 6.4.7 确定。

6.4.8 楼盖的竖向振动速度，应按下式计算：

$$V_j = \omega_j A_j \qquad (6.4.8)$$

式中 V_j——一台机器运转时，楼盖上某验算点产生的响应振动速度(m/s)；

A_j——一台机器运转时，楼盖上某验算点产生的响应振动位移(m)；

ω_j——机器的扰力圆频率(rad/s)。

层间振动传递比 α_{ri} 表 6.4.7

扰力点作用于	验算点位于	受振层	验算点位置								
			1	2	3	4	5	6	7	8	9
二层梁中	本跨	三层	0.30	0.42	0.52	0.60	0.68	0.75	0.82	0.86	0.90
		四层	0.35	0.49	0.60	0.68	0.75	0.81	0.83	0.88	0.90
	邻跨或隔跨	三层	0.50	0.58	0.66	0.72	0.77	0.82	0.85	0.88	0.90
		四层	0.60	0.68	0.74	0.79	0.83	0.86	0.88	0.89	0.90
二层板中	本跨	三层		0.35	0.51	0.63	0.72	0.79	0.80	0.88	0.90
		四层		0.40	0.58	0.70	0.77	0.83	0.87	0.89	0.90
	邻跨或隔跨	三层		0.50	0.63	0.73	0.80	0.83	0.88	0.89	0.90
		四层		0.51	0.64	0.73	0.79	0.84	0.85	0.88	0.90
三层梁中	本跨	二层	0.30	0.45	0.57	0.66	0.74	0.79	0.84	0.87	0.90
		四层	0.40	0.52	0.62	0.70	0.76	0.82	0.85	0.89	0.90
	邻跨或隔跨	二层	0.60	0.68	0.75	0.80	0.82	0.86	0.88	0.89	0.90
		四层	0.65	0.72	0.76	0.81	0.84	0.87	0.88	0.89	0.90
三层板中	本跨	二层		0.35	0.51	0.62	0.70	0.77	0.82	0.87	0.90
		四层		0.45	0.58	0.68	0.75	0.82	0.85	0.87	0.90
	邻跨或隔跨	二层		0.50	0.60	0.68	0.75	0.84	0.84	0.87	0.90
		四层		0.55	0.64	0.71	0.76	0.81	0.85	0.88	0.90
四层梁中	本跨	三层	0.60	0.68	0.74	0.79	0.84	0.86	0.88	0.89	0.90
	邻跨或隔跨	二层	0.65	0.71	0.76	0.80	0.84	0.86	0.88	0.89	0.90
		三层	0.65	0.70	0.75	0.80	0.83	0.85	0.87	0.89	0.90
四层板中	本跨	三层	0.70	0.75	0.80	0.84	0.86	0.88	0.89	0.89	0.90
	邻跨或隔跨	二层		0.40	0.51	0.60	0.68	0.75	0.81	0.85	0.90
		三层		0.45	0.56	0.66	0.74	0.79	0.84	0.88	0.90
		二层		0.70	0.76	0.81	0.84	0.86	0.88	0.89	0.90
		三层		0.80	0.84	0.86	0.88	0.89	0.89	0.89	0.90

注：验算点位置见附录 A 中图 A.0.3。

6.4.9 当楼盖上有多台机器同时运转时，在某验算点产生的合成振动位移和速度，应按下列公式计算：

$$A_m = \sqrt{\sum_{j=1}^{m} A_j^2} \qquad (6.4.9-1)$$

$$V_m = \sqrt{\sum_{j=1}^{m} V_j^2} \qquad (6.4.9-2)$$

式中 A_m——多台机器同时运转时，在楼盖某验算点产生的合成振动位移 (m)；
　　　V_m——多台机器同时运转时，在楼盖某验算点产生的合成振动速度 (m/s)。

6.4.10 当楼盖上设置的风机、制冷压缩机、水泵等周期性运转机器为2～4台时，其合成振动位移或速度可取其中两合在验算点上产生的响应较大的振动位移或速度之和。

7 设备布置、隔振及构造措施

7.1 设备布置

7.1.1 有抗微振要求的多层厂房，设备的布置应符合下列规定：

(1) 厂房中有强烈振动的设备或对振动很敏感的设备和仪器，宜布置在厂房底层；

(2) 厂房中有较大振动的设备或对振动敏感的设备和仪器，宜靠近承重墙、框架梁及柱等楼盖和局部刚度较大的部位布置；

(3) 厂房内同时布置有较大振动的设备和对振动敏感的设备、仪器时，宜分类集中，分区布置，并利用厂房变形缝分隔；

(4) 对振动敏感的设备和仪器，应远离有较大振动的设备；

(5) 厂房中有水平扰力较大的设备时，宜使其扰力方向与厂房结构水平刚度较大的方向一致。

7.1.2 多层厂房中设有对振动敏感的设备和仪器时，不宜设置吊车。

7.2 设备及管道隔振

7.2.1 设置在楼盖上的牛头刨床、砂轮机、制冷压缩机和水泵等设备，宜采用加设橡胶垫等简易隔振措施。

7.2.2 各类动力设备与管道之间，宜采用软管或弹性软管连接；管道与建筑物连接部位应采取隔振措施。

7.3 构造措施

7.3.1 多层厂房为多跨结构时，宜采用等跨结构。
7.3.2 楼盖采用的混凝土强度等级，不应低于C20。

7.3.3 装配整体式楼盖的构造，应符合下列要求：

(1) 楼盖主梁应按叠合式梁设计，框架柱与主梁应采用刚性接头；

(2) 预制板的板缝中应配置通长钢筋，其直径不应小于10mm，板缝应采用C20细石混凝土填实；

(3) 预制板上面必须加设细石混凝土后浇层，其强度等级不应小于C20，厚度不应小于60mm。后浇层中应配置钢筋网，钢筋网中钢筋的间距不应大于200mm，直径宜为6～8mm。板的支座处，后浇层顶部应加设负钢筋，其间距不应大于200mm，直径不应小于10mm。

7.3.4 楼板应与圈梁、连系梁连成整体。

7.3.5 厂房底层设有强烈振动的设备时，应设置独立基础，并应与厂房基础脱开。

附录 A   多层厂房楼盖振动位移传递系数简化计算法

A.0.1 本附录适用于板梁相对抗弯刚度比 α 在 0.4～3 范围内，厂房跨度少于或等于三跨的现浇钢筋混凝土肋形楼盖或带现浇钢筋混凝土面层的预制槽形板楼盖。

A.0.2 位移传递系数的计算，应符合下列规定：

A.0.2.1 当 $f_1 < f_0 < f_{II}$ 时：

(1) 扰力作用点在梁中或板中，验算点也在梁中或板中的位移传递系数，可按下式计算：

$$\gamma = \gamma_1 \qquad (A.0.2-1)$$

式中 γ_1 —— 扰力作用点在梁中或板中，机器扰力频率大于或等于楼盖第一频率或楼盖第一频率密集区内最低固有频率且小于或等于楼盖第一频率或楼盖第一频率密集区内某验算点的位移传递系数。

(2) 当扰力作用点不在梁中或板中某验算点在梁中或板中的位移传递系数，可按下式计算：

$$\gamma = \rho \gamma'_1 \qquad (A.0.2-2)$$

式中 ρ —— 扰力作用点位置换算系数。

(3) 当验算点不在梁中或板中时的位移传递系数，可按本规范第 A.0.5 条的规定确定。

A.0.2.2 当 $f_0 < f_1$ 时：

位移传递系数可按本规范第 A.0.6 条的规定确定。

A.0.3 扰力作用点在梁中或板中，机器扰力频率大于或等于楼盖第一频率或楼盖第一频率密集区内最低固有频率计算值且小于或等于楼盖第一

位移传递系数 γ_1								表 A.0.3
扰力作用点位置	验算点所在跨	验算点位置						
		1	2	3	4	5	6	7
板中	本跨		1.00	$0.55+0.03\alpha-0.1\alpha^{-1}$	$0.50+0.02\alpha-0.12\alpha^{-1}$	$0.30+0.03\alpha-0.1\alpha^{-1}$	$0.18+0.04\alpha$	$0.05+0.03\alpha$
	邻跨		$0.30+0.08\alpha$	$0.20+0.08\alpha$	$0.15+0.08\alpha$	$0.08+0.05\alpha$	$0.06+0.05\alpha$	$0.04+0.02\alpha$
	隔跨		$0.12+0.06\alpha$	$0.10+0.05\alpha$	$0.08+0.05\alpha$	$0.06+0.04\alpha$	$0.04+0.04\alpha$	$0.03+0.01\alpha$
梁中	本跨	1.00	$0.90+0.2\alpha^{-1}$	$0.36+0.08\alpha$	$0.32+0.06\alpha$	$0.10+0.08\alpha$	$0.13+0.06\alpha$	$0.05+0.02\alpha$
	邻跨	0.75	$0.60+0.15\alpha^{-1}$	$0.29+0.06\alpha$	$0.27+0.05\alpha$	$0.10+0.06\alpha$	$0.10+0.04\alpha$	$0.03+0.02\alpha$
	隔跨	0.50	$0.40+0.1\alpha^{-1}$	$0.18+0.04\alpha$	$0.17+0.03\alpha$	$0.08+0.04\alpha$	$0.08+0.03\alpha$	$0.03+0.01\alpha$

注：8、9点的位移传递系数按6、7点相应数值乘以0.8，10、11点的位移传递系数按6、7点相应数值乘以0.6。

频率密集区内最低固有频率时，楼盖的其它各梁中或板中验算点（图A.0.3）的位移传递系数 γ_1，可按表A.0.3确定。

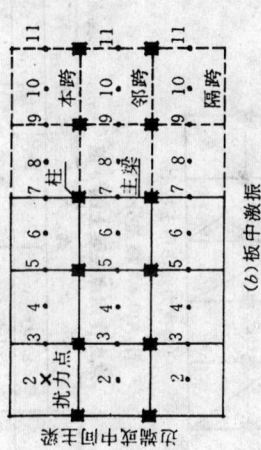

图 A.0.3 扰力作用点和验算点位置图

A.0.4 根据扰力作用点位置，可按下列规定计算：

(1) 图 A.0.4)，其中C区为扰力作用点所在的楼盖分区，将所计算的中跨时，C区沿跨度方向的相邻分区为D区，单跨楼盖无D区；

(2) 当扰力作用点在梁上，验算点位于A区时，点位置换算系数 ρ 可按表A.0.4-1确定；

(4) 当扰力作用点在板上，验算点在D区时，扰力作用点位置换算系数ρ'可按在A区，B区的数值，由线性插入法计算。

A.0.5 验算点不在梁中或板中时，其位移传递系数的确定，应符合下列规定：

(1) 当验算点与扰力作用点不在同一区格时，可先求出验算点所在区格中和板中的位移传递系数 γ_a、γ_c、γ_b，再按图 A.0.5 的规定计算验算点的位移传递系数；

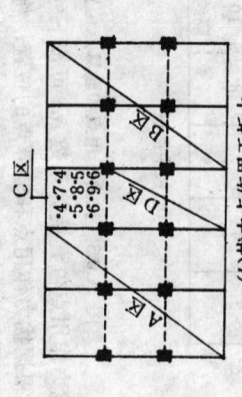

图 A.0.5 验算点与扰力作用点的位移传递系数

(2) 当验算点与扰力作用点在同一区格中时，验算点的位移传递系数可按表 A.0.5 计算。

验算点与扰力作用点在同一区格时的位移传递系数　　表 A.0.5

扰力点位置	验算点位置							
	4	5	6	7	9	4′	5′	6′
4	1.00	0.69η	0.49η	1.15	0.91	0.56η	0.64η	0.44η
5	0.42η	1.00	0.42η	0.80	0.80	0.38η	0.58η	0.38η
6	0.5η	0.69η	1.00	0.90	1.15	0.44η	0.6η	0.56η
7	0.52η	0.53η	0.38η	1.00	0.80	0.52η	0.53η	0.38η
9	0.38η	0.53η	0.52η	0.80	1.00	0.38η	0.53η	0.52η

$\eta = 1.55 + 0.03\alpha - 0.1\alpha^{-1}$

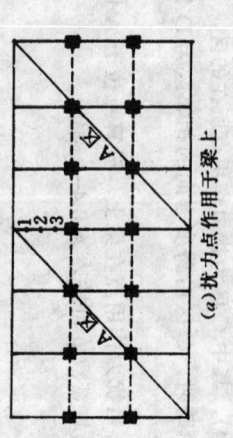

图 A.0.4 楼盖分区图
(a) 扰力点作用于板上
(b) 扰力点作用于梁上

扰力作用点在梁上，验算点上的 ρ 值　　表 A.0.4-1

验算点所在区	扰力点位置		
	1	2	3
A 区	1.40	1.00	1.40

扰力作用点在板上，验算点上的 ρ 值　　表 A.0.4-2

验算点所在区	扰力点位置					
	4	5	6	7	8	9
A 区	1.20	1.10	1.20	1.10	1.00	1.10
B 区	1.80	1.50	1.80	1.10	1.00	1.10
C 区	1.20	1.10	1.20	1.05	1.00	1.05

(3) 当扰力作用点位置换算系数 ρ 可按表 A.0.4-2 确定，扰力作用点于 A、B、C 区时，验算点位于 A.0.4-2 确定。

注：当扰力作用点在4点、5点、6点时，靠近扰力点的主梁，其扰力作用位置换算系数可采用 B 区的数值乘以 0.9。

调整系数 F_λ 表 A.0.7

扰力作用点位置	验算点位置		验算点位置				
			5	4	3	2	1
板	本跨		3.20−2.25λ	3.80−2.85λ	10.80−10.00λ	1.00	
	邻跨		0.09−0.15λ	1.35−0.40λ	2.90−2.05λ	2.70−1.80λ	
	隔跨 中		1.60−0.75λ	0.55+0.20λ	1.60−0.75λ	0.82	
梁	本跨			3.30−2.55λ	4.65−3.60λ	12.30−11.5λ	1.00
	邻跨			1.10−0.35λ	1.20−0.25λ	3.20−2.25λ	4.90−4.00λ
	隔跨 中			−0.10+0.60λ	0.50+0.30λ	0.82	1.25−0.40λ

注：当 λ 小于 0.5 时，λ 取 0.5。

A.0.6 机器扰力频率 f_0 小于楼盖第一频率密集区内最低固有频率计算值 f_1 时，位移传递系数可按下列公式进行计算（图 A.0.6）：

(1) 当 $0 < \lambda < 0.5$ 时：

$$\gamma = 0.133 F_\lambda \gamma_s \quad (A.0.6-1)$$

(2) 当 $0.5 < \lambda \leq 0.95$ 时：

$$\gamma = \frac{0.1 F_\lambda}{\sqrt{(1-\lambda^2)^2 + (0.1\lambda)^2}} \gamma_s \quad (A.0.6-2)$$

(3) 当 $0.95 < \lambda \leq 1$ 时：

$$\gamma = [0.735 F_\lambda + (1 - 0.735 F_\lambda)(20\lambda - 19)]\gamma_s \quad (A.0.6-3)$$

式中 λ——机器扰力频率与楼盖第一频率密集区内最低固有频率值的比值；

γ_s——机器扰力频率与楼盖第一频率密集区内最低固有频率计算值相同时的位移传递系数；

F_λ——调整系数，按本规范第 A.0.7 条的规定确定。

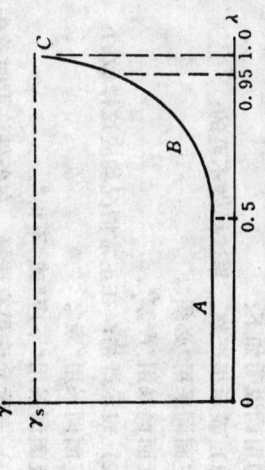

图 A.0.6 γ−λ 关系曲线

A.0.7 调整系数 F_λ，可按表 A.0.7 确定。

附录 B 本规范用词说明

B.0.1 为便于在执行本规范条文时区别对待，对要求严格程度不同的用词说明如下：

(1) 表示很严格，非这样做不可的：
  正面词采用"必须"；
  反面词采用"严禁"；
(2) 表示严格，在正常情况均应这样做的：
  正面词采用"应"；
  反面词采用"不应"或"不得"；
(3) 表示允许稍有选择，在条件许可时首先应这样做的：
  正面词采用"宜"或"可"；
  反面词采用"不宜"。

B.0.2 条文中指定应按其它有关标准、规范执行时，写法为"应符合……的规定"或"应按……执行"。

附加说明

本规范主编单位、参加单位和主要起草人名单

主 编 单 位：机械工业部设计研究院

参 加 单 位：上海市建筑科学研究所
　　　　　　北方设计研究院
　　　　　　哈尔滨建筑工程学院
　　　　　　机械工业部第四设计研究院
　　　　　　航空航天工业部工业规划设计研究院
　　　　　　中国电子工程设计院

主要起草人：刘纯康　徐 建　杨永明　茅玉泉　郭长城
　　　　　　沈健民　叶鹤秀　邱澄亚　程成武　赵贞福
　　　　　　刘世友　陈 魏　朱本全

中华人民共和国国家标准

多层厂房楼盖抗微振设计规范

GB 50190—93

条 文 说 明

前 言

本规范是根据国家计委计综（1984）305号文的要求，由机械工业部负责主编，具体由机械工业部设计研究院会同上海市建筑科学研究所、北方设计研究院、哈尔滨建筑工程学院、机械工业部第四设计研究院、航空航天部工业规划设计研究院、中国电子工程设计院共同编制而成，经建设部一九九三年十一月十六日以建标（1993）859号文批准，并会同国家技术监督局联合发布。

在本规范的编制过程中，规范编制组进行了广泛的调查研究，认真总结我国的科研成果和工程实践经验，同时参考了有关国外先进标准，并广泛征求了全国有关单位的意见。最后由我部会同有关部门审查定稿。

鉴于本规范系初次编制，在执行过程中希望各单位结合工程实践和科学研究，认真总结经验，注意积累资料，如发现需要修改和补充之处，请将意见和有关资料寄交机械工业部设计研究院（北京王府井大街277号，邮政编码：100740），并抄送机械工业部，以供今后修订时参考。

中华人民共和国建设部

一九九三年十一月

目　次

1 总则 ·· 7—24
3 基本规定 ·· 7—25
4 动力荷载 ·· 7—26
4.1 机床扰力 ··· 7—26
4.2 风机、水泵和电机扰力 ································· 7—26
4.3 制冷压缩机扰力 ·· 7—27
5 竖向振动允许值 ·· 7—28
6 竖向振动计算 ·· 7—28
6.1 一般规定 ··· 7—28
6.2 楼盖刚度计算 ··· 7—29
6.3 固有频率计算 ··· 7—29
6.4 竖向振动值计算 ·· 7—36
7 设备布置、隔振及管道措施 ································· 7—36
7.1 设备布置 ··· 7—36
7.2 设备及管道隔振 ·· 7—37
7.3 构造措施 ··· 7—37

1　总　则

1.0.1、1.0.2 随着工业建设的发展，为了节约土地，减少管线长度和生产运输距离，多层工业厂房越来越多，需要有这方面的设计规范。本规范是针导机器设备在楼盖设计。本规范为中小型金属切削机床、风机、水泵、电机、制冷压缩机、仪表等设备设在楼盖上时的微振动设计和提供了整套设计方法。其目的是将机器设备在楼盖上时的微振动设计和提供了整套设计方法。其目的是将机器设备正常工作和操作人员健康的影响控制在允许限值内。通过对已知人使用的70多个多层厂房的动力试验和调查资料都是这种条件下得到的，因此规范提出了动力荷载在600N以下的限制。

1.0.3 本规范仅对楼盖的抗微振动设计作出规定，对于多层厂房的静力和抗震设计，仍需按相应的国家现行标准规范进行设计。

3 基 本 规 定

3.0.1 本条根据多层厂房楼盖抗微振设计的需要，提出了楼盖抗微振设计所需的资料。

3.0.2 本条根据对目前我国已经建成投产的多层厂房的调查研究，提出了适合我国国情的楼盖形式。

3.0.3 本条是根据73个多层厂房的宏观调查而提出楼盖梁、板的最小尺寸，供设计者在初步设计时参考，同时也可避免设计时采用过小的截面尺寸而造成不良后果。

3.0.4 本条强调各类设备的动力荷载应由设备制造厂提供。但目前并非所有的上楼设备都具有扰力资料，当没有扰力资料时，应按第4章的规定确定。

3.0.5 各类机床、仪器和设备的振动允许值应由制造厂家或研制部门提供，但鉴于国内外目前还无法做到，为今后能逐步达到上述要求，因此本条中强调应由有关部门提出。

3.0.6 本条给出了动力设备上楼后楼盖上产生的振动对机床加工精度，仪器设备正常工作以及操作人员健康的影响限制在允许范围内的设计表达式。

3.0.7 通过大量调查统计分析后，提出了楼盖振度界限刚度值，设计时只要采用的梁板刚度不低于该界限值，楼盖振动就可以基本上控制在设备加工精度要求的允许范围内。统计表明，每台机床在生产区的占有面积大致可分为三类，即密集（小于10m²/台），一般（11～18m²/台），稀疏（大于18m²/台），各自所占的比例约为18%、62%和20%。表3.0.7就是根据本规范规定的机床扰力值，按最不利的排列进行振动计算，在满足加工粗糙度要求"较粗"时（即楼盖控制点合成振动速度不大于1.5mm/s）楼盖的最低刚度与机床分布密度、梁板刚度比之间的关系。

4 动力荷载

4.1 机床扰力

4.1.1、4.1.2 决定机床扰力的影响因素很多,加运转质量、不平衡的偏心距,加工材料和切削量,操作过程中回车换向时的脉冲性冲击和运行部件间的摩擦等,因此机床扰力很难由质量、偏心距和频率的关系来确定。

表4.1.1中的机床支承法扰力值是采用对称质量偏心法和弹性支承结合法对几十台机床进行试验、测定了综合竖向效应的扰力值,按同类分组进行数理统计分析,使所提供的机床扰力值具有95%以上的保证率,因此表4.1.1中的机床扰力值是当量向扰力。

机床扰力作用点,曾有三种观点:一是在加工部位的主轴旋转中心;二是根据试验实测时,均取机床支承结合处的质心,所以应取机床支承结合处的面积中心;三是取机床支承面积中心作为扰力取值,并与试验一致,本规范取机床支承面积中心作为扰力作用点。

4.2 风机、水泵和电机扰力

4.2.1~4.2.3 风机、水泵和电机属于旋转运动设备在传动过程中由不平衡质量引起的扰力,除了与偏心质量和工作频率有关外,还与制造装配的密合性、偏心距和运转部件质量分布不均匀程度以及轴承变形以及运转部件质量分布不均匀程度有关。这三类设备的工况,属稳态振动。其扰力的确定采用理论公式(4.2.1-1)计算,取叶轮和转子的质量作为旋转部分的质量,其它部分影响综合到对应的当量偏心距 e_0 中。当量偏心距 e_0 按下列方法确定:

(1) 风机的当量偏心距是根据国家标准图CG327 提供的扰力试验资料换算得到的,由于风机分直联和皮带传动两种,直联式风机无附加传动部件,运动平稳,因此偏心距比皮带传动式小。

(2) 目前上楼的水泵大多数是清水泵,清水泵的允许偏心距根据技术条件规定,叶轮不平衡质量不平衡试验精度不应低于G6.3级,即 $e_0\omega=6.3$。其叶轮质量不平衡偏心距,参照国外资料,将产品的允许偏心距乘以10倍得出当量偏心距。

(3) 根据电机技术条件规定,电机转子的允许偏心距 e_0 按下式确定:

$$e_0 = Gr/w \qquad (1)$$

式中 G ——转子不平衡重量;
r ——转子半径;
w ——转子重量。

参照国外资料,将电机的允许偏心距乘以5倍得出当量偏心距。

在规范编制过程中,对表4.2.2所列的当量偏心距进行过可靠性试验,对5台风机、3台水泵和8台电机进行扰力试验,试验结果表明按表4.2.2计算的扰力值为试验值的1.2~2.5倍,按表4.2.2的当量偏心距计算设备的扰力值是安全可靠的。

4.3 制冷压缩机扰力

4.3.1~4.3.3 制冷压缩机通常称为冷冻机,属旋转往复运动设备,气缸型式有立式、V型、W型、S型四类,曲柄可分为单曲柄和双曲柄。当制冷压缩机各列往复质量相等并配以适当的平衡块时,理论上一阶扰力和扰力矩是完全可以平衡的,只有二阶扰力和扰力矩;而高阶扰力很小可忽略不计。至于配用电机产生的一阶扰力可由公式(4.2.1-1)计算,与制冷压缩机扰力同时作用于支承结构上。

在计算制冷压缩机的扰力和扰力矩时,扰力矩和水平扰力引起的回转力矩可以简化为一对方向相反的竖向扰力,作用于设备底座边缘或底脚螺栓的位置,而粗转力矩可忽略。

5 竖向振动允许值

5.0.1、5.0.2 本章针对多层工业厂房中机床、仪器和设备上楼后的抗微振要求,提出了相应的振动控制标准,适用于机械加工、装配调试、科研试验楼等多层建筑。

由于对振动允许值的控制部位有不同的要求和理解,从机床、仪器和设备的生产、研制部门角度来说,要求控制其最敏感的部位,如机床的加工刀具与工件接触部位、仪器设备的光栅、光刻读数部位或支承刀口部位等。但从土建工程设计角度来说,上述部位的振动控制需换算到直接支承机床、仪器和设备的支承台面,即机座或基面表面的振动。因此本章所规定的振动允许值的控制部位一律省机床或设备的支承面上。

表达振动允许值的参量是很复杂的。大量试验表明,机床、仪器和设备的振动允许值并非常量,在试验的幅频曲线上呈现复杂的关系,每种设备有若干共振频率,在这些共振频率上表现出它们对振动敏感,而在其它频率上不太敏感。即使同种设备,由于制造和装配的误差不同,每台设备的共振点也不会在同一频率上。若要用这些曲线来表达多种机床、仪器和设备的振动允许值,显然是不现实的。经过对试验数据的统计分析得出每种有机床、仪器和设备有振动允许值。在诺多物理量中总能接近某个振动物理量,统计结果表明设备的振动允许值受振动频率的影响不太明显,也有部分仪器、设备对振动位移控制更接近实际。为此本章在规定振动允许值以振动速度作为基本控制指标的同时,对部分仪器、设备在频率为 10Hz 以下的低频段增加了振动位移的控制指标。

本章表 5.0.1 和表 5.0.2 规定的振动允许值是根据下列因素

7—27

确定的：

(1) 保证机床、仪器和设备正常工作和加工精度要求，不致因上楼设备的运行而影响产品质量和操作人员的正常工作与健康；

(2) 所给定的振动允许值以试验为基本依据，是30年来对仪器仪表和设备正常工作状态下的测试资料和生产实践经验的广泛调查研究的成果。

本规范所确定的振动允许值只列举了可以上楼的仪器设备并经过试验、调查和统计分析所确定的机床和仪器设备。对于未列入和由于科学技术的发展而新研制和生产的新设备的振动允许值，仍应按上述原则要求经过试验确定。在无试验条件的情况下，可以参照本章确定。这时首先应将结构特征和工作原理与本章中同类设备或仪器、设备振动允许值相近的设备进行对比，以确定该加工机床或测试精度、设备振动允许值的衡量标准，然后比较它们的加工或测试精度以确定该加工机床或测试精度、设备的振动允许值。

6 竖向振动值

6.1 一般规定

6.1.1 本条提出了楼盖振动计算的步骤和要求。

6.1.2 为了简化计算，规范编制组经过多年的试验研究分析，提出了简易实用且具有一定准确性的扰力作用点下振动位移的计算方法。该方法是将楼盖沿纵向视作力作用点以此分开的多跨连续T形梁，当计算主梁上扰力作用点下的振动位移时，则可首接将主梁视作T形连续梁来计算。因此，楼盖的振动计算可简化为T形单跨主梁或多跨连续梁的计算模型。

6.1.3 钢筋混凝土楼盖结构的阻尼比 ζ，通过大量实测资料统计，装配整体式楼盖的阻尼比为 0.065～0.08，现浇混凝土楼盖的阻尼比为 0.045～0.06，本规范中阻尼比统一取为 0.05，是偏于安全的。

6.1.4 通过三组混凝土构件（C20、C30、C40），分别在静态万能试验机及动态试验机上进行试验，动荷载的频率范围为 10～40Hz，三组试件平均动静态弹性模量比值见表1：

表1

动荷载幅度(N)	2000～5000	5000～10000	10000～20000	10000～30000
$E_动/E_静$	1.04	1.16	1.27	1.34

由于本规范上楼设备属中小型，扰力很小，$E_动/E_静$ < 1.04，因此建议混凝土的动静态弹性模量可近似地取静弹性模量值。

6.2 楼盖刚度计算

6.2.1～6.2.3 本节给出钢筋混凝土肋形楼盖或装配整体式楼盖

刚度计算公式，其计算简图按本规范第6.1.2条的规定采用。

6.3 固有频率计算

6.3.1～6.3.3 楼盖竖向固有频率的计算，按本规范第6.1.2条中提出的计算模型进行，即采用单跨式或多跨连续梁的计算模型，由梁的自由振动方程式：

$$\frac{(1+ir)EI}{\overline{m}}\frac{\partial^4 z}{\partial x^4}+\frac{\partial^2 z}{\partial t^2}=0 \quad (2)$$

可解得K振型固有频率：

$$f_k=\varphi_k\frac{1}{2\pi}\sqrt{\frac{EI}{\overline{m}l_0^4}} \quad (3)$$

$$\varphi_k=\frac{\alpha_k^2}{2\pi} \quad (4)$$

第6.3.3条给出了固有频率系数φ_k的计算表格。

6.3.6 在梁上同时具有均布质量m_u和集中质量m_j时，用精确法求该体系的固有频率和振型是十分复杂的，较简便地求出该体系的固有频率和振型，可近似地采用"能量法"将集中质量换算成均布质量，对于同时具有均布质量m_u和集中质量m_j的固有频率和振型，假定其振型曲线$z(x)$与具有均布质量二梁的振型曲线相同。

当仅有均布质量m_u时，体系的固有圆频率为：

$$\omega=\sqrt{\frac{\int_0^l EI[z''(x)]^2 dx}{\int_0^l m_u z^2(x)dx}} \quad (5)$$

当既有均布质量m_u，又有集中质量m_j时，体系的固有圆频率为：

$$\omega=\sqrt{\frac{\int_0^l EI[z''(x)]^2 dx}{m_u\int_0^l z^2(x)dx+\sum_{j=1}^n m_j z_j^2}} \quad (6)$$

令两者的固有频率和振型相同可得：

$$\overline{m}=m_u+\frac{1}{l}\sum_{j=1}^n m_j k_j \quad (7)$$

$$k_j=\frac{1}{l}\int_0^l \frac{z_j^2}{z^2(x)dx}$$

表6.3.7中的k_j值就是按上式求得的，上述公式是按单跨梁推导的，关于连续梁上的集中质量换算成均布质量，其原理与单跨梁相同。

6.4 竖向振动值计算

6.4.1、6.4.2 楼盖扰力作用点的竖向振动位移，采用了连续梁的计算模型，由梁的振动方程：

$$EI\frac{(1+ir)}{\overline{m}}\frac{\partial^4 z(x,t)}{\partial x^4}+\frac{\partial^2 z(x,t)}{\partial t^2}=\frac{P(x)}{\overline{m}}e^{j\omega t} \quad (8)$$

可解得：

$$z(x,t)=\sum_{k=1}^\infty \frac{\beta_k}{\omega_{nk}^2}z_k(x)e^{j(\omega t-r_k)} \quad (9)$$

$$\beta_k=\frac{\sum_{i=1}^n\int_0^l \frac{P_i(x)}{\overline{m}}z_{ik}(x)dx}{\sqrt{\left(1-\frac{\omega^2}{\omega_{nk}^2}\right)^2+(2\zeta)^2}\cdot\omega_{nk}^2\sum_{j=1}^n\int_0^l z_{ik}^2(x)dx} \quad (10)$$

7—29

生一定的误差,规范做了以下考虑:计算连续梁第一密集区内最低和最高固有频率时,考虑±20%的误差范围,如图1所示,然后将频率密集区内多条曲线汇成一条包络线 a、b、c、d、e,从而可将密集区内多条自由度体系用当量单自由度体系的形式来表达。

$$r_k = \tan^{-1} \frac{2\zeta}{1-\frac{\omega^2}{\omega_{nk}^2}} \quad (11)$$

$$\omega_{nk} = \frac{\alpha_k^2}{l^2}\sqrt{\frac{EI}{m}} \quad (12)$$

如果略去相位角 r_k,并令 $\sin\omega t = 1$,则得到梁上任一点 x 处的最大位移方程为:

$$A(x) = \sum_{k=1}^{\infty} \frac{\sum_{i=1}^{n}\int_0^l P_i(x)z_{ik}(x)dx}{m\omega_{nk}^2 \sum_{i=1}^{n}\int_0^l z_{ik}^2(x)dx} \cdot \frac{z_k(x)}{\sqrt{\left(1-\frac{\omega^2}{\omega_{nk}^2}\right)^2 + (2\zeta)^2}} \quad (13)$$

当连续梁第 s 跨中作用有一集中扰力 $P_s\sin\omega t$ 时,

$$\sum_{i=1}^n \int_0^l P_i(x)z_{ik}(x)dx = P_s z_{sk}(x_p)$$

式中 x_p ——集中扰力 $P_s\sin\omega t$ 离支座的距离。

$$A(x) = \frac{2P_s l^3}{nEI}\sum_{k=1}^{\infty} \frac{z_{skB}(x_p)z_{ikB}(x)}{\alpha_k^4}$$

$$+\frac{2P_s l^3}{nEI}\sum_{k=1}^{\infty} \frac{y_{skB}(x_p)y_{ikB}(x)}{\alpha_k^4}\left(\frac{1}{\sqrt{(1-\frac{\omega^2}{\omega_{nk}^2})^2 - (2\zeta)^2}} - 1\right)$$

$$= A_{st} + A_1(\eta_1 - 1) \quad (15)$$

本规范采用连续梁模型来计算楼盖的固有频率和扰力作用点下的位移,由于做了简化处理,楼盖固有频率和位移计算必将产

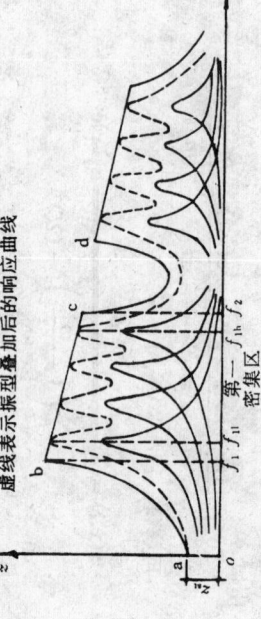

图 1 $A-f$ 响应曲线

虚线表示振型叠加后的响应曲线

然后在此基础上将响应曲线按不同频率进行分段,计算其振动位移。在共振区前 $f_0 < f_1$ 时按上述推导公式计算:

$$A_0 = A_{st} + A_1(\eta_1 - 1) \quad (16)$$

$$\eta_1 = \frac{1}{\sqrt{\left(1-\frac{f_0^2}{f_1^2}\right)^2 + \left(2\zeta\frac{f_0}{f_1}\right)^2}} \quad (17)$$

当 $f_1 \leq f_0 \leq f_2$ 时:

$$A_0 = A_1\eta_2 - A_2\left(\frac{1}{2\zeta}-1\right) \quad (18)$$

$$\eta_2 = \frac{1}{2\zeta}\frac{f_2-f_0}{f_2-f_1} \quad (19)$$

由于 (6.15) 式和 (6.17) 式在 $f_0 = f_1$ 处不连续,因此

将(6.15)式改为：

$$A_0 = \frac{1-2\zeta\eta_1}{1-2\zeta}A_{st} + \frac{\eta_1-1}{1-2\zeta}A_1 \quad (20)$$

规范中引用了空间影响系数 ε，这是由于连续梁的计算简图是将楼盖板视作彼此独立的梁来进行计算，未考虑其空间整体作用，因此计算结果均较实测数据大，通过计算数据与实测数据对比分析，引入空间影响系数 ε 后，使计算结果更符合实际。用本规范方法计算跨中板条上激振点下位移和固有频率与实测的对比见表2。

6.4.3 扰力作用点下位移计算的位置修正系数 φ 值，是由于计算和实测对比分析都是根据二跨及三跨多层厂房楼盖边跨中，是板条作为一连续梁计算的，对于扰力作用点在单跨中或三跨中间跨的跨中板条上时，通过有限元计算得到其位移与计算前的比例关系分别为 1.2 和 0.8。

用本规范计算激振点下位移与自振频率实测结果对比　表2

厂房	扰力 N 激振点		自振频率计算值/实测值 Hz		激振点位移 计算值/实测值 μm	
	板中	梁中	板	梁	板	梁
微型轴承厂	130 1735	1325 1707	20 23.7	21.02 20.8	9.5 8.6	24.6 27.6
			20 23.8	21.02 23.6	122 109.5	26.3 23.7
上海拖拉机厂中小件车间	700 746		15.42 15.10		112 119	—
			15.42 13.90	—	56 45.9	—
上海铁铜厂	154	1009	16.0 23	17.5 18.4	10 11.5	27.6 22.5
	154	1324	16 21	17.5 20.8	10.4 6.7	35.2 46.5
石家庄电机厂	154 113	157 157	13.3 20	14.6 17	10.7 10.8	4.1 3.5
	113 147		13.3 15	14.6 15	5.3 5.2	4.4 4.2
					5.8 6.9	4.6 4.4
					7.6 7.2	

续表2

厂房	扰力 N 激振点		自振频率计算值/实测值 Hz		激振点位移 计算值/实测值 μm	
	板中	梁中	板	梁	板	梁
华北光学仪器厂	162 113	162 113	15 17.75	19 17.25	12.7 10.1	10.1 6.6
	56	56	15 17.75	19 18.25	8.8 8.5	7.8 5.9
			15 18	19 18.25	4.4 4.9	3.9 3.6
上海柴油机厂油泵分厂	154	154	15.46 21.60	14.8 15.4	15.1 15~17.5	9.5 6.7
			15.46 15.4		14.7 15.4	
唐山煤炭科学研究院	239		32.755 31.562	30.60 31.125	7 5.3~6.36	5.096 4.95~5.01
上海矿用电器厂	165		12.7 13	—	15.4 12.3	—
上海灯泡一厂	165		15.2 22	—	16.6 16.9	—
东方造纸机械厂	165		17.3 19	24.78 24.75~25.44	7 5.3	—

6.4.4 机床是一个多自由度自由振动体系，其工作转速和加工工艺要求不同，变化范围很大，且启闭频繁，很难避开楼盖的固有频率。因此机床的扰力频率可近似地取楼盖振动集区中最低固有频率 f_{11}。

6.4.5 机器扰力作用点以外的楼盖响应振动位移简化计算的简化计算法是以有限单元法为基础，采用计算和实测相结合的原则，吸取了国内所提出的各种计算方法中的优点。

简化计算法是扰力作用点作用于梁主轴线的计算，其它各梁（板中）位移传递系数的计算。三个修正是：扰力作用点在梁主轴线（板中）共振时；扰力作用点不在梁（板中）的修正；验算点系数的修正。

简化计算法所提出的基本思想是："抓住一条主线，做出三个修正。"一条主线是扰力作用点于梁（板中）共振时，其它各梁作用在梁（板中）位移（板中）的修正；扰力点不在梁（板中）的修正；非共振（共振前）的修正。

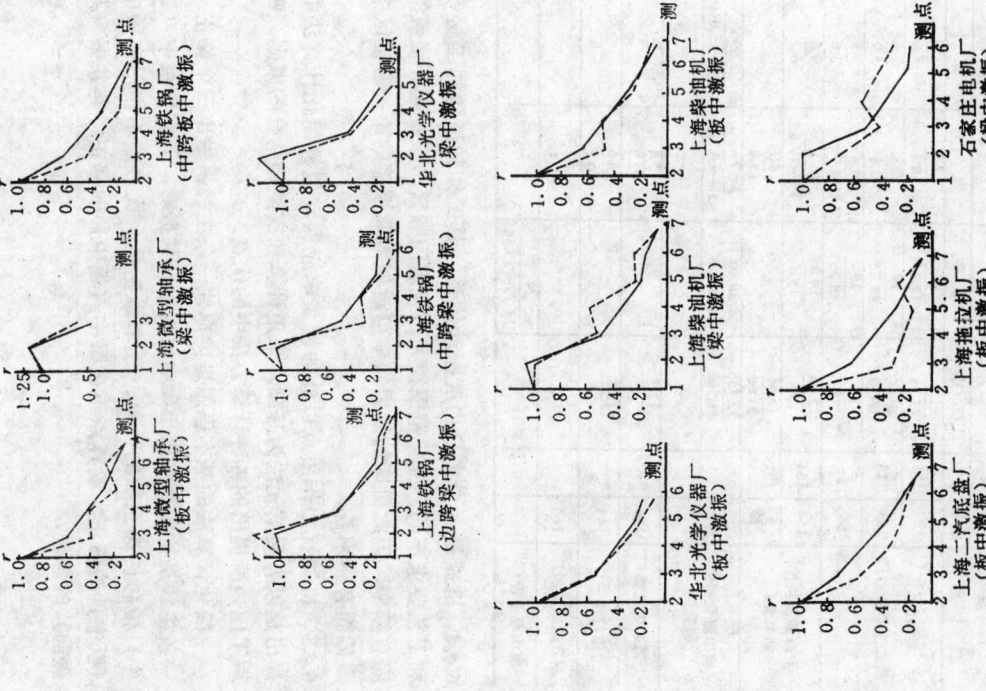

影响楼盖振动位移传递系数的因素有：板梁刚度比，阻尼比，频率比，扰力点及验算点的位置等。由于本规范中阻尼比已取为定值 0.05，其它因素简化计算法中均给予考虑。

(1) 扰力作用于梁中(板中)共振时，其它各梁中(板中)位移传递系数 γ_1，是通过对 44 个模拟厂房的有限元计算和 10 多个厂房实测结果进行数理统计，取具有 90% 以上保证率进行回归分析，对得到的曲线进行归类优化，得出 γ_1 的计算公式。所选取厂房的板梁刚度比变化范围为 0.4~3.0。单跨，二跨和三跨分别进行统计和回归。结果表明：单跨，二跨和三跨的数值相差不多（小于 10%），为简化计算，对本跨和邻跨按同一公式计算。

(2) 对扰力作用不在梁中(板中)时的位移传递系数与扰力作用在梁中(板中)时的位移比值分析发现，在某些区域内，扰力点位置换算系数 ρ 为常数。

ρ 值与板梁刚度比有关，但相差不大（小于 15%），为简便起见，换算系数取其包络其值，而不与板梁刚度比相联系。

(3) 验算点位置换算系数是采用有限元法插入原理并根据有限单元法计算得到的，但位置换算系数位置进行了调整。

(4) 共振前的传递系数，采用有限元进行分析，频率比采用 0.1，0.2，0.3，0.4，0.5，0.6，0.7，0.75，0.8，0.85，0.9，0.95，1.0 共 13 个档次。对于每一验算点，其传递系数随频率比呈抛物线变化，类似于单质点放大系数曲线，但其数值不同，两者的差别用函数 F_λ 来修正。

计算结果表明：当频率比 $\lambda < 0.5$ 时，其传递系数变化小，接近常数；当 $0.5 < \lambda < 0.95$ 时呈抛物线变化，当 $0.95 < \lambda < 1$ 时呈直线变化。

用本规范计算的传递系数与实测结果的对比见图 2。

(一) 层间振动传递的实测试验

(1) 层间振动传递比离散性较大，主要由于影响层间振动的因素较多，实测试验结果表明：层间传递比离散性较大，主要由于影响层间振动的因素较多，如各层楼盖及与振源远近不同测点均存在一定的共振频率，在某一共振频率时，并不是各层楼盖及各个测点均出现振动的最大响应；在实测试验中存在着某些外界振动干扰或因振动位移较小等因素，给实测试验结果带来误差。

从6个多层厂房的实测值，均考虑在第一共振频率密集区的最大响应，在多个共振频率下，可得到不同的试验值均为实测过小值，然后对1个厂房的多个数据取其均值为实测值。

从6个多层厂房层振动传递对应距振源 r 处的层间振动传递比以上进行回归分析，并以此作为确定距振源 r 处的层间振动传递比。层间可考虑按近1；振源附近各层相差较大，一般远处大于近处，大约振源区4个柱距可考虑按近1；振源附近各层相差较大，隔跨区域大于本跨区域层相差基本；上层区域大于下层区域，隔跨区域大于本跨区域，振幅小时振幅大于振幅大时。

(2) 生产使用时的层间振动传递比。从西安东风仪表厂实测生产使用时的测定表明：当二层机床开动率为60%～80%时，梁中最大振动位移1～6μm，板中最大位移2～10μm，振动传递三层；其上下对应点的层间振动传递比，梁中为0.35～0.50，板中为0.20～0.60，振幅小时传递比大，反之则小。

(二) 电算程序说明

为了进行激振层间振动位移传递系数的计算，规范组编制了专门计算程序，其计算模型和计算原理如下：

(1) 计算模型

(a) 以激振层结构或整个厂房为对象做整体计算；

(b) 略去水平位移；

(c) 每个结点取3个自由度，竖向位移及绕两个水平轴的转动；

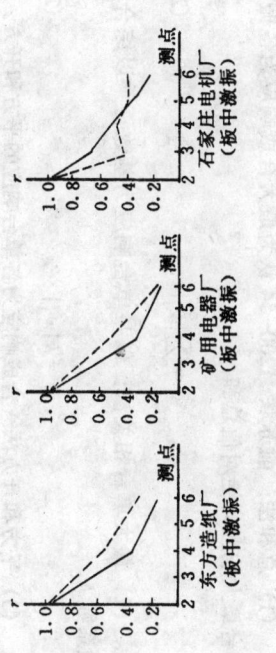

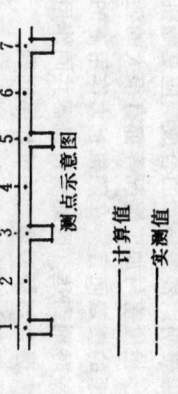

—— 计算值
- - - 实测值

图 2 本规范传递系数简化计算方法与实测结果对比

6.4.6、6.4.7 多层厂房楼盖上各种动力机器设备在生产使用过程中，产生的振动将波及到整个厂房，当楼层内设有精密加工设备、精密仪器和仪表时，其精度和寿命会受到严重的影响。因此必须考虑激振层的平面振动传递，然后通过激振层的柱子传递到其它受振层。

多层振动传递是个复杂的问题。早在60年代初就提出来了，并进行了实测试验。80年代后期，对此又继续进行实测试验，并进行了理论研究。对层间振动传递较为系统地进行了6个多层厂房的实测试验，还有个别局部试验或实地生产的测定，在理论研究方面，将多层厂房分割为楼板子结构及柱子结构，采用固定界面模态综合法，并编制了电算程序，其计算与实测结果相比吻合较好，竖向位移及绕3个自由度，为层间传递比提供了较为可靠的基础。

7—34

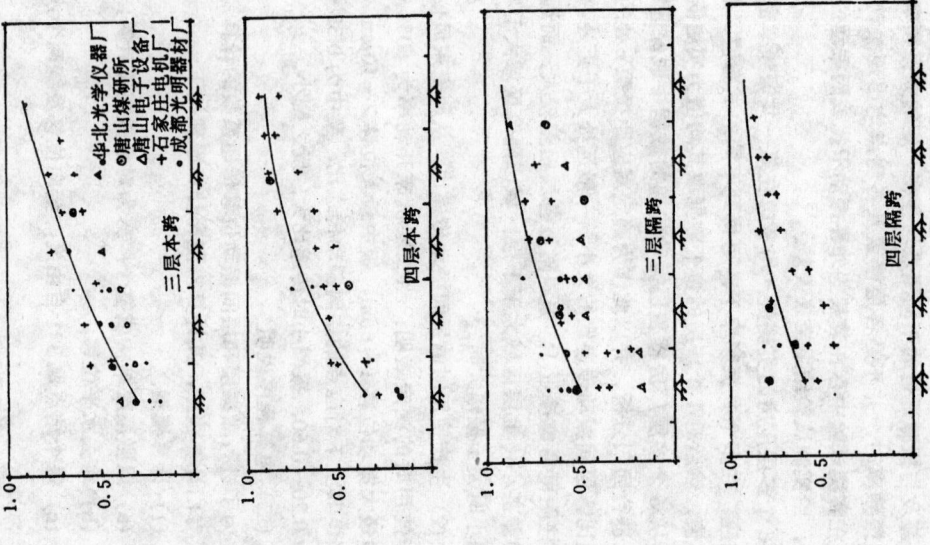

图 3 二层梁中振源层间振动传递比

(d) 肋梁和板合并为各向异性板；
(e) 考虑主梁扭转及柱子变形。

(2) 计算原理。激振层振动位移的计算采用 RITZ 向量直接叠加法，先计算 RITZ 向量，然后按 RITZ 向量分解法求动力反应。由于利用了荷载空间分布特点，给出了良好的初始向量，无需迭代，因而较子空间迭代法省空间、省机时，也使激振层的计算可以在微机上实现。

层间振动位移的计算将多层厂房分割为楼板子结构及柱子子结构，采用滞变阻尼理论，用固定界面模态综合法计算。

6 个多层厂房实测试验结果与本规范计算结果的对比见图 3、图 4。

6.4.9、6.4.10 对于多层厂房楼盖结构，一般有多台机器同时作用，每台机器都是引起楼盖振动的振源，楼盖上某点在多振源作用下受迫振动的大小，取决于这些振源引起的振动响应如何合成。实测结果表明：楼盖振动的合成响应是随机的，因为对于多自由度体系的楼盖而言，相位差与加工情况等都有很大的随机性。另外对于多台机器同一时刻到达、在随机扰力作用下的最大振动响应往往不会在同一时刻到达，因此多台机器共同作用下的最大振动响应合成是随机反应谱与谐合振型组合的统计合成问题。

目前考虑振动响应合成的方法有如下几种：

(1) 总响应法：前苏联 H200—54 认为最大合成响应为各振源单台最大响应的绝对值总和。

$$w = \sum_{i=1}^{n} |w_i| \quad (21)$$

(2) 最大单台相关法：以某单台响应为基数再乘以综合影响系数 k。

$$w = k|w_1| \quad (22)$$

(3) 平方和开方法：合成响应为各单响应的平方和方。

$$w = \sqrt{\sum_{i=1}^{n} w_i^2} \tag{23}$$

根据大量的实测对比，总和法与实测偏大很多，因为它没有考虑振源的随机特性，总合方式、布置位置等因素，而是保守的不合理的。最大单台相关系中，影响系数 k 值的影响因素太多，如机床的数量、扰力大小、机器布置和运动方式等，并且在同一楼盖上，不同验算点的 k 值也不同，k 值从统计值的波动幅度很大（约为 $1.5\sim 6.0$）。因而很难准确确定值，而且从理论上多台合成只与某一单台合成有关也是不成立的。

平方和开方法是我国于 1978 年提出来的，它是用随机函数数理论在平稳、正态假定下得出的结果，同时考虑了随机反应谱合与振型谱合，有一定的理论根据。经过对 95 个合成响应实测振幅值与合成振幅值的比计分析表明，用平方和开方法计算的合成振幅值与合成振幅值的比较结果为：平均值 $\bar{x} = 1.12$，均方差 $\sigma = 0.172$，离散系数 $c_v = 0.176$，因此用此法计算较高的精度。但是由于有一些是在机器空转下的实测结果，因而为了进一步验证平方和开方法的振动可靠性试验，规范编制组织有了机器单位做了机器加工的可靠性试验，共实测了 144 个测点，合成台数为 2~9 台，机器有车床、刨床等各种类型。根据实测结果整理出平方和开方法的可靠度见表 3。

上述多台机器加工时的合成响应试验还有一个缺点，即单台机器振动实测与多台合成振动的实测在时域上不同步。为了进一步检验平方和开方法的可靠性，又采用了机器振动响应的人工随机合成试验，具体做法是先将单台机器的实测记录随机抽样通过 CAD 数据采集系转换输入计算机，然后在计算机上进行合成，合成过程在全机的域上进行，最后用平方和开方法同总和法的计算的合成结果与人工随机合成结果相比较，采用平方和开方法是合理的。

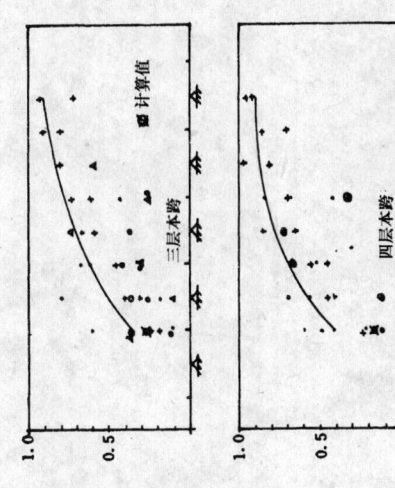
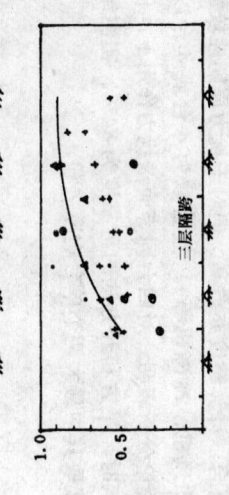
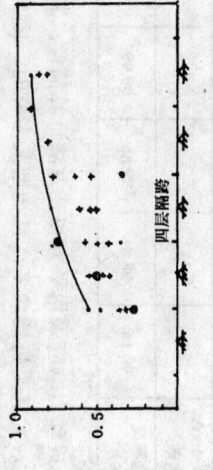

图 4 二层板中振裂层间振动传递比

7 设备布置、隔振及构造措施

7.1 设 备 布 置

7.1.1 本条从设备布置方面对有抗微振要求的楼盖设计提出要求,以限制有强烈振动的设备引起楼盖产生较大的振动,减小对振动敏感设备的不利影响。在设备布置时,应首先考虑把它们放在厂房的底层。否则为限制个别有强烈振动的设备产生的振动,或为满足个别对振动敏感的设备、仪器的振动控制要求,而采用提高整个楼盖结构刚度的方案在经济上是不合理的。

楼盖振动虽然不遵循类似于地面振动沿各辐射方向有大致相同的振动衰减规律,但有强烈振动的设备安装处将引起较大的楼盖振动,且在其附近常伴有局部振动。虽然此类设备自身对振动限制不严,但它产生的振动波及邻近区域,对其它仪器、设备产生影响,有较大振动的设备和对振动敏感的设备,仪器应分别集中,分区布置。有条件时,可利用厂房伸缩缝(沉降缝、抗震缝)进行分隔。伸缩缝等在构造上若处理得当,对楼盖振动有一定的隔离作用。试验资料表明,有时伸缩缝等可减小40%左右的振动量。

对于目前常用的梁板式楼盖,靠近支座(如框架柱、承重墙)部位振动量相对较小,若把对振动敏感的设备、仪器布置在这些楼盖局部刚度较大的部位,则可减小楼盖振动对它们的影响。同理,当设备扰力作用在这些部位时,引起较大楼盖振动,在这些部位布置有较大振动的设备也是适宜的。

本规范上设备布置的抗微振设计主要考虑楼盖垂直振动的影响,楼盖振动的水平扰力对楼盖振动的影响一对坚向集中力等

表3 平方和开方法的可靠度

机器合成台数	2	3	4	5	7	9
测试次数	56	24	24	16	16	8
可靠度100%的次数	32	13	19	15	11	6
可靠度<100%的次数	24	11	5	1	5	2
最小可靠度(%)	98.15	98.86	99.86	99.99	99.99	99.99

合成动力响应采用平方和开方法计算简便,精确度高,可靠度亦大,尤其是机器台数,且类型又多样时,则与平稳、正态假定愈符合,计算精度亦愈高。但对干扰力同期性较强的同类型机器(如风机、冷冻机等)。

正。理论分析表明:对四台合同等简谐扰力作用下,仪考虑相位随机因素时,平方和开方法的可靠度为84%。实测结果表明,机台数为4台或4台以下时直接修以直接取其中最大两个单台应之和。

效。当多层厂房需要考虑水平振动影响时，使水平抗力较大设备的抗力方向与厂房结构水平刚度较大的方向取得一致是有益的。

7.1.2 调查结果表明，设有吊车的多层厂房，吊车运行时楼盖上的设备受到较大的振动影响，有些工厂的吊车与有等楼盖上设备不工作时才能使用。有抗微振要求的多层厂房，一般不应设置吊车。

7.2 设备及管道隔振

7.2.1 对有强烈振动的设备采取简易隔振措施可以有效地控制楼盖振动。

砂轮机、空调设备等也宜采用简易隔振措施，如加设橡胶隔振垫等。在多层厂房使用调查中发现，有的厂房楼盖上的磨床受到未经隔振的砂轮机的影响，加工精度不能满足要求；又如某厂房安装在楼盖上的万能工具显微镜，因空调设备的运行而无法正常工作。

7.2.2 动力设备与管道之间若不用软管连接，将导致管道振动过大，严重时会引起管道连接处损坏。在管道与建筑物连接部位采用简易隔振措施（如弹性套垫等），可防止安装在墙体上的某些仪表、开关失灵，也可避免因管道振动造成墙体开裂。

7.3 构造措施

7.3.1 多层厂房为多跨结构时，采用等跨结构与采用不等跨结构相比，前者各跨间楼盖的振动分布比较均匀，便于灵活布置对振动要求相近的设备。

7.3.3 采用装配整体式结构时，必须采取措施增强楼盖的整体性，否则将大大降低楼盖的抗微振能力。如因主梁未按迭合梁设计，后浇层厚度过薄，将造成楼盖整体性差，刚度不足，导致楼盖振动过大。

7.3.4 楼板与圈梁、连系梁连成整体，可起到约束楼盖四周边

界振动的作用。

7.3.5 在厂房底层，有强烈振动的设备应设置独立基础并与厂房基础脱开，可避免其振动直接通过柱子或墙体传给楼盖，减小对楼盖的振动影响。

中华人民共和国国家标准

构筑物抗震设计规范

Design code for antiseismic of special structures

GB 50191—93

主编部门：中华人民共和国冶金工业部
批准部门：中华人民共和国建设部
施行日期：1 9 9 4 年 6 月 1 日

关于发布国家标准《构筑物抗震设计规范》的通知

建标[1993]858号

根据国家计委计综[1985]1号文的要求，由冶金部会同有关部门共同制订的《构筑物抗震设计规范》，已经有关部门会审。现批准《构筑物抗震设计规范》GB 50191-93 为强制性国家标准，自1994年6月1日起施行。

本规范由冶金部负责管理，其具体解释等工作由冶金部建筑研究总院负责，出版发行由建设部标准定额研究所负责组织。

中华人民共和国建设部

1993年11月16日

目 次

1 总则 .... 8—4
2 术语、符号 .... 8—5
　2.1 术语 .... 8—5
　2.2 符号 .... 8—5
3 抗震设计的基本要求 .... 8—7
　3.1 场地影响和地基、基础 .... 8—7
　3.2 抗震结构体系 .... 8—8
　3.3 材料 .... 8—8
　3.4 非结构构件 .... 8—9
4 场地、地基和基础 .... 8—9
　4.1 场地 .... 8—10
　4.2 天然地基及地基 .... 8—10
　4.3 液化土地基 .... 8—12
　4.4 软土地基震陷 .... 8—13
　4.5 桩基础 .... 8—15
5 地震作用和结构抗震验算 .... 8—15
　5.1 一般规定 .... 8—16
　5.2 水平地震作用和作用效应计算 .... 8—18
　5.3 竖向地震作用计算 .... 8—19
　5.4 截面抗震验算 .... 8—20
　5.5 抗震变形验算 .... 8—21
6 框排架结构 .... 8—21
　6.1 一般规定 .... 8—21
　6.2 抗震计算 .... 8—22
　6.3 构造措施 .... 8—25
7 悬吊式钢炉构架 .... 8—31
　7.1 一般规定 .... 8—31
　7.2 抗震计算 .... 8—31
　7.3 构造措施 .... 8—33
8 贮仓 .... 8—33
　8.1 一般规定 .... 8—33
　8.2 抗震计算 .... 8—34
　8.3 构造措施 .... 8—35
9 井塔 .... 8—38
　9.1 一般规定 .... 8—38
　9.2 抗震计算 .... 8—38
　9.3 构造措施 .... 8—39
10 钢筋混凝土井架 .... 8—40
　10.1 一般规定 .... 8—40
　10.2 抗震计算 .... 8—40
　10.3 构造措施 .... 8—41
11 斜撑式钢井架 .... 8—42
　11.1 一般规定 .... 8—42
　11.2 抗震计算 .... 8—43
　11.3 构造措施 .... 8—43
12 双曲线冷却塔 .... 8—44
　12.1 一般规定 .... 8—44
　12.2 塔筒 .... 8—44
　12.3 淋水装置 .... 8—46

13 电视塔	8—47
13.1 一般规定	8—47
13.2 抗震计算	8—47
13.3 构造措施	8—49
14 石油化工塔型设备基础	8—51
14.1 一般规定	8—51
14.2 抗震计算	8—51
14.3 构造措施	8—52
15 焦炉基础	8—52
15.1 一般规定	8—52
15.2 抗震计算	8—52
15.3 构造措施	8—54
16 运输机通廊	8—54
16.1 一般规定	8—54
16.2 抗震计算	8—55
16.3 构造措施	8—58
17 管道支架	8—60
17.1 一般规定	8—60
17.2 抗震计算	8—60
17.3 构造措施	8—62
18 浓缩池	8—62
18.1 一般规定	8—62
18.2 抗震计算	8—62
18.3 构造措施	8—64
19 常压立式圆筒形储罐	8—65
19.1 一般规定	8—65
19.2 抗震计算	8—65
20 球形储罐	8—67
21 卧式圆筒形储罐	8—69
22 高炉系统结构	8—70
22.1 一般规定	8—70
22.2 高炉	8—70
22.3 热风炉	8—72
22.4 除尘器、洗涤塔	8—73
22.5 斜桥	8—74
23 尾矿坝	8—75
23.1 一般规定	8—75
23.2 抗震计算	8—75
23.3 构造和工程措施	8—80
附录 A 框排架结构按平面计算的条件及地震作用	8—81
附录 B 框架节点核芯区截面抗震验算	8—85
附录 C 框排式仓方承横梁效应的调整系数	8—87
附录 D 柱承式炉体单位水平力作用下的位移	8—88
附录 E 焦炉基础支架的侧移刚度	8—90
附录 F 框架固定支架的抗震等级	8—90
附录 G 尾矿坝	8—91
附加说明 本规范用词说明	8—91
条文说明	8—92

8—3

1 总 则

1.0.1 为贯彻预防为主的地震工作方针,减轻构筑物的地震破坏程度,避免人员伤亡,减少经济损失,制订本规范。

1.0.2 按本规范进行抗震设计的构筑物,当遭受低于本地区设防烈度的地震影响时,一般不致损坏或不需修理仍可继续使用;当遭受本地区设防烈度的地震影响时,可能损坏,但经一般修理仍可继续使用;当遭受高于本地区设防烈度一度的地震影响时,不致倒塌或发生危及生命或导致重大经济损失的严重破坏。

1.0.3 本规范适用于抗震设防烈度为6度至9度地区的构筑物抗震设计。设防烈度为10度地区和有特殊要求的构筑物抗震设计,应进行专门研究并应按有关规定执行。

1.0.4 抗震设防烈度可采用现行的《中国地震烈度区划图》规定的地震基本烈度;对做过地震区划确定抗震设防烈度的厂矿,可按经批准的抗震设防烈度或设计地震动参数进行抗震设计。

1.0.5 构筑物应按其重要性分为下列四类:

甲类构筑物——特别重要或有特殊要求的构筑物,遇地震破坏会导致破坏严重后果;

乙类构筑物——重要的构筑物,遇地震破坏会导致人员大量伤亡,严重次生灾害,重要厂矿较长期中断生产等后果;

丙类构筑物——除甲类、乙类、丁类以外的构筑物;

丁类构筑物——次要的构筑物,遇地震破坏不易造成人员伤亡和较大经济损失。

1.0.6 各类构筑物的抗震设计,应符合下列要求:

1.0.6.1 甲类构筑物的地震作用,应专门研究的抗震设计地震动参数计算,但设防烈度为6度时可适当按本地区设防烈度计算;其它各类构筑物的地震作用,应按本地区设防烈度计算,但设防烈度另有规定者外,可按进行地震作用计算。

1.0.6.2 甲类构筑物,应采取特殊的抗震措施;乙类构筑物按设防烈度提高一度采取抗震措施,但设防烈度为9度时可适当提高;丙类构筑物应按设防烈度采取抗震措施;丁类构筑物防烈度降低一度采取抗震措施,但设防烈度为6度时不宜降低。

注:①本规范将"设防烈度"简称为"烈度",7度、8度、9度"简称为"6度、7度、8度、9度";

②本规范中有关降低一度采取抗震措施的规定,当有多种有利因素时,仅降低一次。

1.0.7 本规范系根据现行国家标准《工程结构可靠度设计统一标准》和现行国家标准《工程结构设计基本术语和通用符号》的规定编制。

1.0.8 构筑物的抗震设计,除执行本规范外,尚应符合国家现行有关标准的规定。

系指构筑物所在场地及其地基基础、承重结构和选型、材料、非结构构件等方面的抗震设计要求、一般规定和构造措施。

2 术语、符号

2.1 术 语

2.1.1 地震基本烈度

50年期限内，一般场地条件下，可能遭遇超越概率为10％的烈度值。

2.1.2 抗震设防烈度

按国家批权审定限作为一个地区或厂矿抗震设防依据的烈度值。

2.1.3 场地指数

按对场地地震效应的影响评定场地土层特性的指标。

2.1.4 地震影响系数

单质点弹性结构在地震作用下的最大加速度与重力加速度比值的统计平均值。

2.1.5 地震效应折减系数

结构弹塑性变形等各种有利因素对地震作用效应折减的系数。

**2.1.6 抗震设计时，在地震作用下的结构构件作用效应的基本组合，结构或构件永久性荷载标准值与有关可变荷载的组合值之和。

2.1.7 抗力的抗震调整系数

按其它结构规范计算的结构构件截面的承载力与抗震要求计算的承载力的差别和不同结构抗震性能差别的调整。

2.1.8 抗震措施

2.2 符 号

2.2.1 作用和作用效应

序 号	符 号	单 位	解 释
2.2.1.1	F_{Ek}	N	结构总水平地震作用标准值
2.2.1.2	F_{Evk}	N	结构竖向地震作用标准值
2.2.1.3	F_w	N	动液压力
2.2.1.4	F_s	N	动土压力
2.2.1.5	G_{eq}	N	等效重力荷载
2.2.1.6	G_{cr}	N	重力荷载代表值
2.2.1.7	S	—	地震作用效应（弯矩、轴向力、剪力、应力和变形等）与其它荷载效应的基本组合
2.2.1.8	S_{Ek}	—	水平地震作用标准值效应
2.2.1.9	S_{Evk}	—	竖向地震作用标准值效应
2.2.1.10	S_{Gr}	—	重力荷载标准值效应
2.2.1.11	S_{wk}	—	风荷载标准值效应
2.2.1.12	S_{tk}	—	温度作用标准值效应
2.2.1.13	S_{mk}	—	高速旋转式机器动力作用标准值效应
2.2.1.14	P	kPa	基础底面压力
2.2.1.15	M	N·m	弯矩
2.2.1.16	V	N	剪力
2.2.1.17	N	N	轴向力
2.2.1.18	u	m	位移
2.2.1.19	σ	Pa	正应力
2.2.1.20	τ	Pa	剪应力
2.2.1.21	$[\theta_p]$	—	层间弹塑性位移角限值

2.2.2 材料性能及结构、构件抗力和其它物理量

序 号	符 号	单 位	解 释
2.2.2.1	G	MPa	土的剪变模量
2.2.2.2(1)	γ	kN/m³	土的密度
2.2.2.2(2)			剪应变
2.2.2.3	V_s	m/s	土的剪切波速
2.2.2.4	E	Pa	弹性模量
2.2.2.5	f	kPa	地基静承载力设计值
2.2.2.6	p_c		粉土粘粒含量百分率
2.2.2.7	K	N/m	结构(构件)的刚度
2.2.2.8	R		结构构件承载力设计值(弯矩、轴向力、剪力、应力和变形等)
2.2.2.9	$[\sigma_{cr}]$	Pa	钢制罐壁许用临界应力
2.2.2.10(1)	m	—	振型数
2.2.2.10(2)		kg	质量
2.2.2.11	N_{cr}	—	地基液化标准贯入击数临界值
2.2.2.12	I_{IE}	m⁻¹	地基液化指数
2.2.2.13	W_1		i土层液化权函数
2.2.2.14	T	s	周期
2.2.2.15	ω	1/s	圆频率

2.2.3 几何参数

序 号	符 号	单 位	解 释
2.2.3.1	d	m,mm	厚度(土层)、直径、粒径
2.2.3.2	h	m	高度、深度
2.2.3.3	h_0	m	截面有效高度、结构第一振型曲线的节点高度
2.2.3.4	b	m	宽度
2.2.3.5	l	m	距离、长度、跨度
2.2.3.6	A	m²	面积
2.2.3.7	r	m	半径
2.2.3.8	t	m	筒壁、池壁或罐壁厚度
2.2.3.9	θ	°	角度
2.2.3.10	I	m⁴	惯性矩
2.2.3.11	W	m³	抵抗矩

2.2.4 系 数

序 号	符 号	单 位	解 释
2.2.4.1	μ	—	场地指数
2.2.4.2	μ_G	—	场地土层刚度指数
2.2.4.3	μ_d	—	场地土层厚度指数
2.2.4.4	γ_d	—	场地覆盖层刚度对地震效应影响的权系数
2.2.4.5	α	—	场地土层覆盖层厚度对地震效应影响的权系数
2.2.4.6	ξ	—	地震影响系数
2.2.4.7	η_1	—	地震效应折减系数
2.2.4.8	η_2	—	水平地震影响系数的增大系数
2.2.4.9	ζ_d	—	阻尼修正系数
2.2.4.10	ψ	—	调整系数、折减系数、荷载组合系数、地基抗震承载力调整系数
2.2.4.11	η_v	—	梁柱截面剪力增大系数
2.2.4.12	ε	—	结构阻尼比
2.2.4.13	γ_j	—	j振型参与系数
2.2.4.14	γ_G	—	重力荷载分项系数
2.2.4.15	γ_{Eh}	—	水平地震作用分项系数
2.2.4.16	γ_{Ev}	—	竖向地震作用分项系数
2.2.4.17	γ_w	—	风荷载作用分项系数
2.2.4.18	γ_t	—	温度作用分项系数
2.2.4.19	γ_m	—	高速旋转式机器基础的动力作用分项系数
2.2.4.20	γ_{RE}	—	承载力抗震调整系数
2.2.4.21	λ	—	长细比

3 抗震设计的基本要求

3.1 场地影响和地基、基础

3.1.1 场地应按对构筑物抗震的影响，划分出有利、不利和危险地段，并应符合下列规定：

3.1.1.1 坚硬土或开阔平坦密实均匀的中硬土地段，按有利地段确定。

3.1.1.2 软弱土、液化土、条状突出的山嘴、高耸孤立的山丘、非岩质的陡坡、河岸和边坡边缘，平面分布上成因、岩性、状态明显不均匀的故河道、断层破碎带、暗埋的塘浜沟谷及半填半挖地基等地段，按不利地段确定。

3.1.1.3 地震时可能发生滑坡、崩塌、地陷、地裂、泥石流及发震断裂带上可能发生地表位错的地段，按危险地段确定。

3.1.2 场池的选择，应符合下列要求：

3.1.2.1 宜选择有利地段。

3.1.2.2 宜避开不利地段，当无法避开时，应采取适当的抗震措施。

3.1.2.3 不应在危险地段建造甲、乙、丙类的构筑物。

3.1.3 硬场地上基本自振周期大于0.3s 的构筑物，地震作用效应措施，可按原烈度计算，但6度时抗震构造措施不应降低。

3.1.4 地基的抗震设计，应符合下列要求：

3.1.4.1 当地基主要持力层范围内有液化土或软弱粘性土层时，应采取措施防止地基失效、土层软化、不均匀沉陷和震陷对结构的不利影响。

3.1.4.2 同一结构单元不宜设置在性质截然不同的地基土上，当不可避免时，宜设置防震缝。

3.1.5 基础的抗震设计，应符合下列要求：

3.1.5.1 对不均匀沉降敏感的构筑物以及输送易燃、易爆、剧毒介质的大口径管线的支承结构，应采取减小不均匀沉降或提高结构、管线对不均匀沉降适应能力的措施。

3.1.5.2 同一结构单元宜采用同一标高上。

3.1.5.3 同一结构单元的基础，宜设置在同一类型基础。

3.1.5.4 桩基宜采用低承台。

3.2 抗震结构体系

3.2.1 抗震结构体系，应根据构筑物的重要性、烈度、结构高度、场地、地基、基础、材料和施工等因素，经技术经济综合比较后确定。

3.2.2 构筑物的平面、立面布置，宜符合下列要求：

3.2.2.1 构筑物的平面、立面布置对称，质量分布和刚度变化均匀，相邻层间的层间刚度不宜突变，平面内宜减小刚度中心与质量中心间的偏心距。

3.2.2.2 相邻层的抗侧力结构的承载力构件不宜突变。

3.2.2.3 不宜采用自重较大的悬臂结构。

3.2.3 对体型复杂的构筑物或建筑物——构筑物组联结构，应采取下列措施：

3.2.3.1 当设置防震缝时，宜将结构分成规则的结构单元。

3.2.3.2 当不设置防震缝时，宜对结构进行整体抗震计算，对薄弱部位，应采取提高抗震能力的措施。

3.2.3.3 防震缝宜与同伸缩缝、沉降缝协调布置，伸缩缝、沉降缝应符合防震缝的要求。

3.2.4 抗震结构体系，应符合下列要求：

3.2.4.1 应具有明确的计算简图和简捷、合理的地震作用传递路线；传递路线中的构件及其节点不应发生脆性破坏。

3.2.4.2 应具备必要的变形能力和耗能能力。

3.2.4.3 宜采用多道抗震防线。

3.2.4.4 部分结构或构件的破坏，不应导致整个体系丧失承载能力。

3.2.5 抗震结构构件，应符合下列要求：

3.2.5.1 砌体结构构件应按规定设置钢筋混凝土圈梁、构造柱和芯柱，或采用配筋砌体和组合砌体等。

3.2.5.2 混凝土结构构件应合理选择尺寸、配置纵向钢筋和箍筋，避免剪切先于弯曲破坏，混凝土的压溃先于钢筋的屈服，钢筋的锚固粘结先于构件破坏。

3.2.5.3 钢结构构件应合理选择尺寸，防止局部或整个构件失稳。

3.2.6 抗震结构构件的连接，应符合下列要求：

3.2.6.1 构件节点的承载力，不应低于其连接构件的承载力。

3.2.6.2 预埋件的锚固承载力，不应低于其连接构件的承载力。

3.2.6.3 装配式结构构件的连接，应能保证结构的整体性。

3.2.7 抗震支撑系统，应能保证地震时结构的稳定和可靠地传递水平地震作用。

3.3 材 料

3.3.1 结构材料的性能，应符合下列基本要求：

3.3.1.1 烧结粘土普通砖的强度等级为一级的抗震等级不应低于MU7.5，砖砌体的砂浆强度等级不宜低于M2.5。

3.3.1.2 混凝土强度等级、抗震等级为一级的框架梁、柱和节点不宜低于C30，其它各类构件不应低于C20；构架式、筒式基础不宜低于C20；构造柱、芯柱和扩展基础不宜低于C15。

3.3.1.3 钢筋的强度等级，纵向受力钢筋宜采用Ⅱ级或Ⅲ级变形钢筋；箍筋可采用Ⅰ级或Ⅱ级钢筋，螺旋箍筋可采用φ5冷拔低碳钢丝；构造柱、芯柱可采用Ⅰ级钢筋。

3.3.2 施工中，对主要受力钢筋不宜以强度比原设计高的钢筋代替；当需要替换时，应按钢筋受拉承载力设计值相等的原则进行换算。

3.4 非结构构件

3.4.1 围护墙、封墙等非结构构件，应与主体结构有可靠的连接。在人员出入口、通道及重要设备附近的非结构构件，应采取加强措施。

3.4.2 围护墙和隔墙，不宜采用半高的填充墙；当必须采用时，墙体与主体结构之间应采用柔性连接。

4 场地、地基和基础

4.1 场 地

4.1.1 构筑物的所在场地，应根据场地指数进行评定。

4.1.1.1 场地指数应按下列公式计算：

$$\mu = \gamma_G \mu_G + \gamma_d \mu_d \quad (4.1.1-1)$$

$$\mu_G = \begin{cases} 1 - e^{-6.6(G-30)10^{-3}} \\ 0 \quad (\text{当 } G \leq 30\text{MPa 时}) \end{cases} \quad (4.1.1-2)$$

$$\mu_d = \begin{cases} e^{-0.5(d-5)^2 10^{-3}} \\ 0 \quad (\text{当 } d > 80\text{m 时}) \end{cases} \quad (4.1.1-3)$$

式中 μ ——场地指数；
γ_G ——场地土层刚度对地震效应影响的权系数，可采用 0.7；
γ_d ——场地覆盖层厚度对地震效应影响的权系数，可采用 0.3；
μ_G ——场地土层刚度指数；
μ_d ——场地覆盖层厚度指数；
G ——场地土层的平均剪变模量 (MPa)；
d ——场地覆盖层厚度 (m)，或采用地面至剪变模量大于 500MPa 或剪切波速 500m/s 的土层顶面的距离。

4.1.2 当场地土层的平均剪变模量大于 500MPa 或覆盖层厚度不大于 5m 时，场地指数可采用 1.0。

场地土层的平均剪变模量，当覆盖层厚度小于 20m 时，可采用实际覆盖层厚度确定。场地土层的平均剪变模量，应按下式计算：

$$G = \frac{\sum\limits_{i=1}^{n} d_i \gamma_i V_{si}^2}{g \sum\limits_{i=1}^{n} d_i} \times 10^{-3} \quad (4.1.2)$$

式中 d_i ——第 i 层土的厚度 (m)；
γ_i ——第 i 层土的密度 (kN/m³)；
V_{si} ——第 i 层土的剪切波速 (m/s)；
n ——覆盖层的分层数；
g ——重力加速度，可取 9.81m/s²。

4.1.3 场地设计阶段的剪切波速，可通过现场实测确定；丁类构筑物及初步设计阶段的甲、乙、丙类构筑物，可按当地成熟的经验公式确定或按下式计算：

$$V_{si} = ah_{si}^{\delta} \quad (4.1.3)$$

式中 h_{si} ——第 i 层土中点处的深度 (m)；
a ——土层的剪切波速计算系数，可按表 4.1.3 采用；
δ ——土层的剪切波速计算指数。

土层的剪切波速计算系数和计算指数 表 4.1.3

土名和状态	计算系数和计算指数	粘性土	粉、细砂	中、粗砂	砾、卵、碎石
固结较差的流塑、软塑粘性土，松散、稍密的砂土	a	70	90	80	—
	δ	0.300	0.243	0.280	—
软塑、可塑粘性土，中密或稍密砂、砾、卵石土	a	100	120	120	170
	δ	0.300	0.243	0.280	0.243
硬塑、坚硬粘性土，密实的砂、砾、卵、碎石土	a	130	150	150	200
	δ	0.300	0.243	0.280	0.243

4.1.4 场地分类，可根据场地指数按表 4.1.4 确定。当有充分依

据时,表4.1.4的场地指数分类范围可作适当调整。

表4.1.4

场地指数分类	$1 \geq \mu > 0.80$	$0.80 \geq \mu > 0.35$	$0.35 \geq \mu > 0.05$	$0.05 \geq \mu \geq 0$
场地分类	硬场地	中硬场地	中软场地	软场地

4.1.5 场地的勘察,除应符合国家现行有关标准的规定外,尚应划分出抗震有利、不利和危险地段,确定场地指数和场地分类对需要采用时程分析法估计计算的构筑物,尚应根据设计要求提供土的有关动力参数和场地覆盖层厚度。

4.2 天然地基及基础

4.2.1 天然地基上的下列构筑物,可不进行地基和基础的抗震承载力验算:

4.2.1.1 6度时的构筑物。

4.2.1.2 7度、8度和9度时,地基静承载力标准值分别大于80、100、120kPa且高度不超过25m的构筑物。

4.2.1.3 本规范规定可不进行上部结构抗震验算的构筑物。

4.2.2 天然地基的抗震承载力,应符合下列各式要求:

$$P \leq f_{SE} \quad (4.2.2-1)$$

$$P_{max} \leq 1.2 f_{SE} \quad (4.2.2-2)$$

$$f_{SE} = \zeta_s f \quad (4.2.2-3)$$

式中 P ——基础底面地震组合的平均压力设计值(kPa);
f_{SE} ——地基抗震承载力设计值(kPa);
P_{max} ——基础底面边缘地震组合的最大压力设计值(kPa);
f ——经宽度和埋置深度修正后的地基静承载力设计值(kPa),可按现行国家标准《建筑地基基础设计规范》确定;

ζ_s ——地基抗震承载力调整系数,可按表4.2.2采用。

表4.2.2 地基抗震承载力调整系数

岩土名称和状态	ζ_s
岩石,密实的碎石土,密实的砾砂、粗砂、中砂,$f_k \geq 300$的粘性土和粉土	1.5
中密、稍密的碎石土,稍密的砾砂、粗砂、中砂,密实和中密的细砂、粉砂,$150 \leq f_k < 300$的粘性土和粉土	1.3
稍密的细砂、粉砂,$100 \leq f_k < 150$的粘性土和粉土,新近沉积粘性土和粉土	1.1
淤泥、淤泥质土、松散的砂、填土	1.0

注:f_k为地基静承载力标准值(kPa)。

4.2.3 验算天然地基地震承载力时,基础底面与地基之间的零应力区面积,不应大于基础底面面积的25%。

4.2.4 8度和9度软场地时,对水平荷载较大的结构和未设抗震缝的柱间支撑部位的柱基,应进行基础正侧面土与基础底面摩擦力的水平抗力验算。抗滑阻力可采用基础底面摩擦能力与基础正侧面土的抗力之和;基础正侧面土的抗滑能力时,可采用被动土压力的1/3。

4.2.5 当需要提高基础的抗滑能力时,可选择下列措施:

4.2.5.1 设置刚性地坪。
4.2.5.2 基础底面下换土。
4.2.5.3 增加基础埋置深度或在基础底面增设防滑键。
4.2.5.4 加设基础系梁。

4.3 液化土地基

4.3.1 地面以下15m深度范围内地基有饱和砂土、饱和粉土时,可按下列规定进行液化初判:

4.3.1.1 地质年代为第四纪晚更新世(Q_3)及其以前时,可判为不液化。

4.3.1.2 6度时,一般可不计液化的影响。

4.3.1.3 粉土中粒径小于0.005mm的粘粒含量百分率,7度、

d_s——标准贯入点深度(m);
d_w——地下水位深度(m)，宜按设计基准期内年平均最高水位采用，也可按近期内年最高水位采用；
ρ_c——粘粒含量百分率，当小于3％或为砂土时，应采用3％;
N_0——液化判别标准贯入锤击数基准值，应根据地震烈别，按表4.3.2采用。

液化判别标准贯入锤击数基准值 表4.3.2

地区类别	烈 度		
	7	8	9
一般地区	6	10	16
特定地区	8	12	—

注：特定地区系指按《中国地震烈度区划图》属于近震影响的地区。

4.3.3 存在液化土层的地基，应按下式计算地基的液化指数：

$$I_{lE} = \sum_{i=1}^{n} \left(1 - \frac{N_i}{N_{cri}}\right) d_i W_i \quad (4.3.3)$$

式中 I_{lE}——地基液化指数；
$N_i、N_{cri}$——分别为地面以下15m范围内液化土层中第i个标准贯入点所代表的实测值和液化判别标准贯入锤击数临界值；
n——一个钻孔内单位土层厚度的影响的权函数值(m⁻¹)，当该土层单位中点深度不大于5m时应采用10，大于或等于15m时应取零，5～15m时可按线性内插法取值。

4.3.4 存在液化土层的地基，应根据其液化指数按表4.3.4确定地基的液化等级。

8度和9度分别不小于10％，13％和16％时，可不计液化的影响。

4.3.1.4 确定是否浅基础，上覆非液化土层厚度和地下水位深度应各减去基础埋置深度大于5m或2m 但不超过5m的浅基础，上覆非液化土层厚度和地下水位深度大于2m但不超过2m的深度部分后按图4.3.1进行判别。

注：①粘粒含量系采用六偏磷酸钠作分散剂的测定结果；
②上覆非液化土层中有软土时，加除软土厚度；
③地下水位深度采用设计基准期内年平均最高水位或近期年最高水位。

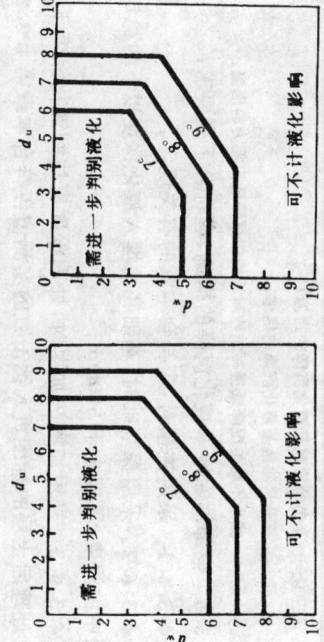

图4.3.1 $d_u、d_w$ 与液化的关系
d_u——上覆非液化土层厚度(m);
d_w——地下水位深度(m)。

4.3.2 经初判判确定为需要进一步判别液化的饱和砂土和粉土，在地面以下15m或桩基20m深度范围内，应采用标准贯入试验法进行判别。当饱和砂土和粉土的标准贯入锤击数实测值(未经杆长修正)小于液化判别标准贯入锤击数临界值时，应判为液化土。液化判别标准贯入锤击数临界值，可按下式计算：

$$N_{cr} = N_0 [0.9 + 0.1(d_s - d_w)] \sqrt{3/\rho_c} \quad (4.3.2)$$

式中 N_{cr}——液化判别标准贯入锤击数临界值；

8—12

不大于3，丙类构筑物不大于4；对独立基础和条形基础，基础底面以下的处理深度尚不应小于基础宽度，且不应小于5m。

4.3.7.2 在处理深度范围内，处理后土层不液化的标准贯入锤击数的实测值应符合本章第4.3.2条关于不液化土层的规定。

4.3.7.3 每边外伸的处理宽度，应符合本章第4.3.6条的规定。

4.3.8 采用减小不均匀沉降或提高结构对不均匀沉降适应能力的措施，可按具体情况选择下列措施：

4.3.8.1 减小基础埋置深度，基底至液化土上界面的距离不宜小于3m。

4.3.8.2 采用筏基、箱基和钢筋混凝土十字形基础等。

4.3.8.3 增强上部结构的整体刚度和均匀对称性，合理设置沉降缝，避免采用对不均匀沉降敏感的结构形式等。

4.3.9 地下结构半地下结构的侧压力和上浮力增大对结构时，宜确定液化后土结构的侧压力和上浮力增大对结构的影响。

4.3.10 当大面积液化土层下界面的倾斜度超过2°或液化土地基一侧有临空面时，宜确定液化引起周围土体流动的可能性。

4.4 软土地基震陷

4.4.1 8度和9度，地基范围内存在淤泥、淤泥质土且地基静承载力标准值8度小于100kPa，9度小于120kPa时，除丁类构筑物或基础底面以下非软土层厚度符合表4.4.1规定的构筑物外，均应采取措施，消除软土地基震陷影响。

表4.4.1 基础底面以下非软土层厚度

烈度	基础底面直接应压非软土层厚度(m)
	≥6，且≥5
8	≥1.5b，且≥8
9	

注：① 表中厚度系指直接应压非软土层；
② b为基础底面宽度(m)。

表4.3.4 地基液化等级

液化指数	<5	5～15	>15
液化等级	轻微	中等	严重

4.3.5 抗液化措施，应根据构筑物的类别和地基的液化等级，按表4.3.5选择。除丁类构筑物外，不应将未经处理的液化土层作为天然地基持力层。

表4.3.5 抗液化措施

构筑物类别	地基的液化等级		
	轻微	中等	严重
甲类		专门研究确定	
乙类	②或③	①或②	①
丙类	③	②	①或② + ③
丁类	不采取措施	不采取措施	③或其它较经济的措施

注：①——全部消除地基液化沉降的措施；
②——部分消除地基液化沉降的措施；
③——减小不均匀沉降或提高结构对不均匀沉降适应能力应采取的措施。

4.3.6 全部消除地基液化沉降的措施，应符合下列规定。

4.3.6.1 采用桩基时，应挖除全部液化土层。

4.3.6.2 采用深基础时，基础底面埋置应达到液化深度下界中的深度，不应小于500mm。

4.3.6.3 采用加密法加固时，处理深度应达到液化深度下界，且处理后土层的标准贯入锤击数的实测值应符合本章第4.3.2条的规定。

4.3.6.4 采用换土法时，应挖除全部液化土层。

4.3.6.5 每边外伸的加密或处理宽度，从基础底面边缘算起，不应小于基础底面处理深度的1/3，且不应小于2m。

4.3.7 部分消除地基液化沉降，处理后的乙类构筑物的地基液化指数应符合下列要求：

4.4.2 消除软土地基震陷影响，可选择下列措施：

4.4.2.1 基本消除地基震陷的措施，可采用桩基、深基础、加密或换土法等。

采用加密或换土法时，基础底面以下软土层厚度应满足本章表4.4.1规定的非液化土层处理深度；每边外伸处理宽度不宜小于处理深度的1/3，且不宜小于2m。

4.4.2.2 部分消除地基震陷的措施，可采用加密或部分换土法等。

基础底面以下软土处理深度应满足本章表4.4.1规定的非液化土处理深度的0.75倍；每边外伸处理宽度不宜小于土层厚度的1/3，且不宜小于2m。

4.4.2.3 基础和上部结构措施：
(1) 可采用箱基、筏基和钢筋混凝土十字形基础等；
(2) 增强上部结构的整体刚度和均匀对称性，合理设置沉降缝，避免采用对不均匀沉降敏感的结构形式等。

4.4.3 不具备地基处理条件的甲类构筑物或有特殊要求的构筑物，其抗震措施应进行专门研究。

4.5 桩基础

4.5.1 承受竖向荷载为主的低承台桩基，当同时符合下列条件时，可不进行桩基竖向承载力和水平抗震承载力的验算：

4.5.1.1 6～8度时，符合本章4.2.1条规定的构筑物。

4.5.1.2 桩身和桩周围无液化土层。

4.5.1.3 桩承台周围无液化土、淤泥、淤泥质土、松散砂土、无地基静承载力标准值小于130kPa的填土。

4.5.1.4 非液化土中低承台桩基，构筑物不位于斜坡地段。

4.5.2 按计算确定单桩竖向承载力设计值时，桩周摩擦力标准值可提高25%，端承力标准值可提高40%；桩身强度标准值可提高；单桩竖向承载力设计值和桩承载力标准值均应满足强度的要求。

4.5.2.1 按计算确定单桩竖向承载力设计值时，桩周摩擦力标准值可提高25%，端承力标准值可提高40%；桩身强度标准值可提高；单桩竖向承载力设计值均应满足强度的要求。

4.5.2.2 桩基水平承载力，可按桩的水平承载力设计值和桩承台正侧面土的水平抗力之和进行计算；其中桩的水平承载力设计值不应计入桩底面与地基土间的摩擦力。

4.5.3 存在液化土层的低承台桩基，且承台底面上、下分别有厚度不小于1.5、1.0m的非液化土或非软弱土层抗震时，可按下列两种情况分别进行抗震验算：

4.5.3.1 按全部地震作用采用，桩侧摩擦力、桩承载力抗力，均宜采以液化影响折减系数，其值可按表4.5.3采用。

土层液化影响折减系数   表4.5.3

标贯比 λ_N	深度(m)	折减系数
$\lambda_N \leq 0.6$	$d_s \leq 10$	0
	$10 < d_s \leq 20$	1/3
$0.6 < \lambda_N \leq 0.8$	$d_s \leq 10$	1/3
	$10 < d_s \leq 20$	2/3
$0.8 < \lambda_N \leq 1$	$d_s \leq 10$	2/3
	$10 < d_s \leq 20$	1

注：λ_N为液化土层的标准贯入锤击数实测值与相应的临界值之比。

4.5.3.2 地震作用可按本章第4.5.2条规定确定，但应扣除液化土层的10%采用，桩承载力和桩周摩擦力在本章第4.5.2条规定范围内非液化土层桩的桩周摩擦力和桩周摩擦力在地面下2m深度范围内非液化土层的桩周摩擦力。

4.5.4 存在液化土的桩基，桩伸入液化土中的长度（不包括桩尖部分），应按计算确定，且对于碎石土、砾砂、粗砂、中砂、坚硬粘性土和密实粉土不应小于0.5m，对于其它非岩石土，还不宜小于1.5m。

4.5.5 存在液化土层的预制桩群，当桩距小于4倍桩径且桩数均不小于6排时，宜计入桩距对桩承载力的加密作用；桩基设计中，计算单桩承载力时可不计桩侧应力散角扩散角应力可采用0°。

4.5.6 桩基的抗震构造，应根据烈度和构筑物类别，按表4.5.6确定。

桩基抗震构造等级　　　　表4.5.6

烈度	构筑物类别			
	甲	乙	丙	丁
7	B	C	C	C
8	B	B	C	C
9	A	A	B	C

4.5.7 C级桩基，应满足一般桩基础的构造要求。

4.5.8 B级桩基，除应满足一般桩基础的构造要求外，尚应采取下列构造措施：

4.5.8.1 灌注桩，应在桩顶10倍桩径长度范围内配置纵向钢筋，当桩的直径为300～600mm时，其纵向钢筋最小配筋率不应小于0.65%～0.40%；在桩顶600mm长度范围内，箍筋直径不应小于6mm，间距不应大于100mm；当需要接桩时，应采用钢板焊接连接。

4.5.8.2 钢筋混凝土预制桩，其纵向钢筋的配筋率不应小于1%；在桩顶1.6m长度范围内，箍筋直径不应小于6mm，间距不应大于100mm，且宜采用螺旋箍筋或箍筋焊接环箍。

4.5.8.3 钢管混凝土桩，桩顶的纵向钢筋应储入承台，储入长度应满足受拉钢筋的锚固要求。

4.5.8.4 钢管桩顶部填充混凝土时应配置纵向钢筋，配筋率不应低于钢管截面面积的1%，储固长度应满足受拉钢筋的抗震构造措施要求。

4.5.9 A级桩基，除应满足对B级的要求外，尚应满足下列要求：

4.5.9.1 灌注桩，应按设计计算配置纵向钢筋；在桩顶1.2m长度范围内的箍筋间距不应大于80mm且不应大于8倍纵向钢筋直径；当桩径不扩大于500mm时，箍筋直径不应小于8mm，其它纵向钢筋的配筋率不应小于1.2%；在桩顶1.6m长度范围内，其纵向钢筋的配筋率不应小于1.2%；其它桩径不应小于10mm。

4.5.9.2 钢筋混凝土预制桩，其纵向钢筋、箍筋直径不应小于桩顶1.6m长度范围内，箍筋直径不应小于8mm，间距不应大于100mm。

4.5.9.3 钢管桩与承台的连接应按受拉进行设计，其拉力设计值可采用桩竖向承载力设计值的1/10。

4.5.10 独立桩基承台，宜沿两个主轴方向设置基础系梁，基础系梁可按拉压杆进行设计，其轴力可采用桩基竖向承载力设计值的1/10。

的组合值系数,除本规范另有规定者外,应按表5.1.4采用。

可变荷载组合值系数　　　　　　表5.1.4

可　变　荷　载　种　类		组合值系数
雪荷载(高温部位不考虑)		0.5
积灰荷载		0.5
楼面和操作台面活荷载	按实际情况考虑时	1.0
	按等效均布荷载考虑时	0.5～0.7

5.1.5 构筑物的地震影响系数,应根据烈度、场地指数和结构自振周期按图5.1.5确定,其下限值不应小于最大值的10%,且应符合下列规定:

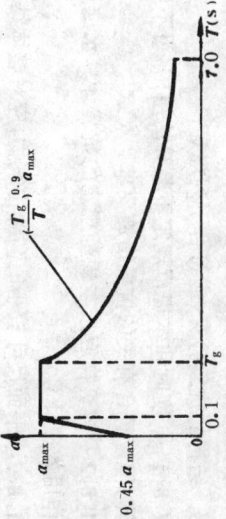

图5.1.5 地震影响系数曲线

注：α——地震影响系数;
　　$α_{max}$——地震影响系数最大值;
　　T——结构自振周期(s);
　　T_g——特征周期(s)。

5.1.5.1 截面抗震验算时,阻尼比为5%构筑物的水平地震影响系数最大值,应根据抗震设防烈度按表5.1.5-1采用。除本规范另有规定者外,构筑物的阻尼比可采用5%。

5.1.5.2 特征周期,应根据场地指数按下式计算:

$$T_g = 0.65 - 0.45 \mu^{0.4} \qquad (5.1.5-1)$$

5 地震作用和结构抗震验算

5.1 一般规定

5.1.1 构筑物的抗震计算,应符合下列原则:

5.1.1.1 一般情况下,可在构筑物结构单元的两个主轴方向分别计算水平地震作用并进行抗震验算,各方向的水平地震作用,应由该方向的抗侧力构件承担。

5.1.1.2 质量或刚度分布明显不均匀、不对称的结构,应考虑水平地震作用的扭转影响。

5.1.1.3 8度和9度时,大跨度结构、长悬臂结构及箱(筒)形井塔、双曲线冷却塔、电视塔和石油化工塔型设备基础等高耸构筑物,应计算竖向地震作用。

5.1.2 各类构筑物的抗震计算,应分别采用下列方法:

5.1.2.1 高度不超过65m且质点体系沿高度分布比较均匀的结构,宜采用振型分解反应谱法。

5.1.2.2 甲类构筑物和本规范另有规定的构筑物,除应采用底部剪力法或振型分解反应谱法外,尚宜采用时程分析法或经专门研究的方法进行补充计算。

5.1.3 采用时程分析法时,宜选择3～5条相似工程场地条件的实际强震记录或拟合设计反应谱的人工地震加速度时程曲线进行计算,按时程分析法计算得到的底部剪力,不应小于按底部剪力法或振型分解反应谱法计算值的80%。

5.1.4 计算地震作用时,构筑物的重力荷载代表值应取结构构件、内村和固定设备自重标准值和可变荷载组合值之和;可变荷载

式中 μ——场地指数,应按本规范第4.1.1条规定计算。

截面抗震验算的水平地震影响系数最大值 表5.1.5-1

烈度	6	7	8	9
抗震计算水准A	0.04	0.08	0.16	0.32
抗震计算水准B	0.13	0.25	0.50	1.00

对于基本自振周期大于1.5s且位于中软、软场地上的高柔构筑物,按式(5.1.5-1)确定的特征周期值宜增加0.15s。

5.1.5.3 当构筑物的阻尼比不等于5%时,其水平地震影响系数应乘以阻尼修正系数;阻尼修正系数可按下列规定计算:

$$\eta_k = 1/[1+15(\varepsilon-0.05)\exp(-0.09T)]^{0.5} \quad (5.1.5-2)$$

(1)当$T \geq 0.10$s
η_k——结构的阻尼比。
(2)当$T = 0.02$s
$\eta_k = 1.0$
(3)当结构自振周期在0.02～0.10s范围内时,阻尼修正系数可按线性内插法确定。

5.1.5.4 多质点体系,当采用底部剪力法计算时,水平地震影响系数的增大系数,应按下列公式确定:

当$T > T_g$ $\eta_h = (T_g/T)^{-\varsigma}$ (5.1.5-4)
当$T \leq T_g$ $\eta_h = 1.0$ (5.1.5-5)

式中 η_h——水平地震影响系数的增大系数;
ς——增大系数的结构类型指数,应根据结构类型按表5.1.5-2采用。

结构类型指数 表5.1.5-2

结构类型	剪切型结构	弯剪型结构	弯曲型结构
ς	0.05	0.20	0.35

5.1.5.5 竖向地震影响系数的最大值,可采用水平地震影响系数最大值的65%。

5.1.6 当采用水平地震加速度计算构筑物地震作用时,其设计基本地震加速度值应按表5.1.6采用。

设计基本地震加速度值 表5.1.6

烈度	6	7	8	9
设计基本地震加速度值	0.05g	0.10g	0.20g	0.40g

注:表中的设计基本地震加速度值为50年设计基准周期超越概率10%的地震加速度的设计取值。

5.1.7 构筑物的基本自振周期,可按本章规定的计算方法确定;当有类似构筑物的实测周期时,应根据构筑物的重要性和允许损坏程度,乘以实测周期加长系数1.1～1.4确定。

5.1.8 构筑物的抗震验算,应以符合下列规定:

5.1.8.1 6度时和本规范规定不验算抗震的结构,可不进行截面抗震验算,但应符合有关抗震措施要求。

5.1.8.2 结构验算,应符合本规范规定的抗震验算要求。

5.1.8.3 平面尺寸较小的高耸构筑物,对整体结构进行抗震计算水准进行抗倾覆验算。

5.1.8.4 符合本章第5.5.1条规定的构筑物,除应按本章第5.5.1条规定的抗震验算外,尚应进行变形验算。

5.4节的规定进行截面抗震验算。

5.2 水平地震作用和作用效应计算

5.2.1 当采用底部剪力法时,结构水平地震作用计算简图可按图5.2.1确定计算。

5.2.1.1 采用;水平地震作用和作用效应标准值,应按下列公式确定:

$$F_{Ek} = \alpha_1 G_{eq} \quad (5.2.1-1)$$

$$G_{eq} = \frac{[\Sigma G_i X_{1i}]^2}{\Sigma G_i X_{1i}^2} \quad (i = 1, 2, \cdots, n) \quad (5.2.1-2)$$

$$X_{1i} = (h_i/h)^\delta \quad (5.2.1-3)$$

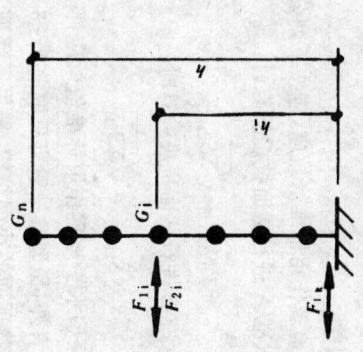

图 5.2.1 结构水平地震作用计算简图

式中 F_{Ek} ——结构总水平地震作用标准值(N);
α_1 ——相应于结构基本自振周期的水平地震影响系数,应按本章第 5.1.5 条确定;
G_{eq} ——相应于结构基本自振周期的等效总重力荷载(N);
G_i ——集中于质点 i 的重力荷载代表值(N),应按本章第 5.1.4 条的规定确定。
X_{1i} ——结构基本振型质点 i 的水平相对位移;
h_i ——质点 i 的计算高度(m);
h ——结构的总计算高度(m);
δ ——结构基本振型指数,可按表 5.2.1 取值;
n ——质点数。

表 5.2.1 结构基本振型指数

结构类型	剪切型结构	弯剪型结构	弯曲型结构
δ	1.0	1.5	1.75

5.2.1.2 结构基本振型和第二振型质点 i 的水平地震作用标准值,应按下列公式确定:

$$F_{1i} = F_{Ek1} \frac{G_i X_{1i}}{\Sigma G_i X_{1i}} \quad (5.2.1-4)$$

$$F_{2i} = F_{Ek2} \frac{G_i X_{2i}}{\Sigma G_i X_{2i}} \quad (5.2.1-5)$$

$$F_{Ek1} = \frac{\alpha_1}{\eta_h} G_{eq} \quad (5.2.1-6)$$

$$X_{2i} = (1 - h_i/h_0) h_i/h_0 \quad (5.2.1-7)$$

$$F_{Ek2} = \sqrt{F_{Ek}^2 - F_{Ek1}^2} \quad (5.2.1-8)$$

式中 $F_{1i}、F_{2i}$ ——分别为结构基本振型和第二振型质点 i 的水平地震作用标准值(N);
$F_{Ek1}、F_{Ek2}$ ——分别为结构基本振型和第二振型的总水平地震作用标准值(N);
X_{2i} ——结构第二振型质点 i 的水平相对位移;
h_0 ——结构第二振型曲线的节点计算高度(m),可采用结构总计算高度的 80%。

5.2.1.3 水平地震作用标准值效应应按下列公式确定:

按抗震计算水准 A 进行截面抗震验算时:

$$S_{Ek} = \sqrt{S_{Ek1}^2 + S_{Ek2}^2} \quad (5.2.1-9)$$

按抗震计算水准 B 进行截面抗震验算时:

$$S_{Ek} = \xi \sqrt{S_{Ek1}^2 + S_{Ek2}^2} \quad (5.2.1-10)$$

式中 S_{Ek} ——水平地震作用标准值效应;
$S_{Ek1}、S_{Ek2}$ ——分别为结构基本振型和第二振型的水平地震作用标准值效应；

ξ ——地震效应折减系数，应按本规范有关章的规定采用。

5.2.2 当采用振型分解反应谱法时，可不计扭转影响的结构，水平地震作用效应应按下列规定计算：

5.2.2.1 结构j振型质点i的水平地震作用标准值，应按下列公式确定：

$$F_{ji} = \alpha_j \gamma_j X_{ji} G_i$$
$$(i = 1, 2, \cdots, n; j = 1, 2, \cdots, m) \quad (5.2.2-1)$$

$$\gamma_j = \sum_{i=1}^{n} G_i X_{ji} / \sum_{i=1}^{n} G_i X_{ji}^2 \quad (5.2.2-2)$$

式中 F_{ji} ——j振型质点i的水平地震作用标准值（N）；

α_j ——相应于j振型自振周期的水平地震影响系数，应按本章第5.1.5条的规定确定；

X_{ji} ——j振型质点i的水平相对位移；

γ_j ——j振型的参与系数；

m ——振型数。

5.2.2.2 水平地震作用标准效应，应按下列公式确定：

按抗震计算水准A进行截面抗震验算时：

$$S_{Ek} = \sqrt{\sum S_{Ekj}^2} \quad (5.2.2-3)$$

按抗震计算水准B进行截面抗震验算时：

$$S_{Ek} = \xi \sqrt{\sum S_{Ekj}^2} \quad (5.2.2-4)$$

式中 S_{Ekj} ——j振型水平地震作用标准效应，除本规范另有规定者外，振型数一般可只取前2~3个振型。

5.2.3 突出屋物顶面的小型结构，采用底部剪力法计算时，除本规范另有规定者外，其地震作用效应宜乘以增大系数3，但增大部分不应往下传递。

5.3 竖向地震作用计算

5.3.1 井塔、电视塔以及质量、刚度分布与其类似的筒式或塔式结构，其竖向地震作用标准值应按下列公式确定（图5.3.1）：

$$F_{Evk} = \alpha_{vm} G_{eqv} \quad (5.3.1-1)$$

$$F_{vi} = F_{Evk} \frac{G_i h_i}{\sum G_j h_j} \quad (5.3.1-2)$$

式中 F_{Evk} ——结构总竖向地震作用标准值（N）；

F_{vi} ——质点i的竖向地震作用标准值（N）；

h_i, h_j ——分别为质点i、j的计算高度（m）；

α_{vm} ——竖向地震影响系数最大值，应按本章第5.1.5条的规定采用；

G_{eqv} ——结构等效总重力荷载代表值（N），可按其重力荷载代表值的75%采用。

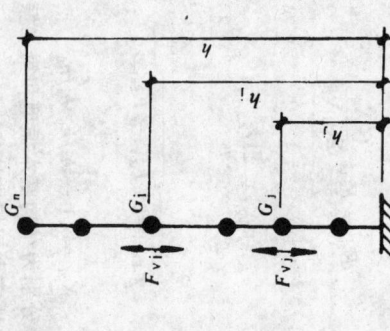

图5.3.1 结构竖向地震作用计算简图

5.3.2 跨度大于24m的桁架、长悬臂结构和其它大跨度结构，竖向地震作用标准值可采用其重力荷载代表值与竖向地震作用系数的

$\gamma_w、\gamma_t、\gamma_m$ ——分别为风荷载、温度作用和高速旋转机器动力作用分项系数,均应采用1.4;

$S_{wk}、S_{tk}、S_{mk}$ ——分别为风荷载、温度作用、高速旋转机器动力作用标准值效应;

ψ_w ——风荷载组合值系数,高耸构筑物可采用0.2,一般构筑物,除本规范另有规定者外,可取零;

ψ_t ——温度作用组合值系数,一般构筑物可采用0.35对于高温条件下的钢筋混凝土结构可取零,长期处于高温条件下的钢筋混凝土结构可采用0.7;

ψ_m ——高速旋转式机器动力作用组合系数,对大型汽轮机组、电机、鼓风机等动力机器,可采用0.7,一般动力机器可取零。

地震作用分项系数 表5.4.1

地 震 作 用	γ_{Eh}	γ_{Ev}
仅按水平地震作用计算	1.3	0
仅按竖向地震作用计算	0	1.3
同时按水平和竖向地震作用计算	水平地震作用为主时	1.3	0.5
	竖向地震作用为主时	0.5	1.3

5.4.2 结构构件的截面抗震验算,应按下式确定:

$$S \leqslant R/\gamma_{RE} \quad (5.4.2)$$

式中 R ——结构构件承载力设计值,除本规范另有规定者外,应按有关的设计规范采用;

γ_{RE} ——承载力抗震调整系数,除本规范另有规定者外,应按表5.4.2采用。

竖向地震作用系数 表5.3.2

结构类别	烈度	场 地 分 类		
		硬场地	中硬场地	中软、软场地
钢桁架	8	—	0.08	0.10
	9	0.15	0.15	0.20
钢筋混凝土桁架	8	0.10	0.13	0.13
	9	0.20	0.25	0.25
长悬臂和其它大跨度结构	8		0.10	
	9		0.20	

5.4 截面抗震验算

5.4.1 结构构件的截面抗震验算,除本规范另有规定者外,地震作用效应和其它荷载效应的基本组合,应按下式确定:

$$S = \gamma_G S_{GY} + \gamma_{Eh} S_{Eh} + \gamma_{Ev} S_{Ev} + \gamma_w \psi_w S_{wk} + \gamma_t \psi_t S_{tk} + \gamma_m \psi_m S_{mk} \quad (5.4.1)$$

式中 S ——结构构件内力组合的设计值;

γ_G ——重力荷载分项系数,一般情况下应采用1.2,当重力荷载效应对构件承载能力有利时,宜采用1.0,当验算结构抗倾覆或滑移抗震稳定性时,应采用0.9;

S_{GY} ——重力荷载代表值效应,重力荷载代表值可按本章第5.1.4条规定确定;

$\gamma_{Eh}、\gamma_{Ev}$ ——分别为水平、竖向地震作用分项系数,应按表5.4.1采用;

S_{Eh} ——水平地震作用标准值效应;

S_{Ev} ——竖向地震作用标准值效应;

5.5.3 框排架结构，结构层间最大弹塑性位移，可选取薄弱层部位进行计算，并应符合下列规定：

5.5.3.1 薄弱层位置的确定：

(1)结构层屈服强度系数沿高度分布均匀的结构，可取底层；

(2)结构层屈服强度系数沿高度分布不均匀的结构，可取该系数最小或相对较小的结构层；

(3)排架结构，可取上柱。

5.5.3.2 结构层层间最大弹塑性位移，可按下列公式确定：

$$\Delta u_p = \frac{\Delta u_y}{\sqrt{\xi_y}} \exp[1.9(1-\xi_y)] \qquad (5.5.3-1)$$

$$\xi_y = V_y / V_E \qquad (5.5.3-2)$$

式中 Δu_p ——层间最大弹塑性位移（m）；
Δu_y ——层间屈服位移（m）；
ξ_y ——结构层屈服强度系数；
V_y ——结构层屈服剪力（N）；
V_E ——结构层弹性地震剪力（N）。

5.5.4 柱承式贮仓的最大弹塑性位移，可按下式计算：

$$\Delta u_p = \frac{\Delta u_y}{2.78} \left[\left(\frac{M_E}{M_y} \right)^2 + 1.32 \right] \qquad (5.5.4)$$

式中 Δu_p ——柱顶最大弹塑性位移（m）；
Δu_y ——柱顶屈服位移（m），可在柱顶作用1.42倍屈服弯矩，采用弹性分析确定；
M_E ——柱顶弹性地震弯矩（N·m）；
M_y ——柱顶屈服弯矩（N·m）。

5.5.5 框排架结构或柱承式贮仓的结构层或柱顶弹塑性位移，应符合下式要求：

$$\Delta u_p \leqslant [\theta_p]h \qquad (5.5.5)$$

式中 h ——结构层高度，排架上柱高度或柱承式贮仓柱的全

8—20

承载力抗震调整系数 表5.4.2

材料	结 构 构 件	受力状态	γ_{RE}
钢	柱	偏压	0.70
	钢结构厂房柱间支撑	轴拉、轴压	0.80
	钢筋混凝土厂房柱间支撑	轴拉、轴压	0.90
	构件焊缝	受剪、受拉	1.00
砌体	两端均有构造柱、芯柱的抗震墙	受剪	0.90
	其它抗震墙	受剪	1.00
钢筋混凝土	梁	受弯	0.75
	轴压比小于0.15的柱	偏压	0.75
	轴压比为0.15~0.45的柱	偏压	0.80
	轴压比大于0.45的柱	偏压	0.85
	抗震墙	偏压	0.85
	各类构件	受剪、偏拉	0.85

5.4.3 当仅按竖向地震作用计算时，结构构件承载力的抗震调整系数可采用1.0。

5.5 抗震变形验算

5.5.1 8度中软、软场地或9度时的框排架结构，9度时的柱承式贮仓以及本规范规定要变形验算的构筑物，应进行抗震变形验算。

5.5.2 进行抗震变形验算时，水平地震影响系数应按本章第5.1.5条确定，但最大值应按表5.5.2采用。

抗震变形验算的水平地震影响系数最大值 表5.5.2

烈度	7	8	9
α_{max}	0.50	0.90	1.40

高(m);

$[\theta_p]$——层间弹塑性位移角限值。

5.5.6 框排架结构和柱承式贮仓的层间弹塑性位移角限值,可按下列规定采用:

5.5.6.1 对于框排架结构,可按表5.5.6采用。

5.5.6.2 对于柱承式贮仓,可按下式确定:

$$[\theta_p] = 0.25 \frac{T_1^{1.4}}{f_{ck}} \quad (5.5.6)$$

式中 T_1——贮仓的基本自振周期(s);
f_{ck}——混凝土轴心抗压强度标准值(MPa)。

层间弹塑性位移角限值 表5.5.6

结构类型		$[\theta_p]$
无贮仓	框架结构	1/50
	框排架结构	1/30
有贮仓	框架结构	1/60
	框排架结构	1/40

6 框排架结构

6.1 一般规定

6.1.1 本章适用于钢筋混凝土框排架跨、框架跨,框架—抗震墙结构与排架组成的框排架结构。

6.1.2 框排架结构的框架,应根据烈度、结构类型和框架高度,按表6.1.2划分抗震等级;框架—抗震墙结构中,当抗震墙部分承受的地震倾覆力矩不大于结构总地震倾覆力矩的50%时,其框架部分的抗震等级应按框架结构划分。

框架结构抗震等级 表6.1.2

烈度	框架结构		框架—抗震墙结构		设有贮仓的框架结构		
	框架高度(m)	框架	框架高度(m)	抗震墙结构	框架高度(m)	贮仓壁为浅仓	贮仓壁为深仓
6	≤25	四级	≤50	四级	≤25	四级	四级
	>25	三级	>50	三	>25	三级	三级
7	≤35	三级	≤60	三级	<35	三级	二级
	>35	二级	>60	二	35~60	二级	二级
8	<15	二级	<50	二级	<15	二级	二级
	15~35	二级	50~80	二	15~35	二级	一级
	>35	一级	>80	一	>35但<60	一级	一级
9	≤25	一级	≤25	一	≤25	一级	一级
	>25	一级	>25				

6.1.3 7度中软、软场地和8度、9度时,框排架结构的平面布置和结构选型、选材应符合下列规定:

6.1.3.1 质量大的跨间不宜布置在结构单元的边缘；质量大的设备宜设置在距建筑中心刚度较近的部位。

6.1.3.2 在结构单元平面内，抗侧力构件宜均匀布置。

6.1.3.3 不宜采用悬挑结构。

6.1.3.4 围护墙宜选用轻质材料，且宜对称布置；当结构单元的一端敞开另一端有山墙时，其山墙宜选用柔性连接墙板，自承重墙或轻质砌体墙填充等。

6.1.3.5 砌体围护墙不宜采用外贴式。

6.1.4 排架跨的屋架下弦或屋面梁底面与框架跨相应楼层宜设置于同一标高处。

6.1.5 第一、第二抗震等级以及设有贮仓的框架，应采用现浇钢筋混凝土结构；第三、第四抗震等级的框架，可采用装配整体式钢筋混凝土结构。

6.1.6 框排架结构宜采用无檩屋盖体系。

6.1.7 天窗架的选型与选材，应满足下列要求：

6.1.7.1 宜采用钢天窗架；6度、7度和8度时，也可采用矩形截面的钢筋混凝土天窗架。

6.1.7.2 在满足建筑功能的条件下，宜降低天窗架高度。

6.1.7.3 天窗侧板和端壁板宜采用轻型板材。

6.1.7.4 结构单元两端的第一柱间，不应设置天窗；天窗宜从第三柱间开始设置。

6.1.8 屋架或屋面梁不应采用拼块式结构，跨度不大于15m时，可采用钢筋混凝土屋面梁；8度Ⅲ、Ⅳ类场地且跨度不小于24m和9度时，宜采用钢屋架。

6.1.9 钢筋混凝土排架柱，宜采用矩形、工字形截面的工字形截面或预制腹板的工字形柱；柱底至设计地坪以上500mm高度范围内，阶形柱的上柱和牛腿和牛腿以上各柱段，均应采用矩形截面。

6.1.10 框排架结构的防震缝，应满足下列要求：

6.1.10.1 当有下列情况之一时，应设置防震缝：
(1)房屋贴建于框排架结构时；
(2)结构的平面布置不规则；
(3)质量和刚度沿纵向分布有突变。

6.1.10.2 防震缝的两侧应各自设置承重结构。

6.1.10.3 除吊车运输机外，设备不应跨防震缝布置。

6.1.10.4 防震缝的最小宽度：
(1)贴建房屋与框排架结构间：
6度、7度时　　60mm；
8度时　　　　70mm；
9度时　　　　80mm。
(2)框排架结构高度小于15m时，当结构单元高度超过15m时，对6度、7度、8度和9度，分别每增高5、4、3.2m宜加宽20mm。

6.1.11 结构内部的砌体隔墙－抗震墙结构时，抗震墙底部应予加强，加强部位应采用现浇的钢筋混凝土压顶梁和墙肢总高度的1/8和墙肢宽度的较大值。

6.1.12 当采用框架－抗震墙结构时，宜与柱脱开或采用柔性连接，但应采取保证结构体系稳定的措施。

6.1.13 上吊车的钢梯宜设在靠山墙一端，当结构单元两端均为抗震缝时，宜设在单元中部。

6.2 抗震计算

6.2.1 框排架结构应按本规范第5.1.5条抗震计算水准A确定地震影响系数并进行水平地震作用和作用效应计算。

6.2.2 框排架结构宜按多质点空间结构体系计算地震作用，且应符合下列规定：

6.2.2.1 质点宜设置在梁柱轴线交点、牛腿、柱顶、柱上变截面处和柱上集中荷载处。

6.2.2.2 可采用振型分解反应谱法,并宜取前9个振型。

6.2.2.3 计算用的结构自振周期应进行调整,周期调整系数可采用0.9。

6.2.2.4 应计入吊车桥架对结构的影响,吊车悬吊物的影响可不计。

6.2.3 框排架结构,当符合本规范附录A.0.1条规定的条件时,可按多质点平面结构进行计算,其他地震作用效应,应按附录A.0.2条规定进行调整。

6.2.4 框排架结构计算地震作用时,贮料荷载组合值可取仓贮料荷载标准值的90%。

6.2.5 第一、第二抗震等级框架,底层柱下端及贮仓支承柱的两端组合弯矩设计值,应分别乘以增大系数1.5和1.25,但相应部位按本规范附录A计算的空间效应调整系数大于1.05时可取1.05。

6.2.6 第一、第二抗震等级框架的梁柱节点处,除顶层和柱轴压比小于0.15者外,梁柱端的弯矩设计值应分别符合下列公式要求:

第一抗震等级 $\Sigma M_c = 1.12\Sigma M_{bua}$ (6.2.6-1)

或 $\Sigma M_c = 1.1\lambda_s\Sigma M_b$ (6.2.6-2)

第二抗震等级 $\Sigma M_c = 1.12\Sigma M_b$ (6.2.6-3)

式中 ΣM_{bua} ——节点上下柱上下柱端顺时针或反时针方向组合的弯矩设计值之和(N·m),上下柱端的弯矩设计值,可根据节点上下柱端实际受弯承载力按非抗震设计,按实际配筋面积和材料强度标准值根据实际配筋确定;

ΣM_c ——节点上下柱端顺时针或反时针方向组合的弯矩设计值之和(N·m);

ΣM_b ——节点左右梁端反时针或顺时针方向组合的弯矩设计值之和(N·m);

λ_s ——节点实配梁增大系数,可按节点左右梁端顺时针或反时针方向实际配筋的钢筋实际配筋面积之和与计算配筋面积之和的比值确定。

的1.1倍采用,或经分析比较后确定。

6.2.7 框架梁、柱、抗震墙和连梁,其端部截面组合的剪力设计值,应符合下式要求:

$$V \le \frac{1}{\gamma_{RE}}(0.2f_cbh_0) \quad (6.2.7)$$

式中 V ——端部截面组合的剪力设计值(N);
f_c ——混凝土轴心抗压强度设计值(Pa);
b ——梁、柱截面宽度或抗震墙截面板截面宽度(m);
h_0 ——截面有效高度,抗震墙可取截面高度(m)。

6.2.8 框架梁和抗震墙第一、第二抗震等级,其端部截面组合的剪力设计值,跨高比大于2.5的连梁,第三抗震等级应按下列公式调整,第三抗震等级可不调整:

第一抗震等级 $V = 1.05(M_{bua}^l + M_{bua}^r)/l_n + V_{Gb}$ (6.2.8-1)

或 $V = 1.05\lambda_b(M_b^l + M_b^r)/l_n + V_{Gb}$ (6.2.8-2)

第二抗震等级 $V = 1.05(M_b^l + M_b^r)/l_n + V_{Gb}$ (6.2.8-3)

式中 M_{bua}^l, M_{bua}^r ——分别为梁左右端顺时针或反时针方向所对应的弯矩正截面抗弯承载力设计值,可按简支梁计算(N·m),可根据实际配筋面积和材料强度标准值按实配的钢筋实际配筋面积和材料强度标准值的1.1倍采用,或经分析比较后确定;

V_{Gb} ——梁在重力荷载代表值作用下,按简支梁计算的梁端截面剪力设计值(N);

l_n ——梁的净跨(m);

M_b^l, M_b^r ——分别为梁左右端顺时针或反时针方向组合的弯矩设计值(N·m)。

λ_b ——梁实配筋增大系数,可按节点左右梁端顺时针或反时针方向实际配筋的钢筋实际配筋面积之和与计算配筋面积之和的比值确定。

6.2.9 框架柱和贮仓支承柱,其端部截面组合的剪力设计值应按下列公式调整,第一、第二抗震等级面组合的剪力设计值,第三抗震等级可不调整。

第一抗震等级　　$V=1.1(M_{cuq}^u+M_{cuq}^l)/h_n$ （6.2.9-1）
或　　　　　　　$V=1.1\lambda_c(M_C^u+M_C^l)/h_n$ （6.2.9-2）
第二抗震等级　　$V=1.1(M_C^u+M_C^l)/h_n$ （6.2.9-3）

式中 M_{cuq}^u，M_{cuq}^l——分别为柱上、下端顺时针或反时针方向实配的正截面抗震承载力所对应的弯矩值（N·m），可根据实配钢筋面积、材料强度标准值和轴压力等确定；

λ_c——柱实配弯矩增大系数，可偏压柱上、下端实配的正截面抗震承载力所对应的弯矩值之和与其组合的弯矩设计值之和的比值采用，或经分析后确定；

h_n——柱的净高（m）；

M_C^u，M_C^l——分别为柱的上、下端顺时针或反时针方向组合的弯矩设计值（N·m）。

注：实配的正截面承载力，系指按实配钢筋面积、材料强度标准值和应于重力荷载代表值的轴向力计算的正截面承载力。

6.2.10 抗震墙底部加强部位截面组合的剪力设计值，其增大系数可按下式计算：

第一抗震等级　　$\eta_v=1.1\lambda_w$ （6.2.10-1）
　　　　　　　　$\lambda_w=M_{wua}/M_w$ （6.2.10-2）
第二抗震等级　　$\eta_v=1.1$ （6.2.10-3）

式中 η_v——剪力增大系数；

λ_w——墙实配弯矩增大系数，可根据抗震墙底部实配的正截面抗震承载力对应的弯矩值与其组合的弯矩设计值的比值采用，或经分析后确定；

M_{wua}——抗震墙底部实配的正截面抗震承载力所对应的弯矩值（N·m），可根据实配抗震配筋面积、材料强度标准值和轴向力等确定；

M_w——抗震墙底部组合的弯矩设计值（N·m）。

6.2.11 第一、第二抗震等级框架的节点核芯区应按本规范附录B进行抗震验算；第三抗震等级的节点核芯区，可不进行抗震验算，但应符合抗震构造措施的要求。

6.2.12 计算抗震墙的内力和变形时，应按相连纵横墙的共同作用确定；现浇抗震墙翼墙的有效宽度，可采用抗震墙间距、门窗洞间的墙宽度、抗震墙厚加两侧各6倍翼墙总高的1/10四者的最小值。

6.2.13 8度和9度时，应计算横向水平地震作用下弦产生的拉、压影响。

6.2.14 8度和9度时，屋架或屋面梁与柱顶（或牛腿）的连接，宜进行抗震验算。

6.2.15 8度和9度时，仓斗与竖壁之间的连接焊缝或螺栓，竖向地震作用的影响，竖向地震作用系数可分别采用0.10和0.20。

6.2.16 支承低跨屋盖的柱牛腿的纵向受拉钢筋截面面积，应按下式确定：

$$A_s \geq (\frac{N_Ga}{0.85h_0f_y}+1.2\frac{N_E}{f_y})\gamma_{RE}$$ （6.2.16）

式中 A_s——纵向水平受拉钢筋的截面面积（m²）；

N_G——柱牛腿面上重力荷载代表值产生的压力设计值（N）；

a——重力作用点至柱近侧边缘的距离（m），当小于$0.3h_0$时采用$0.3h_0$；

h_0——牛腿最大竖向截面的有效高度（m）；

N_E——柱牛腿面上地震组合的水平拉力设计值（N）；

f_y——钢筋抗拉强度设计值（Pa）；

γ_{RE}——承载力抗震调整系数，可采用1.0。

6.2.17 8度和9度时，屋架横向水平支撑跨，宜计算纵向水平地震作用下位移差对屋架上弦杆和支撑膜杆的影响。

6.2.18 当框排架列结构按多质点平面结构计算时，突出屋面的天窗架的抗震计算可采用底部剪力法，其地震作用效应应乘以增大系数，但增大部分不应在下传递；天窗架的有檩屋盖、天窗架的纵向地震作用效应增大系数，可采用2.5。

6.2.18.1 天窗架的横向地震作用效应增大系数，当天窗架跨度大于9m或9度时可采用1.5，其它情况下可采用1.0。

6.2.18.2 无檩屋盖及设有水平支撑的有檩屋盖、天窗架的纵向地震作用效应增大系数，可采用2.5。

6.3 构造措施

6.3.1 框架梁的截面高宽比，不宜大于4；梁净跨与截面高度之比，不宜小于4。

6.3.2 框架梁端纵向受拉钢筋的配筋率不应大于2.5%，且混凝土受压区高度与截面有效高度之比，第一抗震等级不应大于0.25，第二、第三抗震等级不应大于0.35。

6.3.3 梁端截面下部与上部配筋量的比值，除应满足计算要求外，第一抗震等级不应小于0.5，第二、第三抗震等级不宜小于0.3。

6.3.3.1 框架梁的纵向钢筋配置，应符合下列要求：梁截面上部和下部至少各应配置2φ14，第一、第二抗震等级中较大截面不应少于2φ16，且不宜少于梁端上部和下部纵向钢筋中较大截面积的1/4，第三、第四抗震等级不宜少于2φ14。

6.3.3.3 框架梁内贯通中柱的每根纵向钢筋直径，第一、第二抗震等级均不宜大于该方向柱截面尺寸的1/20。

6.3.4.1 框架梁加密区长度、箍筋最大间距和最小直径，应符合表6.3.4的要求。

6.3.4.2 当框架梁的纵向受拉钢筋配筋率大于2%时，表6.3.4中箍筋最小直径应增大2mm。

6.3.4.3 加密区箍筋的肢距，第一、第二抗震等级不宜大于

200mm，第三、第四抗震等级不宜大于250mm，当纵向钢筋每排多于4根时，每隔一根宜用箍筋或拉筋固定。

框架梁加密区长度、箍筋最大间距和最小直径   表6.3.4

抗震等级	加密区长度	箍筋最大间距 （采用较小值）	箍筋最小直径 (mm)
一	2h_b	h_b/4 100	10
二	1.5h_b	h_b/4 100	8
三	1.5h_b	h_b/4 150	8
四	1.5h_b	h_b/4 150	6

注：h_b 为梁的截面高度。

6.3.5 当框架梁跨中采用预制楼板时，在距支座1/4跨度范围内的预制板板缝中宜配置钢筋网，钢筋网的上部纵向钢筋直径不宜小于8mm，下部钢筋直径不宜小于6mm，上部钢筋直径与梁顶面预埋件焊接或贯通；8度和9度时，板面直径应不小于40mm厚的现浇钢筋混凝土面层。

6.3.6 框架柱的截面宽度不应小于400mm；柱的净高与截面高度之比宜大于4。

6.3.7 框架柱轴压比不应大于4或采用变形能力设计要求较高的框架结构，其轴压比限值应适当减小。

框架柱的轴压比 表6.3.7

柱的类别	抗 震 等 级		
	一	二	三
框 架 柱	0.7	0.8	0.9
贮仓承柱	0.6	0.7	0.8

注：轴压比系指按地震作用组合确定的柱轴压力设计值与柱的全截面面积和混凝土抗压强度设计值乘积之比。

6.3.8 框架柱的纵向钢筋配置，应符合下列要求：

6.3.8.1 宜对称配筋。

6.3.8.2 钢筋间距不宜大于200mm。
6.3.8.3 最小总配筋率应按表6.3.8采用。

框架柱纵向钢筋的最小总配筋率(%)　　表6.3.8

柱的类别	抗震等级 一	二	三	四
框架中柱和边柱	0.8	0.7	0.6	0.5
框架角柱和框支承柱	1.0	0.9	0.8	0.7

6.3.9 框架柱的箍筋加密范围,应符合下列规定:
6.3.9.1 柱端,取柱截面高度,柱净高的1/6和500mm三者的最大值。
6.3.9.2 底层柱,取柱底至设计地坪以上500mm。
6.3.9.3 柱的净高与柱截面高度之比不大于4的柱,取全高。
6.3.9.4 第一抗震等级的框架柱和框支承柱角柱,取全高。
6.3.9.5 牛腿及其上下各500mm。
6.3.10 加密区箍筋的间距和直径,应符合表6.3.10采用。

框架柱加密区箍筋的最大间距和最小直径(mm)　　表6.3.10

抗震等级	箍筋最大间距	箍筋最小直径
一	100	10
二	100	8
三	150	10
四	150	8

6.3.10.2 柱净高与截面高度之比不大于4的柱,箍筋间距不应大于100mm。

6.3.11 框架柱箍筋加密区的体积配箍率,宜符合下列要求:
6.3.11.1 最小体积配箍率宜按表6.3.11采用,混凝土强度等级高于C40或需要进行抗震变形验算的框架结构,宜采用表6.3.11规定的上限值。
6.3.11.2 当混凝土强度等级不大于C40且采用Ⅰ级钢筋的箍筋时,最小体积配箍率,可按表6.3.11所规定的数值乘以折减系数0.85,但不得小于0.4%。

加密区最小体积配箍率(%)　　表6.3.11

抗震等级	箍筋形式	柱轴压比 <0.4	0.4~0.6	>0.6
一	普通箍复合箍	0.8	1.2	1.6
一	螺旋箍	0.8	1.0	1.2
二	普通箍复合箍	0.6~0.8	0.8~1.2	1.2~1.6
二	螺旋箍	0.6	0.8~1.0	1.0~1.2
三	普通箍复合箍	0.4~0.6	0.6~0.8	0.8~1.2
三	螺旋箍	0.4	0.6	0.8

6.3.11.3 当复合箍的肢距不大于200mm且直径不小于10mm时,可采用表6.3.11中螺旋箍的最小配箍率。
6.3.11.4 第一、第二抗震等级框架,不宜计入重叠部分的箍筋体积。
6.3.11.5 柱净高和柱截面高度之比大于3的短柱,当柱的净高与柱截面高度之比不大于3时,体积配箍率不宜小于1.0%。
6.3.12 除第一抗震等级外,箍筋应按提高一抗震等级配置。
6.3.12.1 应配置对角斜筋且每个方向配置不应小于两根(图6.3.12),第一、第二抗震等级分别不应小于16mm,对斜筋分别按高一抗震等级配置。
6.3.12.2 对角斜筋的直径,第一、第二抗震等级不应小于20mm和18mm,第三、第四抗震等级不应小于16mm;对斜筋其锚固长度,不应小于其直径的40倍。

小于层高的1/25，抗震墙应与周边梁、柱连成整体。

6.3.17 抗震墙的竖向和横向分布钢筋，均应双层配置并应符合表6.3.17的要求。

抗震墙分布钢筋配置　　　　表6.3.17

抗震等级	最小配筋率（%）		最大间距（mm）	最小直径（mm）
	一般部位	加强部位		
一	0.25	0.25	300	8
二	0.20	0.25		
三	0.15	0.20		

6.3.18 钢筋的接头与锚固，除应遵守现行国家标准《混凝土结构工程施工及验收规范》的规定外，尚应符合下列规定：

6.3.18.1 箍筋末端应做成135°弯钩，弯钩的平直段不应小于其直径的10倍。

6.3.18.2 框架梁、柱和抗震墙边缘构件中的纵向钢筋接头，第一、第二抗震等级的各部位及第三抗震等级的底层和抗震墙底部加强部位，宜采用焊接或机械连接，其它情况可采用绑扎接头；搭接长度范围内的箍筋间距不应大于100mm。

6.3.18.3 框架梁、柱和抗震墙连接梁中的纵向钢筋的搭接和锚固长度，第一、第二抗震等级时，应比非抗震设计的最小搭接长度和锚固长度相应增加5倍纵向钢筋直径。

6.3.18.4 当框架柱纵向钢筋的总配筋率大于3%时，箍筋应采用焊接封闭。

6.3.19 砌体填充墙应符合下列要求：

6.3.19.1 具有抗侧力作用的实心砖嵌砌在框架平面内，且应与梁柱紧密结合；墙厚不应小于240mm，砂浆强度等级不应低于M5。

6.3.19.2 砌体填充墙框架，沿框架柱高每隔500mm应配置2φ6拉筋；第一、第二抗震等级沿框架柱直沿墙的全长设置；第

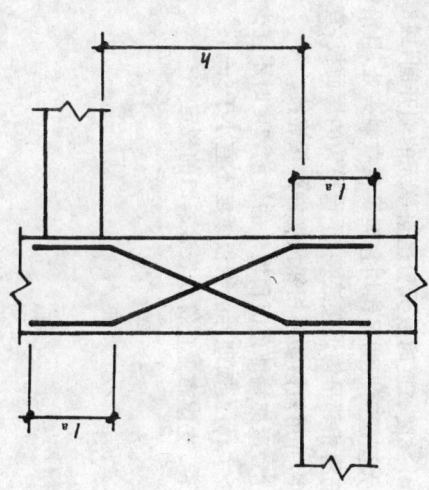

图6.3.12 对角斜筋配置

注：h——短柱净高（m）；
　　l_n——箍筋长度（m）。

6.3.13 框架柱加密区箍筋肢距，第一抗震等级不宜大于200mm，第二、第三抗震等级不宜大于250mm，第四抗震等级不宜大于300mm，且每隔一根纵向钢筋宜在两个方向设置箍筋；当采用拉筋组合箍时，拉筋宜紧靠纵向钢筋并钩住封闭箍筋箍紧密连接。

6.3.14 框架柱的非加密区箍筋量不宜小于加密区配箍量的50%，且箍筋间距，第一、第二抗震等级不应大于10倍纵向钢筋直径，第三、第四抗震等级不应大于15倍纵向钢筋直径。

6.3.15 框架柱节点核心区内箍筋最大间距和最小直径分别按表6.3.11采用，第一、第二、第三抗震等级的体积配箍率分别不宜小于1.0%、0.8%、0.6%，但轴压比小于0.4时仍按本章表6.3.11采用。

6.3.16 抗震墙墙板厚度，第一抗震等级不应小于160mm，且不应小于层高的1/20；第二、第三抗震等级不应小于140mm，且不应

三、第四抗震等级框架的拉筋伸入墙内的长度不应小于墙全长的1/5且不应小于700mm；当墙长大于5m时，墙内应有拉结措施；当墙高大于4m时，在墙高中部宜设置与柱直有拉结槽凝土水平系梁。

6.3.20 有檩屋盖构造符合下列要求：

表6.3.20　有檩屋盖的支撑布置

	支撑名称	6度、7度	8度	9度
屋架	上、下弦横向水平支撑	单元两端第一开间设置	单元两端第一开间和单元长度大于等于48m时的柱间支撑开间设置	单元两端第一开间和单元长度大于等于42m时的柱间支撑开间设置
	下弦纵向水平支撑	跨度大于等于15m，屋盖不等高时，各跨两端设置，屋盖等高时仅一端设置，其中边跨在边柱列设置	设有天窗时，在天窗开间范围的两端上弦各增设局部支撑	设有天窗时，在天窗开间范围的两端上弦各增设局部支撑
支撑	跨间竖向支撑	在有上、下弦横向支撑的开间，跨度小于等于30m时设置一道，跨度大于30m时在跨内均匀设置二道	屋盖不等高时，各跨两端设置，各跨内设置，其中边跨仅一端设置 在有上、下弦横向支撑的开间，跨度小于等于27m时设置一道，跨度大于27m时在跨内均匀设置二道	在有上、下弦横向水平支撑的开间，跨度小于等于24m时设置一道，跨度大于24m时，在跨内均匀设置二道
	下弦通长水平系杆		与跨间竖向支撑对应设置	
	两端竖向支撑	单元两端第一开间和柱间支撑开间设置	单元两端第一开间及每隔30m设置	单元两端第一开间和柱间支撑开间设置
	天窗两侧竖向支撑及横向支撑		单元天窗两端第一开间及每隔30m设置	单元天窗两端第一开间及每隔18m设置

注：与框架相连的排架，其屋架下弦高低标高低于框架顶层檐跨高度时，下弦纵向水平支撑按等高屋盖确定。

6.3.20.1 檩条应与屋架焊面梁或屋架焊牢，并应有足够的支承长度。

6.3.20.2 双脊檩应在跨度1/3处拉结。

6.3.20.3 槽瓦、瓦楞铁、压型板等应与檩条拉结。

6.3.20.4 支撑布置宜符合表6.3.20的规定。

6.3.21 无檩屋盖构造应符合下列要求：

6.3.21.1 7度中软地以及8度、9度时，靠柱列的第一排大型屋面板应采用四角焊牢；其它情况至少应三角焊。

6.3.21.2 7度时靠柱列的连接焊缝长度和8度、9度时，焊缝宽度，均不应小于80mm，焊缝高度不应小于6mm。

6.3.21.3 8度、9度时，大型屋面板端头底面的预埋件，宜采用角钢并与主筋焊接连接。

6.3.21.4 6度、7度时有天窗屋盖的吊钩均应在单元的端开间，或8度、9度时天窗屋盖的吊钩宜设在靠端头处，且沿纵向和横向宜用短钢筋焊接相邻吊钩的屋面板，不设吊钩的屋面板预埋件的焊接连接。

6.3.21.5 屋架端部顶面预埋件的锚筋，8度时不宜小于4φ10，9度时不宜少于4φ12；预埋件的钢板厚度不宜小于8mm。

6.3.21.6 支撑布置宜符合表6.3.21的规定。

6.3.22 突出屋盖的钢筋混凝土天窗架,其侧板与天窗架立柱宜采用螺栓连接。

6.3.23 钢筋混凝土屋架的截面和配筋,应符合下列要求:

6.3.23.1 拱形和折线形屋架的配筋,6度和7度时上弦、梯形屋架的第一节间上弦和屋架的第一节间上弦竖杆不宜小于4Φ12,8度和9度时不宜小于4Φ14。

6.3.23.2 梯形屋架的端竖杆截面宽度宜与屋架上弦宽度相同。

6.3.23.3 拱形屋架上弦端部支承屋面板的小立柱,截面不宜小于200mm×200mm,高度不宜大于500mm;主筋直径布置成Ⅱ形,6度和7度不宜少于4Φ12,8度和9度时不宜少于4Φ14,箍筋不宜小于Φ6,间距不宜大于100mm。

6.3.24 排架柱箍筋加密区的长度和箍筋最小直径,应符合表6.3.24的规定;加密区箍筋最大间距可采用100mm。

排架柱箍筋加密区长度和箍筋最小直径 表6.3.24

加密区位置	加密区长度	箍筋最小直径		
		6度及7度硬、中硬场地	7度Ⅲ、Ⅳ软场地和8度硬、中硬场地	8度Ⅲ、Ⅳ软、软场地和9度
上柱的柱头	柱顶以下500mm并不小于柱截面长边尺寸	6	8	8
下柱的柱根	下柱柱底至室内地坪以上500mm	8	8	10
上柱的柱根	牛腿顶面至吊车梁顶面500mm	8	8	10
支承屋架或屋面梁的牛腿柱段	牛腿及其以下500mm	8	8	10
上柱有支撑的柱头	柱顶以下700mm	8	8	10
柱中部的支撑连接点	连接点上下各300mm			
下柱有支撑的柱根	下柱柱底至室内地坪以上500mm			

无檩屋盖的支撑布置 表6.3.21

支撑名称		6度、7度	8度	9度
屋架支撑	上、下弦横向水平支撑	跨度小于18m时,同非抗震设计,跨度不等于18m时,两端第一开间设置	单元两端第一开间和单元长度大于48m时等间距开间设置,单元两端第一开间设置	单元两端第一开间和单元长度大于42m时等间距开间设置
	下弦纵向水平支撑	跨度小于18m时,同非抗震设计,跨度不等于18m时,盖不等高时,盖高时屋盖各设置一道,屋盖各跨两端仅一端设置,其中边跨一端在边跨在边柱间列设置	设有天窗时,在天窗开洞范围内,屋盖等高时,各跨两端在各跨高不等时,屋盖在各跨高度不等时,屋盖各跨两端增设局部支撑	设有天窗时,在天窗开洞范围内两端上弦各跨两端在边柱在边跨在边柱间列设置
	跨中竖向支撑	在有上、下弦水平支撑开间,跨度中小于30m时等间距开间设置,跨度中大于30m时均匀设置二道	在有上、下弦水平支撑开间,跨度中小于27m时等间距开间设置,跨度中大于27m时均匀设置二道	在有上、下弦水平支撑开间,跨度中小于24m时等间距开间设置,跨度中大于24m时均匀设置二道
	两端竖向支撑	屋架端部高度≤900mm	与跨间竖向支撑对应设置	
		屋架端部高度>900mm	有围护墙的排架跨边柱间,当屋架上弦高度处有现浇圈梁并与屋架端头有可靠连接时,其可不设	单元两端第一开间设置
支撑		单元两端第一开间和单元长度大于48m时等间距开间设置	单元两端第一开间和单元长度大于42m时等间距开间设置	
		单元两端第一开间和单元长度大于36m时等间距开间设置	单元两端第一开间和单元长度大于24m时等间距开间设置	单元两端第一开间等间距开间设置
天窗两侧竖向及横向支撑		单元两端第一开间及每隔30m设置	单元两端第一开间及每隔24m设置	单元两端第一开间及每隔18m设置

6.3.25 排架跨柱间支撑的设置,应符合下列要求:

6.3.25.1 单元中部应设置上、下柱支撑。

6.3.25.2 当有吊车或8度、9度时,在单元两端宜增设上柱支撑。

6.3.25.3 支撑交叉斜杆的最大长细比,宜符合表6.3.25的规定。

6.3.25.4 下柱支撑的下节点应与基础直接连接。

6.3.25.5 柱间支撑交叉斜杆与水平面的夹角不宜大于55°,斜杆的连接节点板厚度不应小于10mm,斜杆与节点板的连接宜采用焊接。

6.3.26 8度时且跨度大于等于18m或9度时的柱头及屋架端部上弦和下弦处,应分别设置通长水平系杆。

6.3.27 框排架结构构件的连接节点,应符合下列要求:

6.3.27.1 6度、7度或8度时,屋架或柱顶宜采用螺栓连接;9度时,宜采用钢板铰,也可采用螺栓连接;屋架或屋面梁端部的支承垫板厚度不宜小于16mm。

6.3.27.2 柱顶预埋件的锚筋,8度时不宜少于4φ14,9度时不宜少于4φ16;有柱间支撑的柱,柱顶预埋件应设置抗剪钢板。

6.3.27.3 山墙柱的柱顶,宜采用预埋件,7度时宜采用I级钢筋加锚;8度和9度时,宜采用角钢加端板。

6.3.27.4 柱间支撑与柱连接点的预埋件,配筋和预埋件应满足下列要求:

6.3.28 支承屋架或屋面梁的牛腿,应符合下列要求:

表6.3.25 支撑交叉斜杆的最大长细比

位置	6度	7度	8度	9度
上柱支撑	250	250	200	150
下柱支撑	200	200	150	150

6.3.28.1 牛腿的箍筋直径,6度、7度或8度硬场地、中硬场地不应小于8mm,8度中软、软场地或9度时不应小于10mm,箍筋间距均不应大于100mm,并应按受扭构件配置。

6.3.28.2 牛腿顶面的钢板宜与牛腿纵向受力钢筋焊接。

6.3.29 砖围护墙与可靠山墙柱(含山墙柱)全高、屋架或屋面梁端部、屋面板和天沟板有可靠拉结,转角处的砖墙应在两个方向与柱拉结;屋面板顶面的钢板宜与牛腿封闭的高跨屋盖柱和屋盖构件的拉结,应采取加强措施。

6.3.30 砖围护墙的圈梁,应符合下列规定:

梯形屋架端部墙高大于900mm时,圈梁应在墙顶标高处各设一道圈梁,但屋架端墙高度应按原则每隔4m左右设置。

6.3.30.1 8度和9度时,应按上密下疏原则每隔4m左右设置一道圈梁。

6.3.30.2 山墙沿屋面设置钢筋混凝土卧梁,并应与屋架端部上弦标高处的圈梁连接。

6.3.30.3 圈梁截面的宽度宜与墙厚相同,高度不应小于180mm,6度、7度和8度时配筋不宜少于4φ12,9度时不宜少于4φ14。

6.3.30.4 转角处柱顶圈梁开间范围内的纵向钢筋,6度、7度或8度时不宜少于4φ14,9度时不宜少于4φ16;转角两侧各1m范围内的箍筋,直径不宜小于8mm,间距不宜大于100mm;圈梁在转角处应增设不少于3根水平斜筋,其直径应与纵向钢筋相同。

6.3.30.5 圈梁与柱或屋架连接的锚拉钢筋不宜少于4φ12,且锚固长度不应小于35倍锚筋直径。

6.3.30.6 圈梁顶部圈梁与柱连接的锚拉钢筋不宜少于4φ12,且锚固长度不应小于180mm,配筋不应小于4φ14。

6.3.31 8度中软场地、软场地和9度时,砖围护墙下为条形基础时,应采用现浇钢筋混凝土基础,应在条形基础顶面设置连续的现浇钢筋混凝土圈梁,其断面高度不应小于180mm,配筋不少于4根,且直径不应小于12mm。

6.3.32 墙梁宜采用现浇钢筋混凝土梁；当采用预制钢筋混凝土墙梁时，梁底应与砖墙顶面拉结，并应与柱锚结，转角处的墙梁，应采取可靠的连接措施。

6.3.33 当采用钢筋混凝土大型墙板时，墙板与柱或屋架间宜采用柔性连接。

7 悬吊式钢炉构架

7.1 一般规定

7.1.1 本章适用于符合下列条件的悬吊式钢炉构架（以下简称炉架）：

7.1.1.1 炉体可简化为刚体。

7.1.1.2 炉架为钢筋混凝土结构或组合结构。

7.1.2 电厂炉架的设防烈度应按现行国家标准《电力设施抗震设计规范》执行。

7.1.3 炉顶盖宜采用钢骨架轻型结构。

7.1.4 炉架大板梁宜分开布置，8度或9度应分开布置。防震缝的宽度应符合本规范第6.1.10条的规定。

7.1.5 当炉架、炉顶需要封闭时，应增加水平斜杆或闭板材料宜采用轻型板材。

7.1.6 炉架与主厂房钢筋混凝土之间，应增加水平斜杆或闭板水平提高其它刚度的措施；炉顶梁系统应在水平方向应形成刚性盘体。

7.1.7 整体装配式钢筋混凝土炉架的梁、柱接头，不宜设在受力较大部位。当不可避免时，应采取可靠的抗震措施。

7.1.8 钢筋混凝土炉架，可按本规范第6.1.2条规定划分抗震等级。

7.2 抗震计算

7.2.1 炉架结构应按本规范第5.1.5条抗震计算水准A确定地震影响系数并进行水平地震作用和作用效应的计算。

7.2.2 露天布置的炉架，当进行地震作用效应组合时，应入风荷载标准值效应。

7.2.3 炉架可在两个主轴方向分别计算水平地震作用，并进行抗震强度验算。各方向的水平地震作用应全部由该方向的抗侧力构件承担。

7.2.4 进行炉架的地震作用计算时，宜对支承炉体的所有构架作整体联解。主要连接节点应分别计算纵向和横向的地震作用效应。

7.2.5 炉架的水平地震作用，宜采用振型分解反应谱法进行计算，且宜取不少于5个振型。

7.2.6 当炉架不计制晃或导向装置影响按多质点体系计算水平地震作用时，炉架质量中于各集层处、悬吊炉体在炉架柱顶产生的水平地震作用标准值可按下式计算：

$$F_{dk} = \psi_k \alpha_1 G_{eq} \quad (7.2.6)$$

式中 F_{dk}——悬吊炉体产生的地震作用标准值(N)；
ψ_k——振型影响调整系数，可采用1.2；
α_1——相应于炉体基本自振周期的水平地震影响系数，按本规范第5.1.5条的规定确定，但不应小于弹性地震影响系数最大值的20%，炉体基本自振周期一般可采用1.5s；
G_{eq}——悬吊炉体等效总重力荷载(N)。

7.2.7 当炉架不计制晃或导向装置影响按平面多质点体系计算水平地震作用时，炉架质量，炉体的重力刚度可按下式(图7.2.7)按本条规定计算的炉架对炉体质量的重力刚度可按下式计算：

$$K_0 = \left(\frac{G_d}{l} + \frac{6nEI}{l^3}\right)\psi_k \quad (7.2.7)$$

式中 K_0——炉体的重力刚度(N/m)；
l——吊杆长度(m)；
G_d——炉体重力荷载代表值(N)；
E——吊杆弹性模量(Pa)；
I——吊杆惯性矩(m⁴)；
n——吊杆总数；

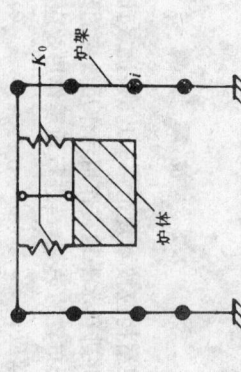

ψ_k——刚度调整系数，一般可采用1.5~2.0。

图7.2.7 炉架不计制晃装置影响的平面多质体系计算简图

7.2.8 炉架中各构架的地震作用标准值，可按刚度的比例进行分配，但对于刚度较小的中间构架，其分配比例不宜小于10%。

7.2.9 炉架中各构架的地震作用标准值效应，炉体在构架中产生的地震作用标准值效应，可按下式计算：

$$S = \sqrt{S_j^2 + S_L^2} \quad (7.2.9)$$

式中 S——构架的地震作用标准值组合效应；
S_j——构架的地震作用标准值组合效应；
S_L——炉体在构架中产生的地震作用标准值效应。

7.2.10 当炉架需要计入制晃或导向装置的影响并按平面多质点体系计算水平地震作用时(图7.2.10)，宜采用有限元法。

7.2.11 炉架的刚度中心与质量中心间的偏心距较大时，宜考虑扭转影响。

7.2.12 大板梁与钢筋混凝土炉架顶部的连接处和钢柱脚与基础的连接处，其地震作用效应均应乘以效应增大系数1.5。

7.2.13 炉顶质盖结构采用底部剪力法计算时，其地震作用效应应乘以增大系数，其值可采用3，但验算炉架受力构件的局部强应，但大部分可不住传递。

7.2.14 有制晃装置的构架，应验算制晃装置的刚度(件的局部大小度；制晃装置的刚度宜控制在10~20kN/mm范围内，其传力大小应由计算确定。

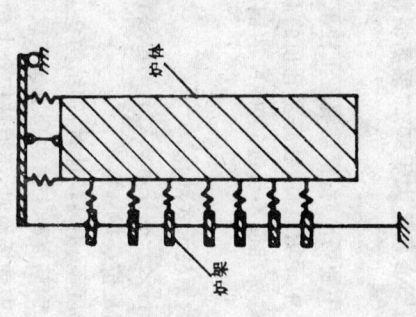

图7.2.10 炉架计入制晃装置影响的平面多质点体系计算简图

7.3 构造措施

7.3.1 钢筋混凝土炉架除应满足本规范第6章有关框架结构的抗震构造措施要求外,柱截面尺寸尚宜满足下列要求:

7.3.1.1 单柱截面的短边尺寸与柱高之比,不宜小于1/25。

7.3.1.2 构架柱段截面的短边尺寸与柱段高度之比,不宜小于1/16。

7.3.1.3 柱截面的高宽比,不宜大于2。

7.3.2 炉架的制晃装置,应符合下列要求:

7.3.2.1 应保证炉体自由膨胀。

7.3.2.2 不应传递炉膛的爆压力和燃烧时的振动。

7.3.2.3 构造简单,制作方便,应便于性能的发挥。

7.3.2.4 不应妨碍炉体悬吊时调整间隙。

7.3.3 大板梁与柱顶的连接,宜做成铰接。

8 贮 仓

8.1 一般规定

8.1.1 本章适用于贮存散状物料的柱承式方仓和直径不大于20m的柱承式、筒承式及筒支承的圆筒仓。

8.1.2 贮仓外形宜简单、规则,质量和刚度分布宜均匀对称;群仓平面布置宜采用矩形或三角形。6度和7度时,筛分间不宜设在仓顶,8度和9度时不应设在仓顶。

8.1.3 贮仓结构的选型、选材,应符合下列规定:

8.1.3.1 钢筋混凝土贮仓,宜采用筒承式圆筒仓。

8.1.3.2 8度和9度时,应采用现浇钢筋混凝土结构。

8.1.3.3 9度时,柱承式贮仓可采用钢结构。

8.1.3.4 6度和7度时,直径不大于6m的筒承式圆筒仓,可采用砖砌体结构,但与通廊应脱开。

8.1.3.5 柱承式贮仓不应采用砖砌体结构。

8.1.4 钢筋混凝土柱承式贮仓的支承结构,应符合下列规定:

8.1.4.1 方仓的支柱,宜延伸至仓顶。

8.1.4.2 柱间宜设置横梁。

8.1.4.3 9度时,宜设置钢筋混凝土抗震墙,并应对称布置。

8.1.5 仓上建筑宜符合下列规定:

8.1.5.1 仓上建筑的承重结构,宜采用现浇钢筋混凝土框架;9度时,可采用钢结构,6度及7度时,中硬场地,两层仓上建筑的总高度不超过8m,单层仓上建筑高度不超过4m时,也可采用砖混结构。

8.1.5.2 仓上建筑的屋盖,除砖承重墙外,宜采用轻型结构或构。

现浇钢筋混凝土结构，8度及8度以下时，也可采用装配式钢筋混凝土结构；仓上建筑的楼板，宜采用现浇钢筋混凝土结构。

8.1.5.3 仓仓的围护墙，当8度中软、软场地或9度以及仓上建筑承重时，宜采用轻质材料。

8.1.6 贮仓在下列部位应设置防震缝，防震缝的宽度应符合本规范第6.1.10条规定。

8.1.6.1 群仓上局部有筒分间且形成较大高差处。

8.1.6.2 贮仓与辅助建筑毗邻处。

8.2 抗震计算

8.2.1 贮仓应按本规范第5.1.5条抗震计算水准A确定地震影响系数并进行水平地震作用和作用效应计算。

8.2.2 贮仓可不进行抗震验算，但应满足抗震构造措施要求。

8.2.3 符合下列条件的贮仓，其支承结构可不进行抗震验算，但应满足抗震构造要求。

8.2.3.1 7度时，支承筒仓同一水平截面的孔洞圆心角总和不大于100°，且最大孔洞圆心角不大于50°的钢筋混凝土筒承式圆筒仓。

8.2.3.2 7度、中硬场地时，钢筋混凝土柱底至顶的高度不大于15m，柱底标准荷载不超过5000kN的钢筋混凝土柱承式贮仓。

8.2.3.3 7度硬、中硬场地时，钢结构仓上建筑。

8.2.3.4 7度时的钢贮仓。

8.2.4 符合下列条件之一的柱承式贮仓的单层仓上建筑，可不进行抗震验算，但应满足抗震构造要求。

8.2.4.1 7度及8度硬、中硬场地时，钢结构仓上建筑。

8.2.4.2 7度硬、中硬场地时，钢筋混凝土结构仓上建筑。

8.2.4.3 7度硬、中硬场地时，砖混结构仓上建筑。

8.2.5 贮仓的水平地震作用，可采用底部剪力法或振型分解反应谱法计算。

8.2.6 贮仓的水平地震作用计算时，贮料荷载组合值，筒承式圆筒仓可采用满仓贮料荷载标准值的80%，柱承式贮仓可采用满仓贮料荷载标准值的90%。

8.2.7 筒承式圆筒仓按多质点体系模型，仓上建筑和仓体宜采用多质点体系模型；仓上建筑的地震作用效应乘以增大系数，其值可采用4.0，但增大部分不应在下传递。

8.2.8 柱承式贮仓按底部剪力法计算时，可采用单质点体系模型，且应符合下列规定：

8.2.8.1 质点位置可设于柱顶。

8.2.8.2 质点的重力荷载代表值，应按本规范第5.1.4条采用，其中贮料荷载组合值应按本章第8.2.6条确定，仓上建筑自重标准值应按100%采用，支承结构自重标准值可加30%采用。

8.2.8.3 水平地震作用标准值的作用点，应设置于贮料的质心处。

8.2.9 柱承式贮仓的仓上建筑的水平地震作用，可采用下刚性地面的单质点（单层时）或多质点（二层时）体系模型计算，其上建筑的地震作用效应乘以增大系数，可按表8.2.9采用，但增大部分不应在下传递。

仓上建筑地震作用效应增大系数 表8.2.9

条件	单层仓上建筑	二层仓上建筑	
		底层	上层
$r_m \geq 50$ 且 $50 \leq r_m \leq 100$	4.0	4.0	3.5
其它	3.0	3.0	2.5

注：①r_m 为贮仓支承结构侧移刚度与仓上建筑计算层间侧移刚度之比。
②r_m 为仓体质量（含贮料）与仓上建筑计算层的质量之比。

8.2.10 柱承式方仓有横梁支承的钢筋混凝土柱承式贮仓，可按本规范附录C确定。

8.2.11 8度软场地和9度时,柱承式贮仓应计算重力偏心引起的附加水平地震作用,其标准值可按下列公式计算:

$$F_{gk} = \rho_g \cdot F_{Ek} \quad (8.2.11-1)$$
$$\rho_g = 2.5 G_{eq}/Kh \quad (8.2.11-2)$$

式中 F_{gk}——重力偏心引起的附加水平地震作用标准值(N);
F_{Ek}——未计入重力偏心时的水平地震作用标准值(N);
ρ_g——重力偏心作用系数,当小于0.05时,可采用0;
G_{eq}——贮仓结构单元等效重力荷载(N),支承结构可不计入;
K——贮仓结构单元支承柱的总弹性侧移刚度(N/m);
h——支承柱的总高度(m)。

8.2.12 单排柱承式群仓,当采用底部剪力法且单质点体系计算时,支承柱的水平地震作用标准值效应应乘以表8.2.12规定的扭转效应系数,其值可按表8.2.12规定采用。

表8.2.12 扭转效应系数

联仓个数	3	4	5	≥6
扭转效应系数	1.10	1.15	1.20	1.25

8.2.13 柱承式贮仓、支柱与基础和仓体连接端的组合弯矩设计值,应乘以增大系数;增大系数可按表8.2.13采用。

表8.2.13 柱端弯矩增大系数

支承条件	烈度		
	7	8	9
无横梁	1.2	1.4	1.6
有横梁	1.10	1.25	1.50

8.2.14 柱承式贮仓的支承结构,梁柱节点处的梁柱端弯矩组合的剪力设计值,应分别符合本规范第6.2.6~第6.2.9条的规定,8度、9度时,支承结构可分别按第二、第一抗震等级的框架等级计算。

8.2.15 采用筒与柱联合支承的贮仓,支筒与支柱的地震剪力,可按刚度比例进行分配,但支柱的地震剪力应以1.5且不小于支承结构底部总地震剪力的10%。

8.2.16 9度时,钢筋混凝土柱承式贮仓的抗震变形验算,可按本规范第5.5节有关规定计算。

8.2.17 8度和9度时,斗与壁之间的连接焊缝或螺栓,应按本规范第6.2.15条规定计算竖向地震作用的影响。

8.3 构造措施

8.3.1 柱承式贮仓有横梁的支承结构,应符合下列规定:
8.3.1.1 横梁与柱的线刚度比,不宜小于0.8;计算柱线刚度时,柱高应取基础顶面至仓底的距离。
8.3.1.2 在满足工艺要求的前提下,横梁顶面至仓底的距离与柱全高之比,不宜小于0.3,且不宜大于0.5。
8.3.1.3 横梁截面的高宽比不宜大于4。

8.3.2 柱承式贮仓柱轴压比限值,应符合表8.3.2的规定。

表8.3.2

烈度	6	7	8	9
轴压比	0.80	0.75	0.65	0.55

8.3.3 柱承式贮仓柱净高截面高度之比不宜小于4。

8.3.4 支承式贮仓柱纵向钢筋,宜采用对称配筋,其最小总配筋率,应符合表8.3.4的规定;8度和9度时,钢筋间距不应大于200mm。

表8.3.4 支柱纵向钢筋最小总配筋率(%)

单格仓贮料载标准值(kN)	<3000		3000~10000		>10000	
烈度	6,7	8	9	6,7	8	9	6,7	8	9
中柱、边柱	0.6	0.8	0.9	0.7	0.8	0.9	0.8	0.9	1.0
角柱	0.7	0.9	1.0	0.8	0.9	1.0	0.9	1.0	1.1

8.3.5 支柱纵向钢筋的接头,6度和7度时宜采用焊接或机械连

接;8度和9度时应采用焊接或机械连接;柱两端1.5倍截面长边高度范围内不宜设置接头,同一截面内接头钢筋总面积不应大于钢筋总面积的50%,相邻接头间距不宜小于500mm。

8.3.6 支柱的箍筋配置

8.3.6.1 箍筋加密范围;8度和9度时的角柱,应取柱全高,有刚性地坪时,应取上下各500mm。

8.3.6.2 加密区的箍筋最大间距和最小直径,应按表8.3.6-1采用。

柱加密区的箍筋最大间距与最小直径 (mm) 表8.3.6-1

烈 度	最大间距	最小直径
6	150	6
7	100	6
7	150	8
8	100	8
8	150	10
9	100	10

8.3.6.3 加密区的箍筋最小体积配箍率,应按表8.3.6-2采用;当采用螺旋箍时,最小体积配箍率可减少1/6,但不应小于0.4%。

柱加密区的箍筋最小体积配箍率(%) 表8.3.6-2

烈度	柱轴压比		
	<0.4	0.4~0.6	>0.6
6,7	0.4	0.6	0.8
8	0.6	0.9	1.2
9	0.8	1.2	1.6

8.3.6.4 当柱净高与截面高度之比小于4时,箍筋应沿柱全高加密,其间距不应大于100mm。

8.3.6.5 箍筋的肢距,8度和9度时不宜大于200mm,且每隔一根纵向钢筋宜在两个方向有箍筋或拉筋。

8.3.6.6 非加密区的箍筋配置量,不宜小于加密区的50%,且8度和9度时的箍筋间距不宜大于10倍纵向钢筋直径。

8.3.6.7 螺旋箍应焊接封闭。

8.3.7 支承结构横梁的纵向钢筋配置,应符合下列规定:

8.3.7.1 8度和9度时,梁截面混凝土受压区高度与有效高度之比不宜大于0.35,纵向受拉钢筋的配筋率不应大于2%。

8.3.7.2 梁截面上部和下部通长钢筋不应少于2φ14,8度和9度时且不应少于梁截面面积的1/4。

8.3.7.3 8度和9度时,梁面内的纵向钢筋接头不宜大于截面总面积或机械连接,且同一截面加密区范围内不宜大于钢筋总面积的1/4;梁端箍筋加密范围内不宜采用焊接接头不宜小于500mm。

8.3.8 支承结构横梁的箍筋配置,应符合下列规定:

8.3.8.1 梁端1.5倍梁高范围内,箍筋应加密。

8.3.8.2 加密区的箍筋最大间距和最小直径,应符合表8.3.8的规定。

8.3.8.3 8度和9度时,加密区箍筋的肢距不宜大于200mm,每排纵向钢筋多于4根时,宜每隔一根用箍筋或拉筋固定。

梁加密区的箍筋最大间距和最小直径(mm) 表8.3.8

烈度	最大间距（采用较小值）	最小直径
6	h/4,150	6
7	h/4,100	6
8	h/4,100	8
9	h/4,100	10

注:h 为梁截面高度。

8.3.9

8.3.9.1 当柱间设置填充墙时,应符合下列规定:应沿柱全高设置,且宜对称布置。

8.3.9.2 沿墙高每隔500mm，应从柱中伸出2φ6拉筋与墙体拉结，拉筋伸入墙内长度不应小于墙长度的1/4或700mm，当墙长大于5m时，墙顶与墙梁宜有拉结措施，当墙高大于4m时，在墙高中部宜设置与柱连接的通长钢筋混凝土水平系梁。

8.3.10 筒承式圆筒的支承筒壁，应符合下列要求：

8.3.10.1 筒壁的厚度，6度和7度时不宜小于180mm，8度和9度时不宜小于200mm。

8.3.10.2 筒壁应采用双层双向配筋，竖向或环向钢筋的总配筋率均不应小于0.4%，内外层钢筋间应设置拉筋，其直径不宜小于6mm，其间距不宜大于700mm，8度和9度时不宜大于500mm。

8.3.10.3 筒壁孔洞宜对称均匀布置，每个孔洞的圆心角不应大于70°，同一水平截面内开洞之圆心角之和不应大于140°。

8.3.10.4 洞口边长大于1.0m时，洞口每边的附加钢筋不应少于2φ18，且不应小于洞口切断钢筋截面积的60%，洞口四角的斜向钢筋均不应少于2φ18。

8.3.10.5 洞口边长大于1m时，洞口四周应设置加强框；加强框的每边配筋量，不应小于洞口切断钢筋截面积的60%。

8.3.11 钢结构贮仓，应满足下列要求：

8.3.11.1 8度和9度时，纵向柱间支撑开间的钢柱基础顶面，宜设置长度与支撑平面相垂直的抗剪钢板。

8.3.11.2 地脚螺栓宜采用带有刚性锚板或锚梁的双帽螺栓，埋置长度不宜小于15倍螺栓直径。

8.3.12 砖砌体贮仓，仓体和支承筒不宜大于2m，支承筒不宜大于3m，且应在仓顶各设一道圈梁。

8.3.12.1 仓体和支承筒应设置现浇钢筋混凝土圈梁和构造柱；圈梁的间距，仓体和支承筒不宜大于2m，支承筒不宜大于3.5m。

8.3.12.2 圈梁的截面宽度应与墙厚相同，高度不宜小于250mm，纵向钢筋不宜少于4φ12，箍筋间距不宜大于180mm。

8.3.12.3 构造柱的截面尺寸不宜小于墙厚，纵向钢筋不宜少于4φ12，箍筋间距不宜大于250mm，柱上、下端部箍筋宜加密，沿柱高每隔500mm应有不少于2φ6钢筋与墙体拉结。

8.3.12.4 仓体和支承筒的洞口周边，应设置钢筋混凝土加强框。

8.3.13 砖混结构仓上建筑，应符合下列规定

8.3.13.1 砖墙厚度不应小于240mm。

8.3.13.2 应设置圈梁和构造柱，圈梁间距不宜大于3m，且应在墙顶设置一道圈梁，构造柱间距不宜大于4m。

8.3.13.3 仓上建筑局部有突出屋面的结构时，该部分的仓上建筑区段应采用钢筋混凝土框架结构。

9 井 塔

9.1 一般规定

9.1.1 本章适用于表9.1.1所列最大高度范围内的钢筋混凝土井塔；钢结构井塔可按本章有关规定执行。

钢筋混凝土井塔最大高度(m) 表9.1.1

结构类型	烈度			
	6	7	8	9
框架型	80	50	40	—
箱(筒)型	不限	100	80	60

注：井塔高度系指室外地面到檐口的高度。

9.1.2 井塔基础的选型，宜符合下列规定：

9.1.2.1 硬质场地时，可采用单独基础或条形基础，整体性较好的岩石地基，宜优先采用锚桩基础。

9.1.2.2 中硬场地时，宜采用条形基础、箱基或筏基。

9.1.2.3 中软或软场地、岩溶土洞发育地基以及地基中有液化土层时，宜采用桩基或箱基础型式。

9.1.3 井颈基础系指井筒方台、倒圆台及倒圆锥台等基础。

9.1.4 井塔宜优先采用箱(简)型结构，圆形及倒圆锥台上的井颈基础或井筒直接固结在基础或倒圆锥台上的井颈基础。

9.1.4.1 井塔的平面布置，应符合下列规定：

9.1.4.2 箱(筒)型结构应采用矩形平面或正多边形平面，矩形平面的长宽比不宜大于2.0。

9.1.5 井塔提升机层需采用悬挑结构时，悬挑长度不宜超过表9.1.5的限值，并宜对称布置，9度时，不宜采用悬挑结构。

表9.1.5

烈度	6	7	8
悬挑长度(m)	5.0	4.0	3.5

9.1.6 箱(筒)型井塔塔身的窗洞，应对称且上下对齐布置；井宜采取构造措施减小门窗洞口尺寸。

9.1.7 井塔与贴建的建(构)筑物之间宜设置防震缝；防震缝的宽度可按表9.1.7采用，且不宜小于70mm。

井塔防震缝宽度 表9.1.7

烈度	6	7	8	9
宽度	h/250	h/200	h/150	h/100

注：h为贴建(构)筑物的高度。

9.2 抗震计算

9.2.1 井塔结构应按本规范第5.1.5条抗震计算水准B进行水平地震作用计算，其地震效应折减系数可采用0.35。

9.2.2 7度、中硬场地且井塔高不大于50m时，箱(筒)型井塔可不进行抗震验算，但应满足抗震措施要求。

9.2.3 井塔应按两个主轴方向分别进行水平地震作用计算，8度和9度时，尚应按本规范第5.3.1条的规定进行竖向地震作用计算。

9.2.4 井塔可按本规范第5.2.1条的规定取重力荷载代表值，应取楼层的楼面荷载及其上、下相邻塔身自重标准值的1/2。

9.2.5 井塔的计算高度，可采用基础顶面至檐口的高度，当基础顶面埋深不大于3.5m时，可按实际高度计算；当基础顶面埋深大于3.5m时，可按3.5m计算。

9.2.6 计算地震作用时的可变荷载按实际情况计算组合值，可按下列规定采用：

9.2.6.1 楼面活荷载按实际情况计算组合值，可采用其标准值的：

100%；按等效均布荷载计算时，可采用其标准值的50%。

9.2.6.2 箕斗及其装载自重、罐笼自重，可不计。

9.2.6.3 矿仓贮料荷载，可采用贮料荷载标准值的80%。

9.2.6.4 吊车可采用其自重标准值的100%，悬吊物重可不计。

9.2.6.5 雪荷载可采用其标准值的50%。

9.2.7 高度不超过70m的钢筋混凝土井塔结构的基本自振周期，可按下列公式计算：

箱（筒）型井塔：

$$T_1 = 0.025 + 0.048h^2/\sqrt{b} \quad (9.2.7-1)$$

框架型井塔：

$$T_1 = 0.330 + 0.001h^2/\sqrt{b} \quad (9.2.7-2)$$

式中 T_1——井塔结构的基本自振周期(s)；
h——井塔计算高度(m)，按本章9.2.5条的规定采用；
b——计算方向的井塔宽度(m)。

注：公式中已计入计人楼时周期加长系数。

9.2.8 位于中软、软场地上的井塔，按刚性地基模型计算水平地震作用时，可按下列规定考虑与地基相互作用的影响；凝土条形基础且塔身计算高度在20～65m范围之内时，其水平地震作用标准值且采用相互作用系数9.2.8采用；

表9.2.8

基础形式	基础埋深(m)	相互作用系数
箱基、筏基、钢筋混凝土条形基础	≥3.0	0.8
	<3.0	0.9
其它基础型式	不限	1.0

9.2.8.2 塔身固接于井筒上的井塔、软场地时，其相互作用系数可采用1.4，中软场地时可采用1.0。

9.2.9 9度中软、软场地上的井塔，宜采用时程分析法进行补充计算；当地基条件复杂时，尚宜按结构、基础和地基的相互作用进行计算。

9.2.10 井塔结构构件的截面抗震强度验算时，地震作用标准值效应与其它荷载标准值的基本组合，可按下式计算：

$$S = \gamma_G S_{Gr} + \gamma_{gn} S_{gk} + \gamma_{Eh} S_{Eh} + \gamma_{Ev} S_{Evk} + \gamma_{1l} S_{1k} + \gamma_w \psi_w S_{wk} \quad (9.2.10)$$

式中 S_{Gr}——重力荷载代表值效应；
S_{gk}——钢绳罐道和制动钢绳工作荷载标准值效应；
S_{Eh}——水平地震作用标准值效应；
S_{1k}——提升工作荷载标准值效应；
γ_{gn}——钢绳罐道和制动钢绳工作荷载组合值系数，可采用1.0；
γ_1——提升工作荷载分项系数，可采用1.3；
ψ_1——提升工作荷载组合值系数，可采用1.0。

9.2.11 井塔结构构件的截面抗震承载力抗震调整系数，应采用0.85。

9.3 构造措施

9.3.1 箱（筒）型井塔塔壁，应符合下列规定：

9.3.1.1 塔壁厚度不应小于200mm；相邻层塔壁厚度之差不得超过较小壁厚的1/3。

9.3.1.2 塔壁洞口宜布置在塔壁中间部位，洞口宽度不宜大于1/3塔壁宽度，洞口边距塔边的距离不宜小于2m。

9.3.1.3 当塔壁洞口宽度大于4m或大于1/3塔壁宽度时，洞口两侧应设置贯通全层的加强肋，加强肋中竖向钢筋两端伸入楼板（基础）中的锚固长度，竖向钢筋直径不应小于40倍竖向钢筋直径。

9.3.1.4 塔壁应采用双层配筋，竖向钢筋直径不宜小于12mm，间距不宜大于250mm；横向钢筋直径不宜小于8mm，间距不宜大于250mm,且横向钢筋宜配置于竖向钢筋的外侧,双层钢筋之间的拉筋,间距不宜大于500mm(梅花形布置),直径不应小于6mm;塔壁竖向和横向钢筋配筋率,不应小于0.25%。

9.3.1.5 塔壁各墙肢的转角、侧转角、角宽置在截面两端宽度不大于2倍壁厚的范围内。

9.3.1.6 矩形平面井塔的塔壁内侧转角,宜采用八字角,角宽可取150~300mm;井壁设置贴角筋,贴角筋的直径和间距可与塔壁横向钢筋相同。

9.3.1.7 塔壁门窗洞边的竖向和横向钢筋,应按计算确定,不应少于2Φ14;洞口转角处的斜向钢筋,不应少于2Φ12,且伸过洞口边的锚固长度不应小于40倍斜向钢筋直径。

9.3.2 井壁基础,应符合下列规定:

9.3.2.1 混凝土强度等级不宜低于C20。

9.3.2.2 基础受压区的竖向钢筋,直径不宜小于16mm,间距不宜大于250mm;环向及地下井筒的竖向钢筋,必须与井颈基础竖向钢筋焊接或机械连接;

9.3.2.3 地下井筒的钢筋接头宜采用焊接,同一截面处的钢筋接头数不应超过总钢筋数的50%,且相邻接头间距不应小于1.0m。

9.3.3 框架型井塔的抗震构造措施要求,应符合本规范第6.3节的有关规定。

10 钢筋混凝土井架

10.1 一般规定

10.1.1 本章适用于四柱和六柱单绳缠绕式钢筋混凝土井架。四柱式井架的高度不宜超过20m,六柱式井架不宜超过25m。

注:井架高度系指井颈顶面至天轮平台顶面的高度。

10.1.2 井架应按本规范表6.1.2中的框架结构划分抗震等级,但不应低于第三抗震等级。

10.1.3 钢筋混凝土井架与贴建的建(构)筑物之间应设防震缝。防震缝宽度应符合表10.1.3的规定。

钢筋混凝土井架防震缝最小宽度(mm) 表10.1.3

提升类型	烈 度			
	6	7	8	9
罐笼提升	70	70	80	110
箕斗提升	80	90	100	140

10.1.4 天轮梁的支承横梁,宜采用桁架式结构。

10.1.5 六柱式井架的斜撑基础埋深,不宜小于2m。

10.2 抗震计算

10.2.1 钢筋混凝土井架,应按本规范第5.1.5条抗震计算水准A确定地震影响系数并进行水平地震作用和作用效应计算。

10.2.2 四柱式井架的纵向框架、7度和8度时,可不进行抗震验算;六柱式井架的纵向框架,7度时可不进行抗震验算,但均应符合抗震措施要求。

10.2.3 井架应按两个主轴方向分别进行水平地震作用计算,井架应符合下列规定:

10.2.3.1 四柱式井架地震作用计算时,井架应按本规范第5.2.1条规定进行地震作用计算,其质点一般可设于井架横梁轴线标高或水平台处。

10.2.3.2 四柱式井架按底部剪力法计算时,其横向框架按剪切型结构计算,纵向桁架应按弯曲型结构计算;天轮起重量架的震作用效应,应乘以放大系数3,但增大部分不应往下传递。

10.2.3.3 六柱式井架的水平地震作用计算时,应计入扭转影响,宜采用多质点空间杆系模型,且且取不少于3个振型。

注:井架的纵向指提升方向,横向垂直于提升方向。

10.2.4 计算地震作用时,井架的重力荷载代表值应按下列规定取值:

10.2.4.1 结构、天轮及其它设备,扶梯、钢罐道等,应取自重标准值的100%;

(1) 按实际情况计算时,应取其标准值的100%;

(2) 按等效均布荷载计算时,可取其标准值的50%。

10.2.4.2 平台可变荷载组合值:

10.2.4.3 箕斗、罐笼及物料和拉紧重锤的重力荷载可不计。

10.2.5 钢筋混凝土井架的基本自振周期,可按下列规定计算:

10.2.5.1 四柱式井架

$$T_y = -0.0406 + 0.0424 \frac{h}{\sqrt{l_a}} \quad (10.2.5-1)$$

$$T_x = -0.1326 + 0.0507\sqrt{h(l_a + l_b)} \quad (10.2.5-2)$$

式中 T_y ——井架纵向基本自振周期(s);
T_x ——井架横向基本自振周期(s);
h ——井架高度(m),可取锁口盘面至天轮平台面之间的距离;
l_a ——井架锁口盘面上纵向两立柱的轴线间距(m);
l_b ——井架锁口盘面上横向两立柱的轴线间距(m)。

10.2.5.2 六柱式井架

$$T_y = -0.2510 + 0.0663 \sqrt[3]{\frac{h}{l_a + l_c}} \quad (10.2.5-3)$$

$$T_x = -0.0988 + 0.0332h \quad (10.2.5-4)$$

式中 l_c ——六柱式井架后面框架柱轴线至斜架基础中心线的距离。

注:公式中已计入震时周期增加系数。

10.2.6 井架结构构件的截面抗震验算时,地震作用标准值效应与其它荷载效应的基本组合,可按本规范第9.2.10条的规定计算,但敞开式井架可不计风荷载。

10.2.7 第一、第二抗震等级的井架,其底层柱两端组合的弯矩计算值,应分别乘以增大系数1.5和1.25。

10.2.8 井架梁、柱端组合的剪力设计值应增大1.25。

10.2.9 第一、第二抗震等级的钢筋混凝土井架、节点核芯区应按附录B的要求进行抗震验算。

10.2.10 9度时,四柱式井架横向和六柱式井架的底层和节点核芯区应按本规范第5.5节框排架结构的有关规定进行抗震变形验算。

10.3 构造措施

10.3.1 9度时,斜架基础的混凝土强度等级不应低于C20。

10.3.2 钢筋混凝土井架柱的节间净高与截面高度之比,宜大于4。

10.3.3 除天轮大梁及其支承横梁外,井架横梁的净跨与截面高度之比不宜小于4,截面高宽比不宜大于4。

10.3.4 井架柱的最小截面尺寸,应符合表10.3.4的规定。

井架柱最小截面尺寸(mm) 表10.3.4

结构型式		截面尺寸(纵向×横向)
四柱式		400×600
六柱式	立柱柱	400×400
	斜梁柱	500×350

10.3.5 井架柱的纵向配筋率,不应小于0.3%。

10.3.6 井架柱和梁的钢筋配置和构造要求,应符合本规范第6.3节有关框架梁、框架柱的规定,但底层柱的箍筋加密区长度,应取柱的全高。

10.3.7 井架底层的横向框架梁,宜加深梁,腋高不宜小于梁高的1/4,坡度可采用1:3。

10.3.8 四柱式井架,在纵向平面内的柱轴线宜按3%坡度沿高度向内倾斜。

10.3.9 井架柱的纵向钢筋,必须与基础(或井颈)有可靠的锚固,锚固长度不应小于50倍纵向钢筋直径。

10.3.10 8度、9度时,六柱式井架的斜架基础,自基础顶面以下沿锥面四周应配置竖向钢筋,其直径不应小于10mm,长度不应大于1.5m,间距8度时不应大于200mm,9度时不应大于150mm。

11 斜撑式钢井架

11.1 一般规定

11.1.1 本章适用于单斜撑单绳提升钢井架和单斜撑多绳落地提升钢井架(简称斜撑式钢井架)。

11.1.2 斜撑式钢井架与贴建(构)筑物之间应设防震缝,防震缝的宽度可按下列规定采用:

11.1.2.1 罐笼井井架高度不大于12m的井口房之间的防震缝最小宽度,可按表11.1.2-1采用;井口房高度大于12m时,防震缝宽度宜增大。

11.1.2.2 箕斗井井架与高度不大于30m的井楼之间的防震缝最小宽度,可按表11.1.2-2采用;井楼高度大于30m时,防震缝宽度宜增大。

罐笼井井架防震缝最小宽度(mm) 表11.1.2-1

烈度	单绳提升		多绳提升	
	纵向	横向	纵向	横向
6、7	70	80	130	60
8	100	120	210	80
9	160	200	370	120

箕斗井井架防震缝最小宽度(mm) 表11.1.2-2

烈度	单绳提升		多绳提升	
	纵向	横向	纵向	横向
6、7	130	150	160	120
8	190	230	250	170
9	310	390	430	270

注:纵向为平行于提升平面;横向为垂直于提升平面。

11.1.2.3 当采用混合提升时，应按箕斗井井架采用防震缝宽度。

11.2 抗震计算

11.2.1 斜撑式钢井架应按本规范第5.1.5条计算水准A确定地震影响系数进行水平地震作用和作用效应计算。

11.2.2 7度时，斜撑式钢井架可不进行抗震验算，但应满足抗震措施要求。

11.2.3 计算地震作用时，斜撑式钢井架的重力荷载代表值，应按本规范第10.2.4条规定取值。

11.2.4 斜撑式钢井架的抗震计算，宜采用多质点空间杆系模型。当采用振型分解反应谱法时，对于单绳提升斜撑式钢井架，应取不少于3个振型；对于多绳提升斜撑式钢井架，应取不少于5个振型；8度软场地和9度时，宜采用时程分析法进行补充计算。

11.2.5 采用简化法进行抗震计算时，井架的基本自振周期，可按下列公式计算：

$$T_x = 0.0188h \qquad (11.2.5-1)$$
$$T_y = 0.0111h \qquad (11.2.5-2)$$

式中 T_x——横向基本自振周期(s)；
T_y——纵向基本自振周期(s)；
h——井架计算高度(m)，可采用基础顶面至天轮平台面的距离。

注：公式中已计入震时周期加长系数。

11.2.6 8度软场地和9度时，应计算竖向地震作用效应，并应与水平地震作用效应进行不利组合；计算斜撑板缆与基础顶面间的摩擦力时，应按本规范第5.3.1条规定采用2.5。

11.2.7 井架的竖向地震作用效应应采以增大系数，其值可采用2.5。

11.2.8 斜撑式钢井架的阻尼比可采用0.02，其水平地震影响系数应按本规范第5.1.5条规定确定。

11.2.9 计算地震作用时，斜撑式钢井架的重力荷载代表值，应按本规范第10.2.4条规定取值。

11.2.10 结构构件的截面抗震验算时，地震作用标准值效应和其它荷载效应的基本组合，可按本规范第9.2.10条的规定计算。

11.3 构造措施

11.3.1 斜撑式钢井架的构件连接，应采用焊接或高强螺栓连接。

11.3.2 斜撑式钢井架节点的构造，应符合下列规定：
11.3.2.1 节点板厚度不应小于10mm。
11.3.2.2 立架框口节点，应采取加强构造措施。
11.3.2.3 9度时，立架立柱和斜撑主弦杆的板材最大宽厚比，应符合表11.3.2的规定。

板材最大宽厚比　　　　　表11.3.2

钢　号	一侧自由	约束条件和位置 两侧均约束(上柱)	两侧均约束(下柱)
Q235(3号钢)	12	70	55
16Mn、16Mng钢	10	58	46

11.3.3 外露式斜撑基础的构造，应符合下列要求：
11.3.3.1 地脚螺栓应采用带有刚性锚板（或锚板）的双锚螺栓。
11.3.3.2 地脚螺栓中心至基础边缘的距离，不应小于8倍螺栓直径。
11.3.3.3 当底板与基础顶面间的摩擦力小于水平地震剪力时，应增设二次抗剪措施。
11.3.3.4 9度时，斜撑基础的混凝土强度等级不应低于C20，基础顶部二次浇灌层的混凝土强度等级不应低于C20。
11.3.3.5 8度和9度时，斜撑基础顶面以下沿锥面四周应配置竖向

12 双曲线冷却塔

12.1 一般规定

12.1.1 本章适用于钢筋混凝土双曲线自然通风冷却塔(简称冷却塔)。

12.1.2 冷却塔应按本规范第5.1.5条抗震计算水准B确定地震影响系数并进行水平地震作用效应计算。

12.2 塔筒

12.2.1 冷却塔塔筒符合下列条件之一时,可不进行抗震验算,但应满足抗震措施要求:

12.2.1.1 7度硬、中硬、中软场地或8度硬、中硬场地,且淋水面积小于4000m²。

12.2.1.2 7度硬地、中软场地或8度硬场地,且淋水面积为4000~9000m²和基本风压大于0.35kN/m²。

12.2.2 8度、9度时,宜选择硬、中硬场地建塔;7度、8度时,天然地基静承载力标准值不小于180kPa,土层平均剪变模量不小于45MPa的中软场地,可不进行地基处理。

12.2.3 中硬、中软场地时,塔筒基础宜采用环板型基础或倒T型基础;硬场地时,可采用独立基础。

12.2.4 塔筒的地震作用标准值效应,应按下式确定:

$$S_{Eqk} = \xi \sqrt{\sum_{j=1}^{m} S_{Ehj}^2 + \sum_{j=1}^{m} S_{Evj}^2} \quad (12.2.4)$$

式中 S_{Eqk}——塔筒地震作用标准值效应;

S_{Ehj},S_{Evj}——分别为第j振型水平、竖向地震作用产生的标准

钢筋,钢筋直径不应小于10mm,长度不宜小于1.5m,其间距8度时不应大于150mm,9度时不应大于100mm;在基础顶面应配置不少于两层的钢筋网,钢筋直径不应小于6mm,间距不应大于200mm。

准值效应；

ξ——地震效应折减系数，可采用0.35。

12.2.5 塔筒的地震作用采用有限元法计算时，宜采用振型分解反应谱法；8度且淋水面积大于9000m²及9度且淋水面积大于7000m²的塔筒，宜同时采用时程分析法进行补充计算。

12.2.6 当采用振型分解反应谱法时，淋水面积小于4000m²的塔筒，宜取不少于3个振型；淋水面积为4000～9000m²的塔筒，宜取不少于5个振型；淋水面积大于9000m²的塔筒，宜取不少于7个振型。

12.2.7 塔筒的地震作用标准值效应和其它荷载效应的基本组合，应按下式计算：

$$S = \gamma_G S_{Gr} + 1.3 S_{Eqk} + 0.35 S_{wk} + 0.6 S_{tk} \quad (12.2.7)$$

式中 γ_G——重力荷载分项系数，对于结构倾覆、滑移和拉力控制的工况宜采用1.0，对于压力控制的工况宜采用1.2；

S_{wk}——计入风振系数的风荷载标准值效应；

S_{tk}——计入徐变系数的温度作用标准值效应。

12.2.8 塔筒的动力特性计算，宜考虑地基与上部结构相互作用。

12.2.9 塔筒土的截面抗震验算，应符合本规范第5.4.2条的规定。

12.2.10 8度、9度时，塔筒基础应按本规范第4.4.2条规定验算天然地基抗震承载力，并应满足下列要求：

12.2.10.1 对于环板型和倒T型基础，基础底面与地基之间的零应力区的圆心角不应大于30°。

12.2.10.2 对于独立基础，基础底面不应出现零应力区。

12.2.11 在每对斜支柱轴线组成的倾斜平面内，斜支柱的倾斜角宜一致，环梁与斜支柱轴线组成的倾斜角不宜小于11°，环梁与基础底面组成的倾斜角不宜小于300mm。

12.2.12 斜支柱公式计算长度与直径或边长比应满足下列要求：

$$l_0/b = 12 \sim 20 \quad (12.2.12-1)$$

$$l_0/d = 10 \sim 17 \quad (12.2.12-2)$$

式中 l_0——斜支柱计算长度(m)，径向可按斜支柱长度乘以0.9采用，环向可按斜支柱长度乘以0.7采用；

b——矩形截面的短边长度(m)；

d——圆形截面的直径(m)。

12.2.13 7度、8度和9度时，斜支柱的轴压比分别不应大于0.8、0.7和0.6。

12.2.14 斜支柱的纵向钢筋的配置，应符合下列要求：

12.2.14.1 最小总配筋率不宜小于1%。

12.2.14.2 最大总配筋率不应大于4%。

12.2.14.3 除截面边长小于400mm者外，间距不宜大于200mm。

12.2.15 斜支柱的箍筋配置，应符合下列要求：

12.2.15.1 斜支柱两端1/6柱长度或柱截面长边长度（或直径）二者的较大值范围内，箍筋应加密配置。

12.2.15.2 在箍筋加密区，最小体积配箍率应符合表12.2.15的规定。

斜支柱最小体积配箍率（%） 表12.2.15

烈度	轴 压 比			
	<0.4	0.4～0.6	0.4～0.6	>0.6
6,7	0.3～0.4	0.4～0.6	0.4～0.6	0.6～0.8
8	0.4～0.6	0.6～0.8	0.6～0.8	0.8～1.2
9	0.6～0.8	0.8～1.2	0.8～1.2	1.2～1.6

12.2.15.3 加密区箍筋间距，不应大于6倍纵向钢筋直径或100mm，箍筋直径不宜小于8mm，但截面边长或直径小于400mm时，可采用6mm。

8—45

12.2.15.4 非加密区的配筋率不宜小于加密区的50%，且箍筋间距不宜大于10倍纵向钢筋直径。

12.2.15.5 斜支柱宜采用梁旋箍；采用复合箍和普通箍时，每隔一根纵向钢筋应在两个方向设置箍筋或拉筋约束。

12.2.16 斜支柱的纵向钢筋接头，宜优先采用焊接或机械连接；柱底部500mm范围内，不宜设置钢筋接头。

12.2.17 斜支柱顶纵向钢筋伸入环梁和支墩直径；伸入环梁和支墩内的锚固长度，分别不应小于60倍、40倍纵向钢筋直径。接头宜正交连接。

12.2.18 筒身应采用双层配筋，每层单向配筋率不宜小于0.2%；双层钢筋间的拉筋，间距不应大于1000mm，直径不应小于6mm。

12.2.19 9度时，筒身与塔顶刚性环连接处应采用加强措施。

12.3 淋水装置

12.3.1 7度硬、中硬场地或7度地基静承载力标准值大于160kPa的中软场地，淋水装置可不进行抗震验算，但应满足抗震措施要求。

12.3.2 淋水构架水平地震作用标准值效应和其它荷载效应的基本组合，应按下式计算：

$$S = 1.1S_{GE} + 1.3S_{Eh} \quad (12.3.2)$$

式中 S_{GE}——重力荷载代表值效应；
S_{Eh}——水平地震作用标准值效应，主水槽及竖井应计入地震动水压力。

12.3.3 淋水构架可按水平面排架进行抗震计算，并宜符合下列规定：

12.3.3.1 淋水构架的地震剪力，可由水槽下的Ⅱ形排架承受。

12.3.3.2 支承于竖井上的梁或水槽，相对于竖井可转动和水平位移。

12.3.3.3 当梁支承在筒壁牛腿上时，梁相对于筒壁牛腿可转动和水平位移。

12.3.4 淋水装置的平面、立面布置，宜满足下列要求：

12.3.4.1 平面、立面布置宜规则对称。

12.3.4.2 淋水面积不大于3500m²时，平面布置宜采用矩形或辐射形；大于3500m²时，宜采用矩形，并宜先采用正方形。

12.3.4.3 当淋水装置采用悬吊结构且仅有顶层梁时，梁系在柱顶宜正交布置。

12.3.4.4 8度和9度时淋水装置的上、下梁系在柱子处不宜正交布置。

12.3.5 淋水填料采用塑料材料并悬吊支承时，支柱与顶梁为单层较接排架时，支承水槽的支架宜采用Ⅱ形架；水槽也可采用下列构造应有可靠连接。

12.3.6 8度和9度时，淋水构架和淋水装置不宜搁置在筒壁牛腿上；8度且有可靠减震措施时，淋水构架、淋水装置也可搁置在筒壁牛腿上。

12.3.7 搁置在塔筒和竖井牛腿上的梁和水槽，宜采取下列构造措施：

12.3.7.1 梁和水槽底部与牛腿接触处宜设置隔振层。

12.3.7.2 8度时，梁端和直贴缓冲塔筒或梁端与筒壁间的空隙，应填充缓冲层。

12.3.7.3 8度和9度时，塔筒和竖井的牛腿在梁的两侧宜设置挡块，9度时，挡块与梁间直设置缓冲层或在梁端两侧与牛腿之间设置柔性拉结装置。

12.3.8 7度、8度和9度时，柱、水槽外缘距塔筒内壁的间隙，分别不小于50,70,100mm。

12.3.9 塔筒基础及竖井与水池底板之间，应设置沉降缝；进水沟、水池隔墙等跨越沉降缝的结构，穿越池壁的大直径进水管道，宜采用防震缝，宜采用柔性接口。

12.3.10 预制主水槽伸入主水槽的搁置；配水槽接头应焊接牢靠。

长度不应小于70mm;8度和9度时,主、配水槽的接头处,应采用焊接或其它防止拉脱措施。

12.3.11 8度和9度时,淋水填料不得浮搁,填料与梁及填料之间宜有可靠连接。

12.3.12 构架柱上下端500mm范围内,箍筋应加密,加密区箍筋直径不应小于8mm,间距不应大于100mm。

13 电视塔

13.1 一般规定

13.1.1 本章适用于混凝土结构电视塔和钢结构电视塔。

13.1.2 电视塔体型及塔楼的布置,应根据建筑造型、工艺要求和地震作用下结构受力的合理性综合确定。

13.1.3 9度时,高度超过300m的电视塔的抗震设计,宜进行专门研究。

13.2 抗震计算

13.2.1 电视塔应按下列规定进行抗震计算:

13.2.1.1 电视塔应按本规范第5.1.5条抗震计算水准A确定地震影响系数并进行地震作用和作用效应计算,并应按本规范第5.4.2条规定进行截面抗震验算。

13.2.1.2 属于甲类构筑物的电视塔,尚应采用时程分析法进行弹塑性地震反应分析,其水平地震加速度最大值应按本规范表5.1.6的设计基本地震加速度的两倍采用,应保证结构不致倒塌或严重破坏;计算时宜采用材料强度标准值。

13.2.2 符合下列条件之一的电视塔,可不进行抗震验算,但应满足抗震措施要求:

13.2.2.1 7度及8度硬、中硬场地,不带塔楼的钢电视塔。

13.2.2.2 7度硬、中硬场地,且基本风压不小于0.4kN/m²时,以及8度中软、软场地和8度硬、中硬场地,且基本风压不小于0.7kN/m²时的混凝土电视塔。

13.2.3 电视塔结构的地震作用计算,应符合下列规定:

13.2.3.1 混凝土单筒型电视塔,应同时计算两个主轴方向的水平地震作用。

13.2.3.2 混凝土多筒型电视塔和钢电视塔,除应同时计算两个主轴方向的水平地震作用外,尚应同时计算两个正交的非主轴方向的水平地震作用。

13.2.3.3 8度和9度时,应同时计算水平地震作用标准值和竖向地震作用。

13.2.4 电视塔的竖向地震作用效应,应按本规范第5.3.1条确定;竖向地震作用效应,应采以增大系数2.5。

13.2.5 计算地震作用时,电视塔的重力荷载代表值,应按本规范第5.1.4条采用。

13.2.6 混凝土电视塔,可简化成多质点体系进行计算,质点的设置和塔身截面刚度的计算,应符合下列规定:

13.2.6.1 沿高度每隔10~20m宜设一质点,塔身截面突变处和质量集中处,也应设质点。

13.2.6.2 各质点上的重力荷载代表值,可按相邻上下质点距离内的重力荷载代表值的1/2采用。

13.2.6.3 相邻质点间的塔身截面刚度,可采用该区段的平均截面刚度;计算塔身截面刚度时,可不计开孔和辅助等局部影响。

13.2.7 按抗震计算水准A进行抗震计算时,高度为200m以下的电视塔,可采用振型分解反应谱法;高度为200m及以上的电视塔,除采用振型分解反应谱法外,尚应根据本规范第5.1.6条规定的设计地震加速度值采用时程分析法进行补充计算。

13.2.8 采用振型分解反应谱法进行水平地震作用标准值效应计算时,基本周期为1.5s以下的电视塔,宜取不少于3个振型;基本周期为1.5~3.0s时,宜取不少于5个振型;基本自振周期3.0s以上的宜取不少于7个振型。

13.2.9 采用时程分析法时,地震加速度时程曲线的选用应符合本规范第5.1.3条的规定;每条地震波宜包括2个或3个分量。

13.2.10 电视塔的阻尼比,钢塔可取2%,钢筋混凝土塔可取5%,预应力混凝土塔可取3%。

13.2.11 采用振型分解反应谱法计算时,可按下列方法计算两个正交方向的水平地震作用:

13.2.11.1 混凝土单筒型电视塔,可采用一个方向水平地震作用标准值的1.3倍。

13.2.11.2 混凝土多筒型电视塔和钢电视塔,可取一个方向水平地震作用值的100%,同时取另一个方向水平地震作用标准值的30%。

13.2.12 电视塔按截面抗震验算时,结构构件的截面抗震验算,应符合本规范第5.4.1条的规定;结构构件的截面抗震调整系数,应按表13.2.12采用,其中承载力抗震调整系数,应按表13.2.12采用。

表13.2.12 承载力抗震调整系数

结构构件	γ_{RE}
钢构件	0.8
混凝土塔身	1.0
其它钢筋混凝土构件	0.8
连接	1.0

13.2.13 混凝土电视塔按抗震计算水准A进行抗震计算时,塔身可视为弹性结构体系,其截面刚度可按下列公式确定:

混凝土塔 $K = 0.85 E_c I$ (13.2.13-1)

预应力混凝土 $K = E_c I$ (13.2.13-2)

式中 K—混凝土塔身截面刚度(N·m²);
E_c—混凝土的弹性模量(Pa);
I—塔身截面的惯性矩(m⁴)。

13.2.14 高度超过200m或塔楼的电视塔,抗震计算时应

钢构件的容许长细比 表13.3.2

构 件 类 别	容 许 长 细 比
受压的弦杆、斜杆、横杆	150
受压的辅助杆、缀脰杆	200
受拉杆	350

注：预应力拉杆的长细比可不受该表的限制。

13.3.4 钢电视塔的横隔设置，应符合下列规定：

13.3.4.1 在使用和工艺需要处，应设置横隔。

13.3.4.2 塔身坡度改变处，应设置横隔。

13.3.4.3 塔身坡度不变的塔段，6~8度时每2~3节间应设置一横隔，9度时，每1~2个节间应设置横隔，可采用围焊、圈焊的转角处必须连续焊。

13.3.5 钢电视塔结构杆端部连接焊缝，可采用围焊、圈焊的转角处必须连续焊。

13.3.6 钢电视塔采用螺栓连接时，每一杆件在节点上或拼接接头一端的螺栓，连接法兰盘的螺栓数不少于3个；螺栓直径不应小于12mm。

13.3.7 圆钢或钢管与盘法兰焊接时，筒体混凝土强度等级不低于C30，基础不宜低于C20；普通钢筋采用Ⅰ、Ⅱ和Ⅲ级钢筋，预应力钢筋、钢绞线、刻痕钢丝，以及Ⅱ、Ⅲ采用的碳素钢丝。截面小于5×50×5的角钢、直径小于12mm的圆钢以及壁厚小于4mm的钢管。

13.3.9 混凝土电视塔的横隔设置，应符合下列规定：

13.3.9.1 在使用和工艺需要处，应设置横隔。

13.3.9.2 塔身坡度改变处，应设置横隔。

13.3.9.3 塔身坡度不变或缓变的塔段，每隔10~20m宜设置Ⅳ级钢筋。

入侧移引起的重力荷载偏心效应。

13.2.15 电视塔的抗震计算，宜计入地基与结构相互作用的影响。

13.2.16 抗震验算时，电视塔基础（桩基础除外）底面不应出现零应力区。

13.2.17 钢电视塔的轴心受压腹杆的稳定性，应按下列公式计算：

$$\frac{N}{\varphi A} \leq \frac{\beta_i f}{\gamma_{RE}} \quad (13.2.17-1)$$

$$\beta_i = \frac{1}{1 + 0.11\lambda (f_y/E)^{0.5}} \quad (13.2.17-2)$$

式中 N——腹杆的轴心压力（N）；
A——腹杆的毛截面面积（m²）；
φ——轴心受压构件的稳定系数，应按现行国家标准《钢结构设计规范》采用；
f——钢材的抗压强度设计值（Pa）；
β_i——折减系数，6度和7度时，其值小于0.8时，可取0.8；
λ——受压腹杆的长细比；
f_y——钢材的屈服强度（Pa）；
E——钢材的弹性模量（Pa）。

13.3 构造措施

13.3.1 钢电视塔的钢材，宜采用Q235或16Mn钢，亦可用耐候钢。

13.3.2 钢电视塔构件的长细比，不应超过表13.3.2的容许值。

13.3.3 钢电视塔的受力构件及其连接，不宜采用厚度小于6mm的钢板、截面小于L50×5的角钢、直径小于12mm的圆钢以及壁厚小于4mm的钢管。

一横膈。

13.3.9.4 横膈与塔身的连接宜采用铰接。

13.3.10 混凝土塔身考虑地震作用时的轴压比，6度时不应大于0.8，7度时不应大于0.7，8度和9度时不应大于0.6。

13.3.11 混凝土塔身筒壁的最小厚度，可按下式计算，且不应小于160mm：

$$t_{min} = 100 + 10D \quad (13.3.11)$$

式中 t_{min}——塔身筒壁最小厚度(mm)；
D——塔筒外直径(m)。

13.3.12 混凝土塔身外表面沿高度的坡度可连续变化，亦可分段采用不同坡度。塔身筒壁厚沿高度的匀变化，亦可分段阶梯形变化。

13.3.13 混凝土塔身筒壁上的孔洞应规整。同一截面上开多个孔洞时，应沿圆周均匀分布，其圆心角总和不应超过90°，单个孔洞的圆心角不应大于40°。

13.3.14 混凝土塔身筒壁，应配置双排纵向钢筋和双层环向钢筋，其最小配筋率应符合表13.3.14的规定。

混凝土塔身筒壁的最小配筋率(%) 表13.3.14

配 筋 方 式		最 小 配 筋 率
纵向钢筋	外排	0.25
	内排	0.15
环向钢筋	外层	0.20
	内层	0.10

13.3.15 混凝土塔身筒壁钢筋的最小直径和最大间距，应符合表13.3.15的规定。

钢筋的最小直径和最大间距(mm) 表13.3.15

配筋方式		最小直径	最大间距
纵向钢筋		16	外排300
			内排500
环向钢筋		12	250，且不大于筒壁厚度

13.3.16 混凝土塔身筒壁的内外层环向钢筋，应分别与内外排纵向钢筋绑扎成钢筋网，环向钢筒箍在纵向钢筋的外面。内外钢筋网之间的拉筋，直径不应小于6mm，纵横间距不宜大于600mm，且宜交错布置并沿纵向钢筋率固连接。

13.3.17 混凝土筒壁的环向钢筋接头，应采用焊接或机械连接。径大于18mm时，宜采用对接焊接或机械连接。

13.3.18 混凝土塔身筒壁的纵向或环向钢筋的混凝土保护层厚度，不应小于30mm。

13.3.19 混凝土塔身筒壁开孔周围，应配置附加钢筋，并宜靠近洞口边缘布置；附加钢筋伸过孔洞边缘的长度，不应小于钢筋直径的40倍。

矩形孔洞的四角处，应配置45°方向的斜向钢筋；每处不应少于2根，筋的面积，应按筒壁厚度每100mm采用250mm²，且不应小于被孔洞切断钢筋面积的1.3倍。

13.3.20 电视塔上部截面刚度突变处，应在构造上予以加强，并宜采取减缓刚度突变的构造措施。

14 石油化工塔型设备基础

14.1 一般规定

14.1.1 本章适用于石油化工塔型设备基础(简称塔基础)。

14.1.2 塔基础形式。根据生产工艺要求可选用圆筒式、圆柱式或框架式。塔基础包括上部钢筋混凝土结构及其钢筋混凝土基础。

注：塔基础包括支承塔设备的上部混凝土结构及其钢筋混凝土基础。

框架式等。框架式塔基础包括矩形框架式、环形框架式和大板框架式等。

14.1.3 框架式塔基础的框架结构抗震等级，可按本规范第6.1.2条的规定确定。

14.2 抗震计算

14.2.1 塔基础应按本规范第5.1.5条抗震计算水准A确定地震影响系数并进行水平地震作用和效应计算。

14.2.2 7度时，下列塔基础可不进行抗震验算，但应满足抗震措施要求。

14.2.2.1 硬、中硬场地的圆筒式、圆柱式塔基础。

14.2.2.2 硬、中硬场地，且基本风压不小于0.4kN/m²时的框架式塔基础。

14.2.2.3 中软、软场地，且基本风压不小于0.7kN/m²时的框架式塔基础。

14.2.3 圆筒式、圆柱式塔基础，可采用底部剪力法进行水平地震作用和效应计算。

14.2.4 框架式塔基础，宜采用振型分解反应谱法进行水平地震作用和效应计算。

14.2.5 8度和9度时，塔基础应按本规范第5.3.1条规定进行竖向地震作用计算，竖向地震作用效应，应乘以增大系数2.5。

14.2.6 塔基础的基本自振周期，应采用石油化工塔型设备的基本自振周期，并可按下列规定计算：

14.2.6.1 圆筒式、圆柱式塔基础，壁厚不大于30mm的塔，可按下列公式计算：

当 $h^2/d < 700$ 时 $T_1 = 0.40 + 0.98 \times 10^{-3} \dfrac{h^2}{d}$ (14.2.6-1)

当 $h^2/d \geq 700$ 时 $T_1 = 0.29 + 1.14 \times 10^{-3} \dfrac{h^2}{d}$ (14.2.6-2)

式中 T_1——石油化工塔型设备的基本自振周期(s)；
h——基础底板顶面至塔型设备顶面的总高度(m)；
d——塔型设备的外径(m)。

14.2.6.2 框架式塔基础，壁厚大于30mm的塔，可按下式计算：

$T_1 = 0.64 + 0.46 \times 10^{-3} \dfrac{h^2}{d}$ (14.2.6-3)

14.2.6.3 壁厚大于30mm的塔，可按现行国家标准《建筑结构荷载规范》附录四的规定计算结构基本自振周期。

14.2.6.4 当数个塔型设备通过联合平台组成一排时，垂直于排列方向的基本自振周期，可采用主塔(周期最长者)的基本自振周期；平行于排列方向，可采用主塔的基本自振周期乘以折减系数0.9。

注：公式中已计入震时周期加长系数。

14.2.7 计算塔基础地震作用时，等效重力荷载或重力荷载代表值可按正常生产工况计算。

14.2.8 塔基础结构的截面抗震验算时，其地震作用标准值效应和其它荷载效应的基本组合,可按本规范第5.4.1条规定确定,但可变荷载中正常生产组合的操作介质重力荷载分项系数可采用1.3。

14.2.9 塔基结构构件的截面抗震验算,应符合本规范第5.4.2条规定。

14.3 构造措施

14.3.1 塔基础的混凝土强度等级不应低于C25。

14.3.2 塔基础的埋置深度不宜小于1.5m。

14.3.3 塔基础上固定塔型设备的地脚螺栓,应符合下列要求:

14.3.3.1 应采用3号钢制作。

14.3.3.2 应埋置在受力钢筋网(骨架)内,埋置深度不宜小于18倍锚板式和爪式螺栓直径或30倍直钩式螺栓直径。

14.3.3.3 螺栓中心至钢筋混凝土圆筒、圆柱和框架梁、板边缘的距离不得小于150mm。

14.3.3.4 应设置双螺帽。

14.3.3.5 地脚螺栓周围布置钢筋的箍筋间距,不宜大于100mm。

14.3.4 圆筒式塔基础的筒壁厚度,不应小于塔裙底座环板的宽度,且不宜小于350mm。

14.3.5 圆筒式塔基础的筒壁,应配置双层钢筋。纵向钢筋的间距不应大于200mm;圆筒或圆柱式塔基础的横向钢筋的间距不应大于200mm,大于或圆柱高度小于2m时,可只配置一层钢筋。纵向钢筋直径不应小于10mm,不应小于12mm。

14.3.6 基础底板受力钢筋直径不应小于10mm,间距不应大于200mm;构造钢筋直径不应小于8mm,间距不应大于250mm。

14.3.7 框架式塔基础的构造措施,应满足本规范第6章有关框架的要求。

15 焦炉基础

15.1 一般规定

15.1.1 本章适用于大、中型焦炉的钢筋混凝土构架式基础(简称焦炉基础)。

15.1.2 8度、9度且为中软、软场地时,焦炉基础横向构架边柱的上、下端节点宜采用铰接或固接,中间柱的上、下端节点宜采用固接。

15.2 抗震计算

15.2.1 焦炉基础应按本规范第5.1.5条抗震计算水准A确定地震影响系数并进行水平地震作用和效应计算。

15.2.2 7度、中硬、中硬Ⅲ度场地时,四柱至六柱的焦炉基础,可不进行抗震验算,但应满足抗震措施要求。

15.2.3 焦炉基础横向构架可按本规范第5.2.1条规定计算。

15.2.3.1 焦炉基础横向构架结构第5.2.1条规定计算时,应符合下列规定:

用标准值可简化为单质点体系,横向总自重标准代表值,应按下列规定采用:

(1) 焦炉炉体——基础顶板以上的焦炉砌体、护炉铁件、护炉门和物料、装煤车和集气系统等,可采用其自重标准值的100%;

(2) 基础结构——可采用顶板和构架梁自重标准值的100%,构架柱自重标准值的25%。

15.2.3.3 焦炉基础横向总水平地震作用的作用点,可取焦炉炉体的重心处。

条规定取值外，尚应包括前抵抗墙自重标准值的1/2。

15.2.3.4 焦炉基础的横向基本自振周期，可按下式计算：

$$T_1 = 2\pi\sqrt{\frac{G_{eq}\delta}{g}} \quad (15.2.3)$$

式中 T_1——焦炉基础的横向基本自振周期(s)；
G_{eq}——等效总重力荷载(N)，应取总重力荷载代表值；
δ——作用于焦炉炉体重心处的单位水平力在该处产生的横向水平位移(m/N)，可按本规范附录D.0.1条确定。

15.2.4 焦炉基础的纵向水平地震作用

15.2.4.1 焦炉基础结构的纵向水平地震作用，应按下列原则确定（图15.2.4），可按本规范D.0.2条规定计算：
(1)焦炉炉体与基础构架可视为单质点体系；
(2)前后抵抗墙可视为无质量惯性壁弹性杆；
(3)纵向钢拉条可视为无质量弹性杆；
(4)支承炉体的基础顶部与抵抗墙处的相互传力用刚性链杆表示，链杆端与炉体接触端处所留无宽度缝隙，只传递压力。

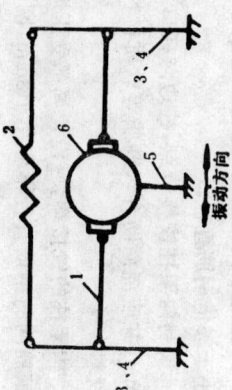

图15.2.4 焦炉基础结构的纵向计算简图
1—刚性链杆；2、3、4—分别为振动方向的前、后抵抗墙；
5—纵向钢拉条；6—焦炉炉体

15.2.4.2 焦炉基础的纵向总水平地震作用标准值，可按本规范第5.2.1条规定计算，其重力荷载代表值，除应按本规范第15.2.3条规定取值外，尚应包括前抵抗墙自重标准值的1/2。

15.2.4.3 焦炉基础纵向总水平地震作用处的作用点，可取于焦炉炉体的重心处。

15.2.4.4 焦炉基础的纵向基本自振周期可按本节式(15.2.3)计算，但作用于炉体重心处水平力在该处产生的纵向水平位移，可按本规范附录D.0.2条的规定确定。

15.2.4.5 作用于焦炉炉体重心处的水平地震作用，应计入温度作用的影响。

15.2.4.6 基础构架的纵向水平地震作用，可按下式计算：

$$F_u = \eta_u F_{Ek} \quad (15.2.4-1)$$

式中 F_K——基础构架的纵向水平地震作用标准值；
η_u——构架纵向位移系数，可按本规范附录D.0.2条确定；
F_{Ek}——焦炉基础的纵向总水平地震作用标准值(N)。

15.2.4.7 前抵抗墙在斜烟道水平梁中线处的水平地震作用标准值，可按下式计算：

$$F_1 = \eta_1 F_{Ek} \quad (15.2.4-2)$$

式中 F_1——前抵抗墙在斜烟道水平梁中线处的水平地震作用标准值(N)；
η_1——前抵抗墙在斜烟道水平梁中线处的位移系数，可按本规范附录D.0.3条确定。

15.2.4.8 抵抗墙在炉顶水平梁处的水平地震作用标准值，可按下式计算：

$$F_2 = \eta_2 F_{Ek} \quad (15.2.4-3)$$

式中 F_2——抵抗墙在炉顶水平梁处的水平地震作用标准值(N)；
η_2——抵抗墙在炉顶水平梁处的位移系数，可按本规范附录D.0.4条确定。

15.2.5 基础构架应和抵抗墙，应按本规范第5.4.1条进行地震作用标准值和其它荷载效应的基本组合，并应按本规范第5.4.2条规定进行结构构件的截面抗震验算。基础整体抗震附加规定对应的横向柱的横向水平地震作用标准值效应计算,应计入炉体侧移引起的重力荷载偏心效应。

15.3 构造措施

15.3.1 基础构架应符合本规范第6.3节有关框架的抗震构造措施规定,6度和7度时应按第三抗震等级采用,8度和9度时应按第二抗震等级采用,且均应满足下列要求:

15.3.1.1 现浇构架柱铰接端的箍筋,直径不应小于20mm,锚固长度不应小于35倍钢筋直径。

15.3.1.2 预制构架柱铰接节点,柱边与杯口内壁之间的距离不应小于30mm,并应浇灌沥青玛蹄脂等软质材料,不得填塞水泥砂浆,围护墙宜采用轻质板材或轻质填充墙。

15.3.1.3 构架柱的铰接接端,应设置局部受压焊接钢筋网,且不应少于4片;钢筋网的钢筋直径不应小于8mm,网孔尺寸不宜大于80mm×80mm。

15.3.2 焦炉基础与相邻结构间,沿纵向和横向的间隙均不应小于50mm。

16 运输机通廊

16.1 一般规定

16.1.1 本章适用于一般结构形式的运输机通廊(简称通廊)。

16.1.2 通廊廊身结构,宜符合下列规定:

16.1.2.1 地上通廊宜采用露天或半露天结构;当有围护结构时,围护墙宜采用轻质板材或轻质填充墙。

16.1.2.2 地上通廊顶板宜采用轻型板构件,底板宜采用现浇钢筋混凝土板或横向布置的预制钢筋混凝土板。

16.1.2.3 6度、7度和8度时,采用砖砌围护墙的地上通廊,其顶板应采用现浇钢筋混凝土结构。

16.1.2.4 地下通廊宜采用现浇混凝土或钢筋混凝土结构;8度软场地和9度中软、软场地时,地下通廊应采用现浇钢筋混凝土结构。

16.1.3 通廊的跨间承重结构,宜按下列规定选用:

16.1.3.1 跨度小于15m时,宜采用钢筋混凝土大梁。

16.1.3.2 跨度为15~18m时,宜采用预应力混凝土大梁,也可采用预应力混凝土桁架。

16.1.3.3 跨度大于18m时,宜采用钢桁架。

16.1.4 通廊的支承结构,应符合下列要求:

16.1.4.1 宜优先采用钢结构,也可采用钢筋混凝土结构;6度及7度硬、中硬场地,且支承结构高度小于5m时,可采用实体砖砌箱形结构,其它情况均不应采用砖支承结构。

16.1.4.2 钢筋混凝土支承结构,宜采用无外伸挑梁的框架形式。

力良好的止水带。

16.1.4.3 除6度及7度硬、中硬场地，且跨度不大于6m的露天通廊外，不得采用T形或其它横向稳定性差的支承结构。

16.1.4.4 支承结构的侧接刚度、沿通廊长度宜变化均匀。

16.1.4.5 同一通廊的支承结构，宜采用相同材料的支承结构之间应设置防震缝。

16.1.4.6 通廊支承结构纵向刚度较弱时，宜采用四柱式框架支承结构或应设置纵向支撑。

16.1.5 通廊支承结构采用钢筋混凝土框架时，应按本规范第6.1.2条的规定确定抗震等级，并应符合相应的构造措施要求。

16.1.6 通廊局部，8度中软、软场地和9度时，应设防震缝。

16.1.7 通廊防震缝的设置，应符合下列规定：

16.1.7.1 两端与建（构）筑物脱开或一端脱开、另一端支承在建（构）筑物动支座(滚)，其与建（构）筑物之间的防震缝最小宽度：当邻接通廊屋面高度不大于15m时，6度、7度、8度中硬场地和9度相应每增加高度5、4、3.2m，防震缝最小宽度宜再加高20mm。

16.1.7.2 一端落地端为铰支，另一端防震缝最小宽度不宜小于50mm；落地端与建（构）筑物的防震缝最小宽度不宜小于本条第16.1.7.1款规定。

16.1.7.3 通廊中部设置防震缝时，宜每隔20m设置防震缝，缝宽可按本条第16.1.7.1款规定采用。

16.1.7.4 地下通廊的直线段，地下通廊与地上通廊连接处和变形处，地下通廊与建（构）筑物的连接处，均应设置防震缝；地下通廊的防震缝宽度不小于50mm。

16.1.7.5 地下通廊与地上通廊间的防震缝，宜在地下通廊处设置。

16.1.7.6 有防水要求的地下通廊，在防震缝处应采用变形能板高出地面不小于500mm。

16.2 抗震计算

16.2.1 通廊结构应按本规范第5.1.5条抗震计算水准A确定地震影响系数并进行水平地震作用效应计算。

16.2.2 符合下列条件的通廊支承结构，可不进行抗震验算，但应满足抗震措施要求。

16.2.2.1 7度硬、中硬场地，钢筋混凝土或钢支承结构。

16.2.2.2 7度及8度硬、7度中硬场地和9度硬场地，露天式通廊的钢筋混凝土或钢支承结构。

16.2.3 通廊廊身结构，可不进行水平地震作用的抗震验算，跨度不大于24m的廊身结构，可不进行竖向地震作用的抗震验算，但均应满足抗震措施要求。

16.2.4 钢筋混凝土地下通廊可不进行水平地震作用的抗震验算，但应满足抗震措施要求。

16.2.5 通廊水平横向地震作用的计算单元，可取防震缝间的区段。

16.2.6 通廊的横向水平地震作用的计算简图（图16.2.6），可按下列原则确定：

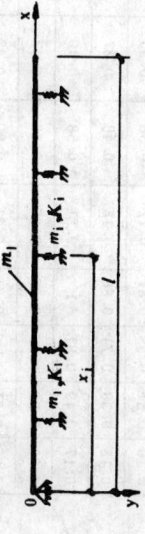

图16.2.6.1 通廊一端自由的横向计算简图

16.2.6.1 通廊一端铰支一端自由的支承结构，可视为廊身的弹簧支座。

16.2.6.2 廊身落地端和建（构）筑物上的支承端，宜作为铰支端。

通廊横向水平地震作用计算系数 表16.2.7

边界条件		两端简支			一端简支一端自由		两端自由	
j		1	2	3	1	2	1	2
ψ_{aj}		0.49	0.45	0.45	0.50	0.48	0.50	0.50
m_{aj}		0.63	0	0.21	0.61	0.26	0.67	0.35
C_j		1.0	1.4	3.0	1.0	2.5	1.0	1.0
X_i/l	0	0	0	0	0	0	0.27	1.41
	0.10	0.31	0.59	0.81	0.12	0.38	0.35	1.20
	0.13	0.38	0.71	0.88	0.15	0.48	0.37	1.15
	0.17	0.49	0.81	1	0.21	0.58	0.40	1.06
	0.20	0.59	0.88	0.88	0.25	0.67	0.43	0.99
	0.25	0.71	0.95	0.71	0.31	0.80	0.47	0.88
	0.30	0.81	1	0.28	0.37	0.86	0.51	0.78
	0.33	0.85	0.95	0	0.41	0.89	0.53	0.71
Y_{ji}	0.38	0.92	0.81	−0.37	0.46	0.94	0.57	0.62
	0.40	0.95	0.71	−0.59	0.49	0.92	0.59	0.57
	0.50	1	0	−1	0.61	0.83	0.69	0.35
	0.60	0.95	−0.59	−0.59	0.74	0.55	0.75	0.14
	0.63	0.92	−0.71	−0.37	0.77	0.47	0.77	0.09
	0.67	0.85	−0.81	0	0.82	0.32	0.80	0
	0.70	0.81	−0.95	0.28	0.86	0.19	0.83	−0.07
	0.75	0.71	−1	0.71	0.92	0	0.87	0.18
	0.80	0.59	−0.95	0.88	0.98	−0.28	0.91	−0.28
	0.83	0.49	−0.81	1	1.02	−0.47	0.94	−0.35
	0.88	0.38	−0.71	0.88	1.07	−0.71	0.97	−0.44
	0.90	0.31	−0.59	0.81	1.10	−0.85	0.99	−0.49
	1.00	0	0	0	1.23	−1.41	1.07	−0.71

注：① 中间值按线性内插法确定；
② X_i 为第 i 支承结构坐标原点的距离（m）。

16.2.6.3 廊身与建(构)筑物脱开或廊身中间设防震缝分开处,宜作为自由端。

16.2.6.4 计算时的坐标原点,可按下列规定确定：
(1) 两端铰支时,取最低端；
(2) 一端铰支一端自由时,取铰支端；
(3) 两端自由时,取悬臂相等时取最低端,悬臂相等时取最低端。

16.2.7 通廊横向水平地震作用

16.2.7.1 通廊横向自振周期,可按下列公式计算：

$$T_j = 2\pi\sqrt{\frac{m_j}{K_j}} \quad (16.2.7-1)$$

$$m_j = \psi_{aj}lm_L + \frac{1}{4}\sum_{i=1}^{n}m_iY_{ji}^2 \quad (16.2.7-2)$$

$$K_j = C_j\sum_{i=1}^{n}K_iY_{ji}^2 \quad (16.2.7-3)$$

式中 T_j ——通廊第 j 振型横向自振周期(s)；
m_j ——通廊第 j 振型广义质量(kg)；
K_j ——通廊第 j 振型广义刚度(N/m)；
ψ_{aj} ——第 j 振型廊身质量系数,可按表16.2.7采用；
l ——廊身水平投影长度(m)；
m_L ——廊身单位水平投影长度的质量(kg/m)；
m_i ——第 i 支承结构的质量(kg)；
K_i ——第 i 支承结构的横向侧移刚度(N/m)；
C_j ——第 j 振型支承结构刚度影响系数,可按表16.2.7采用；
Y_{ji} ——第 j 振型廊身第 i 支承结构坐标处的水平相对位移(m),可按表16.2.7采用。

16.2.7.2 通廊第i支承结构顶部的横向水平地震作用标准值,可按下列公式计算:

$$F_{ji} = \alpha_j \gamma_j Y_{ji} G_{ji} \quad (16.2.7-4)$$

$$\gamma_j = \frac{1}{m_j} [\eta_{aj} l m_L + \frac{1}{4} \sum_{i=1}^{n} m_i Y_{ji}] \quad (16.2.7-5)$$

$$G_{ji} = \frac{K_i [\eta_{aj} l m_L + \frac{1}{4} \sum_{i=1}^{n} m_i Y_{ji}] g}{\sum_{i=1}^{n} K_i Y_{ji}} \quad (16.2.7-6)$$

式中 F_{ji}——第j振型第i支承结构顶端的横向水平地震作用标准值(N);
　　α_j——相应于第j振型自振周期的地震影响系数,应按本规范第5.1.5条规定确定;
　　γ_j——第j振型的参与系数;
　　G_{ji}——第j振型第i支承结构顶端所受的重力荷载代表值(N);
　　η_{aj}——第j振型廊身重力荷载参与系数,可按表16.2.7采用。

16.2.7.3 两端简支的通廊,中间有一个支承结构且跨度相近时,可取前2个振型;中间有两个支承结构且跨度相近时,可仅取第1,第3两个振型。

16.2.8 通廊的纵向水平地震作用,可按单质点体系计算。

16.2.8.1 通廊纵向基本自振周期,可按下列公式计算:

$$T_1 = 2\pi \sqrt{\frac{m_a}{K_a}} \quad (16.2.8-1)$$

$$m_a = \frac{1}{4} \sum_{i=1}^{n} m_i + l m_L \quad (16.2.8-2)$$

$$K_a = \sum_{i=1}^{n} K_{ai} \quad (16.2.8-3)$$

式中 T_1——通廊纵向基本自振周期(s);
　　m_a——通廊总质量(kg);
　　K_a——通廊纵向总侧移刚度(N/m);
　　K_{ai}——第i支承结构纵向侧移刚度标准值(N/m)。

16.2.8.2 通廊纵向水平地震作用标准值可按下列公式计算

$$F_a = \alpha_1 G_a \quad (16.2.8-4)$$

$$G_a = (\frac{1}{2} \sum_{i=1}^{n} m_i + l m_L) g \quad (16.2.8-5)$$

式中 F_a——通廊纵向水平地震作用标准值(N);
　　α_1——地震影响系数,应按本规范第5.1.5条规定确定;
　　G_a——通廊纵向等效总重力荷载。

16.2.8.3 通廊纵向各支承结构纵向水平地震作用,可按下式计算:

$$F_{ai} = \frac{K_{ai}}{K_a} F_a \quad (16.2.8-6)$$

16.2.9 通廊跨间承重结构的竖向地震作用,可按本规范第5.3.2条规定计算。

16.2.10 通廊结构构件,应按本规范第5.4节规定进行截面抗震验算。

16.2.11 通廊端部采用滑(滚)动支座支承于建(构)筑物时,通廊对建(构)筑物的影响可按下列规定计算。

16.2.11.1 通廊在建(构)筑物支承处产生的横向水平地震作用标准值,可按下式计算:

$$F_b = 0.373 \alpha_{max} \psi_b l G_L \quad (16.2.11-1)$$

式中 F_b——通廊支承处的横向水平地震作用标准值(N);
　　G_L——廊身水平投影单位长度的等效重力荷载(N/m);

l_1——通廊端的跨度(m);
ψ_b——通廊端跨影响系数,可按表16.2.11采用。

通廊端跨影响系数 表16.2.11

端跨的跨度(m)	ψ_b
≤12	1.0
15～18	1.5
21～30	2.0

16.2.11.2 通廊在建(构)筑物支承处产生的纵向水平地震作用标准值,可按下式计算:

$$F_c = \frac{1}{2}\mu_d l_1 G_c \qquad (16.2.11-2)$$

式中 F_c——通廊支承处的纵向水平地震作用标准值(N);
μ_d——滑(滚)动支座的摩擦系数。

16.2.12 支承结构为钢筋混凝土框架时,可不进行节点核芯区抗震验算;梁柱节点处的弯矩、框架柱的剪力设计值及其底层柱的弯矩设计值,均可不进行调整。

16.3 构造措施

16.3.1 支承结构采用钢筋混凝土框架时,应符合下列要求:
 (1)框架梁、柱截面尺寸应符合下列要求:
 1)梁截面的宽度不宜小于200mm,梁截面高度之比不宜小于4;
 2)柱截面的宽度不宜小于300mm,柱净高与截面高度或直径之比不宜小于4。

16.3.1.2 梁配筋应符合下列要求:
 (1)梁截面上部和下部纵向通长钢筋,第一、第二抗震等级不应少于2Φ14,第三、第四抗震等级不应少于2Φ12;
 (2)加密区箍筋的配置,可按本规范表6.3.4采用。

16.3.1.3 柱的配筋应符合下列要求:
 (1)宜采用对称配筋;
 (2)纵向钢筋最小总配筋率,应按表16.3.1采用;

柱纵向钢筋最小总配筋率(%) 表16.3.1

抗震等级	一	二	三	四
最小总配筋率	0.8	0.7	0.6	0.5

 (3)柱两端的箍筋应加密,加密区的长度,8度时不应小于柱截面边长,6度和7度时不应小于1.5倍,且不小于500mm;柱加密区箍筋的最大间距和最小直径,可按本规范表6.3.10采用。

16.3.1.4 支承结构有牛腿(柱肩)的箍筋直径,第一、第二抗震等级时不应小于6mm,箍筋间距均不应大于100mm。

16.3.2 支承结构采用钢结构时,宜采用带平腹杆和交叉斜腹杆的结构形式;平腹杆的长细比不宜大于150;斜腹杆的长细比,6度和7度时不宜大于250,8度时不宜大于200,9度时不宜大于150;地脚螺栓宜采用锚板形式,埋置深度不应小于18倍螺栓直径。

16.3.3 支承结构采用砖砌箱形结构时,支承结构顶部应设置一道圈梁。当高度超过4m时,中间尚应设置一道圈梁;应设置构造柱,其截面不宜小于240mm×240mm,钢筋不宜少于4Φ12,箍筋直径不应小于6mm,间距不宜大于250mm;构造柱沿高度每隔500mm应伸出2Φ6水平钢筋与墙体拉结,水平钢筋伸入砌体长度不应小于1m。

16.3.4 通廊跨同承重结构采用钢筋混凝土大梁时,宜将大梁上翻;大梁间距、大梁两端箍筋加密区长度应按表16.3.4采用,加密区箍筋最大间距,最小直径应按表16.3.4采用,大梁端部预埋钢板,厚度不应小于16mm,且应加强锚固,跨间宜采用钢结构承托架用。

用下承式结构,其端部应加强连结,并在横向形成闭合框架。

加密区箍筋最大间距和最小直径(mm) 表16.3.4

烈度	最大间距	最小直径
6	150	6
7	100	6
8	150	8
9	100	8

16.3.5 建(构)筑物上支承通廊的横梁和支承结构肩梁,应符合下列要求:

16.3.5.1 横梁、肩梁与通廊大梁联结处,应设置支座钢垫板,其厚度不宜小于16mm。

16.3.5.2 7度中软、软场地和8度、9度时,钢筋混凝土肩梁支承面的预埋件,应设垂直于通廊纵向的抗剪钢板,抗剪钢板应有加劲板。

16.3.5.3 通廊大梁与肩梁,宜采用螺栓连接。6度、7度及8度硬、中硬场地时,也可采用焊接。

16.3.5.4 钢筋混凝土横梁的支承结构,6度和7度时不宜采用砖壁柱,8度和9度时不应采用砖壁柱、肩梁;横梁应采用矩形截面,不得在横梁上伸出短柱作为通廊的支座。

16.3.5.5 钢筋混凝土横梁、肩梁,应按剪扭构件配筋。

16.3.6 通廊廊身采用砖墙时,应符合下列要求:

16.3.6.1 砖墙厚度不应小于240mm,并宜减小窗洞尺寸。

16.3.6.2 砖墙应设置现浇钢筋混凝土圈梁,其截面高度不宜小于120mm,纵向钢筋直径不应小于10mm,箍筋直径应小于6mm,间距不应大于300mm。

16.3.6.3 砖墙应设置构造柱,6度、7度、8度和9度时,构造柱的间距分别不宜大于8、6、5、4m。

16.3.6.4 构造柱的截面和配筋,宜符合本章第16.3.3条的规定;构造柱与纵向圈梁和纵向大梁应有可靠连接。

16.3.6.5 屋面板与檐口圈梁间、底板与纵向大梁间,均应可靠连接。

16.3.7 通廊支承在建(构)筑物上时,宜采用滑(滚)动等形式的支座,并应采取防止落梁的措施。

向可不进行抗震验算。

17.2.3 管道支架的计算单元（图17.2.3-1,17.2.3-2）和计算简图，宜按下列规定采用：

17.2.3.1 独立式支架的纵向计算单元长度，可采用主要管道补偿器中至中的距离；横向计算单元长度，可采用结构伸缩缝之间的距离；横向计算单元长度，可采用支架相邻两跨中至中的距离。

17.2.3.2 管廊式支架的纵向计算单元长度，可采用结构伸缩缝之间的距离；横向计算单元长度，可采用支架相邻两跨中的距离。

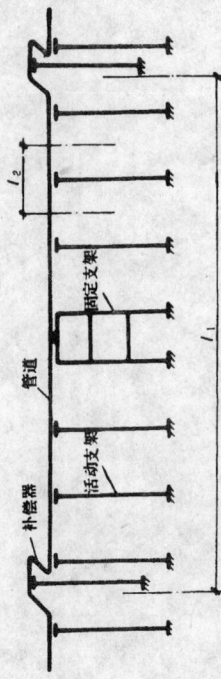

图17.2.3-1 独立支架计算单元

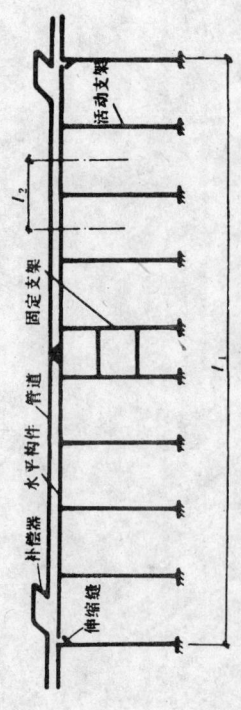

图17.2.3-2 管廊式支架计算单元

注：
l_1——纵向计算单元长度；
l_2——横向计算单元长度。

17.2.3.3 敷设有单层或多层管道的支架结构，可按单质点简图，直按下列规定采用；

17 管道支架

17.1 一般规定

17.1.1 本章适用于下列空架管道的支架（简称支架）：

17.1.1.1 独立式支架：支架与支架之间无水平构件，管道直接敷设于支架上。

17.1.1.2 管廊式支架：支架与支架之间有水平构件，管道敷设于水平构件的横梁和支架上。

17.1.2 支架宜采用钢筋混凝土结构，也可采用钢结构。

17.1.3 固定支架宜采用现浇钢筋混凝土结构，但梁和柱宜整体预制。

17.1.4 装配式钢筋混凝土支架，固定支架宜采用四柱式钢筋混凝土框架。

17.1.4 较大直径的管道，固定支架宜采用四柱式钢筋混凝土框架。

17.1.5 8度和9度时，支架应符合下列规定：

17.1.5.1 活动支架不宜采用半铰支架，宜采用刚性支架。

17.1.5.2 输送易燃、易爆、剧毒、高温、高压介质的管道，不宜将管道作为支架结构的受力构件。

17.1.5.3 单柱式钢筋混凝土支架柱与基础的连接，应采用螺栓连接。

17.1.6 钢筋混凝土支架的抗震等级，固定支架和活动支架可分别按本规范第5.1.5条第三、第四抗震等级采用。

17.2 抗震计算

17.2.1 支架应按本规范第5.1.5条抗震计算准则A确定地震影响系数并进行水平地震作用和作用效应计算。

17.2.2 管道沿纵向或横向有可滑动的活动支架，在管道滑动的方

体系计算。

17.2.4 支架的重力荷载代表值,应按下列规定采用:

17.2.4.1 永久荷载:

(1)管道(包括内衬、保温层和管道附件)和操作平台,可采用自重标准值的100%;

(2)管道内介质,可采用自重标准值的25%;

(3)支架,可采用自重标准值的100%;

(4)管廊式支架上的水平构件、电缆架和电缆,可采用自重标准值的100%。

17.2.4.2 可变荷载,对冷管道,可采用水、雪荷载标准值的50%。

17.2.5 支架纵向或横向计算单元的基本自振周期,可按下列公式计算:

$$T_1 = 2\pi\sqrt{\frac{G_{cr}}{g \cdot K}} \quad (17.2.5-1)$$

纵向 $K = K_G + \sum_{i=1}^{n} K_i \quad (17.2.5-2)$

横向 $K = K_H \quad (17.2.5-3)$

式中 T_1——支架纵向或横向计算单元的基本自振周期(s);

G_{cr}——纵向或横向计算单元的重力荷载代表值(N);

K——纵向或横向计算单元的支架刚度(N/m);

K_G——固定支架纵向刚度(N/m);

K_i——纵向计算单元内第i个活动支架的支架纵向刚度(N/m),对半铰接支架,可按柱截面高度的1/2计算;

n——纵向计算单元内的活动支架个数;

K_H——横向计算单元内的支架横向刚度(N/m)。

17.2.6 支架纵向计算单元的总水平地震作用标准值,可按下式计算:

$$F_{Ek} = \alpha_1 G_{eq} \quad (17.2.6)$$

式中 F_{Ek}——支架纵向计算单元的总水平地震作用标准值(N)。

17.2.7 支架纵向的总水平地震作用标准值,应按下列规定进行分配:

17.2.7.1 固定支架地震作用标准值,可按下式计算:

$$F_{Gk} = \eta \lambda_k F_{Ek} \quad (17.2.7-1)$$

$$\lambda_k = \frac{K_G}{K} \quad (17.2.7-2)$$

式中 F_{Gk}——固定支架的纵向水平地震作用标准值(N);

η——固定支架地震作用增大系数,可按表17.2.7取值;主要管道为滑动敷设时,可按表17.2.7取值;主要管道为铰接敷设时,增大系数可取1.0;

λ_k——固定支架纵向刚度比。

固定支架地震作用增大系数 表17.2.7

烈度	可滑动支架比例	固定支架刚度比						
		0.1	0.2	0.3	0.4	0.5	0.6	≥0.7
7	—	1.0	1.0	1.0	1.0	1.0	1.0	1.0
	0.5	1.4	1.3	1.2	1.1	1.0	1.0	1.0
	0.7	1.2	1.3	1.2	1.0	1.0	1.0	1.0
8	0.9	1.1	1.4	1.4	1.3	1.0	1.0	1.0
	0.5	1.7	1.6	1.4	1.3	1.2	1.1	1.0
	0.7	1.5	1.4	1.3	1.2	1.2	1.0	1.0
9	0.9	1.3	1.3	1.2	1.1	1.0	1.0	1.0

注:①可滑动支架比例为纵向计算单元内可滑动的活动支架个数占支架总数量的比例。

②中间值可采用线性插入法确定。

17.2.7.2 活动支架的纵向水平地震作用标准值,可按下式计

算:

$$F_{Za} = F_{Ek} - F_{Gk} \quad (17.2.7-3)$$

式中 F_{Za}——活动支架的纵向水平地震作用标准值(N),可按刚度比例分配于各活动的支架上,可滑动的支架可不予分配。

17.2.8 支架横向计算单元的水平地震作用标准值,应按下式计算:

$$F_{Eki} = \alpha_1 G_{eni} \quad (17.2.8)$$

式中 F_{Eki}——支架横向计算单元的水平地震作用标准值(N);
G_{eni}——横向计算单元的重力荷载代表值。

17.2.9 8度和9度时,支承大直径管道的长悬臂跨度大于24m管廊式支架的桁架,应按本规范第5.3.2条规定进行坚向地震作用计算。

17.2.10 地震作用标准值效应与其它荷载效应的基本组合,应按本规范第5.4.1条规定确定,但管道温度作用分项系数采用1.0,其组合值系数单管采用1.0,多管采用0.8。

17.2.11 支架结构构件的截面抗震验算,应符合下式规定:

$$S \leq R/0.97_{RE} \quad (17.2.11)$$

17.3 构造措施

17.3.1 钢筋混凝土支架结构,应符合本规范第6.3节有关框架的抗震构造措施要求。

17.3.2 支架横梁上的外侧管道,应采取防止滑落措施。

17.3.3 半软支架柱全长和柱根部不小于500mm高度范围内的箍筋,直径不宜小于8mm,间距不宜大于150mm。

17.3.4 管廊式支架的水平构件之间,应设置水平支撑。

18 浓 缩 池

18.1 一般规定

18.1.1 本章适用于半地下式、地面式和架空式混凝土浓缩池(简称浓缩池)。

注:池基埋深大于壁高一半时,称为半地下式,池壁埋深不大于壁高一半,称为地面式;半地下式和地面式地称为落地式。池底位于地面以上,框架支承时,称为架空式。

18.1.2 浓缩池宜采用落地式。

18.1.3 浓缩池不应设置在工程地质条件相差较大的不均匀地基上。

18.1.4 浓缩池如需设置顶盖和围护时,顶盖和围护墙宜采用轻型结构,当池直径较大时且宜采用独立的结构体系。

18.1.5 架空式浓缩池的支承框架柱,宜沿径向单向或多环布置;柱截面宜采用正方形。

18.1.6 架空式浓缩池的支承框架,抗震计算和抗震措施要求,应符合本章规定外,尚应满足本规范第6章框架结构有关要求;其抗震等级,6度和7度时可按本规范第三抗震等级采用,8度和9度时可按第二抗震等级采用。

18.2 抗震计算

18.2.1 浓缩池应按本规范第5.1.5条抗震计算水准B确定地震影响系数并进行水平地震作用和作用效应计算。

18.2.2 浓缩池符合下列条件之一时,可不进行抗震验算,但应满足抗震措施要求。

18.2.2.1 7度时的地面式浓缩池。

18.2.2 7度和8度时的半地下式浓缩池。

18.2.3 浓缩池进行抗震验算时，应验算下列部位：

18.2.3.1 落地式浓缩池的池壁。

18.2.3.2 架空式浓缩池的池壁、支承框架和中心柱。

18.2.4 池壁的地震作用计算，应计入结构自重力荷载产生的水平地震作用反及动液压力标准值，半地下式浓缩池尚应计入动土压力作用。

18.2.5 池壁单位宽度等效重力荷载产生的水平地震作用标准值和作用效应，可按下列公式确定（图18.2.5）：

$$F_{Gk}(\theta) = \eta_1 \alpha_{max} G_{eq} \cos\theta \quad (18.2.5-1)$$
$$M_G(\theta) = \xi h F_{Gk}(\theta) \quad (18.2.5-2)$$

式中 $F_{Gk}(\theta)$——作用于单位宽度池壁顶端的水平地震作用标准值（N/m）；

θ——池壁计算截面与地震方向的夹角（°）；

η_1——地震影响系数的池型调整系数，落地下式可采用0.45，其它型式可采用1.0；

G_{eq}——池壁单位宽度池壁自重力荷载（N/m），可采用单位宽度池壁自重标准值的1/2，溢流槽与走道板自重标准值三者之和；

$M_G(\theta)$——等效重力荷载产生的池壁底端单位宽度的弯矩（N·m/m）；

ξ——地震效应折减系数，落地式可采用0.5，架空式可采用0.45；

h——池壁高度（m）。

18.2.6 池壁单位宽度的动液压力标准值和作用效应，可按下列公式确定（图18.2.6）：

$$F_{wk}(\theta) = 0.30\eta_2 \alpha_{max} \gamma_0 h^2 \cos\theta \quad (18.2.6-1)$$

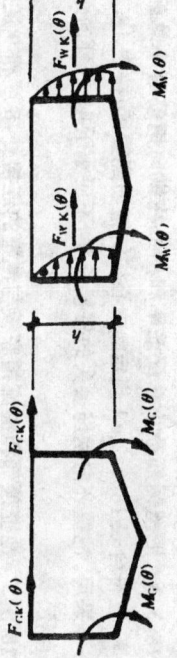

图18.2.5 池壁单位宽度等效重力荷载产生的水平地震作用标准值和作用效应

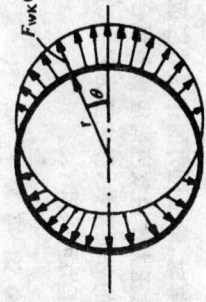

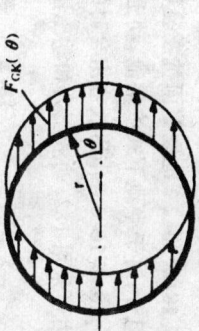

图18.2.6 池壁动液压力和作用效应

$$M_w(\theta) = 0.47\xi h F_{wk}(\theta) \quad (18.2.6-2)$$

式中 $F_{wk}(\theta)$——池壁单位宽度的动液压力标准值（N/m）；

η_2——动液压力的池型调整系数，对半地下式缩池可采用0.8，其它型式可采用1.0；

γ_0——储液的重度（N/m³）；

$M_w(\theta)$——动液压力产生的池壁底端单位宽度的弯矩（N·m/m）。

18.2.7 池壁单位宽度的动土压力标准值和作用效应，可按下列公式确定（图18.2.7）：

$$F_{sk}(\theta) = 0.57 K_{se} h_s^2 \cos\theta \quad (18.2.7-1)$$
$$M_s(\theta) = 0.26\xi h F_{sk}(\theta) \quad (18.2.7-2)$$
$$K_{se} = \eta_1(2.869 + 0.038\phi) \text{tg}^2\left(45° - \frac{\phi}{2}\right) \quad (18.2.7-3)$$

式中 $F_{SK}(\theta)$——池壁单位宽度的动土压力标准值(N/m);
　　　γ_s——土的重度(N/m³);
　　　K_{ae}——土的动侧压力系数;
　　　h_d——池壁埋置深度(m);
　　　$M_S(\theta)$——动土压力产生的池壁底端单位宽度的弯矩(N·m/m);
　　　η_h——土的动侧压力调整系数,8度时可采用0.304,9度时可采用0.123,9
　　　ϕ——土的内摩擦角(°)。

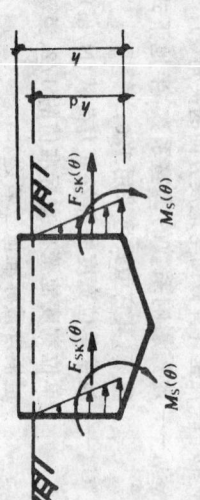

图18.2.7 池壁动土压力及其效应

18.2.8 架空式浓缩池支承结构的水平地震作用,支承结构的总水平地震作用标准值应采用底部剪力法计算。支承结构由水平地震作用产生的总水平地震作用标准值与总动液压力标准值以及池底和设备等自重标准值以

及支承结构自重标准值的1/2之和。水平地震作用标准值和总动液压力标准值的作用点,可分别取在池体和贮液的质心处。

18.2.9 架空式浓缩池支承结构的水平地震作用,可按中心柱和支承框架的侧移刚度比例进行分配,当支承框架承受的水平地震作用之和小于水平地震作用标准值的30%时,应按30%采用。

18.2.10 浓缩池进行截面抗震验算时,水平地震作用标准值效应和其它荷载效应的基本组合,除应符合本规范第5.4.1条规定外,尚应符合下列规定:

18.2.10.1 半地下式浓缩池应计算满池和空池两种工况,地面式和架空式可仅计算满池工况。

18.2.10.2 池壁截面抗震验算时,静液压力作用效应应参与组合;对于半地下式浓缩池,动土压力作用效应尚应参与组合。

18.2.10.3 作用效应组合时的分项系数,静液压力和主动土压力可采用1.2,动液压力和动土压力可采用1.3。

18.3 构造措施

18.3.1 池壁厚度不宜小于150mm。

18.3.2 池壁钢筋最小总配筋率和中心柱纵向钢筋最小总配筋率,宜符合表18.3.2-1规定。中心柱的箍筋配置,可按表18.3.2-2采用。池壁环向钢筋接头的搭接长度,不应小于45倍环向钢筋直径。

18.3.3 池壁顶部和溢流槽底板与池壁的连接处,8度和9度时,均宜分别增设不少于2φ14和2φ16环向加强钢筋。

18.3.4 浓缩池底部通廊接缝处,应采用柔性止水带。

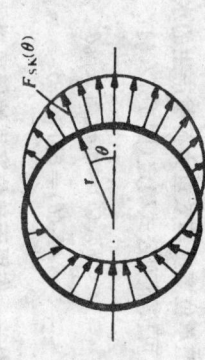

19 常压立式圆形储罐

19.1 一般规定

19.1.1 本章适用于常压立式钢制圆形储罐（简称储罐）。

19.1.2 储罐基础的选型，宜符合下列要求：

19.1.2.1 中软、软场地时，宜选用钢筋混凝土外环墙基础；但 6 度时，也可选用碎石环墙基础。

19.1.2.2 硬、中硬场地时，宜选用钢筋混凝土环墙。

19.1.3 储罐的钢筋混凝土环墙，应符合下列规定：

19.1.3.1 环墙的截面宽度，不宜小于 250mm。
大于 2000m³ 时，不宜小于 200mm；储罐公称容量

19.1.3.2 环墙的混凝土强度等级不应低于 C20。

19.1.3.3 环墙的环向钢筋总配筋率不宜小于 1%。

19.1.3.4 环墙不应留口，且不宜开洞；如必须开洞时，应采用预埋钢管留洞，且孔洞直径不应大于 200mm。

19.2 抗震计算

19.2.1 储罐应按本规范第 5.1.5 条抗震计算水准 B 确定地震影响系数并进行水平地震作用和作用效应计算。

19.2.2 储罐抗震计算应计入液面晃动、罐壁弹性变形和底板翘离等因素的影响。

19.2.3 储罐一般可只进行罐轴向应力的抗震验算。

19.2.4 储罐与储液耦合振动的基本自振周期，可按下式计算：

$$T_1 = 0.374 \times 10^{-3} \gamma_c h_w \sqrt{r_1/t_0} \quad (19.2.4)$$

式中　T_1——储罐与储液耦合振动的基本自振周期（s）；

表 19.2.6 动液系数

径高比	0	1.00	1.33	2.00	3.00	4.00	5.00	6.00
ψ_w	1.00	0.78	0.71	0.54	0.38	0.28	0.23	0.19

19.2.7 总水平地震作用标准值对罐壁底部产生的弯矩,应按下式计算:

$$M_1 = 0.45 F_{Ek} h_w \quad (19.2.7)$$

式中 M_1——总水平地震作用对罐壁底部产生的弯矩(N·m);
ξ——地震效应折减系数,可采用 0.40。

19.2.8 水平地震作用下,罐内液体晃动最大波高,应按下式计算:

$$h_{max} = 1.5 \alpha_{v1} r_2 \quad (19.2.8-1)$$

当 $0.85s < T_v \leq 3.5s$

$$\alpha_{v1} = \frac{0.389}{T_v^{0.9}} \quad (19.2.8-2)$$

当 $T_v > 3.5s$

$$\alpha_{v1} = \frac{1.20}{T_v^{1.8}} \quad (19.2.8-3)$$

式中 h_{max}——罐内液面晃动最大波高(m);
α_{v1}——相应于罐内液体晃动基本自振周期的水平地震影响系数;
r_2——底圈罐壁内半径(m)。

19.2.9 罐壁底部的最大轴向压应力,应按下式计算:

$$\sigma_N = \frac{N}{A} + \frac{C_L M_1}{W} \quad (19.2.9)$$

式中 σ_N——罐壁底部的最大轴向压应力(Pa);
N——罐壁底部所承受的重力荷载代表值(N),应取罐壁、罐顶、保温层等自重标准值和雪荷载标准值的 50%之和;
A——罐壁的截面面积(m²);
W——罐壁的截面抵抗矩(m³);

γ_c——储罐体型系数,可按表 19.2.4 采用;
h_w——储液的高度(m);
r_1——底圈罐壁的平均半径(m);
t_0——罐底至储液高度 1/3 处的罐壁厚度。

注:①径高比为底圈罐壁平均直径与储液高度之比。
②中间值采用线性内插法确定。

表 19.2.4 储罐体型系数

径高比	0.2	0.5	1.0	2.0	3.0	4.0	5.0	6.0
γ_c	2.97	1.51	1.18	1.10	1.11	1.55	1.82	2.12

19.2.5 罐内液体晃动基本自振周期,可按下式计算:

$$T_v = 2\pi \sqrt{\frac{d_1}{3.682g} \text{cth}\left(\frac{3.682 h_w}{d_1}\right)} \quad (19.2.5)$$

式中 T_v——罐内液体晃动基本自振周期(s)。

19.2.6 储罐的总水平地震作用标准值,应按下列公式计算:

$$F_{Ek} = \alpha_1 \eta m g \quad (19.2.6-1)$$

$$m = m_L \psi_w \quad (19.2.6-2)$$

式中 F_{Ek}——储罐的总水平地震作用标准值(N);
α_1——相应于储罐与储液耦合基本自振周期的水平地震影响系数值,应按本规范第 5.1.5 条规定确定,对于公称容积小于 10000m³ 的储罐,可采用水平地震影响系数最大值;
η——罐体影响系数,可采用 1.1;
m_L——地震作用产生的储液等效质量(kg);
m——罐内液体晃动总质量(kg);
ψ_w——动液系数,可按表 19.2.6 采用。

C_1——拠离影响系数,可采用1.4。

19.2.10 罐壁中的最大轴向压应力,不应超过罐壁的许用临界应力。许用临界应力,应按下式计算:

$$[\sigma_{cr}] = 0.15E \frac{t_1}{d_1} \quad (19.2.10)$$

式中 $[\sigma_{cr}]$——罐壁的许用临界应力(Pa);
E——罐壁材料在操作温度时的弹性模量(Pa);
t_1——底圆罐壁的计算厚度(m)。

19.2.11 底圆罐壁的最大轴向压应力,应符合下式要求:

$$\sigma_N \leqslant [\sigma_{cr}] \quad (19.2.11)$$

19.2.12 储罐液面至罐壁顶部的最小距离,应符合下式要求:

$$h_t > h_{max} \quad (19.2.12)$$

式中 h_t——液面至罐壁顶部的最小距离(m)。

20 球 形 储 罐

20.0.1 本章适用于钢制球形储罐(简称球罐)。

20.0.2 球罐应按本规范第5.1.5条抗震计算水准B确定地震影响系数并进行水平地震作用和作用效应计算。

20.0.3 球罐基础,宜符合下列要求:

20.0.3.1 基础和支墩的混凝土强度等级不宜低于C20。

20.0.3.2 基础埋深不宜小于1.5m。

20.0.3.3 6度及7度、中硬场地时,可采用独立墩式基础。其它宜采用环形基础或有地梁连接的墩式基础。

20.0.4 球罐可在纵向或横向一个主轴方向计算水平地震作用并进行抗震验算。

20.0.5 球罐在操作状态下的等效质量,应按下列公式计算:

$$m_0 = m_1 + m_2 + m_3 + 0.5m_4 + m_5 \quad (20.0.5-1)$$

$$m_2 = \eta m_L \quad (20.0.5-2)$$

式中 m_0——球罐在操作状态下产生地震作用的等效质量(kg);
m_1——球壳的质量(kg);
m_2——球罐内储液的等效质量(kg);
m_3——球壳保温层的质量(kg);
m_4——支柱和拉杆的质量(kg);
m_5——球罐其它附件的质量(kg),包括各开口、喷淋装置、梯子平台等;
m_L——罐内储液总质量(kg);
η——储液等效质量系数,可采用0.7。

20.0.6 球罐构架的侧移刚度，可按下列公式计算：

$$K = \frac{12EI}{\psi_0 h_0^3} \quad (20.0.6-1)$$

$$\frac{1}{\psi_0} = \sum \frac{n_i}{\psi_i} \quad (20.0.6-2)$$

$$\psi_i = 1 - \frac{l}{\psi_h A_1 h_0 \cos^2\theta \cos^2\phi_i} \cdot \frac{(1-\psi_h)^4(1+2\psi_h)^2}{(1+3\psi_h)(1-\psi_h)^3} \quad (20.0.6-3)$$

$$\psi_h = 1 - \frac{h_1}{h_0} \quad (20.0.6-4)$$

式中 K ——球罐构架在水平地震作用方向的侧移刚度（N/m）；
E ——支柱或支撑材料的弹性模量（Pa）；
I ——单根支柱的截面惯性矩（m^4）；
ψ_0 ——球罐支撑结构在水平地震作用方向的拉杆影响系数；
n_i ——与地震作用方向夹角为 ϕ_i 的构架幅数；
ψ_i ——i 构架支撑结构在水平地震作用方向的拉杆影响系数；
h_0 ——支柱基础顶面至球罐中心的高度（m）；
h_1 ——支柱结构的高度（m）；
l ——支撑杆件长度（m）；
A_1 ——单根支撑杆件的截面面积（m^2）；
θ ——支撑杆件与水平面的夹角（°）；
ϕ_i ——i 构架与地震作用方向间的夹角（°），可按表 20.0.6 采用；
ψ_h ——拉杆高度影响系数；
ψ_λ ——支撑杆件长细比影响系数，长细比小于 150 可采用 6，大于等于 150 时可采用 12。

球罐 ϕ_i 及 n_i 值 表 20.0.6

构架幅数 n_i 及 ϕ_i	6		8		10		12	
	ϕ_i	n_i	ϕ_i	n_i	ϕ_i	n_i	ϕ_i	n_i
1	60°	4	67.5°	4	72°	4	75°	4
2	0°	2	22.5°	4	36°	4	45°	4
3	—	—	—	—	0°	2	15°	4

20.0.7 球罐可按单质点体系进行抗震计算，其总水平地震作用标准值应按下式计算：

$$F_{EK} = \alpha_1 m_0 g \quad (20.0.7)$$

式中 F_{EK} ——球罐的总水平地震作用标准值（N）。

20.0.8 球罐总水平地震作用标准值在支撑结构上端产生的总倾覆力矩，应按下式计算：

$$M = \xi F_{EK} h_2 \quad (20.0.8)$$

式中 M ——总水平地震作用标准值在支撑结构上端产生的总倾覆力矩（N·m）；
ξ ——地震效应折减系数，可采用 0.45；
h_2 ——球罐中心至支撑结构上端的高度（m）。

21 卧式圆筒形储罐

21.0.1 本章适用于设置于地面的卧式钢制圆筒形储罐（简称卧式储罐）。

21.0.2 卧式储罐基座应按本规范第5.1.5条抗震计算水准B确定地震影响系数并进行水平地震作用效应计算。

21.0.3 卧式储罐基座数不宜超过两个，且不应浮放。

21.0.4 卧式储罐结构可按单质点体系进行水平地震作用计算。

21.0.5 卧式储罐结构的纵向基本自振周期，可按下式计算：

$$T_x = 2\pi \sqrt{\frac{m_t l^3}{3 E_c I_y}} \quad (21.0.5)$$

式中 T_x ——卧式储罐结构的纵向基本自振周期(s)；

m_t ——质点的等效质量(kg)，可采用一个基座质量的1/4和罐体、贮液质量的1/2之和；

l ——鞍座底面到基础底板顶面的距离(m)；

E_c ——基座材料的弹性模量(Pa)；

I_y ——一个基座截面对纵轴的惯性矩(m⁴)。

21.0.6 卧式储罐结构的横向基本自振周期，可按下式计算：

$$T_y = 2\pi \sqrt{m_t \left(\frac{l^3}{3 E_c I_x} + \frac{1.2l}{A_c G_c} \right)} \quad (21.0.6)$$

式中 T_y ——卧式储罐结构的横向基本自振周期(s)；

I_x ——一个基座截面对横轴的惯性矩(m⁴)；

A_c ——一个基座截面积(m²)；

G_c ——基座材料的剪变模量(Pa)。

21.0.7 卧式储罐的纵向或横向水平地震作用标准值，应按下式计算：

$$F_{Ek} = \alpha_1 m_0 g \quad (21.0.7)$$

式中 F_{Ek} ——卧式储罐纵向或横向水平地震作用标准值(N)；

m_0 ——卧式储罐的操作质量(kg)。

21.0.8 卧式储罐的竖向地震作用标准值，应按下式计算：

$$F_{EVk} = \alpha_{vm} m_0 g \quad (21.0.8)$$

式中 F_{EVk} ——竖向地震作用标准值(N)；

α_{vm} ——竖向地震影响系数最大值，应按本规范第5.1.5条确定。

21.0.9 纵向和横向水平地震作用在每个鞍座处产生的效应，应分别按下列公式计算：

$$S_{vx} = \frac{\xi F_{EkX} h_v}{l_s} \quad (21.0.9-1)$$

$$S_{vy} = \frac{3 F_{EkY} h_v}{4 b_1} \quad (21.0.9-2)$$

式中 S_{vx}, S_{vy} ——分别为纵向和横向水平地震作用在鞍座处产生的竖向作用效应(N)；

F_{EkX}, F_{EkY} ——分别为纵向和横向水平地震作用标准值(N)；

h_v ——卧式储罐中心线到鞍座底板的距离(m)；

l_s ——两鞍座的中心距离(m)；

b_1 ——鞍座长边的宽度(m)；

ξ ——卧式储罐的地震效应折减系数，可采用0.40。

22 高炉系统结构

22.1 一般规定

22.1.1 本章适用于现有结构形式且符合常规设计要求的大、中型高炉系统结构。

注：有效容积大于100m³、小于1000m³的高炉为中型高炉，等于或大于1000m³的高炉为大型高炉。

22.1.2 高炉系统结构包括高炉、热风炉、除尘器、洗涤塔及料车上料的桁架式斜桥等。高炉采用运输机通廊上料时，通廊应符合本规范第16章的要求。

22.1.3 高炉系统结构，应按本规范第5.1.5条抗震计算水准B确定地震影响系数并进行水平地震作用效应计算，其地震作用效应折减系数可采用0.35。

22.2 高 炉

22.2.1 8度中软、软弱场地和9度时，高炉的支承结构，应符合下列要求：

22.2.1.1 大型高炉宜设置炉体框架；中型高炉不设炉体框架时，宜设置炉缸支柱。

22.2.1.2 高炉设有炉体框架时，炉体框架在炉顶处应与炉体水平连接。

22.2.1.3 大型高炉的导出管宜设置膨胀器。

22.2.2 7度及8度硬、中硬场地时，高炉结构可不进行抗震验算，但应满足抗震措施要求。

22.2.3 高炉结构构件的截面抗震验算，应着重验算下列部位：

22.2.3.1 当导出管不设膨胀器时，导出管设有膨胀器时，上升管的支座、支座顶面处的上升管截面和支承支座的炉顶平台。

22.2.3.2 炉体框架和炉顶框架的柱、主要横梁、主要支撑及柱脚的炉顶平台。

22.2.3.3 炉体框架与炉顶框架的水平连接。

22.2.4 高炉结构可只计算沿管平行和垂直于炉顶用车梁以及沿下降管三个方向分别进行抗震计算。

22.2.5 高炉结构应按正常生产工况进行抗震计算；必要时，尚应计算大修工况。

22.2.6 高炉结构的计算简图，应按下列原则确定：

22.2.6.1 高炉结构宜采用空间杆系模型，并宜整体计算高炉、荒煤气管和除尘器的组合体。

22.2.6.2 高炉炉体可简化为多质点的悬臂杆，与炉子相连的导出管、炉体框架和料斗支架以及与托圈相连的炉缸支柱和炉身支柱等，均可视为通过刚臂与该悬臂杆相连接。

22.2.6.3 计算高炉炉壳上升管和荒煤气管的影响，变截面刚壳的刚度，并可不计炉壳上开洞的影响，变截面刚度可分段计算，各段刚度可取其上、下截面刚度的平均值。

22.2.6.4 导出管在炉顶平台上的支座，当设有膨胀器时，上升管在炉顶平台上的斜桥可视为弹性固定。

22.2.6.5 通过铰接单片支架或滚动支座于高炉上的斜桥或通廊，可不计其与高炉的共同工作，但应按本章第22.2.8条规定计算斜桥或通廊传结高炉的重力荷载。

22.2.6.6 热风主管、热风围管和其它外部管道对高炉的牵连作用可不计，但应按本章第22.2.7条和第22.2.8条规定计算高炉承受的管道重力荷载。

22.2.6.7 对框架刚度和受力状态影响不大的框架次要杆件，计算时可不计。

22.2.6.8 按大修工况进行抗震计算时，应计入炉顶框架装拆除部分杆件后结构计算简图的变化。

注：荒煤气管包括导出管、上升管和下降管。

22.2.7 高炉结构抗震计算时，质点设置和重力荷载计算宜符合下列规定：

22.2.7.1 高炉炉体在钢壳各转折点和变厚度处宜设置质点，炉顶设备和炉体沿炉身高度分布的各部分重力荷载代表值，宜按下式折算到邻近的质点上：

$$G_{ni} = \Sigma G_k h_k^2 / h_i^2 \qquad (22.2.7)$$

式中 G_{ni} ——质点 i 的折算重力荷载代表值(N)；
G_k ——集中到质点 i 上的第 k 部分重力荷载代表值(N)；
h_i ——质点 i 的计算高度(m)；
h_k ——集中到质点 i 上的第 k 部分重力荷载重心的计算高度(m)。

22.2.7.2 荒煤气管的拐折点处宜设置质点，杆件的变截面处和上升管顶部质点以上的操作平台、梯子、放散管、阀门及检修吊车等重力荷载代表值，均宜按式(22.2.7)折算到上升管的顶部质点上。

22.2.7.3 框架的每个节点处宜设置质点。节点之间有较大集中重力荷载代表值应按下列规定采用：

水平地震作用计算时，高炉的重力荷载代表值应按下列规定采用：

22.2.8.1 正常生产工况：

（1）钢结构、内衬砌体、管道、冷却水等自重、炉内各种物料（包括炉顶吊车）、冷却设施、填充料、炉体等自重，可取其标准值的100%；

（2）正常生产时的平台可变荷载的组合值，可取其标准值的70%；

（3）平台灰荷载的组合值。

22.2.8.2 大修工况：

（1）除炉内物料按大修时的实际情况用外，其余与正常生产时相同；

（2）大修时的平台可变荷载的组合值，可取其标准值的70%。

22.2.8.3 热风围管与高炉有水平连接时，热风围管重力荷载应按全部作用于水平连接处计算；热风围管与高炉无水平连接时，可取热风围管重力荷载标准值的50%作用于高炉支座上的吊点处。

22.2.8.4 通过铰接单片支架的重力荷载，平行斜桥方向可取支座承受重力荷载标准值的30%，垂直斜桥方向可取其100%。

22.2.8.5 钢绳拉力（如提升料车或控制平衡杆的钢绳拉力等），可不计。

22.2.8.6 料种自重及其上炉料重量，应按作用在炉顶和相应的料斗处。

22.2.8.7 设有内衬支托时，内衬自重可仍按沿炉壳实际分布计算，炉底不计入衬砌体自重，可只取其标准值的50%。

22.2.9 高炉结构的实心内衬砌体水平地震作用计算，宜采用振型分解反应谱法，且宜取不少于20个振型。

22.2.10 进行高炉其它荷载抗震验算时，地震作用标准值的效应和其它荷载效应的基本组合，除应符合本规范第5.4.1条规定外，尚应满足下列要求：

22.2.10.1 正常生产工况，应计入正常生产的炉气压、物料和内衬正常的温度变形和设备的作用效应等；

22.2.10.2 正常生产工况，应计入吊车最大悬吊重力的动力作用等效应。

22.2.10.3 炉体和内衬各项重力荷载，斜桥或通廊、料钟、炉顶设备和钢绳拉力，以及其标准值的作用产生的效应，均应按正常生产时或大修时的实际情况计算。

22.2.11 7度中软、软场地和8度、9度时，高炉的炉体框架和炉顶框架应应符合下列要求：

22.2.11.1 炉顶框架和炉身范围内的炉体框架,工艺布置允许时,宜设置支撑系统,且主要支撑杆件的长细比不宜大于150。

22.2.11.2 炉体框架柱,宜采用管形、箱形或对称的十字形截面。

22.2.11.3 与柱子刚接的主要横梁,宜采用箱形截面或宽翼缘工字形截面。

22.2.11.4 炉体框架的底部柱脚,宜与基础固接。

22.2.11.5 框架柱的铰接柱脚,在可能出现塑性铰剪措施。

22.2.11.6 由地震作用控制的框架梁、柱,在可能出现塑性铰的应力较大区,应避免设置焊接接头。

22.2.12 导出管未设置膨胀器时,导出管和炉顶的封板,应采取下列加强措施:

22.2.12.1 7度中软、软场地和8度、9度时,导出管和炉顶的封板可靠,耐久的内衬防护,其设置管长度可用导出管全长的1/4~1/3;导出管根部应设置封板可靠,耐久的内衬防护。大、中型高炉导出管分别不宜小于14、10mm;炉顶封板应设置加强肋。

22.2.12.2 8度中软、软场地和9度时,导出管根部、导出管和炉顶封板,尚宜设置加劲肋或局部加厚钢壳(板)厚度等;上升管与事故支座及其支承梁,应适当加强。

22.2.13 上升管与支座之间的连接,均应适当加强;支座顶面以上3~5m范围内上升管的钢壳厚度,当7度中软、软场地和8度、9度时,大、中型高炉分别不宜小于14、10mm。

22.2.14 炉体框架(或炉身支柱)与炉体顶部的水平连接,应传力明确、可靠,并应能适应炉壳(或炉身支柱)之间的坚向差异变形。

22.2.15 设有炉缸支柱的高炉,投产后炉缸支柱与炉顶托圈之间的空隙,应采用钢板塞紧,并应拧紧连接螺栓。

22.2.16 上升管、炉顶框架、斜桥(或通廊)头部和炉顶装料设备相互之间的水平空隙,宜符合下列要求:

22.2.16.1 7度中软、软场地和8度硬、中硬场地,大型高炉不宜小于200mm,中型高炉不宜小于150mm。

22.2.16.2 8度中软、软场地和9度时,大型高炉不宜小于400mm,中型高炉不宜小于300mm。

22.2.16.3 炉顶框架顶部以下部位的水平空隙,宜加强连接。

22.2.17 电梯间、通道平台和高炉框架相互之间,宜加强连接而减小。

22.3 热 风 炉

22.3.1 8度中软、软场地和9度时,外燃式热风炉的燃烧室,宜采用钢筒体到底的简支承结构型式。

22.3.2 7度及8度中软、中硬场地时的内燃式热风炉和燃烧室为钢支承的外燃式热风炉,以及7度中软、中硬场地时燃烧室为钢支架支承的外燃式热风炉,均可不进行结构的抗震验算,但应满足抗震措施要求。

22.3.3 内燃式热风炉或刚性连通管的外燃式热风炉的基本自振周期,可按下式计算:

$$T_1 = 1.78\sqrt{G_{eq}h^3/[g(EI+E_bI_b)]} \quad (22.3.3)$$

式中 T_1——热风炉的基本自振周期(s);
G_{eq}——等效总重力荷载(N),对内燃式热风炉,可取全部重力荷载代表值;对刚性连通管外燃式热风炉,可取蓄热室全部重力荷载代表值;
h——炉底至炉顶球壳竖直半径1/2处的高度(m);
E——钢材的弹性模量(Pa);
E_b——内衬砌体的弹性模量(Pa),可采用$2.84×10^9$Pa;
I,I_b——分别为内燃式热风炉或刚性连通管外燃式热风炉的

值效应与其它荷载效应的基本组合，应符合本规范第5.4.1条的规定，并应计入正常生产时的炉内气压和温度作用标准效应。

22.3.8 燃烧室为钢筒外燃通管式热风炉支承时，其蓄热室和燃烧室结构的抗震验算，可按内燃式热风炉的规定执行。

22.3.9 燃烧室为柔性支承的柔性连通管外燃式热风炉结构，可只计算水平地震作用，并宜采用空间有限元结构分析方法进行抗震计算，且宜取不少于10个振型。

22.3.10 炉体底部应采取加强措施，如筒壁与底板连接处做成圆弧形或设置加劲肋，并在炉底现浇耐热钢筋混凝土底板等。炉底与支架基础或支架结构的连接宜适当加强，烘炉投产后应拧紧炉底连接螺栓。

22.3.11 7度中软、软场地和8度、9度时，各主要管道与炉连接处宜适当加强。如场地局部增大炉壳和管壁厚度等，9度时，热风主管至各炉体的短管上，宜设置膨胀器。

22.3.12 位于中软、软场地或地基不均匀地基时，每座刚性连通管外燃式热风炉，其蓄热室和燃烧室应设在同一整片式基础上。

22.3.13 外燃式热风炉支承采用钢支承时，支承柱的长细比及截面各肢宽厚比，应符合现行国家标准《建筑抗震设计规范》有关单层钢结构的规定，且主要支撑杆件的长细比不宜大于150；7度中软、软场地和8度、9度时，柱脚连接应有可靠的抗剪措施。

22.3.14 外燃式热风炉的燃烧室采用钢筋混凝土框架支承时，框架应满足本规范第6章对第二抗震等级框架的构造措施要求，且各柱的纵向钢筋最小配筋率均应符合角柱的规定；不直接承受竖向荷载的框架横梁，其截面上、下纵向钢筋应等量配置。

22.4 除尘器、洗涤塔

22.4.1 8度中软、软场地和9度时，除尘器宜采用钢支架。

22.4.2 下列结构可不进行抗震验算，但应满足抗震措施要求。

蓄热室筒身段的钢壳和内衬砌体的截面惯性矩 (m^4)。

注：外燃式热风炉的顶部连通管设有膨胀器时，称为柔性连通管，不设膨胀器时称为刚性连通管。

22.3.4 风燃式热风炉或刚性连通管外燃式热风炉的蓄热室和燃烧室的底部水平地震剪力，可按下式计算：

$$V = \xi \nu \alpha_1 G_{eq} \quad (22.3.4)$$

式中 V —— 热风炉底部总水平地震剪力(N)；
ξ —— 地震效应折减系数，可采用0.35；
ν —— 热风炉底部剪力修正系数，可按表22.3.4采用；
G_{eq} —— 炉体的等效总重力荷载(N)，应分别采用蓄热室和燃烧室、炉壳与炉衬的刚度比例分配确定。

热风炉底部剪力修正系数 表22.3.4

场地分类	基本自振周期(s)							
	0.50	0.75	1.00	1.25	1.50	1.75	2.00
硬	0.80	0.98	1.19	1.19	1.07	0.99	0.94
中	0.70	0.80	0.92	1.05	1.19	1.19	1.15
中软	0.56	0.73	0.80	0.88	0.96	1.00	1.00
软	0.42	0.65	0.68	0.71	0.75	0.80	0.85

22.3.5 内燃式热风炉或刚性连通管外燃式热风炉底部的总地震弯矩可按下式计算：

$$M = 0.55 \alpha_1 G_{eq} h \quad (22.3.5)$$

式中 M —— 炉壳支架承担的地震作用效应，应按炉壳、炉底与基础等的连接构造，应按炉壳与炉衬结构等的支承和燃烧室的刚度比例分配确定。

22.3.6 炉壳和支架承担的地震作用效应，应重新验算炉壳、炉底与基础或支架基础的连接顶板的截面抗震验算，应按炉壳等的支承和燃烧室的刚度比例分配确定。

22.3.7 热风炉结构构件的截面抗震验算，应着重验算炉壳、炉底

向荷载的框架横梁，其截面上、下纵向钢筋应等量配置。

22.5 斜 桥

22.5.1 斜桥结构可不进行抗震验算，但7度中软、软场地和8度、9度时，应满足下列抗震构造措施要求：

22.5.1.1 斜桥桥身应在上、下支承点处设置横向门形刚架，钢架柱在其平面内和平面外按柱全高计算的长细比分别不应大于50和100，且刚架梁与柱的线刚度之比不应小于1。

22.5.1.2 斜桥在高炉上的支承型式，应采用铰接单片支架或滚动支座。当采用可滚动的支座时，应有足够的可滚动范围和防止地震时滚落的措施；7度中软、中硬场地和8度硬、中硬场地，软场地和9度时，单向可滚动的范围不宜小于100mm；8度中软、软场地和9度时，单向可滚动范围不宜小于150mm。

22.5.1.3 斜桥的下端支承处与基础的连接，应有可靠的抗剪措施。

22.5.1.4 沿斜桥桥身应全长设置压轮机，并应适当加强压轮机的刚度及其与斜桥主体结构的连接。

22.4.2.1 除尘器和洗涤塔的简体。

22.4.2.2 7度硬、中硬场地时，除尘器支架。

22.4.2.3 7度硬和8度硬、中硬场地时，洗涤塔支架。

22.4.3 除尘器结构的抗震计算，宜优先采用与高炉、荒煤气管组成的空间杆系模型，且可只计算水平地震作用。

22.4.4 除尘器和洗涤塔，按单质点系简化计算时，其重力荷载代表值，可按本规范第5.1.4条的规定取用，但除尘器简体内正常生产时的总灰积灰荷载的组合值系数可取1.0。除尘器和洗涤塔的水平地震作用，应作用于简体的重心处。

22.4.5 除尘器和洗涤塔抗震验算时，地震作用标准值效应和其它荷载效应的基本组合，除应符合本规范第5.4.1条规定外，尚应满足下列要求：

22.4.5.1 宜计入正常生产时荒煤气管温度变形对除尘器结构的作用效应。

22.4.5.2 洗涤塔应计入风荷载效应。

22.4.6 7度中软、软场地和8度、9度时，除尘器和洗涤塔应满足下列构造措施要求：

22.4.6.1 简体在支座处宜设置水平环梁。

22.4.6.2 简体与支架及支柱脚与基础的连接，应采取加强措施。

22.4.6.3 管道与简体的连接处，宜采取加强措施，如设置加劲肋或局部增加钢壳厚度等。

22.4.6.4 钢支架主要支撑杆件的长细比，不应大于150。

22.4.6.5 采用钢筋混凝土框架时，柱头应配置不少于8mm的水平焊接钢筋网，钢筋间距应加密，如顶以下不小于800mm范围内的箍筋间距不宜大于100mm，支承框架水平环梁。当柱顶无水平环梁时，宜在柱顶设置水平环梁。当柱顶无水平环梁时，宜在柱顶设置水平环梁。支承框架尚应满足本规范第6章对第二抗震等级框架构造措施的要求，且各柱的纵向配筋率均应符合角柱的规定；不直接承受竖

与其它荷载效应的两种组合分别计算。

23.2.4.1 组合1：自重作用效应，正常蓄水位的渗透压力，地震作用效应和地震动引起的孔隙水压力。

23.2.4.2 组合2：自重作用效应，设计洪水位的渗透压力，地震作用效应和地震动引起的孔隙水压力。

23.2.5 尾矿坝的地震稳定性最小安全系数值，应符合表23.2.5的规定。

地震稳定性最小安全系数值   表23.2.5

效应组合	坝 的 等 级		
	二级	三级	四、五级
组合1	1.15	1.10	1.05
组合2	1.05	1.05	1.00

23.2.6 尾矿坝的抗震设计，应选取不少于两个填高阶段进行坝体的抗震验算，第一填高阶段、坝顶应选择在初期坝顶至最终设计坝顶的中点处；第二填高阶段，坝顶应选择在最终设计坝高处。

23.2.7 运行中的尾矿坝，当发现实际状态与原设计有明显不同时，应对实际状态进行校核性的抗震验算。

23.2.8 坝体及坝基中饱和砂土、粉土单元的液化，可按下式进行判别：

$$\frac{0.65\tau_m}{\sigma_z} \geq [\alpha_d] \qquad (23.2.8)$$

式中 τ_m——土单元水平面上的最大地震剪应力(Pa)，可按第23.2.14条规定计算；

σ_z——土单元水平面上的静有效应力(Pa)，可按第23.2.9条规定计算；

$[\alpha_d]$——土单元地震液化应力比，坝体可按第23.2.11条计算，坝基可按第23.2.12条计算。

23 尾 矿 坝

23.1 一 般 规 定

23.1.1 本章适用于金属矿的新建尾矿坝及运行中的尾矿坝。

23.1.2 尾矿坝的抗震等级应按本规范附录F的规定确定。

23.1.3 二级及以上尾矿坝的设计地震动参数，可由设防烈度确定；二级以下尾矿坝的设计地震动参数，宜专门研究确定。

23.1.4 6度和7度时，尾矿可不进行抗震验算。9度时，除应满足本章规定的抗震构造措施要求外，尚应取经专门研究的抗震构造和工程措施。

23.1.5 坝址应选择在对抗震有利的地段。

23.1.6 6度和7度时，可采用上游式筑坝工艺；8度和9度时，宜采用中线式或下游式筑坝工艺，经论证可行时，8度也可采用上游式筑坝工艺。

23.1.7 坝体应加强排渗，降低浸润线，沉积滩应有足够的长度。

23.2 抗 震 计 算

23.2.1 尾矿坝应按本规范第5.1.5条抗震计算水准B确定地震影响系数并进行地震作用效应和坝体稳定性分析。尾矿坝的抗震计算，应包括液化分析和稳定性分析。

23.2.2 三级及以下尾矿坝的饱和坝体和坝基中饱和砂层的液化，可采用一维简化动力法计算；一级尾矿坝，应采用二维时程法进行计算分析。

23.2.3 坝体稳定性分析，可按圆弧滑动面的规定计算，但坝体或坝基中存在软弱薄层时，尚应验算沿软弱薄层滑动的可能性。

23.2.4 尾矿坝进行地震稳定性分析时，应按下列地震作用效应

23.2.9 土单元水平面上的静有效正应力，可按下式计算：

$$\sigma_s = \sum_{i=1}^{n}(\gamma_i h_i \times 10^3) \quad (23.2.9)$$

式中 γ_i——第 i 层土的重度（kN/m^3），浸润线以上应采用天然重度，浸润线以上应采用浮重度；

h_i——第 i 层土的厚度（m）；

n——土的层数。

23.2.10 土单元水平面上的静剪应力比，可按下列公式确定：

$$\alpha_s = \left| \frac{\xi_s [2X + Y(\text{tg}\theta_1 - \text{tg}\theta_2)]}{(\text{tg}\theta_1 - \text{tg}\theta_2)X - 2Y\text{tg}\theta_1\text{tg}\theta_2} \right| \quad (23.2.10-1)$$

$$\xi_s = 1 - \sin\phi \quad (23.2.10-2)$$

式中 X, Y——土单元中心点的横坐标和纵坐标（图 23.2.10）；

θ_1, θ_2——分别为下游坡、上游坡与纵坐标轴的夹角（°）；

ξ_s——土的侧压力系数；

ϕ——土的有效内摩擦角（°）。

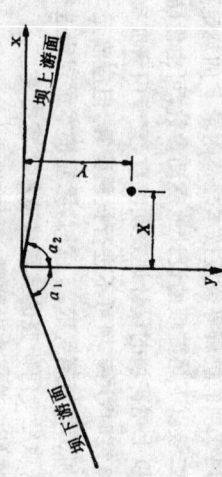

图 23.2.10 尾矿坝计算的坐标系统

23.2.11 坝体土单元的地震液化应力比，可按下列公式确定：

$$[\alpha_d] = \frac{\sqrt{(1+\xi_s)^2 - 4\alpha_s^2} - (1-\xi_s)}{2\sqrt{K_c}} R_{Kc} \quad (23.2.11-1)$$

$$K_c = \frac{1 + 2\alpha_{cs}(\alpha_{cs} + \sqrt{1+\alpha_{cs}^2})}{2\alpha_s} \quad (23.2.11-2)$$

$$\alpha_{cs} = \frac{\sqrt{(1+\xi_s)^2 - 4\alpha_s^2}}{} \quad (23.2.11-3)$$

$$R_{Kc} = \lambda_p \lambda_d \lambda_{Kc} R_{Ne} \quad (23.2.11-4)$$

$d_{50} \geq 0.075mm$ 的尾矿土 $\lambda_d = D_r/50$ （23.2.11-5）

$d_{50} < 0.075mm$ 的尾矿土 $\lambda_d = 1$ （23.2.11-6）

$$\lambda_{Kc} = 1 + (1.75 + 0.81gd_{50})(K_c - 1) \quad (23.2.11-7)$$

$$R_{Ne} = 10^{\eta} N_e^{-\delta} \quad (23.2.11-8)$$

$$\eta = 2.08(1.48\lg R_{10} - \lg R_{10}) \quad (23.2.11-9)$$

$$\delta = 2.08(\lg R_{30} - \lg R_{10}) \quad (23.2.11-10)$$

$$R_{10} = 0.181 \left[1 + \left(\lg\frac{d_{50}}{0.04}\right)^2\right]^{-0.526} \quad (23.2.11-11)$$

$$R_{30} = 0.154 \left[1 + \left(\lg\frac{d_{50}}{0.04}\right)^2\right]^{-0.455} \quad (23.2.11-12)$$

式中 $[\alpha_d]$——坝体中饱和尾矿砂土、粉土单元的地震液化应力比；

K_c——转换固结比；

R_{Kc}——固结比等于转换固结比时的三轴试验液化应力比；

α_{cs}——转换剪应力比；

λ_p——填筑期修正系数，可按表 23.2.11-1 确定；

λ_d——密度修正系数；

λ_{Kc}——固结比修正系数；

R_{Ne}——固结比等于 1 时的三轴试验液化应力比；

N_e——地震等价作用次数，可按表 23.2.11-2 确定；

η——液化应力比系数的指数；

δ——地震等价作用次数的指数；

R_{10}, R_{30}——地震等价作用次数分别为 10 和 30，且固结比等干1时的三轴试验液化应力比；

D_r —— 尾矿土的相对密度（百分率）；

d_{50} —— 尾矿土的平均粒径（mm）。

填筑期修正系数 表23.2.11-1

填筑期	10天	100天	1年	10年	100年
填筑期修正系数 λ_D	1.08	1.24	1.31	1.41	1.47

地震等价作用次数修正系数 表23.2.11-2

震级（里氏）	6.00	6.75	7.50	8.50
地震等价作用次数 N_e	5	10	15	26

注：中间值按线性内插法确定。

23.2.12 坝基土单元的地震液化应力比，可按下列公式确定：

$$[\alpha_d] = \lambda_a \alpha_d \quad (23.2.12-1)$$

$$\lambda_a = \frac{\sqrt{(1+\xi_s)^2 - 4\alpha_s^2} - (1-\xi_s)}{2\xi_s \sqrt{K_c}} \lambda_{K_c} \quad (23.2.12-2)$$

$$\alpha_d = 10^{\eta_d} N_e^{\delta_d} \quad (23.2.12-3)$$

$$\eta_d = 5.68(1.18 \lg \alpha_{10} - \lg \alpha_{15}) \quad (23.2.12-4)$$

$$\delta_d = 5.68(\lg \alpha_{15} - \lg \alpha_{10}) \quad (23.2.12-5)$$

式中 $[\alpha_d]$ —— 坝基土单元水平面上的地震液化应力比；

α_d —— 土单元水平面上静剪应力比等于零时的液化应力比；

λ_a —— 静剪应力比修正系数；

η_d、δ_d —— 静应力比等于零时的液化应力比等价作用次数的指数；

α_{10}、α_{15} —— 分别为地震等价作用次数等于10和15、静应力比等于零时的液化应力比，可按第23.2.13条规定确定。

23.2.13 地震等价作用次数等于10和15，且静应力比等于零时的液化应力比，可根据修正的标准贯入锤击数，按本条规定确定：

23.2.13.1 修正的标准贯入锤击数，可按下列公式计算：

$$N_1 = C_N N \quad (23.2.13-1)$$

$$C_N = 3.54 - 1.25 \lg(\sigma_{zN} \times 10^3) \quad (23.2.13-2)$$

式中 N_1 —— 修正的标准贯入锤击数；

C_N —— 标准贯入锤击数修正系数；

N —— 标准贯入锤击数实测值；

σ_{zN} —— 标准贯入点土单元的静有效正应力（Pa）。

23.2.13.2 地震等价作用次数等于10和15，且静应力比等于零时的液化应力比，可按图23.2.13确定。

23.2.14 土单元水平面上的最大地震剪应力，可按下列规定确定：

23.2.14.1 土柱第i段中心点的最大剪变模量，可按下列公式计算：

$$G_{mi} = 32.00 \times \frac{(2.97 - e_i)^2}{1 + e_i} \left(\frac{\sigma_{0i}}{9.81 \times 10^4} \right)^{0.5} \quad (23.2.14-1)$$

$$\sigma_{0i} = \frac{1}{3}(1 + 2\xi_s) \sigma_{zi} \quad (23.2.14-2)$$

式中 G_{mi} —— 第i段中心点的最大剪变模量（MPa）；

e_i —— 第i段中心点的孔隙比；

σ_{0i} —— 第i段中心点的静有效平均正应力（Pa）；

σ_{zi} —— 第i段中心点的静有效正应力（Pa）。

n——土柱分段数。

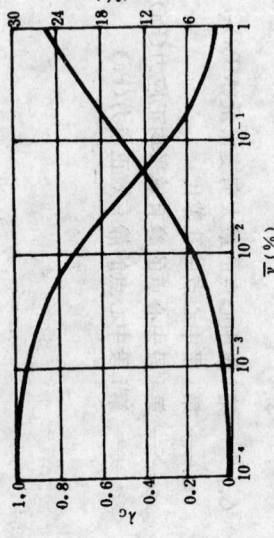

图 23.2.14-1 砂土剪变模量比和阻尼比与剪应变的关系

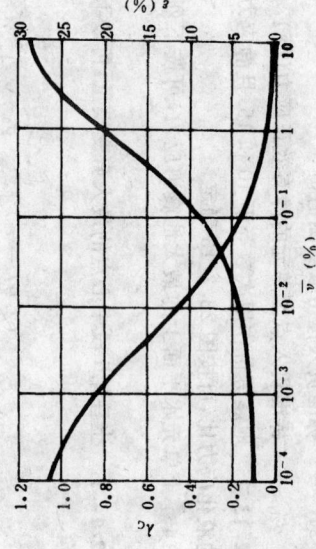

图 23.2.14-2 粘性土剪变模量比和阻尼比与剪应变的关系

23.2.14.4 土柱前 4 个振型的圆频率，可按下式计算：

$$\omega_j = \frac{\lambda_j}{h}\sqrt{\frac{gG}{\gamma}} \times 10^3 \quad (23.2.14-5)$$

式中 ω_j——土柱第 j 振型圆频率(1/s)；
j——振型数，可取 1～4；
λ_j——圆频率计算系数，对第 1～第 4 振型可分别采用

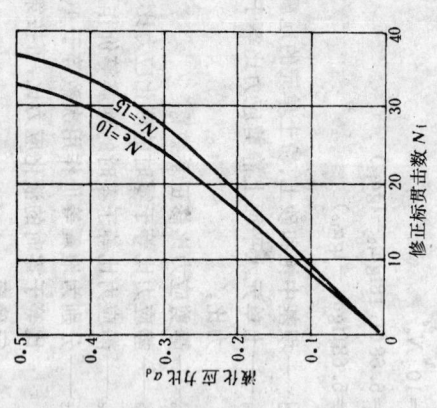

图 23.2.13 α_{10}、α_{15} 与 N_1 关系

23.2.14.2 计算时，可指定一个初始等价剪应变幅值。
23.2.14.3 根据初始等价剪应变幅值，按图 23.2.14-1 或图 23.2.14-2 确定第 i 段的剪变模量比和阻尼比；土柱的计算剪变模量和阻尼比，可按下列公式计算：

$$G = \sum_{i=1}^{n}(h_i\lambda_{Gi}G_{mi})/h \quad (23.2.14-3)$$

$$\varepsilon = \sum_{i=1}^{n}h_i\varepsilon_i/h \quad (23.2.14-4)$$

式中 G——土柱的计算剪变模量(MPa)；
h_i——土柱第 i 段的计算高度(m)；
λ_{Gi}——土柱第 i 段的剪变模量比，可按图 23.2.14 确定；
h——土柱的计算高度(m)；
ε——土柱的阻尼比；
ε_i——土柱第 i 段的阻尼比，可按图 23.2.14 确定；

1.57、4.71、7.85 和 10.99；

γ——土柱的重力密度（kN/m³）。

23.2.14.5 土柱顶端前 4 个振型的最大加速度，可按下式计算：

$$a_{mj} = C_j \alpha_j g \quad (23.2.14-6)$$

式中 a_{mj}——土柱顶端第 j 振型的最大加速度（m/s²）；

C_j——加速度计算系数，对 1~4 振型可分别采用 1.27、-0.42、0.25 和 -0.18；

α_j——第 j 振型的地震影响系数，可按本规范第 5.1.5 条规定确定，并宜按实际阻尼比进行修正。

23.2.14.6 土柱顶端中点的最大加速度，可按下式计算：

$$a_m = \sqrt{\sum_{j=1}^{4} a_{mj}^2} \quad (23.2.14-7)$$

式中 a_m——土柱顶端中点的最大加速度（m/s²）。

23.2.14.7 第 i 段中点前 4 个振型的最大剪应变，可按下列公式计算：

$$\gamma_{mji} = \phi_{ji} \alpha_j g \dfrac{\lambda Z_i}{2\cos\dfrac{\lambda Z_i}{h}} \cdot \dfrac{1}{\omega_j^2 h}$$

Z_i——土柱底部到第 i 段中点的距离（m）；

ϕ_{ji}——剪应变计算系数（s²/m）。

23.2.14.8 第 i 段中点的最大剪应变和相应的等价剪应变，可按下列公式计算：

$$\gamma_{mi} = \sqrt{\sum_{j=1}^{4} \gamma_{mji}^2} \quad (23.2.14-10)$$

$$\gamma_{eqi} = 0.65 \gamma_{mi} \quad (23.2.14-11)$$

式中 γ_{mi}——土柱第 i 段中点最大剪应变；

γ_{eqi}——土柱第 i 段中点等价剪应变。

23.2.14.9 由式（23.2.14-11）确定的等价剪应变可作为新的初始等价剪应变幅值，按本节第 23.2.14.3 款至第 23.2.14.8 款的步骤进行迭代计算，当相邻两次计算的土柱顶端最大加速度差值小于 10% 时，迭代可终止。

23.2.14.10 土柱第 i 段中点水平面上的最大剪应力，可按下式计算：

$$\tau_{mi} = G\gamma_{mi} \quad (23.2.14-12)$$

式中 τ_{mi}——土柱第 i 段中点水平面上的最大剪应力（Pa）。

23.2.15 尾矿坝考虑地震动引起的孔隙水压力和地震剪应力的稳定性分析，可按条分法计算，其滑动安全系数 ψ_i，可按下式确定：

$$\psi_i = \dfrac{\sum\limits_{k}[c'_k l_k + [(w_k - b_k u_k)\cos\theta_k + k_{eqk}w'_k \sin\theta_k] \operatorname{tg}\phi_k]}{\sum\limits_{k} w'_k (\sin\theta_k + K_{eqk}\cos\theta_k)} \quad (23.2.15)$$

式中 ψ_i——滑动安全系数；

c'_k——土条 k 底面处土的有效粘聚力（Pa）；

ϕ_k——土条 k 底面处土的内摩擦角（°）；

l_k——土条 k 底面的长度（m）；

b_k——土条 k 底面的宽度（m）；

θ_k——土条 k 底面与水平面的夹角（°）；

w_k——土条 k 的自重（N），水下可按浮重度计算；

w'_k——土条 k 的自重（N），水下可按饱和重度计算；

u_k——在土条 k 底面处地震动引起的孔隙水压力（Pa），可按本节第 23.2.16 条确定；

k_{eqk}——土条 k 的等价地震系数，可按本节第 23.2.17 条确定。

23.2.16 地震动引起的孔隙水压力，可按下列公式计算：

$$u = \gamma_u \sigma_z \quad (23.2.16-1)$$

$$\gamma_N = \delta_N \sqrt{\frac{0.65 \tau_m}{\sigma_z [a_d]}} \quad (23.2.16-2)$$

式中 u——地震动引起的孔隙水压力(Pa);
γ_u——孔压比,根据地震作用次数比可由图23.2.16确定;
γ_N——地震作用次数比;
δ_N——地震作用次数比系数。

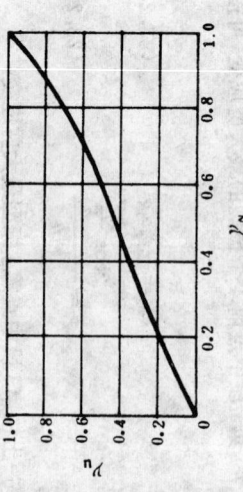

图23.2.16 孔压比与地震作用次数比的关系

23.2.17 土条k的等价地震系数,可按下式计算:

$$K_{eqk} = \frac{0.46 b_k \tau_{mk}}{w_k'} \quad (23.2.17)$$

式中 τ_{mk}——土条k底面中心处水平面上的最大剪应力(Pa),可按本节第23.2.14条规定计算。

23.3 构造和工程措施

23.3.1 尾矿坝应满足下列抗震构造和工程措施要求:

23.3.1.1 坝体非冲填部分必须经碾压或其它工程措施处理,应达到中等密度状态。

23.3.1.2 尾矿坝的干滩长度,一级和二级坝不应小于150m,二级以下不宜小于100m。

23.3.1.3 下游坡面浸润线的深度,不应小于6～8m。

23.3.2 根据实际工程情况,可采取以下有利于地震稳定性的工程措施:

23.3.2.1 控制尾矿坝堆积的上升速度。

23.3.2.2 放缓下游坝坡的坡度。

23.3.2.3 在坝基和坝体内设置排水设施。

23.3.2.4 在坝脚设减压井。

23.3.2.5 在下游坝坡设置排渗井。

23.3.2.6 在下游坝脚加反压体。

23.3.3 三级及其以上的尾矿坝,应设置监测和报警装置。

框排架结构纵向计算时柱的空间效应调整系数　　表 A.0.1-1

列线	上段柱 屋盖纵向长度(m)			中段柱 屋盖纵向长度(m)			下段柱 屋盖纵向长度(m)			结构简图
	30	42	54	30	42	54	30	42	54	
A	1.3	1.3	1.3	0.8	0.8	0.8	0.8	0.8	0.8	
B	1.3	1.3	1.3	0.9	0.9	0.9	0.9	0.9	0.9	
C	1.3	1.3	1.3	1.0	1.0	1.0	0.9	0.9	0.9	B C 跨可设置贮仓

注：中间值采用线性内插法确定，下表亦同。

附录 A　框排架结构按平面计算的条件及地震作用效应的调整系数

A.0.1　框排架结构，当同时符合下列条件时，可按横向或纵向多质点平面结构计算。

A.0.1.1　7度和8度。
A.0.1.2　结构型式和吊车设置符合附表 A 中结构简图要求，且结构高度不大于图中规定值。
A.0.1.3　柱距 6m。
A.0.1.4　无檩体系屋盖。
A.0.1.5　框排架结构总跨度的适用范围：
　　表 A.0.1-1，A.0.1-2　　　15～27m；
　　表 A.0.1-3，A.0.1-4　　　38～50m；
　　表 A.0.1-5，A.0.1-6　　　54～66m；
　　表 A.0.1-7，A.0.1-8　　　45～57m。

A.0.2　按平面结构计算时，应符合下列规定：
A.0.2.1　应采用振型分解反应谱法，并应取不少于 3 个振型。
A.0.2.2　墙体刚度不应计入。
A.0.2.3　自振周期调整系数，横向可取 0.8，纵向无纵墙时可取 0.9，有纵墙时可取 0.8。
A.0.2.4　柱的地震作用效应应乘以表 A.0.1-1～A.0.1-8 中相应的空间效应调整系数；框架梁端的空间效应调整系数，可采用其上下柱的空间效应调整系数的平均值。

框排架结构横向计算时柱的空间效应调整系数　　　　表 A.0.1-2

山墙	柱 段	屋盖纵向长度（m）								
		30			42			54		
		A	B	C	A	B	C	A	B	C
端有山墙	上段柱	1.5	1.1	1.1	1.5	1.3	1.3	1.5	1.5	1.5
	中段柱	1.0	1.2	1.2	1.0	1.3	1.3	1.1	1.3	1.3
	下段柱	1.3	1.1	1.1	1.3	1.2	1.2	1.3	1.3	1.3
两端有山墙	上段柱	1.5	1.3	1.3	1.5	1.3	1.3	1.5	1.4	1.4
	中段柱	1.0	1.1	1.1	1.0	1.1	1.1	1.2	1.2	1.2
	下段柱	1.2	1.1	1.1	1.2	1.1	1.1	1.2	1.2	1.2

注：结构同表 A.0.1-1。

框排架结构纵向计算时柱的空间效应调整系数　　　　表 A.0.1-3

列线	上段柱 屋盖纵向长度(m)			中段柱 屋盖纵向长度(m)			下段柱 屋盖纵向长度(m)			结构简图
	30	42	54	30	42	54	30	42	54	
A	0.8	0.8	0.8	0.8	0.8	0.8	0.9	0.9	0.9	
B	0.8	0.8	0.8	0.8	0.8	0.8	0.9	0.9	0.9	
C	1.0	1.0	1.0	0.8	0.8	0.8	0.9	0.9	0.9	
D	1.1	1.1	1.1	1.1	1.1	1.1	1.2	1.2	1.2	
E	1.3	1.3	1.3	1.3	1.3	1.3	1.3	1.3	1.3	D E 跨可设置贮仓

框排架结构横向计算时柱的空间效应调整系数　　　　　　　　　　　　　表 A.0.1-4

山墙	柱段	屋盖纵向长度 (m)														
		30					42					54				
		A	B	C	D	E	A	B	C	D	E	A	B	C	D	E
一端有山墙	上段柱	0.8	0.8	1.0	1.5	1.5	0.9	0.9	1.0	1.5	1.5	0.9	0.9	1.0	1.5	1.5
	中段柱	0.8	0.8	1.0	1.0	1.0	0.9	0.9	1.0	1.0	1.0	1.0	1.0	1.0	1.0	1.0
	下段柱	0.8	0.8	1.0	1.0	1.0	0.9	0.9	1.0	1.2	1.1	0.9	0.9	1.0	1.1	1.1
两端有山墙	上段柱	0.8	0.8	1.0	1.5	1.5	0.9	0.9	1.0	1.5	1.5	0.9	0.9	1.0	1.5	1.5
	中段柱	0.8	0.8	1.0	0.9	0.9	0.8	0.8	0.9	0.9	1.0	0.9	0.9	0.9	0.9	0.9
	下段柱	0.9	0.9	1.0	1.0	1.0	0.9	0.9	1.0	1.1	1.1	0.9	0.9	1.0	1.0	1.0

注：结构同表 A.0.1-3。

框排架结构纵向计算时柱的空间效应调整系数　　　　　　　　　　　　　表 A.0.1-5

列线	上段柱 屋盖纵向长度(m)			中段柱 屋盖纵向长度(m)			下段柱 屋盖纵向长度(m)			结构简图
	30	42	54	30	42	54	30	42	54	
A	0.8	0.8	0.8	0.8	0.8	0.8	0.8	0.8	0.8	
B	0.9	0.9	0.9	0.9	0.9	0.9	0.9	0.9	0.9	
C	1.0	1.0	1.0	1.0	1.0	1.0	1.0	1.0	1.0	
D	1.3	1.3	1.3	1.0	1.0	1.0	1.0	1.0	1.0	
E	1.3	1.3	1.3	0.8	0.8	0.8	1.1	1.1	1.1	DE 跨可设置贮仓

框排架结构横向计算时柱的空间效应调整系数　　表 A.0.1-6

山墙	柱 段	屋盖纵向长度 (m)													
		30					42					54				
		A	B	C	D	E	A	B	C	D	E	A	B	C	D	E
一端有山墙	上段柱	1.5	1.1	1.4	0.9	0.9	1.4	1.2	1.4	0.9	0.9	1.3	1.3	1.4	1.0	1.0
	中段柱	1.2	1.1	1.4	0.9	0.9	1.2	1.3	1.4	1.0	1.0	1.1	1.5	1.4	1.1	1.1
	下段柱	1.3	1.0	1.0	1.0	1.0	1.2	1.1	1.1	1.0	1.0	1.1	1.1	1.2	1.1	1.1
两端有山墙	上段柱	1.5	1.1	1.3	0.8	0.8	1.4	1.2	1.3	0.8	0.8	1.3	1.3	1.3	0.9	0.9
	中段柱	1.2	1.1	1.3	0.8	0.8	1.2	1.3	1.3	0.9	0.9	1.1	1.4	1.4	1.0	1.0
	下段柱	1.2	0.9	0.9	0.9	0.9	1.2	0.9	1.0	0.9	0.9	1.1	1.1	1.1	1.0	1.0

注：结构同表 A.0.1-5。

框排架结构纵向计算时柱的空间效应调整系数　　表 A.0.1-7

列线	上段柱			中段柱			下段柱			结构简图
	屋盖纵向长度(m)			屋盖纵向长度(m)			屋盖纵向长度(m)			
	30	42	54	30	42	54	30	42	54	
A	0.8	0.8	0.8	0.8	0.8	0.8	0.9	0.9	0.9	
B	0.8	0.8	0.8	0.9	0.9	0.9	1.0	1.0	1.0	
C	0.8	0.8	0.8	0.9	0.9	0.9	1.0	1.0	1.0	
D	0.8	0.8	0.8	0.9	0.9	0.9	0.9	0.9	0.9	

B C 跨可设置贮仓

附录 B 框架节点核芯区截面抗震验算

B.1 剪力设计值

B.1.1 框架节点核芯区组合的剪力设计值,应按下列公式确定:

第一抗震等级 $V_j = \dfrac{1.05\Sigma M_{bua}}{h_0 - a_s'}\left(1 - \dfrac{h_0 - a_s'}{h_c - h_b}\right)$ （B.1.1-1）

或 $V_j = \dfrac{1.05\lambda_j \Sigma M_b}{h_0 - a_s'}\left(1 - \dfrac{h_0 - a_s'}{h_c - h_b}\right)$ （B.1.1-2）

第二抗震等级 $V_j = \dfrac{1.05\Sigma M_b}{h_0 - a_s'}\left(1 - \dfrac{h_0 - a_s'}{h_c - h_b}\right)$ （B.1.1-3）

式中 V_j ——节点核芯区组合的剪力设计值(N);
h_0 ——梁截面的有效高度(m),节点两侧梁截面高度不等时可采用平均值;
a_s' ——梁受压边钢筋合力点至受压边边缘的距离(m);
h_c ——柱的计算高度(m),可采用节点上、下柱反弯点之间的距离;
h_b ——梁的截面高度(m),节点两侧截面高度不等时可采用平均值;
λ_j ——实配增大系数,梁、柱可分别按本规范第6.2.6条、第6.2.8条和第6.2.9条采用;
ΣM_b ——节点上下柱端或左右梁端顺时针或反时针方向截面组合的弯矩设计值之和(N·m)。

框排架结构横向计算时柱的空间效应调整系数   表 A.0.1-8

山墙	柱段	屋盖纵向长度 (m)											
		30				42				54			
		A	B	C	D	A	B	C	D	A	B	C	D
一端有山墙	上段柱	1.0	0.8	0.8	1.5	1.0	0.9	0.9	1.3	1.1	1.0	1.0	1.1
	中段柱	1.0	0.9	0.9	1.2	1.0	1.0	1.0	1.1	1.0	1.0	1.0	1.1
	下段柱	1.0	0.9	0.9	1.3	1.1	1.0	1.0	1.2	1.1	1.0	1.0	1.1
两端有山墙	上段柱	0.9	0.8	0.8	1.4	0.9	0.9	0.9	1.2	1.0	0.9	0.9	1.1
	中段柱	0.9	0.9	0.9	1.1	1.0	0.9	0.9	1.1	1.0	0.9	0.9	1.1
	下段柱	1.0	0.8	0.9	1.2	1.0	0.9	0.9	1.1	1.0	0.9	0.9	1.0

注:结构同表 A.0.1-7。

N —— 对应于组合的剪力设计值的上柱轴向压力(N),其取值不应大于柱的截面面积和混凝土抗压强度设计值乘积的 50%;

f_{yv} —— 箍筋的抗拉强度设计值(N);

A_s —— 核芯区验算宽度范围内箍筋的总截面面积(m^2)。

B.2 核芯区截面验算宽度

B.2.1 核芯区截面验算宽度,当验算方向的梁截面宽度不小于该侧柱截面宽度的1/2时,可采用该侧柱截面宽度,当小于时可采用下列二者的较小值:

$$b_j = b_b + 0.5h_c \quad (B.2.1-1)$$
$$b_j = b_c \quad (B.2.1-2)$$

式中 b_j —— 节点核芯区的截面验算宽度(m);

b_b —— 梁截面宽度(m);

h_c —— 验算方向的柱截面高度(m);

b_c —— 验算方向的柱截面宽度(m)。

B.2.2 当梁、柱的中线不重合时,核芯区的截面验算宽度可采用上条和下式计算结果的较小值:

$$b_j = 0.5(b_b + b_c) + 0.25h_c - e \quad (B.2.2)$$

式中 e —— 梁与柱中线偏心距(m)。

B.3 截面抗震验算

B.3.1 节点核芯区的截面抗震验算,应采用下列设计表达式:

$$V_j \leq \frac{1}{\gamma_{RE}}(0.3\eta_j f_c b_j h_{b0}) \quad (B.3.1-1)$$

$$V_j \leq \frac{1}{\gamma_{RE}}(0.1\eta_j f_c b_j h_{b0} + 0.1\eta_j N b_j/b_c + f_{yv} A_s) \quad (B.3.1-2)$$

式中 η_j —— 交叉梁的约束影响系数,四侧各梁截面宽度不小于该侧柱截面宽度的1/2,且次梁截面高度不小于主梁高度的3/4时,可采用梁高度,可采用1.5,其它情况均可采用1.0;

h_{b0} —— 节点核芯区的截面高度,可采用验算方向的柱截面高度(m);

γ_{RE} —— 承载力抗震调整系数,可采用0.85;

附录C 柱承式方仓有横梁支承结构的侧移刚度

C.0.1 柱承式方仓有横梁的支承结构,侧移刚度可按下列公式计算(图C):

$$K = \frac{m}{\delta_n} \quad (C.0.1-1)$$

$$\delta_n = \frac{h^3}{12E(2I+nI_1)} \left[\lambda_h^3 + (1-\lambda_h)^3 + \frac{3\lambda_h(1-\lambda_h)}{1+12\lambda_h(1-\lambda_h)\zeta(1+n)/(2+2\zeta_1)} \right]$$

$$\lambda_h = h_1/h \quad (C.0.1-2)$$

$$\zeta = I'h/Il \quad (C.0.1-3)$$

$$\zeta_1 = I_1/I \quad (C.0.1-4)$$
$$\quad (C.0.1-5)$$

式中 K——方仓支承结构的侧移刚度(N/m);
m——柱列数;
δ_n——一个柱列在单位水平力作用下,柱顶的水平位移(m/N);
h——支承柱全高(m);
h_1——梁以上柱高(m);
h_2——梁以下柱高(m);
l——梁的跨度(m);
λ_h——横梁的位置参数;
ζ——梁与边柱的线刚度比;
ζ_1——中柱与边柱的线刚度比;

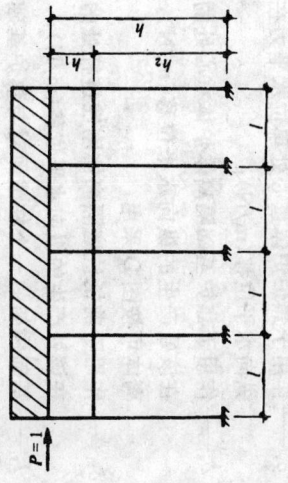

图C 侧移刚度计算简图

n——一个柱列的柱根数;
E——柱的混凝土弹性模量(N/m²);
I——边柱截面惯性矩(m⁴);
I_1——中柱截面惯性矩(m⁴);
I'——梁截面惯性矩(m⁴)。

附录 D 焦炉炉体单位水平力作用下的位移

D.0.1 焦炉炉体横向单位水平力作用下的位移,可按下式计算:

$$\delta_x = \frac{h_z^2}{E_n I_x \sum_{i=1}^{m} n_i k_i} \quad (D.0.1)$$

式中 δ_x ——作用于焦炉炉体重心处单位水平力在该处产生的横向水平位移(m/N);

h_z ——基础构架纵柱(不计两端为铰接的柱)的计算高度(m),可取自基础底板顶面至基础顶板底面的高度;

I_x ——基础构架单柱(不计两端为铰接的柱)的纵向轴(与焦炉基础混凝土纵向轴线平行)截面对其纵轴的惯性矩(m⁴);

E_n ——基础构架柱混凝土的弹性模量(N/m²);

m ——基础横向构架的种类数;

n_i ——第i种横向构架的数量;

k_i ——第i种横向构架刚度系数,当构架柱的截面尺寸相同时,可按表D取值。

表D 焦炉基础横向构架刚度系数值

构架种类	构架的柱形式	构架柱数量	架与柱的线刚度比				
			1.0	1.5	2.0	2.5
1	边柱上、下端铰接,其它柱上、下端固接	4	18.5	20.0	21.0	21.3
		5	28.0	30.0	31.4	32.1
		6	38.5	41.0	42.0	43.0
2	所有柱上端固接、下端铰接	4	8.5	9.5	10.0	10.5
		5	11.0	12.0	12.5	13.0
		6	14.0	15.0	15.5	16.0
3	边柱上、下端铰接,其它柱上端固接、下端铰接	4	4.5	5.0	5.2	5.5
		5	7.0	7.5	7.8	8.0
		6	9.5	10.0	10.5	10.8
4	所有柱上、下端固接	4	36.4	38.6	40.5	42.0
		5	45.5	49.0	51.3	52.0
		6	56.0	59.5	62.0	63.0

D.0.2 焦炉炉体纵向单位水平力作用下的位移,可按下列公式计算:

$$\delta_y = \eta_a \cdot \delta_a \quad (D.0.2-1)$$

$$\eta_a = \frac{\delta_{11}}{\delta_{11} + 2\delta_a} \quad (D.0.2-2)$$

$$\delta_a = \frac{(12n_1 + 3n_2)E_n I_y}{h_z^3} \quad (D.0.2-3)$$

$$\delta_{11} = \frac{h_z^3}{3E_n I_c} \quad (D.0.2-4)$$

式中 δ_y ——作用于焦炉炉体重心处单位水平力在该处产生的纵向水平位移(m/N);

δ_a ——作用于焦炉基础隔离体重心处的单位水平力在该处产生的纵向水平位移(m/N),焦炉基础隔离体的纵向水平位移(m/N);

δ_{11} ——作用于焦炉基础前抵抗滑隔离体刚性链杆处的单位水平力在该处产生的纵向水平位移(m/N);

I_y ——基础构架的纵向一个柱截面对与焦炉基础横向轴线平行横轴的惯性矩(m⁴);

n_1、n_2 ——分别为基础构架中两端固接柱与一端固接一端铰接柱的根数;

E_n ——基础构架柱的混凝土弹性模量(N/m²);

δ_c —— 该处产生的水平位移 (m/N);
炉顶纵向钢拉条在单位力作用下的伸长 (m);
h —— 基础底板顶面至炉顶区水平中心线的高度 (m);
l_c —— 纵向钢拉条的长度 (m);
n_c —— 纵向钢拉条的根数;
A_g —— 一根纵向钢拉条的截面积 (m²);
E_g —— 纵向钢拉条的弹性模量 (Pa)。

I_c —— 前抵抗墙所有柱子的截面对与焦炉基础横向轴线平行横轴的惯性矩 (m⁴);
F_1 —— 焦炉炉体与抵抗墙之间的温度作用标准值 (N);
h_d —— 基础底板顶面至抵抗墙斜烟道水平梁中线的高度 (m);
h —— 基础底板顶面至炉顶水平梁中线的高度 (m)。

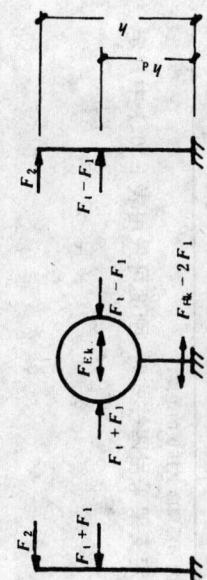

(a) 前抵抗墙隔离体 (b) 基础结构隔离体 (c) 后抵抗墙隔离体

图 D 焦炉基础纵向各部位的结构隔离体

D.0.3 抵抗墙斜烟道水平梁中线处的位移系数,可按下式计算:

$$\eta_1 = \frac{\delta_g}{\delta_{11} + 2\delta_g} \quad (D.0.3)$$

D.0.4 抵抗墙炉顶水平梁处的位移系数,可按下列公式计算:

$$\eta_2 = \frac{2\delta_{12}}{\delta_c + 2\delta_{22}}\eta_1 \quad (D.0.4-1)$$

$$\delta_{12} = \frac{3hh_d^2 - h_d^3}{6E_n I_d} \quad (D.0.4-2)$$

$$\delta_{22} = \frac{h^3}{3E_n I_d} \quad (D.0.4-3)$$

$$\delta_c = \frac{l_c}{n_c A_g E_g} \quad (D.0.4-4)$$

式中 δ_{12} —— 作用于前抵抗墙斜烟道水平梁中线处的单位水平力在炉顶水平梁处产生的水平位移 (m/N);

δ_{22} —— 作用于抵抗墙隔离体水平梁处的单位水平力在

附录 F 尾矿坝的抗震等级

尾矿坝的抗震等级,应根据尾矿库库容量和尾矿坝坝高,按表 F 确定。当尾矿库失事将使下游重要城镇、工矿企业与铁路干线遭受严重灾害时,尾矿坝的抗震等级可提高一级。

尾矿坝的抗震等级 表 F

等 级	V(亿 m³)	h(m)
一	二级尾矿坝具备提高等级条件者	
二	$V \geqslant 1.0$	$h \geqslant 100$
三	$0.1 \leqslant V < 1.0$	$60 \leqslant h < 100$
四	$0.01 \leqslant V < 0.1$	$30 \leqslant h < 60$
五	$V < 0.01$	$h < 30$

注:①V 为全库容,为该使用期设计坝顶标高时尾矿库的全部库容;
②h 为坝高,为该使用期设计坝顶标高与初期坝轴线处坝底标高之差;
③坝高与全库容分级指标分属不同等级时,以其中高的等级为准。当差大于一级时,按高者降低一级。

附录 E 框架式固定支架的刚度

E.0.1 框架式固定支架的尺寸符合下列规定时,其刚度可按表 E 确定。

$$l_h = 7.5h_z \sim 10.0h_z \quad (E.0.1-1)$$
$$l = 1.2 \sim 3.0 \text{m} \quad (E.0.1-2)$$
$$b_1 = 250 \text{mm} \quad (E.0.1-3)$$
$$h_1 = 1.2b_1 \sim 1.6b_1 \quad (E.0.1-4)$$

式中 l_h——横梁中距(m);
h_z——柱截面高度(mm);
l——柱肢中距(m);
h_1——梁截面高度(mm);
b_1——梁截面宽度(mm)。

框架式固定支架的刚度(10⁴N/m) 表 E

柱截面尺寸(mm)	支架高度(m)			
	6	9	12	15
300×300	5.0	2.8	1.8	1.4
400×400	10.3	5.3	3.3	2.2

注:支架高度为场基础顶面至柱顶的距离。

E.0.2 当固定支架采用四柱式时,刚度可采用表 E.0.1 中规定数值的 2 倍。

附录 G 本规范用词说明

G.0.1 为便于在执行本规范条文时区别对待,对要求严格程度不同的用词说明如下:
(1)表示很严格,非这样做不可的:
正面词采用"必须";
反面词采用"严禁";
(2)表示严格,在正常情况下均应这样做的:
正面词采用"应";
反面词采用"不应"或"不得";
(3)对表示允许稍有选择,在条件许可首先应这样做的:
正面词采用"宜"或"可";
反面词采用"不宜"。

G.0.2 条文中指定应按其它有关标准、规范执行时,写法为"应符合……的规定"或"应按……执行"。

附加说明

本规范主编单位、参加单位和主要起草人名单

主编单位: 冶金部建筑研究总院

参加单位: 国家地震局工程力学研究所、冶金部鞍山黑色冶金矿山设计研究院、能源部西北电力设计院、中国有色金属工业总公司长沙矿山设计研究院、中国统配煤矿总公司武汉煤炭设计院、东北内蒙古煤矿工业联合公司沈阳煤矿设计院、同济大学、中国石化总公司洛阳石化工程公司、冶金部鞍山焦化耐火材料设计研究院、中国有色金属工业总公司兰州有色冶金设计研究院、中国统配煤矿总公司选煤设计研究院、中国石油天然气总公司工程技术研究所、中国石化总公司北京设计院、冶金部重庆钢铁设计研究院、清华大学、太原工业大学、大连理工学院、哈尔滨建筑工程学院、能源部华东电力设计院、冶金部勘察研究总院、冶金部西安勘察研究院、科学技术研究所、机械电子部西安勘察设计研究院、天津市勘察院、湖南大学、中国地质大学北京研究生院、江苏省地震局、中国有色金属工业总公司西安冶金矿山设计研究院、中国有色金属长沙黑色冶金矿山设计研究院、抚顺石油学院、河南省电力勘测设计院、中国石油天然气总公司管道设计院

主要起草人: 侯忠良 周根寿 江近仁 吴良玖 耿树江

中华人民共和国国家标准

构筑物抗震设计规范

GB 50191-93

条文说明

郭玉学　王余庆　王绍华　马英儒　刘曾武
周善文　　　　刘鸿运　肖临普　潘士劼
文良谟　刘文虎　吴永新　金慕卿　刘大晖
李连槐　张慧娥　胡昭正顶　徐振贤
张克绪　邹瑞锋　曲昭加　石兆吉　杨　立
张良铎　　　　曲乃泗　许明哲　杨珊
　　　　那向谦　项忠权　刘　季　刘惠珊
张耀明　张维全　　　　卫　明　谢泳玫
陈家厚　绍宗远　熊国举　陈道钲　尹家顺
梁　羽　姜　涛　刘增海　翁鹿年　金　华
张旷成　李世温　李天民　狄原沅　陈幼田
乔宏洲　杨运安　李斌魁　乔天民　韦明辉　韦树连
宋龙伯　王贻迹　袁文伯　丁新翠　陈　跃
李　苗　牛启贞　孙维礼

目 次

1 总则 .... 8—95
3 抗震设计的基本要求 .... 8—97
  3.1 场地影响和地基、基础 .... 8—97
  3.2 抗震结构体系 .... 8—97
  3.3 材料 .... 8—98
  3.4 非结构构件 .... 8—98
4 场地、地基和基础 .... 8—99
  4.1 场地 .... 8—99
  4.2 天然地基及基础 .... 8—100
  4.3 液化土地基 .... 8—100
  4.4 软土地基震陷 .... 8—102
  4.5 桩基础 .... 8—102
5 地震作用和结构抗震验算 .... 8—104
  5.1 一般规定 .... 8—104
  5.2 水平地震作用和作用效应计算 .... 8—105
  5.3 竖向地震作用计算 .... 8—106
  5.4 截面抗震验算 .... 8—107
  5.5 抗震变形验算 .... 8—107
6 框排架结构 .... 8—108
  6.1 一般规定 .... 8—108
  6.2 抗震计算 .... 8—109
  6.3 构造措施 .... 8—111
7 悬吊式锅炉构架 .... 8—114
  7.1 一般规定 .... 8—114
  7.2 抗震计算 .... 8—114
  7.3 构造措施 .... 8—115
8 贮仓 .... 8—115

编制说明

本规范是根据国家计委计综[1985]1号文和原城乡建设环境保护部(85)城抗震字第60号文的要求,由冶金工业部负责主编,具体由冶金部建筑研究总院会同国家地震局工程力学研究所所等35个科研单位、设计单位和高等院校共同编制而成,经建设部1993年11月16日以建标[1993]858号文批准,并会同国家技术监督局联合发布。

在本规范的编制过程中,规范编制组进行了广泛的调查研究、认真总结了有关构筑物的工程勘察、设计、施工和震害的实践经验、同时参考了有关国际标准和国外先进标准,并广泛征求了全国有关单位的意见。最后由我部会同有关部门审查定稿。

鉴于本规范系初次编制,在执行过程中,希望各单位结合工程实践和科学研究,认真总结设计经验,注意积累资料,如发现需要修改和补充之处,请将意见和有关资料寄交冶金部建筑研究总院《构筑物抗震设计规范》编制组(北京市海淀区西土城路33号,邮编100088),并抄送冶金工业部建设协调司,以供今后修订时参考。

8.1 一般规定	8—115
8.2 抗震计算	8—117
8.3 构造措施	8—118
9 井塔	8—119
9.1 一般规定	8—119
9.2 抗震计算	8—120
9.3 构造措施	8—121
10 钢筋混凝土井架	8—122
10.1 一般规定	8—122
10.2 抗震计算	8—122
10.3 构造措施	8—123
11 斜撑式钢井架	8—124
11.1 一般规定	8—124
11.2 抗震计算	8—124
11.3 构造措施	8—125
12 双曲线冷却塔	8—126
12.1 一般规定	8—126
12.2 塔筒	8—126
12.3 淋水装置	8—128
13 电视塔	8—128
13.1 一般规定	8—128
13.2 抗震计算	8—130
13.3 构造措施	8—131
14 石油化工塔型设备基础	8—131
14.1 一般规定	8—131
14.2 抗震计算	8—132
15 焦炉基础	8—132
15.1 一般规定	8—132
15.2 抗震计算	8—134
15.3 构造措施	8—134
16 运输机通廊	8—134
16.1 一般规定	8—134
16.2 抗震计算	8—135
16.3 构造措施	8—136
17 管道支架	8—138
17.1 一般规定	8—138
17.2 抗震计算	8—139
17.3 构造措施	8—139
18 浓缩池	8—139
18.1 一般规定	8—139
18.2 抗震计算	8—140
18.3 构造措施	8—141
19 常压立式圆筒形储罐	8—141
19.1 一般规定	8—141
19.2 抗震计算	8—145
20 球形储罐	8—146
21 卧式圆筒形储罐	8—146
22 高炉系统结构	8—146
22.1 一般规定	8—147
22.2 高炉	8—152
22.3 热风炉	8—154
22.4 除尘器、洗涤塔	8—154
22.5 斜桥	8—155
23 尾矿坝	8—155
23.1 一般规定	8—156
23.2 抗震计算	8—158
23.3 构造和工程措施	

1 总则

1.0.1 本条是制订本规范的目的、指导思想和条件。制订本规范的目的，是为了减轻结构物的地震破坏程度，保障人员安全和生产安全。本规范所包含的构筑物，大多数为工业构筑物，部分为民用构筑物，这些构筑物的地震破坏可能产生直接灾害，也可能产生次生灾害。减轻地震破坏程度也包括减经次生灾害在内。因此，保障地震安全的程度是受科学技术和国家经济条件两方面制约的。地震工程近三四十年才发展起来的新兴学科，牵涉到多种学科的综合，尚有许多被认识的领域和技术难题；特别是构筑物的抗震设计问题，技术难度更大，且由于工业与民用的生产性质比、厂等特点，带来一定难度；本规范的科学依据，只能是现有的试验和设计的经验，研究成果和设计经验，随着建筑科学水平的不断提高，本规范的内容将会不断完善和提高，构筑物抗震设计规范与其它规范一样，要根据国家的实际经济条件，取用适当的设防水准，使其具有可行性。

1.0.2 本条提出了抗震设防的三个水准的要求，就是"小震不坏，中震可修，大震不倒"，遭遇低于设防烈度地震影响时，结构基本处于弹性工作状态，不需修理仍能保持其使用功能；遭遇设防烈度地震影响时，结构的非主要受力构件局部可能出现塑性变形或其它非线性轻微破坏，主要受力构件一般在经一般修理即可恢复其使用功能的范围，即结构处于有限塑性变形的弹塑性阶段，所谓大震不倒的水准，据中国建筑科学研究院对全国60多个城市的地震危险性分析结果，合理设防目标是50年超越概率为2%～3%，遭此地震影响时，地震烈度大致高于设防烈

度一度，结构无论从整体还是各层位，均处于弹塑性工作阶段，此时结构的变形较大，但还在规定的控制范围之内，尚未失去承载能力，不致出现危及生命的严重损坏或倒塌。

为实现三个设防水准的要求，本规范采用二阶段设计。第一阶段设计是按第一设防水准（即所谓概念设计）和抗震构造措施要求来满足第二设防水准的基本要求。第二阶段设计则是对大多数结构，通过第二水准的设计，除满足第一阶段设计要求外，还要按第三水准进行抗震设计是按第一或第二水准的设计要求。第一阶段设计是对构筑物和地震时易倒塌的构筑物的大震一度的弹塑性变形验算，并要进行还要按高于设防烈度一度的大震下弹塑性层间变形验算，以满足第三水准的设防要求。

1.0.3 本条规定本规范的适用范围。适用的地震烈度范围。设防烈度7、8、9度地区以外，还增加了6度区。这是符合当前国家有关政策规定的，也是与现行国家标准《建筑抗震设计规范》（以下简称《建规》）相一致的。

1.0.4 本条是抗震设防的基本依据。抗震设防烈度是按国家规定的权限审定限为一个地区的基本烈度进行设防的依据的烈度，一般情况下采用现行《中国地震烈度区划图（1990）》规定的基本烈度。但是，《中国地震烈度区划图（1990）》说明书指出："由于编图所依据的基础资料，比例尺和概率水平所限，本区划图不宜作为重大工程和某些可能引起严重次生灾害的工程建设用的抗震设防依据"。当厂矿占地大、场地条件复杂时，按基本烈度进行设防有可能带来较大的误差。对高烈度区以及场地条件比较复杂的大型工业厂矿，大都在场地条件、对地震灾害规划中做过抗震设防区划。经过批准的大工业厂矿企业抗震防灾规划中做过抗震设防区划，也可以作为抗震设防的依据，提供的设防烈度和地震动参数也可以作为抗震设计的依据。位于城市的厂矿，如城市已包括了企业所在地，则构筑物也可以按城市抗震设防区划提供的地震动参数进行设计。

1.0.5 本条是有关构筑物重要性类别分的规定。构筑物的重要

性类别档次与《建规》基本相同，使同一生产线的厂房建筑、构筑物等级能一致。确定构筑物重要性等级是依据其重要性和受地震破坏后果的严重程度，其中包括人员伤亡、经济损失、社会影响等，对于严格要求连续生产的重要厂矿，其震害后果还应包括停产造成的损失。当停产时间超过工艺限定时间的规定，还可能导致整个生产线更长时间停顿的恶果。例如悬吊式锅炉、炉体报废，从而使恢复生产的时间大为延长；井塔、井架等矿井的安全出口如地震时发生堵塞，将会导致严重后果；运送、贮存贮能性物质的管道、贮罐一旦破坏，将会造成严重次生灾害，易爆易燃、有毒介质的管道、贮罐一旦破坏，将会造成严重次生灾害；在估量其震害后果划分重要性类别时，还应考虑其对关键生产工艺的影响程度，与一般民用建筑和工业建筑相比，要求从严。此外，像电视塔这样的构筑物，一旦建成，它在城市中就占有特殊位置。在确定重要性类别时，要结合城市的等级政治影响与社会稳定因素，从严掌握。

本规范标准共包括18类不同重要性等级的构筑物，除了尾矿坝目前还不能根据本规范规定分重要性等级以外，其它构筑物的重要性类别可按国家规定的批准权限审批后确定。

1.0.6 本条规定针对不同重要性类别的构筑物，在设计中取用不同的地震作用计算及其重要性等级的抗震措施。对其它重要性类别的构筑物的抗震措施相应的抗震措施。提高设防烈度，意味着结构的地震作用计算也增大一倍。这样处理既没有考虑整体结构中各构件的地震能力是有富裕还是有富裕的构件将造成浪费，而对原有薄弱环节，如果因加大抗力而降低塑性耗能条件，可能导致主要构件和节点先行脆断。所以，提高一度进行抗震设

计，并不一定能保证结构的地震安全。对此，本规范采取如下措施：
①首先致力于总体设计正确，包括结构布置合理，选用对抗震有利的结构体系等；②不提高设防烈度，而仅在必要时采取提高抗震措施要求。

3 抗震设计的基本要求

3.1 场地影响和地基、基础

3.1.1、3.1.2 本条按场地对构筑物抗震的影响,将场地分为对构筑物抗震有利、不利和危险等三种地段。构筑物的震害除地震引起的结构破坏外,还有场地条件的原因,例如砂土液化、软土震陷、滑坡和地裂等。因此,选择有利地段,避开不利地段不在危险地段建造除丁类以外的构筑物,是经济合理的抗震设计的前提。

3.1.3 震害表明,坚硬场地或地震中硬场地上的刚性建筑,其震害不显出减轻的震例。因此,本条规定抗震设防烈度较轻者并不减轻,坚硬场地上的构筑物,基本自振周期大于0.3s的构筑物,才可降低一度采取抗震构造措施。构筑物大多数较高,较柔,基本自振周期小于0.3s的很少,大都可以降低一度。

3.1.4 地基对于上部结构除了起承载作用外,还起到传递和消散地震动的作用(将地震动由上传和接受结构的地震作用反馈)。在抗震设计时,要考虑地基土的地震反应对上部结构的影响,而不仅仅着眼于承载作用。

液化土在液化之前(孔压比超过0.5时),有一个局部软化到全层软化的过程,以喷冒为标志的液化现象通常发生于地震动停止以后。现场目睹的液化和振动台模型试验都证实存在这种液化(喷冒)滞后现象。所以,除了要考虑液化造成的地基失效外,还要注意土层软化的标志是喷冒,饱和砂土在地震影响下,喷冒点很可能只占少数,更多的是土层软化。

由于目前液化的标志是喷冒,并采取适当的对策,事实上,能只占少数,更多布置以及立面处理带来困难。

在山区或丘陵等地震带,构筑物有可能位于两种不同的地基上,

静力设计要求很容易满足。但是,在地震动作用下,位于两种不同地基上的同一结构的两个部分的振动形态会有很大差异,可能导致结构严重破坏。所以,本条规定要在结构设计时就考虑地震反应差异对结构的不利影响。

筑物不能设防震缝,这时对构筑物或形态会在不同的振动形态分开;但是设计时考虑地震反应差异

3.2 抗震结构体系

3.2.1 本节条文的内容,是根据国内外大量震害经验和抗震研究成果,结合构筑物的具体条件,对抗震结构体系提出共性要求。在选取构筑物的抗震结构体系时,要综合考虑有关因素,进行技术经济比较,以确保经济、合理。

3.2.2 规则、对称的构筑物有利于抗震。这已是众所周知的概念。条文中所述的规则,不仅是结构布置上对平、立面外形的要求,并提出对刚度、质量、强度分布过大的地震扭矩;②避免抗侧力结构或构件出现薄弱偏心距引起过大的地震扭矩;②避免抗侧力结构或构件出现薄弱层(薄弱部位)或塑性变形集中。

3.2.3 体型复杂的构筑物,在工艺允许合理的前提下,适宜用防震缝分割成几个独立单元,在工艺上不允许或容许建筑场地限制以及当不设置防震缝对抗震安全更为经济合理时,也可以不设防震缝。例如,当设置防震缝后使结构单元的高宽比加大而使周期加长,与场地卓越周期接近而可能产生共振效应时,就不要设置防震缝;当设置防震缝后使结构单元超静定次数过少而对抗震不利时,也不适合于设置防震缝。当不设置防震缝时,最好设置整体结构采用较精细的抗震分析方法,如有限元计算,空间计算模型等,以估计复杂体型产生结构的不利作用,判明薄弱环节,采取针对性措施。

当防震缝宽度不足时,因碰撞可能导致整体结构严重破坏,其后果比不设防震缝引起的局部损坏更为严重。但是,过宽的防震缝是会给结构、设备布置以及立面处理带来困难。经济、合理的缝宽是

地震时仍可能稍有微裂，但损坏轻微，不影响安全。

3.2.4 水平地震作用下的合理传递路线可起到下列三重作用：①使地震作用下结构的实际受力状态与计算简图相符；②避免传力路线中断；③能充分发挥地基逸散阻尼对上部结构的减振效果。

当采用几个延性好的结构分体系组联成整体结构体系时，可增加整体结构的超静定次数，而当一个分体系的地震破坏不影响整体结构时就成了多道防震体系，增加抗震安全度。

3.2.5 本条对各种不同材料的构件提出了改善变形能力和造径。

3.2.6 地震时结构整体呈单元整体振动，要保证结构体系的空间整体性，使结构整体振动与其动力计算简图和内力分析一致，着重考虑各构件间相互连接的可靠性，各层对各构件的空间整体性提出了要求。

3.3 材　　料

3.3.1 各类结构的材料选用原则：①根据震害经验和试验研究，从合理选材上保证结构的抗震能力；②工程实践的可能性。

3.3.1.1 砖砌区要求高。根据唐山地震时天津震害的经验，粘土空心砖墙体或砂浆等级低于M2.5的实心砌体不能形成斜压杆条件，条文中考虑了这一因素。

3.3.1.2 钢筋混凝土结构的受力构件宜提高混凝土强度等级，但限于目前材料供应的实际情况，据多数设计人员的意见，本条暂取较低限值；当有条件时，建议适当提高混凝土强度等级，对轴压比大的柱尤为必要。

3.3.1.3 纵向受力钢筋采用I、Ⅱ级钢筋有利于减少脆性和加强锚固能力。关于钢筋材质，美国ATC-3《美国建筑物抗震设计暂行条例》（以下简称ATC-3）规定其屈服强度不应大于纵向钢筋的屈服强度，日本则主要用高强变形钢筋作箍筋（屈服强度有

高于10000N/mm²者）。欲使箍筋对混凝土起侧向约束作用，灌筋应始终处于弹性受力状态，因而日本的要求是合理的，但限于我国目前钢筋材源和施工条件，只能在现有条件下尽可能提高其强度等级。

3.3.2 在实际施工中难免出现钢筋代用，此时要注意避免用强度等级高的钢筋代替强度低的，以免出现薄弱环节转移或混凝土脆性破坏的危险。

3.4 非结构构件

3.4.1 非结构构件的地震破坏经常造成附加灾害，因此，本条强调非结构构件的可靠连接与本身加强。

3.4.2 设置不合理的围护墙会给结构带来严重震害后果。在设计时要明确受力关系，考虑它的影响，连接上要与设计一致。

4 场地、地基和基础

4.1 场 地

4.1.1、4.1.2 关于场地评定指标和场地指数。随着强地震观测资料的增加和国内外大量地震震害经验的积累，人们逐渐认识到，场地条件是影响地震动特征和结构震害的重要因素。目前考虑这一因素的方法，是在抗震设计规范中通过场地分类，给出几条不同的反应谱曲线。但是，各国的抗震设计规范和研究者提出的场地评定指标和分类方法很不一致。现已提出的场地评定指标有：土的纵、横波速度，平均剪变模量，抗压强度，地基承载力，标贯击数，脉动卓越周期，反应谱峰值周期，覆盖层厚度，相对密度，地下水位等。各国规范或研究者大都选用2～3种指标作为场地评定量的指标，一般将场地分为2～5类。

本规范建议的场地评定指标是平均剪变模量 G(MPa) 和覆盖层厚度 d(m)。平均剪变模量是各分层土的剪变模量对厚度的加权平均，它较好地反映了场地土层的刚度特性（如波速、分层厚度和土质密度等）。覆盖层厚度与覆盖层震害现象都与覆盖层厚度有关。这里将所选的两个指标结合在一起，能较好地反映场地的动力特性并便于给出场地评定结果的定量参数（即场地指数）。

目前国内外的抗震设计规范，是根据场地分类指标进行场地分类。其中存在的主要问题是，首先要给出场地分类指标相应于场地类别的范围。这在实际应用中往往带来明显的不合理性。当场地评定指标处在分类边界附近时，在任何因很小的差异带来就会造成较大类别的差异，相应的地震动设计参数也将造成较大的差异。场地特性对设计反应谱有明显影响，勘察其

在场地的实际评定中，对硬场地（基岩露头或基岩覆盖层较薄而厚）的中间场地（土质软而厚）较易作出判定。但是，目中间场地，影响因素复杂，且变化范围比较大，且用一条曲线反映场地土的影响，显得粗糙和不尽合理。大量的强震观测记录和场地土资料分析表明，中间场地的反应谱变化范围是介于硬场地和软场地两条反应谱曲线之间。其变化范围如图1所示。

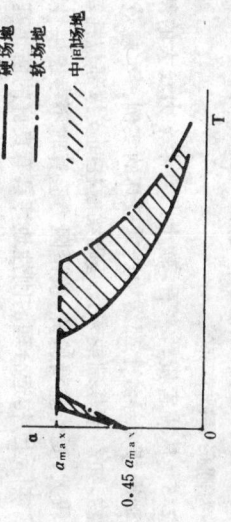

图 1 场地反应谱的范围

如果人为地将中间场地划分为几类，就是把连续变化的场地评定指标所反映的干变万化的场地给出确定的边界，这显然是不合理的。为解决这个矛盾，可以给出模糊数学的一些基本原理，处理场地指标与场地评价之间的关系即以上述平均剪变模量和覆盖层厚度作为场地评定指标，以模糊推论的综合评判方法导出场地指标相对录属度作为场地指数。本规范以 μ 表示场地指数，其变化范围为 $0\sim1$。其中，硬场地对应于 $\mu=1$，软场地对应于 $\mu=0$，变化范围广泛的中间场地，则介于 $0\sim1$ 之间。用场地指数表示场地评定结果，这实质上是一种连续地场地分类的结果。采用场地指数的优点是可以把设计反应谱给出一个统一的公式来表达，它是随场地指数连续变化的函数，使反应谱能较合理地反映场地差异对场地震害作用的影响。

对绝大多数构筑物来说，测定其场地的平均剪变模量，勘察其

覆盖层厚度是了解场地土特性所必须的,一般来说,也是不难实现的。因此,确定场地指数是方便可行的。

4.1.3 场地土的剪切波速,是评定场地的重要指标,一般情况下应通过仪器测定,但对于次要的丁类建筑物允许用表4.1.3中的经验公式进行估算。

表4.1.3中的剪切波速经验公式是采用数理统计方法求得的,其资料来源包括了华北平原和不均匀地基以外,因为地基的剪切波速的地区较厂,有600余个钻孔资料,中下游以及西北高原和部分西南地区,形成各类年代和岩性、岩相的组合及根据土层的沉积环境,成因类型,形成年代和岩性、岩相的组合及其力学性物理力学性质等因素进行了分类统计。

此外,大多数工程地质详细勘察阶段,在可行性阶段及初步设计阶段时,缺乏较详细的工程地质资料,特别是缺乏土层剪切波速资料,如何尽可能估算估计地震动设计参数,是关系到工程技术经济指标的重要问题。因此,本规范给出了可用经验公式估算土层剪切波速的方法,以供方案选择用。

4.1.4 为采取抗震构造措施需要,有必要划分 4 种场地类别,即硬场地、中硬场地、中软场地和软场地。因此本条给出了上述 4 种场地的场地指数与《建规》四类场地与场地指数的对应关系如表 1。

表 1

本规范的场地指数	1.0	0.5	0.3	0
《建规》的场地类别	Ⅰ	Ⅱ	Ⅲ	Ⅳ
《建规》特征周期值 $T_g(s)$	0.2	0.3	0.4	0.65

如按场地指数 μ 或 T_g 的中值划分,中硬场地 μ 值变化范围为 0.75~0.35,但鉴于《建规》中的Ⅰ类场地 μ 值变化范围大,为与之协调,要扩大中硬场地指标变化范围,因此,本规范将中硬场地的 μ 值变化范围调整为 0.8~0.35,场地分类与场地指数的关系如本规范中图4.1.4所示。

4.1.5 本条是关于地震区构筑物工程地质勘察时要增加的抗震方面的内容,是场地地评价、地基抗震设计及采取抗震以及采取计算的重要依据。对于要采用时程分析法进行抗震计算的构筑物,还需根据基底地震动输入方式,补充必要的土动力参数。

4.2 天然地基及基础

4.2.1 从构筑物的震害经验来看,除了液化、软土震陷和不均匀地基以外,因为上部结构破坏的实例和不多,地基的抗震性能一般较好。因为大多数构筑物的地基可以不进行抗震验算。但是由于构筑物的特殊性(高、柔)以及震害经验不多,不验算范围的控制比一般工业与民用建筑严。

4.2.2 本条对地基抗震承载力提高系数 ζ_a、地基土许承载力抗震荷载作用下应力修正系数 ζ_s,是考虑地基荷载作用短暂性引入的。地基土静承载力设计值采用了国内设计规范的规定。

4.2.3 为满足本条要求,合力作用点的偏心距,对矩形基础要满足 $e_0 \leqslant 0.25B$ (B 为验算方向基础宽度),对圆形基础要满足 $e_0 \leqslant 0.21D$ (D 为圆形直径)。

4.2.4、4.2.5 从震害资料来看,软土上目水平力大的基础,有不少因基础滑移而导致上部结构严重破坏的实例。本规范中有一部分构筑物,如斜撑基础或未设基础梁的柱间支撑部位柱等,地震水平力较大,抗滑阻力验算时不考虑良好的地坪具有的抗滑作用。实际上,要作抗滑验算,构造合理的刚性地坪作为防止基础滑移功能,这里将其作为抗滑的构造措施之一。

4.3 液化土地基

本规范对液化土地基采用"两步判别法",即初判和标准贯入试验判重。

4.3.1、4.3.2 本规范初判可以剔除一批不需要考虑液化影响的地基,节省大量勘察工作量。条文中图4.3.1是根据非液化土覆盖土层厚度和地下水位深度进行液化初判的标准,用图判判别比较直观,液化与不液化的区域明确。图4.3.1也可用下列公式表达。

$$d_u > d_0 + d_b - 2 \quad (1)$$

$$d_w > d_0 + d_b - 3 \quad (2)$$

$$\frac{d_w}{d_0 + d_b - 2} + \frac{d_w}{d_0 + d_b - 3} > 1.5 \quad (3)$$

式中 d_b——基础埋置深度(m),不超过2m时应采用2m;
d_0——液化土特征深度(m),可按表2采用。

液化土特征深度(m) 表2

饱和土类别	烈 度		
	7	8	9
砂 土	7	8	9
粉 土	6	7	8

第二步判别采用标准贯入试验进行,判别公式与《建规》是一致的。这是一个比较成熟的液化判别经验公式。但是,本规范设计反应谱设防有区分近震、远震(详见本规范第5章说明)。为此,本规范液化判别区分近震、远震,作为特点,这将按《中国地震烈度区划图》规定液化判别要考虑近、远震影响的地区,作为特定地区以求得两者的统一。

构筑物采用桩基础抗桩基较多,深层土的液化对桩基的竖向承载力和横向弹性抗力层作为一定有影响,因此,本规范(4.3.2)应用范围扩大到20m。根据对27例15~20m及深于20m的资料分析,得出深层液化预测的可信度,一般地区为100%(液化与不液化相同),特定地区为100%(液化),初步检验了公式的可用性。

4.3.3、4.3.4 规范提供了一个简化的预估液化危害的方法,可对浅基础液化后可能损坏作粗略的预估,以便为采取工程措施提供依据。这个方法与《建规》是一致的。对于要进行深度15m以下液化判别的工程,地基液化指数可以仍按15m计算。

4.3.5~4.3.8 抗液化措施是对液化土地基的综合治理,要注意以下几点:

(1) 甲类构筑物由于其特殊的重要性,抗液化措施要专门研究确定。

(2) 液化等级属于轻微者,除乙类构筑物由于其重要性需确保安全外,一般不作特殊处理,因为这类场地一般不发生喷水冒砂,即使发生也不致造成构筑物的严重震害。

(3) 液化等级属于中等的场地,对于丙类构筑物可采用消除部分液化沉陷的措施,即处理深度不一定达到液化土层下界。可以残留部分未经处理的液化土层,这是与我国目前的技术、经济条件相适应的规定。

(4) 液化等级属于严重者,对丙类构筑物采用液化土层上部结构处理或部分加固处理液化土层。

(5) 用加密或换土法处理液化土时,加固宽度、加固深度的控制,国内外各不相同。如日本田中等久等建议:"从基础外缘伸出的地基加固宽度为2/3加固深度";国内也有采用1/2倍加固深度的建议。本条参考国内外有关成果,以及国内的经济条件,考虑到试验研究多采用现场振动砂,较现场条件偏于不利,即加固宽度不小于1/3加固深度,采取了稍低一点的控制标准,且不小于2m。对于重要的构筑物,条件允许时,可酌情加大。

(6) 未加固处理的液化土层作为天然地基的整体抗浮评与底板抗侧壁的摩阻力,因此,除丁类液化物以外,其它各类不采用。

4.3.9 本条为液化土中地下构筑物的整体或侧壁发生抗浮问题。土在液化后相当于重液体,处土中的结构因底板或侧壁的抗浮力增加而地震尚未停止或压力增加而受到更大的土压。如果土完全液化后产生水冒砂场地的喷水冒砂作用。

8—101

孔压尚未消散时又发生余震，则还应考虑动液压，此道理是显而易见的，但设计中时有疏忽，未予考虑而引起不良后果。目前对液化土的动压力问题，国内外尚未见到提出要验算的，但静土压力则是必须验算的。

4.3.10 液化土的侧向流动问题，因1983年日本海地震引起能代令人瞩目。此后，日本总结回顾了新泻地震引起的液化岸坡滑移，取得了较大进展。这一问题在我国也相当重要的问题，在我国过去的地震中，因液化滑移造成铁路路线位移、桥梁落架，取水构筑物破坏，地裂房屋倒塌或开裂震害的事故屡见不鲜。在我国不少滨海开发区和大中城市如秦皇岛、烟台、营口、盘锦、天津、唐山、太原，包头、银川都分布着广泛的可液化土，这类地区在液化时临近海时液化地带的开发，还将面临液化土的滑动问题，需要引起重视。

4.4 软土地基震陷

4.4.1 本条规定了需要考虑软土地基震陷影响的判别标准。一般软土地基是指持力层主要由淤泥、淤泥质土、冲填土、杂填土或其它高压缩性土层构成的地基。但对于震陷而言，软土的概念具有相对性，在地震作用下也不会引起有危害性的震陷。根据近年的研究，基础下主要持力层的厚度约为基础宽度的1～1.5倍，故8度取1b和9度取1.5b，这对筏式基础的计算结果是比较接近的。考虑到有些条形基础宽度较小，故又规定8度和9度时应分别大于等于5m和8m，这与已掌握的震害资料比较符合。

本条规定是综合考虑了理论和实践两方面的成果，如果基础下面持力层深度范围内的地基土确认为非软土层，则其下面虽还有软土，在地震作用下也不会引起有危害性的震陷。

4.4.2、4.4.3 软土地基震陷地基处理类似，但原理处理方法不同。在选择处理方法时要结合各方面的具体情况，综合治理。

4.5 桩基础

4.5.1 桩基具有良好的抗震性能，因此，大多数承受竖向荷载的

计算分析表明，基础下的非软土层愈厚，刚度愈大，建（构）筑物的震陷值将会愈小。在较不利的情况下，即取非软弱土层的[R]=85kPa(8度)和120kPa(9度)的条件下，6层筏基建筑物的计算结果表明，若以震陷值40mm作为不考虑震陷影响的临界值，则非软土层的厚度，8度时约为1b，9度时约为2b(b——筏基宽度，则该例为10m)。

另一方面，由工程经验得知，即使地基软的软土层较厚，用短密的砂井处理，使在处理范围内土层形成一较强的软土层的弹性层，也起到良好的抗震效果。如1975年塘沽新港扩建工程中，新港铁路二线穿过盐田区和吹填浅滩淤泥浅滩，试验地基处理方法厚达18m，用砂层换土，砂井、石灰桩等6种地基处理方法进行比较。第二年发生了唐山大地震，港区为8度异常区，震后调查表明，未经处理地段表现明显纵向大裂缝和滑移现象，换填1.5m厚砂垫层、加固地段线路为钢轨机出现弯曲、水平方向显著的扭曲、破坏严重。加固深度为3m的短密砂井处理地段与加固地段为7m的地段均基本正常。地段产生了约5～10cm的震陷值，但路基和线路均基本正常。

桩基可以不必进行抗震承载力验算。

4.5.2 关于非液化土中桩基抗震验算，国内外迄今还没有很完善的方法，本条提供的计算方法来自于宏观震害调查和本规范编制组专题试验研究成果。

4.5.3 液化地基上低承台桩基的验算，一般分两种工况进行，即：主震期间和主震之后。

在主震期间，一般都认为要考虑全部地震作用，但对液化层的影响有不同的见解。一种看法认为要液化与地震同步，在地震作用下，可液化土层全部液化，液化层对桩的摩擦力和水平抗力应全部扣除。另一种看法认为导致液化的地震与液化不同步，孔压达不到的上升还没有导致土层液化，可液化土层在地震过程中还是稳定的，故可视为非液化土，主震期间可以不考虑液化土性的影响。很显然，前者偏于保守，后者偏于不安全。日本和台湾近年来在地震中实测的孔隙水压力时程和同一地点实测的加速度时程表明，孔隙水压力是单调上升，达到峰值的时间即地下降，其达到峰值的时刻即为加速度时程曲线中最大值出现的时刻。分析表明，液化与地震动是同步的，但是，在主震期间，液化土层对桩的摩擦力和水平抗力的折减，液化土性的考虑液化参数的折减的综合部消失。因此，本条提供的考虑液化土性的设计方法。

本条采用的折减系数是参考日本岩崎敏男等人的研究成果提出的。由于本条将桩周摩擦力及水平抗力在其静态标准值基础上分别提高25%，然后再乘折减系数，故液化土安全系数先分别达到$\frac{N_{63.5}}{N_{cr}}=1$时，其计算结果自然与非液化土中低桩基础的计算结果相吻合。随着λ_N的减小，可以体现出液化土层对桩基承载力的影响越来越大。

在主震之后，对于桩基的抗震验算常将液化土层的摩擦力和水平抗力均按零考虑，但是否还需要考虑地震停止，液化喷冒通常仍要持续几小时甚至

几天，这段时间内还可能有余震发生，为使设计偏于安全，本条建议在这种条件下取$\alpha_{min}=0.1\alpha_{max}$的地震作用进行计算。

4.5.4 宏观震害表明，平相主要承受垂直荷载的桩，只要锚长伸入到稳定土层有足够深度，即使位于严重液化等级地基中，其抗震要求效果一般也是好的。因此，设计时应注意满足本条要求。

4.5.5 打桩对砂性土的加密作用广为人知，国外如日、美等国也在有的工程设计中考虑打桩的加密作用，以消除饱和土的液化性。但至今未在本规范中有所反映。本条是根据国内外的工程实例并通过室内试验和理论推算得到的结果。本条规定了对桩数多的桩基同时考虑打桩的加密作用，从而改变桩型上的可液化性。但在实际应用中，应进行事先的估算和施工中的监测。

4.5.6～4.5.9 根据本规范编制组收集到的有关国内外抗震设计的规范对桩的构造规定，以及本规范审定时美国ATC-3规范考虑美国ATC-3规定，本条提出了按不同地震烈度和不同构筑物重要性类别，划分出A、B、C三类桩基抗震构造措施，并制定了相应的构造措施。关于桩的抗震构造措施，重点在于加强桩承台和桩的刚接，提高桩身延性。

关于桩身钢筋、箍筋数量、范围、灌注桩主要参考美国ATC-3；建筑灌注桩基础设计与施工规程(试行)以及美国ATC-3；钢管桩参考美国ATC-3；预制桩参考美国ATC-3、钢筋《结构设计统一技术措施》(试行)以及美国ATC-3；预制桩参考美国ATC-3、钢筋锚固长度取自工程实践经验。

4.5.10 对独立桩承台连系梁的设置，美国、希腊、秘鲁等国及我国的规范和文献中都有要求。通过连系梁连接独立桩基承台，可以增强其整体抗震性能。

5.1.4 本条根据《工程结构设计统一标准》的原则规定和过去的抗震设计经验，规定了计算地震作用时构筑物的积灰荷载代表值取法。考虑到某些构筑物的积灰荷载不容忽略，可变荷载中包含了积灰荷载。

5.1.5 本条是关于设计反应谱的规定。强震记录的增加，地震动特征研究的进展和震害经验的积累，推动了各国抗震设计规范修订工作。国内已分析处理的地震记录近年有了大量增加，本规范采用了国内外 $M \geq 5$ 级的地震记录 515 条，与可以任规范反映我国中场地相比，本规范利用了较多的国内记录，可以更好地反映我国的地震地质特征。影响反应谱值的因素很多，其中场地条件、震级和震中距是一个主要因素。对于标准设计反应谱将地指数地的连续函数，可用反应谱一个分敏感的因素。以往在国内外都将场地指数地的连续函数，可用反应谱一个规范给出的设计反应谱是场地指数地的连续函数。在三对数坐标上，用反应谱一个公式确定又为反应谱控制段的形状变化的交点作用场地的周期，即 T_A、T_V、T_D 可以定义为反应谱控制段平直包络线的交点确定的周期，即 T_A、T_V、和 T_D 又均是场地指数地 μ 的函数。因此，场地指数地 μ 对反应谱形状的影响。速度和位移控制段的形状平直包络线对反应谱形状地的影响。

反应谱加速度控制段（平台）的起点周期 T_A，一般变化范围不大（0.08～0.20s），为了简化，本规范对所有场地均取 $T_A = 0.1s$ （见本规范中的图 5.1.5）。

规范中图 5.1.5 所示反应谱下降段的起点周期 T_D 值后，反应谱应当是位移控制段的适用范围应当是位移控制段（即速度控制段），它随场地指数由大到小而变化，约介于 4～7s 之间。为安全起见，超过 T_D 值后，对所有场地均取 $T_D = 7s$，因此，本规范给出的地震影响系数曲线，可以用于周期长达 7s 的构筑物。

经上述简化后，本规范给出了图 5.1.5 所示的地震影响系数曲线，图中特征周期 T_g（即 T_V）与场地指数 μ 的关系如公式 (5.1.5-1) 所示，并考虑了与《建规》的协调。

5 地震作用和结构抗震验算

5.1 一般规定

本条规定各类构筑物应考虑的地震作用方向。

5.1.1 本条规定各类构筑物应考虑的地震作用方向。

5.1.1.1 考虑到地震可能来自任意方向，而一般构筑物结构单元具有两个水平主轴方向并沿主轴方向布置抗侧力构件，故规定一般情况下，可仅在构筑物结构单元的两个主轴方向考虑水平地震作用并进行抗震验算；仅有电视塔这种结构，需进行两个正交的非主轴方向整塔。

5.1.1.2 质量和刚度分布明显不均匀、不对称的结构，在水平地震作用下将产生扭转振动，增大地震效应，故规范规定考虑扭转效应。

5.1.1.3 除长悬臂和长跨结构竖向地震作用外，高耸结构在竖向地震作用下将在其上部产生的轴力不可忽略，故本规范规定 8 度和 9 度区的这些结构，要考虑上、下两个方向的竖向地震作用。

5.1.2 本条规定不同的构筑物应采取的不同分析方法。

5.1.2.1 适用于质量和刚度沿高度分布比较均匀的剪切型、弯剪型和弯曲型结构，对井塔结构以及我国已较普遍应用的分析方法表明，高达 65m 的结构仍能给出满意的结果。

5.1.2.2 对特别重要的构筑物和特别不规则以及不均匀的重要构筑物，考虑到电子计算机技术在我国普遍，为安全起见，本规范规定宜用时程分析法或经专门研究的方法计算地震作用，并将其计算结果与本规范其它方法计算结果协调的要求。

5.1.3 本条规定了输入地震记录的选择和计算结果与本规范其它方法计算结果协调的要求。

(1)如前所述,本规范第一阶段设计是按设防烈度进行强度验算,但对不同的构筑物采用不同的地震动水准计算地震作用,详见第5.1.8条说明。

(2)关于水平地震系数的增大系数,由于本规范采用了新的底部剪力法。当多质点体系的基本周期处于谱速度区间时,其地震影响系数值应分析增大,并可根据振型分解法求得的底部剪力与由反应谱振型分析法求得的底部剪力之差拟合,对剪切型、弯曲型和弯曲剪切型结构的计算结果进行最小方差拟合,求得增大系数的数值,分别为0.05、0.20和0.35。

(3)关于远震,根据震害经验,远震的影响主要是使位于软弱场地上的高柔结构遭受较重的破坏;而远震反应谱的谱值较高。因此,本规范仅对位于中软地和软场地上周期大于1.5s的高柔构筑物考虑远震影响,并按远震反应谱来计算地震作用,因而将图反应谱相应特征周期延长和按远震反应谱计算地震作用。

5.1.5 中地震影响系数曲线的特征周期T_g增加0.15s。

(4)规范中地震影响系数曲线、阻尼比减小,地震影响系数提高。众所周知,阻尼比减小,地震影响系数值也不同。为此,规范中给出了阻尼比不等于5%时的水平地震影响系数的阻尼比修正公式。

(5)根据$M \geq 5$级的190条强地震反应分量统计分析结果,其竖向与水平地震反应谱的形状相差不大。故竖向地震影响系数曲线取用相同形式,但竖向地震影响系数最大值取水平的65%。

5.1.6 本条适应根据地震加速度计算地震作用的设计的需要,如采用程分析法等,本条给出了与基本烈度相对应的设计基本地震加速度值。该值系由国家建设主管部门征求国内众多专家意见后批准颁布的。

5.1.7 构筑物的实测周期通常是在脉动、小振幅振动情形下测定的,构筑物遭受地震时与大振幅振动、结构进入弹塑性状态、周期加长,故规定构筑物的类别及其允许的损坏程度的不同,对

实测周期乘以1.1~1.4的周期加长系数。

5.1.8 考虑到各类构筑物特性的不同及与《建规》相衔接,本规范规定对不同的构筑物分别按两个不同反应特性相近的抗震计算水准进行抗震验算;凡与建筑物相近的构筑物,包括框排架结构、震计算方法;与建筑物相近的构筑物,包括框排架结构、悬吊式钢炉构架、贮仓、井架、电视塔、石油化工塔型设备基础、焦炉基础,运输机通廊和管道支架等,其地震作用按抗震计算水准A进行计算;对需要考虑液体、土等介质相互作用的构筑物和特别复杂的构筑物,如井塔、双曲线冷却塔、储罐、钢筋混凝土筒仓池、高炉系统结构和尾矿坝等,其地震作用按抗震计算水准B进行计算。

5.2 水平地震作用和作用效应计算

5.2.1 本条给出了计算水平地震作用和作用效应的新的底部剪力法。

(1)现行《建规》采用的底部剪力法只适用于剪切变形为主的结构。对于弯曲变形或弯曲变形为主的结构,除了剪切变形结构外,还存在着转动。为了适应构型化计算的需要,本规范采用了新的底部剪力法,其根据如下:

①对于基本周期T_1处在加速度控制区(短周期区)的结构,振型分解反应谱法,于是底部剪力公式中用与第一振型时的基本结构重力荷载,于是底部剪力公式求得的底部剪力等效代替振型分解反应谱法求得的底部剪力,则该公式将精确给出基本振型T_1在谱值分解反应谱法求得的底部剪力,这个差值结构控制区的底部剪力;

②对于基本周期T_1处在速度和位移控制区(即中等周期和长周期区)的结构,按振型分解法求得的底部剪力与高振型仅考虑基本振型T_1的结构,按差异反映了高振型度比反映在底部剪力计算公式中高振型的影响;

③这种差值结构基本周期T_1增加和结构弯剪刚度比的减小而增加;为了反映这种差异,可将底部剪力计算公式中的地震

却塔等;但不同构筑物的差异比较大,有的构筑物的效应折减系数并不完全是反映结构本身的塑性耗能效应,而是综合影响系数,例如贮罐、高炉、焦炉基础等。

5.2.2 本规范规定采用振型分解反应谱法时,其地震作用标准值效应由所取各振型的贡献的平方和开方确定。同样,对抗震计算水准B计算的作用标准值效应要乘以效应折减系数。

5.3 竖向地震作用计算

5.3.1 本条是有关竖向地震作用计算的规定。

(1)经计算分析表明,在地震作用下,地震烈度为8度、9度时,井塔、电视塔等类构筑物,竖向地震作用不可忽视。因此,对这类构筑物,竖向地震作用标准值,应在抗震验算时考虑。

(2)井塔、电视塔竖向地震反应计算结果表明,第一振型起主要作用,且第一振型近一直线;结构基本自振周期均在0.1～0.2s附近,即其竖向地震影响系数最大值可取最大值的乘积。因此,竖向地震作用按振型分解反应谱法计算的结果非常接近。其结果与竖向地震影响系数最大值乘以结构等效重力荷载代表值可表示为式(5.3.1-1),即竖向地震作用沿结构高度的分布,可按第一振型的振型曲线,即倒三角形分布。

(3)当按本规范水准A计算竖向地震作用时,其作用效应要乘以本章节规定的效应折减系数。

5.3.2 分析研究表明,大跨度桁架各杆件的竖向地震内力与重力荷载内力之比,彼此比值差一般不大,这个比值随烈度和场地条件而异。因此,这类结构的竖向地震作用标准值,可取其重力荷载代表值与表5.3.2中所列竖向地震作用系数的乘积。

影响系数α增大,亦即减小反应谱曲线在速度和位移控制区中随周期T的衰减率,以提高反应谱曲线。

(2)现行《建规》关于底部剪力沿结构高度分布的计算,采取了将部分底部剪力集中作用于结构顶部,而其余部分则按倒三角形分布的方法,这种方法只适用于计算结构的层间剪力而不适用于计算层间弯矩,对工业与民用建筑结构来说,一般毋需验算结构及其基础的倾覆力矩,故可不计算弯矩。但对构筑物来说,由于有的构筑物的平面尺寸较小,还需进行抗倾覆力矩验算。因此,在计算中不但要较精确地计算层间剪力,而且要较精确地计算层间弯矩,这就要求较精确的计算结构沿结构高度的水平地震作用的分布。

本规范采用了最近提出的如下方法:

按式(5.2.1-1)计算总水平地震作用(代表层底部剪力影响),将它看成是由基本振型和第二振型及其高度沿高度产生的层间剪力和弯矩等再分别求出它们的相应底部剪力分布,并分别计算由基本振型和第二振型的水平地震作用方法和开方和组合求得总的地震作用效应。基本振型的底部剪力按式(5.2.1-6)计算,此时的地震影响系数须考虑增大系数,直接由图5.1.5求得。第二振型的底部剪力按式(5.2.1-7)计算,各振型的底部剪力组合法由总的底部剪力和基本振型的底部剪力的平方和开方组合法求得,再用式(5.2.1-3)和式(5.2.1-5)计算的基本振型和第二振型曲线分布,即式(5.2.1-4)和式(5.2.1-8)。

表5.2.1中所列基本振型曲线分别近似取为δ和h_n=0.8h,是根据对多个剪切型、弯曲型和弯曲剪切型曲线进行拟合求得的。

(3)水平地震和弯曲型结构的计算振型值效应由两个振型的作用标准值效应平方和开方确定,并规定对按抗震计算水准B计算的构筑物,地震作用标准值效应各有关规定效应乘以效应折减系数。针对不同一部分结构的效应折减系数与原规定了不同的效应折减系数相似。对一部分结构,例如以钢筋混凝土为主体结构的井塔,冷

5.4 截面抗震验算

5.4.1 在进行截面抗震验算时，本规范针对不同特性构筑物，分别采用抗震计算水准A和抗震计算水准B计算方法，水准A的地震作用效应乘以折减系数后的弹性效应，水准B的地震作用效应基本上处于结构的弹性工作范围内。因此，在两种情况下，结构构件的承载力极限状态设计表达式，均可按《工程结构可靠度设计统一标准》来处理。

(1) 关于地震作用标准值效应

按照《工程结构可靠度设计统一标准》，荷载效应组合式中的各种荷载效应，是以荷载标准值和其荷载效应系数的乘积表示的。但是，本规范中的地震效应是由各振型地震作用效应的平方和开方求得，在荷载效应组合式中不能以《工程结构可靠度设计统一标准》中的形式出现。因此，本规范中的荷载（作用）标准值效应采用荷载（作用）标准值效应。

(2) 关于地震作用分项系数的确定

对于地震作用按设防烈度进行抗震设计时，相应的地震作用是第一可变荷载（作用）。对于建筑物特性相近的构筑物，是根据最近的研究和《工程结构可靠度设计统一标准》规定的原则，考虑地震调整系数和抗震承载力调整系数及其它荷载组合系数，用Turskra荷载组合规则，由1978年《工业与民用建筑抗震设计规范》抗震设计的可靠度水准进行校准而取用的。对于水平地震作用所得荷载效应分项系数γ_G＝1.2，γ_{Eh}＝1.3，这与《建规》给出的值相同。至于其它可变荷载，除与《建规》相同的风荷载（作用）效应分项系数外，考虑到某些构筑物长期处于高温条件下或受到高速旋转动力机器的动力作用，增加了温度作用和机器动力作用，这些可

变荷载分项系数均取1.4。对于与建筑物明显不同的特殊构筑物，目前尚未能进行可靠度分析，暂采用相同的荷载（作用）效应分项系数。

(3) 关于作用组合值的确定

在第5.1.4条计算地震作用时，已考虑地震时各种重力荷载代表值的组合值，给出了计算的重力荷载及各重力荷载的组合值系数。在本条的荷载（作用）效应组合中，只涉及风荷载的组合值系数。在可变荷载的这三个可变荷载作用这三个可变荷载作用以经验确定的。

(4) 关于结构重要性系数

本规范中对各类构筑物均按一般工业与民用建筑物考虑，取其安全等级为二级，即重要性系数为1.0。

5.4.2 对与建筑物特性相近的构筑物，按《工程结构可靠度设计统一标准》规定的抗力分项系数，它可转换为抗震承载力调整系数，为了在进行抗震验算时采用有关规范的承载力调整值，按照《建规》的相同做法，引入承载力抗震调整系数，并取与《建规》相同之值。对于特性与建筑物不同的构筑物，也与前述原因相同，暂采用相同承载力抗震调整系数。

5.5 抗震变形验算

5.5.1 震害经验表明，对一般构筑物在满足规定的抗震措施和截面抗震验算的条件下，可保证不发生超过极限状态的变形，故可不进行抗震变形验算。但对于较高烈度区的框排架和柱高比大于一倍例外，应对它们进行抗震变形验算。

5.5.2 抗震变形验算所依据的地震动水准是一度的大震，目的是防止结构倒塌。

5.5.3 大量的1至15层剪切型结构的弹塑性分析结果表明：①多层结构存在一个塑性变形集中的薄弱层，对楼层剪力屈服

系数 q 分布均匀的结构,其位置多在底层,对分布不均匀的结构,则在 q 值最小和相对较小层,对排架柱往往在上柱。②多层剪切型结构薄弱层的弹塑性变形与剪切屈服系数稳定的关系,并可表示为式(5.5.3-1)。

楼层或构件的屈服力强度,应取截面的实际配筋和材料的强度标准值按有关规定的公式和方法计算。

5.5.4 有横梁和无横梁的柱承式贮仓的弹性地震反应和弹塑性地震反应分析的结果表明,用柱端屈服弯矩 $M_{\rm E}$,归一化的弹性分析计算的柱端弯矩 $M_{\rm E}$,与弹塑性分析计算的柱端最大弹塑性延性系数 μ 之间有较好的相关性,由此求得柱顶的最大弹塑性位移可表达式(5.5.4)。对于柱顶的屈服位移,则可以按柱顶施加 1.42 倍柱顶屈服弯矩,按弹性分析来确定。柱顶的屈服弯矩应取截面的实际配筋和材料强度标准值,按有关规定的公式和方法计算。轴压比小于 0.8 时,也可按下式计算:

$$M_{\rm cyk}=f_{\rm yak}A_{\rm ac}(h_0-a_{\rm s})+0.5N_{\rm G}b_{\rm c}h_{\rm c}(1-\frac{N_{\rm G}}{f_{\rm cmk}b_{\rm c}h_{\rm c}}) \quad (4)$$

式中 $N_{\rm G}$ ——对应于重力荷载代表值的柱轴压力。

5.5.5、5.5.6 根据各国抗震规范和抗震经验,分析研究表明,支承柱的极限延性系数控制着柱顶的水平位移以及柱高,分析研究表明,支承柱的极限延性系数限制柱顶的地震破坏,故取柱的极限延性系数的 84% 作为柱的变形限值,对带横梁和不带横梁的柱承式贮仓的分析发现,容许位移角限值 $[\theta_{\rm p}]$ 随结构自振周期和柱强度而变化,经回归分析求得其经验关系如式(5.5.6),由此经验公式计算的 $[\theta_{\rm p}]$ 与精确计算结果吻合较好。

6 框排架结构

6.1 一般规定

6.1.1 框排架结构按框排架或框架与排架的组联结构,是发电厂、烧结厂、选矿厂等主厂房的常用结构型式。其特点是平面布置不对称、不规则,纵向和横向的刚度、质量分布往往不均匀,薄弱环节较多;结构地震反应特征和震害特点与很不均匀、薄弱环节较多;结构地震反应特征和震害特点比"框架和排架结构复杂,表现出更显著的空间作用效应;在抗震构造措施方面,除了要分别满足框架和排架的有关要求外,还有它们的特殊要求。国内现行各类抗震设计规范中列入了这部分内容。

6.1.2 震害调查及试验研究表明,钢筋混凝土结构的抗震设计要求,不仅与结构的重要性、地震烈度和场地有关,而且与结构类型和结构高度等有关。例如设有贮仓或无贮仓的框排架结构对结构高度的要求、高度较高结构对不同结构的延性要求比较低的结构应有更高的要求,等等。

框排架结构按框架与排架的联结点设在层间,是为了把地震作用用计算和抗震构造措施要求联系起来,体现在同样的抗震烈度和场地条件下,不同的结构类型、不同的高度对柱有不同的抗震要求。条文中一般同抗震等级和相应的地震作用效应调整系数和抗力调整系数、构造措施等来考虑。

6.1.4 排架跨和框架柱的联结点设在层间,并可能形成短柱,从而成为结构的薄弱的、多数在该处发生集中到中部,并可能形成短柱,凡在框架柱中由于短柱目没有采取有效的抗震构造措施等原因破坏。唐山震害表明,凡在框架柱中由于短柱目没有采取有效的抗震构造措施等原因所致。故在设计中应尽量避免出现短柱,否则应采取相应的抗震构造。

造措施。

6.1.5 震害调查表明，装配整体式钢筋混凝土结构的接头，在9度时发生了严重破坏，后浇的混凝土碎裂，钢筋割口焊接头断开。因此，规定第一、第二抗震等级的框排架跨，设贮仓等级的框排架跨不宜采用装配整体式结构。

6.1.6 对于框排架结构，如在排架跨采用较轻屋盖体系，与结构的整体扭转不协调，会产生过大的位移和扭转。为了提高抗扭刚度，保证纵向变形的协调，使排架柱列与框排架列能更好的共同工作，宜采用无檩屋盖体系。

6.1.7 不从第一开间设置天窗主要是为了防止屋盖的横向水平刚度出现突变，地震时天窗开始倒塌。因此，最好在第二柱间开始设置天窗。

6.1.8 块体拼装屋架的拼装节点是薄弱环节，因此尽量采用整幅制作。在高烈度区竖向地震作用影响较大，当屋架跨度较大时最好采用钢屋架。

6.1.9 矩形、工字形和斜撑杆双肢钢筋混凝土柱，抗震性能都很好，并在地震时经受了考验。对于腹板开孔或预制腹板在条文中规定不应采用。

6.1.10 框排架结构常带有贮仓或大型设备，集中荷载较大，形成刚度和质量分布有突变。在强烈地震作用下震害比较严重。故采用防震缝分隔处理，比其它措施更为有效。本条规定的防震缝宽度、强震时仍可能有小的碰撞损坏，但不会造成较大的破坏。

6.1.11 墙体布置要尽量减小质心和刚心的偏心距，尽量避免隔墙不到顶而形成短柱，同时还需保证砌体隔墙墙的稳定性。

6.1.12 框排架底部加强部位是为了避免发生剪切破坏，改善抗震墙底部的目的是为了避免发生剪切破坏，改善结构的抗震性能。

6.1.13 规定上吊车的钢梯位置，目的在车停用时能使吊车停留在对厂房抗震有利的部位。

6.2 抗震计算

6.2.1 组成框排架结构的框架与排架的结构形式与构造特点与建筑物比较接近。因此，建议采用抗震烈度水准A计算水平地震作用。

6.2.2 框排架结构由于刚度、质量分布不均匀，在地震作用下将产生显著的扭转效应，只有按空间多质点模型计算，才能较好地反映结构的实际地震反应状态。图2为按空间多质点计算的实例。规范编制单位已编制了用于框排架空间多质点计算的专用程序《KPH)程序。根据大量工程实例的空间模型计算分析，框排架的受力状态比较复杂，一般要取前8~10个振型才能保证计算精度，因此，建议取9个振型。

结构自振周期调整是考虑以下两方面的因素：一是计算模型与实际结构空间整体刚度性的差别，例如墙体、铰接点的刚性及地坪嵌固影响等；二是实测周期与理论计算周期的差异。

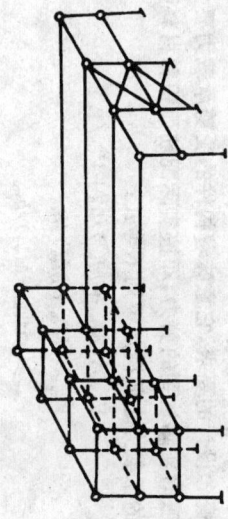

图2 框排架结构多质点空间计算模型

6.2.3 框排架结构的空间计算还比较繁琐，尚不能为广大设计者所掌握。对于国内常用的四种结构型式的框排架结构，设计经验比较多，通过大量的空间与平面模型的计算对比和分析，得出这类结构的空间效应调整系数，可以用多质点平面结构模型来进行简化计算，从而给设计人员带来方便。但必须指出，只有符合附录A

规定条件的框排架结构才能采用多质点平面模型进行计算，对于其它类型框排架以应以9度时（可达1倍以上），仍然应按空间模型计算，否则会带来很大的误差（可达1倍以上），并可能掩盖实际存在的结构薄弱环节。

6.2.4 框架跨中贮仓，在生产过程中满仓的机会不多，地震时满仓的可能性也不多（唐山地震调查已证实），所以对贮料总重进行折减，取90%是偏安全的。

6.2.5 框架结构的底层柱承贮仓柱的两端，在地震作用下如过早出现塑性屈服，会使柱的反弯点位置有较大的变动。因此本规范规定第一、第二抗震等级的框架的上述部位分别乘1.5、1.25的增大系数。但当框排架结构按平面模型进行地震作用计算并采用空间效应调整系数时，其效应调整系数大于1.05时取1.05，小于1.05时取实际数值，这主要是考虑是主要已乘过增大系数1.5和1.25。

6.2.6 框架结构的变形能力与框架柱的破坏机制和框架结构的延性有关，试验研究表明，梁的延性值通常远大于框柱，梁先屈服，可使整个框架结构有较好的内力重分布和耗能能力，极限层间位移也反映来较好。为此，在实际配筋不超过计算配筋10%的前提下可通过内力设计值之间的较大系数来反映，在条文数中考虑了材料和钢筋实际面积两个因素，条文来简化。

如果把楼板配入的钢筋也计算在内，取材料强度的实际值，包括顶层的柱，M柱与M梁比≥0.15时梁端弯矩，则可提高框架结构的"强柱弱梁"程度，但计算量加大。为此，在实际配筋不超过计算配筋10%的前提下考虑了材料和钢筋实际面积这两个因素，在条数中考虑了材料和钢筋实际面积两个因素，又使计算简化。

对于轴压比小于0.15的柱，包括顶层的柱，因为具有同梁一样近似的变形能力，就不必满足上述要求。

由于地震是往复作用，两个方向针对方向之和时，梁不必考虑反向，所以柱子考虑顺时针对方向针对方向之和，反之亦然。

6.2.7 各种钢筋混凝土构件要控制截面平均剪应力，以避免因平均剪应力过高而降低箍筋的抗剪效果。

试验研究表明，当抗震墙的平均剪应力 $\tau_m \leq 0.25 f_c$ 时，抗震墙的极限位移角可达 10×10^{-3} rad 以上，并可避免剪切破坏。

各构件平均剪应力，构件截面的剪力设计值按本章第6.2.5条～第6.2.7条的规定是调整后的取值。

6.2.8～6.2.10 防止梁、柱抗震底部都出现弯曲屈服前出现剪切破坏是设计概念的要求，它意味着构件的受剪承载力要大于构件弯曲屈服时实际达到的剪力，即按实际配筋面积和材料强度标准值计算的承载力之间满足下列不等式：

$$V_{bu} \geq (M_{bu}^l + M_{bu}^r)/l_{b0} + V_{Gb}/1.2 \quad (5)$$
$$V_{cu} \geq (M_{cu}^l + M_{cu}^r)/h_{cn} \quad (6)$$
$$V_{wu} \geq (M_{wu}^l - M_{wu}^r)/h_{wn} \quad (7)$$

规范在表达式上，仍采用不同的增大系数，使"强剪弱弯"的程度有所差别。抗震等级为一级的同样考虑了材料和钢筋面积的增大系数，须取顺时针方向和反时针方向二者的较大设计值，梁端纵向受拉钢筋也按顺时针及反时针方向针对方向考虑。

需要注意的是，柱和抗震墙的弯矩设计值是经本节有关规定调整后的取值，梁端、柱端弯矩设计值之和，在实际配筋方向之和以及反时针方向针对方向之和的较大设计值二者之和的较大值，对柱和墙是按顺时针及反时针方向考虑。

实配系数的计算，本来需从上述承载力不等式中导出，考虑到它是实配钢筋面积 A_s^a 与计算钢筋面积 A_s^i 之比入的1.1倍，是最简单的近似，对梁和节点的柱 A_s^a 能满足工程时的要求，直接取用实配钢筋面积 A_s^a 与计算钢筋面积 A_s^i 之比入的近似，只要用近似方法得到。

6.2.11 根据第3章对连接构件抗震设计的原则要求，框架节点偏于保守的。

核芯区不能先于梁、柱破坏,本条规定了节点核芯区列于梁,验算方法列于附录B。对于第一、第二抗震验算的具体要求,验算方法对于附录B的剪应力设计值控制的节点核芯区要按调整后的剪应力设计值均取剪应力系数(验算时,重力荷载分项系数取1.0;对于第三、第四抗震等级框架的影响,重力荷载,震害表明,只需满足本规范对混凝土起约束作用,能有效地节点核芯区的节点抗剪能力,故对梁对节点核芯区混凝土起约束筋等的构造要求。

试验表明,直交梁对节点核芯区混凝土起约束作用,能有效地提高抗剪能力,故本规范B规定了约束系数。

6.2.13 框排架结构静力分析时,一般不考虑屋架的内力较小,建成后也没有发生问题。影响,这是因为静力所产生的内力较小,建成后也没有发生问题。加某厂选矿主厂房球磨机跨屋架(风荷为0.5kN/m²)产生压力为41.7kN,但在地震作用下(8度、场地指数ρ<0.7),该跨屋架产生的拉或压压力为77kN。因此,本条规定在8度及9度时,屋架下弦要考虑由地震作用引起的拉力和压力作用。

6.2.14 震害和重要经验表明,屋架与排架头开裂较多,且造成屋面掉瓦的重要因素之一。由于这一连接部位的重要性,应该予以加强,除了满足相应的构造措施要求以外,本规范高烈度区要进行节点抗震验算。

6.2.16 不等高厂房支承低跨屋盖的柱牛腿在地震下较多破坏。基至发生厂房屋面板向外移位破坏。本条指出了在重力荷载和水平地震作用下柱牛腿纵向水平受拉钢筋的计算公式,第一项为承受重力荷载所需的纵向钢筋面积,第二项为承受水平拉力所需要的纵向钢筋面积。

6.2.17 由于不等高框排架结构的柱列刚度差异较大,因此屋盖产生切变形也较大,由此引起屋盖横向水平支撑的内力也比较大的,经过计算,两柱列变位差Δ=40mm时,杆件内力可达90~120kN,因此,这个计算不明显,受损不明显,而纵向破坏却相当普遍。因此,本条规定只在天窗架跨度大于9m或者9度时才考虑横向地震作用效应增大系数。

6.2.18 震害与计算分析表明,天窗架的横向刚度较大,基本上随屋盖平移,受损平移,受损不明显,而纵向破坏却相当普遍。因此,本条规定只在天窗架跨度大于9m或者9度时才考虑横向地震作用效应增大

6.3 构造措施

6.3.2、6.3.3 本条是对梁端的纵向钢筋从构造上进行控制,包括控制受压区的相对高度,控制受拉钢筋配筋率和受拉钢筋加密区配压钢筋相对比例等,以提高梁的变形能力。

试验资料表明,要使框架梁具备预期的变形能力,箍筋加密区配箍率随纵向钢筋的增多而提高。故本条根据控制体积配箍率的最积配箍率和最大间距,并根据受拉钢筋配筋率来控制体积配箍率的最小值。

6.3.4 楼盖是保证结构空间整体性的重要水平构件,要保证具有足够的刚度和强度。其加强措施是按以往工程设计经验整理提出的。

6.3.6、6.3.7 试验资料表明,框架柱是弯曲破坏还是剪切破坏,取决于剪跨比和轴压比两个主要因素。

当剪跨比小于等于2,特别是小于1.5时,即使取了一般抗震措施,也难免脆性破坏。因此,本条规定了柱净高与截面最大边长之比要大于4。

柱的轴压比不同,柱将呈现两种不同的破环状态,即受拉钢筋首先屈服的小偏心受压破坏或受压混凝土压碎而受拉钢筋未屈服的大偏心受压破坏。试验研究表明,柱的位移延性系数随轴压比增大而急剧下降,在高轴压比下,箍筋对柱变形能力的影响也格愈不明显。由此可见,地震区的框架设计,除箍筋预计不进入屈服的柱外,通常应保证柱在大偏心受压下破坏。否则,应采取加强混凝土约束的特殊措施。

6.3.8 有关资料表明,柱屈服位移角θ,(屈服位移δ,)支配,并且大致随ρ、线性增大,为使柱增的屈服远远远远大于开裂屈服,避免过早屈服,保证屈服时有较大变形能力,本条结合震害经验,适当提高了柱角仓下柱最小总配筋率,系数。

束，同时考虑到柱截面核芯混凝土应有较好的约束，规定纵向钢筋间距不得超过200mm。

6.3.9～6.3.14 这六条是框架柱配置箍筋的有关规定。合理配置箍筋对柱截面核芯混凝土能起约束作用，并且防止混凝土级限压应变，从而改善柱的变形能力，并且防止纵筋的压屈。

箍筋的约束作用与柱轴压比、含箍量、箍筋的形式、箍筋的肢距以及混凝土、纵向钢筋强度比等因素有关，是一个十分复杂的问题。一般说来，较高轴压比的柱应配置较多箍筋来改善延性性能，同样延性要求下，采用螺旋箍（包括矩形箍筋做成螺旋形式）时箍筋量可低于采用普通箍筋量。在箍筋直径和间距相同时，箍筋的肢距越小，阻止混凝土核芯横向变形的约束作用越强，混凝土与箍筋强度比越小，箍筋的约束作用也越大。因此，根据有关资料设计经验，这里对箍筋加密区的范围、箍筋间距和直径、最小体积配箍率做了规定。同时，为了避免剪切脆性破坏，其最小箍筋量也作了规定。

短柱是抗震设计中力求避免的，但当不可避免时（例如有错层等），除了对箍筋提高有抗震等级要求外，在柱内配置斜筋可以改善短柱的延性，控制国内外成功的设计经验制定的。

6.3.15 梁柱节点的核芯区处于受压、受剪状态，箍筋兼具抗剪和对核芯混凝土的约束作用，抗震墙连接梁后，柱连成整体，极限位移角约提高40%，有利于抗震墙板的稳定性，参照国外规范规定了梁柱节点的配筋的配置。

6.3.16 规定抗震墙板最小厚度的目的，是为了保证在抗震作用下墙体出平面的稳定性。

6.3.17 为控制墙板由于温度收缩或剪切引起的裂缝宽度，参照国外规范规定了抗震墙竖向分布钢筋的配筋。

6.3.18 震害和试验证明，箍筋除防止剪切破坏的发生外，还能增

强对混凝土核芯的约束作用，防止混凝土的压溃和纵筋的压屈。因此，为了提高构件的延性和延缓混凝土的受压破坏，应保证箍筋接长部的弯钩角度和直段的长度。

地震作用下，框架的梁、框架柱箍截面，柱端截面可能进入弹塑性状态，其纵向钢筋锚固长度的一部分可能因黏结破坏而失效，所以对不同抗震等级框架规定了比非抗震结构设计较严格的锚固长度和搭接长度要求。

6.3.19 本条规定是为了保证砌体填充墙在平面外的稳定性以及保证墙与框架协调受侧力。

6.3.20 有檩屋盖只要设置完整的支撑体系，屋面与檩条以及屋盖支撑有平面内的拉结，能保证其抗震能力。否则，在7度就会出现震害。

6.3.21 无檩屋盖体系各构件相互同联成整体是结构抗震构造的重要保证，因此，对屋盖各构件之间的连结等提出一系列措施。为了使排架屋盖体系支撑系统是保证排架与框条整体性的重要措施。唐山地震的经验表明，减少扭转效应，对屋盖支撑系统倒塌不足是因为纵横强度不够，而是由于屋盖支撑系统薄弱所致。

6.3.22 天窗架的震害资料表明，采用刚性焊连构造时，天窗架立柱普端在下端和侧板联结处出现开裂，破坏甚至倒塌。因此，本条提出宜采用螺栓连接。如果天窗架在横向与纵向刚度很大时，才可采用焊连。

6.3.23 梯形屋架端竖杆和第一节上弦杆，在桁架静力分析中常作为非受力杆件，采用构造配筋。地震时，由于空间平扭耦连振动，这两个杆件处于受压、弯、剪和扭的复杂受力状态，因此需要加强。对折线形屋架，为了调整屋面坡度，而在端节间上顶面设置加强的小柱，也应给予加强。

6.3.24 震害表明，对排架柱的薄弱部位加密设置箍筋，所以，本条规定了薄弱部位加密箍筋间距的最低要求。

6.3.25 柱间支撑是传递和承受结构纵向地震作用的主要构件。在唐山、海城地震时，有不少厂房因柱间支撑设置不合理或支撑破坏或失稳而倒塌。因此，本条规定了支撑设置的原则，并控制了支撑杆件的最大长细比以及构造要求。为屋盖支撑布置相协调且传力合理，一般上柱柱间支撑均与屋架端部垂直支撑布置在同一柱间内。

6.3.26 框排架结构的排架跨，在8度且跨度大于等于18m或9度时，柱头处屋架下弦杆受水平地震作用下屋架下弦系杆不设屋架下弦系杆不设屋架下弦系杆不设屋架下弦系杆，或只设柱头系杆，柱头埋件受力不均并可能发生破坏。

如图3(b)，仅设柱头系杆，只通过①②⑤⑥柱头传递水平力。

如图3(c)，屋架下弦及柱头同时设置系杆，此时每个柱头上的水平剪力为F/6。因此，在条文需要同时设置。

传递水平力下，柱头与屋架下弦系杆需要同时设置。

6.3.27 根据震害经验，本条对排架各构件的连接节点、埋设件等发生震害多的部位，给予加强并规定最低要求标准。关于柱顶和屋架间连接采用钢板联接，原苏联采用得较多并在地震中经多次考验，效果良好。

6.3.28 本条是牛腿构造的最低要求标准。

6.3.29、6.3.30 本条对围护墙与主体结构的拉接，以及对圈梁的等提出要求，主要依据唐山、海城地震经验。

6.3.31 在邢台、海城、唐山等地震实例，为预防8度中软、9度软场地不均匀沉降引起的结构破坏，规定砖围护墙穿过厂房的地面裂隙，以及地基震陷和不均匀沉降引起的结构破坏，要求采用现浇接头和基础形基础顶面设置连续的现浇钢筋混凝土圈梁。

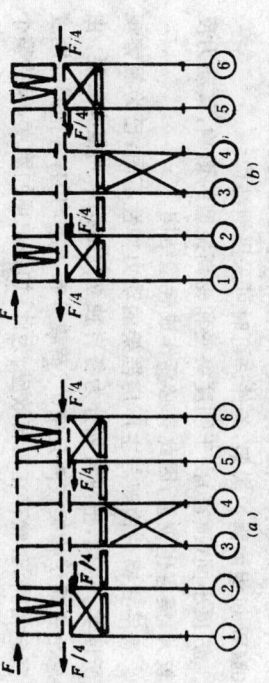
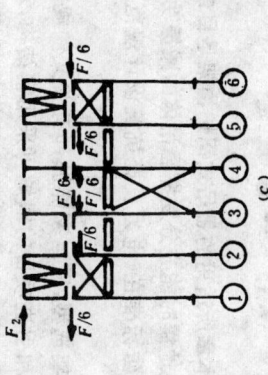

图3 排架跨屋盖水平地震作用传递

从震害情况看也是如此，如图3(a)，仅设屋架下弦系杆，只能通过①②⑤⑥柱头传递水平力。

7 悬吊式锅炉构架

7.1 一般规定

7.1.1~7.1.6 本章所适用的悬吊式锅炉构架是目前工程中常用的形式,其炉体在地震时能充分发挥悬吊体的减振功能;用于发电厂的锅炉构架设防标准在《电力设施抗震设计规范》中有明确规定。

关于锅炉构架选型,原国家能源部有关文件规定:60MW机组所采用的锅炉和引进项目的锅炉可采用钢结构,对200MW机组的锅炉构架,除8度和9度外,条件许可时可采用钢结构。300MW机组的锅炉构架,必然存在扭转效应。为此,加强炉顶的刚度,保持整个炉架的协同工作是很有必要的。

悬吊式锅炉构架由于刚度较高且又为高振型结构,某厂装配整体的炉顶小间(顶盖)由于刚度突变和受高振型影响,其动力反应较大,震害也较重,因此有必要作成轻型结构。

7.1.7 根据唐山地震时的震害资料,某厂配整体式炉架的梁、柱接头采用剖口焊接,破坏情况为:1号炉构架检查34个接头,破坏头25个;2号炉构架检查17个接头,破坏17个。除对剖口焊接头需要改进外,梁、柱接头最好能避开受力较大的部位。

7.2 抗震计算

7.2.1 悬吊式锅炉构架的抗震计算与一般建筑物的抗震计算比较接近,所以可按抗震计算水准A进行水平地震作用计算。

7.2.2 非屋内式悬吊式锅炉构架的计算,风荷载应列为主要荷载,在地震作用组合中,应考虑风荷载的影响。

7.2.3 炉架是比较复杂的结构,两个主轴方向差别较大。因此,本条强调要在两个主轴方向进行抗震验算,但这方面工作做得较少,有待今后进一步研究。

7.2.4 唐山地震时,陡河电厂2#炉架的大部分梁、柱节点发生按45°斜角剪切破坏。所以,主要节点要考虑两个方向的地震作用进行验算。

7.2.5~7.2.11 悬吊锅炉构架一般可按多质点体系,其锅炉悬吊体(以重力刚度作为弹簧)施加于构架上进行计算。对锅炉本体的地震作用可按两种方法考虑:

(1)考虑或不考虑制晃装置的约束作用,按悬吊炉体、吊杆和炉架共同工作组成一多质点体系,将悬吊体通过吊杆和制晃装置的约束作用施加于构架上;

(2)简化计算法时,不考虑制晃装置的约束作用,将悬吊体作为一个静力重力荷载施加于构架上,在引入重力刚度后,考虑3个振型还不够,考虑5个振型分析结果表明才能偏于安全。

(3)计算出的地震作用作为一个质点多质点体系的地震作用影响。悬吊锅炉构架体的地震作用计算,主要采纳原水电部水利科学研究院等单位编制的《电站锅炉构架抗震设计标准》,并参照了国家地震局工程力学研究所等单位编制的《电站钢构架抗震设计标准》,以及本规范第5章有关规定制定的。

7.2.12 陡河电厂3号炉(钢结构)的柱脚连接螺栓呈45°剪切破坏,并发现有波起现象。为安全起见,本条将连接处的地震作用效应增大50%。

7.2.13 悬吊锅炉炉顶小间位置较高,且又为刚度突变处,无论从振害经验还是从高振型影响看都比较薄弱的。因此,为增强抗震能力,本条规定将计算所得的地震作用效应应当增大。

7.3 构造措施

7.3.1～7.3.3 这些构造措施都是根据震害实践和设计经验提出的,目的是保证结构的延性,发挥悬吊炉体的减振功能,以有利于结构抗震。

8 贮 仓

8.1 一般规定

8.1.1 本章适用范围系根据贮仓结构的特点,震害经验及技术水平,并结合我国具体条件制定的。我国煤炭、建材、冶金等系统的大、中型贮仓,一般均与厂房分开,建成独立的结构体系。散状物料是指大部分由均匀的粒状和粉状物料所组成的贮料,如矿石、煤、焦炭、水泥、砂、石灰等,不包括液态物料。唐山地震的震害调查材料表明,地面上的贮仓遭受的破坏普遍比较严重,地下式、半地下式贮仓震害较其轻微,地下、半地下地面上的方仓如使用范围很小,因此,本章仅考虑常见的贮仓及地面架立式的贮仓和圆筒仓。其它如槽仓、抛物线仓、滑坡式贮仓及地面立式仓等均为数甚少,且无震害经验,因而本章亦不予包括。

8.1.2 贮仓结构布置的基本原则与一般建筑物的要求一致。根据贮仓的实际震害,并结合其受力特点,通过分析研究,提出了贮仓布置的具体建议和要求。
筛分间布置在贮仓上面时,会使贮仓在竖向形成刚度突变,同时质心高度亦有所提高,对抗震显然不利。因此,在高烈度区应与工艺设计协调,将筛分间及较重的设备下移到地面上或另置于独立的框架上。

8.1.3 贮仓结构的选型、选材,是根据生产因素综合考虑而定。根据我国煤炭、建材、冶金系统在 7 度及 7 度以上地区已建贮仓的调查,以现浇钢筋混凝土贮仓重大面方仓和圆筒仓居多,约占 82.6%。鉴于现浇钢筋混凝土贮仓大量方仓大面广,且在设计、施工及使用方面有丰富的经验,因此,在地震区应优先采用,也是本章的主要内容。

装配式钢筋混凝土贮仓以往在应用很少，且缺乏震害经验及设计经验，必须慎重采用。

贮仓的抗震能力主要取决于其支承结构，海城、唐山两次地震的贮仓震害调查表明，柱承式方仓震害最重，柱承式方仓较轻，筒承式圆筒仓震害最轻。

柱承式方仓是典型的上重下轻，上刚下柔的鸡腿式结构，其支承体系在超静定次数低，柱轴压比大，仓体与柱之间刚度突变等不利因素，使得结构延性较差，对抗震不利。平面布置为单排多联的群仓，当各个仓内贮料盈空不等或结构不对称时，地震作用下会引起扭转振动，而进料通廊等偏心支承于群仓上，将合加剧贮仓的扭转效应，由此造成的破坏实例，在唐山地震中并非罕见。

筒承式方仓也是完体贮料的支承结构，其刚度大，变形能力差，抗扭性能较好。此外，刚度大者耗能少，刚度小者耗能效果明显。国内外试验研究表明，筒承式仓的贮料耗能效果明显。

柱承式圆筒仓也相对较低，且贮仓质心也相对较低，在轴压比一般低于筒承式方仓，其震性能介于筒承式圆筒仓与柱承式方仓之间。

钢贮仓延性好、轻质高强，具有较强的抗震能力。在唐山地震中除少数倒塌外，支撑体系残缺和原设计上考虑，一般震害较微。但从经济和工艺上考虑，一般震害较微。但从经济和工艺上考虑，对其应用范围作了适当限制。

砖圆筒仓以往仅用于低烈度区小直径筒承式圆筒仓。从砖筒仓的结构特点来看，该结构刚度大、强度低、延性差、施工质量难以保证，对其应用要严格控制。

8.1.4 尽管柱承式贮仓震害较筒承式贮仓严重，随着贮仓经验的积累和抗震技术的发展，已经提出了一些提高柱承式贮仓抗震性能的有效措施，因

此，柱承式贮仓在使用上仍具有良好的前景。

装配式钢筋混凝土贮仓以往伸至仓顶，有利于加强结构的整体性，也符合以往的习惯做法。

在柱间设置横梁使支承结构成为框架支承结构体系，以提高贮仓结构的延性，可改善其方仓抗震性能。

9度时，如有必要可采用钢筋混凝土抗震墙，但要对称设置，以避免刚度偏心产生扭转效应。

8.1.5 常见的仓上建筑有三种结构型式：

(1)砖墙、砖柱及钢筋混凝土屋盖的砖混结构；
(2)钢筋混凝土柱与砖填充墙的钢筋混凝土结构；
(3)钢柱、钢屋架及轻质屋面与围护的钢结构。

震害经验表明，钢结构的仓上建筑的震害最轻，砖混结构最大严重破坏。约占已有仓上建筑的一半，震害最重，在8度和9度时均出现了严重破坏。因此，不同烈度对仓上建筑的高度予以限制，同时采取设置构造柱等加强措施。钢筋混凝土仓上建筑的抗震性能较好，唐山地震时，在9度区也很少发生严重破坏，因此，在低烈度区可优先采用。

轻质屋面结构的地震作用较小，现浇钢筋混凝土屋面的结构整体性较好，二者对仓上建筑的抗震均有利。但当砖墙作为围护材料，不可用砖填充墙，以免削弱钢结构轻钢结构的整体性。

屋盖型屋盖。预制钢筋混凝土整体性虽有不及现浇，但具有节省模板、方便施工等优点，因而也可酌情采用。

砖墙的抗震性能虽差，但取材方便，造价低，在低烈度区和场地较好时也可以使用。

钢屋结构仓必须设置完整的支撑体系，并选取轻质高强度性好的材料。

8.1.6 国内外由于结构平、立面布置不当而造成震害者不胜枚举，在唐山地震中贮仓由此引起或加剧震害的实例亦为数不少。对

满贮料,达到满仓的80%者都很少。

鉴于上述情况,并与现行《筒仓设计规范》协调一致,本条对进行地震作用计算时的贮料荷载组合值作了合理的规定。

8.2.7 根据筒承式贮仓的结构特点,采用底部剪力法进行抗震计算时,采用多质点体系模型的计算结果比较精确,但要把仓上建筑也作为多质点体系中的质点。

8.2.8 柱承式贮仓的质量主要集中于仓体,其支承结构的刚度远远小于仓体刚度,以剪切变形为主,因此,可简化为单质点体系,采用底部剪力法计算。

8.2.9 本条是与第8.2.8条采用底部剪力法计算的抗震计算,第8.2.8条解决了柱承式贮仓支承结构的抗震计算。条文中表8.2.9所列出的放大系数是参照贮仓整体分析,把仓上建筑、仓体和仓下支承系统作为整体,用振型分解反应谱法计算)的地震作用效应计算结果与仓上建筑单独分析的结果(把仓上建筑按落地独立结构计算)相比较而确定的。

8.2.10 为方便设计,附录C给出了柱承式贮仓支承结构的横梁时的侧移刚度计算方法。

8.2.11 在地震作用下,当支柱进入塑性工作状态后,第 8.2.8 条解决了柱承式贮仓支承结构的抗震计算。因 侧移引起的重力偏心 ($P-\Delta$) 效应可能成为贮仓失稳倒塌的重要原因。本条是根据震害原理导出的。

8.2.12 单排群仓的联合贮仓,由于贮仓体的刚度远大于支承结构联合个数增加,支柱的担转效应显著增大。因此,群仓的仓数不宜过多。

8.2.13 对于柱承式贮仓,由于贮仓的联合贮仓(仓底,柱底节点无转角)、的刚度,柱顶与柱底均为刚性约束(仓底,柱底节点无转角),因此,对支柱与基础连接端的组合弯矩设计值,所取的增大系数值宜比普通框架略高。

8.2.15 当贮仓采用筒与柱联合支承时,为了使支柱抗震能力不

8.2 抗震计算

8.2.2～8.2.4 可不进行抗震验算的范围,是根据震害经验及部分抗震验算分析确定的。

唐山地震震害时,钢筋混凝土圆筒承仓,除11度区单面配筋一例倒塌外,其它10例均在8度区的10度区有一例倒塌,仅10度区有14例,钢混凝土柱承式贮仓在6度和7度时均完好和中等破坏之间,钢筋混凝土柱承式方仓在8度以上时才有严重破坏或倒塌实例,钢贮仓分析资料虽少,但在9度、10度区也有几个倒塌实例,调查资料分析都是设计不当所致,一般设计合理的钢结构贮仓震害均较轻微。

贮仓的仓壁均完好,未见到有破坏的。支承结构和仓上建筑的三个部位,分别确定了不验算的范围。

因此,本条按仓壁、支承结构、仓上建筑的三个部位,分别确定了不验算的范围。

8.2.6 贮料是贮仓抗震计算的主要荷载,在地震作用下,贮料的运动与地震作用有关,其荷载取值与地震反应有关,贮料的耗能作用试验研究表明,存在着相位差,因而贮料起到减小结构地震反应的耗能作用,这种耗能作用的大小与仓的支承结构型式有关,简承式贮仓的贮料耗能作用明显,柱承式贮仓的贮料耗能作用轻微,又据唐山地震震害调查统计资料,在地震时所有贮仓基本上未装

致过低,规定了其承担的地震剪力的最小值。

8.3 构造措施

8.3.1 本条对水平横梁的相对位置和水平横梁与柱的线刚度比作了规定,目的在于提高贮仓高塔的延性。

8.3.2 贮仓支柱的轴压比直接影响贮仓结构的承载力和塑性变形能力,对支柱的破坏型式也有重要影响。因此,必须合理确定柱轴压比限值,避免轴压比过大而延性太差,保证结构有较好的变形能力。

柱承重式贮仓的延性比一般框架柱差。柱的轴压比限值应严于此,要求贮仓柱轴压比限值略低于框支柱。设计时,可通过提高混凝土强度等级、增加柱纵向钢筋数量方法来减小轴压比,也可增大柱截面,但注意不要形成短柱。

8.3.4 地震动方向是反复的,因此柱内纵向钢筋应对称配置。关于柱内纵向钢筋最小配筋率,美国为0.8%,均不分柱位和烈度大小。罗马尼亚也不分烈度,但按柱位取1.0%,角柱位1.0%,边柱0.9%和柱位1.0%。我国《建规》按柱位及抗震等级规定档次,烈度和贮料荷载大小规定档次,但多数贮仓支柱的轴压力远大于一般框架,因而,适当提高了其最小配筋率。

8.3.5 震害调查表明,贮仓的倒塌往往是由于支柱纵筋绑扎接头部位遭到破坏所致,对高轴压比的柱,混凝土保护层极易脱落而使箍筋脱扣,绑扎接头就不能发挥作用,阻止纵向钢筋的压屈,对抗震颇为有利。因此要求焊接或机械连接。

8.3.6 柱端高核芯混凝土范围、最小直径、最大间距和最小体积配箍率等构造要求。试验资料表明,破坏后混凝土仍有很好的咬合作用,处于三向受压状态,螺旋复合箍使核芯混凝土均匀地处于箍压应力作用,对提高极限承载力均为有利。根据加密范围、试验研究及大量试验结果表明,最大间距和最小直径、最小体积配筋率等构造要求。提出了箍筋加密范围,最大间距和最小直径、最小体积配箍率等构造要求。破坏后混凝土的作用尤为明显。

8.3.7、8.3.8 控制梁截面混凝土受压区相对高度、最大配筋率、拉压筋相对比例,梁端箍筋加密范围、箍筋最大间距和最小直径等要求,目的皆在于提高梁和整个结构的变形能力。

8.3.9 仓下柱间填充墙,对提高贮仓抗震性能的有效性已为大量震害经验所证实,但需注意以下几点:

(1)墙体周边无可靠拉结时,将发生侧向倾倒而失去原有作用。填充墙倾倒后,如框架出现塑性较并形成机构时,可能发生整体倒塌。因此,填充墙周边必须有良好的拉结。

(2)半高填充墙会使支柱形成短柱。

(3)填充墙要对称设置,以免偏心引起扭转。如唐山地震时10度区的唐山某焦化厂钢筋混凝土贮煤塔,因仅在一侧设填充墙,导致无填充墙一侧的柱角碎裂。

8.3.10 鉴于支承筒壁对圆筒仓抗震的重要性,并考虑到配置双层钢筋的需要以及施工条件,结合以往设计经验,筒壁厚度不宜过小。洞口处被削弱处且有应力集中,其加强措施需适当从严。

8.3.11 钢结构贮仓的震害主要部位在柱脚。根据海城、唐山、日本宫城地震经验及有关分析研究结果,提出本条的构造规定。

8.3.12 砖砌贮仓的圈梁和构造柱设置,是根据砖贮仓的震害经验,并借鉴一般砖混结构的抗震经验和研究成果确定的。

8.3.13 根据砖砌仓结构以上建筑的特点,为了提高砖结构的整体抗震能力和建筑横向较空旷等特点,提出本条横向较空旷等特点,为了提高砖结构墙体的抗震能力,提出本条构造要求。

9 井 塔

9.1 一般规定

9.1.1 本条是根据井塔结构受力特点和国内现有井塔的高度情况井塔大得多，框架结构相对于抗震结构来说，刚度偏小，抗震性能精差，故规定9度地震区不宜采用。而对于箱（筒）型井塔，如同剪力墙结构，其承重墙构件截面积大，纵横墙相接处没有明显的墙与楼板组成空间箱体，整体性好，强度高。国内外震害调查的资料表明，井塔结构的高层建筑物震害不多，唐山地震时，仅有处于10~11度地震区的新风井筒形井塔倒塌，徐家楼箱形井塔仅在大门洞处的塔壁开有大门洞而开裂；处于9度以下的其它井塔都安全无恙。但对于底层开有大洞而形成（部分）框支剪力墙结构的箱形井塔，其最大高度降低30%左右为宜。

9.1.2 井塔的基础应根据烈度、场地条件、塔身结构类型、荷载大小和施工条件等因素，通过方案综合比较后，慎重选择稳妥可靠，经济合理，施工方便的基础类型。同时要注意好地基处理好地基与结构刚度的关系。原则是硬地基采用条形基础或筏形基础是合理、施工方便。井塔基础型式，视地基持力层岩石地基的岩石基础或条形基础等。这种方案经济合理、施工方便。

(1) 井塔建筑在整体性较好的岩石地基上时，优先选用锚桩基础，也可采用单独基础（框架形井塔）或条形基础等。这种方案经济合理、施工方便。

(2) 地基主要持力层土质均匀，场地为中硬、中软井塔时，采用天然地基上的基础是稳妥可靠的。

(3) 井塔处于软弱地基上，且硬土持力层埋置在离地表小于等于30m，以及岩溶土洞发育区，适宜采用预制桩、灌注桩、钢管桩和旋喷桩处理。为了增强桩基的刚度，用地基梁将承台联系起来。若硬土持力层埋置深度大于30m，桩基已不能胜任，必须选用井颈基础。

(4) 当井塔主要持力层为液化地基时，必须防止地震时地基液化造成不均匀沉降而导致破坏，故采用桩基处理，且要求桩基伸入非液化的稳定土层中一定的深度，一般要由计算确定，其构造要求按本规范第4章规定采用。也可将井塔基础做成倒台井颈基础，直接固接在井筒顶端。

9.1.3 关于井塔选型，目前国内钢筋混凝土井塔有两种基本形式：一是框架结构；二是箱（筒）型结构。

(1) 本条要求优先采用箱（筒）型（包括箱型、筒型和外筒内框型）结构井塔，侧面是考虑箱型井塔属于剪力墙型结构，各个方向刚度较具有刚度大，对承受任意方向的地震荷载很有利；它们同时具有滑模均匀，施工，技术经济指标好等优点。

(2) 框架结构具有较好的延性，其技术经济指标好。由于自重轻，地震荷载小，材料消耗比箱（简）型井塔少。震害调查表明，7~8度区的框架结构井塔也很少破坏。因此，烈度为6~8度时，也可采用框架型结构。对南方地震区全部敞开的井塔，框架结构更为适宜。

9.1.4、9.1.5 为了使计算模型与结构的实际受力状况尽可能一致，要求井塔的工艺要求的前提下，力求做到简单，对称，均匀，即抗侧移构件呈正交布置，两个方向的刚度相差不大，质量在各层平面内基本对称布置，相邻层质量中心错位小，沿高度方向抗侧移构件上、下连续，不错层。总之，质量、刚度、强度的变化比较平缓。

对于井塔，有时工艺需要在提升机层向外悬挑，悬挑造成塔身在悬挑处刚度突变，对抗震不利，特别是非对称悬挑，在地震作用下，会使井塔产生扭转。所以，要尽量避免采用。当提升机层必须悬挑时，悬挑长度对井塔受力性能有较大影响，要有所限制。条文的最大悬挑长度规定，取自目前国内较成熟的设计经验。

9.1.6 塔身窗洞要求布置均匀对称且上下对齐而形成墙肢，使结构受力明确，对抗震有利。根据唐山地震新风井井塔和徐家楼主井塔底层的震害分析，井塔破坏均发生在底层。从抗震计算分析看，井塔底层的层高较高，开洞（安装检修门洞）大、剪力大、弯矩也大，是抗震的最薄弱层。设计中，要特别注意控制井塔底层的层高和底层大门的高度及宽度，防止上、下两楼层刚度发生突变，确保底层有足够的抗剪和抗弯能力。

9.1.7 井塔与相邻建（构）筑物之间设防震缝，是为了使井塔结构受力明确，计算模式符合实际情况。井塔属于单台结构，防震缝宽度要比一般建（构）筑物大，以防地震时相邻结构之间发生大的碰撞破坏。

9.2 抗震计算

9.2.1 本规范在大量震害调查、理论研究与实际结构测试分析的基础上，提出了考虑井塔结构与地基结构相互作用影响的抗震设计方法。方法中包含了地基地震反应非线性因素的影响，其研究基础是相当于本规范第5章抗震计算水准B的地震作用。因此，本节规定按照本章抗震计算水准B进行水平地震作用计算。目前国内外规范有关井塔抗震计算条件与地基共同工作方面的研究。

9.2.2 建于7度区属、中硬场地上的箱（筒）型井塔，当塔高不超过50m时，根据以往的设计经验，在满足正常风荷载作用下，一般能满足抗震强度要求，但要做抗震验算，可不再计算水平地震作用。

9.2.6 箕斗和罐笼是悬挂在钢丝绳上的，在地震作用下产生的惯性运动由于钢丝绳周期随与井塔结构的运动可能不一致，而且箕斗和罐笼是通过罐道与井塔结构相连接的，连接一般存在一定间隙。在地震作用下，箕斗和罐笼的运动较井塔的运动滞后，会降低井塔所产生的地震作用。所以，在计算井塔地震作用时，可不考虑箕斗及其装载，罐笼和钢丝绳的自重。

9.2.7 自振周期的影响因素很多，主要取决于井塔结构的质量分布和刚度分布。由于计算模型难以全面反映结构的实际情况，理论计算井塔结构的自振周期与实测周期，有时相差颇大。因此，本条采用的自振周期公式是实测周期回归统计公式。

统计分析共收集和实测了39座钢筋混凝土多绳提升井塔，其中，箱（筒）型井塔31座，包括 X、Y 两个方向共56个数据，井塔型井塔8座，包括 X、Y 方向共16个数据。塔顶标高一般在30～70m 范围内，周期 0.3～0.8s，少数井塔大于0.8s。

根据国内外资料，井塔周期与地震反应的基本周期是工程经验范围的基本周期的 1.1～1.3 倍。经过对比分析井结合采用 1.3，框架型井塔采用 1.1。

9.2.8 过去，井塔抗震计算时，通常假定基础是固定于基础上，地震动从基础顶面输入。但是，考虑井塔上部结构与地基基础相互作用后的计算结果，有时与刚基模型计算结果相差颇大。实际上，地震动不仅是从基岩通过场地土传给基础和上部结构，上部结构的地震反应也通过基础反馈给地基，改变场地的运动特性。这种相互作用，增加了体系的阻尼，延长了结构的周期。在软弱地基上的井塔，与按刚基模型分析结果相比，其地震作用可有明显的折减。

但是，计算结果表明，并不是所有基础型式在考虑相互作用时都起减震作用，必须分别对待。

(1) 塔身与井筒分离作用的井塔，处于中软、软场地，采用刚性较好的基础，考虑相互作用比按刚基模型计算输入的地震加速度一般折减 10%～20%。基础埋置较深时，由于基底输入的地震加速度比浅基础小，侧壁土对基础运动制约较大等原因，减震效果更为显著。

(2) 塔身通过井颈基础固结于井筒上的井塔，一般处于中软、软场地上。由于井筒埋深很深，且直接搭接固于基岩上，侧壁与土接触面很大，与一般深基础不同。分析发现，塔身固接于井筒上的井塔，考虑结构与地基土的相互作用的地震反应，有时增大，有时减小，随相对于按刚性地基模型计算的结果，有时增大，有时减小，随结构与场地特性的不同而不同。

这里选取5个实际的倒锥台（壳）基础井塔，分别按两个模型，即刚基模型与相互作用模型（图4），进行有限元法的直接动力分析。通过变换场地土、地震波、烈度、覆盖层厚度和不同井塔等参数，研究考虑相互作用时按刚基模型计算的地震反应的修正系数。

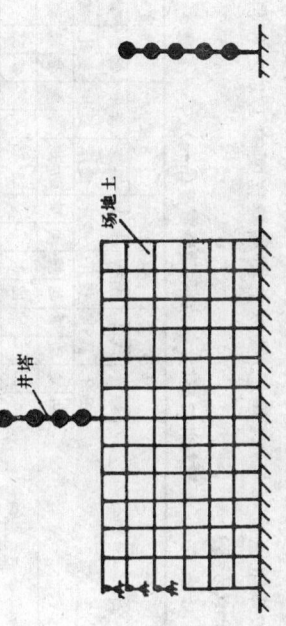

(a) 相互作用模型　　(b) 刚基模型

图4 井架计算模型

图5为底层剪力值随结构与土刚度比（实际取周期比）的变化规律。图中的 T_1 和 Q_0 分别为刚基模型的结构基本自振周期和底层剪力；T_s 为场地的卓越周期，Q 为考虑相互作用的模型的底层剪力。从图中可见，当 $T_1/T_s > 0.6$ 时，$C_Q \approx 1.0$，与一般基础类似，折减系数 0.85，当 $0.3 \leqslant T_1/T_s \leqslant 0.6$ 时，$C_Q \leqslant 1.0$，即不折减，而 $T_1/T_s < 0.3$ 时，C_Q 反而大于 1.0。为了偏于安全，当结构位于中软场地，相互作用时，相关系数取 1.4，对其它情况，取 1.0。

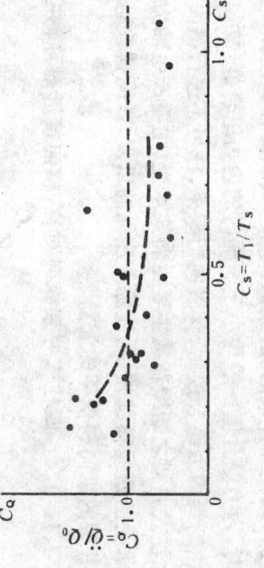

图5 底层剪力比随刚度比的变化

9.2.9 井塔处于中软、软场地，如果同时存在结构刚度、质量不均匀或者复杂条件等情况时，为了更详细地了解井塔的实际反应，应该在进行底部剪力分析或振型分析法的基础上，进一步用时程分析作较详细的分析，了解结构的薄弱环节，以及结构运动特性和土层特性作详细的分析，了解结构的薄弱环节，以及结构运动特性和土层特性随时间变化的反应。

计算可采用本规范组编制的JT－1和JT－2程序。计算模型的选取，井塔简化为弯型串联多自由度体系，井筒壁为刚梁单元；场地土为水平成层，按基础板刚性化为等效水平面元；箱基简化为刚性板，按基础板刚性化为等效水平面元。

注：JT－1 考虑场地土非线性的地震波正反演程序；
JT－2 上部结构－基础－地基土相互作用分析程序。

9.3 构造措施

9.3.1 本条是对箱（筒）型井塔塔壁的抗震构造措施要求。目的在于使刚度变化平缓，避免应力集中，保证塔壁稳定且控制截面变化处的裂缝宽度。

9.3.2 本条是保证井塔在结构型式上与框架相同，因此，其构造措施按本规范第6.3节有关框架的规定采用，同样按表6.1.2规定划分抗震等级。

9.3.3 框架型井塔在结构型式上与框架共同作用。因此，其构造措施按本规范第6.3节有关框架的规定采用，同样按表6.1.2规定划分抗震等级。

计断面较大，致使井架的横向框架沿高度的刚度和质量有突变，且会造成应力集中，对抗震不利。将支承横梁设计成三角形"桁架式"(图6)，可以改善其抗震和传力性能。

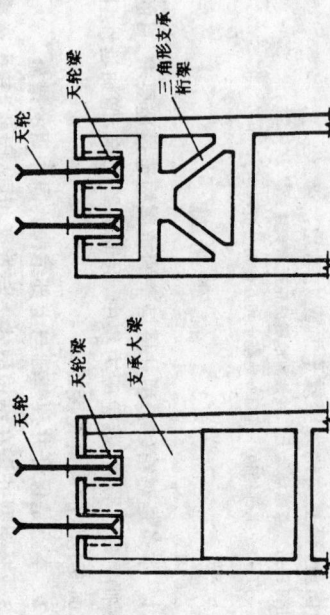

图 6 天轮支承横梁

10 钢筋混凝土井架

10.1 一般规定

10.1.1 国内现已建成的四柱式钢筋混凝土井架的最大高度为21.5m，六柱式钢筋混凝土井架最高为27m。总结国内钢筋混凝土井架的设计经验，本规范的适用范围是合适的。

10.1.2 钢筋混凝土井架的结构型式与框架接近，因此，截面抗震验算与构造措施要求都可以按框架的规定采用。但鉴于井架的重要性，规定抗震等级最低不低于第三等级。

10.1.3 本条防震缝宽度的取值，大致是井口房高度的1/2之和再加25mm(表3)。最大弹塑性位移与《建规》要求的防震缝宽度按此规定。

井架与井口房(井楼)间防震缝宽度(mm) 表 3

	6 度			7 度			8 度			9 度		
	罐笼提升	箕斗提升	规动	罐笼提升	箕斗提升	规动	罐笼提升	箕斗提升	规动	罐笼提升	箕斗提升	规动
四柱式	6	35	3	6	35	6	11	45	12	23	55	47
	70*	80*	70*	70*	80*	70*	80*	90*	80*	110*	110*	110*
六柱式										23	35	46	60
										110*	110*	140*

注：①表中 动——井架横向最大弹塑性位移(纵向动位移一般均小于动横向)，其计算高度，罐笼提升时，为井口房屋面高度(约 6～8m)，对箕斗提升时，为井楼屋面高度(建议按 10.1.3 条规定的高度(约 14～20m)。

规——上述计算高度处按第10.1.3条规定的防震缝宽度。

②带*数字为本规定的防震缝宽度。

10.1.4 四柱式井架纵向对称，横向接近对称，设

10.1.5 为了提高地基对井架结构的受力状态与框架比较接近，计算之斜架基础要有适当埋深，因此，采用抗震计算时埋深取不小于 2m 是必要的。

10.2 抗震计算

10.2.1 钢筋混凝土井架为竖向悬臂结构，其纵向在 7 度或 8 度地震影响时，内力组合值一般均小于断绳的内力组合值，故截面及其配筋由断绳内力组合值控制，其纵向桁架，柱可不进行抗震验算。六柱式井架之断绳荷载主要由斜架承受(主要产生轴力)，其立架所承受的断绳荷载较小，故除 7 度纵向以外，断绳荷载组合不能控制井架的纵向配筋。

10.2.3、10.2.4 四柱式井架纵向对称，横向接近对称，设

服剪力系数最小，底层是薄弱层。

量和刚度沿高度的分布比较均匀，水平力作用下的空间作用小。纵横两个方向的地震作用都可简化成平面结构进行计算（并且只取平面结构的第1振型）。四柱式井架振动接近剪切型，纵向振动接近弯曲型。六柱式井架横向不对称，水平力作用下空间作用很明显，井架的横向以主振型为主进行振动（接近横向平移），井架的纵向振动以空间向第3振型为主（接近纵向平移），井架式空间第2振型是以扭转为主有平移的耦合的振动。六柱式井架的地震效应（内力和位移）、横向主要是第1振型产生的，纵向主要是第2振型与第1振型（第3振型）的组合。六柱式井架的空间振动收敛于前3个振型。

四柱式井架可按本规范第5.2.1条采用底部剪力法计算地震作用；六柱式井架对纵向结构不对称，必须考虑扭转效应，因而需采用空间多质点杆系模型，采用空间杆系结构电算程序才能计算。

10.3 构造措施

10.3.5 参考《建规》的有关资料，钢筋混凝土柱的屈服位移角主要受受拉钢筋配筋率支配，并且大致随配筋率提高而线性地增大，为了避免地震作用下柱过早进入屈服，并保证有较大的屈服变形规定纵向每边钢筋的配筋率不能小于0.3%。

10.3.6 钢筋混凝土井架横梁、柱箍筋除按照框架的底层可能高度考虑井架进入弹塑性状态时，其横向框架的底层比较高受（没有弯矩零点），并且弯矩较大，剪力、轴力、剪力加密区的范围，取柱的全高。为了提高框架底层柱的变形能力，底层柱箍筋加密区的范围，取柱的全高。

10.3.7 钢筋混凝土井架横向框架梁（特别是框口比较高的框架横梁）设计成加腋形式，可以避免塑性铰发生在柱子上，同时，也提高了井架在弹性工作状态的侧移刚度。

10.3.8 四柱式钢筋混凝土井架在提升方向设计成梯形桁架（即两柱沿高度内收）形式，比平行弦桁架刚度大，受力性能好，但因工艺条件限制，坡度不能太大，采用3%左右较合适。

10.3.9、10.3.10 钢筋混凝土井架柱与井颈的连接，斜架柱与斜架基础的锚固以及斜架基础的构造都是重要环节，可参见本规范第11章斜撑式钢井架的有关条文说明。

10.2.5 本条为28个四柱式和13个六柱式井架实测自振周期统计公式，已经考虑震时周期加长系数1.3（四柱式）和1.4（六柱式）。

10.2.7 钢筋混凝土井架底层柱过早出现塑性屈服，会形成整个框架薄弱层井影响井架的整体稳定，故需加强底层柱的配筋。

10.2.8 此条是保证"强柱弱梁"的要求。井架梁、柱一般都能满足该项要求，因井架与同一框架平交于一节点的梁一般只有一根，而井架柱截面和配筋率都比梁大。

10.2.10 9度时，钢筋混凝土井架按本规范第5.5节的水平地震影响系数最大值确定地震影响系数并进行抗震变形验算。井架柱自下而上下配筋不变或变化不大。上、下柱端极限弯矩变化也不大，而井架底层框口的高度一般比一般层高约大一倍，因此，框架底层的屈服剪力小于一般层。而井架底层的地震剪力是最大的，所以，底层屈服

11 斜撑式钢井架

11.1 一般规定

11.1.1 斜撑式钢井架是矿山建设中广泛采用的提升构筑物。在1976年唐山地震时,某矿由于钢井架的破坏或失去正常功能,导致矿井停产,造成了重大经济损失。斜撑式钢井架由斜撑和立架两部分组成,斜撑按提升要求分为单斜撑和双斜撑,本章适用于单斜撑式钢井架的抗震设计。

11.1.2 由于斜撑式钢井架和相邻构筑物(一般为钢筋混凝土结构)的刚度不一,自振周期互相碰撞而产生破坏,在地震作用下,国内外均不宜设置防震缝。为此,斜撑式钢井架与相邻建筑物之间必须设置防震缝。

斜撑式单绳提升钢井架和多绳提升钢井架具有不同的动力特性,特别是刚度明显不同。同时,箕斗井架和罐笼井架的防震缝宽度控制值也不同。因此,本规范对多绳提升井架和单绳提升井架分别加以考虑。本规范按7,8,9度软土地基最大的弹塑性水平地震位移,计算出其最大的井口房上部相邻的井塔型多层钢筋混凝土框架厂房、与罐笼井架下部相邻的井口房一般为多层钢筋混凝土框架厂房,再叠加单层钢井架地震时的最大弹塑性水平振动位移,作为斜撑式钢井架与相邻建(构)筑物之间防震缝宽度的控制值(表4、表5)。

11.2 抗震计算

11.2.1 钢井架的地震反应计算采用刚性基底杆系或质点系模型,按抗震计算水准A进行水平地震作用计算,结构反应基本处于弹性状态。

11.2.2 钢井架抗震性能较好,7度时基本无震害,因此可不验算。

罐笼井架下部与井口房邻接处防震缝宽度最小值计算(mm) 表4

烈度	井架地震时最大振动位移				井口房按《建规》防震缝宽度	防震缝宽度最小值			
	单绳钢井架		多绳钢井架			单绳钢井架		多绳钢井架	
	纵向	横向	纵向	横向		纵向	横向	纵向	横向
9	98	140	312	58	45	160	200	370	120
8	49	70	156	29	35	100	120	210	80
7	25	35	75	15	25	80	80	130	60

注:①"井架地震时最大振动位移"系指井架在井口房顶标高处的弹塑性水平地震位移;
②表中数字适用于井棚高度为8～12m的情况,若高度增加,防震缝宽度应适当增大。

箕斗井架上部钢梁口与井楼昆连处防震缝宽度最小值计算(mm) 表5

烈度	井架地震时最大振动位移				井塔按《建规》防震缝宽度	防震缝宽度最小值			
	单绳钢井架		多绳钢井架			单绳钢井架		多绳钢井架	
	纵向	横向	纵向	横向		纵向	横向	纵向	横向
9	182	268	302	14	110	310	390	430	270
8	91	134	151	70	85	190	230	250	170
7	46	67	75	35	75	130	150	160	120

注:①"井架地震时最大振动位移"系指井架在井塔屋顶标高处的弹塑性水平地震位移;
②表中数字适用于井楼高度为25～30m的情况,若高度增加,防震缝宽度应适当增大。

11.2.3、11.2.4 关于地震作用计算方法,目前最常用的是底部剪

架必须考虑竖向地震作用的影响。在竖向地震作用下，钢井架的塑性耗能很少，在采用抗震计算水准A计算时，要采用增大系数，参考《建规》中烟囱的规定，增大系数取2.5。

11.3 构造措施

11.3.1 钢井架节点连接以焊接为主，局部采用螺栓连接。钢井架的震害实明：节点震害基本上都发生在螺栓连接的节点，并以螺栓剪断为主要破坏形式。因此，规定上螺栓连接时，采用高强摩擦型螺栓，以避免螺栓受剪脆性破坏。

11.3.2 为防止节点和立柱局部压屈，失稳，参考有关现行规范，对节点板厚度和9度时板材的宽度比加以限制。

11.3.3~11.3.5 钢井架斜撑基础的震害主要表现在锚杆和混凝土两方面。锚栓的震害主要表现为松动或或拔出。但是震害表明，仅在11度区有个别锚栓板发生剪断的实例。

我国钢井架系常规设计一般采用带有锚梁(或锚板)的φ30~φ40锚栓，锚固于混凝土中的长度约1300~1450mm，均大于《钢结构设计手册》规定的取值。关于锚栓中心线至基础边缘的最小距离b，国内外有关规范、规程上都采用b≥4d~8d(d为锚栓直径，且不小于100~150mm)。我国规定设计所采用的b值为4d~7.5d，与上述有关规定基本一致。基础混凝土的开裂酥碎以及混凝土局部锚断等震害的特点都发生在基础顶面以下500mm高度范围内的第二次混凝土浇灌层内。环环形成了薄弱环节，产生震害的主要原因是：①第二次浇灌层的施工缝处抗震设计配筋不足；②混凝土标号较低，局部承压强度不够；③基础上部混凝土标号较高，提高混凝土的整体性，保证和改善高钢井架以下竖向钢筋配置，增强混凝土的整体性，是改善和提高钢井架基础抗震性能的有效措施。综上所述，条文中规定了改善和提高钢斜撑基础的具体抗震构造措施。

力法和振型分解反应谱法，本规范第5.1.3条还规定，对特别不均匀的乙类构筑物，宜同时用时程分析法在地震作用下。斜撑式钢井架属于这类构筑物。原苏联、日本、美国等国已普遍应用。

通过对一座已建的单绳提升钢井架，按平面杆系模型进行的弹塑性地震反应时程分析，计算结果基本上与唐山地震中斜撑式钢井架的震害一致。同时，又可以清晰地看出钢井架在强震作用下的弹塑性发展过程。这对宏观上评价钢井架在强震作用下的抗震性能以及采取对策十分有益。因此，在高烈度地震区设计斜撑式钢井架时，除了采用振型分解反应谱法进行截面地震验算外，建议有条件时同时采用考虑弹塑性地震反应时程分析法进行分析，以验算钢井架薄弱构造部位的强度和位移，合理评价结构的抗震能力。

按空间杆系用振型分解反应谱法计算结果表明，无论是纵向振动、横向振动，还是单绳提升钢井架动力计算结果的规律性较好，多绳提升纵向收敛于前3个振型而横向收敛于前4个振型。这说明多绳提升钢井架的动力特性与单绳提升钢井架不同。从计算实例来看，纵向振动收敛于前4个振型。考虑振型参与结果影响到单绳提升钢井架实例，因此，规定取前3个振型。对多绳提升钢井架，计算结果的规律性较好，无论纵向结果，参与计算结果都起见，规定至少取前5个振型。

11.2.5 影响井架自振周期的因素很多，主要有井架高度、平面尺寸、斜撑下支点与井架的距离以及井架构造等方面。通过36个已有钢井架高度有关的实用公式，方差分析得到满意的所示的仅与井架高度有关的实用公式，方差分析得到满意的结果。

11.2.6、11.2.7 斜撑式钢井架的立柱的轴向变形对地震内力影响很大，因此，井公式已计入周期加长系数，横向取1.3，纵向取1.4。以轴力为主，并且立柱的震时加劲力，除框口局部位外，均

12 双曲线冷却塔

12.1 一般规定

12.1.1 双曲线钢筋混凝土冷却塔由塔筒和淋水装置两部分组成，其中塔筒由双曲线回转薄壳通风筒（含贮水池壁）组成，淋水装置由空间构架及进、出水柱和竖井等组成。

12.1.2 冷却塔抗震计算要考虑基础以上的部结构共同作用，并目地震反应分析时要采用一系列土的动力特性参数，因此，采用本规范第5章规定的抗震计算水准B进行水平地震作用是适宜的。

12.2 塔 筒

12.2.1 本条对塔筒可不进行抗震验算的范围作了规定。

(1) 根据我国习惯，双曲线自然通风冷却塔的规模以淋水面积计，淋水面积系指淋水填料顶高程处的毛面积。

(2) 本条不验算范围是根据下列情况订的：

根据唐山地震震害调查，位于10度区的唐山两座淋水面积2000m²塔，采用单独基础，座落于基岩上，震后结构完好。另一座1520m²塔，座落于不厚覆盖层（下有基岩），震后塔体完好，倒塔筒结构未见开裂。位于7度软区下中软场地上且下卧层有一层较薄的淤泥层，但震后发生倾斜，座落于中软场地上且下卧层有一层较薄的淤泥层，但3500m²塔，座落于中软场地上且下卧层有一层较薄的淤泥层，但由于地层均匀，震后塔亦未见异常。

根据冷却塔专用程序计算，风载（主要是cos2θ项）引起的环基内的环张应力较小，而富氏谱波数等于0.1的竖向地震和水平地震所引起的环张力，在中软场地上有可能大于风载引起的环张力而成为由地震组合控制。在这种情况下，不验算大塔水面面积小于4000m²的范围内。

12.2.2 本条对地震区建塔的场地条件作了具体规定。

实际工程中常遇覆盖层较厚的中软场地，故规定7~8度时对地基的要求：①若采用天然地基，则应是均匀地基，地基承载力大于180kPa，土层平均剪变模量大于45MPa，否则应进行地基处理；②如天然地基为不均匀地基，则要求严格要求地基处理或均匀地基；③如为倾斜地层，则要求采取专门措施，如采用混凝土垫块砌至基岩或砂卵石层。

12.2.4 根据计算，通风筒结构抗震计算中竖向地震作用效应占水平地震效应占总地震作用效应的百分比见表6。在总地震效应中，水平地震作用效应所占百分比均大于竖向，但是竖向地震作用效应亦不小，故需考虑水平地震及竖向地震作用效应的不利组合。根据国内外文献及以往设计经验，组合方法采用效应增大系数法。在式（12.2.4）中已考虑竖向地震作用效应增大系数。

竖向与水平地震作用效应的比例（%） 表6

通 风 筒 壳 体				通风筒基础	
竖 向	水 平			竖向	水 平
子午向内力	子午向内力	纬向内力	环张力	环张力	环张力
49.83~15.56	3.06~44.26	50.17~84.44	96.94~55.74	26.41	73.59

12.2.5 冷却塔时程分析法。目前国内冷却塔抗震计算大多采用振型分解反应谱法，沿高度变化有一定规则，可采用SAP5及Ansys程序进行计算和后处理，不考虑材料非线性作用。当考虑冷却塔筒体较少，故规定冷却塔一般采用振型分解反应谱法。当考虑材料非线性作用、混凝土开裂后处理。混凝土由梁单元代表，不考虑基础非线性耗时也较少。对于桁架单元，一般情况下仅作线性处理。当考虑材料非线性作用时，斜支柱钢筋设塑性铰，支柱底与基础间设置裂缝模型塑性铰以模拟基础上拔和滑移，壳体间设塑性铰，支柱底与基础间设置裂缝模型塑性铰以模拟基础上拔和滑移，环基础与基础模型复杂，Ansys程序计算费用昂贵，故只有在9度且淋水面积9000m²及以上的特大塔才进行材料非线性分析。

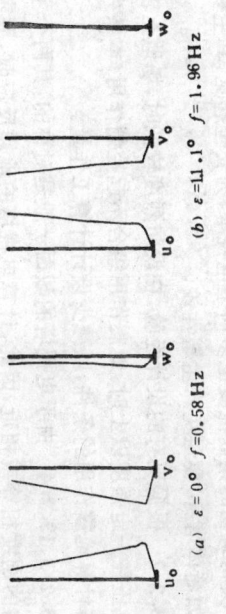
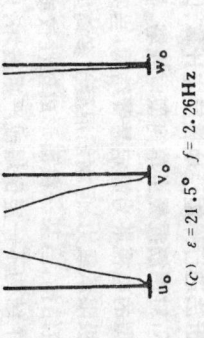

(a) $\varepsilon=0°$ $f=0.58$ Hz

(b) $\varepsilon=11.1°$ $f=1.96$ Hz

(c) $\varepsilon=21.5°$ $f=2.26$ Hz

图 7 不同 ε 角对自振频率和振幅的影响

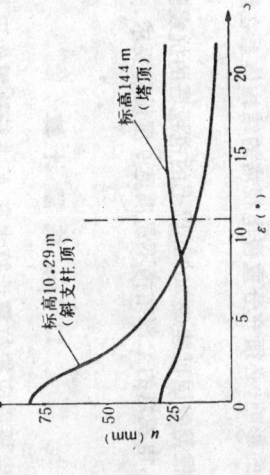

图 8 最大径向位移与 ε 角的关系

12.2.6 本条对振型分解反应谱法所取振型个数作了规定。分别取 3、5、7 个振型的计算结果表明：5 个振型与 7 个振型相比，斜支柱及环基仅差 0.1%~2.53%，壳体底部纬向内力差 4.13%，壳顶部子午向内力差 6.25%；3 个振型与 7 个振型相比则相差稍大，斜支柱及环基差 6.54%~14.11%，壳体底部纬向内力差 26.52%，壳顶部子午向内力差 10.42%。故规定 4000m² 以下塔取 3 个振型，4000~9000m² 取 5 个振型，9 度区及 9000m² 以上的塔取 7 个振型。

12.2.7 冷却塔地震作用效应和其它荷载效应组合是参考下列依据制定的：

(1) 冷却塔是以风载为主的结构，对风载反应比较敏感，故在我国火力发电厂《水工设计技术规定》的地震偶然组合中均考虑了 0.25×(1.4)S_{wk} 风载；此外还考虑了 0.6S_{ik}。

(2) 1982 年德国 BTR 冷却塔设计规范中，地震荷载组合亦考虑了 1/3S_{wk} 及 S_{ik}。

12.2.8 本条强调了冷却塔地震作用计算时要注意的两点要求：①冷却塔地震结构与土的共同工作。地基与上部结构宜整体计算；②塔筒的地震反应是竖向振动与摆动的耦合振动。因此，计算时必须采用地基竖向抗压刚度系数、水平振动与摇摆振动的耦合振动、抗剪刚度系数和动弹性模量等一系列土动力特性指标，这些参数一般要通过现场试验取得。计算结果表明，考虑了上述共同作用后，基础环张力比较接近实际，不致过大。

12.2.11 整个冷却塔通风筒结构，按地震破坏次序，可分为首要部位（薄弱环节）和次要部位。斜支柱为首要部位，壳体、基础为次要部位，而最薄弱环节为斜支柱顶与环梁接触处，ε 为每对斜支柱组成的平面内夹角的 1/2，ε 角大小将影响塔的自振频率和运动振幅的选择。$\varepsilon<9°$ 时柱顶与径向位移将大于塔顶径向位移，见图 7、图 8。故本条建议 ε 角不宜小于 11°。

12.2.13 本条对斜支柱的最大轴压比限值作了规定。构件的位移延性系数随轴压比的增加而减少，冷却塔中斜支柱由于其工作状态处于冻融交替，混凝土保护层常出现剥离开裂情况，故应采用较小的轴压比为宜。

12.2.14 本条对纵向钢筋最小、最大配筋率限值作了规定。规定最小限值为1%的原因：①在冷却塔设计中，不宜采用过大的斜支柱截面，从而保证进风口阻力不致过大；②实际设计中，在承受风载为主的工作状态时，纵向配筋亦常大于1%。规定最大限值为4%，主要是为了保持较低的轴压比并考虑过大配筋率会影响混凝土浇注密实度。

12.2.15 本条对加密区钢筋最小配箍率、加密区范围及加密区箍筋间距作了规定，这是为了增加对混凝土的约束，提供纵向钢筋侧向支承并提高抗剪强度，从而保证足够的延性。

由于圆形截面，故本条推荐采用螺旋箍。螺旋箍对提高剪切强度和增加结构延性十分有效。

12.3 淋水装置

12.3.1 根据唐山震害调查，位于10度地震区的唐山电厂3座冷却塔，除竖井附近梁拉裂，淋水构架梁与筒壁相撞，个别配水槽拉脱外，未见严重震害。位于7度区中牧及柳青电厂3500m²塔，淋水构架亦未见严重震害。故规定7度区中牧及以上场地的进风口高程在8m以下时，可不进行淋水构架抗震验算。

12.3.3 根据唐山震害经验，竖井、筒壁和构架周期的自振周期不相同，地震位移不一致，因而构架梁对筒壁的相对位移和转动，要求竖井、筒壁和构架梁对竖井和筒壁连接装置之间要允许相对位移和转动，以免构件拉裂。

12.3.7 本条是梁和水槽搁置于筒壁和竖井牛腿上时的措施。隔震层一般采用氯丁橡胶、空腔中的填充物通常用泡沫塑料，梁端与牛腿间可以用柔性拉结装置连接，既能防止梁倒落又不传递地震作用。

13 电视塔

13.1 一般规定

13.1.2 在地震区建造的电视塔，其体型和塔楼对抗震性能有重要的影响，必须充分重视电视塔的结构体系在地震作用下的合理性。

13.1.3 根据我国已建成300m以上的电视塔的抗震验算和模型试验结果，电视塔的上部结构不易满足9度设防要求。因此，提出本条规定。

13.2 抗震计算

13.2.1 电视塔应按抗震计算水准A进行地震作用及其作用效应计算。但对属于甲类构筑物的电视塔，除按本规范第1.0.2条的大震不倒外，根据大震不倒，还应按抗震计算水准A进行验算，用时程分析法进行弹塑性地震反应计算，以确保电视塔不致倒塌或严重破坏。对钢筋混凝土单筒型电视塔，不允许出现塑性铰，因为此类型的电视塔为悬臂结构，截面一旦出现塑性铰时，结构已达极限承载力。但钢筋混凝土多筒电视塔和钢电视塔一般为超静定结构，当某一截面形成塑性铰或某一构件达到极限承载力时，整个结构不一定倒塌或严重破坏，只有当结构形成机构或产生整体失稳时，才认为结构丧失承载能力，为安全起见，其主要构件甲类构筑物的钢筋混凝土多筒电视塔，一般是对称的，其两个主轴方（如筒体塔身）要避免产生塑性铰。

13.2.2 根据现有的设计经验，地震作用以上时，地震土较好和风压在一定强度以上时，在设防烈度较低时，地震作用不起控制作用，本条列出不需计算电视塔的截面，因此，计算电视塔一般只要考虑风荷载计算工作量。

13.2.3、13.2.4 由于电视塔对称的，其两个主轴方向的刚度相近，因此，计算电视塔的地震反应时，要考虑双向水平地震动的同时作用。考虑到地震动可能来自任意方向，因此，对于钢塔和钢筋混凝土多筒型电视塔和钢电视塔除考虑两个主轴方向的水平地震作用外，还需考虑两个正交的非主轴方向的水平地震作用。

计算结果表明，8度和9度时，竖向地震作用对结构轴力的影响较大，在电视塔的顶部尤为显著。所以，竖向地震作用，要考虑之（参见本规范第11.2.7条说明）。

13.2.6 钢筋混凝土电视塔属多质点高耸构筑物，用精确计算较困难，一般都简化成多质点体系求解。只要取足够多的质点，计算精度一般可满足工程设计要求。

13.2.7 计算结果表明，时程分析法的计算结果与振型分解反应谱法相应的计算结果比较，在任在结构的上部计算结果偏大，而在塔身底部则偏小。此外，考虑到我国目前对时程分析法的应用已日益增多，并已拥有相应的计算机软件。因而规定对高度大于200m的电视塔，除采用振型分解反应谱法计算外，还要用时程分析法进行验算。

13.2.8 有关资料表明对天线部分和塔身上部的弯矩起加大作用。如取前7个振型计算，天线部分和塔身上部的弯矩要比取前3个振型的影响大的15%~40%；而取前10个振型计算的天线所得的天线面和塔身上部的弯矩与振型计算的结果相差不大。对塔身而言，高振型的影响较大，一般要取前10个振型才能收敛。但剪力在塔的截面设计中一般不起控制作用。因此，参照有关的高耸构筑物计算资料，规定本自振周期小于1.5s的电视塔至少要取7个振型进行叠加。此外，参照有关的高耸构筑物计算资料，规定基本自振周期小于1.5s的电视塔至少取3个振型进行叠加，基本自振周期为1.5s到3s的电视塔至少要取5个振型进行叠加，介于1.5s到3s的电视塔至少取3个振型进行叠加。

13.2.9 地震波是一种随机波，它随着地震级的大小，震源特性，地质条件等因素而变化。用不同的地震波所得到的结构地震反应有很大的差异。基于这种情况，采用多条输入进行结构

地震反应计算是比较合理的。

13.2.10 每个钢塔和钢筋混凝土塔的阻尼比是不同的。本条所提数值是根据过去一些实测结果提出的。由于本规范的反应谱曲线是根据结构的阻尼比为5%制定的，而根据实测和试验资料表明，钢塔和预应力钢筋混凝土塔的阻尼比都较5%小，故应将地震影响系数乘以本规范第5.1.5条确定的阻尼修正系数。

13.2.11 按振型分解反应谱法计算电视塔的地震反应时，通常只考虑单向的水平地震波分量的作用。对电视塔，双向水平地震波作用同是不容忽视的。根据几个钢筋混凝土单筒电视塔的计算结果看出，考虑双向水平地震作用所得到的合成弯矩（几何和）要比只考虑单向地震作用增大10%~38%。因此，规定采用振型分解反应谱法计算钢筋混凝土单筒型电视塔和多筒型电视塔时，应采以双向水平地震作用计算电视塔。对钢筋混凝土多筒型电视塔和钢电视塔，考虑双向水平地震作用的计算方法，系参考美国加州抗侧力设计规范制定。水平地震作用的计算方法，系参考美国加州抗侧力设计规范制定。

13.2.12 本条主要参考《建规》和《混凝土结构，考虑到其重要性，承载力抗震调整系数 γ_{RE} 取 1.0。

13.2.13 根据有关资料，按弹性体系计算钢筋混凝土塔的地震反应时，其截面刚度可取 $0.85E_cI$。对预应力钢筋混凝土塔，其截面刚度可取 E_cI。

13.2.14 电视塔的塔楼较重，而重心又高，经计算表明，重力产生的附加弯矩（即重力偏心效应）对电视塔内力有显著的影响。高度超过200m无塔楼的电视塔，因高度较大，也应考虑重力偏心效应。

13.2.15 计算结果表明，考虑塔地基土与塔体结构相互作用，塔体的自振周期增大现象。但在地震作用下，塔将以其基础作为中心出现摇摆行为，由此导致塔顶位移的弯矩和塔底部位的剪力值增加，而塔基底部的弯矩和剪力减少。

13.2.16 由于电视塔为重要的高耸构筑物，因此，采用天然地基

时，要求基底不允许与地基脱开。

13.2.17 在地震作用下，钢电视塔的腹杆会反复地受压和受拉。国外试验研究表明，构件屈曲后变形增长很大，转为受拉时在不能拉直，再次受压时承载力还会降低，即出现承载力退化现象，构件的长细比越大，退化现象越严重。本条中用折减系数 β 来考虑这种退化现象。

13.3 构 造 措 施

13.3.1 本规范钢电视塔的钢材宜采用 Q235 或 16Mn 钢，而 15MnV 钢，由于其伸长率小，塑性较差，故未列入。耐候钢的耐大气腐蚀性能好，可考虑在钢电视塔中采用，其钢号可按现行国家标准《焊接结构用耐候钢》采用。

13.3.2 钢构件的长细比容许值的规定是参考《高耸结构设计规范》制定的。

13.3.3 本规范的受力构件及其连接件的最小尺寸，比《钢结构设计规范》的规定有所加大。主要是考虑电视塔为露天结构，易于锈蚀。

13.3.4 钢电视塔设置横隔层除了可提高电视塔身的整体刚度还可以确保塔身的整体受力性能。

13.3.5~13.3.7 这几条均为参考《钢结构设计规范》和《高耸结构设计规范》制定的。

13.3.8 本条是根据我国目前已建成的或正在建造的钢筋混凝土电视塔所采用的混凝土标号和钢筋种类制定的。

13.3.9 钢筋混凝土电视塔设置横隔层可提高塔身的整体刚度，确保塔身的整体受力性能。横隔与塔身壁的连接应做成铰接，以避免对筒壁传递约束弯矩。

13.3.10 本条是参考《高耸结构设计规范》制定的。

13.3.11 从施工角度考虑，如果筒壁过薄，难于保证混凝土浇灌质量，尤其是采用滑模横滑施工时，由于筒壁混凝土重量不足，容易将混凝土拉断，形成水平裂缝，影响筒壁质量。

13.3.12 由于塔筒的截面内力沿高度有变化，塔的截面尺寸（直径和壁厚）宜随之变化。变化的方式有两种：一是连续变化，二是分段变化。前者受力较合理，能节省材料；后者施工方便。

13.3.13 钢筋混凝土筒壁如开孔过大，对筒身整体刚度削弱很大。此处，对整体受力性能也不利。

13.3.14、13.3.15 这两条是参考《高耸结构设计规范》制定的。

13.3.16 此条规定主要是为了保证在施工过程中内外侧钢筋的位置不发生错动。

13.3.17 本条是参考《高耸结构设计规范》制定的。

13.3.18 若钢筋的混凝土保护层厚度过小，会影响结构的耐久性和受力构件的锚固性能。考虑到电视塔为露天结构，构件较大且比较重要，因此，最小保护层厚度一般建筑要求要高。

13.3.19 由于洞口周围的应力较大，在震害调查中发现有些钢筋混凝土烟囱的洞口附近出现裂缝，针对这个问题采取增强措施，发现当附加钢筋截面积为被切断钢筋的 1.3 倍左右时，洞口周围基本上没有什么裂缝。

13.3.20 实际震害与振动台试验表明，塔上部由于鞭梢效应，在刚度突变处的连接部位易遭破坏，故应加强塔杆与塔身的连接。条件许可时可以采取刚度平缓的过渡。

14 石油化工塔型设备基础

14.1 一般规定

14.1.1~14.1.3 石油化工塔型设备在石油化工企业中是较多的设备之一，其直径为0.6~10.0m左右，高度为10~100m。一般是几个不同规格系列组合而成，其中一部分属重要设备，一部分属一般设备。前者有易燃、易爆、高温、高压及遇地震破坏将导致人员伤亡、生产破坏等严重后果，其余部分也属于主要设备，但破坏后果不严重。塔型设备基础比较接近，固定塔是支承、承受风荷载和风压值起控制作用的钢筋混凝土结构（简称塔基础），它的重要性与塔型设备应该与设备一致。框架式塔基础结构型式，与框架比较接近，因此本规范应该相应采取的抗震等级并采用分震作用计算与构造措施要求。

14.2 抗震计算

14.2.1 塔基础的受力状态与框架比较接近，因此，本条规定按第5章框架计算准水准A进行计算。

14.2.2 根据塔基础的特点，本条规定了可以不进行截面抗震计算的范围。

圆筒式、圆柱式塔基础在7度硬场地和中硬场地的条件下，竖向荷载和风压值起控制作用，受力杆件多，塔径也较大，地震作用产生的杆件内力控制作用的范围内比较小，所以，不验算范围有所扩大。

14.2.3 圆筒式、圆柱式塔基础受力状态近于单质点体系，刚度和质量沿高度和平面内分布不均匀，因此，以采用振型分解反应谱法进行计算地震作用为宜。

14.2.4 框架式塔基础，可采用底部剪力反应特征和振型分解反应谱法计算

14.2.6 关于石油化工塔型设备基本自振周期计算。石油化工塔的基本自振周期，采用理论计算公式很繁琐，同时公式中的参数难以取准，管线、平台及塔与塔相互间的影响无法考虑，因而理论公式计算值与实测值相差较大，精度较低。一般根据塔的实测周期值进行统计回归，得出通用的经验公式，除考虑影响周期的相对因素的理论公式中主要参数是h^2/d的直接影响，所以，统计公式采用h^2/d为主要因素，还考虑塔高度h的直接影响，所以，统计公式采用h^2/d为主要因子是适宜的。

圆筒（柱）形塔基础的基本自振周期公式，是分别由50个壁厚不大于30mm的塔的实测资料（$h^2/d<700$）和31个塔的实测资料（$h^2/d\geqslant700$）统计回归得到。

框架式基础统计回归得出的，两组公式中均已考虑了周期的震时加长系数1.15。

壁厚大于30mm的塔型设备，回归公式不能适用，可用现行国家标准《建筑结构荷载规范》附录四的公式进行基本自振周期计算，这是理论公式，不需要乘震时加长系数。

排塔是几个塔通过联合平台连接而成，沿排列方向形成一个整体的多层排列结构，因此，各塔的基本周期，沿排列方向是实测的周期值并非单个塔自身的基本周期，而是受到整体的影响，各塔的基本周期相互接近。实测结果表明，规定采用主塔的基本周期。主塔行子排列方向，在垂直于主排列方向，各塔的基本周期起主导作用，故规定采用主塔的基本周期，在平行于排列方向，由于刚度大大加大，周期减小，根据40个塔的实测数据分析，约减少10%左右，所以乘以折减系数0.9。

14.2.7 对一个结构而言，地震作用不是多次出现，所以宜采用正常生产荷载作用下的组合。塔的充水试压和停产检修作用的荷载组合出现率是很低的，所以不宜与此种荷载进行组合。

14.2.8 可变荷载中正常生产荷载组合是的操作介质重力荷载，不同于风荷载和其它活荷载。在荷载效应组合中，它是正常生产工况时的重力荷载，也是主要荷载，一般是比较稳定的，工艺计算所提供的数据偏大，其分项系数按可变荷载的取值 1.40 偏高。从整体结构设计的安全度分析，操作介质重力荷载的分项系数 γ_G 采用 1.30 为宜。

15 焦炉基础

15.1 一般规定

15.1.1 我国的大、中型焦炉绝大多数采用的是钢筋混凝土构架式基础。辽南、唐山地震后的震害情况表明，该种形式的焦炉炉体、基础震害不重，大都基本完好。本节是在震害经验和理论分析的基础上编制的。

焦炉是长期连续生产的热工窑炉，它包括焦炉炉体和焦炉基础两部分。焦炉基础包括基础结构和抗震墙。基础结构一般都采用钢筋混凝土构架形式。

15.1.2 计算结果表明，中软、软场地时，加强基础结构刚度，缩短自振周期，对降低基础构架水平地震作用有利。因此，本条对此作出规定，而对其它条件可以不考虑烈度和场地条件的影响。

15.2 抗震计算

15.2.1 焦炉基础的抗震计算与一般建筑物比较接近，所以可按抗震计算水准 A 进行水平地震作用计算。

15.2.2 本条是根据震害经验制定的。

15.2.3 焦炉基础以上的炉和物料等重量约占焦炉及其基础全部重量的 90%以上，类似刚性质点，并且刚心、质心对称，无扭转、顶板侧向刚度很大，可随构架式焦炉及其基础结构的震害经验，即使在 10 度区基础严重损坏的条件下，炉体仍外观完整，没有松动、掉砖，炉柱顶丝无松动，设备基本完好。说明在验算焦炉基础抗震强度时，将顶炉体限定结构顶板以上的炉和物料等重量约占焦炉及其基础全部重量的为刚性质点是适宜的。

图9为唐山某焦化厂焦炉基础的基础结构震害调查结果。基础结构列柱的上、下两端侧柱和侧边柱的梁在柱边呈劈压裂，中间柱在上端距压底以下600~700mm范围内和下端距压底坪以上800mm范围内，出现单向斜裂缝或交叉斜裂缝，严重者柱下端的两侧的宽面混凝土剥落，钢筋压曲，呈灯笼式破坏，这就是横向构架柱为构架的典型震害。

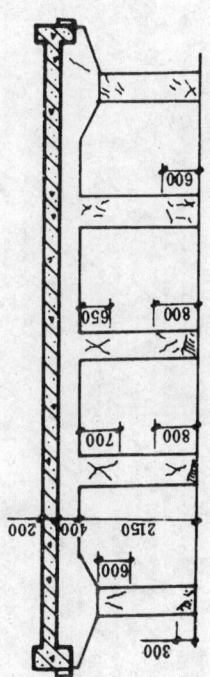

图9 唐山焦化厂焦炉震害

条文中公式中的δ值，在附录D中给出δ计算公式，为方便计算，表D中的K，数值就是按不同种类计算程的K，其值是根据各构架的梁与柱的线刚度比值，用电算计算而得的。

15.2.4 焦炉基础纵向钢拉条（纵向抵抗墙，纵向烟道底板和柱组成的钢筋混凝土结构，抵抗墙作用的反作用使潜动面在炉体下膨胀作用的影响，在炉体出现的实体部位必须留出膨胀缝，从而保证了炉体的整体性。支承焦炉用耐火材料砌筑，连续生产焦炭，为消除焦炉自身的高温下膨胀对炉体的影响，在炉体出现的实体部位必须留出膨胀缝，连续生产焦炭，为消除焦炉自身的高温

钢拉条沿抵抗墙的炉顶水平梁方向每隔2~3m设置1根（一般共设置6根），其作用是拉住抵抗墙以减少因炉体膨胀而产生的向外倾斜。正常生产时，由于炉体高温膨胀，炉体与墙墙紧的是炉体与墙墙之间，有相互作用的内力（对抵抗墙作用的是水平推力，纵向钢拉条中是拉力）和变形。这是焦炉及其基础纵向及其基础的共同工作状态和各目的结构特点。

纵向水平地震作用计算时，作如下假定：以图15.2.4为例，焦炉炉体为无质量的弹性链杆（振动时仅考虑纵向水平位移）；抵抗墙纵向抵抗条为无质量的弹性链杆，其位置设在炉体重心处并近似地取在抵抗墙斜烟道水平梁中线上，考虑到在高温作用下炉体纵向温度变形传力用刚性链杆1表示；抵抗墙之间已经留有足够宽度的缝隙，以表示炉体只靠相互紧的抵抗墙之间了相互作用留无缝度的缝隙，在链杆1端部与抵抗墙接触处留无缝度，后侧抵抗墙为前侧抵抗墙，振动方向前后面的抵抗墙为前、后侧抵抗墙（即在链杆1中互相顶）。隔离体图D.0.2中F_1，F_2是炉与炉之间的压力。

上述的计算的结论的结果，与震害调查分析的结论比较吻合。

15.2.5 焦炉基础顶板长期受到高温影响，顶面温度可达100℃，底面也近60℃，这使基础结构构架柱（两端温度和位于温度束变形，对焦炉基础来说，温度应力影响较大，并且犹如永久荷载。

焦炉炉体很高，在焦炉炉重心处水平地震作用对基础结构顶板底面还有附加弯矩，此弯矩将使构架柱产生附加水平内力矩，组成抵抗此附加外弯矩的内弯矩，沿基础纵向由于内力臂比横向大得多，因此，纵向构架柱受到的附加轴力远比横向构架柱为小，验算构架柱的抗震强度时，可以仅考虑此弯矩对横向构架柱的影响。

15.3 构造措施

15.3.1 由于工艺的特殊性,焦炉基础构架类型均属典型的强梁弱柱结构。震害中柱子的破坏是受压控制的脆性破坏,一般不致引起基础结构倒塌。所以,在构造上采取措施加强柱子的数量较多,未见有受拉钢筋屈服到达构造上采取措施加强柱子的数量较多,未见有受拉钢筋屈服到达的破坏形式。但由于柱子数量较多,一般不致变形能力。故有本条规定基础构架的构造措施要符合框架的变形要求。

基础构架的铰接接端,理论上不承受水平地震作用和温度变形所引起的水平力,而焦炉柱的水平地震作用,也仅能使边柱增加轴向压力。但实际上柱头与柱脚郁整体浇灌混凝土,由于不能自由转动而形成局部挤压,在反向受力情况下受拉承力均作用下产生弯矩,形成压弯构件,在地震时焦炉两端铰接柱产生严重的压弯破坏,鉴于此,焦接柱节点除设置焊接钢筋网外,伸入基础(基础底板)杯口时,柱边与杯口内壁之间应留间隙并浇灌软质材料。

16 运输机通廊

16.1 一般规定

16.1.1 一般结构形式是指基础为普通板式基础,支承结构间采用杆式结构,廊身为普通桁架梁或板式结构的通廊,这种结构形式的通廊,在我国历次大地震中已有震害经验。悬索通廊和基础及廊身为亮型结构的通廊等结构形式,未经大地震检验,不包括在本章范围内。

16.1.2 通廊廊身采用砖墙居多,特别是在寒冷需要保温地区,但这种结构抗震能力差,抗压承载力很低,再加上墙体自由长度较长,抗横向水平地震作用的能力较小,在地震中破坏较多,这在唐山、海城地区的震害调查中已得到证明(表7)。

砖砌廊身通廊震害统计 表7

烈度	调查数量	倒 塌	不同破坏程度的数量		
			严重破坏	轻微破坏	良	好
7	18	2		6		10
8	6		1	2		3
9	19	5	7	6		1

廊身露天、半露天或采用经质材料时,质量较小,无论是在海城地震,还是在唐山地震中均完好无损。因此,建议廊身露天、半露天或采用轻质材料做为墙体材料。

16.1.3、16.1.4 通廊支承结构及承重结构以往习惯采用钢筋混凝土结构,无论是冶金、煤炭、电力、化工、建材等部门都广为应用,其比例约占60%以上。由于钢筋混凝土结构具有较高的抗弯、抗剪承载能力,在地震作用下具有较好的延性。从唐山、海城等震害

调一致，防震缝的宽度仍取一般框架结构的规定。

通廊纵向地震位移 表8

序号	通廊名称	烈度	高度(m)	支架结构形式	地震作用下位移(mm)	备注
1	海城华子峪矿装车槽斜通廊	9	7.5	钢筋混凝土	50	高度按照片比例量得
2	海城某厂球团车间通廊	9	9.5	钢筋混凝土	80	高度按照片比例量得
3	辽阳矿砖厂原料车间通廊	9	—	钢筋混凝土	50	
4	昔口青山杯子矿破碎车间通廊	9	—	钢筋混凝土	60	
5	青山杯子矿另一通廊	9	—	钢筋混凝土	100	
6	金家堡矿细斜2号通廊	9	—	钢结构	40	
7	金家堡矿1号通廊	9	—	钢筋混凝土	60	
8	吕家坨矿装车点通廊	9	—	钢结构	200～220	
9	国各庄机土矿原料贮仓至竖井通廊	10	—	钢结构	100	
10	唐钢二炼钢上料通廊	10	21.5	钢结构	230	地基液化加大了位移

实例调查中看到，大梁破坏主要表现在梁端开裂、钢筋混凝土大梁折断，都是由于支承大梁的建筑物倒塌所致。在唐山、海城两地尚未见到高度大于12m时采用钢筋混凝土跨度大于支承的破坏的实例。张庄铁厂砖柱通廊，唐家庄洗煤厂两条砖拱通廊，地震时都倒塌（均为9度区）。因此，推荐优先选用钢筋混凝土支承结构，低烈度时采用砖支承，高度不能太大，且必须有较严格的加强措施；高烈度区不能用砖的支承结构。

16.1.6 通廊是两个不同生产环节的连接通道，属窄长型构筑物，其特点是纵向刚度很大，横向刚度较小，而支架刚度亦较小，同时，通廊和相邻建筑物纵向相比，地震作用力传递，无论刚度和质量都存在较大的差异，导致较薄弱的建筑物产生较大的破坏。若通廊偏心支承于建（构）筑物上，还将产生扭转效应，加剧其它建筑物的破坏。例如，陡河电厂碎煤机室及除氧煤仓，就因连接通廊的传力作用，加剧了碎煤仓及破碎机室的破坏。

基于以上原因，规定7度及8度硬、中硬场地，宜设防震缝；8度软、中软场地及9度时应设防震缝。

16.1.7 通廊和相建（构）筑物之间防震缝的宽度，应比其相向振动时在相邻最高部位处弹塑性位移之和大，才能避免或减轻破坏。这个位移取决于烈度、场地条件及支承结构形式、建筑物高度、结构弹塑性变形能力等。通廊支承结构与相邻建筑物相比，地震时都位移较大。表8列出了唐山、海城两地通廊支承结构的震害调查资料，表中所列位移数字为残余变形，如果加上可恢复的弹性位移，数值将更大，9度时可达到高度的1%。如果防震缝按这个比例，高度在15m时即达15cm，宽度大，将会造成构造复杂，耗资增大。考虑到和其它建（构）筑物的协

16.2 抗震计算

16.2.1 通廊的地震作用计算与建筑物相近，因此地震作用可按本规范第5章水准A进行水平地震作用及其作用效应计算。

16.2.2 通廊作为两个生产环节由于自身强度、联结薄弱等导致严重破坏外，支承结构本身由于自身强度、联结薄弱等导致严重破坏，因此，本条规范适当放宽了支承结构的不验算范围。

16.2.5~16.2.7 通过大量实测和震害调查分析，本条规定通廊横向水平地震作用宜按整体结构计算及简图选取，取原则为

(1)计算假定及简图选取

考虑支承结构的影响，会造成一定程度的误差，但这种影响对基频是很小的，而基频对地震作用的贡献占主要地位。按本章近似方法的计算结果，在低频范围内，与实测、电算是相当接近的。地震作用的计算，按通廊结构具体情况取2～3个振型叠加即可满足抗震设计要求。

(4) 两端简支的通廊

对于两端简支的通廊，当中间有两个支承结构且跨度相近，或中间有一个支承结构且跨度相近，计算地震作用时，前者不计入第三振型（即 F_{31}），后者不计入第二振型（即 F_{21}），其原因是前者对应的振型函数 $Y_3(x_1)=0$，后者 $Y_2(x_1)=0$。周期按近似公式计算时，分母广义刚度是利用振型调整系数考虑廊身刚度，而不是计算的形式，因此，当 $Y_1(x_1)=0$，$C_j\Sigma K_i Y_j^2(x_i)=0$，而使周期出现无穷大，这是不合理的。但对于该振型的地震作用，由于 $Y_j(x_1)=0$，$F_{ji}=0$，这是正确的。因此，本条文规定可以假定按以上情况下，实测实廊身纵向基本呈平移振动，故通廊可以假定按只有平动的单质点体系来计算。

16.2.8 通廊廊身的纵向刚度相对于支架的刚度来说是很大的，且通廊廊身质量也远比支架的质量要大，倾角一般较小。实测表明，廊身纵向基本呈平移振动，故通廊可以假定按只有平动的单质点体系来计算。

16.2.11 震害调查表明，与建（构）筑物相连的通廊，多数都发生破坏。因此，凡不能脱开者，规定采用传递水平力小的连接形式。本条是通廊对建（构）筑物的影响的计算规定。

16.3 构造措施

16.3.1 通廊支承结构为钢筋混凝土框架时，在地震中除因胀部建（构）筑物碰撞而引起框架柱断裂事故外，框架本身的震害一般不太严重。海城、唐山两次地震者调查均未发现由于钢筋混凝土支架自身折断而使通廊倒塌事例，但局部损坏则较多。

① 通廊相当于支承结构在弹簧支座上的梁，其质量分布均匀，各支架的质量作为梁的集中质量；

② 以抗震缝分开部分为计算单元；

③ 端部条件：与建（构）筑物连接端或落地端视为铰支，与建（构）筑物脱开端为自由；

④ 支架固定在基础顶面上；

⑤ 关于坐标原点，由于廊身大都倾斜，支架高度各不相同，一般高端支架刚度较弱，变形较大，但两端自由时，悬臂较长端变形比较短端要大，而且坐标原点均取在变形较小端。因此，对不同边界作了具体规定以便查表计算振型函数值。

(2) 横向水平地震作用和自振周期计算时振型函数的选取

通廊体系视为具有多个弹簧支座的梁时，用能量法按拉格朗日方程建立起振动的微分方程，求得自振频率计算公式，其中广义刚度为 $K=\int EIy''(x)^2 dx+\Sigma K_i y(x_i)$，式中第一项为材料不同，廊身刚度计算无法给出统一公式。一般设计会给出造成一定困难。另外，通过电算对比，发现通廊基频与廊身刚度取值关系不大，是支架刚度起主要作用；高振型以廊身弯曲为主，故廊身刚度起主要作用。为简化计算，将振型曲线以多条折线代替，使计算其二阶导数为0，这样广义刚度中不再包含廊身刚度项，经过电算公式大大简化。为了保证计算精度，满足抗震设计要求，即广义刚度乘以廊身影响的分析对比，对高振型的广义刚度进行了调整。即广义刚度乘以廊身影响系数，使计算结果与按曲线型计算振型时计算的结果非常接近。

(3) 第 i 支承结构的第 j 振型时的横向水平地震作用，是利用该振型时第 i 支架顶部的实际位移乘以单位位移所产生的力求得。其支架顶部的实际位移是按不同边界条件下总地震作用下振动的单质点与廊身弹簧支座总反力之间的平衡关系求得的。由于假设位移函数时没有

外,通廊墙体砌置在纵向承重结构上,屋面板又支承在纵向承重结构上,相互之间无约束,横向墙体在下部可能倒塌,则几乎为机动体系,即使交接处如无可靠连接,相互之间无约束,横向墙体在下部可能倒塌。因此,必须保证这些部位的可靠连接。关于很小的横向高墙体稳定性,唐山地震实例有很好的参考价值。如唐山422水泥矿(10度)、建筑陶瓷厂(10度)、林西煤矿洗煤厂(9度)、唐山煤矿(11度)、唐家庄煤矿(9度)等企业的砖混通廊采用了构造柱或类似构造柱的立柱延伸到顶,并有卧梁可靠连结形框架、通廊支架的立柱延伸到顶,并有卧梁可靠连结形框架、通廊支架的立柱延伸到顶,并有卧梁可靠连结形框架、通廊支架顶上一皮带通廊,支架柱只延伸到廊身砖墙中间部位,地震烈度高达9~11度,廊身砖墙破坏很少。此外,另一个典型实例是林西煤矿一皮带通廊,支架柱顶以上部位砖倒塌全部倒塌,而柱顶以下部位砖墙完好。可见,本条的这些措施对于提高墙体抗震性能是有效的。

16.3.7 某些情况下由于工艺要求及结构处理上的困难,通廊和建(构)筑物不可能分开自成体系,其后果如第16.1.6条说明所述。为了减小地震中由于刚度、质量的差异所产生的不利影响,宜采用传递水平力小的连结构造,加球形支座(有防滑措施)、悬吊支座、摇摆柱等。

钢筋混凝土支架的损坏部位多在横杆的接头附近,横梁裂缝一般呈八字型,少数为倒八字型或X型。立柱主要在柱头处劈裂,其裂缝长度9度时为0.75~1.3倍柱截面高,10度时为1.1~1.5倍截面高,11度时为1.2~2.0倍截面高。据此,提出了钢箍加密区的范围。由于通廊质量不大,地震作用在支承结构里的效应也不大,因此,在高烈度地震区构造要求比框架结构有所降低。

16.3.2 钢支承结构由于其材料强度较高,延性好,所以抗震性能好。但由于钢支承杆件截面较小,容易失稳,这已有震害实例证实。为了保证钢支承结构的抗震性能,对杆件长细比做了规定。

16.3.3 高度不大的通廊支承结构断面比钢筋混凝土支承结构的小,由于通廊支承结构断面比钢筋混凝土支承结构大得多,因而刚度也大,由此所分担的地震作用也大。据原煤炭工业部对21条砖支承的通廊震害调查结果表明,连结焊缝不论是重盖还是轻盖,砖支承结构在9度和10度区倒塌率高达62%。故在地震区使用砖支承结构时必须采取加强措施。

16.3.4 通廊纵向承重结构采用钢筋混凝土大梁时,其主要震害为梁端拉裂、混凝土局部破坏,连结焊缝剪断。尚未发现由于竖向地震作用引起梁的弯曲破坏,因此,只需在梁端部予以加强就可满足抗震要求。

16.3.5 支承通廊纵向大梁的支架的支承肩梁、牛腿在地震作用下除承受两个方向的剪力外,还要受竖向地震作用。当竖向地震作用从支架柱传到支座时,由于相位差,也可能会出现拉应力。因此,这些部位在地震作用下是极复杂的。地震中常见的震害表现为:①牛腿与通廊大梁的接触面处牛腿混凝土被压碎、剥落及震碎;②支座埋设计牛腿被拔出或剪断;③肩梁或牛腿产生斜向裂缝,故应加强以保证连结可靠。

16.3.6 廊身采用砖墙时,稍有侧向变形,就会发生水平裂缝,随着侧移的增加,水平裂缝纵向延伸,致使灰缝剪坏,墙体倒塌。另

17 管 道 支 架

17.1 一 般 规 定

17.1.2 根据海城和唐山地震震害分析资料,一般钢筋混凝土结构和钢结构管道支架均基本完好,说明现有管道支架设计,在选型和选材上均具有较好的抗震性能,主要表现在管道自身变形(如补偿器弯头、管道与支架的活动连接和支架结构型式等都能适应地震动的要求,消耗一定能量,从而减少管架的地震作用,使连结构的变形保持完好。

17.1.4 分析表明,在非整体工作状态下,固定支架的地震作用与其刚度大小有关,刚度比越大,地震作用增大系数越小,反之亦然(见表17.2.7)。因此,为减少固定支架的地震作用,在大直径管道处采用四柱式固定支架。

17.1.5 唐山地震时,半铰接支架的柱脚处有裂缝出现。可见,处于半固定状态的半铰接支架,在强烈的震动作用下,承受了一定地震作用。因此,在构造上应采取加强措施。此外,还发现管道拐弯处的半铰接支架因管道导致歪斜以及半铰接8度和9度时,不宜采用半铰接支架。

凡以管道做为支架结构的受力构件时,一般跨度都比较大,由于振动对支架有较大影响,所以8度和9度时不宜将输送危险介质的管道作为受力构件。

17.2 抗 震 计 算

17.2.2 根据震害资料分析结果,固定支架才有必要进行纵向和横向的抗震验算;对于活动支架,当管道采用滑动方式敷设时,因其承担的地震作用最大值小于或等于静力计算时的最大摩擦力,因此,可滑动的活动支架可以不做抗震验算。

17.2.3 关于计算单元和计算简图

(1) 管道横向刚度较小,管架之间横向共同工作可忽略不计。所以,以每个管架为中至跨中区段作为横向计算单元。

(2) 管架结构沿纵向是一个长距离的连续结构,支架顶面由刚度较大的管道连续性。故采取两补偿器间区段作为纵向计算单元,这同实测结果是比较近的。

17.2.7 管道和支架虽然相互联结,形成一个空间体系,具有一定的整体抗震性能。但从震害经验得知,管道和支架之间不仅有相互约束的整体工作状态,而且也出现相互滑移的非整体工作状态。图10是固定支架和活动支架联合工作时的受力和位移曲线。由图可知,当地震作用可按反应谱法直接算出,并按刚度比分配于各支架上;当管道与支架间处于滑移后的非整体工作状态(即 $X_m > X_d$),仍可近似采用刚度分配法计算各管架的地震作用,但因结构由弹性状态转变为非弹性状态,因此,按反应谱法不能直接算出其地震作用。

规范中的纵向计算方法是按地震输入中频系统的弹塑性结构和输入弹性结构的地震能量基本相等的原理建立的。由图可知,当管道地震最大位移为 X_m 时,弹塑性状态吸收的总能量等于图中 OABMO 所围的面积。假如,同样弹性的弹性状态所吸收,即使图中 OGSO 所围的面积与 OABMO 所围的面积相等,我们就可得到弹性位移 X_c 与弹塑性位移 X_m 之间的关系。如取 $X_m = \eta X_c$,则 η 即为滑移后各烈度下的地震作用增大系数。可见整体工作状态时,固定支架的地震作用大于整体工作状态与支架同有一定的地震作用。

关于纵向地震作用的计算问题,尽管管道与支架间有一定的整体作用，但由分析得知，整体作用只在7度区出现，在8度区尤其9度区，出现较少。因此，沿纵向要进行地震作用验算，并且可以不考虑管道的支撑作用。

17.2.10 多管温度作用效应组合系数取0.8，主要是考虑多管时各管计算的水平推力与生产状态下的实际推力之间的差异，根据设计经验确定的。

17.2.11 抗震调整系数乘以系数0.9，主要是根据海城、唐山地震时，支架结构的抗震性能好，震害较轻，以及理论假定与实际结构之间的差异而采取的调整。

17.3 构造措施

17.3.3 半铰接支架柱脚处出现裂缝，说明半铰接支架不是完全铰，处于半固定状态。因而在强烈震动下承担了一定地震力，为了保证半铰接支架在地震区的使用安全，建议沿纵向加强构造配筋。

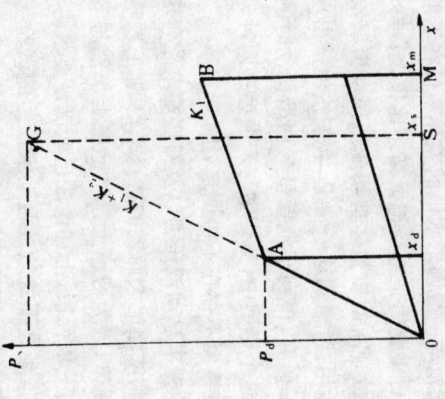

图10 支架受力和位移关系

18 浓 缩 池

18.1 一 般 规 定

18.1.1、18.1.2 浓缩池做成落地式，不仅抗震性能好，而且经济指标也优于其它型式。但当地势起伏以及工艺有要求（例如需要多次浓缩）时，需将高浓缩池，于是成为架空式。如无前述情况，浓缩池应要优先采用落地式。

18.1.3 浓缩池的直径越做越大，已经达到了45m。底部呈扁锥形状，矢高甚小（坡度一般为8°左右），空间作用也较小，故底板只能看成为一块大的圆板。这种以平面底板在平面地基上的沉降差异水高柱作用下，底板无力控制地基的沉降差异。因此，浓缩池应避开引起较大差异沉降的地段。当不能避开这些地段时，浓缩池在处理地基体情况下解决，上部结构来解决。究竟采取哪种措施或兼而用之，需视具体情况而定，不作硬性规定。

18.1.4 我国北方或风沙较大的地区，常需将浓缩池覆盖起来，以防冻或防沙，以免影响产品质量。无论出于哪种需要，将顶盖及维护墙做成轻型结构总是必要的。关于是自成体系还是架设在池上，取决于直径较大时，挑板的厚度会很大，不如自成体系经济。

18.1.6 架空式浓缩池的支座框架一般都较低，因此，本条根据设计经验，按烈度规定了抗震等级标准，以免抗震构造措施要求过低。

18.2 抗 震 计 算

18.2.1 浓缩池的地震作用效应与储液动态反应有关，地下或半地下浓缩池的地震作用还与动土压力有关。因此，浓缩池按本规范

第 5 章抗震计算水准 B 进行水平地震作用计算是适宜的。

18.2.2 浓缩池的震害甚少，因此对于按现行习惯设计的浓缩池在 6 度和 7 度时，可以仅考虑抗震构造措施要求。对 8 度和 8 度以上时，除半地下式可以不验算外，其它都应按规定进行抗震验算。

18.2.3 浓缩池是大而矮的结构（即径高比很大）。在地震作用下，池壁空间作用不明显，刚度较小。因此，8 度以上时，大部分池壁要承受地震作用，柱的支承结构主要承受包括两部分，即支承框架和池底以下的中心柱，浓缩池虽然高度不大，但自重（含贮液量）一般很大，所以，支承结构要作抗震验算。

18.2.5 在水平地震作用下，池壁自重的惯性力本来也可以展开成正弦三角级数 $\sin\frac{n\pi z}{2h}$ 的形式，但考虑到池壁顶部有走道板、钢轨及其基础、壁顶扩大部分，所以将其视作集中质量比较符合实际，且计算简单。

18.2.6 浓缩池与一般圆形水池的差异不仅在于底部呈一扁锥形状，而更重要的是直径与壁高之比也很大，难以形成整个池子的剪切变形，故现有的按整体剪切变形模型振动求出的动液压力表达式不大适用。考虑到这一情况，我们将池壁出现局部弯曲型振动模型进行了研究，得到了池壁呈弯曲型与剪切型弯曲型这两种振动表达式。当然，在这个模型中，剪切过渡而不存在不协调之处。按 r/h 连续过渡而不存在不协调之处。

本条对池壁动液压力以及对总弯矩的办法给出的结果，是考虑到动液压力分布规律，因为习惯上是将池壁上半部与下半部的配置成一样或者分成两段，上述做法已能满足要求。

同时，根据半地下式浓缩池动液压力的试验与计算结果均小于地面式浓缩池的实际情况（二者之比大致是 0.72～0.79），本条据此规定了池型系数 η_2，是偏安全的。

18.2.7 本条采用与动液压力相似的公式形式，以日本地震学者物部长穗的静力计算方法为基准，对 $\phi=0$～$50°$，k_h（水平方向地震影响系数）$=0.5, 1.0$，取 113 个点而得到的经验公式，最大误差为 6.28%，且偏于安全方面。该公式适用于计算地面及地面下作用于池壁的动土压力，而落地式浓缩池只是其中的一种，此时公式取特殊情况。

18.2.8 架空式浓缩池一般用框架柱承受。柱截面的轴线方向与池的径向相一致。除了柱子以外，均设有中心柱（埋至地下通廊之下），故地震作用时是与池底结构共同承担。

18.3 构造措施

18.3.1 池壁厚度是根据现有设计经验确定的，同时，还考虑到施工的方便性。

18.3.2 以往在设计对中心柱很少作计算，因为中心柱直径较大。但即使在大直径条件下，仍然出现过破坏实例。因此，有必要一些构造规定，以弥补各种未知因素带来的不利影响。特别是与池底及基础交接处，对箍筋作出了加强的规定。

19 常压立式圆筒形储罐

19.1 一般规定

19.1.1 本章适用于 6～9 度区浮放在地面的常压立式钢制平底圆形拱顶罐和浮顶罐,其储罐高度与直径之比一般小于 1.6。我国现行的系列储罐也在此范围。

19.2 抗震计算

19.2.1 储罐的水平地震作用与储罐内储液的动态反应有关,因此,储罐按本规范第 5 章抗震计算水准 B 进行抗震设计是适宜的。

19.2.2 到目前为止储罐的抗震经验还很不足,不能像本规范其它构筑物那样,采用强度验算和弹塑性变形控制。因此,仅规定强度验算一种即设防标准,即储罐遭设防烈度地震影响时,可以允许有一定程度的损坏,但不发生危害人身安全和环境安全的状次生灾害。

目前国内外的规范均按反应谱理论计算储罐的地震作用,我国《工业设备抗震鉴定标准》(以下简称"鉴定标准")计算储罐的地震作用时,未考虑长周期地震动引起的罐内液体晃动反应的影响,也未考虑弹性变形及罐底翘离反应的影响。

日本标准 JIS B 8501《钢制焊接油罐结构》(以下简称"JIS B 8501 标准"),是以美国标准 API 650《钢制焊接油罐结构》(以下简称"API 650 标准")为基础,结合日本的使用条件、操作经验而制定的。其中,未考虑罐底翘离的影响,标准中考虑到加速度控制区的地震作用和谱位移控制区的长周期地震作用不是同时发生的,因此,提出了分别进行抗震计算的方法。

美国"API 650 标准"虽然考虑了罐底翘离的影响,并给出了相应的计算模型和计算方法,但其合理性和可靠性还有待于研究和试验验证。

编制本规范时,参考了 3000、5000、50000m³ 三个模型罐在 5m×5m 大型地震模拟振动台上所做的试验结果。对于浮放在基础上的模型罐(高径比分别为 0.87、0.65、0.32),罐底板均发生了翘离反应,罐壁不仅有环向 $n=1$ 的多波变形;试验测量的动液压力,大于按刚性理论计算值 2 倍左右,与本规范的反应谱的动力系数 $\beta_{max}=2.25$ 非常接近。所以,可以采用现行的反应谱理论计算储罐的地震作用,同时也反映了罐底翘离,罐壁变形及基础等因素的综合影响。本规范在计算储罐的地震作用时,考虑了上述影响因素,在公式中给出了相应的修正系数。

实际震害(如日本关东大地震、新泻地震、美国的 Alaska 地震等)资料表明,储罐遭受具有长周期成分的地震影响时,不仅发生液面晃动反应,而且出现罐顶盗出事故。为了减轻害并防止储液由罐顶盗出,本规范要求计算液体晃动波高,并规定安全超高度。

19.2.3 美国"API 650 标准"和我国"鉴定标准"均不验算罐壁的环向应力。日本"JIS B 8501 标准"考虑下竖向地震作用,在设计上主要是用来验算罐壁的环向应力。

目前大多数学者认为,在地震作用下罐壁的轴向应力超过发生屈曲破坏的临界应力,是导致储罐震害的主要因素,因而目前美国、日本和我国均采用临界应力来控制储罐的抗震能力。

在水平地震作用下,罐内的动液压力超过材料的屈服应力,也只会发生在局部区域,美国"API 650 标准"中材料的延性系数取 2.0,也表明允许局部出现塑性变形。美国"API 650 标准"的环向强度能够满足抗震要求,所以,本规范提出只对罐壁轴向应力进行抗震验算。

相应的计算模型和计算方法,但其合理性和可靠性还有待于研究和试验验证。

竖向地震作用是轴对称的,不会引起反对称的储罐壁弯矩;其次,罐壁的自重相对较小,仅占液体重量的5%左右,在竖向地震作用影响下,罐壁轴向应力增加较小,可以忽略不计。因此本规范在计算罐壁的轴向应力时,未考虑竖向地震作用的影响。

19.2.4 按反应谱理论计算储罐的地震作用,在确定地震影响系数α_1时,需要先计算储罐的基本自振周期,本条所推荐的基本自振周期计算式(19.2.4),是依据振型分解理论推导出来的近似式,经简化而得出的,主要考虑了储罐的剪切变形、弯曲变形及圆筒变形而得出的影响。其中,系数γ,是截面变形影响系数与弯曲变形影响系数的乘积。

基本自振周期计算式是按罐内储液为水,取液体密度为$\rho_0=1$导出的,若按计算结果进行比较,其误差一般小于5%,故推荐该式进行基本自振周期计算。式(19.2.4)对国内外10多个储罐进行了计算,并和Nash有限元程序的计算结果进行了比较,其误差一般为5%左右,可满足工程设计要求。

19.2.5 美国Housner教授根据推导储罐液面晃动基本自振周期的试验式,在罐底部固定的条件,按速度势理论推导推荐的圆筒储罐液面晃动基本自振周期计算式,其计算精度较高,在3000、5000、50000m³模型罐与模型罐波发生多波反应时,计算值与模型试验结果相比,误差一般小于5%,故推荐该式进行基本自振周期计算。

19.2.6 对于储罐的地震作用,国内外的规范均按反应谱理论进行计算,具体方法有以下几种:

(1)美国"API 650标准",将罐体的惯性力、脉冲压力、对流压力的最大值相叠加。众所周知,短周期地震作用和长周期地震作用是不会同时出现的,采用最大值相叠加的方法显然是偏于保守的。

(2)日本"JIS B 8501标准"方法,认为罐液耦连振动基本自振周期在0.1~0.5s范围内,属短周期加速度型地震作用所引起,导致罐内产生脉冲压力;液面晃动基本自振周期在3~13s范围内,系由长周期位移型地震所产生对流压力。但这两种地震作用不会同时发生,故做出了应力抗震验算,在计算地震荷载时均不考虑惯性力的影响。

(3)我国"鉴定标准"方法,通过大量计算得出的储体惯性力,约占罐内动液压力的1%~5%;为简化计算,认为大部分在1s以内,罐体惯性力的影响;由于地震作用的草越周期绝大部分在1s以内,罐内液体主要产生脉冲压力,而液面晃动所产生的对流压力极小,可以忽略不计。因此,规范只计算储体脉冲压力。

近年来储罐抗震分析理论发展很快,计算方法较多,壳体采用有限元,液体采用有限元解析法的半解析半数值法;壳、液用有限元模拟的数值解析法等,这些方法均比较繁复,还无法在规范中应用。由于在理论上地震时储罐均出现$n=1$的梁式振动,因此Housner建议了简化的数学模型,见图11。

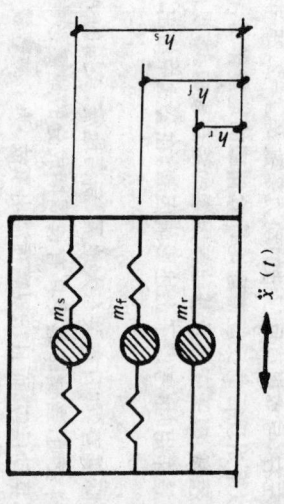

图11 储罐计算简图

图11中等价质量$m_r、m_f$和m_s,分别为储液中对应于地面运动$X_0(t)$、罐壁变形$X_1(t)$和液面晃动$X_s(t)$的质量。

该模型假定储罐与地基同为刚性联接,不考虑弹性地基的影响。但是,实际储罐是浮放在基础上的,根据浮放的边界条件进行储罐模型试验表明,地震时的动液压力在数值上约为刚性壁动液压力的2倍。在工程上刚性壁动液压力的计算一般都采用Housner近似理论的公式,美国"API 650标准",日本的几本标准以及我国《石油化工设备抗震鉴定标准》中大于5000m³的储油罐都采用了这种办法。

19.2.7 总水平地震作用占的高度,主要考虑了以下几点:美国"API 650 标准"采用 Housner 刚性壁理论分别计算脉冲和晃动液压力的作用高度及其作用高度 $0.375h_w$ 之间;我国的等价质量及其作用高度 $0.375h_w$ 之间;我国的等价质量均匀分布,大体接近于 $0.42h_w$ 至 $0.46h_w$ 之间;日本"JIS B 8501 标准"规定:动液压力沿似于 $h_w/2$ 处;按壳液耦合振动理论,储罐脉冲压力高度近似于各种解析方法得出的脉冲压力作用点约在 $0.44h_w$ 处,按梁理论解析法得出的各种初始物线,重心应用点接近于 $0.44h_w$ 至 $0.5h_w$,与模型试验结果相近,与罐底等价计算的高度,本规范采用 $0.45h_w$ 作为总水平地震作用标准值作用高度,本规范采用 $0.45h_w$ 作为总水平地震作用标准值作用点的高度,并考虑地震效应折减,得出计算弯矩计算简化计算,已经综合反映了罐壁变形、环板、墙基、翘离等因素的影响(19.2.7)。

19.2.8 当储罐遭遇长周期地震作用,且与储液晃动基本周期相近时,将会激发很大的液面晃动。在1983年5月26日的日本Nihonkaichuhu7.9级地震中,离震中270公里的新泻,地面加速度仅0.1g,有一个储油罐基本自振周期约为10s,测得的晃动波高达4.5m;美国1983年Coalinga地震中,震中附近不少储油罐的浮顶受到损坏,为了防止储液外溢和减轻罐顶震害,需要计算晃动波高以确定安全的干弦高度。

Housner根据理想流体条件导出了晃动波高 h 的计算公式,为 $h_{max}=a_1 R$,后来美国 DIT 7024 在应用时改经 Clough 修正后为:

$$h_{max} = 0.343 a_1 T^2 \tanh\left(4.77\frac{h_w}{d_1}\right) \tag{8}$$

动液压力分析,在理论上目前较为困难。为此,在 5m×5m 大型三向六自由度的地震模拟台上,进行了大比例模型罐的振动试验。为了模拟实际储罐的安装条件,模型罐浮放于大比例模型罐的振动试验。为了模拟实际储罐的安装条件,模型罐浮放于大比例模型罐的振动试验间填满砂密实的细砂。试验时,振动台分别输入 Elcentro 地震波和人工拟合随长周期地震波,目的是考虑远震条件下软土地基的影响。

本规范在试验分析及计算的基础上,推荐了式(19.2.6-1),式中各项系数的确定原则如下:

1)地震影响系数 $\alpha_1(\beta,k)$

地震影响系数 α 为动力放大系数 β 与地震系数 k 的乘积。储罐的动力放大系数 β 与地震系数 k 有理论解,而目只对应于 $n=1$ 的梁式振动。美国加州大学 Clough 等对阻尼比为 0.02 至日本阁楼上用动力系数 $\beta=4.3$;而日本一些抗震设计规范取 $\beta=3$。至于日本由阁楼上用动力系数,在地震作用下刚性壁理论下的动液压力大体为刚性壁理论下的动液压力的 2倍,已经综合反映了罐壁变形、环板、墙基、翘离等因素的影响。因本规范采用的动液压力一般为 0.3s 左右,相应动力系数最大值为 2.25,与试验结果相接近,且考虑到原储罐抗震标准的延续性,所以仍采用反应谱的概念。由于试验结果 $\beta=2.0$ 已包括了阻尼影响,所以反应谱小于 3.5s 的中短周期部分,不再进行阻尼修正。

2)罐体影响系数 η

引入 η 是考虑罐壁惯性力的影响。试验结果表明,罐壁质量约为罐内储液的 1%~5%,平均为 2.5%。即其动力影响可达储液动压力的 10%左右,故取 η 为 1.1。

3)动液系数 ψ_w

常用台面振动加速度的 8~10倍,罐体惯性力影响可达液动压力的 10%左右,故力系数大 3~4倍,罐体惯性力影响可达液动压力的 10%左右,故

上式中 α_1 为地震影响系数，d_1 为罐直径，T 为储液晃动基本自振周期，h_w 为储液深度。

日本高压气体抗震设计标准采用三波法计算晃动高度，相应的计算式为：

由浅井修导出的 $h_{\max} = 0.837 R \dfrac{A}{g} S(n)$ (9)

由柴田君导出的 $h_{\max} = [1 - 0.837 S(n)] \dfrac{A}{g}$ (10)

式中，A 为地面加速度，α_1 由加速度反应谱求出，当采用三波共振法时 α_1 为 $S(n)$。$S(n)$ 为 n 个波连续作用下的动力放大系数，当阻尼比小于 0.005 时，三波共振的动力系数 $S(3) = 3\pi$。

采用势流理论考虑且考虑流体粘性影响后，可导出液面晃动高 h 为：

$$h = 0.837 R \alpha_1 \quad (11)$$

式中 R 为储罐半径；当采用反应谱计算波高时，α_1 由反应谱中反应谱对应的阻尼比为 5%，而晃动阻尼比为 0.5%，谱值 α_1 应该进行修正。如按加速度记录进行修正。由于长周期地震分量严重失真，修正值为 1。但是考虑到震源较远情况下可能存在长周期的阻尼比 0.5% 时的阻尼修正系数，由于本规范中的阻尼修正系数，日本规范中的阻尼修正系数。根据墨西哥地震记录分析的结果，对阻尼比 1.79 也位于其间，所以按照本正值为 1.7~2.3 之间。我们们的取值 1.79 也位于其间，所以按照本规范的反应谱计算波高 h 时，应采用本文中的修正公式 (19.2.8-1)。

根据各国规范的计算对比，美国取值偏小，日本取值较大。按日本规范计算值对于 T_s 为 10s 的大罐，晃动波高近 2m，约为本规范计算值的 1.5~1.6 倍。由于日本晃动波高超过 1.5m 的情况也有预留安全高度为 1.5m 的规定。由于晃动波高超过 1.5m 的情况多发生在远距离强震的特殊情况，不宜在所有储罐中采取。试验结果表明，浮顶能减少晃动波高。考虑到现有系列储罐计算长周期计算还不很成熟，所以将这一因素作为一种安全因素，计算时暂不考虑。

根据震害和试验分析以及考虑国内外有关本规范使用的常用做法，本条作了下列规定：① 采用 8 度和晃动周期大于 0.85s 作为贮液晃动波的控制值；② 由于晃动周期大于 3.5s 以后波高随周期增长的衰减快于本规范第 5.1.5 条标准反应谱曲线，因此，式 (19.2.8-3) 分母中的指数采用 1.8。

19.2.9, 19.2.10 浮放在基础上的储罐在地震作用下发生翘离时，翘离理论也差别很大；各种理论的接触区大小差别很大。因此计算得的翘离应力也差别很大，对 Alaska, 台城冲, Imperial Valley 及 Coalinga 等地震中 70 多个储油罐的震害进行了统计验算。采用本规范给出的地震弯矩公式及各种近似理论进行计算验算，结果表明当计算出的地震应力 $[\sigma_{\sigma}] = 0.12 Et/d_1$ 时，有两种计算模型罐计算的弯曲应力与地震应力之比 C_L（称为翘离影响系数）在 1~1.5 之间。许用应力临界取 $[\sigma_{\sigma}]$ 在压力容器计算规定中取 $[\sigma_{\sigma}] = 0.12 Et/d_1$，与震害结果相一致，故本规范取 $C_L = 1.4$。为了和国内现有的鉴定标准相协调，本规范取高 25%，许用应力允许提高 $[\sigma_{\sigma}] = 0.15 Et/d_1$。这样取值后，计算结果与储罐震害结果基本相符合。

20 球 形 储 罐

20.0.1 球罐一般是储存有毒介质的高压容器,一旦遭到地震破坏,不仅造成直接经济损失,危及人身安全,其次生灾害会产生严重后果。

20.0.2 关于采用抗震计算水准B进行地震作用计算的理由,见本规范第19.2.1条说明。

本章给出了用于球罐抗震设计的等效质量、构架的水平刚度及地震作用计算方法。有关承受内压力及对支柱、拉杆等各部位的静力计算可参照有关规定执行。

20.0.5 储液在地震中一般可分为自由液体和固定液体两个部分。地震时,主要是固定液体的整体振动,因此,在本节中引入了等效质量这一概念。即储液参与振动的等效质量等于球罐储液的总质量乘以储液的等效质量系数,设计中确定储液充满度一般为0.9,所以本规范取等效质量系数 $\eta=0.7$。

20.0.6 国内绝大多数球罐都采用赤道正切柱式支柱,刚性球壳和 n 个支柱及拉杆组成一空间结构体系(图12),现有的国内规范或标准中所给出的球罐水平刚度简化计算公式,没有考虑结构的空间作用,而且假定拉杆的水平分量恒等于1,误差一般大于30%。推导时首先按平面结构,支柱如同结,拉杆两端一样工作,底部视为固定支座,上端亦视为固结,拉杆与同梁一样作较接。

本条所给出的球罐刚度计算结果与有限元解析结果相比一般小于10%,最大误差

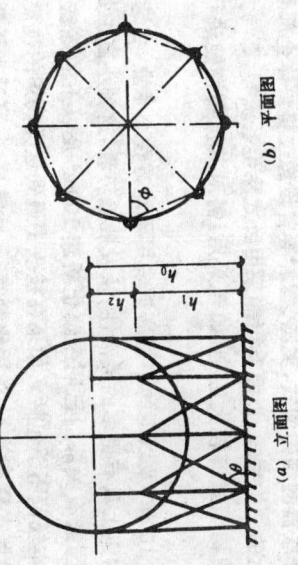

(a) 立面图
(b) 平面图

图12 球罐简图

按本规范的方法分别计算了两个主轴方向的刚度和地震作用结果,其刚度最大误差小于4%,地震作用计算结果最大误差小于2%,故本规范中只规定了一个主轴方向的地震作用及其刚度的计算方法。

20.0.7 大量计算结果表明,竖向地震作用要小得多。如取水平向地震作用对球罐的1/2作为竖向地震作用,则竖向地震作用一般只有球罐重力荷载的5%左右。因此,对球罐的抗震设计可不考虑竖向地震作用。

24.2%。目前按现有的球罐规范计算结果与有限元精确解析值相比,误差多在20%以上,最大误差达31.4%,从而可以看出本规范给出的刚度计算式精度较高,能够满足工程需要。

21 卧式圆筒形储罐

21.0.2 参见本规范第 20.0.1 条说明。

21.0.3 卧式储罐的支座数如超过两个，其结构就是超静定的，其中一个基础如果产生不均匀沉降，则对罐体表明，震害不利的。放的卧式储罐会产生位移，因而拉坏相联的管线或产生其它震害，因此，卧式储罐不应浮放。

21.0.5 卧式储罐结构轴向的基本自振周期公式，是按单质点体系并考虑以弯曲变形为主而推导出来的。

21.0.6 卧式储罐结构横向的基本自振周期公式，是按单质点体系并考虑弯曲和剪切变形共同影响而推导出来的。

22 高炉系统结构

22.1 一般规定

22.1.1 确定本章的适用范围时，主要考虑了以下三方面因素：

(1) 随着工艺的不断改进，高炉系统构筑物的结构型式有可能出现较大的变化。

(2) 至今为止，我国还没有一个正式的高炉系统构筑物常规设计规程，某个具体设计有可能出现结构备较一般做法明显降低的情况。

(3) 本章主要是我国高炉系统构筑物需抗震验算的范围较宽，其依据主要是我国高炉系统构筑物抗震验算的现状，即现有的结构型式和设计习惯等。

基于以上三点，有必要强调本条文主要适应于我国高炉系统构筑物的现状。当结构型式有较大改变，或由于某种原因可能导致构筑物的安全储备一般做法降低时，有的条文，特别是不需抗震验算构筑物的范围就不能适用，对由此产生的特殊问题需进行专门研究。例如，日本、意大利、英国、南非等国采用过的炉体在炉壳及炉喉处设膨胀器的结构型式，美国、智利等曾设想过的卧式除尘系统等，都与我国目前的结构型式有较大区别，以及有可能采用卧式除尘系统等悬挂在框架上的结构型式，如要采用，需对其抗震性能进行专门研究。

$100m^3$ 及以下的小型高炉多用于地方性小企业，在选型、选材和构造上具有更多的灵活性；从发展趋势看，这种小高炉是淘汰对象，国家有关部门已明令禁止新建 $100m^3$ 及以下的炼铁高炉，因此，本规范不予包括。如果在技改中遇到这类高炉的抗震问题，可以参照本章有关条文，因地制宜，灵活掌握，并可适当降低标准。

关于高炉大小的划分，目前并没有一个严格的标准，而随着高炉的大型化，大小高炉的概念也将随之改变。这里是根据以往的一般习惯，按有效容积的不同将高炉划分为大、中、小三种类型。

22.1.2 本章所指的高炉系统构筑物，主要包括高炉、热风炉、除尘器、洗涤塔和斜桥五部分。至于炼铁车间中的其它建（构）筑物，例如出铁场、铸铁机室、贮矿槽、卷扬机房、计器室、通廊、管道支架等，可按其它规范的有关要求执行。此外，热风炉只考虑我国目前常用的内燃式和外燃式两种型式，斜桥只考虑我国目前大量采用的顶燃式热风炉根本不包括在内，斜桥只采用我国目前大量采用的料车上料的顶燃式斜桥和板梁式斜桥等。料罐上料虽然具有施工快、整体性好、耗钢量少、安装质量较好，允许设多支点等优点，但要求地基较好，只提出大型高炉宜设置。如果经济效果更好，在我国也很少用。如采用运输机通廊上料，通廊也很少用，计按本规范的第16章规定执行。

22.2 高 炉

22.2.1 高炉结构的支承型式，通过震害调查和抗震验算证实，目前国内外所采用的各种支承型式的高炉都具有良好的抗震性能，所以，一般不必因为抗震设防而对高炉结构现有的各种结构型式中推荐采用更有利的抗震型式，也只是在现有的各种结构型式中推荐采用更有利的抗震设计型式而已。

22.2.1.1 近年来，随着高炉结构的大型化和生产工艺的改进，设置维修的需要，高炉的支承柱的支承型式已逐步为设置炉体框架所取代。炉体框架不仅便于生产和检修，而且具有良好的抗震性能，其优点已为国内外公认。但是，设炉体框架耗钢较多，制作安装量较大，只提出大型高炉宜设置。根据我国的国情，从有利于抗震作用，目前仍多采用炉缸支柱的支承型式的暂时式高炉经受过强烈地震考验的5种高炉，按空间桁架进行了比较详细的抗震验算。验算结果表明，这

对于中小型高炉，目前仍多采用炉缸支柱的支承型式和唐钢

100m³小高炉的震害实际证实，而且通过计算比较，也说明设了炉缸支柱其抗震性能要好一些。

22.2.1.2 从已有资料看，国外（主要是日本）设有炉体框架的高炉，框架均在炉顶处与炉壳水平连接。通过计算比较也发现，只有连接起来才能更好地发挥组合体的良好抗震作用。

这里强调了水平连接，即只能传递水平力，不能阻止炉体与炉体框架之间的竖向变形差异（主要是温度变形差异）。

22.2.1.3 导出管等薄弱部位的工作状况，无论对常规设计还是抗震设计都具有突出的优越性。但也应看到，设置膨胀器，包括支座系统的合理设计和膨胀器的选材、构造处理等，不仅技术上比较复杂，而且耗钢也较多。针对我国国情，目前尚难普遍推广，因此只从高烈度地震区抗震出发，提出大型高炉设置膨胀器的结构型式，能在更大范围内采用设置膨胀器的结构型式的抗震设防或允许，当条件有。

22.2.2 震害实际和对我国已有高炉进行的抗震验算结果都表明，目前国内外所采用的各种型式高炉结构，无论已有抗震设防或未作设防的，总的来看，都具有良好的抗震性能，但也存在一些震害薄弱部位。本条提出的不验算范围，包括了国内大部分高炉结构，依据如下：

(1)震害情况。到目前为止，全世界范围内经受强烈地震考验的高炉为数很少，就我们所搜集到的资料、日本及我国的震害资料可以看出，高炉停产主要是由于停水、停电、管理操作被扰以及铁水凝碰撞；高炉本身产生震害主要是炉内所致。唐钢前未经抗震设防，结在炉内所致。唐钢前未经抗震设防，大地震前多次检查，却基本上经受住了相当于10度的强震作用。经各方面的震害检查，均未见大的破坏。在同一地区，高炉系统构筑物（烟囱、水塔、通廊、矿槽等）要轻。层厂房和其它构筑物的震害都明显地比单层厂房、多

(2)抗震验算结果。我们曾对不同容积、不同结构型式的5种高炉，按空间桁架进行了比较详细的抗震验算。验算结果表明，这

8—147

5种未经抗震设防的高炉，抗御8度时的地震作用完全可以的。如果对震害和验算所暴露的薄弱环节，从选型和构造处理上采取一些措施，高炉结构在9度区不作抗震验算也是可能的。但是，考虑到实例太少，特别是缺乏经受强烈地震考验的大型高炉的经验，而理论计算也有一定局限性，计算方法及计算假定与实际有所出入；而且考虑到多年难做一个高炉设计，如果处在高烈度地区，不作验算计算者也难以放心。因此，本条提出在8度中软、软场地和9度时，高炉结构要进行抗震验算。

22.2.3 应考虑重要部分的地震作用，是根据震害和我们抗震验算中所发现的薄弱环节而提出的。

22.2.4 计算对比结果表明，复杂空间体系的高炉结构受竖向地震作用的影响很小，考虑与不考虑竖向地震作用，对各杆件应力和节点水平位移，相差基本上都不到5%，特别是节点水平位移，几乎不受竖向地震作用的影响。所以，高炉结构的抗震强度验算我们是完全可以不考虑竖向地震作用的。这方面，日本的经验与我们是完全一致的。

水平地震作用的方向可以是任意的，并且每一个方向都可以达到最大影响。但是，针对高炉结构的特点，抗震强度验算时，可只考虑沿平行或垂直炉顶吊车梁及下降管这三个主要方向的水平地震作用。一般情况下，下降管方向与炉顶吊车方向是一致的，只有在个别条件有限时，下降管才斜向布置。所以，实际上这两个方向的结构布置和荷载情况明显不同，其地震反应差别也很大。根据我国的经验，高炉结构沿炉顶平台以上部分在这两个方向的结构布置、高炉结构沿下降管方向起控制作用的。当下降管斜向布置时，还要考虑沿下降管方向，以便更好地反映高炉除尘器组合体的实际状况。

22.2.5 要求高炉结构按正常生产和大修两种工况分别进行验算，主要考虑以下两点：

(1)由于高炉的特殊工作条件，与其它建（构）筑物不一样，高

炉一般每隔7～10年要大修一次，而且大修的施工工期较长，不能不考虑在这期间发生地震的可能。

(2)高炉大修时与正常生产时相比，结构及荷载情况有明显不同，主要是：

①为吊装大件需要，炉顶框架往往要拆除部分构件（包括支撑、梁、平台等）；

②炉顶安装吊车频繁，参考日本的经验，建议考虑50%的吊车最大悬吊重力荷载；

③平台活荷载比正常生产时大，积灰荷载可以不考虑；

④不考虑炉体内气压、物料及内衬侧压力以及荒煤气管温度作用及设备动荷载。

22.2.6 本条是关于确定高炉结构计算简图的几个原则。

22.2.6.1 高炉结构是由炉体、荒煤气管及框架等部分组成的复杂空间体系。高炉炉体只出现简化成一根杆进行整体抗震验算，精度是不够的，此外，炉体主要靠自重稳住，只要抗倾覆稳定性满足要求，就可以认为炉底与基础是刚接的。

根据国家地震局工程力学研究所等单位的模拟振动试验，当地面摇动时，所以将炉体简化成一根杆件及框架等所形成的空间杆系来电子计算机广泛应用，空间杆系分析程序相当普遍，成熟，所以建议高炉结构宜按空间杆系模型进行抗震验算。

22.2.6.2 根据国家地震局工程力学研究所等单位的模拟振动试验，当地面摇动时，高炉炉体只出现梁式振型，基本上不出现壳的局部振动，所以将炉体简化成一根杆件在一根杆进行抗震验算是足够的。此外，炉体主要靠自重稳住，只要抗倾覆稳定性满足要求，就可以认为炉底与基础是刚接的。

粗大的炉体虽然简化成一根杆，但不能改变各构件与炉体连接点的位置。所以，可假设通过刚臂来连接，即认为各连接点至炉体中心之间为一不变形的刚性域，这基本上是符合实际的。

关于炉体横型刚度化的上述规定，与国外的有关资料基本一致。

22.2.6.3 炉体的刚度主要取决于炉钢壳、炉料（包括散状、熔融状及液态）的影响可以不计，这是显然而易见的。至于内衬砌体，由于以下原因，也可以不考虑其对炉体刚度的影响：

(1) 内衬砌体经常受到侵蚀，厚度逐步减小；且各部位侵蚀情况不同；

(2) 内衬砌体抗拉性能较差；

(3) 砌体与炉壳之间不但没有连接，而且有填充隔热层隔开，无法共同工作。

炉体上，特别是炉缸、炉腹部位开孔很多。但一般来说开孔对整体刚度影响不大，而要精确计算开孔后炉壳刚度也相当困难，并且大的洞口处都有法兰和内塞加强。所以，建议炉壳刚度的计算可以不计孔洞的影响。

22.2.6.4 导出管设置膨胀器时，上升管主要支承于炉顶平台上，其支座构造不仅能承受轴力、剪力，也能承受弯矩，应当按弹性固定考虑。弹性支座的刚度，主要取决于支座结构本身和有关炉顶平台梁，设计时要求将这些部位做得刚强一些。

22.2.6.5 铰接单片支架或滚动支座，在平行斜桥方向基本上是可动的，由于斜桥(或皮带通廊)的侧向刚度相对于高炉来说很小，它对高炉的约束作用很有限，一般也不计其间的连接作用。

过去，国内外有的小型高炉，上部与高炉进行抗震验算时，相当于一根撑杆作用在强震区。它相当于一根撑杆作用在强震区不适宜采用。

22.2.6.6 高炉周围围管虽然比较粗大，但不能将围管作为主要支撑杆件，特别是各层平台的梁杆件，不能不简化计算。有必要去掉一些杆件，但不能因此对框架刚度和受力状态有明显影响。此外，还应当注意，不能将连续杆件的主梁或支柱以铰接点分段断开。

22.2.6.7 我国目前所采用的高炉框架结构大都比较复杂，为了简化计算，有必要去掉一些次要杆件，但不能因此对框架刚度和受力状态有明显影响。此外，还应当注意，不能将连续杆件的主梁或支柱以铰接点分段断开。

22.2.6.8 这是进行大修时高炉结构抗震验算需考虑的特殊问题，而且这种情况对炉顶框架往往能起控制作用；

22.2.7 高炉重力荷载代表值在质点上的集中，大部分情况下都可按区域进行分配，但对以下两个质点是，需进行特殊考虑。

(1) 高炉炉体沿高度分布的各部分重量，不仅比较复杂，重量也较大，而且一般与所设质点的位置不是一一对应的关系，特别是炉顶质点高不少的炉顶装料设备重量。如果简单地将这些重量按区域分配到相应质点上去，将会使动力效果出现较大出入。

(2) 上升管顶部质点以上的放散管、阀门、操作平台、检修吊车等重量，也不能简单地加在该质点上。

以上两个部位重量，要进行折算后再集中。公式(22.2.7)是根据动能等原理提出来的。显然，这个方法是近似的，但比不折算要更符合实际。

22.2.8 计算水平地震作用时，确定高炉的重力荷载代表值需要考虑以下几个特殊问题：

(1) 热风围管一般是通过吊杆吊于炉体框架的横梁上或炉缸支柱的头部。根据热风围管与高炉间有无水平连接的不同情况，作如下假定：

① 当围管与高炉无水平连接时，吊杆不可能将围管重量的惯性力全部传到水平分力，因此，但地震时围管的晃动必将传给支承结构以一定影响。由于目前缺乏试验依据，国外也无可资借鉴的资料，这里建议在计算水平地震作用时，取50%的围管重量集中到吊点上。

② 当热风围管与高炉有水平连接时，由围管重量产生的地震作用而必将传至各水平连接处。因此，规定将围管的全部重量集中于高炉上的水平连接点处，并根据连接关系和高炉上敷连接部位的刚度，将全部重量适当分配至高炉上的有关质点。这时，可以完全略去吊杆传递动力的作用。

些振型为好。

22.2.10 对高炉结构抗震强度验算时的效应基本组合，需要说明以下几个问题：

(1) 炉顶吊车，正常生产时一般是不用的，休风时作一些小的检修，起重量也不大。因此，进行正常生产时的抗震强度验算，不考虑吊车的悬吊自重，只计其自重。大修时，炉顶吊车频繁使用，但起吊车自重达到满负荷情况也不多。因此，建议大修时在考虑吊车自重效应的同时，再考虑50%的最大起重荷载效应加组合。日本川崎钢铁公司在这方面考虑的原则与我们是一致的。

(2) 与其它荷载效应的原则不一样，在考虑与地震作用效应组合时，作用于高炉上的各种荷载以及钢绳拉力等均按实际荷载以及钢绳拉力实际情况，即取实际传递动力的折减。实际荷载大小及实际传递动力的折减，不考虑实际传递动力的折减，对于炉体、炉顶设备及煤气放散系统的重量，也应如实考虑，不考虑动能等效的折算。

22.2.11 为提高高炉框架的抗震能力，本条针对其薄弱环节，提出要采取的加强措施。

(1) 合理设置支撑系统，对提高框架的刚度，改善梁、柱受力条件，都有明显作用。这里强调的只是炉身范围内的支撑，框架对于炉体框架和炉顶框架的国情，还要求节点采用的便于炉顶框架。但是，这种结构一般来说耗钢较多，也能设计得比较刚强，并且使用更为方便。但是，这种结构一般来说耗钢较多，也能设计得比较刚强，并且使用更为方便。针对我国目前的国情，还不宜大力推荐。

(2) 高炉体框架基本上是一个方形的空间结构，在常规设计的地震作用下，框架梁柱和刚接横梁运动方向一般都不会是单向的。在地震区，由于实际地震运动的随意性，框架柱对各向都可能有较大的地震作用效应。因此，框架柱选用各向都具有较好

(或运输机通廊)传给高炉的重量时，要区别平行和垂直斜桥方向的两种情况：

① 平行斜桥方向，从理论上讲，铰接单片支架或滚动支座不能传递水平力，但实际上理想的纯铰接支座是没有的，铰接单片支架在其平面外也有一定的刚度，滚动支座靠摩擦也能传递一定水平力。这里提出计算水平地震作用时，取斜桥（或运输机通廊）在高炉上支座反力的30%集中于支承点处，是偏安全的。

② 垂直斜桥方向，根据铰接单片支架或滚动支座能完全传递水平力，所以计算水平地震作用时，取支座反力集中于支承点处。

(3) 通过钢绳作用于高炉上的拉力（包括提升料车、控制平衡锤、控制放散阀等钢绳拉力），与实际钢绳拉力相类似，在计算水平地震作用时，不予考虑。

(4) 料本是通过吊杆吊挂于炉顶框架或斜桥头部的，但除了下料时以外，料本直接传递动力，所以计算水平地震作用时，一旦关闭就可以就地直接传递动力去，而应当全部集中到吊点上去，尤其是炉上的料重不能集中到料斗处。

(5) 炉底有一层较厚的实心内衬砌体，其重量很大，但它主要直接坐于基础上。因此在计算对炉体的水平地震作用时，可只取其部分重量，这里建议取50%，也是偏于安全的。

22.2.9 高炉结构按空间杆系模型分析时需考虑的振型数难以定得很恰当。根据我们的分析经验，不同振型主要反映高炉不同部位的振动。前几个振型主要反映高炉较柔部分（上升管、炉顶框架等）的振动，以炉体振动为主振型，基本上都在10振型以上，而且高阶振型的影响并非一定低于低阶振型。因此，这里建议一般取不少于20个振型，可少取一点，对于无框架高炉，在条件允许的情况下，能多取一

的刚度，承载能力和塑性变形能力的截面型式。

对于炉顶框架，平行和垂直炉顶吊车梁方向的结构及荷载情况往往明显不同，框架柱也可以采用工字型或其它不对称的截面型式。

(3)柱脚接的炉体框架刚度好，在住足抗震能力较差，适宜地震区采用。

框架的铰接柱脚连接做法很多，例如，采用高强螺栓等。底板与支承面钢板都上加焊抗剪钢板可在板底焊抗剪钢板。基础凝土基础上时，基础顶面的预埋钢板可在板底焊抗剪钢板。

22.2.12 震害实际都表明，当导出管不设置膨胀器时，导出管的炉顶封板也是薄弱环节。

要加强导出管根部，首先要解决该处的内衬问题，需要增加其可靠性和耐久性。由于高温、高压、强烈的冲刷磨损、以及料种碰撞引起的振动等因素，目前我国常用的耐火砖内衬很容易损坏、脱落，难以起到对管壳的保护作用。在这种情况下，仅加强管壳是不大的。根据国内外的使用经验，浇钢板内衬及有很好锚固的喷涂料内衬，都比较可靠、耐久，其设置范围至少应占导出管全长的1/4～1/3，能沿导出管全长设置更好。

导出管钢壳的最小厚度是根据对一些高炉的抗震验算经验提出来的。

炉顶封板的加强，也应首先着眼于内衬，以住用过耐火砖内衬，镶砖浇铸铁保护板及喷涂料内衬等，比较而言，后两种要工艺专业的规范，但考虑到它直接关系到结构的地震安全，而且目前有关的规范，标准中都没有提及，所以在此加以强调。

有关内衬的要求本来不必在本规范中提出，因为内衬属于工艺专业的范围，但考虑到它直接关系到结构的地震安全，而且目前有关的规范，标准中都没有提及，所以在此加以强调。

对于8度中软、软场地和9度时，导出管和炉顶封板除满足上

述内衬及板厚要求外，还宜进一步采取加强措施，主要是增设加筋、或局部加厚加大板厚等。高烈度区，上升管的事故支座有可能受到地震冲击，其设计比常规做法适当加强，包括支座本身及支承支座的有关平台梁的刚度和强度，都提出适当加强。

22.2.13 导出管设置膨胀器时，上升管及部分下降管主要支承在炉顶平台上。这时，应使整个支承系统有足够的刚度，以加强对上升管的嵌固、减小地震变形。对支座与炉顶平台之间的连接，也要加强，以保证有可靠的抗剪能力。

此时，上升管支座处的炉顶完的板厚度也应与导出管同样要求。

22.2.14 本条是为保证炉体框架与炉体的共同工作，充分发挥组合体的良好抗震性能，而对导出管处的炉顶与炉体框架之间水平连接提出的要求：

(1)使其间的水平力通过水平杆或炉顶平台的刚性盘比较直接、均称地传到框架柱上去，而不使平台梁（特别是主梁）产生过大的平面外弯曲及扭转，也不使有关杆件产生过大的局部应力。

(2)保证水平连接构件及其与炉体和炉体框架之间的连接具有足够的抗震强度，因为在地震作用下，炉体与框架间的水平力是比较大的。

(3)使水平连接的构造能够适应炉体与炉体框架之间的竖向变形差异。正常生产时，一般炉体的温度变形明显比框架大，如连接构造处理不当，将拉坏连接或者增加框架及炉体的内力。

设有炉身支柱（无炉体框架）的高炉，在常规设计时，炉身支柱与炉体就有水平连接，以承担风荷载及其它水平力。在地震区，应适当加强这一连接，并符合上述。

22.2.15 高炉烘炉投产后，由于炉体的热膨胀，炉缸支柱与托圈之间一般都会脱开。为充分发挥炉缸支柱的抗震作用，投产后要尽早用钢板将空隙塞紧，并拧紧连接螺栓。这一要求，在原苏联的设计规范中有规定，这里从有利于抗震的角度再加以强调。

22.2.16 执行这一条时，要注意以下两点：

(1) 所提水平空隙值要求没有考虑施工误差。根据现行国标《钢结构工程施工及验收规范》中的规定，炉顶框架中心线的允许偏差为高炉的 0.3%。据此，大型高炉在炉顶框架的顶部的允许偏差就需要预留 150～200mm 的空隙。由于施工误差和工艺要求，适当考虑可能出现的施工误差，将水平空隙留大一点。

(2) 本条所规定的水平空隙值是针对炉顶框架顶部处各结构、设备水平位移都较大的部位。对其以下部位，随着高度的降低，可以适当减小。

22.2.17 电梯间可以是自立式的，也可以依附于高炉保持其稳定。无论哪种型式，都要适当加强通道平台与电梯间和高炉的连接，以避免地震时连接拉坏，甚至滑脱。

对于依附于高炉保持稳定的电梯间，除通道平台外，还有与高炉之间连接措施。对此，提出予以加强。

加强连接的内容包括加强连接杆件和连接螺栓或连接焊缝，对于通道平台还可以考虑适当加大搁置长度。

22.3 热 风 炉

22.3.1 外燃式热风炉燃烧室的支承结构，有钢筋混凝土支架、钢支架和钢筋混凝土等多种型式，在我国都有采用。但钢筋混凝土支架一般只用在中、小型高炉，大型高炉的燃烧室多采用钢支架或钢筒型式。根据我们的验算经验，燃烧室的支架是整个热风炉的抗震薄弱环节。因此，这里推荐高烈度区采用钢筒到钢壳底的燃烧室支承型式。

22.3.2 震害情况和抗震验算结果都表明，热风炉的抗震性能是比较好的，特别是内燃式热风炉和燃烧室为钢壳的外燃式热风炉。

(1) 震害情况。1975 年海城地震时，7 度区的鞍钢 10 多座热风

炉以及 8 度区的老边钢厂小高炉的热风炉，基本没有震害；1976 年唐山大地震时，10 度区的唐钢 4 座 100m³ 高炉的热风炉，只是炉唐走道平台又撞击翘起，其它均无明显震坏；1960 年智利 8.5 级大地震中，8 度区的瓦奇帕托 1 号高炉的热风炉，震后只发现炉底地脚螺栓被拉长了 35～60mm，其余未见明显破坏；在多地震的日本，就目前所搜集到的震害资料看，没有提及有关热风炉的震害情况。

(2) 抗震验算结果。首钢设计院和重庆钢铁设计研究院曾对 6 种大、中、小型高炉的内燃式热风炉近似按抗震设防的内悬臂梁体系进行了抗震验算。验算结果表明，这 6 种经抗震设防的内悬臂式热风炉，除 9 度软场地外，其余情况下抗震强度都满足要求。

但考虑到震害及验算资料都有一定局限性，本条规定 8 度中软、软场地和 9 度时应进行抗震强度验算。

上述震害及验算结果主要是内燃式热风炉的情况。对于外燃式热风炉，其抗震性能与燃烧室承重结构基本上与内燃式热风炉相类似，蓄热室和燃烧室承重时可采用支架支承时，支架是根据几个主要公式转换来的。目前对这种热风炉尚缺乏震害经验，这里是根据几度时的抗震强度验算来的。

22.3.3 内燃式热风炉的质量和刚度沿高度分布比较均匀，是一个较典型的悬臂梁体系。公式 (22.3.3) 就是由均匀悬臂等曲梁的基本频率公式转换来的。

(1) 动力分析时，合理确定炉体的刚度是十分重要的。热风炉炉体一般主要由钢壳、内衬及蓄热砖子砖所组成，内衬与钢壳之间的空隙用松软耐热材料填充，其中格子砖及直筒部分的内衬都是直接支承于炉底的自承重砌体。与高炉炉体不一样，这里主要考虑了下列因素，炉体刚度取用了钢壳刚度与内衬刚度之和。

① 地震时炉体变形比较大，这时钢壳与内衬将明显地共同工

作；

②正常生产时内衬能保持基本完整，地震时内衬一般也没有大的破坏，能承担一部分地震作用；

③取内衬与内壳刚度之和，按公式(22.3.3)计算的基本周期与实测值比较接近。

(2)对于刚性连通管外燃式热风炉，虽然结构情况比内燃式热风炉复杂得多，但通过一系列的计算比较，结果都表明整个蓄热室炉之间的振动是以主导的，燃烧室基本上是依附蓄热室的振动。顶部连通管短而粗，刚度很大，能够迫使两室整体振动。因此，这里建议取其蓄热室的全部重力荷载值代表计算其整体的基本周期。

(3)耐火砖内衬砌体的弹性模量是参考现行国家标准《砌体结构设计规范》给出的方法按 200 号耐火砖推算的。

22.3.4、22.3.5 炉底刚度不及炉亮刚度的 1/6，即约 85%的地震作用效应将由炉壳部分承担了。以宝钢二号高炉为例，按刚度比分配地震作用时，大部分都由炉壳承担，此处接近于连通管的方向。

22.3.6 由于炉亮为钢筒支承时，可近似将两室分开来考虑，对于平行连通管方向，对于垂直连通管较大，略去这一影响，燃烧室的计算结果偏于安全。

当燃烧式热风炉为钢亮支承时，建议按空间构架进行分析，其质同主要是：

(1)支架是整个热风炉的抗震薄弱部位，对应有较详细、准确的抗震分析；

(2)支架刚度一般比炉体刚度小得多，燃烧室必然较大地依赖于蓄热室，只有炉体分析一个较恰当的简化计算方法，在日本，柔性连通管外燃式热风炉都是按空间杆系模型进行分析。

(3)目前还没有一个较恰当的简化计算方法，在日本，柔性连通管外燃式热风炉都是按空间杆系模型进行分析。根据计算分析结果，按空间杆系模型分析时，取 10 个以上振型就可以了。

曾对 21 座生产中的大、中、小型高炉的热风炉作过调查，其中 70%炉底连接破坏，炉底严重变形，边缘翘起 10～30cm，呈钢底状。这是正常使用时也应格外及时处理的，不仅对抗震十分不利，就是在正常使用时也应格外及时处理。条文中提出的办法是目前国内外已经采用并行之有效的，只要炉底基本不变形，炉底连接螺栓或锚板一般也不会损坏，但在地震区，炉底连接对加强炉底稳定性是有作用的，比常规做法适当加强一些是合理的。

22.3.10 热风炉与连接管道一般都比较粗大，其连接处在任是抗震薄弱环节，因此也宜适当加强。本条规定在 9 度时，热风管上要设置膨胀器，使其成为柔性连接。这不仅对抗震有利，对适应温度变形和不均匀沉降都有好处。

22.3.11 与热风炉相连的热风式热风炉对不均匀沉降是比较敏感的，为避免由于地震引起的不均匀沉降造成每座炉体或连通管等主要部位破坏，至少应保证每座热风炉的两室于同一基础上。当然，能使一座高炉对应的几座热风炉都基于同一基础上则更好。

22.3.12 刚性连接热风管外燃式热风炉对不均匀沉降是十分敏感的，

22.3.13、22.3.14 支承式的支架是十分重要的受力结构，除满足强度要求外，还要按本条要求采取构造措施。

22.3.16 本条规定的水平空隙，仅仅针对地震作用下的水平位移，不包括必须预留的施工误差在内。

22.4 除尘器、洗涤塔

22.4.1 在高烈度区，规定除尘器采用钢支架，是基于以下原因。

(1) 震害实例和抗震验算结果都表明，除尘器的支架是整个除尘器的薄弱部位。特别是在高烈度地震区，支架不仅受到正常生产时的较大垂直荷载和下降管温度变形的作用，还可能受到强大地震作用的冲击，工作条件更为不利。

(2) 除尘器通过下降管与高炉共同工作，在这个组合体中其它部位都是钢结构，所以，除尘器支架这一既重要又薄弱的部位也应该采用具有较好塑性变形能力的钢结构。

22.4.2 有关震害资料不多。1975年海城地震时，7度区的鞍钢，10多座大、中型高炉的除尘器均未发现破坏；1976年唐山大地震时，10度区的唐钢4座小高炉的除尘器，其钢筋混凝土支架有明显震害，如连柱节点开裂和柱头压酥等。

对2580，2025，1200，1050，255m³等5种高炉的除尘器抗震验算结果表明，无论钢支架或钢筋混凝土支架，对于8度间题都不大。条文中仅提出7度硬、中硬场地可不进行结构的抗震强度验算，是留有余地的。

洗涤塔虽然比除尘器高，但其重量较小，基本上是个空筒，因此，抗震性能比较好。包括经10度地震的唐钢在内的世界历次强地震中，洗涤塔均未见因与高炉顶结构、设备破损而发生局部损伤，有的因与高炉连接处不当而使连接处受到破坏；有的料车脱轨、翻车等。这些震害都可以通过一些适当的构造措施来予以减轻或者避免。

对国内部分斜桥结构的抗震验算结果也表明，斜桥的安全储备比较大，其主要原因如下：

(1) 常规设计时考虑的卡车、超载等特殊情况不与地震作用组合，而卡车时钢绳立力和轮压应力正常生产时大3倍以上；

(2) 地震时斜桥结构件的地震作用效应较小，特别是一些主要杆件。

所以，斜桥完全可以不进行结构的抗震强度验算，但采取一些有利于抗震的构造措施仍是十分必要的。

1) 斜桥桥身侧向刚度较差，不仅震害中有破坏现象，而且验算
震害调查资料表明，10度区的唐钢斜桥结构具有相当好的抗震性能。

22.5 斜 桥

22.5.1 空间钢桁架的斜桥结构具有相当好的抗震性能。震害调查资料表明，包括10度区的唐钢在内的世界历次强地震中，高炉的上料斜桥均未见因斜桥结构本身的抗震能力不足而造成的破坏。只是有的因与高炉顶结构、设备破损而发生局部损伤；有的因与高炉连接处不当而使连接处受到破坏；有的料车脱轨、翻车等。这些震害都可以通过一些适当的构造措施来予以减轻或者避免。

除尘器和洗涤塔是钢筒体，是刚度和强度都相当好的钢壳结构，不进行抗震验算。

22.4.3~22.4.5 除尘器和洗涤塔是一个比较典型的，主要只有支架侧移一个自由度的单质点体系。国家地震局工程力学所研究所曾作过分析和计算，如果同时考虑筒体的转动和弯曲变形的影响，自

振周期和地震作用效应的差别均不到10%。

鉴于空间杆模型分析、需单独对除尘器与高炉的连接关系、故建议优先采用与高炉一起的空间杆系模型分析。需单独对除尘器与高炉的连接关系验算时，也可取单质点体系简图，但这时难以考虑下降管的温度变形影响以及与高炉结构的共同工作。

由于洗涤塔较高而自重较小，常规设计时风荷载的影响占的比重较大，因此建议抗震验算时考虑风荷载参加组合。

22.4.6 对除尘器和洗涤塔的构造要求，都是针对7度中软、软场地和8度、9度时结构中可能出现的薄弱部分集中和局部加设水平环梁主要为了减小筒体在支座处的应力集中和采取了这一变形。常规设计时，有大型高炉的除尘器和洗涤塔也采取了这一措施。

也发现斜撑头部及上弦平面侧向地震位移较大。在桥身上下支点处设置较强劲的门型刚架，是在满足使用的前提下增强桥身刚度的有效措施。

2) 斜撑在高炉上的支承型式，推荐采用铰接单片支架或滚动方向支座。这也是常规设计时经常采用的。其优点是，在平行斜桥方向尽可能地减小了高炉与斜桥间的相互影响，使其受力明确、简单，既能减轻震害，又简化了设计。当采用滚动支座时，其构造应能适应地震的要求，有足够的可滚动范围，否则将变成一定程度上的不动铰支座，也可能导致支座或结构的破坏。条文中的最小滚动范围是根据对一些高炉和斜桥抗震验算的经验提出的。所谓"单向"是指沿平行斜桥方向朝一侧滚动，滚轴的两侧均应满足这个可滚动范围。

3) 压轮机的加强，目的主要在于防止料车脱轨或翻车。

23 尾矿坝

23.1 一般规定

有关尾矿坝的抗震等级是根据尾矿库的设计等别规定的，设计等别引自目前现行国家标准《选矿厂尾矿设施设计规范》。

23.1.2 考虑到二级及其以上的尾矿坝地震作用下就构造成严重后果，需要采用更完善的动力分析方法对其地震稳定性进行深入的分析。设计地震动参数是抗震分析的前提。对于二级及其以上的尾矿坝，为与其抗震分析方法相适应，在确定设计地震动参数时做深入的研究是必要的。目前，地震危险性分析技术的发展也都提供了这种可能。国内许多重大工程对设计地震动参数也都由地震危险性分析来确定的。

23.1.3 规定上游式筑坝工艺的适用范围一般不超过设防烈度8度；当设防烈度等于或高于8度时，应该采用中线式筑坝或下游式筑坝。鉴于智利、日本的一些尾矿坝在低烈度，例如6度作用下就发生了液滑。国外对于采用上游式筑坝工艺，并且震性较小，唐山地震时大石河尾矿坝和新水村尾矿坝发生了7度和7度强的地震虽保持了稳定，但发生了明显的液化。考虑到国内修建的尾矿坝在结构上与国外有所不同，一般滩长较长，对抗震有利。鉴于国外上游式筑坝坝持完全否定态度是不适宜的。但是，国内大石河、新水村尾矿坝在低烈度下发生液化的经验，以及国外对应用范围的限制造成的危害，以及上游式筑坝坝长较长，有利于缓解液化造成的危害，但是用上游式修建的尾矿坝然难以保持其稳定性尚难断定。所以，本条规定8度的震区采用上游式筑坝工艺时，需要对安全性进行深入的论证，不轻易地采用,9度区不能采用上游式筑坝工艺。

23.2 抗震计算

23.2.1 尾矿坝属于一种特殊的土工(或水工)构筑物,它的地震反应特征与填料和坝基土的动力特性密切相关,而填料和坝基土的动力特性随土的应变量级变化而呈线性的非线性工作状态。因此,尾矿坝的抗震计算要按本规范第5章抗震计算水准B进行。

本条规定了尾矿坝抗震计算的内容由液化分析和稳定性分析两部分组成。地震时尾矿坝可能发生流滑,其破坏机制是由于坝体中尾矿中砂土液化引起的。液化分析的条件是尾矿坝是否具备发生液化的条件。在坝体和坝基中如果不存在液化区,尾矿坝一般不会发生流滑;但在坝体和坝基中如果存在液化区,则一定会发生流滑。稳定性分析则是确定坝体和坝基液化后孔隙水压力区对其稳定性的影响,即发生流滑的可能性。

23.2.2 规定二级及其以上的尾矿坝的液化分析可以用一维简化动力法,二级及其以下的尾矿坝的液化分析可采用二维时程法。液化简化动力法是本规范推荐的方法。对于中小型尾矿坝,设计工程师们可以按此完成液化分析。重要的大型尾矿坝,应该采用更完善的方法进行液化分析。在此,规定用二维时程法进行。这种分析方法是由设计工程师们来完成是困难的,需委托专门单位进行。

23.2.4 规定了两组作用效应组合。第一组考虑自重、正常蓄水位渗透力、地震惯性力与地震引起的孔隙水压力;第二组考虑自重、设计洪水位渗透力、地震惯性力与地震引起的孔隙水压力。显然,第二组更不利些,但在稳定性分析中,对两组荷载分别采用了不同的安全系数,第一组的安全要求的安全系数大,充竟哪种组合起控制则需经计算确定。

23.2.5 最小安全系数是根据现行国家标准《选矿厂尾矿设施设计规范》的规定。

23.2.6、23.2.7 规定尾矿坝在使用期与修筑期分段进行抗震分析。尾矿坝的断面一直在变化。从地震反应分析看,最终期期相一致,运用期与挡水土坝的不同之处是使用期的断面与修筑期相一致,最终断面并不一定是最危险的。另外,在使用期内实际形成的断面也可能与原设计断面有所不同。考虑到这方面的原因,特作本条规定。

23.2.8 本条采用的液化判别标准与美国Seed教授建议的简化法中所用的液化判别标准在形式上是相同的。不等式左边的分子(0.65τ_m)表示地震引起的土单元水平面上的等效均匀平均剪应力,而$0.65\tau_m/\sigma_z$表示该土单元水平面上的地震剪应力比。此处τ_m与σ_z,均用本规范建议的简化方法求得。研究表明,简化法计算的结果与二维有限元计算的结果(水平面上最大地震剪应力τ_m或静有效正应力σ_z)是十分接近的。不等式右边的$[\alpha_L]$为土单元水平面和坝上地震液化应力比,其中考虑了初始剪应力的影响。由于坝体和坝基的液化特性有较大的差异,故建议用不同面边界条件选取如下:

左侧面边界:$\tau_{xy}/\sigma_z = \xi\cot\alpha_1,\tau_{xz} = -\cot\alpha_1$ (12)

右侧面边界:$\tau_{xy}/\sigma_z = \xi\cot\alpha_2,\tau_{xz} = \cot\alpha_2$ (13)

式中,$\tau_{xy},\sigma_x,\sigma_z,$分别为侧面交点的水平剪应力和正应力,$\xi$为$\sigma_x/\sigma_z$之值。

23.2.9 给出了计算土单元水平面上静有效正应力σ_z的公式。该公式是许多土坝有限元分析结果表明,式(23.2.9)具有较好的精度,可作为一个简化计算公式。

23.2.10 给出了较弹性模解得到的,其中楔的两侧面交点的水平剪应力和正应力的公式。

23.2.11、23.2.13 给出了使尾矿坝料发生液化所要求的应力比$[\alpha_L]$。该式是根据最大往返剪切作用面方法建立的,以考虑应力状态对液化的影响。

条文中式(23.2.11-4)给出了尾矿坝料三轴试验的液化应力

(23.2.11-8)计算,其中的参数 η,δ 可由 R_{10}、R_{30} 按式(23.2.11-9)和(23.2.11-10)确定。这样,当已知尾矿坝料的平均粒径 d_{50},就可由式(23.2.11-9)和(23.2.11-8)算出它的 R_{Ne} 值。

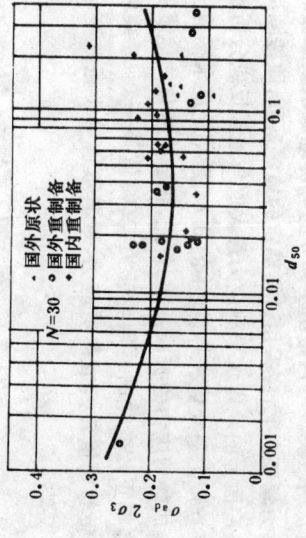

图14 $\sigma_{ad}/2\sigma_3$ 与 d_{50} 的关系 ($N=10$)

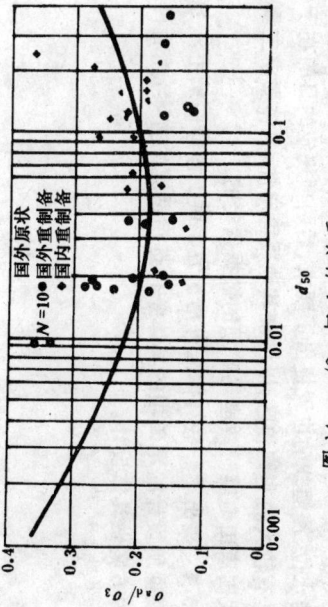

图15 $\sigma_{ad}/2\sigma_3$ 与 d_{50} 的关系 ($N=30$)

23.2.12 式(23.2.12-1)给出地基中砂的液化应力比 $[\alpha_d]$ 的确定方法,式中 λ 是根据最大往返剪切作用面法建立的;α_d 为 α_e 等于零时的液化应力比。

比的确定方法。式中填筑期修正系数 λ_c 的值是根据国外试验研究结果确定的。密度修正系数 λ_t ,仅对尾矿砂按密度成正比例修正,尾矿泥不修正。固结比修正系数 λ_{Kc} 的值由式(23.2.11-7)确定。实际上,λ_{Kc} 等主要是根据各种天然土试验研究结果得到的经验关系。λ_{Kc} 等平固结比为 K_c 时液化应力比 $(\sigma_{ad}/2\sigma_c)_{K_c}$ 与固结比为1时液化应力比之比值。如果以下式表示 λ_{Kc} 随 K_c 的变化:

$$\lambda_{Kc} = 1 + a(K_c - 1) \qquad (14)$$

根据试验资料反求出 a 值,则 a 值随平均粒径 d_{50} 的变化如图13所示。图13所示资料虽有相当大的离散,但 a 随平均粒径 d_{50} 的变化趋势十分明显,并可得到:

$$a = 1.75 + 0.81\lg d_{50} \qquad (15)$$

将以上两式合写起来,即得本条式(23.2.11-7)。

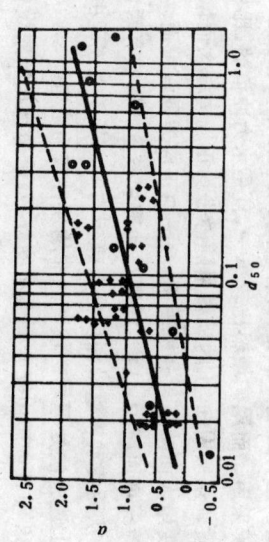

图13 a 与 d_{50} 的关系

式(23.2.11-4)中,R_{Ne} 为固结比等于1,相对密度等于50%时进行三轴试验的液化应力比 $\sigma_{ad}/2\sigma_3$。根据国内外尾矿坝料试验结果发现,作用次数 N_e 等于10和30次时的液化应力比 R_{10}、R_{30} 平均粒径 d_{50} 的关系如图14和图15所示。由这两图得到 R_{10}、R_{30} 与 d_{50} 的经验关系即为式(23.2.11-11)和(23.2.11-12)。此外,试验研究还发现,当作用次数为 N_e 时液化应力比可由式

23.2.14 规定了土单元水平面上最大地震剪应力 τ_m 的计算方法。按该条规定,坝内任意土柱水平面上的最大地震应力 τ_m 可通过该单元的土柱地震反应分析求得,计算经验表明,一维土柱地震反应分析求得的结果与二维土体地震反应分析的结果比较,相差不大于 30%。对于土体的应力分析,这样的精度是可以接受的。为了使工程师们能够简化分析,将土柱简化成均质剪切杆,采用振型叠加法进行计算。土柱的非均质性和非线性是应予考虑的因素。在分析中,用等效线性化方法做为均质地柱的反应。这种处理方法曾为用一维剪切梁简化分析土坝地震反应所采用。而尾矿坝的动剪切模量随平均静正应力增大而增大,随近于均质,土的动模量沿深度分布趋于均匀。基于上述理由,可认为采用上述方法处理尾矿坝料的非均质性分布是较为适宜的。

1982年日本矿山安全局颁布的尾矿简化法曾建议用 Seed 建议的简化法计算土单元水平面下土单元水平面上的地震剪应力 τ_m 的最大值。这个方法曾被广泛用来计算水平地面下 15m 以内。其适用范围在地面下 15m 以内。当把按该法计算需要土柱顶端的水平加速度或相应度坝顶端加速度,也需要按区划给出这个方法用于尾矿坝时,则需要确定坝坡面上各点水平加速度或相应的地震系数。在日本的建设标准中,地震系数按区划给如果我国也采用 Seed 简化法计算地震剪应力,也需按区划给出地震系数。在本规范中,按烈度给定了地面上的设计基本地震加速度值,计算需要值。实际上,坝坡面上的地震加速度系数是对地面运动的加速度反应的加速度值。正规反应分析所要求的加速度是根据地直接给定土柱顶端的加速度系数。在我国尚不能有根据适宜的。另外,Seed 简化法的适用范围在表面 15m 以内,对于尾矿

坝的液化分析这个深度是不够的。

按本规范规定,这里采用的是第 5 章规定的标准加速度反应谱,其阻尼比为 5%,土的实际阻尼比要高于 5%,因此由标准反应谱确定出来的地震影响系数还要用式 (5.1.5-2) 进行修正。

23.2.17 式 (23.2.17) 给出土条 j 的等价地震系数 K_{eqj} 的计算方法。在力学概念上,应采用这样确定的最大值与地震反应分析所得的地震水平条底面上的地震水平剪应力最大值相等,即按刚体假定各地震水平剪应力的折减系数。式中的 0.46 是将地震水平剪应力最大值转换成剪应力的折减系数。首先,将随机变化的地震剪应力最大值幅正弦变化的幅剪应力,其幅值等于 0.65 采以最大幅值的有效值;再将幅正弦变化静剪应力,取其幅值等于正弦变化的有效值。

23.3 构造和工程措施

23.3.1 对尾矿坝非冲填部分的填筑密度,尾矿坝的滩长或蓄水池的水位,浸润线的位置提出了要求。后两项规定的目的在于使坝体具有较大的非饱和区,以增加其地震稳定性。具体要求主要是依据我国唐山地震时两座尾矿坝的数据确定的。

23.3.2 提出了一些具体工程措施方案供工程师们采用。工程师应根据所设计的尾矿坝的具体条件选用适宜的方案,然后再对选用的方案做具体设计。

中华人民共和国国家标准

建筑抗震设防分类标准

Standard for classification of seismic protection of buildings

GB 50223—95

主编部门：中华人民共和国建设部
批准部门：中华人民共和国建设部
施行日期：1995年11月1日

关于发布国家标准《建筑抗震设防分类标准》的通知

建标 [1995] 204 号

根据原城乡建设部（88）城标字第141号和建设部（91）建标技字第35号文的要求，由建设部会同有关部门共同制定的《建筑抗震设防分类标准》，已经有关部门会审。现批准《建筑抗震设防分类标准》GB 50223—95为强制性国家标准，自1995年11月1日起施行。

本标准由建设部负责管理，其具体解释等工作由中国建筑科学研究院负责。出版发行由建设部标准定额研究所负责组织。

中华人民共和国建设部
1995年4月19日

目 次

1 总则 ································ 9—2
2 术语 ································ 9—3
3 基本规定 ···························· 9—3
4 广播、电视和邮电通信建筑 ············ 9—4
5 交通运输建筑 ························ 9—5
6 能源建筑 ···························· 9—5
7 原材料工业建筑 ······················ 9—6
8 加工制造工业建筑 ···················· 9—7
9 城市抗震防灾建筑 ···················· 9—8
10 民用及其他建筑 ······················ 9—9
11 仓库类建筑 ·························· 9—9
附录 A 本标准用词说明 ··············· 9—10
附加说明 ······························· 9—10
条文说明 ······························· 9—11

1 总 则

1.0.1 为使建筑的抗震设计有明确的设防类别,以减轻地震灾害,合理使用建设资金,制定本标准。

1.0.2 本标准适用于设防烈度为 6~9 度地区的建筑抗震设防类别划分。

1.0.3 有特殊要求的建筑和本标准未列的行业的建筑抗震设防类别,应按有关部门的专门规定执行。

1.0.4 各行业、各部门的建筑抗震设防类别的行业标准,应符合本标准对建筑的抗震设防类别的原则要求和规定。

2 术 语

2.0.1 抗震设防类别划分 Earthquake protection category for buildings

建筑抗震设计中，根据建筑遭遇地震破坏后，产生的经济损失和社会影响的大小和地位、设备及其在抗震救灾中的作用，对建筑所作的设防类别划分。

2.0.2 直接经济损失 Direct economic loss due to earthquake

建筑物、设备及设施遭到破坏而产生的经济损失和因停业所减少的净产值。

2.0.3 间接经济损失 Indirect economic loss due to earthquake

建筑物、设备及设施破坏，导致停产所减少的社会产值、修复所需费用以及保险补偿费用等。

2.0.4 社会影响 Social effect due to earthquake

主要指建筑破坏导致人身伤亡和居住条件、福利条件的降低，以及生态环境污染等造成的损失。

3 基本规定

3.0.1 建筑抗震设防类别划分，应根据下列因素综合确定。

3.0.1.1 社会影响和直接、间接经济损失的大小。

3.0.1.2 城市的大小和地位、行业的特点、工矿企业的规模。

3.0.1.3 使用功能失效后对全局的影响范围大小。

3.0.1.4 结构本身的抗震潜力大小，使用功能恢复的难易程度。

3.0.1.5 建筑物各单元的重要性有显著不同时，可根据局部的单元划分类别。

3.0.1.6 在不同行业之间的相同建筑，由于所处地位及地震破坏后产生后果及影响不同，其抗震设防类别可不相同。

3.0.2 建筑抗震设防类别，应根据其使用功能的重要性可分为甲类、乙类、丙类、丁类四个类别，其划分应符合下列要求。

3.0.2.1 甲类建筑，地震破坏后对社会有严重影响，对国民经济有巨大损失或有特殊要求的建筑。

3.0.2.2 乙类建筑，主要指使用功能不能中断或需尽快恢复，且地震破坏会造成社会重大影响和国民经济重大损失的建筑。

3.0.2.3 丙类建筑，地震破坏后有一般影响及其他不属于甲、乙、丁类的建筑。

3.0.2.4 丁类建筑，地震破坏或倒塌不会影响甲、乙、丙类建筑，且社会影响、经济损失轻微的建筑。一般为储存物品价值低、人员活动少的单层仓库等建筑。

3.0.3 各类建筑的抗震设防标准，应符合下列要求。

3.0.3.1 甲类建筑，地震作用应按高于本地区抗震设防烈度一度设计（包括地震作用和抗震措施）。

3.0.3.2 乙类建筑，地震作用应按本地区抗震设防烈度计算。

抗震措施，当设防烈度为6～8度时应提高一度设计，当为9度时，应加强抗震措施。对较小的乙类建筑，可采用抗震性能好、经济合理的结构体系，并按本地区基础可不提高抗震措施。乙类建筑的地基基础可不提高抗震措施。

3.0.3.3 丙类建筑，地震作用和抗震措施应按本地区设防烈度设计。

3.0.3.4 丁类建筑，一般情况下，地震作用可不降低；当设防烈度为7～9度时，抗震措施可按本地区设防烈度降低一度设计，当为6度时可不降低。

3.0.3.5 本标准仅列出部分行业的甲、乙类建筑和少数丙类建筑；丁类建筑按本标准第3.0.2.4款规定确定；除甲、乙、丁类以外，本标准未列出的宜划为丙类建筑。

4 广播、电视和邮电通信建筑

4.0.1 本章适用于广播、电视和邮电通信建筑抗震设防。

4.0.2 广播、电视和邮电通信建筑，应根据其在整个信息网络中的地位和保证信息网络通畅的作用划分抗震设防类别，其配套的供电、供水的建筑抗震设防等级，应与主体建筑的抗震设防类别相同。当供电、供水的建筑为单独建筑时，应符合表4.0.3的规定。

4.0.3 广播、电视建筑抗震设防类别，应符合表4.0.3的规定。

广播、电视建筑抗震设防类别　　　表4.0.3

类别	建筑名称
甲类	中央级、省级的电视调频广播发射塔建筑
乙类	中央级广播发射台、节目信号台、电视中心、电视发射台及200kW以上广播发射台；省级广播发射台、电视中心、广播中心、电视发射台

4.0.4 邮电通信建筑抗震设防类别，应符合表4.0.4的规定。

邮电通信建筑抗震设防类别　　　表4.0.4

类别	建筑名称
甲类	国际电信楼、国际海缆登陆站、国际卫星地球站、中央级的电信枢纽（含卫星地球站）
乙类	大区中心和省中心长途电信枢纽、邮政枢纽、海缆登陆局、卫星地球站、地区中心长途电信枢纽和终端局容量超过五万门的主要市话局（汇接局），承担重要通信任务和终端局容量超过五万门的主要市话局（汇接局）、卫星地球站、地区中心长途电信枢纽楼的主机房和天线支承物

5 交通运输建筑

5.0.1 本章适用于铁路、公路、水运和空运系统的主要生产建筑抗震设防。

5.0.2 交通运输系统生产建筑应根据交通运输线路中的地位和对抢险救灾、恢复生产所起作用的大小划分抗震设防类别。

5.0.3 铁路系统的建筑抗震设防类别，应符合表 5.0.3 的规定。

铁路建筑抗震设防类别　　表 5.0.3

类别	建　筑　名　称
乙类	Ⅰ、Ⅱ级干线枢纽及相应工矿企业铁路枢纽的行车调度、运转、通信、信号、供电、供水建筑，特大型站候车室

5.0.4 公路建筑抗震设防类别，应符合表 5.0.4 的规定。

公路建筑抗震设防类别　　表 5.0.4

类别	建　筑　名　称
乙类	高速公路、一级公路、一级汽车客运站等的监控室

5.0.5 水运建筑抗震设防类别，应符合表 5.0.5 的规定。

水运建筑抗震设防类别　　表 5.0.5

类别	建　筑　名　称
乙类	50万人口以上城市水运通信、导航等重要设施的建筑和国家重要客运站、海难救助打捞等部门的重要建筑

5.0.6 空运建筑抗震设防类别，应符合表 5.0.6 的规定。

空运建筑抗震设防类别　　表 5.0.6

类别	建　筑　名　称
乙类	国际或国内主要干线机场中的航空站楼、航管楼、大型机库，通信及供电、供热、供水、供气建筑

6 能源建筑

6.0.1 本章适用于电力、煤炭、石油和天然气生产建筑的抗震设防。

6.0.2 能源系统生产建筑，应根据生产关联企业的范围及遭遇地震破坏后经济损失的大小划分抗震设防类别。

6.0.3 各类电厂的建筑抗震设防类别，应符合表 6.0.3 的规定。

电厂的建筑抗震设防类别　　表 6.0.3

类别	建　筑　名　称
乙类	单机容量为 300MW 及以上或规划容量为 800MW 及以上的火力发电厂，330kV、500kV 变电所，220kV 及以下的重要枢纽变电所，不应中断的通信设施和在地震时必须维持正常供电的重要电力设施的主厂房，电气综合楼、网控楼、调度通信楼、配电装置楼、烟囱、烟道、碎煤机室、输煤转运站和输煤栈所

6.0.4 石油天然气生产建筑抗震设防类别，应符合表 6.0.4 的规定。

石油天然气生产建筑抗震设防类别　　表 6.0.4

类别	建　筑　名　称
乙类	大型油、气田的联合站，压缩机房、加压气站、阀组间、加热炉建筑，大型计算机房和磁带库，油品储运系统液化气站，轻油泵房及氢气站，中间加压泵站，油、气田主要供电、供水建筑，长输管道首末站

6.0.5 煤炭工业的主厂房可按丙类建筑考虑。

6.0.6 煤炭工业的生产建筑抗震设防类别，应符合表 6.0.6 的规定。

煤炭工业生产建筑抗震设防类别   表 6.0.6

类别	建 筑 名 称
乙类	年产 90 万 t 及以上的煤矿矿井提升系统、供水系统、排水系统、供电系统、通风系统、通信系统、瓦斯排放系统建筑、煤矿矿区救灾系统、供电系统、供水系统建筑

7 原材料工业建筑

7.0.1 本章适用于冶金、化工、石油化工、建材和轻工业原材料的生产厂房的建筑。

7.0.2 原材料生产建筑，应根据其规模、停产后关联企业的经济损失大小和修复的难易程度划分抗震设防。

7.0.3 冶金工业企业、建材工业企业及其矿山的生产建筑抗震设防类别，应符合表 7.0.3 的规定。

冶金工业企业、建材工业企业及其
矿山生产建筑抗震设防类别   表 7.0.3

类别	建 筑 名 称
乙类	大中型冶金企业的动力系统建筑 大型矿山的风机房、排水泵房、配电、变电室、炸药雷管库、硝酸铵、硝酸钠库及热处理加工车间等 大型不容许中断生产的中型建材工业企业及其矿山的提升、供水、排水、供电、通风、起爆材料生产系统建筑 大型非金属矿山矿石及其矿山的动力系统建筑、炸药生产系统建筑

7.0.4 钢铁和有色冶金及建材工业生产建筑，应划分为丙类建筑。

7.0.5 化工及石油化工生产建筑抗震设防类别，应符合表 7.0.5 的规定。

化工及石油化工生产建筑抗震设防类别   表 7.0.5

类别	建 筑 名 称
乙类	大中型企业的主要生产装置及其控制系统的建筑 生产中有剧毒、易燃、易爆物质厂房及其控制系统的建筑 大中型企业的动力系统建筑和消防车库

7.0.6 轻工原材料生产建筑抗震设防类别，应符合表 7.0.6 的规定。

轻工原材料生产建筑抗震设防类别 表7.0.6

类别	建筑名称
乙类	大型制浆造纸厂、大型洗涤剂原料厂的主要装置及其控制系统的建筑 生产中有剧毒、易燃、易爆物质厂房及其控制系统建筑 大型原材料企业中的动力系统建筑和消防车库

8 加工制造工业建筑

8.0.1 本章适用于机械、船舶、航空、航天、电子、纺织、轻工等工业生产建筑抗震设防。

8.0.2 加工制造工业生产建筑，应根据地震破坏的直接和间接经济损失的大小划分抗震设防类别。

8.0.3 航空工业建筑抗震设防类别，应符合表8.0.3的规定。

航空工业建筑抗震设防类别 表8.0.3

类别	建筑名称
乙类	部级及部级以上的计量基准所在的建筑，系统记录航空主要产品（如飞机、发动机、导弹等）或关键产品的科研成果、光磁盘、磁带等所在的建筑 对航空工业发展有重要影响的整机或系统性能试验设施、关键设备所在建筑（如大型风洞及其测试间、发动机高空试车台及其动力装置、全机电磁兼容试验室） 具有国内少有或有的重要精密设备的建筑 大中型企业主要的动力系统建筑和消防车库

8.0.4 航天工业建筑抗震设防类别，应符合表8.0.4的规定。

航天工业建筑抗震设防类别 表8.0.4

类别	建筑名称
乙类	重要的航天工业科研楼、生产厂房和试验设施的建筑、动力系统建筑 有剧毒、易燃、易爆物质的建筑 重要的演示、通信、计量、培训中心的建筑

8.0.5 纺织工业的化纤生产企业中，具有化工性质的生产建筑，可按本标准第7.0.5条划分。

8.0.6 轻工业有剧毒、易燃、易爆物质厂房及相关的控制系统的

9—7

建筑，抗震设防类别可按乙类划分。

8.0.7 机械、船舶、电子工业的生产厂房、轻工、纺织工业的其他生产厂房，应划为丙类建筑。

8.0.8 大型机械、电子、船舶、轻工加工、纺织工业的动力系统建筑和消防车库应划为乙类建筑。

9 城市抗震防灾建筑

9.0.1 本章适用于城市抗震防灾、救灾有关的建筑抗震设防。

9.0.2 城市抗震防灾建筑，应根据其社会影响和关联企业的经济损失的大小划分抗震设防类别。

9.0.3 广播、通信、交通运输建筑抗震设防类别，应按本标准有关章节的规定采用，医疗、城市动力系统、消防建筑的抗震设防类别，应符合表9.0.3的规定。

城市防灾建筑抗震设防类别 表9.0.3

类别	建 筑 名 称
甲类	三级特等医院的住院部、医技楼、门诊部
乙类	大中城市的三级医院的住院部、医技楼、门诊部 县及县级以上二级医院的住院部、医技楼、门诊部 县级以上急救中心的指挥、通信、运输系统的重要建筑 县级以上的独立采、供血机构的建筑 50万人口以上城市的动力系统建筑 消防车库

9.0.4 工矿企业的医疗建筑抗震设防类别可比表9.0.3采用。

9-8

10 民用及其他建筑

10.0.1 本章适用于住宅、旅馆、办公楼、教学楼、资料室、实验室、计算站、博物馆、幼儿园、公共建筑(影剧院、大会堂、体育馆)、商业建筑等的建筑抗震。

10.0.2 民用及其他建筑,应主要以其社会影响和经济损失的大小划分抗震设防类别。

10.0.3 民用及其他建筑抗震设防类别,应符合表10.0.3的规定。

表10.0.3 民用及其他建筑抗震设防类别

类别	建 筑 名 称
甲类	研究、中试生产和存放剧毒生物制品和天然人工细菌与病毒(如鼠疫、霍乱、伤寒等)的建筑
乙类	存放国家一、二级重要珍贵文物博物馆、大型体育馆、大型影剧院、大型商业零售商场等公共建筑

11 仓库类建筑

11.0.1 本章适用于工业与民用的仓库类建筑抗震设防。
11.0.2 仓库类建筑,应根据其存放物品的经济价值和损坏后次生灾害的大小划分抗震设防类别。
11.0.3 仓库类建筑抗震设防类别,应符合表11.0.3的规定

表11.0.3 仓库类建筑抗震设防类别

类别	建 筑 名 称
乙类	存放放射性物质、剧毒、易燃、易爆的危险品仓库

附加说明

附录 A 本标准用词说明

A.0.1 为便于在执行本标准（规范）条文时区别对待,对要求严格程度不同的用词说明如下：

1. 表示很严格，非这样做不可的：
   正面词采用"必须"；
   反面词采用"严禁"；
2. 表示严格，在正常情况均应这样做的：
   正面词采用"应"；
   反面词采用"不应"或"不得"；
3. 表示允许稍有选择，在条件许可时首先应这样做的：
   正面词采用"宜"或"可"；
   反面词采用"不宜"。

A.0.2 条文中指定应按其他有关标准、规范执行时，写法为"应符合……的规定"或"应按……执行"。

本标准主编单位、参加单位和主要起草人名单

主编单位：中国建筑科学研究院
参加单位：冶金部北京钢铁设计总院
　　　　　煤炭部煤炭规划设计总院
　　　　　中国石油化工总公司北京设计院
　　　　　化学工业部建筑技术中心站
　　　　　电力工业部抗震办公室
　　　　　中国石油天然气总公司抗震办公室
　　　　　北京市建筑设计院

主要起草人：龚思礼　戴国莹　丁祖堪　唐人权
　　　　　　张大懋　周炳章　吴武龙
　　　　　　蒋翁秋　吴式龙

中华人民共和国国家标准

建筑抗震设防分类标准

GB 50223—95

条文说明

制定说明

本标准是根据原城乡建设部（88）城标字第141号和建设部（91）建标字第35号文的要求，由建设部负责主编，具体由中国建筑科学研究院会同共有关单位共同编制而成，经建设部1995年4月19日以建标[1995] 204号文批准，并会同国家技术监督局联合发布。

在本标准的编制过程中，标准编制组进行了广泛的调查研究，认真总结我国抗震设计的实践经验，同时参考了有关国际标准和国外先进标准，并广泛征求了全国有关单位的意见。最后由我部会同有关部门审查定稿。

鉴于本标准系初次编制，在执行过程中，希望各单位结合工程实践和科学研究，认真总结经验，注意积累资料，如发现需要修改和补充之处，请将意见和有关资料寄交中国建筑科学研究院抗震所（北京小黄庄100013），以供今后修订时参考。

1995年4月

目 次

1 总则 ………………………………… 9—12
3 基本规定 …………………………… 9—13
4 广播、电视和邮电通信建筑 …… 9—15
5 交通运输建筑 ……………………… 9—15
6 能源建筑 …………………………… 9—16
7 原材料工业建筑 …………………… 9—16
8 加工制造工业建筑 ………………… 9—17
9 城市抗震防灾建筑 ………………… 9—17
10 民用及其他建筑 …………………… 9—18
11 仓库类建筑 ………………………… 9—18

1 总 则

本标准的任务是根据我国的实际情况,提出适当的建筑抗震设防等级,使既能合理使用建设投资,又能达到抗震安全的要求。

由国家计委和建设部联合发布的"新建工程抗震设防暂行规定"规定地震基本烈度六度以上地区所有新建工程都必须进行抗震设防,《建筑抗震设计规范》(GBJ 11—89)的适用范围为抗震设防烈度为 6~9 度的建筑,本标准与此相适应,也适用于抗震设防烈度为 6 度至 9 度的建筑。有些特殊行业(如核工业、兵器工业、军事工程、特殊化工等),以及一般行业中也有特殊要求的建筑,本标准不作出普遍的规定;有些行业,如与水工建筑有关的建筑,其抗震设防与该行业主要建筑有密切关联,还由于水工建筑的主要建筑不列于本标准,本标准在第 4~11 章内列举了主要行业的建筑——列举,不可能——列举。对特殊行业、特殊要求的建筑,以及本标准未列举的建筑,可参照本标准的原则并类比本标准所列举的行业的建筑,进行本行业的建筑抗震设防类别划分。

本标准属基础标准,建筑抗震设计规范、规范的建筑抗震设防类别的划分,应以本标准为依据。

本标准只能对各类建筑作较原则的规定。各行业的具体建筑的抗震设防类别还应按本标准的原则要求制订更为具体的行业标准。这些行业标准应符合本标准的原则要求和规定。

3 基 本 规 定

本章规定了建筑抗震设防类别划分的原则，要求和各类建筑的设防。

关于划分原则，本标准主要从抗震角度，按建筑的重要性进行分类，这里所指的重要性是指建筑物的损坏对各方面造成的影响（包括政治影响、环境影响、人员伤亡等）和经济影响。从范围看，可以是国际的、全国的、地区的、行业的、本单位的，从程度看是对生产活动、社会活动的影响，对抗震救灾的影响，次生灾害的影响，震后恢复重建的影响；这些都要对具体的对象作实际的分析研究，并综合考虑总城市的大小（人口多少），地位（直辖市、省会或地县级城市）、行业的特点（如能源交通、原材料、加工工业等），工矿企业规模大小，在地震破坏后功能失效对全局的影响大小，并在实际划分中判定。

划分原则除重要性外，本标准还从结构本身的抗震潜力大小，使用功能恢复难易程度等予以考虑。这些因素虽不是属于建筑的重要性问题，但对地震破坏和后果具有重要的影响，如一些规模很大的结构，本身采用了抗震性能较好的材料和抗震潜力较大的结构，因而在遭遇地震时，不易破坏，而规模较小的建筑，在使用中采用抗震能力较低的材料和结构，这样的结构易遭破坏；在功能的恢复难易方面也难对救灾防灾，社会经济影响有重要的影响，这个方面自然不是建筑本身的重要性因素，但对抗震防灾有重要影响，在本标准中不作为类别划分的一个重要因素。

建筑各部位的重要性有显著不同，是指在一个建筑群或一个建筑部位在使用功能上的重要性明显不同的建筑不采用相同抗震设防标准，此时，可将建筑群或单体建筑用防震缝分开，只对那部分的抗震设防类别按划分的一条划分原则，在不同行业之间的相同建筑由于所处地位及受地震破坏时局部产生后果及影响的不同，其抗震设防提高抗震设防类别的那部分建筑用防震缝分开，只对需要提高抗震设防类别作为提高设防类别。

作为本标准划分的一条划分原则，在不同行业之间的相同建筑由于所处地位及受地震破坏时局部产生后果及影响的不同，其抗震设防类别可以不同，例如，作为大范围的大电力网络中的电厂建筑、规模虽大，但在电力网络中局部受地震破坏，尚不致严重影响整个电网的供电，但作为工矿企业的自备电厂，其规模可能不如大电厂，而作为工矿企业的生命线工程设施，其重要地位不可忽视。因此二个行业的抗震类别划分可以有所区别。

这里需要说明的，作为划分类别的以投资规模区、等级、范围，各行业的又不一样，例如，工矿企业有的以投资规模区分，国有的以产量大小区分、公路、铁路以等级区分，民航以国际、国内区分、公共建筑的以座位多少区分，不同行业之间缺乏横向的可比性，因此，行业之间的建筑抗震设防类别只能在相对合理的情况下协调平衡。

本标准与《建筑抗震设计规范》(GBJ 11—89) 协调，建筑分为甲、乙、丙、丁四类。甲类建筑是地震破坏后对社会有严重影响，对国民经济有巨大损失或有特殊要求的建筑，这类建筑应该是非常少的，在本标准中只对极少数行业有特殊要求作具体规定，对有特殊要求的建筑因为情况比较复杂，难以具体规定，各行业如遇有这类建筑，应作专门论证和审批。乙类建筑主要指使用功能不能中断或需尽快恢复及地震破坏会造成社会影响和国民经济重大损失的建筑，这类建筑属于重要建筑，本标准要求适度提高抗震设防要求，并在本标准中较具体的确定其建筑范围，据此，各行业还应对各种建筑进行具体的划分。丙类建筑，指的是大量的一般建筑，本标准不作具体划分。丁类建筑，指地震破坏或倒塌不会影响上述甲、乙、丙类建筑，且社会影响、经济损失轻微的建筑，这类建筑属次要建筑，本标准明确规定为储存物品价值低及人员活动少的单层仓库。

本标准规定了各类建筑的抗震设防类别。这个类别，是同我国地震部门对今后一段时间内的地震长期预报（即基本烈度）有关，还同建筑抗震设计规范颁发的抗震设计技术标准有关。

"1992年国家颁发了新的地震烈度区划图，即"中国地震烈度区划图（1990）"，这个区划图标明了一个地区50年内超越概率为10%的地震烈度（即基本烈度），这是建筑抗震设防目年颁发的《建筑抗震设计规范》（GBJ 11—89）规定了抗震设防依据。1989标是："按规范设计的建筑，当遭受低于本地区设防烈度的多遇地震影响时，一般不受损坏或不需修理可继续使用，当遭受本地区设防烈度的地震影响时，可能损坏，经一般修理或不需修理仍可继续使用；当遭受高于本地区设防烈度预估的罕遇地震影响时，不致倒塌或发生危及生命的严重破坏。这里的多遇地震指在该地区遭遇50年内超越概率为63.2%（相当于重现期为50年）的地震，比基本烈度约低1.5度；设防烈度即50年超越概率为2%～3%（重现期平均为2000年）；罕遇地震是指50年超越概率约1度左右。建筑抗震设计规范实行所谓"二阶段设计"，从抗震措施上保证罕遇地震下建筑不致严重倒塌。

本标准考虑到以上有关的抗震设防规定，对一般情况下，原则上能保障在遭遇设防烈度地震影响下，不致有灾难性后果，因此，对绝大部分的建筑，均可列为丙类建筑，并不必提高标准，少数重要的建筑列为乙类建筑，应提高一度采取抗震措施，这意味着对这类结构在防御倒塌能力上有所提高；对极少数特别重要或有特殊要求的建筑，列为甲类建筑，地震作用和抗震措施均提高一度考虑，这是在抗震设防要求上的全面提高，要多耗费财力物力，因此，甲类建筑应控制在极小的范围内。

这里需要说明二点：一是，乙类建筑只提高抗震措施，不提高地震力，同一些国家只提高地震力（地震力增大10%～80%）而不强调抗震措施的提高，在概念上有所不同，本标准眼于在经济有效的条件下增加防御倒塌的能力，把财力、物力用在增加薄弱部位的抗震能力上，而不是在结构的各部分全面增加材料、

对一些建筑规模较小的乙类建筑，采用改变结构体系而不提高抗震措施，这是由于对某些乙类建筑，例如，水厂企业的变电所、空压站、水泵房以及城市供水水源的泵房等，一般采用抗震性能较差的砖混结构，这类结构即使提高抗震措施，其抗震能力不如改变材料和结构更为有效，且其规模较小，改变材料和结构的耗资不致很大，但对整个城市、工矿企业的生命线工程的抗震性能的提高更为合理。

本标准主要对提高抗震类别的甲类和乙类建筑作出规定，丙类建筑，本标准也作了明确规定，除甲、乙、丁类外，为大量的丁类建筑，除个别行业需要重点提出外，不作专门规定。

4 广播、电视和邮电通信建筑

广播、电视和邮电系统在抗震防灾中具有重要的作用，一旦破坏或因此而功能中断，不仅影响抗震救灾，国内外重大的社会影响。由于它的重要作用，过去，国家抗震主管部门同广播电视和邮电通信系统都有过抗震设防类别方面的原则和要求文件，本标准考虑了这些文件，并结合新的抗震设防分类原则和要求，作了适当的调整。本标准还保留过去文件中原有甲类建筑，但范围缩小了。

5 交通运输建筑

交通运输包括铁路、公路、水运和空运。交通运输在抗震防灾中的地位是十分重要的，而且地震破坏，对国民经济和社会影响也是巨大的。

铁路系统建筑需要提高为乙类的主要是五所一室，且只限于Ⅰ、Ⅱ级干线和枢纽及相应的工矿企业铁路枢纽；特大型候车室需要提高的原因在于人员大量集中。铁路Ⅰ、Ⅱ级干线及特大型候车室的含义应遵守国家铁路主管部门的规定。

公路系统建筑需要提高为乙类的是监控室，属于生产管理性的重要房屋，而且是属于高速公路、一级公路和一级汽车客运站的监控室。一级汽车客运站等级含义应遵守国家公路主管部门的规定。

水运系统建筑需要提高为乙类的是 50 万人口以上城市的港口的通信、导航等重要交通设施和海难救助打捞等部门的重要建筑，这些建筑对水运安全至关重要，国家对运站提高的原因在于人员大量集中。

空运系统需要提高为乙类的建筑，是国际或国内主要干线机场中的航空站楼、航管楼、大型机库、通信及动力建筑，这些建筑对保证地震时航空运输的安全和救灾至关重要。主要干线的含义又应遵守国家民用航空主管部门的规定。

6 能源建筑

能源系统包括电力、煤炭、石油、天然气等,一旦遭受地震破坏,不仅影响本系统的生产,还影响其他工业生产和城乡的人民生活。因此,在建筑的抗震设防类别上作为重要的方面来考虑。

电力系统的建筑需要提高为乙类建筑的,是属于生产中需要重要电力设施的生产关键部位:石油、天然气等生产中需要提高为乙类建筑的,主要涉及油气田、炼油厂、油品储存、输油管道的生产的关键部位的建筑;煤炭系统的建筑需要提高为乙类的,是煤矿生产建筑,其中特别是涉及煤矿矿井生产及工人人身安全的六大系统的建筑,及其次系统和动力系统。煤炭工业的主厂房则按丙类建筑考虑。

7 原材料工业建筑

原材料行业有冶金、化工、石油化工、建材和轻工等。原材料工业生产遭受地震破坏除影响本行业的生产外,还对其他行业有影响,需要适当考虑抗震类别的提高。因此,本标准专列一章。

钢铁、有色金属和非金属矿的矿山建筑遭受地震破坏会引起生产及工人的人身安全,本标准对此作了专门规定。

钢铁和有色冶金生产厂房,由于厂房结构具有较大的抗震潜力,不需要专门提高抗震类别。因此,应按丙类建筑考虑。

化工及石油化工的生产建筑门类繁多,很难列举其建筑种类,因此,本标准按生产装置的性质加以区分等级,如大、中型企业的主要生产装置及其控制系统的建筑,及在生产中有剧毒、高压、易爆、易燃物质的厂房及其控制系统的建筑,均属乙类建筑。

轻工原材料生产建筑中只有大型纸浆造纸厂及大型洗涤剂原料厂的主要装置及其控制系统的建筑列为乙类,前者的规模大而影响大,后者为轻工业的石油化工。

8 加工制造工业建筑

加工制造工业包括机械、电子、航空、航天、纺织、轻工等。除纺织与轻工业中部分有化工性质的生产装置的建筑应按化工行业的要求对待外，一般生产建筑可不予提高抗震设防等级，但航空和航天工业中，尚有特殊性的建筑，需要按乙类建筑考虑。

9 城市抗震防灾建筑

城市和大型工矿企业抗震防灾、救灾有关的建筑抗震设防类别，一部分已在广播、通信、交通及动力系统建筑中作了规定，与救灾有关的另一部分是医疗和消防设施。医疗方面三级特等医院应定为极少数承担特别重要医疗任务的医院，列为甲类，大中城市的三级医院、县级及县级市的二级医院建筑为乙类，但在城市抗震防灾规划中应考虑其合理布局，不应是该医院都提高抗震设防类别；还有县级以上的急救中心和独立供、采血机构的建筑为乙类；分级含义，应按国家卫生主管部门的规定。消防设施中需要提高为乙类建筑是消防车库，凡抗震设防烈度为6～9度的城市（或县、镇）消防车库应为乙类建筑。

10 民用及其他建筑

居住与其他民用系统的建筑范围很广。考虑抗震类别提高的是比较少的,主要从社会影响考虑,也注意经济损失。

对研究、中试生产和存放剧毒和天然人工细菌与病毒(如鼠疫、霍乱、伤寒等)的建筑,一旦遭受地震破坏,其后果将是极其严重的,而且这类建筑数量不会很多,本标准列为甲类建筑。

大型体育馆、大型影剧院和大型零售商场列为乙类,主要因为是大量人员集中的场所,地震时易发生次灾害:大型体育馆为6000座位及以上,大型影剧院为1200座位及以上,大型商业零售商场则相当于国家商业主管部门规定的大城市中为数不多的人员拥挤的商业活动场所,一般为年营业额1.5亿元以上,固定资产0.5亿元以上,建筑面积1万平方米以上,人流密集的多层建筑。国家一、二级珍贵文物博物馆列为乙类,主要考虑重要文物一旦遭受地震破坏将为不可弥补的损失。

11 仓库类建筑

仓库类建筑,各行各业都有多种多样的规模、各种不同的功能和影响。本标准只对有较重大社会和经济影响的仓库列为乙类建筑,主要为放射性物质、剧毒、易燃、易爆等危险品的大、中型仓库。大量的工业、商业及民用仓库,该属于丙类或丁类建筑,由各行业在行业标准中规定。

中华人民共和国国家标准

电力设施抗震设计规范

Code for design of seismic of electrical installations

GB 50260—96

主编部门：中华人民共和国电力工业部
批准部门：中华人民共和国建设部
实施日期：1997 年 3 月 1 日

关于发布国家标准
《电力设施抗震设计规范》的通知

建标〔1996〕528 号

根据国家计委计综（1984）305 号文的要求，由电力工业部会同有关部门共同制订的《电力设施抗震设计规范》已经有关部门会审，现批准《电力设施抗震设计规范》GB 50260-96 为强制性国家标准，自一九九七年三月一日起施行。

本标准由电力工业部负责管理，具体解释等工作由电力工业部西北电力设计院负责，出版发行由建设部标准定额研究所所负责组织。

中华人民共和国建设部
一九九六年九月二日

目 次

主要符号 …………………………………………… 10—2
第一章 总 则 ……………………………………… 10—3
第二章 场 地 ……………………………………… 10—5
第三章 地震作用 …………………………………… 10—6
第四章 选址与总体布置 …………………………… 10—8
第五章 电气设施 …………………………………… 10—9
 第一节 一般规定 ………………………………… 10—9
 第二节 设计方法 ………………………………… 10—10
 第三节 抗震计算 ………………………………… 10—12
 第四节 抗震强度验证试验 ……………………… 10—12
 第五节 电气设施布置 …………………………… 10—13
 第六节 电力通信 ………………………………… 10—14
 第七节 电气设施安装设计的抗震要求 ………… 10—14
第六章 火力发电厂和变电所的建、构筑物 ……… 10—14
 第一节 一般规定 ………………………………… 10—16
 第二节 主厂房 …………………………………… 10—17
 第三节 主控制楼、配电装置楼 ………………… 10—17
 第四节 运煤栈桥 ………………………………… 10—18
 第五节 变电构架和设备支架 …………………… 10—19
第七章 送电线路杆塔、微波塔及其基础 ………… 10—19
附录 本规范用词说明 ……………………………… 10—20
附加说明
条文说明

主 要 符 号

作用和作用效应

F_{EK}——结构总水平地震作用标准值
G_{eq}——结构（设备）等效总重力荷载代表值
S——地震作用效应（弯矩、轴向力、剪力、应力和变形），或它与其他荷载效应的基本组合
M——弯矩
N——轴向力

抗力和材料性能

R——结构（设备）构件承载力设计值
K——结构（设备）构件的刚度
σ_{tot}——地震作用和其他荷载产生的总应力
σ_v——设备或材料的破坏应力

几何参数

H_0——电气设施体系重心高度
I_c——截面惯性矩
d_c——瓷套管部位外径
h_c——瓷套管与法兰胶装高度
t_e——法兰与瓷套管之间的间隙距离

计算系数

ζ——结构系数

γ_{RE} —— 承载力抗震调整系数
X_{ji} —— j振型i质点的X方向相对水平位移
Y_{ji} —— j振型i质点的Y方向相对水平位移
α —— 水平地震影响系数
α_{max} —— 水平地震影响系数最大值
μ —— 场地指数
μ_g —— 平均剪切模量对场地指数的贡献系数
μ_d —— 覆盖土层厚度对场地指数的贡献系数

其 他

a —— 地面运动的时程水平加速度
T —— 体系(结构)自振周期
ω —— 体系(结构)自振圆频率

第一章 总 则

第1.0.1条 为在电力设施的工程设计中,贯彻执行地震工作"以预防为主"的方针,使电力设施经抗震设防后,减轻地震破坏,最大限度地减少人员伤亡和经济损失,制定本规范。

第1.0.2条 本规范适用于抗震设防烈度6度至9度地区的新建和扩建的下列电力设施的抗震设计:

一、单机容量为12MW至600MW火力发电厂的电力设施。
二、单机容量为10MW及以上水力发电厂的有关电力设施。
三、电压为110kV至500kV变电所的电力设施。
四、电压为110kV至500kV送电线路杆塔及其基础。
五、电力通信微波塔及其基础。

注:①本规范所称电力设施,包括火力发电厂、变电所、送电线路的建、构筑物和电气设施,以及水力发电厂的有关电气设备。电力系统的通信设备、电气装置和连接导体等;水力发电厂的有关电气设施,指安装在大坝内和大坝上的电气设施。
②本规范所称电气设备,包括发电厂、变电所、送电线路上的电气设备、冷却塔、一般管道及其支架。

第1.0.3条 按本规范设计的电力设施中的电气设施的建筑物和构筑物,当遭受到当相当于本地区设防烈度的地震影响时,不受损坏,不受影响或不需修理仍可继续使用;当遭受高于本地区设防烈度预估的地震影响时,可能损坏,经修理后即可恢复使用。

第1.0.4条 按本规范设计低于本地区设防烈度设计的电力设施的建筑物和构筑物,当遭受到低于本地区设防烈度的多遇地震影响时,不受损坏,不受影响或不需修理仍可继续使用;当遭受相当于本地区设防烈度的地震影响时,可能损坏,但经修理后仍可继续使用;当遭受到高于本地区设防烈度预估的罕遇地震影响时,不致倒塌或危害生命或造成使电气设备不可修复的严重破坏。

第1.0.5条 电力设施应根据其抗震的重要性和特点分为重要电力设施和一般电力设施,并应符合下列规定:

一、符合下列条款之一者为重要电力设施:

1. 单机容量为300MW及以上或规划容量为800MW及以上的火力发电厂;

2. 停电会造成重要设备严重破坏或危及人身安全的工矿企业的自备电厂;

3. 设计容量为750MW及以上的水力发电厂;

4. 330kV、500kV变电所、500kV线路越塔;

5. 不得中断的电力系统的通信设施;

6. 经主管部(委)批准的、在地震时必须保障正常供电的其他重要电力设施。

二、除重要电力设施以外的其他电力设施为一般电力设施。

第1.0.6条 电力设施中的建筑物根据其重要性可分为三类,并应符合下列规定:

一、重要电力设施中的主要建筑物以及国家生命线工程中的供电建筑物为一类建筑物。

二、一般电力设施中的主要建筑物和有连续生产运行设备的建筑物以及公用建筑物,重要材料库等为二类建筑物。

三、一、二类建筑物以外的建筑物的次要建筑物等为三类建筑物。

第1.0.7条 电力设施的抗震设防烈度的地震基本烈度。重要电力设施防烈度为8度及以上时不再提高,地震可按现行《中国地震烈度区划图》规定提高1度,但设防烈度为6度、7度、8度、9度。

注:本规范"抗震设计烈度为6度、7度、8度、9度",简称为"6度、7度、8度、9度"。

第1.0.8条 各类建筑物的抗震设计除应符合现行国家标准《建筑抗震设计规范》外,尚应符合下列规定:

一、一类建筑物的地震作用计算(不包括国家规定6度区要提高1度设防的电力设施);重要电力设施中的主要建筑物,以及不得中断通信的通信设施等的抗震措施除本规范具体规定外,可按7度采取抗震措施。当为7度、8度或9度时,地震作用应按设防烈度计算;当为7度、8度时,抗震构造措施除按本规范具体规定外,可按设防烈度提高1度采取抗震措施。

二、二类建筑物的地震作用计算和抗震措施应按设防烈度考虑。

三、三类建筑物的地震作用按设防烈度计算、抗震措施可按设防烈度降低1度考虑,但6度时不宜降低。

第1.0.9条 架空送电线路的重要大跨越杆塔和基础需提高1度设防时,应经主管部门批准。

第1.0.10条 电力设施中的电气设施和构筑物的抗震设计,除执行本规范外,尚应符合现行国家标准的规定;对电力设施中的建筑物,其抗震设计除按本规范执行外,应按现行国家标准《建筑抗震设计规范》执行。

第二章 场　地

第2.0.1条 建筑场地按照现行国家标准《建筑抗震设计规范》可分为有利、不利和危险地段。

第2.0.2条 场地评定，当覆盖土层平均剪变模量地表以下20m深度范围内的土层平均剪变模量小于或等于20m时，取实际厚度范围内的土层平均剪变模量。场地土层的平均剪变模量应按下式计算：

$$G_{sm} = \frac{\sum\limits_{i=1}^{n} d_i \gamma_i V_{si}^2}{g \sum\limits_{i=1}^{n} d_i} \cdot 10^{-3} \quad (2.0.2)$$

式中　G_{sm}——场地土层的平均剪变模量(MPa)；
　　　d_i——第i层土的厚度(m)；
　　　γ_i——第i层土的密度(kN/m^3)；
　　　V_{si}——第i层土的剪切波速(m/s)；
　　　n——覆盖层的分层数；
　　　g——重力加速度，可取$9.81m/s^2$。

第2.0.3条 场地指数可根据电力设施所在场地土的平均剪变模量和场地覆盖层厚度，按下列公式计算：当场地土层的平均剪变模量大于500MPa或覆盖层厚度不大于5m时，场地指数可采用1.0。

$$\mu = \gamma_g \mu_g + \gamma_d \mu_d \quad (2.0.3)$$

$$\mu_g = \begin{cases} 1 - e^{-6.6(G_{sm}-30)} \cdot 10^{-3} \\ 0 \text{（当 } G_{sm} \leq 30\text{MPa 时）} \end{cases}$$

$$\mu_d = \begin{cases} e^{-0.5(d_{ov}-5)^2} \cdot 10^{-3} \\ 0 \text{（当 } d_{ov} > 80\text{m 时）} \end{cases}$$

式中　μ——场地指数；
　　　γ_g——场地土层刚度对地震效应影响的权系数，可采用0.7；
　　　γ_d——场地覆盖层厚度对地震效应影响的权系数，可采用0.3；
　　　μ_g——场地土层刚度指数；
　　　μ_d——场地覆盖层厚度指数；
　　　d_{ov}——场地覆盖层厚度(m)，可采用地面至剪变模量大于500MPa或实测剪切波速大于500m/s的土层顶面的距离。

第2.0.4条 场地分类可根据场地指数，划分为硬场地、中硬场地、中软场地、软场地，并应符合表2.0.4的规定。

场　地　分　类　　　　表2.0.4

场地 分类	硬场地	中硬场地	中软场地	软场地
场地 指数	$1.0 \geq \mu > 0.80$	$0.80 \geq \mu > 0.35$	$0.35 \geq \mu > 0.05$	$0.05 \geq \mu \geq 0$

第2.0.5条 场地地质勘察应在勘察报告中划分对电力设施有利、不利和危险的地段，并应提供电力设施覆盖层厚度、土层剪切波速和岩土地震稳定性（滑坡、崩塌等）评价，以及对液化地基提供液化判别、液化等级、液化深度等数据。电力设施覆盖的场地基土分层实测剪切波速和土层的密度资料；场地覆盖层厚度，可通过搜集资料分析确定。

第三章 地震作用

第3.0.1条 本章适用于电力设施中的电气设施和送电线路杆塔、微波塔等电力设施中的建筑物、构筑物。电力设施中的建筑物，应按现行国家标准《建筑抗震设计规范》执行。

第3.0.2条 电力设施的地震作用应按下列原则确定：

一、电力设施抗震验算可在两个水平轴方向分别计算水平地震作用；各方向的水平地震作用应由该方向抗侧力构件承担。

二、当8度和9度时，对大跨越塔和大跨度设施、长悬臂结构、对质量和刚度不均匀、不对称的结构，应计入水平地震作用的扭转影响。

三、当8度和9度时，对大跨越和大跨度设施、长悬臂结构应验算竖向地震作用。

第3.0.3条 电力设施中的电气设施和电力构筑物，可按本规范的有关规定，分别采用底部剪力法、振型分解反应谱法进行抗震分析；但电气设施尚可采用静力设计法和动力设计或时程分析法计算。

第3.0.4条 计算地震作用的地震影响系数，应根据场地指数、场地特征周期和结构自振周期确定。

场地的特征周期按下式计算：

$$T_g = 0.65 - 0.45 \mu^{0.4} \quad (3.0.4)$$

式中 T_g —— 特征周期，根据场地指数计算确定；
μ —— 场地指数，按式(2.0.3)计算。

第3.0.5条 地震影响系数（图3.0.5）可按下列公式计算：

一、当 $0 \leqslant T \leqslant 0.1$ 时：

$$\alpha(t) = (0.45 + 5.5T) \alpha_{max} \quad (3.0.5-1)$$

二、当 $0.1 < T \leqslant T_g$ 时：

$$\alpha(t) = \alpha_{max} \quad (3.0.5-2)$$

三、当 $T > T_g$ 时：

$$\alpha(t) = \left(\frac{T_g}{T}\right)^{0.9} \alpha_{max} \quad (3.0.5-3)$$

式中 $\alpha(t)$ —— 水平地震影响系数；
α_{max} —— 水平地震影响系数最大值；
T —— 结构自振周期。

注：按式(3.0.5-3)计算的地震影响系数小于最大值 α_{max} 的10%时，应取 $0.1\alpha_{max}$。

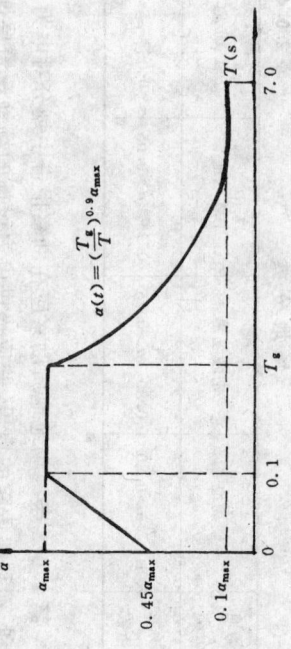

图3.0.5 地震影响系数曲线

第3.0.6条 当结构的阻尼比为5%时，水平地震影响系数的最大值直接按表3.0.6采用。

水平地震影响系数最大值 α_{max} 表3.0.6

设防烈度	6	7	8	9
α_{max}	0.12	0.23	0.45	0.90

当电力设施的阻尼比不等于5%时，其水平地震影响系数由5%阻尼比的水平地震影响系数乘以阻尼修正系数求得，其阻尼修

正系数应按下列公式计算：

当 $T \geq 0.1s$ 时：

$$\eta = 1/\sqrt{1+15(\zeta-0.05)\exp(-0.09T)} \quad (3.0.6-1)$$

当 $T = 0.02s$ 时：

$$\eta = 1.0 \quad (3.0.6-2)$$

式中 η——阻尼修正系数；

ζ——结构的实际阻尼比；

T——结构自振周期。

注：当结构周期 T 为 $0.02\sim0.1$ 秒之间时，阻尼修正系数 η 值按式(3.0.6-1)和(3.0.6-2)的计算结果进行线性内插。

第 3.0.7 条 不计入扭转影响的结构，当采用振型分解反应谱法时，可按下列规定计算地震作用和作用效应。

一、结构 j 振型 i 质点的水平地震作用标准值，应按下列公式确定：

$$F_{ji} = \zeta \alpha_j \gamma_j X_{ji} G_i \quad (i=1,2,\cdots n; j=1,2,\cdots m) \quad (3.0.7-1)$$

$$\gamma_j = \frac{\sum_{i=1}^{n} X_{ji} G_i}{\sum_{i=1}^{n} X_{ji}^2 G_i} \quad (3.0.7-2)$$

式中 F_{ji}——j 振型 i 质点的水平地震作用标准值；

ζ——结构系数，直按表 3.0.7 采用；

α_j——相应于 j 振型自振周期的水平地震影响系数，应按本规范第 3.0.5 条采用；

γ_j——j 振型的参与系数；

X_{ji}——j 振型 i 质点在 X 方向的水平相对位移；

G_i——i 质点的重力荷载代表值，包括全部恒荷载、固定设备荷载和附加在质点上的其他重力荷载。

二、各振型的水平地震作用效应（弯矩、剪力、轴向力和变形），应按下式进行组合：

$$S = \sqrt{\sum_{j=1}^{m} S_j^2} \quad (3.0.7-3)$$

式中 S——水平地震作用效应；

S_j——j 振型水平地震作用效应，宜取前 $2\sim3$ 个振型，当基本周期大于 1.5s 时，振型个数可适当增加。

第 3.0.8 条 当采用底部剪力法计算时（图 3.0.8），结构的总水平地震作用标准值，应按下列公式计算：

$$F_{EK} = \zeta \cdot \alpha_1 G_{eq} \quad (3.0.8-1)$$

$$F_i = \frac{G_i H_i}{\sum_{j=1}^{n} G_j H_j} F_{EK} \cdot (1-\delta_n) \quad (i=1,2,\cdots,n) \quad (3.0.8-2)$$

$$\Delta F_n = \delta_n F_{EK} \quad (3.0.8-3)$$

式中 F_{EK}——结构总水平地震作用标准值；

α_1——对应于结构基本自振周期的水平地震影响系数，应按本规范第 3.0.5 条采用；

G_{eq}——结构等效总重力荷载，单质点应取总重力荷载代表值，多质点可取总重力荷载代表值的 85%；

F_i——i 质点的水平地震作用标准值；

结构系数　　　　　表 3.0.7

类	别	ζ
送电线路杆塔和微波塔	钢结构	0.30
	钢筋混凝土结构	0.35
电气设施	电瓷产品	1.0
	其他	0.7

G_i、G_j——分别为集中于质点 i、j 的重力荷载代表值；

H_i、H_j——分别为 i、j 质点的计算高度；

δ_n——顶部附加地震作用系数，可按表 3.0.8 采用；

ΔF_n——顶部附加水平地震作用。

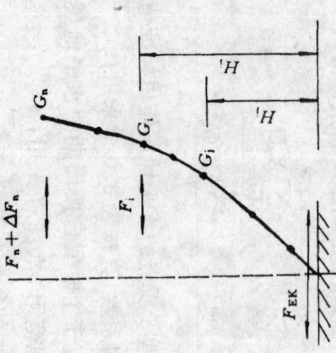

图 3.0.8 结构水平地震作用计算

顶部附加地震作用系数　　　　表 3.0.8

$T_g(s)$	$T_1 > 1.4T_g(s)$	$T_1 \leq 1.4T_g(s)$
≤0.2	$0.08T_1+0.07$	0
>0.2，≤0.4	$0.08T_1+0.01$	0
>0.4	$0.08T_1-0.02$	0

注：①场地特征周期按式(3.0.4)计算。
②T_1 为结构的基本自振周期。

第 3.0.9 条 基本自振周期大于 1.5s 的高柔结构，当位于中软和软弱场地时，其地震作用效应宜乘以增大系数，其增大系数宜取 1.3。

第 3.0.10 条 大跨越塔、长悬臂结构的竖向地震作用标准值，当为 8 度时，可取该结构、构件重力荷载代表值的 10%；当为 9 度时，可取 20%。

第四章　选址与总体布置

第 4.0.1 条 电力设施场地应选择在对抗震有利的地段，避开对抗震不利和危险的地段。当为 9 度时，重要电力设施宜建在硬场地的地区。

第 4.0.2 条 发电厂的铁路、公路或变电所的公路应避开地震时可能发生崩塌、大面积滑坡、泥石流、地裂和错位的危险地段。

第 4.0.3 条 发电厂、变电所的主要生产建筑物、设备，应根据厂区所区的地质和地形，选择对抗震有利的地段进行布置，避开不利地段。

第 4.0.4 条 高挡土墙、高边坡的上、下平台布置电力设施时，应根据其重要性，适当增加电力设施至挡土墙或边坡的距离。

第 4.0.5 条 发电厂的燃油罐、酸碱库四周应设防护围堤。燃油罐、酸碱罐四周宜布置在厂区边缘较低处。

第 4.0.6 条 发电厂区的地下管、沟，宜简化和分散布置，并不宜平行布置在道路车道下面，地下管、沟主干线应在地面上设置标志。

第 4.0.7 条 发电厂厂外的管、沟不宜布置在遭受地震时可能发生崩塌、大面积滑坡、泥石流、地裂和错位等危险地段，并应避开洞穴欠固结填土区。

第 4.0.8 条 发电厂的主厂房、办公楼、试验楼、食堂等人员密集的建筑物，其建筑物主要出入口应设置安全通道，其附近应有疏散场地。

第 4.0.9 条 发电厂各功能分区的主干道，应环形贯通，道路宽度不得小于 4m，道路边缘至建筑物的距离应满足地震时路面不致被散落物阻塞的要求。

第4.0.10条 发电厂、变电所水准基点的布置应避开对抗震不利地段。

第五章 电气设施

第一节 一般规定

第5.1.1条 电气设施的抗震设计应符合下列规定：

一、电压为330kV及以上的电气设施，7度及以上时，应进行抗震设计；

二、电压为220kV及以下的电气设施，8度及以上时，应进行抗震设计；

三、安装在屋内二层及以上和屋外高架平台上的电气设施，7度及以上时，应进行抗震设计。

第5.1.2条 电气设备、通信设备应根据设防烈度进行选择，当不能满足抗震要求时，可采取减震阻尼装置或其他措施。

第二节 设计方法

第5.2.1条 电气设施的抗震设计方法分为动力设计法和静力设计法，并应符合下列规定：

一、对高压电器、高压电瓷、管型母线、封闭母线及串联补偿装置等构构成的电气设施，应采用动力设计法；

二、对变压器、电抗器、旋转电机、开关柜(屏)、控制保护屏、通信设备、蓄电池等构成的电气设施，可采用静力设计法。

第5.2.2条 电气设施采用静力设计法进行抗震设计时，地震作用产生的弯矩或剪力可按下列公式计算：

$$M = a_0 G_{eq}(H_0 - h)/g \quad (5.2.2\text{-}1)$$

$$V = a_0 G_{eq}/g \quad (5.2.2\text{-}2)$$

式中 M——地震作用产生的弯矩 $(kN \cdot m)$；

G_{eq} —— 结构等效总重力荷载代表值(kN);
H_0 —— 电气设施体系重心高度(m);
h —— 计算断面处距底部高度(m);
V —— 地震作用产生的剪力(kN);
a_0 —— 设计基本地震加速度值按表5.2.2采用;
g —— 重力加速度。

设计基本地震加速度   表5.2.2

烈 度(度)	7	8	9
设计基本地震加速度值,$a_0(g)$	0.10	0.20	0.40

第5.2.3条 电气设施采用底部剪力法和振型分解反应谱法进行抗震设计时,应符合本规范第三章的有关规定。

第5.2.4条 电气设备和电气装置采用动力设计法进行抗震设计时,可采用由5个正弦共振调幅5波组成的调幅波串进行时程动力分析(图5.2.4)。

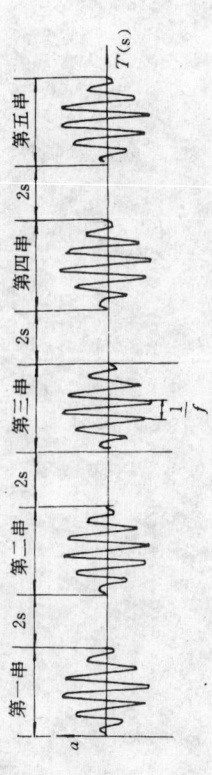

图 5.2.4 正弦共调幅波串

取一串调幅波进行计算分析时,作用在体系上的地面运动最大水平加速度值可按下列公式确定:

$$a = a_s \sin\omega t \cdot \sin\frac{\omega t}{10} \quad (5.2.4-1)$$

当 $0 \leq t < 5T$ 时,各时程的 a 值可按下列公式确定:

当 $t \geq 5T$ 时,$a = 0$

$$a_s = 0.75a \quad (5.2.4-2)$$

式中 a —— 各时程的水平加速度(g);
t —— 时程(s);
T —— 体系自振周期(s);
a_s —— 时程分析地面运动最大水平加速度(g);
ω —— 体系自振圆频率(Hz)。

第5.2.5条 当需进行竖向地震作用的时程分析时,地面运动最大竖向加速度 a_v 可取最大水平加速度 a_s 的65%。

第5.2.6条 按本规范第5.2.2条计算电气设备和剪力弯矩,均应乘以反应谱结构动力反应放大系数。本规范第5.2.4条计算各时程的水平加速度时,应乘以支承结构的动力放大系数,并应符合下列规定:

一、安装在室外、室内层、地下洞内、地下变电所顶层的电气设备和电气装置,其设备支架的动力放大系数取 1.0~1.2。
二、安装在室内二、三层楼板上的电气装置、建筑物的动力反应放大系数取2.0。
三、变压器、电抗器的本体结构和基础的动力反应放大系数取 2.0。

第5.2.7条 电气设施按动力设计法地震作用计算时,可不计算地震作用与短路电动力的组合。

第三节 抗震计算

第5.3.1条 电气设施按动力设计法进行抗震计算时,应包括下列内容:

一、体系自振频率和振型计算。
二、地震作用计算。
三、在地震作用下,各质点的位移、加速度和各断面的弯矩。
四、电气设备、电气装置的根部和其他危险断面处,由地震作用力等动力反应值计算。

用及其他荷载所产生的弯矩、应力的计算。

五、抗震强度验算。

第5.3.2条 电气设施按静力法设计进行抗震计算时，应包括下列内容：

一、地震作用计算。

二、电气设备、电气装置的根部和其他危险断面处，由地震作用及其他荷载所产生的弯矩、应力的计算。

三、抗震强度验算。

第5.3.3条 电气设施抗震设计应根据体系的特点、计算精度的要求及不同的计算方法，可采用有限元力学模型或悬臂多质点体系-弹簧体系力学模型。

第5.3.4条 质量-弹簧体系力学模型可按下列原则建立：

一、单柱式、多柱式和带拉线结构的体系可采用悬臂多质点体系或质量-弹簧体系。

二、装设减震阻尼装置时，应计入减震阻尼装置的剪切刚度、弯曲刚度和阻尼比。

三、高压管型母线、大电流封闭母线等长跨结构的电气装置，可简化为多质点弹簧体系。

四、变压器类的套管可简化为悬臂多质点体系。

五、计算时应计入设备法兰连接的弯曲刚度。

六、采用质点力学模型时，可简化为单质点体系。

第5.3.5条 直接建立质点-弹簧体系力学模型时，主要力学参数可按下列原则确定：

一、把连续分布的质量简化为若干个集中质量，并应合理的确定质点数量。

二、刚度应包括悬臂中刚度。集中刚度和电气装置的弯曲刚度应根据构件的弹性模量和外形尺寸计算求得。

2. 法兰与瓷套管胶装时，其弯曲刚度 K_c 可按下式计算：

$$K_c = 6.54 \cdot d_c h_c^2 / t_e \quad (5.3.5-1)$$

式中 K_c ——弯曲刚度（N·m/rad）；
d_c ——瓷套管胶装部位外径（m）；
h_c ——瓷套管与法兰胶装高度（m）；
t_e ——法兰与瓷套管之间的间隙距离（m）。

3. 法兰与瓷套管用弹簧卡式连接时，其弯曲刚度可按下式计算：

$$K_c = 4.9 d_c h_c'^2 / t_e \quad (5.3.5-2)$$

式中 h_c' ——弹簧卡式连接中心至法兰底部的高度（m）。

4. 减震阻尼装置的弯曲刚度可按制造厂规定的性能要求确定。

第5.3.6条 按有限单元分析建立力学模型时，应合理确定有限单元类型和数目，并应符合下列规定：

一、有限单元的弯曲刚度可由电气设备体系和电气装置的结构直接确定。

二、电气设备法兰与瓷套管连接的弯曲刚度应由一个等效梁单元产生。该梁单元的截面惯性矩 I_c 可按下式确定：

$$I_c = K_c \frac{L_c}{E_c} \quad (5.3.6)$$

式中 I_c ——截面惯性矩（m⁴）；
L_c ——梁单元长度（m），取单根瓷套管长度的1/20左右；
E_c ——瓷套管的弹性模量（Pa）。

三、减震阻尼装置的弯曲刚度 K_d 应采用一个等效梁单元产生，其截面惯性矩可按公式（5.3.6）计算。

第5.3.7条 按本规范第3.0.7条计算的地震作用，应根据电气设备体系和电气装置的实际阻尼比乘以阻尼修正系数，其阻尼修正系数应按表5.3.7采用。

阻尼修正系数 表 5.3.7

阻尼比 η	0.01	0.02	0.03	0.04	0.05	0.06	0.07	0.08	0.09	0.10
修正系数	1.40	1.28	1.18	1.08	1.00	0.93	0.86	0.80	0.74	0.70

第 5.3.8 条 电气设施的抗震计算应计入支架等因素的影响，并应按本规范第 5.2.6 条规定乘以支承结构动力反应放大系数。

第 5.3.9 条 电气设施的结构抗震强度验算，应保证设备和装置的根部或其他危险断面处产生的应力小于设备和瓷套管和瓷绝缘子的许应应力值。

当采用破坏应力或破坏弯矩进行验算时，对于瓷套管和瓷绝缘子应满足下列公式的要求：

$$\sigma_{tot} \leqslant \sigma_v / 1.67 \quad (5.3.9-1)$$
$$M_{tot} \leqslant M_v / 1.67 \quad (5.3.9-2)$$

式中 σ_{tot} ——地震作用和其他荷载产生的总应力 (Pa)；
σ_v ——设备或材料的破坏应力值 (Pa)；
M_{tot} ——地震作用和其他荷载产生的总弯矩 (N·m)；
M_v ——设备或材料的破坏弯矩 (N·m)。

第四节 抗震强度验证试验

第 5.4.1 条 电气设施当需要进行抗震强度验证试验时，应以原型设备支架体系和原型电气装置电气装置在振动台上进行模拟地震试验。但当电气设备和电气装置由于尺寸和重量等因素不能进行原型电气装置带支架试验时，可采用对电气设备本体或电气装置中的易损部件进行模拟地震试验。

第 5.4.2 条 电气设施抗震强度验证试验应检验危险结构断面处的应力值。但对于非对称结构的电气装置，应对其水平

不利轴向进行验证试验。

第 5.4.3 条 对横向布置的穿墙套管等电气设施，宜采用水平和竖向同时输入波形和加速度值进行验证试验。

第 5.4.4 条 电气设施抗震强度验证试验的输入波形和加速度值应按下列原则确定：

一、对于原型电气设备带支架体系和原型电气装置体系的地震影响，振动台输入波形可采用本规范第 3.0.5 条规定的地震影响系数曲线作出的人工合成地震波；输入的加速度值应按本规范表 5.2.2 采用。

二、当进行电气设备本体或电气设备和电气装置的结构型式、试验台输入的加速度值可按本规范公式 (5.2.4-1) 计算确定。输入的加速度值应同时记录和采集。

第 5.4.5 条 试件的测点数值应同时记录和采集。

试验要求等确定；所有测点的数值应同时记录和采集。

第 5.4.6 条 当试件未连同支承结构一并进行验证试验时，其输入的加速度值应按本规范第 5.2.6 条规定，应乘以动力反应放大系数。

第 5.4.7 条 验证试验测得的危险断面应力值，当满足本规范第 5.3.9 条规定时，可确认本型式产品能满足抗震要求。

第五节 电气设施布置

第 5.5.1 条 电气设施布置应根据设防烈度、场地条件和其他环境条件，并结合电气总布置及运行、检修条件、通过技术经济分析确定。

第 5.5.2 条 当为 9 度时，电气设施布置应符合下列原则要求：

一、电压为 110kV 及以上的配电装置型式，不宜采用高型、半高型和双层屋内配电装置。

二、电压为 110kV 及以上的管型母线配电装置的管型母线，

宜采用悬挂式结构。

三、主要设备之间以及主要设备与其他设备及设施间的距离宜适当加大。

第5.5.3条 当为8度或9度时，110kV及以上电压等级的电容补偿装置的电容器平台宜采用悬挂式结构。

第5.5.4条 当为8度或9度时，限流电抗器不宜采用三相垂直布置。

第5.7.4条 装设减震阻尼装置应根据电气设备结构特点、自振频率、安装地点场地土类别，选择相适应的减震阻尼装置，并应符合下列要求：

一、安装减震阻尼装置的基础或支架的平面必须平整，使每个减震阻尼装置受力均衡。

二、根据减震阻尼装置的水平刚度及转动刚度验算电气设备体系的稳定性。

第5.7.5条 变压器类安装设计应符合下列要求：

一、变压器类宜取消滚轮及其轨道，潜油泵、冷却器及其连接管道等附件以及集中布置的冷却器与本体间连接管道，应符合抗震要求。

二、变压器类的基础台面宜适当加宽。

第5.7.6条 旋转电机安装设计应符合下列要求：

一、安装螺栓和预埋铁件的强度，应符合抗震要求。

二、连调相机和柴油发电机附近的操作电源或气源补偿装置。

第5.7.7条 断路器、隔离开关的操作电源或气源设计应符合抗震要求：

第5.7.8条 蓄电池、电力电容器的安装设计应符合下列要求：

一、蓄电池安装应装抗震架。

二、蓄电池间连接线宜采用软导线或电池连接电缆连接，端电池宜采用电缆作引出线。

三、电容器应牢固地固定在支架上，电容器引线采用软导线。

第5.7.9条 蓄电池的固定方式，开关柜（屏）、控制保护屏、通信设备等，应采用螺栓或焊接的固定方式。当为8度或9度时，可将几个柜（屏）在重心位置以上连成整体。

第5.7.10条 电缆、空气压缩机管道、接地线等，应采取防止地震时被切断的措施。

第六节 电力通信

第5.6.1条 重要电力设施的电力通信，必须设有两个及以上相互独立的通信通道，并应组成环形或迂回回路的通信网络。

一、重要电力设施的电力通信电源，应由能自动切换的、可靠的双回路交流电源供电，并应设置独立可靠的备用电源。

二、一般电力设施的大、中型发电厂和重要变电所的电力通信，应设置工作电源和直流备用电源。

第5.6.2条 一般电力设施的大、中型发电厂和重要变电所的电力通信，应设有两个或两个以上相互独立的通信通道，并宜组成环形或有迂回回路的通信网络。

第5.6.3条 电力通信设备必须具有可靠的电源，并应符合下列要求：

第七节 电气设施安装设计的抗震要求

第5.7.1条 本节适用于7度及以上的电气设施的安装设计。

第5.7.2条 当采用硬母线时，应有软导线或伸缩接头过渡。

第5.7.3条 设备和装置的安装焊接螺栓和电气装置的安装强度必须满足抗震要求。设备引线和设施间连接线宜采用软导线，其长度应留有余量。

第六章 火力发电厂和变电所的建、构筑物

第一节 一 般 规 定

第6.1.1条 电力设施建筑物的混凝土结构抗震等级，应根据设防烈度，结构类型和框架、抗震墙高度，按表6.1.1确定。

混凝土结构抗震等级　　表6.1.1

类型 抗震等级 设防烈度	框架结构		框架-抗震墙 (抗震支撑)			主控制楼、 配电装置楼 等级	运煤 栈桥 等级
	高度(m)	等级	高度(m)	框架	抗震墙		
6	≤25	四	≤50	四	三	三	三
	>25	三	>50	三	三		
7	≤35	三	≤60	三	三	三	三
	>35	二	>60	二	二		
8	≤35	二	≤50	二	二	二	二
	>35	一	50～80	一	一		
9			≤25	一	一	一	一
			>25				

注：①本表适用于现浇和装配整体式的钢筋混凝土结构。
②表中房屋高度指室外地面到檐口的高度。
③表中设防烈度指调整后的烈度。
④主控制楼、配电装置楼和运煤栈桥等均指框架结构。

第6.1.2条 当为9度且采用主厂房框架结构时，应论证其抗震性能的可靠性，其抗震等级应为一级。

第6.1.3条 主厂房框架结构当抗震等级为一级，对还需提高1度设防时，仍应按抗震等级为一级设计。

第6.1.4条 当为8度时，房屋高度小于或等于12m，规则的框架结构，其抗震等级可降低一级采用。

第6.1.5条 当框架结构构件的抗震等级为一级时，应采用现浇钢筋混凝土结构。

第6.1.6条 当为6度时，结构构件的连接应按低一级规则，结构体系宜合理，非结构构件、建筑物平面、立面布置宜规则，结构体系宜合理，建筑物平面、立面布置应规则，对易倒、易坠部位尚应采取加强措施。

第二节 主 厂 房

第6.2.1条 主厂房的结构布置，应满足工艺要求，设备宜采用低位布置，并宜减轻工艺荷载和结构自重及降低建筑物的高度和重心，其质量和刚度宜均匀、对称，并不宜设置较长的悬臂结构和不宜在悬臂结构上布置重设备。围护构件宜采用轻质材料或墙板结构。

第6.2.2条 主厂房结构的防震缝，应按现行国家标准《建筑抗震设计规范》进行确定，并应符合下列要求：

一、主厂房主体结构与汽机基座之间不应设防震缝。

二、主厂房主体结构与锅炉构架、加热器平台、砖混结构的封闭式天桥和结构类型不同的毗连建筑物可不设防震缝，但应保证结构的整体工作。

防震缝不宜加大距离作其他用途。

列入同一计算简图不同体系的建筑物宜设防震缝。

对软弱地基相对倾斜影响，宜适当加大防震缝的宽度。

第6.2.3条 主厂房结构，当不同结构体系之间的连接走道不能采用防震缝分开时，应采用一端简支、一端滑动。

第6.2.4条 主厂房框架的纵向结构，可根据设防烈度的大小采用不同的抗震措施。当为8度或9度时，宜采用钢筋混凝土框

架和抗震墙结构。当设置抗震墙时，框架梁柱的联结宜采用刚结。

第6.2.5条 主厂房外侧柱列的抗震措施，可根据结构布置、设防烈度、场地土条件、荷载大小等因素，选择框架结构或框架-抗震支撑体系。

当外侧柱列设置支撑时，宜采用交叉形的钢支撑。当有吊车或当为8度、9度时，尚应在厂房单元两端增设上柱支撑。

当采用框架-抗震支撑体系时，若抗震支撑所承受的地震倾覆力矩大于结构总倾覆力矩的50%，其框架部分的轴压比可增加到0.9。

第6.2.6条 抗震墙或抗震支撑宜集中布置在每一柱列伸缩区段的中部，使结构的刚度中心接近质量中心，并宜在框架柱列上对称布置。

第6.2.7条 抗震墙和抗震支撑应有一档沿全高设置，沿高度方向不宜出现刚度突变。

第6.2.8条 框架结构采用装配整体式楼(屋)盖时，楼(屋)盖应采用装配整体式配筋现浇钢筋混凝土面层。板缝处梁应通过板缝钢筋连接成整体。

第6.2.9条 框架与抗震墙应可靠连接。对大柱距的厂房宜设置连续结构的连接性和整体性。框架结构分段宜采用H型分段，梁、柱结头应进行强度验算，当钢筋采用加强焊缝时，宜采用加强型坡口焊连接。构件预埋铁件的锚固应进行强度验算。

第6.2.10条 装配式抗震墙应通过板缝钢筋连接成整体。

第6.2.11条 框架结构中，围护墙和隔墙宜采用轻质或与框架柔性连接的墙板。当为8度时，主厂房的抗震设计应符合下列要求：

一、采用轻型屋面、钢屋架和钢天斗。

二、不应布置突出屋面的天窗，在厂房单元两端的第一柱间不应设天窗。

三、重要电力设施的主体结构，可采用钢结构。

第6.2.12条 外包角钢混凝土厂房的布置，除应符合钢筋混凝土厂房的有关要求外，尚应符合下列规定：

一、外包角钢构件的设计，应使角钢骨架对混凝土有良好的约束。

二、当为8度、9度且采用实腹式梁配柱时，应选择现浇或装配整体式方案，并可利用外包角钢骨架承受施工荷载。

三、当为8度、9度且采用空腹式梁配柱时，应选择整体预制方案，减少杆件的拼装接头。

四、空腹式梁柱宜采用简支连接。当为8度、9度时，可采用"先铰接后固接"的构造型式。

第6.2.13条 当采用装配整体式方案时，预制横梁上部应设现浇层。

当为8度、9度时，梁节点除梁端设置刚性锚固件外，尚应沿拉梁底设附加锚固件，并应通过拉筋或拉板与柱两侧角钢连接。

第6.2.14条 外包角钢混凝土空腹式柱杆件的抗震应符合下列规定：

一、当按地震作用组合时，双肢柱肢杆件的轴压比限值可按现行国家标准《混凝土结构设计规范》中框架柱的轴压比限值增加0.05，但不得大于0.90。

二、肢杆件全部角钢的最小配筋率宜为1.5%。

三、双肢柱肢杆及腹杆的箍筋直径不应小于φ10mm，间距不应小于100mm。

第6.2.15条 屋盖结构应为自重轻、重心低、整体性强的结构，屋架和柱顶、屋面板与屋架、支撑和主体结构(天窗架、屋架)之间的连接应牢固。各连接处均应使屋架或屋面梁的山墙承能能力得到充分利用，并不应采用无端屋架或屋面梁的山墙承重方案。

第6.2.16条 屋盖选型应符合下列规定：

需要采用突出屋面的天窗时，宜采用钢天窗架。当为8度及以下，且天窗跨度小于9m，高度小于2.4m，屋架为钢筋混凝土结构时，可采用杆件为矩形截面的钢筋混凝土天窗架。当为9度时，宜采用钢天窗。

二、主厂房汽机间不宜采用突出屋面的天窗。

三、当托架、屋架采用钢结构时，应采用钢托架。

四、当条件允许时，可采用压型钢板等轻型板材。

第6.2.17条 屋盖的抗震构造应符合下列规定：

一、屋架与柱连接，当为8度时宜采用螺栓连接；当为9度时宜采用钢板铰。

屋架与支座采用螺栓连接时，应将螺杆与螺帽焊牢。屋架端头的支承板垫板厚度不宜小于16mm。

二、有檩屋盖的檩条与屋架（屋面梁）焊牢，并保证支承长度。采用双脊檩时，应在跨度1/3处互相拉结。压型钢板等轻型屋盖应与檩条拉结牢固。

三、当为8度或9度时，大型屋面板端头底面的预埋件宜采用角钢，并与主筋焊牢。

第6.2.18条 屋盖的支撑布置宜符合下列规定：

一、当为7度至9度时，跨度大于24m的钢炉房屋钢架的屋盖下弦应设封闭设水平支撑。

二、当为8度或9度时，对梯形和拱型屋架，应在屋架中部、以及沿屋架跨度方向每隔12m左右设置一道通长的垂直支撑。屋架端部高度等于和大于900mm时，尚应在两端各设置一道长通的垂直支撑。

当为7度时，厂房单元两端及柱间支撑开间宜按上述位置设置垂直支撑，其余开间宜设置通长系杆。

三、屋盖等为大于30m的有檩体系的轻型屋盖，其上下弦跨度封闭的水平支撑。当为6度或7度时，沿屋架跨度方向每隔12m左右在厂房单元端部第一或第二开间及柱间支撑开间各设一道垂直支撑；其余开间均设水平系杆。当为8度或9度时，按上述位置设置垂直支撑通长布置，其余开间应在屋架的第一节间设置纵向水平支撑。

四、当采用托架时，应在屋架的第一节间设纵向水平支撑。

第三节 主控制楼、配电装置楼

第6.3.1条 主控制楼、配电装置楼的抗震设计应从选型、布置和构造等方面采取加强整体性措施。

第6.3.2条 主控制楼、配电装置楼可根据设防烈度和场地类别选用抗震结构型式。

第6.3.3条 钢筋混凝土构造柱可按现行国家标准《建筑抗震设计规范》的规定，结合具体结构特点设置，并宜采用加强型构造柱。

加强型构造柱最小截面为240mm×240mm，纵向钢筋不宜少于4根，直径不得小于φ12mm；箍筋直径不宜小于φ6mm，其间距不宜大于200mm，各层柱上下端范围内的箍筋间距宜为100mm。墙体的拉筋应伸入构造柱内，空旷层的构造柱，应按计算确定配筋。

第6.3.4条 纵墙承重的房屋，横墙承重的装配式钢筋混凝土楼盖的房屋应分别在每层设一道圈梁，圈梁截面宽度与墙厚相同，高度不宜小于180mm。圈梁宜现浇。

第6.3.5条 圈梁应封闭，对不封闭的墙体顶部局部圈梁应按计算确定截面和配筋。

当基础设置在软弱粘性土、液化土，严重不均匀土层上时，尚应设置基础圈梁。

第6.3.6条 当为8度或9度时，楼梯宜采用现浇钢筋混凝土结构。

第6.3.7条 主控制楼、配电装置楼与相邻建筑物之间用防震缝分隔，缝宽宜为50~100mm。

第四节 运煤栈桥

第6.4.1条 当为8度或9度时,不应采用砖墙承重的结构型式。

第6.4.2条 采用砖墙围护结构应将栈桥支柱伸高至墙顶,并应对砖墙采取拉结的措施。沿纵墙应每隔4m设置钢筋混凝土构造柱,并与墙顶卧梁和下部结构连成整体。

第6.4.3条 栈桥与相邻建筑物之间应设防震缝。

第6.4.4条 斜栈桥可不低抗震。当斜栈桥在低侧设置纵向抗震墙或纵向抗震支撑,或由各支柱自身抗震时,纵向可按排架进行抗震计算。当斜栈桥应由各支柱自身承担地震作用效应的组全部由支柱承担时,纵向可按排架进行抗震计算,其强度应满足抗震要求。

第6.4.5条 进行栈桥的地震作用和其他荷载效应的组合时,尚应符合下列要求:

一、应按现行国家标准《建筑抗震设计规范》的规定计算风荷载作用效应。

二、当为8度或9度时,应同时计入竖向地震作用。

第五节 变电构架和设备支架

第6.5.1条 变电构架宜选用钢筋混凝土环形杆柱结构、钢管混凝土结构和钢结构。

第6.5.2条 变电构架进行截面抗震验算时,其计算简图可与静力分析简图取得一致,尚应按两个水平主轴方向分别进行验算。

第6.5.3条 变电构架和设备支架可简化为单质点体系计算,当计算基本周期时,构架柱重力荷载可按1/4作用于柱顶取值;当计算地震作用时,构架柱重力荷载可按2/3作用于柱顶取值。对于高型或半高型构架可按两个质点或多个质点体系计算。

第6.5.4条 地震作用效应与其他荷载效应组合时,应计入下列各项作用:

一、恒载。

二、导线、绝缘子串和金具重等设备荷载。

三、正常运行时的最大导线张力。

四、按现行国家标准《建筑抗震设计规范》的规定同时计入的风荷载作用效应。

五、对高型或半高型布置的构架,尚应考虑通道活荷载1.0kN/m²。

第七章 送电线路杆塔、微波塔及其基础

第7.0.1条 当为8度及以下时,自立式铁塔、微波塔、拉线杆塔可不进行抗震验算。

第7.0.2条 当为8度或9度时,宜采用拉线杆塔,且各杆塔上不应采用瓷横担。

第7.0.3条 大跨越杆塔、微波塔的基础或8度、9度的220kV及以上耐张型转角杆塔和微波塔的基础,应对其地基进行液化鉴定,当有液化时,基础宜采用整体平板基础、基础之间进行联梁或采用桩基础。

第7.0.4条 计算杆塔动力特性时,可不计入导线和避雷线的重量。

第7.0.5条 当计算地震作用时,重力荷载代表值可按无冰、年平均温度时的运行情况取值。

第7.0.6条 杆塔结构的地震作用效应尚应与其他荷载效应组合,应按下式计算:

$$S = \gamma_G S_{GE} + 1.3 S_E + 0.5 S_Q + 0.3 S_w \qquad (7.0.6)$$

式中 γ_G——重力荷载分项系数,宜采用1.2,但当重力荷载效应对构件承载能力有利时,可采用1.0;

S_{GE}——重力荷载代表值效应;

S_E——地震作用效应标准值效应,当同时计入水平和竖向地震作用时,以水平地震作用效应为主的构件,宜取水平效应为主效应应为100%和竖向效应为40%,以竖向效应为主的构件,宜取竖向效应为100%和水平效应为40%;

S_Q——活荷载代表值效应;

S_w——风荷载作用标准值效应。

第7.0.7条 结构构件截面设计应按下式确定:

$$S \leq \frac{R}{\gamma_{RE}} \qquad (7.0.7)$$

式中 R——结构构件承载力设计值;

γ_{RE}——承载力抗震调整系数,应按表7.0.7确定。

承载力抗震调整系数 表7.0.7

材料	结构构件	承载力抗震调整系数 γ_{RE}
钢	跨越塔	0.85
	送电线路铁塔、微波塔	0.80
	构件焊缝和螺栓	1.00
钢筋混凝土	跨越塔	0.90
	钢管混凝土杆塔	0.80
	送电线路钢筋混凝土杆塔	0.80
	各类受剪构件	0.85

第7.0.8条 大跨越塔及塔高50m以上的自立式铁塔的水平地震作用宜采用振型分解反应谱法计算;对大跨越塔和长悬臂横担的杆塔尚应进行竖向地震作用验算。

第7.0.9条 结构的阻尼比,自立式铁塔宜取3%,钢筋混凝土杆塔和拉线杆塔宜取5%。

附加说明

附录一　本规范用词说明

一、为便于在执行本规范条文时区别对待,对要求严格程度不同的用词说明如下:

1. 表示很严格,非这样做不可的用词:
正面词采用"必须";
反面词采用"严禁"。

2. 表示严格,在正常情况下均应这样做的用词:
正面词采用"应";
反面词采用"不应"或"不得"。

3. 表示允许稍有选择,在条件许可时首先应这样做的用词:
正面词采用"宜"或"可";
反面词采用"不宜"。

二、条文中指定应按其他有关标准、规范执行时,写法为"应按……执行"或"应符合……的规定"。

附录二　本规范主编单位、参加单位和主要起草人名单

主编单位: 电力工业部西北电力设计院

参加单位: 国家地震局工程力学研究所
电力工业部华北电力设计院
电力工业部电力建设研究所
西安交通大学
太原工业大学
大连理工大学

主要起草人: 蒋士青　赵道檩　文良模　郭玉学　刘曾武
尹之潜　石兆吉　张其浩　徐健学　白玉麟
朱永庆　王永滋　李　勃　王延白　张圣贤
钟德山　范良干　李世温　曲乃泗　罗命达
彭世梁　王祖慧　焦悦琴　张运刚　汪丽珠
高象波

中华人民共和国国家标准

电力设施抗震设计规范

GB 50260—96

条文说明

编制说明

本规范根据国家计委计综(1984)305号文的要求,由电力工业部西北电力设计院负责主编并与参加编制单位国家地震局工程力学研究所、电力工业部华北电力设计院、电力工业部电力建设研究所、西安交通大学、太原工业大学和大连理工大学等单位共同编制。

在编制过程中,对我国近30多年来,自新丰江水电站地震、邢台地震,特别是海城地震、唐山地震进行了广泛的震害调查研究,总结了国内外电力设施抗震设防的实践经验,同时开展了大量的电力设施抗震研究工作,广泛征求了全国有关单位的意见,并由电力工业部电力规划设计总院会同有关部门审查、修改后复审定稿。

本规范的主要内容包括:总则、场地、地震作用、选址与总体布置、电气设施、火力发电厂和变电所的建、构筑物的建、构筑物和送电线路杆塔、微波塔及其基础等。

鉴于本规范是新编制的,有些内容有待于在今后的工作实践中进行补充和提高。在执行本规范过程中,如发现需要修改或补充时,请将意见和资料寄电力工业部西北电力设计院(陕西省西安市金花北路20号,邮编:710032),并抄送电力工业部电力规划设计总院,以便今后修订时参考。

电力工业部
1996年8月

目 次

第一章 总 则 …………………………… 10—21
第二章 场 地 …………………………… 10—23
第三章 地震作用 ………………………… 10—24
第四章 选址与总体布置 ………………… 10—26
第五章 电气设施 ………………………… 10—27
  第一节 一般规定 ……………………… 10—27
  第二节 设计方法 ……………………… 10—28
  第三节 抗震计算 ……………………… 10—30
  第四节 抗震强度验证试验 …………… 10—31
  第五节 电气设施布置 ………………… 10—33
  第六节 电力通信 ……………………… 10—33
  第七节 电气设施安装设计的抗震要求 … 10—33
第六章 火力发电厂和变电所的建、构筑物 … 10—35
  第一节 一般规定 ……………………… 10—35
  第二节 主厂房 ………………………… 10—35
  第三节 主控制楼、配电装置楼 ……… 10—38
  第四节 运煤栈桥 ……………………… 10—38
  第五节 变电构架和设备支架 ………… 10—39
第七章 送电线路杆塔、微波塔及其基础 … 10—40

第一章 总 则

第1.0.1条 本条是规范编制的目的和指导思想。规范制订贯彻了国家地震工作以"预防为主"的方针。抗震设防是以现有科学技术水平和经济条件为前提,现有科学技术水平是指我们当前掌握的震害经验、科研成果和震害资料,随着科学技术水平的提高,将来会有所突破。

第1.0.2条 本条为本规范的适用范围。
对水力发电厂本规范仅适用于常规安装的电气设施,如在大坝上、大坝内安装的电气设施、水电厂的建筑物的抗震设计不包括在本规范中。
火力发电厂的烟囱、冷却塔和一般管道及管道支架等设施的抗震设计,根据国家计委决定将其分别列入《建筑抗震设计规范》和《构筑物抗震设计规范》。

第1.0.3条、第1.0.4条 这两条为规范的设防标准,考虑我国的经济条件,在既保证电力设施遭受地震作用时尽量减少设备损坏和人员伤亡、避免造成电力系统大面积、长时间的停止供电给国民经济带来重大损失,又不能因电气设施和建、构筑物抗震设防标准过高而增加投资太多。本规范的电力设施包括电气设施和建、构筑物两大类。遵照"小震不坏,大震不倒"的指导原则并考虑到电气设施的抗震能力和使用要求与建、构筑物的指导原则有所不同,尽量避免因电力系统无法供电造成国民经济的巨大损失,对电气设施的三个水准的设防要求,与建、构筑物的设防要求配套而稍有不同。建、构筑物在大震下也要求不致造成电气设施不可修复的严重破坏。

第1.0.5条 电力设施划分为重要电力设施和一般电力设施。划分的原则主要根据火力发电厂的设计规划容量、水电厂的设计装机容量、供电对象的重要性，变电工程的电压等级和在电网中的地位，以及通信设施的重要性等作为依据。

第1.0.6条 本条将电力设施中的建、构筑物按国家标准《建筑抗震设防分类标准》（GB 50223-95）的规定，根据其特点和重要性划分为三类。

第1.0.7条 第1.0.8条 电力设施的抗震基本烈度。本条所指的地震基本烈度一般情况下可采用国家规定的地震烈度区划图审批、颁发的文件（图件）确定。对于地震基本烈度是国家规定的地震烈度小区划的地区可按批准的地震动参数考虑抗震设防。

1985年地震局对厂址地震烈度复核鉴定，如：出现重复鉴定、不需重复分析，但从鉴定结果与现行《中国地震烈度区划图》相符，绝大多数项目仍得一定成效，鉴定费用急剧增加。为此，原水利电力部电力规划设计院曾以(85)水电规勘字第16号文发出《关于对火力发电厂地震基本烈度鉴定的有关问题通知》，文中规定：

今后建厂地区的地震基本烈度的鉴定工作应坚决按国家地震局、国家建委(80)震发科字第391号，(83)震发科字第345号，水电部(83)水电基字第(149)号，以及城乡建设环境保护部(84)城抗字第267号的具体规定办事，重申中国地震烈度区划图仍是确定建设地区地震基本烈度的依据。除下列情况需复核鉴定外，不再另行鉴定，即：

1. 国家特别重要工程建设项目和少数重要工程项目；
2. 厂址处于强震危险区内或地震工作程度很低的地区；
3. 个别位于烈度分界线附近的项目，但鉴定时需要考虑下列几点：
   (1) 国家特别重要工程需经部批准。
   (2) 位于区划图《中国地震烈度区划图》（百万分之一）中小于6度地区的电厂，根据以往鉴定结果来看，均为6度，故也可不必委托而按6度考虑；
   (3) 位于区划图中6度区的省会、百万人口城市市区，及济南、郑州、洛阳、马鞍山、淮北、铜陵、芜湖、宜兴、溧阳、常州等市区，装机容量超过50万千瓦的电厂，均按7度设防，不必委托鉴定。

按上述精神，电力设施的设防烈度一般情况下可采用《中国地震烈度区划图》规定的地震基本烈度，不再进行地震烈度的鉴定。而对已做过小区划的地区，可按批准的设防烈度或地震动参数进行抗震设防。

本规范根据电气设施的特点及各类建筑物重要性，按其受地震破坏时产生的后果，即从经济上、政治上和社会影响上等综合估计，分别提出了抗震设防要求。

第1.0.10条 本条规定按本规范进行抗震设计时，尚应遵守和符合现行有关国家标准的规定。本规范主要针对电力设施的特点而制订的。而有些设施如烟囱、冷却塔等虽属电力设施，但其抗震设计规定均分别列入《建筑抗震设计规范》和《构筑物抗震设计规范》。特别指出建筑物的抗震设计应按现行国家标准《建筑抗震设计规范》执行。

第二章 场 地

第 2.0.1 条 本条将场地分为对电力设施抗震有利、不利和危险等三种情况，总的来说，电力设施的震害是由地震动和地基失效两种原因形成。地震震动可以通过电力设施抗震设计和增加适当抗震措施来解决。地基失效（如砂土液化、沉陷等）可以按现行国家标准《建筑抗震设计规范》有关规定进行液化判别和相应的加固和改造地基情况，对电力设施抗震不利地区的各种情况则应视具体情况进行分析和处理或通过专门研究来解决。如查明可能发生滑坡、崩塌、泥石流、地陷、地裂和地表断裂错位等地震带是危险地段，不应选作电力设施场地。

第 2.0.2 条 关于场地评定指标的选取。

随着强震观测资料的增加和国内外大地震害经验的积累，人们逐渐认识到，场地条件是影响地震动特征和结构震害的重要因素。目前考虑这一因素的方法是在抗震设计规范中，通过场地分类，给出几条不同的反应谱曲线。但是，不同国家的抗震设计规范和研究者者提出的场地评定指标和分类方法很不一致。现已提出的场地评定指标主要有：纵、横波速度、平均剪变模量、抗剪强度、承载力、标贯击数、相对密度、地下水位、脉动卓越周期、反应谱峰值周期、覆盖层厚度、单位容重，等等。一般来说，不同规范或研究者大都选用2～3种指标，在分类指标等级上，大致有三至五类。

本规范建议选用的场地评定指标是各分层土层的剪变模量 G_{sm}(MPa) 和覆盖层厚度 d_{ov}(m)，平均剪变模量是反应了场地土各分层的刚度特性（如波速、加权平均，它较好地反应了场地土特性与震害研究的关系已为多数研究者所认同），覆盖层厚度（覆盖层厚度等），覆盖层厚度与震害现象都与覆盖层厚度有关。这里所选的两个指标，其覆盖层厚度，是了解场地土特性所必须的，一般来说，也是不难实现的。因此，确定场地指数是易于作到的。

对绝大多数电力设施来说，测定其场地的平均剪变模量，勘察覆盖层厚度（场地指数）。

第 2.0.3 条 关于场地指数的采用。

目前国内外的抗震规范，首先要给出各分类指标来指定场地评定的范围，这在实际应用中任任带来明显的不合理性。当场地评定指标处在分界附近时，任会因很小的差异就带来场地类别的一类之差。场地特性对设计反应谱有明显的影响，这是举世公认的。在场地土的实际评定中，对硬场地（基岩露头或覆盖层较薄的坚硬土）和软场地（土质松软而厚）有关规定十分易作出判定。但是，对于两者之间的中间场地，影响因素复杂，且变化范围十分广泛，显然，只用少数几条（如一条或两条）谱曲线来反映场地土资料分析的影响，会感到粗糙和不尽合理，大量的强震观测记录和场地反应谱分析表明，中间场地的反应谱变化范围是介于硬场地和软场地两条反应谱曲线之间。其变化范围如图1所示。如果硬场地中间场地的千变万化的场地，人为地给把连续变化的场地评定指标所反映的这个矛盾，为解决这个矛盾，我们应用模糊数学的一些基本原理，处理场地评定指标与场地评价间的关系，提出以上述平均剪变模量和场地土覆盖层厚度作为场地评定指标。以模糊推论的综合评判方法导出的场地相对隶属度作为场地指数。若以 μ 表示场地指数。其中，硬场地对应于 $\mu=1$，软场地对应于 $\mu=0$，变化范围广泛的中间场地介于 $0<\mu<1$。用场地指数表示场地评价结果，这实质上是一种连续的场地分类法。采用场地指数的优点是，可以把设计反应谱函数，使反应谱能较合理地反映场地土的差异对地震连续作用变化的函数，使反应谱能较合理地反映场地土的差异对地震作用的影响。

结合在一起，还能较好地反映场地的动力特性，并便于给出场地评定结果的定量参数（场地指数）。

第三章 地震作用

第3.0.1条 电力设施的结构类型繁多，其中的建筑结构，为与现行国家标准《建筑抗震设计规范》的规定协调一致，并方便应用，本规范要求按该规范进行地震作用的计算和结构抗震验算，包括抗转地震作用效应，内力和变形的计算，以及作用效应组合和截面抗震验算、层间变形验算等。

第3.0.2条 抗震设计时，结构（对设备进行力学分析时也视为结构）所承受的"地震荷载"实际上是由于地震地面运动引起的动态作用，按照现行国家标准《建筑结构设计通用符号、计量单位和基本术语》的规定，属间接作用，不能称为"荷载"，改称"地震作用"。有关地震作用考虑的原则为：

1. 考虑到地震可能来自任意方向，并沿主轴方向考虑作用下将元具有水平主轴方向，而一般电力设施考虑水平地震作用下将产生扭转振动，增大地震效应，故应考虑扭转效应。

2. 质量和刚度分布明显不均匀的结构在水平地震作用下将产生扭转振动，增大地震效应，故应考虑扭转效应。

3. 有关长悬臂和大跨度结构的竖向地震作用的计算同《建筑抗震设计规范》。

第3.0.3条 电力设施的结构类型繁多，不同的设施采用不同的抗震分析方法是一个发展趋势。本规范的各章中分别作了规定，使不同的方法有各自的适用范围。

第3.0.4条、第3.0.5条 关于反应谱设计的规定。强震记录的增加，地震动特征研究的进展和震害经验的积累，一直推动各国抗震规范的修订工作。国内已分析处理的强震记录515条，一直推动各国抗震规范的修订工作。国内外M≥5级的强震记录515条，年有了大量增加，本规范共用国内外M≥5级的强震记录515条，

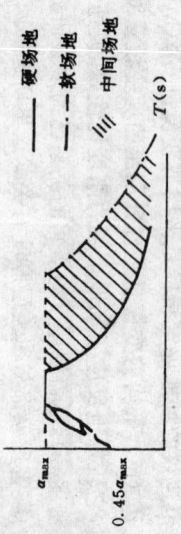

图1 反应谱曲线简图

场地名称划分为四种场地类别，即硬场地、中硬场地、中软场地和软场地，为此本条表2.0.4给出了上述四种场地与场地指数间的对应关系。本规范的场地指数与《建筑抗震设计规范》四类场地设计近震设计特征周期T_g的对应关系大致如表1所示。

表1 场地指数与特征周期

本规范的场地指数 μ	1.0	0.5	0.2	0.0
《建规》的场地类别	Ⅰ	Ⅱ	Ⅲ	Ⅳ
特征周期值 T_g(s)	0.2	0.3	0.4	0.65

如按场地指数 μ 或 T_g 的中值划分，中硬场地的 μ 值变化范围为 $0.75\sim0.35$。但鉴于《建筑抗震设计规范》中的Ⅰ类场地指标变化范围较大，应扩大中硬场地 μ 值的变化范围，因此本规范中硬场地的 μ 值变化范围调整为 $0.8\sim0.35$，即为本规范中表2.0.4场地分类与场地指数的关系。

第2.0.5条 工程地质勘察中的勘探及试验工作是评价场地、地基抗震性能及采取抗震措施的重要依据。因此，在地震区的勘察工作中，除应遵照现行有关勘察规范的规定外，还有其他一些抗震方面的要求。国外如美国、日本等国的抗震规范，均有这方面的条文。为此，本规范制定了关于勘察方面的要求。

与以往规范相比，本规范利用了较多的国内记录，可以更好地反映我国的地质地震特征。

影响反应谱值的因素很多，其中场地土质、震级和震中距是三个主要因素，但是对于标准反应谱的形状来说，场地土是一个十分敏感的因素，以前国内外都将场地土分几类来考虑这一影响。本规范给出的设计反应谱是场地指数的连续函数，可用一个统一的公式通过反应谱的形状参数确定。反应谱的形状参数在三对数坐标上，用反应谱加速度、速度和位移控制段平直包络线的交点确定的周期，即 T_a、T_v 和 T_d 定义的，对各种不同的场地，T_a、T_v 和 T_d 均是场地指数 μ 的函数，它们对反应谱形状起决定作用，较好地反映了场地土的影响。

反应谱加速度控制（平台）的起点周期 T_a 是与场地指数有关的，但变化范围不大，介于 0.08～0.2s，为简化起见，本规范对所有场地均取 $T_a=0.1s$。

经上述简化后，本规范给出了图 3.0.5 所示的地震影响系数 α 曲线，图中 T_g（规范中称为特征周期，即上述的 T_v）与场地指数 μ 的关系如表（3.0.4）所示，并考虑了与现行规范的协调。

规范中图 3.0.5 所示反应谱下降段 T_d 值后，超过反应谱（即速度控制段）的适用范围应当是位移控制段的起点周期 T_d，它随场地指数由大到小而变化，约介于 4～5s 之间，反应谱（或地震影响系数 α）按 $1/T^2$ 比例表减。为安全起见，对所有场地均取 $T_d=7s$，从而可使规范给出的地震影响系数曲线用于周期长达 7s 的结构。

第 3.0.6 条 规范中的地震影响系数 $\alpha(T)$ 是对阻尼比为 5%的结构给出的。众所周知，阻尼比不同，地震影响系数提高。资料分析表明，周期越高，系数提高也不同。为此，规范中给出了阻尼比不等于 5%时的水平地震影响系数的修正系数 η，按式（3.0.6-1）和（3.0.6-2）计算。

第 3.0.7 条 第 3.0.8 条 条文沿用了《建筑抗震设计规范》中的底部剪力法和振型分解反应谱法。在底部剪力法中，它是根据31 条不同场地上的地震记录，计算了 400 多座不同周期的结构计算结果表明，这种变化关系可近似地用线性变化关系表示。本条剪力而变大，在结构高度的 60%以上，剪力附加一地震作用是根据上述结法中，在顶高度分配荷载时，在顶层附加一地震作用是根据上述结果给出的。按修改后的方法计算出的剪力与按精确方法计算的结果一致。

考虑到电气设备、杆塔和微波塔多数不适宜用底部剪力法求地震作用，振型分解反应谱法适用范围较广，作为本规范计算地震作用的主要方法列入了本节。由于电气设备与一般土建结构所用材料和安全要求不同，采用结构系数可以满足它们的不同要求，所以保留了结构系数这一概念。

第 3.0.9 条 高柔结构建于软弱场地时震害较重，电力设施中的高柔结构，多为送电和通信的重要设施，受损后经济损失和社会影响很大。为提高其抗震设计的可靠性，本规范对周期大于 1.5s 的结构采用效应增大系数的方法，而不采用远震增大反应谱的特征周期的概念。理由是：一、国内外研究表明，不是每个地区的远震影响都周期大于近震，即大部分地区的远震在设计上不起控制作用；二、远震时地震作用加大的结构，不只是周期大于 1.5s 的结构，只要结构的周期大于特征周期 T_g，则地震作用加大，对不同场地，远震时特征周期加大是定值。

第四章 选址与总体布置

第4.0.1条 本条是对地震区发电厂、变电所厂、所址选择的基本要求。对于重要电力设施是否能建在9度地区的问题，从地震地质宏观来看，该地区虽被划分为9度，但其中某些局部地区具有良好地基条件，其地震加速度值仍小于9度，经过论证落实，这些地区仍是可以建设重要发电厂和变电所的，如云南阳宗海电厂虽处于9度地震区，正因为是基岩地基，经论证按7度设防。故本条规定9度区的重要电力设施宜建在硬岩地。对此，部标《火力发电厂工程地质勘测设计技术规程》SDJ-88在总结了阳宗海等工程经验后，对9度地区的建厂条件作了具体规定，要求在分析论证的基础上是否对待，不能一概而论，从而为9度区的厂、所址选择创造了条件。

第4.0.2条 发电厂、变电所的公路和铁路，变电所的燃料供应，对于确保电厂的安全生产具有重要意义。因此，本条要求发电厂的铁路、公路，变电所地震时有可能发生崩塌、大面积滑坡、泥石流，地裂和错位的不良地质地段，选择有利地段展线，以尽量减少震害。

第4.0.3条 不均匀地基、软弱层、深填土等均属不良地质条件。孤立的山丘、高耸山梁、暗埋的塘浜沟谷、隐伏地形、断层破碎带等均属不利抗震的地形地貌，位于上述地段的建筑物和设备在地震时更易遭受破坏，故要求发电厂和变电所的主要生产建筑物和设备可能的条件下应尽量避免布置在这些地段，以免地震时造成较大破坏，影响及时恢复生产。

第4.0.4条 建筑物、设备至挡土墙、边坡的距离一般按《建筑地基基础设计规范》GBJ7-89第5.3.2条确定。但位于地震区布置在高度大于8m的高挡土墙，高边坡上下平台的重要建筑物、设备，应结合地质、地形条件，宜在此基础上适当加大距离，以增加地震时电力设施的安全度。

第4.0.5条 本条系针对高烈度地区所具有的较大破坏性而制定，目前在于防止和减少地震时泄漏出的有害物质对邻近所引起的次生灾害。

第4.0.6条 地下管、沟集中的地段，地震时当其中一部分管、沟破损，断裂后将有可能危及相邻管沟的安全，或构成对临近管沟的污染，如酸、碱管破裂、酸、碱溢出将腐蚀其他管沟；生活污水排水管破坏后将污染临近管沟，因此，在布置厂区地下管沟时，应视管沟性质分类，性质相同或类似的可采用综合管沟，或按类小集中，管沟宜适当分散布置，有利于抗震。同时，在以简加用地震时的前提下，管沟宜适当分散布置，地震时将造成某些管沟发生位移，给修复工作带来困难。为此，要求主干管沟所通过的地面部分内，地震时无论其所在位置、是管沟遭破坏，都将造成相互影响，增加了修复工作，使道路不能尽快恢复通车，不利于救援工作。

第4.0.7条 位于不良地质地段的发电厂外管沟（如循环水管、沟、补给水管、灰、渣管沟等），由地震引起的崩塌、大面积滑坡、泥石流，地裂和错位，对管沟亦将产生次生灾害使之损坏，故要求厂外主要管、沟尽量避开上述地段，如因条件限制无法避开时，应采取地基处理或其他防护措施。

第4.0.8条 唐山等地的震害情况表明，某些人员集中的建筑，其出入口因缺少安全通道，在出口被临近倒塌的建筑物堵塞，致使大量人员不能迅速撤离危险区，从而增加了人员伤亡；有的即使散出，但附近又无安全疏散场地，使脱险人员再次被临近倒塌的建筑、设施砸伤压死。据此，结合电厂具体情况，特提出主厂房、办公楼、试验楼、食堂等人员密集的建筑，该场地应不受附近建筑物、设施倒塌的影响，以满足人员疏散要求。

第4.0.9条 调查表明：厂区主要道路震后是否能保持畅通对救援和恢复工作的及时及顺利进行极为重要。如有的道路由于被倒塌物阻塞不能畅通，使运输车辆和起吊设备不能及时发挥作用，从而延误了时机，增加了伤亡和损失。基于此并结合发生电厂具体情况，要求主厂房、水处理、机修、仓库等区的主要道路应环形贯通，为震后的救援与恢复工作创造条件，建筑物受地震破坏的坍塌范围与其高度成正比，据统计，散落距离大致为高度的1/5～1/6（特殊情况除外），道路应布置在此界限之外。

第4.0.10条 从唐山等地的震害情况看，在震害较重的地区、布置在地质条件较差地段的水准基点也遭破坏，给恢复工作带来困难，故要求发电厂、变电所的水准基点应避开抗震不利地段。

第五章 电气设施

第一节 一般规定

第5.1.1条 电气设施抗震设计的原则。

一、我国330kV电压等级的电气设施，尚未遭遇到地震烈度为6度及以上地震的袭击，但由于330kV电气设施在电力系统中重要性较高，造价也高，且其体系重心高，质量大，故规定设防烈度为7度及以上时，应进行抗震设计。

二、根据我国的震害情况，220kV及以下的电气设施在遭受到地震烈度为8度及以上的地震作用时，有震害实例，故规定应进行抗震设计。但在实际工程设计中，电压为110kV及以下的电气设施按常规中型配电装置在新建或扩建工程中已不采用，故作出此款规定。

我国震害情况中，地震烈度为7度及以下时，电气设施损坏很少，但FZ系列阀型普通避雷器由于其结构特点仍有损坏，鉴于110kV和220kV的FZ系列阀型普通避雷器瓷套，因难为高造价较已不采用，故作出此款规定。

三、安装在屋内二层及以上和屋外高架上平台上的电气设施，由于建筑物对地面运动加速度值有放大作用，故规定在设防烈度为7度及以上时应进行抗震设计。

第5.1.2条 电气设备、通信设备应满足抗震要求。

由于有些已定型的电气设备其抗震性能较差，若为提高其抗震能力而改产品结构或改用高强度瓷套，提高其抗震能力是经济、简单而有能力应改用高强度瓷套、提高其抗震能力多时，采取装设减震阻尼装置。

其他抗震措施如降低设备的安装高度，采用低式安装方式，屋内设备尽量安装在底层等，可减少建筑物的动力放大作用。

高压管型母线和大电流封闭母线体系当采用支柱绝缘子支持时，亦应采用动力设计法。

第二节 设 计 方 法

第 5.2.1 条 电气设施的结构型式不同，其动力特性不同，动力反应也就不同，应采用不同的抗震设计方法。根据震害及破坏几率研究，对不同电气设施规定了不同设计方法。

地震波频率多在 1～10Hz 范围内，而高压电器和电瓷产品的设备本体及设备体系的自振频率大多数都在地震波的范围内，容易发生共振，共振将是设备损坏的最主要原因。

变压器、电抗器的出线套管的自振频率仍在地震波的自振频率范围内，应按动力设计法。在变压器套管根部的地震作用，是经过变压器本体及基础对地面输入的加速度值放大后的加速度值，故变压器套管的动力设计应考虑变压器本体的动力反应放大作用。

但是，变压器、电抗器本体包括附件，为刚度很好的结构，和地震发生共振的几率较少，地震反应也小，同时，调查表明无本体直接受损的实例。其震害一般是基础位移，倾倒引起震害，故可采用静力设计法。

调相机、电动机、空压机本体自振频率高，刚度大，且由金属材料制成，开关柜（屏），控制保护屏等，其框架为钢结构，屏内设备一般也较小，强度大，故可采用静力法。

当设备及其体系的自振频率接近或等于地波入的频率时，将发生共振，动力放大系数很大。一旦共振，作用在设备上的地震最大加速度值将放大数倍甚至数十倍。这时，使设备根部的弯矩和其他部位的剪和应力加大，以致造成设备损坏。国内通过震害分析、模拟地震试验研究，证明了这一点。国外有大量的事例也证明了这一点。如：日本 60 年代按静力法进行电气设备的抗震设计。断路器能够承受地面水平加速度 0.5g，并且有大于 2 的安全系数。但断路器在地震时，仍遭到地震破坏。通过试验研究分析，得出破坏的主要原因是由于断路器的自振频率与地震波频率接近，发生共振所引起的。

智利 60 年代地震中，地震能承受水平加速度值 0.5g，加速度值远远小于 0.5g，但实际地震时产生的地面最大加速度值远远小于 0.5g，而实际地震时产生的地面最大加速度值远远小于 0.5g，设备能承受水平加速度值 0.5g，竖向加速度值为 0.2g，在 1965 年圣地亚哥拉里瓜 7.5 级地震中，测得地面水平加速度 0.16g，竖向加速度 0.08g，距离 90km 的圣彼得罗变电所地震烈度为 9 度，地面加速度远远小于 110kV 断路器有 38 台瓷支柱破坏。可见，高压电器和电瓷产品必须采用动力设计法。

第 5.2.2 条 本条规定的设计基本地震加速度值 a_o，系根据建设部文件：建标[1992]419 号文件《关于统一抗震设计规范地面运动加速度设计取值的通知》而确定的。该通知就该参数的术语、定义和取值统一规定如下：

术语名称：设计基本地震加速度值。

定义：50 年设计基准期超越概率 10% 的地震加速度的设计取值。

取值：7 度 0.1g、8 度 0.2g、9 度 0.4g、10 度 0.8g。

第 5.2.3 条 本规范第三章中规定的底部剪力法和振型分解反应谱法的计算方法，适用于电气设备和电气装置的动力设计法。

第 5.2.4 条 IEC、日本、法国等除采用反应谱法外，也同时规定可采用时程动力分析法。日本采用正弦共振 3 波进行时程动力分析；IEC、法国推荐由 5 个正弦共振调幅 5 波组成的调幅波，本规范参照 IEC 标准，推荐本规范图 5.2.4 波形，各时程的加速度值亦采用 IEC 标准。经过计算分析，正弦共振调幅 5 波与正弦共振调幅 3 波接近。

为研究建筑物的抗震性能，西北电力设计院与同济大学联合进行了发电厂及变电所主控制楼和110kV屋内配电装置楼的模型房屋在振动台上的模拟地震试验。试验结果表明：建筑物各层楼动力放大系数为振幅，并随输入加速度增加而减小。当输入加速度值为0.5g及以下时，二、三层楼动力反应放大系数为1.5～2.5。

共振3波的反应值基本一致，以$Y_{10}W_5-444$型避雷器带支架体系的避雷器根部应力计算结果为例，正弦共振3波0.3g为正弦共振调幅5波0.3g的1.04倍。日本《电气设备抗震设计指南》中以正弦共振2波与实际地震等效，共振3波为2波的1.3倍。而我们通过计算分析和试验研究，并参考IEC文件和日本的标准，提出由式(5.2.4-1)及式(5.2.4-2)确定的地面运动最大水平加速度值作为用正弦共振调幅5波进行抗震计算的标准值。

本规范范围$ωt/9$，IEC原文中；$a(t)=a\sin ωt \cdot \sin 1/9ωt$用原文$ωt/10$则无法画出正弦共振5波调幅，本规范将$ωt/9$修正为$ωt/10$与原文波形一致。

第5.2.5条 本条规定的当需进行竖向地震作用时程分析的电气设施，主要指220kV及以上电压等级的设备的穿墙套管和水平悬臂对地震竖向分力反应放大较大的设备。

第5.2.6条 由于建筑物对地面运动加速度值都有放大作用，因此仅对电气设备和电气装置本体进行抗震设计时，必须乘以下列有关系数。

一、通过在振动台上对电气设备有无支架的对比试验和计算分析结果按表2所列的动力放大系数，详见《电力设施抗震设计规范》(电气部分)专题十一、十二。

设备支架的动力放大系数 表2

设备支架高度(m)	<1.0	1.0～2.0	2.1～4.5
动力放大系数β 单柱式支架	1.00	1.10	1.2
动力放大系数β 多柱式支架	1.00	1.05	1.1

日本《电气设备抗震设计指南》中规定设备支架的动力放大系数为1.2。

二、动力放大系数在实测动力响应分析的结果，取建筑物二、三层的动力放大系数在2倍以下。

根据国内、外研究结果，为简化电气设备的抗震计算，建议取建筑物二、三层的动力放大系数为2.0。

三、变压器、高压电抗器的出线套管抗震设计应考虑变压器和高压电抗器基础及本体的动力放大作用。

日本根据试验研究结果及变压器基础本体的动力响应放大系数为2.0。

燕山石油化工公司的"变压器抗震鉴定标准编写组"在振动台上进行4台6～10kV 1000kVA及以下电力变压器的模拟地震试验，测得变压器本体上部加速度值是振动台输入加速度值的1.2～2.0倍，其动力反应放大的一台变压器振动试验各部位的动力反应加速度实测值如表3所示。

变压器各部位动力响应加速度值 表3

测点部位	台面输入	套管底部	套管上部	油枕	冷却器
加速度值(g)	0.04	0.08	0.12	0.11	0.09
动力放大系数		2	3	2.75	2.25

表3中的动力放大系数以振动输入加速度值为基础。从表3可以看出，变压器本体上部加速度为2.0及以上。

综合上述国内、外研究成果，建议取变压器和高压电抗器基础及本体的动力放大系数为2.0。

第5.2.7条 因地震作用与短路电动力在同一瞬间同时发生的几率很低，故可不考虑同时作用的组合。

电气设施的质量-弹簧体系的力学模型示例　　表4

结构型式	代表性设备和装置		计 算 模 型		
	设备名称	结构简图	质量-弹簧体系（无阻尼器）	质量-弹簧体系（有阻尼器）	单质点
单柱式	FZ-110J 避雷器体系				
多柱式	SW6-220 少油断路器体系				
带拉线结构	FZ-220J 避雷器体系				
长跨结构	大电流离相封闭母线体系				

第三节 抗 震 计 算

第5.3.1条 本条规定了按动力设计法进行抗震计算的内容，用动力设计法可较精确的计算本条所规定的内容，但最终目的是要验算电气设施能否满足抗震要求。

第5.3.2条 静力设计法实质只是用静力地震系数来求得地震作用及其他荷载所产生的总弯矩和总应力，然后再进行抗震强度验算。

第5.3.3条 力学模型的建立对进行电气设施抗震计算起着重要作用，其力学模型必须由其结构特点、计算要求及所采用的计算方法来确定。

本条中有两点应特别注意，即建立质量-弹簧体系力学模型的原则。一是对进入减震阻尼装置的剪切刚度和弯曲刚度以及设备法兰连接法的弯曲刚度，否则对计算结果影响很大。电气设施的质量-弹簧体系的力学模型示例如表4所示。

第5.3.4条 规定了建立质量-弹簧体系力学模型的主要力学参数的确定原则。

一、质点数量的确定应合理，质点数量越多计算结果越精确，但质点数量太多将增加计算的工作量并带来分析同题困难。

二、本规范中式（5.3.5-1）给出的法兰与瓷套管胶装连接时的弯曲刚度的计算公式系日本的经验公式，我们经过抗震计算分析和试验研究与日本经验公式基本一致；本规范中式（5.3.5-2）对法兰与瓷套管用弹簧卡式连接（如图3所示如）的弯曲刚度的计算方式进行试验设施抗震设计规范《电力设施抗震设计规范》（电气部分之专题十三"高压电气设备体系抗震计算分析"。

第5.3.6条 本条规定了按有限单元刚度的确定方法的原则。

电气设备法兰与瓷套管连接的弯曲刚度仍按式（5.3.5-1）和式（5.3.5-2）计算。

$$[\sigma] = \overline{X} - 3\sigma \tag{1}$$

式中 $[\sigma]$ ——容许应力(MPa);
$\overline{X}$ ——各试品破坏应力平均值(MPa);
σ ——标准偏差。

按式(1)求得的容许应力较合理,但目前制造厂按此式确定瓷件的容许应力有一定困难。而有的只提供瓷件的破坏弯矩和破坏的安全系数。

电瓷产品破坏应力的离散性较大,电瓷材料又属脆性材料,设有塑性变形阶段,当应力超过一定值时立即断裂,故必须具有一定的安全系数。现行《高压配电装置设计技术规程》《导体和电器选择设计技术规定》都规定了套管、支柱绝缘子的安全系数:荷载长期作用时为 1.67。本规定参照上述条文,1.67 为安全系数。

《高压配电装置设计技术规程》,《导体和电器选择设计技术规定》都规定了套管、支柱绝缘子的安全系数为 1.67/1.67。本规定参照上述条文,提出地震短时作用和其他荷载产生的总应力 $\sigma_{tot} \leqslant \sigma_u/1.67$。1.67 为安全系数。

第四节 抗震强度验证试验

第 5.4.1 条 电气设备特别是高压电器和电瓷产品,其电瓷套管和绝缘子以及与金属法兰的连接等都难以模拟。随着我国大型振动台的发展,除大型变压器、电抗器本体及长跨结构的电气装置外,一般均可进行原型设备带支架的试验。

对于变压器、电抗器套管可采用仅对套管进行试验,再乘以变压器,电抗器本体的动力响应放大系数。

对于长跨结构如管型母线等可采用模型试验。日本曾对 500kV 支持式铝管母线进行了 1/4 模型试验。

第 5.4.2 条 电气设备和电气装置最大应力发生抗震强度验证以设备根部和其他危险断面处产生的最大应力值能否满足要求为主要内容。

有些电气设备如 SW6、KW4、FA 系列断路器,其 X 轴、Y 轴方向的结构是不对称的,两个轴向的动力特性和动力响应也不一样,实际地震波的运动方向也不是固定的,故应分别进行 X 轴、Y

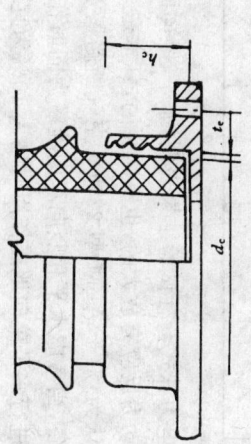

图 2 法兰与瓷套管胶装连接示意图

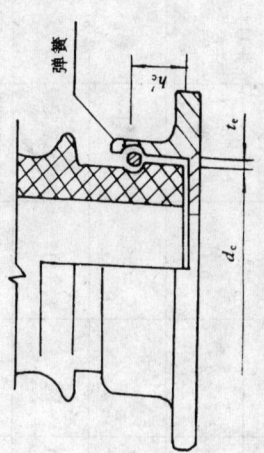

图 3 法兰与瓷套管用弹簧卡式连接示意图

第 5.3.7 条 当用反应谱法计算时,计算值应按表 5.3.7 进行修正。其原因是反应谱曲线按阻尼比为 5% 制度,而实际上电气设施体系的阻尼比多数小于 5%,当加装减震阻尼装置后阻尼比在往大于 5%,故应进行修正。

表 5.3.7 中的 η 值系经过计算分析得出的,详见《电力设施抗震设计规范》(电气部分)专题十三。

第 5.3.9 条 关于抗震验算的原则。

按瓷件的容许应力较合理,当抗震计算或抗震试验所得的容许应力值只要小于容许应力即认为满足抗震要求。

应力值只要小于容许应力即认为满足抗震要求。瓷件的容许应力不一根据统计规律,按下式计算:

大多数电气设备对竖向地震作用不大敏感，且耐受垂直力的抗压、抗拉强度大，不一定都要进行水平和竖向双向试验。

对于少数电气设备和电气装置如穿墙套管、长跨母线装置等对竖向地震反应较敏感，宜进行水平和竖向双向试验。

第5.4.4条 世界各国电气设备电气抗震试验所采用的波形不同，目前所采用的主要波形有单频波和多频波两类。电气设备抗震试验用的单频波就是试验波形中仅有一个振动频率。电气设备抗震试验用的主要波形有：

1. 连续正弦波；
2. 正弦共振 n 波(n=2,3,4······)；
3. 正弦共振调幅波；
4. 正弦共振拍波(即多个正弦共振调幅波)。

多频波就是试验波形中含有多个基至成百上千个不同频率的振动波形。电气设备抗震试验用的多频波形有：

1. 随机波；
2. 时程反应谱波；
3. 实际地震波。

对实际运行状态，振动台以输入人工合成地震波比较合理。电气设备一般都安装在设备支架上，地震波通过设备支架的滤波作用，传到设备底部时已近似为正弦波。IEC、法国等采用正弦共振波以正弦共振 3 波作为考核波，宜采用五个正弦共振调幅波组成的调幅波串。本规范参考 IEC 标准(草案)中推荐的波形。

第5.4.5条 为提高电气设备和电气装置抗震验证试验的准确性和便于对试验数据进行分析，特将提出测点布置和数据采集的要求。

第5.4.6条 由于试验条件限制，不能按实际运行状态进行总体验证试验时，其试验结果应修正，修正系数本规范第5.2.6

轴振动的研究性试验，找出反应较大的轴向进行验证试验。

第5.4.3条 实际地震波为包含有水平和竖向双向的加速度同时作用。日本东京电力株式会社曾对275kV空气断路器进行过水平、竖向双向振动试验。由于断路器水平和竖向的自振频率不同，故输入的正弦波的波数不同，其试验主要参数及结果如表5所示。

日本水平、竖向双向振动试验主要参数及结果 表5

输入波形	振动方向	输入系数			与仅水平振动试验比较	
		频率(Hz)	加速度值(g)	振动时间	根部加速度变化率(%)	根部应变值放大率(%)
正弦共振 n 波	水平	1.7	0.3	3 波	+11%	-9.8%
	竖向	6.4	0.15	12 波		
El-centro 波 (美)(1940)	水平		0.3	实际地震记录	-2.8%	+1.8%
	竖向		0.15	实际地震记录		
宫城县近海地震波(日)(1978)	水平		0.3	实际地震记录	+4.8%	+5.1%
	竖向		0.15	实际地震记录		

日本东京电力株式会社试验结果表明，水平、竖向同时振动与仅水平振动的动力反应有放大的，也有减少的。日本东京电力株式会社试验结论认为：对于ABM型275kV空气断路器反其其结构相同的电气设备，当考虑水平和竖向地震力同时作用时，其动力反应值比仅进行水平单向地震作用时增大10%为宜。

条规定执行。

第5.4.7条 抗震强度验证试验的评价方法与抗震强度验算原则一致。

第五节 电气设施布置

第5.5.1条 本条提出了地震区电气设施布置总的要求。

第5.5.2条 地震烈度为8度及以下，配电装置损坏较少，故本条仅对设防烈度9度地震区的配电装置选型提出了要求。

一、在唐山地震的震害中，有许多电气设备因房屋倒塌而被砸坏，甚至有些屋内配电装置的电气构架损坏较轻，甚至无损坏，即使损坏部分修复得也比较速，而屋外配电装置的震害则比屋内电装置修复困难，周期长，影响复供电的速度。屋外配电装置的中型布置方案的抗震性能好，唐山地震的震害已说明这一点。例如陡河发电厂的220kV屋外半高型配电装置中，安装在标高为13.4m处的ZS—220/400型支柱绝缘子共6只，唐山地震时折断5只，而安装在2.5m高支架上的9只同型号棒式支柱绝缘子均未损坏。另外，高型、半高型配电装置由于设备上、下两层布置，如陡河发电厂的220kV半高型配电装置在上层配电装置下层设备，带来次生灾害，带下来打坏下层设备会。一组隔离开关瓷柱折断后，掉下来打坏了下层安装性能较好的SF6落地罐式断路器的瓷套管就是一例。再者，由于高型、半高型配置的部分母线容易引下线较长，地震时的摇摆力比较大，由于棒式支柱绝缘子抗震性能较差，是一个薄弱环节，管型母线在地震作用下将使支柱绝缘子的内应力增加，同时由于管型母线在地震力作用下容易折断，地震时支柱棒式支柱绝缘子折断并使绝缘子折断。如吕家坨变电所一相铝管母线在唐山地震中就是由于支柱绝缘子折

断而造成落地损坏的。

三、根据震害调查，唐山地震时吕家坨变电所曾发生因220kV少油断路器折断后打坏相邻的220kV电流互感器的事情，为减少次生灾害，特作出此规定。

第5.5.3条 110kV及以上电容补偿装置的电容器平台和设备平台，本身自重较大，再加上电容器和设备的重量，总重量很大，若采用支持式，支柱绝缘子强度很难满足抗震强度要求，以采用悬吊式为宜。

第5.5.4条 限流电抗器三相垂直布置时，其质量大，重心高，在8度及以上地震作用时，支柱绝缘子将可能损坏，造成限流电抗器倾倒摔坏，故作此规定。

第六节 电力通信

第5.6.1条 对本规范第1.0.4条规定的重要电力设施的电力通信通道组织和通信方式作出了规定。

第5.6.2条 对本规范第1.0.4条规定的一般电力设施的电力通信通道组织和通信方式是指单机容量为100MW或大、中型发电厂和重要变电所的电力通信组织和通信方式作出了规定。这里发电厂，中型发电厂是指单机容量为100MW或规划容量为400MW以上的发电厂。

第5.6.3条 通信电源必须可靠，并根据其重要性分别作出规定。

第七节 电气设施安装设计的抗震要求

第5.7.1条 本条为本节的适用范围。

安装设计采取必要的抗震措施，是提高电气设备、通信设备和电气设施抗震能力的重要环节，所有电气设施在7度及以上时，都必须认真执行本节规定。

第5.7.2条 设备引线和设备间连线，宜采用软导线，以防止地震时拉坏设备。

10—33

300mm是根据海城地震和唐山地震的震害教训提出的。海城地震中，有23台主变压器发生位移，一般位移为100～200mm，最大位移410mm。

唐山地震时，凡是有滚轮直接放在钢轨上的35～220kV、4500kVA及以上的主变压器，在地震度为7度及以上的地震区，均有不同程度的位移，一般位移200～400mm，位移最大者达720mm。

第5.7.6条 调相机、电动机、空压机等旋转电机本体刚度大、温度高，震害中本体因地震直接引起损坏的可能性小，但在因主要应注意螺栓强度、平衡等问题，并应防止油、汽管道损坏。故主要应注意螺栓拉紧等问题，并应在调相机等设备附近安装设备补偿装置。

第5.7.7条 操作电源或气源应安全可靠，保证可靠分、合闸，防止带次生灾害。

第5.7.8条 唐山和海城地震时，蓄电池发生位移、倾倒、摔坏的现象非常普遍，而且由于蓄电池损坏，失去直流电源带来严重的次生灾害，造成的损失也是巨大的。但是，只要重视并采取一定的抗震措施就可以避免减少蓄电池的震害。

一、蓄电池与蓄电池的震害形式和安装方式有很大的关系。地震时所损坏的蓄电池几乎全部是玻璃缸式蓄电池。这是因为在没有采取防震措施的情况下，把蓄电池直接放在支墩或木支架上，且多数在支架（或支架）与蓄电池底部间装有玻璃垫、蓄电池底部及玻璃垫与玻璃垫均很光滑，磨擦力小，且接触面也很小，故在地震力作用下极易发生位移、倾斜和倾倒。相反、防酸隔爆式蓄电池塑料外壳、安装时一般不加玻璃垫，直接放在支墩（或支架）上、其接触面积较大，磨擦系数也较玻璃缸式蓄电池大，地震时位移较小。在海城震和唐山地震中，几组防酸隔爆式蓄电池虽有位移现象，但均未中断直流供电。

唐山地震时，凡采用有抗震措施的蓄电池均未发生损坏现象。

唐山地震时，因变压器位移和母线损坏等，拉坏变压器套管或设备端子的实例很多。故要求采用硬母线时应有软导线或伸缩接头过渡。

第5.7.3条 过去35kV多油断路器均为压板式固定方式，唐山地震时，有15台DW2—35型断路器因压板震松、断路器杆下基础台倾倒，造成喷油、漏油等现象。

唐山发电厂在唐山地震前已对主变压器采取了固定措施，用70mm×4mm的扁钢将变压器与机道焊接起来，但焊接强度不够，位于8度地震区的天津军粮城电厂3"主变压器因固定螺栓强度不够，地震时螺栓被剪断，变压器位移300mm，造成变压器110kV的A相套管损坏。

第5.7.4条 应根据电气设备的结构特点、自振频率和场地土的类别选择减震阻尼装置，应使安装减震阻尼装置后的体系的自振频率避开安装地点场地土的特征频率，以免发生共振。

第5.7.5条 电力变压器和并联电抗器是电气设备中的重要设备。它不仅体积大、价格高、制造困难，而且是输变电工程中心不可少的设备。从震害调查看出，电力变压器的位移、倾倒和损坏都严重。必须采取抗震措施，防止位移、倾倒和损坏。

一、以往的大型电力变压器和并联电抗器从考虑检修搬运的方便而设有滚轮，安装时多数将滚轮直接放在钢轨上。由于滚轮和钢轨的接触面小、磨擦力也很小，故容易脱轨倾倒，在地震烈度高于7度的地区，宜取消变压器和并联电抗器和消弧线圈的滚轨和安装用的钢轨，将变压器等设备直接安装在基础台上，并采取固定措施。

二、本款主要要求设计人员在编制技术条件书中应有抗震要求。集中布置的冷却器与本体连接管道同在靠近变压器类本体附近。应设电力变压器和并联电抗器靠近管道的基础台，且应适当加宽、防止变压器等设备万一发生位移，不致摔下基础台倾倒摔坏。基础加宽

第六章 火力发电厂和变电所的建、构筑物

第一节 一般规定

第6.1.1条～第6.1.5条 我国颁发的《建筑抗震设计规范》规定，6度区为地震设防区，这是新的抗震规范的较大变化，也是国家对抗震工作的重大决策。因此，建筑物的抗震设防范围比原规范的规定有所增大。

关于建筑物抗震设计的抗震设计等级，系参照《建筑抗震设计规范》和总结合电厂、变电所建筑特点制定的。

第6.1.6条 根据震害调查，在6度区的建筑物就有一些震害。如邢台地震，应于6度区的某电厂，主厂房山墙与框架间的防震缝太小，致使有的墙体撞坏。另外，该厂主厂房框架上女儿墙有20多米倒塌。唐山地震，波及北京地区为6度，不少发电厂、变电所的部分建筑物产生了一些震害。所以对6度区也应注意抗震问题。考虑到6度区量大面广，应在少增加投资的前提下，充分发挥建筑物的抗震潜力，尽量提高建筑物的自身抗震性能，如：选择对抗震有利的场地和地基；避免平面、立面的突然变化，提高施工质量等。对易倒、易坏部位，如：女儿墙、山墙、填充墙和隔墙及天窗架等的连接和构造均应适当加强，并满足有关规范的各项要求。

第二节 主 厂 房

第6.2.1条 我国火力发电厂的主厂房以采用钢筋混凝土结构为主，其抗震措施及抗震计算方法应与其要求相适应。《建筑抗震设计规范》是对我国多年来抗震设计和研究成果的总结，因此，

装设抗震架比较方便，投资增加也不多，故规定7度及以上时均应设抗震架。

二、为防止蓄电池地震时受力拉坏，采用软导线连接和电缆连接方案。

三、移相电容器的震害也是很普遍的，个别变电所的损坏十分严重。电容器的损坏是因电容器未固定。

唐山地区移相电容器有两种安装方式，一种是直接放在平台上，未加固定；另一种是将电容器固定在支架上。

唐山地震时，固定在支架上的电容器基本完好无损，而直接放在平台上的电容器则发生位移、倾倒及摔下平台摔坏等震害。例如古冶变电所约有20余只电容器被震落到地上摔坏，有10余只倾斜；唐山南郊变电所的电容器因地震造成应位移、倾倒，其中一相的16只电容器全部倾倒。

第5.7.9条 柜、屏等设备牢固的固定在基础上以后，地震时一般不会发生倾倒事故。对于设防烈度为8度及以上时，为提高柜、屏的整体性，在重心位置以上连成整体，接地线敷设时，应有一定的伸缩能力，防止地震时被切断。

第5.7.10条 电缆，空气压缩机管道、接地线敷设时，应有一定的伸缩能力，防止地震时被切断。

以该规范作为编制条文的主要参考文献。

主厂房与工艺布置的关系最为密切，因此，从方案确定时就应尽量做到使结构有利于抗震和提高结构自身的抗震能力。

第6.2.2条、第6.2.3条 凡相邻结构动力特性不同，而又可能分开成为各自独立的单元，都应用防震缝分开，动力特性不同，未分开的建筑物其震害现象十分普遍，其事例如下：

1. 某电站炉架或电梯间与主厂房框架相连接的钢步道和管道吊架横梁，普遍在支座处剪断或压弯。

2. 唐山某电站除氧煤仓间1~4轴线框架倒塌，使搁在C列柱上的一跨栈桥落下。

3. 天津某发电厂运煤转运站至主厂房之间的栈桥结构由于纵向刚度较弱，防震缝宽度太小，震后栈桥撞入转运站内12cm，将转运站部分墙体撞裂。

还应指出：当主结构与设备相联时，震害更为突出，如陡河电站的启动锅炉房，该建筑物的钢筋混凝土柱与锅炉平台、栈桥等，在自身有一定抗震能力条件下，要求沿结构或构件的纵向能滑动，其横向为简支，联结处能承担地震作用，也能满足抗震要求。

从工程情况看，有的结构设置防震缝还存在一些具体问题，如山墙等需今后进一步研究。防震缝的设置是出于两者动力特性不同时才设置的。因此，相邻建筑物同应能各自双向自由变位。由于要作到双向自由变位，投资和工程量都要增加。根据宏观震害调查，当设防烈度为8度及以下时，对某些结构，如锅炉平台、栈桥等，在自身有一定抗震能力条件下，对该结构能产生不利影响，防震缝的作用是显著的。

唐山地震后，大量震害调查表明，按《建筑抗震设计规范》选用的震缝的宽度是可以满足使用要求的。

根据实际地震，房屋可能产生的变位计算，例如，某电站的主厂房（9度）框架高37m，按《建筑抗震设计规范》规定的数值进行计算，防震缝宽度为29cm，地震后，对该框架实测位移角计算，其变位为29.6cm，可见所规定的防震缝宽度数值还是能比较好反映火力发电厂的实际情况。

第6.2.4条 根据过去工程抗震设计经验和试验研究成果，以及国外工程设计情况，抗震墙是有效的抗震措施，所以在8度和9度时宜优先采用。

第6.2.5条、第6.2.6条 外侧柱列的抗震措施应尽可能发挥纵向框架的抗震作用，这要根据围护结构的型式、屋面荷载等因素确定。纵向抗震体系采用框架结构，还是框架支撑抗震协同工作体系应由计算确定。由于主厂房是比较重要的建筑物，宜优先选用后者。

外侧柱列若设置一档抗震支撑就可满足抗震要求时，则建议布置在中部。

主厂房框架的扭转问题，主要应从布置和构造上来解决，电厂框架的纵向刚度应具有一定均匀性，在框架纵向侧设置抗震墙，会造成"质心"与"刚心"的较大差距，将会显著增加结构的扭转，根据几个工程主厂房的扭转计算，这种布置不合理时，对某些框架的地震作用效应可增加3倍以上。

第6.2.7条 抗震墙和抗震支撑至少应有一档沿全高度设置，主要考虑到高振型对顶层的影响，也可避免出现刚度突变。

当结构出现刚度突变会导致应力集中，使结构局部产生破坏。

第6.2.9条 装配式结构的连续性和整体性，是抗震的重要环节，某电站主厂房预制装配式框架，地震时，在框架的上部，凡用一字型分段的，接头处由于受力较大破坏严重，特别是在框架的上部，这种连接型式接头接要改进和提高它的抗震性能，如采用H型分段则可避免接头是需要改进和提高它的抗震性能，如采用H型分段则可避免接头在梁要改进和提高它的抗震性能，如采用H型分段则可避免接头在梁的受力最大处。

装配式钢筋混凝土框架抗震性能不如现浇钢筋混凝土框架，其关键是装配式框架构件接头、梁柱节点的延性不如现浇框架好，所以应尽量减少框架梁、柱接头及节点的数量。对框架梁、柱节点构件截面的安全度，以保证梁柱节点抗震强度验算的安全度应大于构件截面的安全度，以保证梁柱节点头有足够的强度和较好的延性。

第6.2.11条 震害调查表明：9度区的建筑物破坏比例均较高，特别是一些薄弱环节处，如大量的单层厂房突出屋面的天窗架立柱和垂直支撑遭遇到破坏。另外，电厂主厂房框排架柱头及节点的整体性和连接也是较薄弱处。由于建在9度区的电厂，经验也不多，这里仅提出一般要求。

第6.2.12条 外包角钢混凝土构件的抗震特点，在加荷后期接近极限荷载阶段，外包角钢骨架对混凝土有一定的保护和约束作用，这使外包角钢混凝土的构件的延性和强度比现浇钢筋混凝土的构件均有提高。同时对于拉、压构件、压弯构件的抗剪强度比现浇钢筋混凝土的构件平均提高22%。

外包角钢混凝土结构的施工方法，空腹式结构以预制为主，实腹式钢混凝土可采用现浇、现场预制、装配整体式和装配整体式几种方案。在本条文中对高烈度地震区推荐采用现浇和装配整体式，以提高结构整体性。与其他施工方案对比，装配整体式方案尚有以下特点：

一、与现浇钢筋混凝土结构相比，利用外包角钢兼作施工承重骨架，可充分发挥外包角钢结构的优越性，为施工提供方便，可节省模板和支撑，缩短工期，降低造价，和过去采用过的承重骨架结构相比，可节省20%以上的钢材。

二、与装配式钢筋混凝土结构相比：

1. 预制梁构件小，便于预制、运输和吊装，有效的提高了结构的抗震性能。

2. 预制梁构件采用现场预制，运输和吊装，只需要小型吊装机具，对于200MW、300MW机组厂房，最大单件重可控制在300～600kN，而装配式钢筋混凝土结构，最大单件重1000～1200kN，吊装不得不采用大型轨道式吊车，这种吊车安装工期长，耗费劳动力多，造价高，而且拆卸转移，运输都很不方便。

3. 施工场地减少。主厂房框架一般采用现场整体预制，现场需设置一个预制区域，即中、小型构件预制场地和大型构件预制场地，对厂区面积窄小的扩建工程影响就可大大减小。而采用外包角钢结构，施工场地可大大减小，造成预制场地大。而采用外包角钢结构，施工场地可大大减小。

这种结构施工方面的缺点，主要是采用人工现浇混凝土高空作业工作量大。随着商品混凝土的发展，可由搅拌站生产混凝土，运至施工现场，通过输送泵在高空浇灌混凝土，这样就可以实现现浇结构机械化施工，以提高建筑工业化水平。

试验和计算结果表明，采用"先较静后固接"的构造方案，基本消除了铰接层的层间位移，从而减小了整榀框架的位移，有效地增强了框架结构的侧向刚度，以满足抗震构造要求。

第6.2.13条、第6.2.14条 外包角钢混凝土构造要求，系根据近年来工程实践和试验研究成果提出，其中头的铺固构件，可将外角钢的部分拉力通过拉筋或钢板传递至柱截面。附加锚固件，可通过刚性锚固体对核心区混凝土产生局部挤压，以减少拉力对核心区混凝土结构的不利。参考钢筋混凝土结构的有关规定，角钢柱杆件的抗震构造要求，外包角钢混凝土结构根据外包角钢筋混凝土结构构造特点确定，其中最小轴压比比钢筋混凝土结构略高；角钢最小配筋率收1.5%，一般都能满足，实际不起控制作用；杆件的箍筋考虑与节点核心区构造要求一致，便于施工。

第6.2.15条 从历次地震的屋盖系统比有天窗的抗震性能好、无天窗的屋盖系统比有天窗的抗震性能好；轻屋盖比重屋盖抗震性能好。震害严重的厂房对抗震不利，如陡河电厂的热处理室屋面板直接搁在承重的山墙上。地震时山墙倒塌将屋面板一起拉下来，此外，屋架与柱顶、屋面板与屋架、支撑与天窗架、屋架与支撑的连接等是否牢固，直接影响屋盖的震害程度。

第6.2.16条 根据《建筑抗震设计规范》并结合火力发电厂

的特点,对屋盖系统选型作作一些规定。如对天窗部分提出一些要求是必要的。目前在一些工程中汽机房不设天窗,利用 B 列高侧窗通风,主要是有利抗震。

在条文中提出主厂房汽机房的天窗不宜采用突出屋面的天窗型式,主要是有利于抗震的措施。

第 6.2.17 条 屋架与柱的连接是抗震的关键部位,本条规定都是有利于抗震的措施。

第 6.2.18 条 火力发电厂房屋盖,通过震害分析充分暴露了这种结构型式的影响,其受力较复杂,受到结构型式的薄弱环节,它的震害比其他部位为重,加某电站屋位于 10 度区,主厂房框架损坏轻微,屋盖系统除①一⑦轴线外(该部分作了特别加强),其余 31 个轴线范围内的屋盖全部塌落;又如唐山 422 水泥厂钾肥车间,其跨度仅 9m,也发生屋盖全部塌落,这些现象不能不认为框排架系统的屋盖是抗震的关键部位。从设计角度看,它应比一般单层多跨的工业厂房有所加强。另外,还考虑到外侧柱与框架的纵向刚度不同,易对屋盖产生扭转,增加联结和屋面支撑系统的受力。因此,主厂房屋盖设计除按《建筑抗震设计规范》执行外,对支撑系统又补充了几点加强措施。

第三节 主控制楼、配电装置楼

第 6.3.1 条、第 6.3.2 条 火力发电厂的主控制楼和配电装置楼,属专用工业建筑物,其特点为:各层层高不等,上下层横墙数量和布置均有不同。其顶层(控制室顶层)较空旷,由于天然采光需要,开窗面积较大,震害表明:空旷层若不采取抗震加强措施,则是该类建筑的薄弱环节,地震时也是最容易产生破坏的部位。此类房屋布置和构造复杂,土建设计很有必要。《建筑抗震设计规范》已将工艺配合土建作好抗震设计受工艺影响较大,因此,

抗震设防从 6 度开始,所以这类房屋位于 6 度区就应考虑相应的抗震设计。

为解决主控制楼、配电装置楼的抗震问题,西北电力设计院和同济大学曾在振动台上进行了砖混模型房屋的试验研究。根据试验的有关规定、根据试验研究的抗震措施,参照《建筑抗震设计规范》的有关规定,本节的规定,有更详细的抗震和建筑设计构造措施,以及震害经验作出了本节的规定。《变电所设计技术规定》入《火力发电厂土建结构设计技术规定》中。

第 6.3.3 条~第 6.3.7 条 砖房整体性和提高抗震能力,效果十分明显。对加强房屋整体性和提高抗震能力,效果十分明显。针对这类房屋特点,结合《建筑抗震设计规范》要求,条文中提出了相应规定。

第四节 运煤栈桥

第 6.4.1 条、第 6.4.2 条 条文编制时考虑了如下内容:

一、国内十多年来发生的几次强烈地震中,离震中较近的儿座火力发电厂的栈桥结构,经受 7~10 度地震的考验,震害部位可归纳为下列各点:

1. 相邻建筑物间发生碰撞;
2. 预制构件的震害;
3. 围护结构破坏;
4. 栈桥框架支柱节点区破坏。

唐山地震中,某电站凡是砖结构承重墙,预制钢筋混凝土楼板(或屋面板)的砖混结构地震时次害最为严重。如栈桥 2 号反坡带走廊地上部分用 24 砖墙(75 号砖,25 号砂浆),震后两侧砖纵墙均倾斜,墙和屋面板压在皮带上。

某电站的高栈桥有采用侧墙为预制钢筋混凝土桁架和薄板组成的承重和围护联合结构,震后都较完好。由此说明地震区不现实的因而重和围护联合结构,震后都较完好。由此说明地震区不宜采用砖砌墙全部不用砖砌是不现实的因。

二、纵向采用轻型或高强度重墙的通廊要全部不用砖砌的材料有利于抗震。

第五节 变电构架和设备支架

第6.5.1条～第6.5.4条 变电构架和设备支架的抗震性能已由大量地震实践证明是较好的。因此，目前工程所用的离心钢筋混凝土圆杆柱、钢梁构架，在认真作好静力设计条件下，就具有相当的抗震能力。

本节各条系根据以往工程经验和震害经验制订的。由于变电构架随着电压等级的提高，已出现了一些新的结构形式，有关这方面的抗震问题，还需要逐步积累经验后再制订有关条文。

此，限制在7度范围，对这样的结构需要采取抗震措施，将整个结构形成框架填充墙体系，以提高墙体系的延性和整体性。8度及以上时不用砖结构。

第6.4.3条～第6.4.5条 实践表明：栈桥结构同相邻建筑物的动力特性不一样，应设防震缝。

火力发电厂中的运煤栈桥，不少是高端支承在主厂房框架上，低端与相邻建筑物脱开，有较大的刚度，这类栈桥一般都比较长，其变形特征为弯剪型。实测表明：栈桥结构两端，无论高端或低端的相对幅值均有明显减少，这表明两端的结构对栈桥有一定的嵌固作用。

栈桥脉动实测的基本周期多在0.3～0.5（s）范围，如考虑大变位的影响，它的周期也不是很长。同时也反映出：随着栈桥结构型式和具体情况的不同，它所具有的动力特性也不相同。因此，在工程设计时应分别对待。

栈桥一端如与主厂房相连，将受到厂房的振动特性的影响，高端连接处将随厂房的振动而运动。厂房的振动频率与栈桥本身不尽相同，栈桥低端不论与建筑物相连与否，由于它较矮、刚度大，其振动性与栈桥与地面运动相接近，受到地面运动的干扰，栈桥本身在脉动实测下表现为整体振动，各处频率几乎相等。当皮带在运行时，对栈桥横向影响不大，对栈桥的纵向有一定的影响，主要增加了运行皮带对栈桥的强迫振动。但由于工艺设备产生的动力不是很大，因而地震作用的强迫振动，在计算中可不考虑。

宏观地震表明：栈桥结构的纵向抗震应适当加强。一般工程都是在低端设置刚性的纵向抗震支撑（如抗震墙、抗震支撑），由于设置抗震墙或纵向抗震支撑后，纵向结构的刚度较大，周期较短，地震作用较大。因此，也可以对各柱在纵向支柱与支架的联结，考虑到联结的受力内力递较复杂，宜将其适当增强。

为加强栈桥梁（桁架）与支架的联结，考虑到联结的受力内力传递较复杂，宜将其适当增强。

第七章 送电线路杆塔、微波塔及其基础

第7.0.1条 经验算，一般高度的自立式铁塔和拉线杆塔，因塔身质量轻，8度及以下时，结构强度不起控制，故可不进行抗震验算。

第7.0.2条 在唐山、海城地震灾害调查中，发现拉线杆塔具有较强的抗震能力，8度和9度时宜采用拉线杆塔。震害调查中还发现瓷横担断裂情况多，抗震能力差。

第7.0.3条 由于地基的液化，对地基的承载能力有很大的降低，塔基有可能产生不均匀沉陷，因此地基和基础应考虑适当的抗震措施。

第7.0.4条 导线是垂直绝缘子串和金具与杆塔连接，避雷线通过金具同杆塔相连。绝缘子串和悬垂相当于一单摆系统，它的周期比杆塔周期长得多。在挂有导线的铁塔模型试验中也证实了铁塔的动力影响要比不挂线的铁塔小，故可不考虑导线和避雷线的动力影响。

第7.0.5条 验算杆塔地震作用下的荷载只考虑正常运行情况，不考虑事故和安装情况，恒荷载不考虑覆冰情况。导线和避雷线的拉力只是在验算特种塔时考虑，此时导线和避雷线采用年平均温度下的应力。

第7.0.6条 《建筑结构设计统一标准》第1.0.2条明确规定，荷载规范、钢结构规范、钢筋混凝土和抗震规范等应遵守《建筑结构设计统一标准》规定的准则。所以本规范设计表达式，根据《建筑结构设计统一标准》规定的极限状态设计的原则和目前抗震设计水准的可靠指标，考虑了与地震烈度对应的地面运动、加速度的峰值的动力放大系数的不确定性，研究分析了对应于不同烈度的地震作用的均值和方差，并利用了《建筑结构设计统一标准》中给出的各种荷载的统计参数。按 Torkstra 的荷载组合规则，确定了本规范所建议的荷载分项系数，这些系数是用一次二矩方法求出的最优组合。式(7.0.6)中最后一项的0.3系送电线路杆塔风荷载的组合系数，它是考虑风荷载组合值系数0.2和风荷载作用分项系数1.4得出的。

第7.0.7条 承载力抗震调整系数 γ_{RE} 参考现行国家标准《建筑抗震设计规范》，并根据送电线路杆塔的特点而定出其值。

第7.0.8条 杆塔结构是悬臂结构，大跨越塔一般都比较高，而振型分解反应谱方法适用范围广，故采用该方法。根据现行国家标准《建筑抗震设计规范》第4.1.1条规定，作出对大跨越塔和长悬臂横担杆塔横向竖向地震作用验算。

第7.0.9条 自立式铁塔结构的阻尼比，根据铁塔模型试验，其值在2%～3%之间，本规范取3%。对钢筋混凝土杆塔的阻尼比，参考《日本建筑结构抗震条例》所规定的值，国内钢筋混凝土烟囱结构阻尼比也取5%，故本规范规定宜取5%。

中华人民共和国国家标准

核电厂抗震设计规范

Code for seismic design of nuclear power plants

GB 50267-97

主编部门：国 家 地 震 局
批准部门：中华人民共和国建设部
施行日期：1998 年 2 月 1 日

关于发布国家标准
《核电厂抗震设计规范》的通知

建标〔1997〕198 号

根据国家计委计综（1986）2630 号文的要求，由国家地震局会同有关部门共同制订的《核电厂抗震设计规范》已经有关部门会审，现批准《核电厂抗震设计规范》GB50267-97 为强制性国家标准，自 1998 年 2 月 1 日起施行。

本标准由国家地震局负责管理，具体解释等工作由国家地震局工程力学研究所负责，出版发行由建设部标准定额研究所负责组织。

中华人民共和国建设部
一九九七年七月三十一日

目次

1 总则 …………………………………………… 11—3
2 术语和符号 …………………………………… 11—4
　2.1 术语 ……………………………………… 11—4
　2.2 符号 ……………………………………… 11—4
3 抗震设计的基本要求 ………………………… 11—6
　3.1 计算模型 ………………………………… 11—6
　3.2 抗震计算 ………………………………… 11—7
　3.3 地震作用 ………………………………… 11—7
　3.4 作用效应组合和截面抗震验算 ………… 11—8
　3.5 抗震构造措施 …………………………… 11—8
4 设计地震动 …………………………………… 11—9
　4.1 一般规定 ………………………………… 11—9
　4.2 极限安全地震动的加速度峰值 ………… 11—9
　4.3 设计反应谱 ……………………………… 11—11
　4.4 设计加速度时间过程 …………………… 11—14
5 地基和斜坡 …………………………………… 11—15
　5.1 一般规定 ………………………………… 11—15
　5.2 地基的抗滑验算 ………………………… 11—15
　5.3 地基液化判别 …………………………… 11—16
　5.4 斜坡抗震稳定性验算 …………………… 11—16
6 安全壳、建筑物和构筑物 …………………… 11—16
　6.1 一般规定 ………………………………… 11—16
　6.2 作用和作用效应组合 …………………… 11—17
　6.3 应力计算和截面设计 …………………… 11—18
　6.4 基础抗震验算 …………………………… 11—19
7 地下结构和地下管道 ………………………… 11—19
　7.1 一般规定 ………………………………… 11—19
　7.2 地下结构抗震计算 ……………………… 11—19
　7.3 地下管道抗震计算 ……………………… 11—21
　7.4 抗震验算和构造措施 …………………… 11—21
8 设备和部件 …………………………………… 11—22
　8.1 一般规定 ………………………………… 11—22
　8.2 地震作用 ………………………………… 11—22
　8.3 作用效应组合和设计限值 ……………… 11—24
　8.4 地震作用效应计算 ……………………… 11—24
9 工艺管道 ……………………………………… 11—26
　9.1 一般规定 ………………………………… 11—27
　9.2 作用效应组合和设计限值 ……………… 11—27
　9.3 地震作用效应计算 ……………………… 11—27
10 地震检测与报警 ……………………………… 11—28
　10.1 仪器设置 ……………………………… 11—29
　10.2 仪器性能 ……………………………… 11—31
　10.3 观测站设置 …………………………… 11—32
附录 A 各类物项分类示例 …………………… 11—33
附录 B 建筑物、构筑物地震作用效应计算方法及简图 ………… 11—35
附录 C 地震动衰减规律 ……………………… 11—35
附录 D 地下结构地震层反应谱的修正 ……… 11—38
附录 E 设计楼层反应谱 ……………………… 11—41
附录 F 设备、部件采用的容许应力和设计限值 ……… 11—41
附录 G 验证试验 ……………………………… 11—42
附录 H 本规范用词说明
附加说明
条文说明

1 总 则

1.0.1 为贯彻地震工作以预防为主、民用核设施安全第一的方针，使核电厂安全运行，确保质量，技术先进，经济合理，制订本规范。

1.0.2 本规范适用于压水堆核电厂中与核安全相关项的抗震设计。

0.5g地区的正压水堆核电厂，当遭受相当于运行安全地震动的地震影响时，应能正常运行；当遭受相当于极限安全地震动的地震影响时，应能确保反应堆冷却剂压力边界完整，反应堆安全停堆并维持安全停堆状态，且放射性物质的外逸不超过国家规定限值。

注：①本规范所称的物项是指安全类、建筑物、构筑物、地下结构、系统、设备及有关部件。
②g为重力加速度，取值为9.81m/s²。

1.0.3 核电厂的物项应根据其对核安全的重要性划分为下列三类：

(1) Ⅰ类物项：核电厂中与核安全有关的重要物项，包括损坏后会直接或间接造成事故的物项；保证反应堆安全停堆并维持停堆状态及排出余热所需的物项；地震时和地震后为减轻事故破坏后果的物项以及损坏或丧失功能后会危及上述物项的其他物项。

(2) Ⅱ类物项：核电厂中除Ⅰ类物项外与核安全有关的物项，以及损坏或丧失功能后会危及上述物项的与核安全无关的物项。

(3) Ⅲ类物项：核电厂中与核安全无关的物项。

注：Ⅰ、Ⅱ、Ⅲ各类物项的举例可按本规范附录A的举例划分。

1.0.4 各类物项的抗震设计应采用下列抗震设防标准：

(1) Ⅰ类物项应同时采用运行安全地震动和极限安全地震动进行抗震设计；

(2) Ⅱ类物项应采用运行安全地震动进行抗震设计；

(3) Ⅲ类物项应按国家现行有关抗震设计规范进行抗震设计。

1.0.5 核电厂抗震设计时，除应符合本规范的规定外，尚应符合国家现行有关标准规范的规定。

2 术语和符号

2.1 术 语

2.1.1 地震震动 ground motion
由地震引起的岩土层震动。

2.1.2 运行安全地震震动 operational safety ground motion
在设计基准期中年超越概率为 2‰ 的地震震动,其峰值加速度不小于 0.075g。通常为核电厂能正常运行的地震震动。

2.1.3 极限安全地震震动 ultimate safety ground motion
在设计基准期中年超越概率为 0.1‰ 的地震震动,其峰值加速度不小于 0.15g。通常为核电厂区内可能遭遇的最大地震震动。

2.1.4 能动断层 capable fault
在地表或接近地表处很可能产生相对位移的断层。

2.1.5 地震活动断层 seismo-active(seismotectonic)fault
可能发生破坏性地震的断层。

2.1.6 断层活动段 faulting segment
活动断层中活动状态及特性一致的一段。

2.1.7 衰减规律 attenuation law
地区或建设场地的地震动强度随着震源距离的增大而减小的现象。

2.1.8 综合概率法 hybrid probabilistic method
综合考虑地质构造因素和地震动的时空均匀性的概率方法。

2.1.9 试验反应谱 test response spectrum
抗震试验中采用的激振加速度时间过程所对应的反应谱。

2.1.10 事故工况荷载 accidenal load
核电厂运行中对运行工况的严重偏离情况下产生的荷载。

2.2 符 号

2.2.1 地震和地震震动

I ——地震烈度;
M_0 ——起算地震震级;
M_{max} ——最大地震震级;
M_u ——震级上限;
S_d, S_v, S_a ——位移、速度、加速度反应谱值;
a ——地震加速度;
b ——震级—频度关系式中表示大小地震发生次数比例关系的一个系数;
c ——地震波的视波速;
D ——断层波距;
R_0 ——考虑震级和距离的地震动饱和参数;
V_e ——地下直管高程处的最大地震波速;
y ——地震动参数(可以是位移、速度、加速度、反应谱等);
ε ——表示不确定性的随机量;
λ ——地震波的视波长或波长;
v ——地震年平均发生率。

2.2.2 作用和作用效应

A ——在事故工况下产生的作用标准值效应;
E_1 ——严重环境条件下的运行安全地震震动产生的地震作用标准值效应;
E_2 ——极端环境条件下的极限安全地震震动产生的地震作用标准值效应;
F ——施加预应力产生的荷载标准值效应;
$\{F\}$ ——结构上的等效地震作用向量;

G —— 永久荷载标准值效应;
H_a —— 安全壳由于内部溢水而产生的荷载标准值效应;
H_e —— 侧向土压力标准值效应;
L —— 活荷载的标准值效应;
M —— 运行安全地震动或极限安全地震动各种作用效应组合引起的倾覆力矩;
N —— 作用于管道的轴力设计值;
P_0 —— 由于安全壳内外压力差而产生的反力标准值效应;
P_a —— 在设计事故工况下的压力荷载标准值效应;
R_a —— 在设计基准事故温度条件下严重事故工作条件下基准温度条件下产生的反力轴向作用效应;
S —— 作用效应组合(内力或应力)设计值;
S_1 —— 正常运行作用与严重环境作用的作用效应组合;
S_2 —— 正常运行作用与极端环境作用的作用效应组合;
S_3 —— 正常运行作用与严重环境作用以及事故工况的作用效应组合;
S_4 —— 正常运行作用与极端环境作用以及事故工况的作用效应组合;
S_5 —— 正常运行作用与极端环境作用以及事故工况水淹作用的作用效应组合;
S_i —— 第 i 种作用效应组合(内力或应力)设计值;
S_{ijk} —— 第 i 种组合中的第 j 种作用的标准值效应;
T_0 —— 在正常运行或停堆期间的温度作用标准值效应;
T_a —— 在设计基准事故工况下管道温度作用标准值效应;
$\{U\}$ —— 待求的结构地震位移向量或结构的绝对位移向量;
$\{U_s\}$ —— 输入的地基地震位移向量;
Y_j —— 管道破裂时在结构上产生的喷射冲击荷载标准值效应;
Y_m —— 管道破裂时在结构上施加的飞射物撞击荷载标准值效应;
Y_r —— 管道破裂时破裂管道在结构上产生的荷载标准值效应;
Y_y —— 在设计事故情况下产生的局部作用标准值效应;
f_s —— 单位管长与周围土间的最大摩擦力;
p —— 基础底面处的平均压力设计值;
p_{max} —— 基础底面边缘的最大压力设计值;
u —— 地下管道柔性接头处的最大线位移或位移;
v_{ij} —— 第 i 种组合中的第 j 种作用的作用分项系数;
θ —— 地下管道柔性接头处的最大转角位移;
σ —— 作用效应组合(应力)设计值;
σ_m —— 管的最大地震弯曲应力;
σ_n —— 管的最大地震轴向应力。

2.2.3 材料性能和抗力

K_n —— 沿管轴向的地基弹簧刚度;
K_t —— 沿管横向的地基弹簧刚度;
R —— 截面的承载力设计值;
C_i —— 地基阻尼阵中的阻尼常数;
f —— 材料或连接接头强度设计值;
f_{SE} —— 调整后的地基土抗震承载力设计值;
$[K_s]$ —— 地基弹簧刚度阵;
$[C_s]$ —— 地基阻尼阵。

2.2.4 几何参数

A_n —— 管的净截面面积;
L —— 柔性接头间的管道长度;
a —— 翘曲情况下基础底面实际接地宽度;

b —— 基础宽度；
r_0 —— 应力计算点至中和轴的距离。

2.2.5 计算系数

K_m —— 力矩抗滑安全系数；
K_v —— 剪切抗滑安全系数；
α_a, α_b —— 波速系数；
Y_{RE} —— 承载力的抗震调整系数；
η —— 反应谱值针对阻尼比的修正系数。

2.2.6 其他

m_i —— 质点 i 的质量；
N_0 —— 液化判别标贯锤击数基准值；
N_{cr} —— 液化判别标贯锤击数临界值；
Δ_i —— 对应于结构反应峰值的拓宽量；
λ_i —— 被支承的子体系的基本频率与主体系的主导频率之比；
λ_m —— 被支承的子体系的总质量与主体系的总质量之比。

3 抗震设计的基本要求

3.1 计算模型

3.1.1 在核电厂的抗震设计中，主体结构可作为主体系；其它被支承的结构、系统和部件可作为子体系，并应符合下列规定：

3.1.1.1 通常情况下，主体系和子体系宜进行耦联计算。

3.1.1.2 符合下列情况之一时，主体系和子体系可不作耦联计算：

(1) $\lambda_m < 0.01$；

(2) $0.01 \leqslant \lambda_m \leqslant 0.1$，且 $\lambda_i \leqslant 0.8$ 或 $\lambda_i \geqslant 1.25$。

注：λ_m 为被支承的子体系的总质量与主体系的总质量之比，λ_i 为被支承的子体系的基本频率与主体系的主导频率之比。

3.1.1.3 不进行耦联计算的子体系，其地震输入可由主体系的计算确定，并可利用楼层反应时间过程或楼层反应谱进行。在进行主体系计算时，当子体系与主体系为刚性连接，可将其质量包括在主体系质量内；当子体系与主体系为柔性连接时，可不计入子体系的质量和刚度。

3.1.2 计算模型的确定应符合下列要求：

(1)对于质量和刚度不对称分布的物项，集中质量模型应计入平移和扭转的耦联作用；

(2)当采用集中质量模型时，集中质量的个数不宜少于主体所计入振型的两倍；

(3)在结构计算模型中，应计入地基与结构的相互作用，基础埋深不大于1100m/s 的地基，应计入地基与结构的相互作用，基础埋深与基础底面等效半径之比小于 1/3 的浅埋结构宜采用集中参数模型，深底面等效半径之比小于 1/3 的浅埋结构宜采用集中参数模型，深

埋结构宜采用有限元模型,对于基础底面土层平均剪切波速大于1100m/s的地基,可不计入地基与结构的相互作用;

(4)当物项支承构件的刚度影响明显时,应计入其动力作用效应;

(5)应计入物项内液体以及附属部件等的质量;

(6)对于因地震引起内部液体晃荡的物项,应计入液体晃动效应和其他液压效应。

3.2 抗震计算

3.2.1 I、II类物项应按两个相互垂直的水平方向和一个竖向的地震作用进行计算;水平地震作用的方向应取对物项最不利的方向。

3.2.2 核电厂物项的抗震计算应采用线性计算方法。物项的弱非线性,可采用等效阻尼来处理;物项的强非线性,计算时必须计入刚度和阻尼的变化。土体结构的强非线性,可采用等效线性化法进行计算。

3.2.3 通常情况下,I、II类物项的抗震设计应采用反应谱法和时间过程法。当有充分论据能保证安全时也可采用等效静力计算法。

3.2.4 当采用反应谱法时,物项的最大反应可取各振型最大反应值的平方和的平方根。当两个振型的频率差的绝对值与其中一个较小的频率之比不大于0.1时,应取此两振型最大反应值的平方和与其他振型的最大反应值按平方和的平方根(SRSS)进行组合;也可采用完全二次型组合(CQC)进行组合。地震反应值不超过10%的高阶振型可略去不计。

3.2.5 当采用时间过程法时,输入地震动应采用反应谱相应的楼层平面处的设计加速度时间过程。

3.2.6 地震震动的三个分量引起物项的反应值,当采用反应谱法时,可取每个分量在物项同一方向上引起的反应

的平方根进行组合。当采用时间过程法时,可求出作为时间函数的反应应力的代数和,并应取其最大值。

3.3 地震作用

3.3.1 场地的设计地震震动参数和设计反应谱符合本规范第4章的规定。

3.3.2 设备抗震设计时,设计楼层反应谱或规定高程处的时间过程计算所得的反应应根据支承体系对设计地震震动在相互垂直的两个相互垂直的水平向分量和一个竖向分量,刚度对称的支承体系,给定位置处每个方向的楼层反应谱可根据该方向的地震反应直接确定;对于质量或刚度不对称的支承体系,每个方向的楼层反应谱应根据在两个水平向和一个竖向地震动分量分别作用下沿该方向地板反应谱的平方和的平方根的结果组合确定。

3.3.2.1 设计楼层反应谱,计算楼层反应谱时,其频率增量宜按表3.3.2采用。

表3.3.2 楼层反应谱的频率增量

频率范围 (Hz)	0.2~3.0	3.0~3.6	3.6~5.0	5.0~8.0	8.0~15.0	15.0~18.0	18.0~22.0	22.0~33.0
频率增量 (Hz)	0.10	0.15	0.20	0.25	0.50	1.0	2.0	3.0

3.3.2.3 确定设计楼层反应谱时,应按下列要求对计算得到的楼层反应谱进行调整。

(1)应按结构和地基的材料性质、阻尼比值、地基与结构相作用等技术参数不确定性以及地震计算方法的近似性而产生的结构频率不确定性,对计算确定的楼层反应谱每一峰值可取该结构频率相关的平均值一峰值,拓宽量可取该结构固有频率的首线段段确定。

(2)应拓宽与结构相关的每一峰值,拓宽量可取该结构固有频率的0.15倍;拓宽峰值由平行于原谱峰值段的直线段确定。

3.3.3 Ⅰ、Ⅱ类物项的阻尼比应符合下列要求：
3.3.3.1 物项阻尼比可按表3.3.3采用。

表3.3.3

物 项	阻尼比（%）	
	运行安全地震动	极限安全地震动
设 备	2	4
焊接钢结构	2	4
螺栓连接钢结构	4	7
预应力混凝土结构	3	5
钢筋混凝土结构	5	7
电缆支架	—	10

3.3.3.2 对不同材料组成的混合结构，阻尼比宜按能量加权的方法确定。

3.4 作用效应组合和截面抗震验算

3.4.1 地震作用效应与核电厂中各种工况下的使用用荷载效应进行最不利的组合。
3.4.2 混凝土结构的安全壳、建筑物、构筑物、地下结构、地下管道的截面抗震验算应符合下式要求：

$$S \leqslant k_1 R \qquad (3.4.2)$$

式中 S——作用效应（内力）设计值；
R——截面的承载力设计值；
K_1——承载力调整系数，对各类结构构件均应取1.0。

3.4.3 建筑物、构筑物的钢结构构件的截面抗震验算应符合下式要求：

$$S \leqslant k_2 R \qquad (3.4.3)$$

式中 S——作用效应（内力）设计值；
R——截面的承载力设计值；

k_2——承载力调整系数。

3.4.4 设备、部件和工艺管道的作用效应取值及其截面抗震验算，应分别符合本规范第8章、第9章的有关规定。

3.5 抗震构造措施

3.5.1 核电厂的安全壳、建筑物、构筑物，宜坐落在基岩或切波速大于400m/s的岩土上。
3.5.2 混凝土安全壳、混凝土建筑结构抗震设计规范》对抗震等级为一级的混凝土结构构件的有关要求；其他混凝土结构构件和各种钢结构构件的抗震构造措施，应符合现行国家标准《建筑抗震设计规范》的有关要求。
3.5.3 设备、部件和工艺管道的抗震构造措施，应符合现行国家标准《建筑抗震设计规范》对9度抗震设防时的有关要求。

4 设计地震震动

4.1 一般规定

4.1.1 核电厂抗震设计,其物项的地震作用应根据设计地震动参数确定。

4.1.2 核电厂的设计地震动参数的确定应符合下列要求:

4.1.2.1 设计地震动参数应包括两个水平向和一个竖向的设计加速度峰值,两个水平向和一个竖向的设计反应谱以及不少于三组的三个分量的设计加速度时间过程。

4.1.2.2 两个水平向的设计加速度峰值应采用相同数值,竖向设计加速度峰值应采用水平向设计加速度峰值的 2/3。

4.1.2.3 设计地震动的加速度时间过程应按本规范第 4.4 节的方法确定。

4.1.3 设计地震动参数宜采用自由地面的数值;计算覆盖土层的地震动参数时,应采用入土层的刚度和阻尼,计算基岩面可采用的地震动参数宜采用 700m/s 的土层的顶面,其下应无更低波速的土层。

4.1.4 地震震动的加速度峰值应符合下列规定:

4.1.4.1 极限安全地震动的加速度峰值应按本规范第 4.2.1 条的规定采用。

4.1.4.2 运行安全地震动加速度峰值的取值不得小于对应的极限安全地震动加速度峰值的 1/2。

4.1.5 地震震动的资料的搜集、调查和分析应符合下列要求:

4.1.5.1 地震震动资料的搜集、调查和分析工作区内的全部地震资料和地质地震资料。

4.1.5.2 地震震动现场调查的内容应符合《核电厂址选择安全规定》HAF0100 的要求。

4.1.5.3 地震震动分析报告应包括地震活动断层的判定、地震构造图和判定发生最大强震的地震构造条件。

4.2 极限安全地震震动的加速度峰值

4.2.1 极限安全地震动应取地震构造法、最大历史地震法和综合概率法确定的结果中的最大值,其水平加速度峰值不得低于 0.15g。

4.2.2 当采用地震构造法确定极限安全地震震动时,应符合下列要求:

4.2.2.1 根据工作区内的地震资料,应进行地震活动断层和历史地震的分析,划分地震构造区,并判定其中地震活动空间位置和最大地震震级 M_{max}。

4.2.2.2 根据断层地质及活动状况,应划分可能发生最大地震的断层活动段。

4.2.2.3 对每一断层活动段确定,可能发生的最大地震震级,可根据下述因素综合确定:该断层段上历史地震的最大震级;与断层活动段密切相关的历史地震的最大震级;断层活动段的长度;断层活动段的第四纪滑移率;断层的延展深度和断层带宽度;断层活动段的形式和动力特征。

4.2.2.4 在每一断层活动段内,应规定最大震级的地震将发生在该断层段靠近厂区的部位,并根据本规范规定所有断层活动的衰减规律计算厂区的地震动,然后应取所有断层活动段分别引起的厂址地震动中的最大值。

4.2.2.5 在地震构造区内,对与地震活动断层没有明确关系的历史地震,应取其震级最大者,移到距厂址最近处,并计算所引起的厂址的地震动。

4.2.3 采用最大历史地震法确定极限安全地震震动时应符合下列要求:

4.2.3.1 根据各次历史地震的震中位置、震中烈度和震级，应按地震动衰减规律确定各次地震在厂区引起的地震动，并应取其最大值。

4.2.3.2 当历史地震参数不完备时，可按历史地震在厂区或附近场地记录的最高烈度确定地震动的最大值。

4.2.4 采用综合概率法确定地震动极限安全地震动时，应符合下列要求：

4.2.4.1 当采用综合概率法时，应首先根据地震地质与地震活动性特征划分地震带，然后根据地震活动性和地震活动断层、地球物理场等地震地质的分析成果，在下列工作成果的基础上确定潜在震源区：

（1）地震带内中、强以上地震活动的时空分布特征；
（2）弱震活动的空间分布；
（3）地震活动断层和古地震遗迹的特点和分布；
（4）新构造和现代构造所反映的深部构造；
（5）地球物理场物理资料所反映的深部构造；
（6）工作区内已经发生中、强以上地震和具备发生中、强以上地震的构造条件的部位。

4.2.4.2 潜在震源区地震活动性参数应包括下列内容：

（1）震级上限；
（2）大小地震发生次数比例关系；
（3）地震年平均发生率；
（4）起算震级可取 4 级。

4.2.4.3 震级上限应根据下列应象特征确定：

（1）潜在震源区内历史地震的最大震级；
（2）地震活动图象特征；
（3）断层的活动性和断层活动段的规模；
（4）地震构造的特征和规模的类比。

4.2.4.4 地震发生次数比例关系系数应根据下列关系确定：

（1）被统计的地震数据及相应的震级有足够的样本量；
（2）被统计的地震数据所覆盖的时间段和震级应有足够的可信度；
（3）被划分的地震带内地震活动的一致性和相关性。

4.2.4.5 一定时间内可能发生的地震年平均发生率的地震活动水平：

（1）地震带内的地震年平均发生率应根据下列因素确定；
（2）地震带内的地震年平均发生率与各潜在震源区中的该值之和相等；
（3）未来地震活动在时间、强度和地点上的不均匀性；
（4）潜在震源区发生强震的可能性。

4.2.4.6 可选用适当的地震发生模型，如泊松模型或修正泊松模型，或经论证可以表示本工作区地震发生时空特征的其他模型，计算所有潜在震源区对厂区地震动超过某一给定值的概率之和，绘出厂区地震危险性的超越概率曲线，并应进行不确定性校正。

4.2.4.7 经过不确定性校正之后，应取对应于千年超越概率为 10^{-4} 的加速度峰值为本法确定的极限安全地震动值。

4.2.5 地震动的衰减规律应符合下列规定。

4.2.5.1 烈度衰减规律或地震动衰减规律应按下步骤统计计算确定：

（1）收集本工作区或更大范围内的强地震等震线或震中烈度调查资料以及每一强震中烈度、震源深度、震中位置、震中烈度、震级衰减规律、震中烈度等震线长轴和短轴方向可有不同的衰减关系；
（2）统计出本工作区内的地震烈度衰减规律，沿长轴长、短轴方向可有不同的衰减关系。

4.2.5.2 加速度峰值的衰减规律应按下列情况分别确定：

（1）在有较多强地震加速度记录但有足够烈度资料的地区，可利用本地区的烈度衰减规律和本地区的烈度与加速度衰减规律，换算得到适合于本地区的加速度衰减规律；
（2）在缺少强地震加速度记录的地区，可采用统计方法确定加速度衰减规律；

(3) 在既缺少强震加速度记录又缺少烈度资料的地区，经过合理论证可选用地质构造条件相似地区的加速度衰减规律。

4.3 设计反应谱

4.3.1 设计反应谱宜采用标准反应谱或经有关主管部门批准的场地地震相关反应谱。

4.3.2 基岩场地的水平向和竖向标准反应谱应根据阻尼比分别按表4.3.2-1和表4.3.2-2采用（图4.3.2-1和图4.3.2-2）；硬土场地的水平向和竖向标准反应谱，应根据阻尼比分别按表4.3.2-3和表4.3.2-4采用（图4.3.2-3和图4.3.2-4）。

注：谱系按设地震动加速度峰值为1.0g给出的，应用时应按采用的设计地震动加速度峰值调整。

4.3.3 华北地区的基岩场地地震相关反应谱按本规范附录C确定。

4.3.4 硬土场地的场地地震相关反应谱可根据基岩地震相关反应谱确定，其步骤如下：

（1）根据工作区地震环境确定厂区地震动的时间过程包络函数；

（2）根据本规范规定的设计加速度反应谱生成方法确定与基岩地震相关反应谱相符的自由基岩地震动时间过程；

（3）根据包络函数和基岩地震动时间过程确定厂区土层下基岩自由基岩地震动加速度时间过程；

（4）根据自基岩顶面向上的入射波或基岩地面的地震动过程，计算厂区地面的地震动。

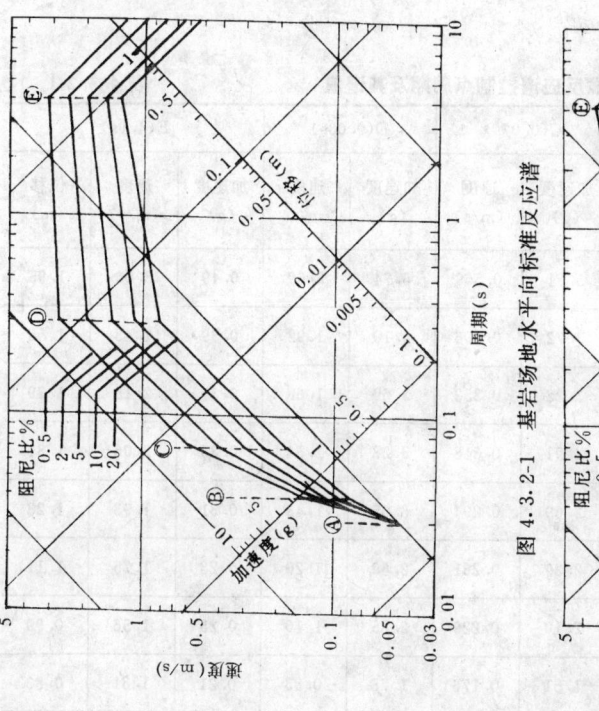

图4.3.2-1 基岩场地水平向标准反应谱

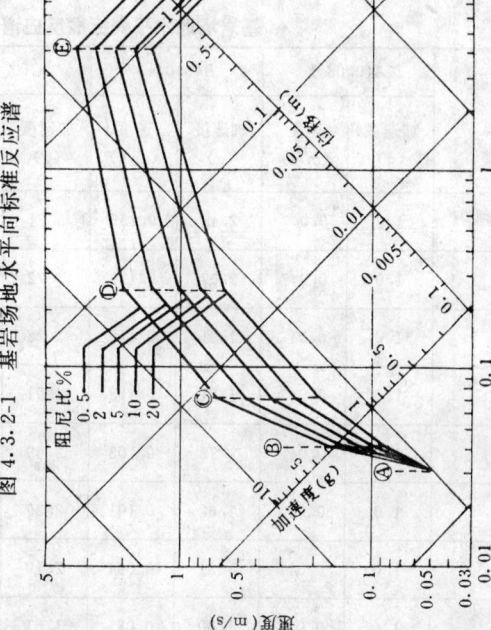

图4.3.2-2 基岩场地竖向标准反应谱

基岩场地水平向标准反应谱控制点周期及其谱值　　　　表 4.3.2-1

阻尼比(%)	A(0.03s)		B(0.04s)		C(0.07s)		D(0.03s)		E(4.0s)		
	加速度(g)	速度(m/s)	加速度(g)	速度(m/s)	加速度(g)	速度(m/s)	加速度(g)	速度(m/s)	加速度(g)	速度(m/s)	位移(m)
0.5	1.0	0.047	2.49	0.155	5.21	0.569	5.74	2.69	0.49	3.06	1.95
2	1.0	0.047	2.07	0.129	3.72	0.406	4.10	1.92	0.39	2.43	1.55
3	1.0	0.047	1.91	0.119	3.22	0.352	3.60	1.68	0.35	2.18	1.39
4	1.0	0.047	1.81	0.113	2.91	0.318	3.28	1.54	0.33	2.06	1.31
5	1.0	0.047	1.73	0.108	2.74	0.294	3.05	1.43	0.31	1.93	1.23
7	1.0	0.047	1.62	0.101	2.39	0.261	2.69	1.26	0.28	1.75	1.11
10	1.0	0.047	1.51	0.094	2.10	0.229	2.35	1.10	0.25	1.56	0.99
20	1.0	0.047	1.30	0.081	1.61	0.176	1.78	0.83	0.21	1.31	0.83

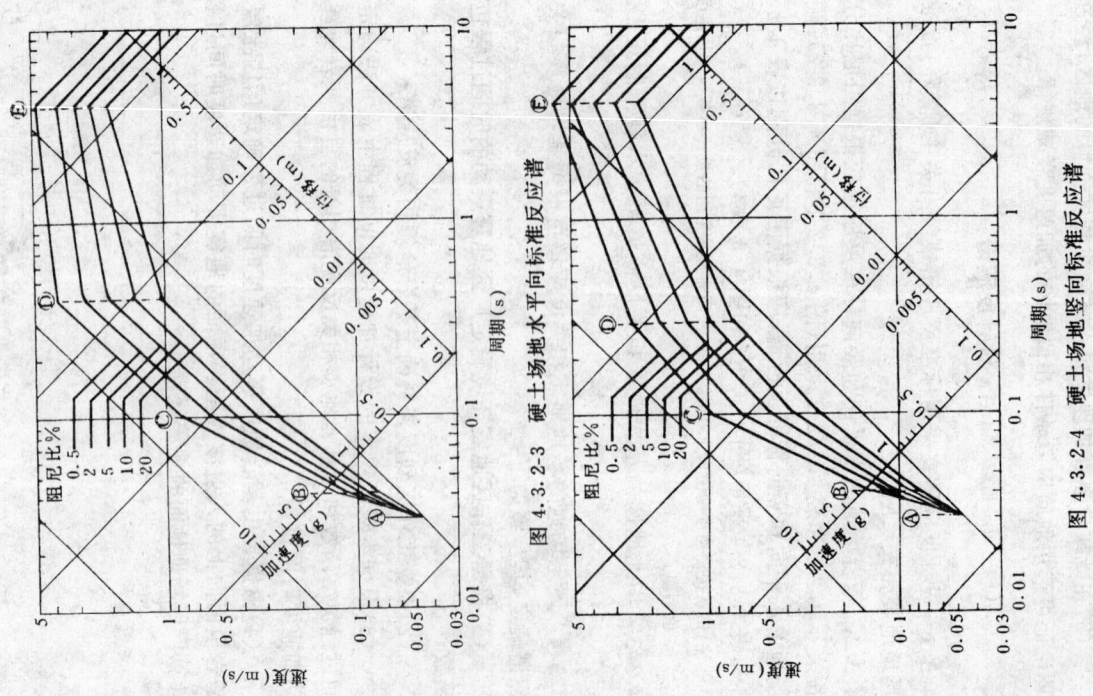

图 4.3.2-3　硬土场地水平向标准反应谱　　　　图 4.3.2-4　硬土场地竖向标准反应谱

基岩场地竖向标准反应谱控制点周期及其谱值 表 4.3.2-2

阻尼比(%)	A(0.03s)		B(0.04s)		C(0.07s)		D(0.25s)		E(4.0s)		
	加速度(g)	速度(m/s)	加速度(g)	速度(m/s)	加速度(g)	速度(m/s)	加速度(g)	速度(m/s)	加速度(g)	速度(m/s)	位移(m)
0.5	1.0	0.047	2.63	0.164	5.73	0.626	4.98	1.94	0.54	3.37	2.15
2	1.0	0.047	2.18	0.137	4.09	0.447	3.56	1.39	0.44	2.75	1.75
3	1.0	0.047	2.00	0.125	3.53	0.385	3.11	1.21	0.39	2.43	1.55
4	1.0	0.047	1.90	0.119	3.19	0.348	2.82	1.10	0.36	2.25	1.43
5	1.0	0.047	1.82	0.114	2.94	0.321	2.62	1.02	0.34	2.12	1.35
7	1.0	0.047	1.69	0.105	2.57	0.281	2.29	0.893	0.30	1.87	1.19
10	1.0	0.047	1.56	0.097	2.23	0.244	1.99	0.776	0.27	1.68	1.07
20	1.0	0.047	1.33	0.083	1.68	0.183	1.52	0.593	0.22	1.37	0.87

硬土场地水平向标准反应谱控制点周期及其谱值 表 4.3.2-3

阻尼比(%)	A(0.03s)		B(0.04s)		C(0.1s)		D(0.4s)		E(4.0s)		
	加速度(g)	速度(m/s)	加速度(g)	速度(m/s)	加速度(g)	速度(m/s)	加速度(g)	速度(m/s)	加速度(g)	速度(m/s)	位移(m)
0.5	1.0	0.047	2.04	0.127	5.22	0.814	5.95	3.71	0.74	4.62	2.94
2	1.0	0.047	1.76	0.110	3.73	0.582	4.25	2.65	0.58	3.62	2.31
3	1.0	0.047	1.66	0.104	3.25	0.507	3.71	2.32	0.53	3.31	2.11
4	1.0	0.047	1.59	0.099	2.95	0.460	3.37	2.10	0.49	3.06	1.95
5	1.0	0.047	1.54	0.096	2.74	0.427	3.13	1.95	0.47	2.93	1.87
7	1.0	0.047	1.47	0.092	2.44	0.381	2.72	1.70	0.43	2.68	1.71
10	1.0	0.047	1.39	0.087	2.16	0.337	2.28	1.42	0.39	2.43	1.55
20	1.0	0.047	1.25	0.078	1.68	0.262	1.64	1.02	0.31	1.93	1.23

4.4 设计加速度时间过程

4.4.1 设计加速度时间过程可采用三角级数叠加法实际地震加速度记录生成，应符合下列要求：

4.4.2 当采用三角级数叠加法生成时：

4.4.2.1 可采用相当于厂区地震条件的实际加速度记录的相角，也可根据相角在 0~2π 之内随机均匀分布的相角；

4.4.2.2 在满足时间过程反应谱对基岩地震动，使设计的给定目标反应谱包络函数各数值的控制点阻尼比为 5%~20% 的数不得多于五个，其相对误差不得超过 10%，低于目标反应谱控制点纵坐标总和不得低于目标反应谱的相应值。

4.4.2.3 调整三角级数谱波幅值时，反应谱控制点数不得少于 75 个，且反应谱控制点在 0.03~5.00s 周期域内，反应谱控制点对数坐标上，其各频段的频率增量可按表 4.4.2 均匀地分布于各周期的控制点。

4.4.2 人工生成模拟地震动控制点的频段及其增量   表 4.4.2

频段(Hz)	0.2~3.0	3.0~3.6	3.6~5.0	5.0~8.0	8.0~15.0	15.0~18.0	18.0~22.0	22.0~33.0
频率增量(Hz)	0.10	0.15	0.20	0.25	0.50	1.0	2.0	3.0

4.4.3 采用实际地震加速度记录生成时，生成的加速度记录的反应谱应符合本规范第 4.4.2.2 款的要求。

硬土场地竖向标准反应谱控制点周期及其谱值   表 4.3.2-4

阻尼比(%)	A(0.03s)		B(0.04s)		C(0.1s)		D(0.3s)		E(4.0s)		
	加速度(g)	速度(m/s)	加速度(g)	速度(m/s)	加速度(g)	速度(m/s)	加速度(g)	速度(m/s)	加速度(g)	速度(m/g)	位移(m)
0.5	1.0	0.047	2.16	0.135	5.99	0.934	5.15	2.41	0.97	6.05	3.85
2	1.0	0.047	1.87	0.117	4.28	0.667	3.68	1.72	0.77	4.80	3.06
3	1.0	0.047	1.75	0.109	3.65	0.569	3.19	1.49	0.68	4.24	2.70
4	1.0	0.047	1.66	0.104	3.25	0.507	2.88	1.35	0.63	3.93	2.50
5	1.0	0.047	1.60	0.100	2.98	0.465	2.66	1.24	0.59	3.68	2.34
7	1.0	0.047	1.50	0.094	2.58	0.402	2.33	1.09	0.52	3.24	2.06
10	1.0	0.047	1.41	0.088	2.22	0.346	2.02	0.945	0.46	2.87	1.83
20	1.0	0.047	1.25	0.078	1.67	0.261	1.54	0.721	0.35	2.18	1.39

5 地基和斜坡

5.1 一般规定

5.1.1 本章适用于I、II类物项的地基与I、II类物项安全有关的斜坡的地震安全性评价。对基础的稳定性验算应符合本规范第6.4节基础抗震验算的规定。

5.1.2 岩土和地基的分类应符合现行国家标准《建筑抗震设计规范》和《建筑地基基础设计规范》的规定。

5.1.3 不应选取在水平方向上由力学性质差异很大的岩土,也不应选取一部分为人工地基而另一部分为天然地基作为同一结构单元的地基。

5.1.4 不应选取由软土、液化土或填土等构成物项的地基。

5.2 地基的抗滑验算

5.2.1 本节适用于静载承载力标准值大于0.34MPa或剪切波速大于400m/s的地基。

5.2.2 地基的抗震承载力设计值,可按现行国家标准《建筑抗震设计规范》规定的承载力数值的75%采用。

5.2.3 地基抗滑验算应依次采用滑动面法、静力有限元法、结构动力有限元法,直到其中一种方法验证地基为稳定时为止。验算时应计入自重,水平地震作用,竖向地震作用,静力有限元法、结构动力有限元法,直到其中一种方法验证地基为稳定时为止。验算时应计入自重、水平地震作用、竖向地震作用、结构荷载等组合。

5.2.4 当采用滑动面法、静力有限元法验算时,土层自重产生的地震作用,水平地震系数应取0.2,其竖向地震系数应取0.1。

5.2.5 当采用动力有限元法时,基岩处的地震动应根据给定的地面加速度时间过程,按基础底面处的具体地层条件换算成相应的计算基岩的加速度时间过程,或直接采用基岩的加速度时间过程。

5.2.6 宜采用安全系数验算地基抗滑。各项作用的分项系数宜采用1.0。抗滑安全系数宜按表5.2.6采用。

表5.2.6 抗滑安全系数

滑动面法	静力有限元法	动力有限元法
2.0	2.0	1.5

5.3 地基液化判别

5.3.1 对存在饱和砂土和饱和粉土的地基,应进行液化判别及其危害性计算。

5.3.2 地基液化判别可采用标准贯入试验判别法。其中的标准贯入锤击数基准值宜按下列公式计算:

$$N_0 = \sum \varphi_i N_i / \sum \varphi_i \quad (5.3.2\text{-}1)$$

$$\varphi = \exp\left[-\left(\frac{a-b_i}{c_i}\right)^2\right] \quad (5.3.2\text{-}2)$$

式中 N_0 ——标准贯入锤击基准值;
a ——按物项的类别由现规定的地震加速度峰值推算出的验算地点的地面加速度值(g);
i ——序号;
φ ——计算系数;
N_i, b_i, c_i ——计算参数,可按表5.3.2采用。

表5.3.2 计算参数

i	N_i	$b_i(g)$	$c_i(g)$
1	4.5	0.125	0.054
2	11.5	0.250	0.108
3	18.0	0.500	0.216

5.4 斜坡抗震稳定性验算

5.4.1 对与Ⅰ、Ⅱ类物项工程结构安全有关的斜坡必须进行抗震稳定性验算。

5.4.2 斜坡的稳定性计算可依次按滑动面法、静力有限元法和动力有限元法进行，直到其中一种方法已验证斜坡为稳定时为止。

5.4.3 斜坡稳定性计算的地震作用应在不利方向确定，并应计入水平与竖向地震作用的组合。当采用滑动面法、静力有限元法时，地震作用中的水平地震动宜取0.3，竖向地震系数宜取0.2。

5.4.4 斜坡抗震稳定性验算的安全系数应按表5.4.4采用。

表 5.4.4

滑动面法	静力有限元法	动力有限元法
1.5	1.5	1.2

6 安全壳、建筑物和构筑物

6.1 一般规定

6.1.1 本章适用于混凝土安全壳及Ⅰ、Ⅱ类建筑物和构筑物。

6.1.2 防震缝的设计宜按下列要求：
防震缝的宽度应按变形计算确定，并应等于或大于两物项地震变形之和的2倍。伸缩缝和沉降缝的设计应满足防震缝的要求。

6.2 作用和作用效应组合

6.2.1 安全壳、建筑物、构筑物的结构抗震设计应考虑下列各类作用或作用组合：

6.2.1.1 在正常运行和停堆期间所遇到的作用 N，包括下列各项作用标准值效应：

(1) 永久荷载标准值效应 G，包括任何可活动的设备荷载以及施工前后的临时施工荷载；
(2) 活荷载标准值效应 L，包括任何可活动的设备荷载；
(3) 施加预应力产生的荷载标准效应；
(4) 在正常运行或停堆期间的温度作用标准值效应 T_0；
(5) 在正常运行或停堆期间的管道作用和设备反力标准值效应 R_0，但不包括永久内外压力差而产生的荷载标准值效应 P_0；
(6) 由于安全壳内外压力差而产生的荷载标准值效应 P_0；
(7) 侧向土压力标准值效应 E_1。

6.2.1.2 严重环境条件下的运行安全地震动产生的地震作用标准值效应，包括运行安全地震动所引起的管道和设备反应标准值效应和设备反应标准值效应 (H_e)。

力标准值效应。

6.2.1.3 极端环境条件下的极限安全地震动产生的地震作用标准值效应 E_2，包括极限安全地震动所引起的管道和设备反力标准值效应。

6.2.1.4 在事故条件下产生的作用 A，包括下列各项作用标准值效应：

(1) 在设计基准事故工况下的压力荷载标准值效应 P_a；

(2) 在设计基准事故工况下温度作用标准值效应 T_a，包括正常运行或停堆期间的温度作用标准值效应 T_0；

(3) 在设计基准事故工况下产生的管道和设备反力标准值效应 R_a，包括正常运行或停堆期间的管道反力标准值效应 R_0；

(4) 在设计基准事故工况下产生的局部作用标准值效应 Y_y，包括：

管道破裂时破裂管道在结构上产生的荷载标准值效应 Y_r；

管道破裂时在结构上产生的喷射冲击荷载标准值效应 Y_j；

管道破裂时在结构上施加的飞射物撞击荷载标准值效应 Y_{m_0}

(5) 安全完全由于内部溢水而产生的作用标准值效应 H_{a_0}

6.2.2 抗震设计应考虑下列的 I 类作用的作用效应组合：

6.2.2.1 正常运行作用效应在内的 I 类作用组合 S_1，当作用效应组合中计入温度作用 T_0 时为 S'_1；

(2) 正常运行作用与严重环境作用的作用效应组合 S_2；

(3) 正常运行作用与严重环境作用以及事故工况后的水淹作用的效应组合 S_3（此组合仅适用于安全壳）；

(4) 正常运行作用与极端环境作用的作用效应组合 S_4；

(5) 正常运行作用与极端环境作用以及事故工况下作用的效应组合 S_5。

6.2.2.2 I 类建筑物、构筑物仅取与运行安全地震动产生的地震作用标准值效应 E_1 有关的各种组合 S_1、S'_1、S_2。

6.2.3 在进行各种作用效应组合时应符合下列要求：

6.2.3.1 当不均匀沉降、徐变或收缩产生的效应永久大荷载效应时，除 6.2.2.1 款以外的各种作用效应组合中应按永久大荷载加入组合。其作用效应应按实际情况进行计算。

6.2.3.2 根据第 6.2.1 条确定的标准值效应 P_a、T_a、R_a、Y_y 均应乘以相应的动力系数，侧向土压力标准值效应 H_e 中应计入动土压力，活荷载标准值效应 L 中应包括动载荷的冲击效应。

6.2.3.3 在包含设计基准事故工况下的各种作用标准值效应组合中，首先可在任何 Y_y 的情况下进行承载力验算，容许加入 Y_y 后关的系统不致失其应有的功能（经过充分论证）的条件下，容许加入 Y_y 后局部截面的内力超过其承载力。

6.2.3.4 在作用效应组合中根据第 6.2.1 条确定的标准值效应 P_a、T_a、R_a 和 Y_y 均应取最大值，但经时间过程计算判断后，可以考虑上述作用的滞后影响。

6.2.4 作用效应组合的各种作用分项系数可按本规范附录 B 的规定采用。

6.3 应力计算和截面设计

6.3.1 应力计算应符合下列要求：

(1) 安全完全宜采用有限元模型，建筑物和构筑物也宜采用有限元、板、壳等计算模型，当应力计算所采用的模型与地震反应计算所采用的模型不同时，可将地震反应计算的结果转换为应力计算模型中的等效作用。

(2) 整体基础底板宜按有限元厚板模型进行应力分析，底板周围的地基可用有限元划分并与底板一起进行整体分析，也可用等参数模型进行模拟；

(3) 应力计算可采用弹性分析方法。

6.3.2 对混凝土安全壳应验算下列各项承载力：

(1) 正载面受压、受拉和受弯承载力
(2) 径向受剪承载力；
(3) 切向受剪承载力，此时可不计入混凝土的受剪；
(4) 集中力作用下的受冲切承载力，当有轴向拉力存在时，可不计入混凝土的抗剪强度；
(5) 扭矩作用下的受扭承载力。

6.4 基础抗震验算

6.4.1 混凝土安全壳和Ⅰ、Ⅱ类建筑物、构筑物的混凝土基础底板除应符合本章所规定的承载力要求外，尚应验算裂缝宽度。各种作用分项系数均应取 1.0，最大裂缝宽度不应超过 0.3mm。

6.4.2 天然地基的承载力验算应符合下列要求：
(1) 当与有关标准值效应 E_1 的作用效应组合时，基础底面接地率（见 6.4.3 条）应大于 75%，且应符合下列公式规定：

$$P \leq 0.75 f_{SE} \quad (6.4.2\text{-}1)$$

$$P_{max} \leq 0.90 f_{SE} \quad (6.4.2\text{-}2)$$

式中 P、P_{max} —— 分别为基础底面处标准值效应 E_1 的作用效应组合的平均压力设计值和基础底面边缘的最大压力设计值；

f_{SE} —— 调整后的地基土抗震承载力设计值，按现行国家标准《建筑抗震设计规范》采用。

(2) 当与有关标准值效应 E_2 的作用效应组合时，基础底面地率应大于 50%，并使结构不失其功能，且符合式(6.4.2-1)和式(6.4.2-2)的要求。

6.4.3 矩形基础底面接地率可按下式计算（见图 6.4.3）：

$$\beta = \frac{a}{b} \times 100\% \quad (6.4.3\text{-}1)$$

$$a = 3b\left(\frac{1}{2} - \frac{M}{N \cdot b}\right) \quad (6.4.3\text{-}2)$$

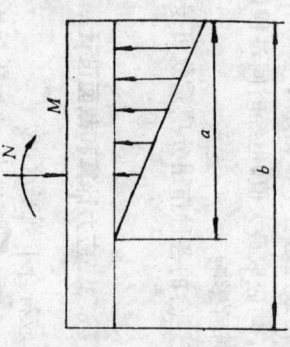

图 6.4.3 矩形基础底面接地率计算

式中 β —— 基础底面接地率 (%)；
a —— 粗离情况下基础底实际接地宽度 (m)；
b —— 基础宽度 (m)；
M、N —— 分别为运行安全地震震动 SL1 或极限安全地震动 SL2 各种作用效应组合引起的倾覆力矩 (N·m) 和竖向力 (N)，后者应包括结构与设备自重、竖向地震作用（方向与重力相反）和上浮力。

6.4.4 基础抗滑和抗倾覆稳定性验算的安全系数应符合表 6.4.4 的要求。

表 6.4.4 基础稳定安全系数

抗震类别	作用效应组合	安全系数 抗倾覆	安全系数 抗滑
Ⅰ、Ⅱ类	$G+H_k+E_1$	1.5	1.5
Ⅰ类	$G+H_k+E_2$	1.1	1.1

注：① 当Ⅰ类物项产生不利影响的活荷载时，上述组合中还应包含该活荷载效应；
② 对Ⅰ类物项均应按表中的作用效应进行计算。

7 地下结构和地下管道

7.1 一般规定

7.1.1 本章适用于Ⅰ、Ⅱ类地下结构和地下管道。

7.1.2 地下结构和地下管道宜修建在密实、均匀、稳定的地基上。

7.1.3 承受水压的钢筋混凝土地下结构和地下管道除本章所规定的强度要求外，尚应符合国家标准《水工钢筋混凝土结构设计规范》抗裂以及最大裂缝宽度容许值的规定。

7.2 地下结构抗震计算

7.2.1 本节适用于地下式结构和地下进水口、放水口、过渡段和地下竖井。

7.2.2 地下结构可采用下列方法进行地震反应计算：

(1) 对于地下式结构宜采用反应位移法。

(2) 对于半地下式结构宜采用多点输入弹性支承动力法。

(3) 在上述两种计算方法中，地下结构周围地基的作用均可采用集中弹簧进行模拟，其计算简图和计算元可按附录D采用，也可采用平面元或有限元整体动力计算法。

7.2.3 计算地基土的动力特性，地下结构周围的压缩弹簧常数与剪切弹簧常数与地基弹簧的形状和刚度元平面方法有关，可采用与试验确定或采用动力法确定。初步计算时可采用静力有限元平面方法，用于多点输入弹性支承时计算：在多点输入弹性支承方法中应用于侧面压缩弹簧以及底面的剪切弹簧上，并按本规范第4.1.3条覆盖土层应地震动的计算方法确定。

7.2.4 地下结构各高程处的地震动作用仅施加于侧面压缩弹簧上，并按本规范第4.1.3条覆盖土层应地震动的计算方法确定。在多点输入弹性支承中应输入地震时间过程，在反应位移法中则可仅输入最大地震位移沿高程的相对值。

7.2.5 计算地下结构的地震反应时，可不计入地震动的竖向分量作用。

7.3 地下管道抗震计算

7.3.1 本节适用于地下直埋管道、管廊和隧洞等地下结构。当地下管廊、隧洞的截面很大而壁厚相对较薄时，地震引起的环向应变可按本规范第7.2节所述方法进行补充计算。

7.3.2 均匀地基中远离接头、弯曲、分岔等部位的地下直管，截面最大轴向地震应力的上限值可按下式计算：

$$\sigma_n = \frac{EV_e}{\alpha_a c} \qquad (7.3.2)$$

式中 σ_n —— 地下直管最大轴向地震应力的上限值 (N/m²)；
E —— 材料弹性模量 (N/m²)；
V_e —— 地下直管高程处的最大地震速度 (m/s)；
c —— 地基中沿管道传播的地震波的视波速 (m/s)；
α_e —— 轴向应力波速系数，应根据控制作用地震波型按表7.3.2采用。

波速系数 表7.3.2

波 型	压缩波	剪切波	瑞利波
轴向应力波速系数 α_a	1.0	2.0	1.0
弯曲应力波速系数 α_b	1.6	1.0	1.0

7.3.3 均匀地基中远离接头、弯曲、分岔等部位的地下直管，由地震作用引起的管壁与周围土之间的摩擦力所产生的管截面的最大轴向应力的上限值，可按下式计算：

$$\sigma_n = \frac{f_n \lambda}{\Delta A_n} \qquad (7.3.3)$$

式中 f_n —— 单位管长与周围土之间的最大摩擦力 (N)；

11—19

计算：

$$\sigma_b = \frac{E r_o a}{(a_b c)^2} \quad (7.3.4)$$

式中 σ_b —— 地下直管的最大地震弯曲应力 (N/m^2)；
 a —— 地下直管高程处的最大地震加速度 (m/s^2)；
 r_o —— 应力计算点至管中和轴的距离 (m)；
 a_b —— 弯曲应力波速系数根据起控制作用的地震波型按表 7.3.2 采用。

7.3.5 上述地下直管由地震波传播产生的最大轴向应力与最大弯曲应力应取按式(7.3.2)和式(7.3.3)计算所得的较小值，并按最大轴向应力进行设计。

7.3.6 地下管道沿线的地形和地质条件有较明显变化时，应进行专门的地震反应计算。

7.3.6.1 振动计算时采用的地震动可按下列一种模型进行计算，地质条件变化的复杂程度依次选用下列一种模型进行计算：

(1) 分段一维模型。将地基土沿管长进行分段，各段按一维剪切波动模型分别独立计算其反应，计算时应考虑地基土的非线性特性；

(2) 集中质量模型。将地基土沿管长进行分段，各段用等效的集中质量和弹簧进行模拟。

(3) 平面有限元模型。侧面可采用能量透射边界，底面可采用粘性边界或透射边界。

7.3.6.2 设计地震动应取管道高程处的地震动幅值。

7.3.6.3 振动计算时地基土的阻尼比可取为 5%。

7.3.6.4 地基土的弹簧刚度可根据土的动力特性通过现场试验或采用计算方法确定。初步计算时可采用下列公式：

$$K_t = 3G \quad (7.3.6-1)$$
$$K_n = \beta K_t \quad (7.3.6-2)$$
$$k_t = DLK_t \quad (7.3.6-3)$$
$$k_n = \beta DLK_n \quad (7.3.6-4)$$

式中 K_n, K_t —— 沿管道轴向和横向单位长度地基土的弹簧刚度 (MPa/m)；
 G —— 与地震动最大应幅值相应的地基土的剪切模量；
 β —— 换算系数，其值可取 1/3；
 k_n, k_t —— 地基的集中弹簧常数 $(10^6 N/m)$；
 D —— 管直径 (m)；
 L —— 集中弹簧间距 (m)。

7.3.7 计算地下管道弯曲段、分岔段和锚固点由于地震波传播产生的内力时，可将该管段按弹性地基梁进行分析。管道周围地基的轴向和横向弹簧常数可按本规范第 7.3.6.4 款的有关规定确定。

7.3.8 在地下管道与工程结构的连接处或管道转折处，应计算由于地震运动与管道两端节点间相对运动所产生的管道中的附加应力。相对运动产生的管道内的附加应力与地震波沿管线传播所产生的管道应力，可按平方和平方根法进行组合。

7.3.9 地下管道采用柔性接头进行分段时，柔性接头处的变形，使接头在地震时不致脱开。接头处的最大相对位移和转角可按下列公式计算：

$$u = \frac{V_c L}{a_a c} \quad (7.3.9-1)$$

$$\theta = \frac{aL}{(a_b c)^2} \quad (7.3.9-2)$$

式中 $u、\theta$——分别为地下结构和地下管道柔性接头处的最大线位移和角位移；

L——柔性接头间的管道长度，但不大于地震波视长波的一半。

7.4 抗震验算和构造措施

7.4.1 地下结构和地下管道的基础和地基在地震时的承载力和稳定性应符合下列规定：

（1）地下结构和地下管道周围地基的抗震稳定性应按本规范第5.2节的有关规定检验。

（2）取水口、放水口等地下结构的基础在地震时的承载力和抗滑稳定性应按本规范第6.4节的有关规定进行检验。

7.4.2 地下结构和地下管道的作用效应组合应符合下列要求：

（1）Ⅰ类的地下结构和地下管道的正常作用效应组合应包括极限安全地震动的作用效应；

（2）Ⅱ类地下钢管可按本规范第9.2节的有关要求进行验算。

7.4.3 地下结构和地下管道的截面抗震验算应符合下列要求：

（1）混凝土结构按1级和2级建筑物的有关要求现行国家标准《水工混凝土结构抗震设计规范》的规定按现行强度和抗裂验算；

（2）地下钢管可按本规范第9.2节的有关要求进行验算。

7.4.4 当地下管道穿过地震作用下可能发生滑坡、地裂、明显地不均匀沉陷的地段时，应采取下列抗震构造措施：

（1）地下管道可设置柔性接头，但应检验接头固定或设置桩基础深入稳定土层，消除地下结构和地下管道的不均匀沉陷。

（2）加固处理地基，避免地震时脱开和断裂；更换部分软弱土或设置桩基础深入稳定土层，消除地下结构和地下管道的不均匀沉陷。

8 设备和部件

8.1 一般规定

8.1.1 设备和部件安全等级的划分，应符合国家现行法规《用于沸水堆、压水堆和压力管式反应堆的安全功能和部件分级》（HAF0201）的规定。

8.1.2 设备和部件的抗震设计应符合本规范第4章的规定。

8.1.2.1 Ⅰ类和Ⅱ类设备的抗震设计应符合本规范第4章的规定。

8.1.2.2 对于安全一级部件应验算地震引起的低周疲劳效应。设备的疲劳计算应至少遭受5次运行安全地震动。每次地震的疲劳次数应根据分析的时间过程（最短持续时间为10s）确定，或限定每一次地震至少有10个最大应力频次。

8.1.2.3 在设备设计中应采取措施避免选择在支承结构发生共振的措施。设备的基本自振频率应在支承结构的基本自振频率的1/2及以下或2倍及以上。

8.1.2.4 在地震时和地震后，设备应保证其结构完整性（包括承压边界）；对于能动部件，设备还应保证其可运行性；对于相邻部件之间结构不得因其动态位移而发生碰撞。

8.1.2.5 支承节点的设计应符合设备技术规格书的规定。

8.1.2.6 设备的基础的锚固和地脚螺检应进行稳定性和强度校核。对于自由放置在基础上的设备不得在地震时发生倾覆、滑移、翘离和被抛掷。

8.2 地震作用

8.2.1 对于不与支承结构耦联的设备，地震作用应采用设备支承处的设计楼层时间过程或设计楼层反应谱。与支承结构组成耦联模型的设备，地震作用应采用支承结构底部或基础部的地震动输入过程或设计反应谱。

8.2.2 设计楼层反应谱除应符合本规范第4.4节的规定外，尚应对下列两种情形进行修正。

8.2.2.1 当设备部件有两个或两个以上的频率落在设计楼层反应谱的加宽后峰值范围内时，可按本规范附录E的规定对楼层反应谱进行修正。

8.2.2.2 当设备主轴与支承结构主轴方向不一致时，设计楼层反应谱应按坐标变换方法进行修正。

8.2.3 当设备的抗震计算采用设计楼层时间过程时，应人为承结构计算中引入的不确定性，可采用过程时间过程中改变时间间隔即Δt_1和Δt_2，进行三种计算，并取三种反应值的最大值。后两种反应过程时间间隔可按下列公式计算：

$$\Delta t_1 = (1 + \Delta f_j / f_j) \Delta t \quad (8.2.3-1)$$
$$\Delta t_2 = (1 - \Delta f_j / f_j) \Delta t \quad (8.2.3-2)$$

式中 f_j —— 支承结构第j阶自振频率（Hz）；
Δf_j —— 不确定因素引起的频率变化（Hz）。

8.2.4 当设备的一个自振频率f_0在$f_j \pm \Delta f_j$的范围内时，时间过程的时间间隔可按下列公式计算：

$$\Delta t_1 = [1 + (f_0 - f_j)/f_j]\Delta t \quad (8.2.4-1)$$
$$\Delta t_2 = [1 - (f_0 - f_j)/f_j]\Delta t \quad (8.2.4-2)$$

8.3 作用效应组合和设计限值

8.3.1 设备和部件的抗震设计应采用地震作用效应和各种使用荷载效应的不利组合。

8.3.2 使用荷载效分为A、B、C和D四级，A级使用荷载与核电厂正常运行工况相对应；B级使用荷载与核电厂可能发生的中等频率事故（异常工况）相对应；C级使用荷载与紧急事故工况相对应；D级使用荷载与极限事故相对应。

8.3.3 I类物项中的安全一级设备和部件的作用效应组合应采用下列规定。

8.3.3.1 设计荷载效应与运行安全地震动引起的地震作用相叠加。

8.3.3.2 A级或B级使用荷载效应与运行安全地震动引起的地震作用相叠加。

8.3.3.3 D级使用荷载效应与极限安全地震动引起的地震作用相叠加。

8.3.4 I类物项中的安全二级和三级设备和部件的作用效应组合应采用第8.3.3.2款和第8.3.3.3款的规定。

8.3.5 II类物项中的设备和部件可按第8.3.3.2款的规定。

8.3.6 设备和部件设计中采用的容许应力和设计限值应按本规范附录F的规定采用。

8.4 地震作用效应计算

8.4.1 抗震I类和II类的设备和部件可通过抗震计算或试验或两者结合的方法来验证其地震作用效应。对不能动的设备和部件可进行试验验证其可运行性，验证试验应符合本规范附录G的规定。

8.4.2 当设备和部件可由一个单质点模型或单梁模型等模拟时，可采用等效静力法，但不宜用于反应堆冷却剂系统的设备。采用等效静力方法时设备质心上的地震作用可按下式计算：

$$F=\eta\frac{G}{g}S_a \qquad (8.4.2)$$

式中 F —— 施加在设备质心上的地震作用(N);
G —— 设备总重力荷载,包括设备、保温层、正常贮存物、有关附件及支承件等的自重(N);
g —— 重力加速度(m/s²);
S_a —— 相应的楼层加速度反应上的加速度峰值(m/s²);
η —— 多频效应系数应取1.5;对于单自由度系统可取1。

8.4.3 采用反应谱法进行抗震计算应符合下列规定:

8.4.3.1 计算设备和部件的反应谱可采用设计反应谱或设计楼层反应谱。振型组合可按本规范第3.2.4条的规定执行。地震三分量引起的作用效应的组合可按本规范第3.2.6条的规定执行。

8.4.3.2 当设备和部件支承在同一结构或两个以上结构的几个支座上,且各支承点处的运动有很大差别时,应采用各支承点处的反应谱(或楼层反应谱)作多点输入,或者采用各支承点处反应谱(或楼层反应谱)的上限包络线进行计算,并应计入各支承点处相对位移的影响。支承点处的最大位移可从结构动力计算中得到,或者可按下式计算:

$$u=\frac{S_a}{\omega_1^2} \qquad (8.4.3)$$

式中 u —— 支承点处的最大位移值(m);
S_a —— 楼层反应谱的零周期加速度值(m/s²);
ω_1 —— 结构的基本圆频率(rad/s)。

8.4.3.3 上述各支承点上,计算由支座相对位移引起的应力时,应按最不利的组合施加到设备和部件的相对节点上。

8.4.4 采用时间过程法应符合下列规定:

8.4.4.1 对于线性系统或具有间隙的几何非线性系统可采用振型叠加法;对于非线性系统应采用直接积分法。

8.4.4.2 对于具有不同输入运动的多支点设备,可采用时程法进行多点激振计算。

8.4.5 液体动力作用效应计算应符合下列规定。

8.4.5.1 贮液容器、乏燃料贮存水池和其它内部盛有液体的容器,在抗震计算时所受到的动水压力应包括脉冲压力和对流压力,可采用刚性壁理论计算。对于薄壁贮液容器计算应计入器壁柔度的影响,并对压应力进行贮液容器壁的失稳校核。对于自由放置的或高径比大的贮液容器,应进行抗滑移、抗倾覆及抗翻离的计算。

8.4.5.2 乏燃料贮存格架及其他浸入水中的部件应计入地震时动水压力和阻尼,其作用可通过对部件引入附加质量和附加阻尼来计算。

9 工艺管道

9.1 一般规定

9.1.1 本章适用于架空工艺管道的抗震设计。

9.1.2 工艺管道抗震设计除应符合本章的规定外,尚应验算管道的强度。

9.1.3 工艺管道安全等级的划分,应符合国家现行法规《用于沸水堆、压水堆和压力管式反应堆的安全功能和部件分级》(HAF0201)的规定。

9.2 作用效应组合和设计限值

9.2.1 Ⅰ类物项中的管道的作用效应组合应符合下列规定:

(1) 设计荷载效应与极限安全地震动引起的地震作用相叠加;

(2) A级或B级使用荷载效应与运行安全地震动引起的地震作用相叠加;

(3) D级使用荷载效应与极限安全地震动引起的地震作用相叠加。

9.2.2 Ⅰ类物项中的管道的作用效应组合应采用第9.2.1条(2)、(3)的规定。

9.2.3 Ⅰ类物项中的管道的作用效应组合应采用第9.2.1条(2)的规定。

9.2.4 管道许应应力的确定应符合下列规定:

(1) 安全一级管道的设计许应应力强度 S_m 应按本规范附录 F.1.1 条的规定确定。

(2) 安全二级和三级管道的容许应力值 S 应按本规范附录 F.1.3 的规定确定。

9.2.5 安全一级管道应按下列公式计算:

(1) 当采用设计荷载时,

$$B_1 \frac{PD_0}{2t} + B_2 \frac{D_0}{2I}M_1 \leq 1.5S_m \quad (9.2.5-1)$$

式中 B_1, B_2 ——管道部件的应力指数,可按表 9.2.6 的规定选取;

P ——设计压力 (N/mm²);

D_0 ——管道外径 (mm);

t ——管道的名义壁厚 (mm);

I ——管道的截面惯性矩 (mm⁴);

M_1 ——设计机械荷载与运行安全地震作用组合引起的合成力矩,在承受使用荷载或A级或B级使用荷载效应组合时应满足下式要求:

(2) 当采用A级或B级使用荷载或A级或B级使用荷载的地震作用效应组合时动引起的地震作用引起的弯矩的组合应

$$C_1 \frac{P_0 D_0}{2t} + C_2 \frac{D_0}{2I}M_1 + C_3 E_{ab}|\alpha_a T_a - \alpha_b T_b| \leq 3S_m \quad (9.2.5-2)$$

式中 C_1, C_2, C_3 ——管件的二次应力指数,可按表 9.2.6 的规定选取;

D_0, t, I ——同式 (9.2.5-1);

M_1 ——运行安全地震荷载引起的弯矩 (N·mm),可取下列两种情况下的较大值:(1) 地震作用引起的弯矩幅值* 的一半和其他荷载和其他荷载引起的弯矩组合值;(2) 仅由地震作用引起

式中 P —— D级使用荷载的压力(N/mm^2);
M_1 —— D级使用荷载引起的弯矩与极限安全地震动引起的弯矩之和($N \cdot mm$);其他符号同式(9.2.5-1)。

9.2.6 管道部件的应力指数可按表9.2.6选用。

管道部件的应力指数 表9.2.6

管道制品和连接接头	内压		力矩			热作用
	B_1	C_1	B_2	C_2	C_3	
远离焊缝或远离结构不连续段的直管	0.5	1.0	1.0	1.0	1.0	1.0
直管纵向对接焊缝						
(a)磨平的	0.5	1.0	1.0	1.0	1.0	1.0
(b)不打磨的 $t \geqslant 4.7$ mm	0.5	1.0	1.0	1.2	1.0	1.0
(c)不打磨的 $t < 4.7$ mm	0.5	1.4	1.0	1.2	1.0	1.0
等厚度件之间的环向对接焊缝						
(a)磨平的	0.5	1.0	1.0	1.0	1.0	0.6
(b)不打磨的	0.5	1.0	1.0	1.0	1.0	0.6
插套焊配件、插套管焊阀门、活套法兰或插套管法兰的环向角焊缝	0.75	1.8	1.5	2.1	2.0	—
过渡段焊缝						
1:3锥形过渡段范围内的焊缝						
(a)磨平的	0.5	1.0	1.0	1.0	—	—
(b)不打磨的	0.5	1.0	1.0	1.0	—	—
同心渐缩管						
(a)磨平的	0.5	1.0	1.0	1.0	—	1.0
(b)不打磨的	1.0	1.8	1.5	1.8	—	1.8
支管连接焊三通	0.5	1.0	1.0	1.0	—	1.0
对接焊三通	0.5	1.5	1.0	1.0	—	1.0

注:①本表中一次应力指数 B_1 和 B_2 适用于管道外径 D_0 与壁厚 t 之比值不大于50的管道;
②本表中的二次应力指数 C_1、C_2 和 C_3 适用于管道外径 D_0 壁厚 t 之比值不大于100的管道。

9.2.7 安全二、三级管道应按下列公式计算:
(1)当采用B级使用荷载,承受运行安全地震动引起的地震作用和B级使用荷载效应的组合应满足下式要求:

$$B_1 \frac{PD_0}{2t} + B_2 \frac{D_0 M_1}{2I} \leqslant 3.0 S_m \qquad (9.2.5-3)$$

当3倍 S_m 大于工作温度下屈服强度 S_y 的2倍时,则应用2倍的屈服强度代替3倍 S_m。

$$B_1 \frac{P_{max} D_0}{2t_0} + B_2 \left(\frac{M_a + M_b}{Z}\right) \leq 1.8S \quad (9.2.7\text{-}1)$$

当 $1.8S > 1.5S_y$ 时,则要用 $1.5S_y$ 代替 $1.8S$;

式中 P_{max} —— A级或B级使用荷载的压力峰值(N/mm²);
M_a —— 自重和其他持续荷载引起的组合弯矩(N·mm);
M_b —— 由对应于运行安全地震动引起的弯矩和其他偶然荷载引起的弯矩之和(N·mm);
Z —— 管道的截面模量(mm³);
S_y —— 工作温度下材料的屈服强度(N/mm²);
S —— 工作温度下材料的容许应力(N/mm²);

其他符号同式(9.2.5-1、2及3)。

(2)当采用D级使用荷载的组合应满足下式要求:

$$B_1 \frac{PD_0}{2t} + B_2 \frac{M_1}{Z} \leq 3.0S \quad (9.2.7\text{-}2)$$

当 $3.0S > 2.0S_y$ 时,则用 $2.0S_y$ 代替 $3.0S$,符号同前。

9.2.8 Ⅱ类物项中管道可按式 9.2.7-1 计算。

9.3 地震作用效应计算

9.3.1 管道的地震反应计算应符合本规范第3章的规定。

9.3.2 管道计算模型可按下列规定确定:

(1)每个计算模型应以锚固点或其他已知边界条件的点为边界;

(2)计算中应计入管道上的阀门以及其他附件的自重,当阀门或其他附件的重心与管道中心线的距离大于管道直径的1.5倍时,应计入偏心的影响。

9.3.3 采用等效静力法时,管道上的地震作用可用下式计算:

$$F = 1.5 \frac{G}{g} S_a \quad (9.3.3)$$

式中 F —— 施加在管道上的地震作用(N);
G —— 管道(包括介质和保温材料)的重量(N);
g —— 重力加速度,取 9.81(m/s²);
S_a —— 加速度反应谱的峰值(g)。

9.3.4 采用反应谱法时,也可根据管道抗震计算的设计阻尼比自振通过试验或实测得到,管道抗震计算的设计阻尼比自振率按下列规定选取:

(1)当自振频率小于或等于10Hz时,阻尼比可取为5%;
(2)当自振频率大于或等于20Hz时,阻尼比可取为2%;
(3)当自振频率大于10Hz但小于20Hz时,阻尼比可在上述(1)和(2)的范围内线性插入。

9.3.5 采用反应谱法时,若管道跨越不同的建筑物或同一建筑物的不同楼层,若考虑不同支撑点和连接点在不同地震反应谱的影响,可采用多反应谱分析法。当地震反应谱有困难时,可采用各支撑点反应谱的包络线作为统一反应谱,同时应计入支承点处相对位移的影响。

10 地震检测与报警

10.1 仪器设置

10.1.1 核电厂中设置地震检测仪器的类型和数量应按极限安全地震震动的加速度峰值和地震报警的需要确定。设置仪器的数量不得少于表10.1.1规定的数量。

地震检测和报警仪器设置类型和数量（台套） 表10.1.1

仪器类型		三轴向加速度仪		三轴向加速度计		地震开关	
		小于0.3g	大于等于0.3g	小于0.3g	大于等于0.3g	小于0.3g	大于等于0.3g
安全壳内	自由场地	1	1	—	—	—	—
	底板	1	1	—	1	3	3
	地面高度	1	1	—	1	3	3
	反应堆设备支承	1	1	—	1	—	—
	反应堆应管道支承	—	1	—	—	—	—
	反应堆I类设备	—	1	—	—	—	3
	反应堆I类管项	—	1	—	—	—	—
安全壳外	I类设备支承	—	1	—	1	—	—
	I类管系支承	—	1	—	1	—	—
	I类设备	—	1	—	—	—	—
	I类管系	—	1	—	—	—	—

注：①地震开关可在控制室读数；
②当结构相互作用可略去不计时，底板上可不设置仪器；
③当安全地震震动的加速度峰值小于0.3g时，安全壳内可设置一台三轴向加速度仪，而安全壳外可不设置仪器；I类设备支承处或反应堆设备支承处可设置一台三轴向加速度仪并在I类设备支承上或I类管系上设置一个三轴向加速度计；

④在安全壳内的反应堆设备和反应堆管系以及在安全壳外的I类设备和I类管系设置的抗震荐性的，不加强设置三轴设置加速度峰值大于0.3g时，安全壳内可在反应堆设备支承和反应堆管道支承处也是堆荐性的，设置的数量也是堆荐性的，不加强制规定；

⑤当极限安全地震震动的加速度峰值大于0.3g时，安全壳内反应堆管道支承处共设置3台地震开关。

10.1.2 在建有多个工程结构的场地上设置仪器时，并根据核电厂的抗震设计计算，若其中的一个结构已设置了仪器，已知在其他结构上的地震反应与已设置仪器的反应基本上相似时，可不再另外设置仪器。

10.2 仪器性能

10.2.1 仪器特性应符合下列规定：
（1）当仪器采用蓄电池电源时，电源应能保持比仪器维护周期稍长的时间，使系统在维护周期内的任何时候均能至少运行25min；
（2）仪器维护周期不应低于三个月。

10.2.2 加速度传感器应具备下列性能：
（1）动态范围不得低于100：1；
（2）仪器从0.1Hz到33.0Hz频段内有平直的响应，或者通过校正得到的校正在上述性性；
（3）阻尼常数在55%～70%之间，且阻尼应与速度成正比；
（4）在规定的校正频率范围内，即从0.1Hz到33.0Hz频段的横向灵敏度不应超过0.03g/g；
（5）对垂直向传感器灵敏轴方向的加速度分量的横向灵敏度不应超过共振现象；
（6）应满足满量程1g，但在强烈地震区应提高到2g。

10.2.3 记录器应具备下列性能：
（1）记录介质具有长期存放的能力；
（2）记录速度以分辨出要求记录的最高频率，宜为33.0Hz；
（3）具有足够的记录通道，可以记录本章第10.1节中规定的信号并另加至少一个单独的参考时标记录通道；

(4) 每秒至少有两个脉冲计数标识号，精度为±0.2%；

(5) 记录与数据采集系统合在一起的动态范围不得低于 100：1。

10.2.4 触发触发器应具备下列性质：

(1) 触发阈值在 0.005g 到 0.02g 之间可调，系统本身可靠，不发生误触发和漏触发；

(2) 频率范围在 1.0～20.0Hz 内有平直的响应；

(3) 输出量与被触发起动的设备匹配。

10.2.5 加速度仪应具备下列性能：

(1) 加速度传感器的性能符合第 10.2.2 条的规定；

(2) 记录器的性能符合第 10.2.3 条的规定；

(3) 地震触发器的性能符合第 10.2.4 条的规定；

(4) 加速度仪经触发起动后能在 0.1s 内达到完全运行，继而能在地震震动超过触发阈值期间连续运行至少 5s；记录介质可提供的总记录时间不低于 25min。

10.2.6 加速度仪应具备可在现场测试和标定的性能，并能提供一个或多个地震发生器；

10.2.7 两台或两台以上的加速度仪应能进行内部联接，采用统一的触发系统和公共的时标系统。

10.2.8 加速度峰值计应具备下列性能：

(1) 动态范围不低于 20：1；

(2) 至少在 20Hz 以内的频段有平直的响应；

(3) 阻尼常数在 55%～70% 之间，且阻尼与速度成正比；

(4) 在规定的频段范围内无伪共振现象；

(5) 在加速度峰值计的每个记录上都要留出一定的位置，以便标记记录的方向和公共的系列号，取得记录的时间；

(6) 加速度峰值计不需电源；

(7) 满量程为 1g。

10.2.9 地震开关应具备下列性能：

(1) 给定使地震开关作出显示的加速度值；

(2) 在 0.1～33.0Hz 之间的响应接近平直；

(3) 阻尼常数在 55% 以上，且阻尼与速度成正比。

10.3 观测站设置

10.3.1 观测站设置在便于工作和维修的地点，记录器得到的记录在地震后应能保留。

10.3.2 观测仪器应与观测点紧密锚固，在设计谱范围内，应把振动均匀一致地传递给仪器。

10.3.3 观测站中的三轴向仪器应有一个水平轴与抗震计算中采用的水平主轴方向平行。观测站中如果还包含有其他仪器，则所有这些地震仪器中的灵敏轴方向与三轴向仪器中的一个灵敏轴方向一致。

10.3.4 触发启动应符合下列要求：

(1) 应同时利用竖向和水平向地震动触发启动加速度仪，可采用同一个或多个地震发生器；

(2) 所有加速度仪可用第 10.1.1 条规定设置的加速度阈值不得超过 0.02g；

(3) 为加速度仪设置的地震触发加速度阈值一旦启动，显示器应立即启动；

(4) 按第 10.1.1 条和表 10.1.1 规定的地震开关所在高程处对应于运行中安全地震震动的反应的零周期加速度。

10.3.5 任何一台加速度仪或地震开关一旦启动，显示器立即工作，该显示器可安放在核电厂控制室内。如保证同时有两台启动 10.1.1 条表 10.1.1 规定的地震开关以及此间的联接，应能确保观测站所有组成仪器以及彼此间的联接，应能确保观测站在控制室内发出声响警报。

10.3.6 观测站控制室内发出声响警报。

测站提供的数据在相应的工作环境(包括温度、湿度、压力、振动和放射性条件等)下,其总体误差不大于全量程的5%,线性度变化应在全量程的±1.5%或0.01g以内。

附录A 各类物项分类示例

A.1 工程结构物项类别的划分

A.1.1 下列物项划为Ⅰ类:

(1)安全壳(包括贯穿件);
(2)安全壳内部结构;
(3)核辅助厂房;
(4)燃料厂房;
(5)控制室及有关电气厂房;
(6)柴油机房;
(7)贮存乏燃料的有关结构;
(8)辅助给水系统的有关结构;
(9)安全厂用水系统和设备冷却水系统的有关结构;
(10)换料水贮存结构;
(11)安全壳排气烟囱;
(12)监测安全重要系统用的有关结构;
(13)损坏后会直接或间接造成事故工况的,有放射性物质外逸危险的以及损坏反应堆安全停堆并排出余热所需的其它结构。

A.1.2 下列物项划为Ⅱ类:

(1)放射性废物处理系统的有关结构(不包括放射性物质装量较少或损坏后放射性物质的外逸低于规定限值的结构);
(2)冷却乏燃料的有关设施;
(3)安全上重要,但不属于Ⅰ类的其它结构。

A.2 系统和部件物项类别的划分

A.2.1 下列物项划分为 I 类：

(1) 反应堆冷却剂承压边界；

(2) 反应堆堆芯和反应堆容器内部构件；

(3) 应急堆芯冷却、事故后安全完全热量排除或事故所需要的系统或其一部分；

(4) 停堆、反应堆余热排除或冷却乏燃料贮存池所需要的系统或其有关部分，气净化（如除氢系统）所需要的系统或其一部分；

(5) 蒸气和供水系统，从蒸气发生器二次侧延伸到并包括安全隔离阀的部分和与它连接直至该阀门（含该阀门）的公称直径为63.5mm以上的管道；

(6) 堆芯应急冷却、事故后安全完全热量排除或无燃料贮存池所需要的冷却水系统，包括气净化、反应堆余热排除和无燃料辅助给水系统或这些系统的有关部分，包括取水口设备、设备、冷却水系统和部件；

(7) 安全重要的反应堆冷却系统部件，如反应堆冷却泵及其运行所需要的冷却和密封水系统或这些系统的有关部分；

(8) 为应急设备供应燃料所需要的系统或其有关部分；

(9) 产生电气保护动作信号的执行机构和与其连接的所有有关电气与仪表线路；

(10) 安全重要系统的监测和启动所需的系统或其有关部分；

(11) 乏燃料贮存架；

(12) 反应性控制系统，例如控制棒、控制棒驱动机构及哪注入系统；

(13) 与控制室有关的要害设备的冷却系统、通风和空调系统以及控制者者；即其损坏可能对控制室工作人员产生危害者；

(14) 除放射性废物处理系统外，不包括上述第(1)至第(13)项中含有或可能含有放射性物质的系统，且其假想破坏会导致按保守计算得出的厂外剂量对全身超过5msv或对身体任何部分超过全身的当量剂量者；

(15) 安全等级为 1E 级的电气系统，包括上述第(1)至第(14)项所列电厂装置连续运行所需应急电源的厂内电源系统或辅助系统；

(16) 不要求连续起作用的部分分系统或部件，其破坏可能使上述第(1)至(15)项中任一电厂装置当建造成当发生极限安全地震震动时不能接受的安全水平，应将它们设计和建造成当发生极限安全地震震动时不会产生此种破坏。

A.2.2 下列物项划分为 II 类

(1) 核电厂中放射性废气处理系统中用于贮存或延迟释放放射性废气的部分；

(2) 核电厂中的防火系统设备；

(3) 安全重要，但不属于 I 类的其它系统和部件。

附录 B 建筑物、构筑物采用的作用效应组合及有关系数

B.0.1 作用效应组合通用表达式为:

$$S_i = \sum (\gamma_{ij} \cdot S_{ijk}) \quad (B.0.1)$$

式中 S_i ——第 i 种作用效应组合(内力或应力)设计值;

γ_{ij} ——第 i 种作用组合中的第 j 种作用的分项系数;

S_{ijk} ——第 i 种作用组合中的第 j 种作用标准值效应,等于第 j 种作用效应系数乘第 j 种作用标准值。

B.0.2 作用效应组合及其作用分项系数:
(1)混凝土安全壳应符合表 B.0.2-1;
(2)混凝土建筑物、构筑物应符合表 B.0.2-2;
(3)钢结构构件应符合表 B.0.2-3。

混凝土安全壳作用效应组合及其作用分项系数　　　　　表 B.0.2-1

S_i	作用效应组合内容	作用分项系数 γ_{ij}											
		G	L	P	P_0	T_0	R_0	E_1	E_2	T_a	R_a	Y_y	P_a	H_a
S_1	$N+E_1$	1.0	1.3	1.0	1.0	1.0	1.0	1.5	—	—	—	—	—	—
S_2	$N+E_2$	1.0	1.0	1.0	1.0	1.0	1.0	—	1.25	—	—	—	—	—
S_3	$N+E_1+H_a$	1.0	1.0	1.0	1.0	1.0	1.0	—	—	1.0	1.0	—	—	1.0
S_4	$N+E_2+A$	1.0	1.0	1.0	1.0	1.0	1.0	—	1.0	—	—	—	—	—
S_5	$N+E_2+A$	1.0	1.0	1.0	1.0	1.0	1.0	—	—	1.0	1.0	1.0	1.0	—

混凝土建筑物、构筑物作用效应组合及其作用分项系数　　　　　表 B.0.2-2

S_i	作用效应组合内容	作用分项系数 γ_{ij}										
		G	L	H	T_0	R_0	E_1	E_2	P_a	T_a	R_a	Y_y
S_1	$N+E_1$	1.4	1.7	1.7	1.7	1.7	—	—	—	—	—	—
S'_1	$N+E_1+T$	1.05	1.3	1.3	1.05	1.3	1.3	—	—	—	—	—
S_2	$N+E_1+A$	1.0	1.0	1.0	1.0	1.0	1.0	—	—	—	—	—
S_4	$N+E_2$	1.15	1.0	1.0	1.0	1.0	—	1.15	—	—	—	—
S_5	$N+E_2+A$	1.0	1.0	1.0	1.0	1.0	—	1.0	1.0	1.0	1.0	1.0

钢结构构件作用效应组合及其作用分项系数　　　　　表 B.0.2-3

S_i	作用效应组合内容	作用分项系数 γ_{ij}								
		G	L	R_0	T_0	E_1	E_2	P_a	T_a	R_a	Y_y
S_1	$N+E_1$	1.5	1.5	—	—	1.5	—	—	—	—	—
S'_1	$N+E_1+T$	1.15	1.15	1.15	1.15	1.15	—	—	—	—	—
S_2	$N+E_2+A$	1.0	1.0	1.0	1.0	—	1.1	1.1	—	—	—
S_4	$N+E_2$	1.0	1.0	1.0	1.0	—	1.0	—	—	—	—
S_5	$N+E_2+A$	1.0	1.0	1.0	1.0	—	1.0	1.0	1.0	1.0	1.0

注:表 B.0.2-1、B.0.2-2、B.0.2-3 中,当各种组合中任何一种作用出现系数常与其它作用足以减小其它作用,如该作用系数常与其它作用一定同时发生,则此作用分项系数应取为 0.9;否则取为零,即不参与组合。

B.0.3 钢结构构件的承载力调整系数 k_2 对作用效应组合 S_1 和 S'_1,取 $k_2=$ 1.0。对组合 S_4,取 $k_2=1.07$。对组合 S_2 和 S_5,取 $k_2=1.1$。

Ⅱ—31

附录 C 地震动衰减规律

C.0.1 华北地区的基岩地震动衰减规律可按下列公式计算：

$$y = C_0 + C_1 M + C_2 \lg(D + R_0) + \varepsilon \quad (C.0.1-1)$$

$$R_0 = C_0 \cdot \exp(C_4 M) \quad (C.0.1-2)$$

式中 D ——断层距（km）；

M ——震级；

R_0 ——考虑震级和距离的地震动饱和参数；

ε ——表示地震不确定性的随机量。

C.0.2 对应于计算烈度 I, $\lg a$, $\lg[S_a(T, 0.05)]$时, y 分别等于 I, $\lg a$, $\lg[S_a(T, 0.05)]$, 其中 T 为周期（以 s 计），0.05 为阻尼比。

C.0.3 系(参)数 C_0、C_1、C_2、C_3、C_4、σ(标准差) 可按表 C.0.3 取值。

地震动参数为地震烈度 I 时的衰减规律　　　　表 C.0.3-1

C_0	C_1	C_2	C_3	C_4	σ
1.586	1.515	3.185	7.000	0	0.856

地震动参数为加速度峰值 a(cm/s²)时的衰减规律　　　　表 C.0.3-2

C_0	C_1	C_2	C_3	C_4	σ
0.316	0.810	2.089	0.196	0.704	0.258

地震动参数为加速度反应谱 S_a 时的衰减规律　　　　表 C.0.3-3

周期(s)	C_0	C_1	C_2	C_3	C_4	σ
0.040	0.318	0.812	2.084	0.198	0.703	0.246
0.044	0.333	0.811	2.081	0.198	0.703	0.248
0.050	0.472	0.796	2.092	0.200	0.703	0.245
0.060	0.578	0.797	2.137	0.201	0.702	0.251
0.070	0.640	0.793	2.144	0.202	0.702	0.253
0.080	0.694	0.800	2.177	0.202	0.702	0.268
0.090	0.651	0.798	2.115	0.201	0.703	0.279
0.100	0.736	0.773	2.054	0.201	0.703	0.274
0.120	0.752	0.765	2.006	0.200	0.703	0.276
0.150	0.830	0.752	1.972	0.200	0.703	0.271
0.200	0.508	0.796	1.918	0.194	0.704	0.280
0.240	0.478	0.832	2.046	0.195	0.704	0.284
0.300	0.155	0.873	2.035	0.191	0.705	0.296
0.340	-0.183	0.909	1.977	0.186	0.706	0.324
0.400	-0.556	0.974	2.030	0.183	0.707	0.340
0.440	-0.641	0.988	2.060	0.183	0.707	0.343
0.500	-0.755	0.991	2.046	0.182	0.707	0.345
0.600	-0.974	0.984	1.923	0.178	0.708	0.355
0.700	-1.252	1.034	1.982	0.176	0.708	0.368
0.800	-1.286	1.035	2.005	0.177	0.708	0.376
0.900	-1.555	1.098	2.104	0.176	0.708	0.387
1.000	-1.837	1.152	2.167	0.175	0.709	0.394
1.500	-2.264	1.162	2.075	0.170	0.710	0.409
2.000	-2.266	1.089	1.917	0.169	0.710	0.380
3.000	-2.027	0.920	1.588	0.168	0.710	0.348
4.000	-2.283	0.922	1.544	0.165	0.711	0.356
5.000	-2.619	0.937	1.488	0.161	0.712	0.376
6.000	-2.594	0.867	1.289	0.155	0.713	0.384
7.000	-2.371	0.786	1.182	0.156	0.713	0.370
8.000	-2.204	0.735	1.156	0.160	0.712	0.356

C.0.4 对表 C.0.3 中未给出的周期 T(s), 其加速度反应谱值可按 $\lg T$ 和 $\lg S_a$ 线性内插。

C.0.5 加速度反应谱按阻尼比 $\zeta=0.05$ 给出，对其它阻尼比值，反应谱值应乘以修正系数 η：

(1) 当周期 $T>0.1s$ 时

$$\eta=[1+15(\zeta-0.05)\exp(-0.09T)]^{-0.5} \quad (C.0.5)$$

(2) 当周期 $T=0.02s$ 时，取 $\eta=1.0$。

(3) 当周期 $0.02s<T\leq 0.1s$ 时，可按上列二式的计算结果线性内插。

附录 D 地下结构地震作用效应计算方法及简图

D.0.1 反应位移法的基本方程如下：

$$[K]\{U\}+[K_s]\{U\}-\{U_s\})=\{F\} \quad (D.0.1)$$

式中 $[K]$ ——结构刚度矩阵，可将结构看作梁单元的集合体两个分量计算确定；

$[K_s]$ ——地基弹簧刚度矩阵，每一节含压缩和剪切两个分量；

$\{F\}$ ——作用于结构的等效地震作用，包括结构和设备的地震惯性力和地震动水压力以及结构顶面和底面所受到的剪力；

$\{U\}$ ——待求的结构地震位移；

$\{U_s\}$ ——输入的地基地震位移。

$\{F\}$ 中所含的地震惯性力可按等效静力法进行计算。设计地震加速度等于地基土层地震加速度在结构高程范围内的平均值。顶面剪应力等于地基土层相应高程上的地震剪应力进行换算，底面剪力等于地震惯性力（含地震动水压力）与顶面剪力之和。$\{F\}$ 应为一自身平衡力系。

D.0.2 多点输入弹性支承动力计算法基本方程如下：

$$\{M\}\ddot{U}+(\{C\}+\{C_s\})\{\dot{U}\}+(\{K\}+\{K_s\})\{U\}=\{K_s\}\{U_s\} \quad (D.0.2\text{-}1)$$

式中 $\{M\}$ ——结构和设备的质量矩阵，包括动水压力的附加质量在内；

$\{C\}$ ——结构阻尼矩阵，计算时结构的阻尼比可取为 5%；

$\{C_s\}$ ——地基阻尼矩阵，计算时侧面弹簧的阻尼比可取为 5%，底面弹簧的阻尼比可取为 3%；

$\{U\}$ —— 结构的绝对位移;

$[K]、[K_s]$ 和 $\{U_s\}$ 的含义同式(D.0.1)。

方程求解时,应取足够数量的振型数。

地基阻尼阵中的阻尼常数可按下式计算:

$$C_i = 2\zeta_i \sqrt{K_i m_i} \qquad (D.0.2-2)$$

式中 ζ_i —— 第 i 层地基阻尼比;

$m_i、K_i、C_i$ —— 节点 i 的质量、刚度和阻尼。

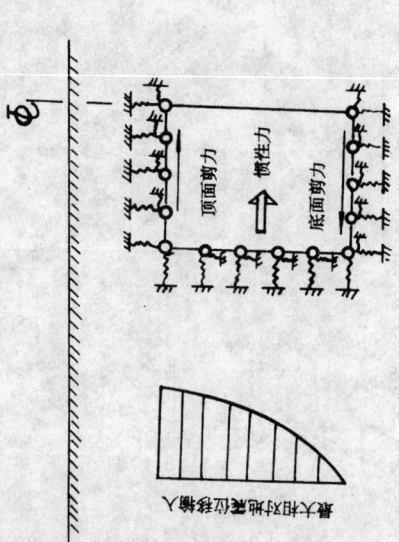

图 D.0.1 反应位移法计算模型

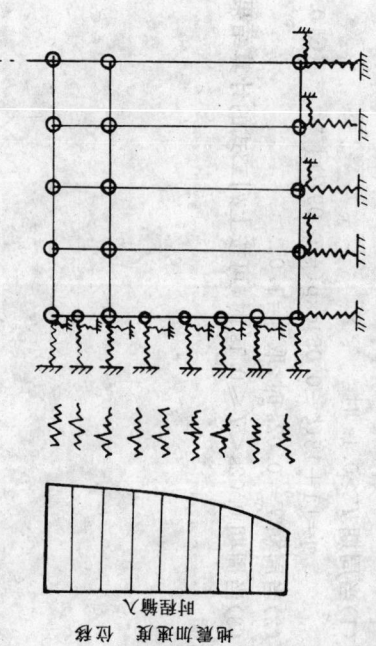

图 D.0.2 多点输入弹性支承动力计算法模型

附录F 设备、部件采用的容许应力和设计限值

F.1 容许应力

F.1.1 安全一级部件非螺栓材料的设计应力强度值 S_m 应按下列规定取用。

F.1.1.1 对于铁素体钢的设计应力强度值 S_m 应按下列规定计算并取其最小值：
(1) 常温下最小抗拉强度的 1/3；
(2) 工作温度下最小抗拉强度的 1/3；
(3) 常温下最小屈服强度的 2/3；
(4) 工作温度下最小屈服强度的 2/3。

F.1.1.2 对于奥氏体钢、镍-铬、镍-铬-铁合金和镍-铁-铬合金的设计应力强度值 S_m 应按下列规定计算并取其最小值：
(1) 常温下最小抗拉强度的 1/3；
(2) 工作温度下最小抗拉强度的 1/3；
(3) 常温下最小屈服强度的 2/3；
(4) 工作温度下最小屈服强度的 90%。

F.1.2 安全一级部件螺栓材料的设计应力强度值 S_m 应取常温下规定的最小屈服强度的 1/3 和实际工作温度下屈服强度的 1/3 两者的较小值。

F.1.3 安全二级及三级部件非螺栓材料的容许应力值 S 应按下列规定取用：

F.1.3.1 对于铁素体钢的容许应力应按下列规定计算并取其最小值：
(1) 常温下最小抗拉强度的 1/4；

附录E 设计楼层反应谱的修正

E.0.1 当设备有一个以上的自振频率 $(f_e)_1, (f_e)_2, (f_e)_3, \cdots$ 落在设计楼层反应谱的拓宽了的峰值范围内时，应对楼层反应谱进行修正。

从设计楼层反应谱按照图 E.0.1 中三种可能方案得到直接偏于安全的振型加速度 a_1、a_2、a_3。可用平行线法按设计楼层反应谱 E.0.1b～d 中三种可能方案对谱进行修正（图 E.0.1b～d），并取产生最大反应谱用于设计。

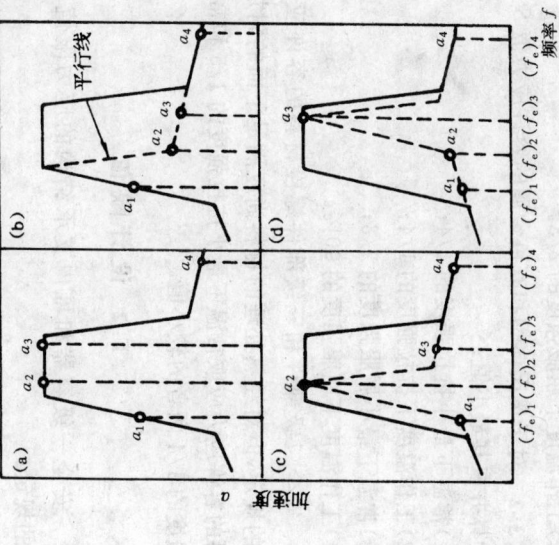

图 E.0.1 设计楼层反应谱的修正

(2)工作温度下抗拉强度的1/4;
(3)常温下最小屈服强度的2/3;
(4)工作温度下屈服强度的2/3。

F.1.3.2 对于奥氏体钢和有色金属的容许应力值 S 应按下列规定计算并取其最小值:
(1)常温下最小抗拉强度的1/4;
(2)工作温度下抗拉强度的1/4;
(3)常温下最小屈服强度的2/3;
(4)工作温度下屈服强度的90%。

F.1.4 安全二级部件和三级部件材料的容许应力应符合F.1.3的规定,但对经热处理过的材料尚应满足下面的附加要求:螺栓材料的容许应力应取常温下最小抗拉强度的1/5和常温下屈服强度的1/4两者的较小值。

F.2 设 计 限 值

F.2.1 安全一级容器和堆内支承结构的应力限值应符合表 F.2.1的规定:

表 F.2.1 安全一级容器和堆内支承结构的应力限值

使用荷载	一次应力		一次加二次应力	峰值应力
	P_m	P_m(或P_L)+P_b	P_m(或P_L)+Q	P_m(或P_L)+P_b+Q+F
设计使用荷载	1.0S_m	1.5S_m	无要求	无要求
A级或B级使用荷载	1.1S_m	1.65S_m	3.0S_m	S_a
D级使用荷载	2.4S_m 或 0.7S_u 的较小值(对奥氏体钢)0.7S_y(对铁素体钢)	左面 P_m 限值的150%	无要求	无要求

表中 P_m——总体薄膜应力强度(N/mm²);
P_L——局部薄膜应力强度(N/mm²);
P_b——弯曲应力强度(N/mm²);
Q——二次应力强度(N/mm²);
F——峰值应力(N/mm²);
S_a——疲劳极限(N/mm²),由相应的疲劳曲线查得;
S_u——材料的抗拉强度(N/mm²)。

F.2.2 安全一级容器在D级使用荷载下重量静荷载应不大于下列规定:
(1)极限分析破坏荷载的90%,且屈服强度等于 S_m 的2.3倍和0.7S_u 的较小值;
(2)塑性分析破坏荷载的100%;
(3)试验破坏荷载的100%。

F.2.3 堆内支承结构部件在 D级使用荷载下,容许将系统的弹性分析与部件的非弹性分析相组合。此时部件的应力限值应符合下列规定。

$$P_m \leq 0.67 S_u \quad (F.2.3-1)$$

$$P_m + P_b \leq \max \begin{cases} 0.67 S_{ut} \\ S_y + (S_{ut} - S_y)/3 \end{cases} \quad (F.2.3-2)$$

$$\leq 0.9 S_u$$

式中 S_{ut}——实际使用的材料应力-应变曲线上取得的抗拉强度;
S_y——材料的屈服强度。

F.2.4 安全一级泵和阀门的应力限值应符合下列要求。

F.2.4.1 按分析法设计的安全一级阀体和阀盖(不包括阀瓣、阀杆、阀座或容器在阀盖范围内的阀门其它零件)应满足表 F.2.1 中关于 A 级或 B 级还是 D 级使用荷载,部件的应力限值的要求,并应通过试验或分析详细的应力和变形分析验证地震下的可运行性。

F.2.4.2 按分析法设计的安全一级非能动泵和阀门,应满足表 F.2.1 中关于 A 级或 B 级部件支承的应力限值的要求。

F.2.5 安全一级部件支承的应力限值应符合下列要求。

F.2.5.1 在 A 级或 B 级使用荷载下的板壳型支承件,其总体一次薄膜应力强度不应大于 S_m;膨胀应力或一次薄膜应力加弯曲应力强度不应大于 $1.5S_m$。同时应满足一次薄膜应力加弯曲应力加膨胀应力强度极限的要求。板壳型支承件的压应力不应大于 $3S_m$。亮型支承件的压应力不应大于 0.33 倍临界屈曲应力。临界屈曲强度应根据工作温度下的材料性质来计算。

F.2.5.2 A 级或 B 级使用荷载下的线型支承件,在净截面上的拉伸应力 F_t 不应大于 $0.60S_u$ 和 $0.50S_u$ 两值中的较小者,和 $0.4S_y$ 和 $0.375S_u$ 截面带孔减弱的零件,净截面上的 F_t 不应大于 $0.4S_y$ 和 $0.375S_u$ 两值中的较小者。杆件的许用压应力不应大于 0.67 倍临界屈服应力。

F.2.5.3 在 D 级使用荷载*下进行弹性系统的分析时,板壳型支承件的 P_m 限值为 $1.2S_y$ 和 $1.5S_m$ 中的较大值,但不大于 $0.7S_u$。P_m+P_b 的限值的 150%或当量静荷载不应超过极限分析破坏荷载的 90%(所用的屈服强度取 $1.2S_y$ 和 $0.7S_u$ 的较小值),或塑性破坏荷载或试验破坏荷载的 100%。板壳型支承件的压应力不应大于 0.67 倍临界屈曲应力。

注:*在评定因对自由端位移和锚固点移动加以约束而产生的应力时,应视为一次应力。

F.2.5.4 在 D 级使用荷载下线性支承件的容许应力可对 F.2.5.2规定的数值按下列系数 r 进行增大:

$$r = \min \begin{cases} 2 \\ 1.167 S_u/S_y \end{cases}$$ 若 $S_u \geq 1.2S_y$

$$r = 1.4$$ 若 $S_u < 1.2S_y$

此外,构件必须进行稳定验算。

F.2.6 安全二级及三级部件的应力限值应符合表 F.2.6 的规定。

安全二级及三级部件的应力限值　　表 F.2.6

使用荷载	应力	泵、阀[2]		容器及储箱[1]
		能动	非能动	
B 级使用荷载	σ_m 或 σ_L	1.1S	1.1S	1.1S
	σ_m 或 $\sigma_L) + \sigma_b$	1.65S	1.65S	1.65S
D 级使用荷载	σ_m	1.1S	2.0S	2.0S
	σ_m 或 $\sigma_L) + \sigma_b$	1.65S	2.4S	2.4S

注①薄壁容器应考虑可能发生局部失稳或整体失稳的情况;
②本表所列应力限值不适用于阀腔、阀杆、阀座或包容在阀体和阀盖范围内的其它零件。满足本表中应力限值并不保证设备的可运行性。

F.2.7 受内压部件的螺栓紧固件连接的应力限值应符合下列规定。

F.2.7.1 在 B 级使用荷载下,螺栓中的实际使用应力应满足下列要求:

(1)不应计应力集中,沿螺栓横截面平均的使用应力,其最大值不大于 $2S_m$;

(2)不应计应力集中,在螺栓横截面的周边上由拉伸加弯曲引起的使用应力,其最大值不大于 $3S_m$。

注:对安全二、三级设备以 S 代替 S_m。

F.2.7.2 在 D 级使用荷载下,按弹性方法计算的螺栓有效拉伸应力区域的平均拉应力不大于 $0.7S_u$ 和 S_y 中的较小值;螺栓荷载是外荷载和连接件变形产生的分离作用所引起的任何引起的总和。

F.2.8 非受压部件的螺栓紧固件连接应符合下列规定。

F.2.8.1 在 B 级使用荷载下,螺栓中的实际应力应限制在下列 F_{tb} 值以下:

(1)受拉纯的螺栓,其平均均拉应力限制在下列要求:

对于铁素体钢　　$F_{tb}=0.58S_u$；
对于奥氏体钢　　$F_{tb}=0.35S_u$；
但上述限值不应超过材料工作温度下的屈服强度。

(2)受纯剪的螺栓，其平均剪应力限制在下列规定的 F_{vb} 值以下：

对于铁素体钢　　$F_{vb}=0.24S_u$；
对于奥氏体钢　　$F_{vb}=0.14S_u$；

(3)受拉剪联合作用的螺栓，应使拉应力和剪应力满足下式要求：

$$\frac{f_t^2}{F_{tb}^2}+\frac{f_v^2}{F_{vb}^2}\leqslant 1 \qquad (F.2.8)$$

式中　f_t——计算的拉应力（N/mm²）；
　　　f_v——计算的剪应力（N/mm²）；
　　　F_{tb}——工作温度下的容许拉应力（N/mm²）；
　　　F_{vb}——工作温度下的容许剪应力（N/mm²）。

F.2.8.2 在D级使用荷载下螺栓中的实际应力应满足下列要求：

(1)平均拉应力不大于F.2.8.1(1)项的规定；
(2)有效剪切面积上螺栓平均剪应力不大于 $0.42S_u$ 和 $0.6S_y$ 中的较小值。
(3)拉剪联合作用的螺栓应符合第F.2.8.1款(3)的规定。

F.2.9 地脚螺栓的应力限值应按F.2.8.1取值。
F.2.10 设备在A级、B级、D级使用荷载下的应或变形限值，应满足设计技术规格书提出的要求。
F.2.11 Ⅰ类起重运输设备在地震时应保持稳定，不得发生倾覆或滑移，并应保证起吊用的重物不致坠落。
F.2.12 Ⅰ类设备的应力限值可按表F.2.6中B级使用限值的规定执行。

附录G　验证试验

G.0.1 对于要求作抗震鉴定的设备或部件，当分析方法不足以合理可信地证明其在规定强度和频度的地震作用下和作用后仍的正常功能和完整性，或确定其开始失效的极限地震强度，应通过对原型或模型的振动试验进行检验。

G.0.2 对Ⅰ、Ⅱ类能动设备及部件的抗震试验应按本附录规定进行。

G.0.3 设备和部件的抗震鉴定试验应包括以下几类：
G.0.3.1 动态特性探查试验应测定设备或部件的各阶自振频率、振型及阻尼值等动态特性。
G.0.3.2 功能验证试验应检验在规定强度和频度的地震作用时和作用后的正常功能及其完整性。
G.0.3.3 极限功能试验应在必要时进行，需确定其开始失效时的极限地震强度。

G.0.4 验证试验的试件应按以下原则选择：
G.0.4.1 验证试验的试件目的在于影响试验目的前提下，对原型在结构上作适当简化或采用适当的代用试件，但应论证其合理性。在结构简化对试验结果有影响时，应通过其他方式对试验结果作相应修正，并应有专门说明。
G.0.4.2 设备的抗震验证试验件，必须先经过功能检验，必要时应考虑老化影响；当部件在几个试验中被应用时，应保证其主要特性在以前的试验中未被改变。

G.0.5 试件应满足以下装配、固定方式应符合实际安装条件。原型中如有支承构架或隔振减振措施，以及对试件抗震性能有重要影响的连接件，试验时均应符合实际的环境和运行条件。

G.0.5.2 功能试验时的试件尚应符合实际的环境和运行条件。

G.0.6 试验宜采用下列方法和步骤：

G.0.6.1 动态特性探查试验

（1）动态特性探查试验一般在试验室进行，对具有线性振动特性的设备，其初步试验也可在施工期间及启动运行以前直接在电厂现场进行。

（2）在现场作动态探查试验时，可利用突然释放、敲击等方法、起振机等设施作正弦振动扫描，或利用激振器，测定试件的方法以外，还可在振动台上进行。

（3）在自振动台上测定试件的动态特性时，宜以白噪声激振，通过频谱分析，得到其各阶自振频率、振型和阻尼值。

（4）在以正弦迫振扫描求得设备或部件的动态特性时，激振加速度幅值不大于 $1m/s^2$，扫描速度不大于 2 oct/min，在共振峰附近通常取 1.0～35.0Hz。

（5）对于有显著非线性的设备和部件，应采用不同激振幅值进行比较。对正弦迫振扫描时，扫描加速度幅值不大于 $2m/s^2$，扫描速度不大于 1 oct/min；扫描频段 1.0～35.0Hz 升频和降频方式扫描。

（6）在动态特性探查试验中，除了测定频率、振型和阻尼等振动参数外，还应根据设备和部件的功能检测其他有关的动参数。

（7）应沿设备或部件的三个主轴方向求其动态特性。

G.0.6.2 功能验证试验

（1）功能验证试验的条件应从偏于安全的角度考虑。

（2）功能验证试验应在竖向及两个相互垂直的水平方向同时施加地震作用。在条件不具备时，也可采用单向双向激振，但应计入其耦合影响。

（3）电气元件等部件被装配在整体设备中后，如直接作功能验证试验有困难，可先对整体装配后的设备施加速度反应，再以此作为激振动求出该部件在非运行状态下的加速度反应，再以此作为激振动输入，单独对部件作功能验证试验。

（4）在功能验证试验中，设备或部件功能的评判准则可分为下列四级：

一级：试验时及试验后功能均正常；

二级：试验时功能失常，试验后可恢复正常；

三级：试验时功能失常，试验后需要重新调整后才能恢复正常；

四级：试验时及试验后均完全失效。

（5）在评价设备或部件功能验证试验结果时，对批量生产的设备或部件，应考虑抽样代表性可能导致的误差。

G.0.6.3 极限功能验证试验的方法、步骤与功能验证试验类同，但应逐级提高激振加速度幅值，直至试件开始失效或试验失去完整性。

G.0.7 试验荷载应按下列原则确定

G.0.7.1 功能验证试验的激振加速度应优先采用满足设备或部件安装部位建筑物反应谱的多频率分量的时程，如单频率振规则波的条件下，也可采用另外的方法和准则，可采用本规范第 8.2.3 条给定的安装部位反应谱。功能验证试验的非平稳随机过程作为模拟的加速度时程，其反应谱（RRS）生成的非平稳时程反应所包括楼层反应度的整个频段，在无特殊论证时，可取为 1.0～33.0Hz，频率的容许误差可按表 G.0.7-1 确定。

G.0.7.2 试验部位楼层反应谱应以刚性连接处附近的点。

G.0.7.3 模拟加速度时程应满足下列要求：

（1）对振动台台面或激振部应以确定的参考点为准，参考点取自振动台台面或激振部应以确定的参考点为准，参考点取自

（2）模拟加速度与试件反应处附近的点。

G.0.11 在功能验证试验中，应按发生5次运行安全地震震动随后再发生1次极限安全地震震动的情况加载。每次地震震动的间隔以其反应不致叠加为原则，间隔时间可按下式确定：

$$t > \frac{1}{2\pi\zeta f_1} \quad (G.0.11)$$

式中 f_1 —— 试件的基频；
ζ —— 试件的阻尼比。

G.0.12 试验报告应包括下列内容：
(1) 被试验设备或部件的类别、特性及其所属单位；
(2) 试件的选择及其简化情况；
(3) 试件的装配、固定条件和运行、环境条件及其简化情况；
(4) 试验所采用的楼层反应谱或相应的加速度时程；
(5) 试验的要求和内容；
(6) 试验设备的主要特性及所属单位；
(7) 试验的方法及其步骤；
(8) 测点布置、测试仪器及其主要特性和标定数据及日期；
(9) 试验结果；
(10) 试验负责人和试验单位核查负责人签名以及试验日期。

G.0.13 试验结果应包括下列内容：
(1) 设备或部件在功能验证试验前后的动态特性；
(2) 试件功能验证试验结果，包括试验时及试验后的功能情况及标志完好性的参数和试验结果；
(3) 需要对试验结果修正的情况；
(4) 与计算分析结果的比较；
(5) 结论。

表 G.0.7-1 频率容许误差

频率 (Hz)	频率容许误差
0.0～0.25	0.05Hz
0.25～5.0	20.0%
>5.0	1.00Hz

(3) 参考点的模拟加速度峰值应大于给定的安装部位的零周期加速度值。
(4) 模拟加速度时程的持续时间可取为15～30s，其中强烈震动部分不应小于10s。
(5) 在阻尼比相同的情况下，激振加速度反应谱值应大于给定的楼层反应谱值，但其相对误差不应超过50%。
(6) 检查激振加速度反应谱时间隔的频率间隔与阻尼比有关，可按表 G.0.7-2 确定。

表 G.0.7-2 频率间隔

阻尼比(%)	频率间隔 Δf (倍频程)
>10	1/3
2～10	1/6
<2	1/12

G.0.8 振动台横向效应应小于主轴峰值运动的25%。此外，振动台本身引起的在试验工作频段以外的分量最大幅值应小于参考点激振加速度峰值的20%。

G.0.9 当楼层反应时程的输入加速度时程时，应从三条不同输入的楼层反应加速度时程中选择一条反应最大的进行功能试验。

G.0.10 在功能验证后应再做一次动态特性探查试验，以检验试件动态特性的改变情况。

附加说明

附录 H 本规范用词说明

H.0.1 为便于在执行本规范条文时区别对待,对要求严格程度不同的用词说明如下:

(1) 表示很严格,非这样做不可的:
正面词采用"必须",反面词采用"严禁"。

(2) 表示严格,在正常情况下均应这样做的:
正面词采用"应",反面词采用"不应"或"不得"。

(3) 对表示容许稍有选择,在条件许可时首先应这样做的:
正面词采用"宜"或"可",反面词采用"不宜"。

H.0.2 条文中指定应按其他有关标准、规范执行时,写法为"应符合……的规定"。

本规范主编单位、参加单位和主要起草人名单

主编单位:
国家地震局工程力学研究所

参加单位:
核工业第二研究设计院
上海核工程研究设计院
国家地震局地球物理研究所
大连理工大学
清华大学
水利水电科学院抗震防护所
同济大学
哈尔滨建筑工程学院

主要起草人:

胡聿贤 庄纪良 林 皋 江近仁 谢君斐
陈厚群 何德群 王传志 黄经纬 田胜清 门福录
高文道 时振梁 谢礼立 黄存汉 曹小玉 王孝信
乔 治 任常平 郭玉学 冯启民 于双久 沈聚敏
熊建国 罗学海 金崇磐 朱美珍 金 严 朱镜清
刘 季 高光伊

中华人民共和国国家标准

核电厂抗震设计规范

GB 50267-97

条文说明

编制说明

本规范系根据国家计委计综[1985]2630号文的通知,由国家地震局负责主编,具体由国家地震工程力学研究所会同有关设计、科研单位和高等院校,在国家核安全局的指导下编制而成。

本规范在我国尚属首次编制。考虑到我国核电厂抗震经验不多,规范编制组在开展了调查研究、总结、对比、分析了核电厂地震选址和抗震设计的国际标准和国外先进标准的规定,在此基础上开展了若干专题研究,规范编制组充分考虑我国地震的特点,一般工程的抗震设计经验以及经济技术条件和工程实际经验,并注意到核电厂安全度要求高等特点,提出了初稿,广泛征求了有关单位、部门的意见,经过反复讨论、评议、多次修改,最后由国家地震局会同国家核安全局等有关部门审查定稿,经建设部建标[1997]198号文批准,自1998年2月1日起施行。

本规范包括设计地震动的确定、地基、结构、设备、管道等的抗震设计、地震检测和报警等三部分,涉及多种学科和专业。设计地震动的确定方法,体现了本规范与一般工程抗震规范的主要区别,也反映了国际上核电厂抗震技术的发展趋势。在本规范中规定了核电厂抗震设计应共同遵守的基本原则。在工程结构抗震设计方面,按现行国家标准《工程结构可靠度设计统一标准》(GB 50153-92)执行,尽可能采用以概率为基础的极限状态设计方法。由于我国核电厂的建设经验尚不多,且缺少实际震害资料,故在条文规定上留有一定的灵活性,以适应实际工作的需要和抗震技术的发展。

为便于广大设计、科研、施工教学等有关单位人员在使用本国家标准时能正确理解和执行条文规定,根据编制标准、规范条文说明的统一要求，按本规范中章、节、条的顺序，编写了条文说明，供各有关单位人员参考。在使用中如发现条文中有欠妥之处，请将意见直接函寄哈尔滨学府路29号（邮编：150080）国家地震局工程力学研究所所科研处。

一九九七年七月

目 次

1 总则 …………………………………… 11-44
2 术语和符号 …………………………… 11-45
3 抗震设计的基本要求 ………………… 11-45
　3.1 计算模型 ………………………… 11-45
　3.2 抗震计算 ………………………… 11-48
　3.3 地震作用 ………………………… 11-48
　3.4 作用效应组合和截面抗震验算 …… 11-48
　3.5 抗震构造措施 …………………… 11-48
4 设计地震动 …………………………… 11-49
　4.1 一般规定 ………………………… 11-49
　4.2 极限安全地震动的加速度峰值 …… 11-49
　4.3 设计反应谱 ……………………… 11-49
5 地基和斜坡 …………………………… 11-50
　5.1 一般规定 ………………………… 11-50
　5.2 地基的抗滑验算 ………………… 11-50
　5.3 地基液化判别 …………………… 11-52
　5.4 斜坡抗震稳定性验算 …………… 11-52
6 安全壳、建筑物和构筑物 …………… 11-53
　6.1 一般规定 ………………………… 11-53
　6.2 作用和作用效应组合 …………… 11-53
　6.4 基础抗震验算 …………………… 11-54
7 地下结构和地下管道 ………………… 11-55
　7.1 一般规定 ………………………… 11-55
　7.2 地下结构抗震计算 ……………… 11-55
　7.3 地下管道抗震计算 ……………… 11-55
　7.4 抗震验算和构造措施 …………… 11-57

8 设备和部件	11—58
8.1 一般规定	11—58
8.2 地震作用	11—58
8.3 作用效应组合和设计限值	11—59
8.4 地震作用效应计算	11—61
9 工艺管道	11—62
9.1 一般规定	11—62
9.2 作用效应组合和设计限值	11—62
9.3 地震作用效应计算	11—63
10 地震检测与报警	11—64
附录 G 验证试验	11—66

1 总 则

1.0.1 本条说明编制本规范的目的。

1.0.2 本条规定本规范的适用范围。我国在建或拟建的核电厂均为压水堆型反应堆。考虑到本规范的适用期限以及目前我国尚无建设其它堆型核电厂经验的情况，将本规范的适用范围主要限于压水堆，但其基本原则也适用于其它堆型。

核电厂宜避免建于强烈地震区，当厂址极限安全地震动地面加速度峰值大于0.5g时应作专门研究。因为0.5g加速度值已相当于《中国地震烈度表（1980）》中9度的加速度平均值。这样的高烈度地震区，似不宜建核电厂。另外，常规抗震规范也无法参考。本条还规定两个抗震设防水准的预期设防目标。

1.0.3 各类物项的抗震设防应以当地的抗震设防烈度或当地的设计地震动参数为依据；建筑物和构筑物的抗震设防分类，可根据其重要性参照有关常规抗震规范的丙类或乙类（重要的）采用。

1.0.4 Ⅱ类物项的划分应在初步设计中说明，并随同初步设计批准。

1.0.5 本规范与《核电厂安全导则 核电厂厂址选择中的地震问题》（HAF0101）和《核电厂的地震分析及试验》（HAF0102）应是相容的。

2 术语和符号

2.1.9 试验反应谱是用来做设备抗震试验的。

3 抗震设计的基本要求

本章列入了与抗震设计有关的各章应共同遵守的规定，仅对某类物项有关的具体规定参见相应的章节。

3.1 计算模型

计算模型选取的合理性对计算的结果影响很大。因此，对于重要的或较复杂的物项应在原则上应取一种以上的计算模型进行比较；同时还应通过工程经验判断，对计算模型进行修正。条文第3.1.1条注中所述的主导频率是指对地震反应起控制作用的头几个振型的频率。

地基与结构相互作用计算中集中参数模型和有限元模型是应用最为广泛的两种模型。大量的实践表明，对于集中参数模型，使用这两种模型都可获得比较好的结果；对于有限元模型，但前提是：对于有限元模型，模型尺寸、边界处理和单元划分等要选取得当；对于有限元模型，模型尺寸、边界处理和单元划分等要遵循一定的原则。

对于集中参数模型、等效弹簧和阻尼器的阻抗函数可按以下方法确定：

$$K_x = K_x' + K_x''$$
$$K_\varphi = K_\varphi' + K_\varphi''$$
$$K_z = K_z' + K_z''$$
$$C_x = C_x'$$
$$C_\varphi = C_\varphi'$$
$$C_z = C_z'$$

式中 K_x, K_φ, K_z ——地基土相应于水平移动、摆动和竖向移动的等效弹簧刚度；

$C_x、C_\varphi、C_z$ ——地基土相应于水平移动、摆动和竖向移动的等效阻尼系数；

$K'_x、K'_\varphi、K'_z$ ——基础置于均质地基土表面时的等效弹簧刚度，公式见表3-1和3-2；

$C'_x、C'_\varphi、C'_z$ ——基础置于均质地基土表面时的等效阻尼系数，公式见表3-1和3-2；

$K''_x、K''_\varphi、K''_z$ ——考虑基础埋置效应的等效弹簧刚度。

表 3-1

运动方式	圆 形 底 板	
	等效弹簧刚度	等效阻尼系数
水平移动	$K'_x = \dfrac{32(1-\nu)Gr}{7-8\nu}$	$C'_x = 0.576 K'_x r \sqrt{\rho/G}$
摆 动	$K'_\varphi = \dfrac{8Gr^3}{3(1-\nu)}$	$C'_\varphi = \dfrac{0.30}{1+\beta} K'_\varphi r \sqrt{\rho/G}$
竖向移动	$K'_z = \dfrac{4Gr}{1-\nu}$	$C'_z = 0.85 K'_z r \sqrt{\rho/G}$
扭 转	$K'_t = \dfrac{16Gr^3}{3}$	$C'_t = \dfrac{\sqrt{K'_t J_P}}{1+2J_P/\rho r^5}$

$\beta = \dfrac{3(1-\nu)J_0}{8\rho r^5}$

其中 J_0 ——结构和基础底板绕底板摆转轴的总转动惯量。

表中 ν ——地基土的泊松比；
G ——地基土的剪切模量；
r ——圆形底面的半径；
ρ ——地基土的密度；
K'_t ——基础置于均质地基土表面时相应于扭转的等效弹簧刚度；
C'_t ——基础置于均质地基土表面时相应于扭转的等效阻尼系数；
J_P ——结构和基础底板的极转动惯量。

表 3-2

运动方式	矩 形 底 板		等效阻尼系数
	等效弹簧刚度		
水平移动	$K'_x = 2(1+\nu)G\beta_x \sqrt{bL}$		同圆形底板的公式，但 $r = \sqrt[4]{bL(b^2+L^2)/6\pi}$
摆 动	$K'_\varphi = \dfrac{G}{1-\nu}\beta_\varphi^2 L$		同圆形底板的相应公式，其等效半径见表3-3
竖向移动	$K'_z = \dfrac{G}{1-\nu}\beta_z \sqrt{bL}$		
扭 转			

表中 ν 和 G 同圆形底板；
b ——水平激振平面内的基础底面宽度；
L ——垂直于水平激振平面的基础底面长度；
$\beta_x、\beta_\varphi、\beta_z$ 为常数，其值见下图。

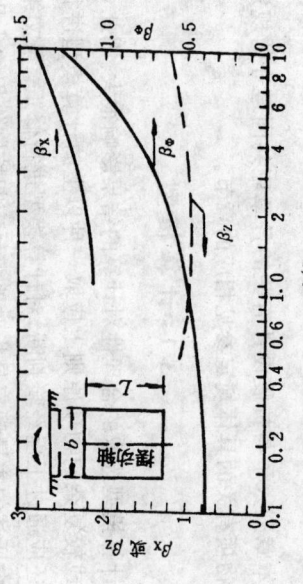

图 3-1 矩形底板的常数 $\beta_x、\beta_\varphi、\beta_z$

表 3-3
矩形底板的等效半径

等效半径 r 取 r_x、r_φ、r_z 中最大的：

$$r_x = \frac{(1+\nu)(7-8\nu)\beta_x\sqrt{bL}}{16(1-\nu)}$$

$$r_\varphi = \sqrt[3]{3\beta_\varphi\beta_z^2 L/8}$$

$$r_z = \beta_z\sqrt{bL}/4$$

式中参数 $\beta_x, \beta_\varphi, \beta_z$ 见图 3-1

K''_x、K''_φ、K''_z 按下式计算：

$$K''_x = 2.17\sum_{i=1}^{n} h_i G_i$$

$$K''_\varphi = 2.17\sum_{i=1}^{n} h_i G_i (d_i^2 + h_i^2/12) + 2.52 r^2 \sum_{i=1}^{n} h_i G_i \quad (3-2)$$

$$K''_z = 2.57\sum_{i=1}^{n} h_i G_i$$

式中 n —— 基础底面以上地基土的分层数；
G_i —— 各层剪变模量；
h_i —— 各层分层厚度；
d —— 各层中心至基础底面的距离；
r —— 基础底面半径，对于矩形基础按表 3-3 计算。

地基土的等效弹簧刚度和等效阻尼比，也可采用近似法确定，如表 3-4 所示。

表 3-4

等效弹簧刚度		V_s(m/s)	500	1500
$K'_x = K'_{ox}$		ζ_x(%)	30	10
$K'_\varphi = K'_{o\varphi}$		ζ_φ(%)	10	5

表中：K'_x、K'_φ 和 ζ_x、ζ_φ 分别为水平移动、摆动的等效弹簧刚度和等效阻尼比，K'_{ox}、$K'_{o\varphi}$ 为静力弹簧刚度；V_s 为剪切波速，对于其它 V_s 值可采用线性插值法。对于有限元模型，模型的边界条件可采用下列方式处理：

模型底部：粘性边界；
模型两侧：粘性边界、透射边界或其它能量传输边界。
模型的宽度（B）和从结构基底算起的高度（H）可按表 3-5 采用。

表 3-5

V_s(m/s)	B/b		H/b	
	2.0	6.0	0.5	1.5
500				
1500				

表中 b 为结构基底宽度，对于其它 V_s 值可按线性插值。
模型中的单元高度（h）按下式选定：

$$h = \zeta \cdot \frac{V_s}{f_{max}}$$

式中 V_s —— 地基土的剪切波速；
f_{max} —— 地震震动的最高频率；
ζ —— 系数，介于 1/3~1/12 之间。

表 3-6 是取 $\zeta = 1/5 \sim 1/8$，$f_{max} = 25Hz$ 按上式计算得到的。

表 3-6

V_s(m/s)	h(m)
500	2.5~4.0
1500	7.5~12.0

表中对其它 V_s 值可按线性插值。
如有依据，也可用其它方法计算模型。

3.2 抗震计算

目前世界各国在核电厂的实际设计工作中，一般不作非线性计算。本规范作了类似的规定。对于土体结构（包括地基），通过工业试验，确定剪切模量和阻尼比与剪应变的函数关系，供作等效线性计算时使用。

本节提出了地震反应计算的三种方法，并作了一般规定。等效静力法的适用条件及其具体应用方法在具体条物项的有关章节中有详细规定。

当两个相邻振型的频率差小于较低频率的10%时，一般认为是频率同紧密的振型，这时，平方和的平方根的振型组合有较大的误差。

3.3 地震作用

楼层反应谱的峰值拓宽采用了美国核管会 NRC R.G. 1.122 中建议的方法。下图为经平滑化和峰值拓宽的设计楼层反应谱示意图：

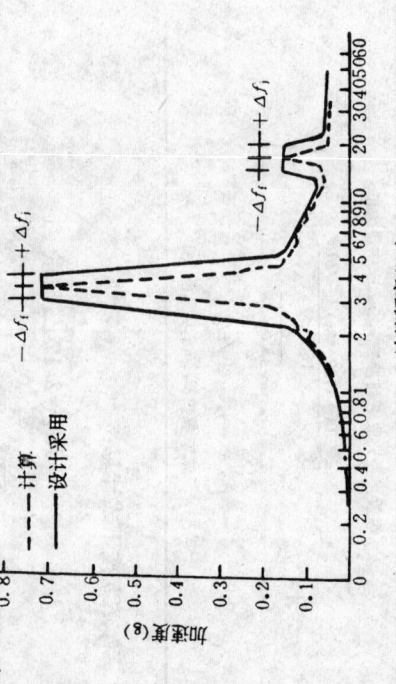

图 3-2 反应谱峰值的拓宽和平滑化

规范中的表3.3.3所列的值基本上取自美国核管会 NRC R.G. 1.61。一般认为 R.G. 1.61 中所列的阻尼比值偏于保守的，因此，本规范对在运行安全地震动作用下的预应力混凝土结构和钢筋混凝土结构的阻尼比分别比 R.G. 1.61 中的值提高1%；在极限安全地震动作用下的设备的阻尼比值也比 R.G. 1.61 中的值提高1%。当有足够根据时，在地震反应计算中尚可采用比表3.3.3所列为高的阻尼比值。

3.4 作用效应组合和截面抗震验算

在现行国家标准《建筑结构设计统一标准 GBJ 68-84》和国际标准《结构设计基础——结构上的地震作用》ISO-DIS 3010.2 中，地震作用可以是可变作用，也可以是偶然作用；而上述国际标准将中等程度地震作用相当于可变作用，强烈地震相当于偶然作用。本规范根据运行安全地震动 SL1 和极限安全地震动 SL2 的地震动强度和概率水平，在工程结构作用效应组合和作用分项系数的取值上，基本上将运行安全地震动 SL1 和极限安全地震动 SL2 分别按可变作用和偶然作用的原则处理。

3.5 抗震构造措施

鉴于核电厂抗震措施尚乏实践经验，故采用现行国家标准《建筑抗震设计规范》等有关标准的规定，并考虑到核电厂的重要性，将相应的要求适当提高。

性的区域，划分为地震带。地震带可以作为认识地震活动时间、强度和频率分布规律的区域范围，因此，在综合概率法中也可以用来分析评估未来地震活动水平，确定 b 值和 ν 值的统计单元。

4 设计地震震动

4.1 一般规定

4.1.3 计算基岩面系指其下土层的剪切波速大于 700m/s，即其下不得有已知的剪切波速不大于 700m/s 的土层。

4.1.5 地震资料的收集、调查和分析涉及厂址选择和地质稳定性评价的共同要求，在国内尚无相应规范的情况下，可参考有关核安全导则《核电厂厂址选择安全规定》(HAF101,102 和 108)，并遵照《核电厂厂址选择安全规则》(HAF 100)的规定。

4.2 极限安全地震动的加速度峰值

4.2.1 确定 0.15g 为加速度峰值下限包含了对本底地震的考虑。

4.2.2 由于我国东部地区的活动断层的例证也不多，地面显露的活动断层长度-震级关系式，为此，需采用不同类比的方法明显，地面显露的活动断层的例证也不多，目前还难以给出适用于我国东部地区的活动断层长度-震级关系式，为此，需采用类比的方法评估活动断层未来可能发生地震的最大震级。

断层活动的形式包括正断层、逆断层和走滑断层；断层活动的动力特征系指断层的滑动方式是蠕滑或粘滑。

蠕滑的断层系指以无震滑动或微震蠕动方式运动的活动断层；粘滑的断层系指以地层错动方式突然释放巨大能量而发生大地震的活动断层。

4.2.3 地震活动断层系指在断层上有破坏性地震中、古地震遗迹或微震密集分布，或有证据说明有可能发生破坏性地震的活动断层。

4.2.4.1 将在地震活动性和地震构造条件具有一致性和相关性的区域，划分为地震带。

4.3 设计反应谱

4.3.1 场地地震相关反应谱的谱值可以低于标准反应谱。

4.3.2 本条规定的加速度反应谱是根据我国现有的中等地震 (M 二 5、多为余震) 的标准反应谱和美国通用的标准反应谱记录并参考了国际通用的标准反应谱而确定的。基岩场地标准反应谱所用的数据包括水平向记录 112 条，竖向记录 56 条，基岩场地指基岩露头 (或出露) 的场地。硬土场地标准反应谱所用数据包括水平向记录 273 条，竖向记录 130 条。硬土场地系指现行国家标准《建筑抗震设计规范》(GBJ11-89)》中的 I 类场地或 II 类场地中的较硬的场地。对应子表中未给出数值的周期和阻尼比，反应谱值应按图表中所示数值内插求得。

为了反映我国华北地区的地震特点并从安全考虑，本条给出的标准反应谱在短周期段采用了上述统计结果；其不同阻尼比的谱曲线宜取 0.02s 处交汇并等于 1.0g。但为了减小计算工作并与国际上刚性结构定义 (周期不大于 0.03s) 相一致，本条取交汇点的周期为 0.03s。考虑到我国数据中缺少大地震记录，对硬土场地，当周期不小于 0.4s 时，其水平向标准反应谱采用 R.G.1.60 的标准反应谱。

4.3.3 本条规定适用于华北地区的地震动衰减规律是根据国内现已采用的换算方法，从美国西部的地震动衰减规律和美国西部与我国华北地区的地震烈度衰减规律得来的。我国其它地区的衰减规律可以按同一方法根据华北地区地震动衰减规律换算。

本条规定的非基岩场地的场地地震相关反应谱的计算步骤是国内外广泛采用的。

5 地基和斜坡

5.1 一般规定

在核电厂抗震设计中,场地、地基的地震安全性是一个重要问题,在世界各先进国家的有关规范、安全导则、规则和管理指南中都有不同程度的规定或指示。本章在编写中主要参考了日本《原子力发电所耐震设计指针》(JEAC·601),也参考了原西德《核电厂抗震设计规则》(KTA 2201.2)、法国工业部《核设施基本安全规则》(SIN No.3564/85 Rule No.I.3.C)以及美国核安全指南1.00号《评价核电站厂址土壤抗震稳定性的方法及准则》,同时参考我国颁发的《核安全导则》以及其它有关现行规范。

地基和斜坡在地震时和地震后均应保持足够的稳定,因此应进行抗滑验算。对基础的滑动与倾覆验算,见本规范第6章的有关规定。

5.2 地基的抗滑验算

核电厂物项的场地,原则上应具有良好承载力的稳定地基。但其中常存在各种薄弱面。有些Ⅰ、Ⅱ类物项的修建在软弱地基、各向异性和不均匀性显著的地基上,因此均应沿软弱层的滑动、地基承载力等进行专门的详细验算,必要时还须作震陷计算。

地基土抗震承载力设计值取现行国家标准《建筑抗震设计规范》规定的数值的75%,是因为现行国家标准《建筑抗震设计规范》所取地基土抗震承载力的安全系数约为1.5,而本规范所取安全系数均为2.0,故予以折减。

地基的抗滑验算应采用地震作用下的自重和正常荷载、水平地震作用、竖向地震作用以及结构对地基的静、动力作用等的不利组合。

土层水平地震系数取0.2是参照日本《原子力发电所耐震设计指针》JEAC·4.601而定的,该值是经过动力分析结果比较而定出的包络值。但对于极限值JEAC·4.601以下的动力分析结果比较而定出的包络值。但对于极限安全地震峰值大于0.5g的场地地则不在本规范包含的范围之内。

计算方法可先简后繁,依此进行。用前一种方法求得的抗滑安全系数如果已经满足安全系数的规定,就不必再作下一种方法的计算。

下面针对所用的几种常用方法作简单的介绍:

(1)滑动面法等常用方法有下列几种:
1)常用的滑动面法:
圆弧滑动面法;
平面滑动面法;
复合滑动面法。
采用这些方法应按所研究地基的地质、地形条件用试算法确定最危险滑动面的形状。

对于匀质地基,不必再做上述的滑动稳定的详细计算。

当安全度很大时,不必再做上述基础底面的滑动稳定性验算外,还应验算沿滑动基础底面的滑动稳定性
对于各向异性和不均匀地基,除进行基础底面的滑动稳定性验算外,还应验算沿着软弱层面的滑动稳定性。当安全度很大时,也

可以不作上述的滑动详细计算。

圆弧滑动面法仍建议用条分法，可采用瑞典条分法，也可采用简化的Bishop法。

2）可由载荷板试验、承载力公式等法求出承载力并与地震时发生的基底压力比较而进行评价，在必要时可把地基看作弹性材料，用弹性理论方法关于变形，在必要时可把地基看作弹性材料，用弹性理论方法验算。

(2) 静力有限元计算

静力有限元计算是用有限元方法，求出地基内的应力分布、变形分布，根据这些结果评定稳定性。

1）根据给定的地基材料的力学特性可将计算区别为两大类：

线性计算（弹性计算）；

非线性计算（非线性弹性、弹塑性、粘弹塑性、无应力分割法等）。

2）关于计算所取的结构断面，要在求得动面法的结果后规定计算模型应取的范围，物理性质、边界条件和单元分割等，要在对地质条件、厂房布置情况等进行通盘考虑后加以确定。

3）计算模型的范围与从工程结构中心向地形地基的应力状态、边界条件等有关。通常模型的宽度为从工程结构中心向两侧各取基础宽度的2.5倍。

4）模型的边界条件，在静力及竖向地震作用时取下边固定、侧边竖向可位移滚筒。在水平地震作用时，取下边固定、侧边水平向可位移滚筒。

5）当地基材料的非线性很显著，并对稳定性评价有重大影响时，宜采用能反映材料的非线性的计算方法。

6）抗震稳定性评价一般按下列步骤进行：

①计算自重引起的地基中的应力；

②计算地震作用引起的地基中的应力；

③计算①和②的组合应力；

④根据③所得应力评定地基的稳定。

必要时用②的结果求出变位等作地基稳定性评价。

(3) 动力计算

动力计算是用动力有限元方法计算出地基内的应力分布、变位分布等，并用其结果稳定性评价。

1）运动方程求解的方法有：

振型分解法；

直接积分法；

复反应分析法（傅里叶变换法）。

根据地基材料力学特性的不同有下列两种计算方式：

线性计算（弹性计算）；

非线性计算（等效线性计算，逐次非线性计算）。

在非线性计算中，应变增大时地基材料的阻尼增大，其反应比线性计算要小，即抗滑稳定性有增加的倾向。

这种计算方法所取得的结果，与边界条件及地基土的物理力学性质的取法有密切的关系，而在作动力计算时，适当地考虑地质条件和工程结构布置就可能全面地表示出地基的应力分布和变形分布。这是工程上较适用的一种方法。

2）动力计算模型的底部叫做计算基石。由深处来的入射波的最大振幅，假定不随位置改变，但是受地表的影响。工程结构产生的散射波，与入射波相比在深处可以忽视，若能用吸收散射能量的边界条件则计算的基石边界可以取得浅。此外、边界无反方法，适用于地基无限性的条件，也可以作为动力计算方法有效方法之一。

3）动力计算模型的水平方向范围，应根据计算方法与计算模型边缘地表的反应谱相差不大。原则上应使自由地面地表的反应谱与在工程结构的振动方向上各取工程结构宽度的2.5倍以上。但当侧边取为无反射边界时计算的范围可以缩小。网格大小要注意截止频率这一因素。

4）动力计算时要用动力物理力学参数。这些参数通常随应变的大小及侧限压力的大小而变化。大多场合假定基岩在地震波通过时物理力学参数不发生变化。对于表层地基，对应的动力物理力学参数关系显著的场合，可参考静力计算结果确定的应变假定值及物理力学参数进行等效线性化方法计算时，可根据假定的应变及物理力学参数代入反复进行计算，达到收敛为止。

5）地震时的抗震验算按下列步骤进行：
   自重引起的地基竖向应力计算；
   静力荷载作用下地基内应力的计算；
   水平地震作用下地基内反应值（地基内应力、加速度、变位等）计算；

以上三种应力的组合应力计算和抗震验算。

(4) 其它：
1）当需要考虑地质软弱面、侧面约束的影响，出现滑动面形状凹凸不平引起的摩擦抵抗力的增加等情况时，可进行三维计算。一般按三维计算求得的稳定性比按二维计算求得的稳定性要高些。

2）若地基中存在弱层，存在刚性地基内产生的拉应力，可用非线性弹性计算体的力学模型计算发现地基确定应力等的再分配。详细方法可根据抗震稳定验算的必要性决定，无拉应力的必要时要考虑不连续面的影响，采用连续单元和不连续元的力学模型。

3）上列各种计算方法，根据对地下水考虑方式可分为总应力法和有效应力法，一般可用总应力方法作稳定性评价。在对孔隙水压力的发生能做出确切分析的场合，也可用有效应力方法作稳定性评价。

4）基础底面比地下水位低时，要考虑浮力对基础的作用，基础底面抗滑稳定性计算要考虑到浮力。

5.3 地基液化判别

场地砂土液化的判别已有多种方法，大体上可分以经验为主的和以计算为主的两大类。各种方法都具有特定的依存条件和适用范围。对于重要的建筑物，宜用几种判别方法的结果进行比较，然后作出判断。我国现行国家标准《建筑抗震设计规范》中推荐的标贯判别方法以国内外实际震害经验为基础，是在工程实践中行之有效的方法，因此本规范推荐这一方法。由于在提出这一方法时是以地震烈度为基准的，与本规范以地面加速度峰值为基准不相配合，因此给出了按地面加速度峰值液化判别标贯锤击数基准值 N_0 的公式。

由于上述标贯判别式是带一定经验性的，所依据的实际液化震害大多发生在深度15米以内，因此只适用于判别埋藏深度小于15米的饱和砂土、饱和粉土的液化。当埋藏深度大于15米时已超出上述标贯判别式的适用范围，可采用其他方法。

如果地基主要为饱和砂、饱和粉土等，则除了对地作液化判别之外，尚需对建筑物-地基共同作用的系统进行液化可能性判别，此时需要用有限元法考虑饱和土体在地震作用下的特性和建筑物的特性，进行专门的地震反应计算，加以判别，并作液化危险性计算，再采用相应的对策和措施。

5.4 斜坡抗震稳定性验算

需要验算的斜坡是指与厂房最外端相距50m以内或与斜坡坡脚的距离在1.4倍斜坡高度以内的斜坡，大于这个距离范围的斜坡不必专门验算，但从地质角度考虑有危险影响的则应进行验算。

计算模型、计算方法，与地基静力的情况相仿。

用于静力计算的水平地震系数取为0.3是参照日本的规定确定。

定的。与地基相比，此处对斜坡多乘了一个放大系数1.5，即0.3=1.5×0.2，但极限安全地震动加速度峰值大于0.5g的场地和坡度很健的斜坡，则不属本规范涉及的范围。

安全系数和限值是参照日本规范确定的。我国国家现行标准《水工建筑物抗震设计规范》的坝坡水平地震系数（均值），9度区为0.175g，最小安全系数为1.10。而在《公路工程抗震设计规范》中，9度区为0.17g，最小安全系数为1.15。与核电厂有关的斜坡取较高的安全值是需要的，其理由为：

(1) 核电厂具有特殊重要性；
(2) 目前用于稳定性验算的试验方法和计算方法中还有许多不确定的因素。

6 安全壳、建筑物和构筑物

6.1 一般规定

6.1.1 本规范适用于压水堆型反应堆核电厂，压水堆的安全壳一般为混凝土结构，故本章只适用于混凝土安全壳，而不适用于钢安全壳。

6.1.2 本条提出关于设计防震缝的要求，并规定伸缩缝、沉降缝的设计应符合防震缝的要求。

6.2 作用和作用效应组合

6.2.1 本章中规定的安全壳、建筑物和构筑物抗震设计所应考虑的作用，参考了下列标准的规定：

(1) 美国机械工程师协会(ASME)锅炉和压力容器规范第Ⅲ卷第二篇混凝土安全壳(ACI 359-86,CC-3000)；
(2) 美国混凝土学会(ACI)《核安全有关的混凝土结构设计规范 ACI 349-85》；
(3) 美国核管理委员会《标准审查大纲》。

6.2.2 与地震作用有关的作用效应组合共考虑了下列几种情况，即

(1) 正常运行作用与严重环境作用的效应组合$(N+E_1)$；
(2) 正常运行作用与严重环境作用以及事故工况下作用的效应组合$(N+E_1+A)$；
(3) 正常运行作用与严重环境作用以及事故工况后的水淹作用的效应组合$(N+E_1+H_a)$；
(4) 正常运行作用与极端环境作用的效应组合$(N+E_2)$；

(5)正常运行作用与极端环境作用以及事故工况下作用的效应组合$(N+E_2+A)$。

安全壳取以上五种组合。

Ⅰ类建筑物和构筑物取(1)、(2)、(3)、(4)、(5)共五种组合；Ⅱ类建筑物和构筑物取(1)、(2)、(3)共三种组合，其中组合(1)分别考虑与不考虑温度作用T_0的两种情形。

6.2.3 在震害不均匀沉降、徐变和收缩作用的地方应考虑这些作用的影响。

当运行荷载造成的冲击出现时，应考虑冲击荷载的作用结果，P_a、T_a、R_a 和 Y_y 不一定都同时出现，故作为管道破坏时过程计算，并计入这些荷载的滞后影响，予以适当降低。

6.2.4 附录B中作用效应组合及其作用分项系数是参考美国机械工程师协会(ASME)锅炉和压力容器规范第Ⅲ卷第二篇混凝土安全壳(ACI 359-86CC-3000)，美国混凝土协会(ACI 349-85)《核安全有关的混凝土结构设计规范》以及美国《核设施安全有关钢结构的设计、制作及安装规范》和美国核管会《标准审查大纲》而制定。

6.4 基础抗震验算

6.4.1 与核电厂安全有关的建筑物应有防水要求，采取多道防水措施防护。对防水要求较高的应设置钢衬里密封和储液罐。根据"混凝土结构规范"的规定，钢筋混凝土结构在露天或室内高湿度环境的结构构件工作条件下，按三级裂缝控制等级，最大裂缝宽度容许值为 0.2mm。考虑到地震震动为瞬时作用，给予适当放宽，故规定基础底板最大裂缝宽度容许值为 0.3mm。

6.4.2 天然地基抗震承载力设计值是按现行国家标准《建筑地基基础设计规范》的地基土静承载力设计值加以调整提高的。考虑到核电厂的重要性，本条规定基当与 E_1 和 E_2 作用效应组合时乘以系数 0.75。

本规范综合了国外核电厂的设计实践，并结合我国实际情况规定基础底面接地率的容许值。在与 E_1 作用效应组合时应大于75%，在与 E_2 作用效应组合时应大于50%。此值相当于矩形底面基础的偏心距 $e=M/N$ 为基础宽度的 1/4 或 1/3。

6.4.3 基础底面接地率 β 的计算公式是按日本《原子力发电所耐震设计指针》(JEAC 4.601)中的规定采用的。

6.4.4 本规范中针对地震引起的基础倾覆和滑移采用的作用效应组合以及安全系数是按美国核管会《标准审查大纲》第3.8.5节的规定取值。

7 地下结构和地下管道

7.1 一般规定

7.1.1 本章包括核电厂非常用取水设备、冷凝的冷却水取放水设备的有关建筑物,其中有:取水口(取水闸或油进水塔)、放水口、输水配水系统(隧道或管道)、泵房等。

7.1.2 地下结构的抗震要求根据下列特点:

（1）具有比较高的重要性,关系到核电厂的安全运行和防止、减轻事故的能力。要求在遭遇强烈的地震作用时和地震后也保持其正常的供水机能,所以,需采用比较高的抗震设防标准。

（2）根据地下结构在地震时的变形特性,其抗震设计方法和地面上的工程结构不同,其周围地基的地震变形是抗震设计中考虑的重要因素。此外,地下埋设工程结构遭受地震破坏后产生震害的部分不易发现,维修比较困难,费时,故要求有比较高的强度和适应变形的能力。

（3）地下隧道和地下管道等能长大的工程结构,整个厂区的地形、地质条件对其抗震性能有直接或间接的影响。

7.1.3 裂缝控制计算应按"混凝土结构设计规范"的有关规定,作用效应组合、作用分项系数取 1.0。尚应符合《水工钢筋混凝土结构设计规范》有关抗裂度的规定,该规范中的 1 级和 2 级建筑物相应于本规范 I 类和 II 类物项。

7.2 地下结构抗震计算

7.2.1 地下结构的特点是截面较大,壁的厚度相对较小,由地震作用产生的截面内的变形占有重要地位。

7.2.2 地下结构地震反应计算方法,目前正在发展之中。本节所建议的几种计算方法的特点如下:

（1）反应位移法,采用等效静力计算方法。这是因为对地下埋设结构来说,地震波的传播在结构内产生的影响远大于惯性力的影响。

（2）多点输入弹性支承动力计算法,结构本身化为一系列梁单元来模拟,结构和设备、计算模型与以上类似,但采用动力计算方法。结构和设备的重量、动水压力等均以集中质量代替,这种模型反映了半埋设结构的一些特点,是介于等效静力计算和动力计算之间的一种计算方法。

（3）平面有限元整体计算的特性(弹簧常数和阻尼随动变)的幅度而变化)可以考虑地基土的不均匀性以及土的非线性特征。但应选择注意适当的能量透射边界的计算模型。这种方法计算工作量相对较大。

7.2.3 地基弹簧常数的选择对地下结构计算结果的可靠性影响很大。故应选择恰当的方法确定。平面有限元结构孔口周边沿弹簧的作用近似方法,其计算简图参见图 7-1,在结构孔口周边沿一种行的方向施加均布作用 q,计算各点的相应位移 u,得到各点的地基抗力系数 $K_s=q/u$,再换算为集中的弹簧常数。计算中采用的地基土的弹性模量应和地震波的应变幅度大小相适应。

7.3 地下管道抗震计算

7.3.1 本节主要适用于浅地下管道的抗震计算,管道截面具有足够大的刚度,可以将管道看作弹性地基梁进行计算。如果埋设深大,管道截面柔性较大,地震波引起地震波沿不能忽略,宜采用前节方法进行补充分析。

7.3.2 对延伸很长的地下直管来说,地震产生的轴向应变主要变形。计算公式(7.3.2)假设管道与其沿线传播的地震波发生相同变形,不计管与地基间的相互作用影响,给出轴向应变的上限值。

实测的视速 C 远大于地下结构旁土介质中的波速,有的达到 2000m/s 以上。对于如此高的视波速,地震波将不再能假设为定型波。保守但合理的视波速的设计值为 600～900m/s,当基岩深度小于一个波长(一般为 60～120m)时,选择的视波速不宜小于 600m/s,否则计算出的土应变格大于保守。如基岩深度小于一个波长,则 C 值宜取为现场实测的瑞利波速。

7.3.3 在某些情况下,例如,浅埋管道或是管道与土之间的摩擦系数较小时,管道与周围土可以发生相对滑移,使管面所受的最大轴向力将较式(7.3.2)的计算值为小。

地震波长 $\lambda = 4H$ 或 $\lambda = V_s T$,其中 V_s 为土层的剪切波速,T 为地震波主周期,H 为覆盖土层深度。

7.3.4 管道弯曲部分的最大弯曲应变与管直管部分接近,也可近似按式(7.3.4)估计。

7.3.5 对不同类型的地震波而言,产生最大轴向应变和最大弯曲应变的入射方向是不同的。本节计算公式所给出的最大轴向应变和最大弯曲应变都是偏于安全的估计。如果管的强度满足要求,则可不必作进一步的计算。如果管的强度不能满足要求,参照本章 7.3.7 采用更为精确的方法核算管应力。

地震波的传播在地下直管中也可能产生剪应变,但其值很小,一般可略去不计。

7.3.6 地下管道穿过不同性质的土层时,或是沿线地形、地质条件发生剧烈的变化时,其振动情况比较复杂,并产生局部应力,故宜进行专门的振动计算。

地下结构地震反应的大小主要取决于结构所在位置地震变形的幅值。规范中建议的几种输入地震动的计算模型,可以区别情况采用一维计算模型。分段一维计算简单,计算简单,精度较低,适用于管道沿线地形、地质条件变化比较平缓的地区。平面有限元计算模型,可以考虑比较复杂的地形、地质变化的情况,但计算工作量相对比较大。集中质点模型(对沿管轴线方向的地震动和管的横向振动采

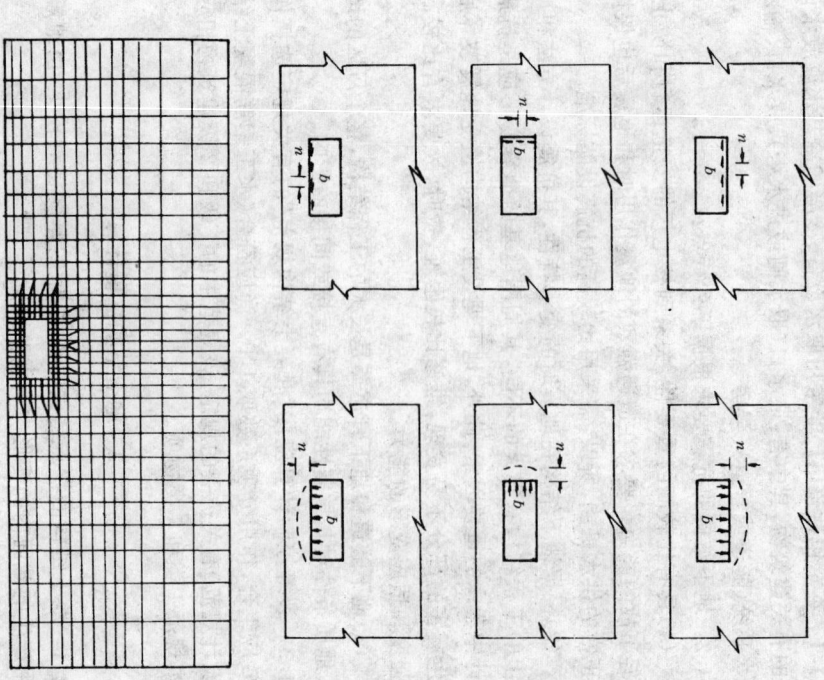

图 7-1 地基弹簧常数的计算模型

地基产生最大地震动的波一般是由多种波型所组成,其视波速与传播途径中下卧的波速较高的土层的特性有关。近震地震波中剪切波对振动幅值起控制作用。远震地震波中端利波将起重要作用。虽然远震、近震的具体距离没有严格的区分标准,但可根据地下结构场地的实际情况选择地震波的类型。

用不同的弹性常数分别进行计算）也适合于近似考虑地形、地质条件沿线变化对地震动的影响，计算相对简单，但具有必要的精度，同时还可推广应用于考虑复杂三维地形、地质条件的影响。

各种计算模型的简图见图7-2。

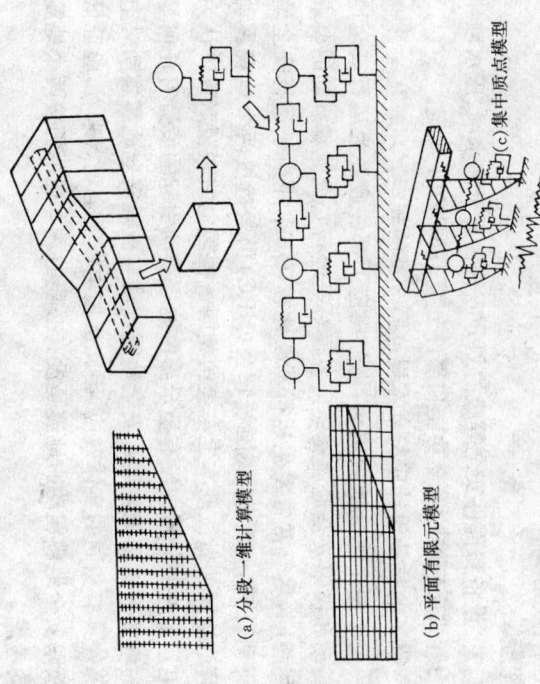

图7-2 地震动计算模型

7.3.8 在地下管道与地下工程结构的连接处或管道的转折处，由于管道与周围土之间或管道本身两端点间的相对运动，在管道中所产生的附加作用力可采用近似的方法进行计算。首先，对结构物和地基相互作用体系进行地震反应计算，求出结构与地基轴线方向的相对运动最大幅度，分别以 u_x 和 u_y 代表平行和垂直于管轴线方向的相对运动分量，然后再按弹性地基梁的模型计算由 u_x 和 u_y 引起的管道应力。

7.3.9 由于管道接头的柔性，在地下直管中由于地震作用产生的最大轴力将较式（7.3.2）和式（7.3.3）的计算值为小，但其减小幅度难以准确估计，如作计算，取值宜偏于安全。式（7.3.9-1）和式（7.3.9-2）给出柔性接头相对位移量的上限值。

7.4 抗震验算和构造措施

7.4.3 本条给出了不利环境条件下减轻地下结构地震作用效应的构造措施。如果这些措施无法实现，而地下结构又不可避免地必须通过滑坡、地裂和地质条件剧烈变化的地区，则应通过计算地下结构的变形，并进行专门的设计来改善地下管线较强的地应变形的由富有柔性的材料制造的地下管较强的地应变形的能力。

8 设备和部件

8.1 一般规定

8.1.1 本章适用于除管道和电缆托架系统以外的机械、电气设备和部件,包括核蒸气供应系统部件、堆内构件、控制棒及其执行机构、贮液容器及其他容器、泵、阀门、电动机、风机、支承件和电缆支架等。

8.1.2 设备和部件安全等级的划分应符合 HAF0201 规定。设备和部件的安全功能和部件分级应符合本规范第 3 章的规定。压水式反应堆的安全功能和部件分级应符合 HAF0201 规定。设备的抗震反应谱设计应符合本规范第 3 章的规定。

关于两个水准地震震动,核电站联盟 KWU 认为计算。法国的做法基本上与美国相同。德国电站联盟 KWU 认为核电厂部件的分析中没有显示出由出现运行安全地震动引起的疲劳的任何显著的增加,这意味着运行安全地震动与极限安全地震动对电厂部件具有相同的实体效应。因此从核电厂安全观点来看,验证低于极限安全地震动的地震是否有必要的。本规范仍按两个地震震动考虑。

地震作用的周期性可能对设备的疲劳性可能会有影响。美国核管会 NRC 的标准审查大纲 SRP 规定在核电厂寿期内至少应假定遭遇一次极限安全地震动和五次运行安全地震动。每次地震动的周波数应该从用于系统分析的合成过程中(最短持续时间为 10s)获得或者可以假定每一个地震动至少有 10 个最大应力周波。法国规定相当于极限安全地震震动的一半的地震震动发生20 次,每次有 20 个最大反应循环。如上文所述,原西德认为地震激励引起的荷载循环不会带来疲劳危险,因西有必要确定地震循环次数,也就不必进行疲劳分析。本规范采用美国标准审查大纲 SRP 的规定,地震疲劳分析结合分析进行。

设备设计地震后保持其功能的规定,对于支承节点的要求均可参考《核电厂的地震分析及试验》HAF0102 导则。根据国外核电厂尤其是美国的经验,规范强调了设备锚固的重要性。

本章规定中涉及的能动部件系指依靠触发、机械运动或动力源等外部输入而动作,因而能主动影响系统的工作过程的部件,如泵、风机、继电器和晶体管等。

8.2 地震作用

8.2.1 这一节叙述如何用合理的方法产生设备所经受的地震作用。在用分析法或试验或者相结合的方法来设计时所用的输入地震可以用反应谱、时间过程和功率密度函数三者之一来描述,在本规范中仅推荐采用前面两种。

对于直接支承在地面上的设备可以使用设计反应谱或时间过程输入,支承于结构上的设备则应采用楼层反应谱或楼层时间过程曲线,安装在支承结构上的设备由于设备基础和设备之间介入支承结构,它的动力反应可以比最大地面加速度放大或减弱,这取决于支承结构设备的阻尼比和固有频率。

8.2.2 楼层反应谱是设备抗震计算的基础,它反映了安装设备的建筑物的动力特性,包括建筑物的放大和过滤作用。典型的建筑物各层的楼层反应谱是宽带反应谱,具有明显的共振峰值和零周期加速度(ZPA)。关于楼层反应谱的制定由第 3 章叙述。

规范提出了在使用频率落在峰值范围内的一些建议,为了不致过份保守,当系统或部件有两个或两个以上的频率在峰值范围内时,为了不致过份保守,应对楼层反应谱进行修正。这种修正的主导思想是地震只能使支承结构激励起一个共振峰值。这种修正美国规范已广泛用于设计中,并纳入美国机械工程师协会ASME规范的附录中。在设备主轴与反应谱方向不一致的情形下,可以进行修正。规范规定的方法是坐标变换,因此没有必要列出公式。

8.2.3 规范在使用设计楼层时间历程时,由于考虑承结构基本频率的不确定性,规定了用三种不同时间尺度进行修正,这种方法同样在美国和法国的设计中得到应用。

8.3 作用效应组合和设计限值

8.3.1 总的原则是:与核安全有关的设备,尤其是流体系统的部件(即包含水或蒸气的部件)的设计条件和功能要求,应在这些部件在役时能承受的最不利作用效应的适当组合所采用的设计限值上得到反映。本规范在规定作用效应组合中考虑规定的运行安全地震动和事件所引起的瞬态过程和用核电厂的运行工况,包括正常工况、异常工况、紧急工况和事故工况四类。但对设备而言,考虑各类使用荷载,即A,B,C,D四级使用荷载与它相对应。这种分法已包括设计和试验工况。本规范所采用的作用效应组合是指与上述运行安全地震动和极限安全地震动引起的地震作用效应的组合。编写的主要依据是美国核管会NRC RG1.48和美国机械工程师协会ASME规范第Ⅲ篇,并且参考了压水堆核电站系统设计和建造规则RCC-P和德国核技术委员会KTA规范2201.4。

8.3.2 本规范定义两类效应组合:运行安全地震效应组合与A级或B级荷载效应组合以及极限安全地震动引起的地震作用效应与D级荷载效应组合。抗震Ⅰ类设备只要求承受第一种效应组合。各类效应组合的作用效应按最不利的情形组合,即按绝对值相加,而地震动引起的作用效应与失水事故LOCA效应极限安全地震引起到失水事故效应LOCA或者LOCA的组合。考虑到地震引起的失水事故荷载效应LOCA同时发生的概率极低,因此用平方和的平方根法(SRSS)进行组合。同时,运行安全地震动引起的地震作用效应还应与设计荷载效应相组合。

8.3.3 设计应力强度和容许应力的规定参见美国机械工程师协会ASME规范第Ⅲ篇。

主要部件抗震设计应满足的设计限值基本上采用美国机械工程师协会ASME规范第Ⅲ篇的准则,并符合RG1.48的要求。需要指出的是,由于我们目前尚未制定核动力装置的压力容器规范,因此在规范中对部件的分级(规范级别),如安全一级、二级和三级部件,是与国外核电站部件的分级相对应。ASME规范和法国RCC-M规范的级别相当。本规范条文列出了主要应力极限的一些具体规定,使用时建议参考美国机械工程师协会ASME规范第Ⅲ篇。同时在机械设备和部件的设计中,美国机械工程师协会ASME规范已得到各国的普遍使用,并已在国内核电站设计中通用的国际上惯用国际习惯用的符号与ASME规范所使用的符号相符,无法与本规范用美国机械工程师协会ASME规范所使用的符号,均采用美国机械工程师协会ASME规范的符号,与本规范的其它章节相统一。

除另有说明外,在部件、设备抗震计算中均采用弹性分析法。安全一级部件的应力评定采用第三强度理论,应力强度是合应力的当量强度,即定义为最大剪应力的两倍。换句话说,应力强度是在给定点上代数最大主应力与代数最小主应力之差,并对安全一级部件应按分析法进行设计,有关的概念和应力进行分类。安全一级部件应按分析法进行设计,有关的概念和推导参见美国机械工程师协会ASME规范第Ⅲ篇NB章。表8-1

列出了本规范和美国规范、法国规范关于安全一级部件的荷载组合和应力限值的比较。安全二、三级部件可参见美国机械工程师协会 ASME Ⅲ的 NC、ND 章。

安全一级部件的荷载组合和应力限值　表 8-1

工况	作用效应组合	美国机械工程师协会(ASME)	法国压水堆核岛机械设备设计和建造规则(RCC-M)	本规范
设计	设计压力和温度、自重、接管荷载	设计使用限制	O 级使用限制	相当 O 级使用限制
正常	A 级使用瞬态、自重、接管荷载	A 级使用限制	B 级使用限制	
异常	B 级使用瞬态、自重、接管荷载、运行安全地震动	B 级使用限制	B 级使用限制	相当于 B 级使用限制
紧急	C 级使用瞬态、自重、接管荷载	C 级使用限制	C 级使用限制	
事故	D 级使用瞬态、自重、接管荷载、安全极限地震动、管道破裂荷载	D 级使用限制	D 级使用限制	相当于 D 级使用限制

注：① RCC-M 将设计工况定为 1 类工况，包括 $\frac{1}{2}$ SSE（相当于运行安全地震动）；
② 使用限制是容许应力的准则，如 A 级准则 $P_M \leq S_M, P_M + P_b \leq 1.5 S_M$，B 级准则分别为 $1.1 S_M$ 及 $1.65 S_M$ 等等。

列出了本规范和美国规范、法国规范关于安全一级部件的运行性通常指地震时和地震后的可运行性，因此对于能动的安全一级泵和阀门为了保证其可运行性必须对应力作严格的限制，在运行安全地震动时满足 B 级使用限制，而在极限安全地震动（即 D 级使用载荷）时，不能采用 D 级使用限制规定的应力限值，因为 D 级使用限值可以容许部件产生显著的整体变形，其结果会使尺寸失稳定性并有需修理的损坏，从而使该设备停止使用（见表 8-2）。因此对于极限安全地震动也必须满足 B 级使用限制，使其承压部分不致产生过大的变形。但是对于非承压部分如轴、叶轮、阀瓣、外伸部分等应按照设计规格书书进行验算其变形，或经过抗震鉴定试验最终验证其可运行性。

安全二级和三级泵的应力限值　表 8-2

荷载组合	应力	美国机械工程师协会 ASME Ⅲ NC		美国核管会安全导则 RG1.48		西屋公司		法马通公司		本规范	
		能动	非能动	能动	非能动	能动	非能动	能动	非能动	能动	非能动
B 级使用荷载	σ_M	1.10S		1.0S	1.1S	1.0S	1.1S	1.10S	1.10S	1.10S	1.10S
	$\sigma_M + \sigma_b$	1.65S		1.5S	1.65S	1.5S	1.65S	1.65S	1.65S	1.65S	1.65S
D 级使用荷载	σ_M	2.0S		2.0S	1.20S	1.2S	2.0S	1.10S	2.0S	1.10S	2.0S
	$\sigma_M + \sigma_b$	2.4S		1.5S	1.80S	1.8S	2.4S	1.65S	2.4S	1.65S	2.4S

注：① 美国机械工程师协会 ASME 第 Ⅲ篇 NC 章及 ND 章系 1977 年版，用于泵设计试验收的这些要求不意味着保证泵的可运行性；
② 美国核管会安全导则 RG1.48 见 1973 年 5 月颁布的；
③ 西屋公司 SHNPP 核电站的最终安全分析报告 FSAR；
④ 法马通采用的应力准则见广东核岛初步安全分析报告 PSAR，相应于各级准则 RCC-M。

在规范附录 F 和表 F.2.4 关于安全二级和三级泵和阀门的应力极限中，对于能动的泵和阀门，在美国核管管会安全导则 RG1.48，美国机械工程师协会 ASME 和压水堆核岛机械设备设计和建造规则 RCC-M 中对应力限值的采用分歧较大。RG1.48 规定能动部件除了完整性之外还必须保证其可运行性，系

定,对能动泵和类似的泵和阀门无论在运行安全地震动或极限安全地震动中均采用类似于美国机械工程师协会ASME Ⅲ篇中A级使用限制的限值。美国西屋公司对于运行安全地震动引起的荷载采用A级使用的限值,而极限安全地震动引起的荷载采用相当于C级使用的限值。法马通均采用相当于B级使用的限值。经过比较,本规范采用法国的做法,我们认为美国核管会安全导则RG1.48是1973年的版本,无论对于能动泵、阀门还是非能动泵和阀门的要求都是偏高的。

关于支承件和螺栓紧固件的应力限值参见安全导则RG1.104。

对于起重运输设备的抗震要求,参见ASME规范第Ⅲ篇。

8.4 地震作用效应计算

设备的地震反应计算方法和一般原则已在第3章规定,本章仅就有关问题作适当补充。

8.4.1 等效静力法

等效静力法计算十分简便,它是一种近似的计算方法,适用于简单的或不重要的部件以及初步设计中。由于实际地震是复杂的,多频率的,而且设备的固有频率往往不止一个,它的反应也是多频率的,因此采用反应谱加速度峰值的基础上乘以大于1的系数。美国核管会NRC标准审查大纲SRP中有详细的规定,法国的做法与美国相同,这个系数一般取1.5,只有指出的是,这种方法与日自由度系统,系数才容许取1.0。值得指出的是,这种方法与日本的静力系数法在系数的选取上有很大不同。此外规范还对静力法的使用场合作了限制。

8.4.2 反应谱法

反应谱法在第3章中有规定,本条对其具有不同输入运动的多支点设备和部件的反应谱作了补充规定。可参见美国机械工程师协会ASME Ⅲ的附录和标准审查大纲SRP。

8.4.5 液体的动力效应

核电厂中贮液容器的应用是很多的,如换料水箱、冷凝水箱、含硼的冷却剂贮槽以及乏燃料贮存水池等。在地震作用下贮液的动力效应已经得到广泛的研究。Housner的刚性壁理论比较简单,所以应用得很多,许多学者对槽壁挠曲性对贮槽抗震的影响作了许多研究,结果表明,对于薄壁贮槽来说,Housner理论过低估计了动液作用,是不安全的。因此对于薄壁贮槽,可用柔性壁理论来计算,可考虑贮槽壁本身变形的影响。

Housner理论假设液体是不可压缩的理想液体,并且只考虑水平地震的影响。当一平底的盛有液体的圆柱形(或矩形)贮槽受一水平加速度激动时,液体中的一部分重量为W_0的,与贮槽刚性接触,贮槽呈刚体动,其底和侧壁呈与W_0的液体与槽壁挠曲性相关连。与部分液体产生的水平惯性力正比于贮槽底板的加速度,这个力作用在液体的水平移动的最大振幅A,决定了水面的最大竖向位移(即晃动高度)和施加于槽壁和底板上的压力,这种压力的合力对称于贮槽的振荡。它将引起液体的晃动,值得指出的是贮槽中液体的晃动是一种长周期的运动。可用正弦波作为输入运动。

对于薄壁贮液容器,应校核压应力,防止贮液容器下部壳体板的失稳,其临界压应力的计算可参考钢制压力容器规范的编制说明。

9 工艺管道

9.1 一般规定

本章所述内容适用于空架工艺管道的抗震设计。

本章叙述核电厂管道设计的一般规定、作用效应组合、设计限值、地震反应分析及强度分析。有关重要性分类、地震反应分析的一般方法和准则按本规范第3章执行。

核电厂管道抗震设计的基本步骤见图9-1流程图。

核电厂管道应能经受两个水平和竖向地震动,即运行安全地震动和极限安全地震动。

核电厂管道按其重要性进行适当的分类,除抗震分类以外,还应按放射性的多少、执行安全功能的重要程度以及损坏后经济和人身、环境的影响,分成核安全一级、二级、三级和四级。由于目前国内尚未制订核电厂管道设计规范,在本规范内管道级别是与美国 ASME 规范第Ⅲ篇的规定相适应。

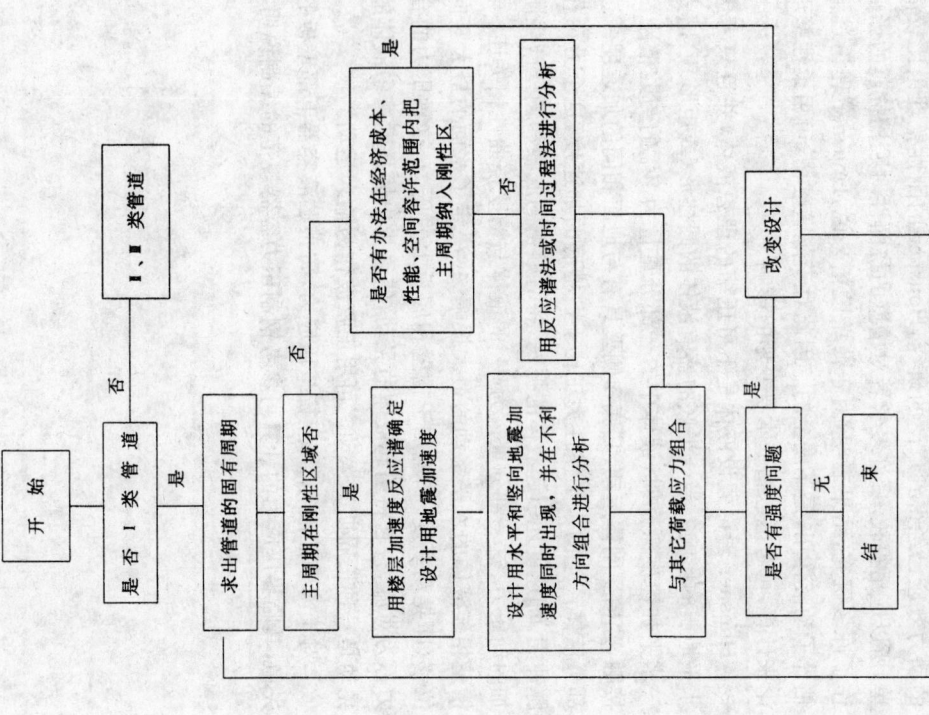

图9-1 管道抗震设计流程图(一)

9.2 作用效应组合和设计限值

9.2.1 作用效应组合

作用效应组合的要求与美国核管会 RG1.48 导则及 ASME 规范Ⅲ篇的要求一致。

9.2.2 主要管道的容许应力

规范给出了管道材料基本容许应力的确定原则,这些原则与 ASME 规范第Ⅲ篇附录的规定一致。

9.2.3 安全一级管道的计算与美国机械工程师协会 ASME 规范第Ⅲ篇一致,可参考该规范1986年版。

9.2.4 安全二、三级管道的计算与美国机械工程师协会 ASME 规范第Ⅲ篇一致,可参考该规范 1986 年版。

9.3 地震作用效应计算

9.3.1 地震作用效应计算方法,是对第 3 章的补充。

9.3.3 等效静力法

规范是根据"标准审查大纲"的规定编制的,保证计算结果偏于安全,系数 1.5 是考虑管道的多频地震效应确定的。

9.3.4 设计阻尼比值

本条是根据美国机械工程师协会 ASME 委员会针对美国机械工程师协会的锅炉和压力容器规范的条例 N411 编写的。这是美国机械工程师协会 ASME 规范第Ⅲ篇第一分册的一级、二级和三级管道建议的。

图 9-2 给出的阻尼比可同时适用于运行安全地震震动和极限安全地震震动,而且与管道的直径无关。

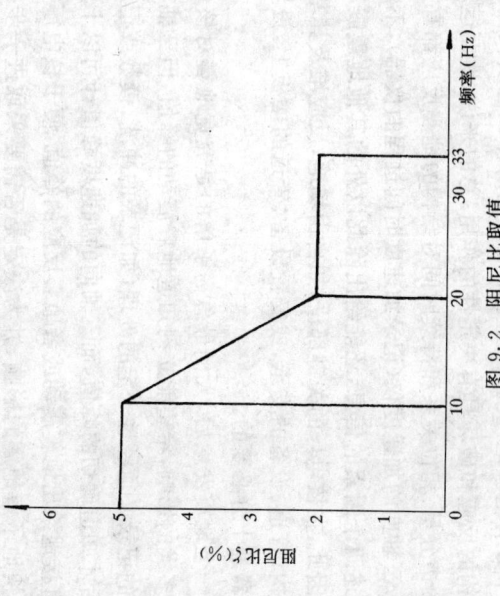

图 9.2 阻尼比取值

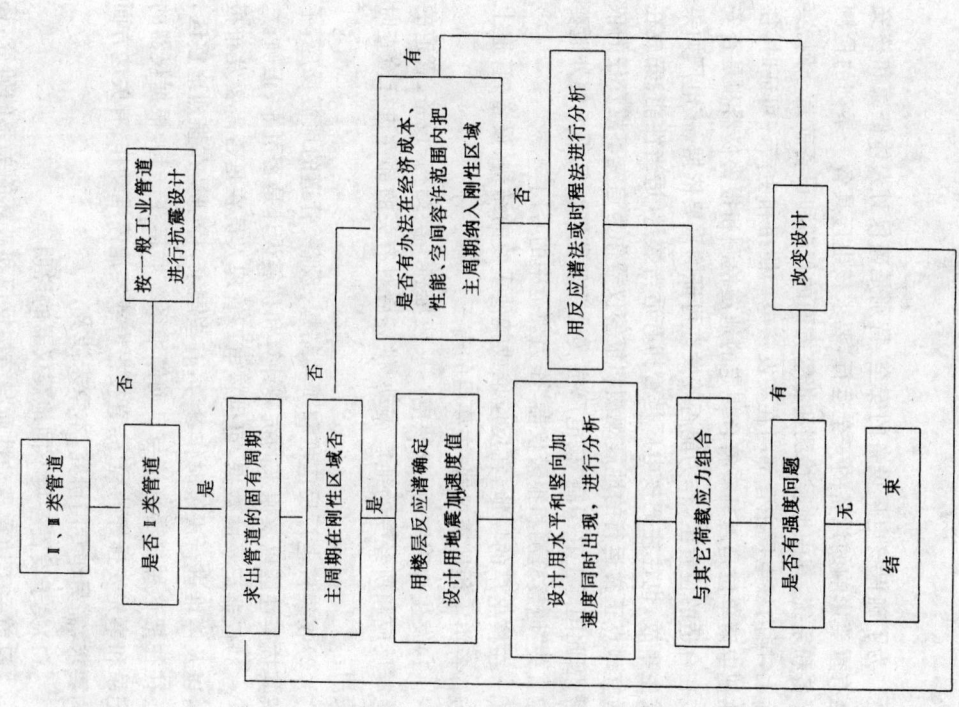

图 9-1 管道抗震设计流程图(二)

10 地震检测与报警

为了确保核电厂设备的安全，特别是确保对人体健康和核安全有重要影响的设备的安全运行，要求核电厂具备一系列的检测和系统，其中地震检测和报警方面的仪器和设备就是一例。实际上，国内申请单位是否具有符合规定的地震检测和报警仪器和是否安装在合适的位置上，作为核电厂签发营运许可证的重要依据，也在核电厂主管部门在签发营运许可证时所必须严格追究责任的依据。因此国际上在编制"核电厂抗震设计规范"时，几乎无例外地要把有关"地震检测和报警仪器"作为反应堆或规范中的专门一章。

在核电厂的场地、在反应堆或其他重要的结构、设备、管道上布置各类工程地震仪器，主要目的有三：

1) 发生地震时，记录核电厂反应堆和I类结构、设备、管道的地震反应和所经受的地震动，供震后对有关的部件进行检查时使用；

2) 收集核电厂反应堆和I类结构、设备、管道的地震反应数据，以及原来的抗震设计和抗震计算是否可靠、正确，了解其抗震性能以及原来的抗震设计是否需要发布报警以及停堆进行决策时作参考；有些国家，特别是在强烈地震区，还往往把这种仪器直接与自动停堆系统联接在一起，根据仪器的记录和事先安排好的程序，直接报警或实施停堆动作。有关这方面的要求，需另作专门研究，本章未涉及。

(1) 关于设置各类不同地震仪器的说明

目前关于地震动性质与结构反应和破坏的关系的研究，还不能十分有把握地说明，究竟是地震震动的什么性质和什么参数对结构的反应和破坏具有决定性的作用。总的来说，地面运动的峰值、频谱分量、相位关系和持续时间对结构的地震反应都有重要的影响。三轴向的加速度仪（记录加速度时间过程的仪器），不但能给出上述四个因素的信息，还能给出除此以外的其他地震震动的信息。因此，在核电厂的关键部位，如自由场地、反应堆及其基础、I类结构、管道、设备的支承，或安装设备、管道的楼板上，设置这样的仪器是十分必要的。

一个地震发生后，人们最急需了解的是究竟地震对核电厂有多大的影响，希望能立刻知道地震震动的峰值，但三轴向加速度仪的记录必须经过一定的处理（如记录的冲洗、读数或记录可以十分迅速地、直接地给出地震震动或者加速度反应谱的峰值，便于核电厂管理人员最快地了解地震的影响，并为决定是否需要采取进一步措施提供第一手资料。除此以外，一个关键部位的三轴向加速度仪设置的地震反应不尽一致，有时还会找不着适合的三轴向加速度仪设置的位置，这时价格昂贵、有时还会找不着适合的三轴向加速度仪满足要求，因为三轴向加速度仪的要求，主要也是用当补充三轴向加速度峰值计便于核电厂抗震设计时输入地震震动主要也是用价格上、设置的要求不都着峰值计便于核电厂抗震设计时输入地震震动主要也是用反应仪。

此外，目前用于核电厂抗震设计的反应谱、主要也是自由场地基础和楼板上放置三轴向反应谱计，以直接给出这些地点上的反应谱值、基础和楼板上放置三轴向相应地震反应谱，用来判断放置在楼板上的设备、直接给出相应地震反应谱的楼层反应谱，用来判断放置在楼板上的设备、管道的地震反应和安全。鉴于我国目前尚无反应谱计的定型产品，规范中未作明文要求，但当前有条件时应鼓励厂家设置此种仪器。

地震开关的作用是为了在地震发生后将厂内各关键部位上的地震仪器的记录结果，按事先规定的阈值，采用声、像或数字显示方法，传送到控制室，使管理人员能及时了解地震发生后的影响。

响,迅速作出处理决策。

上面提到的几种仪器,有的国内已有生产,有的正进行研制,从国内目前技术水平来说,是具备研制和生产这类地震仪器的能力的,本规范设置仪器的要求是完全是可以实现的。

(2)关于仪器设置位置和数量的规定

本章第10.1节对仪器设置位置和数量以表10.1.1的形式作出了具体规定。

上述规定,都是为了达到下述目的:根据观测到的核电厂址的输入地震震动以及各关键部位(反应堆、其它Ⅰ类结构、设备、管道)的地震反应谱和数据来判别:

1)记录的地震震动和反应谱有没有超过用于设计的输入地震震动和反应谱;

2)记录到的各关键部位的地震反应有没有超过设计确定的容许地震反应值。

3)用于计算反应堆、结构、设备、管道的地震反应分析计算模型的正确性以及可应用的程度。

4)决定是否发出报警信息。

用实际记录到的地震数据进行上述四种判别,对核电厂的安全是十分重要的。输入地震震动数据是核电厂抗震设计的依据,也是判别整个核电厂超过设计抗震设计规范限值的基本数据。一旦记录的数据超过设计规范限值,不管其他情况怎样,必须对核电厂的重要部分进行震后检查和对有关的设计进行重新审查。同样当发现要反应堆、其它Ⅰ类结构、设备和管道的地震反应超过许可的值时也应采取类似必要的措施。即使当记录到的输入地震震动的记录值和部位的设计的地震反应值都未达到设计规范值,但从仪器记录中发现用于设计的计算模型与实际情况有较大的出入时,也必须采取同样的震后检查,并应对设计作全面的审查。

此外,本规定并不排斥核电厂设计人员根据具体条件,在满足总的目的前提下,在规定的最低要求以外,再补充必要的仪器设置

点和相应的仪器数量,也鼓励他们使用能满足仪器基本要求的更先进可靠的地震仪器。

(3)关于用核电厂运行下安全地震动的加速度峰值设置分类规定的说明

本规定中,还强调要按核电厂运行下安全地震动的加速度峰值来决定设置仪器的数量和地点,这是不难理解的。因为这个值越大,核电厂在地震作用下的不安全性越高,需要检测的部位和数据也就越多。美国国家标准局曾规定核电厂的地震仪器设置和数量根据0.4g以上未具体规定地震加速度峰值按三级分类,即0.2g以下、0.2~0.4g、0.4g以上未具体规定地震加速度峰值按三级分类,即0.2g以下、0.2~0.4g、曾参照此规定,并按中国核电厂的设计规程中,是按设计停堆地震加速度峰值分二级设置,即分0.3g以下和0.3g以上(包括0.3g)两级来规定仪器的设置位置和数量。在讨论本章之过相似的地方。本章也覆盖了这两种规定的区别,认为美国原子能委员会的规定虽然基本上也覆盖了0.2g以下、0.2~0.4g和0.4g以上的三个范围,但由于只分两级,比起美国两者的优点,即一方面按美国原子能委员会根据停堆地震备了这两者的优点,即一方面按美国原子能委员会根据停堆地震设计地震加速度峰值分成0.3g以上(含0.3g)两级来给出仪器设置位置和数量的规定,同时又在0.3g以上的规定中增加了若干仪器设置点和仪器的种类,使其总体水平不低于按美国国家标准局对停堆地震加速度峰值在0.2~0.4g时作出的规定。

附录 G 验证试验

G.0.1 核电厂设备的抗震具有以下特点：

(1) 遭受震害会造成严重次生灾害，其抗震安全性极为重要；

(2) 结构复杂，并常具有严重的非线性特性；

(3) 受到安装部位的楼层动力反应影响，有些设备安装在不同高程的支承点，需要考虑多点输入激励的影响；

(4) 主要须检验其在地震作用下的正常动作功能，而非确定一般的动态反应参数。

因此，所以往往难以通过计算分析来检验其在地震时的功能和完好性，对于 I、II 类设备及部件都需要通过合理可信地试验或模型对原件进行抗震验证试验并证明合格后，才能被核准在实际工程中应用。

G.0.6

(1) 动态特性探查试验

各国现行规范中，对测定设备自振特性的动态特性探查试验都采用正弦扫频，其扫频范围、扫描速率、最大加速度幅值都不完全统一（见表G-1）。大体上说，采用（1～35～1）Hz的扫频范围、1倍频程/分的扫描速率和 0.2g 的最大加速度幅值的居多数。

本规范建议的方法是：从 X、Y、Z 三个主轴方向分别以几给定的不同幅值白噪声进行测振，通过对典型部位的反应分析给出设备重心处的反应不足以给定的楼层反应谱值，这个矛盾正是法共振曲线的初步扫频试验相比，规范采用的方法有以下优点：

1) 试验工作量大为减小，并且提高了精度；

2) 避免多次振动对试件特性的影响；

3) 可以更精确地了解非线性影响；

4) 不仅可以分别测定试件沿 X、Y、Z 主轴方向的扭转、摇摆等振动特性，而且可以比较方便地测定可能存在的扭转、摇摆等振动特性。

表 G-1 各国动态特性探查试验要求

国 家	规 程	扫频 (Hz)	扫描速率	最大加速度 (g)
智 利	电器事务所 ENDESA	1.5～20		0.2
法 国	MG 公司	1～30	1倍频程/分	0.2
法 国	电工技术协会 UTEC-20-40	1～35～1	1倍频程/分	0.2
美 国	美国电子和电器工程研究所 IEEE-344	0～33	≤1倍频程/分	
国际电工协会 IEC	IEC-50A	1～35～1	1倍频程/分	0.2峰值处 0.1
日 本	原子力发电所耐震设计技术指针 JEAG5003	0.5～10		

(2) 功能验证试验

核电站抗震功能验证试验中的主要问题是如何合理地加载，这也关系到所采用的试验方法和步骤。已有的验证试验规程虽然都指出，地震时核电厂设备受到竖向和两个相互垂直水平方向的地震动激励，其波形应当是包含多种频率分量的不规则波。但实际上，所有规范都把验证试验建立在单向、单频共振规则波的激励上的，并使设备重心处的反应不小于给定的反应谱层反应谱值，这个矛盾正是当前核电厂设备抗震验证试验中间题的关键所在。本规范根据我国核电厂为数不多而又十分重要，以及已经建立了多台大型模拟地震振动台的具体情况，要求对核电厂重要设备的抗震验证试验中，摆脱传统的单频共振规则波试验的限制，采用更为合理的方法是：同时输入实际的楼层反应加速度反应时间过程的方法。

求出设备的各阶主要的自振频率,并分别以这些频率选取合适的共振规则波,再分别进行功能验证。这里的问题是:

1) 对核电厂的有些设备,可能很难测出其自振频率,或者其自振频率相当密集。实际上,只有当设备的各阶自振频率相隔至少1/4 倍频程时,才可略去其各阶反应间的耦合影响;

2) 通常都采用扫频方法测定共振曲线,由其峰值确定设备自振频率,但按扫频方法测定共振方法具有相当严重的非线性,使其自振频率并非固定值,随加载强度和次数而变化。

3) 当设备自振频率不代表部件组装在一起时,例如电气控制柜等,柜体的共振频率不代表部件的共振,而部件的共振在很难测定,而且一些部件的动作功能主要取决于某些弹簧和接触点的振动,这些部位的共振频率都是很难在未通电的状况下被发现和测知。

4) 在自振频率不能被测出的情况下,拟合给定的反应谱,现行各类规程常要求以1/3 倍频程的间隔,逐个进行激励以检验其特性变化。

(2) 拟合楼层反应谱时需要知道试件的阻尼值,而阻尼一般不是在各个频率都具有相同阻尼值的,因此直接从反应谱反求不出的,为了计入建筑物自振频率的不确定性影响,可以在离散反应谱反应时程曲线时,采用 $(1\pm0.1)\Delta$ 三种不同时段,而反应谱幅值都对应于 Δ 的。选用其中最不利的一个。

(3) 因为要通过试验反应谱是否大于要求反应谱(RRS)来检验反应谱(TRS)是否大于要求反应谱的。而反应谱是对单自由度体系而言的,因此,对于实际的反应谱,首先要确定以其那一点的反应为准。目前一般都选试件重心处的反应,问题在于实际设备并非单自由度体系,因此,应当以 $\eta_{\Phi_j}=0.1$ 处的反应为准(Φ_j, η_j 分别为 j 阶振型及其离散型参与系数,但目前求 η 还涉及质量分布问题,对于复杂的设备,实际上较难实现,或者要借助于模态识

(3) 关于振动方向

在目前普遍采用单向加载的情况下,为计入设备实际所经受的空间运动的影响,主要通过下列几种途径:

1) 最简单的是为计入其它方向的影响,引入一个所谓"几间因子",其值一般取 1.5;在日本电气设备抗震规程中,为计入竖向地震影响和连接方式的不确定性,引入了一个 1.1 的因子;

2) 当只考虑两个相关方向加载,并把荷载相应放大 $\sqrt{2}$ 倍,这样的方向有两种可能,需要分别加载。这样处理的问题在于:

假定水平主轴呈 45° 角的方向时,采用沿两个相互垂直的方向有两种可能,而当两个主轴相同时在一个。

显然,这并不符合实际情况,并使试验结果更偏于保守。

3) 当考虑两个相关方向时,一般建议设在沿斜面滑动的单振动台上进行试验,把设备转动 90°,180°,270° 后再分别进行试验。总共有 4 个可能的方案。由于斜面的角度实际难随意改变,因而水平和竖向方向的分量比例是固定的,而且,实际上这样难实现。此外,多次对各方案进行试验,可能影响试件性能。

因此,本规范要求:功能验证试验原则上考虑在竖向和两个相互垂直的水平方向同时施加地震荷载,这在我国目前的技术条件下并无困难。

G.0.7 荷载

现行验证试验规程都主要采用单频共振规则波激励,通过对试件反应的测定,调整输入幅度,以拟合在实际的空间运动下产生的楼层反应谱。这种处理的关键问题在于对加载波形的反应并非起涉及设备底座的输入运动,在这里却不和试件的反应联系起来了,因而卷入设备的动态特性影响,使问题复杂化,产生了以下一系列问题:

(1) 首先因为采用单频共振规则波去拟合楼层反应谱需要先

其最大反应讲，相互间有一定的换算关系，例如，采用每拍 5 周的正弦拍波和突加等幅正弦三拍波比较接近，后者稍大；若正弦拍波和连续正弦波程/分的正弦三拍波扫描反应相比，其比值如表 G-2 所示。但对于非线性体系，不同波形的影响不能简单地按最大反应换算，其结果也并不统一。

(4) 因为采用单频共振规则波拟合楼层反应谱，就有一个选什么样的规则波的问题，目前常用的波形有以下几种：

1) 正弦拍波

这是欧美各国设备抗震验证试验中采用得最多的波形。采用的理由是地震波通过楼层的余弦波叠加后其反应波是两个频率十分接近的单频率体系，每拍波动波数 n 对正弦拍波反应谱有较大影响，通常取 5～10 之间，实际应视地震持续时间而定，目前在抗震验证试验中最常用的是 $n=5$，但也并无充分根据。

2) 连续正弦波或正弦 N 波

日本电器设备抗震验证试验中采用得都是用等幅正弦三拍波作为输入波形，我国在高压电器设备抗震验证试验中也应用很广，通常都取加速度峰值为 0.3g，这是因对于阻尼比为5%的单质点体系，在考虑了基础放大系数 1.2 和计入竖直分量和连续波方式影响的系数 1.1 后，在日本以往的 549 次地震波记录时间而定，其反应都小于输入波形的作用下，其反应都小于输入波形作用下不足之处：

第一，不分地震区强度，加速度峰值都为 0.3g；

第二，不分场地具体情况，地基基础放大系数都取 1.2；

第三，不分室内外都采用正弦三波，而室内的输入波形可能更接近正弦三拍波；

第四，对于阻尼不同于 5% 的情况，缺乏论证。

3) 正弦扫描

一为使反应相对稳定，通常取扫描速率为 1 倍频程/分。

采用以上各类单频共振规则波持续时间的共同问题是：

第一，不能计入实际地震波的反应时间的影响，这对于线性性显著者是很重要的问题。

第二，各类波形的反应很不相同，虽然在线弹性的假定下，就

阻尼比 ζ (%)	反应比值
<2	0.3
2～10	0.55
>10	0.8

不同波形反应比值　　　　　表 G-2

第三，采用单频共振规则波拟合给定的楼层反应谱比较复杂，而且对同一楼层反应谱，不同设备任意分别进行拟合。有时为拟合宽带楼层反应谱，需叠加几种波形的反应，使加载更为复杂，相应的误差也更大。

综上所述，目前较普遍采用的以各类单频共振规则波进行核电厂设备抗震验证的方法有很多问题，这主要是由于受到制造水平型模拟地震振动台设备的限制。近年来，振动设备的设计和制造水平发展很快，我国已建立了不少大型地震模拟振动台，包括三向六自由度的能模拟任何给定地震波的振动台。同时，若具能给定设计楼层谱时，据此生成人工模拟地震加速度时间过程的技术也已达到能广泛实际应用的水平。这些为更合理地制订核电厂抗震验证试验的加载方法提供了条件。本规范规定优先采用规则的直接验规频分量的缺点，在技术上也是完全可行的。

G. 0. 10 试验中对每次地震动间隔时间的确定原则是：每次地震结束后，设备按 $e^{-\xi \omega t}$ 规律作衰减自由振动，待其振幅为零，即 $e^{-\xi \omega t}$

=0时，再开始下一次振动，由此可根据设备基频及阻尼比求出要求的最小间隔 t。通常可取 $t=2s$，但当其基频及阻尼比都较小时，t 可能超过 2s。

中华人民共和国行业标准

设置钢筋混凝土构造柱多层砖房
抗 震 技 术 规 程

Aseismic technical specification for
multistorey masonry building with
reinforced concrete tie column

JGJ/T 13-94

主编单位：中国建筑科学研究院
批准部门：中华人民共和国建设部
施行日期：1994年9月1日

关于发布行业标准《设置钢筋混凝土构造柱多层砖房抗震技术规程》的通知

建标[1994]265号

根据原城乡建设环境保护部(88)城标字第141号文的要求，由中国建筑科学研究院负责修订的《设置钢筋混凝土构造柱多层砖房抗震技术规程》，业经审查，现批准为推荐性行业标准，编号JGJ/T 13-94，自一九九四年九月一日起施行。部标准《多层砖房设置钢筋混凝土构造柱抗震设计与施工规程》(JGJ 13-82)同时废止。

本规程由建设部建筑工程标准技术归口单位中国建筑科学研究院负责管理和解释，由建设部标准定额研究所组织出版。

中华人民共和国建设部
一九九四年四月二十日

目 次

1 总则 …………………………………… 12—3
2 主要符号 ……………………………… 12—3
3 一般规定 ……………………………… 12—4
　3.1 基本要求 …………………………… 12—4
　3.2 抗震结构体系 ……………………… 12—5
4 地震作用和截面抗震验算 …………… 12—6
　4.1 地震作用计算 ……………………… 12—6
　4.2 抗震承载力验算 …………………… 12—6
5 构造措施 ……………………………… 12—8
　5.1 构造柱 ……………………………… 12—8
　5.2 水平配筋 …………………………… 12—10
　5.3 底层框架—抗震墙砖房 …………… 12—10
　5.4 复合夹心墙 ………………………… 12—10
6 施工技术 ……………………………… 12—11
附录 A 墙段开孔影响系数 …………… 12—13
附录 B 本规程用词说明 ……………… 12—13
附加说明 ………………………………… 12—14
条文说明 ………………………………… 12—14

1 总 则

1.0.1 为贯彻执行地震工作以预防为主的方针,使设置钢筋混凝土构造柱(以下简称构造柱)多层砖房的设计与施工做到技术先进、经济合理、安全适用,确保施工质量,以充分发挥其抗震能力,制定本规程。

1.0.2 按本规程设计的设置构造柱的多层砖房,当遭到本地区设防烈度的多遇地震影响时,一般不受损坏或不需修理仍可继续使用;当遭受本地区设防烈度的地震影响时,可能损坏,经一般修理或不需修理仍可继续使用;当遭受高于本地区设防烈度的预估罕遇地震影响时,不致倒塌或发生危及人生命的严重破坏。

1.0.3 本规程适用于抗震设防烈度为6~9度地区设置构造柱的粘土砖多层砖房和底层框架、抗震墙单一抗震墙底层框架房)的抗震设计与施工。

1.0.4 本规程系根据国家标准《建筑结构设计统一标准》GBJ 68-84规定的原则进行修订的,符号、计量单位和基本术语按照国家标准《建筑结构设计通用符号、计量单位和基本术语》GBJ 83-85的规定采用。

1.0.5 进行多层砖房抗震设计与施工时,除执行本规程外,尚应符合现行有关标准的规定。
本规程必须与现行《建筑结构荷载规范》GBJ 9-87、《建筑抗震设计规范》GBJ 11-89等相关与标准配套使用,不得与按《建筑结构设计统一标准》GBJ 68-84制订、修订的各种建筑结构设计规范及规程混用。

2 主要符号

2.0.1 材料性能

MU —— 砖强度等级;
M —— 砂浆强度等级;
f_v —— 砌体抗剪强度设计值;
f_{vE} —— 砌体抗震抗剪强度设计值;
E —— 砌体弹性模量;
E_c —— 混凝土弹性模量;
G —— 砌体剪变模量。

2.0.2 几何参数

H_i, H_j —— 分别为质点 i, j 的计算高度;
H —— 抗震墙层间计算高度;
A —— 墙体水平截面面积;
A_g —— 墙体水平截面毛面积;
A_1 —— 墙体折算水平截面面积;
A_2 —— 墙段扣除孔洞及构造柱混凝土截面积后的砖砌体水平截面净面积;
A_c —— 墙段内构造柱混凝土截面面积;
A_s —— 墙段层间竖向截面中钢筋总截面积;
B —— 抗震墙计算宽度;
d —— 钢筋直径;
s_e —— 门(窗)洞中心至墙段中心的距离;
a —— 钢筋弯折宽度;
b —— 钢筋弯折长度;
t —— 抗震墙厚度;

l_1 —— 洞间墙长度；
$l_2、l_3$ —— 洞口长度；
l_i —— 钢筋绑扎搭接长度；
I_1 —— 墙段水平截面折算惯性矩。

2.0.3 计算系数

α_1 —— 相应于结构基本自振周期的水平地震影响系数；
α_{max} —— 地震影响系数最大值；
ζ_N —— 砖砌体强度的正应力影响系数；
γ_{RE} —— 构件承载力抗震调整系数；
ν_0 —— 复合夹心墙抗震能力提高系数；
η_c —— 构造柱参于墙体工作系数。

3 一般规定

3.1 基本要求

3.1.1 设置构造柱的多层砖房房总高度和层数，不应超过表 3.1.1 的规定。

表 3.1.1 设置构造柱的多层砖房总高度和总层数限值

抗震墙布置	烈　度							
	6		7		8		9	
	高度(m)	层数	高度(m)	层数	高度(m)	层数	高度(m)	层数
横墙较多	24	八	21	七	18	六	12	四
横墙较少	21	七	18	六	15	五	9	三

注：① 房屋的高度是指室外地坪到主要建筑物檐口的高度。半地下室可从地下室内地面算起，全地下室可从室外地坪算起；
② 横墙较多是指横墙间距均不大于 4.2 m，或横墙间距大于 4.2 m 的房间的面积在某一层内不大于该层总面积的 1/4，否则为实心墙。
③ 本表适用于一层墙厚最小为 240 mm 及 240 mm 以上的实心墙。
④ 房屋层高不宜超过 4 m。

3.1.2 构造柱应按下列设置原则布置：

3.1.2.1 构造柱设置部位，一般情况应符合表 3.1.2 的要求。

3.1.2.2 外廊式和单面走廊面式多层砖房，应根据房屋实际层数增加一层按表 3.1.2 的要求设置构造柱，且单面走廊两侧的纵墙均应按外墙处理。

3.1.2.3 当第 3.1.2.2 款和表 3.1.1 中横墙较少两种情况同时出现时，可按房屋实际层数增加一层设置抗震墙，并应视为房屋的外墙，按第 3.1.2 条规定设置构造柱。

筋砖砌体。

3.1.7 多层砖房结构材料性能指标,除有特殊规定外,应符合下列要求:

3.1.7.1 粘土砖的强度等级不应低于MU7.5;砖砌体的砂浆强度等级不应低于M2.5;当配置水平钢筋时砂浆强度等级不应低于M5。

3.1.7.2 构造柱和圈梁的混凝土强度等级不应低于C15,构造柱混凝土骨料的粒径不宜大于20 mm。

3.1.7.3 钢筋宜采用Ⅰ级钢筋。

3.2 抗震结构体系

3.2.1 当构造柱沿外纵隔墙开间设置时,宜设置在有横墙处。

3.2.2 隔开间或每开间设置构造柱的多层砖房,应沿设有构造柱的横墙及内、外纵墙在每层楼盖和屋盖处均设有闭合的圈梁。

3.2.3 仅设与构造柱连接的配筋砖拉结带,且沿外墙伸过1个开间,其它情况应设沿外纵墙和外横墙连通。配筋砖拉结带截面高度不应小于4皮砖,砂浆强度等级不应低于M5。

3.2.4 内走廊房屋沿横向设置的圈梁或现浇混凝土带或穿过走廊的圈梁,均应穿过走廊拉通,并隔一定距离在走廊部分加强局部加强的圈梁最大间距应符合表3.2.4的要求,局部加强的圈梁截面最小高度不宜小于240 mm。

局部加强的圈梁最大间距 表3.2.4

设防烈度	最大间距
6、7	15
8	11

3.2.5 底层框架砖房的底层,应采用现浇或装配整体式钢筋混凝土楼盖,并宜适当加大第二层砖房顶及其纵向钢筋向截面积。

多层砖房构造柱设置 表3.1.2

房屋层数				设置的部位
6度	7度	8度	9度	
四、五	三、四	二、三		外墙四角,错层部位横墙与外纵墙交接处,较大洞口两侧,大房间内外墙交接处
六	五、六	四		隔一开间(轴线)横墙与外纵墙交接处,墙与外纵墙交接处内纵墙与外墙 交接处
七	六~八	五、六	三、四	7~9度时,楼、电梯间的四角
	七		三	8度时无洞口内墙(轴线)与外墙交接处 9度时,楼、电梯间的四角墙与内纵墙交接处

3.1.4 构造柱相互错位,构造柱应沿整个建筑物高度对正贯通,不应使层与层之间构造柱相互错位,突出屋顶的楼、电梯间,构造柱应伸到顶部,并与顶部圈梁连接,内外墙交接处应沿墙每隔500 mm设2ø6拉结钢筋,且每边伸入墙内不应小于1 m。局部突出的屋顶的顶部及底部均应设置。

3.1.5 单面走廊房屋除满足第3.1.2条的要求外,尚应在单面走廊房屋沿设置不少于3根的构造柱、封闭式单面走廊一侧的外纵墙构造柱设置应满足第3.1.2条的要求。8度和9度时敞开式外廊砖房构造柱应配置竖向钢筋,且外廊砖房顶部应在两个方向均有可靠连接。

3.1.6 当多层砖房抗震墙不满足抗震强度要求时,可采用水平配筋砌体。

4 地震作用和截面抗震验算

4.1 地震作用计算

4.1.1 设置构造柱、水平钢筋和复合夹心墙的多层砖房地震作用,应按现行国家标准《建筑抗震设计规范》GBJ 11-89 第4.1.1条、第4.1.3条、第4.1.4条、第4.2.1条、第4.2.3条和第4.2.4条计算。

4.1.2 设防烈度为6度的多层砖房,可不进行地震作用计算,但抗震措施应符合有关要求。

4.2 抗震承载力验算

4.2.1 一般情况下,墙体截面抗震承载力应按下式验算:

$$V \leq \frac{f_{vE} A}{\gamma_{RE}} \nu_0 \quad (4.2.1-1)$$

$$f_{vE} = \zeta_N f_v \quad (4.2.1-2)$$

式中 V ——墙体剪力设计值(地震作用分项系数取1.3);
f_{vE} ——墙体沿阶梯形截面破坏的粘土砖砌体抗震抗剪强度设计值;
f_v ——非抗震设计的粘土砖砌体抗剪强度设计值,应按现行国家标准《砌体结构设计规范》GBJ 3-88采用;
ζ_N ——砖砌体强度的正应力影响系数,可按表4.2.1采用;
A ——墙体水平截面面积,复合夹心墙按重叶墙计算;
γ_{RE} ——承载力抗震调整系数,自承重抗震墙 $\gamma_{RE} = 0.75$,其它抗震墙 $\gamma_{RE} = 0.9$,复合夹心墙承重叶墙 $\gamma_{RE} = 1.0$;
ν_0 ——复合夹心墙承重叶墙抗震能力提高系数。当 A_2/A_g

≥ 0.6 时,取 $\nu_0 = 1.15$;当 $A_2/A_g < 0.6$ 时,取 $\nu_0 = 1.00$;
A_2 ——墙段扣除孔洞及柱混凝土截面积后的砖砌体水平截面净面积;
A_g ——墙段水平截面毛面积,复合夹心墙按承重叶墙计算。

粘土砖砌体强度的正应力影响系数   表4.2.1

σ_0/f_v	0.0	1.0	3.0	5.0	7.0	10.0	15.0
ζ_N	0.80	1.00	1.28	1.50	1.70	1.95	2.32

4.2.2 当隔开间或每开间设置,且墙段中有2根以上(包括2根)构造柱时,可考虑构造柱对截面抗震承载力的有利影响,按下式进行验算:

$$V \leq \frac{f_{vE} A_1}{\gamma_{RE}} \nu_0 + \eta_c \frac{E_c}{E} A_c \quad (4.2.2-1)$$

$$A_1 = A_2 + \eta_c \frac{E_c}{E} A_c \quad (4.2.2-2)$$

式中 A_1 ——墙段折算水平截面面积;
A_c ——墙段构造柱混凝土水平截面面积之和;
η_c ——墙段构造柱参予墙体工作系数。当 $H/B \geq 0.5$ 时,取 $\eta_c = 0.30$;当 $H/B < 0.5$ 时,取 $\eta_c = 0.26$;
H ——墙段层间计算高度;
B ——墙段计算宽度;
E_c ——混凝土弹性模量;
E ——砖砌体弹性模量。

4.2.3 设置构造柱的墙进行抗震承载力验算时,墙段应按下列方法划分:

4.2.3.1 对于横墙,一般取同一轴线上的横墙为一墙段。如门洞高度超过本规程第4.2.7条的限值,或内走廊房屋穿过内走廊的圈梁或现浇混凝土带不是按第3.2.4条规定的局部加强者,则取门洞及走廊两侧的墙体各自为一墙段。

4.2.3.2 对于内、外纵墙，可选相邻两构造柱轴线间的墙体为一墙段，并按轴线将构造柱分成两半（图4.2.3(a)）。

对于相邻两构造柱间开洞较多的内纵墙，应按各洞间墙肢为一墙段进行第二次地震剪力分配（图4.2.3(b)）。

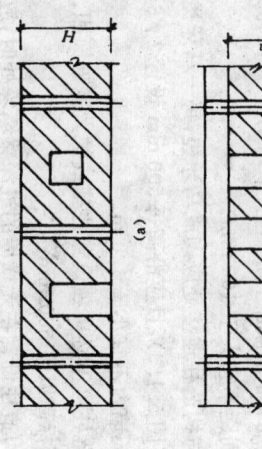

图4.2.3 纵墙墙段划分示意图

4.2.3.3 一端或两端有构造柱，但该层墙体上部或下部无钢筋混凝土圈梁的墙段，则作为无构造柱的墙段考虑。

4.2.3.4 设置在墙段中的构造柱，当符合本规程第5.4.1条规定时，该柱可按中间柱考虑，η_c应乘以1.5。

4.2.4 采用高效保温材料填充夹心复合墙的多层砖房，应以承重叶墙材料计算单元为对截面抗震承载力验算。

4.2.5 设置构造柱和水平钢筋的粘土砖墙截面抗震承载力，应按下式验算：

当隔开间或每开间设置，且墙段中有2根以上构造柱时，截面抗震承载力可按下式验算：

$$V \leq \frac{1}{\gamma_{RE}}(f_{vE}A + 0.15f_yA_s) \quad (4.2.5-1)$$

$$V \leq \frac{1}{\gamma_{RE}}(f_{vE}A + 0.15f_yA_s) \quad (4.2.5-2)$$

式中 f_y——钢筋抗拉强度设计值；
A_s——层间竖向截面中钢筋总截面面积。

4.2.6 对抗震墙截面的抗震承载力验算，可只选择不利墙段进行截面抗震承载力验算。

4.2.7 为了计算层间剪力在各抗震墙内的分配，墙段的刚度计算可按下式进行：

当$H/B < 1$时，

$$K_0 = \lambda_w \frac{GA_g}{H\xi} \quad (4.2.7-1)$$

当$1 \leq H/B \leq 4$时，

$$\lambda_w = \eta_0 \frac{A_1}{A_g} \quad (4.2.7-2)$$

当$H/B > 4$时，设置构造柱的墙段的刚度在刚度计算时可不考虑。

$$\lambda_w = \frac{\eta_0}{(1 + \frac{GA_1}{\xi} \cdot \frac{H^2}{12EI_1})} \quad (4.2.7-3)$$

式中 ξ——因剪切应力不均匀分布引起的对变形的影响系数，矩形截面取1.2；
λ_w——墙段考虑开孔和弯曲作用影响的刚度修正系数；
A_c——水平截面积A_c按E_c/E折算后与砖墙净截面积A_1一起按工字形截面计算的惯性矩；
η_0——开孔影响系数，按附录A表A.0.1取值；
G——砖砌体剪变模量，G取$0.4E$。

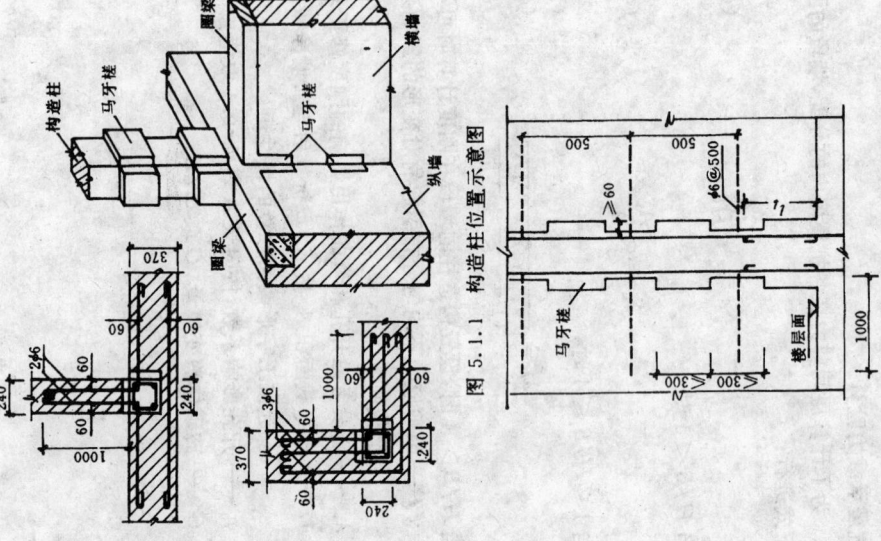

图 5.1.1 构造柱位置示意图
图 5.1.3 拉结钢筋布置及马牙槎示意图

注：拉结钢筋伸入墙内的长度是指从墙的马牙槎外齿边（即构造柱外齿边）算起的长度。当墙上门窗洞边到构造柱外齿边（即墙马牙槎外齿边）的长度小于1.0m时，则伸至洞边止。

5 构造措施

5.1 构 造 柱

5.1.1 多层粘土砖房设置构造柱最小截面可采用 240 mm×180 mm。纵向钢筋可采用 4φ12；多层砖房超过六层；8度时多层砖房超过五层及9度时，构造柱的纵向钢筋宜采用 4φ14；箍筋间距不应大于 200 mm。

当设防烈度为7度时，多层砖房超过六层；箍筋可采用 φ4～φ6，其间距不宜大于 250 mm。

房屋四角的构造柱截面和钢筋可适当增大。

为便于检查混凝土浇灌质量，应沿构造柱全高留有一定的混凝土外露面。若混凝土外露有困难时，可利用马牙槎作为混凝土外露面（图 5.1.1）。

5.1.2 构造柱必须与圈梁连接。在柱与梁相交的节点处应适当加密柱的箍筋，加密范围在圈梁上、下均不应小于 450 mm 或 1/6 层高，箍筋间距不宜大于 100 mm。

5.1.3 墙与构造柱连接处应砌成马牙槎，每一马牙槎高度不宜超过 300 mm，且应沿高每 500 mm 设置 2φ6 水平拉结钢筋（图 5.1.3），每边伸入墙内不宜小于 1.0 m。

5.1.4 构造柱可不必单独设置基础，但基础面积应扩大。构造柱应伸入室外地面标高以下 500 mm。

5.1.5 构造梁连接。构造柱与现浇钢筋混凝土的进深梁墙连接处时，应将构造柱伸进深梁连接节点构造按图 5.1.5(a)采用；与预制装配式进深梁连接节点构造按图 5.1.5(b)采用；当使用预制装配式叠合梁时，连接节点构造按图 5.1.5(c)采用。

5.1.6 与构造柱连接的进深梁跨度宜小于 6.6 m。对截面高度大于 300 mm 的进深梁，在梁端各 1.5 倍进深梁截面高度范围内宜加密箍筋。梁跨进行 6.6 m 时，应考虑构造柱处节点约束对墙体的不利影响。当进深梁跨度大于 6.6 m 时，宜按砌体抗压强度计算行局部抗压计算时，应考虑构造柱处节点约束对墙体弯矩的不利影响。

5.1.7 当预制进深梁的宽度大于构造柱的宽度时，构造柱的纵向钢筋可弯曲绕过进深梁，伸入上柱与上柱与柱的钢筋搭接。当钢筋的折角大于 1/6 时，可采用图 5.1.7(a) 的搭接方式。当钢筋的折角大于 1/6 时，可采用图 5.1.7(b) 的搭接方式，且参照本规程第 5.1.2 条加密箍筋。

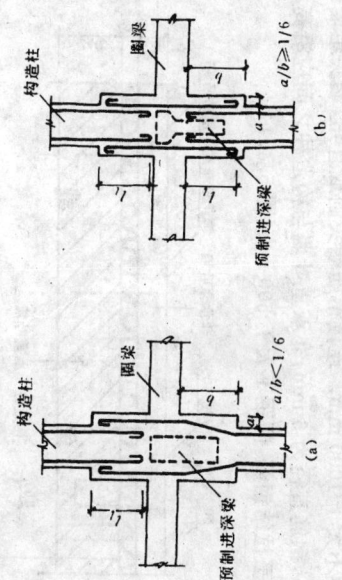

图 5.1.7 预制进深梁宽度大于构造柱的钢筋搭接示意图

5.1.8 对于纵墙承重的多层砖房，当需要在无横墙处的纵墙中设置构造柱时，应在楼板处预留相应构造柱宽度的板留缝，并与构造柱混凝土同时浇灌，做成现浇混凝土带。现浇混凝土带的纵向钢筋不少于 4φ12，箍筋间距不宜大于 200 mm。

5.1.9 构造柱的竖向钢筋末端应作成弯钩，接头可以采用绑扎，其搭接长度宜为 35 倍钢筋直径。在搭接头长度范围内的箍筋间距不应大于 100 mm。

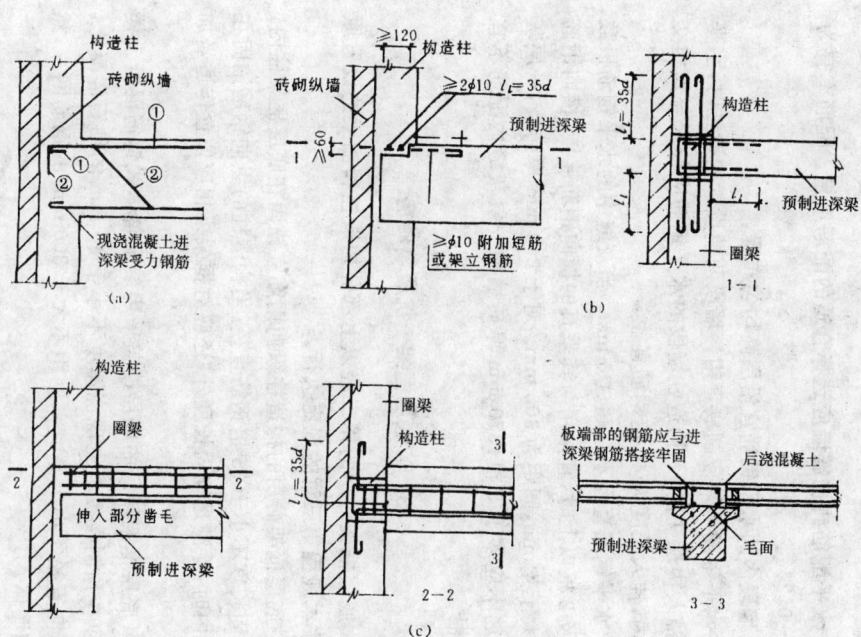

图 5.1.5 构造柱与梁连接示意图

注：图(a)中，①号钢筋为架立钢筋，②号钢筋为弯起钢筋。当梁内不设弯起钢筋时，可将①号架立钢筋端部做成图(c)的 2—2 剖面型式锚固在圈梁中。

5.1.10 斜交抗震墙交接处应增设构造柱,且构造柱有效截面积不小于240 mm×240 mm。在斜交抗震墙构造柱间距不宜大于240 mm抗震墙段内设置的构造柱间应与每层圈梁连接。

5.2 水平配筋

5.2.1 水平配筋砖抗震墙应选择合适的配筋用量。配筋率宜为0.07%~0.2%。

5.2.2 墙段内的水平钢筋宜沿层高均匀布置。

5.2.3 水平钢筋应锚入构造柱内,无构造柱的墙段应制成直钩。墙段两端构造柱的水平钢筋应伸入与其相交的墙体内,伸入长度为40倍钢筋直径。

5.2.4 水平钢筋直径不宜超过6 mm。当横向钢筋连接时,横向钢筋根数为2根及2根以上时,宜采用与其垂直的240 mm厚砖墙,一层灰缝内配钢筋不多于3根;370 mm厚砖墙的一层灰缝内配钢筋不多于4根。

5.3 底层框架—抗震砖墙房

5.3.1 底层框架砖房的第二层以上部分构造柱和圈梁的设置原则,应按本规程第三章的规定执行。

5.3.2 底层框架砖房的构造柱纵向钢筋宜锚固在底层框架柱内,钢筋锚固长度不小于35倍钢筋直径。当构造柱的纵向钢筋锚固在框架梁内时,除满足锚固长度外,还应对框架梁作适当加强。

5.3.3 底层框架砖房的底层楼盖采用装配整体式钢筋混凝土楼板时,应在预制楼板上先现浇厚度不小于40 mm的细石混凝土,内放双向钢筋网片,钢筋直径不小于4 mm,间距不大于300 mm的钢筋网片,然后再砌墙体。

5.3.4 底层框架砖房构造柱设置构造柱的截面不宜小于240 mm×240

mm,纵向钢筋不宜少于4φ14,箍筋间距不大于200 mm。构造柱应与每层圈梁连接。

5.3.5 底层框架砖房上部承重砖墙及厚度不小于240 mm的自承重墙的中心线,宜与底层框架梁、抗震墙的中心线相合;构造柱宜同框架柱上下贯通。

5.4 复合夹心墙

5.4.1 采用高效保温材料夹心墙体的多层砖房,除按表3.1.2要求设置构造柱外,还应对空腔两侧的叶墙采取可靠的连接措施。墙连接钢筋采用梅花形布置,沿高同距不大于500 mm,水平间距不大于1000 mm。连接钢筋两端制成直角,端头距离沿高设置60 mm,钢筋直径为6 mm;非承重叶墙与构造柱之间沿高设置2φ6水平拉结钢筋,间距不大于500 mm(图5.4.1)。

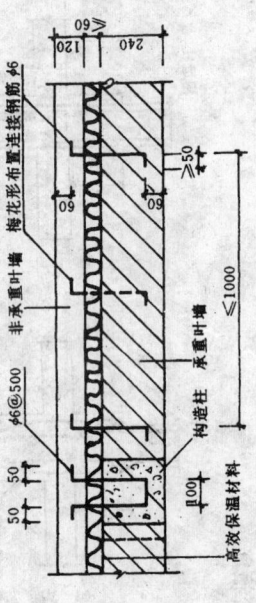

图 5.4.1 复合夹心墙连接钢筋布置

5.4.2 复合夹心墙的钢筋混凝土圈梁布置应满足第3.2.2条的要求。

5.4.3 复合夹心墙空腔宽度不宜大于80 mm,空腔两侧的承重叶墙厚度不应小于240 mm,非承重叶墙厚度不应小于120 mm。圈梁截面应跨过复合夹心墙的空腔(图5.4.2)。

5.4.4 复合夹心墙宜从室内地面标高以下240 mm开始砌筑,从此至房屋屋盖或其它水平支点之间的距离为复合夹心墙的受压构件叶墙厚的砌筑砂浆不应小于M5。

计算高度。非承重叶墙高厚比应满足《砌体结构设计规范》GBJ 3-88 的允许高厚比值。

5.4.5 复合夹心墙的窗（门）洞口四边可采用丁砖或钢筋连接空腔两侧的叶墙。沿墙的强度等级不宜低于 MU10，丁砖竖向间距采用 300 mm。连接丁砖的强度等级不宜低于 MU10，丁砖竖向间距为 1 皮砖的厚度，窗洞下边的丁砖应通长砌筑，且用高强度等级的砂浆灌缝。

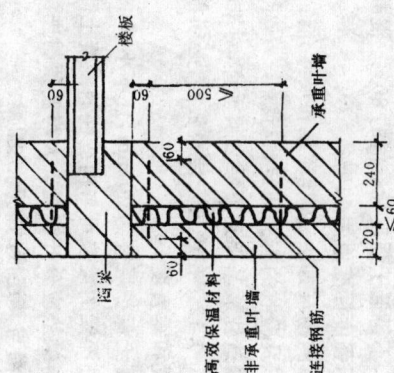

图 5.4.2 复合夹心墙圈梁示意图

6 施 工 技 术

6.0.1 设置构造柱的多层砖房应按分层下列顺序进行施工：绑扎钢筋、砌砖墙、支模、浇灌混凝土柱。钢筋混凝土圈梁应现浇。

6.0.2 马牙槎尺寸应符合第 5.1.3 条要求。在墙体施工中，从每层脚开始，先退后进。

6.0.3 构造柱和圈梁的模板可用木模或钢模。在每层砖墙砌好后，立即支模。模板必须与所在砌墙的两侧严密贴紧，支撑牢靠，防止板缝漏浆。

6.0.4 在浇灌构造柱混凝土前，必须将砌体和模板浇水湿润，并将模板内的落地灰、砖渣和其它杂物清除干净。在砌墙时，应在各层柱底部（圈梁面上）以及该层二次浇灌段的下端位置，留出 2 皮砖的洞眼，以便清除模板内的落地灰、砖渣和其它杂物。清除完毕应立即封闭洞眼。

6.0.5 构造柱的混凝土坍落度宜为 50~70 mm，以保证浇捣密实，亦可根据施工条件、季节不同，在保证混凝土应在 1.5 h 内浇捣完，拌合好的混凝土应在 1.5 h 内浇灌完，粗混凝土随拌随用，拌合好的混凝土应在 1.5 h 内浇灌完，超过 1.5 h 的混凝土不得再使用，并不得再次拌合使用。

6.0.6 构造柱的混凝土浇灌可以分段进行，每段高度不宜大于 2.0 m。在施工条件较好并能确保浇捣密实时，亦可同一层内一次浇灌。浇捣大浆、圈梁和柱的接头处，宜用插入式振捣棒浇捣实，振捣棒随振随拔，每次振捣层的厚度不应超过振捣棒长度的 1.25 倍。振捣时，振捣棒应避免直接碰触砖墙，并严禁通过砖墙传振。

6.0.7 浇捣构造柱混凝土时，圈梁和柱的混凝土应捣实，分层浇捣，振捣棒插入下一层混凝土的厚度不应超过振捣棒长度的 1.25 倍。振捣时，振捣棒应避免直接碰触砖墙，并严禁通过砖墙传振。

6.0.8 钢筋应除锈、调直。对预留的伸出钢筋，不应在施工中任意弯折。如有歪斜，应在浇灌混凝土前校正准确到墙中位置。灌筋应按要求位置与竖筋用金属丝绑扎牢固。

复合夹心墙的连接钢筋应采取有效防锈措施。

6.0.9 在冬期施工时，要注意清除模板内和砖上的冰碴。混凝土外加剂的选择和掺量须按有关规定确定。对已浇好的混凝土，要采用保温措施，避免受冻。

6.0.10 施工时应有防雨措施，下雨时不宜露天浇灌混凝土。未下雨而露天浇灌的混凝土也要及时覆盖，以防雨水冲刷。要特别注意根据露天料场砂石含水量的变化，调整水灰重，确保混凝土的强度。

6.0.11 在砌完一层墙后和浇灌该层柱混凝土前，应及时对已砌好的独立墙片加稳定支撑。必须在该层柱混凝土浇完之后，才能进行上一层的施工。

6.0.12 施工质量应符合下列要求：

6.0.12.1 柱与墙连接处的马牙槎内的混凝土，砖墙灰缝的砂浆，水平灰缝的砂浆饱满度不得低于80%。

同强度等级的混凝土或砂浆饱满度平均值不得低于强度设计值，任意一组试件的最小值，对于混凝土，不得低于强度标准值的95%，对于砂浆，不得低于强度标准值的80%。混凝土试件强度平均值不得低于强度标准值的115%。

有关砌体的砌筑方法，灰缝质量和验收的有关规定执行。

6.0.12.2 构造柱见表6.0.12。

允许偏差见表6.0.12。构造柱从基础板到顶层必须垂直，对准轴线，其尺寸校正垂直度后，在逐层安装模板前，必须根据预制进深梁轴线随时校正垂直度。

6.0.13 预制进深梁与梁垫的梁垫可与构造柱同时浇灌。现浇混凝土进深梁与梁垫应分开浇灌。大跨度预制进深梁在楼（屋）盖板安装后，宜浇灌与其连接的混凝土圈梁。

6.0.14 房屋两端外横墙（山墙）不宜开施工洞口。在单元分隔墙

上开设的施工洞口应预留水平拉结钢筋。

构造柱尺寸允许偏差 表6.0.12

项次	项 目		允许偏差(mm)	检 查 方 法
1	柱中心线位置		10	用经纬仪检查
2	柱层间错位		8	用经纬仪检查
3	柱垂直度	每层	10	用吊线法检查
		全高 10 m 以下	15	用经纬仪或吊线法检查
		10 m 以上	20	用经纬仪或吊线法检查

6.0.15 当采用预制楼梯时，楼梯梁（平台）不应在墙中预留洞口。严禁在抗震墙上剔凿洞口。

6.0.16 复合夹心墙的施工应符合下列要求：

6.0.16.1 复合夹心墙的施工顺序为：在沿夹心墙高度设置的连接钢筋间距范围内，宜先砌筑承重叶墙，清除墙面多余砂浆后，安装高效保温材料，再砌筑非承重叶墙，然后铺置连接钢筋。

6.0.16.2 非承重叶墙采用清水墙作为外饰面时，其勾缝砂浆的水泥与砂浆之比不应低于1：1。

6.0.16.3 安装高效保温材料时，相邻保温材料之间应排放紧密，局部空隙最大宽度不应大于10 mm，空隙长度之和不应大于保温材料边长的30%。

附录A 墙段开孔影响系数

A.0.1 墙段开孔影响系数 φ_0，按表 A.0.1 采用。

墙段开孔影响系数 表 A.0.1

α_p	0.9	0.8	0.7	0.6	0.5	0.4
φ_0	0.98	0.94	0.88	0.76	0.68	0.56

注：α_p 为孔隙系数，$\alpha_p = A/A_g$。

表 A.0.1 中，开孔影响系数的适用范围如下：

(1) 门洞高度不超过墙段层同计算高度的 80%；

(2) 窗洞门、窗洞内墙边墙段端部净距离不小于 500 mm；

(3) 当窗洞高度大于墙段高的 50% 时，λ_w 大于 1.0 时，φ_0 值取 1.0，与开门洞同样处理小于墙段高 50% 时，φ_0 值可乘 1.1，大于 1.0 时，φ_0 值取 1.0；

(4) 在同一墙段内开有两个洞口，且洞间距离小于 500 mm 时，洞间墙亦作作为开孔处理（图 A.0.1(a)）。

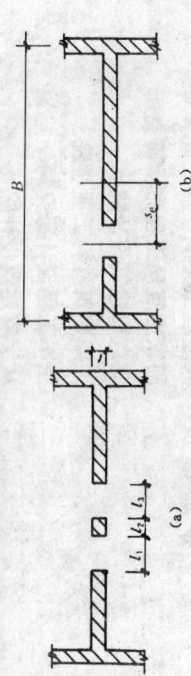

图 A.0.1 开孔计算示意图

注：① 当 $l_2 \geq 500$ mm 时，孔漏面积 $=(l_1+l_3)t$；
当 $l_2 < 500$ mm 时，孔漏面积 $=(l_1+l_2+l_3)t$；
② 当 $s_c \leq B/4$ 时，不作偏孔处理；
当 $s_c > B/4$ 时，应作偏孔处理 φ_0 值应乘以 0.9。

附录B 本规程用词说明

B.0.1 为便于在执行本规程条文时区别对待，对要求严格程度不同的用词说明如下：

(1) 表示很严格，非这样做不可的：
正面词采用"必须"；
反面词采用"严禁"。

(2) 表示严格，在正常情况下均应这样做的：
正面词采用"应"；
反面词采用"不应"或"不得"。

(3) 表示允许稍有选择，在条件许可时首先应这样做的：
正面词采用"宜"或"可"；
反面词采用"不宜"。

B.0.2 条文中指定应按其它有关标准、规范执行时，写法为"应符合……的规定"或"应按……执行"。

中华人民共和国行业标准

设置钢筋混凝土构造柱多层砖房
抗震技术规程

JGJ/T 13-94

条文说明

附加说明

本规程主编单位、参加单位和
主要起草人名单

主编单位：中国建筑科学研究院
参加单位：大连理工大学
　　　　　国家地震局工程力学研究所
　　　　　北京市建筑设计院
　　　　　上海建筑材料工业学院
　　　　　空军工程设计研究局
　　　　　辽宁省建筑设计院
主要起草人：龚思礼　刘立泉　刘　雯　吴明舜　张前国
　　　　　　邹瑞锋　周炳章　郑　伟　奚肖凤　夏敬谦
　　　　　　黄泉生　曹骏一　解明雨

目 次

1 总 则 …………………………………… 12—16
3 一般规定 …………………………………… 12—17
  3.1 基本要求 …………………………………… 12—17
  3.2 抗震结构体系 ……………………………… 12—18
4 地震作用和截面抗震验算 ………………… 12—19
  4.1 地震作用计算 ……………………………… 12—19
  4.2 抗震承载力验算 …………………………… 12—19
5 构造措施 …………………………………… 12—23
  5.1 构 造 柱 …………………………………… 12—23
  5.2 水平配筋 …………………………………… 12—24
  5.3 底层框架—抗震墙砖房 ……………………… 12—24
  5.4 复合夹心墙 ………………………………… 12—25
6 施工技术 …………………………………… 12—26

前 言

本规程是根据原城乡建设环境保护部(88)城标字第141号文的要求,由中国建筑科学研究院会同有关设计、科研和高等院校等单位,对原《多层砖房设置钢筋混凝土构造柱设计与施工规程》JGJ 13—82进行修订而成。

为便于设计、施工、科研、学校等单位的有关人员在使用本规程时能正确理解和执行条文规定,《设置钢筋混凝土构造柱多层砖房抗震技术规程》JGJ/T 13-94编制组按章、节、条顺序编制了本规程的条文说明,供国内使用者参考。在使用本规程及条文说明中如发现有欠妥之处,请将意见函寄中国建筑科学研究院工程抗震研究所(邮政编码:100013)。

1994年4月

1 总 则

1.0.1 主要阐明编制目的。本技术规程条文内容包括设计和施工两部分。根据各地经验,施工质量是保证构造柱充分发挥作用的一个重要方面。

1.0.2 本条所阐述的设防要求,与原《多层砖房设置钢筋混凝土构造柱抗震设计与施工规程》(以下简称"原规程")有所改动,是与《建筑抗震设计规范》GBJ 11-89(以下简称《规范》)第1.0.1条提出的设防要求一致的。

《规范》抗震设防的3个水准的要求,是"小震不坏,大震不倒"的具体化。根据我国华北、西北和西南地区地震发生概率的统计分析,50年内超越概率约为63.2%的地震烈度为众值烈度,比基本烈度约低1.5度,《规范》《地震烈度区划图》(1990年地震区划图)规定的基本烈度相当于现行地震烈度区划图;50年内超越概率约10%的基本烈度,《规范》取为第二水准烈度;50年内超越概率2%~3%的烈度,《规范》取为罕遇地震的概率水准,《规范》取为第三水准烈度。当基本烈度可作为罕遇地震的概率为7度时为8度强,8度时为9度弱,9度时为9度强。

与各烈度水准相应的抗震设防目标是:一般情况下(不是所有情况下),遭遇第一水准烈度(众值烈度)时,建筑处于正常使用状态,从结构抗震分析角度,可以视为弹性度(基本烈度)时,结构进入非弹性工作阶段,但非弹性变形或结构损坏控制在可修复的范围,遭遇罕遇地震时,结构有较大的非弹性变形,但应控制在规定的范围内,避免倒塌。

唐山地震震害分析和近几年试验表明,在多层砖房中,由构造柱与圈梁共同对墙体的约束作用,可以增加建筑物的延性,提高建筑物的抗侧力能力,防止或延缓建筑物的损坏程度。因此,可以认为设置构造柱在地震影响下发生突然倒塌,或减轻建筑物的倒塌,而不是使构造柱的砖房不出现任何损坏。这也是编制本规程的基本指导思想。

1.0.3 我国砌体房屋所用材料,绝大多数是普通粘土砖,因此,本规程同"原规程"一样,主要是根据我国普通粘土砖结合部分的抗震能力,以便加强这类结构的整体抗震性能。

本规程新增加了底层框架砖房与构造柱的连接做法的规定,是根据设计、施工经验总结的,目的是为了提高砖房与框架结合部位的抗震能力,以便加强这类结构的整体抗震性能。

与《规范》一致,本规程除了适用于7~9度地震区的粘土砖多层砖房和底层框架砖房外,还增加了6度地震区的设防要求。

1.0.5 主要指明除遵守本规程有关规定外,尚应遵守其它有关的规范、规程。

3 一般规定

3.1 基本要求

3.1.1 多层砖房的抗震能力,除依赖于墙体间距的大小、砖和砂浆强度等级、结构的整体性和施工质量等因素外,还与房屋的总高度有直接的联系。本条根据《规范》对"原规程"作了补充修订。

历次地震震害调查资料说明:二三层砖房在不同烈度地震时的震害,比四五层得轻多,六层及六层以上砖房在地震时震害明显加重。海城和唐山地震中,相邻的砖房,四五层的比二三层的破坏严重,倒塌严重,倒塌的百分比也高得多。

国外在地震区对砖结构房屋的高度限制较严。有些国家在地震区不允许用无筋砖结构,结合我国具体情况,修订后的砖房高度限值是和层数作了相应的限制,主要是依据计算分析,部分震害调查和层高多层砌体房屋的总高度,主要是依据计算分析,部分震害调查和多层足尺模型试验确定的。

本条表3.1.1栏即《规范》表5.1.2第一栏,"横墙较多"一栏即《规范》第5.1.2条,对医院、教学楼等建筑物,高度限值应降低3m。

各地反映关于横墙较少的规定,宜给出一个限值。为此,编制组曾在北京、天津、上海、西安、沈阳、渡口、成都、昆明等地对有抗震设计经验的工程技术人员进行了调查,并用模糊集理论进行了分析,补充反映了所给出的房间横墙间距大于4.2m的房间面积只占同一层总面积的1/4以下时,称为横墙较多,否则为横墙较少。

3.1.2 对于构造柱在多层砌体结构中的应用,根据唐山地震的经验和试验研究资料,得到了比较一致的结论,即:①构造柱能使砌体的抗剪强度提高10%~30%左右,提高幅度与墙体高宽比、竖向压力和开洞情况有关;②构造柱主要是对砌体起约束作用,使之有较高的变形能力和延性;③构造柱应当设置在震害作用的部位。

本次修订,改变了原规程房屋高度超过限值时才需加设构造柱的规定,提出根据房屋用途、结构部位、烈度和承担地震作用的大小来设置构造柱的原则。

另外,根据实际工程情况,本条增设构造柱的要求,补充了在楼梯、电梯间的横墙与内纵墙交接处以及构造柱分布相互间距离(基础可以不分开)成若干独立的建筑单元。此时,防震缝两侧的墙体抗震构造可按照《规范》及其它有关规范若干设置防震缝的要求,防震缝两侧应当按第3.1.2条的规定设置构造柱。

3.1.3 按照《规范》及其它有关规范若干设置防震缝的要求,防震缝两侧应根据第3.1.2条的规定设置构造柱。

3.1.4 多层砌体房屋的墙体沿高度方向同样应当具有连续约束构造柱在层与层之间有错位通道。

构造柱作为防倒塌的主要抗震措施之一,应在墙体中沿全高设置。有资料表明,构造柱不通到顶层时,强烈地震中上层沿全高能造成突然倒塌。

对于局部突出屋顶的动力放大,因此,对这类小房间在计算时考虑外,还应当特别加强它们的构造措施。当房屋构造柱能通到突出屋面时,则应直接通到突出小房间的4个转角及其它中间的内外墙交接处。当突出顶层的小房间的构造柱无法与房屋的构造柱相连时,在有条件的情况下,可将突出的小房间的构造柱,通至顶层房屋底部的圈梁处作为锚固。

3.1.5 单面走廊房屋可分为两种情况,一种是挑廊或独立砖柱外廊，又称敞开式外廊，由于独立砖柱的抗震能力较差，在这类结构中又是主要承重构件，因此规程规定在8度和9度地震区应配置竖向钢筋；另一种是封闭式单面走廊，单面走廊式缺少横墙的支撑，在平面外方向较为薄弱，因此应在外纵墙中间一定的间距内设置构造柱后，将内横墙与圈梁穿过单面走廊与外纵墙的构造柱连接，以增强外廊内纵墙与横墙的拉结，从而保证外廊纵墙在水平地震作用下的稳定性。

3.1.6 配筋砌体试验研究表明：砌体配筋后，由于钢筋限制了砌体在受到水平力作用下裂缝的展开，并使砌体的延性得到改善，从而提高了砌体的抗震性能。当配筋砌体两端设构造柱时，效果更加显著。

3.1.7 构造柱与砖墙是共同起作用的一个整体。钢筋混凝土的弹性模量远远高于砖砌体的弹性模量，为了使两者能更好地协同工作，应当尽量提高砖砌体的强度。因此，根据目前实际生产情况规定，砖的强度等级不宜低于MU7.5，砂浆的强度等级不宜低于M2.5。

考虑到砖混结构墙体中构造柱的强度较低，因此后浇的混凝土的强度等级无须过高，一般采用不低于C15即可。

由于构造柱的截面尺寸较小，为保证混凝土浇灌饱满，对于混凝土骨料粒径应有一定限制，不得过大。根据实践经验，以大于20mm为宜。

构造柱与圈梁，对受水平地震作用下的墙体起到约束作用，以提高多层砖房的抗震性能。构造柱及圈梁内钢筋应力并不很高，因此钢筋宜采用I级钢。

3.2 抗震结构体系

本节根据《规范》的规定对"原规程"作了补充。

3.2.1 构造柱主要作为抗震构件，最好设置在有横墙的内外交接处。特别是当构造柱的间距比较大，例如间距为8m左右时，构造柱排列可能在有横墙处，也可能在无横墙处，此时应当尽量将构造柱设置在有横墙处。因为，当构造柱设置在无横墙的纵墙中时，构造柱主要对纵向地震力起抗震作用，横向的作用较小；如果设置在有横墙的纵横墙交接处，则在纵、横向，构造柱都能发挥应有的作用。

3.2.2 多层砖房设置构造柱后，每层圈梁应与构造柱连结，方能有效地发挥作用，另一方面试验研究也表明预制式预制圈梁能够有效地阻止墙体裂缝沿本层以外发展，并增强装配式预制钢筋混凝土楼板的整体性，有效地防止在地震作用下的塌落。因而，对设防烈度高和层数多的砖房，应每层设置钢筋混凝土现浇圈梁。为了保证圈梁有效的拉结作用，圈梁应闭合。

3.2.3 当仅在四角设置构造柱时，为保证构造柱每层都有可靠的拉结，应在无圈梁的楼层设置配筋砖带。为保证有效的拉结作用，配筋砖带在外墙上应伸过一个开间。

3.2.4 对于内走廊房屋应穿过内走廊沿横向设置圈梁或现浇钢筋混凝土带，以保证圈梁的闭合。横向圈梁中的现浇钢筋混凝土带应与圈梁闭合，将穿过内走廊的部分加强，以使内走廊两侧的墙体能共同发挥作用，其间隔距离可发对圈梁的最大间距要求设置，即6度、7度、8度分别为15m、15m和11m，从而使走廊两侧的墙体均有较好的整体性，保证结构共同工作。

3.2.5 底层框架砖房的底层顶板是底层框架一抗震墙体系与上部砌体体系的过渡层。在此过渡层部位通常出现应力及变形集中与突变的现象，另一方面也要求过渡层楼板有较好的刚度，能将上部传来的地震作用有效地传给底层的抗震墙，因此底层应采用现浇钢筋混凝土楼盖和墙两侧用现浇钢筋混凝土楼板或预制混凝土楼板上加40mm钢筋混凝土的装配整体式楼盖。

由于底层层框架一抗震墙体系比上部房屋的延性好，能充分发挥作用，因此底层抗震墙体系的边缘构件，最好设置在有横墙

优良，因此当底层与第二层的刚度接近时，有可能由于第二层延性较差，而出现薄弱层向第二层转移的情况，所以应当适当加大第二层墙体的构造柱截面及纵向钢筋面积。

4 地震作用和截面抗震验算

4.1 地震作用计算

本节按照《规范》对"原规程"作了相应的补充。地震作用的计算完全按照《规范》的有关规定进行。

4.2 抗震承载力验算

本节按照《规范》的规定，对"原规程"作了补充，采用了新的验算表达式。

4.2.1 结构在设防烈度下的抗震验算实质上应该是弹塑性变形验算。但为减少验算工作量，并符合设计习惯，对多层砖房可以仅进行众值烈度地震作用下承载力的验算，并将墙体的地震作用标准值乘以水平分项系数1.3。

砌体结构抗剪承载力的验算，有两种半理论半经验的方法——主拉和剪摩。在砂浆强度等级大于M2.5且$1<\sigma_0/f_v\leqslant 4$时，两种方法的计算结果相近。根据《规范》采用的正应力影响系数的统一表达式，并考虑到原规范78年规范保持延续性，可得：

$$\zeta_N = \frac{1}{1.2}\sqrt{1+0.45\sigma_0/f_v} \tag{1}$$

表4.2.1中的ζ_N值仅用于粘土砖砌体，其中包括复合夹心墙。水平配筋墙体结构形式。

承载力抗震调整系数γ_{RE}的取值，反映了不同抗震墙在众值烈度地震作用下承载力极限状态的可靠性指标。当两端均有构造柱时，$\gamma_{RE}=0.9$；自承重抗震墙由于垂直压应力较低，任在抗侧力验算时，比承重抗震墙还要加严，但因抗震安全性要求可以考虑降低，为此取$\gamma_{RE}=0.75$进行调整。

复合夹心墙抗震能力提高系数 ν_0，是根据不同连接材料、不同连接方式、不同开洞面积和不同圈梁、构造柱截面形式试验及结构分析提出的。复合夹心墙在承重叶墙被破坏之前，构造柱厚120 mm，试验证明，夹心墙没有构造柱时，由于构造柱参与工作与承重叶墙的承重作用，加之墙顶的钢筋混凝土圈梁对两侧叶墙的约束作用，使非承重叶墙的延性质有一定的改善。从滞回曲线上可以看出，非承重叶墙带构造柱后承载能力有所提高，墙降低约 5%左右，仅承重叶墙的空腔墙降低 20%左右。但是，比 240 mm 厚的实心墙承载能力提高 30%左右，开洞复合夹心墙提高 10%左右。考虑到目前设计习惯，规程提出以承重墙为计算单元，并通过复合夹心墙开洞抗震能力提高系数 ν_0 进行修正。ν_0 的取值按复合夹心墙开洞面积分为两种情况：

$$\frac{A_2}{A_g} \geq 0.6 \text{ 时} \qquad \nu_0 = 1.15 \qquad (2)$$

$$\frac{A_2}{A_g} < 0.6 \text{ 时} \qquad \nu_0 = 1.00 \qquad (3)$$

从结构抗震强度分析结果可以看出，规程中给出的修正系数是满足工程安全要求的。

4.2.2 本条所给的公式同第 4.2.1 条所给出的公式形式完全一样，仅把 A 换成了 A_1，即考虑墙段内构造柱水平截面的折算面积。尤其当墙段内出现 2 根以上构造柱，或墙段内构造柱截面有所增大时，更给设计人员验算抗震墙承载能力带来方便。

取墙段折算水平截面面积 A_1 为：

$$A_1 = A_2 + \eta_c \frac{E_c}{E} A_c \qquad (4)$$

一方面公式形式简化，另一方面与试验结果符合得较好。需要说明的是：

(1) 公式所以取这样的形式，是因为试验表明墙体加了构造柱以后，抗侧力能力依然是主拉应力控制。但是，由于构造柱参与工作，剪应力分布于平平缓，构造柱与墙体变形一致，因而可以折算成受力与同承担相同的侧力。

(2) 关于开孔的问题，是一个复杂的问题。不仅有开孔的大小，还有开孔的形状与位置的影响。由于目前试验资料还不多，难于给出一个开孔墙体内应力的较精确的公式，这里取的是扣除全部开孔水平截面积，并对开孔加以某些限制，两方面考虑其影响的方法，亦即取墙段的砖砌体净面积 A_2 再加上构造柱的折算面积。

(3) η_c 是一个小于 1.0 的系数，目的是考虑柱边缘分布不一致。因此，从折算面积计算公式来说，它发挥的效应不及到柱边缘分布的效应。η_c 的取值降低 0.22 和 0.24，目的是在充分结合计算结果时，将 η_c 的通常习惯算法。根据材料的力学特性及有关规范的协调，这是显然的。同时，也有墙，柱连接共同工作不能照顾到一致的影响。η_c 的具体取值，是于了使计算值与试验值相一致。由于原计算公式中为 $G_c/G, G_c = 0.4 E_c, G = 0.3 E$，在分析拟合计算结果时，将 η_c 的取值降低 0.22 和 0.24，目前是按照双规范当时砌体剪变模量的通常习惯算法。根据砌体材料的力学特性及有关规范的协调，将砌体的剪变模量改为 $G = 0.4 E$。因此，η_c 分别取值为 0.26 和 0.30 两档。

4.2.3 本条给出了抗震承载力验算时划分墙段的方法。

墙段划分主要是根据抗震墙在地震作用下产生的破坏形态和试验中求得的结果确定的。国内已进行的带构造柱墙体的抗震试验，都是在墙体两端设置构造柱，或者中间设置构造柱的情况下完成的。因此，在实际使用中，墙片构造柱的刚度应整个墙体进行计算，或取构造柱中线间墙段计算共同刚度，然后取墙段刚度之和为该墙片的刚度。

进行墙体承载力验算，则应将分配到墙片上的地震剪力再分到墙段上，计算该墙段产生的应力。所以，本条划分墙段的方法，不仅是抗震墙承载力验算的基本单元,同时也是用来计算刚度,进行地震剪力再分配的基本单元。

现行计算墙体刚度的方法有两种,第一种是按构造柱墙体刚度进行计算,但作了一些修正。修正系数分为高宽比小于1.0和不小于1.0两种。

对于高宽比小于1.0的墙体,即用折算面积代替代墙体面积。这样,又可以与强度验算时计算折算面积的工作结合起来,力求做到简洁,易于使用。

对于高宽比不小于1.0的墙体,参考国内目前普遍采用的方法,做了适当的修正。由于试验数据不多,开孔影响系数是参照无构造柱墙体的有关系数给出的。

$$\eta = 1.2\Delta_p - 0.2 \quad (5)$$

其中,$\Delta_p = A/A_g$。我们假设也适用于带构造柱的墙体,则对于 $H/B<1.0$,有:

$$K_0 = \eta \frac{GA_{gc}}{\xi H} \quad (6)$$

所以,给出的 φ 相当于:

$$\varphi = \eta \cdot \frac{A_{gc}}{A_1} \quad (7)$$

而对于 $H/B \geq 1.0$ 的墙体,有:

$$K_0 = \frac{\eta}{\dfrac{\xi H}{GA_{gc}} + \dfrac{H^3}{12EI_c}} = \eta \cdot \frac{GA_{gc}}{\xi H} \cdot \frac{A_{gc}}{A_g} \cdot \frac{1}{1 + \dfrac{GA_{gc}}{\xi} \cdot \dfrac{H^2}{12EI_c}} \quad (8)$$

所以,给出的 φ 相当于:

$$\varphi = \eta \cdot \frac{A_{gc}}{A_g} \cdot \frac{1 + \dfrac{GA_c}{\xi} \cdot \dfrac{H^2}{12EI_c}}{1 + \dfrac{GA_{gc}}{\xi} \cdot \dfrac{H^2}{12EI_{gc}}} \quad (9)$$

这里的 I_{gc},A_{gc} 是指不开孔的墙体的折算惯性矩和折算截面积。由于 $\gamma = (1 + GA_c \cdot H^2/12EI_cc)/(1 + GA_{gc} \cdot H^2/12EI_{gc}\xi)$ 是一个小于1而又近于1的数(如表1所示),因此可知,这时的 φ 相当于:

柱墙体的计算公式相近,采用了4.2.7式,这里取带有构造柱的墙体刚度按构造柱墙体刚度计算,但不小于1.0。

第二种方法是,把墙上开孔用影响系数来修正,如本规程图4.2.3所示。

对于开孔较多目构造柱间距大的内纵墙,除采用第一种方法计算刚度外,参加层间地震剪力分配的,由于构造柱间距大,构造柱的约束强度影响明显减弱,如果不验算构造柱两根构造柱间墙的相对刚度是不合理的。所以,对这种情况,应按洞间墙段划分分段,如本规程图地震剪力的二次分配时洞间墙段划分分段,如本规程图4.2.3(b)所示。

4.2.4 采用高效保温材料填心的复合夹心墙多层砖房,是保温节能建筑中的一种形式。经实测单片墙抗震试验结果表明,当对叶墙采取可靠的拉结措施后,墙体在水平剪力作用下变形协调一致,目前刚度和承载力均按240mm厚的实心墙这一特点,并方便设计人员掌握,规程中规定,以承重叶墙为计算单元计算复合夹心墙的刚度,验算复合夹心墙的承载能力。应该注意的是,120mm厚的非承重叶墙引起的地震作用效应,应根据各夹心墙的抗震墙刚度进行分配。

4.2.5 公式4.2.5-1和4.2.5-2中第一项反映的是设置构造柱后对抗震墙承载力的影响,区别主要是A和A_1的计算方法不同。第二项系根据水平配筋墙体抗侧力性能的试验研究得出的,试验墙片的高宽比均为0.25~1.5,配筋率为0.03%~0.17%,作用在墙片上的压应力为0.3~0.8 MPa。

4.2.6 在抗震墙截面抗震承载力验算中,为了减少设计人员的工作量,可以对垂直压应力分配的地震剪力较大的不利墙段进行墙截面抗震承载力验算。

4.2.7 为了简化公式形式,又尽可能与目前工程设计中使用的不带构造

公式(7)和(10)是不一样的，其分母一个为 A_1，一个为 A_g。按本规程在给出式 4.2.7 时，为了形式上简洁，照顾了两种情况。按式(7)算出的 φ' 值列于表2。由表2可见，本规程式 4.2.7-1 与式(7)计算的结果，是非常接近的。但是，考虑到在高宽比较大的情况下，构造柱在开孔的墙体中所起的作用，应该随着孔洞增大而增大，即打的折扣应该小一些。所以，对该式(10)两个方面均可以用，采取了如表 A.0.1 给出的数据。为了比较，将式(10)计算的结果列于表3。

$$\varphi = \eta \cdot \frac{A_F}{A_g} \quad (10)$$

这里取 $H/B \geq 1.0$ 作为界限，而不是像一般砖房设计中取 0.4 为界限，原因是为了简化，使大多数都可以用本规程 4.2.7 式进行验算。

当墙体开孔时，按一片墙体未开孔计算，而后修正。因此，对于计算的适用范围，应给予一定的规定。有些是参考了国内外文献提出的，有些则是试验给出的。例如，北京市建筑设计研究院进行的单片墙试验，墙高 0.7 m，开孔高度分为 0.5 m、0.55 m 两种。试验结果，用建议的公式计算，一般尚能符合。两者门孔高度不超过墙高的 0.71 和 0.79。所以规定门孔计算高度分别为墙高的 80% 者，可以按一片墙计算，否则应按两片墙计算。

本规程根据以上资料，将开孔影响系数 φ_0，列如附录 A。

表 1 与不同的孔洞系数对应的 γ 值

A_p	0.9	0.8	0.7	0.6	0.5	0.4
γ	0.9979	0.9959	0.9938	0.9922	0.9905	0.9891

表 2 墙段开孔影响系数

A_p	0.9	0.8	0.7	0.6	0.5	0.4
η	0.88	0.76	0.64	0.52	0.4	0.28
φ'	0.96	0.92	0.86	0.8	0.70	0.58
φ	0.98	0.94	0.88	0.76	0.68	0.56
φ/φ'	1.02	1.02	1.02	0.95	0.97	0.96

表 3 墙段开孔影响系数

A_p	0.9	0.8	0.7	0.6	0.5	0.4
η	0.88	0.76	0.64	0.52	0.4	0.28
φ'	1.066	0.92	0.77	0.63	0.48	0.34
φ	0.98	0.94	0.88	0.77	0.68	0.56
φ/φ'	0.93	1.02	1.14	1.21	1.42	1.64

由于缺少试验数据，这些数据只能是初步的。但是，考虑到 $H/B \geq 1.0$ 的情况是较少的，为了生产需要，暂用这些数据还是可以的。

5 构造措施

5.1 构造柱

5.1.1 本条基本保留了"原规程"的规定,并根据《规范》作适当的补充。《规范》规定:构造柱的最小截面为240 mm×180 mm。这是根据一个方向与墙厚相同,另一个方向小于墙厚考虑的。同时,试验资料表明,构造柱的配筋应随烈度、房屋层数、构造柱的部位而异。当仅在房屋四角、楼梯、电梯间四角及隔开间设置构造柱和7度五层、8度不高于五层时,构造柱纵向钢筋为4φ12,箍筋为φ4~φ6,间距不宜大于250 mm;7度时超过六层、8度时超过五层和9度时,构造柱的纵向钢筋为4φ14,箍筋间距不应大于200 mm。

目前实际工程中对于一般用于构造柱截面,多取240 mm×240 mm,而房屋四角,由于考虑到其受力复杂,易不损坏,又多有所加强,如取240 mm×300 mm,同本规程规定房屋四角四角构造柱截面可适当增大是一致的。

构造柱设置在砖墙墙体内,施工质量不易检查,而构造柱的混凝土施工质量又是重要因素。为此,要求构造柱应有一定的外露面,以便于进行施工质量的检查,亦可利用所留马牙槎四角外露的混凝土表面部分来加以检查。

5.1.2 本条保持"原规程"的规定。多层砖房设置构造柱,各层必须有圈梁与构造柱拉结,以达到无横墙处设置构造柱在楼盖处都有现浇混凝土带与构造柱相连接,但也不是完全构造节点。当房梁的刚度比较小时,设置构造柱负弯矩钢筋的梁端,由于嵌固影响引起砖梁上的水平裂缝早出现,未设置构造柱负弯矩钢筋的梁端上表面产生一些沿梁长向分布裂缝的竖缝。为了保证进深梁有足够的抗剪能力,本条墙体首先破坏后,裂缝发展就延及构造柱的节点部位。为此,应适当加密柱节点处的箍筋,加密范围在1/6层高,在加密范围内的箍筋间距不大于100 mm。

5.1.3 关于墙内设置拉结钢筋的规定,与《规范》一致。至于马牙槎,目前实践经验表明,用不大于300 mm的大马牙槎,也可以保证连接,并便于施工。因此,本条规定马牙槎仍按"原规程"可以取高度不超过300 mm的大马牙槎,也可以取1皮砖的小马牙槎。考虑到因混凝土收缩而导致的脱开效应,一般墙体和构造柱之间均设马牙槎。

5.1.4 构造柱不必单独设置柱基或扩大基础面积,主要是考虑构造柱只对墙体起约束作用,不考虑轴力和弯矩等传给地基。另外,构造柱是组成墙体的一部分,上部垂直荷载都是与墙体共同承担的,因此构造柱必须与墙体基础有可靠的连接。

当基础设有圈梁时,构造柱底部可锚入该圈梁内。当基础无圈梁时,可在基础适当高度处打一混凝土座,将构造柱钢筋锚入此座内即可。

5.1.5 无横墙的外墙梁设置构造柱时,应与进深梁有拉结,目节点应较好做法,并留有弯钩。当为现浇混凝土进深梁时,进深梁钢筋应伸入构造柱内,并留有弯钩。当为预制装配式进深梁时,最好能在进深梁端部伸出钢筋,做法可参照一般预制装配式抗震构造节点做法,与深梁连接,或现浇一段走向沿纵墙的小梁,以加强连接。若预制进深梁未留钢筋,则可在柱上做叠合层,放置钢筋与构造柱连。

5.1.6 本条是新补充的,为了避免构造柱与带构造柱的进深梁节点产生过大约束弯矩,建议与构造柱连接的进深梁跨度不宜大于6.6 m。试验结果表明,当无横墙处设置构造柱,进深梁与构造柱的节点不是理想的铰接,但也不是完全刚性节点。当梁的刚度比较小时,设置构造柱负弯矩钢筋的梁端,由于嵌固引起砖梁上的水平裂缝早出现,未设置构造柱负弯矩钢筋的梁端上表面产生一些沿梁长向分布裂缝的竖缝。为了保证进深梁有足够的抗剪能力,本条规定在梁端1.5倍梁截面高度范围内宜加密箍筋。

关于梁端局部抗压计算问题,根据试验现象分析,认为带构造柱的砖墙在无梁垫的情况下,集中荷载沿砖砌体马牙槎开展,造成砖剪断或弯坏。在裂缝延伸时,构造柱马牙槎凸出截面处不多,不足提出组合砌体的抗压强度。所以,出于安全目的,规程规定局压计算时按砌体抗压强度考虑。

当进深梁跨度超过6.6m时,梁与构造柱的节点约束弯矩一般应通过计算确定,并对梁的支撑构造进行截面承载力验算。

5.1.7 预制进深梁宽度大于构造柱1:6,允许构造柱的纵向钢筋有弯折,但折角应小于1:6。当构造柱的宽度较大时,纵墙承重房屋在无横墙的纵向墙处设置构造柱时,应在纵向圈梁范围内预留现浇带的宽度的板缝,做成混凝土现浇带。现浇带内配置纵向钢筋不少于4ϕ12,现浇带的另一端,应与纵墙圈梁钢筋连接。以便内、外纵墙应根据实际荷载有更好的连系。当现浇带宽度过大时,其配筋量不应大于计算确定,但不应小于4ϕ12。

5.1.8 为保证构造柱与水平构件有一定拉结,纵向梁处构造柱与构造柱相应边的宽度,做成混凝土现浇带,并与构造柱钢筋连接。搭接范围内加密箍筋,其间距为100 mm。

5.1.9 当构造柱采用Ⅰ级钢筋时,钢筋末端均做成弯钩。钢筋搭接可全部设置在同一截面,在搭接范围内箍筋间距不应大于100 mm。

5.1.10 在斜交抗震墙交接处设置的构造柱受力比较复杂,易出现应力集中或扭转影响,因此,该构造柱沿建筑结构两个主轴方向的截面有效截面面积宜指沿截面两个主轴方向的乘积。

在地震作用下斜交抗震墙平面外受力的可能性较大,因此,斜交抗震墙一般不宜过长。当斜交抗震墙两端的构造柱间距大于8m时,应在墙中增设构造柱,避免斜交抗震墙出现外甩现象,以便增强结构的整体性。

5.2 水平配筋

本节为新补充的内容。

5.2.1、5.2.2 根据砖抗震墙的承载力确定水平配筋的用量,配筋率一般为0.07%~0.2%。水平钢筋沿沿墙高均匀布置,是为施工方便。

5.2.3 为保证水平钢筋充分发挥作用,在水平钢筋两端应采取可靠的锚固措施。

5.2.4 水平钢筋一般不宜超过砌体的灰缝厚度,采用直径不大于6 mm的钢筋为宜。为增加与砂浆的共同工作性能,除了砂浆强度等级不应低于M5外,还应将2根以上的水平钢筋用横向短筋连接,形成钢筋网片。有条件时,横向钢筋最好采用焊接连接。

5.3 底层框架—抗震墙砖房

本节为新补充的内容。

5.3.1 底层框架砖房的上部结构抗砖水平地震作用下的破坏机理同多层砖房类似,故作此规定。

5.3.2 一般情况下,构造柱的纵向钢筋宜锚固在底层框架柱内。但当底层框架柱与构造柱的位置与底层框架柱对应,要求构造柱的纵向钢筋与层框架柱按每开间设置时,构造柱要距超过1个开间,而上部砖房的构造柱按每开间设置时,构造柱要锚固在底层框架梁上。由于构造柱同其相邻接的墙体产生较大的压力(其相邻部的砖砌体部分则压力很小),相当于有一集中荷载作用于梁上,对梁在该部分产生较大剪力,故应予以加密,或加粗箍筋,或加强梁元宝筋。由于实际工程的具体情况千变万化,规程难作统一规定,只提醒设计者予以注意,如何加强由设计人员按实际情况处理。

5.3.3 本条要求当底层框架楼盖采用预制板时,应在预制楼板上沿整个楼盖铺设连续的钢筋网，并现浇豆石混凝土。钢筋网是构造措施，不考虑其受力。规定先浇混凝土，后砌墙，是保证使楼盖成为一个整体，加强其水平刚度，以利于传递水平地震作用。

5.3.4 底层框架一般在地震作用下具有较大的变形，对上部砖房带来不利影响。为此，这类结构的砖房构造柱配筋及配筋都比普通砖房的要求严了一档。

5.3.5 要求底层框架砖房的上层承重砖墙及厚度不小于 240mm 的自承重墙因上层墙体偏心对底层框架梁、抗震墙框架梁的中心线造成扭转力矩，也避免将上述墙体上设置在次梁上。这里所述框架梁，是指直接同框架柱相连的梁，而不是次梁架梁上的次梁。

5.4 复合夹心墙

本节为新补充的内容。

5.4.1 复合夹心墙空腔两侧的叶墙之间的连接材料可以用钢筋或丁砖连接。从试验构件的变形、承载能力和稳定性得知，采用钢筋和丁砖连接材料的差别不大。不同的是，采用叶墙丁砖作为连接材料的复合夹心墙在破坏时由于丁砖发生错动或断裂，造成叶墙丁砖交叉斜裂缝外，还在丁砖附近产生了一些水平及竖向裂缝。因此，其整体性比采用钢筋连接的复合夹心墙要差。其中，采用竖向丁砖的措施，将钢筋网片横跨空腔的钢筋交错布置，不仅加强了连接的构造措施，将钢筋的锚固能力，而且提高了叶墙的抗震承载力，有利于约束墙体的构造柱不致迅速倒塌。

5.4.2 在楼(屋)盖处，将圈梁截面跨过复合夹心墙的空腔，不仅对叶墙有良好的约束作用，更主要的是满足多层砖房在竖向荷载(自重)作用下，每层高度范围内可近似视为两端铰支的竖向构件要求。

5.4.3 空腔宽度不宜大于 80mm，主要是根据我国节能标准对严寒地区的要求，并通过抗震性能试验确定的。

5.4.4 非承重叶墙的高厚比与选材问题在被忽视，甚至误认为是属于建筑内外装修的形式问题。为了引起人们注意，特别在此提到《砌体结构设计规范》GBJ 3-88 中的非承重墙允许高厚比值。

5.4.5 复合夹心墙的窗(门)洞口边的连接钢筋或混凝土柱分布间距应适当加强。有条件的夹心墙，洞口边可采用混凝土柱的方法，以便提高窗(门)洞口边的整体性。

6 施工技术

6.0.1 本条阐明本章的施工技术基本原则和要求。由于构造柱作用的发挥是与圈梁作用密切相关的,本规范第3.2.2条给出了圈梁设置要求,且柱梁应有可靠连接。因此,本条要求必须采用现浇混凝土圈梁。

6.0.2 施工部门普遍反映,构造柱混凝土的浇注中,马牙槎上口不易浇实。本条提出的做法汲取了唐山的施工经验,实践证明对提高浇注质量有较好的作用。

6.0.3 构造柱模板着墙厚的不同,其支模方法也很不一致,施工单位对模板用材和支模作出明确规定,还不能确定哪种方法好。因此,这里未就所用材料作出明确规定。条文中对分层支模、标高等都是从一般施工技术要求提出的。

6.0.4 清除模板内的砌渣后浇注混凝土前的基本要求。但由于构造柱是先砌墙,后浇注,因此对砖墙水湿润和清除清落地灰等,就更加重要了。

6.0.5 由于构造柱断面小,又存在着马牙槎,给振捣混凝土带来很大不便。为保证构造柱的质量,每段的高度不应大于3.5m;如有轻混凝土灌注时,每段高度也不应大于3.5m。构造柱边长为240mm,其每次灌注的混凝土的坍落度适当加大,以加大到50~70mm为宜,本条是根据不同季节和施工条件作相应的调整。

6.0.6 根据有关规定,要求浇混凝土柱应分段灌注。边长大于400mm且无交叉箍筋时,每段的高度不应大于3.5m。为保证构造柱施工质量,每段最大允许高度比为3.5m。将混凝土的坍落度适当加大,以加大到50~70mm,多层楼房要求一次浇注比较合适。但是,施工单位反映,每层楼房一次浇注,为了不与《规范》矛盾,又可在保证质量的条件下便利施工,在条文中作了灵活处理,即规定"在施工条件较好,并能确保浇灌密实时,亦可每层一次浇灌"。

6.0.7 构造柱断面小,施工经验表明,宜用插入式振捣棒振捣。

6.0.8 本条是对钢筋,特别是对钢筋的要求。有的施工单位误认为构造柱钢筋为构造钢筋,因此忽视钢筋的质量,这显然是不对的。实际上,在水平地震力作用下,构造柱与墙体共同工作,从抗震要求出发,竖筋的材质、连接、锚固都应当按受力钢筋要求来制作。复合夹心墙的连接钢筋部分暴露在空腔中,在潮湿条件下容易锈蚀。因此,连接钢筋除认真做好这类结构的防锈处理外,还应采用镀锌或其它有效措施进行防锈处理。防锈处理后的连接钢筋的抗震性能不应产生影响。本条是新补充的规定。

6.0.9 本条是参照现行行业标准《中型砌块居住建筑设计与施工规程》和《装配式大板居住建筑设计与施工规程》中有关内容,并听取了施工单位的意见提出的。

6.0.10 本条也是参照上述规程中有关内容,并听取了施工单位的意见提出的。

6.0.11 本条是总结各地所出现的施工中工程事故提出的。许多单位反映,带构造柱砖墙在砌完构造柱而未浇立之前,基本上是独立不相连的墙片。由于对这种独立的墙片未加稳定支撑而被风刮倒的情况曾有出现,故在这一条中规定,对于这种独立墙片必须加稳定支撑,只有柱浇注完毕,才能进行上一层的工序。

6.0.12 关于施工质量,强度尺寸允许偏差,主要是参考了《中型砌块建筑设计与施工规程》和北京市有关施工单位制订的一些质量检验标准拟定的,有关数字没有做过大的改动。

6.0.13 根据大开间试验结果表明,除设计时采取有关措施外,施工质量和施工序方面也应加以注意。有一定的约束弯矩影响,构造柱与进深梁有关的连接节点有一定的约束弯矩,设计的主要目的是避免这目的主要是避免这目的主要是避免这节点的产生。

12—26

生,引起支承墙体的变形。本条为新增内容。

6.0.14 根据目前的施工质量状况,在无门洞墙体上开洞的现象普遍,而且目前施工中不采取任何加强措施,施工完毕将开洞的抗震墙又处理得不认真,为保证墙的抗震损失过大而制定本条。本条为新规定内容。

中华人民共和国行业标准

多孔砖（KP₁型）建筑抗震设计与施工规程

JGJ 68—90

主编单位：中国建筑科学研究院
批准部门：中华人民共和国建设部
施行日期：1990年10月1日

关于发布行业标准《多孔砖（KP₁型）建筑抗震设计与施工规程》的通知

（90）建标字第89号

根据原城乡建设环境保护部（87）城科字第268号文通知，由中国建筑科学研究院主编的《多孔砖（KP₁型）建筑抗震设计与施工规程》，业经我部审查批准为行业标准，编号JGJ68—90，自1990年10月1日起实施。在实施过程中如有问题和意见，请函告本标准主编单位中国建筑科学研究院。

中华人民共和国建设部
1990年3月8日

编 制 说 明

本规程是根据原城乡建设环境保护部（87）城科字第268号文的通知，由中国建筑科学研究院会同北京市建筑设计院、陕西省建筑科学研究所、中国建筑西北设计院、四川省建筑科学研究院、同济大学、西安冶金建筑学院等7个单位共同编制的。在编制过程中，经过试验研究、震害调查并以多种方式在全国征求意见，经多次讨论和修改，最后由建设部会同有关部门审查定稿。

本规程由总则、材料强度等级和砌体主要计算指标、抗震设计的一般规定、地震作用和抗震承载力验算、抗震构造措施、施工技术要求与质量检验等6章和3个附录组成。

本规程虽经多次讨论和修改，但仍需从实践中不断地补充、修订和完善。各单位在执行中如发现需要修改和补充之处，请将意见反有关资料寄北京安外小黄庄中国建筑科学研究院工程抗震研究所（邮政编码：100013），以供今后修订时参考。

中国建筑科学研究院

1990年1月

主要符号

作用和作用效应

F_{Ek}——结构总水平地震作用标准值；
G_{eq}——地震时结构（构件）的等效总重力荷载代表值；
V——剪力；
σ_0——墙体横截面平均压应力；
G_E——地震时结构（构件）的重力荷载代表值；
G_K——结构构件配件的永久荷载标准值；
Q_K——可变荷载标准值。

抗力和材料指标

MU——多孔砖强度等级；
M——砂浆强度等级；
C——混凝土强度等级；
f——多孔砖砌体抗压强度设计值；
f_v——多孔砖砌体抗剪强度设计值；
$f_{v,E}$——砌体沿阶梯形截面破坏的抗震抗剪强度设计值；
K——墙体（构件）的刚度；
E——多孔砖砌体弹性模量；
G——多孔砖砌体剪变模量。

目 次

第一章 总则	13—4
第二章 材料强度等级和砌体主要计算指标	13—5
第三章 抗震设计的一般规定	13—5
第四章 地震作用和抗震承载力验算	13—7
第五章 抗震构造措施	13—9
第六章 施工技术要求与质量检验	13—11
第一节 施工准备	13—11
第二节 施工要求	13—12
第三节 质量检验	13—12
附录一 名词解释	13—14
附录二 墙片侧移刚度计算	13—14
附录三 本规程用词说明	13—15
附加说明	13—16

第一章 总 则

第1.0.1条 为贯彻执行地震工作以预防为主的方针,使烧结粘土多孔砖建筑设计和施工做到经济合理,确保质量,以避免人员伤亡,减少地震损失,特制订本规程。

第1.0.2条 本规程适用于抗震设防烈度为6度至9度地区烧结粘土多孔砖(KP₁型)多层房屋的抗震设计和施工。对其它类型多孔砖的房屋,当有可靠的试验数据时,也可参照本规程使用。

注:①KP₁型烧结粘土多孔砖的外形尺寸为240mm×115mm×90mm,孔径为18~22mm,孔洞率一般不大于25%,以下简称多孔砖。

②本规程一般略去"设防烈度"字样,如设防烈度为6度、7度、8度、9度,简称为"6度、7度、8度、9度"。

第1.0.3条 按本规程设计的多孔砖房屋,当遭受低于本地区设防烈度的多遇地震影响时,一般不受损坏或不需修理仍可继续使用;当遭受本地区设防烈度的地震影响时,可能有一定损坏,经一般修理仍可继续使用;当遭受高于本地区设防烈度的预估的罕遇地震影响时,不致倒塌或发生危及生命的严重破坏。

第1.0.4条 按本规程进行抗震设计和施工时,尚应符合国家现行的其它有关标准、规范和规程的要求。

几 何 参 数

A——墙体横截面毛面积;
B, b——结构(墙或窗间墙)宽度;
H, h——结构(房屋、层间墙、门洞墙、窗洞墙)高度;
h_{oq}——计算墙肢的等效高度。

计 算 系 数

γ_{RE}——承载力的抗震调整系数;
γ_a——砌体强度调整系数;
α_{max}——水平地震影响系数最大值;
ζ_N——砌体强度的正应力影响系数;
γ_{Eh}——水平地震作用分项系数;
C_{Eh}——水平地震作用效应系数;
Ψ——可变荷载的组合值系数。

其 它

m, n——数量(如楼层数、质点数、墙肢数等);
i, j——序列(如第i层、第i质点、第j墙肢等)。

第二章 材料强度等级和砌体主要计算指标

第 2.0.1 条 多孔砖和砌筑砂浆的强度等级，应按下列规定采用：

一、多孔砖的强度等级：MU20、MU15、MU10、MU7.5；

二、砌筑砂浆的强度等级：M10、M7.5、M5、M2.5。

注：强度等级MU7.5的砖，限用于4层及4层以下的多层房屋。

第 2.0.2 条 龄期为28d，以毛截面计算的多孔砖砌体的抗压强度设计值和抗剪强度设计值，根据多孔砖和砂浆的强度等级，应分别按表2.0.2-1和表2.0.2-2采用。

多孔砖砌体的抗压强度设计值 f (MPa) 表 2.0.2-1

砖强度等级	砂浆强度等级				
	M10	M7.5	M5	M2.5	0
MU20	2.82	2.53	2.24	1.95	1.00
MU15	2.44	2.19	1.94	1.69	0.86
MU10	1.99	1.79	1.58	1.38	0.70
MU7.5	1.73	1.55	1.37	1.19	0.61

注：施工阶段砂浆尚未硬化的新砌的多孔砌体，可按表2.0.2-1中砂浆强度为零的情况确定抗压强度设计值。

多孔砖砌体的抗剪强度设计值 f_v (MPa) 表 2.0.2-2

砂浆强度等级	M10	M7.5	M5	M2.5
抗剪强度	0.18	0.15	0.12	0.09

第 2.0.3 条 下列情况的多孔砖砌体，其抗压强度设计值和抗剪强度设计值，应分别乘以下列强度调整系数：

一、梁的跨度不小于9 m时，对梁下砌体，强度调整系数取0.9；

二、砌体毛截面面积小于0.3 m²时，强度调整系数按下式确定：

$$\gamma_a = 0.7 + A \quad (2.0.3)$$

式中 γ_a ——强度调整系数；
A ——砌体毛截面面积 (m²)。

三、当采用水泥砂浆砌筑时，对表2.0.2-1中的砌体抗压强度设计值，强度调整系数取0.85，对表2.0.2-2中的砌体抗剪强度设计值，强度调整系数取0.75。

第 2.0.4 条 多孔砖砌体的弹性模量可按表2.0.4采用，砌体的剪变模量可近似取0.4倍的弹性模量。

多孔砖砌体的弹性模量 E (MPa) 表 2.0.4

砂浆强度等级	≥M5	M2.5
弹性模量值	$1500f$	$1300f$

第三章 抗震设计的一般规定

第 3.0.1 条 多孔砖房屋的设计和布局宜符合下列规定：

一、建筑的平立面布置宜规则、对称，建筑的质量分布和刚度变化宜均匀，楼层不宜有错层，沿平面内宜对齐，沿竖

二、纵横墙的布置宜均匀对称，沿平面内宜对齐，沿竖

向应上下连续；同一轴线上的窗间墙宜均匀。

三、楼梯间不宜设置在房屋的尽端和转角处。

四、应优先采用横墙承重或纵横墙共同承重的结构体系。

第 3.0.2 条 多孔砖房屋的层高不宜超过 4 m。多孔砖房屋总高度及层数不宜超过表3.0.2的规定。

多孔砖房屋总高度（m）及层数限值 表 3.0.2

最小墙厚(m)	6 度		7 度		8 度		9 度	
	高度	层数	高度	层数	高度	层数	高度	层数
0.24	24	8	21	7	18	6	9	3

注：房屋总高度指自室外地面到檐口的高度，当为半地下室时，总高度可从地下室内地面算起；全地下室时，总高度可从室外地面算起。

第 3.0.3 条 医院、学校等横墙较少的多孔砖房屋，总高度应比表3.0.2的规定降低 3 m，层数相应减少 1 层；各层横墙很少的房屋，应根据具体情况再适当降低总高度和减少层数。

第 3.0.4 条 抗震横墙除应满足抗震承载力验算外，其最大间距应符合表3.0.4的规定。

抗震横墙的最大间距（m） 表 3.0.4

楼（层）盖类别	6 度	7 度	8 度	9 度
现浇及装配整体钢筋混凝土	18	18	15	11
装配式钢筋混凝土	15	15	11	7
木	11	11	7	4

第 3.0.5 条 多孔砖房屋的局部尺寸限值宜符合表3.0.5的规定。

多孔砖房屋局部尺寸限值（m） 表 3.0.5

部 位	6 度	7 度	8 度	9 度
承重窗间墙最小宽度	1.0	1.0	1.2	1.5
承重外墙尽端至门窗洞边的最小距离	1.0	1.0	1.5	2.0
非承重外墙尽端至门窗洞边的最小距离	1.0	1.0	1.0	1.0
内墙阳角至门窗洞边的最小距离	1.0	1.0	1.5	2.0
无锚固女儿墙（非出入口处）最大高度	0.5	0.5	0.5	0.0

第 3.0.6 条 多孔砖房屋总高度与总宽度的最大比值，应符合表3.0.6的规定。

多孔砖房屋总高度与总宽度的最大比值 表 3.0.6

6 度和 7 度	8 度	9 度
2.5	2.0	1.5

注：单边走廊的宽度不包括在房屋总宽度之内。

第 3.0.7 条 8 度和 9 度时的多孔砖房屋有下列情况之一时，宜设置防震缝：

一、房屋立面高差在 6 m 以上；

二、房屋有错层，且楼板高差较大；

三、房屋各部分结构刚度、质量截然不同。

防震缝两侧均应设置墙体，缝宽可采用50～100mm。

第 3.0.8 条 烟道被削弱时，不应削弱墙体，不宜采用无竖向配筋的附墙烟囱。应对墙加强措施，对墙体截面被削时，垃圾道、风道、烟道和出屋面的附墙烟囱和出屋面的烟囱。

第四章 地震作用和抗震承载力验算

第4.0.1条 多孔砖房屋一般可在建筑结构的两个主轴方向分别考虑水平地震作用，并进行抗震承载力验算，各方向的水平地震作用应全部由该方向抗侧力构件承担。

第4.0.2条 多孔砖房屋可不进行天然地基和基础的抗震承载力验算。

第4.0.3条 6度时的多孔砖房屋，可不进行截面抗震验算，但应符合有关的抗震措施要求。

第4.0.4条 计算地震作用时，房屋的重力荷载代表值应取结构构件自重标准值和各可变荷载组合值之和。计算公式如下：

$$G_E = G_K + \Sigma \psi_{Ei} Q_{Ki} \quad (4.0.4)$$

式中 G_E ——重力荷载代表值；
G_K ——结构构件、配件的永久荷载标准值；
Q_{Ki} ——有关可变荷载标准值；
ψ_{Ei} ——有关可变荷载的组合值系数，按表4.0.4采用。

表4.0.4

可 变 荷 载 种 类		组合值系数
雪荷载		0.5
屋面活荷载		不考虑
按实际情况考虑的楼面活荷载		1.0
按等效均布荷载考虑的楼面活荷载	藏书库、档案库	0.8
	其它民用建筑	0.5

第4.0.5条 多孔砖房屋的抗震计算可采用底部剪力法，地震作用按高度折算倒三角形比例分配。采用底部剪力法时，各楼层可仅考虑一个自由度。多孔砖房屋的水平地震作用（图4.0.5）标准值应按下列公式确定：

$$F_{Ek} = \alpha_{max} G_{eq} \quad (4.0.5-1)$$

$$F_i = \frac{G_i H_i}{\sum_{j=1}^{n} G_j H_j} F_{Ek} \quad (i=1, 2, \cdots n) \quad (4.0.5-2)$$

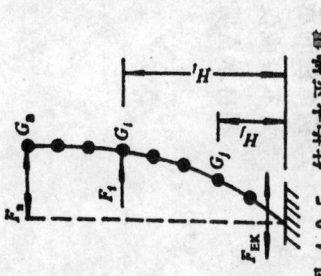

图 4.0.5 结构水平地震作用计算简图

式中 F_{Ek} ——结构总水平地震作用标准值；
α_{max} ——水平地震影响系数最大值。当设防烈度为7度、8度、9度时，分别取0.08、0.16、0.32；
G_{eq} ——结构等效总重力荷载，单质点应取总重力荷载代表值，多质点应取总重力荷载代表值的85%；
F_i ——质点i的水平地震作用标准值；
$G_i、G_j$ ——分别为集中于质点i，j的重力荷载代表值，按本章第4.0.4条确定；
$H_i、H_j$ ——分别为质点i，j的计算高度。

第4.0.6条 采用底部剪力法时，计算突出屋面的屋顶间、女儿墙、烟囱等的地震作用效应，宜乘以增大系数3，此增大部分不应往下传递。

第4.0.7条 结构的楼层水平地震剪力应按下列原则分配：

一、现浇和装配整体式钢筋混凝土楼、屋盖等刚性楼、屋盖的房屋，宜按抗侧力构件等效刚度的比例分配；

二、木楼、屋盖等柔性楼、屋盖的房屋，宜按抗侧力构件从属面积上重力荷载代表值的比例分配；

三、普通预制板的装配式钢筋混凝土楼、屋盖的房屋，可取上述两种分配结果的平均值。

第4.0.8条 多孔砖房屋可只选择承载面积较大或竖向应力较小的墙段进行截面抗剪验算。

第4.0.9条 进行地震剪力分配和截面验算时，墙段的层间抗侧力等效刚度应按墙高与窗间墙宽的比值分别按下列原则确定：

一、墙高与墙宽之比小于1时，可只考虑剪切变形；

二、墙高与墙宽之比不大于4且不小于1时，应同时考虑弯曲和剪切变形；

三、墙高与墙宽之比大于4时，可不考虑剪切变形。

第4.0.10条 砌体沿阶梯形截面破坏的抗震抗剪强度设计值应按下式确定：

$$f_{vE} = \zeta_N f_v \quad (4.0.10)$$

式中 f_{vE}——砌体沿阶梯形截面破坏的抗震抗剪强度设计值；

f_v——非抗震设计的砌体抗剪强度设计值，按表2.0.2-2采用；

ζ_N——砌体强度的正应力影响系数，按表4.0.10采用。

第4.0.11条 墙体的截面抗震承载力验算，应采用下表达式：

$$V \leq \frac{f_{vE}A}{\gamma_{RE}} \quad (4.0.11-1)$$

$$V = \gamma_{Eh} C_{Eh} F_{EK} \quad (4.0.11-2)$$

式中 V——墙体剪力设计值；

γ_{Eh}——水平地震作用分项系数，取1.3；

C_{Eh}——水平地震作用效应系数，按本章第4.0.5条、第4.0.7条和第4.0.9条的规定，烟囱、女儿墙、突出屋面的屋顶间等的地震效应，尚应按本章第4.0.6条的规定，乘以增大系数或调整系数；

F_{EK}——水平地震作用标准值，同公式4.0.5-1；

A——墙体横截面毛面积；

γ_{RE}——承载力抗震调整系数。对两侧均设置重墙、构造柱的承重自承重墙，分别取0.9和0.7，对承重或仅一侧设钢筋混凝土构造柱的承重墙和自承重墙，分别取1.0和0.75。

砌体强度的正应力影响系数 表4.0.10

σ_0/f_v	0.0	1.0	3.0	5.0	7.0	10.0	15.0
ζ_N	0.80	1.00	1.28	1.50	1.70	1.95	2.32

注：σ_0为对应于重力荷载代表值的砌体截面平均压应力。

第五章 抗震构造措施

第 5.0.1 条 一般情况下，多孔砖房屋应按表5.0.1的要求设置钢筋混凝土构造柱（以下简称构造柱）。

构造柱设置要求 表 5.0.1

房屋层数			构造柱设置部位	
6度	7度	8度	9度	
4、5	3、4	2、3		外墙四角，错层部位横墙与外纵墙交接处，较大洞口两侧，大房间内外墙交接处	隔层或烈度变化而增设的部位
6	5	4			7~9度的楼、电梯间的横墙与外墙交接处
6、7	6				楼、电梯间的横墙与外纵墙交接处，山墙与内横墙交接处，隔开间横墙（轴线）与外纵墙交接处
	8	7	5、6		内墙（轴线）与外墙交接处，内墙的局部较小墙垛处，9度时的内纵墙与横墙（轴线）交接处

第 5.0.2 条 外廊式和单面走廊式的多层房屋，应根据房屋增加一层后的层数，按表5.0.1要求设置构造柱，单面走廊两侧的纵墙也应按外墙处理。

教学楼、医院等横墙较少的房屋，应根据增加一层后的层数，按本条上述要求或按第5.0.1条的要求设置构造柱。

第 5.0.3 条 构造柱应符合下列规定：

一、构造柱最小截面为240mm×180mm，纵向钢筋宜采用4φ12，箍筋间距不宜大于250mm，且在与圈梁交接节点处宜适当加密，加密范围在圈梁上下均不应小于1/6层高或450mm，箍筋间距不宜大于100mm。房屋四角的构造柱可适当加大截面及配筋；

二、7度时超过6层、8度时超过5层和9度时的构造柱纵向钢筋宜采用4φ14，箍筋间距不大于200mm；

三、构造柱与墙体的连接处宜砌成马牙槎，并沿墙高每500mm设2φ6拉结钢筋，每边伸入墙内不宜小于1m（图5.0.3-1）；

四、构造柱混凝土强度等级不应低于C15；

五、构造柱可不单独设置基础，但应伸入室外地面下500mm（图5.0.3-2），或锚入浅于500mm的基础圈梁内。

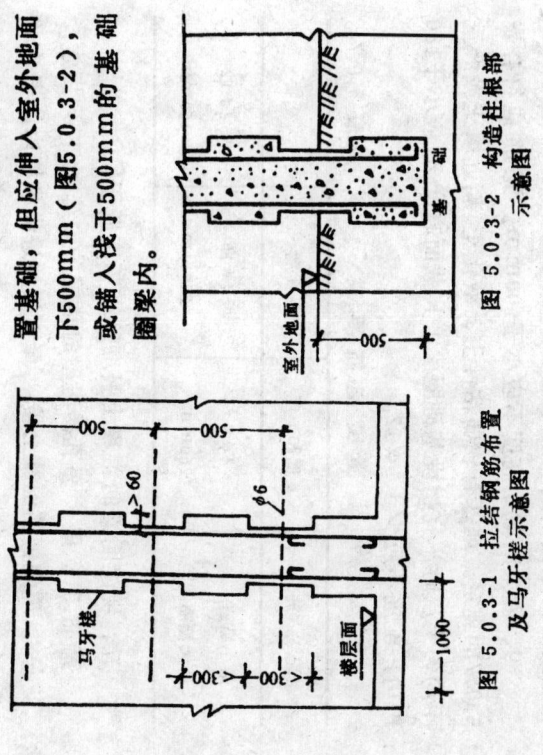

图 5.0.3-1 拉结钢筋布置及马牙槎示意图

图 5.0.3-2 构造柱根部示意图

第 5.0.4 条 7度时层高超过3.6m或横长大于7.2m的大房间，8度和9度时的房屋外墙转角及内外墙交接处，当未设置构造柱时，应沿墙高每隔500mm配置2φ6拉结钢筋，每边伸入墙内不宜小于1m。

第5.0.5条 后砌的非承重砌体隔墙，应沿墙高每隔500mm配置2φ6拉结钢筋与承重墙或柱拉结，每边伸入墙内不应小于500mm。8度和9度时，长度大于5.1m的后砌非承重墙的墙顶尚应与楼板或梁拉结。

第5.0.6条 多孔砖房屋的现浇钢筋混凝土圈梁设置应符合下列规定：

一、装配式钢筋混凝土楼、屋盖或木楼、屋盖房屋，应按表5.0.6的规定设置圈梁；纵墙承重时，抗震横墙上的圈梁间距应比表5.0.6内要求适当加密。

二、现浇或装配整体式钢筋混凝土楼、屋盖与墙体有可靠连接的房屋可不另设圈梁，但楼盖板应与相应构造柱用钢筋可靠连接。

现浇钢筋混凝土圈梁设置要求 表5.0.6

墙 类	6度和7度	8度	9度
外墙及内纵墙	屋盖处及每层楼盖处	屋盖处及每层楼盖处	屋盖处及每层楼盖处
内横墙	同上；屋盖处间距不应大于7m，楼盖处间距不应大于15m，构造柱对应部位	同上，屋盖处沿所有横墙，且间距不应大于7m，楼盖处间距不应大于7m，构造柱对应部位	同上，各层所有横墙

第5.0.7条 现浇钢筋混凝土圈梁构造应符合下列规定：

一、圈梁应闭合，遇有洞口应上下搭接。圈梁宜与预制板设在同一标高处或紧靠板底。

二、圈梁在本章第5.0.6条一款要求的间距内无横墙时，应利用梁或板缝中配筋代替圈梁。

三、圈梁钢筋应伸入构造柱内，并有可靠锚固。伸入顶层圈梁的构造柱伸入钢筋长度不应小于35d。

四、圈梁的截面高度不应小于100mm。配筋应符合表5.0.7的规定。地基有软弱粘性土、液化土、新近填土或严重不均匀土层时，宜增设基础圈梁，其截面高度不应小于180mm，配筋不应少于4φ12。

圈梁配筋要求 表5.0.7

配 筋	6度和7度	8度	9度
最小纵筋	4φ8	4φ10	4φ12
最大箍筋间距	250mm	200mm	150mm

五、现浇圈梁的混凝土强度等级不应低于C15。

第5.0.8条 多孔砖房屋盖的楼盖、屋面板伸进纵横墙内的长度均应符合下列规定：

一、现浇钢筋混凝土楼、屋盖伸进内外墙的长度不应小于120mm；

二、装配式钢筋混凝土楼、屋面板，当圈梁未设在板的同一标高时，板伸进外墙的长度不应小于120mm，伸进内墙的长度不应小于100mm，且不应小于80mm，板在梁上的支承长度不应小于80mm；

三、当板的跨度大于4.8m并与外墙平行时，靠外墙的预制板侧边应与墙或圈梁拉结；

四、房屋端部大房间的楼盖，8度时房屋的屋盖和9度时房屋的楼屋盖，当圈梁设在板底时，钢筋混凝土预制板应相互拉结，并应与梁、墙或圈梁拉结。

第5.0.9条 多孔砖房屋楼、屋盖的连接应符合下列规定：

一、楼、屋盖的钢筋混凝土梁或屋架，应与墙、柱（包括构造柱）或圈梁可靠连接，梁与砖柱的连接不应削弱砖柱截面，各层独立砖柱顶部应在两个方向均有可靠连接；

二、坡屋顶房屋的屋架与顶层圈梁应可靠连接，檩条或屋面板应与墙及屋架可靠连接，房屋出入口处的檐口瓦应与屋面构件锚固。

三、不宜采用无锚固措施的钢筋混凝土预制挑檐。

第5.0.10条 8度和9度时，多孔砖坡屋顶的端部应做内纵横墙山墙，宜增砌端山墙的踏步式墙架。

第5.0.11条 楼梯间应符合下列规定：

一、8度和9度时，顶层楼梯间横墙和外墙宜沿墙高每隔500mm设2φ6通长钢筋；

二、9度时，除顶层外，其它各层楼梯间可在休息平台或楼层半高处设置100mm厚的钢筋混凝土带，混凝土强度等级不宜低于C15，钢筋不宜少于2φ10；

三、8度和9度时，楼梯间及门厅内墙阳角处的大梁支承长度不应小于500mm，并应与圈梁连接；

四、装配式楼梯段应与平台板可靠连接，不应采用墙中悬挑式踏步或踏步竖肋插入墙体的楼梯，不应采用无筋砖砌栏板；

五、突出屋顶的楼、电梯间，内外墙交接处应沿墙每隔500mm设置2φ6拉结钢筋，且每边伸入墙内不应小于1m。

第六章 施工技术要求与质量检验

第一节 施 工 准 备

第6.1.1条 砖的强度等级必须符合设计要求，并应按《承重粘土空心砖》JC196—75进行检验和鉴收。

第6.1.2条 砌筑清水墙、柱的多孔砖，应边角整齐、色泽均匀。

第6.1.3条 多孔砖在运输装卸过程中，严禁倾倒和抛掷。经验收的砖，应按强度等级堆放整齐，堆置高度不宜超过2m。

第6.1.4条 常温条件下，砖应提前1～2d浇水湿润。砌筑时砖的含水率宜控制在10～15%。含水率以水重占干砖重的百分数计。

第6.1.5条 拌制砂浆及混凝土的水泥，如标号不明或出厂期超过3个月，应经试验鉴定后方可使用。

第6.1.6条 砂浆用砂宜采用中砂，并应过筛，不得含有草根等杂物。砂中含泥量，对于水泥砂浆和强度等级不小于M5的水泥混合砂浆，不应超过5%，对于强度等级小于M5的水泥混合砂浆，不应超过10%。

第6.1.7条 拌制砂浆及混凝土的水应采用石灰膏、粘土膏、电石膏、粉煤灰和磨细生石灰粉等无机掺合料，严禁使用干石灰或干粘土。

第6.1.8条 拌制砂浆及混凝土的水应符合《混凝土拌合用水》JGJ63—89的要求。

第6.1.9条 构造柱混凝土所用石子的粒径不宜大于20mm。

第6.1.10条 砂浆的配合比应采用重量比。配合比应事先经试验确定。如砂浆的组成材料有变更，其配合比应重新确定。

试配砂浆，应按设计强度等级提高15%。

第6.1.11条 砂浆稠度宜控制在70～90mm。

第6.1.12条 混凝土的配合比应通过计算和试配确定，并以重量计。混凝土施工配制强度按国家标准《混凝土强度检验评定标准》GB107—87确定。

第二节 施工要求

第6.2.1条 砌体应上下错缝、内外搭砌，宜采用一顺一丁或梅花丁的砌筑形式。

砖柱不得采用包心砌法。

第6.2.2条 砌体灰缝应横平竖直。水平灰缝和竖向灰缝宽度可为10mm，但不应小于8mm，也不应大于12mm。

第6.2.3条 砌筑用砂浆应随拌随用。水泥砂浆和水泥混合砂浆必须分别在拌后3h和4h内使用完毕，如施工期间最高气温超过30℃，必须分别在拌成后2h和3h内使用完毕。

第6.2.4条 砂浆拌合后使用时，均应盛入贮灰器内。如砂浆出现泌水现象，应在砌筑前在贮灰器内再次拌合。

第6.2.5条 砌体灰缝应填满砂浆。水平灰缝的砂浆饱满度不得低于80%，竖向灰缝宜采用加浆灌灌的方法，使其砂浆饱满，但严禁用水冲浆灌缝。

砌体宜采用"三一"砌砖法砌筑。采用铺浆法砌筑时，铺浆长度不得超过500mm。

第6.2.6条 砌石砌体时，多孔砖的孔洞应垂直于受压面，砌筑前应试摆。

第6.2.7条 除设置构造柱的部位外，砌体的转角处和交接处应同时砌筑，对不能同时砌筑而又必须留置的临时间断处，应砌成斜槎。

第6.2.8条 砌体接槎时，必须将接槎处的表面清理干净，浇水湿润，并应填实砂浆，保持灰缝平直。

第6.2.9条 设置构造柱的墙体应先砌墙后浇灌混凝土。

第6.2.10条 浇灌构造柱混凝土前，必须将砌体砖砌的落地灰、砖渣等清除干净，构造柱有外露面，以便检查混凝土浇灌质量。

并将模板浇水润湿，并将模板内的落地灰、砖渣等清除干净。

第6.2.11条 构造柱混凝土分段浇灌时，在新老混凝土接槎处，须先用水冲洗、润湿，再铺10～20mm厚的水泥砂浆（用原混凝土配合比去掉石子），方可继续浇灌混凝土。

第6.2.12条 浇捣构造柱混凝土时，宜采用插入式振捣棒，振捣棒应避免直接接触砖墙，严禁通过砖墙传振。

第6.2.13条 雨天施工时，砂浆的稠度应适当减小，砌体每日砌筑高度不宜超过1.2m。收工时，砌体顶面应予覆盖。

第6.2.14条 冬期施工时，尚应符合现行规范冬期施工的有关规定。

第三节 质量检验

第6.3.1条 砂浆强度等级以标准养护、龄期为28d

的试块抗压试验结果为准。

每一楼层或250m³砌体中的各种强度等级的砂浆,每合搅拌机应至少检查一次,每次应制作一组试块(每组6块)。

第6.3.2条 砂浆试块强度必须符合下列规定:

一、同品种、同强度等级的砂浆各组试块的平均强度不得小于设计要求的强度等级;

二、任意一组试块的强度不得小于设计要求的强度等级的75%;

三、当单位工程中仅有一组试块时,其强度不应低于设计强度等级。

第6.3.3条 在砌筑过程中,每步架至少应抽查3处(每处3块砖)砌体的水平灰缝砂浆饱满度,其平均值不得低于80%。

第6.3.4条 砌筑的砌体,不得出现透明缝、较多的蜂窝、麻面。

第6.3.5条 构造柱混凝土应振捣密实,不应露筋或有砌筑的砌体,不得出现透明缝。

第6.3.6条 砌体的尺寸和位置的允许偏差,不得超过表6.3.6的规定。

第6.3.7条 构造柱尺寸和位置的允许偏差,不得超过表6.3.7的规定。

砌体的尺寸和位置的允许偏差 表6.3.6

项次	项 目		允许偏差(mm)		检 验 方 法
			墙	柱	
1	轴线位移		10	10	用经纬仪复查或检查施工记录
2	楼面标高		±15	±15	用水平仪复查或检查施工记录
3	墙面垂直度	每层	5	5	用2m托线板检查
		全高 ≤10m	10	10	用经纬仪或吊线检查
		全高 >10m	20	20	
4	表面平整度	清水墙、柱	5	5	用2m直尺和楔形塞尺检查
		混水墙、柱	8	8	
5	水平灰缝平直度	清水墙	7	—	拉10m线和尺检查
		混水墙	10	—	
6	水平灰缝厚度(10皮砖累计数)		±8	±8	与皮数杆比较,用尺检查
7	清水墙游丁走缝		20	—	吊线和尺检查,以每层第一皮砖为准
8	外墙上下窗口偏移		20	—	用经纬仪或吊线检查,以底层窗口为准
9	门窗洞口宽度(后塞口)		±5	—	用尺检查

构造柱尺寸和位置的允许偏差 表6.3.7

项次	项 目		允许偏差(mm)	检 验 方 法
1	柱中心线位置		10	用经纬仪吊线检查
2	柱层间错位		8	用经纬仪吊线检查
3	柱垂直度	每层	10	用吊线仪或吊线检查
		全高 ≤10m	15	用经纬仪或吊线检查
		全高 >10m	20	用经纬仪或吊线检查

附录一 名词解释

名 词	说 明
抗震设防烈度	按国家批准权限审定作为一个地区抗震设防依据的地震烈度
地震影响系数	单质点弹性结构在地震作用下的最大加速度反应与加速度比值的统计平均值
地震作用效应系数	作用效应组合是建立在弹性分析加原理基础上的。地震作用效应系数是结构或构件的内力（变形）值与该构件的地震作用值的比值，由物理意义之间产生内力的关系确定
地震作用效应的调整系数	考虑抗震分析计算模型的简化和弹塑性内力重分布或其它因素的影响，在结构或构件设计时对地震作用效应（弯矩、剪力、轴力等）进行调整的系数
抗震设计的荷载代表值	抗震设计时，在地震作用计算和结构构件永久荷载或可变荷载标准值与有关的基本组合中，以表示结构或构件永久荷载或可变荷载标准值与有关的基本组合中，以表示结构或构件永久荷载与可变荷载的组合值之和。组合值是根据地震时可变荷载遇代表值的组合值之和
"三一"砌砖法	一铲灰、一块砖、一揉压的砌筑方法

附录二 墙片侧移刚度计算

一、矩形截面无孔洞墙层间刚度按下列公式计算：

1. 当墙片的高度与宽度之比小于1时：

$$K = \frac{GA}{1.2h} \quad (\text{附}2.1\text{-}1)$$

或

$$K = \frac{EA}{3h} \quad (\text{附}2.1\text{-}2)$$

2. 当墙片的高度与宽度之比不小于1而不大于4时：

$$K = \frac{EA}{h} \cdot \frac{1}{3+\left(\frac{h}{b}\right)^2} \quad (\text{附}2.2)$$

式中 $\frac{h}{b}$ —— 墙高与墙宽之比。

二、当墙片仅开有门洞或窗洞时，墙片的层间刚度按下式计算：

$$K = \sum_{i=1}^{m} K_i \quad (\text{附}2.3)$$

式中 K_i —— 墙片的墙肢i的刚度，按公式附2.1或公式附2.2 计算，且h取洞高计算（当开窗洞的墙片较短时，可取1.05倍窗洞高计算）；

m —— 计算墙片的墙肢的数量。

三、当墙片上同时开有门洞和窗洞（附图2.1），墙片的刚度按下式计算：

$$K = \sum_{i=1}^{m} K_i + \sum_{i=1}^{n} K_{F_i} \quad (\text{附}2.4)$$

式中 K_i —— 门洞间或门洞边等宽墙肢的刚度，按公式附2.2 或公式附2.2计算；

m —— 门洞间和门洞边等宽墙肢的数量；

K_{F_i} —— 窗洞间或窗洞与门间墙肢的刚度，按公式附2.5计算，

n —— 窗间墙和窗与门间墙的数量。

式中 h —— 墙高；
A —— 墙的水平截面积；
G —— 砌体剪变模量，按第2.0.4条的规定采用；
E —— 砌体弹性模量，按表2.0.4采用。

段上部墙肢的高度与墙段下部墙肢高度之比不小于1时,取1;不大于0.5时,取1.1;大于0.5而小于1时,按插值计算。

3.当墙段下部墙肢的宽度与上部墙肢的最大宽度之比大于1.5小于2,和上部墙肢高度与下部墙肢高度之比大于0.5小于1时,按公式附2.6与公式附2.7插值计算。

4.当墙段上部最大墙肢的宽度小于下部墙肢的高度,且上部墙肢的高度小于下部墙肢的高度时,按公式附2.6与公式附2.7的平均值计算。

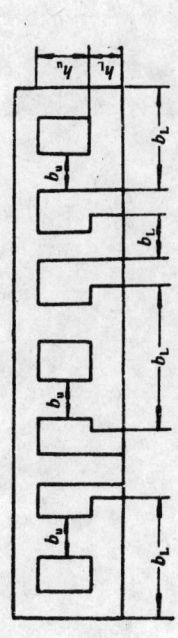

附图 2.1 开孔墙刚度计算简图

注:图中 b_i 为墙段上部墙肢的最大宽度。

四、复杂开洞墙片的窗间墙或窗与门间墙的刚度按下式计算:

$$K_{Fi} = \frac{A_i E}{h_{eq}} \cdot \frac{1}{3 + \left(\frac{h_{eq}}{b_i}\right)^2} \quad (附2.5)$$

式中 A_i ——计算墙肢 i 的水平截面面积;
b_i ——计算墙肢 i 的宽度;
h_{eq} ——计算墙肢的等效高度,按本附录第五款规定计算。

五、复杂开洞墙高度 h_{eq} (附图2.1)的窗间墙或窗与门间墙的宽度与上部墙肢的最大宽度比值不小于2,且上墙肢与下墙肢高度之比不小于1时,

$$h_{eq} = 1.15 h_u \quad (附2.6)$$

式中 h_u ——墙段上部墙肢的高度(附图2.1)。

2.当墙段下部墙肢宽度与上部墙肢的最大宽度之比大于1.5,或上部墙肢高度与下部墙肢高度之比小于0.5时:

$$h_{eq} = \beta (h_u + 0.5 h_L) \quad (附2.7)$$

式中 h_L ——墙段下部墙肢的高度;
β ——与上下墙肢的墙肢高度有关的修正系数。当墙

附录三 本规程用词说明

一、为便于在执行本规程条文时区别对待,对要求严格程度不同的用词说明如下:

1.表示很严格,非这样作不可的:
   正面词采用"必须";
   反面词采用"严禁";

2.表示严格,在正常情况下均应这样作的:
   正面词采用"应";
   反面词采用"不应"或"不得"。

3.表示允许有选择,在条件许可时首先应这样作的:
   正面词采用"宜"或"可";
   反面词采用"不宜"。

二、条文中指明必须按其它有关标准、规范执行的,写法为"应按……执行"或"应符合……的规定"。非必须按所指定的标准和规范执行的,写法为"可参照……"。

附加说明

本规程主编单位、参加单位和主要起草人名单

主编单位： 中国建筑科学研究院

参加单位： 北京市建筑设计院
陕西省建筑科学研究所
中国建筑西北设计院
四川省建筑科学研究院
同济大学
西安冶金建筑学院

主要起草人： 王有为　董竟成　周炳章　周九仪
巴荣光　侯汝欣　蔡国均　王增培
顾蕙若　易文宗　冯建国　宋西战
崔建友　陈蜀贤　文国栋

中华人民共和国行业标准

建筑抗震试验方法规程

Specification of Testing Methods for Earthquake Resistant Building

JGJ 101—96

主编单位：中国建筑科学研究院
批准单位：中华人民共和国建设部
施行日期：1997年4月1日

关于发布行业标准《建筑抗震试验方法规程》的通知

建标 [1996] 614号

各省、自治区、直辖市建委（建设厅）、计划单列市建委：

根据建设部 (87) 城科字第276号文的要求，由中国建筑科学研究院主编的《建筑抗震试验方法规程》业经审查，现批准为行业标准，编号JGJ101—96，自1997年4月1日起施行。

本标准由建设部建筑工程标准技术归口单位中国建筑科学研究院负责归口管理，并负责具体解释等工作，由建设部标准定额研究所组织出版。

中华人民共和国建设部
1996年12月2日

目 次

1 总则 ·· 14—3
2 术语及符号 ·· 14—3
  2.1 术语 ·· 14—3
  2.2 符号 ·· 14—4
3 试体的设计 ·· 14—5
  3.1 一般规定 ·· 14—5
  3.2 拟静力和拟动力试验试体的尺寸要求 ···································· 14—5
  3.3 模拟地震振动台试验试体的设计要求 ···································· 14—6
4 试体的材料与制作要求 ··· 14—6
  4.1 砌体试体的材料与制作 ··· 14—7
  4.2 混凝土试体的材料的选择 ·· 14—7
5 拟静力试验 ·· 14—8
  5.1 一般要求 ·· 14—9
  5.2 试验装置及加载设备 ·· 14—10
  5.3 量测仪表的选择 ·· 14—10
  5.4 加载方法 ··· 14—11
  5.5 试验数据处理 ··· 14—11
6 拟动力试验 ··· 14—13
  6.1 一般要求 ·· 14—13
  6.2 试验系统及加载设备 ·· 14—14
  6.3 数据采集系统仪器仪表 ··· 14—14
  6.4 控制、数据处理和计算机及其接口 ····································· 14—14
  6.5 试验装置 ··· 14—14
  6.6 试验实施和控制方法 ·· 14—14
  6.7 试验数据处理 ··· 14—14
7 模拟地震振动台动力试验 ··· 14—14
  7.1 一般要求 ·· 14—14
  7.2 试验设备 ·· 14—14
  7.3 试体安装 ·· 14—14
  7.4 测试仪器 ·· 14—14
  7.5 加载方法 ·· 14—15
  7.6 试验的观测和动态反应量测 ··· 14—15
  7.7 试验数据处理 ··· 14—16
8 原型结构动力试验 ·· 14—16
  8.1 一般要求 ·· 14—16
  8.2 试验前的准备 ··· 14—16
  8.3 试验方法 ·· 14—17
  8.4 试验设备和测试仪器 ·· 14—17
  8.5 试验要求 ·· 14—17
  8.6 试验数据处理 ··· 14—18
9 建筑结构试验中的安全措施 ·· 14—18
  9.1 安全防护的一般要求 ·· 14—18
  9.2 拟静力、拟动力试验中的安全措施 ···································· 14—18
  9.3 模拟地震振动台试验中的安全措施 ···································· 14—19
  9.4 原型结构动力试验中的安全措施 ······································· 14—19
附录 A 模型试体设计的相似条件 ·· 14—21
附录 B 拟动力试验设计数值计算方法 ······································ 14—23
附录 C 本规程用词说明 ·· 14—23
附加说明 ·· 14—24
条文说明

1 总 则

1.0.1 为统一建筑抗震试验方法,确保抗震试验质量,制定本规程。

1.0.2 本规程适用于建筑物和构筑物的抗震试验。本规程不适用于有特殊要求的研究性试验。

1.0.3 建筑抗震试验所采用的仪器设备,应有出厂合格证,其性能应经专门的检测机构检测认定。

1.0.4 对抗震要求试验用试体进行设计及试验结果评定时,除应符合本规程要求外,尚应符合国家现行有关规范、标准的要求。

2 术语及符号

2.1 术 语

2.1.1 试体 test sample
凡作为抗震试验的对象均称试体,是试验试构件、结构的原型和模型的总称。

2.1.2 原型结构 prototype structure
按施工图设计建成的直接投入使用的结构。

2.1.3 足尺模型 prototype model
尺寸、材料、受力特性与原型结构相同的结构模型。

2.1.4 弹性模型 elastic model
为研究在荷载作用下结构弹性性能,用匀质弹性材料制成与原型相似的结构模型。

2.1.5 弹塑性模型 elastic-plastic model
为研究在荷载作用下结构各阶段工作性能包括直至破坏的全过程反应,用与实际结构相同的材料制成的与原型相似的结构模型。

2.1.6 反力装置 reacting equipment
为实现对试体施加荷载的承载反力的装置。

2.1.7 荷载控制 loading control
以荷载值的倍数为级差的加载控制。

2.1.8 变形控制 deformation control
以变形值的倍数为级差的加载控制。

2.1.9 拟静力试验 pseudo-static test
用一定的荷载控制或变形控制对试体进行低周反复加载,使试体从弹性阶段直至破坏的一种试验。

2.1.10 拟动力试验 pseudo-dynamic test

试体在静力试验台上实时模拟地震动力反应的试验。

2.1.11 模拟地震振动台试验 pseudo-earthquake shaking table test

通过振动台台面对试体输入地面运动，模拟地震对试体作用全过程的抗震试验。

2.1.12 初速度法 initial velocity method

对试体施加初速度而使之振动而测定其动力性能的方法。

2.1.13 初位移法 initial displacement method

对试体施加初位移然后突然释放而使之振动而测定其动力性能的方法。

2.2 符 号

2.2.1 拟静力与拟动力试验用符号

K ——单质点试体的初始侧向刚度
K_i ——第 i 次循环点的初始割线刚度
X ——实测水平位移
$\pm F_i$ ——第 i 次正、反向峰点载荷值
$\pm X_i$ ——第 i 次正、反向峰点位移值
F_j^i ——位移延性系数为 j 时，第 i 循环峰点荷载值
X_j^i ——位移延性系数为 j 时，第 i 循环峰点位移值
μ ——试体的延性系数
X_u ——试体的极限位移
F_{jmax}^i ——位移延性系数为 j 时，第 i 次加载循环的最大峰点荷载值
F_{jmax} ——位移延性系数为 j 时，第一次加载循环的最大峰点荷载值
X_y ——试体的屈服位移

2.2.2 拟动力试验数值加载计算符号

$[K]$ ——多质点试体的初始侧向刚度矩阵
M, M_i ——试体质量和第 i 个质点的质量
$[M]$ ——试体质量矩阵
$[C]$ ——试体的阻尼矩阵
$\dot{X}, \{\dot{X}\}$ ——试体的速度和速度向量
$\ddot{X}, \{\ddot{X}\}$ ——试体的加速度和加速度向量
$\ddot{Z}_0, \{\ddot{Z}_0\}$ ——地震地面运动的恢复加速度和加速度向量
$P, \{P\}$ ——试体的恢复力和恢复力向量
P_i ——第 i 质点的恢复力
λ_i, λ_j ——第 i 和第 j 振型的阻尼比
ω_i, ω_j ——第 i 和第 j 振型的圆频率
Δt ——积分时间间隔（地震加速度取值时间间隔）
$\tilde{m}, \tilde{C}, \tilde{P}$ ——等效质量、等效阻尼、等效速度取值恢复力
$\tilde{X}, \tilde{\dot{X}}, \tilde{\ddot{X}}$ ——等效速度、等效加速度和等效加速度
U_i ——第一振型曲线中第 i 个质点位移与最大位移的比值

2.2.3 试体设计使用符号

ρ_{1m} ——模拟人工质量施加于模型上的附加材料的质量密度
ρ_{0m} ——模型材料中的质量密度
ρ_{0p} ——原型结构具有结构效应的材料的质量密度
L_m ——模型结构几何尺寸
L_p ——原型结构几何尺寸

3 试体的设计

3.1 一般规定

3.1.1 采用模型或截取部分结构作试体时，试体应分别满足原型结构的几何、物理、力学、构造和边界的相应条件。

3.1.2 试体的尺寸应根据试验目的要求，和现有设备条件进行设计，并应满足本规程的有关规定。

3.1.3 试体设计时应进行试体的局部处理。试验时不得发生非试验目的的破坏。

3.1.4 当试体为截取的柱或墙时，其上部荷载重量应视为竖向外力。

3.1.5 当试体为构件时，同类构件不得少于2个；用于基本性质试验的构件数量，应通过各种因素用正交设计确定。

3.1.6 模型试体材料重力密度不足时可采用均匀附加荷载予以补足，此时应按附加荷载在整个试体上的作用位置与分布情况确定。

3.1.7 拟静力和拟动力试验应按本规程附录A.1进行。

3.2 拟静力和拟动力试验试体的尺寸要求

3.2.1 砌体结构墙体试体与原型的比例不宜小于原型的1/4。

3.2.2 混凝土结构墙体试体，高度和宽度尺寸与原型的比例，不宜小于原型的1/6。

3.2.3 框架结构试体，其尺寸与原型的比例不宜小于原型的1/4。

3.2.4 框架节点试体，其尺寸与原型的比例可取原型的1/8。

3.3 模拟地震振动台试验试体的设计要求

3.3.1 结构弹性模型与原型结构的比例不宜小于原型结构的$\frac{1}{100}$，结构弹塑性模型与原型的比例不宜小于原型结构的$\frac{1}{15}$。

3.3.2 试体设计时应满足试体安装、结构反应量测和传感器安装等对试体构造的要求。

3.3.3 对于多层整体结构模型试体，当以荷重块作为人工模拟质量时，可均匀布置在各层楼面和屋面上，荷重块应与模型固牢。

3.3.4 对于单榀框架或单片墙体等平面试体，应设计人模拟用集中质量的重心高度对试体在平面内外所产生的影响。

3.3.5 结构动力试验试体应按相似理论进行设计，其试验模型应符合本规程附录A的规定。

求,可采用细筋。当采用盘圆筋需要调直时应计入力学性能的影响。模拟细纹筋时,光面钢筋宜作表面压痕处理。

4.2.4 试体采用的钢筋,应事先取样,并测定钢筋的弹性模量,绘制钢筋的应力—应变曲线。

4.2.5 试体制作时安装量测仪表的预埋件和预留孔洞位置应正确;在施工中应采取防止预埋元件的传感元件损坏的措施。

4.2.6 各类混凝土材性试件均应与试体同批同时制作,并应在同样条件下进行养护。

4.2.7 混凝土试体的制作、养护应符合现行国家标准《混凝土工程施工及验收规范》的要求。

4 试体的材料与制作要求

4.1 砌体试体的材料与制作

4.1.1 抗震试验所用块材的强度等级应与原型结构相一致。

4.1.2 第一皮砖或砌块与底梁之间、最上层砌块与顶梁之间的水平灰缝砂浆强度等级不应低于 M10,且应高于试体设计砂浆强度等级。

4.1.3 试体应根据模型的缩尺比例,可采用特制的缩尺砖或砌块。

4.1.4 试体材料力学性能试验方法应符合现行国家标准《砌体基本力学性质试验方法》的要求。

4.1.5 试体为配筋砌体时,尚应进行砌体中所配钢筋的基本力学性能试验。

4.1.6 砌体试体的制作、养护应符合国家标准《砌体工程施工及验收规范》的要求。

4.2 混凝土试体的材料与制作

4.2.1 试体采用混凝土时,应进行下列力学性能试验:

4.2.1.1 制作混凝土立方体试件,测定试体混凝土抗压强度。

4.2.1.2 当需要混凝土的应力—应变关系时,应制作棱柱体试件进行测定,并绘制混凝土的应力—应变曲线。

4.2.1.3 未取样试块混凝土的材料实际强度,可在全部试件完成后,从试件受力较小部位截取模型其材料力学性能进行试验。

4.2.2 混凝土弹塑性相似性模型试体配筋及骨料宜采用与原型结构有相似性的混凝土材料。

4.2.3 混凝土弹塑性相似性模型其试体材料配筋的材料应符合相似性的要

5 拟静力试验

5.1 一般要求

5.1.1 本章适用于混凝土结构、钢结构、砌体结构、组合结构的构件及节点抗震基本性能试验。以及结构模型或原型在低周反复荷载作用下的抗震性能试验。

5.2 试验装置及加载设备

5.2.1 试验装置的设计应满足下列要求：

5.2.1.1 试验装置与试验加载设备应满足试体的设计受力条件和支承方式的要求。

5.2.1.2 试验台、反力墙、门架、反力架等，其传力装置应具有刚度、强度和整体稳定性。试验台的重量不应小于结构试体最大重量的 5 倍。试验台应能承受垂直和水平方向的力。试验台在其可能提供反力部位的刚度，应比试体大 10 倍。

5.2.1.3 墙体通过加载器施加竖向荷载时，应在门架与加载器之间设置滚动导轨（图 5.2.1）。其摩擦系数不应大于 0.01。

5.2.1.4 加载器的加载能力和行程应大于试体的最大受力和极限变形。

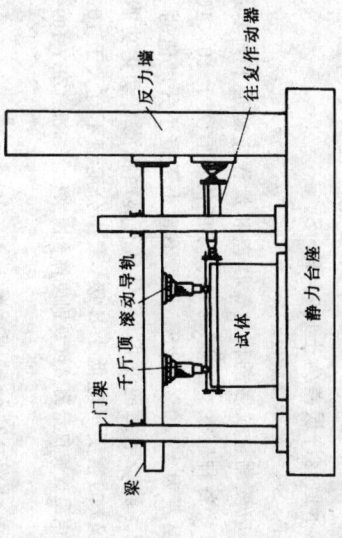

5.2.2 梁式构件可采用不设滚动导轨的试验装置（图 5.2.2）。

5.2.3 对顶部不容许转动的构件，所采用图 5.2.3 的试验装置，其四连杆结构与 L 型加载杆均应具有足够的刚度。对以弯剪受力为主的构件可采用本规程图 5.2.1 墙片试验装置。

5.2.4 对于梁柱节点的试验，当试体要求测 $P—\Delta$ 效应时应采用图 5.2.4-2 的试验装置，当不要求测 $P—\Delta$ 效应时应采用图 5.2.4-1 试验装置。

图 5.2.1 墙片试验装置

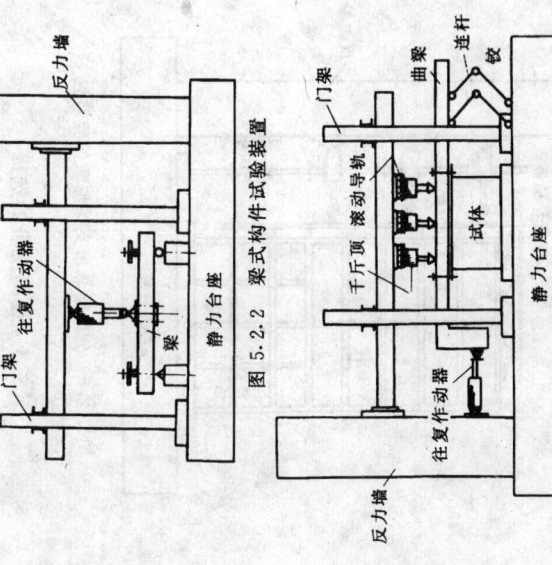

图 5.2.2 梁式构件试验装置

图 5.2.3 顶部无转动的抗剪试验装置

5.2.5 当进行多点侧向分配梁加载时,分配梁可采用悬吊支撑试验装置(图 5.2.5)。

5.2.6 柔性或易失稳试体的拟静力试验,应采取抗失稳的技术措施。

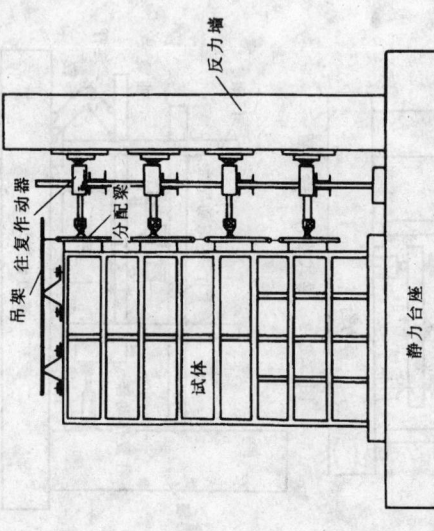

图 5.2.5 分配梁悬吊支撑加载试验装置

5.3 量测仪表的选择

5.3.1 应根据试验的目的选择测量仪表,仪表量程应满足试体极限破坏时的最大量程,分辨率应满足最小荷载作用下所测总位移的示值,位移计量程的最小分度值不宜大于所测总位移的分辨能力。

5.3.2 位移计测量仪表的允许误差为±1.0%F·S。
0.5%。示值允许误差为±1.0%F·S。

注:F·S——表示满量程。

5.3.3 应变测量仪表的精度、误差和量程应满足下列要求:

5.3.3.1 各种应变式传感器最小分度值不宜大于 $10×10^{-6}$。量程不宜小于最小分度值的 100 倍。

5.3.3.2 静态电阻应变仪(包括具有巡回检测自动化功能的数字式应变仪)的精度不应低于 B 级。最小分度值不宜大于 $10×10^{-6}$。

注:电阻应变仪量测精度级别应符合国家行业标准《ZBY 109—82》的规定。

5.3.4 各种记录仪量测精度不得低于 0.5%F·S。

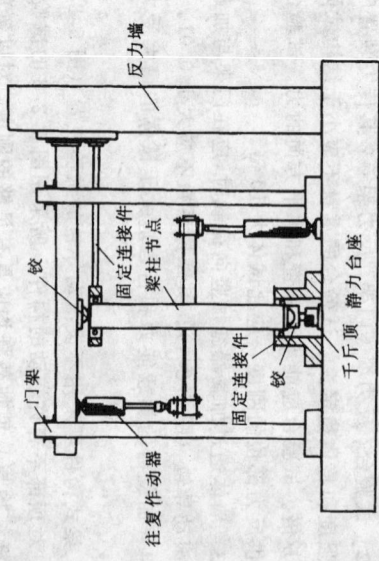

图 5.2.4-1 梁柱节点试验装置

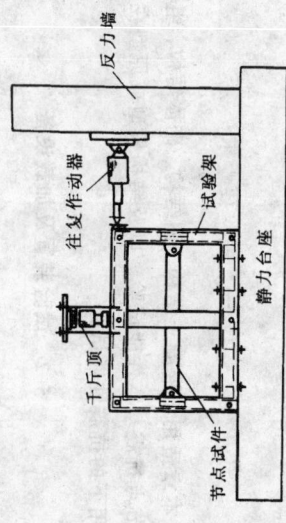

图 5.2.4-2 测 P—Δ 效应的节点试验装置

5.4 加 载 方 法

5.4.1 正式试验前，应先进行预加反复荷载试验二次；混凝土结构试体预加载值不宜超过开裂荷载计算值的30%；砌体结构试体不宜超过开裂荷载计算值的20%。

5.4.2 正式试验时的加载方法应根据试体的特点和试验目的确定。宜先施加试体预计开裂荷载的40%～60%，并重复2～3次，再逐步加至100%。

5.4.3 试验过程中，应保持反复加载的连续性和均匀性，加载或卸载的速度宜一致。

5.4.4 当进行承载能力和破坏特征试验时，应加载至试体极限荷载下降段；对混凝土结构试体下降值应控制到最大荷载的85%。

5.4.5 试体拟静力试验的加载程序应采用荷载一变形双控制的方法：

5.4.5.1 试体屈服前，应采用荷载控制并分级加载；接近开裂和屈服荷载前每级宜减小级差进行加载。

5.4.5.2 试体屈服后应采用变形控制。变形值应取屈服时试体的最大位移值，并以该位移值的倍数为级差进行控制加载。

5.4.5.3 施加反复荷载的次数应根据试验目的确定。屈服前每级荷载可反复一次，屈服以后宜反复三次。

5.4.6 平面框架节点的加载，宜采用梁端加载，当梁端塑性铰区为主要试验对象时，宜以梁端弹性铰或节点核心区或柱端连接处为主要试验对象时，宜采用柱端加载，但应计入$P-\Delta$效应的影响。

5.4.7 对于多层结构试体的水平加载可按倒三角形分布。水平荷载宜通过各层楼板施加。

5.5 试 验 数 据 处 理

5.5.1 混凝土构件试体的荷载及变形试验资料整理应按下列规定进行：

5.5.1.1 开裂荷载及变形应取试体受拉区出现第一条裂缝时相应的荷载和相应变形。

5.5.1.2 对钢筋屈服的试体，屈服荷载及变形应取受拉区主筋达到屈服应变时相应的荷载和相应变形。

5.5.1.3 试体的承受最大荷载和变形应取试体承受荷载最大时相应的荷载和相应变形。

5.5.1.4 破坏荷载及相应变形应取试体在最大荷载出现之后，随变形增加而荷载下降至最大荷载的85%时的相应荷载和相应变形。

5.5.2 混凝土试体的骨架曲线应取荷载变形曲线的各加载级第一循环的峰点所连成的包络线（图5.5.2）。

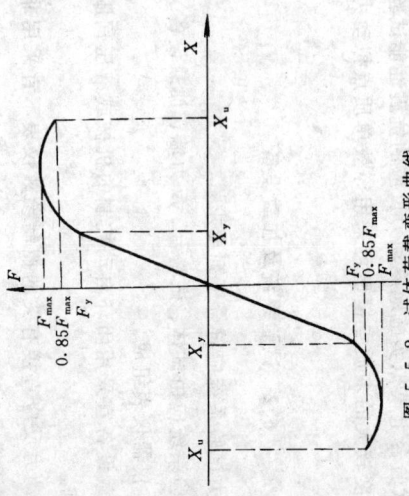

图 5.5.2 试体荷载变形曲线

5.5.3 试体的刚度可用割线刚度来表示。割线刚度K_i应按下式计算：

$$K_i = \frac{|+F_i|+|-F_i|}{|+X_i|+|-X_i|} \quad (5.5.3)$$

式中 F_i——第i次峰点荷载值；
X_i——第i次峰点位移值。

5.5.4 试体的延性系数，应根据极限位移X_u和屈服位移X_y之比计算：

$$\mu = \frac{X_u}{X_y} \quad (5.5.4)$$

式中 X_u——试体的承载力降限位移；
X_y——试体的屈服位移。

5.5.5 试体的承载力降低性能，应用同一级加载各次循环所得荷载降低系数 λ，进行比较，λ 应按下式计算：

$$\lambda_i = \frac{F_j^i}{F_j^{i-1}} \quad (5.5.5)$$

式中 F_j^i——位移延性系数为 j 时，第 i 次循环峰点荷载值；
F_j^{i-1}——位移延性系数为 j 时，第 $i-1$ 次循环峰点荷载值。

5.5.6 试体的能量耗散能力，能量耗散系数 E 应按下式计算：

$$E = \frac{S_{(ABC+CDA)}}{S_{(OBE+ODF)}} \quad (5.5.6)$$

面积来衡量，能量耗散系数 E 应以荷载一变形滞回曲线所包围的

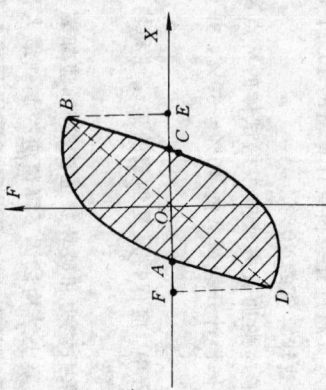

图 5.5.6 荷载—变形滞回曲线

6 拟动力试验

6.1 一般要求

6.1.1 本章适用于混凝土结构、钢结构、砌体结构、组合结构的模型在静力试验台上模拟实施地震动力反应的抗震性能试验。

6.1.2 对刚度较大的多质点模型可采用等效单质点拟动力试验方法。

6.2 试验系统及加载设备

6.2.1 拟动力试验系统应由试体、试验台、反力墙、加载设备、计算机、数据采集仪器设备组成。

6.2.1.1 加载设备宜采用闭环自动控制的机械或液压伺服系统装置的机械试验机。

6.2.1.2 与加载反应直接有关的控制参数仪表不宜采用非传感器式的机械直读仪表。

6.2.2 加载设备的性能应满足下列要求：

6.2.2.1 试验系统应能实现力和位移反馈的同伺服控制。

6.2.2.2 系统动态响应的幅频特性不应低于 2（mm×Hz）。

6.2.2.3 力值系统允许误差为±1.5%F·S；分辨力应小于或等于 0.1%F·S。

6.2.2.4 位移系统允许误差为±1%F·S；分辨力应小于或等于 0.1%F·S。

6.2.2.5 加载设备应稳定可靠，无故障地在一段地震加速度时程曲线的试验周期内，其加载设备应稳定可靠、无故障地连续工作。

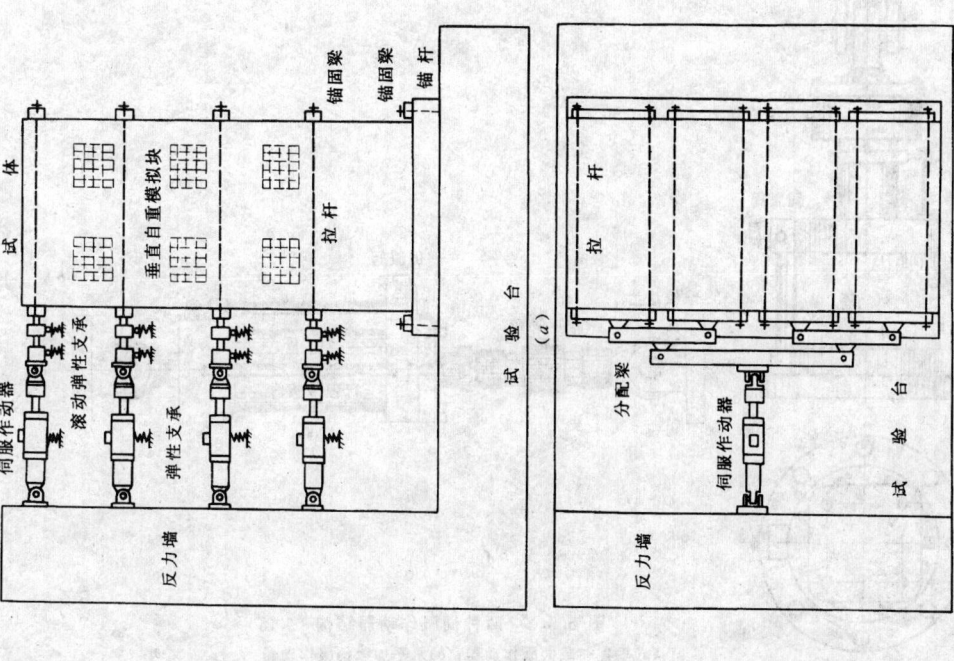

图 6.5.2 模型试体拟动力试验装置
(a) 立面图; (b) 平面图

6.3 数据采集仪器仪表

6.3.1 测量仪表可按本规程第 5.3 节的规定选择。

6.3.2 试体各测量值，应采用自动化测量仪器进行数据采集记录，采集速度不宜低于每秒钟 1 个测点。

6.4 控制、数据处理计算机及其接口

6.4.1 拟动力试验采用的计算机（包括软件）应满足实时控制与接口、实现控制与数据采集。

6.4.2 试验控制参数量测参数通过标准接口 A/D、D/A 接口，数据处理，图形输出等功能要求。

6.5 试 验 装 置

6.5.1 试验装置的设计宜符合本规程 5.2 节的规定。

6.5.2 水平加载分配装置宜采用垂直方向滚动弹性支承（图 6.5.2）。

6.5.3 伺服作动器两端应有球铰法兰连接件，分别和反力墙、试体连接（见图 6.5.3）。

6.5.4 结构或试体产生剪弯反力的装置，恒载加荷设备用一般液压加荷装置，稳压允许误差为±2.5%。恒载精度应为±1.5%，当装置采用短行程的伺服作动器并配置使试体的垂直自重模拟时，应有稳压技术措施，稳压允许误差为±2.5%。

6.5.5 框架或试体杆件水平集中荷载通过拉杆传力装置作用在节点上，其总承载力应大于最大加载力的二倍。

6.5.6 作用在结构模型布在楼层板或梁上。拉杆装置通过分配梁一拉杆装置在结构试体上，其承载力应大于集中荷载最大加载力的二倍。各拉杆拉力的不均匀差不应大于5%。拉杆若需穿过结构模型楼板开洞或墙板时，其孔洞位置和孔径不宜影响试体受力状态。

6.5.7 分配梁应为简支铰接结构。集中荷载的分配数不应大于

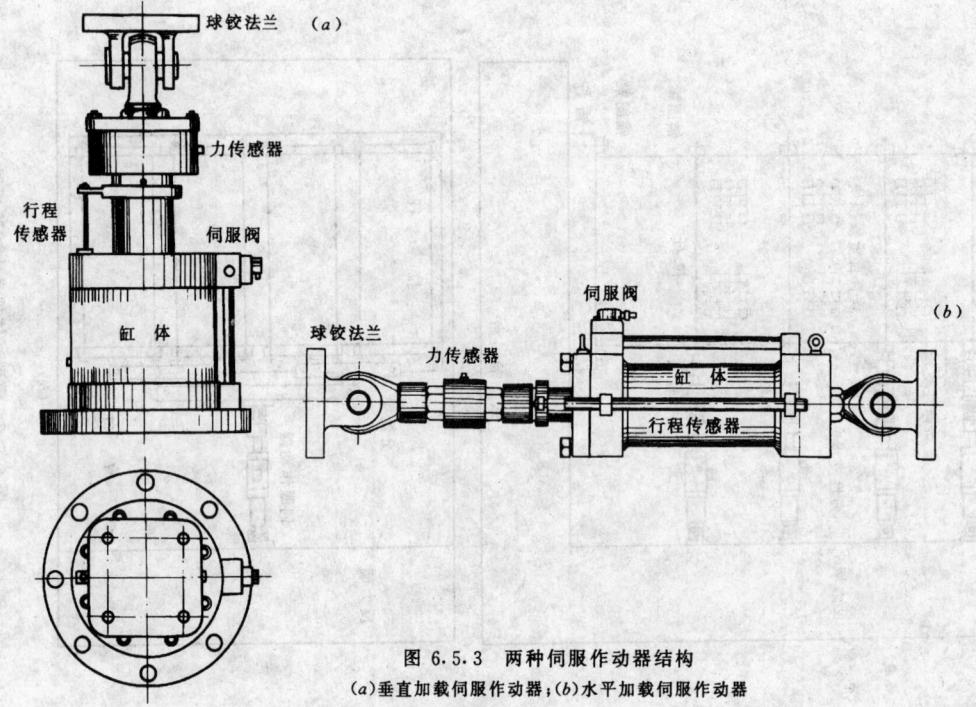

图 6.5.3　两种伺服作动器结构
(a)垂直加载伺服作动器；(b)水平加载伺服作动器

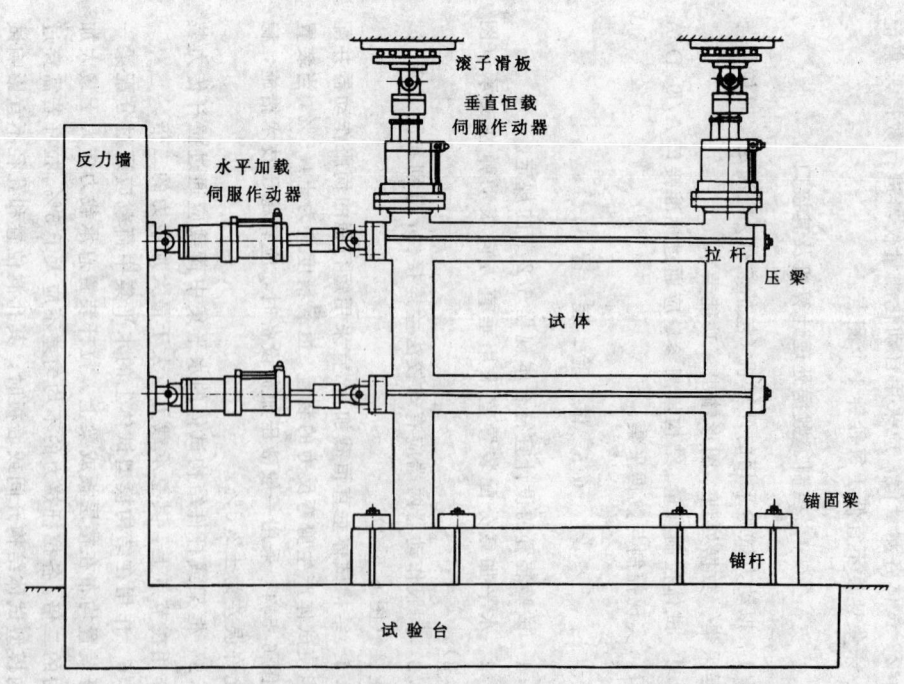

图 6.5.4　装有垂直恒载伺服作动器的框架结构试体拟动力试验装置

三级。与试体接触的卧式拉杆梁应具有刚度。

5.5.8 柔性或不稳定结构构件试体的拟动力试验,应符合本规程第5.2.6条的规定。

6.6 试验实施和控制方法

6.6.1 试验前应根据结构拟建场地类型选择具有代表性的地震加速度时程曲线,并形成符合计算机的输入数据文件。

6.6.2 拟动力试验宜根据试验体的不同工作状态的要求,可将地震加速度数据文件中的各加速度值按振动规律扩大或缩小。

6.6.3 试验前宜对模型先进行小变形静力加载试验,并确定试体的初始侧向刚度。

6.6.4 拟动力试验初始计算参数应包括:各质点的质量和高度、初始刚度、自振周期、阻尼比等。

6.6.5 试体的加载刚度控制量应取试体各质点在地震作用下的反应位移。当试体刚度很大时,可采用荷载控制下逼近位移的间接加载控制方法,但最终控制量仍应是试体质点反应位移。

6.6.6 量测试体各质点处的变形和结构反应恢复力,宜采取多次反复采集的算术平均值。

6.6.7 拟动力试验初始加载基本步骤及每步加载反应计算应符合本规程附录B的规定。

6.6.8 在拟动力试验中应对仪表布置、支架刚性、荷载最大输出量、限位等,采取消除试验系统误差的措施。

6.7 试验数据处理

6.7.1 对采用的不同地震加速度记录和最大地震加速度进行的每次试验,均应对试验数据进行图形处理,各图形应考虑计算机模型进入弹塑性阶段后各次试验依次产生的残余变形影响,主要图形数据应包括下列内容:

6.7.1.1 基底总剪力-试体各质点水平位移时程曲线图和恢复力图;层间剪力-层间水平位移时程曲线图;顶端水平位移时程曲线图;

6.7.1.2 最大加速度时的水平位移图、恢复力图、剪力图、弯矩图;抗震设计时程分析曲线与试验曲线的对比图;

6.7.2 试验开裂时的基底总剪力、顶端位移和相应的最大加速度应按实施试验体第一次出现裂缝(且该裂缝随地震加速度而开展)时的试验值确定,并应记录此时的基底总剪力、顶端水平位移和最大地震加速度数值。

6.7.3 试体屈服、极限、破损状态的基底总剪力,做各曲线最大地震加速度宜按以下方法确定:

6.7.3.1 应采用同一地震加速度记录按不同最大水平位移依次进行的各次试验得到的基底总剪力-顶端水平位移曲线,取各曲线中最大反应值考虑后已产生的各次试验使结构模型产生的残余变形影响后的各个反应循环内并一同坐标图中,做出基底总剪力-顶端水平位移包络线(图6.7.3)。

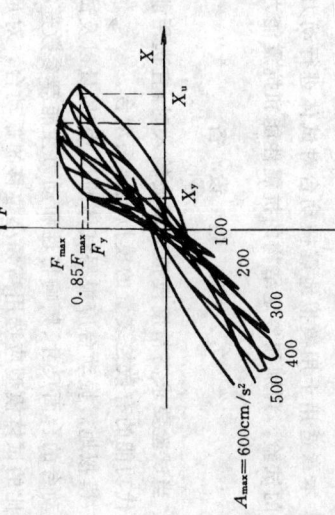

图6.7.3 基底总剪力-顶端水平位移包络线

6.7.3.2 取包络线上出现明显拐弯处基底总剪力、屈服顶端水平位移(正、负方向向上较小一侧)的数值为试体屈服基底总剪力、屈服顶端水平位移(正、负方向向上较小一侧)的数值为试体屈服基底总剪力、屈服顶端水平位移(正、负方向向上较小一侧)。

6.7.3.3 取包络线上沿基底总剪力轴顶处(正、负方向向上较小一侧）的数值为试体极限基底总剪力和极限剪力状态的地震加速度。

6.7.3.4 基底总剪力下降约15%点处（正、负方向较小一侧）的数值，取包络线上沿顶端水平位移轴、过极限基底总剪力点后，为试体破坏预基底总剪力及相应状态地震加速度。

7 模拟地震振动台动力试验

7.1 一般要求

7.1.1 本章适用于用模拟地震振动台对试体进行动力特性和动力反应试验，判别和鉴定结构的抗震性能和抗震能力。

7.2 试验设备

7.2.1 当试验要求高精度模拟地震波输入时，宜选用能对地震波具有迭代功能的有数控装置的模拟地震振动台。

7.2.2 模拟地震振动台应根据试体的尺寸、动力性能等参数选择使用。对于大缩比的试体模型应选用高频小位移的振动台，对足尺或小缩比的试体模型应选用低频大位移的振动台。

7.3 试体安装

7.3.1 在试体安装之前，应检查振动台各部分及控制系统，确认处于正常的工作状态。

7.3.2 试体与台面之间宜铺设找平垫层。

7.3.3 试体起吊、下降、安装时应防止受损。

7.3.4 试体就位后，应采用高强螺栓按底盘或底梁上的预留孔位置与台面螺栓孔连接，并宜采用特制的限位压板和支撑装置固定试体。在试验过程中应随时检查，防止螺栓松动。

7.4 测试仪器

7.4.1 测试仪器应根据试体的动力特性、动力反应、模拟地震振动台的性能以及所需的测试参数来选择。被选用的各种测试仪器均应在试验前进行系统标定。

7.4.2 测试仪器的使用频率范围，其下限应低于试验用地震记录最低主要频率分量的1/10，上限应大于最高有用频率分量值。

7.4.3 测试仪器动态范围应大于60db。

7.4.4 测量讯号分辨率最小有用振动幅值的1/10。

7.4.5 试验数据的记录宜采用磁带记录器或计算机数据采集系统采集和记录。

7.4.6 量测用的传感器应具有良好的机械抗冲击性能、重量和体积要小，且便于安装和拆卸。

7.4.7 量测用的传感器的连接导线，应采用屏蔽电缆。量测仪器的输出阻抗和输出电平应与记录仪器或数据采集系统匹配。

7.5 加载方法

7.5.1 振动台试验加载时，台面输入的地面运动加速度时程曲线应按下列条件进行设计：

7.5.1.1 设计和选择台面输入加速度时程曲线时，应考虑试验结构的周期，拟建场地类别，地震烈度和震中距的影响。

7.5.1.2 加速度时程曲线类别宜直接选用强震记录的地震波曲线，也可按结构拟建场地类别的反应谱特拟合的人工地震波。选用人工合成地震时，持续时间不宜少于20s。

7.5.1.3 输入加速度时程曲线幅值的确定应按相似常数进行修正。

7.5.2 模拟地震振动台模型试验前加载采用正弦频率扫描法或白噪声激振法测定试验体的动力特性。

7.5.2.1 正弦波，台面输入扫描频率为变频加速度连续扫描，扫描速率采用每分钟一个倍频程，加速度值为0.05m/s²。当振动台电平低时，也可选用更小的加速度值。

7.5.2.2 白噪声覆盖的频段应能采用单向电噪声激振法，加速度值为0.5~0.8m/s²。

7.5.3 模拟地震振动台试验，宜采用多次分级加载方法，加载可按下列步骤进行：

7.5.3.1 依据按试验模型理论计算的弹性和非弹性地震反应，估计逐次输入台面加速度幅值。

7.5.3.2 弹性阶段试验，输入某一幅值的地震地面运动加速度时程曲线，量测试体的动力反应。逐级加大台面输入加速度幅值，使试体逐步发展到中等程度的开裂，放大系数和弹性性能。

7.5.3.3 非线性阶段试验，逐级加大台面输入加速度幅值，除了采集加大的数据外，尚应观测试体各部位的开裂或破坏情况。

7.5.3.4 破坏阶段试验，继续加大台面输入加速度幅值，或在某一最大的峰值下反复输入，使试体变为非机动体系和应变反应最大的变形或某部位的破坏，检验结构的极限抗震能力。

7.6 试验的观测和动态反应量测

7.6.1 振动台试验时应需要量测试验体的加速度、速度、位移和应变等主要参数的动态反应。

7.6.2 对于框架、墙体等体的加速度和位移点宜优先布置在加速度和变形反应最大部位的在模型屋盖和每层楼面高度位置对于钢筋混凝土和混凝土试体最大柱和梁测试点量测试体受力和变形最大的部位在砌体结构和砌体结构模型试体的应变反应。

7.6.3 对于整体结构模型试验，量测模型试验体的加速度加速度和位移反应传感器，宜布置测试验体底部相对于台面的位移和加速度反应的测点。

7.6.4 在试体接触角梁或底盘上，宜布置测试试体底部相对于台面的位移计量测试变形时，安装位移计的仪表架固定于台面或测试外的地面上。

7.6.5 当采用混凝土试体地基或坑基础以外应使用绝缘型隔离，隔离垫本身必须有足够的刚度。

7.6.6 传感器与被测试体间应使用绝缘垫隔离，隔离垫自振频率要远大于被测试体的频率。

7.6.7 传感器的连接导线应牢固固定在被测试体上,宜从物体运动较小的方向引出。

7.6.8 对于钢筋混凝土及砌体结构的试体在试验逐级加载的同隙中,应观测裂缝出现和扩展情况,量测裂缝宽度,将裂缝出现的次序和扩展情况按输入地震波过程在试体上描绘并作出记录。

7.6.9 试验的全过程宜以录像作动态记录,对于试体主要部位的开裂、失稳屈服及破坏情况,宜拍摄照片和作文字记录。

7.7 试验数据处理

7.7.1 试验数据采样频率应符合一般波谱数值处理的要求。

7.7.2 试验数据分析前,对数据必须进行下列处理:

7.7.2.1 根据传感器的标定值及应变计的灵敏系数等对试验数据进行修正。

7.7.2.2 根据试验情况和分析需要,采用滤波处理、零均值化、消除趋势项等减小量测误差的措施。

7.7.3 根据处理后的试验数据,应提取测试数据的最大值及其相对应的时间、时程反应曲线以及结构的自振频率、振型和阻尼比等数据。

7.7.4 当采用白噪声确定试体自振频率和阻尼比时,宜采用自功率谱或传递函数分析求得。试体的振型和互功率谱或传递函数分析确定。

7.7.5 需用加速度反应值计算位移值时,可用积分法计算,但应消除趋势项和进行滤波处理。

8 原型结构动力试验

8.1 一 般 要 求

8.1.1 本章适用于利用外部动力直接作用于实际建筑结构的振动特性试验。

8.2 试验前的准备

8.2.1 应搜集原型结构所在场地的工程地质和地震地质、设计图纸、结构现状等资料。

8.2.2 应根据试验目的制定试验方案及必要的计算。

8.3 试 验 方 法

8.3.1 测试结构的基本振型时,可优先选用环境振动法,在满足测试要求条件下也可选用初位移法等其他方法。

8.3.2 测试结构平面内多个振型时,宜选用稳态正弦波激振法。

8.3.3 测试结构空间扭转振型或弯扭振型时,宜选用多振源相位控制同步的稳态正弦波激振法或速度法。

8.3.4 要评估结构的抗震性能时,可选用随机激振法或人工爆破模拟地震法。

8.4 试验设备和测试仪器

8.4.1 当采用施加初速度的方法进行试验时,宜采用小火箭作激振源,其作用力大小应根据试验对象从弹性阶段动力特性要求选定,相应的作用时间宜为数毫秒至数十毫秒。

8.4.2 当采用稳态正弦激振的方法进行试验时,宜采用液压同服惯性机械起振机,也可采用旋转惯性振器,使用频率范围宜在0.5~

30Hz，频率分辨率应高于0.01Hz。

8.4.3 可根据需要测试的动参数和振型阶数等具体情况，选择加速度仪、速度仪或位移仪，必要时尚可选择相应的配套仪表。

8.4.4 应根据需要测试的最低和最高阶频率选择测试仪器的频率范围。

8.4.5 测试仪器的最大可测范围应根据试体结构的类别、被测试体振动的强烈程度来选定。

8.4.6 测试仪器的分辨率应根据试体结构的最小振动幅值来选定。

8.4.7 传感器的横向灵敏度应小于0.05。

8.4.8 进行瞬态测试时，测试仪器的可使用频率范围应比稳态测试时大一个数量级。

8.4.9 传感器应具备机械强度高、安装调节方便、体积重量小而便于携带、防水、防电磁干扰等性能。

8.4.10 记录仪器或数据采集系统，电平输入及频率范围，应与测试仪器的输出相匹配。

8.5 试验要求

8.5.1 原型结构脉动测试应满足下列要求：

8.5.1.1 应避免环境振动及系统干扰。

8.5.1.2 测试时间，应记录时间不应少于5min，在测量振型和频率时不应小于30min。

8.5.1.3 当因测试仪器数量不足而作多次测试时，每次测试中应至少保留一个共同的参考点。

8.5.2 原型结构机械激振测振动测试应满足下列要求：

8.5.2.1 应正确选择激振器的位置，合理选择激振力，防止对结构引起振型畸变。

8.5.2.2 当激振器安装在楼板上时，应避免楼板的竖向自振频率和刚度的影响，激振力应具有传递途径。

8.5.2.3 激振试验中宜采用扫频方式寻找共振频率。在共振频率附近进行测试时，应保证自由振动试验半功率带宽内有不少于5个频率的测点。

8.5.3 施加初速度自由振动试验应满足下列要求：

8.5.3.1 火箭筒的数目布置的位置应根据试验的反应试验方案决定。

8.5.3.2 火箭筒的最高阶位置宜在建筑物的顶部和结构主体部分的侧面。火箭筒的引爆宜用干电池引爆方式。

8.5.3.3 当采用多个火箭激振时，各个火箭应同时引爆。

8.5.3.4 施加初位移的自振测试应符合下列要求：

8.5.4 应根据试验目的布置拉线点。

8.5.4.1 拉线与结构的连接部分应具有能够整体传力到主体受力构件上。

8.5.4.2 每次测试时记录拉力数值的与结构拉线间的夹角。量取波值时，不得采用突断的最初衰减的两个波。

8.5.4.3 拉测时不应使结构出现初裂缝。

8.6 试验数据处理

8.6.1 对原型结构试验的时域数据进行处理应满足下列要求：

8.6.1.1 对记录试验的自振率可在记录曲线上比较规则的波形段取有限个周期的共振曲线求取零点漂移，记录波形和记录定度的检验。

8.6.1.2 试体结构的自振阻尼比可按自由衰减曲线求取，在稳态正弦激振时可根据共振曲线各测点的幅值采用半功率点法求取。

8.6.1.3 试体结构实测后的共振频率和半功率点的幅值，应用记录信号幅值除以测试系统的增益，并按此求得振型。

8.6.2 对原型结构试验的频域数据处理应满足下列要求：

8.6.2.1 频域数据采样间隔应符合采样定理的要求。

8.6.2.2 对频域中的数据应采用滤波、零均值化方法进行处理。

8.6.2.3 试体结构的自振频率可采用自谱分析或付里叶谱分析方法求取。

8.6.2.4 试体结构的阻尼比宜采用自相关函数分析，曲线拟合法。

或半功率点法确定。

8.6.2.5 试体结构的振型,宜采用自谱分析、互谱分析或传递函数分析方法确定。

8.6.2.6 对于复杂试体结构的试验数据,宜采用谱分析、相关分析、传递函数分析和相干分析等方法进行分析。

8.6.3 试验数据处理后应根据需要提供试体结构的自振频率、阻尼比和振型,以及动力反应最大幅值、时程曲线、频谱曲线等分析结果。

9 建筑抗震试验中的安全措施

9.1 安全防护的一般要求

9.1.1 任何试验方案,应有安全防护措施。

9.1.2 试体的吊装、加载设备的安装及运输过程,必须遵守国家现行的有关安全规程。

9.1.3 试验设备和测试仪器应设置接地装置。

9.2 拟静力、拟动力试验中的安全措施

9.2.1 安装时试体的固定连接件、螺栓等,应经过验算,以保障安全,试验时试体应采取安全保护措施。

9.2.2 试验中应遵守仪器仪表的安全操作使用的规定。

9.2.3 试验用的加载设备应具有强度和刚度;在大型的试体试验时,应对所使用的加力架的强度、刚度进行验算。

9.2.4 应防止所使用的加载设备的最大加载能力和冲程,小于被试验体的极限荷载和变形。

9.2.5 试验中所使用的量测仪表,在试体临近破坏时应采取保护措施。

9.2.6 应认真执行电液伺服系统设备的安全操作规定。

9.3 模拟地震振动台试验中的安全措施

9.3.1 对于脆性破坏的试体,在破坏阶段,一切人员应远离危险区。试验时应采取防止试体倒塌时砸坏台面和振动器,损坏和污染输油管道及其它设备的措施。

9.3.2 试验时可利用试验室的起重行车,通过吊钩及钢缆与试体的联系。

9.3.3 试验中应防止模型上外加荷重块的移位或者甩出伤人。
9.3.4 振动台控制系统应设置各种故障的报警指示装置,台面系统应设有缓冲消能装置。
9.3.5 振动台电源宜加稳压装置,当台面反应超过限值时,应自动断电源。
9.3.6 振动台数据采集系统宜设有不间断电源。

9.4 原型结构动力试验中的安全措施

9.4.1 测试仪器电源宜加稳压装置。
9.4.2 初位移法测试中应采取以下措施:
9.4.2.1 拉线与结构物和测力计的连接应可靠,并严防拉线被拉断后反弹伤人。
9.4.2.2 施力用的拉线绞车应设安全措施。
9.4.2.3 非测试人员不应靠近测试区。
9.4.3 仪器设置部位应有安全保护,测量处应防止围观者干扰。
9.4.4 起振机在安装之前应进行检查,在经过试机后方可吊装就位,连接螺栓要埋设牢固。
9.4.5 对房屋进行破坏性测试时必须做到对所有测试仪器应进行设防保护。进入试验现场的工作人员必须遵守现场的有关操作规定。
9.4.6 使用火箭激振器遵守火箭激振器的有关操作规定。

附录 A 模型试体设计的相似条件

A.1 结构拟静力与拟动力试验模型

A.1.1 结构模型的设计应满足物理、几何以及边界条件的相似要求,并根据基本方程按结构力学建立相似关系。
A.1.2 混凝土结构模型宜按表 A.1.2 相似系数计算相似关系
A.1.3 砌体结构模型宜按表 A.1.3 相似系数计算相似关系

混凝土结构模型相似系数 附表 A.1.2

类型		物理量		量纲	一般模型	实用模型
材料	混凝土应力	σ_c		FL^{-2}	S_σ	1
	混凝土应变	ε_c		—	1	1
	混凝土弹性模量	E_c		FL^{-2}	S_σ	1
	泊松比	μ_c		—	1	1
	质量密度	ρ_c		FL^{-3}	S_σ/S_L	$1/S_L$
	钢筋应力	σ_s		FL^{-2}	S_σ	1
	钢筋应变	ε_s		—	1	1
性能	钢筋弹性模量	E_s		FL^{-2}	S_σ	1
	粘结应力	u		FL^{-2}	S_σ	1
几何特性	几何尺寸	L		L	S_L	S_L
	线位移	δ		L	S_L	S_L
	角位移	β		—	1	1
	钢筋面积	A_s		L^2	S_L^2	S_L^2
荷载	集中荷载	p		F	$S_\sigma S_L^2$	S_L^2
	线荷载	W		FL^{-1}	$S_\sigma S_L$	1
	面荷载	q		FL^{-2}	S_σ	S_L^2
	力矩	M		FL	$S_\sigma S_L^3$	S_L^3

砌体结构模型相似系数 附表 A.1.3

类型	物 理 量		量 纲	一般模型	实用模型
材料特性	砌体应力	σ_m	FL^{-2}	S_σ	1
	砌体应变	ε_m	—	1	1
	砌体弹性模量	E_m	FL^{-2}	S_σ	1
	砌体泊松比	μ_m	—	1	1
	砌体质量密度	ρ_m	FL^{-2}	S_σ/S_L	$1/S_L$
几何特性	长度	L	L	S_L	S_L
	线位移	δ	L	S_L	S_L
	角位移	β	—	1	1
	面积	A	L^2	S_L^2	S_L^2
载荷	集中荷载	P	F	$S_\sigma S_L^2$	S_L^2
	线荷载	W	FL^{-1}	$S_\sigma S_L$	S_L
	面荷载	q	FL^{-2}	S_σ	1
	力矩	M	FL	$S_\sigma S_L^3$	S_L^3

A.2 结构动力试验模型

A.2.1 结构动力试验模型按基本方程建立相似关系时,尚应满足质点动力平衡方程式相似和运动的初始条件相似。

A.2.2 结构动力试验模型试体与原型结构之间的相似关系,求得模型设计可采用方程式分析法或量纲分析法。

A.2.3 结构抗震动力试验模型设计应按附表 A.2.3 相似系数计算相似关系,并应符合下列规定:

A.2.3.1 当模型与原型结构在具有同样重力加速度效应 g 的情况下进行试验时,应按附表 A.2.3 中弹塑性模型相似系数计算相似关系。在实际试验中,可采用人工模拟质量的模型。

A.2.3.2 采用人工质量模拟的弹塑性模型的强度模型相似系数应按附表 A.2.3 中人工质量模拟的弹塑性模型的强度模型相似系数计算相似关系。

A.2.3.3 对于可忽略重力加速度 g 的影响的强度模型和只涉及弹性范围工作的弹性模型,应按附表 A.2.3 中忽略重力效应的弹性模型的相似系数计算相似关系。

动力模型的相似系数 附表 A.2.3

模型类型 相似常数	弹塑性模型 (1)	用人工质量模拟的 弹塑性模型 (2)	忽略重力效应的 弹性模型 (3)
长度 S_L	S_L	S_L	S_L
时间 S_t	$\sqrt{S_L}$	$\sqrt{S_L}$	$S_L\sqrt{\dfrac{S_\rho}{S_E}}$
频率 S_f	$\dfrac{1}{\sqrt{S_L}}$	$\dfrac{1}{\sqrt{S_L}}$	$\dfrac{1}{S_L}\sqrt{\dfrac{S_E}{S_\rho}}$
速度 S_v	$\sqrt{S_L}$	$\sqrt{S_L}$	$\sqrt{\dfrac{S_E}{S_\rho}}$
重力加速度 S_g	1	1	忽略
加速度 S_a	1	1	$\dfrac{1}{S_L}\dfrac{S_E}{S_\rho}$
位移 S_δ	S_L	S_L	S_L
弹性模量 S_E	S_E	S_E	S_E
应力 S_σ	S_E	S_E	S_E
应变 S_ε	1	1	1
力 S_F	$S_E S_L^2$	$S_E S_L^2$	$S_E S_L^2$
质量密度 S_ρ	$\dfrac{S_E}{S_L}$	S'_ρ	S_ρ
能量 S_{EN}	$S_E S_L^3$	$S_E S_L^3$	$S_E S_L^3$

A.2.3.4 模型中各物理量的相似常数按下式计算:

$$S_L = L_m/L_{p0} \qquad (A.2.3.4)$$

式中 L_m——模型结构的几何尺寸;

L_{p0} —— 原型结构的几何尺寸。

A.2.3.5 人工模拟质量的等效质量密度的相似常数应按下列公式计算：

$$\rho_{1m} = \left(\frac{S_E}{S_L} - S'_\rho\right)\rho_{0p} \quad (A.2.3.5-1)$$

$$S'_\rho = \frac{\rho_{1m} + \rho_{0m}}{\rho_{0p}} \quad (A.2.3.5-2)$$

式中 ρ_{1m} —— 人工模拟质量施加于模型上的附加材料的质量密度；

ρ_{0m} —— 模型材料的质量密度；

ρ_{0p} —— 原型结构的材料质量密度。

附录 B 拟动力试验数值计算方法

B.1.1 拟动力试验数值计算应按下列步骤进行：

B.1.1.1 根据结构体的特性及其试验数据确定计算初始参数。

B.1.1.2 将初始参数代入动力方程，得到结构第一步地震反应位移。

B.1.1.3 由试验控制伺服作动器使结构产生计算所得的地震反应位移；同时测量各质点的恢复力。

B.1.1.4 根据实测的恢复力计算修正反应位移，相应地由试验控制伺服作动器再将该位移施加到结构上。按此步骤逐步迭代循环直至拟动力试验过程全部结束。

B.1.2 试验数值计算所用地震加速度时程曲线的持时长度，应使实际结构产生的振动周期，不小于基本自振周期的8倍。

试验数值计算所取时间步长 Δt，可取 0.05~0.1T（T 为实际结构的振型周期和地震加速度曲线的各周期中最短周期）。

在试验时，地震加速度曲线的持时及时间步长 Δt 应按相似关系变换。

B.1.3 采用等效单质点拟动力试验时，结构的动力反应按下式计算：

$$\tilde{m}\ddot{\tilde{X}} + c\dot{\tilde{X}} + \tilde{P} = -\tilde{m}\ddot{z} \quad (B.1.3-1)$$

$$\tilde{m} = \sum_{i=1}^{n} M_i U_i \quad (B.1.3-2)$$

$$\tilde{P} = \sum_{i=1}^{n} P_i U_i \quad (B.1.3-3)$$

$$X_i = \bar{X}\{u_i\} \qquad (B.1.3-4)$$

式中 $\bar{m}$ ——等效质量；
n ——质点数；
M_i ——多质点体系中，第 i 个质点的质量；
U_i ——第一振型曲线中第 i 个质点位移与最大位移的比值；
c ——试件阻尼比；
$\bar{P}$ ——等效恢复力；
P_i ——第 i 质点的恢复力；
$\ddot{z}$ ——地震加速度；
$\dot{X}$, $\bar{X}$ ——等效速度和等效加速度。

B.1.4 试验开始阶段恢复力可不按实测取值，但可采用结构的弹性刚度并按下式计算：

$$\{P\} = (K)\{X\} \qquad (B.1.4)$$

当结构反应逐渐增大，实测恢复力足够精确后，应及时使用实测值。在使用实测值时，宜采用中心差分法进行动力方程计算，由直接量测的恢复力 P，计算等效恢复力 $\bar{P}$。

B.1.5 采用多质点体系的拟动力试验时，结构动力反应按下式计算：

$$[M]\{\ddot{X}\} + [C]\{\dot{X}\} + \{P\} = -[M]\{\ddot{Z}_0\} \qquad (B.1.5)$$

式中 $[M]$、$[C]$ ——分别为质量矩阵、阻尼矩阵；
$\{X\}$、$\{\dot{X}\}$、$\{\ddot{X}\}$ ——分别为位移向量、速度向量和加速度向量；
$\{\ddot{Z}_0\}$ ——地面运动加速度向量。

B.1.6 质量可集中于各楼层标高处，并按下式组成质量矩阵：

$$[M] = \begin{bmatrix} M_1 & & & 0 \\ & M_2 & & \\ & & \ddots & \\ 0 & & & M_n \end{bmatrix} \qquad (B.1.6)$$

B.1.7 阻尼矩阵可按下式计算：

$$[C] = \tau_M[M] + \tau_K[K]$$ (B.1.7-1)

$$\tau_M = \frac{2(\lambda_i\omega_j - \lambda_j\omega_i)\omega_i\omega_j}{(\omega_j + \omega_i)(\omega_j - \omega_i)}$$ (B.1.7-2)

$$\tau_K = \frac{2(\lambda_j\omega_j - \lambda_i\omega_i)}{(\omega_j + \omega_i)(\omega_j - \omega_i)}$$ (B.1.7-3)

式中 λ_i、λ_j ——第 i，j 振型的阻尼比；
ω_i、ω_j ——第 i，j 振型的圆频率；
$[K]$ ——结构的刚度矩阵。

附录C 本规程用词说明

C.0.1 本规程条文中，要求严格程度不同的用词说明如下，以便在执行时区别对待。

C.0.1.1 表示很严格，非这样做不可的：
正面词采用"必须"；
反面词采用"严禁"。

C.0.1.2 表示严格，在正常情况下均应这样做的：
正面词采用"应"；
反面词采用"不应"或"不得"。

C.0.1.3 表示允许稍有选择，在条件许可时首先应这样做的：
正面词采用"宜"或"可"；
反面词采用"不宜"。

C.0.2 条文中必须按指定的标准、规范或其他有关规定执行时，写法为"应按……执行"或"应符合……要求"。

附加说明

本规程主编单位、参加单位和主要起草人名单

主编单位 中国建筑科学研究院

参加单位 国家地震局工程力学研究所
同济大学
水利电力部水电科学研究院

主要起草人名单：
吴世英 董世民 黄浩华
姚振纲 廖兴祥 陈 瑜
夏敬谦 刘丽华 姜志超

中华人民共和国行业标准

建筑抗震试验方法规程

JGJ 101—96

条 文 说 明

前 言

根据建设部（87）城科字第276号文的要求，由中国建筑科学研究院主编的《建筑抗震试验方法规程》JGJ101—96经建设部1996年12月2日以建标[1996]614号文批准，业已发布。

为便于广大设计、施工、科研、学校有关单位人员在使用本规程时能正确理解和执行条文规定，《建筑抗震试验方法规程》编制组根据建设部（91）建标技字第32号文《工程建设技术标准编写暂行办法》中关于编制标准、规范及条文说明的统一要求，对建设部行业标准《建筑抗震试验方法规程》按章、节、条顺序，编写了《建筑抗震试验方法规程》条文说明。供本行业内有关方面参考。

对本条文说明中有不当之处，请将意见直接寄中国建筑科学研究院抗震所。本条文说明由建设部标准定额研究所组织出版发行，不得翻印。

1996年12月

目　次

1 总则 ·········· 14—26
3 试体的设计 ·········· 14—26
　3.1 一般规定 ·········· 14—26
　3.2 拟静力和拟动力试验试体的尺寸要求 ·········· 14—27
　3.3 模拟地震振动台试验试体的设计要求 ·········· 14—27
4 试体的材料与制作要求 ·········· 14—28
　4.1 砌体试体的材料与制作 ·········· 14—28
　4.2 混凝土试体的材料与制作 ·········· 14—30
5 拟静力试验 ·········· 14—30
　5.1 一般要求 ·········· 14—30
　5.2 试验装置及加载设备 ·········· 14—31
　5.3 量测仪表的选择 ·········· 14—31
　5.4 加载方法 ·········· 14—31
　5.5 试验数据处理 ·········· 14—32
6 拟动力试验 ·········· 14—32
　6.1 一般要求 ·········· 14—32
　6.2 试验装置及加载设备 ·········· 14—33
　6.3 数据采集仪器设备 ·········· 14—33
　6.4 控制、数据处理计算机及其接口 ·········· 14—33
　6.5 试验装置 ·········· 14—34
　6.6 试验实施和控制方法 ·········· 14—35
　6.7 试验数据处理 ·········· 14—35
7 模拟地震振动台试验 ·········· 14—35
　7.1 一般要求 ·········· 14—37
　7.2 试验设备 ·········· 14—37
　7.3 试体安装 ·········· 14—38
　7.4 测试仪器 ·········· 14—39
　7.5 加载方法 ·········· 14—39
　7.6 试验的观测和动态反应量测 ·········· 14—40
　7.7 试验数据处理 ·········· 14—40
8 原型结构动力试验 ·········· 14—40
　8.3 试验方法 ·········· 14—41
　8.4 试验设备和测试仪器 ·········· 14—41
　8.5 试验数据处理 ·········· 14—42
　8.6 建筑抗震试验中的安全措施 ·········· 14—42
9 安全防护的一般要求 ·········· 14—42
　9.1 安全防护的一般要求 ·········· 14—43
　9.2 拟静力、拟动力试验中的安全措施 ·········· 14—43
　9.3 模拟地震振动台试验中的安全措施 ·········· 14—44
　9.4 原型结构试验中的安全措施 ·········· 14—46
附录 A 模型试体设计的相似条件 ··········
附录 B 拟动力试验数值计算方法 ··········

1 总 则

1.0.1 编制本规程的目的是为在进行建筑结构抗震试验时有统一的试验准则,保证试验的质量和测试结果的一致性与可靠性。

1.0.2 该条是规定本规程的适用范围,主要针对工业与民用建筑和一般构筑物进行拟静力试验、拟动力试验、模拟地震振动台试验以及原型的模型或原型结构的动力试验。这些试验可以是结构构件、结构部分模型或原型,也可以是检验性的试体。本规程也适合有隔震、减振措施的试体试验。

1.0.3 本规程中提及的常用仪器、设备均以国家计量部门的标准规定为准,但由于仪器设备随工业的发展、新产品的高、新功能流向市场,更新速度很快,所以规程规定只要满足有关规定的要求下,可选用精度更高的仪器设备。

1.0.4 本规程同《建筑结构抗震设计规范》(GBJ10—89),《建筑结构设计规范》(GBJ11—89),以及有关的荷载、设备、仪器、安装等规范都有密切关系,所以在执行本规程的规定时,应遵守有关规范的规定。

3 试体的设计

3.1 一般规定

3.1.1 对凡是建筑结构体要求作抗震试验时对试体采用的范围,它可以是构件、局部结构、整体模型或原型。

3.1.2 在选择设计试体的尺寸时应考虑试验的目的要求、试验室场地大小、加载支架的尺寸、液压加力装置的吨位满足这些条件而设计的试体、试验容易达到要求。

3.1.3 实际试体设计试验中,在任有的试体它满足相似设计条件,也满足试验设备条件,但却忽略了满足试验目的构造保证。如加载点处加载点处局部承压不够,由于未作加强被拔出,墙体剪力墙,或钢筋固于锚固长度不够被拔出,墙体剪力度,与台面固定的底梁,在横向加载下,因锚固端部被剪坏而使试验无法完成。

模拟加载取的位置考虑在结构柱的反弯点处,一方面容易既在加固试验方法条件统一,另一方面支点固定处传力条件可以方便地实现。

体试验中将加固加固好的试体置于同一压应力下进行推拉试验,如墙新加部分受有 σ_0 应力,使试验值提高约 10~30%,甚至根据试验建立的强度公式比实际承载能力高出约 10~30%,混凝土试体加固前亦是如此。

3.1.6 在一般情况下,模型试体按自然层的层形成质点体系使加载点与质点一一对应,则可以保证试验的真实性和精确性。当模型比例较小时,考虑加载条件的影响,允许将相邻的自然层合并为一个质点,但每个质点代表的自然层不宜过多,且应沿试体高度均匀形成,以便保证试验的基本真实性和精确性。试体每个质点在每个加载平面内均考虑为平面受力。

3.1.7 为保证试验结果的真实性，除对材料的要求外，模型必须满足与原型结构的几何、物理、力学条件相似。其中缩尺模型须保证物理、力学条件相似，比例模型须保证几何、物理、力学条件相似，相似系数可按方程式分析法计算，常用相似系数可按附录A.1取用。

3.2 拟静力和拟动力试验试体的尺寸要求

3.2.1 墙体高宽度尺寸的比例规定认为，作为抗震受力的墙体，其高度应在宽度尺寸的二倍为限，否则墙体会呈弯曲型破坏，限制高宽比可以保证墙体呈抗剪斜裂缝破坏，使试体出平面内的稳定，比很小的，模拟厚度缩小会促使墙体出平面的稳定，故建议取原型厚度尺寸为好，但不宜小于原型的1/4。

3.2.4 对框架模型试验，其模型尺寸的考虑，一般规定取原型结构的1/8，未作太严的限制，因为按相似模型试验设备场地条件等诸多因素有关。

为保证试验结果的可靠性，要求模型所用材料的几何、物理性能应与原型结构的力学和物理性能相同。

3.3 模拟地震振动台试验试体的设计要求

3.3.1 弹性模型主要用于研究原型结构的弹性性能，它可以用模型材料直接相似，模型材料制成，也可以和原型材料相似，可以几何形状直接相似，模型材料并不一定要和原型结构材料的工作性能，用的弹性比例可不选得很大，一般为原型的1/100。弹性模型可混凝土材料和砌体结构开裂后的性能，也不可能预计实际结构发生的许多非弹性能的性能，同样不能计算出抗震性能的分析和钢筋屈服后的性能以及结构的破坏状态。

强度模型也称为极限强度模型或仿真模型。它对材料相似要求比较严格。它可以在全部荷载作用下获得结构各个阶段直至破坏全过程反应的数据资料。为此模型比例取得较大些，一般为原型结构的1/15。

3.3.2 为满足试验目的要求，达到预期的试验结果，模型地震振动台试验必须按振动台设备的技术性能要求外，尚应考虑试验加载和量测对试体在结构上的要求。由于振动台试验是通过台面输入加速度来模型试体施加地震荷载的要求，为此试体必须建造在刚性的底梁或基础底盘有牢固的联接，保证模型整个试验能充分利用振动台设备发挥效率与加速度幅值。使得整个试验任务获得必须的技术参数与试验数据。完成试验任务获得必须的技术参数与试验数据。

3.3.3 根据模型设计，当要求使用高密度材料增大模型试体材料的有效密度时困难的方法，即在试验台上附加适当的质量，但必须采用人工质量模拟的方法，注意人工重块在试体上的作用位置分布情况。同时，这些附加的荷重块诸多可在试验加速度自身的特征，可采用人工质量测试体本身的特征，这些附加记录上不会松动，以免造成记录上诸多在试验加速度自身的特征，保证试验信号正确传送和作用试体位置上的移动。

3.3.4 对于单榀框架或单片墙体等平面试体，在振动台上进行动力试验时，为防止其平面外的影响，宜设置放置振动台上。同时，并测试其各自的动力参数。

3.3.5 近代通过真型或足尺模型抗震研究中人们重视对结构整体性能的试验研究，并通过真型或足尺模型抗震研究，可以对结构整体结构造性能，构件的相互作用，结构的整体刚度，非承重墙结构对整体结构工作情况等性能，间的相互作用，结构的薄弱环节以及结构受震后能力的分析和抗震能力的评定。由于模拟能进行研究，作出抗震性能的分析和钢震能力的分析和抗震能力的分析，经常是地震振动台试验受到振动台设备条件的限制，通过模型相似理论研究试验结果，采用专门设计的模型进行仿真模型振动台试验，通过模型相似理论研究试验结果，推断实际结构的动力特性和抗震能力。

4 试体的材料与制作要求

4.1 砌体试体的材料与制作

4.1.2 此条对灰缝砂浆标号的规定,是为了保证水平地震剪力的可靠传递,在试体试验时如有此种开裂,会影响试验的进行,甚至造成试体构造意外的破坏。

4.1.3 砌体结构,模型设计时要求砌块或砖和砂浆两种材料组成的复合材料的结构,与原型相似。模型在制作相似模型时都要按比例缩尺,即要求 $S_σ=S_E=S_ε=1$。同时在制作模型时相同的材料,并同缩尺变曲线,这样唯一实用的方法就是采用与原型相同的砌块或砌块可通过生产厂定制或原型砌块砖砌块或砌块锯割而成。

4.1.4 因砂浆的离散性大,且是砌体强度的主要影响因素,所以特别要求试件与试体的不同砌筑期砂浆同批同制作,并同条件养护,块体(砖、石、砌块等)和砂浆的抗压强度试验和相应得到的各砌体强度值是确定试体试验各阶段实际强度的必要手段。

4.1.5 采用配筋砌体时,除应进行 4.1.5 规定的试验外,尚应进行砌体基本力学性能试验,以便进一步了解试体试验中试体的工作应力状态。

4.1.6 试体制作,养护一定要按有关的规定要求,这是试体最基本的条件;否则,试体试验和量测数据难就以鉴定。试体的强度应与原型结构相一致。

抗震规范规定地震区材料标号要求,在作抗震试验的试体时,也应按此规定。

4.2 混凝土试体的材料与制作

4.2.1 混凝土材料力学性能试验包括抗压强度、轴心抗压强度、抗裂性等试验。混凝土力学性能试验和相应得到的各强度值是确定试验各阶段混凝土实际强度的必要手段。因此,材料试体与结构试体的不同时间进行混凝土强度的测定。

4.2.1.1 使用混凝土的试体必须制作混凝土立方体试件,随试体抗压强度的不同同时进行混凝土强度的测定。

4.2.1.2 对有特殊要求的试体必须,应制作棱柱体试件进行混凝土强度试验,并通过加载试验得到的应力应变关系,绘制出应力—应变曲线。

4.2.1.3 当试体试验需测定混凝土的抗裂性能时,应制作抗拉试件,并通过试验测定混凝土的抗拉强度。

4.2.1.4 当混凝土材料的力学性能试验试件不足时,可在全部试验完成后,从试件受力较小部位截取材料力学性能试验。试验及结果评定方法可参照国家标准《普通混凝土力学性能试验方法》。

4.2.2 在结构抗震动力结构力试验中,微粒混凝土是被用作模拟钢筋混凝土的新型模型材料。微粒混凝土是普通混凝土的理想模型材料。微粒混凝土代替普通混凝土中的粗骨料,并以一定的水灰比及配合比组成的细砂代替混凝土中的细骨料,微粒混凝土有令人满意的粘结性,它的力学性能和级配结构与普通混凝土的相似性,能满足混凝土强度模型的相似要求。

影响微粒混凝土力学性能主要因素骨料含量的百分比与水灰比。在设计级配时要考虑模型的比例尺度,模型混凝土的和易性和极限强度和极限应变,模型保护层的厚度,能满足模型中与模型钢筋的粘结性能。一般首先要满足模型几何尺寸而定,骨料粒径按模型中与模型极限强度和极限粒径一般不大于试体的新型号的细砂径为 2.5～5.0mm 的粗砂代替模型中的细骨料,用 0.15～2.5mm 的细砂代替模型中的细骨料。

模型截面最小尺寸的1/3，其中通过0.15mm筛孔的细骨料用量应少于10%，这样可以使模型混凝土有足够的和易性而不须用过高的水灰比。

4.2.3 混凝土结构强度、模型非弹性中，模型剥离性能的主要因素。必须充分重视模型钢筋材料性能的相似要求，主要考虑的有钢筋的屈服强度、极限强度、弹性模量等参数，此外，钢筋应力—应变曲线的形状，包括屈服阶段长度，硬化段和极限延伸率等都应尽量和原型结构钢筋的相应指标相似。

在地震模拟振动台试验时，混凝土结构模型承受地震荷载的反复作用，结构进入非弹性工作时，它的内力分布也受结构的变形性能、分布和扩展等因素的影响，而结构模型的荷载—变形性能、裂缝形成、分布和扩展又直接与模型中的钢筋和混凝土的粘结性能、裹握性能有关。所以，对于混凝土结构模型应十分重视模型钢筋材料的相似性要求，可满足两种材料之间良好的粘结性能，并使它接近于原型结构的实际工作情况，当模型采用光面型钢筋时，宜在表面作压痕处理。

为保持钢筋的原有性能，对于经过冷拉调直或作表面压痕处理的钢筋，必须进行处理，使钢筋恢复到具有明显的屈服点和屈服台阶，提高钢筋的延性。

4.2.4 对于使用各类钢筋（含钢丝、钢绞线）的试体，其钢筋的屈服强度、抗拉强度、伸长率及冷弯等各力学性能是试验结果分析的必要参数数据，如有特殊需要尚应进行其他性能试验。各类试体应从试体所用的不同直径的同种类钢筋中直接抽取，根数应满足国家有关标准的规定。

钢筋拉力试验现行标准《金属拉伸试验法》的要求。

当需要确定钢筋应力到应变变化过程时，应首先测定钢筋弹性模量，并通过加载试体的钢筋试验得到应变变化连续曲线，绘制出应力—应变的相应关系。

4.2.5 试体制作时，应确定预埋件和预留孔洞的位置。采取焊接或邻扎等方法使预埋件和预留孔洞与钢筋及外模板可靠固定，以避免混凝土浇筑时有足够的混凝土浇筑时移位。防止试体制作后为固定预埋件或遗漏预留孔而剔凿试体，使试体局部受损。

预埋应变传感元件是获取试验数据的重要测试元件。当预埋传感元件被固定后，可通过剔凿外包胶带或涂包环氧树脂的方法以及其他相应的措施进行保护处理。施工中应避免对预埋传感元件的碰撞、强磁干扰、浸泡以及扯断其与仪表的连接导线等事件的发生，以实现对预埋元件可靠的保护。

试体制作前应检查预埋件和预留孔洞的设计位置是否造成非正常的试体截面削弱，所以特别要求试体的不同浇筑期混凝土同时制作，试体制作时应避免截面削弱的因素。

4.2.6 因混凝土是非均质性材料，其强度受时间和养护条件的影响，所以特别要求试体的不同浇筑期混凝土同时制作，并同条件养护，应注意预留足够的混凝土试件，以备试验各阶段的使用。

在试验允许的情况下，应采用集中荷载等局部加强，在试体承受集中荷载直接施加到试体上引起局部承压破坏。

当混凝土承受集中荷载加载时，加强部位设计应遵照混凝土结构设计规范的有关规定进行。

在试验允许的情况下，应采用钢板片或钢筋网片在试体上引起局部承压破坏。

5 拟静力试验

5.1 一般要求

5.1.1 本条叙述了拟静力试验方法适用于混凝土结构、预应力混凝土结构、劲性混凝土结构、钢纤维混凝土结构、高强混凝土结构、钢结构、混凝土与砌体的混合结构的结构构件，如梁式构件、柱式构件、单层及多层框架、节点、剪力墙等等构件的试验都适用。

砌体结构构件、用粘土砖、混凝土典型砌块、粉煤灰砌块等砌筑的单层、多层墙片、配筋墙片、构造柱墙片、混凝土与砌体的组合墙片。

以及混凝土结构、钢结构、砌体结构、混凝土、砌体组成的结构模型及原型试验。

5.2 试验装置及加载设备

5.2.1 试验装置的设计和配备，必须满足模拟地震荷载作用下的试体的受力状态，也就是试体在模拟地震荷载下的边界条件，要符合结构实体的受力状态。必需注意以下几点。

5.2.1.1 试验的加载设备的设计要符合试体的实际支承方式，足简支或固定支承。试体基础的固定也要与实际相符。试体试验的加载设备的设计还要考虑试体是剪切受力或受弯曲受力，或者受剪受弯都有的状态。

5.2.1.2 试验装置：如试验台座、反力墙、反力架、门架、传力装置等设备的刚度、强度和整体稳定性都要远大于试体的最大承载能力，一般装置的刚度应比试体的刚度大10倍或10倍以上为好。

5.2.1.3 试验装置不应对试体产生附加的荷载和阻止试体的自由变形，因此在试验装置中，试体与门架之间的垂直斤顶之间必需安装滚动导轨，滚板的安装在千斤顶与门架之间，滚动导轨的摩擦系数不得大于0.01，滚板的滚动导轨的最大变形和承载能力，因为滚动导轨的摩擦系数在一定的荷载下是常数，超过以后则不是常数了。

5.2.1.4 在选用水平加载用的推拉千斤顶的加载能力与行程都必须大于试体计算的极限受力和极限变形能力，避免试体试验时达不到极限破坏，造成试验达不到目的而失败。在选用推拉千斤顶时，千斤顶的两端为铰联接，保证试体水平加载时的转动，自由变形，不损坏千斤顶。同时水平千斤顶必需配置指示加载值的量测仪表，仪表精度满足量测精度。

5.2.1.5 试验用的各种加载设备的精度除满足规范第三节要求外，要有按国家计量部门定期检验合格证，一般每年或一年应标定一次，重要的试验项目，试验前应标定，指示误差不宜超过±2%。

5.2.2 梁式构件主要考虑支承方式，一端铰接而另一端为滑动支承。

5.2.3 对以弯曲受力为主的试验装置时，水平千斤顶两端的连接铰灵活，为的是使试体受弯时，没有减少附加的阻力；多个千斤顶施加垂直荷载时，采用单独油路加载，为的是防止水平加载时，千斤顶本身产生转动，因为多个千斤顶油路连通后，每个千斤顶垂直能保持一样，但冲程可自由变化。同时强调滚动导轨必须安放在千斤顶与反力架之间，是为了保证试体在水平荷载作用下，垂直荷载作用点与反力架作用点位置不会发生变化。这对垂直荷载试验，垂直荷载装置都实用。

5.2.4 对于做柱节点试验时，试验装置对试体柱的两端应满足真正的铰，一般可用半球铰，同时柱的两端与反力墙，保证没有水平变形，柱的两端可与反力架连接起来，反力架上的两个加力千斤顶加力变形，又无水平变形，总之该条谈到梁，该条能使柱在转动，又无水平变形，总之该条谈到梁，该条能使柱在弹性试验阶段。

两千斤顶油路反向连通为好，目的是加载时好控制，可以同时保证两千斤顶油路反向加载值，数据取值稳定，特对每次加载速度和循环作一定规定，控制在一定的范围内。

5.2.5 对多层单片墙、多层框架、多层结构原型及模型试体的安装要求同问题，该种试体一般较高并按地震水平荷载的分布，多为多点同步加载，因此往往需要分配梁，多合千斤顶与试体轴线位移偏差要求，一般控制在±1%以内，也是为了防止出平面。为了克服分配梁的自重影响，一般采用悬吊方式，悬吊支架可固定在试体的顶部。

5.2.6 此条针对钢结构试体，试验中防止平面内外失稳，应有可靠措施，稍有大意即会造成试验损失。

5.3 量测仪表的选择

拟静力试验可选用的测量仪表的选择应根据试验的目的要求来决定，同时还要考虑设备条件，一般来说，主要根据试验计算的数据和量程来选择适宜的仪表，既能满足最大极限量程的要求，又能够满足最小分辨能力即可。

5.4 加 载 方 法

5.4.1 恒载系指静载，一般指给试体的垂直荷载，为了试验所得的数据较好，消除试体内部组织不均匀性，先取满载的40%~60%的荷载重复加载2~3次（即加载—卸载），随后再加至满载进行恒载。

5.4.2 正式作试验前，为了消除试体内部的匀质性和检查试验装置及各测量仪表不能反应是否正常，先进行预加反复荷载试验一次，但对加载值不能取过大，对于混凝土结构试体加载值不得超过开裂荷载估算值的30%，砌体结构加载值不超过开裂荷载估算值的20%。

5.4.3 为了保证试验连续反向连通为好，数据取值稳定，特对每次加载速度和循环作一定规定，控制在一定的范围内。

5.4.4 试验获得试体的承载能力和破坏特征时，应加载至试体极限荷载下降段，对混凝土结构试体应控制加载到下降段的85%为止。两荷载一致，两加载点的大小即是控制加载，因此两千斤顶的油路结构一般无法控制。

5.4.5 试体进行拟静力试验的加载程序应采用荷载和变形两种控制的方法，即在弹性阶段用荷载控制加载，开裂后用变形控制加载。主要是因试体开裂以后位移以后是以要求来定，荷载无法控制。每次加载变测量的取值根据试验的目的要求来定。

5.4.5.1 该条规定接近开裂值的偏差，为了更为准确的找到开裂和屈服荷载，所以减小级差加载。

5.4.5.2 试体屈服后用变形控制，变形取屈服时试体的最大位移值为基准，一般可从P-△曲线中变应级差进行控制加载。

5.4.5.3 施加反复荷载的次数应根据试验的目的确定。屈服前一般每级荷载反复一次。屈服以后宜反复三次。如果当进行刚度退化试验时，反复次数不宜少于五次。

5.4.6 平面框架节点试体的加载也是以试验的主要试验连接处为主要对象区当以柱端塑性铰区或节点核心区。当以柱端加载时，宜采用一柱加载，但分析时要考虑P-△效应的影响。

5.4.7 对于多层结构试体的荷载分布，按地震作用倒三角分布水平加载，一般顶部为一，底部为零。水平荷载各楼层板上，通过楼板或圈梁传递。

5.5 试 验 数 据 处 理

5.5.1 试验中试验荷载及相应的变形取值指试体统一家统。

5.5.1.1 开裂荷载及相应的变形是指试体开裂时的P-△曲线刚度

有变化或肉眼首次观察到受拉区出现第一条裂缝时对应的那一级荷载的变形定为开裂荷载和变形。

5.5.1.2 屈服荷载及相应的变形的取值，屈服荷载是指试体受拉区的主筋达到屈服时的荷载，受拉区的主筋按实际使用的钢材型号，实际作用的材性试验值为准来定屈服应变，相应的变形是指试体板极限承受时荷载值相对应的变形。

5.5.1.3 试体板极限荷载及相应的变形作了统一的规定，试体板极限荷载是指试体所能承受的最大荷载值和相对应的变形值。

5.5.1.4 试体的破坏荷载及相应的变形作了统一的规定，破坏荷载是指极限荷载下降85%时的荷载和相对应的变形值。

5.5.2 混凝土试体骨架曲线是所连成的变形曲线包络线。

5.5.3 试体刚度作了定义，并用公式表示，它的含义是试体第 i 次的变形绝对值和第一次循环的峰点所连成的变形绝对值和的比值。

5.5.4 试体延性系数的定义，并给出了计算的公式，它反映试体塑性变形能力的指标，也是用它衡量抗震性能好坏的指标之一。一般用极限荷载相应的变形与开裂荷载对应的变形比值来表示。

5.5.5 试体荷载能力降低系数作了定义，并定了计算公式，它含义是试体第 i 次循环的最大荷载与第一次循环的最大荷载之比。

5.5.6 试体的能量耗散能力是指试体在地震反复荷载作用下吸收能量的大小，它以试体荷载变形滞回曲线所包围的面积来衡量，也是衡量试体抗震性能的一个特性。

6 拟动力试验

6.1 一般要求

6.1.1 本章适用试体结构，包括采用不同工艺设计的结构，如预应力结构及其他结构等。本章适用的试体是整体结构模型试体，包括足尺实体、比例模型试体。

6.1.2 多质点位移控制拟动力试验，因试体刚度较大时，构成载有静不定力学体系，模型和试验设备拟动，也因级难控制加载系统误差，使试体结构不能进行。按第一振型试验设备用等效有质点的方法进行试验。当试体结构刚度较小，只要能控制载荷系统误差，二质点以上的拟动力试验尚可研讨进行。

单体构件是整体结构的一部分，在内外力学特性的变化中，由于破坏机理、边界条件和力传递的复杂性，难以用单体构件拟动力试验方法确定在整体结构中的抗震作用。因此，对单体构件，如墙、板、柱等，不宜进行拟动力试验。

6.2 试验系统及加载设备

6.2.1.1 规定试验系统基本构成、试验系统的核心是计算机和计算机系统、试验台、反力墙等、试验装置的能力和结构应服从试体和加载设备的需要。

6.2.1.2 本条文并未排除非闭环控制的加载设备或试验机，进行拟动力试验的可能性，但其技术特性，应满足6.2.2条要求。

6.2.1.3 非传感器功能，因而不能加入闭环电气自动控制系统，与拟动力试验直接有关的仪表，如位移、力的计量控制必须采用传感器式的一次仪表。

6.2.2 加载设备除应满足各分条的基本要求外,根据模型试验体系要求,宜尽可能选用技术特性良好的其他指示、记录等仪器仪表,以增强加载设备的显示、数据采集等功能。如每个加载点应配备动态响应特性良好的X-Y函数记录仪,以随时监控结构动力恢复复力特性和滞回曲线。

6.2.2.1 本条文提出的位移反馈,其位移传感器量程和精度应满足试验适宜要求,并应安装在加载模型一侧最有代表性的可靠的位置上。

6.2.2.2 本条文动态响应当提高技术指标,应证意试验速度,根据试验速度的提高以不控制的需要,可适当提高提高指标。是最低要求,是最低要求,对试体产生附加惯性力为原则。

6.2.2.3 伺服作动器应尽可能工作在满量值程的10%以上区段内才能保证系统误差。

6.2.2.4 在合理选用情况,位移传感器的满量程值条件下,并避免大量程内窄小区段的高分辨力尤为重要。因此宜选用先进技术(如磁栅、光栅技术)制成的的位移传感器才能保证系统的大量程、低误差和高分辨力。

6.2.2.5 稳定、可靠、无故障是对加载设备的基本要求。本条文未做具体规定,但按常识采说,在本试验周期内至少要保证在16～24h内无任何不稳、不可靠、无任何故障现象存在。

6.3 数据采集仪器仪表

6.3.1 拟动力、拟静力试验系统中的测量仪表,属于同类技术特性、在量程、精度、适用性方面没有区别,因而可按5.3规定选择。

6.3.2 拟动力试验中的测点,测量次数都多,为提高试验效率,缩短试验周期,应采用自动化数据采集要求。测速太高,仪器每秒钟一个测点的自动化数据采集要求。如每秒数百个测点以上,因测量精度降低,成本过高也不适用。

6.4 控制、数据处理计算机及其接口

6.4.1 本条文是对选用计算机及软件硬件可扩充性的基本要求。实时控制功能是计算机同时运行两个以上的多任务程序,并能实时中断,再启动不影响对加载控制的功能和系统精度。

6.4.2 D/A、A/D接口板是外购硬件,其量程、精度、速度应满足试验需要,能插入已选定的计算机主机板上,并能运行其控制应用软件。

本条文提出的自动测量仪器结构应变、非控制量的位移、变形测量自动化仪表。通常采用内部带有微机或能与外部计算机进行通讯联控的数字静态多点采集仪、信号采集分析仪及其类似功能的仪器。这些仪器纳入拟动力试验系统时应与主控计算机联网通讯,达到试验系统基本要求。

6.5 试 验 装 置

6.5.1 试验装置的设计与选择和拟静力试验相同,但由于拟动力试验加载设备和拟静力试验设备有所区别,安装连接及其他功能的不同特点,因此应依本条规定按具体情况设计与选择。

6.5.2、6.5.3 两个条文的意义均为防止附加水平对试体的影响,并保证加载的安全。为此,在不违反条文规定试验过程中也可采用更适宜的方法和装置。

6.5.4 短行程伺服作动器垂直尺寸小便于安装。电液伺服作动器能容易满足±1.5%以内的恒载误差,一般液压加载设备,在试体刚度严重退化并接近破坏时,非稳压加载一般手控阀门加载难以达到±2.5%以内的稳压要求,因此,应有可靠安全的稳压装置保证试验过程正确的进行。

6.5.5、6.5.6 这两个条文对拟动力试验伺服液压作动器和试体的连接、承载方式、作用方式,一般做一般规定。由于试验结构形式和复杂程度不同，执行本条文时应按具体情况合理处置。

6.5.7 载荷分配级数过多，配置不合理，失去位移控制意义。

6.5.8 一般容易失稳的试体应具备合格的抗失稳技术措施装置。具体装置应按实际试验和试验要求进行设计。其装置设计原则应不影响主方向加载和不产生反方向附加荷载为基本原则。

6.6 试验实施和控制过程

6.6.1 拟动力控制试验完成试验全过程。程序中一般应具有：读取地震加速度时程数据文件；联接计算机和作动器的联机交互控制数据文件；进行结构地震反应分析；完成试验初始状态检查；控制试验参数；量测值；加载量输出等控制功能。

试验用地震加速度时程记录或人工模拟地震加速度时程曲线应根据试体拟建场地的类型选择，场地类型按现行的有关规定符合《建筑抗震设计规范》的要求。作为试验控制的地震加速度时程记录应记成数据文件。

6.6.2 试验数据处理应注意峰值保留。经处理得到的数据文件是试验原始地震加速度文件。为适应试体的弹性各阶段破坏全过程，宜采用一比例系数将原始地震加速度扩大或缩小，但波型不应改变。

6.6.3 拟动力试验方法每次试验前均必须确定当前的初始侧向刚度，确定方法宜采用单位水平位移测量的荷载与位移向量二者的关系方法。如根据试验前几级加载时的刚度，若误差较大应折算，应注意试验前的刚度是否正确，其他异常情况下可避免对试体造成非弹性破坏。

多质点结构初始侧向刚度矩阵是采用刚度矩阵的逆矩阵，其中

$$[F] = \begin{bmatrix} \delta_{11} & \delta_{12} & \cdots & \delta_{1n} \\ \delta_{21} & \delta_{22} & \cdots & \delta_{2n} \\ \cdots & \cdots & \cdots & \cdots \\ \delta_{n1} & \delta_{n2} & \cdots & \delta_{nn} \end{bmatrix}$$

δ_{ij}——第 i 层施加单位水平荷载时产生在第 j 层的水平位移测量值。

6.6.4 试体的动力特性：自振周期、圆频率、阻尼是地震反应分析的必要参数，拟动力试验前后先行测定，测定方法按本规程的有关规定进行。

6.6.5 试验加载控制应采用位移加载。当结构刚度较大且处于弹性阶段时，试验中宜直接采用位移加载，可以采用加载通近控制位移的方法，但在加载过程中的控制量仍必须是位移。

6.6.6 为避免一次到位的加载对试体产生撞击（多质点位为连续加载）而导致试验设备对试体非试验破坏，本条建议将每步加载量分解为若干个试验可分阶段的最小增量，每个作动器反复循环逐断积累加载到试验控制的方法。

拟动力试验的测试仪是量各质点的位移是试体各测点上，各测点必须设在试体上，以保证出试验中可能出现的最大加载量限位是为对真正位移，除对测试仪器的精度和保证试验安全。系统分辨率位与量程相关。了提高加载精度和保证试验要求外，其布点、量测、取值方法满足本章第七节各条的要求。并要求各测点的量测仪器支架应有足够的刚性。其在外界振动干扰作用下，顶部自变形误差应小于传感器或最小量表最小量的 1/4 以下。

6.6.7 加载量限位是为避免使用大荷载作动器输出很小的荷载。因此，最大加载量限位必须满足试验要求。另外，在操作有误差或其他异常情况下可避免对试体造成非弹性破坏。

6.6.8 为消除各质点处位移控制量测误差应采取以下措施：

各质点位移控制量测系统设在试验体上，布点和量测，取

值方法应满足 6.3 各条的要求。各量测仪表的支架应有足够的刚性，在大地脉动和其他振动干扰作用下，支架顶部自身变形量应小于传感器、仪表最小量自身的千分之一以下。

应根据试验中可能的最大加载输出量进行限位，以提高加载精度，保证试验安全。试验量测仪表的不准确度和数值转换的误差应低于试验中可能的最小加载量。

6.7 试验数据处理

6.7.1 拟动力试验中同一试体分别进行试验，每个地震加速度记录以适当比例按使用敲度状态。因此，在对试验数据进行图形处理时，应绘制出 6.6.1.1 和 6.6.1.2 中的主要数据图形。

6.7.2 对试体开裂时的记录应符合要求。

6.7.3 对试体各工作状态下的基底剪力、顶端水平位移和最大地震加速度的确定方法细则。

7 模拟地震振动台动力试验

7.1 一般要求

7.1.1 模拟地震振动台是 60 年代中期发展起来的地震动力试验设备，它通过台面的运动的全过程。其特点是可以再现各种形式的地震波形，可以在试验室条件下直接观测和了解被试验体或模型的震害情况和破坏现象。

结构抗震模型试验目的在于验证抗震计算理论和所采用的力学模型、计算方法。通过模拟地震振动台的试验验证非线性地震反应分析的简化模型；并采用线性或非线性体系的识别方法，分析和处理试验数据，分析结构的恢复力模型和整体力学模型；观测和分析试验结构或模型的破坏机制和震害原因；最后由试验结果综合评价试验结构模型的抗震能力。

7.2 试验设备

7.2.1 模拟地震振动台是地震工程研究工作的重要试验设备。振动台的激振方式有单向、双向转换到双向同时运动并发展为三向六自由度运动。我国自 80 年代中后期模拟地震振动台研制并引进和建成了具有三向六自由度功能的中型模拟地震振动台。振动台的驱动方法大部分为电液伺服方式，与电动式相比它具有低频时推力大、位移大、加振器重量轻体积小等优点，但波形输入的失真大于电动式振动台。振动台的主要性能参数包括台面尺寸、速度、加速度、工作频率和位移、载重能力、允许范围。目前国内自建和引进的振动台台面尺寸小型在 1×1.5M～2×2M，中型台为 3×3M~5×5M，载重能力对于小型台在 1~2t，中型台为 10~30t。振动台的使用频率范围一般在 0~50Hz，特殊的可达 100~200Hz。位移在±100mm 以内，速度在 80cm/s 以内，加速度在 2g 以内。

振动台的控制系统包括模拟控制和数字控制两部分。模拟控制部分是系统在线控制的基本单元，它是由位移、速度和加速度三参量输入和反馈组成的闭环控制系统，能产生各种频率和各种型式的输出，可直接使用地震波的强震记录。数字控制系统是实现数字迭代提高地震波面振动波形对期望波形模拟精度的关键部分，具有对输入的时间历程在时域上进行压缩或延长，对加速度波形的人工调整功能，能实现地震波的再现，减小波形失真，提高试验的自动化快速贮存、同步记录采集和处理、同步数据多道的自动快速采集和处理、同步记录并以数字或曲线图表形式显示。

试验时必须选择性能与之相适应的振动台设备，完成试验工作全过程实现振动台试验的目的要求。

模拟地震振动台试验适用于鉴定结构的抗震能力。试体试验必须从弹性到开裂破损状态，最后到破坏的工作性能试验曲线表示。作为模拟地震振动台伺服电液机构的电液伺服加振器的工作频率，在台面一定的载重情况下如果要求加振器工作频率提高，则最大工作频率要降低，反之，当要求最大加振器的工作范围，则行程要减小，加振器的特性曲线限制了振动台的工作范围。当位移大于 80mm 时，工作频率很少能超过 50Hz，而位移量在任何位移量时就很小，这说明加振器的大位移与高频率不易兼得，所以选用振动台试验时，必须注意其工作频率范围和允许的最大位移量。

如果试体模型的自振频率很高，则要求振动台的最大工作频率也要提高，对于大缩比的模型，自振频率可高达 100Hz以上，则振动台的工作频率就必须 120~200Hz。当试体模型缩比不大或结构刚度不高时，振动台的频率也不需太高，对于建

筑结构模型，其自振频率较高的也只有十几赫兹，这样振动台的工作频率仅有 50Hz 即可满足。

求不高，一般有 30~40mm 即可。当研究结构开裂后，破损以反倒塌等破坏机制时，由于模型开裂后刚度下降，自振频率降低，这时模型的破坏就要依靠振动台的大速度和大位移。对于小缩比的模型，要求最大位移在 80~100mm 以上，才能实现在低频或中频条件下的破坏。

7.2.2 模拟地震振动台试验要求实现地震波形再现，为了提高台面振动波形对期望波形模拟的精度，不仅依靠振动台的模控闭环控制系统，还需要依靠以计算机为核心的数字迭代补偿技术。

在驱动力同题中，系统的输入、输出和传递函数（频率响应）的关系为图 7.2.2-1 所表示。

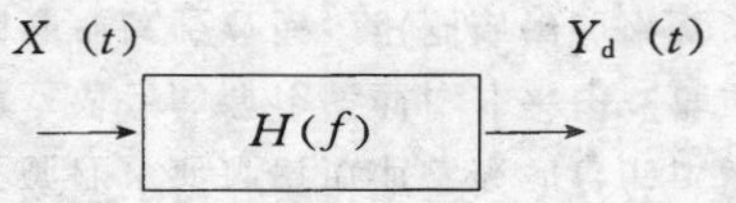

$$X(t) \longrightarrow \boxed{H(f)} \longrightarrow Y_d(t)$$

图 7.2.2-1

可用数字表达式 (7.2.2-1) 表示
即
$$Y_d(t) = H(f) \cdot X(t) \quad (7.2.2-1)$$

由振动台试验模拟地震要求可知，波形再现问题是一般系统输入输出的反问题，即系统中的输出是指定的，也就是要求被模拟的地震波，要求的是输入，它是未知的。这里要求实现的波形为 $Y_d(t)$，它是一个时间历程向量，由公式 (7.2.2-1) 可知，为了再现 $Y_d(t)$，可用公式 (7.2.2-2) 计算所需的驱动向量 $X^{(0)}(f)$，系统反应 $Y_d(t)$。

即
$$X^{(0)}(f) = H^{-1}(f) \cdot Y_d(f) \quad (7.2.2-2)$$

式中 $H^{-1}(f)$ 为传递函数（频率响应）$H(f)$ 是在假定系统为线性的时间历程所求得的函数。

一般情况下求得的：如果实际系统是线性时，将输入 $X^{(0)}(f)$ 相应的时间历程输入系统时，将得到输出反应 $Y_d(t)$。由

干实际系统的复杂性，包括试体在内的整个系统一般是非线性的，特别是当混凝土或砌体的试体开裂后，每经过一次激励，系统的 $H(f)$ 都发生变化，这时按公式 (7.2.2-2) 计算得到的 $X^{(0)}(f)$ 进行对台面驱动时，所得到的输出反应 $Y^{(0)}(f)$ 与所要求再现（期望）的输出 $Y_d(f)$ 之间存在误差

$$\Delta Y^{(0)}(f) = Y_d(f) - Y^{(0)}(f) \qquad (7.2.2-3)$$

在时域上表示为

$$\Delta Y^{(0)}(t) = Y_d(t) - Y^{(0)}(t) \qquad (7.2.2-4)$$

这时同题归结为输出误差 $\Delta Y^{(0)}$ 是有怎样的输入误差 $\Delta X^{(0)}(t)$ 所产生的。按图 7.2.2-1 的关系同样可得出如图 7.2.2-2 所示的关系

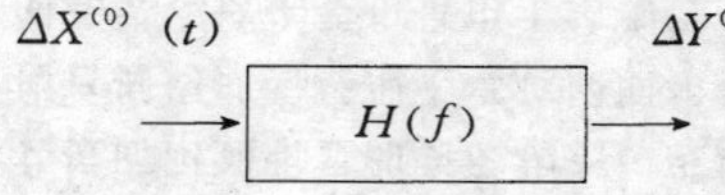

$$\Delta X^{(0)}(t) \longrightarrow \boxed{H(f)} \longrightarrow \Delta Y^{(0)}(t)$$

图 7.2.2-2

即

$$\Delta X^{(0)}(f) = H^{-1}(f) \cdot \Delta Y^{(0)}(t) \qquad (7.2.2-5)$$

将此输入误差 $\Delta X^{(0)}$ 加到原先的输入 $X^{(0)}(f)$ 中去，可得到

$$X^{(1)}(f) = X^{(0)}(f) + \Delta X^{(0)}(f) \qquad (7.2.2-6)$$

再以新的输入 $X^{(1)}(f)$ 激励系统，得到新的输出 $Y^{(1)}(f)$，再计算出新的输出误差 $\Delta Y^{(1)}(f)$。如此反复迭代，直到新的输出与要求再现的 $Y_d(t)$ 之间的误差小于指定的精度为止。以上即为实现波形再现的迭代补偿技术，全部由计算机控制完成。

7.3 试体安装

7.3.1～7.3.4 试体在试验前必须正确安装就位于台面的预定位置，利用底梁或底盘上的预留孔用高强螺栓与台面联结固定。为防止试体在试验时受台面加速度作用而产生与台面的相对水平位移或产生倾覆，以致消耗试验时输入加速度的能量，甚至发生安全事故，所以宜采用特制的限位压板和支撑装置加强对底梁或底盘的固定。

在试体安装和运输过程中，为保证试体不受外界影响的干扰，以致受力不均而使试体损伤产生变形开裂，影响试体的完好，因此必须控制试体在安装时的起吊和运输速度。

7.4 测试仪器

7.4.1 测试仪器应根据测试体的动力特征选择是指需要测试体的几阶振型参数，以确定测试仪器的使用频率范围以及分析处理的方法；根据动力反应选择是指需测量的最大反应幅值，是稳态反应还是瞬态反应；根据地震模拟振动台的性能选择一定要测试仪器的频率范围，动态范围，分辨率等一定要能覆盖；根据所需的测试参数来选择是测量什么相对运动参数，位移、速度、加速度或变等，是绝对量还是相对量。

地震模拟振动台制造上的使用频率范围对试体模型比例尺较大的工业与民用建筑水工建筑，其频率范围大部分达 0～50Hz 即可，特殊的是小比例尺模型模拟振动台的使用频率范围要达 150Hz。最高频率的实现尚受地震模拟振动台制造上约束而不可能扩宽得多。

7.4.2 测试振动台的使用频率范围要选定，由于地震过程是一个瞬态过程，为了在各反应记录中能真实记录下来，在低频段不失真，宜从零频开始，为了高频段实真小于振动台的使用上振动频率。

7.4.3 最大可测加速度的选是由试体在地震模拟振动台上试验时可能产生最大动反应来确定。

加速度的分辨率的最大动反应比较高一个量级，一般振动台面的背景噪声约在 $10^{-2} m/s^2 \sim 10^{-1} m/s^2$，故测试仪器选为 $10^{-3} m/s^2$。

7.4.4 相对于地震模拟振动台和试体相对于振动台面的位移，包括振动台面的位移，是把基础看作空间不动点，亦即是软连接方式即是在位移计上连接有拉丝，将位移计固定在试

体上或基础上的测量架上,而拉丝则固定在另一端。为了减小非主振方向分量的影响,拉丝应有足够的长度。由于丝中有一定的拉力,在振动中此拉力有变化,由此变化影响测量的准确性,必须预先进行修正。

7.5 加载方法

7.5.1 模拟地震振动台试验作为地震作用的台面输入,采用地震地面运动的加速度时程曲线。首先是加速度输入与结构抗震计算动力反应的方程式相一致,便于对试验结构进行理论分析和计算。其次输入的加速度时程曲线可以直接使用实际地震时的强震记录,如1940年美国EL-Centro地震记录或唐山地震时的正安南门天津的地震记录。也可以使用按《建筑抗震设计规范》所规定的各类场地土反应谱特性拟合的人工地震波的加速度时程曲线。第三,振动台试验采用地震波加速度时程曲线时应加以控制。

在研究某一周期占主导地位的地震波或模型的地震波时程曲线和设计该周期主要是由主导回到周期的地震波时程状态和破坏形式,当产生多次共振时与场地周期相符接近时,结构等产生共振所致。凡结构自振周期与场地土卓越周期相符或接近时,结构查表明,震害有加重的趋势,这主要也是由于结构等产生共振的原因。

验要求评价建立在某一类场地上的结构的抗震能力时,就应选择与这类场地土条件相适应的地震记录,也即要求选择的地震加速度曲线的频谱特性与场地土的频谱特性相一致。此外,按照《建筑抗震设计规范》(GBJ11—89)第4.1.4条,由于同样烈度的同样场地条件的反应谱形状,随着震源机制,震级大小,震中距离的变化,有较大的差别,因此要求把形成6~8度地震影响的地震,按震源远近应适应于设计近震和设计远震,并按场地条件和震源远近,调整反应谱远近分为设计近震和设计特征周期T。

试验时,为了保证在输入地震波作用下获得试体结构模型在不同频谱地震作用下试体的输出的作用时间足够长的作用时间。

当试体采用缩尺模型时,由于试体必须按波形设计和模型设计的比例关系,人的地震地面运动的加速度的初始动力特性,以及在每次地震作用前测试试体的动力反应件对原有地震记录的放大或缩小,按相似条件对加速度幅值的放大或缩小,主要是波形记录在时间坐标上压缩和对时间坐标进行压缩调整。当对时间相应缩小,卓越频率相应提高,要求不应大于振动台工作频率,以免使波形再现发生困难,并保证高频成份的有效输入。

7.5.2 为获得试体或模型的初始动力特性,要求在每次加载试验前测试试体的激励下的动力特性变化情况。由于试体已任变频固定干振动台面,较为方便动力特性参数。由于试体本身的正弦变频扫描或输入经噪声激振,的方法是采用的正弦波变频连续扫描加速度波正弦连续变频追振动对试体进行正弦扫描激振,使试体产生与试体自台相同频率的强迫振动,当输入正弦波频率与试体的固有频率一致,试体处于共振状态,随着变频正弦波的连续扫描,可得试体的各阶自振频率和振型,得到试体的动力特性。在正式加载试验前,为防止输入过高的加速度幅值造成试体的开裂或过大的变形,应控制输入幅值的大小。同时必须注意振动台噪声电平的影响,防止由于噪声电平的干扰对试验结果带来误差。

7.5.2.1 采用振动台输入等幅加速度变频连续正弦正弦扫描连续频谱过程在时间历程上有很大区别,这种宽带随机信号。它与正弦交频连续扫描激振过程在时间历程上有很大区别,这种宽带机过程是无规则的,永不重复的,不能用确定函数表示。它具有较宽的频谱,在白噪声激励下,试体也能得到频率响应函数。由于试体是多自由度的系统,因此响应谱可以得到多个共振峰,对应得到结构的各阶频率响应。白噪声激振法是测定结构的优点是测量速度快,尤其对复杂余激地振动台模型试验更为突出。

7.5.2.3 模拟地震振动台试验的多次分级加载试验可以较好地模拟结构对初震、主震和余震等不同等级或烈度地震作用的反应,并可以明确地得到试体在各个阶段的周期、阻尼、振型、刚度退化,能量吸收能力及谱回反应特性。由于多次人造入试体的变形是在不同频谱地震作用下获得试体的输出及谱回反应时间。

一次积累的结果，而积累损伤将使结构的抗力发生变化，以致试体在各阶段的恢复力模型的特征也是不相同的，因此必须考虑多次性加载产生变形积累对结构反应积累的影响。

7.6 试验的观测和动态反应量测

7.6.1 振动台试验时，试体的加速度、速度、位移和应变等试验要求主要量测的结构动力反应。它将是提供试验分析的主要数据。

7.6.2 在振动台结构动力加速度和位移反应试验中，为了求得结构的最大反应，均应将测点布置在结构在临界截面（等矩最大的截面）和产生塑性铰的区域。

对于钢筋应变，宜用电阻应变计粘贴在处理过的钢筋表面，并浇灌在混凝土试体内部，测点数量及位置应按试验要求进行布置，宜布置在临界截面（等矩最大的截面）和产生塑性铰的区域。

在试体主要受力截面的混凝土上，也宜布置测点，有时需要观测混凝土截面应变相对应。

7.6.3 按《建筑抗震设计规范》（GBJ11—89）第四章地震作用和结构抗震验算要求，对于整体结构试体或模型，要量测的结构反应及加速度反应，用以确定地震作用下结构体砌体结构柱的受力情况和实际工作，应在试体结构主要部位及控制截面处量测钢筋和混凝土的应变。

7.6.4 输入振动台台面的地面运动加速度反应大部分是通过试体底盘传递给模型试体，这相当于实际地震时地基基础将地震作用传递给上部结构，此时的底盘加速度与底盘反应即作为对结构的地震作用。而试体底梁或底盘相对的整体位移即是模型试体相对于台面的整体位移，在数据整理可用以修整整体和混凝土的应变。

7.6.8～7.6.9 振动台试验过程中结构反应出现的各种开裂、破坏及失稳

倒塌过程，采用录像等动态记录是最为理想的方式。对于结构裂缝的产生和扩展以及裂缝的宽度可利用多次逐级加载的间隙进行量测和描绘，这都将有利于最终对结构的震害分析和破坏机理的研究。

7.7 试验数据处理

7.7.1 采样是对信号离散取点，采样间隔一般为等间隔采样。采样点靠得太近，会产生相关重叠，增加不必要的工作量，合产生大量的多余数据，而采样点距太大，合产生波形畸变，致使数据失真。采用间隔一般由上限频率f_c来控制。应符合下列采样定理：

$$f_c = 1/(2\Delta t) \qquad \Delta t = 1/(2f_c)$$

f_c：上限频率 Δt：时间间隔

7.7.2 当数据采集系统不能对传感器的标定值、应计算灵敏系数等进行自动的修正时，应在数据处理时专门作修正。为了消除噪音、干扰和漂移，减少波形失真，应采用滤波。零值均化和消除趋势项等数据处理。

7.7.3 试体动力反应的最大值，最小值和时程曲线等都是分析试体抗震性能和评价试体抗震能力较强的基本特征。试体的自振频率、振型和阻尼比是试体动力特性的主要参数，试验数据分析后必须提供这些数据。

7.7.4 当用白噪声激振法、宜采用功率谱分析功能较强的频率、振型和振动条件不具备时亦可采用传递函数或互功率谱方法求得试体的自振频率和振型。

7.7.5 在进行参量变换时、速度波形求得位移波形等，即使波形较小的波形积分得振动量，在积分运算中的影响也是很大的，使积分运算结果产生较大的偏差。因此，尚需要用加速度波形积分二次积分求得位移波形时，必须做好分消除趋势项数据处理。

8 原型结构动力试验

8.3 试 验 方 法

8.3.1 环境振动法属于常时环境振动机激振法,利用地面的常时环境振动作为振源,激起试体结构的最简便的试验方法。由于试体处在微弱振动状态,故要求测试仪器有高的分辨率。如果只要求获取振频率值,只要在环境振动时程曲线上量取即可求得;如要求精确一些获取阻尼值,并要取相应的阻尼值,则需对记录波形进行分析处理;应用此法有时尚可获得第二振型参数。

初位移法是在试体某部位采用张拉力的试验方法,使试体获得静位移,然后突然释放而获得第一振型的衰减时程曲线,可获得试体的整体刚度。

初速度法是利用小火箭等产生的冲击力,使试体获得初速度,激起试体振动的试验方法。其振动记录经过数据处理分析后可获得基本振型乃至数个振型参数。

风激振法是在高柔结构,干高柔结构,干燥的一些地区,可测出结构的基本振型参数。

8.3.2 稳态正弦激振法是利用起振机产生正弦激振力,在试体上部或某部位使试体振动的试验方法。可以获取多个振型参数,共振曲线等。

人晃法是在高柔结构上利用人体有节奏的晃动产生类似于正弦的激振力,激起试体共振的试验方法。可以获得多个振型参数,但其频率不能太高。

8.3.3 同步激振,有同向同步和反向同步二种,将起振机或小火

箭等激振源在试体结构上千同一高程上数台合同隔布置,且激振力可以不同,在作同向同步激振时,除可以获得平面内的振型参数外,还可得空间振型参数,为在试体结构两端布设振源时,施以反向同步,则可获得结构的扭转振型参数。

8.3.4 随机激振是利用随机激振机产生激振力的起振方法,如电液同服控制激振器,在试体上进行激振的试验方法。激振力为白噪声谱,在此力谱作用下试体产生的振动通过数据处理分析后可获得所需的各振型参数。

人工地震法是利用核爆、工业爆破或人为设定炸地面产生振动,从而迫使试体结构局部产生破坏,可获得类似于地震作用的结构地震反应。

8.4 试验设备和测试仪器

8.4.1 初速度法试验中采用的小火箭激振,冲击力大小时可能激起的试体结构振动与脉动力在同一量级而达不到试验目的要求,如冲击力大时可能使试体结构局部产生破坏,故定于数千牛至数十千牛。冲击力作用的时间只需考虑到在需要测量的频率范围内作为白噪声的激振源,针对需测试体的最高频率,可在数毫秒至数十毫秒内选择。

8.4.4 测试仪器的使用频率范围是指在此范围内的频率特性的上升下降不超过一定比例值的频率范围,有的以百分数表示,一般被出为±10%,也有的以分贝数表示,为±3dB。一般粗略测量时,可根据频率特性对数据进行修正,如果要求比较精确测量,则需据其频率特性对数据进行修正。

8.4.5 测试仪器的最大可测幅值是指的保证一定的线性精度下可以测量的最大幅值,包括幅值、速度或位移。

8.4.6 分辨率是指测试仪器可能测出的被测量振动的最小变化值。

8.4.7 横向灵敏度是在与传感器敏感轴垂直的任意方向上受到单

位激励时，传感器获得的信号输出量。

8.4.8 在测试瞬态过程中，由于测试仪器本身的瞬态响应，将会使测试结果畸变，为减小波型畸变，一般来说在使用频率的下限为敬测振动中最低频率分量的1/10以下，上限为10倍以上，就可满足要求。

8.5 试 验 要 求

8.5.1 环境振动测试是原型结构动力特性的最常用方法之一，因为这种利用微振动信号进行的测试，由于振源信号较弱，所以提出测试仪器的频带要求，防干扰要求，以及反复记录时间的要求。严格说来，脉动法所测原型结构的动力特性，系指末震状态的特性。

8.5.2 机械激振法测试原型结构的动力特性。它不仅可测原型结构的动力特性，共振源信号较环境振动大，而且目可测结构不同阶段的动力反应和强迫振动，由于是机械强迫振动，与激振力大小关系，实际上激振力大时，测得结构的自振周期偏长。

8.5.3 初速度法是利用火箭反冲激振，利用结构衰减过程的动力反应来测定结构动力特性，由于激振点布点位置不同，要求共同步的条件。

8.5.4 初位移法又叫拉线法，也是利用作用在结构上的突然释放力，在结构动力衰减反应下测其结构的动力特性。因此选择拉力点，抗线粗细，拉线的倾角有所要求，这种方法用于单厂，塔型或高耸结构的动力比较方便。

8.6 试 验 数 据 处 理

8.6.1.1 结构振动信号的零点漂移和波形失真同题应在现场记录时解决，但在现场测量时，如果没有显示设备，有时也会把具有零漂或真有失真记录下来，所以任对结构振动信号进行删除处理时，必须将带有零漂和真有失真的信号删除掉。对结构振动信号进行记录时，记录带长度应以不少于60s为宜。

8.6.1.2 也可采用平均的方法求结构的自振周期，这样与 $\sum_{i=1}^{n}T_i/n$ 相比可提高求解精度。

8.6.1.3 利用表减波形式计算结构阻尼比时，一般不取曲线上第一个峰点，最好选择衰减曲线上的第3个和第4个峰点。对用扫频方法给出的共振曲线可按 $\zeta=\frac{1}{2\pi}\ln\frac{A_2}{A_1}$ ，对用扫频方法给出的共振曲线可按 $\zeta=\frac{\Delta f}{2f_0}$ 求阻尼比。

8.6.1.4 给各测点的幅值，应用结构响应信号记录幅值除以测试系统的放大倍数

结构响应信号幅值 = 测试点记录幅值 / 结构响应系统的放大系数

求出各测点的幅值，将其归一化然后判振型。

8.6.2 结构动力试验数据在频域处理时，常用的几个统计特征函数（简称特征函数）为：

自相关函数，互相关函数，自功率密度函数（简称自谱），互功率密度函数（简称互谱），付里叶谱（简称付氏谱）传递函数或乃奎斯特频率函数（亦称凝震函数）

8.6.2.1 对结构振动信号进行互谱分析时，频率上限选3～5倍或5～10倍的乃奎斯特频率。

在频域对结构振动信号进行互谱分析来求结构高振时的具体做法是：如果测点是按1、3、5、7、9、11……层布点时，可选第3层测点的信号为参考点，其他测点的信号与第3层测点的信号进行互谱分析，给出各测点信号幅值的正负号，然后各幅值归一化处理后画出除一振型外的其他振型。

8.6.2.2 海宁窗和海明窗是对功率谱进行平滑处理的数字滤波方法，其目的是减少泄漏。

海宁窗是以 $G_k=0.25G_{k-1}+0.5G_k+0.25G_{k+1}$ 作平滑基础对功率谱进行平滑的，其中 G_k 为某点的功率谱值，G_{k-1} 和 G_{k+1} 为其左右相邻的两个谱值，也就是说，海宁窗是按 0.25、0.5 和 0.25 对谱进行加权处理的，加权后的计算结果 $\bar{G}_k$ 作为该点的功

率谱值。

海明窗的加权方法为：

$$\bar{G}_k = 0.23G_{k-1} + 0.54G_k + 0.23G_{k+1}$$

为了减少由于加窗带来的误差，可采用关窗的办法，其含义是，在数据处理时，可先次把窗关大一些，并把平滑的谱画出来，接着再逐次把窗关小一些，同样地把这些图都画出来，然后观察比较其结果，择优选取。

8.6.2.3 对结构测量信号进行频域处理时，窗函数的选择应以提高信号幅值精度和改善频率分辨率为原则。

9 建筑抗震试验中的安全措施

9.1 安全防护的一般要求

9.1.1 试验工作中的安全要求，通过试验工作实践证明是很重要的，但也容易忽视，要保证试验工作的顺利进行，保证工作人员生命安全和国家财产不受损失，所以设有明确的有效的安全措施是不能进行试验。

9.1.2 试验中安全事故，发生在安装阶段的运输起吊过程中，特别是现阶段多愿雇临时工更易出现安全事故，本规程中要求必须遵守国家有关的安全操作规定。

9.2 拟静力、拟动力试验中的安全措施

9.2.1 试验中常用的支架、反力架以及一些为试验加载用的预制受力构件，制作和设计时就考虑到受力部件之间的连接螺栓，在任是临时组拼，这些螺栓的强度安全有选择不当的危险。

9.2.2 试验中使用的设备、仪表都有其具体的操作规定，特别是大型的复杂设备、精密的和自动化程度较高的仪器，必须遵守和执行这些设备及仪器、仪表的安全操作规定。

9.2.3 试验用加载设备系统：门架三角形反力架、反力墙等应有明确的力和变形刚度的限制，不能在试验中拿来就用，在任何水平加载下，应考虑都承受全部试验荷载可能的冲击，在复杂临时加载下，不致产生过大的变形。

9.2.4 结构在拟动力推、拉反试验中，在接近试验最大承载能力时，试体承受的载荷和因此而产生的变形都很大，试体随时有的能产生局部破坏和整体倒塌，因此，设置安全托架、支墩及保护

拦网，防止崩落的碎块和倒塌的试体砸伤人员和砸伤设备。

9.2.5 在试验安装就绪之后，开始试验之前，除检查有关的加力设备的安全性、连续性，还应检查测试的所有仪表是否都有保护措施，在近破坏阶段，试验主持者应进一步检查被保留下来的仪表的有效保护，防止损坏仪表。

9.2.6 试验前的预加载，观察加载系统的有效性，采集数据处理系统的可靠性，确认之后方能正式加载，加载过程中，对液压系统的分段调压，转换伺服控制方式直到压破坏阶段的位移大行程控制等，都应按试验大纲进行下方能确保试验的质量和安全。

9.3 模拟地震振动台试验中的安全措施

9.3.1~9.3.3 振动台试验时由于试验体在整个试验过程中始终处于运动状态，并且绝大部分要求将试验进行到倒塌破坏，因此整个试验过程中采取各种安全措施尤为重要，以保证振动台设备及试验系统的人身安全。

9.3.4~9.3.5 振动台位移、速度、加速度等都有预计的限位及幅值，即使超过预计的限位及幅值，振动台控制系统的限位装置、警报指示装置、缓冲消能装置都是振动台系统自身的安全保护装置。当振动台面出现故障，试验出现故障时，可由限位指示装置控制使振动台自动停机，发生撞击基坑壁，致使台面及加振器等部件受损，并保障试验和试验工作人员的安全。如果台面因失控而产生撞击时，缓冲装置可起到消能作用。

9.3.6 模拟地震振动台系统内均配置不同断电直流电源，在控制系统电整市电交流断电后成单相交流，它是一种电源变换和隔离装置，它装三相交流市电整流变成直流充电后与镍镉蓄电池组并联电作为备用电源，然后再将直流逆变成单相交流，供控制系统应用。电源的转换隔离了输电线路上各种干扰对控制系统的影响，保证了数字和模拟电路的可靠性。当外界供电等发生故障而突然停

电时，系统报警，备用蓄电组的直流继续逆变成交流送电，供电的连续性，使整个振动台系统继续正常运行，保障系统采集的试验数据的安全储存，不受干扰。

9.4 原型结构动力试验中的安全措施

9.4.1 在现场进行原型结构动力测试时，首先要考虑的是动力电源，从开始到试验终止都必须保证有稳定的电源供给，在进入仪器的前级电源间宜加稳压装置。

9.4.2 现场动力测试步及安全的问题比室内试验难以控制，容易出现想不到的问题，在拉线选择、拉线、测力计与结构之间，三者的连接一定要做到有效、可靠，对操作有场的工人，一定交待其操作要领到和听从指挥。

9.4.3 测试仪器本身的安全操作，一般对测试工作人员能做到的，但在现场意外的抗干扰都得注意。

9.4.4~9.4.5 现场安装起振机希望能干脆利落，为此事先应先检查起振机运转状态，偏心配重校对，安装起振机处的连接等，检查后对吊装的钢绳也要检查。全过程测试中，应对所有仪器进行现场保护，进入现场起振工作的人员必须遵守现场的安全规定。

9.4.6 土火箭激振测试方法，制造振源简单，但用药可是慎重的事，用药量不宜超过规定的容许值。

附录 A 模型试体设计的相似条件

A.1 结构抗震拟静力与拟动力试验模型

A.1.1 物理条件相似就是要求模型与原型各点应力和应变间的关系相同。

$$S_\mu = 1, \quad S_\sigma = S_E \cdot S_\varepsilon, \quad S_\tau = S_G \cdot S_\gamma \quad (A.1.1-1)$$

式中 S_μ ——泊松系数；
  S_σ ——法向应力； S_E ——弹性模量；
  S_τ ——剪切应力； S_G ——剪切模量；
  S_ε ——法向应变；
  S_γ ——剪应变。

几何条件相似就是要求模型与原型各相应部分的长度 L 互成比例。即模型长度、位移、应变等物理相似系数间应该满足的关系。

结构原型与模型试体的几何相似体系中相应变关系为

$$S_X/(S_E S_L) = 1 \text{ 或 } S_G S_L/S_K = 1 \quad (A.1.1-2)$$

刚度相似条件为：

$$S_E S_L/S_K = 1, \quad S_L \text{——长度相似系数}; \quad S_K \text{——刚度相似} \quad (A.1.1-3)$$

S_X ——位移相似系数； S_L ——长度相似系数； S_K ——刚度相似系数

边界条件相似，就是要求模型与原型在与外界接触的各种条件保持相似，它包括受力条件相似、约束情况相似等。边界上的受力情况相似，模型和原型支撑条件可以通过结构造型来保证。如对具有固定端，模型结构的原型结构与模型结构的支撑端相似条件相似。

结构原型与模型试体的边界条件相似条件应满足。

集中力或剪力 P $S_P = S_\sigma S_L^2$

线荷载 w $S_w = S_\sigma S_L$
面荷载 q $S_q = S_\sigma$
弯矩或扭矩 M $S_M = S_\sigma S_L^3$ (A.1.1-4)

A.1.2 在钢筋混凝土结构中，由于混凝土材料本身具有明显的非线性性质，以及钢筋和混凝土之间的性能之间的差异，要模拟钢筋混凝土结构全部的非线性性能是很不容易的。从 $S_\sigma = S_E$ 的含义来说，要求物体内任何一点的应力相似系数与弹性模量相似系数相同。实际上受力物体内各点的应力大小与原型与原型不同的，即要求模型与原型应力应变关系相似。要满足这一关系，只有当模型与原型采用相同强度和变形的材料才有可能，这时就要求模型砌体与原型材料的应力应变关系曲线，要满足这一关系 A.1.2 中一栏的要求。

A.1.3 砖石结构也是用两种材料组成的复合材料结构，制作模型都按一定的比例缩小是困难的，由于要求模型砌体与原型材料相似的应力应变曲线，因此要采用与原型相似的"实用模型"材料。

A.2 结构动力试验模型

A.2.1 相似理论是结构相似理论的基础。结构模型按照模型和原型结构相关联的一组方程式的相似条件设计。模型和原型相似必须是反映表现同一物理现象，几何条件相似，边界条件相似。对动力试验模型还必须是物质点动力平衡方程式相似和运动的初始条件相似。

A.2.2 模型设计可采用方程式分析法或量纲分析法。

当已知所描述物理现象的基本方程式时，可采用方程式分析法，根据基本方程建立相似条件；如果所描述物理现象不能用方程式表示时，则可根据该物理现象参数的有关物理参数，采用量纲分析法，通过量纲分析建立相似条件。

A.2.3 对于地震地面运动作用下结构动力反应问题的研究，参与的物理参数有应力 (σ)、几何尺寸 (L)、时间 (t)、加速度 (a)、重力加速度 (g)、材料弹性模量 (E)、密度 (ρ) 和位置向量($\bar{r}$)以及考虑初始条件的物理初始应力(σ_0)和初始位置向量($\bar{r}_0$),其函数关系为:

$$\sigma = F(L, t, a, g, E, \rho, \bar{r}, \sigma_0, \bar{r}_0) \qquad (A.2.3-1)$$

按量纲分析的Π定理,一物理现象可由 n 个物理量构成的物理方程描述,如一物理现象中有 k 个独立的物理量,即该 k 个基本单位,则有 k 个基本物理量,可选 k 个基本单位,则这些物理量也可以用这些物理量组成的 $(n-k)$ 个无量纲群的关系式来描述。在工程系统中基本物理量为 M(质量)、L(长度)和 T(时间),即 $k=3$。为此可组成 $n-k=10-3=7$ 个独立的无量纲项(相似判据Π),所以无量纲项的函数关系为:

$$\Pi = f\left[\frac{\sigma}{E}, \frac{t}{L}\sqrt{\frac{E}{\rho}}, \frac{a}{g}, \frac{a_1\rho}{E}, \sqrt{\frac{E}{\rho}}, \frac{\sigma_0}{E}, \frac{\bar{r}_0}{L}\right] \qquad (A.2.3-2)$$

即

$$\frac{\sigma}{E} = f\left[\frac{\bar{r}}{L}, \frac{t}{L}\sqrt{\frac{E}{\rho}}, \frac{a}{g}, \frac{a_1\rho}{E}, \frac{\sigma_0}{E}, \frac{\bar{r}_0}{L}\right] \qquad (A.2.3-3)$$

这个方程式中的每一项在模型和原型中都应相等,由此得到表3.4.8所列的各项动力相似条件。

A.2.3.1 模拟地震动台振动试验体是与原型结构在同样相等的重力加速度 g 下进行试验的,即 $S_g = g_m/g_p = 1$ 由公式(3.4.8-2)的无量纲项 a/g 和 $aL\rho/E$ 可知,当 $aL\rho/E = S_L$,即要求满足 $S_E/S_\rho = S_L$,即要求模型材料较原型材料有更小的刚度或者更大的密度。对于混凝土结构,一般是非常相近的,由此就限制了材料和原型相同的材料,研究结构非线性能及密度及密度和原型相同的材料,研究结构非线性工作性能和破坏机理的可能性。如果模型使用和原型相同的材料,即 $S_E = S_\rho = 1$,这样对于小比例模型就要有非常大的加速度,即要求 $S_g = 1/g_L$,这样对台试验带来困难,所以在实际试验中采用人工质量模拟的强度模型。

A.2.3.2 当采取人工质量模拟的强度模型试验时,要用高密度材料来增加结构上有效质量模拟的模型材料密度,这种高密度材料并不影响结构的性能,仅是为了满足 $S_E/S_\rho = 1$ 的相似要求。实际上就是在模型上附加适当分布的质量,但这些附加的质量不能改变结构的强度和刚度的特性。

表A.2.3 第2列中的 S'_ρ 为考虑人工质量模拟的等效质量密度的相似常数。公式(A.2.3-1)中 ρ_{0m} 为模型中具有结构效应材料的质量密度,ρ_{1m} 为模拟人工质量模型上的附加材料的质量密度,可由公式(A.2.3-2)确定。式中 $S_{\rho 0}$ 为具有结构效应材料的质量密度相似常数。

A.2.3.3 对于由重力效应引起的应力比地震作用引起的动应力小得多的结构,模型设计可忽略重力加速度 g 的影响,即可排除 $S_g = 1$ 的约束条件,因此这类模型不须要模拟人工质量,不模拟重力影响。当模型选用和原型结构相同材料,同时也会增大材料的弹性工作性能范围也会模拟变速率的影响。

$$S_\sigma = S_L S_a, \quad S_a = \frac{1}{S_L}$$

S_L, S_E 及 S_a 激振时间及加速度的比例很大,因而导致量精度及动力激振等发生困难,同样可以不考虑重力引起的次生效应。

对于动力试验动力效应只涉及分开,同样非线性由几何非线性引起的效应不能适当模拟。但这类模型

附录 B 拟动力试验数值计算方法

B.1.1 本条文按拟动力试验的过程将对各步骤的实施作出统一规定

B.1.1.1 根据结构试体的材料力学性能和结构体系受力性能及相应试验数据(含试验前的静力小荷载试验结果数据),确定出动力反应分析中动力方程所需要的必要初始参数。

B.1.1.2 将初始参数代入动力方程 B.1.3,计算结构试体在地震作用下第一步(即时间为 Δt 时)反应位移。

B.1.1.3 将计算出的反应位移的恢复力作用给结构试体,并测量各质量处的恢复力值。

B.1.1.4 根据实测的参数代入动力方程,修正本次加载前的计算参数,并将修改后的参数代入动力方程,得出下一步结构试体的地震反应位移,再施加位移。如此逐步迭代循环完成全部试验。

B.1.2 拟动力试验的地震加速度时程曲线(即地震波)选用原则应满足地震对实际结构的作用影响,控制其持时长度能够使实际结构产生足够的振动周期,同时要求持时长度大于结构基本自振周期的 8 倍以上。

试验数值计算所取的各时间步长与地震加速度时程文件所取时间步长相对应,用 $\Delta \tau$ 表示。建议取 $\Delta \tau = (0.05 \sim 0.1)T$。$T$ 为实际结构的各振型影响中不可忽略的各周期之中最短周期,等效单质点体系取基本周期,以便使试验过程连续,且具有较高精确度。

当结构试体为比例模型时,持时长度与时间步长均需按相似关系变换。

B.1.4 试验初始阶段,可采用 β 法或拟静力法进行动力方程计算,此时,直接由结构的弹性刚度矩阵 $[K]$ 和位移之积 $[K]\{X\}$、$P=KX$ 或 $\{P\}=[K]\{X\}$ 代替式 B.1.1 中实测恢复力 $\{P\}$ 项,求出反应位移 $\{X\}$ 后,控制作动器对结构试体施加位移,然后再进行下一步计算。当位移较小,恢复力量测误差的影响较小后,应及时转入正常试验阶段。

试验的正常阶段,宜采用中心差分法进行动力分析,此时,直接采用量测的恢复力 $\{P\}$ 代入方程对结构试体进行计算,求得反应位移,并控制作动器对结构试体施加位移,量测恢复力并进行下一步计算。

采用等效单质点体系进行动力分析时,按式 B.1.3 求得位移参数 $\tilde{X}_i$ 后,按式 B.1.3-3 计算各质点的反应位移 X_i,并施加到试体上。量测各质点恢复力 P_i 后,按式 B.1.3-1~B.1.3 计算 $\tilde{P}$,返回式 B.1.3 进行下一步计算。

中华人民共和国行业标准

建筑抗震加固技术规程

Technical Specification for Seismic Strengthening of Building

JGJ 116—98

主编单位：中国建筑科学研究院
批准部门：中华人民共和国建设部
施行日期：1999年3月1日

关于发布行业标准
《建筑抗震加固技术规程》的通知

建标 [1998] 169号

根据原城乡建设环境保护部《关于印发1984年全国城乡建设科技发展计划的通知》（[84]城科字第153号）要求，由中国建筑科学研究院主编的《建筑抗震加固技术规程》，经审查，批准为强制性行业标准，编号JGJ 116—98，自1999年3月1日起施行。

本标准由建设部建筑工程标准技术归口单位中国建筑科学研究院归口管理，由中国建筑科学研究院负责具体解释。

本标准由建设部标准定额研究所组织中国建筑工业出版社出版。

中华人民共和国建设部
1998年9月14日

目 次

1 总则 ································ 15—3
2 木语、符号 ·························· 15—3
3 基本规定 ···························· 15—4
4 地基和基础 ·························· 15—6
5 多层砌体房屋 ························ 15—7
5.1 一般规定 ·························· 15—7
5.2 加固方法 ·························· 15—7
5.3 加固设计及施工 ···················· 15—8
6 多层钢筋混凝土房屋 ·················· 15—13
6.1 一般规定 ·························· 15—13
6.2 加固方法 ·························· 15—13
6.3 加固设计及施工 ···················· 15—14
7 内框架和底层框架砖房 ················ 15—17
7.1 一般规定 ·························· 15—17
7.2 加固方法 ·························· 15—17
7.3 加固设计及施工 ···················· 15—18
8 单层钢筋混凝土柱厂房 ················ 15—20
8.1 一般规定 ·························· 15—20
8.2 加固方法 ·························· 15—20
8.3 加固设计及施工 ···················· 15—20
9 单层砖柱厂房和空旷房屋 ·············· 15—24
9.1 一般规定 ·························· 15—24
9.2 加固方法 ·························· 15—24
9.3 加固设计及施工 ···················· 15—24
10 木结构和土石墙房屋 ················· 15—27
10.1 木结构房屋 ······················· 15—27
10.2 土石墙房屋 ······················· 15—28
11 烟囱和水塔 ························· 15—29
11.1 烟囱 ···························· 15—29
11.2 水塔 ···························· 15—30
附录 A 本规程用词说明 ················ 15—31
附加说明 ······························ 15—32
条文说明 ······························ 15—32

1 总则

1.0.1 为了贯彻地震工作以预防为主的方针,减轻地震破坏,减少损失,使现有建筑进行抗震加固做到经济、合理、有效、实用、制定本规程。

按本规程进行加固的建筑,在遭遇到相当于抗震设防烈度的地震影响时,一般不致倒塌伤人或砸坏重要生产设备,经修理后仍可继续使用。

1.0.2 本规程适用于抗震设防烈度为 6~9 度地区因抗震能力不符合设防要求而需要加固的现有建筑进行抗震加固的设计及施工。

一般情况,抗震设防烈度可采用地震基本烈度。行业有特殊要求的建筑,应按专门的规定进行抗震加固的设计及施工。

注:本规程"6、7、8、9度"为"抗震设防烈度为6、7、8、9度"的简称。

1.0.3 现有建筑的抗震鉴定,应按现行国家标准《建筑抗震鉴定标准》GB50023 的有关规定采用。

1.0.4 抗震加固时,建筑的重要性类别及相应的抗震验算和构造分类,应按现行国家标准《建筑抗震鉴定标准》GB50023—95 第1.0.3条的有关规定采用。

1.0.5 现有建筑抗震加固的设计及施工,除应符合本规程的规定外,尚应符合国家现行有关标准、规范的规定。

2 术语、符号

2.1 术语

2.1.1 抗震加固 seismic strengthening of building

使现有建筑达到规定的抗震设防要求而进行的设计及施工。

2.1.2 综合抗震能力 compound seismic capability

整个建筑结构综合考虑其构造和承载力等因素所具有的抵抗地震作用的能力。

2.1.3 面层加固法 masonry strengthening with plaster splity

在砌体墙表面增抹一定厚度的水泥砂浆或水泥砂浆钢筋、水泥砂浆的加固方法。

2.1.4 板墙加固法 masonry strengthening with concrete splity

在砌体墙表面浇注或喷射钢筋混凝土的加固方法。

2.1.5 外加柱加固法 masonry strengthening with tie column

在砌体墙交接处增设钢筋混凝土构造柱的加固方法。

2.1.6 壁柱加固法 brick column strengthening with concrete column

在砌体墙垛(柱)侧面增设钢筋混凝土柱的加固方法。

2.1.7 混凝土套加固法 structure member strengthening with R.C.

在原有的钢筋混凝土梁柱或砌体柱外包一定厚度的钢筋混凝土的加固方法。

2.1.8 钢构套加固法 structure member strengthening with steel frame

在原有的钢筋混凝土梁柱或砌体柱外包角钢、扁钢等制成的构架的加固方法。

2.2 主要符号

2.2.1 作用和作用效应

N_G——对应于重力荷载代表值的轴向压力；
V_e——加固后楼层的弹性地震剪力；
S——加固后结构构件地震基本组合的作用效应设计值；

2.2.2 材料性能和抗力

M_y——加固后构件现有受弯承载力；
V_y——加固后构件或楼层构件受剪承载力；
R——加固后结构构件承载力设计值；
K——加固后结构构件刚度；
f_0、f_{k0}——原材料的强度设计值、标准值；
f、f_k——加固材料的强度设计值、标准值；

2.2.3 几何参数

A_s——实有钢筋截面面积；
A_{w0}——原抗震墙截面面积；
A_w——加固后墙截面面积；
b——加固后构件截面宽度；
h——加固后构件截面高度；
l——加固后构件长度、屋架跨度；

2.2.4 计算系数

β_0——原结构综合抗震能力指数；
β_s——加固后结构的综合抗震能力指数；
γ_{Ra}——抗震鉴定的承载力调整系数；
η——加固后能力的增强系数；
ξ_y——加固后楼层屈服强度系数；
ψ_1——加固后结构构造的体系影响系数；
ψ_2——加固后结构构造的局部影响系数。

3 基本规定

3.0.1 现有建筑抗震加固前，应按现行国家标准《建筑抗震鉴定标准》GB50023进行抗震鉴定。抗震加固设计应符合下列要求：

3.0.1.1 加固方案应根据抗震鉴定结果综合确定，可包括整体房屋加固、区段加固或加固构件加固，并宜结合维修改造改善使用功能，注意美观；

3.0.1.2 加固方法应便于施工，并应减少对生产、生活的影响。

3.0.2 抗震加固的结构布置和连接构造应符合下列要求：

3.0.2.1 加固的总体布局，应优先采用增强结构整体抗震性能的方案，应有利于消除不利抗震的因素，改善构件的受力状况，宜减少对地基基础的加固工程量，多采取提高上部结构抵抗不均匀沉降能力的措施；尚宜考虑场地的影响。

3.0.2.2 加固或新增构件的布置，宜使加固后结构质量和刚度分布较均匀、对称，避免局部加强导致结构刚度或强度突变。

3.0.2.3 抗震薄弱部位、易损部位和不同类型结构的连接部位，其承载力或变形能力宜采取一般部位应增强的措施。

3.0.2.4 增设的构件与原有构件之间应有可靠连接，增设的抗震墙、柱等竖向构件应有可靠的基础。

3.0.2.5 女儿墙、门脸、出屋顶烟囱等易倒塌伤人的非结构构件，不符合鉴定要求时，宜拆除或改降低高度，当需保留时，应加固。

3.0.3 抗震加固时的结构抗震验算，应符合下列要求：

3.0.3.1 当抗震设防烈度为6度时，可不进行抗震验算。

3.0.3.2 抗震加固后的结构抗震验算，应采用本规程中的楼层综合抗震能力指数进行验算，加固后楼层综合抗震能力指数不应小于1.0。

3.0.3.3 当本规程中未给出计算楼层综合抗震能力指数的参数时，可采用现行国家标准《建筑抗震设计规范》GBJ11的方法进行验算，当采用现行国家标准《建筑抗震设计规范》GBJ11的方法进行抗震验算时，其"承载力抗震调整系数"应采用"抗震加固的承载力调整系数"替代。抗震加固的承载力调整系数的取值，可按现行国家标准《抗震设计规范》GBJ11的承载力抗震调整系数的0.85倍采用，但对钢构套加固构件仍按原构件的规定值采用。

3.0.3.4 加固后结构的分析和构件承载力计算，尚应符合下列要求：

（1）结构的计算简图，应根据加固后的荷载、地震作用和实际受力状况确定；当加固后结构刚度和重力荷载代表值的变化分别不超过原来的10%和5%时，可不计入地震作用变化的影响；

（2）结构构件的计算截面面积，应采用实际有效截面面积；

（3）加固结构构件承载力验算时，应计入实际荷载偏心、结构构件变形等造成的附加内力，并应计入加固后工作的程度对承载力的影响；结构新增部分的应变滞后和新旧部分协同受力程度对承载力的影响。

3.0.4 抗震加固所用的材料应符合下列要求：

3.0.4.1 粘土砖的强度等级不应低于MU7.5；粉煤灰中型实心砌块和混凝土中型空心砌块的强度等级不应低于MU10，混凝土小型空心砌块的强度等级不应低于MU5；砌体的砂浆强度等级不应低于M2.5。

3.0.4.2 钢筋混凝土的混凝土强度等级不应低于C20，钢筋宜采用Ⅰ级或Ⅱ级钢。

3.0.4.3 钢材的型钢宜采用Q235钢。

3.0.4.4 加固所用材料的强度等级不应低于原构件材料的强度等级。

3.0.5 抗震加固的施工应符合下列要求：

3.0.5.1 施工时应采取避免或减少损伤原结构的措施。

3.0.5.2 施工中发现原结构或相关工程隐蔽部位的构造有严重缺陷时，应暂停施工，在会同加固设计单位采取有效措施处理后方可继续施工。

3.0.5.3 当可能出现倾斜、开裂或倒塌等不安全因素时，施工前应采取安全措施。

4 地 基 和 基 础

4.0.1 本章适用于存在软弱土、液化土、明显不均匀土层的抗震不利地段上的建筑地基和基础。不利地段应按现行国家标准《建筑抗震设计规范》GBJ11 划分。

4.0.2 抗震加固时，天然地基承载力可计入建筑长期压密的影响，按现行国家标准《建筑抗震鉴定标准》GB50023—95 第4.2.6.1 款规定的方法进行验算，其中，基础底面压力设计值应按加固后的情况计算，而地基土长期压密提高系数仍按加固前取值。

4.0.3 当地基竖向承载力不能满足要求时，可作下列处理：

4.0.3.1 可采用提高上部结构抵抗地基不均匀沉降能力的措施。

4.0.3.2 当基础底面压力设计值超过地基承载力设计值不足10%时，基础底面已出现不容许的沉降和裂缝，可采取放大基础底面积、加固地基或减少上部荷载的措施。

4.0.4 当地基或桩基的水平承载力不能满足要求时，可作下列处理：

4.0.4.1 基础旁无刚性地坪时，可增设刚性地坪。

4.0.4.2 可增设基础梁，将水平荷载分散到相邻的基础上。

4.0.5 液化地基的液化等级为严重时，对液化敏感的乙类和丙类建筑宜采取消除液化沉降或加固上部结构的措施。

4.0.6 为消除液化沉降进行地基处理时，可选用下列措施：

4.0.6.1 桩基托换：将基础荷载通过桩传到非液化土上，桩端（不包括桩尖）伸入非液化土中的长度应按计算确定，且不宜小于0.5m。

4.0.6.2 压重法：对地面标高无严格要求的建筑，可在建筑周围堆土或重物，增加覆盖压力。

4.0.6.3 覆盖法：将建筑的地坪和外侧排水坡改为配筋混凝土整体地坪。地坪应与基础或墙体锚固，室外地坪宽度宜为 4~5m。

4.0.6.4 排水桩法：在基础外侧设碎石排水桩，在室内设整体地坪。排水桩不宜少于两排，桩距基础或基础外缘的净距不小于1.5m。

4.0.6.5 旋喷法：穿过基础或紧贴基础外侧打孔，制作旋喷桩，桩长应穿过液化层并支承在非液化土层上。

4.0.7 对液化地基、软土地基或地基土不均匀地基上的建筑，可取下列提高上部结构抵抗不均匀沉降能力的措施：

4.0.7.1 提高建筑的整体性或合理调整荷载。

4.0.7.2 加强圈梁与墙体的连接。当可能产生差异沉降或基础埋深不同且未按1/2的比例过渡时，应局部加强圈梁。

4.0.7.3 用钢筋网砂浆面加固墙体。

5 多层砌体房屋

5.1 一般规定

5.1.1 本章适用于砖墙体和砌块墙体承重的多层房屋,其适用的最大高度和层数应符合现行国家标准《建筑抗震鉴定标准》GB50023—95 第 5 章的规定。

5.1.2 房屋的抗震加固应符合下列要求:

5.1.2.1 加固后的楼层综合抗震能力指数不应小于 1.0,且不宜超过下一楼层综合抗震能力指数的 20%;当超过时应同时增强下一楼层的抗震能力。

5.1.2.2 自承重墙体加固后的抗震能力不应超过同一楼层中承重墙体加固后的抗震能力。

5.1.2.3 对非刚性结构体系的房屋,选用支撑或支架加固方案时应分别加固后柱或墙梁、增设支撑或支架等非刚性结构体系的加固措施时,应控制层同位移和提高其变形能力。

5.1.3 加固后的楼层和墙段的综合抗震能力指数可按下列公式验算:

$$\beta_s = \eta \psi_1 \psi_2 \beta_0 \quad (5.1.3)$$

式中 β_s ——加固后楼层或墙段的综合抗震能力指数;

η ——加固增强系数;

β_0 ——楼层或墙段原有的抗震能力指数,应分别按现行国家标准《建筑抗震鉴定标准》GB50023 规定的有关方法计算;

$\psi_1、\psi_2$ ——分别为体系影响系数和局部影响系数,应根据房屋加固后的状况,按现行国家标准《建筑抗震鉴定标准》GB50023—95 第 5.3.3 条的规定取值。

5.2 加固方法

5.2.1 房屋抗震承载力不能满足要求时,可选择下列加固方法:

5.2.1.1 拆砌或增设抗震墙:对强度过低的原墙体可拆除重砌;重砌和增设抗震墙的材料可采用砖或砌块,也可采用现浇钢筋混凝土。

5.2.1.2 修补和灌浆:对已开裂的墙体,可采用压力灌浆修补;对砌筑砂浆强度饱满而砌筑砂浆强度等级偏低的墙体,可按原砌筑砂浆强度等级提高一级设计算。

修补后墙体的刚度和抗震能力,可按原砌筑砂浆强度等级灌浆加固。

5.2.1.3 面层或板层加固:在墙体的一侧或两侧采用水泥砂浆面层、钢筋网砂浆面层或现浇钢筋混凝土板墙加固。

5.2.1.4 外加柱加固:在墙体交接处采用现浇钢筋混凝土构造柱加固,柱应与圈梁、拉杆连接成整体,或与现浇钢筋混凝土楼、屋盖可靠连接。

5.2.1.5 包角或镶边加固:在柱、墙角或门窗洞边用型钢或钢筋混凝土包角或镶边;柱、墙垛还可用现浇钢筋混凝土套加固。

5.2.1.6 支撑或支架加固:对刚度差过大的房屋,可增设型钢或钢筋混凝土的支撑或支架加固。

5.2.2 房屋整体性不能满足要求时,可选择下列加固方法:

5.2.2.1 当墙体布置在平面内不闭合时,可增设墙段形成闭合,在开口处增设现浇钢筋混凝土框。

5.2.2.2 当纵横墙连接较差时,可采用钢拉杆、长锚杆、外加柱或外加圈梁等加固。

5.2.2.3 楼、屋盖构件支承长度不能满足要求时,可增设托梁或采取增强楼、屋盖整体性等的措施;对腐蚀变质的构件应更换。

5.2.2.4 当圈梁设置不符合鉴定要求时,应增设圈梁;外墙圈梁宜采用现浇钢筋混凝土，内墙圈梁可用钢拉杆或在圈梁端加锚杆代替。

5.2.3 对房屋中易于倒塌的部位，可选择下列加固方法：

5.2.3.1 承重窗间墙宽度过小或抗震能力不能满足要求时，可增设钢筋混凝土窗框或采用面层、板墙等加固。

5.2.3.2 隔墙无拉结或拉结不牢，可采用镶边、埋设铁夹套、锚筋或钢拉杆加固。

5.2.3.3 支承大梁等的墙段抗震能力不能满足要求时，可增设砌体柱、钢筋混凝土柱或采用面层、板墙加固。

5.2.3.4 出屋面的楼梯间、电梯间和水箱间不符合鉴定要求时，可采用主体结构外加柱加固，其上部应与屋盖构件有可靠连接，下部应与主体结构的加固措施相连。

5.2.3.5 出屋面的烟囱、无拉结女儿墙超过规定的高度时，宜拆除或采用型钢、钢拉杆加固。

5.2.3.6 悬挑构件的锚固长度不能满足要求时，可加拉杆或采取减少悬挑长度的措施。

5.2.4 当具有明显扭转效应的多层砌体房屋抗震能力不能满足要求时，可优先在薄弱部位增设现浇钢筋混凝土墙、墙段或墙片，亦可采取分割平面单元、减少扭转效应的措施。

5.3 加固设计及施工

5.3.1 采用水泥砂浆面层和钢筋网砂浆面层加固墙体时应符合下列要求：

5.3.1.1 面层的材料和构造应符合下列要求：

（1）面层的砂浆强度等级，宜采用M10；

（2）水泥砂浆面层的厚度宜为20mm；钢筋网砂浆面层的厚度宜为35mm，钢筋外保护层厚度不应小于10mm，钢筋网片与墙面的空隙不宜小于5mm；

（3）钢筋网的钢筋直径宜为φ4或φ6；网格尺寸实心墙宜为300mm×300mm，空斗墙宜为200mm×200mm；

（4）单面加固面层的钢筋网应采用φ6的L形锚筋，用水泥砂浆固定在墙体上；双面加固面层的钢筋网应采用φ6的S形穿墙连接；L形锚筋的间距宜为600mm，S形穿墙筋的间距宜为900mm，并呈梅花状布置；

（5）钢筋网四周应与楼板或大梁、柱或墙体连接，可采用锚筋、插入短筋、拉结筋等连接方法；

（6）当钢筋网的横向钢筋遇有门窗洞洞口时，单面加固宜将钢筋弯入洞侧锚固；双面加固宜将钢筋在洞口闭合。

5.3.1.2 面层加固后，有关构件支承长度的影响系数可取1.0，有关墙体局部尺寸的影响系数可取1.0，楼层抗震能力的增强系数可按下列公式计算：

$$\eta_{pi} = 1 + \frac{\sum_{j=1}^{n}(\eta_{pij}-1)A_{ij0}}{A_{i0}} \quad (5.3.1-1)$$

$$\eta_{pij} = \frac{240}{t_{w0}}\left[\eta_0 + 0.075\left(\frac{t_{w0}}{240}-1\right)\right]/f_{vE} \quad (5.3.1-2)$$

式中 η_{pi} —— 面层加固楼层的第i楼层抗震能力的增强系数；

η_{pij} —— 第i楼层中j墙段的增强系数；

η_0 —— 基准增强系数，粘土砖实心墙按表5.3.1-1采用，空斗墙实心墙体可取表中数值的1.3倍；

n —— 第i楼层中验算方向上的面层加固抗震道数；

t_{w0} —— 原墙体厚度；

f_{vE} —— 原墙体的抗剪强度设计值。

表5.3.1-1 面层加固的基准增强系数

面层厚度(mm)	面层砂浆强度等级	钢筋网		单面加固				双面加固			
		直径(mm)	间距(mm)	原墙体砂浆强度等级				原墙体砂浆强度等级			
				M0.4	M1.0	M2.5		M0.4	M1.0	M2.5	
20	M10	无筋	—	1.46	1.04	—		2.08	1.46	1.13	
30		6	300	2.06	1.35	—		2.97	2.05	1.52	
40		6	300	2.16	1.51	1.16		3.12	2.15	1.65	

锚筋插入孔洞后，应采用水泥砂浆填实；

（4）铺设钢筋网时，应先在墙面刷水泥浆一道，再分层抹灰，竖向钢筋靠面应采用钢筋夹支起；

（5）抹水泥砂浆时，每层厚度不应超过15mm；

（6）面层应浇水养护，防止阳光曝晒，冬季应采取防冻措施。

5.3.2 采用现浇钢筋混凝土板墙加固墙体时应符合下列要求：

5.3.2.1 板墙的材料和构造应符合下列要求：

（1）混凝土的强度等级不应低于C20，钢筋宜采用Ⅰ级或Ⅱ级钢；

（2）板墙厚度宜为60～100mm；

（3）板墙可配置单排钢筋网片，竖向钢筋可采用ϕ12，横向钢筋可采用ϕ6，间距宜为150～200mm；

（4）板墙应与楼、屋盖可靠连接，其两端应分别锚入上下层的板墙内，且锚固长度不应小于40倍短筋直径；

（5）板墙与原有墙体的原有钢筋，可靠连接，其一端应锚入上下层的板墙内，可沿墙体高度每隔0.7～1.0m设2根ϕ12的拉结钢筋，另一端应锚固在端部的原有墙体内；

（6）单面板墙宜采用直径为8mm的L形锚筋与原砌墙体连接，锚筋的间距宜为600mm，双面板墙宜采用直径为8mm的S形穿墙筋与原墙体连接；锚筋的间距为600mm，在砌体内的锚固深度不宜小于120mm，穿墙筋的间距宜为900mm，并呈梅花状布置。

（7）板墙应有基础，基础埋深宜与原有基础相同。

5.3.2.2 板墙加固后，有关构件支承长度的影响系数应作相应改变，有关墙体局部尺寸的影响系数（5.3.1-1）计算；楼层抗震能力的增强系数可按本规程公式（5.3.1-1）计算。其中，板墙加固墙段的影响系数可取1.0。当原有墙体砌筑砂浆强度等级为M2.5或M5时可取2.5，砌筑砂浆强度等级为M7.5时可取2.0，砌筑砂浆强度等级为

5.3.1.3 加固后粘土砖墙墙体刚度的提高系数应按下列公式计算：

（1）单面加固实心砖墙：

$$\eta_k = \frac{240}{t_{w0}} \eta_{k0} - 0.75\left(\frac{240}{t_{w0}} - 1\right) \quad (5.3.1-3)$$

（2）双面加固实心砖墙：

$$\eta_k = \frac{240}{t_{w0}} \eta_{k0} - \left(\frac{240}{t_{w0}} - 1\right) \quad (5.3.1-4)$$

（3）双面加固空斗墙：

$$\eta_k = 1.67(\eta_{k0} - 0.4) \quad (5.3.1-5)$$

式中 η_k——加固墙体的刚度提高系数；

η_{k0}——刚度的基准提高系数，可按表5.3.1-2采用。

面层加固墙体刚度的基准提高系数 表 5.3.1-2

面层厚度(mm)	面层砂浆强度等级	单面加固			双面加固		
		M0.4	M1.0	M2.5	M0.4	M1.0	M2.5
20	M10	1.39	1.12	—	2.71	1.98	1.70
30		1.71	1.30	—	3.57	2.47	2.06
40		2.03	1.49	1.29	4.43	2.96	2.41

5.3.1.4 面层加固墙体施工应符合下列要求：

（1）水泥砂浆或钢筋网砂浆面层宜按下列顺序施工：原墙面清底，钻孔并用水冲刷，铺设钢筋网并安设锚筋，浇水湿润墙面，抹水泥砂浆并养护，墙面装饰；

（2）原墙有碱蚀严重时，应先清除松散部分，并用1：3水泥砂浆抹面。已松动的勾缝砂浆应剔除；

（3）在墙面钻孔时，应按设计要求先划线标出锚筋（或穿墙筋）位置，并用电钻打孔。穿墙筋直径不宜小于2mm，锚筋孔直径宜为锚筋直径的2～2.5倍，其孔深宜为100～120mm，

为 M10 时可取 1.8。

5.3.3 当增设砌体抗震墙加固房屋时，应符合下列要求：

5.3.3.1 抗震墙的材料和构造应符合下列要求：

（1）砌筑砂浆的强度等级应比原墙体的砂浆强度等级高一级，且不应低于 M2.5；

（2）墙厚不应小于 190mm；

（3）墙体中沿墙高度每隔 0.7～1.0m 可设置与墙等宽的细石混凝土现浇带，其纵向钢筋可采用 3φ6，其间距宜为 200mm；当墙厚为 240mm 或 370mm 时，可沿墙高度每隔 300～700mm 设置一层焊接钢筋网片，钢筋网片可采用 φ4，横向系筋宜为 150mm；

（4）墙顶应设置与墙等宽的现浇钢筋混凝土压顶梁，屋盖的梁（板）可靠连接；压顶梁高不应小于 120mm，纵筋可采用 4φ12，箍筋可采用 φ6，其间距宜为 150mm；

（5）抗震墙与原有墙体可靠连接，可每隔 500～600mm 设置 2 根直径为 6mm 的钢筋与原有墙体用 M12 的膨胀螺栓或锚筋连接；当墙体内有混凝土带或钢筋网片时，可在相应位置处加 2 根直径 12mm 拉筋，锚入混凝土带内长度不宜小于 500mm，另一端锚在原墙体或外加柱内，亦可在新砌墙与原墙间加现浇钢筋混凝土柱、柱顶与压顶梁连接，柱与原墙应采用销键或螺栓连接；

（6）抗震墙应设基础，基础埋深应与相邻抗震墙相同，宽度不应小于计算确定的宽度的 1.15 倍。

5.3.3.2 加固后，横墙间距的体系影响系数可按下式计算：

$$n_{wi} = 1 + \frac{\sum_{j=1}^{n} n_{ij} \cdot A_{ij}}{A_{i0}} \quad (5.3.3)$$

式中 n_{wi} ——增设墙体后第 i 楼层抗震能力的增强系数；

A_{i0} ——第 i 楼层中验算方向上的原有抗震墙在 1/2 层高处净截面的总面积；

A_{ij} ——第 i 楼层中验算方向上增设的抗震墙 j 墙段在 1/2 层高处的净截面面积；

n_{ij} ——第 i 楼层第 j 墙段的增强系数，对粘土砖墙，无筋时取 1.0；有混凝土带时取 1.12；有钢筋网片时，240mm 厚的墙取 1.10，370mm 厚的墙取 1.08；

n ——第 i 楼层中验算方向增设的抗震墙方可在其上砌道数。

5.3.3.3 砌体抗震墙中配筋的细石混凝土带、可在砌到设计标高时浇筑，当增设现浇钢筋混凝土抗震墙加固房屋时应符合下列要求：

5.3.4 原墙体的砌筑砂浆强度等级不应低于 M2.5，现浇混凝土墙的厚度可为 120～150mm，混凝土强度等级宜采用 C20；可采用构造柱；抗震墙应设基础，混凝土墙与原墙、柱和梁板均应有可靠连接。

5.3.5 当外加钢筋混凝土柱加固房屋时，应符合下列要求：

5.3.5.1 外加柱的设置应符合下列要求：

（1）加固后，横墙间距，楼梯间和不规则平面的转角处应设置，并可根据房屋的现状在内外墙交接处每开间或设置；

（2）外加柱宜在平面内对称布置，应由底层设起，并应沿房屋高度贯通，不得错位；

5.3.4.2 加固后，横墙间距按本规程公式（5.3.3）计算；楼层抗震能力的增强系数可相应改变。其中，增设墙段的厚度按 240mm 计算，增强系数可取为 2.8。

（3）当外加钢筋混凝土柱加固房屋时，应符合下列要求：

5.3.5.1 外加柱应应与圈梁或钢拉杆连成闭合系统；内墙圈梁可用墙（梁）两侧的钢拉杆代替，拉杆直径不应小于 14mm，外加柱必须与现浇钢筋混凝土楼、屋盖或原有圈梁可靠连接；

（4）当采用外加柱增强墙体的抗震能力时，钢拉杆受钢筋的锚固长度应符合受拉钢筋的要求；

2φ16 的钢筋，其在原固长度不宜小于

表 5.3.5　外加柱加固粘土砖墙的增强系数

砌筑砂浆强度等级	外加柱在加固墙体的位置			
	一端	两端		窗间墙中部
		墙体无洞	墙体有一洞	
≤M2.5	1.1	1.3	1.2	1.2
≥M5	1.0	1.1	1.1	1.1

(5) 内廊房屋的内廊在外加柱的轴线处无连系梁时，应在内廊两侧的内纵墙加柱，或在内廊的楼、屋盖板下增设现浇钢筋混凝土梁或组合钢梁；钢筋混凝土梁的截面高度不应小于边高的1/10，梁两端应与原有的梁板可靠连接。

5.3.5.2　外加柱的材料和构造应符合下列要求：

(1) 柱的混凝土强度等级不应低于C20；

(2) 柱截面面积不宜小于36000mm²，宽度不宜大于700mm，厚度可采用70mm；外墙转角处可采用边长为600mm的L形等边角柱，厚度不应小于120mm；

(3) 纵向钢筋下端至少可用4φ12，转角处纵向钢筋可用12φ12，并宜双排布置；箍筋可采用φ6，其间距宜为150～200mm；在楼、屋盖上下各500mm范围内的箍筋间距不应大于100mm；

(4) 外加柱应设置与墙体连接的钢筋和销键，宜在楼层1/3和2/3层高处同时设置拉结钢筋和销键与墙体连接，亦可沿墙高每隔500mm设置穿墙对拉螺栓，压浆锚杆或锚筋与墙体连接；压浆灌外加柱混凝土前应先在标高和外墙角的大方角处应设锚杆或销键、压浆锚杆或锚筋与外墙基础连接；

(5) 外加柱应做基础，埋深宜与外墙基础相同，当埋深超过1.5m时，可采用1.5m，但不得小于冻结深度。

5.3.5.3　加固系数应根据楼、墙体连接的构造影响系数和有关墙段局部尺寸的影响系数应取1.0，楼层抗震能力的增强系数应按下式计算：

$$\eta_{ci} = 1 + \frac{\sum_{j=1}^{n}(\eta_{cij}-1)A_{ij0}}{A_{i0}} \quad (5.3.5)$$

式中　η_{ci} ——外加柱加固后第 i 楼层抗震能力的增强系数；

　　　η_{cij} ——第 i 楼层第 j 墙段外加柱加固的增强系数；对粘土砖墙可按表5.3.5采用；

　　　n ——第 i 楼层中验算方向有外加柱的抗震墙道数。

5.3.5.4　拉结钢筋、压浆锚杆和锚筋应符合下列要求：

(1) 拉结钢筋可采用2根直径为12mm的钢筋，长度不应小于1.5m，应贴横墙布置；其一端应锚在外加柱内，另一端应锚入横墙的孔洞内；孔洞尺寸宜采用120mm×120mm，拉结钢筋的锚固长度不应小于其直径的15倍，并用混凝土填实；

(2) 销键截面宜为240mm×180mm，人墙深度可为180mm，销键应配4φ18钢筋和2φ6箍筋，销键与外加柱应同时浇灌；

(3) 压浆锚杆可用一根φ14的钢筋，在柱与墙体接头处锚入墙内锚固长度均不应小于锚杆直径的35倍锚浆外加柱混凝土水玻璃砂浆，锚杆应先在墙面固定后，再浇灌外加柱混凝土，墙体锚孔压浆前应用压力水将孔洞冲刷干净；

(4) 锚筋适用于砌筑砂浆强度等级不低于M2.5的实心砖墙体，并可采用φ12钢筋，锚孔直径可取25mm，锚入深度可用150～200mm。

5.3.6　当增设圈梁、钢拉杆加固房屋时，材料和构造应符合下列要求：

5.3.6.1　圈梁的布置、钢拉杆加固构造应符合下列要求：

(1) 增设的圈梁宜应现浇；圈梁宜在楼、屋盖同等高处闭合；在阳台、楼梯间等圈梁标高变换处，应局部加强措施；变形缝两侧的圈梁应分别闭合。

(2) 当圈梁应现浇：其混凝土强度等级不应低于C20，钢筋可采用I级或II级钢。圈梁截面高度不应小于180mm，宽度不应小于120mm；7、8度时层数不超过三层的房屋，顶层可采用型钢圈梁，当采用槽钢时不应小于8，当采用角钢时不应小于L75×6；

（3）箍筋可采用 φ6，其间距宜为 200mm；外加柱和钢拉杆锚固点两侧各 500mm 范围内的箍筋应加密。

5.3.6.2 增设的圈梁或锚筋、锚栓和胀管螺栓应符合下列要求：

（1）销键的高度宜与圈梁相同，宽度和锚入墙内的深度均不应小于 180mm，主筋可采用 4φ8，箍筋可采用 φ6。销键宜设在窗口两侧，其水平间距可采用 1～2m；

（2）螺栓和锚筋的直径不应小于 12mm，锚入圈梁内的尺寸可采用 60mm×60mm×6mm，螺栓间距可采用 1～1.2m；

（3）对砌筑砂浆强度等级不低于 M2.5 的墙体，可采用 M10～M16 的胀管螺栓。

5.3.6.3 圈梁布置的钢拉杆应符合下列要求：

5.3.6.4 当每开间内均有横墙时应至少隔开间在横墙两侧的钢筋混凝土圈梁内设置 2 根直径不小于 12mm 的钢拉杆，多开间内有横墙时，圈梁内或横墙两侧的钢筋混凝土圈梁内设置 2 根直径不小于 14mm 的钢拉杆；

（2）沿内纵墙部布置的钢拉杆长度不得小于两开间；沿横墙布置直接锚固在外廊柱上；单面走廊的钢拉杆在走廊两侧墙体不得锚固，其长度应与原墙体锚固，圈梁内或锚入端柱头上；

（3）钢拉杆直径的 35 倍；或加屈 80mm×80mm×8mm 的垫板埋入圈梁内，其垫板与墙体间隙不应小于 50mm；

（4）钢拉杆在原墙体锚固时，应采用钢垫板、拉杆端部应焊相应的螺栓，钢拉杆方形垫板的尺寸按表 5.3.6-1 采用，尚应符合下列要求：

5.3.6.5 用于增强纵、横墙连接的圈梁、钢拉杆、圈梁应现浇；7、8 度且砌筑砂浆强度等级为 M0.4 时，圈

梁截面高度不应小于 200mm，宽度不应小于 180mm；

钢拉杆方形垫板尺寸（边长×厚度，mm） 表 5.3.6-1

钢拉杆	墙 体 厚 度（mm）					
	370			180～240		
	墙 体 砂 浆 强 度 等 级					
直径	M0.4	M1.0	M2.5	M0.4	M1.0	M2.5
φ12	200×10	100×10	100×10	200×10	150×10	100×12
φ14	—	150×12	100×14	250×10	250×14	100×14
φ16	—	200×15	100×14	350×14	350×14	200×14
φ18	—	200×15	150×16	—	—	250×15
φ20	—	300×17	200×19	—	—	350×17

（2）当层高为 3m，承重横墙间距不大于 3.6m，且每开间外墙面洞口不小于 1.2m×1.5m 时，增设圈梁的纵向钢筋可按表 5.3.6-2 采用。钢拉杆的直径可按表 5.3.6-3 采用。单根拉杆直径不大于单根拉杆有效截面，但其总有效截面积应不大于单根拉杆有效截面积的 1.25 倍。

（3）房屋为纵墙或纵横墙承重时，无横墙处可不设置钢拉杆，但增设的圈梁应与楼、屋盖可靠连接。

增强纵横墙连接的钢筋混凝土圈梁的纵向钢筋 表 5.3.6-2

总层数	圈梁设置楼层	钢体砂浆强度等级	墙 体 厚 度（mm）						
			370				240		
			烈 度						
			6	7	8	9	6	7	8	9
6	5～6	M1、M2.5 M0.4	4φ8 4φ10	4φ8 4φ12	4φ10 4φ14	4φ12 —	— —	4φ8 4φ10	4φ8 4φ10	— 4φ12
	1～4	M1、M2.5 M0.4	4φ8 4φ12	4φ10 4φ12	4φ12 4φ14	4φ12 —	— —	4φ8 4φ10	4φ10 4φ10	4φ12 4φ12
5	4～5	M1、M2.5 M0.4	4φ8	4φ8 4φ10	4φ10 4φ12	4φ12 —	— —	4φ8	4φ8	4φ10
	1～3	M1、M2.5 M0.4	4φ8 4φ10	4φ8 4φ12	4φ10 4φ14	4φ12 —	—	4φ8	4φ8	4φ10
4	3～4	M1、M2.5 M0.4	4φ8 4φ10	4φ8 4φ12	4φ10 4φ12	4φ12	—	4φ8	4φ8	4φ10
	1～2	M1、M2.5 M0.4	4φ8 4φ10	4φ8 4φ12	4φ10 4φ12	4φ12	—	4φ8	4φ8	4φ10
3	1～3	M1、M2.5 M0.4	4φ8 4φ10	4φ8 4φ10	4φ10 4φ10	4φ12	—	4φ8	4φ8	4φ10

增强纵横墙连接的钢拉杆直径   表5.3.6-3

总层数	钢拉杆设置楼层	烈度						
		6	7 每层隔开间		8 隔层每开间		9 每层每开间	
			墙体厚(mm)					
		≤370	≤240	370	≤240	370	≤240	370
6	1~6	φ12	φ16	φ16	—	—	—	—
5	4~5	φ12	φ12	φ16	φ14	φ16	—	—
	1~3	φ12	φ12	φ16	φ16	φ16	φ16	φ20
4	3~4	φ12	φ12	φ14	φ14	φ14	φ16	φ20
	1~2	φ12	φ12	φ14	φ16	φ20	φ16	φ20
3	1~3	φ12	φ12	φ14	φ14	φ20	φ14	φ14
2	1~2	φ12	φ12	φ14	φ14	φ16	φ14	φ18
	1	φ12	φ12	φ12	φ12	φ14	φ12	φ16

5.3.6.6 增设圈梁和钢拉杆的施工应符合下列要求：

（1）增设圈梁处的墙面有酥碱、油污或饰面层时，应清除干净；圈梁与墙体连接的孔洞应用水冲洗干净；混凝土浇筑前，应浇水润湿墙面木模板；锚筋和膨胀管螺栓应可靠锚固。

（2）圈梁的混凝土宜连续浇筑，不得在距钢拉杆（或横墙）1m以内留施工缝；圈梁顶面应做泛水，其底面应做滴水槽。

（3）钢拉杆应张紧，不得弯曲和下垂；外露铁件应涂刷防锈漆。

6 多层钢筋混凝土房屋

6.1 一般规定

6.1.1 本章主要适用于不超过10层的现浇及装配整体式配筋混凝土框架（包括填充墙框架）和抗震墙结构。

6.1.2 房屋的抗震加固应符合下列要求：

6.1.2.1 加固后楼层综合抗震能力指数不应小于1.0，且不宜超过下一楼层综合抗震能力指数的20%；超过时应同时增强下一楼层的抗震能力。

6.1.2.2 抗震加固时可根据房屋的实际情况，分别采用主要提高框架抗震承载力、主要增强框架变形能力或改变结构体系而不加固框架的方案。

6.1.2.3 加固后框架的抗震能力应避免形成短柱、短梁或强梁弱柱。

6.1.3 加固后楼层综合抗震能力指数可按现行国家标准《建筑抗震鉴定标准》GBJ11-89第6.3.2条规定的方法计算，但其中的楼层屈服强度系数、体系影响系数和局部影响系数，应根据加固后的实际情况计算和取值。

6.1.4 加固后当按本规范第3.0.3.3款的规定采用现行国家标准《建筑抗震设计规范》GBJ11-89的方法进行抗震承载力验算时，地震作用效应宜按三级抗震等级调整，并考虑构造的影响；加固后构件的抗震承载力应按本章确定。

6.2 加固方法

6.2.1 房屋抗震承载力不能满足要求时，可选择下列加固方法：

6.2.1.1 单向框架宜加固为双向框架，或采取加强楼、屋盖整体性且同时增设方向抗震墙、抗震支撑等抗侧力构件的措施；

6.2.1.2 框架梁柱配筋不符合鉴定要求时，可采用钢构套、现浇钢筋混凝土套加固，或粘贴钢板加固。

6.2.1.3 房屋刚度较弱、明显不均匀或有明显的扭转效应时，可增设钢筋混凝土抗震墙或翼墙加固。

6.2.2 当钢筋混凝土构件有局部损伤时，可采用细石混凝土修复、出现裂缝时，可灌注环氧树脂浆等补强。

6.2.3 当墙体与框架柱连接不良时，可增设拉筋连结；当墙顶与框架梁连接不良时，可在墙顶增设钢夹套等要求与梁拉结。

6.2.4 女儿墙等易倒塌部位不符合鉴定要求时，可按本规程第5.2.3条的有关规定不符合鉴定要求时选择加固方法。

6.3 加固设计及施工

6.3.1 增设钢筋混凝土抗震墙或翼墙加固房屋时，应符合下列要求：

6.3.1.1 抗震墙宜设置在框架的轴线位置，翼墙宜在柱两侧对称布置。

6.3.1.2 抗震墙或翼墙体的材料和构造应符合下列要求：

(1) 混凝土强度等级不应低于C20，且不应低于原框架梁柱混凝土的强度等级；

(2) 墙厚不宜小于140mm；竖向和横向分布钢筋的最小配筋率，均不应小于0.15%；竖向和横向宜双排布置且在两排钢筋之间的拉结筋间距不应大于700mm；

(3) 墙与原有框架或现浇钢筋混凝土套连接可采用锚筋，锚筋可采用直径为10mm或12mm的钢筋，与梁柱轴线的距离不应小于30mm，与梁柱轴线的间距不应大于300mm。连接距离的一端应采用高强胶锚入梁柱的钻孔内，且埋深不应小于锚筋直径的10倍，另一端宜与墙体的分布钢筋焊接；现浇钢筋混凝土套后应符合本规程第6.3.3条的有关规定，且厚度不宜小于50mm。

6.3.1.3 增设抗震墙后可按框架-抗震墙结构进行抗震分析，

翼墙与柱形成的构件可按偏心受压构件计算；增设的混凝土和钢筋的强度均应乘以折减系数0.85。加固后抗震墙之间的楼、屋盖长宽比的局部影响系数应作相应改变。

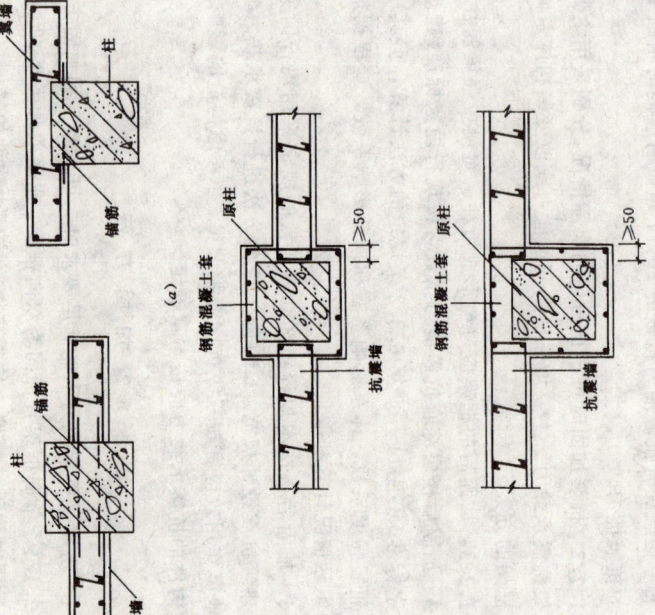

图6.3.1 锚筋或现浇钢筋混凝土套连接
(a) 锚筋连接；(b) 钢筋混凝土套连接

6.3.1.4 抗震墙或翼墙的施工应符合下列要求：

(1) 原有的梁柱表面应凿毛，浇筑混凝土之前应清洗并保持湿润，浇筑后应加强养护；

(2) 锚筋应加强除锈，锚孔应采用钻孔成形、不得用手凿，孔内应采用压缩空气吹净并用水冲洗，浆液应饱满并使锚筋固定牢靠。

6.3.2 当用钢构套加固框架时，应符合下列要求：

6.3.2.1 钢构套加固梁时，应在梁的阳角外贴角钢（图6.3.2a），角钢并应与梁底的阳角外贴角钢和梁底钢缀板和梁底的门型钢缀板焊接；角钢两端应与柱连接。

6.3.2.2 钢构套加固柱时，应在柱四角外贴角钢（图6.3.2b），角钢并应与外围钢缀板焊接；角钢到楼板处应凿孔洞穿过上下焊接；顶层的角钢应与屋面板可靠连接，底层的角钢应与基础锚固。

6.3.2.3 钢构套的构造应符合下列要求：

(1) 角钢不宜小于L50×6，钢缀板截面不宜小于40mm×4mm，其间距不应大于单肢角钢的回转半径的40倍，且不应大于400mm；

(2) 钢构套与梁柱混凝土之间应采用粘结料粘结。

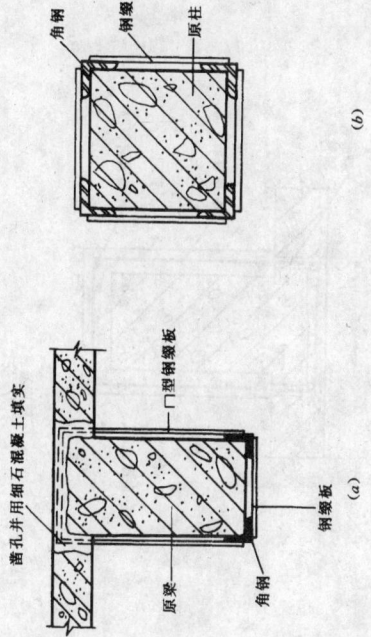

图6.3.2 钢构套
(a) 加固梁；(b) 加固柱

6.3.2.4 加固后，梁柱箍筋构造的体系影响系数可取1.0、梁柱的抗震验算应符合下列要求：

(1) 加固后，角钢可按纵向钢筋、钢缀板可按箍筋进行计算，其材料强度应乘以折减系数0.8；

(2) 柱加固后的初始刚度可按下式计算：

$$K = K_0 + 0.8E_a I_a \quad (6.3.2-1)$$

式中 K ——加固后的初始刚度；
K_0 ——原柱面的弯曲刚度；
E_a ——角钢的弹性模量；
I_a ——外包角钢对柱截面形心的惯性矩。

(3) 柱加固后的正截面受弯承载力可按下式计算：

$$M_y = M_{yo} + 0.7A_a f_{ay} h \quad (6.3.2-2)$$

式中 M_{yo} ——原柱现有正截面受弯承载力，可按现行国家标准《建筑抗震鉴定标准》GB50023-95附录B第B.0.3条的规定确定；
A_a ——柱一侧外包角钢的截面面积；
f_{ay} ——角钢抗屈服强度；
h ——验算方向柱截面高度。

(4) 柱加固后的斜截面受剪承载力可按下式计算：

$$V_y = V_{yo} + 0.7 f_{ay} \frac{A_a}{s} h \quad (6.3.2-3)$$

式中 V_{yo} ——原柱现有斜截面受剪承载力，可按现行国家标准《建筑抗震鉴定标准》GB50023附录B第B.0.2条确定；
A_a ——同一柱截面内扁钢缀板的截面面积；
f_{ay} ——扁钢抗屈服强度；
s ——扁钢缀板的间距；

6.3.2.5 钢构套的施工应符合下列要求：

(1) 原有的梁柱表面应清洗干净，缺陷应修补，角部应磨出小圆角；

(2) 楼板凿洞时，应避免损伤原有钢筋；

(3) 构架的角钢宜粘贴于原构件，并应采用夹具在两个方向夹紧，缀板、缀板应待粘结料凝固后分段焊接；

（4）钢材表面应涂刷防锈漆，或在构架梁外围抹25mm厚的1:3水泥砂浆保护层。

6.3.3 当采用钢筋混凝土套加固梁柱时，应符合下列要求：

6.3.3.1 采用钢筋混凝土套加固梁时，应将新增纵向钢筋设在梁底面和梁上部（图6.3.3a），并应在纵向钢筋外围设置箍筋。采用钢筋混凝土套加固柱时，应在柱周围增设纵向钢筋（图6.3.3b），并应在纵向钢筋外围设置封闭箍筋。

原构件混凝土的强度等级；纵向钢筋宜采用Ⅱ级钢，箍筋可采用Ⅰ级钢；

（2）柱套的纵向钢筋遇到楼板时，应留洞穿过上下连接，其根部应伸入基础满足锚固要求，其顶部应在封顶屋面板处锚固；梁套的纵向钢筋应与柱可靠连接；

（3）箍筋直径不宜小于8mm，间距不宜大于200mm，靠近梁柱节点处应适当加密；柱套的箍筋应封闭，梁套的箍筋应有一半穿过楼板后弯折封闭。

6.3.3.3 加固后的梁柱可作为整体构件进行抗震验算，其承载力可按现行国家标准《建筑抗震鉴定标准》GB50023—95附录B规定的方法确定，但新增的混凝土和钢筋的强度应采以折减系数可取0.85。加固后，梁柱箍筋、轴压比等的体系影响系数可取1.0。

6.3.3.4 原有的梁柱表面应凿毛并清理浮渣，缺陷应补：
（1）原构件混凝土表面应凿毛并清理浮渣，缺陷应补；
（2）楼板凿洞时，应避免损伤原有钢筋；
（3）浇筑混凝土前应用水清洗并保持湿润，浇筑后应加强养护。

6.3.4 粘贴钢板加固梁柱时应符合下列要求：

6.3.4.1 原粘结强度高且耐久的粘结剂；钢板等级不应低于C13；粘贴钢板应采用Q235或18Mn钢，厚度宜为2～6mm。

6.3.4.2 粘贴钢板在需要加固的范围以外的锚固长度，受拉时不应小于钢板厚度的200倍，且不应小于600mm；受压时不应小于钢板厚度的150倍，且不应小于500mm。

6.3.4.3 粘贴钢板与原构件宜采用膨胀螺栓连接。

6.3.4.4 混凝土构件局部损伤和裂缝等缺陷的修补应符合专门的规定。

6.3.5.1 修补采用的细石混凝土，强度等级宜比原构件混凝土的强度等级提高一级，且不应低于C20；修补前，损伤处松散的混凝土应剔除干净，且不应低于下列要求：

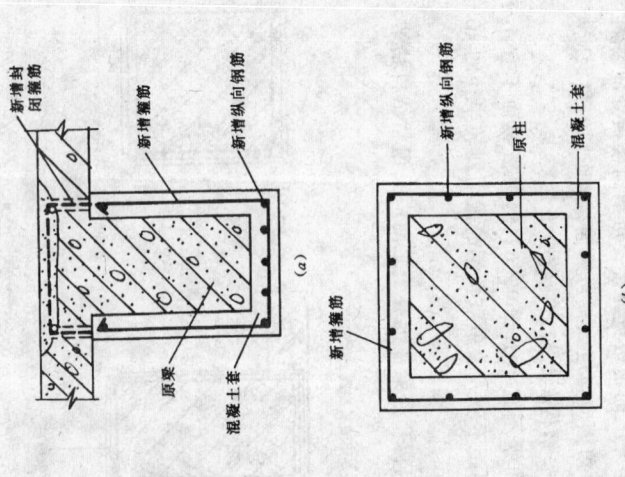

图6.3.3 钢筋混凝土套加固
(a)加固梁；(b)加固柱

6.3.2 钢筋混凝土套的材料和构造应符合下列要求：
（1）宜采用细石混凝土，强度等级不应低于C20，且不应低于

土和杂物应剔除，钢筋应除锈，并采取措施使新、旧混凝土可靠结合。

6.3.5.2 压力灌浆的环氧树脂浆液或环氧树脂砂浆应进行试配，其可灌性和固化性应满足设计、施工要求；灌浆前应对裂缝进行处理之后埋设灌浆嘴，可根据裂缝的范围大小选用单孔灌浆或分区群孔灌浆，并应采取措施使浆液饱满密实。

6.3.6 砌体墙与框架连接的加固应符合下列要求：

6.3.6.1 墙与柱的连接可增设拉筋连接（图6.3.6-1）；拉筋直径可采用6mm，其长度不应小于600mm，沿柱高的间距不宜大于600mm，拉筋的一端应用环氧树脂砂浆锚入柱内，或与锚入柱内的膨管螺栓焊接斜孔内，或将另一端弯折后锚入墙体的灰缝内，并用1：3水泥砂浆将墙面抹平。

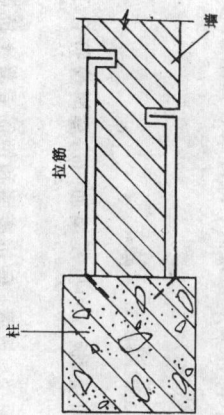

图6.3.6-1 拉筋连接

6.3.6.2 墙与梁的连接，也可按上款的方法增设拉筋连接墙与梁的连接，也可采用顶增设钢夹套加强墙与梁的连接（图6.3.6-2）；螺栓不宜少于2根，其直径不小于12mm，沿梁轴线方向的间距不宜大于1.0m。

6.3.6.3 加固后墙体连接用的角钢L63×6，螺栓不宜少于2根，其直径不小于12mm，沿梁轴线方向的间距不宜大于1.0m。

6.3.6.4 拉筋和锚栓孔应采用钻孔成形，不得用手凿；钢夹套的钢材表面应涂刷防锈漆。

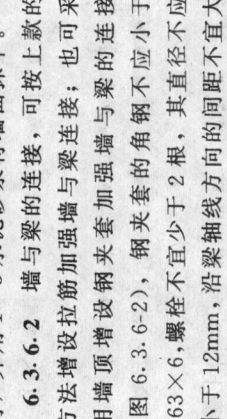

图6.3.6-2 钢夹套连接

7 内框架和底层框架砖房

7.1 一般规定

7.1.1 本章适用于内框架、底层框架与粘土砖墙混合承重的多层房屋，其适用的最大高度和层数应符合现行国家标准《建筑抗震鉴定标准》GB50023的有关规定。

7.1.2 内框架和底层框架砖房的抗震加固应符合下列要求：

7.1.2.1 加固后楼层框架综合抗震能力指数不应小于1.0，且不宜大于下一楼层综合抗震能力指数的20%。

7.1.2.2 加固后楼层综合抗震能力指数不得形成短柱或强梁弱柱。

7.1.2.3 加固后楼层综合抗震能力指数可按现行第7.3.3条和第7.3.2条规定的方法计算，但加固后的墙体应根据其加固方法乘以本规范第5.3节相应规定的增强系数。楼层屈服强度系数、体系影响系数和局部影响系数，应根据加固后的实际情况计算和取值。
当按本规程第3.0.3.3款的规定采用现行国家标准《建筑抗震设计规范》GBJ11规定的方法进行抗震承载力验算时，应计入构造的影响，加固后构件的抗震承载力应按本章确定。

7.1.4 底层框架、底层内框架砖房上部各层的加固，应符合本规程第5章和第6章的有关规定，其竖向构件对底层后加固层逐级到底层的影响；底层加固时，应计入上部各层加固后对底层梁柱的加固。框架柱的加固应符合本规程第6章的有关规定。

7.2 加固方法

7.2.1 当底层框架、底层内框架砖房的底层各层抗震承载力不能满足要求时，可选择下列方法：

7.2.1.1 横墙间距符合鉴定要求但抗震承载力不能满足要求时，宜对原有墙体采用钢筋网砂浆面层或钢筋混凝土板墙或板墙加固；亦可增设砖墙或钢筋混凝土抗震墙加固。

7.2.1.2 横墙间距超过规定值时，宜在横墙间距内增设砖墙或钢筋混凝土抗震墙加固；或对原有墙体采用板墙加固同时增强楼盖的整体性和加固钢筋混凝土框架、砖柱混合框架；也可在砖房外增设钢筋混凝土结构。

7.2.1.3 钢筋混凝土柱配筋不能满足要求时，可增设钢构套架、现浇钢筋混凝土柱加固；尚可增设钢筋混凝土墙或减少柱承担的地震作用。

7.2.1.4 外墙的砖柱（墙梁）承载力不能满足要求时，可采用钢筋混凝土外壁柱或外壁柱（墙梁）全高贯通。

7.2.2 砖房整体性不良时，也可增设钢筋混凝土抗震墙以减少砖柱（墙梁）承担的地震作用。

7.2.2.1 当底层框架、底层内框架砖房的底层楼盖为装配式混凝土楼盖板时，可选择下列加固方法：

7.2.2.2 圈梁布置不符合鉴定要求时，宜增设圈梁；外墙圈梁可用钢筋混凝土，内墙圈梁可用钢拉杆或在进深梁端加锚杆代替。

7.2.2.3 外墙四角或、外墙交接处的连接不符合鉴定要求时，可增设钢筋混凝土外柱加固。

7.2.2.4 楼、屋盖构件的支承长度不能满足要求时，可采取增强整体性的措施。

7.2.3 砖房易倒塌部位不符合鉴定要求时，可按本规程第5.2.3条的有关规定选择加固方法。

7.3 加固设计及施工

7.3.1 增设钢筋网砂浆面层、板墙和抗震墙加固房屋时应符合下列要求：

7.3.1.1 钢筋网砂浆面层、板墙、砖抗震墙加固和钢筋混凝土抗震墙的材料、构造和施工应分别符合本规程第5.3.1条第5.3.4条的有关规定。

7.3.1.2 底层框架、底层内框架砖房的底层和多层内框架砖房各层的地震剪力宜全部由该方向的抗震墙承担；加固后影响系数的抗震承载力的增强系数和有关的体系影响系数、局部影响系数，可分别按本规程第5.3.1.2款、第5.3.2.2款、第5.3.3.2款和第5.3.4.2款的规定采用。应根据不同的加固方法分别取值。当采用钢筋网砂浆面层加固时，应按本规程第5.3.1.2款规定取值；当采用板墙加固时，应按本规程第5.3.2.2款的规定取值；当采用抗震墙加固时，应按本规程第5.3.3.2款的规定取值。

7.3.2 增设钢筋混凝土壁柱加固内框架屋架房屋的砖柱（墙梁）时应符合下列要求：

7.3.2.1 壁柱应从底层设起，沿砖柱（墙梁）全高贯通。

7.3.2.2 壁柱的材料和构造应符合下列要求：
(1) 混凝土强度等级不应低于C20；纵向钢筋宜采用Ⅱ级钢，箍筋可采用Ⅰ级钢；
(2) 壁柱的截面面积不应小于36000mm²，并宜双向对称布置；截面宽度不宜大于700mm，截面高度不宜小于70mm；内壁柱的截面宽度应大于相连的梁宽，且比梁两侧各出的尺寸不小于70mm；
(3) 壁柱的纵向钢筋不宜少于4φ12，其间距宜为200mm，在楼、屋盖处宜与圈梁或楼盖拉结，内壁柱间沿柱高度每隔600mm范围内，箍筋直径不应大于100mm；内外壁柱间沿柱高度500mm范围内，箍筋宜采用6mm，应拉通一道箍筋；箍筋直径可采用6mm，箍筋应穿过楼板，另50%的纵向钢筋可采用插筋上下不应小于锚固长度，另50%的钢筋的连接，可按本规程第5.3.5.2款有50%在锚固，屋盖处锚穿过楼板，另50%的钢筋的连接，可按本规程第5.3.5.2款的有关规定采用。
(4) 壁柱在楼、屋盖处应与圈梁或楼盖拉结；内壁柱应连，插筋上下端的锚固长度不应小于插筋直径的40倍；
(5) 外壁柱的纵向钢筋与砖柱间的连接，可按本规程第5.3.5.2款的有关规定采用。
(6) 壁柱应做基础，壁柱与砖柱基础相同，当外墙基础埋深宜与外墙基础相同，但不得小于1.5m，壁柱基础埋深可采用1.5m，壁柱基础埋深超过1.5m时，壁柱基础埋深可采用1.5m，但不得小于外墙基础冻结深度。

端锚固长度不应小于插筋直径的40倍。

7.3.4 外加柱和圈梁的设计及施工,应符合本规程第5.3.5条和5.3.6条的规定。

7.3.5 钢构套、现浇钢筋混凝土套加固钢筋混凝土柱的设计及施工,应符合本规程第6.3.2条和第6.3.3条的规定;加固后钢筋混凝土柱承担的地震剪力,可按本规程第7.3.2.3款的有关规定计算或取值。

7.3.2.3 采用壁柱加固后,形成的组合砖柱(墙垛)的抗震验算应符合下列要求:

(1) 当横墙间距符合鉴定要求时,加固后组合砖柱承担的地震剪力可取楼层地震剪力按加固后侧移刚度分配的值;有效侧移刚度的取值,对加固后组合砖柱不折减,对钢筋混凝土抗震墙可取实际值40%,砖抗震墙可取实际值30%;

(2) 横墙间距超过规定值时,加固后的组合砖柱承担的地震剪力可按下式计算:

$$V_{cij} = \frac{\eta K_{cij}}{\Sigma K_{cij}}(V_i - V_{ci}) \quad (7.3.2-1)$$

$$\eta = 1.6L/(L+B) \quad (7.3.2-2)$$

式中 V_{cij} ——第 i 层第 j 柱承担的地震剪力设计值;

K_{cij} ——第 i 层第 j 柱的侧移刚度;

V_i ——第 i 层的层间地震剪力设计值,应按现行国家标准《建筑抗震设计规范》GBJ11的规定确定;

V_{ci} ——第 i 层所有抗震墙现有受剪承载力之和;可按现行国家标准《建筑抗震鉴定标准》GB50023-95附录B的规定确定;

η ——楼、屋盖平面内变形影响的地震剪力增大系数,当 $\eta \leqslant 1.0$ 时,取 $\eta = 1.0$;

L ——抗震横墙间距;

B ——房屋宽度。

(3) 加固后的组合砖柱(墙垛),可采用梁柱铰接的计算简图,并可按加固后钢筋混凝土壁柱与砖柱(墙垛)共同工作按组合构件验算其抗震承载力。验算时钢筋和混凝土的强度宜乘以折减系数0.85。加固后有关的体系影响系数和局部尺寸影响系数可取1.0。

7.3.3 增设钢筋混凝土现浇层加固楼盖时,现浇层的厚度不应小于40mm,钢筋直径不应小于6mm,其间距不大于300mm,应有50%的钢筋穿过墙体,另50%的钢筋可采用插筋相连、插筋两

8 单层钢筋混凝土柱厂房

8.1 一般规定

8.1.1 本章适用于装配式单层钢筋混凝土柱厂房和混合排架厂房。

注：①钢筋混凝土柱厂房包括由屋面板、三角刚架、双梁和牛腿柱组成的锯齿形厂房。

②混合排架厂房指边柱列为砖柱中柱列为钢筋混凝土柱的厂房。

8.1.2 厂房的加固，应避免有关节点应力过大和地震作用在原有构件分配的重分配的可靠性；增设支撑等构件时，应着重提高其整体性和连接的可靠性；对一端有山墙和体型复杂的厂房，宜采取减少房间扭转效应的措施。

8.1.3 厂房加固后，可按现行国家标准《建筑抗震设计规范》GBJ11—89 的规定进行纵、横向的抗震分析，并可采用本章规定的方法进行构件的抗震承载力验算。

8.1.4 混合排架厂房砖柱部分的加固，应符合本规程第 9 章的有关规定。

8.2 加固方法

8.2.1 厂房的屋盖支撑或柱间支撑布置不符合鉴定要求时，应增设支撑，也可采用钢筋混凝土窗框代替天窗架或窗框作支撑。

8.2.2 厂房构件的抗震承载力不能满足要求时，可采用下列加固方法：

8.2.2.1 天窗架立柱的抗震承载力不符合鉴定要求时，可增设竖向支撑并加强连接节点。

8.2.2.2 屋架的钢筋混凝土构件不符合鉴定要求时，可增设钢构套加固。

8.2.2.3 排架柱箍筋或截面尺寸不能满足要求时，可增设钢构套加固。

8.2.2.4 排架柱纵向钢筋不符合鉴定要求时，可增设钢构套加固或采取加强柱间支撑系统且加固相应柱的措施。

8.2.3 厂房构件连接不符合鉴定要求时，可采用下列加固方法：

8.2.3.1 下柱柱间支撑的下节点构造不符合鉴定要求或连接不牢固时，可在下柱根部增设局部的现浇钢筋混凝土柱套加固，但不应使形成新的薄弱部位。

8.2.3.2 构件的支承长度不能满足要求或连接不符合鉴定要求时，可采取增设支托或加强连接的措施。

8.2.3.3 墙体与屋架、钢筋混凝土柱连接不符合鉴定要求时，宜拆砌或采用角钢、钢筋混凝土圈梁加固。

8.2.4 女儿墙超过规定的高度时，宜拆矮或增设拉筋或圈梁加固。

8.2.5 柱间的隔墙、工作平台不符合鉴定要求时，可采取剥缝脱开、改为柔性连接、拆除或根据计算加固排架柱和节点的措施。

8.3 加固设计及施工

8.3.1 钢筋混凝土Ⅱ型天窗架下形截面立柱的加固，应符合下列要求：

8.3.1.1 当为 6、7 度时，应加固竖向支撑的节点预埋件。

8.3.1.2 当为 8 度且为Ⅰ、Ⅱ类场地时，应加固所有立柱。

8.3.1.3 当为 8 度且为Ⅲ、Ⅳ类场地或 9 度时，应加固所有立柱。

8.3.2 增设竖向支撑时，宜符合下列要求：

8.3.2.1 原有上弦横向支撑设在厂房单元两端的第二开间时，可在抗风柱顶与原有横向支撑节点间增设水平压杆。

8.3.2.2 增设的竖向支撑顶与原有的支撑宜采用同一形式，当原来无支撑时，宜采用"W"形支撑，且各杆应按压杆设计；支撑节点的高度差超过3m时，宜采用"X"形支撑。

8.3.2.3 屋架和天窗支撑杆件的长细比，压杆不宜大于200，当为6、7度时拉杆不宜大于350，当为8、9度时拉杆不宜大于300。

8.3.3 增设钢构套加固排架柱时，应符合下列要求：

8.3.3.1 上柱柱顶的钢构套（图8.3.3-1）长度不应小于600mm，且不应小于上柱截面高度；角钢和钢缀板柱截面宽度；角钢和钢缀板截面尺寸可按表8.3.3-1采用。

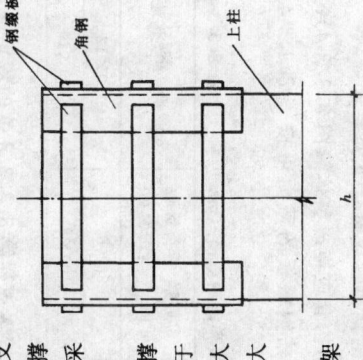

图8.3.3-1 柱顶加固

表8.3.3-1 角钢和钢缀板截面尺寸（mm）

烈度和场地	7度Ⅲ、Ⅳ类场地 8度Ⅰ、Ⅱ类场地	8度Ⅲ、Ⅳ类场地 9度Ⅰ、Ⅱ类场地	9度Ⅲ、Ⅳ类场地
角钢	─50×6	L75×8	L100×10
钢缀板	─60×6	─60×6	─70×6

8.3.3.2 有吊车的阶形柱上柱底部的钢构套（图8.3.3-2），钢构套上端应超过吊车梁顶面，且超过值不应小于柱截面宽度；角钢和钢缀板可按表8.3.3-2采用。

表8.3.3-2 角钢和钢缀板截面（mm）

烈度和场地	7度Ⅲ、Ⅳ类场地 8度Ⅰ、Ⅱ类场地	8度Ⅲ、Ⅳ类场地 9度Ⅰ、Ⅱ类场地	9度Ⅲ、Ⅳ类场地
角钢	─60×6	─70×6	─80×6
钢缀板	─60×6	─60×6	─70×6

8.3.3.3 不等高厂房排架柱支承低跨屋盖牛腿的钢构套加固（图8.3.3-3），其杆件应符合下列要求：

(1) 厂房跨度不大于24m且屋面荷载不大于3.5kN/m²时，钢缀板、钢拉杆和钢横梁的截面可按表8.3.3-3采用；

表8.3.3-3 钢构套杆件截面（mm）

烈度和场地		7度Ⅲ、Ⅳ类场地 8度Ⅰ、Ⅱ类场地	8度Ⅲ、Ⅳ类场地 9度Ⅰ、Ⅱ类场地	9度Ⅲ、Ⅳ类场地
钢横梁	钢缀板	─60×6	─70×6	─80×6
	钢拉杆	φ16	φ20	φ25
	柱宽400mm	L75×6	L90×8	L110×10
	柱宽500mm	L90×6	L110×8	L125×10

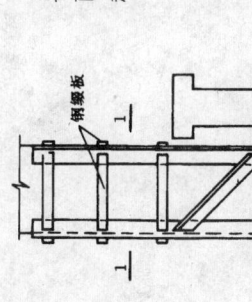

(2) 在8、9度时，钢缀板、钢横梁的截面可按计算，钢横梁截面积可按钢拉杆截面积的5倍选用。

且为不符合上一项的条件下，钢拉杆截面应按下列公式计算：

$$N_t \leq \frac{1}{\gamma_{RS}} \cdot \frac{0.75nA_s f_a h_2}{h_1} \quad (8.3.3\text{-}1)$$

$$N_t = N_E + N_G a/h_0 - 0.85f_{y0}A_{s0} \quad (8.3.3\text{-}2)$$

式中 N_t —— 钢拉杆（钢缀板）承受地震作用在柱牛腿上引起的水平拉力设计值；

N_E —— 柱牛腿上重力荷载代表值产生的压力设计值；

n —— 钢拉杆（钢缀板）根数；

A_s —— 一根钢拉杆（钢缀板）截面积；

f_a —— 钢拉杆（钢缀板）抗拉

图8.3.3-2 上柱底部加固

强度设计值，应按现行国家标准《钢结构设计规范》GBJ17采用；

h_1——柱牛腿竖向截面受压区 $0.15h$ 高度处至水平力的距离；

h_2——柱牛腿竖向受压区 $0.15h$ 高度处至钢拉杆（钢缀板）的距离；

A_{s0}——柱牛腿原有的受拉钢筋截面面积；

a——压力作用点至下柱近侧边缘的距离；

γ_{RS}——抗震加固承载力调整系数，可采用 0.85；

f_{y0}——柱牛腿原有受拉钢筋的抗拉强度设计值。

8.3.3.4 高低跨上柱底部的钢构套加固应符合下列要求：

(1) 上柱底部和牛腿的钢构套应连成整体（图 8.3.3-4）；

(2) 钢构套的角钢和上柱钢缀板的截面可按表 8.3.3-4 采用；

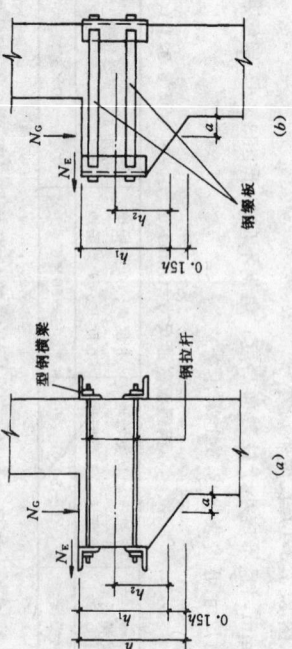

图 8.3.3-3 柱牛腿钢构套加固

表 8.3.3-4 上柱的钢缀板和角钢截面 (mm)

烈度和场地	7度Ⅱ、Ⅲ类场地 8度Ⅰ、Ⅱ类场地	8度Ⅲ、Ⅳ类场地 9度Ⅰ、Ⅱ类场地	9度Ⅲ、Ⅳ类场地
角 钢	L63×6	L88×8	L110×12
上柱钢缀板	−60×6	−100×8	−120×10

(3) 牛腿钢缀板的截面应按本规程第 8.3.3.3 款的规定确定。

8.3.3.5 钢构套加固的施工，应符合本规程第 6.3.2.5 款的规定。

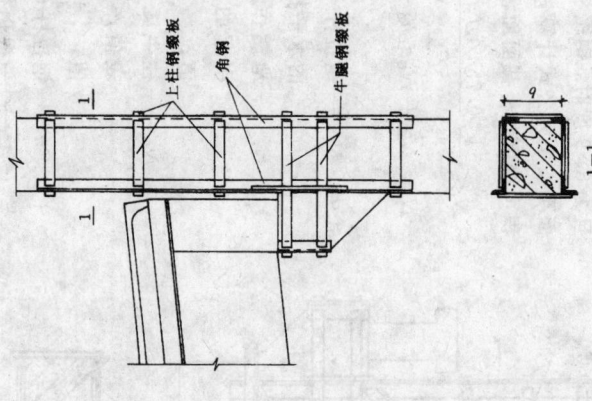

图 8.3.3-4 高低跨上柱支撑的下节点

8.3.4 增设钢筋混凝土套加固

8.3.4.1 混凝土宜采用细石混凝土，其强度等级不应低于原柱混凝土的强度等级；厚度不宜小于 60mm 且不宜大于 100mm，并应与基础可靠连接；纵向钢筋直径不应小于 12mm，箍筋应封闭，其直径不宜小于 8mm，间距不宜大于 100mm。

8.3.4.2 加固后柱根沿纵向的抗震受剪承载力可按整体构件进行截面抗震验算，但应乘以 0.85 的折减系数。

8.3.4.3 施工时，原柱加固部位的混凝土表面应凿毛、清除酥

可按表 8.3.6-2 采用。

8.3.6.4 竖向角钢或钢筋混凝土竖杆应与柱顶或屋架节点可靠连接，出入口上部上端尚应在角钢或竖杆的上端设置联系角钢。

竖 向 角 钢 (mm) 表 8.3.6-1

无拉结高度 h (mm)	烈 度 和 场 地 类 别			
	7度Ⅰ、Ⅱ类场地	7度Ⅲ、Ⅳ类场地 8度Ⅰ、Ⅱ类场地	8度Ⅲ、Ⅳ类场地 9度Ⅰ、Ⅱ类场地	9度Ⅲ、Ⅳ类场地
$h \leqslant 1000$	2L63×6	2L63×6	2L90×6	2L100×10
$1000 < h \leqslant 1500$	2L75×6	2L90×8	2L100×10	2L125×12

钢筋混凝土竖杆截面和配筋 (mm) 表 8.3.6-2

无拉结高度 h (mm)		烈 度 和 场 地 类 别		
		7度Ⅰ、Ⅱ类场地	7度Ⅲ、Ⅳ类场地 8度Ⅰ、Ⅱ类场地	8度Ⅲ、Ⅳ类场地 9度Ⅰ、Ⅱ类场地	9度Ⅲ、Ⅳ类场地
$h \leqslant 1000$	截面（宽×高）	120×120	120×150	120×200
	配筋	4φ10	4φ10	4φ16
$1000 < h \leqslant 1500$	截面（宽×高）	120×150	120×200	120×250
	配筋	4φ14	4φ14	4φ16

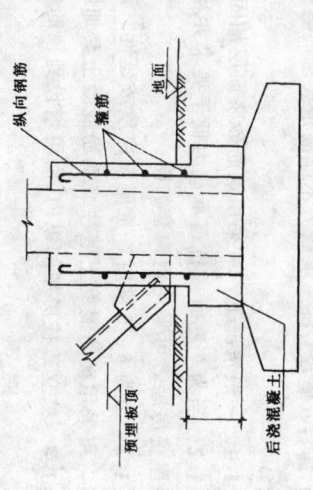

图 8.3.4 柱根部加固

松杂质，灌注混凝土前应清洗并保持湿润。

8.3.5 增设的柱间支撑应采用型钢。

8.3.5.1 增设的柱间支撑的长细比，当为8度时不应大于250，当为9度时不应大于200；上柱支撑不应大于200，下柱支撑不应大于150。

8.3.5.2 柱间支撑与柱连接的端节点板和支撑与节点板连接，斜杆与节点板焊接；支撑与节点板应设置在交叉点节点板厚度，当为8度时不宜小于8mm，当为9度时不宜小于10mm。

8.3.6 封檐墙、女儿墙的加固，应符合下列要求：

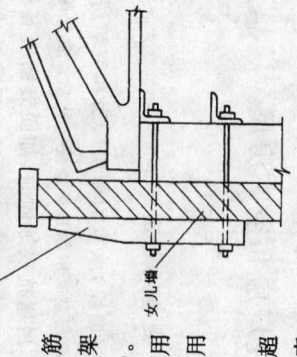

图 8.3.6 女儿墙加固

8.3.6.1 竖向角钢或钢筋混凝土竖杆应设置在厂房排架柱位置处的墙外（图8.3.6）。

8.3.6.2 钢材宜采用Q235，混凝土强度等级宜采用C20，钢筋宜采用Ⅰ级钢。

8.3.6.3 无拉结高度不超过 1.5m 时，竖向角钢或钢筋混凝土竖杆可按表 8.3.6-1 采用，钢筋混凝土竖杆

9 单层砖柱厂房和空旷房屋

9.1 一般规定

9.1.1 本章适用于粘土砖柱(墙垛)承重的单层砖柱厂房和空旷房屋。

注：单层厂房包括仓库等，单层空旷房屋指影剧院、礼堂、食堂等。

9.1.2 单层砖柱厂房和空旷房屋抗震加固时，加固方案应有利于砖柱(墙垛)抗震承载力的提高、屋盖整体性的加强和结构布置上不利因素的消除。

9.1.3 厂房加固后，可按现行国家标准《建筑抗震设计规范》GBJ11的规定进行纵、横向的抗震分析，并可采用本章规定的方法进行构件的抗震验算。

9.1.4 混合排架房屋的钢筋混凝土部分，应按本规程第8章的有关要求加固；附属房屋应根据其结构类型按本规程相应章节的有关要求加固，但其与车间或大厅相连接的部位，尚应符合本章的要求并应考虑相互间的不利影响。

9.2 加固方法

9.2.1 砖柱(墙垛)抗震承载力不能满足要求时，可采用下列加固方法：

9.2.1.1 一般情况下，可采用钢筋砂浆面层加固。

9.2.1.2 当为7度时或抗震承载力低于要求并相差在30%以内的轻屋盖房屋，可采用钢构套加固。

9.2.1.3 当为8、9度时，重屋盖房屋延性、耐久性要求高的房屋，可采用钢筋混凝土壁柱或钢筋混凝土套加固。

9.2.1.4 独立砖柱房屋的纵向，尚可增设到柱顶的钢筋抗震墙加固。

9.2.2 房屋的整体性连接不符合鉴定要求时，可选择下列加固方法：

9.2.2.1 屋盖支撑布置不符合鉴定要求时，应增设支撑；

9.2.2.2 构件的支承长度不符合鉴定要求或连接不牢固时，可增设支托或采取加强连接措施。

9.2.2.3 墙体交接处连接不牢固或圈梁布置不符合鉴定要求时，可增设圈梁加固。

9.2.3 局部的结构构件或非结构构件不符合鉴定要求时，可选择下列加固方法：

9.2.3.1 舞台后的山墙不符合鉴定要求，可增设壁柱、工作平台、天桥等构件增强其稳定性；

9.2.3.2 高大的山墙山尖不符合鉴定要求时，可采用轻质隔墙替换。

9.2.3.3 砌体隔墙不符合鉴定要求时，可将砌体隔墙与承重构件间改为柔性连接。

9.2.3.4 女儿墙、封檐墙不符合鉴定要求时，可按本规程第8.2.4条的规定处理。

9.3 加固设计及施工

9.3.1 增设钢筋砂浆面层加固砖柱(墙垛)时，应符合下列要求(图9.3.1)：

9.3.1.1 面层的材料和构造应符合下列要求：

(1) 水泥砂浆的强度等级宜采用M10，钢筋宜采用I级钢；

(2) 面层应在柱两侧对称布置，厚度可采用35～45mm，保护层厚度不宜小于8mm，同距不应小于50mm；

(3) 纵向钢筋直径不宜小于20mm，钢筋与砌体表面的空隙不宜小于5mm；钢筋的上端应与柱顶的垫块等连接，下端应锚固在基础内；

(4) 水平钢筋的直径不宜小于4mm，间距不应大于400mm；在距柱顶和柱脚的500mm范围内，同距应当加密；

(5) 柱两侧面层沿柱高应每隔600mm采用直径为6mm的封闭箍筋拉结。

弹性模量应按现行国家标准《混凝土结构设计规范》GBJ10采用，砂浆弹性模量可按表9.3.1-1采用；

I_s —— 纵向钢筋的横截面面积对组合砖柱折算截面形心轴的惯性矩（mm⁴）；

E_s —— 纵向钢筋的弹性模量（N/mm²），应按现行国家标准《混凝土结构设计规范》GBJ10采用。

砂浆弹性模量（N/mm²） 表9.3.1-1

砂浆强度等级	M7.5	M10	M15
弹性模量	7400	9300	12000

(3) 加固后形成的组合砖柱，当按不计入翼缘的影响时，计算的排架基本周期，宜乘以表9.3.1-2的折减系数；

基本周期的折减系数 表9.3.1-2

屋架类型	翼缘宽度小于 腹板宽度5倍	大于腹板宽度5倍
钢筋混凝土、组合屋架	0.9	0.8
钢木、轻钢屋架	1.0	0.9

(4) 组合砖柱抗震承载力验算，可按现行国家标准《建筑抗震设计规范》GBJ11—89的方法进行。其中，增设钢筋混凝土和钢筋的强度设计值应乘以折减系数0.85。

9.3.1.3 采用钢筋混凝土壁柱或钢筋混凝土套加固砖墙时，应在砖墙两面相对位置设置，同时内外壁同应采用钢筋混凝土腹杆拉结震设计规范》GBJ11—89的施工，宜符合本规程第5.3.1.4款的有关要求。

9.3.2 增设钢筋混凝土壁柱或钢筋混凝土套加固砖柱（墙垛）时，应符合下列要求：

9.3.2.1 采用钢筋混凝土壁柱加固砖墙时，应在砖墙两面相对位置设置，同时内外壁同应采用钢筋混凝土腹杆拉结（图9.3.2-1）。采用钢筋混凝土套加固砖柱（墙垛）时，应在砖墙（墙垛）四周增设钢筋混凝土套（图9.3.2-2），套遇到砖墙时，应设钢筋混凝土腹杆拉结。

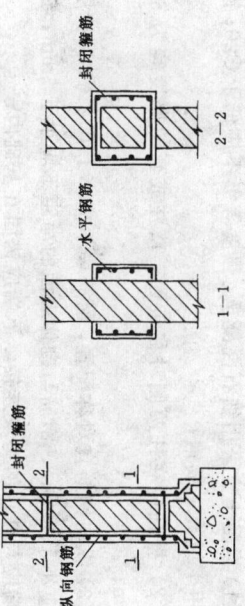

图9.3.1 钢筋砂浆面层加固墙垛

(6) 面层宜深入地坪下500mm。

9.3.1.2 面层加固后，可按组合砖柱进行抗震验算，并应符合下列要求：

(1) 7、8度每侧纵向钢筋分别不少于3ϕ8、3ϕ10，且配筋率不小于0.1%，经层盖房屋的组合砖柱可不进行抗震承载力验算；

(2) 加固后，柱顶在单位水平力作用下的位移可按下式计算：

$$u = \frac{H_0^3}{3(E_m I_m + E_c I_c + E_s I_s)} \quad (9.3.1)$$

式中 u —— 组合砖柱顶在单位水平力作用下的位移（mm/N）；

H_0 —— 组合砖柱的计算高度（mm），按现行国家标准《砌体结构设计规范》GBJ3的规定采用，但当为9度时均应按弹性方案取值；当为8度时按弹性或刚性方案取值；

I_m —— 砖砌体柱的横截面面积（不包括翼缘墙体）对组合砖柱折算截面形心轴的惯性矩（mm⁴）；

E_m —— 砖砌体的弹性模量（N/mm²），应按现行国家标准《砌体结构设计规范》GBJ3采用；

I_c —— 混凝土或砂浆面层的横截面面积对组合砖柱折算截面形心轴的惯性矩（mm⁴）；

E_c —— 混凝土或砂浆面层的弹性模量（N/mm²），混凝土的

(4) 箍筋的直径不宜小于4mm，且不应小于纵向钢筋直径的0.2倍，间距不应大于400mm且不应小于纵向钢筋直径的20倍，在距柱顶和柱脚的500mm范围内，其间距应加密；当柱一侧的纵向钢筋多于4根时，应设置复合箍筋或拉结筋；

(5) 钢筋混凝土拉结腹杆沿柱高度的间距不应大于壁柱最小厚度的12倍，配筋量不宜少于两侧壁柱纵向钢筋总面积的25%；

(6) 壁柱或壁柱套应设基础。基础的横截面面积不得小于壁柱截面面积的一倍，埋深宜与原基础相同，并应与原基础可靠连接。当有较厚的刚性地坪时，埋深可浅于原基础，但不宜小于室外地面下500mm。

9.3.2.3 采用壁柱或壁柱套加固后，可按组合砖柱进行抗震验算，并应符合本规程第9.3.1.2款的要求，但增设的混凝土和钢筋的强度应乘以折减系数0.85。

9.3.3 增设钢构套加固砖柱（墙垛）的材料和构造应符合下列要求：

(1) 纵向角钢不应小于L56×5，并应紧贴砖砌体，上端应与柱顶垫块连接，下端应伸入刚性地坪下200mm；

(2) 横向缀板或系杆的间距不应大于单肢角钢的最小截面回转半径的40倍，在柱上下端和变截面处，间距应加密，缀板截面不应小于35mm×5mm，系杆直径不应小于16mm。

9.3.3.2 7度时或抗震承载力低于要求但相差不大于30%的轻型屋盖房屋，增设钢构套加固后，砖柱（墙垛）可不进行抗震承载力验算。

9.3.3.3 钢构套加固圈梁（墙垛）的施工，应符合本规程第7.3.5条的有关规定。

9.3.3.4 采用外加圈梁加固单层单身砖柱厂房和空旷房屋时，其设计与施工应符合本规程第5.3.6条的规定。女儿墙、封檐墙、封墙的加固应符合本规程第8.3.6条的规定。

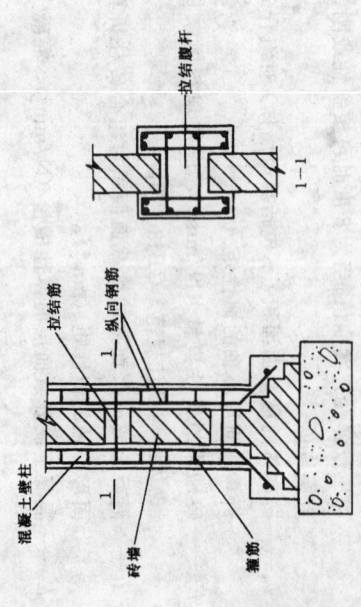

图9.3.2-1 混凝土壁柱加固砖墙

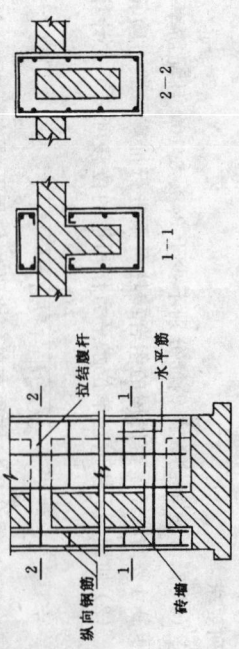

图9.3.2-2 钢筋混凝土外套加固砖柱（墙垛）

9.3.2.2 钢筋混凝土外套的材料和构造应符合下列要求：

(1) 混凝土宜采用细石混凝土，强度等级不应低于C20；钢筋宜采用I级或II级钢；

(2) 壁柱应在柱两侧对称布置；壁柱或套的厚度宜为60～120mm；

(3) 纵向钢筋宜对称配置，配筋率不应小于0.2%，保护层厚度不应小于25mm，钢筋与砌体表面的净距不应小于5mm；钢筋的上端应与柱顶的垫块连接，下端应锚固在基础内；

15—26

10 木结构和土石墙房屋

10.1 木结构房屋

10.1.1 本节适用于中、小型木结构房屋，其构架的类型和房屋的层数，应符合现行国家标准《建筑抗震鉴定标准》GB50023—95第10.1节的有关规定。

10.1.2 木结构房屋的抗震加固，应提高木构架的抗震能力，可根据实际情况，采取减轻屋盖重力、加固木构架、加固构件连接、增设柱间支撑、增砌砖抗震墙等措施。增设构件或抗震墙在平面内应均匀布置。

10.1.3 木结构房屋加固时，可不进行抗震验算。

10.1.4 木构架的加固应符合下列要求：

10.1.4.1 旧式木骨架柱连接未采用银锭榫和穿枋时，可用铁件和附加木杆件。

10.1.4.2 穿斗木骨架柱连接未采用银锭榫和穿枋时，应采用铁件和附加木杆件。

10.1.4.3 榫槽截面占柱截面大于1/3时，可采用钢板条、扁铁箍或铅丝绑扎等加固。

10.1.4.4 木构架倾斜度超过柱径的1/3且有明显拔榫时，应先打牮拨正，后用铁件加固；也可在柱间增设砖抗震墙并加强节点的连接。

10.1.4.5 当为9度且明柱的柱脚与基础无连接时，宜采用铁件加固。

10.1.5 木构件加固应符合下列要求：

10.1.5.1 增设或增设构件截面不符合鉴定标准要求或明显下垂时，应更换或增设、构件加固；构件加固应符合现行国家标准《建筑抗震鉴定标准》GB50023—95附录C的规定且应与原有构件可靠连接；木构件裂缝时可采用铁箍加固。

10.1.5.2 木构件腐朽、蛀病、严重开裂且丧失承载能力时，应更换或增设、构件加固，增设构件的截面尺寸宜符合现行国家标准《建筑抗震鉴定标准》GB50023—95附录C的规定且应与原有构件可靠连接；木构件裂缝时可采用铁箍加固。

10.1.5.3 当木柱柱脚腐朽时，可采用下列方法加固：

（1）腐朽高度大于300mm时，可采用拍巴掌墩接，墩接段内可用两道8号铅丝捆扎，每道不应少于4面；当为8、9度时，明柱在墩接处尚应采用整砖墩接或扎钉连接；

（2）腐朽高度不大于300mm时，应采用整砖墩接，砖墩的砂浆强度等级不应低于M2.5。

10.1.6 墙体的加固应符合下列要求：

10.1.6.1 墙体空臌、酥碱、歪闪或有明显裂缝时，应拆除重砌。当为8度时，砖闪砌的砌筑砂浆强度等级不应低于M2.5。9度时，砌筑砂浆强度等级不应低于M1.0；

10.1.6.2 增砌的隔墙应符合下列要求：

（1）高度不大于3.0m、长度不大于5.0m的隔墙，可采用120mm砖墙，砌筑砂浆强度宜采用M1.0；

（2）高度大于3.0m、长度大于5.0m的隔墙，应采用240mm砖墙，砌筑砂浆强度等级不应低于M0.4；

（3）当为9度时，长度大于5.0m的隔墙，沿墙体高度每隔1.0m，设一道长700mm的2φ6钢筋与柱拉结；

（4）当为8、9度时，墙顶应与柁（梁）连接；

（5）增砌的隔墙应有基础。

10.1.6.3 增设的轻质隔墙，上下层应在同一轴线上，墙底应设置底梁并与柱脚连接，墙顶应与梁或屋架连接，隔墙与龙骨之间宜设置剪刀撑或斜撑。

10.1.6.4 柁、梁上增设的隔墙，应采用轻质隔墙；原有的砖、土坯山花应拆除，更换为轻质。

10.1.7 增锚固的女儿墙、门脸、出屋顶小烟囱、可拆除、拆棱或采取加固措施。

10.2 土石墙房屋

10.2.1 本节适用于6、7度时村镇土石墙承重房屋,其墙体的类型和房屋的层数、应符合现行国家标准《建筑抗震鉴定标准》GB50023—95第10.2节的有关规定。

10.2.2 土石墙房屋的加固,可根据实际情况采取加固墙体、加强墙盖木连接、减轻屋盖重量等措施。

10.2.3 土石墙承重房屋加固时,可不进行抗震验算。

10.2.4 墙体加固应符合下列要求:

10.2.4.1 墙体严重酥碱、空臌、歪闪,应拆除重砌;

10.2.4.2 前后檐墙外闪或外墙与柁无咬砌时,宜采用打揽（图10.2.4）或增设扶墙垛等方法加固;

10.2.4.3 横墙间距超过规定时,宜增砌横墙并与檐墙拉结,或采取增强整体的其它措施。

10.2.4.4 防潮碱草已腐烂时,宜更换。

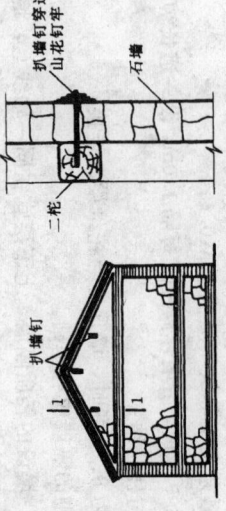

图10.2.4 打揽方法

10.2.5 屋盖木构件的加固应符合下列要求:

10.2.5.1 木构件截面不符合鉴定标准要求或明显下垂时,应增设构件加固、增设与原有的构件可靠连接;

10.2.5.2 木构件腐朽、疵病、严重开裂而丧失承载能力时,应更换或增设构件加固,新增构件的截面尺寸宜符合现行国家标准《建筑抗震鉴定标准》GB50023—95附录C的要求,且应与原有的构件可靠连接;木构件的裂缝可采用铁箍加固。

10.2.5.3 木构件支承长度不能满足要求时,应增设支托或夹板、扒钉连接;

10.2.5.4 尽端三花山墙与排山墙与柁无拉结时,宜采用扒钉拉结（图10.2.5）。

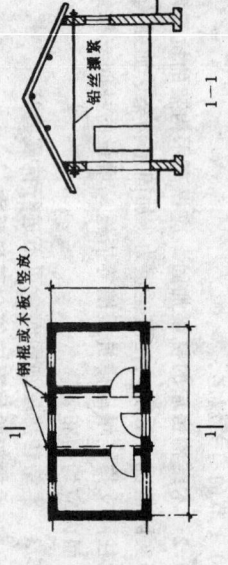

图10.2.5 扒墙钉

10.2.6 屋顶草泥过厚时,宜结合维修减薄。

10.2.7 房屋易损部位的加固应符合下列要求:

10.2.7.1 对柁眼（山花）的土坯和砖砌体,秫秸箔等材料;

10.2.7.2 当突出屋顶烟囱不符合鉴定要求时,在出入口或临街处时应拆除、拆矮或采取加固措施。

11 烟囱和水塔

11.1 烟 囱

11.1.1 本节适用于普通类型的独立砖烟囱和钢筋混凝土烟囱。

11.1.2 砖烟囱不符合鉴定要求时，可采用钢筋砂浆面层或扁钢构套加固；钢筋混凝土烟囱不符合鉴定要求时，可采用现浇钢筋混凝土套加固。

11.1.3 砖烟囱加固后，砖烟囱高度不大于50m和钢筋混凝土烟囱高度不大于100m可不进行抗震验算。

11.1.4 钢筋砂浆面层加固砖烟囱时，应符合下列要求：

11.1.4.1 水泥砂浆的强度等级可采用M7.5或M10。

11.1.4.2 面层厚度可为40~60mm，顶部应设钢筋混凝土圈梁。

11.1.4.3 面层的竖向和环向钢筋应按表11.1.4采用，当为6度时可按7度选用，但竖向钢筋直径可减小2mm，环向钢筋间距可采用300mm。

11.1.4.4 竖向钢筋的端部应：上端应锚固在顶部的圈梁内，下端应锚固在基础或梁的圈梁内。

11.1.4.5 面层的施工宜符合本规程第5.3.1.4款的有关规定。

11.1.5 采用扁钢构套加固砖烟囱时，应符合下列要求：

11.1.5.1 扁钢构套的砖强度等级不宜低于MU7.5，砂浆强度等级不宜低于M2.5。

11.1.5.2 竖向和环向的扁钢可按表11.1.5采用，当为6度时可按7度选用，但竖向钢筋厚度可减小2mm。

11.1.5.3 竖向扁钢应紧贴砖筒壁，下端应锚固在基础或锚固在地面500mm以下的圈梁内，且每隔1.0m应采用深入地面500mm以下的钢筋与筒壁锚拉；环向扁钢应与竖向扁钢焊牢。

钢筋砂浆面层的竖向和环向钢筋   表11.1.4

烟囱高度 (m)	烈度 (度)	场地类别 (类)	竖向钢筋		环向钢筋	
			直径	间距(mm)	直径	间距(mm)
30	7	Ⅰ~Ⅳ	φ8			
	8	Ⅰ~Ⅲ	φ14	300	φ6	250
	9	Ⅰ、Ⅱ	φ14			
40	7	Ⅰ~Ⅳ	φ10			
	8	Ⅰ~Ⅲ	φ14	300		
	9	Ⅰ、Ⅱ	φ14			
50	7	Ⅰ~Ⅳ	φ12			
	8	Ⅰ~Ⅲ	φ16	300		
	9	Ⅰ、Ⅱ	φ16			

注：本表适用于砖强度等级为MU10、砂浆强度等级为M5的砖烟囱。

11.1.5.4 扁钢构套加固的施工宜符合本规程第5.3.1.4款的有关规定。

11.1.6 钢筋混凝土套加固钢筋混凝土烟囱时，应符合下列要求：

11.1.6.1 混凝土的强度等级不应低于C20。

11.1.6.2 套的厚度不应小于120mm；当喷射施工时不应小于80mm。

11.1.6.3 竖向钢筋直径不宜小于12mm，其下端应锚入基础内；环向钢筋直径不应小于8mm，其间距不应大于250mm。

11.1.6.4 套的施工宜符合本规程第6.3.3.4款的有关规定。

扁钢构套的竖向和环向扁钢   表11.1.5

烟囱高度 (m)	烈度 (度)	场地类别 (类)	竖向扁钢		环向扁钢	
			根数	规格(mm)	规格(mm)	间距(mm)
30	7	Ⅰ~Ⅳ	8	－60×6	－30×6	2000
	8	Ⅰ~Ⅲ	8	－80×8		
	9	Ⅰ、Ⅱ	8	－80×8		
40	7	Ⅰ~Ⅳ	8	－60×6	－60×6	2000
	8	Ⅰ~Ⅲ	8	－80×8		
	9	Ⅰ、Ⅱ	8	－80×8		
50	7	Ⅰ~Ⅳ	8	－60×6	－60×6	1500
	8	Ⅰ~Ⅲ	8	－80×8		
	9	Ⅰ、Ⅱ	8	－80×10		

注：本表适用于砖强度等级为MU10、砂浆强度等级为M5的砖烟囱。

11.1.7 地震时有倒塌伤人危险且无加固价值的烟囱应拆除。

11.2 水 塔

11.2.1 本节适用于砖和钢筋混凝土筒壁式和支架式独立水塔，其容积和高度应符合现行国家标准《建筑抗震鉴定标准》GB50023—95第11.2节的有关规定。

11.2.2 水塔不符合鉴定要求时，可选择下列加固方法：

1 类场地时可采用扁钢构套加固，容量大于$50m^3$的砖石筒壁水塔，7度或8度Ⅰ、Ⅱ类场地时可采用外加钢筋混凝土圈梁和柱或钢筋砂浆面层加固，当为7度或8度Ⅰ、Ⅱ类场地，$50m^3$的砖石筒壁和柱或钢筋砂浆面层加固，当为8度Ⅰ、Ⅱ类场地或9度时可采用钢筋混凝土套加固。

11.2.2.2 砖支柱水塔，当为7度或8度Ⅰ、Ⅱ类场地目高度不超过12m时可采用钢筋砂浆面层加固。

11.2.2.3 7度或8度Ⅰ、Ⅱ类场地或9度时可采用钢构套或钢筋混凝土套加固。

11.2.2.4 7度Ⅲ、Ⅳ类场地或8度时的倒锥壳水塔或9度时Ⅰ、Ⅱ类场地的钢筋混凝土支架水塔和钢筋混凝土支架，Ⅲ、Ⅳ类场地基础锚固并应与原筒壁紧密连成一体。

11.2.2.5 水塔基础倾斜，应纠复位；对整体基础尚应基础尚应改为条形基础或增设系梁加强其整体性，对单独基础应改为条形基础或增设系梁加强其整体性。

11.2.3 按本节规定加固水塔时，遇到下列情况应进行抗震验算。

(1) 当为8度Ⅲ、Ⅳ类场地或9度时，采用钢筋混凝土套或钢构套加固的砖石筒壁水塔和钢筋混凝土支架或外套筒加固的倒锥壳水塔；

(2) 当为7度Ⅲ、Ⅳ类场地或8度时，采用钢筋混凝土套加固的倒锥壳水塔；

(3) 当为9度Ⅲ、Ⅳ类场地采用钢筋混凝土套内、外套筒加固的钢筋混凝土支架水塔。

11.2.4 采用钢构套加固水塔筒壁时，应符合下列要求：

11.2.4.1 扁钢的厚度不应小于5mm。

11.2.4.2 竖向扁钢不应少于8根，并应紧贴筒壁，下端应与基础锚固，环向扁钢间距不应大于1.5m，并应与竖向扁钢焊牢。

11.2.4.3 扁钢构套应采取防腐措施。

11.2.5 外加钢筋混凝土圈梁和柱加固水塔砖筒壁时，应符合下列要求：

11.2.5.1 外加柱不应少于4根，截面不应小于$300mm\times300mm$，并应与基础锚固，外加圈梁可沿筒壁高度每隔4~5m设置一道，截面不应小于$300mm\times400mm$。

11.2.5.2 外加圈梁、柱的主筋不应少于$4\phi16$，箍筋应加密$\phi8$，间距不应大于200mm；梁柱节点附近的箍筋应加密。

11.2.6 采用钢筋砂浆面层加固水塔的砖筒壁或钢筋混凝土支柱时，应符合下列要求：

11.2.6.1 砂浆的强度等级不应低于M10，面层的厚度宜为40~60mm。

11.2.6.2 加固砖筒壁的纵向和环向钢筋直径均不应少于$3\phi10$的竖向钢筋，箍筋直径不应小于6mm，间距不应大于250mm。

11.2.6.3 加固砖柱的面层四周应设置，每边不应小于$3\phi10$的竖向钢筋，箍筋直径不应小于6mm，间距不应大于250mm。

11.2.6.4 加固的纵向钢筋应与基础锚固。

11.2.7 采用钢筋混凝土套加固水塔的砖筒壁或钢筋混凝土支架时，应符合下列要求：

11.2.7.1 套的厚度不宜小于120mm，并应与基础锚固。

11.2.7.2 宜采用砖石细混凝土，强度等级不应低于C20。

11.2.7.3 加固砖筒壁的竖向钢筋直径不应小于12mm，间距不应大于250mm；环向钢筋直径不应小于8mm，间距不应大于300mm。

11.2.7.4 加固混凝土支架时，不应少于$4\phi12$的纵向钢筋，箍筋直径不应小于8mm，间距不应大于200mm。

11.2.8 角钢构套加固钢筋混凝土水塔支架的设计及施工，宜符合本规程第6.3.2条的有关规定，并应喷或抹水泥砂浆保护层。

11.2.9 地震时有倒塌伤人危险且无加固价值的水塔应拆除。

附录 A 本规程用词说明

A.0.1 为便于在执行本规程条文时区别对待，对要求严格程度不同的用词说明如下：

(1) 表示很严格，非这样做不可的：
正面词采用"必须"，反面词采用"严禁"。
(2) 表示严格，在正常情况下均应这样的：
正面词采用"应"，反面词采用"不应"或"不得"。
(3) 表示允许有选择，在条件许可时首先应这样的：
正面词采用"宜"或"可"，反面词采用"不宜"。

A.0.2 条文中指定必须按其它有关标准、规范执行的写法为"应符合……的规定"。

中华人民共和国行业标准

建筑抗震加固技术规程

JGJ 116—98

条 文 说 明

附加说明

本规程主编单位、参加单位和主要起草人名单

主 编 单 位： 中国建筑科学研究院

参 加 单 位： 机械部设计研究院、同济大学、国家地震局工程力学研究所、北京市房地产科学技术研究所、冶金部建筑科学研究总院、清华大学、四川省建筑科学研究院、铁道部专业设计院、上海建筑材料工业学院、陕西省建筑科学研究院、辽宁省建筑科学研究院、江苏省建筑科学研究所、西安冶金建筑学院

主要起草人： 李德虎 李毅弘 魏 琏 王竣孙 杨玉成
戴国莹 徐 建 刘惠珊 张良铎 谢玉玲
朱伯龙 吴明舜 宋绍先 柏敬冬 高云学
霍自正 楼永林 徐善藩 那向谦 刘昌茂
王清敏

前 言

根据原城乡建设环境保护部"1984年全国城乡建设科技发展计划"的要求，由中国建筑科学研究院会同全国有关单位共同编制的《建筑抗震加固技术规程》JGJ116—98经建设部以建标[1998]169号文批准发布。

为便于广大设计、科研、施工、教学等有关单位人员在使用本规程时能正确理解和执行条文规定，编制组按《建筑抗震加固技术规程》中章、节、条的顺序编制了该条文说明，供使用人员参考。在使用中如发现本条文说明有欠妥之处，请将意见寄中国建筑科学研究院工程抗震研究所。

目　次

1 总则	15—34
2 术语、符号	(略)
3 基本规定	15—35
4 地基和基础	15—37
5 多层砌体房屋	15—38
5.1 一般规定	15—38
5.2 加固方法	15—38
5.3 加固设计及施工	15—38
6 多层钢筋混凝土房屋	15—39
6.1 一般规定	15—39
6.2 加固方法	15—39
6.3 加固设计及施工	15—40
7 内框架和底层框架砖房	15—41
7.1 一般规定	15—41
7.2 加固方法	15—41
7.3 加固设计及施工	15—42
8 单层钢筋混凝土柱厂房	15—42
8.1 一般规定	15—42
8.2 加固方法	15—43
8.3 加固设计及施工	15—44
9 单层砖柱厂房和空旷房屋	15—44
9.1 一般规定	15—44
9.2 加固方法	15—44
9.3 加固设计及施工	15—45
10 木结构和土石墙房屋	15—45

10.1 木结构房屋 …… 15—45
10.2 土石墙房屋 …… 15—45
11 烟囱和水塔 …… 15—46
11.1 烟囱 …… 15—46
11.2 水塔 …… 15—46

1 总 则

1.0.1 地震中建筑物的破坏是造成地震灾害的主要原因。现有建筑相当一部分未考虑抗震设防，有些虽考虑了抗震，但由于历史原因，并不能满足抗震要求。因此，对现有建筑经抗震鉴定不满足设防要求的建筑采取抗震加固是减轻地震灾害的重要途径。我国对现有建筑的抗震加固是非常重视的，特别是甘肃省山地震办公室统计，抗震加固工作取得了巨大成就。据建设部抗震办公室统计，自1977年到1989年底，全国共加固了2.15亿多平方米的建筑，用于抗震的经费共33.5亿元。经过加固的工程，有的已经受了地震的考验，证明了抗震加固与不加固大不一样，抗震加固确是保障生产发展和人民生命安全积极而有效的措施。

近年来我国在加固方面开展了大量的试验研究取得了系统的研究成果，并在实践中积累了丰富的经验。从当前抗震加固工作面临的任务以及所具备的条件来看，迫切需要制订一部适合我国国情，并充分反映当前技术水平的抗震加固技术规程，以便使现有建筑抗震加固做到经济、合理、实用、有效。经济就是要在现有经济条件下，根据国家有关抗震加固方面的政策，按照规定程序进行审批，严格掌握实际情况，合理安排加固目标出发，综合提出现有建筑的加固方案；有效是建筑达到预定抗震能力目标，从提高结构整体抗震能力出发，综合提出加固方案，并根据具体条件选择，施工要严格按要求进行，一定要保证质量；实用就是抗震加固措施要采取减小对原结构的损伤以及加强对新旧构件连接有效果的前提下，改善使用功能，并注意美观。

现有建筑的抗震加固目的，到目前为止，这一目标仍然符合我国的GB50023—95 保持一致。与《建筑抗震鉴定标准》

国情,并符合现有建筑的特点。这一目标比新建建筑的设防要求为低。

1.0.2 本规程适用的烈度为6~9度。对于6度区仍然有相当震害,并且近年来不少强震发生在6度区,造成很大损失。因此对6度区现有建筑进行抗震加固是必要的,但6度区的抗震加固尚应符合国家主管部门有关抗震加固的政策,已按抗震鉴定标准和鉴定标准(TJ23—77)加固的建筑,不再进行抗震加固。

1.0.3 建筑的抗震加固要依据现行国家标准《建筑抗震鉴定标准》的要求,指的是:

① 抗震鉴定是加固的前提,鉴定与加固前后连续;

② 现有建筑物符合不符合抗震鉴定的要求时,按现行国家标准《建筑抗震鉴定标准》第3.0.7条的规定,可采取"维修、加固、改造和更新"等抗震减灾对策。本规程是需要加固(包括全面加固、配合维修的局部修复加固和配合改造的适当加固)时的各章规定;

③ 本规程各章与现行国家标准《建筑抗震鉴定标准》有关对应关系可直接引用的内容,按技术标准编写的规定,本规程的条文均不再重复,需与《建筑抗震鉴定标准》配套使用。

1.0.4 抗震加固,应根据建筑的重要性和使用要求,按照抗震鉴定时采用的类别进行抗震加固设计。

1.0.5 本规程对现有建筑抗震加固设计和施工的重点问题和特殊要求作了明确具体的规定,凡是具有本规程规定,应按本规程规定执行;对未给出具体规定而涉及到其它设计规程规定的应用时,尚应符合相关规范、材料性能和施工质量尚应符合国家有关质量标准,施工及验收规范的要求。

3 基 本 规 定

3.0.1 抗震鉴定结果是抗震加固设计的主要依据,但在抗震加固设计之前,仍应对建筑的现状进行深入调查,特别应查明建筑是否存在局部损伤等,以便达到最佳效果。同时也要考虑到,在抗震加固时一并加以考虑,以便从使用布局上近期需要进行调整,以建筑物是否面临维修,或者从主要改善因素,宜在抗震加固中一起进行处理,尽量避免抗震加固后,再行维修改造、损伤已有建筑。

3.0.2 震害及理论分析表明,对建筑结构的抗震性能都有明显影响。场地情况以及构件受力状况,对建筑结构实际情况,根据结构实际情况,正确处理好下列关系是改善结构整体抗震能力,使加固设计达到合理有效的重要途径。

(1) 减小扭转效应:新增构件的设置或原有构件的加强,都应考虑到整个建筑扭转效应均匀对称,宜尽可能使建筑的体型在抗震加固后结构分割成量刚度分布比较均匀对称;将不利于抗震的建筑平面形状改造的,但若建筑物的体型改造,避免加固后任是难以改变的,规则单元,其加固设计在抗震加固后任是有可能的。

(2) 减小场地反应:加固方案宜考虑建筑场地情况和现有建筑的类型,尽可能选择减小地震反应的加固体系,避免加固后结构的自振周期与卓越地震周期吻合。

(3) 改善受力状况:抗震加固设计时,应注意防止结构的脆性破坏,避免结构的局部加强使结构强度和刚度发生突然变化,框架结构经加固后消除强梁弱柱在抗震中不利结构造措施;震害表明,抗震加强的局部薄弱部位尽量消除地震反应不协调,不同类型结构相互作用、互相作用等,对于这些

(4) 加强结构的抗震构造措施;震害表明,不同类型结构构相接处,由于两种不同结构反应的不协调、互相作用、震害较大;房屋的局部凸出部分易产生附加地震效应等,对于这些

抗震的薄弱部位，在加固设计时，可适当采取加强构造的措施。

抗震加固时，新、旧构件之间的可靠连接是保证加固后结构能整体协同工作的关键。对于一些主要构件的连接，本规程提出了具体要求，应按要求执行；对于某些局部的连接，本规程仅提出一般要求，未给具体方法，设计者可根据实际情况参照相关规定自行设计。新增的抗震墙、柱等竖向构件，不仅要求传递垂直荷载，而且也是直接抵抗水平地震作用的主要构件，因此，这类构件应自上至下连续并落到基础上，不允许直接支承在楼层梁板上。对于基础埋深和宽度，除本规程各章有具体规定外，新设墙柱的基础应根据计算确定，贴附于原墙柱的加固面层、构架的基础深度，一般宜与原构件相同。女儿墙、门脸、出屋顶烟囱等非结构构件虽对主体结构的抗震性能影响不大，但由于这类构件易于倒塌伤人，或砸坏建筑物，因此与主体结构应有可靠连接，当不符合要求时也应加固，对不能拆除、拆檩的，宜首先拆除，或改为轻质材料或栅栏。

3.0.3 抗震加固设计，一般情况应在两个主轴方向分别进行抗震验算；验算时，应根据加固后结构的实际情况采用相应的计算图式。但对下列两种情况，可不作加固后的抗震验算：

（1）6 度和符合本规程各章不需验算条件的结构，与抗震鉴定标准相同，本规程对这些结构从构造上提出了明确要求是能达到设防目标的。

（2）按照抗震鉴定标准的要求进行局部抗震加固的结构，当加固后结构刚度和重力荷载的变化分别不超过加固前的 10% 和 5% 时，可不再进行抗震验算。

本规程在总结对现有实践经验的基础上，经过理论分析验证，便于应用、简化的方法，并有足够精度，能较好的解释现有建筑的震害。符合这些简化方法的应用条件时，可优先采用。通常情况下也可按《建筑抗震设计规范》的原则进行验算，但应注意两点：

（1）应将《建筑抗震设计规范》中的"承载力抗震调整系数"改用本规程中的"抗震加固的承载力抗震调整系数"替代。这个系数是在抗震承载力验算中体现现有建筑抗震加固标准的重要系数，其取值与《建筑抗震鉴定标准》（TJ23—77）中抗震鉴定标准的承载力调整系数相协调，并保持了鉴定标准的延续性。

（2）结构构件承载力的计算，应根据加固后的情况按本规程各章规定的方法或原则进行。

被淤塞；

旋喷法，适用于粘性土、砂土等，用来防止基础继续下沉，先用岩心钻钻到所需的深度，插入旋喷管，再用高压喷射边旋转注浆边提升，提到预定的深度后停止注浆并拔出喷管。

4 地 基 和 基 础

4.0.1 本章与建筑抗震鉴定标准第4章有密切的联系。该标准第4章明确：6度时，7度地基基础现状无严重静载同题时和8、9度不存在软弱土、饱和土或严重不均匀土层时，可不进行地基基础的抗震鉴定。故本章仅规定了存在软弱土、液化土、明显不均匀土层的抗震不利地段上不符合现行抗震鉴定要求的现有地基和基础的抗震处理和加固。

4.0.2 抗震加固时，天然地基承载力的验算方法与《建筑抗震鉴定标准》的规定相同，公式不再重复；考虑地基的长期压密效应时，基础底面实际平均压力应按加固前的情况取值。

4.0.3 根据工程实践，将超过地基承载力10%作为不同的地基处理方法的分界，尽可能减少现有地基的加固工作量。

4.0.4 震害和试验表明，刚性地坪可很好地抵抗上部结构传来的地震剪力，抗震加固时可充分利用。

4.0.5 抗震加固时液化地基的处理要求低于设计规范，仅对液化等级为严重且对液化敏感建筑的现有地基采取抗液化措施。

4.0.6 本规程除采用消除液化沉降的常用处理措施：桩基托换、有树根桩、静压桩托换，轻型建筑也可用悬臂式牛腿桩支托。

压重法和覆盖法，均利用加大对液化土层的压力来制约液化作用；

排水桩法，在室内地坪不留缝隙，在基础边1.5m以外利用碎石的空隙作为排水通道，以减小土中的孔隙水压以防止地震时土的液化；排水桩的渗透性要比固结土大200倍以上，且不

5 多层砌体房屋

5.1 一般规定

5.1.1 本章的适用范围，主要是按建筑抗震鉴定标准第5章进行抗震鉴定后需要加固的多层砖房等多层砌体房屋，故其适用范围的房屋层数和总高度不再重复，可直接引用的计算公式和系数也不再重复。

5.1.2 根据震害结果，对于不符合鉴定标准要求的房屋，抗震加固应从提高房屋的整体性抗震能力出发，并注意满足建筑物的使用功能和同相邻建筑相协调，为了防止在抗震加固中出现局部刚度突变，要求加固楼层综合抗震承载力不超过下一楼层的抗震能力的20%，非承重墙或自承重墙加固后不超过同一层楼层承重墙体的抗震承载力。

5.1.3 抗震加固砌体房屋抗震能力的指标，采用综合抗震能力指数作为衡量多层砌体房屋抗震能力的指标。不同的是，综合抗震能力指数，要按不同情况考虑整体影响系数和局部影响系数的加固后的加固方法考虑相应的加固鉴定标准对楼盖的规定固后的情况对整体影响系数和局部影响系数，并按加固后的情况，例如：

①增设抗震墙后、横墙间距小于鉴定标准的加固增强系数，取 $\psi_1=1.0$；

②增设外加柱和拉杆、圈梁后、整体性连接的系数 $\psi_1=1.0$；

③墙面加固或增设窗框、外加柱构造，其局部尺寸的系数取 $\psi_2=1.0$；

④采用面层、板墙加固或增设支柱后，大梁支承长度的系数取 $\psi_2=1.0$。

5.2 加 固 方 法

根据我国近10年来工程加固实践的总结，本节分别列举了抗震承载力不足，房屋整体性不良、局部易倒塌墙柱连接不牢时及房屋有明显扭转效应时可供选择的多种有效加固方法，要针对房屋的实际情况单独或综合采用。

5.3 加固设计及施工

5.3.1 水泥砂浆或钢筋网砂浆面层加固墙体的方法，国内许多单位进行过试验研究，提出了不少计算公式。根据实际工程加固经验，提出了砌筑砂浆 M0.4～M2.5 砌体加固时的增强系数。而高于 M2.5 以上砌筑砂浆等级的增强系数很小，接近于1.0。一般水泥砂浆抹面层只选用 M10 一种，其厚度为 20、30、40mm。砌筑砂浆等级为 M2.5 砂浆抹面层厚度一般为 25～35mm，再厚已不经济。对于 M2.5 砂浆砌筑的砌体，试验结果表明，钢筋间距不宜太小或太大，以选用 300mm 为宜，这时其钢筋的作用才能发挥出来。

根据北京地区试验和现场检测，发现钢筋网抹面层竖筋紧靠墙面造成钢筋与墙面之间无粘结，形成薄弱部位，试验表明，5mm空隙可加强粘结能力。

5.3.2 用现浇钢筋混凝土板墙加固砌体房屋，考虑混凝土与砖砌体弹性模量相差比较大，混凝土不能充分发挥作用，同时因施工条件要求板墙厚度不小于 120mm，因此混凝土强度等级选用较低，试验表明，加固后墙体的增强系数与原墙体砌筑砂浆强度等级有关，砂浆强度等级为 M2.5、M5.0 时，增强系数取 2.5；M7.5 时，取 2.0；M10 时，取 1.8。

5.3.3 新增砌砖或砌块抗震墙，均应有基础，为防止新、旧地基的不均匀下沉造成墙体裂缝，根据工程经验，基宽应比计算加大 15%。在砖墙内加现浇钢筋细石混凝土带及钢筋网片的计算系数根据近 40 片墙体的对比试验结果提出，配筋砌体是综合许多单位大量试验提出的，增强系数可取 1.10～1.08。

5.3.5 外加现浇钢筋混凝土柱，在总结全国几百个外加柱加固的试验资料的基础上，提出外加柱抗震承载力的增强系数，外加柱对墙体承载力提高只适用于 M2.5 以下砂浆强度等级砌筑的墙体，外加柱的断面和配筋不必过大。

5.3.6 外加现浇钢筋混凝土圈梁及钢拉杆的规定，根据加固研究成果经过整理得出；圈梁断面配筋、同时对圈梁调整要留有泛水和滴水槽，已加固研究理计算得出；圈梁与墙体的连接宜选用现浇钢筋混凝土销键，对于用 M2.5 及 M2.5 以上砂浆砌筑墙体可采用其他连接的措施。对外加柱与内横墙沿墙高 1/3，2/3 处用钢拉杆拉结。

6 多层钢筋混凝土房屋

6.1 一般规定

6.1.1 本章与建筑抗震鉴定标准第 6 章有密切联系，可直接引用的计算公式和系数不再重复。

6.1.2 多层钢筋混凝土房屋的加固，要从提高房屋的整体抗震能力出发，防止加固后形成楼层或新的薄弱环节，承载力分布不均匀和短柱、短梁、强梁弱柱等集中加固。

加固的总体决策上，可针对房屋的实际情况，侧重于提高承载力，或提高变形能力，或二者兼有；必要时，也可采用增设抗震墙体，改变结构体系的综合抗震能力，构件的抗震能力，按本章的有关规定确定。

6.1.3 多层钢筋混凝土房屋加固后的方法相同，即第二级抗震鉴定标准第 6 章规范方法。但其中，结构加固后的综合抗震能力指数和构造影响系数，要根据加固后结构的实际情况，按本章的有关规定确定。

当按国家标准《建筑抗震设计规范》方法进行多层钢筋混凝土房屋的抗震验算时，除了承载力抗震调整系数采用本规程抗震加固的承载力抗震调整系数外，尚应注意其中地震作用效应应按抗震等级为三级钢筋混凝土结构考虑，剪力增大系数取 1.0。

6.2 加固方法

6.2.1 本条列举了结构抗震承载力不足时可供选择的有效的加固方法。其中，

增设抗震墙会较大地增加结构自重，要考虑基础承载的可能性；

增设翼墙适合于大跨度时采用,以避免梁的跨度减少后导致剪切破坏;

粘贴钢板的方法正在发展的新技术,其耐久性有待实践的进一步考察。

6.2.2 钢筋混凝土构件的局部损伤可能形成结构的薄弱环节。按本条所列举的方法进行局部修复加固,是恢复原有构件承载力的有效措施。

6.2.3 墙体包括砖填充墙和其它隔墙。对于砖填充墙与框架梁柱的连接,采用拉筋连接的方案比较有效。

6.3 加固设计及施工

6.3.1 在框架柱之间增设抗震墙或已有抗震墙增加已有抗震墙的厚度,或在柱两侧增设翼墙,是提高框架抗震能力以及减小相转效应的有效方法。增设抗震墙或翼墙的主要问题是要确保新增构件与原构件的连接,以便传递剪力。对于新、旧构件的连接,本规程根据目前情况提出了两种方法:一种是锚筋连接,这种方法需要在原构件上钻孔,锚筋需用环氧树脂一类的高强胶锚固,施工质量要求高;另一种是钢筋混凝土水平套连接,钢筋混凝土套连接是一种更适合我国当前施工技术水平的方法,目前在云南耿马一带抗震加固中得到应用,经大量试验系统的试验证明效果良好。此外,采用胀管螺栓连接,比较普遍,造价较贵,造价较高,效果是可靠的,但施工技术较为复杂,随着我国先进的施工机具的引进和改进,胀管螺栓连接的方法可加以推广应用;胀管螺栓的布置可参照对锚筋的要求。

增设抗震墙会较大地增加建筑自重,采用时要考虑基础承载能力,适合于大跨度结构采用。

6.3.2~6.3.3 框架梁、柱采用钢构套或钢筋混凝土套进行加固,是提高梁柱承载力、增设翼墙后梁的跨度减小,有可能形成梁或钢筋混凝土套延性的切实可行的方法。梁柱采用角钢或钢筋混凝土套加固后抗震性能的试验研究证明,加固梁柱

后能保证结构的整体性能。采用钢构套加固梁柱对原结构的刚度影响较小,可避免地震反应增加过大。

6.3.4 框架梁、柱采用粘结钢板加固的技术,应用比较方便,适用性强,很有发展前途。目前由于高强粘结胶的性能尚不稳定,老化耐久性有待进一步考察,因此应通过试点逐步采用,并在试用中应采用胀管螺栓将钢板与原结构锚固的加强措施。

6.3.6 墙体与框架柱、梁连接的连接,本章提出的方法是简单可行的,适合于单独加强墙与框架柱、梁连接时采用。墙与梁连接的连接尽可能在框架结构的全面加固时通盘可虑,也可由设计人员根据抗震鉴定标准的要求,结合具体情况专门进行设计。

7 内框架和底层框架砖房

7.1 一般规定

7.1.1 本章与建筑抗震鉴定标准第 7 章有密切联系,其最大适用高度及可直接引用的计算公式和系数不再重复。对于类似的砌块房屋,其加固也可参照。

7.1.2 针对内框架和底层框架砖房的结构特点,其加固方案除在房屋侧采取提高承载力或增强整体性的加固方案外,许多单位的实践证明,在房屋外部增设附属结构,既可达到加固的目的,又可不影响原有的使用功能。

7.1.3 内框架和底层框架砖房的构件的抗震验算方法,与建筑抗震鉴定标准第 7 章规定的方法相同。但其中,结构的地震作用、构件的抗震承载力指标数方法和规范,要根据加固后的实际情况,按本章的有关规定确定。

7.1.4 底层框架和内框架砖房加固后的方法相同,即第二级鉴定的综合抗震能力指数通过底层落到基础上,面层需高加固后延续到底层,上部各层按多层砖房的有关规定进行加固的竖向需延续到基础上,面层需高加固后延续到底层,上部各层按多层砖房的有关规定进行加固。即,混凝土板墙、构造柱等需通过底层落到基础上,面层需高加固后延续到底层,也需考虑上部各层加固后重量、刚度变化造成的影响。

7.2 加固方法

7.2.1 内框架房屋常遇到的抗震横墙间距超过规定或抗震横墙承载力不足、或外墙(柱)的承载力不足等问题,针对这些问题,确定抗震加固方案时要遵守下列原则:

(1) 内框架房屋抗震横墙间距超过限值而承载力未超过限值时,应优先增设抗震墙,因为这种加固方法对房屋横向抗震承载力最好,且横向抗震效果最好,抗震一般情况下可采用砖墙,也可采用钢筋混凝土抗震墙;

(2) 内框架房屋抗震横墙间距超过限值,或房屋横向抗震承载力不足时,应抗先增设抗震墙,当房屋整体性较好,壁柱可以设在纵墙内侧增设或外侧,应采取措施加强壁柱与楼盖梁的连接。

(3) 内框架房屋在横向地震作用下,外纵墙(柱)的承载力不足时可采用钢筋混凝土壁柱加固。壁柱可以设在纵墙内侧或外侧,也可在纵墙内外侧同时增设。仅在纵墙外侧增设时,应采取措施加强壁柱与楼盖梁的连接。

7.2.2 本条列举了整体性不足时可供选择的加固方法:楼面现浇层、圈梁、外加柱和托梁等。

7.3 加固设计及施工

7.3.1 内框架和底层框架砖房采用面层、板墙和抗震墙进行加固的材料、构造、抗震验算及施工,直接引用了本规程第 5 章的有关规定。其中,抗震验算和构件进行验算,各方向的地震作用由该方向的抗震墙承担。

7.3.2 壁柱是适应内框架房屋特点的加固方法,本条较详细地规定了其布置、构造和计算。使用时注意:

1) 壁柱与多层砖房的构造柱有所不同,壁柱要与砖墙(墙梁)形成组合构件,按组合构件的钢筋混凝土套进行验算,与砖柱四周的钢筋混凝土套也有不同;

2) 一般采用外壁柱,当需要保持原有的外立面时,才采用内壁柱;

3) 抗震加固时,对多道抗震设防的要求比新建工程低,故加固后砖柱(墙梁)承担的地震作用少于规范的要求,墙体有效侧移刚度的取值比规范值大些;此外,根据试验结果,提出了墙体间距超过规定值时加固后砖柱(墙梁)受力的计算原则;

4）作为简化，砖柱（墙垛）用壁柱加固后按组合构件计算其抗震承载力，考虑增设的部分受力滞后，其混凝土和钢筋的强度需乘以 0.85 的折减系数。

8 单层钢筋混凝土柱厂房

8.1 一般规定

8.1.1 本章与建筑抗震鉴定标准第 8 章有密切联系，其适用范围相同。

8.1.2 钢筋混凝土厂房是装配式结构，加固的重点侧重于提高厂房的整体性和连接的可靠性。

8.1.3 厂房加固后，各种支撑杆的截面、阶形柱上柱的钢构架等，多数可不进行抗震验算；内力分析与抗震鉴定时相同，需要验算时，构件的抗震承载力验算、牛腿的钢构套可用本章规范的方法，其余抗震加固后的承载力调整系数"替代规范的"承载力抗震调整系数"。

8.2 加固方法

8.2.1 各种支撑布置不符合鉴定要求时，一般采取增设支撑的方法。

8.2.2 本条列举了天窗架、屋架和排架柱承载力不足时可选择的加固方法。

8.2.3 本条列举了各种连接不符合鉴定要求时可选择的加固和处理方法。

8.2.4 拆矮超高的女儿墙是消除不利抗震因素的积极措施。试验和地震考验表明：用竖向角钢加固超高女儿墙是保证开裂而不倒的有效措施。当条件许可时可用钢筋混凝土竖杆代替角钢，有利于建筑立面处理和维护。

8.3 加固设计及施工

8.3.1 本条与建筑抗震鉴定标准第8.2节的鉴定要求相呼应,规定了不同烈度下Ⅱ型天窗架下Ⅰ形截面立柱的加固处理:节点加固、有支撑的立柱加固和全部加固。

8.3.2 增设的竖向支撑宜与原有支撑采用同一形式。以利于地震作用的均匀分配;当全部为新增支撑时宜采用抗推刚度较好的W形,当支撑高度大于3m时,W形竖向支撑的腹杆较长,需要较大的截面尺寸,从经济上考虑,X形比较优越。

8.3.3 本条规定了采用钢构套加固排架柱各部位的设计及施工:

1. 柱顶的加固,参照现行国家标准《建筑抗震设计规范》GBJ11—89中对柱顶抗剪箍筋的要求,考虑新建建筑与现有建筑抗震设防标准的差异,给出加固简图及加固构件选用表,该表适用于截面宽度不大于500mm的柱顶加固。

2. 有吊车的阶形柱的上柱底部或柱梁顶标高处及高低跨的上柱在水平地震作用下容易产生水平裂断破坏。此种震害在8度区即较多,大于8度地区更严重。因此,9度区未经抗震设计的有吊车的阶形柱的上柱底部和高低跨柱上柱底部均宜进行加固。

3. 支承低跨屋盖的钢筋混凝土牛腿不足与钢铰板能完全共同工作,钢铰板、钢拉杆截面验算时,考虑钢构套与原有牛腿不能完全共同工作,将其承载力设计值乘以0.75的折减系数。本规程据此提供了不同烈度、不同场地加速度选用表,以减少计算工作。

8.3.4 采用钢筋混凝土套加固排架柱根部时,其抗震承载力验算的方法与规范相同,按偏压构件斜截面受剪承载力计算,公式不再重复,考虑到混凝土套的受力滞后于原排架柱,需将抗震承载力乘以0.85的折减系数。

8.3.5 增设柱间支撑时,需控制支撑杆的长细比,并采取有效的方法提高支撑与柱连接的可靠性。

8.3.6 表8.3.6系按材料为Q235角钢,C20混凝土和Ⅰ级钢筋得到的。

9 单层砖柱厂房和空旷房屋

9.1 一 般 规 定

9.1.1 本章与建筑抗震鉴定标准第9章有密切联系，对多孔砖和煤渣砖砌筑的单层房屋的抗震加固，根据试验结果和震害经验，本章的规定可供参考。

9.1.2 本条强调了单层空旷房屋加固的重点。

砖柱（墙垛）加固后刚度增大，可能导致地震作用显著增加，而加固后的抗震承载力仍然不足，需予以防止。

用经质墙替换砌体的山墙山尖或将隔墙间改为柔性连接等，可减少结构上承重构件上对抗震布置的不利因素。

9.1.4 震害经验和研究分析表明，单层空旷砖房与其附属房屋之间的共同工作和相互影响是很明显的，抗震加固和抗震鉴定一样，需予以重视。

9.2 加 固 方 法

9.2.1 提高砖柱（墙垛）承载力的方法，根据实际情况选用：

壁柱和混凝土套加固，但施工较复杂且造价较高，着重于提高延性和抗倒塌能力，但承载力提高不多，适合于7度和承载力差距在30%以内时采用。

9.2.2 本条列举了提高整体性的加固方法。

9.2.3 砌体的山墙山尖，最容易破坏且因高度大使加固施工难度大；震害表明，轻质材料的山尖破坏较轻，特别在高烈度时更为明显；实践说明，山墙的山尖改为轻质材料，是较为经济、简便易行的。

9.3 加固设计及施工

9.3.1 本条规定面层加固砖柱（墙）的抗震承载力验算、构造及施工：

1. 计算组合砖柱的刚度时，是将加固面层与砌体视为整体考虑的，并包括面层中钢筋的作用。因为计算及试验均表明，钢筋砂浆面层加固后是显著的。

在9度地震作用下，横墙和屋盖一般均有一定程度的破坏，房屋结构不可能具有空间工作性能，屋盖不能构成组合砖柱顶端的不动铰支点，因而在结构分析时，采用所谓弹性方案。在8度地震作用下，房屋结构尚具有一定程度的空间工作性能，因而可以采用弹性和刚性方案两种计算方案。

必须指出，组合砖柱计算高度的改变，不会对抗震承载力的验算结果产生明显的不利影响。因为抗震承载力验算时，组合砖柱亦采用此等等矩和剪力亦应乘以考虑空间工作的调整系数。

2. 当T形截面砖柱翼缘的宽度与腹板宽度之比等于或大于5时，不考虑翼缘墙体将使砖柱刚度减小20%以上，周期值延长10%以上，故按不考虑翼缘墙端体算出之周期值，应乘以系数0.9予以减小。

当然，钢筋混凝土屋架等重屋盖房屋还应考虑砖柱顶至点结的影响，需将按铰接排架算出之周期值再乘以系数0.9予以减小。

3. 因为水泥砂浆的拉伸极限变形值低于同类砖柱的，因而易于出现拉伸裂缝。为了保证组合砖柱的整体性和耐久性，故规定砂浆面层内仅采用强度等级较低的I级钢筋。

4. 对加固组合砖柱拉结腹杆的间距，是考虑腹杆能传送必要的剪力，并及其配筋等所作的规定，拉结腹杆的横截面尺寸使组合砖柱能整体工作。

9.3.2 用钢筋混凝土壁柱和钢筋混凝土套加固砖柱（墙垛），其易行的。

构造和施工基本上与本规程的有关规定相同，加固后组合砖柱的抗震验算则需采用本节加固面层的相应方法。

震害表明，钢筋混凝土柱、砖柱等类似构件的破坏部位均在地坪上一定高度处，特别是在刚性地坪对柱子嵌固作用的结果。因而对埋人刚性地坪内的柱子，其加固面层的埋深要求应当放宽，即不要求其与原柱子的基础具有同样的埋设深度。

9.3.3 钢构套加固砖柱时，角钢及横向缀板规定的最小截面尺寸主要是考虑：①其本身应具有足够的刚度及强度，以控制砖柱的整体变形和保证钢构套的整体强度；②具有一定的腐蚀余量，以保证其耐久性。

横向缀板的同距较钢结构中的相应尺寸大得多，是考虑到角钢肢杆并不要求充分发挥其承压能力，其次是角钢贴紧砖砌体，因而角钢肢杆不像普通的格构式组合钢柱中能自由失稳。

10 木结构和土石墙房屋

10.1 木结构房屋

本节与建筑抗震鉴定标准第 10.1 节有密切的联系。主要适用于不符合其要求的穿斗木构架、旧式木骨架、木柱木屋架、木柱木墙架和康房的加固。

木结构房屋震害表明它是一种抗震比较好的结构型式，只要木构件不腐朽、严重开裂、拔榫、歪闪木骨架、歪闪木柱与围护墙有拉结时，高烈度区仍有破坏轻微的实例。因此木结构房屋的加固重点是木结构的承重构架，只要震时构架不倒墙就会减轻地震造成的损失达到墙倒屋不塌的目标。

木结构房屋的加固方法包括：

(1) 对构造不合理木构架采取增设杆件方法加固。
(2) 木架倾斜采用打楔拨正、增砌砖的抗震墙措施。
(3) 木构件断面过细、腐朽、严重开裂，采用更换增设构件的方法加固。
(4) 木构件节点松动采用加铁件连接的方法加固。
(5) 木架与围护墙可采用加墙缆拉结的方法加固。

木结构房屋抗震加固中新增构件截面尺寸可按静载作用下选择的截面尺寸采取，新旧构件之间要加强连接。

10.2 土石墙房屋

本节与建筑抗震鉴定标准第 10.2 节有密切联系。主要适用于 6、7 度时不符合其鉴定要求的村镇土石墙房屋的抗震加固。

土石墙房屋加固的重点是墙体的承载力和连接。侧重于采用就地取材、简易可行的方法，如拆除重砌、增附构件、设墙体、铁箍、铅丝等拉结，用茅竹、秫秸等轻质材料替换土坯墙体等。

11 烟囱和水塔

11.1 烟 囱

本节与建筑抗震鉴定标准第11.1节有密切的联系。主要适用于不符合其鉴定抗震承载力不足或顶部配筋混凝土烟囱不符合抗震鉴定要求的砖烟囱抗震加固和钢筋混凝土烟囱的抗震加固。

砖烟囱可采用钢筋砂浆面层及扁钢构套加固，砖烟囱顶部配筋混凝土烟囱可采用喷射混凝土加固。钢筋混凝土烟囱也可采用喷射混凝土加固，且混凝土烟囱可采用喷射混凝土加固效果比较好。但常受施工机具条件的限制，喷射混凝土加固效果比较好。但常受施工机具条件的限制，浪费较多。扁钢构套加固烟囱中，扁钢厚度的规定，除满足抗震强度要求的因素外，还考虑了外界环境条件下钢材的锈蚀。采用以上两种方法都要求竖向钢筋或扁钢在烟囱根部有足够的锚固，加锚固不足，加固后的烟囱在地震条件下根部易产生弯曲破坏。

本节给出的钢筋网砂浆面层加固钢筋用量表及扁钢构套加固钢材用量表是对用MU10的砖、M5水泥砂浆砌筑的烟囱按抗震规范进行抗震承载力验算后提出来的，其中坚向扁钢的工作条件系数取0.6。

对于地震时有倒塌伤人危险且无加固价值的烟囱，当前还需使用时，应根据其抗震烈度和烟囱高度划分危险区，危险区的范围为距筒壁10m左右。

11.2 水 塔

本节与建筑抗震鉴定标准第11.2节有密切的联系。主要适用于不符合其鉴定抗震承载力要求的砖和钢筋混凝土筒壁式和支架式水塔的抗震加固。

本节中给出了钢筋混凝土筒壁式水塔、钢筋混凝土支架式水塔、砖砌筒壁式水塔及砖柱水塔的加固措施，主要有钢筋砂浆面层、钢筋混凝土套、扁钢构套、钢筋混凝土外加圈梁和柱等，其施工方法可参照本规程有关规定。

中华人民共和国行业标准

危险房屋鉴定标准

Standard of Dangerous Building Appraisal

JGJ 125—99

主编单位：重庆市土地房屋管理局
批准部门：中华人民共和国建设部
实施日期：2000年3月1日

关于发布行业标准《危险房屋鉴定标准》的通知

建标 [1999] 277号

根据建设部《关于印发一九九一年工程建设行业标准制订、修订项目计划（第一批）的通知》（建标[1991] 413号）的要求，由重庆市土地房屋管理局主编的《危险房屋鉴定标准》，经审查，批准为强制性行业标准，编号 JGJ125—99，自2000年3月1日起施行。原部标准《危险房屋鉴定标准》CJ13—86同时废止。

本标准由建设部房地产标准技术归口单位上海市房地产科学研究院负责管理，重庆市土地房屋管理局负责具体解释，建设部标准定额研究所组织中国建筑工业出版社出版。

中华人民共和国建设部
1999年11月24日

前 言

根据建设部建标[1991]413号文的要求,标准编制组在广泛调查研究,认真总结实践经验,参考有关国际标准和国外先进标准,并广泛征求意见基础上,制定了本标准。

本标准的主要技术内容是:1.总则;2.符号、代号;3.鉴定程序与评定方法;4.构件危险性鉴定;5.房屋危险性鉴定;6.房屋安全鉴定报告等。

修订的主要技术内容是:1.对标准的适用范围作了补充;2.增加了符号、代号一章;3.增加了鉴定程序和评定方法;4.增加了钢结构构件鉴定;5.增加了附录房屋安全鉴定报告;6.以模糊集为理论基础,建立了分层综合评判模式等。

本标准由建设部房地产业标准技术归口单位上海市房地产科学研究院归口管理,授权由主编单位重庆市房屋管理局负责具体解释。

本标准主编单位是:重庆市土地房屋管理局(地址:重庆市渝中区人和街74号;邮政编码400015)

本标准参加单位是:上海市房地产科学研究院

本标准主要起草人员是:陈慧劳、咸正廷、顾方兆、赵为民、斯力、周云、张能杰

目 次

1 总则 …… 16—3
2 符号、代号 …… 16—3
 2.1 符号 …… 16—3
 2.2 代号 …… 16—4
3 鉴定程序与评定方法 …… 16—5
 3.1 鉴定程序 …… 16—5
 3.2 评定方法 …… 16—5
4 构件危险性鉴定 …… 16—5
 4.1 一般规定 …… 16—5
 4.2 地基基础 …… 16—6
 4.3 砌体结构构件 …… 16—6
 4.4 木结构构件 …… 16—7
 4.5 混凝土结构构件 …… 16—8
 4.6 钢结构构件 …… 16—9
5 房屋危险性鉴定 …… 16—9
 5.1 一般规定 …… 16—9
 5.2 等级划分 …… 16—9
 5.3 综合评定原则 …… 16—9
 5.4 综合评定方法 …… 16—9
附录A 房屋安全鉴定报告 …… 16—12
本标准用词说明 …… 16—13
条文说明 …… 16—13

1 总 则

1.0.1 为有效利用既有房屋，正确判断房屋结构的危险程度，及时治理危险房屋，确保使用安全，制定本标准。

1.0.2 本标准适用于既有房屋的危险性鉴定。

1.0.3 危险房屋鉴定及对有特殊要求的工业建筑和公共建筑、保护建筑和高层建筑以及在偶然作用下的房屋危险性鉴定，除应符合本标准规定外，尚应符合国家现行有关强制性标准的规定。

2 符号、代号

2.1 符 号

房屋危险性鉴定使用的符号及其意义，应符合下列规定：

L_0 ——计算跨度；
h ——计算高度；
n ——构件数；
n_{dc} ——危险柱数；
n_{dw} ——危险墙段数；
n_{dmb} ——危险主梁数；
n_{dsb} ——危险次梁数；
n_{ds} ——危险板数；
n_c ——柱数；
n_{mb} ——主梁数；
n_{sb} ——次梁数；
n_w ——墙段数；
n_s ——板数；
n_d ——危险构件数；
n_{rt} ——屋架数；
n_{drt} ——危险屋架数；
p ——危险构件（危险点）百分数；
p_{fdm} ——地基基础中危险构件（危险点）百分数；
p_{sdm} ——承重结构中危险构件（危险点）百分数；

p_{esdm} ——围护结构中危险构件（危险点）百分数；
R ——结构构件抗力；
S ——结构构件作用效应；
μ ——隶属度；
μ_A ——房屋 A 级的隶属度；
μ_B ——房屋 B 级的隶属度；
μ_C ——房屋 C 级的隶属度；
μ_D ——房屋 D 级的隶属度；
μ_a ——房屋组成部分 a 级的隶属度；
μ_b ——房屋组成部分 b 级的隶属度；
μ_c ——房屋组成部分 c 级的隶属度；
μ_d ——房屋组成部分 d 级的隶属度；
μ_{af} ——地基基础 a 级的隶属度；
μ_{bf} ——地基基础 b 级的隶属度；
μ_{cf} ——地基基础 c 级的隶属度；
μ_{df} ——地基基础 d 级的隶属度；
μ_{as} ——上部承重结构 a 级的隶属度；
μ_{bs} ——上部承重结构 b 级的隶属度；
μ_{cs} ——上部承重结构 c 级的隶属度；
μ_{ds} ——上部承重结构 d 级的隶属度；
μ_{aes} ——围护结构 a 级的隶属度；
μ_{bes} ——围护结构 b 级的隶属度；
μ_{ces} ——围护结构 c 级的隶属度；
μ_{des} ——围护结构 d 级的隶属度；
γ_0 ——结构构件重要性系数；
ρ ——斜率。

2.2 代 号

房屋危险性鉴定使用的代号及其意义，应符合下列规定：
  a、b、c、d ——房屋组成部分危险性鉴定等级；
  A、B、C、D ——房屋危险性鉴定等级；
  F_d ——非危险构件；
  T_d ——危险构件。

3 鉴定程序与评定方法

3.1 鉴定程序

3.1.1 房屋危险性鉴定应依次按下列程序进行：

1 受理委托：根据委托人要求，确定房屋危险性鉴定内容和范围；
2 初始调查：收集调查和分析房屋原始资料，并进行现场查勘；
3 检测验算：对房屋现状进行现场检测，必要时，采用仪器测试和结构验算；
4 鉴定评级：对调查、查勘、检测、验算的数据资料进行全面分析，综合评定，确定其危险等级；
5 处理建议：对敏定的房屋，应提出原则性的处理建议；
6 出具报告：报告式样应符合附录 A 的规定。

3.2 评定方法

3.2.1 综合评定按三层次进行。

3.2.2 第一层次应为构件危险性鉴定，其等级评定应分为危险构件（T_d）和非危险构件（F_d）两类。

3.2.3 第二层次应为房屋组成部分（地基基础、上部承重结构、围护结构）危险性鉴定，其等级评定应分为 a、b、c、d 四等级。

3.2.4 第三层次应为房屋危险性鉴定，其等级评定应分为 A、B、C、D 四等级。

4 构件危险性鉴定

4.1 一般规定

4.1.1 危险构件是指其承载能力、裂缝和变形不能满足正常使用要求的结构构件。

4.1.2 单个构件的划分应符合下列规定：

1 基础
　1）独立柱基：以一根柱的单个基础为一构件；
　2）条形基础：以一个自然间一轴线单面长度为一构件；
　3）板式基础：以一个自然间的面积为一构件。
2 墙体：以一个计算高度、一个自然间的一面为一构件。
3 柱：以一个计算高度、一根为一构件。
4 梁、檩条、搁栅等：以一个跨度、一根为一构件。
5 板：以一个自然间面积为一构件；预制板以一块为一构件。
6 屋架、桁架等：以一榀为一构件。

4.2 地基基础

4.2.1 地基基础危险性鉴定应包括地基和基础两部分。

4.2.2 地基基础危险性鉴定重点检查基础与承重构件连接处的斜向阶梯形裂缝、水平裂缝状况，竖向裂缝状况，基础与框架柱根部连接处的水平裂缝状况，房屋的倾斜位移状况，地基滑坡、稳定、特殊土质变形和开裂等状况。

4.2.3 当地基部分有下列现象之一者,应评定为危险状态:

1 地基沉降速度连续2个月大于2mm/月,并且短期内无终止趋向;

2 地基产生不均匀沉降,其沉降量大于现行国家标准《建筑地基基础设计规范》(GBJ7-81)规定的允许值,上部墙体产生沉降裂缝宽度大于10mm,且房屋局部倾斜率大于1%;

3 地基不稳定产生滑移,水平位移量大于10mm,并对上部结构有显著影响,且仍有继续滑动迹象。

4.2.4 当房屋基础有下列现象之一者,应评定为危险点:

1 基础承载能力小于基础作用效应的85%($R/\gamma_0 S <$ 0.85);

2 基础老化、腐蚀、酥碎、折断,导致结构明显倾斜、位移、裂缝、扭曲等;

3 基础已有滑动,水平位移速度连续2个月大于2mm/月,并在短期内无终止趋向。

4.3 砌体结构构件

4.3.1 砌体结构构件的危险性鉴定应包括承载能力、构造与连接,裂缝和变形等内容。

4.3.2 需对砌体结构构件进行承载力验算时,应测定砌块及砂浆强度等级,推定砌体强度,或直接检测砌体强度。实测砌体截面有效值,应扣除因各种因素造成的截面损失。

4.3.3 砌体结构应重点检查砌体的构造和连接部位、纵横墙交接处以及拱脚的构造和受力情况,砌体承重墙体的变形和裂缝状况以及拱脚的变形状况,注意其裂缝宽度、长度、深度、走向、数量及分布,并观测其发展状况。

4.3.4 砌体结构构件有下列现象之一者,应评定为危险点:

1 受压构件承载力小于其作用效应的85%($R/\gamma_0 S <$ 0.85);

2 受压墙、柱沿受力方向产生缝宽大于2mm,缝长超过层高1/2的竖向裂缝,或产生缝长超过层高1/3的多条竖向裂缝;

3 受压墙、柱表面风化、剥落,砂浆粉化,有效截面削弱达1/4以上;

4 支承梁或屋架端部的墙体或柱截面因局部受压产生多条竖向裂缝,或裂缝宽度已超过1mm;

5 墙柱因偏心受压产生水平裂缝,缝宽大于0.5mm;

6 墙、柱产生倾斜,其倾斜率大于0.7%,或相邻墙体连接处断裂成通缝;

7 受压墙、柱出现缝曲鼓闪,且在挠曲部位出现水平或交叉裂缝;

8 砖过梁中部产生明显竖向裂缝,或端部产生明显斜裂缝,或支承过梁的墙体产生水平裂缝,或产生明显的弯曲、下沉变形;

9 砖筒拱、扁壳、波形筒拱,拱顶沿母线裂缝,或拱曲面明显变形,或拱脚明显位移,或拱体拉杆锈蚀严重,且拉杆体系失效;

10 石砌墙(或土墙)高厚比:单层大于14,二层大于12,且墙体自由长度大于6m。墙体的偏心距达墙厚的1/6。

4.4 木结构构件

4.4.1 木结构构件的危险性鉴定应包括承载能力、构造连接、裂缝和变形等内容。

4.4.2 需对木结构构件进行承载力验算时,应对木材的力学性质、缺陷、腐朽、虫蛀和铁件的力学性能以及锈蚀情况进行检测;实测木构件截面有效值,应扣除因各种因素造成的截面损失。

4.4.3 木结构构件应重点检查腐朽、虫蛀、木材缺陷、构造缺陷,结构构件变形、失稳状况,木屋架端节点受剪面裂缝状况,屋架出平面变形及屋盖支撑系统稳定状况。

4.4.4 木结构构件有下列现象之一者,应评定为危险点:

1 木结构构件承载力其作用效应小于 $R/\gamma_0 S$ ($R/\gamma_0 S < 0.90$);

2 连接方式不当,构造有严重缺陷,已导致节点松动变形、滑移、沿剪切面开裂、剪坏或铁件严重锈蚀、松动致使连接失效等损坏;

3 主梁产生大于 $L_0/150$ 的挠度,或受拉区伴有较严重腐朽或木质缺陷;

4 屋架产生大于 $L_0/120$ 的挠度,且顶部或端节点产生腐朽或劈裂,或出平面倾斜量超过屋架高度的 $h/120$;

5 檩条、搁栅产生大于 $L_0/120$ 的挠度,入墙木质部位腐朽、虫蛀或空鼓;

6 木柱侧弯变形,其矢高大于 $h/150$,或柱顶或柱身断裂、柱脚腐朽,其腐朽面积大于原截面 1/5 以上;

7 对受拉、受弯、偏心受压和轴心受压构件,其斜纹或斜裂缝的斜率 ρ 分别大于 7%、10%、15% 和 20%;

8 存在任何心腐缺陷的木质构件。

4.5 混凝土结构构件

4.5.1 混凝土结构构件的危险性鉴定应包括承载能力、构造与连接、裂缝和变形等内容。

4.5.2 需对混凝土结构构件进行承载力验算时,应对构件的混凝土强度、碳化和钢筋的力学性能、化学成分、锈蚀情况进行检测;实测混凝土构件截面有效值,应扣除因各种因素造成的截面损失。

4.5.3 混凝土结构构件应重点检查柱、梁、板及屋架的受力裂缝和主筋锈蚀状况,柱的根部和顶部的水平裂缝,屋架倾斜以及支撑系统稳定等。

4.5.4 混凝土结构构件有下列现象之一者,应评定为危险点:

1 构件承载力小于其作用效应的 85% ($R/\gamma_0 S < 0.85$);

2 梁、板产生超过 $L_0/150$ 的挠度,且受拉区产生竖向裂缝,其缝宽大于 0.5mm,或在受拉区产生横向水平裂缝和斜裂缝,缝宽大于 0.4mm;

3 简支梁、连续梁跨中部位受拉区产生竖向裂缝,其一侧向上延伸达梁高的 2/3 以上,且缝宽大于 0.4mm,或在支座附近出现斜剪切裂缝,缝宽大于 0.4mm;

4 梁、板受力主筋处产生横向水平裂缝和斜裂缝,缝宽大于 1mm,板产生宽度大于 0.4mm 的受拉裂缝;

5 梁、板因主筋锈蚀,产生沿主筋方向的裂缝,缝宽大于 1mm,或混凝土保护层严重缺损,或板底产生交叉裂缝;

6 现浇板面周边产生裂缝,或板底产生交叉裂缝;

7 预应力梁、板产生竖向通长裂缝;或端部混凝土松散露筋,其长度达主筋直径的 100 倍以上;

8 受压柱产生竖向裂缝,保护层剥落,主筋外露锈蚀;或一侧产生水平裂缝,缝宽大于 1mm,另一侧混凝土被压碎、露筋;

9 墙中间部位产生交叉裂缝,缝宽大于 0.4mm,主筋外露锈蚀;

接有拉开、变形、滑移、松动、剪坏等严重损坏；

3 连接方式不当，构造有严重缺陷；

4 受拉构件因锈蚀，截面减少大于原截面的10%；

5 梁、板等构件挠度大于 $L_0/250$，或大于45mm；

6 实腹梁侧弯矢高大于 $L_0/600$，且有发展迹象；

7 受压构件的长细比大于现行国家标准《钢结构设计规范》(GBJ17—88) 中规定值的1.2倍；

8 钢柱顶位移，平面内大于 $h/150$，平面外大于 $h/500$，或大于40mm；

9 屋架产生大于 $L_0/250$ 或大于40mm的挠度，屋架平面外倾斜，倾斜量超过 $h/150$；屋架支撑系统松动失稳，导致屋架倾斜。

10 柱、墙产生倾斜、位移，其倾斜率超过高度的1%，其侧向位移量大于 $h/500$；

11 柱、墙混凝土酥裂、碳化、起鼓，其破坏面大于全截面的1/3，且主筋外露，锈蚀严重，截面减小；

12 柱、墙侧向变形，其极限值大于 $h/250$，或大于30mm；

13 屋架产生大于 $L_0/200$ 的挠度，且下弦产生横向断裂缝，缝宽大于1mm；

14 屋架的支撑系统失效导致倾斜，其倾斜率大于屋架高度的2%；

15 压弯构件保护层剥落，主筋多处外露锈蚀；端节点连接松动，且伴有明显的变形裂缝；

16 梁、板有效搁置长度小于规定值的70%。

4.6 钢结构构件

4.6.1 钢结构构件的危险性鉴定应包括承载能力、构造和连接、变形等内容。

4.6.2 当需进行钢结构构件承载力验算时，应对材料的力学性能、化学成分、锈蚀情况进行检测。实测构件截面有效值，应扣除因各种因素造成的截面损失。

4.6.3 钢结构构件应注意重点检查各连接节点的焊缝、螺栓、铆钉等情况；应注意钢柱与梁的连接变形式、支撑杆件、柱脚与基础连接损坏情况，钢屋架杆件弯曲、截面扭曲、节点板弯折状况和钢屋架挠度、侧向倾斜或偏差状况。

4.6.4 钢结构构件有下列现象之一者，应评定为危险点：

1 构件承载力小于其作用效应的90% ($R/\gamma_0 S < 0.9$)；

2 构件或连接件有裂缝或锐角切口；焊缝、螺栓或铆

3 C级：部分承重结构承载力不能满足正常使用要求，局部出现险情，构成局部危房。
4 D级：承重结构承载力已不能满足正常使用要求，房屋整体承载力已不能满足正常使用要求，房屋整体出现险情，构成整幢危房。

5 房屋危险性鉴定

5.1 一般规定

5.1.1 危险房屋（简称危房）为结构已严重损坏，或承重构件已属危险构件，随时可能丧失稳定和承载能力，不能保证居住和使用安全的房屋。

5.1.2 房屋危险性鉴定应根据被鉴定房屋的构造特点和承重体系的种类，按其危险程度和影响范围，按照本标准进行鉴定。

5.1.3 危房以幢为鉴定单位，按建筑面积进行计量。

5.2 等 级 划 分

5.2.1 房屋划分成地基基础、上部承重结构和围护结构三个组成部分。

5.2.2 房屋各组成部分危险性鉴定，应按下列等级划分：
1 a级：无危险点；
2 b级：有危险点；
3 c级：局部危险；
4 d级：整体危险。

5.2.3 房屋危险性鉴定，应按下列等级划分：
1 A级：结构承载力能满足正常使用要求，未发现危险点，房屋结构安全。
2 B级：结构承载力基本满足正常使用要求，个别结构构件处于危险状态，但不影响主体结构，基本满足正常使用要求。

5.3 综合评定原则

5.3.1 房屋危险性鉴定应以整幢房屋的地基基础、结构构件危险性的严重程度为基础，结合历史状态、环境影响以及发展趋势，全面分析，综合判断。

5.3.2 在地基基础或结构构件发生危险性的判断上，应考虑它们的危险是孤立的还是相关的。当构件的危险是孤立的时，则构成结构系统的危险；当构件的危险是相关的时，则应联系结构系统判定其范围。

5.3.3 全面分析、综合判断时，应考虑下列因素：
1 各构件的破损程度；
2 破损构件在整幢房屋中的地位；
3 破损构件所占的数量和比例；
4 结构整体周围环境的影响；
5 有损结构的人为因素和危状况；
6 结构破损后的可修复性；
7 破损构件带来的经济损失。

5.4 综合评定方法

5.4.1 根据本标准划分的房屋组成部分，确定构件的总量，并分别确定其危险构件的数量。

5.4.2 地基基础中危险构件百分数应按下式计算：

$$p_{fdm} = n_d/n \times 100\% \quad (5.4.2)$$

式中 p_{fdm}——地基基础中危险构件(危险点)百分数;
n_d——危险构件数;
n——构件数。

5.4.3 承重结构中危险构件百分数应按下式计算:

$$p_{sdm} = [2.4n_{dc} + 2.4n_{dw} + 1.9(n_{dmb} + n_{drt}) + 1.4n_{dsb} + n_{ds}]/ [2.4n_c + 2.4n_w + 1.9(n_{mb} + n_{rt}) + 1.4n_{sb} + n_s] \times 100\% \quad (5.4.3)$$

式中 p_{sdm}——承重结构中危险构件百分数;
n_{dc}——危险柱数;
n_{dw}——危险墙段数;
n_{dmb}——危险主梁数;
n_{drt}——危险屋架数;
n_{dsb}——危险次梁数;
n_{ds}——危险板数;
n_c——柱数;
n_w——墙段数;
n_{mb}——主梁数;
n_{rt}——屋架数;
n_{sb}——次梁数;
n_s——板数。

5.4.4 围护结构中危险构件百分数应按下式计算:

$$p_{esdm} = n_d/n \times 100\% \quad (5.4.4)$$

式中 p_{esdm}——围护结构中危险构件(危险点)百分数;
n_d——危险构件数;
n——构件数。

5.4.5 房屋组成部分 a 级的隶属函数应按下式计算:

$$\mu_a = 1 \quad (p = 0\%) \quad (5.4.5)$$

式中 μ_a——房屋组成部分 a 级的隶属度;
p——房屋组成部分(危险点)百分数。

5.4.6 房屋组成部分 b 级的隶属函数应按下式计算:

$$\mu_b = \begin{cases} 1 & (p \leq 5\%) \\ (30\% - p)/25\% & (5\% < p < 30\%) \\ 0 & (p \geq 30\%) \end{cases} \quad (5.4.6)$$

式中 μ_b——房屋组成部分 b 级的隶属度;
p——房屋组成部分(危险点)百分数。

5.4.7 房屋组成部分 c 级的隶属函数应按下式计算:

$$\mu_c = \begin{cases} 0 & (p \leq 5\%) \\ (p - 5\%)/25\% & (5\% < p < 30\%) \\ (100\% - p)/70\% & (30\% \leq p \leq 100\%) \end{cases} \quad (5.4.7)$$

式中 μ_c——房屋组成部分 c 级的隶属度;
p——房屋组成部分(危险点)百分数。

5.4.8 房屋组成部分 d 级的隶属函数应按下式计算:

$$\mu_d = \begin{cases} 0 & (p \leq 30\%) \\ (p - 30\%)/70\% & (30\% < p < 100\%) \\ 1 & (p = 100\%) \end{cases} \quad (5.4.8)$$

式中 μ_d——房屋组成部分 d 级的隶属度;
p——房屋组成部分(危险点)百分数。

5.4.9 房屋 A 级的隶属函数应按下式计算:

$$\mu_A = \max[\min(0.3, \mu_{af}), \min(0.6, \mu_{as}), \min(0.1, \mu_{aes})] \quad (5.4.9)$$

式中 μ_A——房屋 A 级的隶属度;

μ_{af} —— 地基基础 a 级的隶属度；
μ_{as} —— 上部承重结构 a 级隶属度；
μ_{aes} —— 围护结构 a 级的隶属度。

5.4.10 房屋 B 级隶属函数应按下式计算：

$$\mu_B = \max[\min(0.3, \mu_{bf}), \min(0.6, \mu_{bs}), \min(0.1, \mu_{bes})] \quad (5.4.10)$$

式中 μ_B —— 房屋 B 级的隶属度；
μ_{bf} —— 地基基础 b 级的隶属度；
μ_{bs} —— 上部承重结构 b 级的隶属度；
μ_{bes} —— 围护结构 b 级的隶属度。

5.4.11 房屋 C 级隶属函数应按下式计算：

$$\mu_C = \max[\min(0.3, \mu_{cf}), \min(0.6, \mu_{cs}), \min(0.1, \mu_{ces})] \quad (5.4.11)$$

式中 μ_C —— 房屋 C 级的隶属度；
μ_{cf} —— 地基基础 c 级的隶属度；
μ_{cs} —— 上部承重结构 c 级的隶属度；
μ_{ces} —— 围护结构 c 级的隶属度。

5.4.12 房屋 D 级隶属函数应按下式计算：

$$\mu_D = \max[\min(0.3, \mu_{df}), \min(0.6, \mu_{ds}), \min(0.1, \mu_{des})] \quad (5.4.12)$$

式中 μ_D —— 房屋 D 级的隶属度；
μ_{df} —— 地基基础 d 级的隶属度；
μ_{ds} —— 上部承重结构 d 级的隶属度；
μ_{des} —— 围护结构 d 级的隶属度。

5.4.13 当隶属度为下列值时：

1　$\mu_{df} = 1$，则为 D 级（整幢危房）。

2　$\mu_{ds} = 1$，则为 D 级（整幢危房）。

3　$\max(\mu_A, \mu_B, \mu_C, \mu_D) = \mu_A$，则综合判断结果为 A 级（非危房）。

4　$\max(\mu_A, \mu_B, \mu_C, \mu_D) = \mu_B$，则综合判断结果为 B 级（危险点房）。

5　$\max(\mu_A, \mu_B, \mu_C, \mu_D) = \mu_C$，则综合判断结果为 C 级（局部危房）。

6　$\max(\mu_A, \mu_B, \mu_C, \mu_D) = \mu_D$，则综合判断结果为 D 级（整幢危房）。

5.4.14 其他简易结构房屋可按本章第 5.3 节原则直接评定。

续表

七、处理建议	
八、检测鉴定人员	
九、鉴定单位技术负责人签章	鉴定单位（公章）
鉴定人： 审核人： 审定人：	鉴定日期　　年　月　日

附录 A 房屋安全鉴定报告

报告编号（　　　）

一、委托单位/个人概况			
单位名称		电　话	
房屋地址		委托日期	
二、房屋概况			
房屋用途		建造年份	
结构类别		建筑面积	
平面形式		层　数	
产权性质		产权证编号	
备　注			
三、房屋安全鉴定目的			
四、鉴定情况			
五、损坏原因分析			
六、鉴定结论			

中华人民共和国行业标准

危险房屋鉴定标准

JGJ 125—99

条 文 说 明

本标准用词说明

1 为便于在执行本标准条文时区别对待,对于要求严格程度不同的用词说明如下:

 1 表示很严格,非这样做不可的:
  正面词采用"必须";反面词采用"严禁"。
 2 表示严格,在正常情况下均应这样做的:
  正面词采用"应";反面词采用"不应"或"不得"。
 3 表示允许稍有选择,在条件许可时首先这样做的:
  正面词采用"宜";反面词采用"不宜"。
  表示有选择,在一定条件下可以这样做的,采用"可"。

2 条文中指明应按其他有关标准执行的写法为:"应按……执行"或"应符合……的规定"。

前 言

《危险房屋鉴定标准》(JGJ125—99) 经建设部一九九九年十一月二十四日以建标 [1999] 277号文批准，业已发布。

本标准第一版的主编单位是重庆市房地产管理局、锦州市房地产管理局。

为便于广大设计、施工、科研、学校等单位的有关人员在使用本标准时能正确理解和执行条文规定，《危险房屋鉴定标准》编制组按章、节、条顺序编制了本标准的条文说明，供国内使用者参考。在使用中如发现本条文说明有不妥之处，请将意见函寄重庆市土地房屋管理局。

目　次

1 总则 …………………………………………… 16—15
2 符号、代号 …………………………………… 16—15
3 鉴定程序与评定方法 ………………………… 16—16
  3.1 鉴定程序 ………………………………… 16—16
  3.2 评定方法 ………………………………… 16—16
4 构件危险性鉴定 ……………………………… 16—16
  4.1 一般规定 ………………………………… 16—16
  4.2 地基基础 ………………………………… 16—16
  4.3 砌体结构构件 …………………………… 16—16
  4.4 木结构构件 ……………………………… 16—17
  4.5 混凝土结构构件 ………………………… 16—17
  4.6 钢结构构件 ……………………………… 16—17
5 房屋危险性鉴定 ……………………………… 16—18
  5.1 一般规定 ………………………………… 16—18
  5.2 等级划分 ………………………………… 16—18
  5.3 综合评定原则 …………………………… 16—18
  5.4 综合评定方法 …………………………… 16—18
附录 A 房屋安全鉴定报告 …………………… 16—20

1 总 则

1.0.1 《危险房屋鉴定标准》(CJ13—86)制订于1986年,是我国房屋鉴定领域的第一部技术标准,其发布实施十多年来,在促进既有房屋的有效利用、保障房屋的使用安全方面发挥了重要作用。但随着时间的推移和检测鉴定技术的发展,原标准的部分内容已显陈旧,有必要对其进行一次较为全面的修订。

1.0.2 原标准规定"本标准适用于房地产管理部门经营管理的房屋,对单位自有和私有房屋的鉴定,可参考本标准。"同时规定"本标准不适用于工业建筑、公共建筑、高层建筑及文物保护建筑。"把标准适用范围按房屋产权或经营管理权限来进行划分,显然不尽合理,特别是在房屋产权制度改革、房地产事业迅猛发展、房屋产权多元化的形势下,更有其弊端。本次修订将标准适用范围扩大为现存的既有房屋,并取消了原标准的不适用范围。

1.0.3 规定了危险房屋鉴定,各类有特殊要求的建筑及在偶然作用下的房屋危险性鉴定尚需参照有关专业技术标准或规范进行。条文中"有特殊要求的工业建筑和公共建筑"系指高温、高湿、腐蚀等特殊环境下的工业与民用建筑;"偶然作用"系指天灾:如地震、泥石流、洪水、风暴等不可抗拒因素;人祸:如火灾、爆炸、车辆碰击等人为因素。

2 符号、代号

本章规定了房屋危险性鉴定中应用的各种符号、代号及其意义。

参照现行国家标准《工业厂房可靠性鉴定标准》(GBJ144—90),γ_0——结构构件重要性系数,对安全等级为一级、二级、三级的结构构件,可分别取1.1、1.0、0.9。

3 鉴定程序与评定方法

3.1 鉴定程序

3.1.1 根据我国房屋危险性鉴定的实践,并参考日本、美国和前苏联的有关资料,制定了本标准的房屋危险性鉴定程序。

3.2 评定方法

3.2.1 在总结大量鉴定实践的基础上,把原标准规定的危险构件和危险房屋两个评定层次修订为三个层次,以求更加科学、合理和便于操作,满足实际工作需要。

4 构件危险性鉴定

4.1 一般规定

4.1.1 本条在房屋危险性鉴定实践经验总结和广泛征求意见的基础上对危险构件进行了重新定义。

4.1.2 本条对原规定的构件单位进行了适当修正,使其划分更加科学,表述更明确。条文中的"自然间"是指按结构计算单元的划分确定,具体地讲是指房屋结构平面中,承重墙或梁围成的闭合体。

4.2 地基基础

4.2.1~4.2.3 地基基础的检测鉴定是房屋危险性鉴定中的难点,本节根据有关标准规定和长期实验研究结果,确定了其鉴定内容和危险限值。根据鉴定手段和技术发展现状,提出了从地基承载力和上部结构变位来进行鉴定的方法。并把常见的地基基础危险迹象作为检查时的重点部位。

条文中列出的地基基础沉降速度2mm/月是根据国内外(中、日等)常年观察统计结果而采用;房屋局部斜率1%和地基基础层参考现行国家标准《建筑地基基础设计规范》(GBJ7—89)允许值要求,综合考虑得出。

4.3 砌体结构构件

4.3.1 本条规定了砌体结构构件危险性鉴定的基本内容。

4.3.2 本条规定了在进行砌体结构构件承载力验算前应进行的必要检测工作，以保证验算结果更符合实际情况。

4.3.3~4.3.4 这些条款具体规定了砌体结构构件的危险限值。根据各地反映，原标准控制值与原标准值相比，作了适当调整（如原标准规定受压墙柱竖向缝宽为2cm，专家认为此值过大，与实际不符，建议改为2mm为宜；墙柱倾斜控制值，原标准规定为层高的1.5/100，这次根据各地反映，原标准定得太宽，建议改为0.7/100为宜。）

4.4 木 结 构 构 件

4.4.1 本条规定了木结构构件危险性鉴定的基本内容。

4.4.2 本条规定了在进行木结构构件承载力验算前应进行的必要检验，以保证验算结果更符合实际情况。

4.4.3~4.4.4 这些条款具体规定了木结构构件的危险限值。其中原标准规定主梁大于 $L_0/120$，檩条搁栅大于 $L_0/100$ 挠度；柱架达原截面 $1/2\sim1/4$；屋架出平面倾斜大于 $h/100$ 屋架柠架等，经与专家交换意见，认为原标准尚未考虑其综合因素（如木节、斜纹、虫蛀、腐朽等），因此这次修订有所调整，相应改为 $L_0/150$、$L_0/120$ 挠度；柱腐朽达原截面 $1/5$ 以及出平面倾斜 $h/120$ 屋架高度等。

另外，增加了斜率 ρ 值与材质心腐缺陷，是参照现行国家标准《古建筑木结构维护与加固技术规范》（GB50165）确定的。

4.5 混凝土结构构件

4.5.1 本条规定了混凝土结构构件危险性鉴定的基本内容。

4.5.2 本条规定了在进行混凝土结构构件承载力验算前应进行的必要检测工作，以保证验算结果更符合实际情况。根据混凝土检测技术的发展，应尽量采用技术成熟、操作简便的检测方法。

4.5.3~4.5.4 这些条款具体规定了混凝土结构构件的危险限值。根据各地反映，原标准条文在名词术语和定量方面均有不妥处。这次修订：将单梁改为简支梁，支座斜裂缝宽度原标准未作规定，现明确定为0.4mm。此值参考了中、美等国混凝土构件裂缝控制值，并规定墙柱倾斜率为1%和位移量为30mm内容。增加了柱墙侧向变形控制值，此值为 $h/250$ 或 $h/500$。

4.6 钢 结 构 构 件

4.6.1 根据房屋危险性鉴定工作中出现的实际情况，增加了本节内容。本条规定了钢结构构件危险性鉴定的主要内容。

4.6.2 本条规定了在进行钢结构构件承载力验算前应进行的必要检测工作，以保证验算结果更符合实际情况。根据钢结构检测技术的发展，应尽量采用技术成熟、操作简便的检测方法。

4.6.3~4.6.4 这些条款具体规定了钢结构构件的危险限值，如梁、板等变形位移值 $L_0/250$，侧弯矢高 $L_0/600$ 以及柱顶水平位移平面内倾斜值 $h/150$，平面外倾斜值 $h/500$，以上限值参照了现行国家标准《工业厂房可靠性鉴定标准》（GBJ144—90）。

5 房屋危险性鉴定

5.1 一般规定

5.1.1 对原标准中规定的危险房屋定义进行了修正，删除了"随时有倒塌可能"的词语，现在的表述更加科学、准确。

5.1.2~5.1.3 保留了原标准中规定的鉴定的计量单位，强调了房屋危险性鉴定必须根据实际情况独立进行。

5.2 等级划分

5.2.1 在原标准构件和房屋两个鉴定层次的基础上，增加了房屋组成部分这一鉴定层次，并根据一般房屋结构的共性规定了这一层次的三个分部，即地基基础、上部承重结构和围护结构。

5.2.2 房屋各组成部分的危险性鉴定，应按 a、b、c、d 四等级进行划分。

5.2.3 规定了房屋危险性鉴定按 A、B、C、D 四等级进行划分，这四个等级中的 B、C、D 级与原标准的危险构件、局部危险和整幢危险房的概念基本对应，并增加了 A 级，即未发现危险点和危险这一等级，为便于综合评判，将危险点及其数量作为基本参量，以量变质变的辩证原理来划分房屋危险性等级：

A 级：无危险点
B 级：有危险点

C 级：危险点量发展至局部危险
D 级：危险点量发展至整体危险

同样原理，可划分房屋各组成部分的危险等级 a、b、c、d。

5.3 综合评定原则

5.3.1~5.3.3 规定了房屋危险性鉴定综合评定应遵循的基本原则，保留了原标准中提出的"全面分析、综合判断"的提法，以求在按照本标准进行房屋危险性鉴定的过程中，最大限度地发挥专业技术人员的丰富实践经验和综合分析能力，更好地保证鉴定结论的科学性、合理性。

条文中提出要考虑的 7 点因素，参考了天津工程研究所提出金国梁、冯家祺所著《房屋震害等级评定方法探讨》等资料。

5.4 综合评定方法

5.4.1 因为在综合评定中所需要的参量是危险点比例，而不是绝对精确量，所以只要按照简明、合理、统一的原则划分非危险构件和危险构件，并统计其数量。

在房屋建筑这一复杂的系统中，鉴定时需要考虑的因素往往很多，应用单一的综合评判模型来处理来满足归一化条件，使合理分配。即使逐一定出了权重，由于要满足归一化条件，使得每一因素所分得的权重必然很小，而在综合评定中的 Fuzzy（模糊）矩阵的基本复合运算是 A 运算，通过 A 运算，这就注定得到上的综合评判值也都很小，较小的权值 A(min) 和 V(max)，实际上"泯没"了所有单因素评价，得不出任何有意义的结果。采用多层次模型就可避免发生这种情况，即先把因素集按某些属性分成几类，对每一类进行综合评判，然后再对评判结果进行类之间的层次综合，得出最终评判结果。因此本标准规定了进行综合评定的层次综合评判和等级。

综合评定方法的理论基础为 Fuzzy（模糊）数学中的综合评定理论。

5.4.2～5.4.4 地基划分单元可对应其上部的基础单元。

5.4.3 公式中的系数 2.4（柱）、2.4（墙）、1.9（主梁＋屋架）、1.4（次梁）和 1（板）等是反映房屋结构承载类型的部应系数；上述系数的确定，参考了国内外相关技术资料和科研成果并听取了部分专家意见。

5.4.5～5.4.8 首先按 $p = 0\%，0\% < p < 5\%，5\% < p < 30\%$，$30\% < p < 100\%$，相应硬划分 a,b,c,d，然后根据 Fuzzy 数学中的中间过渡性原则，认为从一个等级到另一个等级有着某一等级在一定程度上隶属于 a,b,c,d 各等级来表示，这样才能较贴切地反映其实际。因此建立隶属于 a,b,c,d 各等级之间的中间过渡状态充分表达出来（见图 1）。

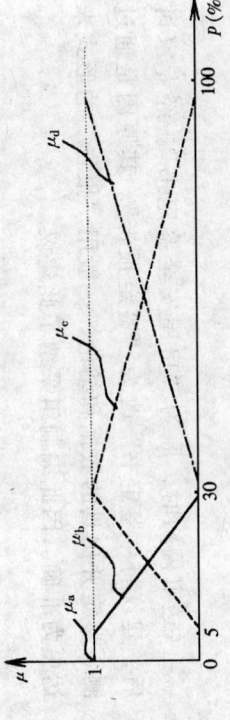

图 1 隶属函数图形

5.4.9～5.4.12 式中系数为地基基础、承重结构和围护结构在综合评判中的权重分配。在影响房屋安全的诸多因素中，各因素的影响程度是不同的，为了在综合评判中体现这一点，就有必要建立各因素之间的权重分配。建立危险房屋鉴定综合评判中的权重分配的原则是按照各因素相对于房屋安全性而言的重要性和影响程度，来确定各因素之间的权重分配。因素间的权重通过专家征询和鉴定实践确定了该权重分配。

这些公式是 Fuzzy 数学中综合评判问题中的主因素决定型 $M(\wedge, \vee)(\wedge = \min, \vee = \max)$ 算子的 Fuzzy 矩阵展开式，因为它的结果只是由指标最大的决定，其余指标在一定范围内变化都不影响结果，比较适合危房鉴定。

5.4.13 考虑房屋安全方面具有重要作用，地基基础、上部承重结构在影响房屋安全方面具有重要作用，所以在房屋危险性综合评判中，对地基基础或上部承重结构评判为 d 级时，则整幢房屋应评定为 D 级；在其他情况下，则应按 Fuzzy 数学中的最大隶属原则，确定房屋的危险性等级。

5.4.14 简易结构房屋由于结构体系和用材料混乱，可凭经验综合分析评定。

附录 A 房屋安全鉴定报告

《送审稿》时，原为"房屋安全鉴定书"。经专家讨论后，建议将"鉴定书"改为"鉴定报告"。其原因是通过检测、鉴定并出具的数据和结论，一般用"报告"的形式来表达更为准确。因此编制组采纳了此建议。